中国油气田开发志

江汉油气区油气田卷

《中国油气田开发志》总编纂委员会 编

石油工業出版社

图书在版编目（CIP）数据

中国油气田开发志．江汉油气区油气田卷／《中国油气田开发志》总编纂委员会编．北京：石油工业出版社，2011.6
ISBN 978-7-5021-8180-2

Ⅰ．中…
Ⅱ．中…
Ⅲ．①油田开发－概论－湖北省
②气田开发－概论－湖北省
Ⅳ．TE3

中国版本图书馆 CIP 数据核字（2010）第 249976 号

出版发行：石油工业出版社
（北京安定门外安华里 2 区 1 号　100011）
网　址：www.petropub.com.cn
编辑部：(010) 64523538　发行部：(010) 64523620
印　　刷：石油工业出版社印刷厂

2011 年 6 月第 1 版　2011 年 6 月第 1 次印刷
889×1194 毫米　开本：1/16　印张：50.25
字数：1530 千字　印数：1—2000 册

定价：300.00 元
（内部发行）

《中国油气田开发志》总编纂委员会

《中国油气田开发志》江汉油田编纂委员会

主　任：杨国圣

副主任：刁传学　袁　欣　李友忠　徐义卫　伍铁英　雷克林　朱国华　潘跃进

顾　问：李渝生

成　员：刘云生　朱晓荣　丰国斌　胡德高　荣　莽　张少波　周育武　王晓毛　罗开林　陈志超

编纂委员会办公室

主　任：刁传学

副主任：雷克林　朱国华　陈志超

成　员：邓江洪　罗秋林　张志强　胡从新

专家组

组　长：刁传学

副组长：陈志超　邓江洪

成　员：丁淑君　王滔溪　叶全根　伍昌臣　杜修宜　李渝生　杨志涛　何志祥　陈章清　罗秋林　邹　皓　张志强　胡从新　赵云山　洪志一　贺其川　索绪昌　夏志刚　曹苏文　彭义成　彭裕林　戴军华

审核人

刁传学　袁　欣　雷克林　李渝生　洪志一　陈志超　邓江洪　杜修宜　丁淑君　叶全根　赵云山　何志祥　邹　浩　罗秋林　张志强　胡从新　戴军华　王　敏

凡例

1．本志是中国油气田开发领域的专业志书，实事求是地记述中国油气田开发的历史和现状，具有保存史实、决策参考和资料应用等多重功能。

2．本志内容涵盖油气田地质、开发部署与方案实施、钻采工程、地面生产系统等油气田开发的各个方面；遵照横排竖写原则，分类项纵述其发展、演变过程。力求突出重点，突出特色。

3．本志体裁采取述、记、志、传、图、表、录等形式，以专志为主。采用卷、篇、章、节、目结构。

4．本志按三个层次编写。油气田为基本编写单元，按单个油气田编写油气田志，根据油气田的差异，分为详写、简写、略写三种编写形式，并以油气区为单元汇编成《中国油气田开发志·×× 油气区油气田卷》；按油气区编写《中国油气田开发志·×× 油气区卷》，由同一油气区企业机构管理的其他地区的油气田也纳入该油气区卷内；在全国层面上编写《中国油气田开发志·综合卷》。

5．人物记述，坚持“生不立传”原则。对油气田开发重要人物以简介或名录形式记之，但对已故人物立传简记；以事系人的油气田开发人物，记入专志中相关章节或大事记中。

6．本志采用现代语体文行文，使用国家统一的简化汉字，做到严谨、朴实、简洁、流畅。

7．本志专业名词术语参照 SY/T 5745《采油采气工程常用词汇》、SY/T 6174《油气藏工程常用词汇》、SY/T 5313《钻井工程术语》等标准统一，组织机构名、会议名、开发方案、职务等专名，为保留历史原貌均采用当时的名称。

8．本志计量单位执行 SY/T 6580《石油天然气勘探开发常用量和单位》，但属历史部分，按各历史时期的单位记写。物理量单位统一用符号表示。

9．本志时限。古代与近代部分，上限以有油气开采记录的年份为起始；现代部分，上限以发现井的出油时间为起始，下限终止到 2005 年 12 月 31 日。

10．本志历史纪年。中华人民共和国成立以前，采用历史纪年，公元纪年以括号附后；中华人民共和国成立以后一律采用公元纪年。

11．本志资料采自历史文献、档案和访谈实录，均经过核实。引用原文，概加引号；除重要引文外，一般不再注明出处。

12．本志中地图，不作为划界依据。

《中国油气田开发志·油气田卷》篇目

卷　号	卷　　名	卷　号	卷　　名
1	大庆油气区油气田卷	16	中原油气区油气田卷
2	吉林油气区油气田卷	17	河南油气区油气田卷
3	辽河油气区油气田卷	18	江汉油气区油气田卷
4	大港油气区油气田卷	19	江苏油气区油气田卷
5	冀东油气区油气田卷	20	华东油气区油气田卷
6	华北（中国石油）油气区油气田卷	21	西南（中国石化）油气区油气田卷
7	新疆油气区油气田卷	22	南方（中国石化）油气区油气田卷
8	青海油气区油气田卷	23	西北油气区油气田卷
9	塔里木油气区油气田卷	24	东北油气区油气田卷
10	吐哈油气区油气田卷	25	华北（中国石化）油气区油气田卷
11	玉门油气区油气田卷	26	渤海油气区油气田卷
12	长庆油气区油气田卷	27	南海东部油气区油气田卷
13	西南（中国石油）油气区油气田卷	28	南海西部油气区油气田卷
14	南方（中国石油）油气区油气田卷	29	东海油气区油气田卷
15	胜利油气区油气田卷	30	延长油气区油气田卷

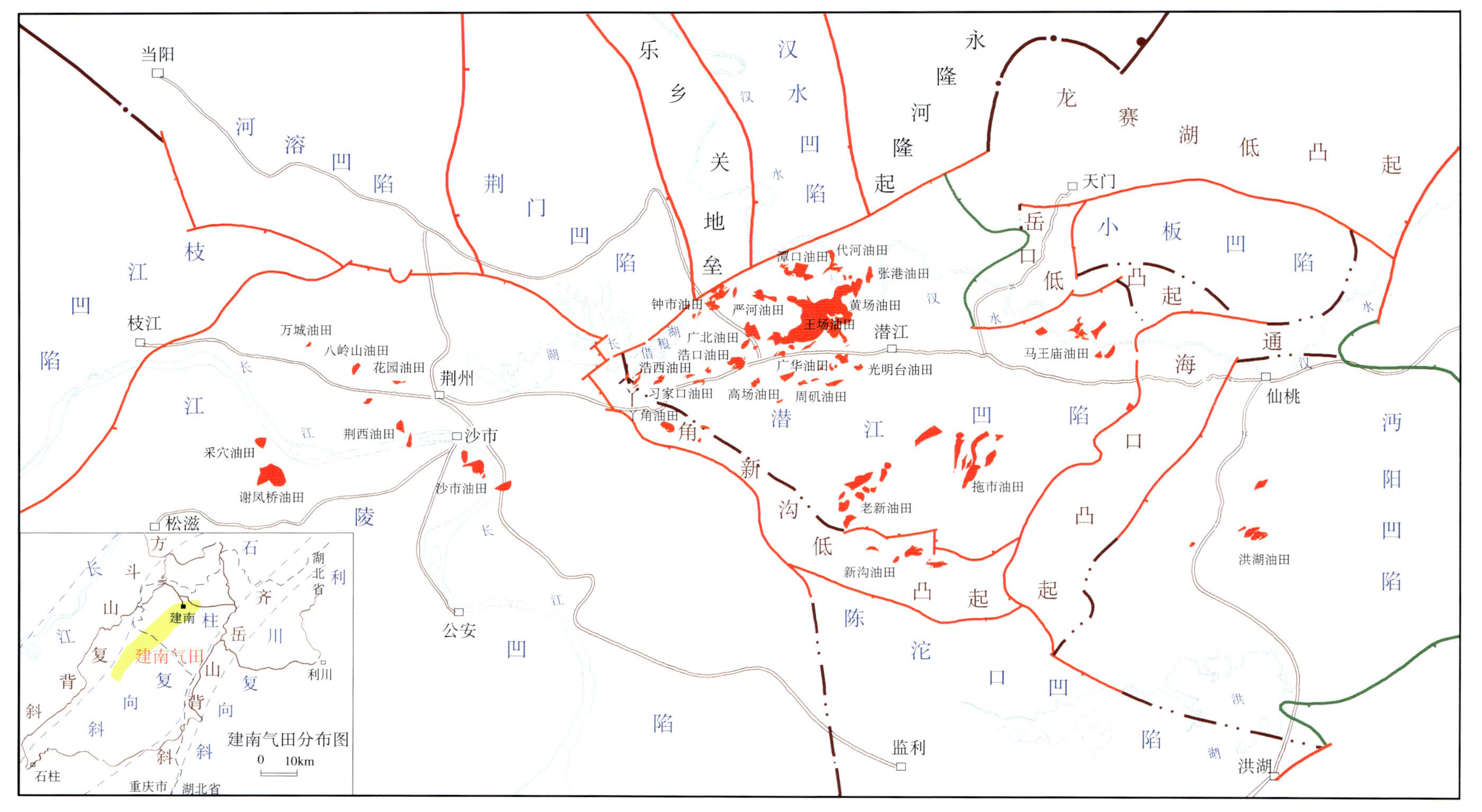

江汉油气区油气田分布图

编纂说明

根据《中国油气田开发志》总编纂委员会安排，江汉油气田开发志编纂工作于2006年7月启动，2010年1月完成，历时3年半时间，共完成29个油气田志（2007年，谢凤桥、采穴等2个油田由原中南石油分公司并入江汉油田）的编纂工作。其中：王场、广华、钟市、马王庙、建南等5个油气田为详写篇，张港、浩口、高场、老新、黄场、潭口、花园等7个油田为简写篇，广北、严河、习家口、浩西、新沟、周矶、代河、丫角、光明台、洪湖、拖市、荆西、八岭山、方城、谢凤桥、采穴、沙市等17个油田为略写篇。书中记录了各油气田的开发历程，反映了江汉油田开发战线干部职工积极进取、勇于创新所取得的成就和经验，对总结历史，反映现实，探索规律，启示未来，有着重要的借鉴价值和现实意义。

为了搞好编纂工作，江汉油田于2006年7月成立编纂领导小组，组长由江汉油田分公司副经理孙健担任，由于职务变动，2008年下半年改由分公司副经理杨国圣担任。日常组织工作由开发处负责，业务指导由档案馆志鉴办公室负责，勘探开发研究院开发所负责文字汇总和编排工作。2007年聘请李渝生、洪志一、杜修宜、叶全根、丁淑君、赵云山等6名专家指导编纂工作。在编纂过程中，我们把《王场油田志》作为典型示范篇，重点组织力量进行编纂和审改。随后，全面展开编纂工作。江汉采油厂、天然气勘探开发处和松滋采油厂抽调了40多名专业技术人员投入到编纂工作之中，夏志刚、刘孔章、贺春、刘敬尧、陈忠、贺其川等同志认真搜集整理资料，深入进行研究和总结，做了大量具体的组织和编纂工作。6名专家对各油气田篇认真审阅，提出了很多宝贵的修改意见，负责日常协调指导工作的张志强、罗秋林、陈章清、姚风英、王敏付出了辛勤努力。到2008年11月，所有油气田篇均完成初稿。同年12月，油田成立专家评审组，组长由油田副总工程师习传学担任，成员由25人组成。评审组本着对历史高度负责的态度，分别于2008年12月上旬、2009年3月中旬和2010年元月上旬，对所有29个油气田篇进行了三审，对提高编纂质量起到了关键作用。

在编纂过程中，得到了《中国油气田开发志》总编纂委员会领导和专家的关心、指导，也得到了江汉油田机关相关部门和二级单位的积极支持与配合，借此一并表示感谢。

由于编纂人员水平有限，加之本书入编油田多，内容跨度时间长，难免有遗漏和不妥之处，敬请读者批评指正。

《中国油田气开发志》
江汉油田编纂委员会
2010 年 1 月

本卷总目录

编号：18－001

王场油田志

《王场油田志》编纂组　编

武汉军区副司令员、五七油田会战指挥部指挥长韩东山（右）在现场检查工作

石油工业部副部长、五七油田会战指挥部副指挥长康世恩在誓师大会上讲话

潜江凹陷北部地区的钻机群(1970年)

王场油田开始投入试采

中国石化股份公司五星级联合站——王场联合站

天门
张港镇
代河
钟市
王场
泽口
马王庙
岳口
彭市镇
黄场
王场油田
三江
南
河
积玉口
广华
毛嘴镇
潜江
通
顺
河
毛场
夏市
汉
水
东
长
湖
借
粮
湖
高场
渠
浩口
习家口
观音当
丫角
杨市
东
返
湾
湖
前
熊口
荆
河
总口
拖市
杨场
潘场
龙湾
冯
家
湖
老新
张
家
湖
大
苏
湖
通海口
渔洋
徐李
新沟
北口
油田
地名
堤坝
局机关
县界
公路
河流
湖泊

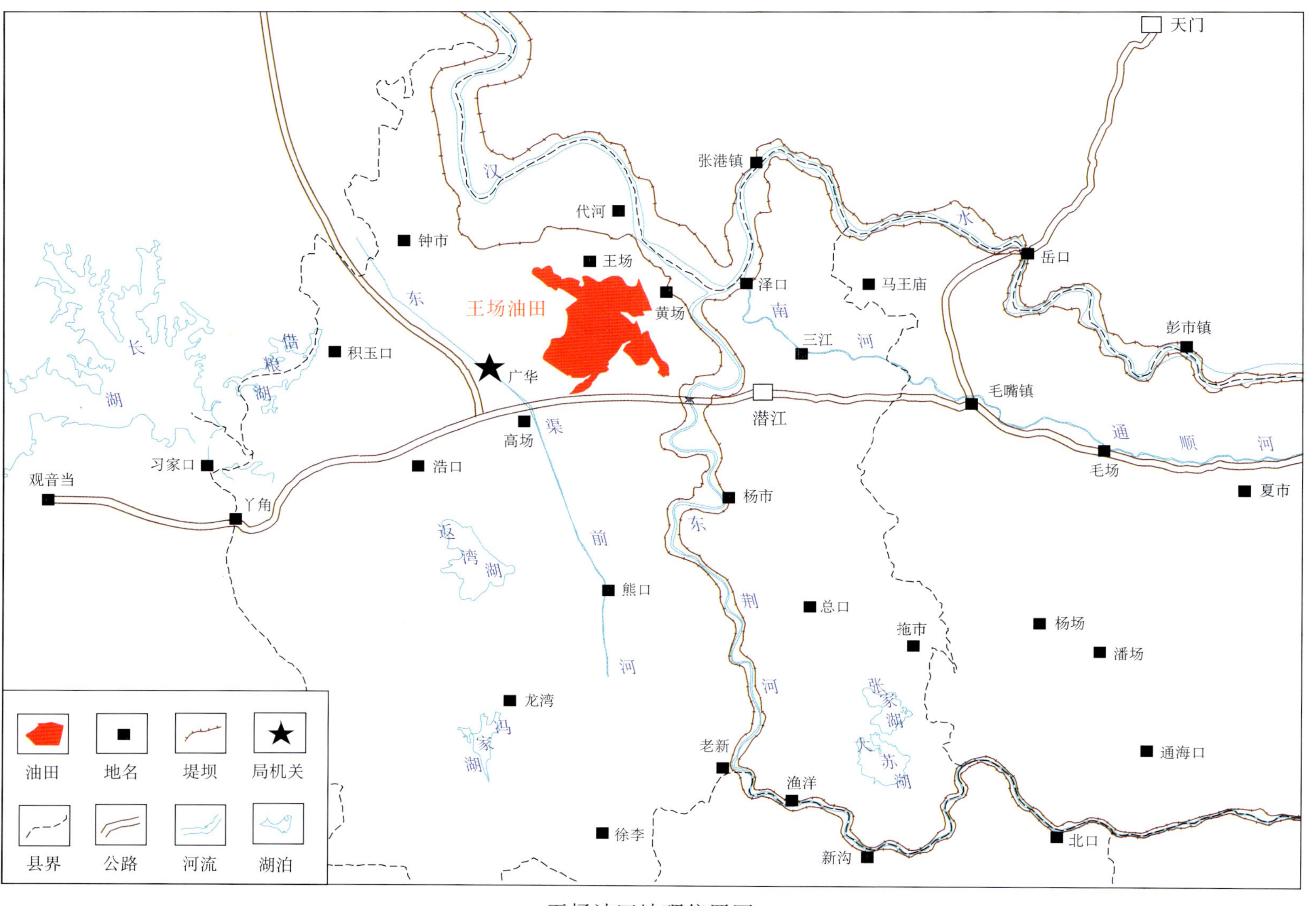

王场油田地理位置图

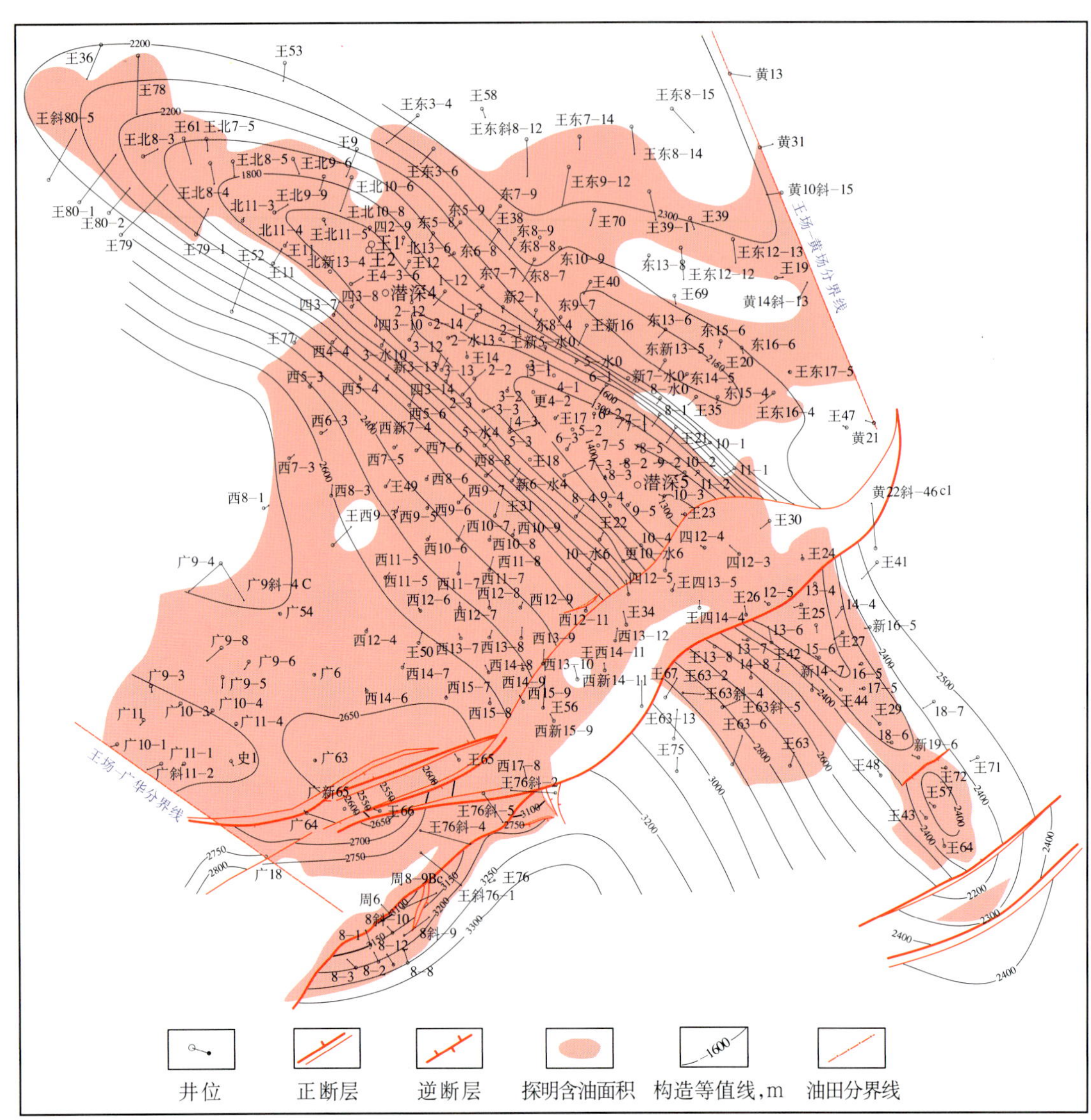

王场油田构造井位图

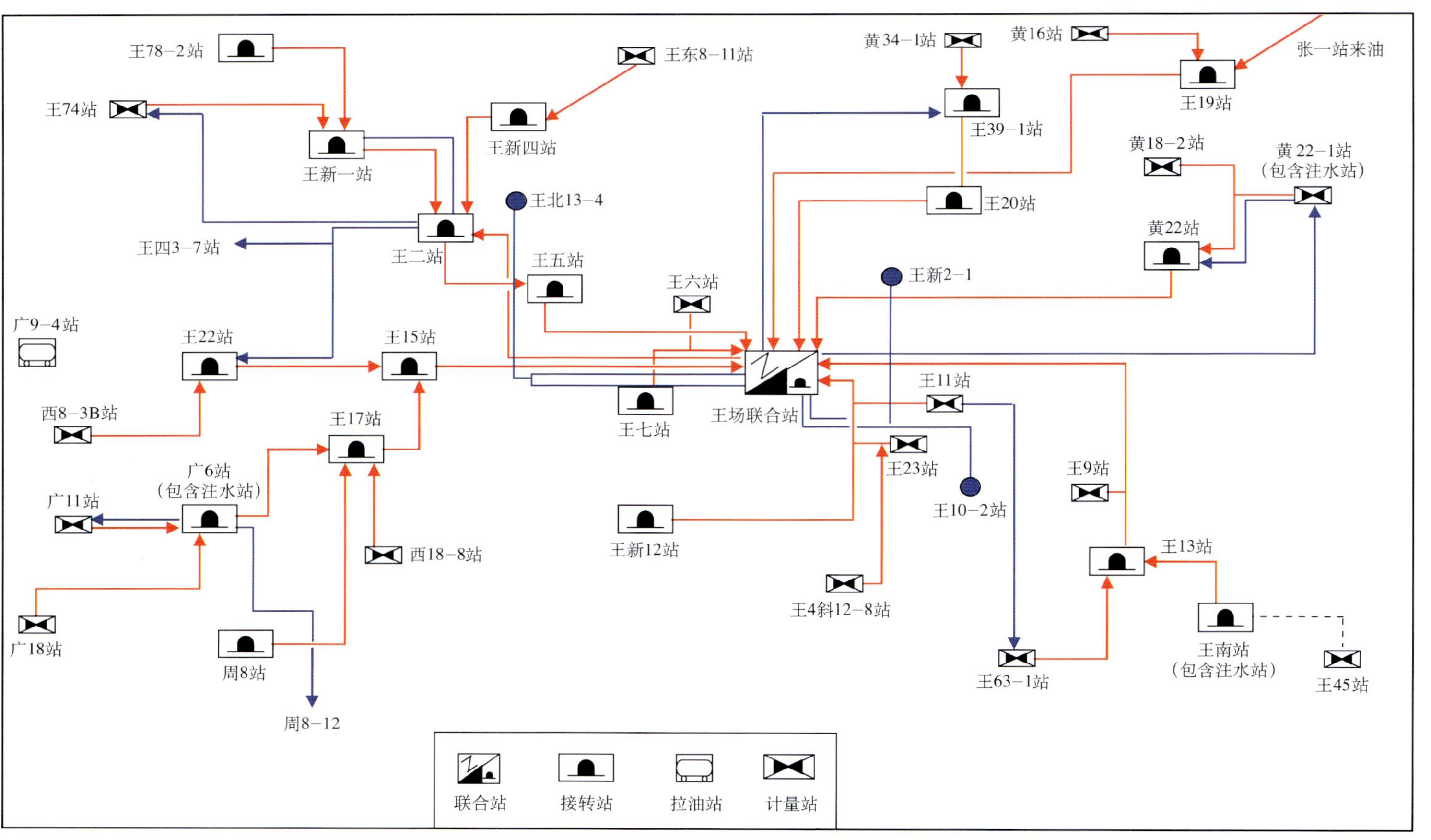

王场油田地面系统平面布置示意图

《王场油田志》编纂委员会

主　任：胡德高

副主任：夏志刚

成　员：刘孔章　贺　春　刘敬尧

《王场油田志》编纂组

组　长：刘敬尧

成　员：黄午阳　李波峰　胡云鹏　刘　玉　张建国　袁玲想
余　英　申修志　徐逢达　欧开红

《王场油田志》审核人员

初审人：夏志刚　刘孔章　贺　春

复审人：习传学　雷克林　李渝生　洪志一　邓江洪　杜修宜
叶全根　赵云山　罗秋林　张志强　胡从新　戴军华
王　敏

本志目录

概　述

王场油田是江汉油区最大的油田，为江汉盆地潜江凹陷砂岩构造油藏，开发初期称为“王场油田”，“文化大革命”期间曾改称“红旗油田”，1975年恢复“王场油田”名称，现由中国石化江汉油田分公司江汉采油厂管理。

一

王场油田地处湖北省潜江市王场镇，位于江汉平原腹地。境内地势低洼，北高南低，平均海拔高度38m，公路纵横，交通发达。

王场镇地域气候温暖湿润，属于亚热带季风气候，年相对湿度81%，四季分明，雨量充沛。春季多雨，夏季热湿，秋季凉爽，冬季多为湿冷天气，年均降雨量1112.6mm。年平均气温16.1℃，最高温度为40.3℃，最低温度为－17.5℃。油田境内多江河渠网，北有汉江，东有东荆河，内有兴隆河及农灌干渠，地下水位较高，土壤含水处于饱和状态，其中6—7月水位埋深在50cm以内。主要风向冬季为西北风，夏季为东南风。

农作物以水稻为主，经济作物主要有油菜、棉花、蚕豆等。地下资源主要有石油、卤水、盐岩。

二

王场油田位于潜江凹陷北部，张港—浩口断裂隆起带北侧，蚌湖生油向斜东南侧。潜江凹陷位于江汉盆地中部，是发育于扬子陆块上的中新生代陆相盆地，是江汉盆地较大的次级构造单元，也是全盆地中基底最深、沉降速度最快的凹陷；潜江凹陷是湖盆的沉降中心、汇水中心、浓缩中心、成盐中心，在封闭性、高盐度、强蒸发环境下沉积了巨厚的潜江组盐系地层，形成了具有独特沉积充填特征的潜江盐湖盆地，成为江汉盆地最重要的生烃凹陷。凹陷内有一系列北东向正断层分布，都是潜江组沉积时的同生断层，对沉积有一定的控制作用。

王场油田属于盐湖沉积环境，造就了浅层的稠油油藏、中层的中高渗透性砂岩油藏和大面积分布的深层低渗透砂岩油藏，还有大量盐韵律层间存在的泥质白云岩油藏。含油层系为古近系潜江组，含油面积34.4km^2，石油地质储量3296.6×10^{4}t。王场油田主要地质特点如下：

(1) 主构造陡、高、窄。王场油田主构造为一个被多条断层切割的、不对称高角度背斜，轴向为西北305°、南东108°，两翼倾角由上至下变陡，由21°增至80°，闭合高度由200m增至1100m，闭合面积由1.6km^{2}增至10.7km^2，属于上缓下陡的长轴背斜。王场油田内有七条断层，均分布在主构造轴部，以垂直构造轴向为主，其中车挡断层最大，把油田切割为南、北两部分，断层走向北东35°～45°，倾角15°～70°，延伸长度9km以上，最大落差1000m。王场构造受盐隆和北东、南西方向构造挤压应力双重作用而形成，因而具有隆起幅度高，两翼倾角陡，构造呈狭长形等特点。

(2) 油层多、油藏类型多。王场油田以多层砂岩油藏为主，有三个含油层段：潜江组一段、三段、四段，共有13个油组。由于沉积和构造因素影响，王场油田出现多种油藏类型：潜一段王30井区为断鼻油藏，王 2 井区为背斜油藏；潜三段为背斜油藏；潜四段潜 4^1、4^0、4^2 油组为构造油藏，潜 4^3 油组为构造—岩性油藏。

(3) 油层物理性质浅层好、深层差。潜一段和潜三段为中高渗透油藏，潜四段为低渗透油藏。

(4) 原油性质浅层差、深层好。潜一段为普通稠油，潜三段和潜四段为常规稀油。

(5) 油藏饱和压力低、地层水矿化度高。王场油田原油饱和压力低，一般为 2.26~6.93MPa，属于低饱和油藏，地饱压差大，原始地饱压差为 10.0 ~ 30.0MPa。原始气油比为 20 ~ 60m^3/t，其中潜一段原始气油比为 4m^3/t。天然气轻烃含量低，甲烷含量 30% ~ 40%，天然气相对密度 1.0 ~ 1.2。地层水矿化度高，总矿化度 23×10^4 ~ 32×10^4mg/L，水型以 Na_2SO_4、$NaHCO_3$ 型为主。

(6) 油层亲水性好。王场油田油层岩石表面润湿性表现为亲水—强亲水，岩石自吸水量为孔隙体积的 12% ~ 37%，自吸排油采收率达 20% ~ 35%；而且注入水冲洗后，储层亲水性增强，物性变好。

(7) 多油水界面、驱动能量差异较大。王场油田为多层砂岩油藏，纵向上油层多，油水界面多，相同油组不同构造单元油水界面不同。潜一段和潜三段油藏为中渗透性储层，有活跃边水，天然能量较充足，用 1% 的采油速度开采，产量相对稳定，采出 1% 的地质储量，地层压力平均下降 0.48 ~ 1.50MPa，属弹性水压驱动；潜四段油藏以低渗透岩性油藏为主，采出 1% 的地质储量，地层压力平均下降 4.75MPa，天然能量较弱，属弹性驱动，特别是大面积分布的潜 4^3 油组以岩性油藏为主，天然能量微弱。

三

1958 年，地质部根据李四光部长提出的“关于我国东部新华夏系内陆沉降带石油地质的战略预测”理论，成立江汉石油普查队和中原石油物探大队。1958—1959 年，由地质部航空磁测大队 904 队完成 1 ∶ 100 万航磁普查工作，由地质部中原石油物探大队进行了 1 ∶ 20 万区域重力测量，贯穿鄂中坳陷作了 1 ∶ 50 万地震、电测深联合大剖面，划分了构造单元，肯定了潜江凹陷是找油最有利的地区。1960 年开始面中选点，由中原石油物探大队在潜江凹陷用地震勘探方法进行局部构造的普查和详查工作，发现并圈定了王场构造 (1960 年定名为周矶构造，后因构造主要在王场镇附近，更名为王场构造)。

1961 年 6 月 1 日，湖北省地质局石油地质队在王场构造上用吉夫 – 1200 型钻机钻探了江汉“第一口中深井”——王 1 井，完钻井深 808.88m，在 738.72 ~ 782.92m 发现潜江组潜一段 4 层 6.95m 的含油砂岩。这一成果肯定了潜江凹陷具有生储油过程，确定了古近系潜江组是找油的主要目的层。

1964 年下半年，地质部副部长何长工到湖北检查工作，提出了对已发现油气显示好的地区进行进一步钻探，突破出油关的意见。1965 年 5 月部署钻探王 2 井，在 739.0 ~ 782.8m 发现油层 10.6m/7 层，于 1965 年 7 月 19 日试油获日产 1.28t 的工业油流，成为江汉盆地第一口出油井，从而发现王场油田潜一段油藏。

1965 年 8 月，地质部石油局在北京香山召开了会议。根据李四光部长指出的“江汉平原整个下第三系都是勘探目的层”的论断，何长工副部长指示要在王场构造上布置深井，向深部发展跟踪追击钻探新油层。为此，从华北调入一台 B–35 钻机钻探潜深 4 井，该井于 1965 年 9 月 29 日开钻，同年 12 月 10 日完钻，完钻井深 2002.1m，除在潜一段 774.0 ~ 909.0m 钻遇油层 10.0m/5 层外，还在 1515.4 ~ 1676.0m 发现新油层 29.4m/9 层，1966 年 1 月 18 日对潜 3^2 油组井段 1639.55 ~ 1650m 试油，获 5.8t 工业油流，从而发现王场油田潜三段油藏。1966 年 3 月 2 日—1966 年 5 月 5 日，对潜 3^1 油组、潜 3^2 油组井段 1534.21 ~ 1543m 和 1639.55 ~ 1650.0m 合层试油，用 10mm 油嘴获连续自喷，日产油 201t，产气 3012m^3。

1966 年 3 月 16 日，地质部部长李四光听取了王场构造出油的汇报后，指示在进一步勘探工作中，必须注意分析断裂与油藏的关系，特别要重视构造南翼是否有压性断裂存在。为了搞清构造和断裂的性质，扩大含油范围，在构造上又补充了一些地震工作，反复验证了王场构造的地质情况，并在距潜深 4 井 3100m 的车挡断层附近又部署了潜深 5 井。该井于 1966 年 4 月 7 日开钻，同年 6 月 11 日完钻，完钻井深 1985.73m。该井除在潜三段 1253.2 ~ 1367.0m 钻遇油层 29.4m/9 层外，还在 1605.0 ~ 1932.2m 新发现油层 16.8m/5 层。于 1966 年 6 月 25 日开始对 1605.0 ~ 1932.2m 试油，获自喷工业油流，30mm 油嘴生产，日产油 533.5t，日产气 $1.2 \times 10^4 m^3$ 以上，从而发现王场油田潜四段油藏。

1966 年 8 月至 1969 年 8 月对王场构造进行详探，横切轴向布了 3 条钻井剖面，另顺长轴以 1km 井距往两头部署探井。此阶段，共钻探井 36 口，试油 28 口，有 26 口获工业油流，探明了潜一段、潜三段油层的含油面积；车挡断层以南发现了王场南断块新的含油区块，扩大了潜四段的含油面积。其中，在王场构造北端王 9 井潜 4^1 和潜 4^2 油组之间发现新的油组，命名为 4 邻油组（简写为 4^0 油组）；潜 4^3 油组的油藏含油高度达到 1408m，含油范围已经大大超过了构造圈闭面积，且尚未探到油水边界。

四

王场油田 1970 年 9 月投入开发，分为三套开发层系（即潜一段、潜三段、潜四段三套层系），采用三角形和正方形井网布井，开发初期井距 300 ~ 800m，注水方式以边缘注水为主，兼有面积注水方式。油田开发经历了开发准备 (I)、战备油田建设 (II)、全面开井高产稳产 (III)、产量递减 (IV) 和精细开发 (V) 等五个阶段（图 1）。

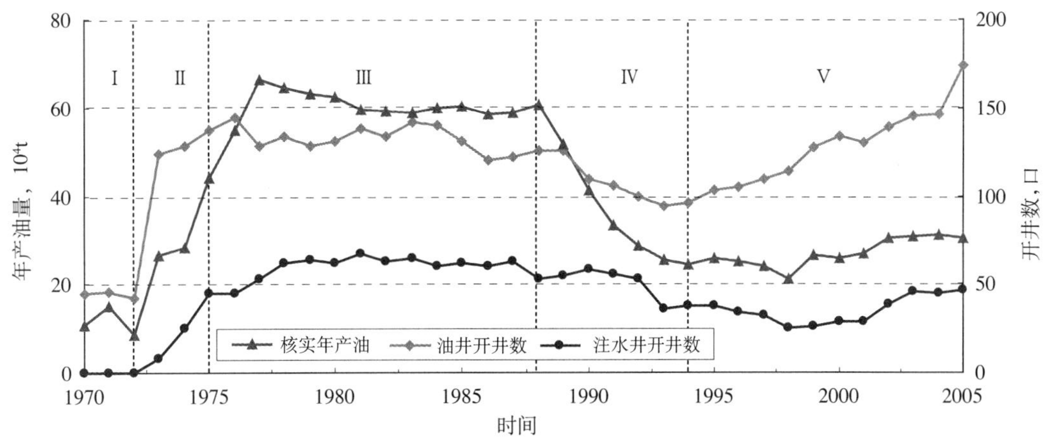

图 1　王场油田开发阶段划分图

(1) 开发准备阶段 (1970 年 9 月至 1972 年)。1970 年 9 月，为了检验油田强化开采能力，王场油田潜三段北断块开井 29 口高速试采 11 天，最高日产油 2896t，产油量平均日递减 1.44%，地层压力明显下降。同年 12 月，又在该断块开井 34 口，高速试采 15 天，最高日产油 2276t，油井产量和地层压力再次急剧下降。通过两次试采，说明油井生产能力旺盛，但天然驱动能量不足。

到 1971 年底，王场油田建成了 135 口油井和 14 座计量站点，各区块陆续投入开发。1971—1973 年间，共进行了 8 次间断试采。潜一段王 30 井区连续生产，王 2 井区有 4 口油井开展稠油降黏试验。

通过短期间断试采，鉴别驱动类型，潜一段、潜三段油层为连通好、中渗透性储层，具有活跃的边水，采出 1% 的地质储量，地层压力下降 0.48 ~ 1.50MPa，属弹性水压驱动；潜四段以低渗透岩性油藏为主，采出 1% 的地质储量，地层压力下降 4.75MPa，属弹性驱动。间断试采证实王场油田有一定的边水能量补充，但多数区块天然能量不足，必须走注水开发的道路。

1972 年 12 月，油井总井数 133 口，开井 42 口，其中自喷井 26 口，日产油 354t，综合含水 5.20%，年产油量 8.59×10^4t，采油速度 0.32%，采出程度 1.27%，累计产油 34.43×10^4t。

(2) 战备油田建设阶段 (1973 年至 1975 年)。1973 年 1 月王场油田潜三段北断块潜深 4 井区开展边缘注水试验，1973 年 6 月潜四段油藏开展面积注水试验，从 1973 年底开始对王场油田进行注采系统完善，转入工业性注水开发试验。根据江汉油田战备调整方案要求，将潜三段北断块、潜四段中区南部和北区列为保存区，平时只开少数井或间断开井；其他区块连续开井生产，注水后有 8 个区块 88 口油井见到了注水效果，年产油量逐年上升。

到 1975 年 12 月，共有油井总井数 189 口，开井 137 口，日产油 1702t，综合含水 13.10%，年产油量 44.22×10^4t，采油速度 1.63%，采出程度 4.91%，累计产油 133.68×10^4t；注水井 45 口，开井 45 口，日注水量 2611m^3，月注采比 0.95，累计注采比 0.41，年注水量 $53.48\times10^4m^3$，累计注水量 $89.69\times10^4m^3$。

(3) 全面开井高产稳产阶段 (1976 年至 1988 年)。1976 年，王场油田各区块普遍投入生产开发，1976 年 8 月全面开井，当年生产原油 54.79×10^4t。1976—1988 年，王场油田在采油速度 2% 以上的水平稳产了 13 年。在稳产初期经过细分层开发，加强分层注水，对油、水井低渗透层进行整体压裂改造，奠定了油田的稳产基础；稳产中后期，重点开展了以油井转注为主的注采井网完善、水井增注和油井压裂、酸化、找水、堵水等综合调整工作；1983 年以来，采取了放大生产压差、提高排液量采油措施，合理钻加密调整井，高含水井区采用间注间采、轮采、间歇注水等，保证了油田持续稳产高产。

1988 年 12 月，共有油井总井数 136 口，油井开井 126 口，日产油 1614t，综合含水 67.80%，年产油量 60.74×10^4t，采油速度 2.20%，采出程度 33.41%，累计产油 922.53×10^4t；注水井总井数 66 口，开井 53 口，日注水量 5048m^3，月注采比 0.82，累计注采比 0.87，年注水量 $196.69\times10^4m^3$，累计注水量 $1846.06\times10^4m^3$。

(4) 产量递减阶段 (1989 年至 1994 年)。从 1989 年 1 月开始，王场油田产量呈现快速递减趋势，由于稳产期间平均采油速度高达 2.17%，稳产期末已采出地质储量的 33.41%，采出可采储量的 71.1%，因而递减初期的产油量下降较快，1990 年产油量仅占稳产期平均产量的 68.6%。产量下降区块为潜三段北断块，主要原因是边水推进造成油井含水快速上升，1988 年潜三段北断块年产油量为 37.19×10^4t，综合含水 65.30%，到 1989 年，年产油量下降为 30.82×10^4t，综合含水上升为 78.50%，而到 1994 年，年产油量下降为 10.08×10^4t，综合含水上升为 93.19%，此后，该区块处于低速稳产阶段，王场油田产量下降趋势得到遏止。

到 1994 年 12 月，共有采油井 106 口，开井 96 口，日产油 681t，综合含水 89.72%，年产油量 24.35×10^4t，采油速度 0.88%，采出程度 40.80%，累计产油 1127.06×10^4t；注水井总井数 51 口，开井 38 口，日注水量 6133m^3，月注采比 0.92，累计注采比 0.88，年注水 $211.83\times10^4m^3$，累计注水 $3133.31\times10^4m^3$。

(5) 精细开发阶段 (1995 年至 2005 年 12 月)。精细开发初期，通过强化注采调整，深化控水稳油工作来实现产量稳定。1999 年，随着大型压裂、高压注水和小泵深抽技术的成熟，实现潜 4^3 油组低渗油藏的有效动用，通过滚动扩边，增加了潜 4^3 油组的含油面积与地质储量，逐步完善了潜 4^3 油组的注采井网。此外，在滚动勘探中新发现了周 8、王 76 和王 63 等含油区块，并相继投入开发。1998—2005 年，王场油田平均每年投产新井 20 口左右，使油井开数和年产油逐步上升。2005 年，王场油田开油井 174 口，日产油 859t，年产油 30.53×10^4t，实现了二次上产、稳产。

五

至 2005 年 12 月，王场油田累计探明含油面积 34.4km^2，石油地质储量 3296.6×10^4t，动用地质储量 3216.6×10^4t，标定采收率 51.2%，可采储量 1646.2×10^4t。王场油田油井总井数 198 口，开油井 174

口，日产油 859t，日产液 5079t，平均单井日产油 5.1t，单井日产液 30.4t，综合含水 83.20%，累计产油 1435.24×10^4t。2005 年年产油 30.53×10^4t，采油速度 0.98%，剩余可采储量采油速度 13.94%，地质储量采出程度 45.85%，可采储量采出程度 87.19%。注水井总数 82 口，开井 47 口，日注水 3359m^3，单井日注水 71m^3，月注采比 0.60，累计注水 $4841.86 \times 10^4 m^3$，累计注采比 0.80。

截至 2005 年底，王场油田建成计量站 20 座，计量接转站 10 座，拉油站 1 座，单井拉油点 3 座，设计生产能力 73.66×10^4t/a，集油能力 100×10^4t/a 的油、气、水地面集输系统。建有 15 条集油管线，总长 43.46km，单井油管线 158.4km，建有连续输油管线 1 条，即王场联合站—广华联合站外输油管线，长 10.1km。

王场油田由江汉采油厂五七作业区所属的采油一队、采油二队、采油三队、采油四队和采油十二队共同管理，共有职工 671 人。

六

王场油田是湖北省境内最大的油田，是我国 20 世纪 60 年代在腹地发现的中型油田，历经近四十年的开发，形成了一套盐湖油田高角度构造、高含盐、低渗透油藏的开发模式，具有自身的开发特色。

(1) 高角度构造油藏实现高效开发。王场油田主构造是一个不对称高角度背斜，两翼倾角由上至下变陡，潜四段油藏倾角达到 55° ~ 80° 。王场油田开发过程中，根据地质构造特点和油层分布状况，分别采用边缘注水和不规则面积注水加点状注水开发，均取得较好的开发效果。王场油田潜三段北断块为中、高渗透多层砂岩油藏，经过近四十年的科技攻关实践，总结出此类油藏高效开发的模式，至 2005 年底潜三段北断块油藏采出程度达到 59.02%，标定采收率 62.2%。

(2) 高矿化度油藏实现正常开发。王场油田地层水总矿化度达到 $23 \times 10^4 \sim 32 \times 10^4$mg/L，生产过程中易造成盐卡，抽油杆、油管、抽油泵和地面管线腐蚀严重。采用地面掺水解盐实现了油井的正常生产，同时研制了各种配套防腐蚀新技术。

(3) 摸索出一套低渗透油藏开发管理经验，对同类油藏的开发有指导借鉴意义。王场油田潜 4^3 油组有效孔隙度 12% ~ 16%，渗透率一般在 10 ~ 30mD，属于低孔低渗油藏，其中潜 4^3_1 渗透率 37.7mD，潜 4^3_2 渗透率 14.2mD，潜 4^3_3 渗透率 28.3mD，非均质性严重。开发过程中，采用高压与超高压注水和油井压裂及小泵深抽配套技术实现高效开发。王场油田低渗透油藏的成功开发，为江汉油区其他低渗透油藏开发积累了经验。

(4) 王场油田产量从 1976—1988 年实现了采油速度 2% 以上稳产十三年，为江汉油区实现连续十二年年产 100×10^4t 奠定了可靠的基础。到 2005 年底，王场油田产量仍占江汉油区产量的 40%，实现了高效开发，曾先后被中国石油天然气集团公司和中国石油化工集团公司授予“高效开发油田”称号。

(5) 在战备油田方案设计中体现了井网的多样性，对含油面积较小的油藏采用三角形井网、较密井距布井，对含油面积较大的油藏在国内首次采用了正方形井网、较大井距布井，都取得了良好的开发效果。

大事记

1965 年

5 月 3 日　地质部第五普查勘探大队 1204 钻井队在王场构造钻探王 2 井，同年 5 月 28 日完钻，完钻井深 810.72m，1965 年 6 月 14 日开始试油，在同年 7 月 19 日至 7 月 21 日，提捞获得日产 1.28t 的工业油流。这是湖北省的第一口工业油流井，发现了王场油田。

8 月　地质部部长李四光指出“江汉平原整个下第三系都是勘探目的层”，当时决定王场构造要向深层钻探，追索新油层。

9 月 29 日　地质部第五普查勘探大队 3007 钻井队在王场构造钻探潜深 4 井，同年 12 月 10 日完钻，井深 2002.1m，试油获连续自喷，日产油 201t，产气 3012m^3。地质部部长李四光在听取第五普查勘探大队关于潜深 4 井获得高产油流的汇报时指出：“在王场进一步勘探中，必须注意断裂与油藏的关系，特别要注意王场构造南翼有否压性断裂存在？”为此，在构造最高点的车挡断层附近部署钻探潜深 5 井。

1966 年

6 月 25 日　潜深 5 井完钻试油，日喷油 533.5t，日产气 $1.2 \times 10^4 m^3$。

1968 年

9 月 12 日　在潜三段南断块王 29 井试油获得日产 34t 的工业油流，从而扩大了含油面积。

10 月下旬　江汉油田第一个集油站——王场油田王 1 集油站建成。

1969 年

12 月 31 日　王场油田正式投入试采，王 1 集油站开始进油。

1971 年

5 月　江汉油田的第一个注水站——王场油田的王 2 注水站建成。

6 月 30 日　王场油田第一口注水井——王 3- 水 11 开始试注。

1972 年

1 月 10 日　五七油田会战指挥部由 5001 钻井队施工的油田第一口超深井——王深 2 井完钻，井深 5163.03m。

7 月　潜三段北断块进行注水开发试验。

1974 年

1 月　潜四段投入注水开发。

1976 年

8 月　王场油田全面开井，采油速度达到 2.01%，当年采油 $54.79 \times 10^4 t$。

1977 年

是年　油田采油速度达 2.69%，全年采油 $66.39 \times 10^4 t$，为历史最高峰。

1978 年

5 月　在王一集油站附近建成轻烃回收站。

1979 年

3 月　王 4–1 井首次进行压裂，获得成功。

1980 年

6 月　在王西 12–6 井试验油管锚定技术，减少油管外壁与套管内壁的偏磨，取得成功。

1982 年

9 月 28 日　建成处理能力为 $2.5 \times 10^4 \sim 3.0 \times 10^4 m^3/d$ 的轻烃回收装置，采用低压浅冷回收工艺。

12 月 10 日　江汉油田第一口密闭取心井王检 3–9 井顺利完钻。

1985 年

3 月　王场构造北端继续往北西方向勘探，王 74 井钻探发现潜 3^3 油组，王 79、王 78 井钻探发现潜 $4^{2下}$油组。

1986 年

1 月　由油田开发研究室贺锡明、杜修宜编写的《王场油田“七五”开发规划》获得石油工业部开发司全优一等奖。

是年　在西区 4–4 井采用 CYJ10–3–53B 常规型抽油机配用直径 38mm 防腐耐磨泵，在下泵深度为 1943m 条件下开展深抽试验获得成果。随后，在拖市、老新、钟市、广华等油田推广此项工艺技术。

1988 年

是年　对王一污水站进行技术改造，由无阀滤罐工艺改为压力滤罐工艺，使污水处理回注能力达到 $7000m^3/d$。

1989 年

9 月　王场油田第一口电潜泵在王 2– 水 13 井投入生产。

9 月 16 日　王四 12–2 井钻至潜 3^4 油组泥质白云岩油层时发生强烈井喷着火，湖北省省长郭振乾亲临现场指导灭火，中国石油天然气总公司派来灭火专家，附近市、县公安消防单位给予大力支持，经数千名职工奋力抢救，于 9 月 22 日将大火扑灭。

1992 年

5 月　王场油田潜二段稠油投入开发。

1994 年

3 月　发现周 8 井区，新增含油面积 $0.8km^2$，地质储量 118×10^4t。

1999 年

9 月　王场油田第一口水平井——王平 1 井投产。上报北断块盐间泥质白云岩新增含油面积 $1.1km^2$，新增地质储量 75×10^4t。

2000 年

12 月　王场油田北区王北 11–5 井区上报盐间泥质白云岩储层地质储量 80×10^4t。

2002 年

5 月　南断块扩边发现王 63 井区，2003 年上报地质储量 63×10^4t。

2004 年

12 月　王 57 井区和广 18 井区扩边分别新增地质储量 30×10^4t、46×10^4t。

第一章

油田地质

王场油田以砂岩油藏为主，油藏类型多，既有构造油藏，又有岩性油藏，还有稠油油藏和泥质白云岩特殊油藏。在油田各开发时期，结合技术进步，利用地震、钻井及动静态资料，对油田地质构造、储层与沉积相、流体性质、石油地质储量、剩余油分布规律等进行研究，以指导油田开发与调整。

第一节　构　造

王场构造位于潜江凹陷北部，是一个潜江组地层发育完整的背斜构造，轴向北西至南东向，构造东侧为王场向斜，构造西侧为蚌湖向斜及周矶向斜。王场构造是潜江凹陷北部隆起幅度最高、圈闭面积最大的一个背斜构造。在潜二段沉积前是蚌湖向斜的一部分，潜二段沉积时期，受高温高压作用影响，潜四段下段盐岩及软泥岩地层塑性流动才开始出现背斜雏形，荆河镇—广华寺组沉积时期，受北东、南西向推挤应力以及盐岩塑性流动的影响，王场背斜开始大幅度隆升，并持续发展，形成典型的盐隆背斜构造。

截至 1966 年 5 月，地质部在王场构造上共完成地震勘探 80km，完钻探井 6 口井，试油 4 口，完成对王场构造的石油普查勘探工作。1966 年 8 月地质部第五普查勘探大队和第四物探大队在地质普查资料基础上，对王场构造进行了初步研究，编写了《江汉平原潜江凹陷王场构造石油普查评价报告》。受完钻井数和井深限制，仅描述了王场油田潜一段和潜三段的构造形态。王场潜一段构造呈现一个南陡北缓，轴线微呈北东方向凸出的弧形短轴背斜，长轴 6.3km，短轴 1.3km，闭合高度 240m，闭合面积 6.3km^2；潜三段构造东南端被车挡断层切割，分为南北两个断背斜。潜三段北断块自断裂向北西倾伏，长轴约 7.4km，短轴 0.65km，潜三段南断块自断裂向南东倾伏，长轴约 1km，短轴 1.3km。后期随着钻井井数的增加，利用实钻资料对王场构造进行了不断地补充与完善，最终认为王场油田主构造是一个不对称高角度背斜（图 1–1、图 1–2），轴向为西北 305°、南东 108°，两翼倾角由上至下变陡。其构造特征是隆起幅度高，两翼倾角陡，构造呈狭长形，在构造的主体部位潜一段地层构造两翼倾角为 21°～29°，潜三段 35°～45°，潜四段上段 55°～80°。主体部位闭合高度潜一段 250m，潜三段 700m，潜四段 1100m。潜一段构造长轴 7.5km，短轴 1.4km；潜三段构造长轴 10.5km，短轴 1.5km；潜四段构造长轴 12.1km，短轴 1.7km；属上缓下陡的长轴背斜（表 1–1）。

潜一段至潜四段上段为盐韵律夹砂、泥岩沉积，在构造变形中塑性增强，因此，构造比较完整，断层不发育，共有七条断层，主要分布在主构造的轴部，以垂直构造轴向为主。横切背斜构造的车挡断层是油田内最大的断层，把油田切割为南、北两部分，断层走向北东 35°～45°，倾角 15°～70°，延伸长度 9km 以上，最大落差 1000m，在构造轴部断距最大，往两侧断距迅速变小。构造北倾没端与南倾没端分别发育两条和四条小型正断层。

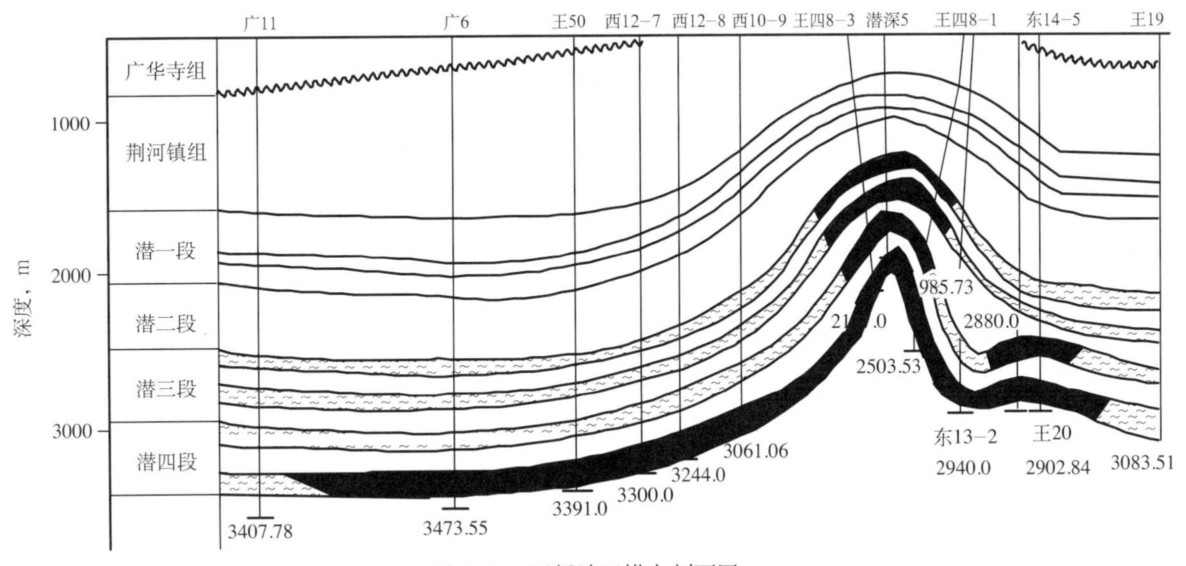

图 1–1　王场油田横向剖面图

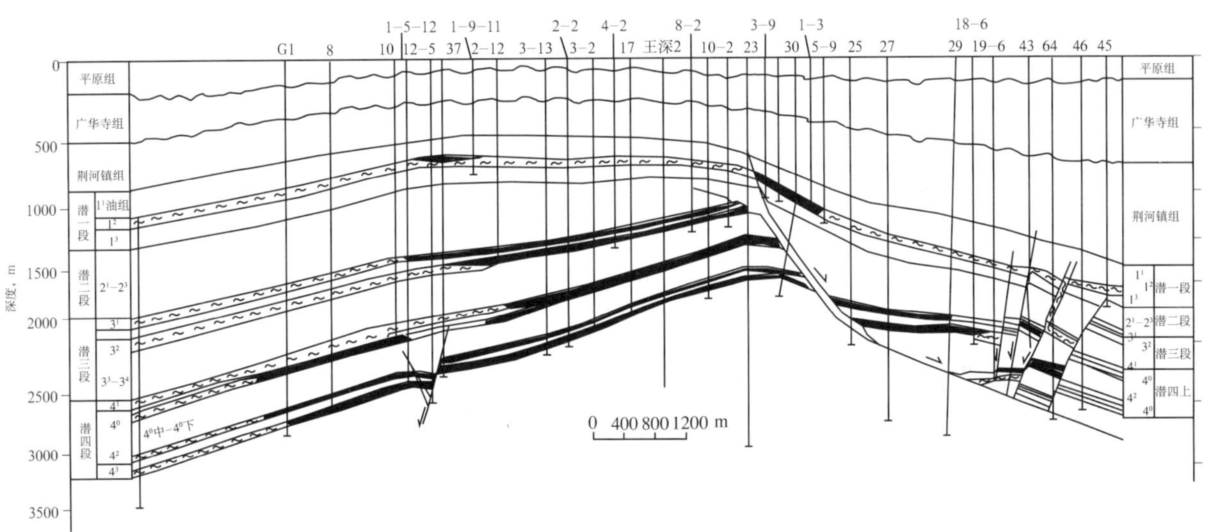

图 1–2　王场油田纵向剖面图

表 1–1　王场构造背斜要素表

层位	区块	构造层	轴向	两翼倾角	闭合面积，km²	闭合幅度，m	高点埋深，m
潜一段	主体	潜 1^2	NW—SE	21°～ 29°	8.4	250	750
	南断块	潜 1^2	NW—SE	25°～ 26°	1.6	300	1100
潜三段	北断块	潜 3^2	NW—SE	35°～ 45°	10.0	700	1300
	南断块	潜 3^2	NW—SE	20°～ 33°	3.0	200	2300
潜四段	北断块	潜 4^3	NW—SE	55° ～ 80°	10.7	1100	1900
	南断块	潜 4^3	NW—SE	18° ～ 21°	1.8	200	2900

第二节　储　层

王场油田油气集中分布在古近系潜江组地层中，纵向上含油层系多、井段长，潜三段和潜四段为主要含油层系，储层为以盐韵律为主夹砂泥岩的较深—深湖环境下滑塌浊积成因的盐湖密度流砂体和浅水盐湖滩、坝相砂体。储层物性、原油性质差异大。

一、地层

1966年6月在王场构造上的石油普查勘探工作结束后，地质部第五普查勘探大队和第四物探大队根据王场构造9口探井的实钻资料，主要从岩性、电性及膏盐韵律性等三个方面为主，对王场构造的地层进行了划分。自上而下为第四系平原组、新近系拾迴桥组、古近系周矶组，其中周矶组分为绿灰色岩段、上含膏段、砂泥岩互层段、岩盐段(岩盐段上亚段、岩盐段下亚段)。受井数和井深(最深井为2002.1m)限制，王场构造地层层序仅揭示到岩盐段下亚段。

1967年下半年至1969年上半年，除利用岩性、电性特征外，还充分利用古生物分析资料、岩矿资料，对白垩系、古近系和新近系地层应用了介形虫、轮藻和孢粉等微古生物资料和重矿分析资料，进行了多次井与井之间、凹陷与凹陷之间以及凸起与凹陷之间的地层对比工作，整理了各井地层分层数据表，确定了江汉盆地白垩—新近系标准剖面。江汉盆地地层自上而下为第四系平原组，新近系广华寺组，古近系荆河镇组、潜江组、荆沙组、新沟嘴组和白垩系渔洋组。其中王场地区地层仅揭示到古近系荆沙组(未钻穿)。

该标准剖面比普查勘探阶段建立的综合地层剖面更科学合理，把新近系杂色黏土岩组由拾迴桥组更名为广华寺组，古近系周矶组的绿灰色岩段更名为荆河镇组，古近系周矶组的上含膏段、砂泥岩互层段、岩盐段统称为潜江组。

二、沉积相

潜江组沉积时，属亚热带、干湿交替气候下的盐湖沉积，地形北高南低，母岩区在北部武当山、桐柏山一带，物源主要来自潜江凹陷北部的荆门地堑和汉水地堑，为单向远物源补给。主要发育三角洲—湖泊和扇三角洲—湖泊两大沉积体系。

王场油田处在深水与浅水盐湖相的过渡地带，沉积了盐韵律为主夹砂泥岩的地层，钙芒硝和白云岩发育，主要砂体类型为较深—深湖环境下滑塌浊积成因的盐湖密度流砂体和浅水盐湖滩、坝相砂体。

盐湖密度流出现在古地形洼槽或斜坡区，具有牵引流及重力流沉积构造，主砂体长轴方向与陡坡三角洲主流线方向一致，呈条带状、指状或串珠状，单砂体横剖面多呈底凸顶平或双凸形的透镜状。盐湖密度流可细分出辫状沟道、沟堤、沟间、中心相浊积岩相、湖盆膏泥盐岩等微相。浅水盐湖滩坝相主要包括滩坝微相和顶底的泥膏盐微相，砂体分布于凹陷内的广大浅水区域及古地形平缓斜坡带，以潜三段为代表。滩坝砂体平面形态为席状、透镜状或条带状，其中滩砂单层薄，砂、泥岩频繁交互；坝砂单层厚度较大，常含鲕粒，发育波状及波状交错层理，以潜四段为代表。

三、油层层系划分

王场油田储层集中在古近系潜江组，自上而下分潜一段、潜三段、潜四段共三个含油层段。大套盐韵律层段中的多个油组含油，使纵向上油层比较分散，油层最浅739.0m，最深达到3467.6m，单井含油井段长达1800余米，潜一段油层埋藏深度为739.6～1330.7m，含油井段约570m；潜三段油藏被车挡断层切割为北、南两个断块，北断块油层埋藏深度1237.2～1366m，含油井段约430m，南断块油层埋藏深度2044～2605.2m，含油井段约500m；潜四段油层埋藏深度为1519.2～3467.6m，含油井段约1950m，但在其构造的不同部位深度不同，分区含油井段长约500~1200m(图1–3)。

王场油田共分 1^3 个油组，45个含油小层。其中潜一段1个油组：潜 1^2；潜三段6个油组：潜 3^1、潜 3^2、潜 3^3、潜 $3^{3\text{下}}$、潜 3^4；潜四段7个油组：潜 4^1、潜 4^0、潜 $4^{0\text{中}}$、潜 $4^{0\text{下}}$、潜 4^2、潜 $4^{2\text{下}}$、潜 4^3，

其中潜4^3_3小层经过滚动勘探开发，实现了与黄场油田、广华油田的连片，成为江汉油区含油面积最大的整装低渗透油藏。潜三段、潜四段是油田的主力含油层段，分布较广、面积较大，储量较多。

王场油田处在盐湖相区，在构造主体多油组含油，虽然油层累计厚度大，单井一般 30 ~ 40m，最厚可达 50m，但各油组油层平均厚度都比较薄，平均最厚 11.4m，最薄 5.8m。总体而言，处在沉积水体相对淡化期的油组油层厚度较大，而处在沉积水体相对浓缩时期的油组油层厚度较薄，潜3^1、潜3^2油组为相对淡化期沉积，油层平均厚度为 10m 左右，其余油组为相对浓缩期的沉积，油层平均厚度相对较薄，一般小于 10m。

各油组、小层之间的隔层均为一套泥膏岩与盐岩组成的韵律层，厚度大、分隔性好，各油组之间的隔层厚度一般在 20m 以上，各小层之间的隔层厚度一般在 2m 以上。王场油田为一套盐湖相沉积，沉积特征为反韵律、复合韵律层。

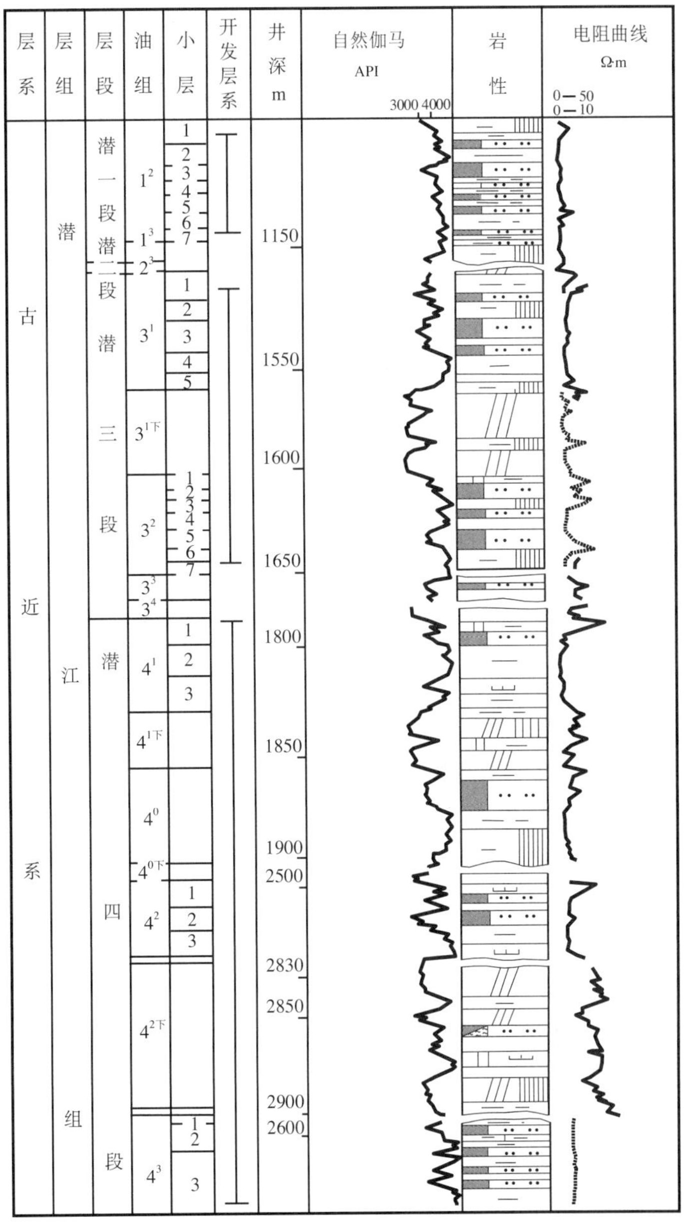

图 1–3　王场油田综合柱状图

四、岩性物性

储集层以细砂岩和粉砂岩为主，岩性组合以反韵律为主，其次是复合韵律，粒度中值为 0.08 ~ 0.122mm，胶结物主要是泥质、灰质和泥白云岩，其次是硬石膏，胶结物含量 10% ~ 20%，胶结类型以孔隙、接触式为主。

油层物性特点是浅层好，深层差。潜一段油藏有效孔隙度 25% ~ 28.5%，空气渗透率为 1880 ~ 2536mD，属高孔、特高渗透率油藏；潜三段油藏有效孔隙度 20% ~ 24%，空气渗透率为 261 ~ 684mD，有效渗透率为 231 ~ 253mD，属中孔、中渗透率油藏；潜四段油藏有效孔隙度 14% ~ 17.5%，空气渗透率为 16 ~ 198mD，有效渗透率为 12 ~ 60mD，其中潜4^3油组有效孔隙度 12% ~ 16%，渗透率一般在 10 ~ 30mD，属于低孔低渗油藏。

孔隙类型主要是粒间孔和少量的溶蚀孔、晶间孔等次生孔隙。孔喉半径中值潜三段北断块为 8.33μm，潜三段南断块为 6.00μm，以中粗孔喉分布为主，孔喉分选系数小于 2；潜四段孔喉半径中值为 1.7 ~ 4.0μm，以中细孔喉分布为主，孔喉分选系数大于 2。

王场油田储层砂岩陆源成分中以石英为主，含量为 55.6% ~ 60.6%。其余为长石，含量为 21.3% ~ 28.9%；岩屑含量为 12.6% ~ 20.5%，以变质岩岩屑为主。

砂岩中的黏土矿物为单一的伊利石—绿泥石组合，黏土矿物含量 2.37%，主要为伊利石，占

2.13%；其次为绿泥石，占0.24%，不含或少含伊/蒙混层矿物，缺乏淡水盆地中存在的高岭石、蒙皂石和大量伊/蒙混层矿物。伊利石以2M型为主，绿泥石以铁绿泥石为主，含有部分Mg—Fe绿泥石。这是因为盐湖水体中富含钾、钠、镁、铁离子，给黏土矿物的转化创造了条件，使蒙皂石和高岭石一经沉积即迅速转化成伊利石、绿泥石。

五、敏感性

由于储层黏土矿物含量、孔隙结构特征不同，王场油田各区块的储层敏感性存在一定差异。

王场油田潜三段储层无速敏、弱—强水敏、强盐敏、无酸敏；潜四段无速敏、无水敏、无盐敏、弱—无碱敏、弱—无酸敏。

六、润湿性

储层岩石表面润湿性为亲水—强亲水性，岩石自吸水量为孔隙体积的12%～37%，经注入水冲洗，油层岩石表面亲水性增强，已测得的相对渗透率曲线中，曲线交点均向高含水饱和度方向偏移，一般为0.6左右，说明岩石表面润湿性为强亲水。

七、非均质性

平面上，潜三段油藏中北断块储层物性好于南断块，潜四段油藏中构造顶部储层物性好于构造两翼。同一区域内由于受沉积环境的影响，平面上渗透率差异大，如王场油田潜4^3油组共有潜4^3_1、潜4^3_2、潜4^3_3等3个小层，各小层变异系数分别为3.62、2.97、4.63，突进系数分别为37.94、32.46、62.79，渗透率级差分别为2349.3、730.6、3164.4，表现为严重非均质性。

纵向上由浅到深油层物性由好变差，潜四段东区和西区的孔隙度最小，为14.0%，潜一段王30井区孔隙度最大，为28.5%；空气渗透率潜四段王广区最小，为15.9mD，潜一段王2井区最大，为2537mD，各含油层段之间非均质严重。同一油组的不同含油小层之间渗透率差异大，层间非均质性严重，即使在同一油层内，不同井段的渗透率也不同。因此，王场油田层间非质均性严重。

第三节　流　体

一、流体性质

王场油田纵向上原油性质差异大，浅层差、深层好；天然气均以溶解气为主；因沉积环境影响，地层水矿化度高。

王场油田原油属石蜡基原油，含蜡量4.8%～26.2%，凝固点21～30℃。潜一段为高黏度、重质稠油，地面原油相对密度0.9682～0.9913，地下原油黏度99.4mPa·s；潜三段为中黏度原油，地面原油相对密度0.8635～0.8788，地下原油黏度3.6～8.2mPa·s；潜四段为低黏度原油，地面原油相对密度0.8397～0.8635，地下原油黏度1.6～5.4mPa·s。原油性质具有深层好、浅层差的特点。

原油饱和压力低，地饱压差大，原始气油比低。潜四段原油饱和压力一般为4.3～6.9MPa，地饱压差21.0～38.0MPa，原始气油比32.5～74.4m^3/t；潜三段原油饱和压力2.26～3.65MPa，地饱压差14～22MPa，原始气油比18.5～34.4m^3/t；潜一段原油饱和压力0.8～0.9MPa，地饱压差7～12MPa，原始气油比3～4m^3/t。

地层水总矿化度为27.9×10^4～32.8×10^4mg/L，水型以硫酸钠、碳酸氢钠为主。其中潜一段地层水总矿化度为27.9×10^4mg/L，水型为硫酸钠；潜三段地层水总矿化度为30.5×10^4～32.0×10^4mg/L，水

型为硫酸钠、碳酸氢钠；潜四段地层水总矿化度为 31×10^4 ～ 32.8×10^4mg/L，水型为硫酸钠为主，少量碳酸氢钠、氯化钙、氯化镁。

天然气轻烃含量低，甲烷含量一般为 30% ～ 40%，相对密度为 0.9653 ～ 1.2032。

二、流体分布

王场油田以多层砂岩油藏为主，纵向上油层多，油水界面多，相同油组不同构造单元油水界面不同。从全油田看上部油层含油面积小，下部油层含油面积大。潜一段王 30 井区原始油水界面深度为 1330m；王 2 井区原始油水界面深度 784m；潜三段北断块油藏原始油水界面深度为 1576 ～ 1666m；南断块原始油水界面深度为 2365 ～ 2605m；潜四段油藏原始油水界面为 2020 ～ 3250m。

三、渗流特征

根据王场油田潜 3^1、潜 3^2、潜 4^0、潜 4^2、潜 4^3 等油组油层的油水相对渗透率曲线，曲线具有明显亲水特征，油水相对渗透率曲线交点向高含水饱和度方向偏移，一般为 0.6 左右。

2005 年江汉油田分公司李国信、研究院张书平、彭裕林等人在《王场油田水驱储层参数变化机理与规律研究》中，对王场油田水驱储层参数和储层孔隙结构变化规律进行了研究，得出如下结论：

水驱后孔隙度增大。所有 51 块样品水驱后的孔隙度都比原始孔隙度大，水驱前平均孔隙度为 22.18%，水驱后为 23.88%，增幅为 7.66%，其中潜四段岩样水驱后的孔隙度变化较潜三段大，潜三段孔隙度增大幅度为 6.90%，潜四段孔隙度增大幅度为 9.68%。

当岩样空气渗透率小于 80mD 时，水驱使岩心的渗透率降低；当岩样的渗透率大于 80mD 时，水驱使岩心的渗透率增大，潜三段渗透率增幅为 40.61%，潜四段渗透率增幅为 22.67%。

对潜三段、潜四段油层水驱前后的毛细管压力变化进行对比，发现排驱压力和中值压力总体上是下降的，排驱压力和中值压力的变化与样品的空气渗透率有关，空气渗透率越大，排驱压力和中值压力下降越多。

水驱后岩样的最大孔喉半径和中值孔喉半径总体上是增大的，最大孔喉半径和中值孔喉半径的变化与样品的空气渗透率有关，空气渗透率越大，最大孔喉半径和中值孔喉半径增大越多。

王场油田储层岩石水驱后亲水性增强，说明王场油田储层岩石经过注入水的长期冲刷，岩石的润湿性向亲水的方向转变，原来弱亲水的岩石，在水驱后变成亲水；原来亲水的岩石，在水驱后亲水性会更强。

王场油田储层岩石经过注入水的长期驱替，油水相对渗透率曲线的交点饱和度增大、无水期采收率增大、最终采收率增大、残余油饱和度下降。

长期水驱对王场油田砂岩储层的应力特性影响很小。

第四节　油　藏

一、压力、温度

王场油田地层温度 61 ～ 119℃，原始地层压力 8.05 ～ 42.03MPa。其中潜一段油藏地层温度 61℃，原始地层压力 8.05 ～ 12.87MPa；潜三段油藏地层温度 70.4 ～ 93.5℃，原始地层压力 16.05~25.9MPa；潜四段油藏地层温度 87.5 ～ 118.9℃，原始地层压力 25.89 ～ 42.03MPa。

二、天然能量

王场油田潜一段王 30 井区、王 2 井区，潜三段的北断块、南断块，潜四段的王南等区块属于弹性水压驱动，天然能量较充足；潜四段的中区北部、中区南部、东区、西区、北区和王广区属于弹性驱动，天然能量弱。

三、油藏类型

由于沉积和构造因素影响，王场油田出现多种油藏类型：潜一段王 30 井区和王 2 井区为普通稠油油藏；潜三段为中高渗透多层砂岩油藏；潜四段的潜 4^1、潜 4^0、潜 4^2 为中高渗透油藏，潜 4^3 为大面积分布的低渗透油藏；同时，在潜二段、潜三段、潜四段多层巨厚的盐韵律层之间分布一定数量的泥质白云岩油藏。

第五节　储　量

1978—2005 年王场油田曾经 10 次申报探明石油地质储量，截至 2005 年底，累计探明石油地质储量 3296.6×10^4t，可采储量 1654.2×10^4t。

一、石油地质储量

1978 年，根据石油化学工业部的要求，以石油化学工业部油田勘探开发部和石油勘探规划研究院 1977 年 7 月编制的《油（气）地质储量计算工作意见（试行）》为依据，结合江汉油田的实际，对江汉油田进行储量计算，于 1979 年元月在廊坊向石油工业部储量委员会汇报，并被批准。王场油田累计探明含油面积 32.6km^2，地质储量 2466×10^4t。

1985 年北区新增含油面积 0.3km^2，地质储量 5.0×10^4t。

1985 年根据石油工业部 (84) 油勘字第 22 号文件及 1985 年东部会议（辽河）要求，在 1978 年上报地质储量的基础上，对王场油田的地质储量进行了重新计算、核实。其中 6 个区块由于含油面积扩大、有效厚度增加、油干标准发生变化及出现新含油层系等原因，复算后储量增加；3 个区块由于扣除原储量试油日产油量小于 0.5t 的油层储量，复算后地质储量减小；1 个区块由于储量规模太小，无法动用，进行储量核销。复算后，王场油田累计探明含油面积 32.7km^2，地质储量 2721×10^4t。

1986 年在北区新增含油面积 0.3km^2，地质储量 40×10^4t。

1994 年王场油田在周 8 井区新发现含油面积 0.8km^2，地质储量 118×10^4t。

1999 年在王广区滚动新增地质储量 112×10^4t，王平 1 井区泥质白云岩上报地质储量 75×10^4t。

2000 年王北 11–5 井区泥质白云岩储层上报地质储量 80×10^4t。

2003 年在王 63 井区扩边新增含油面积 0.6km^2，地质储量 63×10^4t。

2004 年在潜三段南断块王 57 井区新增地质储量 30×10^4t；王广区广 18 井区新增地质储量 46×10^4t。

2005 年在王广区广 15–3 井区新增地质储量 11.6×10^4t。

截至 2005 年 12 月，王场油田累计探明含油面积 34.4km^2，地质储量 3296.6×10^4t，其中动用含油面积 34.4km^2，地质储量 3216.6×10^4t，王北 11–5 井区上报地质储量 80×10^4t 未动用。

二、石油可采储量

1981 年第一次标定可采储量，王场油田可采储量 1036.2×10^4t，标定采收率 42.0%。

按编制“七五”规划的要求，1985 年进行第二次可采储量标定，标定结果于 1985 年 7 月在华北油田研究院进行审查，并被批准。王场油田可采储量 1268.4×10^4t，标定采收率 46.6%。

根据中国石油天然气总公司 (89) 开字第 33 号文件的通知，为进一步落实油气资源、分析油田的开发情况、评价开发效果、为编制“八五”规划准备，1989 年进行第三次可采储量标定，经中国石油天然气总公司评审通过，王场油田可采储量 1370.7×10^4t，标定采收率 49.6%。

按中国石油天然气总公司 (93) 开字第 28 号文件的要求，1993 年对王场油田的可采储量进行年度标定，王场油田可采储量 1313.4×10^4t，标定采收率 47.6%。

从此以后，每年年底都要对已开发油田的可采储量进行年底标定。已探明未开发油田的可采储量以当年新增储量上报全国矿产储量委员会批准的数值为准。

截至 2005 年 12 月，王场油田可采储量 1654.2×10^4t，标定采收率 50.2%，其中已动用储量标定采收率 51.2%，可采储量 1646.2×10^4t。

第二章

开发部署与调整

王场油田1969年开始部署实施潜一段、潜三段和潜四段开发方案；1970年9月投入开发；1974—1977年进行抽稀井网，细分层系调整，调整对象是潜三段南断块、潜四段中区南部，对低渗透层进行整体压裂改造，调整后两个区块分别于1976年、1977年达到最高峰产量，采油速度分别为4.73%和4.58%；1977—1983年进行局部注采井网完善，增产、增注措施调整，调整对象是潜四段，七年钻调整更新井26口，重点完善了东区、西区、王广区的注采井网，同时对注水井采取增注措施，对采油井进行酸化、压裂、堵水、补孔等增产措施；1983—1984年主力区块挖潜调整，调整对象是潜三段北断块，通过新钻井7口，适当调整了一些井的生产层位，充分挖掘了潜3^2_4，潜3^2_5这两个油砂体的潜力，1985年北断块生产原油31.2×10^4t，达到了投入开发至1985年的最高值；1990—2005年高含水期采取综合调整，调整初期主要针对潜三段北断块，主要内容是调整高含水期平面、纵向水驱油状况，调整后注采方式为边缘加点状注水，1998年以来通过对区块的重新认识以及深抽配套工艺技术水平的提高，低渗透油藏王广、西区、东区、北区的滚动完善，新区周8、王63等区块投入开发，综合调整后王场油田的含水与采出程度关系曲线出现了明显的转折，整体趋势在向好的方向发展。

第一节　开发方案

截至1969年，王场油田已发现具有工业价值的有7个油组，自上而下分别是潜一段周矶砂岩，潜三段潜3^1、潜3^2油组，潜四段潜4^1、潜4^0、潜4^2、潜4^3油组。多油组、长井段、纵向分散的油层分布特征，将潜一段、潜三段、潜四段分成三套层系开发。油田开发工作贯彻执行“平时试采、一般稳产，战时集中高产、多产，甚至强化开采”和“高产稳产，达到较高的最终采收率”的开发方针，对各类油藏进行早期描述，开展短期试采，进行各种现场试验，加强动态监测，及时修正油田静态认识。为满足战备油田分区开发的需要，将位于王场主构造、储层连片分布的潜四段油藏划分为五个开发单元：构造轴部划分为中区北部和中区南部，构造东边靠近黄场油田划为东区，构造西边划为西区，在西区与广华油田之间划为王广区，并将潜三段北断块、中区南部、北区列为战备保存区，潜三段南断块、中区北部、东区、西区和王广区划为生产区。1969年10月，根据开发方针，结合油田实际，按战时高产稳产的原则，分别编制了三套层系的开发规划方案。

一、潜一段

王场油田潜一段砂层埋藏浅，共有五个含油区域：王2井区含油面积0.4km^2，油层平均有效厚度7.4m；王30井区含油面积1.14km^2，油层平均有效厚度7.7m；王45井区含油面积0.2km^2，油层平均有效厚度1.0m；王17井区含油面积0.08km^2，油层平均有效厚度1.0m；潜深5井区含油面积0.07km^2，油层平均有效厚度1.0m。其中砂岩和软泥岩层都有一定的油气显示，经试油证实具有一定生产能力。

1971年6月五七油田第六团（现江汉油田分公司勘探开发研究院）编制了《王场油田潜一段油层开

发井网部署方案》。

王 30 井区和王 2 井区含油面积与油层平均有效厚度大，试油证实有工业油流，是方案中主要开发井区；在录井时油气显示好，未经试油的王 17 井区钻两口探井进行试油，以探明含油面积和了解产能。

潜一段油藏储层较集中，油层物性较一致，采用一套层系开发。方案共部署新井 43 口，采用正方形井网，200m 井距，建成原油生产能力 5.67×10^4t/a。其中王 30 井区含油面积 1.14km^2，其中纯油区 0.24km^2，油水过渡带 0.9 km^2，部署开发井 28 口，开发目的层为潜一段油层，井深 1150 ~ 1450m。根据王 101 井、王 30 井、王 32 井试油资料，平均单井日产油 8.3t，单井标定产能 6.0t，建成原油生产能力 5.0×10^4t/a。王 2 井区由于潜一段油层油水关系复杂，含油边界未确定，布井选择王 2、王 3 至王 37、王 10 井一带有利地区，部署面积 0.4 km^2，新部署 13 口油井，开发目的层为潜一段砂岩及软泥岩层，井深在 1000~1100m。王 17 井区部署探井 2 口，要求钻穿软泥层，对潜一段砂岩进行分层试油。根据试采资料，王 2 井区和王 17 井区新井单井产能标定 1.5t，15 口油井建成原油生产能力 0.67×10^4t/a。

截至 1973 年底，潜一段共建油井 30 口，开井 18 口，日产油 114t，日产水 67t，综合含水 37%，年产油量 4.01×10^4t，未建水井。方案实施结果与方案要求有一定差距，主要是王 2 井区因含油面积缩小，实施的油井数和产能未达方案要求。

二、潜三段

1969 年 10 月，五七油田第六团编制了《王场油田潜三段油层开发井网部署方案》。

潜三段为多油层组成，共包括 15 个小层，划分为潜 3^1、潜 3^2 两个油层组，在油组内隔层较薄，一般 3m 左右，虽然也具备分层系开发的条件，但对比开发效果和综合研究技术经济指标结果以合采为佳，所以潜三段采用一套层系开发。

根据战备油田开发方针的要求，采油速度要达到 4% ~ 5%，相应要求部署必要的油水井数，充分发挥油层能力。从 10 口井岩心资料和电测解释资料分析，潜三段油层属于中高渗透类型，采用 250 ~ 300m 井距试采，未发现明显井间干扰，所以用 300m 井距进行了开发指标计算，计算结果采油速度可以达到 4% ~ 5%。

井网部署要适应战备油田开发的主动性和必要的灵活性，便于调整控制。潜三段油层的井网布置是在已定开发层系，未定注水方式的情况下进行的，要能同时满足面积注水、横切割注水和边缘注水三种方式的灵活调整，先钻井后定注采井别。根据反复比较，在井网密度大体相同的情况下，四点法面积井网能适应这种特定条件。

综合考虑结果，潜三段油层采用 300m 井距，用四点法面积井网全面布井。全油田部署井 70 口，北断块布井 50 口（原探井 12 口，新布生产井 38 口），南断块布井 20 口（原探井 7 口，新布生产井 13 口）。

至 1971 年底，潜三段北断块已全部钻完所部署新井，实际井数为 52 口（潜四段井转潜三段生产 2 口），开井 22 口，日产油量 260t，不含水，年产油量 9.0×10^4t；未建注水井。南断块至 1971 年实际完钻井数 22 口，控制生产，年产油量 1.7×10^4t；未建注水井。方案实施结果与开发部署方案吻合。

三、潜四段

1969 年 10 月，五七油田第六团编制了《王场油田潜四段油层开发井网部署方案》。

在方案编制过程中遵循了七条开发方针与原则：一是王场油田为战备油田，开发方案应以提高采油速度为核心，平时不采或少采，战时集中多产高产，保证三五年内保持最高的采油速度，多拿油，满足战争的需要；二是潜四段原油性质好，但油层物性差，前者是开发的有利条件，后者与高速开采要求相矛盾，要求在开采过程中广泛采取增产措施；三是潜四段储量大，但弹性能量小，表现在开采过程中产量、压力下降快，单井单位压降采油量仅 100t 左右，为使油井保持旺盛的生产能力，保证较高的采油速度，必须实行早期分层注水，保证地层压力的开发原则；四是潜四段油层分布面积广，岩性变化大，要高采油速度开采，井网密度要适当加大；五是潜四段油层分布面积广，但有效厚度薄，当时含油面积的边缘尚不清楚，而潜四段的地层水含碘、钾等元素较多，因此必须采取油水并举，以油为主，综合利用，充分利用地下一切资源的原则；六是本地区地面为良田，定井位时，应尽量少占地，并尽量把地面井位布在路边、田边、沟边，对潜四段主构造部位应尽量利用潜三段的井场；七是潜四段油藏深，构造陡，钻井过程中，易把井钻斜，因此应特别注意。

王场油田潜四段各油组原油、天然气和地层水性质接近；储层物理性质较接近，渗透率差异不大；构造两翼潜四段油层单一，以潜 4^3 为主，含油井段集中，仅构造轴部埋藏潜 4^1、潜 4^2 油组，在北区发现潜 4^0 油组。因此，采用一套层系开发。

从试采资料可以看到，潜四段油藏的天然能量不足，其单位压降采油量较小，地层压力下降也较快。随着地层压力下降，产量也有所下降，这不仅要求注水补充地层能量，而且要求加强注水开采。

王场油田潜四段油藏含油面积较大，边水不活跃。会战指挥部领导和六团三连的技术干部决定采用面积注水方式比较合适。王场油田潜四段在构造东、西两侧在国内首次采用油田开采中后期注采调整比较灵活的正方形井网，在主构造部分采用三角形井网。

由于潜四段油层埋藏深，油层分布面积广，油层深度变化较大，加之边水不活跃等原因，所以在编制潜四段开发方案时，必须以潜 4^3 油层为主，曾采用井距 200m、300m、400m 等三种正方形井网布井优选，最终采用 300m 井距方案布井，可控制 90% 的油砂体体积。

1970 年计算的地质储量，潜四段油藏为 2043.4×10^4t，叠加含油面积 27.5km^2，设计采油速度 4%，运用试油试采法和采油指数法，标定潜四段油井单井日产油能力为 12t。

潜四段共设计钻井 244 口，其中主构造 94 口，王 20 井区(后改名为东区)53 口，王 49 井区 97 口(后改名为西区)。按方案要求分期分批实施。

潜四段油藏原油性质好、产能较高，但油层厚度变化大，采取分而治之的办法。主构造陡窄，采用 300m 三角形井网布井，中区北部物性差，构造倾角较小，采用面积注水方式开采；中区南部油层发育、构造陡，采用边缘注水方式开采；两翼分布的东区、西区和构造北部的北区，油层单一，含油面积较大，均采用 400m 井距正方形井网、面积注水方式开采；西区西南部的王广区，油层埋深 3400m 左右，油层单一且薄，采用 600m 井距；王南区油层埋深 2900m 以上，构造不明朗，以 500m 井距布少量井，靠天然能量开采。

到 1971 年底，已钻井达 78 口，井别未定。到 1973 年底，共钻井 112 口，其中水井 3 口。主构造(中区北部和中区南部)共钻井 45 口；东区共钻井 26 口，西区共钻井 28 口；王广区物性差，产量低，基本未动用，共钻井 2 口；王南共钻井 2 口；北区共钻井 9 口。

方案实施过程中，因钻遇油层的厚度及物性的变化与开发部署方案相差较大，对西区和东区的井距进行了调整，加大到 400 ～ 600m，未全面完成方案设计的工作量。

第二节　开发试验

为了合理开发油田，从 1970 年开始，王场油田先后开展了一系列的开发试验，主要由地质研究、油田开发和设计单位的专业人员组成试验小组，分项实施，为油田高产稳产提供了科学依据。

一、边缘注水试验

王场油田潜三段油藏是一个弹性水压驱动类型的油藏。试采实践表明，边水能量小，油井产量、压力递减快，不能达到高产、稳产的要求。为了解决油层的吸水能力、注水压力、油田内部生产井是否收到注水效果等问题，于 1972 年 2 月由五七油田第六团编制《王场油田潜三段油藏边外注水开发试验方案》，在潜深 4 井区开辟油田注水试验区。

试验方案设计有 3 口注水井：王 10、王 1– 水 11、王 3– 水 10；生产井 6 口：王 37、潜深 4、王 2–12、王 3–11(原名为王 3– 水 11)、王 3–12 和王 1–12 井；平衡井 4 口：王 2– 水 13、王 13、王 14 和王 3–13；观察井 1 口：王 1–13。

注水试验表明：潜三段油藏注水压力不高，油层吸水性能好，坚定了走注水开发油田道路的信心。在试验期间，采油速度保持 4% ～ 5%，生产能力旺盛。同时还作了不同注采比的开发试验，开始采用 1.44 的注采比，在原有亏空的情况下生产，两个月后地层压力上升 0.22MPa。后来又分别采用 0.89 和 0.67 的注采比，结果使其地层压力下降。因此，注采比保持在 1.0 以上较为合适。1974 年 3 月试验结束时，试验区采出程度达 9.05%，油井尚未见水。试验证明，即使在构造陡窄的油田采用边缘注水，内部生产井不但能见到注水效果，而且水线推进比较均匀，压力分布比较均衡，可以满足战时高速开采的需要，可以获得较高的采油速度和无水采油量，可以保持油井高产、稳产。这个经验的取得，为以后江汉油田走边缘注水开发的道路，提供了资料依据。

二、面积注水试验

在王场油田潜三段边缘注水试验获得成功后，1972 年 1 月由五七油田第六团编制了《王场油田潜四段油藏面积注水试验方案》，试验区位于王场油田潜四段油藏主构造北部 (西北)，开采层位是潜 4^1、潜 4^2、潜 4^3 三个油组，面积 $0.66km^2$，地质储量 43.5×10^4t。从 1970 年投产到注水试验前，已有 13 口油井投产，累计采油 1.73×10^4t，采出程度 2.0%。

在试验区内，有三个注水井组 (王 4–1– 水 11、王 4–1–12、王 4–3–12) 共计油井 13 口。三口注水井于 1973 年 6 月起先后转注。13 口采油井除两口因处理事故未建外，开井 11 口。日注水 56.1 m^3，日产油 57.5t。经过半年的注水开发试验，有部分油井见到注水效果，产量、压力逐步上升，但不均衡。说明深井低渗透油层也能把水注入地层，只是在试注过程中潜四段特别是潜 4^3 油组的注水压力比潜三段高得多，一般在 14.5 ～ 15.0MPa 下才能吸水。

三、吐水采油试验

王 3– 水 11 井是潜三段北断块油藏注水试验区的一口内部注水井，也是江汉油田最早的一口注水井，于 1971 年 6 月 30 日投注，注水三个月后，累计注水量 $1.29\times10^4m^3$，与它相距 225m 的王 3–12 井水淹停喷。五七油田会战指挥部副指挥长焦力人说："注进去的水还可以吐出来"。于是决定对王 3– 水 11 井进行吐水采油试验。1972 年 7 月，王 3– 水 11 井装好抽油机并下泵生产吐水，该井起初能自喷，但喷势随即消逝。从 7 月到 12 月，共生产 42 天，采出水量 $252m^3$，很少有油。1973 年元月，对王 3– 水 11 井调了冲程，加至王 3– 水 10 井注水，本井含水不断下降，当采出注水量的三分之一时，产量显著增加，日产油量由 36t 增至 124t，而且恢复自喷能力，于同年 3 月 12 日改用闸门控制自喷生产。该井至 1990 年高含水关井时已累计采油 13.80×10^4t。

吐水采油试验的成功，证实油藏轴部为一高渗透带，不适合面积注水，为油藏选择边外注水提供了实践依据，同时，为利用油层亲水性能，提高高含水区的开发效果，开辟了新的途径。

四、间注间采试验

油田投入注水开发后，由于油层的非均质性，使有的井组过早地出现高含水。1974 年 11 月，对王 4–1– 水 11 井停注观察，发现王东 7–7 井的含水由 54% 下降到 14%，原油日产量由 6t 上升到

8.5t。分析认为是油层亲水特征所致（因停注期间，油、水重新分布）。为此，从 1975 年 4 月开始，在王 4–1–12 井组开展间注间采试验，共进行 23 个周期，取得成功。一是控制了含水上升，王东 7–7 井的含水由 73% 下降到 23% ～ 38%；二是恢复了地层压力，观察井的地层压力由 21.1MPa 上升到 27.4MPa；三是提高了井组的生产能力，采油速度由 2% 提高到 3%。

以后在王场油田潜四段东区又进行了两次间注间采试验，改善了水淹状况，恢复了高产局面。

间注间采试验证实，由于油层具有亲水的特性，因而水注入地层后，使大孔道的水进入小孔道，随之将小孔道的油替代出来，在油层内进行油与水的交换活动。利用这一特性，可以改善油田的开发效果，提高了注入水的利用率和驱油效率，对亲水油田的开发，具有指导意义。

五、灌水采油试验

王场油田潜四段王北 11–5 井是一口裂缝性泥岩（现称盐间泥质白云岩）出油井。1973 年 4 月 7 日投产，依靠弹性能量开采，开始日产油量 52.3t，但生产 5 天后停喷，说明地层能量不足。

1974 年 10 月 27 日对王北 11–5 井进行酸化，用 60m^3 清水和 40m^3 原油进行洗井，结果全部漏入油层。后来下泵抽吸，抽液全部是油，连续生产 25 天，采油 155t，超过灌入井的水量和油量。分析原因，认为地层毛细管将水吸入油层孔道，把油替换出来，陆续排入井筒，促使油柱上升，从而认识到这是裂缝性泥岩亲水性能的表现。为此，蒋明煊、杜修宜、荀文彬等人提出并组织实施了灌水采油试验，从 1974 年 11 月到 1976 年 5 月，对该井进行了八个周期的灌水采油试验，共灌水 1408m^3，同期采油 1245t，裂缝性泥岩井灌水采油试验获得成功，受到国务委员康世恩的表扬。

六、稠油开采试验

江汉油田的稠油储量主要分布在王场油田潜一段、丫角油田、习家口油田习二区上层系。为解决稠油开采难题，开展了稠油开采试验。

1971 年 6 月至 8 月，在王 2 井区的王 3 井采用“以稀带稠”的方法，试验了 57 天，采出稠油 158.4t，平均日产 2.8t，与试油产量接近。1972 年又在该井投入烷基苯磺酸钠和烷基磺酸钠进行试验。当温度达到 50℃时，原油通过乳化，黏度由 2763mPa·s 降到 1.2 ～ 5.2mPa·s，试验取得成功。

七、氮气、水交替驱试验

1999 年 3 月 6 日开始在周 8 井区的周 8–1 井开始进行注氮气、水交替驱试验。整个试验历时 165 天，注氮气 46 天，累积注入氮气 3424m^3(地下体积)；共注水 12 天，共注入水量 757m^3。

试验效果：井区日产液量由注气前的 63t 上升到 72t，日产油量由 33t 上升到 36t。周 8–2、周 8 斜 –7 两口井见到了明显的增油效果。周 8–2 井 1999 年 4 月 1 日见效，日产油量由 12.7t 上升到 16.2t；周 8 斜 –7 井 1999 年 4 月 11 日见效，日产油量由 17.5t 上升到 22.0t。截至 1999 年 7 月底，2 口井累计增油 575t。其中周 8 井气窜关井 1 年多后，于 2000 年 10 月恢复生产，由注气前的日产油 1.4t 上升到日产油 10.4t，含水由 90.6% 下降到 63.7%，动液面由 1084m 上升到 968m。

在周 8 井区注氮气、水交替驱取得增油效果后，为江汉油区进一步提高采收率提供了新手段，先后推广应用到黄场、钟市和马王庙等油田。

八、泥质白云岩油藏试采试验

盐间泥质白云岩油藏是江汉盐湖沉积盆地非常独特的一种盐间烃源岩油气藏，由泥质、碳酸盐岩和钙芒硝等多种矿物组成的混合岩系，上下为盐岩遮挡层。潜江凹陷古近系潜江组盐间油浸非砂岩分布面积 1800km^2，含盐地层厚 4200m。据三次资评研究结果，潜江凹陷盐间泥质白云岩生油量 43×10^8t，资源量达 1.68 × 10^8t，是江汉油田最大的资源接替区。1999 年首次在王场油田王平 1 井区探明石油地质储量 75 × 10^4t，此外在王四 12−2 井区潜三段下亚段控制石油地质储量 979 × 10^4t；2000 年在王场油田王北 11−5 井区探明石油地质储量 80 × 10^4t。

由于其储层的特殊性，为摸索出适合的开发模式，2000 年，江汉油田分公司组织成立盐间泥质白云岩试采项目组，针对王平 1 井区开展试采试验。通过试采试验取得以下成果：一是王场构造潜二段 16—24 韵律，潜三段下亚段 2、3、6、7、10、12 韵律，潜 $4^{0\text{中—下}}$的 5—7+8 韵律，潜四段下亚段的 2 韵律石油相对富集，储层较好。地质研究及生产特征表明潜三段下亚段盐间泥质白云岩储层在王场北断块南端的王平 1 井区以裂缝型储层为主，向北逐渐过渡到孔隙—裂缝型、孔隙型为主的储层分布区。二是形成初步的配套开发技术：在裂缝型储层分布区，钻井过程中有喷漏等异常情况时采用裸眼完井，正常钻进则采用套管完井，配套挤水、酸化的改造措施，先期可利用天然能量开采或灌水采油，后期改用周期性注水驱开采。裂缝—孔隙型储层采用套管完井，配套挤水改造措施，采用同期或先期注水开采。

第三节　开发调整

王场油田在全面投入开发后，各区块存在的问题及矛盾逐渐暴露出来，为保证王场油田达到战备油田及大庆式高产稳产油田的开发要求，深入开展各油藏的分析与研究，加深对油藏的全面认识，认真分析总结开发中暴露出的主要问题，开发初期有针对性地进行了抽稀井网、细分层开发调整；开发中后期，针对老区井网损坏严重、储量控制程度低的状况，结合剩余油分布，在老区内部进行了井网加密调整，并且随着滚动勘探技术的进步，对王场油田进行滚动扩边，新增动用部分优质储量，保证了油田开发效果。

一、细分层开发

王场油田开发方案设计是按战备油田的要求编制的，为达到较高的采油速度，储层物性好、油层多的主力区块采用的井网密度较小，开发过程中表现出井间干扰严重，另外由于层间物性差异较大，各层出力不均。为提高开发效果，对王场油田潜四段中区南部、潜三段南断块和潜三段北断块等开发中矛盾突出的区块结合注压抽配套技术，进行了抽稀井网，细分层开发。

（一）潜四段中区南部

从 1975 年 5 月开始全面开井生产，开发实践表明层间矛盾突出，主要表现为潜 4^1 油组出力好，潜 4^2 和潜 4^3 出力差。1976 年 1 月开始对潜四段中区南部实施抽稀分采，以达到扩大生产井距，发挥各类油层作用，解决层间矛盾的目的。为此，分两套层系开采：有 8 口生产井采潜 4^1 油组；有 9 口生产井采潜 4^2 和潜 4^3 油组，并对出力差的潜 4^2、潜 4^3 进行压裂改造，使采油井距由原来的 300m 调整到 500 ～ 600m。后来由于部分井井况变差和水淹，又调为 7 口井生产潜 4^1 油组，7 口井生产潜 4^2 和潜 4^3 油组。通过两次调整后，在区块总井数未增加的情况下，核实日产油量由 1975 年 12 月的 223t 上升到 1977 年 6 月的 393t；核实年产油量由 1975 年的 4.43 × 10^4t 上升到 1977 年的 12.85 × 10^4t；以高于 3.0% 的采油速度生产到 1981 年。

（二）潜三段南断块

该油藏为潜 3^1 油组和潜 3^2 油组合采，由于潜 3^1 油组物性好于潜 3^2 油组，导致层间矛盾突出，潜 3^2 油组出力差。1975 年在注水井分注的基础上，对井网进行了抽稀分采，并对物性差的潜 3^2 油组进行整体压裂改造，抽稀分采后生产潜 3^1 油组的油井有 11 口，生产潜 3^2 油组的油井有 7 口，潜 3^1 油组和潜 3^2 油组合采 1 口。井网抽稀分采后，潜三段南断块开发效果好转，在区块总井数未增加的情况下，核实日产油量由 1974 年 12 月的 154t 上升到 1975 年 12 月的 264t；核实年产油量由 1974 年的 2.89 ×

10^4t 上升到 1976 年的 8.27×10^4t；以高于 3.0% 的采油速度生产到 1980 年。

（三）潜三段北断块

1978 年 12 月，江汉油田研究院开发室余洪骥编写了《王场油田注水开发调整方案》，根据方案要求，至 1979 年 12 月，潜三段北断块共进行了油井分层测试 15 口，找堵水 11 口，取得了一定数量的分层资料，为研究油砂体动用状况、潜力层分布、含水状况提供了论据。根据分层资料，1979 年 12 月，油田开发研究室的谢洪才、顾金銮编写，并由顾克金、罗杨棣审核通过了《王场油田潜三段北断块接替稳产研究》方案。方案指出：潜三段北断块只有 4 个油砂体动用较好，其储量占总储量的 49.78%，其余 13 个油砂体动用状况较差，是接替稳产的潜力层，其中潜 3^2_4I 油砂体和潜 3^2_5I 油砂体储量占总储量的 46.97%，是今后接替稳产的主力层。在明确挖潜主力层的基础上，1982 年 7 月，由油田开发研究室的顾金銮、湛宝惠、韩定荣编写，罗杨棣审核，杨寿山复核，赵中坚审批了《王场油田潜三段北断块分层开采方案》。根据潜三段北断块各油砂体的分布和层间干扰情况，潜深 4 井区潜 3^1 油组作为上层系，潜 3^2 油组作为下层系，王 17 井区和潜深 5 井区将潜 3^2_4、潜 3^2_5 油砂体作为下层系，把出力好，渗透率高的潜 3^2_{1-3} 和潜 3^1 组合为上层系。方案新钻油井 6 口、水井 2 口，最终形成总井数 66 口，其中单采上层系的油井 25 口，注水井 1 口，单采单注下层系的油井 14 口，注水井 2 口，合采合注的油井 9 口，注水井 15 口。1983—1984 年，通过细分层开发调整，新钻井 7 口，适当调整了一些井的生产层位，对潜 3^2_4、潜 3^2_5 油砂体单采单注，充分挖掘了这两个油砂体潜力，年产油由 4.63×10^4t 提高到 8.8×10^4t，潜 3^2 油组的采油速度从 1982 年的 0.89% 上升到 3.0% 以上，稳定到 1989 年。

二、井网加密

油田开发初期，部分油层埋藏深、储层物性差的潜四段油藏受工艺技术的限制，单井产量低，采用 400 ~ 800m 井距开发，但随着大型压裂和小泵深抽工艺技术的发展与成熟，深层低渗透油藏能实现正常开发，使得王场油田潜四段的王广、东区、北区和西区有井网加密潜力；开发中后期，根据剩余油分布，也具有加密井网挖掘剩余油潜力。1985—2005 年，王场油田在老区内部通过井网加密，共新建原油生产能力 47.3×10^4t/a。

（一）潜三段北断块

初期采用边外注水开发，到 1984 年底时边水浸入，导致构造两翼的油井含水快速上升，油田开发效果有变差的趋势，为持续该井区的高产稳产，从 1987 年开始，在潜三段北断块构造轴部进行井网加密，加密方式主要是潜四段老井上返三段与新钻井相结合，调整加密时间主要集中在 1987—1991 年，4 年内共增加调整加密井 35 口，其中油井 32 口，水井 3 口。通过井网加密调整使潜三段北断块的核实年产量从 1986 年的 33.15×10^4t 上升到 1988 年 37.19×10^4t，达到历史最高。

（二）王广区

截至 1997 年共钻井 35 口，由于井况问题，到 1997 年底，油井 12 口，其中开井 10 口，日产油量 73t，年产油量 2.35×10^4t，综合含水 12.12%，地质储量的采油速度 0.91%，采出程度 19.02%，接近低速开采；注水井 4 口，开井 2 口，日注水量 103m^3，年注水量 5.14×10^4m^3，累计注采比 0.81。为了完善王广区潜 4^3 油组开采井网，1998 年在主体部位采用反七点法，300 ~ 400m 井距进行井网部署，总井数 23 口，其中油井数 15 口，水井 8 口，单井日产能力 8t，年产油 3.6×10^4t。1998 年实际钻井 8 口，实施效果较好。1999 年后继续对王广区井进行网加密调整，1998—2005 年王广区实际钻加密油井 22 口，水井 5 口。2005 年 12 月，王广区日产油量 273t，采油速度 2.40%，日注水量 490m^3，月注采比 0.86，累计注采比 1.01。

（三）东区

至 2001 年底共有油水井 8 口，真正可以利用生产的井只有 5 口，单井控制含油面积为 0.68km^2，单井控制剩余地质储量为 19.55×10^4t，东区东部具有较大的调整加密潜力。到 2005 年东区共钻新井 12 口，年产油 2.14×10^4t，采油速度达 1.02%。

（四）西区

由于油水井出现大面积套管变形、错断、漏失等，到 1998 年底，只有 3 口油井生产，年产油量 0.79×10^4t，采油速度 0.48%；注水井 1 口，年注水量 $3.34\times10^4m^3$。1999 年开始逐年对西区进行注采井网完善，共钻新井 24 口，其中油井 20 口，投入生产 18 口，水井 4 口。到 2005 年底，共有油井 14 口，生产井 13 口，日产油 76t，年产油 3.07×10^4t，采油速度 1.67%；注水井 11 口，开井 9 口，日注水量 $431m^3$，年注水量 $15.7\times10^4m^3$。

（五）北区

1973 年投入正式开发，由于油层单一，含油面积较大，采用 400m 井距正方形井网、面积注水方式开采，井网较稀，加之油水井的套管损坏，到 1994 年 12 月，仅有油井 7 口，年产油量 1.32×10^4t，注水井 3 口，年注水量 $3.03\times10^4m^3$。从 1995 年开始对北区主力油砂体进行井网加密，到 2005 年 12 月，共钻加密井 36 口，其中油井 25 口，水井 11 口，年产油量上升到 2.15×10^4t，年注水量上升到 $9.14\times10^4m^3$。

三、滚动扩边

1994 年以后对王场油田进行滚动扩边，实现广华—王场—黄场潜 4^3 油组含油连片，新发现周 8 井区和王 63 井区等含油区块，到 2005 年，共新增动用地质储量 426×10^4t，新增可采储量 120.4×10^4t，新建原油生产能力 14.1×10^4t。

（一）潜 4^3 油组

王场地区潜 4^3 油组低渗透油藏主要分布在广华、王场、黄场 3 个油田。1994 年开始，打破初期人为分区的界线，对王场油田潜 4^3 油组进行重新认识。通过强化单体砂沉积微相研究，认为广华、王场、黄场 3 个油田的砂体连成一片，其结合部是滚动勘探的有利相带；加大地震新技术的应用，提高构造和储层研究的精度，通过王场地区地震资料叠前深度偏移处理和连片处理，查清了王场油田的构造形态、车挡断层的位置以及王场构造向西北延伸的长度，发现并落实了一批新的低幅含油圈闭和岩性圈闭，从而实现广华—王场—黄场潜 4^3 油组含油连片。通过地震、地质综合研究，主控断层车挡断层南移使王广区向南扩边 300m 左右，新增含油面积 $9.2km^2$，新增地质储量 112×10^4t。压裂工艺进步，大型整体压裂改造技术的应用，干层或偏干油层经过压裂改造获得高产，使油层和干层的识别标准发生变化，广 18 井区原解释为干带，通过压裂出油，新增含油面积 $0.2km^2$，新增地质储量 46×10^4t。2005 年通过地层精细对比以及构造的精细描述，发现王广区的广 18 井区为一断鼻构造，且构造高点无井点控制，为了探明广 18 井区高部位潜 3^2 油组油层含油气性，提高潜 3^1 油组储量动用程度，在对该地区进行精细沉积微相研究的基础上，成功钻探了滚动井广 15 斜 -3 井，新增地质储量 12×10^4t。王广区从 1999 年开始共实施滚动扩边井 49 口，其中油井 43 口，水井 6 口，新增动用地质储量 170×10^4t，年产油量由低谷的 0.75×10^4t 上升到 2005 年的 9.20×10^4t，成为王场油田产量最高的区块。

（二）周 8 井区

1994 年 2 月，重新评价王 76 井区圈闭的基础上钻探了周 8 井，在潜江组潜 3^1 油组发现油层，试油获日产 46.2t 的高产工业油流，从而发现了周 8 井区。随后转入滚动勘探开发阶段，1994 年 6 月完钻的周斜 8–4 井除在潜 3^1 油组钻遇油层外，又在潜 3^2 油组发现油层，试油获日产 30.2t 的自喷工业油流。该区新增含油面积 $0.8km^2$，石油地质储量 118×10^4t。新钻油水井 16 口，最高年产油量 3.4×10^4t。

（三）王 76 井区

2001 年 7 月江汉采油厂成立滚动勘探项目组，项目组成员在综合地质研究的基础上，在周 8 井区主控断层东部部署了滚动评价井王 76 斜 −1 井，主要钻探目的层为潜 3^1、潜 3^2 油组，采用双靶点、定向钻井技术。该井于 2001 年 12 月完钻，钻遇潜 3^1、潜 3^2 油层 33.7m/6 层，射开潜 3^2_{3+4} 小层 7.4m/1 层投产，初期日产油 20.1t，发现了王 76 井区。王 76 井区共钻油水井 6 口，其中水平井 1 口，王 76 井区的投产使周 8 井区的年产油量由 1.0×10^4t 上升到 2.8×10^4t。

（四）王 63 井区

2002 年在滚动勘探开发一体化思路的指导下，对王场油田南断块展开油藏描述，通过地层精细对比、构造精细解释、沉积微相分析、储层预测等工作，认为王场油田南断块的原含油边界不落实，含油面积有进一步增大的潜力，于是在原含油边界附近钻探滚动探井王 63−1 获得成功。该井于 2002 年 4 月 4 日开钻，5 月 4 日完钻，在 2653.4 ～ 2674.8m 井段潜 3^1 油组钻遇油层 17.0m/2 层，投产日产油 30.7t。随后在距该井低部位 350m 处扩边钻探王 63−2 井，在潜 3^1 油组钻遇油层 19.0m/1 层，投产日产油 35.3t。王 63 区新增含油面积 0.6km^2，新增地质储量 63×10^4t。2002 年 11 月，江汉油田分公司勘探开发研究院李云海、谭莉、孙莉等人编写《王场油田王 63 井区产能建设方案》。方案实施后，共钻新井 7 口，其中油井 5 口，注水井 2 口，新建成原油生产能力 3.82×10^4t，区块年产油量由 0.43×10^4t 上升到 4.06×10^4t，采油速度由 0.13% 上升到 2.41%。

四、改变注水方式

潜三段北断块 1971 年采用边缘注水方式进行试采，1975 年全面注水开发，1977 年进入稳产期，1977—1980 年采用分注合采，完善注采系统，1983—1990 年进行细分层开发，通过一系列调整，潜三段北断块采油速度保持在 2.0% 以上，稳产了 15 年。但到 1990 年，随着构造两翼油井的含水上升，整个区块进入高含水开发期，综合含水为 82.9%。主要是注水井仍在原始含油边缘附近，距离轴部较远，注入水大部分被一线井采出，无效排液量大，降低了有效注水量，导致地层存水率低，使含水上升快，另一方面构造轴部的油井能量不足。1990 年开始在潜三段北断块进行注采井网调整，原则上仍保持边缘注水方式，注水井局部内移，改变注水方向，提高驱油效率，1990—1991 年间在其构造中高部位新增加注水井 9 口，1992 年底见到注水效果，含水上升率和自然递减率得到控制。1992—1996 年间又陆续在其构造中高部位增加注水井 10 口，使其注采井网从边缘注水转换为边缘加内部点状注水方式，含水上升率和自然递减率进一步得到控制。1989 年区块含水上升率为 3.0%，自然递减率为 27.97%，1992 年含水上升率下降到 0.97%，自然递减率下降到 22.06%，1996 年含水上升率下降到 0.47%，自然递减率下降到 11.3%。

第四节　开发过程控制

以稳油控水、提高开发效果为目的开发过程控制一直贯穿油田开发的全过程。针对王场油田不同开发阶段的实际需要，编制了《王场油田开发实施调整方案》《王场油田战备调整方案》《王场油田潜三段北断块分层注水意见》《王场油田潜三段南断块分层注水意见》《注、压、抽配套方案》《王场油田建成大庆式油田实施方案》《王场注水开发调整方案》《王场油田开发调整方案》等。在方案的指导下，每年坚持发动群众，群策群力，在取全取准资料、搞好动态监测的基础上，开展一年一度的地下大调查，有针对性地完善注采井网，扩大水驱波及体积，保持油藏合理的地层压力；通过水井分层注水和调剖，油井卡堵水以及动态调水控制含水上升；通过放差提液与油井措施增油控制油田递减。

通过对油田开发过程的控制，遏制了产量递减和含水上升，王场油田实现了采油速度 2% 以上稳产十三年。

一、动态监测

油田投入开发后，建立了压力监测系统。20 世纪 80 年代，油田进入中高含水开发期后，广泛应用两个剖面（产液剖面、注水井吸水剖面）监测技术进行注采综合调整，20 世纪 90 年代，针对油层水淹严重、剩余油分布零散和油水井动态反应敏感等特点，开展以找油为主的饱和度测井。

油田开发初期，油井以自喷开采为主，压力监测主要应用 CY–613–A 型深井压力计测油井的流压和静压；进入抽油机生产后，应用抽油井环空测试 QTY–1 型小直径压力计测地层静压，“十五”期间，王场油田主要采用 CEP 型或 CJCY 型存储式电子压力计进行测压，平均每年录取压力资料 196 井次，其中油井 86 井次，水井 22 井次，观察井 88 井次。

1971 年 7 月首次在潜三段北断块的王 3–11 井进行注水井吸水剖面测试，主要使用 FCIC–38–120 闪烁放射性磁定位器组合进行测试，先后采用同位素锌 65、碘 131、钡 131 载体，2000 年以后，应用密闭式井下释放法测试吸水剖面，这种测试技术的主要优点是注水外溢减少，同位素辐射强度降低，可克服同位素污染对测量结果的影响，提高解释结果的可靠性。同时还加强新的测试技术的应用，对高压、高吸水量的常规工艺无法测试的水井，应用能谱水流测吸水剖面技术进行测试，取得了好的效果。到 2005 年共进行吸水剖面测试 303 井次。

1976 年开始，油田狠抓分层注水以来，分层注水在王场油田普遍开展。为给注水井分层配注调整提供依据，每口分层注水井每季度进行一次分层测试。王场油田后期分层注水井一般采用偏心配水管柱注水，少数采用混合分层配水管柱注水，由于长期采用清水与污水混注，加上特殊地质条件和长期开发的因素影响，油区注水井井况逐年变差，分层注水井越来越少，分层测试难度日渐增大。

1978 年 1 月首次在王场油田潜三段北断块王 3–3 井进行产液剖面测试。油田进入中高含水期，广泛开展产液剖面测试，主要采用江汉采油研究所（现改名为江汉采油研究院）研制的 JLS–ϕ25 抽油井环空分层测试仪，该仪器可以在油井不停产的情况下测出井底压力、温度、分层产液量、含水率四项参数，成为了解油井分层出力状况的重要手段，为油井化堵和分层改造挖潜提供了重要依据，到 2005 年共进行产液剖面测试 191 井次。

油田进入特高含水期后，为了解油层剩余油分布，1981 年 11 月在王场油田潜三段北断块的王 37 井首次使用中子寿命测试技术，并在 2000 年以后加大中子寿命测试工作量的力度。王场油田共进行中子寿命测试 28 井次；在中子寿命测试的同时少量井采取氯能谱测井，共进行氯能谱测井 3 井次。

二、压力控制

王场油田边水能量不足，天然能量开采无法满足战备油田开发方针的要求，为提高开发效果，油田开发初期就投入注水开发，以保持地层能量，并在开发过程中不断完善注采井网，同时对注水压力高、吸水能力差的注水井采取增注，到 2005 年末，各区块地层压力保持在原始地层压力的 50% 左右，其中王 30 井区、王广、东区的地层压力保持在 70% 以上。

（一）完善注采井网

20 世纪 70 年代根据《王场油田战备战略调整方案》《注压抽配套方案》《建大庆式油田方案》和《王场油田注水开发调整方案》的要求，对王场油田的注采井网进行调整完善。从 1973 年至 1980 年，注水井总数从 8 口上升到 73 口；月注采比由 0.22 上升到 0.82；累计注采比由 0.1 上升到 0.75；年注水量从 $8.44 \times 10^4 m^3$ 上升到 $116.33 \times 10^4 m^3$。20 世纪 80 年代至 20 世纪 90 年代，王场油田以钻少量注水井和油井转注为主，对局部区域进行注采井网完善，每年投转注水井 5 口左右。2000 年以后，由于对潜四段油藏进行滚动扩边和调整加密，每年投转注水井 10 口左右。

（二）注水井增注

王场油田潜四段属于低渗透油田，特别是潜 4^3 油组，部分注水井吸水压力高，在现有的系统注水压力下，吸水能力差，为补充地层能量，提高油田开发效果，对王场油田难注井层进行降压增注和高压注水。统计 2000—2005 年王场油田共进行降压增注 48 井次，平均每年 8 井次，年平均累计增加注水量 $2.48 \times 10^4 m^3$。对酸化增注措施效果较差的注水井，采用高压增注措施。2001 年江汉油田分公司采油研究院研制出了一种适用的超高压注水管柱及配套工具，采用 Y341－114 和 Y241－114 高压注水封隔器。2001 年 9 月，高压注水工艺管柱先后在王西斜 19－7、王西新 5－4、王 79－1 井 3 口井试验成功，并在全油田推广应用。2005 年 12 月，王场油田共有高压注水井 24 口，其注水压力均超过 20MPa，最高注水压力达到 40MPa，日增注水量 $600m^3$，实现了注水井的有效注水。

三、含水控制

王场油田主要采取对注水井分层注水、水动力学法调水，对高含水油井关停或层间轮采，以及油井化堵与注水井调剖等手段控制油井含水上升。通过调整，王场油田综合含水由 2000 年 12 月的 89.97% 下降到 2005 年 12 月的 83.2%。

（一）分层注水

王场油田从 1973 年开始进行注水开发后，由于层间物性差异较大，注入水单层突进严重，造成高渗透层水淹快，低渗透层不出力，为解决层间矛盾，1974 年开始进行分层注水，以控制含水上升速度，提高开发效果。

潜三段南断块于 1970 年 9 月投入试采，初期依靠开然能量开采，表现出初期产量高，但压力、产量下降快。为达到采油速度 3% 的开发要求，1974 年由谢鸿才编制、王正鉴审核、杨寿山复核了《潜三段南断块分层注水调整方案》。1974 年开始对该区进行选井注水，注水方式主要以边缘注水为主，外加点状注水。由于潜三段南断块潜 3^1、潜 3^2 两个油组面积大小不同，渗透性差异大，而且各自有单独的压力系统，在开采过程中部分井潜 3^2 油组已见水，层间矛盾突出，需分层注水。根据实际生产情况，选出注水井 4 口进行分层注水。分层注水方案编制实施后，油井普遍见效，在油井井数不变的情况下，年产油量由 1974 年的 $2.9 \times 10^4 t$ 上升到 1975 年的 $7.3 \times 10^4 t$，采油速度由 1.64% 上升到 4.15%。1976 年年产量和采油速度均达到高峰值，分别为 $8.3 \times 10^4 t$ 、4.71%。

王场油田潜三段北断块共包括两个油组 15 个小层，各小层之间存在很大的差异，主要表现在油层间产能相差悬殊、各小层产水能力相差大、各小层吸水能力不同和各层段渗透率差异大。为提高开发效果，调整层间矛盾，必须搞好分层注水。1974 年由杜修宜同志编写、周树林同志审核、税成楷和杨寿山同志复核了《王场油田潜三段北断块分层注水意见》方案。根据生产情况和油藏特征选出 6 口注水井用封隔器卡堵方式进行分层注水，主要是将潜 3^1、潜 3^2 油组分开注水，在此基础上，对有条件的井将潜 3^1 油组进一步细分为潜 3^1_1 和潜 3^1_{2-6}，潜 3^2 油组进一步细分为 3 个层段注水：潜 3^2_{1-3}、潜 3^2_4 和潜 3^2_5。分层注水方案实施后，油井普遍见效，年产油量由 1974 年的 $10.46 \times 10^4 t$ 上升到 1975 年的 $18.62 \times 10^4 t$，到 1978 年年产量达到 $19.27 \times 10^4 t$。

（二）堵水调剖

王场油田油层较多、厚度较大、层内非均质性较突出。注水开发后，针对注入水沿高渗透带突进，造成油井过早水淹的情况，王场油田在采用机械堵水工艺的同时，先后研制应用了多种化学堵水、调剖剂，对部分吸水不均匀的水井、高含水油井开展了水井调剖、油井化学堵水的现场试验与推广应用。

油田开发初期主要是油井单层见水，采用了封隔器卡堵高含水层；开发中后期油层普遍见水，采用化学堵剂对高含水层进行选择性堵水；20 世纪 90 年代以后，由于王场油田进入高含水阶段，化学堵水效果变差，堵水工艺转向为以机械堵水为主，化学堵水为辅。统计 1980—2005 年，王场油田共进行堵水 402 井次，累计增油 14.76×10^4t。1979 年 1 月在王 4—12—3 井首次应用水解聚丙烯酰胺堵剂堵水，日增油 35.6t，当年应用 16 井次，累计增油 9989t，降水 7153m^3。化学堵水在王场油田应用成功为该油田大规模实施化学堵水提供了依据。先后研究应用了水玻璃－氯化钙、甲叉基聚丙烯酰胺、铬冻胶、聚丙烯腈、氟酸等化学堵水剂，在潜四段中区南部、潜三段北断块、潜三段南断块和潜一段王 30 井区等层间层内矛盾突出的区块实施了化学堵水措施。1979—2005 年，王场油田共实施化学堵水 125 井次。

王场油田从 1973 年开始进行工业性注水，到 20 世纪 70 年代末期潜三段北断块、中区南部等主力开发区块，层间矛盾突出，注水井吸水不均匀，注入水沿高渗透带突进，导致油井含水快速上升，甚至水淹。鉴于王场油田生产过程中出现的这种情况，对不能分注的厚油层开展单井小剂量调剖。80 年代中期，针对小剂量调剖有效期短，施工频繁的问题，开展了大剂量调剖。90 年代，针对王场油田部分区块油层非均质严重，层间与平面矛盾大，油井含水上升快，产量大幅下降的问题，先后在王场油田潜三段北断块和中南区块开展了区块整体调剖试验。王场油田截至 2005 年共进行调剖 46 井次，有效地改善了油层吸水状况，提高了水驱油效率。

（三）水动力学法调水

王场油田由于层间和平面矛盾突出，含水上升与能量不足的矛盾随着油田进入中含水期后越来越突出，常规注水方式已很难同时起到补充地层能量和调节含水的双重作用，在长期的注采调整中逐步摸索出适合王场油田的周期注水、脉冲注水、换向注水等灵活多样的注水方式。

王场油田西区油层比较单一，储层物性较差，由于非均质性影响，投入注水开发后部分井单方向见水快，使油井快速水淹。从 1974 年开始对王场油田西区进行了注采方向调整，采用关闭高含水井，并转注部分油井，有效地控制了注入水单向突进，使该单元采油速度在 2.0% 以上稳产 8 年，综合含水得到有效控制，到 1981 年采出程度达到 22.8%，综合含水仅为 28.9%。在西区调整见效后，对王场油田东区、王广区进行类似的注采调整，含水得到明显的控制。到 2005 年底东区地质储量采出程度达到 44.0%，区块综合含水为 60.57%；王广区地质储量采出程度达到 25.91%，区块综合含水为 37.7%。

潜三段北断块利用构造高陡和油层亲水的特点，采用两翼交替注水，油井不停产，含水得到控制。潜四段中区油层物性差，面积注水方式开采，单向受效突出，通过在井组内开展间注间采，保持了井组原油产量、控制了含水上升。

"十五"以来对王场潜四段的低渗透油藏普遍采取了脉冲注水、换向注水等不稳定注水方式，以及关停高含水井改变液流方向等方式，为控制油井含水上升，每年进行注水井动态调水 120 井次。一方面减缓了部分区块、井组的含水上升速度；另一方面有效地补充了地层能量，促进了部分井层的见效，保持了对应油井的稳产上产。

（四）降压开采

1998 年对王场油田潜三段北断块油藏进行降压开采，稳油控水作用明显。北断块地质储量采出程度 55.6%，采油速度 0.65%，综合含水 94.73%。由于区块采出程度高、含水高、井下技术状况复杂、层内非均质严重、地下油水关系复杂、开发后期措施调整挖潜困难，区块在注水开发过程中暴露出的矛盾日益明显，主力生产井含水上升加快，区块排液量逐步攀升，形成注水与排液的低效循环，产量逐渐降低。潜深 5 井区进行了大量动态调水，收效甚微，含水迅速上升导致井区产油量急剧下降，但地层压力保持水平较高，1998 年以前地层压力保持在原始地层压力的 70% 左右。为了进一步提高其水驱采收率，于 1998 年开展降压开采，试图通过改变压力场，改变驱油方向来更好地发挥边水的水驱效率。该区块自 1998 年开始逐步现场实施降压开采以来，实际日注水量减少 3148m^3，日产水量下降了 1200m^3 左右，且含水上升率呈逐渐下降趋势，由 0.84% 下降至 0.23%，产量递减速度减缓，区块产量稳定在 120t 左右，老井自然递减率由 11% 下降至 6.45%。

四、递减率控制

王场油田主要采用油井转抽，放大压差提液和酸化、压裂、补孔等油井增产措施控制递减率，实现油田高产稳产。1976—1989 年王场油田年产油量在 50×10^4t 以上高产稳产十四年，1970—2005 年油田平均自然递减率 10.08%，平均综合递减率 4.1%。

（一）油井转抽

王场油田开发初期以自喷开采为主，进入开发中期，为保持高产稳产，实施自喷井转抽，到 1986 年以后主要以机械采油为主。统计 1980—1986 年共转抽 79 井次，增油 12.56×10^4t。

（二）放差提液

由于地饱压差大，王场油田放大生产压差空间大，随着油田含水上升，为了减缓老井产量递减，1982 年起开展换大泵、加深泵挂深度等提液措施。1989 年 9 月王场油田潜三段北断块的王 2- 水 13 首次应用电潜泵生产，日产液量由 255t 上升到 384t，日产油量由 26.7t 上升到 40.6t。之后有 7 口电潜泵井在王场油田投入生产。但因电潜泵排液量大，动液面下降快，造成很多井欠载停机，所以未得到广泛应用，到 2005 年底王场油田仅王 23、王 4–13–4 两口井在用，日产油量 8.7t，日产水量 586m^3。到 2005 年，换大泵、下电潜泵共 292 井次，增油 16.64×10^4t。到 2005 年 12 月，王场油田泵径大于 70mm 以上的油井 33 口，日产油量 74t，日产水量 2252m^3。

（三）储层改造

王场油田主要采取压裂、酸化和补孔等增产措施提高开发效果，截至 2005 年 12 月，王场油田措施增油 112.57×10^4t，占总产量的 7.9%。

1. 酸化

酸化是王场油田挖潜增产的重要措施。1970—1975 年试采期间，多为自喷井，酸化措施较少，增油 0.32×10^4t；全面开发后，酸化措施增多，1980—1989 年施工 261 井次，有效 179 井次，增油 14.7×10^4t，单井平均增油 820t；进入高含水开发期后，酸化选井选层困难，效果变差，1990—2005 年施工 160 井次，增油 5.04×10^4t。

2. 压裂

王场油田试采阶段油井压裂较少，主要采用 500 型压裂车、原油压裂液和石英砂支撑剂施工 51 井次，增油 2.9×10^4t；1976 年全面注水开发到 1983 年，采用 700 型压裂车、田菁与甲基聚丙烯酰胺压裂液和石英砂支撑剂施工 111 井次，增油 4.41×10^4t。1983 年以后，由于见水井增多，压裂井次逐年减少，年措施井次在 5 口以内，但压裂工艺不断进步，压裂车由 1000 型发展到 2000 型，压裂液主要采用瓜尔胶，支撑剂采用高强度陶粒。1983—2005 年施工 50 井次，增油 5.28×10^4t。

3. 补孔

油井补孔在油田开发后期发挥了重要作用，目的在于动用差油层增加产油剖面，实现层间接替。1980—2005 年，补孔 177 井次，增油 12.28×10^4t。

第三章

钻井与采油工程

王场油田开发以来，根据构造高、陡、窄，储层与盐层交互，地层矿化度高，油层亲水性强的特点，刻苦攻关，钻采工艺技术得到迅速发展，形成了具有盐湖油田特色的钻采工艺技术。钻井方面应用了复合钻井技术，缩短了钻井周期，推广了定向井、从式井，减少了耕地占用和钻前工作量，发展了水平井、侧钻井等提高了开发效果；在完井方面发展了以套管完井方式为主，辅以裸眼完井、先期完井和后期裸眼完井等多种完井方式；根据井深与地层特征，采用不同的套管组合，既满足了生产需要，又节省了投资；举升工艺上发展了以防腐耐磨泵为主体的机械采油、小泵深抽的配套技术，运用掺水解盐方法解决了地层水矿化度高造成的井筒管理难题，自行研制了小排量燃煤热洗车，解决了油层埋藏深、深抽强采、地层亏空严重等类型油井清蜡问题，运用“五线图”管理方法，促使了油井管理的精细化，降低了蜡卡、盐卡等风险，有效延长了油井检泵周期；注入工程中配套了以 Y341 封隔器为主的分层注水工艺，推广了单井高压注水及其配套技术，为非均质油藏和低渗透油层的开发提供了保障；依托工艺技术进步，不断发展适合王场油田的措施工艺，特别是压裂技术的发展与进步，实现了王场潜 4^3 低渗透深油层的有效动用，实现了二次稳产；堵水、调剖与修井工艺的运用和发展，进一步改善了油田开发效果。这些技术的完善配套对王场油田高效开发提供了技术基础。

第一节　钻井与完井

一、钻井

王场油田开发初期采用防斜钻直配套钻井技术，钻井速度慢，周期长。江汉石油管理局副局长谢国光、工程师王文耀等技术干部在 1978—1985 年组织推广喷射钻井，加快了开发井进度，由 1969 年一个井队一年钻 1 口井，提高到 1985 年一年钻 3 口井。20 世纪 80 年代后期，开始推广使用复合钻井技术（螺杆 +PDC 钻头），钻井速度得到了提高，平均井深 3200m 的井，钻井周期由原来的 140 天缩短为 35 天。受地面条件限制，应用定向井和丛式井钻井技术，减少了耕地占用和钻前工作量。在断块油藏，如王 76 井区，设计顺断层倾向大斜度井或顺构造走向水平井，增加了油层钻遇厚度，提高了单井产能。至 2005 年底，共完成大斜度（井斜大于 60°）井 15 口，水平井 4 口。王场油田第一口盐间泥质白云岩水平井王平 1 井于 1999 年 9 月完钻，初期自喷日产油 13.9t。针对老井套管问题日益增多的现状，为充分利用老井挖掘剩余油，2005 年对王平 1 井成功应用开窗侧钻技术，获日产 15t 的高产油流。

针对王场油田盐岩发育的地质特点，钻井液体系采用分段设计，上部平原组和广华寺组地层使用正电胶钠土浆，满足钻井工程悬浮携砂的要求。钻至潜江组盐岩地层前，钻井液体系转化为聚合物饱和盐水钻井液，在钻井液中加入无机聚合物防塌剂、抗盐增黏剂等，提高钻井液的防塌能力，增强井壁的稳定性和抑制盐岩的溶解，并提高了测井一次成功率。由于王场北区属井漏和井溢的频发地区，常规的水泥堵漏易造成地层伤害，应用屏蔽暂堵剂有效地减少了钻井液对地层的伤害。

二、完井

（一）完井方式

完井方式采用以下几种：套管完井、裸眼完井、先期完井，后期裸眼等。王 4 新 11–4C 井采用先期裸眼完井，投产自喷，初期日产 30t。

对于钻遇的地层压力系数比较接近，无异常压力层的井，井身结构采用 ϕ339.7mm 表层套管 +ϕ139.7mm 油层套管。由于王场北区钻井过程中易漏易喷，为保障井控安全，确保下步施工安全进行，采用 ϕ339.7mm 表层套管 +ϕ177.8mm 技术套管 +ϕ139.7mm 油层套管。后来为控制钻井投资，有的采用 ϕ339.7mm 深表层套管 +ϕ139.7mm 油层套管。

水平井井深小于 2000m 的采用 ϕ244.5mm 表层套管 +ϕ139.7mm 油层套管，井深大于 2000m 的采用 ϕ339.7mm 表层套管 +ϕ177.8mm+ϕ139.7mm 的井身结构。

在老井开窗井中经常采用尾管悬挂的井身结构，即在原 ϕ139.7mm 的油层套管内，使用悬挂器悬挂 ϕ101.6mm 的套管。

油田开发初期采用 D 和 N80 钢级的套管，壁厚为 7.72mm，后随着油井深度不断加深，对套管的应力承受要求越来越高，逐渐引进和应用 P110 钢级，壁厚为 9.17mm 的套管。由于王场油田盐岩比较发育，盐层蠕动对套管的使用寿命影响很大，因而有时在岩盐段采用厚壁套管 TP130(壁厚 10.03mm)，并采取套管预拉应力完井。

王场油田开发初期，多采用常规固井方式，水泥返高只限油层段以上 300m，未封固段长，套管易变形和挫断。王场油田油层纵向跨度大，从潜一段到潜四段，要求封固段长 (一般超过 1500m)，采用双密度固井或分级固井。2005 年，王东 8 斜 –15B 井封固段长 1600m，采用双密度固井方式，2500m 到井底采用高密度，2500 ~ 1600m 采用低密度。分级固井采用特殊接箍 (可以打开或关闭)，使注水泥施工分成二级或三级完成。2004 年，王 4 斜 –4–2 井采用分级固井，水泥返高至 1100m(井深 3200m)。另外，针对钻遇的不同地层及地层压力系统，王场油田固井方面还采用其他固井技术，如“短候凝水泥”固井技术，多功能钻井液固井技术等。水平井一般采用尾管悬挂固井，在上部已经下有套管的井内只对下部新钻开的裸眼井段下套管注水泥进行封固，对这部分套管用一种特殊工具悬挂在上一层套管内壁或坐在井底。对于井漏、井溢等复杂井，采用管外分隔器，固井过程中有效隔离复杂井段，确保油层段的水泥胶结强度。

（二）射孔

1965—1976 年，王场油田射孔技术分为有枪身和无枪身两种，有枪身射孔采用的是 57–103 枪，无枪身采用的是文胜 –1 型、文胜 –2 型。主要采用有枪身射孔。1976—1989 年，为了提高穿透深度，开始和广泛使用 WS–73 枪。此阶段，73 枪渐渐取代了 57–103 枪，有枪身射孔应用非常广泛，无枪身射孔基本淘汰。1989—2005 年，在低渗透储层中，为了新井压裂、酸化等措施改造需要，进一步提高穿透深度，增加孔密，开始采用 YD–89、YD–102 枪。

王场油田大斜度井和水平井射孔方式为油管传输射孔，枪型 YD–89，孔密 16 孔 /m。

射孔方式主要采用正压射孔，射孔液主要是以下几种：清水、活性水、原油。对于那些敏感性不是很强的储层采用清水射孔液；对于敏感性强 (如水敏) 的储层采用活性水，王场油田的水平井和盐间非砂岩井多采用原油射孔。

第二节　采油工程

王场油田开发初期以自喷采油为主。随着抽油机井数逐渐增加，有杆泵采油举升工艺由小泵向大泵提液及小泵深抽方向发展。

一、自喷采油

1970 年王场油田投入开采，1970—1975 年采取以自喷采油为主、机械采油为辅的开采方式。自喷井多采用油管下至油层中部、井口采油树装 3~6mm 油嘴自喷生产。井筒结蜡主要采用手动或电动清蜡绞车下刮蜡片清蜡，井筒结盐主要采用清水洗井、原油替喷等工艺措施。

二、机械采油

随着地层压力下降，1975 年油田从自喷期转入了机械采油期，逐步形成以有杆泵为主、无杆泵为辅的机械采油方式，1992 年，为满足深层低渗透油藏的开发需要，广泛开展小泵深抽技术的推广应用，机械采油工艺技术配套和管理水平得到提高。

在有杆泵采油方面，王场油田从最初的管式泵发展到防腐耐磨管式钢泵，泵径由小到大形成多种系列。抽油机由短冲程、快冲次逐步向长冲程、慢冲次发展。

开发初期，采油井下泵浅、液面高、抽油机悬点负荷小，抽油泵主要使用 ϕ38mm 普通管式泵，抽油杆多采用 C 级杆，选用 3 ～ 6 型游梁式抽油机，冲程多为 0.8 ～ 2.0m，冲次多为 3 ～ 9 次 /min。采用这种泵下泵浅，耐腐蚀性差，而且泵效低，检泵周期短。

1975 年后油田进入了注水开发、高产稳产阶段。此阶段王场油田举升工艺以机械采油为主，自喷采油为辅，抽油机负荷较轻，多用 10 型游梁式抽油机，冲程 3m，冲次 3 ～ 9 次 /min。随着油田含水的上升，腐蚀问题也日趋严重，为解决抽油泵的防腐问题，1981 年初首先从解决阀球的耐腐蚀性入手，试验使用了“尼龙阀球”、“阴极保护球”、“不锈钢阀球”，均起到了一定的效果，在此基础上，引进了软密封柱塞整筒抽油泵，泵筒长度 4.5m，抽油泵的耐腐蚀性有了一定提高。这种泵平均泵效较普通抽油泵提高了 12.4%，平均检泵周期延长了 60 天。与此同时油田研制出了防腐耐磨管式泵，防腐性能突出并形成系列逐渐代替了普通管式泵及软活塞泵。

随着开采时间延长，油田综合含水不断上升和单井产量不断下降，为了保持稳产，开始对一些抽油机井采取放大压差生产，1983 年购入 D 级杆，逐渐取代了 C 级抽油杆，并引进 CYB83THDCr 长冲程大排量整筒泵，CYJ16Q—6—105B 型前置式抽油机，平均检泵周期、平均泵效均有所提高。1986 年，引进 12 型抽油机，采用了防腐耐磨整体钢泵（泵筒内壁进行镀铬硬化处理，柱塞采用喷涂镍磷合金），于 1987 年 11 月 25 日在王 8–2 井试验 ϕ70mm × 4.5m 整体钢泵，平均检泵周期 126 天，平均泵效 67%，取得了良好的效果，自 1988 年开始广泛投入现场使用，1990 年平均泵效与 1987 年相比提高了 14.9%，检泵周期延长 30.8 天。

1986 年以后，王场油田动液面持续下降，泵挂深度也随之加深，开采方式开始由大排量转向小泵深抽。在王西 4–4 井采用 ϕ38mm 防腐耐磨泵，下泵深度为 1943m 开展深抽试验获得成功，奠定了深抽工艺的基础。截至 1990 年底，累计应用深抽的油井共 29 口，平均下泵深度 1623m，其中 ϕ38mm 泵最深下至 2009m。

针对老区动液面持续下降，新投入区块油层较深等特点，1992—1996 年，采用玻璃钢抽油杆、10 型抽油机采油，最大下泵深度 2800m，12 型抽油机下泵深度可达 3000m。

1996 年以后王场油田引进 H 级抽油杆，配套使用 14 型抽油机，逐步开展深抽工艺的推广、应用。

2001 年，开展小外径泵套的研制工作，形成 ϕ44mm、ϕ38mm、ϕ32mm 泵与 ϕ89mm 小外径泵套相适应的深抽泵系列，逐步完善了小泵深抽配套技术；新区王广投产的 11 口新井，泵挂一般在 2800m 左右，供液充足的油井日产液可达 20t 以上。其他区块如东区、西区等新投油井，也通过深抽技术的应用获得了较高的产能。为解决部分油井由于放差提液造成的出砂，配套了防砂泵。深抽工艺的配套对王广、黄场、东区连片起到了技术保证作用。

截至 2005 年，王场油田平均泵效为 58.4%，平均检泵周期 439 天，泵径的选择上多选用 ϕ 32mm、ϕ 38mm、ϕ 44mm、ϕ 56mm 的管式泵，抽油杆的选择多偏向于 H 级高强度抽油杆。抽油机的选择以 14 型游梁式抽油机为主，辅以部分 10 型、12 型游梁式抽油机，冲程多为 3 ～ 3.8m，冲次多为 4 ～ 6 次 /min。2003 年，在 2 口井使用皮带式抽油机，节能降耗效果显著，比游梁式抽油机省电 10% ～ 40%，系统效率可达到 60%。

油田开发过程中新工具、新技术不断地涌现，为油田的稳产提供了有力的保障，1982 年，根据生产需要，开发研制了油管丝扣油，解决了油管漏失、腐蚀、丝扣密封性差等问题。1984 年针对抽油杆断脱、偏磨，成功研制了抽油杆扶正器、活动接头、脱接器等。1986 年在王东 3–7 等井试验泄油器，成功率达到 90% 以上，在全国采油工艺交流会上得到了广泛推广。1987 年，为满足测试需要油井安装了偏心井口、ϕ 70mm 环测泵，提高了测试成功率，节约了测试时间。

在无杆泵采油方面，王场油田运用无杆泵采油较少，油田开发初期，少量应用水力活塞泵，1987 年电泵实现国产化后，电泵投入使用。

1971 年，在强采多拿的背景下，油田开始现场试验推广水力活塞泵。1971 年 9 月水力泵攻关组自制出了兰通泵和 57–I 型两种水力活塞泵，并在王 5–3、王 3–13、王 26 三口井试验，平均单泵一次连续运转时数可达 1428h，整个工作过程，泵运行平稳可靠，试验取得了良好成绩；1972 年，攻关小组在兰通泵的基础上，设计了江汉 V 型泵。据现场数据统计显示，V 型泵投泵成功率达到了 80%。1973 年，水力活塞泵工艺发展，一次投泵运转达到了 7507h，取得很好的增油效果。1987 年，在王四 11–4 井安装水力活塞泵，放差提液后该井平均日产液量由 94.3t 上升到 136.3t，日增液 42t，日增油 32.4t。后因水利活塞泵使用原油做动力，运转过程中动力液乳化，盐腐蚀严重，泵配件限制及相关工艺问题，未推广使用。

经过 14 年的开采，1989 年王场油田产量开始递减，层间矛盾进一步加剧，提高排液量的措施，显得尤为重要，电潜泵提液成为这个时期油田提液稳产的主要手段。王 2–13 井是王场油田第一口下入电潜泵井，1989 年 9 月 29 日下入 320×1500×90℃机组试验成功，之后有 7 口电潜泵井在王场油田投入生产。同时，电潜泵相关配套技术也得到了不断完善，如电潜泵专用井口。随着电泵泄油器、电泵强磁防垢器的相继问世，电潜泵在生产中发挥着一定的作用，但因电潜泵排液量大，动液面下降快，供液不足造成很多井欠载停机，所以未得到广泛应用，王场油田仅王 23、王 4–13–4 两口井在用。

为开发潜二段稠油资源，1987 年油田使用液力反馈式抽稠泵抽稠。1992 年 6 月 25 日在王二段 8–2 井试验电动螺杆泵及其配套技术，截至 1992 年 10 月底累计产稠油 361.4t，采油时率达到 98.7%，平均泵效 40.3%，随着油田的开发，含水逐渐上升，螺杆泵停止使用。

三、井筒管理

（一）解盐

王场油田是盐湖盆地，地层水矿化度高、举升过程中井筒结盐严重，针对这一特征，王场油田开展了大量的解盐现场试验。

开发初期主要利用磁场法物理解盐，使用磁力解盐器在王 17–5 井第一次进行实验，该井是一口高含盐高产量自喷的油井，Cl^- 含量高达 18.0×10^4mg/L。在未进行磁场解盐以前，油井只能维持正常生产 2 ～ 3 天，就被大块盐堵死，必须用水泥车反洗井才能生产。在该井中下入两个磁场解盐器，油井连续生产 27 天，解盐效果良好。

因磁力解盐器仍不能彻底解盐，盐卡、盐堵造成的躺井事故时有发生，王场油田在作业过程中采取探盐面冲盐、大排量活性水洗井等方式，彻底清除井筒积盐。技术工作者从探盐面、冲盐中得到启发，

1973 年以后开始了从套管环空掺水解盐工作的尝试，效果明显。掺水解盐成为油田井筒管理的主要措施，为更好的实施掺水解盐，在管柱结构上将尾管下至油层中上部，更有利于掺水解盐方式的实施，当尾管过长，超过泵所能承受的尾管长度范围时，研制出了悬挂泵套，一方面可以更好的掺水，再者可以降低尾管过长造成对泵的伤害。

（二）清防蜡

王场油田的生产管理中，对井筒管理影响较大的还有蜡。在东区、北区、西区、王广区的油井含蜡量一般都在 10% 以上，对油井正常生产造成了负面影响。油田主要采取以化学清防蜡、热力清蜡为主、机械清蜡为辅的管理方式。

油田的化学清蜡，在长期探索总结下，针对不同条件单井提出四种加药方式，即周期性小剂量套管加药、定期大剂量套管加药进行油套循环、油管直接加药浸泡、临时超大剂量套管加药进行油套循环。1987 年，开始正式推广使用 BJ 系列油基清防蜡剂，先后推广使用过 BJ–04、BJ–D7 等。清防蜡效果良好。但对炼制设备有腐蚀性，停止使用。2001 年，江汉采油工艺研究院开始研究无氯、无硫清防蜡剂，并成功开发研制了油基清蜡剂 CY–2，在王场油田得到了迅速的推广。

2002 年以前王场油田主要使用热洗车和水套炉循环洗井进行热力清蜡，由于排量大、液性不配伍，洗井液容易进入油层，造成污染，2002 年，由胡德高同志牵头，针对油井深、出砂、深抽强采、地层亏空严重的情况，研制出了小排量热洗炉，利用本井采出液，通过套管气或煤加热后进行油管、套管的循环洗井，由于排量小、液体配伍性好，成功解决了油层埋藏深、深抽强采、地层亏空严重等类型油井清蜡问题，在保护油层方面有其独到之处，并且节能降耗明显。从王场油田试验情况来看，利用燃煤热洗炉洗井后油井产量明显上升，油井井口负荷平均下降 1.4%，电流下降 0.7%，系数效率明显提高，由于其良好的清蜡效果，2003 年燃煤热洗炉进入全面推广阶段。该项技术于 2003 年、2005 年先后获得两项国家发明专利。

（三）解膏

1979 年 4 月，针对油井结膏，现场使用碳酸氢氨水溶液解膏效果明显。

1996 年成功研制出了在国内同行业处于领先地位的 JCS–2 解膏剂。现场施工 19 井次，工艺成功 90% 以上，有效率 82.4%，累计增油 6334t。但由于 JCS–2 解膏剂对温度要求高，需挤入油层才能发挥作用，所以未能广泛使用。因此采用碳酸氢氨水溶液解膏技术成为油田油井管理的重要措施之一。如王 17 井，是一口比较严重的结膏井，采用油套环形空间定期加碳酸氢氨后，保证了该井的正常生产，解膏效果明显。

（四）防腐

随着王场油田开发进入高含水阶段，油井产出水矿化度高，井下设备的腐蚀日趋严重，导致泵效低，检泵周期短，杆、管扣断、脱、漏时常发生，1985—1986 年开展加烧碱及缓蚀阻垢剂，现场见到了良好效果，但因烧碱使用时，用量大，施工劳动强度大，推广应用不方便。

1987 年，立足于油田的实际情况确定选用 Ly9–613、CT2–10 两种缓蚀剂。现场试验 5 井次，见效率为 80%，见到了较好的效果，截至 1989 年 9 月累计增油 1564t。

2002 年，在室内试验的基础上，选出具有良好缓蚀效果的两种缓蚀剂：IMC– 石大 1 号、SB9805，其缓蚀率大于 80%，选用 IMC– 石大 1 号，能有效抑制硫化氢对钢材的腐蚀，油井管杆被腐蚀的程度大大降低，油井正常生产周期延长。

2005 年，试验井下油管阴极保护装置，有效的延长免修期，从现场作业的情况来看，阴极保护器表面损耗，所保护的油管没有发现腐蚀的情况，效果良好。

（五）五线图

随着油田步入中后期开发，油田结盐、结蜡现象日益严重，为了保证正常生产，及时了解油井的日常生产动态，引导岗位工人主动管理，把力度从地面深入到地下，2001 年在采油十二队技术员肖伟和陈海平等人的倡导下首先在全队试运行“五线图”管理方法。

油井“五线图”管理法主要以五线图为主，辅以配套的值班记录本及汇报记录本。五线图以日期（天）为横坐标，以油井的产液量、产油量、含水、氯离子和电流为纵坐标，根据岗位工人每天按时录取的数据在坐标图上绘成点，再用彩笔连线，形成一定周期内的曲线图。根据曲线，分析油井的动态变化，及时发现异常情况，对症下药，改进管理措施。五线图以旬为单位做分析，每旬由当班职工进行分析，提出自己的建议，由技术员收集整理，全面分析，制定出治理方案，并向上级汇报给予实施。

同时建立了 4 小时汇报制度。当班工人每隔 4 小时向技术人员汇报油井数据，技术人员根据汇报资料对油井的生产动态进行实时监测，及时发现问题，提早预防，确保油井的稳定生产。

五线图的绘制对象为该站点所有掺水油井，并制定了五线图管理方法的考核机制及管理规定。

2002 年，五线图管理方法在采油十二队试运行成功，并迅速在王场油田推广应用，取得了良好的效果，日产油量上升，检泵周期、免修期等重要指标均有了很大的提高。2003 年，采油厂在全厂范围内推广“五线图”管理法，经过近两年的运用，“五线图”管理法得到了全厂范围内的好评，促进了采油厂经济效益的稳步增长。

第三节　注水工程

王场油田主要采用笼统注水、分层注水、高压注水等注水工艺。为了配合油田注水开发需要，对注水井测试工艺技术也做了进一步研究。

一、笼统注水

笼统注水，井下工艺比较简单，一般采用光管注水，贯穿于油田开发始终。2005 年底，王场油有笼统注水井 72 口。

二、分层注水

注水开发初期，采用固定注水管柱。1973 年 1 月王 2 井投注，标志着王场油田进入注水开发阶段。采用固定配水管柱，该管柱不能对各层的水量在井下进行调配，调配水量时，需作业起出管柱更换配水器，施工成本较高。1974 年以后，固定配水管柱工艺逐步被空心配水管柱分层注水工艺所替代。

空心活动注水管柱调配注水量时不需要动管柱，与固定配水管柱工艺相比，空心配水管柱分层注水工艺减少了作业工作量，缩短了施工周期。

多年来，专业人员先后改进和制造出适合油田的江 475–8IV 型封隔器，三级空心活动配水器，101 型浮子式井下流量计，952 型底部阀和涂料油管，实现了注水工艺“五配套”。1975 年，研制成功能耐 90℃高温、承受 20MPa 压力的扩张式胶皮筒和江 752 型水力压缩式封隔器。1977 年，油田主要采用的是以空心活动配水器为主的单管分注管柱，并开展了以涂料油管（H52–1 环氧酚醛烘漆型的），不放喷作业，井口调配，752–3 深井注水封隔器和“101”井下流量计五个方面配套的分层注水工艺的试验。

由于空心活动注水管柱在使用过程中存在着投捞级数少，投捞工作量大的缺点，1978 年开始了偏心配水器的研制。1979 年江 P–1 型新型偏心配水器问世，该偏心配水器一个最突出的特点是简化了投捞测试，减少了投捞次数，极大地提高了效率，缩短了注水井施工周期。同年，油田生产了江 752–4 型和江 752–5 型封隔器；其后又生产了双向承压的江 752–6 型封隔器，这项成果于 1982 年获石油工业部优秀科技成果二等奖；1981—1982 年还设计出江 458 型肩部保护式注水封隔器，它适用于深井，能耐高温，且使用寿命较长，经现场试验，成功率达到93%。1985年开始试验和研究分层注水工艺，包括压缩式封隔器、配水器、涂料油管、循环阀、螺纹密封脂、仪表测试等配套技术，投入使用后使油田分层配注合格率保持在77.7%以上；水井换封周期达到435天。1986年，江汉采油工艺研究所常宝山、彭仁、李定生等在“变形井分注管柱研究”中取得进展。经过两年的时间，1988年研究成功，该管柱特点是封隔器密封系数大、管柱径向尺寸小。1993年，江汉采油工艺研究所肖国华、邓复隆等在“深井分注井下工艺配套技术研究”中取得成功，该工艺管柱主要由Y341–114深井注水封隔器、0665–2偏心配水器、952–1循环阀等组成，其中，Y341–114深井注水封隔器于1993年底获江汉石油管理局科技进步二等奖。1994年，该技术在油田推广应用，1995年底，王场油田有空心注水井2口，其余全部为偏心注水井。

2000年开始，随着油层加深，注水压力升高，造成注水管柱蠕动严重，于是在王场油田开展了防蠕动高压分层注水管柱研究并在现场试验。该管柱主要由Y341注水封隔器、伸缩管、安全接头或水井锚、偏心配水器和952–1底部循环阀等组成。自从使用该管柱后，一些长期难注井可以注水，部分井或区块产液量和产油量显著提高。

2001—2005年之间，又相继研究使用了油套保护注水工艺管柱、套管变形井注水工艺管柱、斜井注水工艺管柱。由于受污水回注、注入水水质等多种因素的影响，套管腐蚀严重，为了解决此问题，研究了一种保护油管的分层注水工艺管柱。该管柱由Y341深井注水封隔器与KPX系列偏心配水器及可循环阀等组成。此管柱具有反洗通道，可以方便地进行反洗井作业。还由于此管柱在注水层上部增加了一级封隔器，可以对上部油套环空进行替套管保护液，以保护油套管延长其使用寿命。通过现场应用，油套管的腐蚀有了明显的改善，其中油管的使用寿命平均延长2～3倍以上，套管的腐蚀穿孔等现象也大为减少。王场油田为老油田，套管变形、穿孔的井很多，而目前的工艺管柱及工具规格单一，外径较大，难以达到通过套管变形点进行分注的目的，为了让这部分井继续发挥作用，研究了一套套管变形井分层注水工艺管柱。该管柱由JHY341–105、JHY341–110水力压缩式注水封隔器、KPX–105偏心配水器等组成两级两层分层注水管柱。斜井在注水过程中，由于井斜会造成管柱和封隔器偏向一边，使得封隔器密封件受力不均匀，严重影响了它的工作寿命。由于目前的注水管柱无法应用到斜井注水，因此研究了一套斜井注水工艺管柱。该管柱由ZC–114强力支撑扶正器、JHY341–114注水封隔器、KPX–114偏心配水器等组成。该分注管柱上下均增加了ZC–114强力支撑扶正器，具有扶正并支撑斜井管柱的功能，使得管柱始终处于套管中心，改善了封隔器的工作的条件；同时，还具有一定的管柱锚定功能，消除了各种管柱效应造成的管柱蠕动现象。通过上述各种分层管柱的应用，取得了满意的效果，工艺成功率90%以上，措施有效率超过85%，分注合格率78%以上。

三、单井高压注水

王场油田以低渗油藏为主，难注井层多，注水开发难度大，导致地层能量得不到有效地补充，油井产量下降，油层动用状况差，开发效果不理想。

1997年，油田引进了单井高压注水工艺技术，开始针对油田部分低渗透层采取单井增压泵注水，提高注水压力，以满足配注要求。

2000年开始，油田结合生产实际，研制出了一种适用于超高压注水的管柱及其相关的配套工具。该高压注水工艺管柱采用（由上至下）反循环洗井开关+安全接头+水力锚+高压注水封隔器+特殊坐封球座的管柱结构，封隔器主要采用Y341–114封和Y241–114封高压注水封隔器。其特点主要表现在：水力锚+高压注水封隔器上下固定，解决了由于管柱蠕动导致封隔器解封的问题，既安全又可靠；反循环洗井压井开关打开可减小解封负荷；在采用了所有措施都不能使封隔器解封起出管柱时，可从安全接头处脱开，起出管柱。

2001 年 9 月以来，高压注水工艺管柱先后在王西斜 19–7、王西新 5–4、王 79–1 井成功应用 3 口井。这 3 口井采用高压注水后，注水情况良好，注水量明显增加，基本满足了其配注要求。目前最高注水压力 48.0MPa，最高日注水量 85m^3，且套压基本保持在 15 MPa 以内，达到了保护套管的目的。采用超高压注水后，各注水井对应的周边油井明显见效，产油量均有所提高，特别是王西新 5–4 井对应的 5 口油井，日产油由 30.5t 上升到了 57.6t，其中王西斜 6–2 井日产量从 7.6t 上升到 25.5t。

2005 年 12 月，王场油田有各类增压增注井 24 口，开井 17 口，日增注水量 587m^3。

四、注水井测试

1976 年开始进行分层水量测试工作，测试工具主要采用测试队自制的测试球杆，操作安全可靠，且成功率高。1978 年，为适应细分层注水需要，开始使用偏心配水器，它对深井和斜井效果较差。1979 年作了改进，情况好转，但因测试时改变了正常注水工作状况，层间干扰因此减少，致使误差较大。为此，从 1980 年开始改用仪表测试。1986 年，注水井分层测试采用传统的空心配水管柱和偏心配水管柱两种测试方法。对一级二层的空心配水管柱投捞测试，仍采用空心投捞爪和测试球杆进行投捞和测试，工艺操作简单，安全可靠，成功率较高；对偏心配水管柱的投捞测试，采用偏心投捞器和偏心验证器，配套使用地面仪表进行。1987 年，分层测试工艺采用测试密封段进行测试，振荡器解卡，地面双波纹管差压计计量流量。

1988 年开始改进投捞工具。由于部分水井井深、斜度大和注入水水质差，经常出现撞击筒位置被埋现象，使用传统的撞击式投捞器，其主副爪打不开的情况时有发生。改用提挂式投捞器后，提高了测试可靠性。

1989 年，应用双作用提挂式投捞器，一次可捞出原来的堵塞器水嘴，同时把装好的堵塞器投入偏心配水器。这种工艺比原来使用的单级投捞器技术提高工作效率 2 倍。

为了提高分层流量测试准确率，1998 年开始开展注水井测试方法、测试仪器的科研攻关，先后研制开发了针对分层注水井井下流量测试的涡轮流量计、电磁流量计。2002 年，针对油田注水压力越来越高的情况，为了对井下各层的地层压力和污染程度能够较好的了解，研制开发了 JYC–2010 投捞式压力仪，该仪器能直接进行分层地层压力测试，且在测试过程中不影响其他层段的正常注水。2004 年，针对注水回注井，研制开发了一种既可用于清水，也能适应污水测试的井下涡街流量计。为了及时掌握注水管柱的工作状况，2005 年又研制开发了用于分层注水管柱的工作状况在线监测的井下测量装置。

第四节　油层改造

王场油田油层改造主要包括酸化、压裂。开发初期，油田的开发对象主要是中、高渗透油层，油层改造措施以酸化为主，随着低渗透油藏投入开发，油层改造措施以压裂为主。

一、酸化

油田开发初期，为了解除钻井过程中对油层的伤害，开始在试油作业中应用土酸酸化。至 1971 年，共实施 131 口井，有效率 80%。1971—1986 年推广应用，每年应用 10 ~ 20 口，但有效率逐年下降，1986 年酸化有效率 60%。随着油田开发的不断深入，为了解除油层深部伤害，1987 年油田处采油工艺研究所高英华、阳惠君等研究应用了氟硼酸深部酸化解堵技术，1987—1988 年应用 10 口井，增油 15263t。同年开展了组合活性酸酸化的应用，1987—1988 年应用 14 口井，增油 36896t。1989 年针对油田开发过程中出现的胶质、沥青质等有机垢物伤害储层问题，应用了胶束酸酸化，1989—1990 年应用 4 口井。1992 年开始在注水井上应用，1992 年 8 月在王更 5 水 0 应用胶束酸酸化，日注水量由不吸水上升到 60m³。

1993 年酸化对象逐渐转向低渗透油藏，开始应用浓缩酸酸化，在王西 16–8 井应用，月产油由 78t 上升到 276t。1993—2005 年每年应用 5 ~ 10 口井。这期间在 1999 年针对低渗透油藏地层残酸返排困难的问题，应用了增能酸化技术，应用 3 口井。2004 年针对王场油田部分低渗透区块高压、超高压注水井注水困难的问题，在水井上开展了酸化降压增注技术应用，2004 年在王西 10–4 井应用，酸化前油压 47MPa，不吸水，酸化后，注水压力由 47MPa 下降到 22MPa，日注水量上升到 50m³。

二、压裂

低渗透油层投入开发后，开展了压裂技术的应用，随着压裂设备能力的不断提高，压裂技术不断发展，应用了多种压裂液及相关技术（表 3–1）。

表 3–1　历年压裂技术发展应用情况表

时间	压裂车组	压裂液	支撑剂	施工排量 m³/min	加砂量 m³	砂液比 %
1970—1973	500 型	原油	石英砂	1.5	1~3	7~10
1974—1986	700 型	槐豆粉、田菁	石英砂	2.0	5	15~20
1987—2001	1000 型	JH–S、瓜尔胶	陶粒	2.5~3.0	10~15	20~30
2002—2005	2000 型	瓜尔胶	陶粒	3.0~5.0	10~20	25~35

开发初期，在浅井开展了压裂技术的应用，压裂车组为 500 型车组，支撑剂采用石英砂，压裂液主要采用原油，至 1976 年应用了 30 口井，平均单井加砂 1 ~ 3m³，平均砂液比 7% ~ 10%。

为了提高中深井压裂改造效果，逐步配套和完善了 700 型压裂车组，开始使用江 453 封隔器开展分层压裂，支撑剂采用石英砂，压裂液开始应用羧甲基槐豆粉、羧甲基田菁粉等压裂液。1977 年在王场油田应用了 7 口井，平均砂液比 15% ~ 20%，平均单井加砂量 5m³，平均单井日增油 9.5t。1974 年开始在注水井上应用，1974—1976 年在王 4 水 3–12 等 8 口水井上应用。1979 年针对水井压裂残渣多的问题，在水井上应用甲叉基聚丙烯酰胺压裂液，应用 8 口井，当年增注 17052m³。

针对油层在 3000m 以上的压裂改造问题，引进中原油田美国斯蒂文森 1000 型压裂设备，同时应用了 ZH 封隔器和 1000 型井口，支撑剂采用高强度陶粒，1987 年油田处采油工艺研究所黄德琼、肖东等研究应用了 JH–S 压裂液用于深井压裂，应用 8 口井，平均砂比提高到 20% ~ 30%，单井平均加砂 16m³，当年增油 4172t。1990 年应用了田菁有机肽压裂液，1990—1994 年共施工了 17 口井，平均砂液比 25%。1995 年随着对油层保护的重视，应用了低伤害的羟丙基瓜尔胶有机硼压裂液，1999 年在王场油田应用 11 口井，平均砂液比 30%，平均单井日增油 6t，2000 年后在王场油田普遍推广应用。为了提高压裂改造规模，2002 年引进、配套了 2000 型压裂车组，2003 年在王场油田应用 7 口井，平均砂比在 25% ~ 35%，单井加砂 10 ~ 20m³。2004 年针对油层薄、隔层薄的特点，应用了薄油层压裂技术，在现场应用 15 口井，油层厚度平均 2.34m，当年增油 2.4×10^4t。

第五节　堵水、调剖

注水开发后，针对注入水沿高渗透带突进，造成油井过早水淹的情况，油田在采用机械堵水技术的同时，先后应用了多种化学堵水、调剖剂，开展了水井调剖、油井化学堵水的应用。

一、水井调剖

油田注水开发初期就在注水井上应用同位素I131测吸水剖面，了解各个分层的吸水能力。到1979年潜三段北断块、中区南部等主力开发区块，层间矛盾突出，注水井吸水不均匀，注入水沿高渗透带突进，导致油井含水快速上升，甚至水淹。鉴于王场油田生产过程中出现的这种情况，针对性地开展了单井小剂量调剖，1978年首次在王4–8–1井进行调剖，应用水玻璃—氯化钙加青石粉和铬冻胶，注水压力提高了5.6MPa，吸水剖面变均匀。1981年5—10月在王4–3–14井先后4次调剖，三次应用水玻璃–氯化钙，一次应用铬冻胶，注水压力由5MPa上升到8.5MPa，吸水剖面变均匀。

1980年开始在注水井上应用同位素Ba131测吸水剖面，开展了大剂量调剖应用，1984年在王2–1井和王4–3–14井进行了大剂量回注污水加水玻璃和膨润土调剖，王2–1井堵剂用量2098m³，调剖半径达10.3m，王4–3–14井堵剂用量2110m³，调剖半径达10m，调剖后两口井的注水压力上升了2～3MPa，两个井组对应油井增油1.37×10^4t，降水7.2×10^4m³。

1990年，油田处采油工艺研究所李洪珍等先后在王场油田潜三段北断块和中南区块开展了区块整体调剖应用。1990—1992年，对潜三段北断块的9口注水井进行了调剖，应用石灰乳加水玻璃—氯化钙和铬冻胶，平均单井挤入堵剂4782m³，平均调剖半径22.2m。调剖后，注水井启动压力上升1.8MPa，吸水指数下降46%，区块自然递减率由27.6%下降到21.1%。1996—1997年，对中区南部的4口注水井进行了调剖，前置堵剂采用铬冻胶，主堵剂采用水玻璃—甲酰胺，封口堵剂采用水玻璃—氯化钙，单井平均挤入堵剂365.4m³，平均调剖半径5.9m。调剖后，注水井启动压力上升4.8MPa，吸水指数下降43%～66%，对应油井见效率89%，区块自然递减率由25.4%下降到16%。

二、油井找水

1970年，开始应用封隔器找水法找出高含水层，主要应用以江252–1封隔器为主的找水管柱。由于江252–1封隔器解封负荷大，20世纪80年代，油井找水法主要应用的是以江756–4封隔器为主的找水管柱，同时开始应用气举找水法，在王场油田现场应用11井次，由于资料误差大，工序多，在环空测试找水法研究成功后逐渐被淘汰。1980年，环空测试找水法开始在王场油田应用，1983年油田处采油工艺研究所王培烈等成功研制出可转动式偏心井口和过环空生产测井仪器JCF系列分层测试仪用于产液剖面测试找水，该技术获得了石油工业部科技进步三等奖，1983—1986年每年在王场油田应用20多口井。1988年为了提高测试的成功率，油田采油工艺研究所伍朝东等研制出JLS系列分层测试仪用于产液剖面测试找水，该技术获得了中国石油天然气总公司科技进步二等奖，每年在王场油田应用20多口井。1985年应用了中子寿命和氯能谱测井技术用于油井找水。1990—2005年，找水方法主要应用的是封隔器找水、环空测试找水、中子寿命测试找水。

三、油井堵水

1970年，开始应用封隔器堵水，主要应用以江252–1封隔器为主的堵水管柱，20世纪70年代末期开发应用了以江756–2封隔器为主的丢手堵水管柱，1977—1978年在王场油田应用19口井。1979年，开始应用聚合物冻胶堵水技术和水玻璃—氯化钙堵水技术进行化学堵水。1979年1月在王4–12–3井首次应用部分水解聚丙烯酰胺堵剂堵水，日产油由11.1t上升到46.7t，当年应用16口井，增油9989t，降水7153m³。1980年研究应用了水玻璃—氯化钙堵水，在王场油田应用7口井，平均单井日增油13.8t。

1980年，机械卡堵水发展为以江756–6封隔器为主的堵水管柱。化学堵水方面，针对水玻璃—氯化钙遇盐水结晶，堵水有效期短的问题，1982年应用了氟硅酸—水玻璃油井堵水，在王场油田应用9

口井，增油 6325t。1986 年应用了水玻璃定时胶凝堵水，在王场油田应用 4 口井，增油 6299t，平均有效期 450 天。

1998 年，针对王场油田高含水、高渗透、大孔道地层，单一堵剂很难发挥作用的实际，应用了铬冻胶、水玻璃—甲酰胺、水玻璃—氯化钙复合堵剂堵水 2 口井，在王斜 12–4 井应用后日产油由 2.7t 上升到 8.5t，含水由 94% 下降到 33%。2002—2003 年应用了颗粒凝胶堵水 2 口井，2002 年 12 月在王斜 11–6 井应用，日产油由 2.6t 上升到 5.8t，含水由 94% 下降到 32%，有效期 450 天。

第六节　修　井

油田投入开发后，井下事故的出现也越来越频繁、复杂，处理事故的水平也不断进步。修井主要解决复杂的解卡打捞，修复套管等问题。

一、解卡打捞

油田开发初期，产出地层水矿化度高，井筒容易结盐造成生产管柱盐卡，修井主要解决盐卡管柱，其次是蜡卡和砂卡。在解卡施工技术方面，主要采用清水冲盐、挤清水解盐活动解卡，对于活动不能解卡的井采用套铣和倒扣的方法起出被卡管柱。1973 年 7 月，在王新 4–3–10 井盐卡管柱，采用冲盐、套铣和倒扣工艺成功起出全部被卡管柱。1990 年针对活动不能解卡的井应用了震击器解卡。随着井筒掺水解盐的应用，盐卡、蜡卡井减少，20 世纪 90 年代以后，主要解决的是管卡和落物事故，通常是采用循环洗井、套铣和倒扣工艺解卡为主。在复杂落物打捞方面，主要根据落物顶部（鱼顶）情况，再选择或制作合适的打捞工具。如鱼顶修正器、外钩、开窗捞筒、偏心捞矛等进行打捞，在王 4–3–6 井、王 4 新 11–2 井、王东 9–9 井打捞时都见到一定效果。

二、堵漏

油田位于盐湖盆地，钻井过程中要钻遇盐层和水层，由于盐层蠕动和盐水腐蚀，造成油井套管外窜槽、腐蚀穿孔、套管变形等问题，每年平均新增套管损坏井在 20 口以上。1970 年开始在套管穿孔漏失井和套管外窜槽井应用水泥浆挤堵修复套管，在水泥浆中添加石棉线、布条等封堵大孔道提高成功率。1972 年 4 月在王 3–1 井应用水泥浆中加锯木、石棉线进行堵漏获得成功，从此水泥浆挤堵在油田推广，每年在油田应用十多口井，水泥浆挤堵技术还应用于封堵水层也获得了成功。2000 年以后针对井深、渗透率低、普通油井水泥浆封堵水层难度大的井应用了超细水泥浆挤堵工艺。2005 年针对小段套管严重漏失、破裂的井引进了高效气动套管自动封堵、修复技术，在周 8–5 井试验未获成功。

三、取套换套

对于套管变形的井，1979 年开始应用了套管整形器进行修复，1994 年引进了爆炸整形修复变形套管，都未获成功。2002 年，引进了取套换套修复变形套管，在王西 4–6 井首次应用，成功换套 1500m，创造当时修井机取换套深度国内纪录，恢复初期日产油 20t，截至 2005 年底，应用 6 口井，成功 4 口井。

第四章

地面生产系统

王场油田油气水集输系统、油气水处理与注水系统和供电系统适应油田不同开发阶段的需要，不断完善，形成规模。共建成联合站 1 座，注水站 4 座，污水处理站 1 座，计量站 20 座，计量接转站 10 座，拉油站 1 座，单井拉油点 3 座，伴生气处理轻烃回收站 1 座，干气发电站 1 座。设计生产能力 73.66×10^4t/a，集油能力 100×10^4t/a、污水处理能力 7000m^3/d 的油、气、水地面集输系统，为原油生产提供保障。

第一节　集输系统

王场油田油气水集输系统，从零散单井拉油发展到具有规模的油气密闭分输再到油气水密闭混输，形成了较为完善的油气水集输系统。

一、原油集输

油田开发初期，原油输送采用拉油方式。随着王场油田的进一步勘探开发，生产油井数增加，为解决计量、供热等需要，1968 年王场油田开始完善地面集输系统，从井口至计量接转站（点）再到联合站的油气水地面集输配套工程开始建设。同年 10 月下旬，江汉油田第一个联合站建成。1969 年 12 月 31 日王场联合站开始进油投入运行。1970 年 12 月后，逐步建成并投产了王新 1、王 2、王 3、王 4、王 5、王 6、王 7，王 8、王 9、王 10、王 11、王 12、王 13、王 15、王 17、王 20、王 22、广 6 等站点，原油从井口自压至计量站或计量接转站进行原油单井计量，经计量后自压或者泵输至王场联合站。1985 年 8 月，新建王新 12 站，将王 8 站、王 12 站合并。在此期间，22 座计量接转站（计量站）相继建成，初期集输均为开式流程，单井采用三管伴热。

1985—1990 年期间，王场油田综合含水逐年上升，产液量大幅度提高，对集输系统进行了更新改造，摸索油气集输新工艺，70% 实现井口（或者小站）加药，管道破乳、降黏，井口至计量站密闭自压，进集油站原油分线计量，陶粒脱水器低温脱水，原油密闭输送，减少油气损耗。王场油田将王 15、王 17、王 2、王 5、王 20、王 3、王 7 等 12 座计量站改造为密闭接转站，实现井口原油密闭自压到计量站（或计量接转站）再到集油站，降低了油气蒸发损耗。

1991—1995 年期间，为了降低计量误差，核实各队采油量，采用油气分输流程，即井口加药—管道降凝破乳—计量（接转）站—单井计量—油气分输至王场联合站，进行分线计量各队产量，气输至王场轻烃站处理，回收伴生气，计量误差由自压进站的 25% 降低到 10.8%，王场油田 18 座站全部密闭，采用自压和油气密闭分输方式，伴生气通过集气管网低压集输进王场轻烃回收站，密闭率达 92.7%（图 4–1）。

2000—2005 年期间，王场油田相继滚动勘探开发了一批低渗透小断块，产量低且分散，集油半径大。初期采用单井拉油方式，伴生气无法回收利用，单井无法计量。为了降低集输系统能耗与损耗，

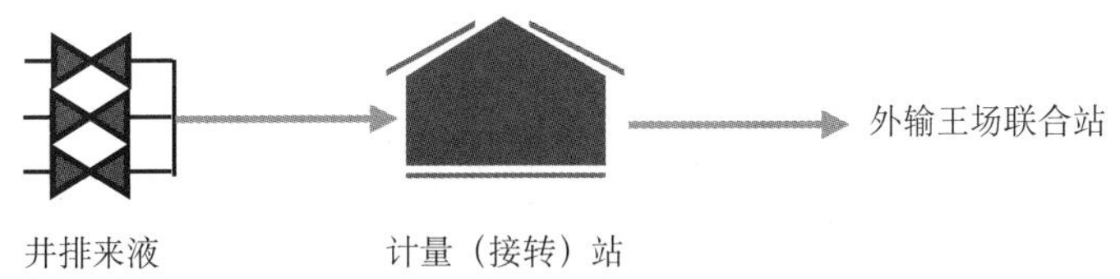

图 4–1　二级（三级）全密闭集输流程示意图

将边远及分散油田纳入系统集中管理，开展了油气密闭混输工艺技术研究，首先在黄 22 井区取得突破，该项研究获江汉油田管理局科研成果三等奖。王场油田的零散小断块王南、王 63、王 13、王九、黄 34–1、王 39–1、广 11、广 18 等区块，采用井口→计量站→混输泵→联合站的集输工艺（图 4–2）。将单井拉油方式改为密闭混输，降低井口回压，减少中转消耗。老油田高含水区块，如王 74、王新 4、王东 8–11、广 11 等区块，伴生气量少，冬季供热不足，采用自压方式；井口及干线回压高，油量少，冬季运行困难，采用密闭混输流程：井口→计量站→混输泵→联合站的集输工艺，降低了井口回压 1.0MPa 以上，集输半径增大一倍，保障了冬季安全运行。此期间，王场油田（除广 9 斜 –4、王 45 两口单井拉油外）全部密闭集输，密闭率达到 95%。

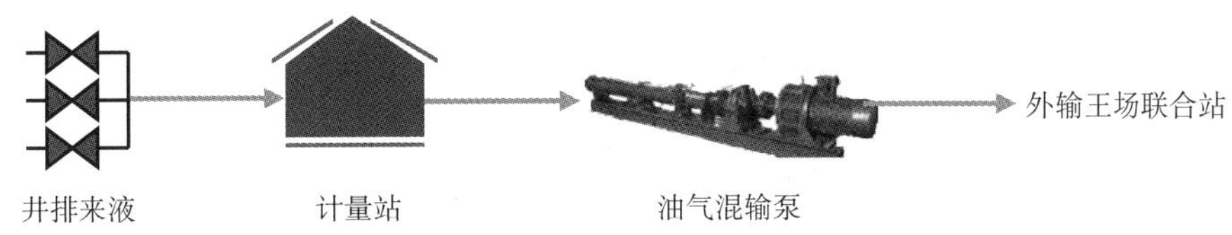

图 4–2　密闭混输工艺示意图

截至 2005 年底，王场油田建成计量站 20 座，计量接转站 10 座，拉油站 1 座，单井拉油点 3 座，设计生产能力 73.66×10^4t/a、集油能力 100×10^4t/a 的油、气、水地面集输系统。建有 15 条集油管线，总长 43.46km，单井油管线 158.4km，建有连续输油管线 1 条：王场联合站—广华联合站外输油管线，长 10.1km。

二、天然气集输

根据勘探开发研究院 1980 年 14 次测试数据，王场油田伴生气组分丙丁烷含量为 0.22 ～ 0.313g/L。为提高资源利用率，王场油田建有低压（干、湿）气集输管网 51.765km，将湿气低压集输至轻烃回收站，回收轻烃后将干气返输至各站作生产供热燃料和干气发电站发电，伴生气集输能力为 1000×10^4m^3/a，实际集输气量为 700×10^4m^3/a。

第二节　处理系统

王场油田建有联合站 1 座（王场联合站），设计外输能力 50×10^4 ～ 100×10^4t/a，原油脱水能力 70×10^4t/a，实际脱水处理 45×10^4t/a，储油能力 0.5×10^4t，担负着王场、黄场、代河、张港、潭口、周矶油田以及马王庙、外围小断块油田罐车拉油的原油净化、加热、计量、原油外输工作，还担负着原油脱出污水的处理及污水回注工作，是王场油田唯一油气集中处理站。

气处理系统建有伴生气处理、轻烃回收站 1 座，干气发电站 1 座，设计伴生气处理为 3×10^4m^3/d，实际伴生气处理量为 1.2×10^4m^3/d。

一、原油处理

王场联合站于1969年12月31日建成投产，油气装车外运，为开式流程。

1970年，针对江汉原油高含盐、含蜡、含硫、高黏度、高凝固点，气油比低、饱和压力低、单井产量低的特点，开展集输流程的试验研究，取得了成功，试制成“四合一”原油电脱水装置，该装置把生产流程中的加热、油气分离、沉降和电脱水4种设备组合在一起，达到简化流程、方便生产、降低造价节约建设费用的目的，外输原油含水率降至0.09%～0.12%。该成果获1978年全国科学大会奖。1970年至1984年间，王场油田主要采用传统的“四合一”脱水工艺。

1979年3—8月，对王场联合站实现原油处理、输油密闭流程，自行设计改造，将一段脱水沉降罐和外输净化油罐改为密闭缓冲罐，采用密闭流程后，王场联合站油气损耗从1.17%下降至0.17%，节能效果好。

1980年9月4日，为降低脱水温度，实现低温脱水，实验成功了SAP116、BP169水溶性破乳剂，降低脱水温度20℃（从55～65℃降至40～45℃），加药量15～20mL/m^3，具有快速，使用方便等优点，在42℃时“四合一”不加热脱水，质量稳定。SAP102低温破乳剂试验效果好，1981年在全油田推广应用。1982年，随着原油含水上升，产液量加大，由于含水高稀释破乳剂，水溶性破乳剂加药量加大。为解决这个问题，与北京勘探开发研究院联合对50多种油溶性破乳剂进行评选，评选出了DPA2031油溶性破乳剂，1987年12月获国家发明三等奖，特点是低温破乳，速度快，室内试验30分钟可脱水90%，现场使用效果比水溶性破乳剂好。1983年12月14日在王场联合站现场实验，取消二段加药热化学脱水工艺，采用低温脱水，加药量从原来的25 mL/m^{3}下降至15 mL/m^3，外输原油质量含水在0.2%以下，含盐100mg/L，年节约消耗量17.3t。1984年在全油田推广应用油溶性破乳剂。

1985年8月至1986年9月3日，为适应中高含水期原油处理（综合含水70%），对王场联合站进行重建，设计原油处理能力70×10^{4}t/a，最高综合含水70%，实现小站加药，管道破乳，进站原油分线计量，陶粒脱水器低温脱水，原油密闭处理，密闭输送，减少油气损耗，避免重复换热。原油处理立足于一段电脱水流程，脱水器改为陶粒脱水，采用二段脱水工艺流程，即：计量站油水混合液→分线计量→低温破乳→陶粒脱水→缓冲罐→电脱水→缓冲→泵→计量→加热→外输，对中高含水原油脱水处理（图4–3）。同时，推广应用江汉设计院的HST100–0.5–Y型高效水套加热炉对原油加热，经测试热效率达到88%～92%，比原水套加热炉效率提高20%，节约燃料消耗。

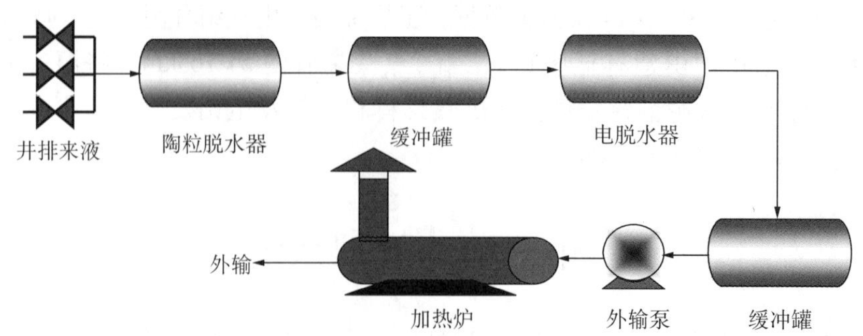

图4–3　二段脱水工艺流程示意图

1992年，油田综合含水88.8%，处理液量增大，以陶粒脱水器为代表的中高含水原油处理工艺不适应特高含水原油处理。自行加工制造第一台ϕ3000mm×9600mm高效三相分离器，1992年4月1日在王场联合站现场试验成功，日处理量6000m^3/台，加药量在20 mL/m^{3}内，三相出口含水从89%下降至2%，污水带油1000mg/L，实现了油气水一次直接分离，即：计量站油水混合液—分线计量—低温破乳—三相分离器脱水—电脱水—缓冲—泵—计量—加热—外输（图 4–4），简化工艺、增大处理量，减少设备数量，解决了王场油田特高含水期原油脱水处理困难，效果较好。

2002 年 4 月至 2003 年 7 月，对王场联合站进行二期工程改造。根据治理安全隐患和“五项劳动竞赛”中五星级站库的考核标准的要求，改造以提高站点工艺自动控制程度，完善各种计量仪表，应用新技术和新材料，提高站点工艺技术水平为目标，由设计院进行整体设计，油建进行现场施工，增建大罐抽气装置。重建后整体布局合理，系统运行平稳，工艺简单，自动化监控程度提高，重要运行参数室内报警显示，节能降耗，达到了五星级站库标准。

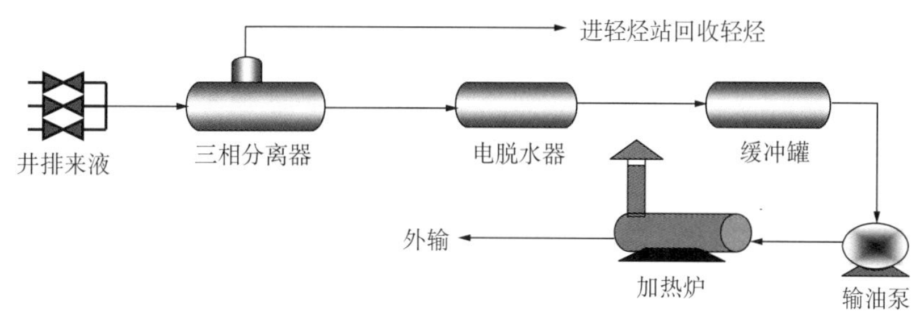

图 4–4　高效三相分离器原油脱水处理工艺示意图

二、伴生气处理

王场油田开发的同时，就开始了伴生气的生产。为了综合利用油气资源，降低油气损耗，根据石油部设计管理局文件 (80) 油设局田字第 109 号“关于王场油田回收装置初步设计的批复”、江汉石油管理局设计任务书（江计 80 第 67 号）、江汉石油管理局局务会纪要 (1981 年第 1 号)、管理局勘探开发研究院 1980 年 12 月 10 日提供的所测 14 次数据“王场液化气站油气损耗数据”，经 1982 年 1 月 10 日局务会审查确定以全年平均值（即戊烷以上组分的含量为 0.313g/L) 和 1980 年 12 月 2 日的低值组分（即戊烷以上组分的含量为 0.22g/L) 来考虑设计。

1981 年在伴生气比较集中的王场油田建成了第一套伴生气处理轻烃回收装置，于 1982 年 9 月 28 日投产，开始进行轻烃回收，该项工程设计，获 1985 年国家优秀设计金质奖。

王场轻烃站主要是处理王场油田的伴生气，采用低压浅冷回收工艺。主要建有压缩、冷却、分离、氨制冷、精馏、供热等工艺设施。主要产品有液化气、轻质油、干气，液化气作为产品供职工作为燃料，干气外输作为油田工业用气。设计伴生气处理量为 $(2.5\sim3.0)\times10^4m^3/d$，2005 年实际处理伴生气量为 $(1.5\sim1.8)\times10^4m^3/d$。设计丙、丁烷产量 19.7~21.2t/d，戊烷产量 5.5 ～ 7.8t/d。

2003 年 3 月，王场轻烃站改造，采用脱硫工艺，新增脱硫塔一具，减少了管网、设备、容器的腐蚀。同年 5 月，在王场轻烃站旁新建了一座天然气发电站，安装 2 台发电机组，于 2003 年 6 月 24 日投运发电。

三、污水处理

王场油田处于河湖交错、矿化度高的盐湖盆地。在 20 世纪 70 年代初期和中期，油田先后建成一批污水处理设施。1973 年，针对“含油污水处理与利用”（即净化后回注油层），开展了室内和现场试验，同时在王场油田建成王一污水回注站，对油田污水进行处理。

1979 年，王场油田污水处理改造工程竣工投产。根据环境保护要求（洗井水必须处理合格后进行回注）以及开发的需要，1983 年 12 月王一污水处理站工程改造，由江汉石油管理局设计院设计。站内新建 $500m^3$ 沉降罐 2 座，新增 2 台 50FB–25A 耐腐蚀离心泵。1985 年 6 月王一污水处理站改建工程建成使用，该站采用隔油沉降流程对污水进行处理。

1987 年至 1988 年，王一污水站进行了扩建改造，由江汉石油管理局设计院负责设计，将原来的无阀滤罐工艺改为压力滤罐工艺，使污水日处理能力达到 7000m³。

1992 年 4 月，针对王场油田原油处理脱水器产生的含油污水、洗井污水等对污水站进行改造。由江汉石油勘察设计研究院负责设计，设计含油污水日处理能力 12000m³(分两期建设，一期设计日处理能力 4000 m³)。对含油污水净化所产污泥进行处理，日处理能力 650m³。1993 年，一期工程投入运行，首次使用玻璃钢管。1994 年王一污水处理站二期扩建工程完工并投入运行，污水处理能力由原来的 7000m³/d 增加到 12000m³/d。

1999 年 8 月，对污水系统改造，由江汉石油管理局勘察设计研究院负责设计。将一次除油罐改为玻璃钢结构，污水经一次除油后提升至过滤器过滤，达到注水水质标准的合格水注入地层。一次除油罐与二次沉降罐之间新建药剂混合罐 1 套；注水新北干线与北支线会合处装设 2 组减压阀，压力由 12MPa 减至 6MPa；设计污水日处理量 7000m³。

2003 年，为提高注水系统效率，对王一污水站进行改造，由江汉石油管理局勘察设计研究院负责设计。本次改造包括现有每天 7000m³ 污水处理系统改造和规模为每天 1500m³ 污水精处理两部分。

王一注 (污) 水站经过历年改造完善之后，采用“二级除油、二级缓冲、一级沉降、一级过滤”污水处理工艺 (图 4–5)，在一级缓冲罐前加杀菌剂 (1427)，沉降罐进口加液碱，二级缓冲罐出口加缓蚀剂 (SB–9805)，采用聚集除油技术、改性纤维束精过滤及过滤器自动控制技术、贮集容器密闭清淤技术、污泥回灌技术，注水水质明显提高。

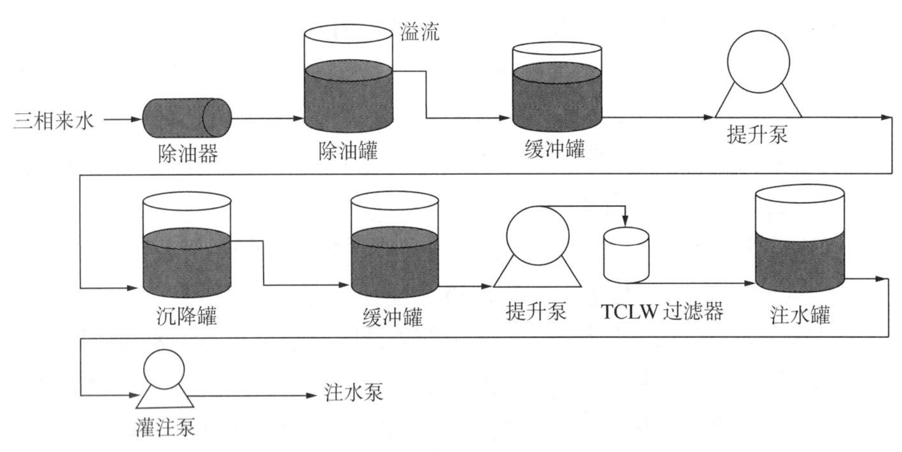

图 4–5　王一污水处理流程图

第三节　注水系统

王场油田 1973 年开始试验性注水，1975 年全面投入注水开发。随着油田开发的需要，在完善注采井网的同时，也不断完善了注水地面系统。

1970 年王场油田经过了短暂的自喷采油期，由于地层能量不足，1973 年 1 月，王场油田潜三段北断块开始进行试验性注水，转注 3 口井，日注水量 50m³。注水初期主要采用 2 台 6D100–150 离心泵作为升压装置。王场油田共分三个层系进行开发，计划注水井数 79 口，日注水量 6881m³。其中潜一段 9 口，日注水量 881m³；潜三段 24 口，日注水量 4690m³；潜四段 46 口，日注水量 1310m³。洗井及修井日用水量 2400m³，泵站总能量 9280m³/d，最高工作压力 15MPa。规划王场油田布置两座注水站。

王二注水站于1972年建成，由五七油田第三团第七营负责设计。站内有2台6D100–150离心泵，1具 ϕ2400mm过滤罐，700m^{3}清水罐2座。

王一注水站于1973年建成，由五七油田第三团第七营负责设计，配注管线共四条，其中两条供潜一、三段注水用，另两条供潜四段注水用。每条配注水管线设CW–430型双波纹管差压计1具，进行分别计量。四条管线互相连通，站内流程能适应一套压力系统。

1974年，王场油田开展注水工作，南区、中区、西区、东区相继开始注水。1975年油田全面投入注水开发，有注水井21口，开井21口，日注水量399m^3，油井综合含水12.8%。1975年底，王场油田有6D100–150型泵7台，（王一注4台，王二注3台）考虑2台备用，泵站总能量达11000m^3/d，最高注水压力15MPa。

1980年，根据王场油田、广华油田综合含水70%时的注水量及洗井作业用水量，王一注将6D100–150型高压离心注水泵增加至8台。1982年，安装3台3S3注水泵，与原有6D100–150注水泵并联使用。

1984年6月，将负责该区注水任务的王二注水站改造成高压注水站，由江汉石油管理局设计院工艺室负责设计。1985年，王场油田王二注水站经前期改造后，用3S3柱塞泵把王场油田北区的注水压力提高到18 MPa，见到了比较好的注水开发效果。1987年4月，王一注原有的2座500m^{3}注水罐满足不了油田注水需要，新建了2座2000m^{3}钢注水罐。1988年底，王场油田有注水井66口，开井53口，日注水量5048m^3，油井综合含水67.8%。

1993年5月王一注水站进行改造，由江汉石油管理局勘察设计研究院负责设计，日注水量12000m^3(其中回灌量2000m^3)，注水压力15MPa。

1994年10月至11月，王一注水站将低压污水管线改用玻璃钢管，注水泵增加电子水表。

1997年3月，王一注水站北干线进行铺设，该干线注水压力16MPa，全程2450m。王新12铺设管线至王二注水站全程700m。王5水4新铺管线至原北干线上。新西7–6新铺10m改搭广西干线上。到1998年底，王场油田有注水井37口，开井29口，日注水量为4755m^3。

1999年，依据《王广注水方案讨论会议纪要》和《广6注水站方案评审会议纪要》，在王广区块建注水站一座——广6注水站。根据地质需要，广6站注清水，注水水源为汉江水，日注水量为600m^3，注水压力为25 MPa。为了保证注水水质，设置了加药装置，投加了杀菌剂、除氧剂等。同年，王南注水站建成，负责此次设计单位是江汉油田开发技术服务部地面工程勘察设计室，设计日注水量为60m^3，压力25MPa，注水水源为地下水。

2000年，针对注水系统能耗损失大，王一注水站进行降压改造，将注水泵DF300–150×9换为DF300–150×5，注水压力由13.2MPa降至8MPa，注水泵系统效率由之前的59.2%提高到76.2%，年节电297.97×10^{4}kW·h。2001年4月，淘汰王二注水站3S$_3$泵，新增2台五柱塞泵，注水泵泵效提高到了75%。2004年，王一站增加ZD–I型自动清淤装置3套，新建1具500m^{3}污水罐，新建DF46–50X4污水泵2台。2005年12月，王场油田注水井总数82口，日注水量3359m^3，污水日回灌量为4793m^3，油井综合含水83.6%。

第四节　防　腐

江汉盆地属于内陆盐湖沉积盆地，常年多雨，地下水位高，产出水含盐高，土壤的电阻率很高，对金属具有很强的腐蚀作用，新换金属管线4～6年就出现穿孔，制约了原油生产，给管理带来一定困难。经多年试验研究，采用阴极防腐是最有效的措施。1984—1985年对王场油田油水管线进行区域性阴极保护，1986年8月25日一期工程投产，保护油水井51口，各类管线170km，设有装置点：王20、王19、王10、王11、王12、黄18、王场联合站。保护度达80%以上，保护电位在0.85V以下，延长了金属管线的使用寿命，1987年至1988年，由于种种原因，除王场—广华输油管线外，其他保护站都被破坏。2004王场联合站改造，恢复了阴极保护。“九五”“十五”期间，玻璃钢管线、高原复合管、玻璃钢储罐、牺牲阳极在集输系统得到较为广泛的应用，在含水高、液量大的低中压单井管线及集输油管线上采用玻璃钢管线，减缓腐蚀，延长管线的使用寿命，节约成本。

第五节 配套工程

一、供电工程

王场油田供电电源为油田王场变电站。

王场联合站油站2台315kV·A变压器电源为6kV王一注甲线和6kV王一注乙线，平时1台运行，1台备用。

王一注水站注水泵电机2台2000kW、1台1000kW、1台800kW，供电电源为6kV王一注甲线和6kV王一注乙线。

王一污水站2台315kV·A变压器电源为6kV试采线和6kV四路线。

王二注水站2台500kV·A变压器电源为6kV王二注甲线和6kV王二注乙线，平时1台运行，1台备用。

王场轻烃站2台500kV·A变压器电源为6kV四路线和6kV王世线，平时1台运行，1台备用。

南断块油区、中区南部油区、王十三站、王南站、采油三队生活区电源为6kV王两线。

北断块油区、王30井区、王平1井区、王九站、王十一站、王新十二站、王二十三井站.五七作业区机关电源分别为6kV试采线、6kV周八线、6kV四路水电支线。

北区、中区北部、西区、王广、周8、王76、王2井区的王新斜3井，王五站、王六站、王七站、王十五站、王二十二站、采油十二队生活电源分别为6kV王二注甲线、6kV王二注乙线、6kV四路线、6kV周八井线。

东区油区电源分别为6kV王两线、6kV水源线、6kV造纸线、6kV四路水电支线、王二注甲线。

王场油田计量站、增注泵用电电压为380V。油井用电电压在1997年以前为380V和660V，1997年后积极推广1140V电压运行方式，特别是2002年油田投资550万元，对采油厂140口油井线路进行1140V升压改造，2003年又投资300多万元进行升压改造，以后新建产能井用电大多采用1140V，使得2005年后除个别站内油井和稠油井使用380V外，其余油井电压均升到1140V，660V电压已不使用。

二、供水工程

王场油田除王南计量站生产用水取自地下水源井外，其余生产、生活用水均取自油田水电厂供水管网。王场联合站投运后，由于水电厂供水管网满足不了需求，于1971年10月在该站打了一口深226.14m，日产水590.7m^{3}的地下水源井，作为该站补充用水。1971年7月在王二注水站打了1口深167.86m，日产水1144m^{3}的地下水源井，供该站生产、生活用水。20世纪80年代油田建成水电厂二级泵站至王一注水站专用$\phi 377 \times 7$水管线6.25km，王场联合站内的水源井停止运行，并于1985年报废拆除。后又从王一注水站专用水管线上T接到王二注水站，王二注水站内的水源井停止运行。

附　录

附录一　附　图

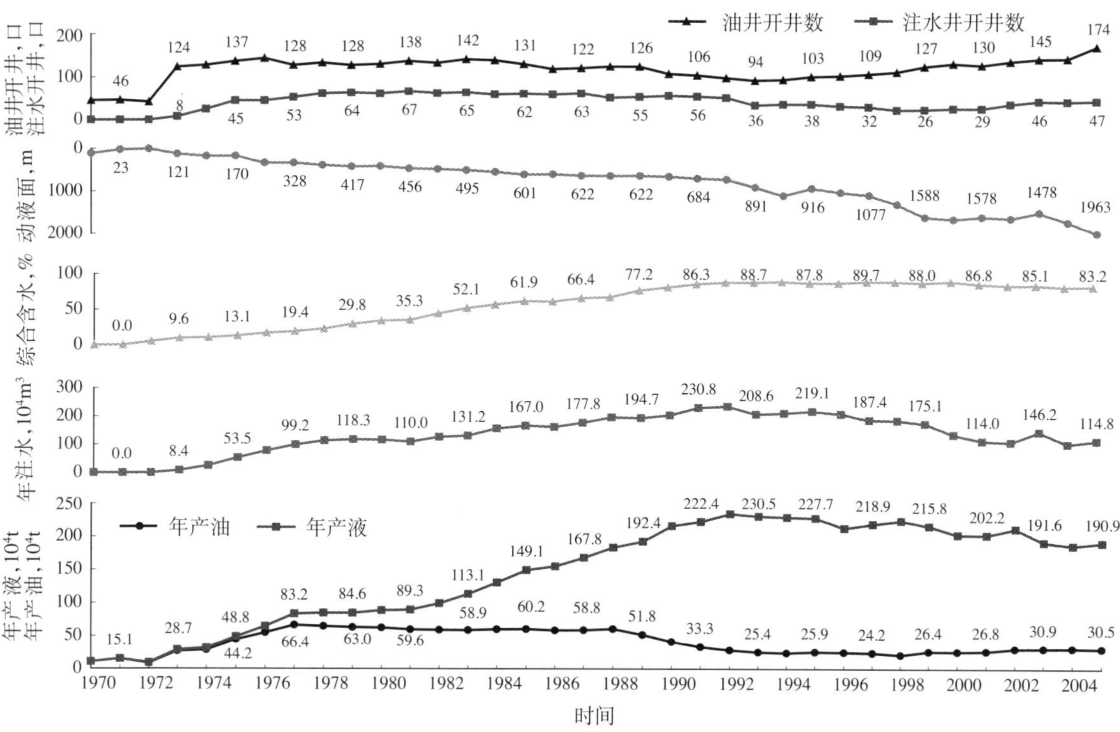

附图 1　王场油田开采综合曲线图

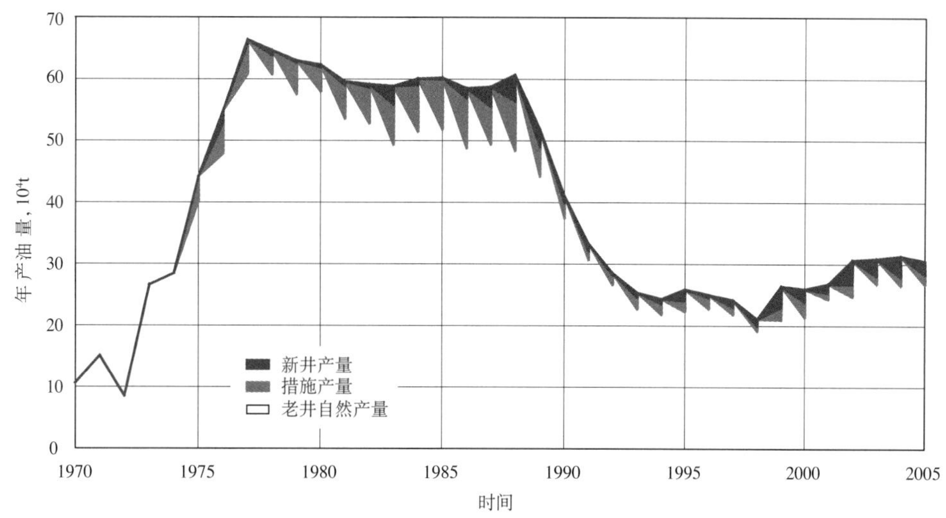

附图 2　王场油田产量构成曲线图

附录二 附表

附表 1 王场油田综合地质数据表

油田	含油面积 km^2	探明地质储量 10^4t	层位	油层埋藏深度 m	平均有效厚度 m	孔隙度 %	空气渗透率 mD	含油饱和度 %	地层温度 ℃	压力系数	原始地层压力 MPa	地层原油				地面原油					天然气		地层水		
												饱和压力 MPa	原始气油比 m^3/t	体积系数	黏度 mPa·s	密度 g/cm^3	黏度 mPa·s	凝固点 ℃	含蜡量 %	含硫量 %	相对密度	甲烷含量 %	水型	总矿化度 $10^4mg/L$	氯离子含量 $10^4mg/L$
王 30 井区	1.1	172.0	潜江组	1092.0—1330.7	8.3	28.5	1880.0	73.1	61.0	1.06	12.87	0.90	4.0	1.033	99.40	0.97	359.80	24.0	—	8.70	—	—	Na_2SO_4	27.90	15.0
王 2 井区	0.3	30.0	潜江组	739.0—784.6	6.6	25.0	2537.0	65.0	—	1.06	8.05	0.80	3.0	1.030	—	0.99	2942.70	25.0	5.3	7.50	0.965	1.15	—	—	—
北断块	3.9	1048.0	潜江组	1237.2—1666.0	19.9	23.6	684.0	71.9	70.4	1.11	16.05	2.26	18.5	1.099	8.20	0.88	28.00	25.0	4.8	2.31	1.203	37.70	$NaHCO_3$	30.50	17.2
南断块	3.7	239.0	潜江组	2044.0—2605.2	5.5	20.2	261.4	67.7	93.5	1.12	25.90	3.66	34.4	1.165	3.60	0.86	16.70	26.0	—	1.37	1.172	36.80	$NaHCO_3$	32.00	17.9
周 8	0.8	118.0	潜江组	3006.9—3250.0	10.2	17.8	75.9	70.0	121.0	—	33.16	4.52	54.2	1.169	2.00	0.85	12.70	26.0	—	0.62	—	—	Na_2SO_4	28.40	16.3
中区北部	2.1	174.7	潜江组	1807.0—2869.3	10.5	15.5	48.1	70.0	95.4	1.30	30.49	6.09	53.7	1.197	2.30	0.85	11.50	27.0	—	0.41	0.961	54.40	$CaCl_2$	32.00	19.5
中区南部	2.0	281.8	潜江组	1519.2—2769.2	15.6	17.5	197.9	70.0	87.5	1.21	25.89	4.88	48.3	1.187	3.20	0.86	16.30	30.0	8.2	0.49	1.110	46.10	Na_2SO_4	31.00	17.6
东区	6.5	243.7	潜江组	2482.2—3272.4	5.2	14.0	45.1	70.0	106.2	1.17	33.71	5.87	59.8	1.231	2.20	0.85	11.90	27.0	6.9	0.38	1.209	37.00	Na_2SO_4	31.00	18.1
西区	5.1	166.9	潜江组	2812.0—3287.2	4.8	14.0	27.6	70.0	114.5	1.21	36.46	6.93	52.9	1.210	1.90	0.85	8.50	26.0	7.4	0.27	1.049	48.20	Na_2SO_4	31.00	17.6
北区	2.2	254.0	潜江组	2300.6—2896.0	14.1	14.1	74.8	70.0	102.3	1.17	30.48	6.27	74.4	1.269	1.60	0.84	9.60	29.0	10.9	0.25	1.046	48.10	$CaCl_2$	32.00	18.5
王广区	9.2	427.5	潜江组	2519.0—3467.6	4.0	14.5	15.9	70.0	118.9	1.23	32.75	6.57	58.3	1.231	1.80	0.86	12.10	28.0	26.2	0.35	1.037	40.30	Na_2SO_4	32.80	19.4
王南	0.7	66.0	潜江组	2634.8—2740.0	6.1	17.0	—	70.0	108.0	1.55	42.03	4.30	32.5	1.168	5.40	0.86	18.80	29.0	20.8	0.71	1.008	51.80	—	—	—
王平 1	0.8	75.0	潜江组	1430	8.8	20.0	617.4	70.0	80.2	1.20	15.77	5.98	48.0	1.198	4.10	0.87	9.86	21.0	9.4	0.60	—	—	—	—	—
王场油田	34.4	1294.6	潜江组	739.0—3467.6	8.6	18.3	386.0	70.4	95.8	1.20	25.54	4.09	42.8	1.168	6.20	0.870	112.80	26.6	9.9	—	1.037	40.20	Na_2SO_4	31.10	17.9

附表 2　王场油田开采综合数据表

时间	动用地质储量	油井		注水井		核实产油量		核实产水量		核实产液量		年末动液面	年末综合含水	注水量		注采比		地质采油速度	地质采出程度
	10^4t	总井数 口	开井数 口	总井数 口	开井数 口	年 10^4t	累计 10^4t	年 10^4t	累计 10^4t	年 10^4t	累计 10^4t	m	%	年 10^4m^3	累计 10^4m^3	年末	累计	%	%
1970	—	47	45	0	0	10.68	10.70	0.00	0.01	10.68	10.71	113	0.00	0.00	0.00	0.00	0.00	0.40	0.40
1971	—	111	46	0	0	15.15	25.84	0.00	0.01	15.15	25.86	23	0.00	0.00	0.00	0.00	0.00	0.56	0.96
1972	—	133	42	0	0	8.59	34.43	0.43	0.45	9.02	34.88	7	5.20	0.00	2.01	0.00	0.03	0.32	1.27
1973	—	206	124	8	8	26.58	61.01	2.14	2.58	28.71	63.59	121	9.60	8.44	10.45	0.22	0.10	0.98	2.24
1974	—	193	128	25	25	28.45	89.46	3.19	5.78	31.64	95.24	173	10.50	25.77	36.22	0.55	0.24	1.05	3.29
1975	—	189	137	45	45	44.22	133.68	4.59	10.37	48.81	144.05	170	13.10	53.48	89.69	0.95	0.41	1.63	4.91
1976	2466	196	144	45	45	54.79	188.47	9.86	20.22	64.65	208.69	329	17.00	78.40	168.09	0.79	0.54	2.01	6.93
1977	2466	172	128	53	53	66.39	254.86	16.81	37.04	83.21	291.90	328	19.40	99.19	267.28	0.91	0.61	2.44	9.37
1978	2466	158	134	62	62	64.68	319.55	19.92	56.95	84.60	376.50	383	22.90	113.62	380.90	1.05	0.67	2.38	11.74
1979	2466	149	128	72	64	63.03	382.58	21.52	78.47	84.55	461.05	417	29.80	118.32	499.21	0.96	0.71	2.32	14.06
1980	2466	151	131	73	62	62.35	444.93	26.23	104.70	88.58	549.63	407	34.20	116.33	615.49	0.82	0.75	2.29	16.35
1981	2466	155	138	71	67	59.64	504.57	29.64	134.34	89.28	638.91	456	35.30	110.03	725.49	0.91	0.77	2.19	18.54
1982	2466	153	134	72	63	59.20	563.77	39.99	174.33	99.19	738.10	471	44.40	127.18	852.68	0.88	0.79	2.18	20.72
1983	2466	160	142	71	65	58.89	622.66	54.16	228.49	113.05	851.15	496	52.10	131.21	984.06	0.96	0.80	2.16	22.88
1984	2471	157	140	70	60	60.08	682.74	70.17	298.66	130.25	981.41	536	57.10	157.34	1141.57	0.94	0.82	2.21	25.09
1985	2721	150	131	71	62	60.24	742.99	88.84	387.51	149.09	1130.49	601	61.90	167.04	1309.17	0.86	0.83	2.21	27.31
1986	2761	144	120	72	60	58.54	801.53	96.25	483.76	154.79	1285.29	588	61.40	162.93	1471.55	0.88	0.83	2.15	29.46
1987	2761	140	122	70	63	58.78	860.31	108.98	592.83	167.76	1453.14	622	66.40	177.82	1649.36	0.96	0.86	2.16	31.62
1988	2761	136	126	66	53	60.74	922.53	122.50	716.14	183.24	1638.66	629	67.80	196.69	1846.06	0.82	0.87	2.20	33.41
1989	2761	140	126	62	55	51.82	974.35	140.59	856.72	192.41	1831.07	622	77.20	194.68	2040.74	0.75	0.86	1.88	35.29
1990	2761	129	109	67	58	41.11	1015.46	174.91	1031.64	216.03	2047.01	640	81.80	205.00	2245.89	0.83	0.86	1.49	36.78
1991	2761	119	106	68	56	33.31	1048.77	189.12	1220.76	222.44	2269.53	684	86.30	230.79	2476.68	1.19	0.87	1.21	37.99
1992	2761	112	100	70	53	28.55	1077.32	205.58	1426.34	234.13	2503.66	707	88.77	236.35	2713.03	0.90	0.87	1.03	39.02
1993	2761	101	94	49	36	25.39	1102.71	205.08	1631.42	230.47	2734.13	891	88.68	208.56	2921.50	0.88	0.87	0.92	39.94
1994	2761	106	96	51	38	24.35	1127.06	204.78	1836.20	229.13	2963.26	1083	89.72	211.83	3133.31	0.92	0.87	0.88	40.82
1995	2879	119	103	53	38	25.91	1153.82	201.84	2038.03	227.74	3191.86	916	87.79	219.11	3352.42	0.91	0.87	0.94	41.79
1996	2879	121	105	57	34	25.04	1178.86	187.61	2225.64	212.65	3404.51	1009	88.14	209.00	3561.42	0.91	0.87	0.87	40.94
1997	2879	127	109	57	32	24.19	1203.06	194.74	2420.38	218.93	3623.44	1077	89.73	187.37	3748.78	0.78	0.87	0.84	41.77
1998	2879	132	114	37	25	21.08	1224.14	202.84	2623.22	223.92	3847.36	188	89.82	186.11	3934.89	0.73	0.86	0.70	40.85
1999	2991	144	127	42	26	26.42	1250.56	189.43	2812.65	215.84	4063.20	1588	87.98	175.11	4110.01	0.56	0.01	0.88	41.81
2000	2991	161	134	53	29	25.96	1285.82	176.62	2994.21	202.58	4280.03	1636	89.97	136.66	4253.34	0.71	0.85	0.87	42.99
2001	2991	168	130	60	29	26.79	1312.61	175.42	3169.63	202.21	4482.24	1578	86.75	114.01	4367.35	0.51	0.83	0.90	43.89
2002	2991	183	139	68	39	30.66	1343.27	181.28	3350.91	211.95	4694.19	1612	84.59	109.58	4476.93	0.48	0.82	1.03	44.91
2003	3054	192	145	80	46	30.89	1374.16	160.70	3511.62	191.59	4885.77	1478	85.11	146.19	4623.12	0.69	0.82	1.03	45.94
2004	3130	174	146	74	45	31.32	1404.71	155.01	3666.36	186.33	5071.07	1705	82.67	103.93	4727.05	0.57	0.81	1.03	46.00
2005	3216.6	198	174	82	47	30.53	1435.24	160.35	3826.71	190.89	5261.95	1963	83.20	114.82	4841.86	0.60	0.80	0.98	45.85

附录三　人物名录

（一）历任主要领导名录

序号	姓　名	职　务	任　期
1	曾西科	营长	1969 年 6 月—1972 年 6 月
2	侯祖耀	教导员	1969 年 6 月—1970 年 8 月
3	郭志诚	教导员	1970 年 8 月—1972 年 10 月
4	高路章	矿长	1972 年 6 月—1974 年 10 月
5	陈志文	教导员	1972 年 10 月—1975 年 4 月
6	索帮彦	矿长	1974 年 10 月—1981 年 10 月
7	唐纯楚	教导员	1975 年 4 月—1978 年 1 月
8	席玉祥	矿长	1981 年 10 月—1985 年 6 月
9	陶天录	教导员	1978 年 1 月—1978 年 12 月
10	汤家龙	教导员	1978 年 12 月—1986 年 1 月
11	马人才	矿长	1985 年 6 月—1989 年 6 月
12	王　乾	教导员	1986 年 1 月—1986 年 6 月
13	段国队	教导员	1986 年 6 月—1988 年 12 月
14	王远东	矿长	1989 年 6 月—1990 年 11 月
15	张永富	教导员	1988 年 12 月—1990 年 11 月
16	王远东	党总支书记	1990 年 11 月—1993 年 2 月
17	宋明涛	矿长（副处级）	1990 年 11 月—1995 年 5 月
18	孟凡富	党总支书记（副处级）	1993 年 2 月—2001 年 11 月
19	徐廷模	经理（副处级）	1995 年 5 月—2000 年 2 月
20	杨国圣	采油厂副厂长兼经理	2000 年 2 月—2000 年 12 月
21	胡德高	经理（副处级）	2000 年 12 月—2003 年 3 月
22	许弟龙	党总支书记	2001 年 11 月—2003 年 3 月
23	许弟龙	经理	2003 年 3 月—2004 年 3 月
24	许鹏程	党总支书记	2003 年 3 月—2005 年 3 月
25	刘世平	经 理	2004 年 3 月—
26	叶巧明	党总支书记	2005 年 3 月—

（二）劳动模范名录

年度	荣誉称号	授予单位	获奖人
1983	湖北省劳动模范	湖北省人民政府	尚学增
1985	全国新长征突击手	共青团中央	李晓艳
1987	全国先进班长 全国五一劳动奖章	全国总工会	刘世杰
1987	全国新长征突击手	共青团中央	刘艳娟
1989	湖北省特等劳动模范、 全国“五一”劳动奖章	湖北省人民政府 全国总工会	夏正平
1994	总公司劳动模范	中国石油天然气总公司	王明华
1994	湖北省劳动模范	湖北省人民政府	刘明权
1997	湖北省青年岗位能手	省团委、省经贸委、省劳动厅、省财政厅	丁新华
1997	全国十大杰出青年岗位能手	共青团中央、国家经贸委、国家劳动部	王明华
2000	中国石化集团公司劳动模范	中石化集团公司	杜江玲
2000	中国石化集团公司青年岗位能手	中石化集团公司	肖　伟
2004	湖北省劳动模范	湖北省人民政府	李宪枝
2005	国资委劳动模范	国资委	李宪枝

（三）集体荣耀

序号	时间	单位	荣誉称号
1	1985 年 5 月	采油 4 队	石油工业部同工种劳动竞赛“铜牌队”
2	1986 年 5 月	联合队	石油工业部同工种劳动竞赛“铜牌队”
3	1986 年 9 月	联合队王一注水站	全国先进班组、全国五一劳动奖状
4	1987—1988 年	采油 2 队	石油天然气总公司“金牌、铜牌队”
5	1992—1993 年	采油 3 队	石油天然气总公司“金牌、铜牌队”
6	1993 年	五七作业区	王场油田被石油工业部评为“高效开发油田”
7	1991 年	联合队王一注水站	全国优秀质量管理小组
8	1993—1999 年	联合队王一注水站	先后四次获“全国质量信得过班组”
9	1985—1999 年	联合队王一注水站	先后 10 次获湖北省优秀质量管理小组
10	2001 年	王场轻烃站	中石化股份公司“四星级站库”
11	2001—2006 年	王场联合站	3 次蝉联中石化股份公司“五星级站库”
12	2003 年	王场轻烃站	中石化股份公司“四星级站库”
13	2003 年	采油 1 队王二站	中石化股份公司“三星级注水站”
15	2003 年	采油 12 队	中石化股份公司银牌采油队
16	2005 年	采油 1 队王二站	中石化股份公司“五星级注水站”
17	2005 年	王场轻烃站	中石化股份公司“五星级站库”
18	2005 年	采油 12 队	中石化股份公司金牌采油队

附录四　获奖项目

项目名称	获奖等级	获奖时间	获奖人
王场油田潜四段剩余油饱和度分布规律研究及挖潜方向	中国石油天然气总公司科技进步三等奖	1988	勘探开发研究院
王场油田地质与勘探经验	江汉石油管理局科技进步一等奖	1994	勘探开发研究院
王场油田潜三段北断块多层砂岩油藏开发模式及工艺技术系列研究	江汉石油管理局科技进步一等奖	1995	勘探开发研究院
中区南部油水井综合治理配套工艺技术	江汉石油管理局科技进步一等奖	1997	李洪珍 杨汉忠 吴笃俊
王场油田潜 4^3 油组开发调整研究	江汉油田分公司科技进步一等奖	2002	孙　丽 谭春兰 王　敏
王场油田水驱储层参数变化机理与规律研究	江汉油田分公司科技进步一等奖	2005	彭裕林 张书平 何建华

附录五　征引文献

文献名	作者	出版时间	出版社
江汉油田志（1961—1985）	《江汉油田志》编辑室	1986	江汉石油报社
江汉油田志（1986—1990）	丘昌济	1993.1	人民出版社

编纂始末

按照《中国油气田开发志》总编纂委员会的统一部署，江汉油田于2006年8月28日成立编纂委员会，启动了《中国油气田开发志·江汉油气区油气田卷》编纂工作。江汉采油厂作为江汉油田的二级单位，承担了辖区内26个油田的开发志编纂任务。2006年9月江汉采油厂成立《王场油田志》编纂委员会，由江汉采油厂厂长胡德高任主任，副厂长夏志刚任副主任，编纂组由刘敬尧任组长。编纂工作中，江汉油田和江汉采油厂领导高度重视，并从人力、物力、财力上给予大力支持。

《王场油田志》作为江汉油田的先行篇，编纂工作启动以来，江汉油田编纂委员会、《王场油田志》编纂委员会高度重视，组织有关领导、专家给予指导和帮助。2007年5月完成《王场油田志》资料的收集工作，并形成初稿，参与审核的江汉油田编纂委员会顾问组老专家认为“摘抄方案太多，未融会贯通形成志书自身语言，技术味太浓，不像志书”。根据老专家的意见，并在江汉油田编纂委员会有关领导、专家的多次指导下，对初稿进行大刀阔斧地修改，2008年5月完成了《王场油田志》第二稿，并在武汉召开的评审会议上向《中国油气田开发志》总编纂委员会进行了汇报，部分章节得到了与会专家的肯定，但“以事系人，人随事出”方面仍显不足，并对编纂内容提出了指导修改意见与建议。按照总编纂委员会专家的意见与建议，对《王场油田志》的篇章结构与内容进行了进一步的修改完善，增加“开发试验”一节，于2009年3月完成《王场油田志》第三稿，并在江汉油田第一招待所进行了江汉油田编纂委员会评审，与会专家对《王场油田志》提出修改意见，要求进一步淡化技术内容，更加贴切志书要求，并对附图、附表进行规范。2009年7月完成《王场油田志》第四稿，基本编纂完成了《王场油田志》，在对志书用语、编排要求等提出规范意见，并增加“配套工程”后，于2009年11月，编纂完成《王场油田志》第五稿。2009年12月23日，中国石油化工股份有限公司组成专家组在北京胜利饭店对《王场油田志》第五稿进行审查验收，根据《中国油气田开发志》油气田篇编纂标准及审查验收的有关要求，认为《王场油田志》已经符合志书编纂体例的要求，结构比较合理、内容丰富、特色突出、篇幅适当，基本已达到成稿的程度，根据专家意见略加修改完善，经江汉油田分公司审查批准即可上交总编纂委员会。于是2010年元月初根据专家意见，对《王场油田志》进行简单修改，并把大事记放在概述与专志之间。2010年1月10日，完成了《王场油田志》终稿。

《王场油田志》分为七个部分，其中概述、大事记、第一章、第二章由刘敬尧编写，黄午阳对资料进行了收集整理，徐逢达参与大事记整理；第三章由李波峰、余英、袁玲想、张建国、胡云鹏编写；第四章由刘玉、申修志编写；附录由刘敬尧编写。

在本志编纂过程中，江汉油田分公司开发处和局档案馆做了大量的组织协调工作，保证了《王场油田志》编纂工作的顺利进行；江汉油田编纂委员会顾问组的李渝生、洪志一、杜修宜、丁淑君、赵云山、叶全根等老专家、老同志发挥了重要作用，他们既是参谋者、指导者，又是第一读者，在每稿的审阅中都留下了他们许多宝贵的意见和箴言。江汉油田分公司勘探开发研究院档案室在提供编纂资料方面，给予了大力支持，在此表示衷心感谢。

《王场油田志》编纂组

2010年1月

编号：18-002

马王庙油田志

《马王庙油田志》编纂组　编

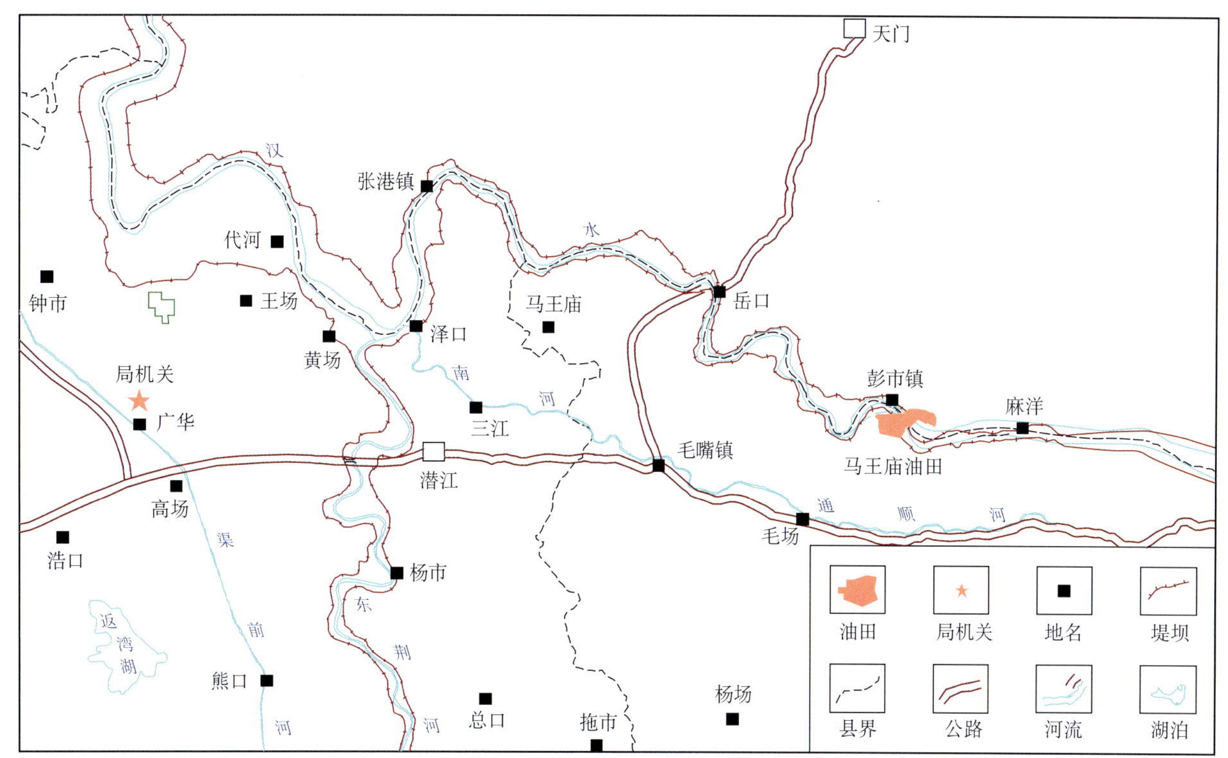

马王庙油田地理位置图

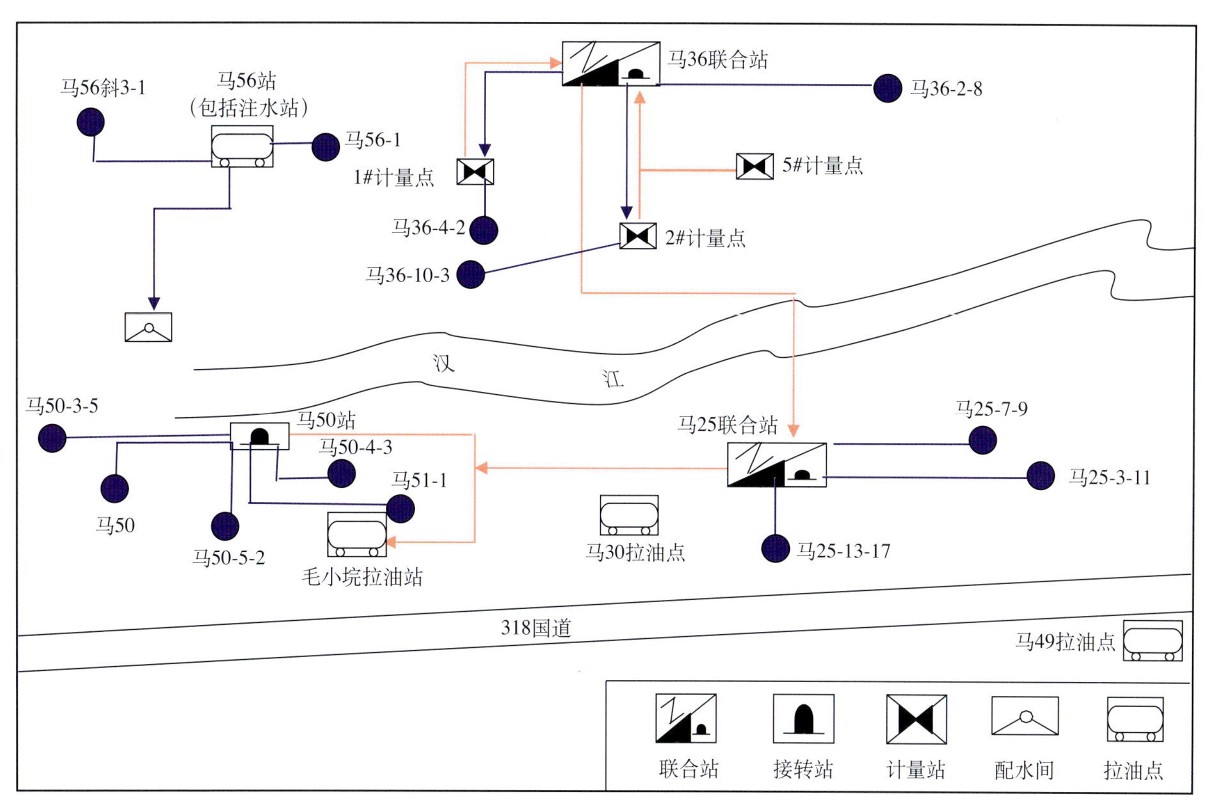

马王庙油田地面系统平面布置示意图

油藏剖面示意图
深度 m
荆沙组
新上段
I 油组
II 油组
泥隔层
III 油组
断 层
新沟嘴组下段顶构造等值线,m
井位
油水边界线

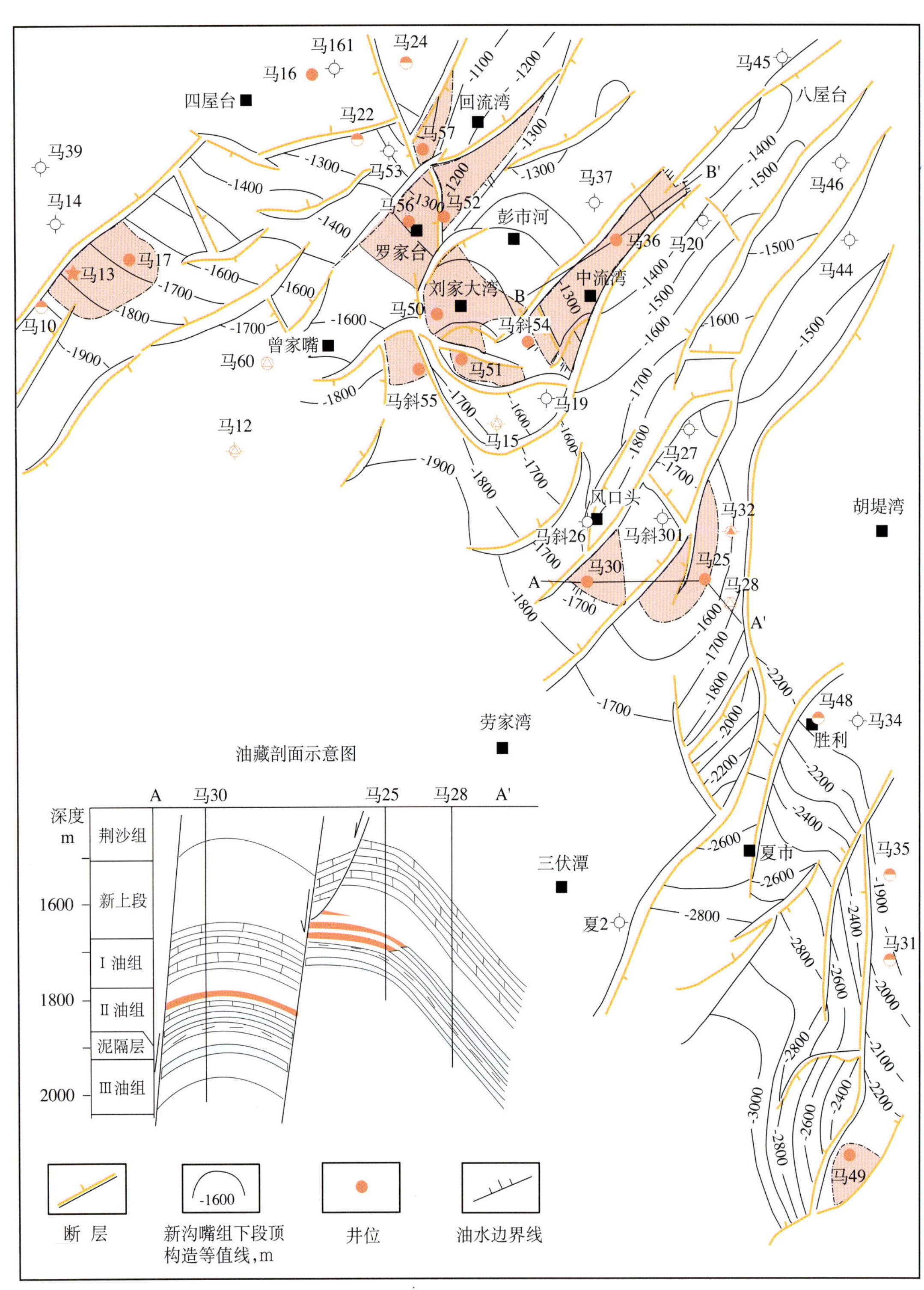

马王庙油田构造井位图

《马王庙油田志》编纂委员会

主　任：胡德高

副主任：夏志刚

成　员：刘孔章　贺　春　刘敬尧

《马王庙油田志》编纂组

组　长：雷春娇

成　员：李波峰　胡云鹏　刘　玉　袁玲想　张建国　余　英　管发章　申修志

《马王庙油田志》审核人员

初审人：夏志刚　刘孔章　贺　春

复审人：雷克林　袁　欣　丁淑君　李渝生　洪志一　杜修宜　赵云山　张志强

概　述

马王庙油田是江汉油区新沟嘴组第一大油田。作为江汉油区“八·五”期间增储上产的主力油田，江汉石油管理局于1992年底成立了马王庙新区项目组。1995年改为马王庙作业区，现由中国石化江汉油田分公司江汉采油厂管理。

一

马王庙油田位于湖北省仙桃（西）、天门（南）、潜江（东）三市的接壤地区，该油田处于地势平坦的江汉平原粮棉产区，汉江从区内流经，南部有318国道通过，乡镇公路四通八达，交通便利。地形平坦，地面海拔28.6m，最高温度41℃，最低温度−10℃，年平均气温15.3 ~ 16.9℃，夏季为多雨季节，年降雨量820 ~ 1413mm，年降雨79 ~ 130天，浅层水和深层水均很丰富。

二

马王庙油田地质构造为潜江凹陷东部斜坡带与岳口低凸起相邻地区，为受基底控制、继承性发育的断裂鼻状隆起构造带，被北部的竹根滩断层和南部的通海口断层所夹持。发育了北东和北西两组次级断层，将本区切割为支离破碎的小型断鼻、断块和断背斜分布区。出油层位为古近系新沟嘴组下段I、II、III油组，以II油组为主，具有富集高产的特点。沉积主要来自东北部的汉川物源区，为三角洲前缘和滨浅湖滩坝相沉积，其中I油组和II油组上部砂岩发育较差；II油组下部和III油组砂岩发育较好，具有一定的连通性。油藏类型以断背斜构造油藏为主，岩性—构造复合油藏次之。马王庙油田已发现含油区块有马5、13、25、30、36、49、50、52、55、56、57等井区，其中马25、马36、马50、马56是马王庙油田四个主力区块。油田主要地质特点：

(1) 区内断层发育，构造破碎。马50区块共组合22条断层，北东向、北西向断层将其切割成五个含油断块：马50断块、马51断块、马50斜4—3断块、马52断块、马斜56断块。构造北高南低，地层平缓。

(2) 油层井段长，储层发育。油层埋深1314.6 ~ 2422.0m，油层单层厚0.6 ~ 5.9m，单井油层厚2.6 ~ 23m。开发目的层为古近系新沟嘴组新下段，新下Ⅰ、新下Ⅱ、新下Ⅲ油组均有分布。

(3) 储层物性变化大。孔隙度在10% ~ 34%之间，空气渗透率1.1 ~ 3858mD之间。根据测井解释的渗透率计算出新下Ⅱ$_{2、3、4、5}$的突进系数在3.2 ~ 5.3之间，变异系数在1.1 ~ 1.4之间。

(4) 储层黏土矿物含量高、具有较强的敏感性。储层伊蒙混层相对含量6.3% ~ 21.9%，具有中等偏强水敏，临界矿化度高达91987mg/L。

(5) 地饱压差大、原始气油比低。油藏饱和压力2.9 ~ 4.75MPa，原始地层压力13.3 ~ 16.52MPa，地饱压差大，原始气油比13.4 ~ 31.5m^3/t。

三

马王庙地区油气勘探始于 20 世纪 60 年代。1965 年开始勘探，1969 年完成 1.2×2km 测网的磁带单次地震详查，1970 年完钻马 5 井，在新沟嘴组下段 I、II 油组发现油层 9.2m/2 层，试油获日产油 1.1t 低产油流，突破马王庙地区出油关。1988 年完成 1×2km 测网二维数字地震测线 456.0km，发现一批局部圈闭。1989 年 12 月至 1990 年 2 月，在横口断块圈闭高部位钻探马 13 井，在新沟嘴组下段 I、II 油组发现油层 14.2m/3 层，试油获日产油 17.6t 工业油流，打开了马王庙地区的勘探局面。

为了扩大勘探成果，1990 年 3 月至 4 月，又上了 27 条 288km 数字测线，进一步查清了该区断裂系统和构造。1990 年 9 月预探沙岭断鼻构造，钻探的马 25 井于新沟嘴组下段 II 油组发现油层 9.0m/3 层，试油获日产油 79.5t 高产工业油流，并命名为马王庙油田投入滚动勘探开发。1990 年冬至 1991 年春，在该区汉江两岸开展三维地震勘探，满覆盖面积为 203.375km^2。根据再次编制的该区构造图，发现了中刘湾背斜等一批圈闭。1992 年 8 月，在中刘湾断背斜圈闭钻探的马 36 井又于新沟嘴组下段 II 油组获日产 106m^3 的高产工业油流，证实马王庙地区为众多的小型高产富集区块。

1995 年至 1996 年对三维地震资料进行了新一轮处理与解释，落实 9 个断块、断鼻和断背斜型圈闭，先后钻探马 50、马 51、马 52、马 55、马 56 等井均获成功，并相继投入开发。

1997 年底在通海口断层下降盘陶家湾断鼻钻探马 49 井，于新沟嘴组下段 I、II 油组发现油层 11.0m/7 层，试油获日产油 4.2t 工业油流。

四

马 25 井区于 1992 年 3 月投入滚动开发，1993 年 11 月投入注水开发。马 36 井区 1993 年 2 月投入滚动开发，1994 年 3 月投入注水开发。马 50 井区 1996 年 2 月投入滚动开发，1997 年 1 月投入注水开发。马 56 井区 1996 年 8 月投入滚动开发，1997 年 8 月投入注水开发。

1992 年底江汉石油管理局成立了马王庙新区项目组，按项目承包合同要求，研究院承担该区油田地质研究工作，编制滚动开发方案。项目组负责马王庙油田产能建设项目的运行，第一任项目经理由康国良同志担任，一年后由张凡同志接任第二任项目经理，1995 年成立了马王庙作业区。至 2005 年 12 月马王庙油田经历了四个开发阶段 (图 1)。

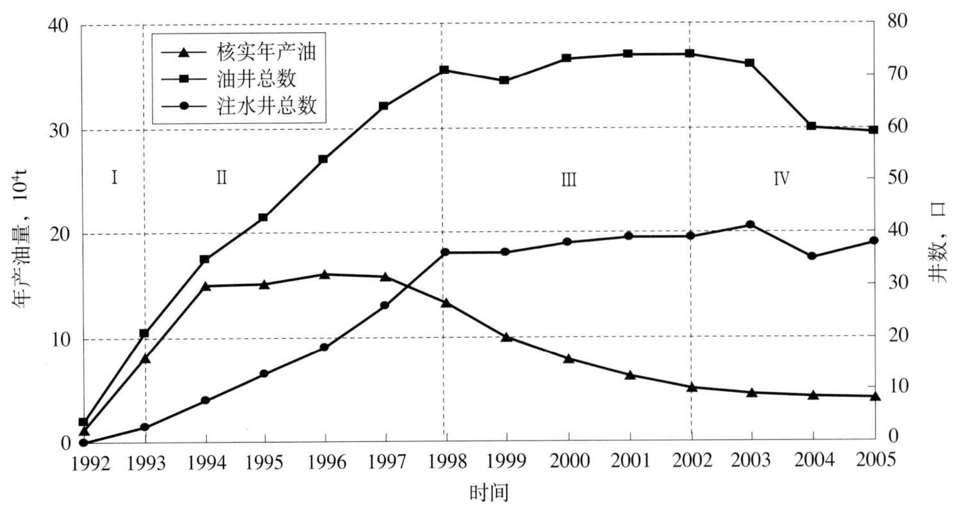

图 1　马王庙油田开发阶段划分图

大事记

1990 年

1 月 27 日　马 13 井在新沟嘴组下段 I、II 油组发现油层 14.2m/3 层，试油获日产 17.6t 工业油流，这是马王庙地区勘探的重大突破，是马王庙油田的发现井。

9 月　预探沙岭断鼻构造，马 25 井发现油层 9.0m/3 层，经试油获得自喷高产，日产原油达 79.5t。

1992 年

3 月 31 日　马 25 井投入试采，从此拉开了马王庙油田油气滚动开发的序幕。

8 月 22 日　马 36 井在钻探中发现 23.8m 厚的油层，经中途测试获日产 106m³ 的高产油流，它是江汉油田新沟嘴组勘探 30 多年来，获得的第一口试油日产百立方米的油井。年底成立了马王庙新区项目组。

1993 年

2 月　马 36 井区投入滚动开发。

9 月　马王庙油田第一座注水站——马 25 注水站建成投运，设计注水能力 640 m³，注水压力 16MPa。

11 月 13 日　马王庙油田第一口注水井——马斜 5–10 井开始注水。

12 月　马王庙油田第一座污水处理站——马 25 污水处理站建成，污水处理能力 400 m³/d。马 25 站原油处理系统建成投产。

1994 年

1 月　马 36 井区注水站建成投产，注水能力 700 m³/d，注水压力 16MPa。

2 月　马 36 井区投入注水开发。

上半年马 36 集油系统进行改、扩建，建成马 36 联合站，将简易橇装式拉油站改建为固定结构拉油站，具有计量、加药、油气水三相分离脱水、拉油、污水处理回注等功能。设计规模 6×10^4t/a，处理能力 6×10^4t/a。

1995 年

8 月　在马 36 井开展了稠化水调剖，主要原料为黄胞胶。

12 月 24 日　探井马 50 井用江斯顿工具测试，折算日产 117.5m³ 的高产油流。

1996 年

2 月　马 50 井区投入滚动开发。

8 月　马 56 井区投入滚动开发。

是月　在马 36 井应用了铬冻胶调剖。

是年　根据马 50 井的勘探经验，对彭市河地区进行油藏描述，并对含油气性进行预测。先后又钻探井 8 口，除 2 口井落空外，其余 6 口试油均获工业油流。其中，马 51 井获得日产 34.7t，马 56 井测试获日产 108m³ 的高产工业油流。新增含油面积 3.4km³，证明该区为整装含油区块。此外，还在夏市东南的马 49 井亦发现新的含油区块，大大扩展了马王庙油田的含油范围。

1997年

1月　马50井区注水站完工，设计注水压力为25MPa，注水量420 m^3/d。

是月　马50井区污水处理站建成，污水日处理能力360 m^3。

11月　马56井区注水站投产，注水能力300 m^3/d，注水压力20MPa。

是年　马36井区经过三年高速开发之后，层间差异大，于1997年采取了局部细分层开采调整。

是年　在马25井区剩余油富集区钻高效调整加密井5口，钻井成功率100%，投产5口，初期日产油大于10t的井有2口，当年新井累计产油2698t，取得较好的开发效果。

1998年

1月　马56污水处理站建成，污水处理能力360m^3/d。

1999年

6月　在马王庙油田马36–3–4、马36–5–41、马36–3–41井组开展注氮气提高采收率试验。

第一章

油 田 地 质

马王庙油田以断背斜构造油藏为主，岩性－构造复合油藏次之。本着生产与科研相结合的原则，油田开发充分利用地震、钻井及动静态资料，不断对油田地质构造、储层与沉积相、流体性质、石油地质储量、剩余油分布规律等进行研究，以指导油田的开发与调整。

第一节 构 造

马王庙地区为三维地震资料覆盖区，地质构造较落实。进入高含水开发期后，主要进行精细构造解释工作。

一、构造特征

马王庙地区位于江汉盆地潜江凹陷东北部和岳口低凸起东段，面积约 450km^2。区内是一个被众多断层复杂化的大型复合断鼻构造。北部以竹根滩断层与岳口低凸起相连，东北部与小板凹陷以斜坡过渡，东部以通海口凸起接壤，南部与吊堤口之间为斜坡过渡，西部以三江向斜与潜江构造带相隔，整个地区大体上由西南向北东向逐渐抬升，并伴随一定程度的起伏。

区内断层发育，目前共发现大小断层 150 多条，将构造切割得支离破碎。按其走向，可分为北东、北西和近东西向三组断裂系统，以北东向为主，断层多为落差小于 200m，延伸长度小于 5km 的三级断层；落差大于 1500m，延伸长度大于 20km 的一级断层只有通海口断层和竹根滩两条断层。一级断层不但控制了断层两盘古近系沉积厚度和剥蚀强度，是凹陷和低凸起的分界断层，而且还控制了油气分布，对区内应力场的形成和构造格局产生重大影响。

受区域性张扭应力场控制，发育了北东和北西向两组次级断层，形成一系列断块、断鼻及断背斜型的局部圈闭。北东向断层主要为正断层，北西向的彭市河断层为高角度逆断层。马王庙油田主要包括四个开发单元，即马 25 井区、马 36 井区、马 50 井区、马 56 井区。各区块构造特征如图 1–1。

马 25 井区：于 1990 年 9 月发现，是一个被断层切割的断鼻圈闭，在新沟嘴组下段 II 油组 5 小层顶面构造图上，高点埋深 1650m，闭合高度 50m，圈闭面积 1.4km^2。

马 36 井区：于 1992 年 8 月发现，构造位于潜江凹陷与小板凹陷之间岳口低凸起中刘湾断背斜构造上。是一个走向北东、由两条反向正断层组成的垒块式长轴断背斜圈闭 (图 1–2)，构造中部几乎为平台，两翼较平缓，在新沟嘴组下段 II 油组顶面构造图上，高点埋深 1290m，闭合高度 130m，圈闭面积 1.6km^2。除两条大断层外，井区内另有四条小断层，其中马 36–5–6 井钻遇的断距为 10m 的小断层，通过 IES 地震交互解释系统精细描述，断层两头与断块南边的正断层相交，形成一个小的封闭系统。

马 50 井区：于 1995 年 12 月发现，被北西向逆断层和一系列正断层切割，形成多个断块圈闭 (图 1–3)，在新沟嘴组下段 II 油组顶面构造图上，圈闭面积最大 0.55km^2，最小 0.05km^2。

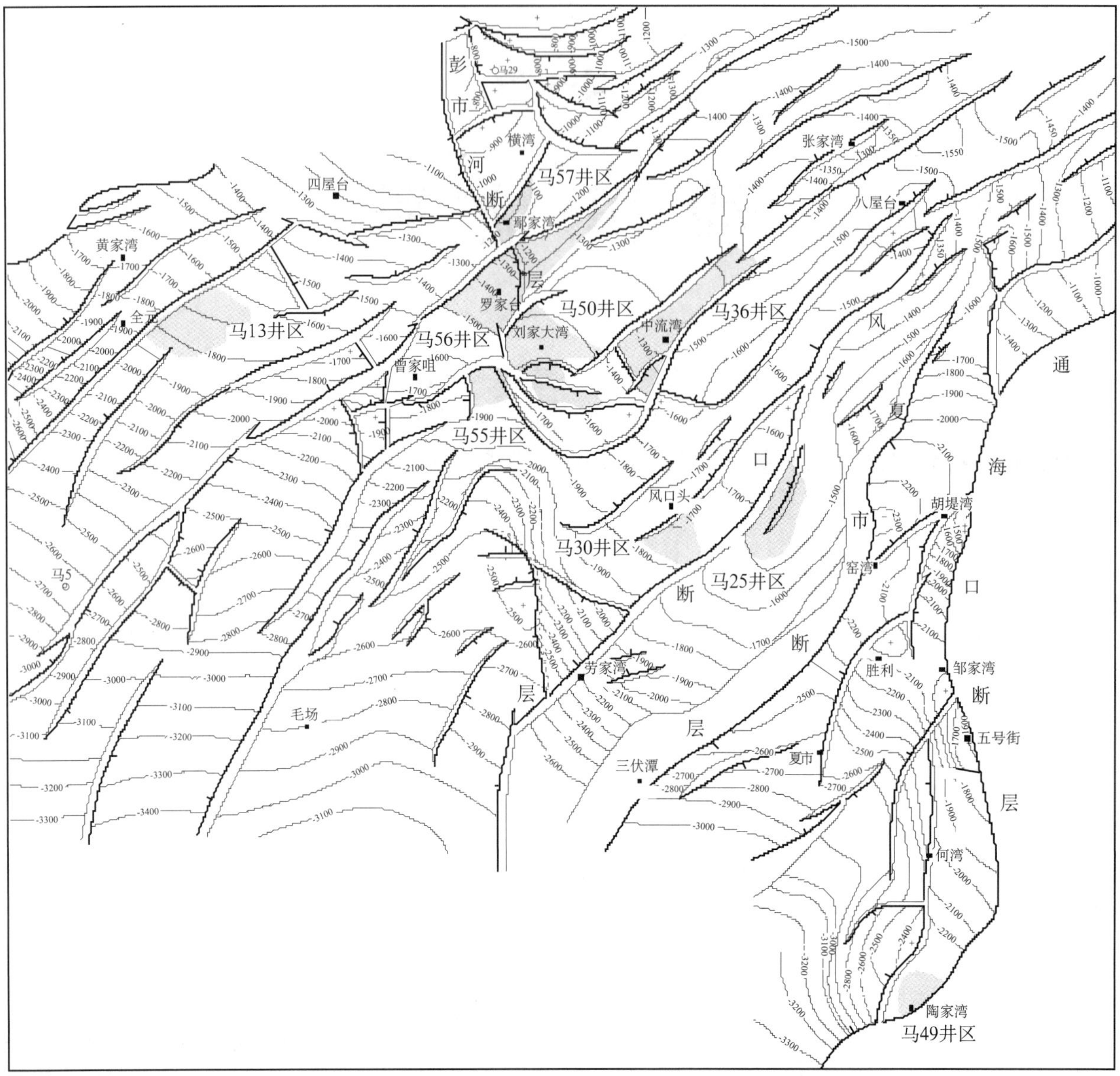

图 1–1　马王庙油田 Ex上底界构造图

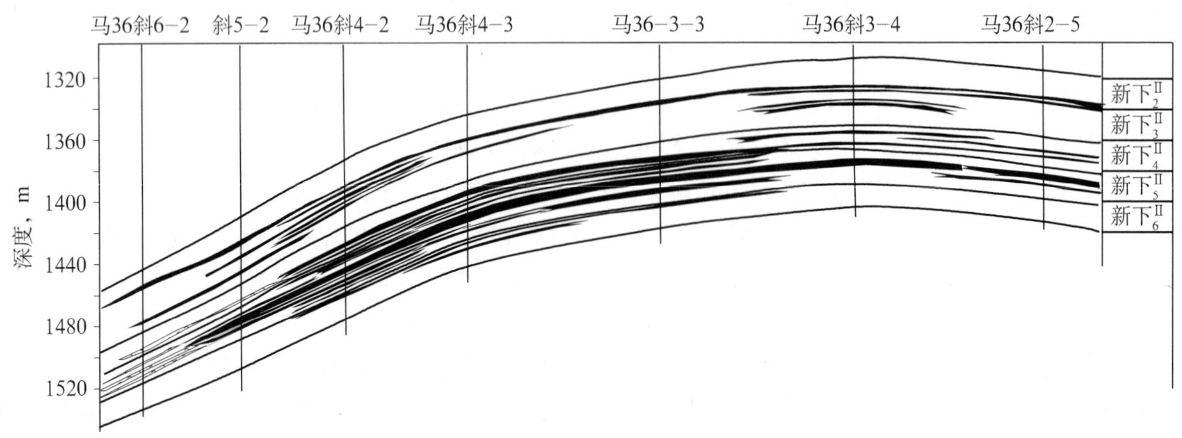

图 1–2　马 36 井区油藏剖面图

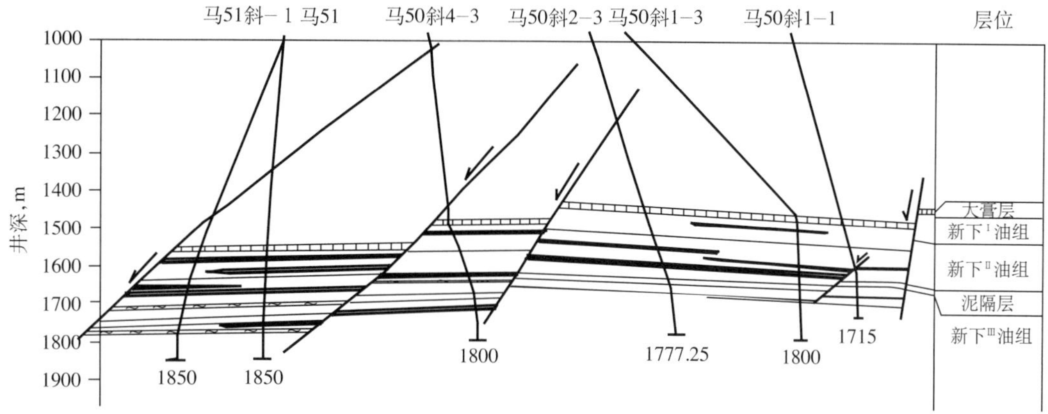

图 1-3 马 50 井区油藏剖面图

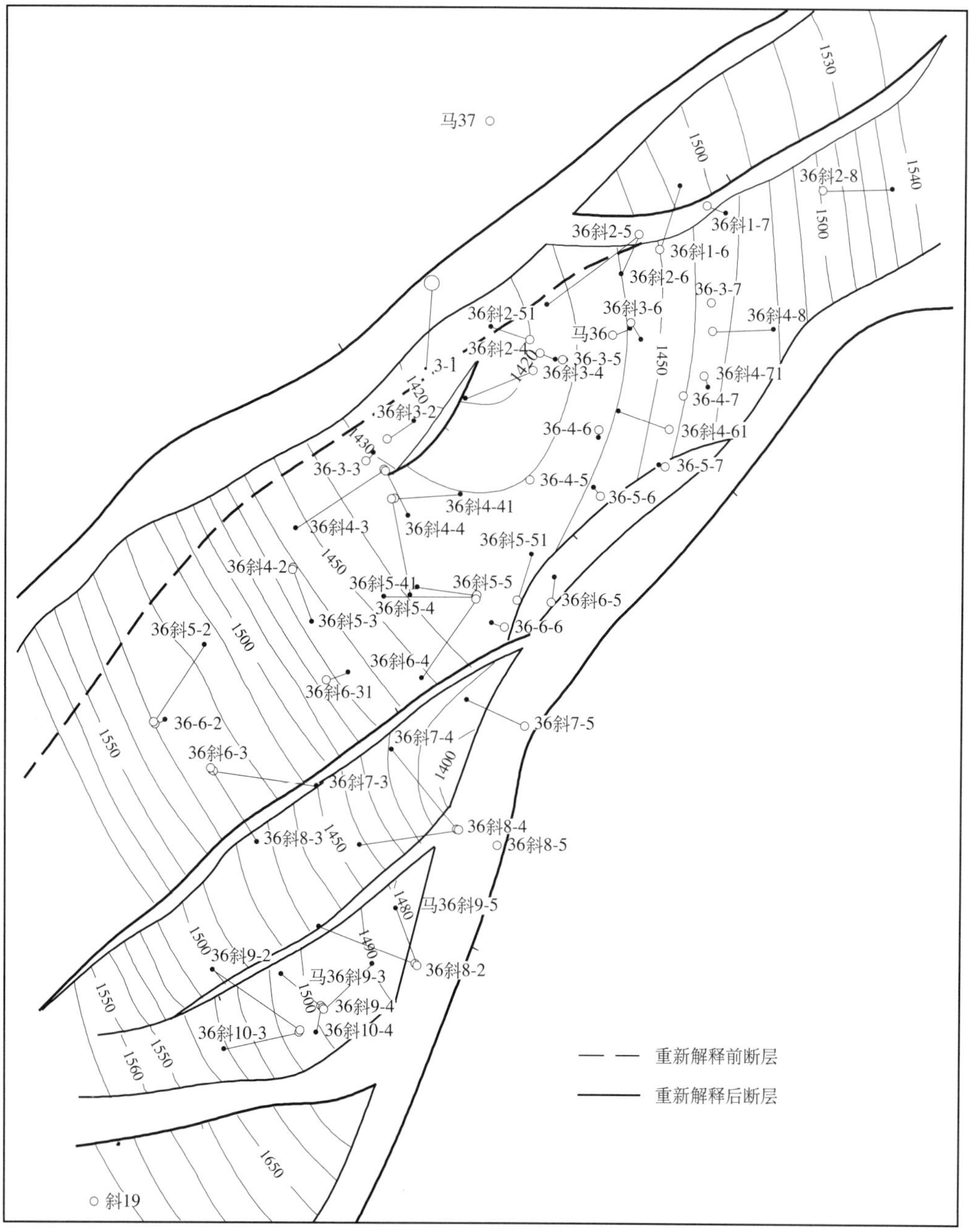

重新解释前断层
重新解释后断层

图 1-4 马 36 井区构造井位图

马56井区：于1996年8月发现，构造为一近南北向逆断层和一条北东向正向断层所夹持的断块构造，区内再被两条北东向小断层分割成三个不同油水系统的构造单元。高点埋深在新下段Ⅲ油组顶为1550m。

二、精细构造研究

2003年，江汉油田分公司勘探开发研究院的张连元、徐玉珍等在《马王庙地区沉积微相及调整挖潜研究》中，运用新的精细构造解释系统(Geoframe)和三维可视化软件(Voxelgeo)，对马王庙地区进行了全三维构造精细解释。重新进行精细构造解释后，绘制了间距10m的微型构造图，为复杂断块油藏调整指出了有利变化区带。本次构造解释根据探井和开发井的钻井对比成果，重点对马36、马50、马56等井区进行了构造的精细研究，取得了以下新认识：

马36井区：马36区块北边的控油断层北移50～100m(图1–4)。根据新解释的构造，设计滚动开发井马36斜3–1、马36斜3–2，并成功钻遇目的层，取得了较好的开发效果。

马50井区：对构造的解释更趋合理。大的构造格局不变，3号断层东端南移，斜坡陡度变缓，含油面积增加；2005年4月马50斜3–6井的成功钻探，证明构造落实正确（图1–5）。

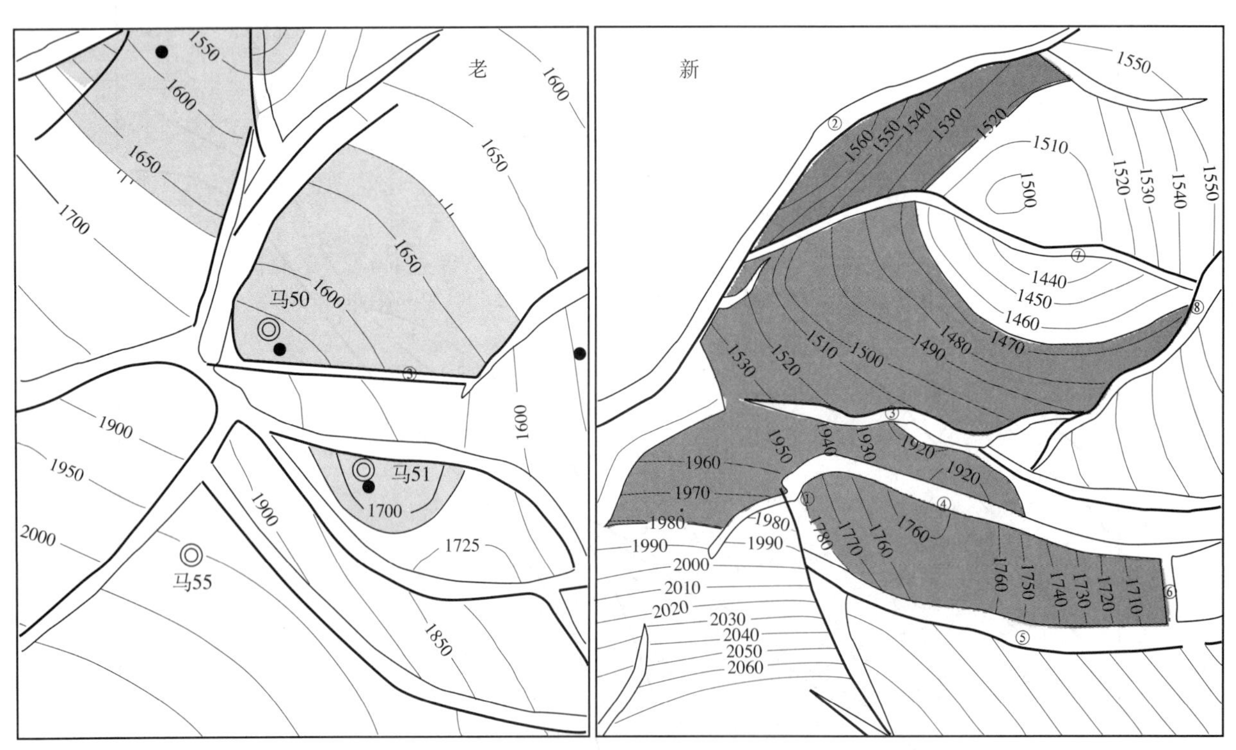

图1–5　马50井区新下Ⅲ老、新构造对比图

第二节　储　层

一、地层

马王庙油田钻遇地层自下而上分别为白垩系，古近系沙市组、新沟嘴组、荆沙组、潜江组，新近系广华寺组和第四系平原组。新近系遭遇严重剥蚀，缺荆河镇组地层，潜江组地层部分剥蚀，主要目的层为新沟嘴组。新沟嘴组地层未受剥蚀，上段膏盐发育，与红、灰色泥岩构成韵律层，厚124～181m。

下段厚 220 ~ 292m，自上而下分为新下Ⅰ、下Ⅱ、下Ⅲ三个油组。其中新下Ⅰ油组顶部的大膏层和新下Ⅱ与新下Ⅲ油组之间的泥隔层为凹陷内可追溯对比的两个标志层（表 1–1）。

表 1–1　马王庙地区地层层序简表

地层					厚度 m	岩性描述	接触关系
界	系	组	段				
新生界	第四系 新近系	平原组 广华寺组			395 ~ 422	平原组：灰一深色黏土、砂、砾石层 广华寺组：杂色泥岩夹砂岩、砾状砂岩、砾岩	不整合
	古近系	潜江组			300 ~ 393	为一套灰一绿色为主，红、灰相间的泥岩夹含膏泥岩、泥膏岩，剥蚀严重	
		荆沙组			568 ~ 638	棕紫色、棕红色泥岩夹灰色及棕紫色石膏质泥岩薄层	不整合
		新沟嘴组	上段		144 ~ 168	棕紫色、棕红色泥岩与灰色石膏质泥岩组成互层，间夹灰白色泥膏岩，底部见少量灰色泥岩	整合
			下段	大膏层	10	灰白色泥膏盐、灰色石膏质泥质	整合
				Ⅰ油组	67 ~ 77	红、灰间互砂泥岩沉积	整合
				Ⅱ油组	103 ~ 119	灰色砂岩泥岩沉积	整合
				泥隔层	12	深灰色泥岩夹灰色石膏质泥岩	整合
				Ⅲ油组	80 ~ 88	红、灰间互砂泥岩沉积	整合
		沙市组			49	灰色、棕紫色泥岩夹薄层灰色粉砂岩	整合

二、沉积相

1991 年元月至 1993 年 12 月江汉石油管理局勘探开发研究院勘探室陈长江、郑有恒、曾树安在《马王庙地区油气聚集规律研究》中，通过对马王庙地区岩性组合、沉积构造、砂体分布特征的认识，结合岩矿、粒度、测井曲线及地层倾角测井等资料分析，认为马王庙地区沉积物源有来自东部汉川隆起和来自西北部汉水地堑两个方向的物源，古气候则从半干旱到半潮湿再到半干旱。具三角洲及湖相两种沉积环境，发育有三角洲平原亚相、三角洲前缘亚相、滨湖浅滩亚相。不同区块、不同层位沉积微相有着很大变化，马 25、马 36、马 50、马 56 区块主力含油层位以三角洲前缘水下分流河道、河口坝沉积为主，次要含油层位为席状砂和沙坝沉积。马 13、马 30、马 55、马 57 以滩砂和沙坝沉积为主。

三、储层

（一）储层划分

马王庙油田储集层为新生界古近系新沟嘴组下段，Ⅰ、Ⅱ、Ⅲ油组都有油层分布（图 1–6）。三个油组 16 个小层，即Ⅰ油组划分为 4 个小层，Ⅱ油组划分 6 个小层，Ⅲ油组划分为 6 个小层。其中 14 个小层含油，即新下Ⅰ$_{2、3、4}$、新下Ⅱ$_{1、2、3、4、5}$、新下Ⅲ$_{1、2、3、4、5、6}$。其油层埋藏深度为 1314.6 ~ 2422.0m。马 36 井区主力油层为新沟嘴组下段新下Ⅱ油组，油层埋藏深度为 1314.6 ~ 1555.6m，油层平均有效厚度 12.5m；马 25 井区含油层系为古近系新沟嘴组下段新下Ⅱ油组，共 3 个含油小层，为统一油水界面，油水界面深度为 1680m；马 50 井区、56 井区主要含油层系为新沟嘴组下段新下Ⅰ、Ⅱ、Ⅲ油组，其中马 50 井区主力油层为新下Ⅱ$_{5}$、新下Ⅲ$_{1、2}$，马 56 井区主力油层为新下Ⅲ$_{1、2}$。马 49 井区主力油层为新下Ⅲ$_{1、2}$。

（二）岩性

马王庙新沟嘴组下段砂岩碎屑组分主要为陆源碎屑，盆屑少。矿物中石英含量一般 54.1% ~ 67.2%，平均 60.5%；长石含量一般 24.4% ~ 37.5%，平均 32.2%；岩屑含量一般 3% ~ 11%，平均

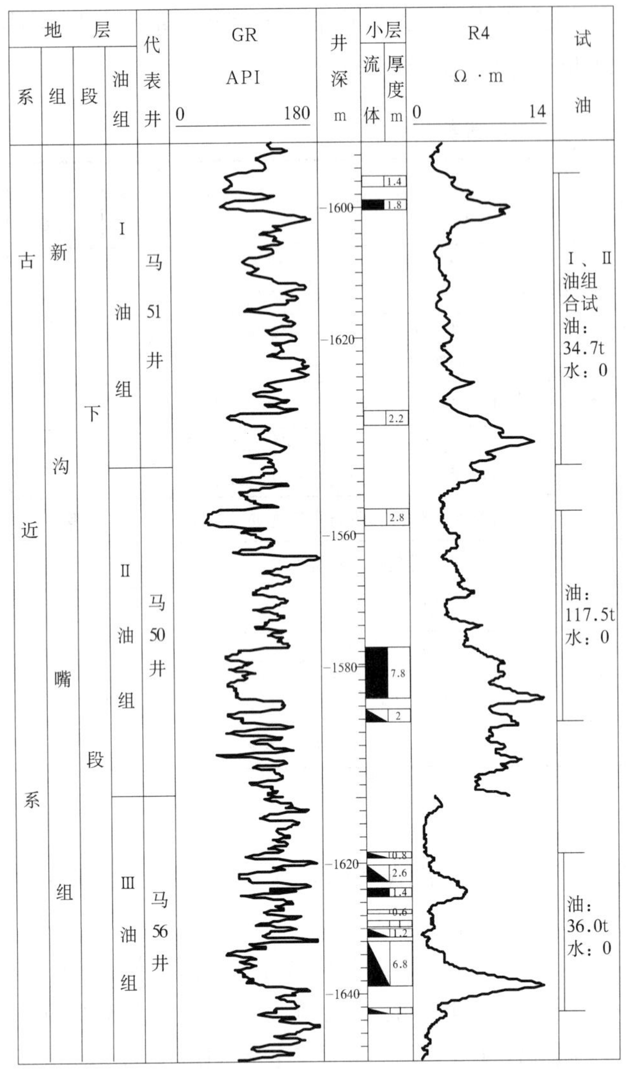

图 1–6　综合柱状图

6.0%，以长石砂岩为主，石英/(长石＋岩屑)一般 1.24~2.11，平均 1.61，成分成熟度中等。砂层厚，颗粒粗，以粉砂质细砂岩为主，细砂级平均含量 46.87%，粒度中值 0.063mm，分选系数 1.721，分选好—中等，粒度磨圆度中等，为次棱—次圆状。

新下Ⅱ油组胶结物以泥质、硬石膏为主，铁白云石次之，胶结物含量平均为 9.6%，胶结类型以孔隙式胶结为主。新下Ⅲ油组胶结物以长石质、泥质、铁白云石为主，铁方解石次之，胶结物含量 18%，胶结类型以孔隙—压嵌式为主。

新下Ⅱ油组黏土矿物绝对含量 3%，主要为伊利石，其相对含量平均 67.3%，绿泥石相对含量 10.8%，伊/蒙混层相对含量 21.9%。新下Ⅲ油组伊利石相对含量 69.5%，绿泥石相对含量 24.2%，伊/蒙混层相对含量只有 6.3%。

（三）物性

孔隙类型以粒间溶孔为主，次为粒内溶孔及原生粒间孔。砂岩以大孔中喉及中孔中喉为主，次为大孔粗喉。孔隙直径 19 ~ 49μm，喉道半径为 0.728 ~ 60713μm，最大喉道半径 15.621μm。平面上孔隙发育状况及孔隙结构存在分区性。马 36、25、50、56 区块次生孔隙发育，为高孔高渗储层，以大孔粗喉、中喉及中孔中喉为主，喉道较平直；马 13 区块、马 49 井次生孔隙较发育，前者为中孔中渗，后者为中孔低渗，以中、细弯曲喉道为主；纵向上孔隙结构亦存在差异，以马 36 井新沟嘴组下段Ⅱ油组为例，2、3、5 小层孔隙结构较好，4 小层孔隙结构稍差。

马 36 井区新下Ⅱ油组孔隙度 10.2% ~ 34.2%，平均 25.3%，空气渗透率 1.1 ~ 3858mD，平均 581mD。

马 25 井区储层物性较好，平均孔隙度 23.1%，平均渗透率 247mD。

马 50 井区孔隙度 24.7%，渗透率 249mD；马 56 井区孔隙度 25.4%，渗透率 291mD。

（四）储层非均质性

根据岩心样品的渗透率评价储层层内非均质性，在统计的 22 层中，均质层 6 层，占 27.3 %；非均质 11 层，占 50 %；严重非均质 5 层，占 22.7 %。储层层内以非均质为主。

用测井解释的渗透率评价层间非均质性，在统计的 46 口井中，均质的井 5 口，占 10.9 %；非均质的井 16 口，占 34.8 %；非均质严重的井 25 口，占 54.3 %。所以储层层间非均质性严重。

根据测井解释的渗透率计算出新下Ⅱ$_{2、3、4、5}$的突进系数在 3.2 ~ 5.3 之间，变异系数在 1.1 ~ 1.4 之间。从评价结果看，平面非均质性严重。

（五）润湿性

根据马 36、马 36–4–5 两口井 11 块样品分析结果，平均吸水量占孔隙体积的 14.4%，平均吸油量占 1.13%，岩石表面具有弱亲水性质。

（六）储层敏感性

从马王庙油田 7 口取心井的岩心实验结果可知，马王庙油田的储层敏感性主要表现为中等偏弱速敏、中等偏强水敏、中等偏强盐敏、弱碱敏，各小层的酸敏性有差异，其中新下Ⅱ $_3$ 为中等偏强酸敏，新下Ⅱ $_{1、4、5}$ 中等偏弱酸敏。在注水开发中，地层容易受到伤害，有效渗透率下降。

第三节 流 体

一、流体性质

（一）原油

马王庙油田原油性质较好，属轻质稀油。地面原油密度 0.8266 ～ 0.8412g/cm^3，地面原油黏度 4.9 ～ 10.55mPa·s，含硫微量，凝固点 25 ～ 28℃。根据高压物性分析资料，地层原油密度 0.775g/cm^3，地层原油黏度 2.5mPa·s。

（二）地层水

地层水性复杂，矿化度普遍高，平均矿化度 16.4 × 10^{4}mg/L，氯离子含量 8.2 × 10^{4}mg/L，为典型的硬性水环境，且含有相当数量的二价离子，属典型的损害敏感性油藏。地层水水型为 $CaCl_2$ 和 Na_2SO_4 型。

（三）天然气

据气分析资料，天然气主要为石油溶解气，甲烷含量 72.26%，乙烷 2.95%，氮含量 22.88%，气的相对密度为 0.6866，属湿气。

二、渗流特征

从天然岩心水驱油试验作的油水相对渗透率曲线分析，油水相对渗透率交点处含水饱和度为 55%，表明为弱亲水油藏，束缚水饱和度 35%，残余油饱和度 21%，油水两相流饱和度范围 29% ～ 35%，驱油效率 56.9%。

第四节 油 藏

一、压力、温度

马王庙油田地层温度 69.4 ～ 76.1℃，地层压力 13.0 ～ 16.1MPa，压力系数 0.9 ～ 1.02，属正常压力系统。马 36 井区饱和压力较低，为 4.33MPa，原始地层压力 13.3MPa，地饱压差为 8.97MPa，溶解气量较少，原始气油比 24.8m^3/t，原始体积系数 1.105，压力系数 0.954，小于 1，大多数井不能自喷。马 25 井区地饱压差大，原始地层压力 16.52MPa，饱和压力 3.74MPa，地饱压差为 12.7MPa。马 50 断块的原始地层压力为 16.1MPa，压力系数为 1.06。马 51 断块原始地层压力为 15MPa，压力系数为 0.95。

二、天然能量

马王庙油田马 36 井区构造低部位存在边水，但从试采情况看，驱动类型属弹性驱动，天然能量弱。

马 25、马 50、马 56 井区为弹性弱水压驱动类型，油藏天然能量不足。

三、油藏类型

马王庙油田油藏主要受构造因素控制，部分受岩性变化因素控制，形成的油藏类型以断背斜构造油藏为主，岩性—构造复合油藏次之。马 36 井区油藏类型以构造油藏为主，岩性—构造复合油藏次之，少量为岩性油藏；马 25 井区为岩性—构造复合型油藏；马 50 井区以岩性—构造油藏为主，马 56 井区以构造油藏为主。

第五节 储 量

马王庙油田储量计算采用容积法，平面上以区块为计算单元，纵向上以油组为计算单元。根据勘探程度和地质认识程度，确定储量类别。从 1991 年至 2005 年曾经 6 次申报探明石油地质储量，共计算上报 11 个区块。

1991 年马 25 块探明Ⅲ类含油面积 1.8km^2，原油地质储量 180.0 × 10^{4}t；马 13 块探明Ⅲ类含油面积 1.6km^2，原油地质储量 94.0 × 10^{4}t。1992 年马 30 块探明Ⅲ类含油面积 0.6km^2，原油地质储量 24.0 × 10^{4}t。1993 年马 36 块探明Ⅱ类含油面积 1.6km^2，原油地质储量 402.0 × 10^{4}t。1996 年马 50、马 55、马 56 和马 57 块探明Ⅱ类含油面积 3.40km^2，原油地质储量 462.0 × 10^{4}t。1998 年马 49 块探明Ⅲ类含油面积 0.7km^2，石油地质储量 43.0 × 10^{4}t。2003 年马 56–2 块探明Ⅲ类含油面积 0.2km^2，地质储量 28.0 × 10^{4}t。

截至 2005 年底，马王庙油田探明含油面积 9.9km^2，原油地质储量 1233.0 × 10^{4}t，可采储量 362.0 × 10^{4}t，采收率 29.4%。其中动用含油面积 5.3km^2，地质储量 865.00 × 10^{4}t，可采储量 180.60 × 10^{4}t，采收率 20.9%；未动用含油面积 4.6km^2，地质储量 368.00 × 10^{4}t，可采储量 94.00 × 10^{4}t。

第二章

开发部署与调整

1992 年 3 月 31 日马 25 井投入试采，按照“边滚动，边开发，边建设”的方针，先后编制了《马王庙油田马 25 井区流动布井方案》和《马王庙油田马 36 块开发方案》。同时根据油藏的实际特点，按照注采同步、实施与调整同步的方针，开展注水方案和调整方案的编制与实施。

第一节　开发方案

一、马 25 井区

马 25 井区在 1992 年有 4 口生产井（马 25、马 25−1、马 5−11、马 7−13）先后投入试采开发，累计产油 13236t，日产油都在 10t 以上，马 25 井日产油一直保持在 30t 左右。试采初期生产能力较旺盛。

根据 1992 年由江汉石油管理局勘探开发研究院编制的《马王庙油田马 25 井区流动布井方案》，基于马 25 井区油层单一的实际，采用一套层系开发。高低部位都有井点控制（马 25−1、马 25、马 32 井），储量比较落实。因此设计 300m 井距，三角形井网布井。1993 年在马 25 井区部署新井 11 口，总进尺 1.92×10^4m，利用老井 4 口，当年投产油井 10 口，投转注水井 5 口，建成年原油生产能力 3.9×10^4t 。

到 1993 年 12 月底，该区已开钻 12 口，完钻 11 口，进尺 1.92×10^4m。已建成联合站 1 座，配水间 1 座，已有采油井 11 口，开井 10 口，日产油 123t，已建注水井 3 口，日注 71m^3。1993 年底建成原油生产能力 3.9×10^4t/a，完成计划产能的 100%。1993 年全面配套注水开发，采油工程、地面工程同步配套建设。

二、马 36 井区

根据试油试采情况及油藏特点，1994 年由江汉石油管理局勘探开发研究院开发室李素娥、彭裕林、徐玉珍、黄烈林编制，由江汉石油管理局总工程师何国裕审核并批准实施了《马王庙油田马 36 块开发方案》。

（一）开发方案编制

开发原则：①马 36 井区开发工作执行滚动开发技术政策，依次布井，逐步调整完善，动用地质储量 318×10^4t，1994 年配套建成 10×10^4t 的生产能力。②原则上一套层系开采，分层注水，实施中完善主力油砂体，由油层好的部位逐步向外滚动，边钻井边建井边投产，避免和减少落空井和低效井。③由于油层饱和压力低，地饱压差大，原始气油比低，油井无自喷能力，立足于深抽。④由于对新沟嘴组油层注水，尚无足够的经验，因此开展现场先导性注水实验，为下步全面投注做好准备。

开发层系：根据国内砂岩油田开发的经验，结合马 36 区块开发形势，采用一套抽稀井网、200m 井距开采。

井网密度：在滚动开发中需提高采油速度，立足于强采，使井距由原部署的300m井距加密到250～200m作为布井方案。

压力水平：马36井区新下Ⅱ层属低饱和油藏，地饱压差为8.97 MPa，气油比低。根据试采资料分析，地层压力下降快，生产井动液面低。1993年10月区内有7口井平均动液面为1000m，最高的马36–4–6井为598m，最低的马36–4–7井为1300m，地层总压差8.42 MPa，实测地层压力降低到原始地层压力的36.69%。因而需补充地层能量，使地层压力恢复到原始地层压力的60%左右，以保证高速强化采油。

注水方式：马36井区油层分布相对稳定，新下Ⅱ油组连通性好，新下Ⅲ油组油层含油面积小，叠合面积为1.6km^2，储量341×10^{4}t，油层呈长条状分布。马36井区吸水能力较差，马36–4–5井视吸水指数仅为采油指数的2.0倍。为达到提高油层水驱控制程度和保持较高采油速度开发的要求，油层主体部位仍然按抽稀井网分层开采，边部马36–2–8、马36–2–7、马36–3–7井开展注水实验，注水井与油井对应层位全部射开。边缘加点状注水，满足短时期内提高采油速度的要求。

方案部署：马36井区方案部署油井18口，注水井9口，稳产期年产油10.65×10^{4}t，采油速度3.2%，稳产年限6年，压力保持在原始地层压力的60%，注采井网反七点法，井距200～250m，注采比1.0。

（二）方案实施

根据马36块地质特点，满足井网、注水方式及滚动开发要求，采用三角形井网布井，面积注水加点状注水。到1995年12月底，马36区块共建油井31口，水井9口，井距150～250m。日产油325t，日产水147t，综合含水31.2%，年产油量11.5899×10^{4}t，日注水696m^3，年注水15.7034×10^{4}m^3，达到方案设计指标。

第二节　开发调整

马王庙油田为多油层、非均质严重的常压敏感性构造油藏，储层具有不同程度的“四敏”性（水敏、盐敏、速敏和酸敏）。油田开发方案实施后，再加上马36井区早期“强采”（采油速度最高达到3.45%）而后又实行“强注”（单井注水强度最大达到20m^3/d·m）的开采方式，对地层造成了较大的伤害，开发过程中各种矛盾日益突出。为保证马王庙油田的高产稳产，广大科技人员深入开展油藏分析与研究，加深对油藏的全面认识，有针对性地进行了几次调整工作，改善了油田的开发效果。

一、注水开发

马36区块于1992年8月首钻马36井获得日产油10^{6}t高产油流以来，经过3年的方案实施，逐步滚动开发，到1995年12月，总井数达37口，油井29口，水井7口。主力油藏采油速度高，地层压力逐年下降（区块投产初期平均动液面937m，1995年11月为1287m 。马36–3–4井于1994年测压3.21 MPa，1995年测压2.64 MPa)，地层天然能量不足且能量损耗严重。为确保该区块高速强采，需补充地层能量。1995年12月《马王庙油田马36井区注水开发方案》由江汉石油管理局勘探开发研究院开发室廖文生编制，由江汉石油管理局总工程师何国裕审核并批准实施。

1996年，马36井区转注8口油井，日注水能力达到900m^3，注水方式变为面积加点状注水，注采系统日益完善，注采井数比1∶2.2，累计注采比达0.81，水驱控制程度提高到94.0%，见效见水井数不断增多。1994年、1995年、1996年马36井区靠注水见效实现了连续三年高产稳产10×10^{4}t，为江汉油田年产80×10^{4}t稳产起到了重要的作用。

二、加密井网

马 25 井区根据三维地震资料，应用 IES 交互地震解释系统，开展精细构造解释及储层横向预测，综合分析认为马 25 井区其断层附近具有挖潜潜力。另外马 25 井区井网密度为 10 口 /km^2，单井控制储量 15×10^4t，按单井控制储量可调整到 10×10^4t 的原则，井区加密亦有一定的潜力。

1997 年在马 25 井区剩余油富集区钻高效调整加密井 5 口，钻井成功率 100%，投产 5 口，初期日产油大于 10t 的井有 2 口，当年新井累计产油 2698t，取得较好的开发效果。表现在以下几个方面：

(1) 达到了较高采油速度：经过注水开发及井网的逐步完善，采油速度不断提高，注水前采油速度 0.54%，注水后采油速度 0.95%，而经过注采井网完善后，采油速度达到了 1.56%。

(2) 控制了含水上升率：1997 年 10 月，马 25 井区采出程度 8.66%，综合含水 54.8%，同 3 月相比含水下降了 6.3%，每采出 1% 地质储量含水上升 1.05%。

(3) 提高了水驱控制程度：1997 年 3 月，马 25 井区水驱控制程度 54.9%，1997 年通过注采井网的逐步完善，水驱控制程度提高到 59.8%。

到 1998 年 12 月，共钻加密井 6 口，其中油井 5 口，水井 1 口，年产油量 2.01×10^4t，年注水量 $5.65\times10^4m^3$。

三、细分层系

马 36 井区储层非均质严重，层间干扰大，加之层间注水强度差异大，注水开发过程中层间矛盾日益突出，地层能量严重不足，因此根据地震、钻井、测井及生产动态资料对注水开发效果进行了评价，对局部实行细分层系开采进行了可行性研究。江汉石油管理局勘探开发研究院开发室汤春云、郭庆安于 1997 年 11 月编制了《马 36 井区局部细分层系开发调整方案》，由韩定荣、罗伟审核并批准实施。调整对象主要为马 36 井区北断块，调整原则：①合理加密，抽稀分采，适当补充新井；②发展采油工艺，加强细分层注水，提高地层压力；③根据分层测试资料、单井资料及油井开采现状，尽量保留高产井层；④调整部署中，上下两套层系须保持一定的叠合井距，为开发后期轮替采油留有余地；⑤在合理加密、抽稀井网的基础上，根据剩余油分布规律，在储量控制程度差的部位进行调整部署。

马 36 井区自 1994 年经过 3 年高速开发之后，东北翼的新下Ⅱ$_{4、5}$小层“不出力”或“出力”小于 10% 的油层有 35 层共 72.8m；新下Ⅱ$_{2、3}$小层出力好，见水快。1996 年 12 月，此井区平均总压差 −10.87MPa，说明能量不足。针对上述情况，于 1997 年按照《马 36 井区局部细分层系开发调整方案》采取了如下措施：①层系调整：将原井距加密至 150m，然后抽稀到 200~250m 井距；分新下Ⅱ$_{2、3}$和新下Ⅱ$_{4、5}$上下两套层系开采，新下Ⅱ$_{2、3}$作为上层系，新下Ⅱ$_{4、5}$层作为下层系，西南翼及南断块缺乏物质基础，仍采用合采合注开发方式。②注水方式：马 36 井区原开发方案确定采用边缘加点状注水方式开采，平面矛盾调整较好，但由于重点注水井 (马 36、马 36–3–4、马 36–5–4 井) 采用多级多层分注，一方面注水井负担过重，分层注水条件变差，另一方面加剧了层间矛盾，削弱了分层注水作用，客观上造成物性较好的新下Ⅱ$_{2、3}$层含水上升过快。因此本油藏在边缘加点状注水基础上，简化注水层系，分上下两套层系注水开发，提高新下Ⅱ$_{2、3}$；下Ⅱ$_{4、5}$层注水强度，同时也可根据油井受效情况考虑局部转注油井，改变液流方向，更好地改善水驱开发效果。

通过调整，在原井网基础上部署 13 口调整井，其中油井 10 口，水井 3 口。总井数 51 口，其中生产井 34 口，注水井 17 口，34 口生产井中，合采井 20 口，单采上层系 7 口，单采下层系 7 口。17 口注水井中合注井 10 口，单注上层系井 3 口，单注下层系井 4 口。完成了北块北东翼部下Ⅱ$_{2、3}$与下Ⅱ$_{4、5}$分层开采井网部署。1997 年投产新井 8 口，新井累计产油达 14000t。通过增加一批新下Ⅱ$_{4、5}$层单采井点，有效地提高了下Ⅱ$_{4、5}$层的储量动用程度，如马 36–5–7、马 36–4–41、马 36–4–61 等井单采下Ⅱ$_{4、5}$

层均获得日产 10t 以上的较高产量，同时通过增加下Ⅱ$_{4、5}$分层系注水井单注下Ⅱ$_{4、5}$层，简化了注水层段，为下一步改善注水状况打下了较好的基础。

四、滚动开发

（一）马 50、马 56 井区

马 50、马 56 井区是 1996 年江汉石油管理局重点增储上产区块。1995 年 12 月钻探马 50 井获日产 117.5t 的高产工业油流，投产时日产油 36.0t，从而发现了继马 36 区块后的又一高产油流区块。1996 年初马 50、马 56 区块相继投入滚动开发，截至 1996 年 12 月，两区块共完钻井 25 口，其中探井 4 口，开发井 21 口。

1997 年 11 月由江汉石油管理局勘探开发研究院开发室汤春云、郭庆安编制了《马 50、马 56 井区滚动开发调整部署研究》，韩定荣、罗伟审核实施。这是广大科技人员充分运用了三维地震、测井、试采、钻井等资料，开展综合地质研究的成果。在具体实施过程中，坚持整体部署、分批实施、重点突破、逐步调整的滚动开发原则，将综合地质研究成果应用到滚动开发实践中，取得了良好的地质效果，社会效益、经济效益显著。

马 50、马 56 区块是仅在一口探井成功的情况下投入滚动开发的，1996 年该区未钻遇油水边界，构造也有待于进一步落实，随着滚动开发资料的不断增加，对原构造形态、油层分布等方面的研究有了进一步的认识和完善。

经过地质再认识，对马 50、马 56 区块调整部署原则是：①扩边马 50、56 井区，落实含油边界。②全面调整完善马 56 井区。③开展注水试验，了解注水受效状况。

调整部署结果：马 50 井区为进一步落实储层分布，提高储量动用程度，部署调整井 2 口，钻井进尺 0.34×10^4m 。马 56 井区为进一步落实构造，确定含油边界，部署调整井 5 口，钻井进尺 0.85×10^4 m，全面完善马 56 井区。在落实含油边界的基础上，采取边缘加点状注水方式，先考虑在马 50 井区转注 3 口井：马 50、马 50 斜 –1、马 50–3–5。

完成情况：截至 1997 年 10 月，马 50、56 井区已完钻调整井 2 口，均投入开采，新井当年累计产油 485t。转注 5 口井：马 50、马 50 斜 –1、马 50–3–5、马 56–4–2、马 56–4–3，实施边缘注水，给内部补充能量。

进一步的调整部署意见：①逐步调整完善马 50、56 井区，争取 1998 年一季度将 5 口调整井全部完钻。②在马 50、56 井区实施全面注水，转注 5 口油井，提高水驱控制程度。

通过上述调整部署，钻井无一落空，钻井成功率 100%。1998 年马 50 井区油井 12 口，水井 8 口，油水井数比达到 1.5 ∶ 1，核实年产量 1.78×10^4t。马 56 井区油井 8 口，水井 4 口，油水井数比达到 2:1，核实年产量 1.71×10^4t。

（二）马 13 井区

1997 年安排在马 13 井区实施滚动开发钻新井 2 口，进尺 0.3×10^4m，计划新投产油井 1 口，投转注水井 1 口，进行井组注水开发试验，当年不建产能。

实施的结果：当年钻新井 2 口，投产 2 口，老井转注 1 口。由于该区地层能量不足产量下降快，最后因低液低产于 1998 年 7 月停止了马 13 井区的试采工作。马 13 井区累计采油 3865t，累计采水 1766m^3，累计注水 8159m^3。

第三节　开发过程控制

马王庙油田存在的主要问题是油层非均质严重，平面上和纵向上吸水和产出不均，地层压力下降快，原油脱气严重，结垢严重，难注井层多，有效提液困难。根据油田动、静态变化情况，在开发过程中以动态监测为手段，合理调整注采结构，以提高开发效果，实现增储上产、稳油控水的目标。

一、动态监测

为了认识油田开发过程中地下油、气、水的运动规律，检验开发方案是否符合客观实际，以便提供增产增注措施依据，提高油田开发效果。取全取准油田动态必须资料是搞好油田动态分析的关键，马王庙油田在这方面主要进行了以下工作。

（一）压力监测

马王庙油田每年静压监测井数按油水井总井数的 1/3 安排。为了使区块地层压力具有可对比性，选取部分油水井作为连续测压井，要求连续测压的油井测静压每年 1 口井 2 次，水井测静压每年 1 口井 1 次；观察井要求测静压每月 1 口井 1 次。马王庙油田平均每年录取压力资料 50 井次，其中油井 18 井次，水井 15 井次，观察井 17 井次。这些压力资料使技术人员能准确及时地了解井区压力水平与能量状况，为油田的调整工作提供了依据。

（二）液面和示功图测试

动液面每月测两次，相邻两次的差值不超过 100m 为合格，测试时必须连续测得三条合格的曲线。正常生产的油井功图规定每月测一次，油井生产不正常时，功图随时测。功图测试主要采用湖北省荆州市电子研究所生产的 SUPER–611 型智能示功仪和仪表厂生产的 SG5 存储示功仪，这些资料能及时地为技术人员提供油井生产的动态状况，使他们能及时分析及时调整。

（三）产液剖面测试

马王庙油田油井产液剖面测试主要采用环空测试工艺，可以在油井不停产的情况下测出井底压力、温度、分层产液量、含水率四项参数，成为了解油井分层出力状况的重要手段，为油井化堵和分层改造挖潜提供了重要依据。马王庙油田共进行产液剖面测试 29 井次，进行中子寿命测试 2 井次，为马王庙油田的剩余油挖潜提供了依据。

（四）吸水剖面测试

马王庙油田自 1994 年有注水井以来就不断地进行吸水剖面测试，碘 131、钡 131 载体测吸水剖面。2000 年以后，应用密闭式井下释放法测试吸水剖面，取得良好效果。这种测试技术的主要优点是注水外溢减少，同位素辐射强度降低，可克服同位素污染对测量结果的影响，提高解释结果的可靠性。同时还加强新的测试技术的应用，对高压、高吸水量的常规工艺无法测试的水井，应用能谱水流测吸水剖面技术进行测试，取得了好的效果。马王庙油田共进行吸水剖面测试 71 井次，为水井调剖与分层注水提供了依据。

二、早期调剖

马王庙油田在注水开发中主要表现为注入水沿高渗透带单向突进，处于高渗透带的油井含水上升快，产量下降也快。1995 年和 1996 年先后对马 36、马 36–4–8 两井进行了 3 井次的调剖，从效果看，调剖在平面上对控制指状突进、改线型流为径向流有一定作用，也有一定增油效果，如 1995 年对马 36 井注稠化水后，马 36–3–7、马 36–4–7 两井日产液、日产油均有所提高，日增油 7t 以上。调剖后短期内平面矛盾有所缓和，两个剖面有所调整。但早期调剖并没有从根本上改变马 36 井区的层间、层内、平面“三大矛盾”，注水井层注水不均的现象仍然突出。

第二次使用 0.8% 的铬冻胶、特别是使用 $CaCl_2$、水玻璃等堵剂调剖后，注水井注水压力普遍上升，调剖层段注水能力显著下降，致使后来在设计的注水系统压力下已调剖层段欠注甚至不吸水，酸化增注也难以改变这种状况。

调剖对缓和层间、平面等“三大矛盾”有一定效果，但调剖剂品种及浓度的选择要慎重。

三、气 (N_2) 水交替驱实验

动静态资料均证实马 36 井区地层平面和层间差异大，注水开发中多数井组注采反应明显，注入水沿高渗透带突进，油井见水后，含水上升速度快、产量下降快，水驱效果差。因此，江汉采油厂地质研究所决定在马 36 井区进行注氮试验，以求增加地层能量，调整三大矛盾，降低产量递减幅度。

1999 年 6 月，在马 36 井区选择了马 36–3–4、马 36–5–41、马 36–3–41 三口注氮井组进行现场试验，对应油井 14 口。1999 年 6 月 10 日至 6 月 28 日，对马 36–3–41 井采用大剂量，大段塞方式注氮气，连续注气时间超过 5 天。6 月 29 日至 8 月 9 日对马 36–3–41、马 36–3–4、马 36–5–41 井采用小剂量，小段塞方式 (注氮气 1 天，注水 2 天) 注氮气。8 月 20 日至 11 月 23 日采用气水交替注加泡沫剂调剖方式进行。试验结果表明，动液面上升，部分油井见效，注氮井组当年增油 710t。三口注氮井，累计注氮 $57.64 \times 10^4 m^3$，累计注泡沫剂 4685kg。

经过现场实践，得出以下认识：①氮气驱对控制马 36 井区产量递减起了一定作用。②氮气作为一种流体，在注入早期仍主要是沿相对高渗透带 (层段) 或裂缝推进，达到一定程度后可向周围波及。③短时间、小气量的气水段塞能更有效地防止过早气窜的产生，效果较好。④在油井出现气窜时加注起泡剂是提高注氮驱油效率的有效措施。⑤平面 (纵向) 非均质性矛盾相对较小的井组更容易见到气驱效果。如马 36 井区马 36 斜 –5–41 井组的注氮效果明显好于马 36 斜 3–41 井组。⑥对于因能量不足或地层污染导致注水时不见效或见效差的油井，采取气驱的方式是提高其产能的有效途径。马 36 井区层多井距密、渗透性差异大，注氮时气窜严重，后来没有在该井区推广。

四、储层改造

马王庙油田主要采取压裂、酸化和补孔等增产措施提高开发效果。

压裂是马王庙油田增产的有效措施之一。马王庙油田投入开发初期，就开始应用压裂提高开发效果。特别是马 25、马 50 井区大多数油井都实施了压裂改造投产，并取得较好的增产效果，尤其是投产初期压裂效果明显，增产倍数一般为 1 ～ 3 倍。这主要是投产前或投产初期，地层压力保持着相对较高的水平，易于压裂后排液，不易造成油层堵塞，对油层伤害小，因此效果明显。但随着开发的不断深入，马王庙油田压裂无论是在年增油还是单井平均增油指标上，均有较大幅度下降。如：1998—1999 年马王庙油田压裂增油占到新沟嘴组油藏当年增油的 70% 以上，但随后出现大幅降低，到 2002—2003 年度压裂增油为零。经过多年开发地层亏空严重，同时地下情况复杂，井区平面、纵向非均质性严重，层间注水受效不均，地层压力难以恢复是造成这种现象的主要原因。到 2005 年马王庙油田共压裂油井 42 口，累计增油 18480t。

酸化是马王庙油田经常用的增产措施。在马王庙油田采用过多种酸液体系，如复合酸、土酸、硝酸、浓缩酸等，但增产效果都不是很理想。由于地层压力低，许多油井酸化前已负压吸水，酸化后的残酸难以排除，容易造成对地层的二次堵塞。很多井虽然酸后获得一定产能，但产量普遍较低。后经多次试验和评价，于 2002 年底，开始在马 36 井区试用江汉清洗公司的酸液，基本上保证在近井地带有效除垢。2003 年在马 36 井区共实施解堵 9 口井 (11 井次)，有效 9 井次，措施有效率达到 81.8%，其中马 36–4–4 井经过措施解堵，日产液由 15.4t 增加到 39.8t，日产油由 3.3t 上升到 10.9t。

油井补孔在油田开发后期发挥了重要作用，目的在于动用差油层增加产油剖面，实现层间接替。从 1999 年到 2005 年，马王庙油田共补孔 34 井次，有效 28 井次，累计增油 $0.7015 \times 10^4 t$。

五、水动力学法调水

马王庙油田自投入注水开发以来，随着开发的不断深入，层间和平面矛盾突出，大部分油井含水上升与能量不足的矛盾越来越突出，常规注水方式已很难同时起到补充地层能量和调节含水上升的双重作用，在长期的注采调整中逐步摸索出适合马王庙油田的周期注水、脉冲注水、换向注水等不稳定注水方式，以及关停高含水井改变液流方向等方式，对保证注采动态平衡、控制油井含水上升取得了较好的效果。1997 年在马 36–8–4 井组开展了脉冲注水试验：针对新下Ⅱ$_5$实施井间轮注脉冲注水，油井见效后，立即将注采比从 1.8~2.47 降到 1.1 左右。以 1997 年 9 月与 1996 年 12 月对比：井组日产液从 48.6t 上升到 72.6t，日产油稳定在 43t 左右。见效明显的油井马 36–7–4 日产油从 14t 上升到 18.6t，至 1997 年 12 月底累计见效增油 900t。

统计历年资料显示平均每年动态调水 60 井次，当年平均累计增油 2500t。结果证明不稳定注水也是提高注水开发效果的有效途径之一。

六、分层注水

马王庙油田从 1993 底至 1994 年初就相继在马 25 井区、马 36 井区开始进行注水开发，由于地层的物性差异大，层间矛盾突出，吸水好的层多集中在 1~2 个层上，大部分层不吸水和欠注，使得注入水单层突进严重，造成高渗透层水淹快，低渗透层不出力，为解决层间矛盾，1994 年 8 月开始在马王庙油田进行分层注水，以控制含水上升速度，提高开发效果。

到 2005 年底马王庙油田 37 口注水井就有 22 口井进行过分注，分注率达到 59.5%。但马王庙油田分注井封隔器经常失效，部分分注井难以达到分注的要求。一是由于层间吸水差异大而导致封隔器难以起到密封作用；二是因井斜过大，造成受力不均，又加上停泵次数较多，致使封隔器难以正常工作，分注成功率低，有效期短。针对马王庙油田斜井分注难的问题，油田分公司内外科研单位做了大量工作，现场应用了多种分注工艺管柱，通过不断实践，取得了一定的效果，分注合格率达到了 78% 以上，有效地减缓了区块产量下滑趋势。同时不断使用多种手段简化注水层段。马王庙油田继 1999 年、2000 年进行了马 36–10–3、6–2、4–2、马 51–1 等井打塞调层之后，2002 年又在马 36–3–4、马 36–2–4 井上进行了水泥挤堵调层注水，简化注水层段，使水真正注到目的层，对调整层间矛盾，提高驱油效率起了一定的作用。

第三章

钻井与采油工程

马王庙油田开发以来，根据油田非均质严重，储层具有不同程度的“四敏”（水敏、盐敏、速敏和酸敏）特点，刻苦攻关，在钻井工艺技术方面，适时推广应用定向井、从式井、大斜度井钻井技术，并采用不同的井身结构、钻井液体系、钻进方式、固井技术；在举升工艺技术方面，发展了以防腐耐磨泵为主体的机械采油技术并不断摸索攻克敏感性油藏的配套开采工艺技术；注入工程中配套了以Y341封隔器为主的分层注水工艺。这些技术在开发过程中不断完善和发展，为油田实现有效开发提供了技术基础。

第一节　钻井与完井

一、钻井

马王庙油田在开发建设过程中，开发钻井设备和技术手段不断更新和提高。根据油藏条件和整体开发的需要，适时推广应用定向井、丛式井、大斜度井钻井技术，并采用不同的井身结构、钻井液体系、钻进方式。

马王庙油田开发初期采用防斜钻直配套钻井技术，钻井速度慢，周期长。1990年以后推广使用复合钻井技术（螺杆+PDC钻头），提高了钻井速度，单井钻井周期从60天缩短至20天（井深2000m）。受地面条件影响，应用定向井和丛式井钻井技术，减少了耕地占用和钻前工作量。针对小断块油藏，应用大斜度井增加钻遇油层的厚度，提高最终采收率。

考虑到马王庙油田新沟嘴组地层具有水敏性，钻井液体系一开采用正电胶纳土浆；二开采用三复合盐钻井液。同时使用自主研发的聚合物防塌剂，提高钻进过程中防塌、携砂、防卡等性能。

二、完井

由于油田新沟嘴组地层易垮塌，完井方式都采用套管完井，有利于分层注采及后期措施改造。钻井过程中，对于上下地层压力系数比较接近、无异常压力层的开发井套管程序采用表层套管+油层套管；而大斜度井套管程序采用表层套管+技术套管+油层套管。

由于马王庙储层大多较浅，且整个含油层系纵向跨度不大，因此油田开发多采用常规固井方式。考虑到马王庙油田新沟嘴组地层具有水敏性，固井方面还采用其他固井技术，如“短候凝水泥”固井技术、多功能钻井液固井技术。管外水泥返高深度由原来的800m提高到500m。

射孔枪采用YD–89、YD–102枪。为了新井压裂、酸化等措施改造需要，提高穿透深度，1995年开始使用127弹。油田大斜度井射孔方式为油管传输射孔，枪型YD–89。射孔方式包括正压射孔和负压射孔，由于新沟嘴组地层的特殊性，为防止地层水敏堵塞地层孔隙，造成二次伤害，射孔液主要采用活性水、原油。1999年，马36–5–6井应用水力深穿透射孔技术，平均日增油2t。

第二节　采油工程

1992年马王庙油田投入开采，开发初期地层能量充足，采取以机械采油为主，自喷采油为辅的开采方式。

自喷井多采用油管下至油层中部、井口采油树装5mm油嘴自喷生产。

机械采油初期液面较高，泵挂深度一般不大于1500m，抽油机悬点负荷小，抽油泵主要采用ϕ44mm、ϕ56mm的管式泵，抽油杆多采用D级杆，选用江汉油田生产的10型、12型抽油机，冲程多为3～4.2m，冲次多为6次/min、9次/min。

马王庙油田开发较晚，很多成熟的技术在马王庙油田得到推广：如扶正器、防脱器、活动接头、丝扣密封脂、泄油器等。为马王庙油田的初期开发提供了技术保障。

由于部分油井井筒脱气严重，时常出现气锁现象，故运用了气锚技术。如马36斜-6-4井，1995年转抽后，井筒脱气严重，作业过程中加气锚后，有效地减少了气锁现象的发生，使油井稳产在25t左右。

1999年后，油田产量下降，开展多种新技术来提高产量，如马36-4-7井使用电爆振技术后，单井产量得到提高；马36斜6-31井使用低频振技术后，单井日产油由4.5t上升到6.6t。

2000年针对部分出砂严重井，长柱塞防砂泵投入生产，如马25-9-15、马50-2-3、马36-5-7等井使用后，均取得了很好的效果，有效地减少了出砂对油井正常生产的影响。随后不断完善，研制出了带泄油器系列的防砂泵。

生产管理中，对井筒管理影响最大的是蜡。油田主要采取以化学清防蜡、热力清蜡为主，机械清蜡为辅的管理方式。因为马王庙油田是新沟嘴组油藏，强水敏性地层，为减少开发过程中对油层的伤害，采取以本井产液洗井加热进行热力清蜡，减少外来液体对油井的伤害。1997年8月在马36-3-7井开展微生物采油实验，采用从油套环空加微生物后用水反冲，利用微生物分解井筒蜡等胶质沥青质，从作业现场看，结蜡得到有效控制。

截至2005年底，马王庙油田平均泵效为43.8%，平均检泵周期601天，部分液面较高的油井选用ϕ70mm泵生产，采取放差提掖的方式，提高油井产量；在抽油机的选择上，向大型化发展，该阶段多选用10型、12型抽油机，冲程以3m、4.2m，冲次4次/min、6次/min为主；与开发中期相比，泵深也向深部发展，平均泵深1536m，在抽油杆的选择上，也趋于高强度。

第三节　注水工程

注水开发是油田主要的开发方式，也是油田稳产的基础，随着油田发展的不断深入，注水工艺的完善程度将直接影响到油田的发展。因此，做好油田注水工作必须先具备完善的工艺技术。

1993年马王庙油田投入注水开发，注水初期主要采用笼统注水。

1994年由于地层平面矛盾突出，层间差异大，层间干扰严重。为了提高注入水的波及体积，让各小层都取得好的注水效果，防止注入水单层突进，开始在油田进行分层注水，主要采用475-8封隔器，少数为752-6封隔器，这两种封隔器结构简单，使用方便，密封性比较可靠。配水器采用偏心配水器和空心配水器。

1995年底马王庙油田有分注井12口，采用458封隔器的有6口，752-6封隔器的有2口，Y341-114封隔器的有4口。配水器主要为偏心配水器，有11口井采用。注水管柱配套使用了皮碗式底部循环阀、涂料油管和 SF 丝扣密封脂。

1996 年至 2000 年，分层注水主要采用 Y341–114 型封隔器。

2000 年开始，针对注水压力高、层间差异大、注水管柱蠕动严重的问题，在马王庙油田开展了防蠕动高压分层注水管柱研究并在现场试验。自从使用该管柱后，一些长期难注井层可以注水。2000 年底，马王庙油田采用 Y341–114 型封隔器分层注水的井有 14 口，分层配水器采用的是偏心配水器，注水管柱配套使用 KPX–114 型偏心配水管柱及皮碗式底部循环阀、涂料油管和丝扣密封脂。

2001 年至 2005 年之间，油田又相继研究使用了油套保护注水工艺管柱、斜井注水工艺管柱。由于受污水回注、注入水水质不达标等多种因素的影响，使套管腐蚀严重，为了解决此问题，使用了一种保护油管的分层注水管柱。该管柱由 Y341 深井注水封隔器与 KPX 系列偏心配水器及可循环阀等组成。通过现场应用，油套管的腐蚀有了明显的改善，其中油管的使用寿命平均延长 2 ~ 3 倍以上，套管的腐蚀穿孔变形等现象也大为减少。马王庙油田有部分斜井在注水过程中，由于井斜会造成管柱和封隔器偏向一边，使得封隔器密封件受力不均匀，严重影响了它的工作寿命。由于注水管柱无法应用到斜井注水，因此研究了一套斜井注水工艺管柱。该分注管柱上下均增加了 ZC–114 强力支撑扶正器，具有扶正并支撑斜井管柱的功能，使得管柱始终处于套管中心，改善了封隔器的工作条件；同时，还具有一定的管柱锚定功能，消除了各种管柱效应造成的管柱蠕动现象。达到了延长斜井分注的目的。该支撑器由于无卡瓦结构，因此还具有不伤害套管、起下方便等优点。通过上述各种分层管柱的应用，取得了满意的效果，工艺成功率达 85% 以上，措施有效率超过 80%，分注合格率在 74% 以上。

第四节　油层改造

马王庙油田油层改造主要以酸化、压裂为主。曾经做过的微生物、低频振等实验都没有明显效果。

一、酸化

马王庙油田开发初期就开展了酸化解堵增注措施，1993 年，开始应用浓缩酸酸化技术，1993 年至 1995 年在油井上共应用 6 口井，累计增油 1425t，1994 年在马 36–2–7 井应用，日产油从 5.1t 上升到 11.3t。同时在水井上应用防膨酸化，1993 年至 1995 年应用 7 口井，累计增注水量 21082m^3。1996 年，针对马王庙油田地层能量低的问题，应用了有机酸酸化，1996 年至 1997 年在油井上应用 3 口井，在水井上应用 8 口井。1997 年 4 月在马 36 井应用，日平均增注 78m^3。1998 年以后浓缩酸酸化和有机酸酸化开始在水井上推广应用，但总体应用效果逐渐变差。截至 1999 年底，浓缩酸增注 18 口 25 井次，有效率 60%；有机酸增注 14 口 19 井次，有效率 62%。2001 年，开展了硝酸酸化技术的应用，在油井上应用 3 口井，2 口井有效，平均日增油 1.1t。2003 年开始试验潜江开远化学清洗公司的酸液，在油井上应用 6 口，有效 6 口，累计增油 2699t，之后开始推广应用。2005 年应用 5 口井，累计增油 290t。

二、压裂

马王庙油田自投入开发初期，就开始应用压裂技术提高开发效果。1993 年，主要应用 1000 型压裂车组，支撑剂采用全井加石英砂，应用了 ZH 封隔器和 1000 型井口，压裂液采用碱化田菁，1994 年在马王庙油田应用 4 口井，平均砂液比 25%，平均单井加砂 10m^3，平均单井日增油 16.8t。1994 年在马 36–7–4 井应用，日产油从 8.8t 上升到 25.9t。1995 年随着对油层保护的重视，应用了羟丙基瓜尔胶有机硼压裂液，1995 年在马 36–2–7 井应用后，日产油从 4.9t 上升到 8.1t，从此开始在马王庙油田推广，主要是用于新井试油求产能。1997—1999 年应用 19 井次，有效 17 井次，累计增油 14250t。2002 年，引进、配套了 2000 型压裂车组，压裂车组有了极大的技术提高，2002—2005 年累计压裂 15 井次，累计增油 1809t。

第五节 堵水调剖

油田储层层内层间非均质性严重，平面各小层渗透率变化都较大，非均质很严重。由于油层多、层间差异大，发生注入水单层突进、水窜、水淹、油井含水上升速度快的现象，因此，开展了水井调剖、油井堵水的应用。

一、水井调剖

1995 年开始应用水井调剖技术，先后应用了稠化水调剖、铬冻胶调剖。1995 年在马 36 井开展了稠化水调剖，主要原料为黄胞胶，累计注入 220m^3，调剖半径 7.5m，调剖后，马 36 井吸水指数下降 12.7%，启动压力上升 0.5MPa。1996 年 8 月在马 36 井应用了铬冻胶调剖，累计注入 1960m^3，调剖后，马 36 井吸水指数下降 13.5%，对应油井马 36–2–7 井日产油从 2.2t 上升到 7.3t。马 36 井组经过两次调剖后，开发效果明显改善，产量大幅度下降趋势得到控制。

二、油井堵水

1997 年开始在部分高含水油井开展找水、堵水工作，主要应用的是以江 252–1 封隔器为核心的找水、堵水管柱，1997—2004 年共在 17 口油井上应用，由于油层多、层间差异大，部分井卡堵水频繁应用，马 36–3–5 井 1997—2000 年先后共卡堵水 4 次。许多井卡堵水后液量下降的同时油量也下降，1998 年 1 月在马 36–3–3 井应用卡堵水后，日产水由 28.3m^3 下降到 21.4m^3，日产油由 10.4t 下降到 8.9t。2004 年后开始应用以 Y211–114 封隔器为核心的堵水管柱，在现场应用 3 口井。

第六节 修 井

油田投入开发后，井下事故的出现也越来越频繁、复杂，处理事故的水平也不断进步。修井主要解决复杂的解卡打捞、修复套管等问题。

一、解卡打捞

在解卡施工技术方面，主要解决的是管卡和落物事故，其次是砂卡，通常是采用循环洗井、套铣和倒扣解卡为主。在复杂落物打捞方面，主要根据落物顶部（鱼顶）情况，再选择或制作合适的打捞工具。如打捞筒、偏心捞矛等进行打捞，在马 36 斜 6–31 井、马 36–5–4 井打捞时都见到一定效果。

二、堵漏

油田位于盐湖盆地，钻井过程中要钻遇许多盐层和水层，由于盐层蠕动和盐水腐蚀，造成油井套管外窜槽、腐蚀穿孔、套管变形，在开发早期就应用了水泥浆挤堵修复技术，1998 年 4 月在马 50–1–5 井应用水泥灰浆进行堵漏获得成功，从此水泥浆挤堵作为套管穿孔漏失井的主要修复技术在油田推广。

三、取套换套

针对大段套管严重穿孔、变形的修复问题，2001 年从中原油田成功引进取套换套技术，2001 年 6 月在油田首次应用，成功换套 316.23m。

第四章

地面生产系统

马王庙油田有油气水集输系统、污水处理系统、注水系统、供电系统等，为适应油田不同开发阶段的需要，不断完善，形成了一定规模。建成联合站3座，计量站5座，计量接转站1座，拉油站1座，单井拉油点2座。设计生产能力36×10^4t /a，集油能力16×10^4t /a，设计外输能力15×10^4t /a，原油脱水能力36.5×10^4t /a的油、气、水地面集输系统。经多年的系统改造配套，马王庙油田已具备完善的生产运行系统，为原油生产奠定了坚实基础。

第一节　集输系统

马王庙油田属边远分散断块油田，由马25、马36、马50、马56四个含油区块构成，离主力油田远，无法进入系统集中管理，油气水集输系统经历了零散高架罐拉油、集中拉油站拉油和集输系统工程几个阶段。

马王庙油田是一个边滚动边开发的油田，1990年油田正处于勘探期，初期井少采用简易单井拉油方式，开式流程。1992年11月，马25井区滚动开发，建成拉油站2座。随开发的进一步深入，产液量增大，又将拉油点改建成马25联合站，设计规模3.9×10^4t/a。1993年初，马36井区滚动开发，建成马36简易橇装式单井拉油设施，以保障7口油井正常生产。1993年下半年至1994年上半年，马36集油系统进行改、扩建，建成马36联合站，将简易橇装式拉油站改建为固定结构拉油站，具有计量、加药、油气水三相分离脱水、拉油、污水处理回注等功能，设计规模6×10^4t/a，处理能力6×10^4t/a。

1994年1月，新建马36井区2号计量站。1994年9月至1995年5月，对马36、马25拉油站进行扩建改造，配套建成马王庙油田外输系统工程，主要目的是将马36井区11×10^4t /a原油外输至马25井区联合站，对马36、马25进行配套完善，铺设马36至马25输油管线ϕ89mm×4.5mm，长5.28km，汉江穿越采用水平定向钻施工复壁管ϕ114mm×7mm黄夹克，长518m，设计最小输量3×10^4t /a，最大输量18×10^4t /a。同年6月，在毛小垸建成拉油站1座，主要承担马36、马56、马25、马50四个区块的原油装车外运工作，60m^3立式高架油罐10座。铺设马25站至毛小垸输油管线ϕ114mm×4.5mm黄夹克，长9.23km，将马36、马25井区年15×10^4t原油管输至毛小垸拉油站，再由油罐车拉运，马25站最小输量9×10^4t /a，最大输量25×10^4t /a。1995年5月18日，投入输油运行。

1996年6月至9月26日，新建马50计量接转站，设计规模4×10^4t /a，管辖12口油井，新建马50掺输至马25干线（ϕ76mm），长2.5km。将马50井区井口采出液计量、脱水处理、加热后掺输进入干线至毛小垸拉油站集中拉油。随着马50井区的产量递减，输量下降运行困难，2003年马50站改为拉油。同年11月，新建马56计量拉油站，设计规模年产2.5×10^4t，管辖10口采油井，分两期建设，一期解决集油、计量、供热、发电、装车外运。二期考虑三相分离器、污水处理、注水、原油外输。考虑拉油站前期的原油计量，建临时橇装式5井式计量阀组。至此，马王庙油田原油生产能力达到14×10^4t /a，集油能力达到36.5×10^4t /a。

截至2005年，马王庙油田建成联合站3座，计量站5座，计量接转站1座，拉油站1座，单井拉油点2座。设计生产能力36×10^4t /a，集油能力16×10^4t /a，设计外输能力15×10^4t /a，原油脱水能力36.5×10^4t /a，实际脱水处理35×10^4t /a，建有5条集油管线，总长7.76km，建有间输油管线1条——马36—马25—毛小垸外输油管线，长14.79km，单井油管线47.2km。

第二节　处理系统

马王庙油田的油气水处理系统，建有联合站3座（马36、马25、马50联合站），担负着马王庙油田的马36、马25、马50、马56井区油气水收集、计量、油气水分离、加热、外输（拉）、污水处理、回注等功能。

一、原油处理

1993年，马王庙油田马25站原油处理系统建成投产，采用高效三相分离器一次脱水（图4–1）。1994—1996年间，马36、马50、马56脱水处理系统相继建成投入运行。将井口采出液集中脱水处理后，净化油通过管输的方式，输至毛小垸拉油站集中拉油。高效三相分离器处理量大，流程简单，实现油气水一次分离脱水，简化了工艺流程，降低成本，出口含水1%以下。2005年，为解决金属填料长期浸泡在盐水中的腐蚀问题，在陵76站脱水三相分离器内成功研制应用250Y型PAC轻质高硅强化陶瓷波纹填料的基础上，马25、马36站推广应用陶瓷波纹填料，代替不锈钢玻纹填料，延长填料的使用寿命。2001年，筛选高效低温破乳剂FT–1036、FT–1056、FT–1032，用于马36、马50、马56等站的原油脱水，降低污水带油量，提高脱水效果。

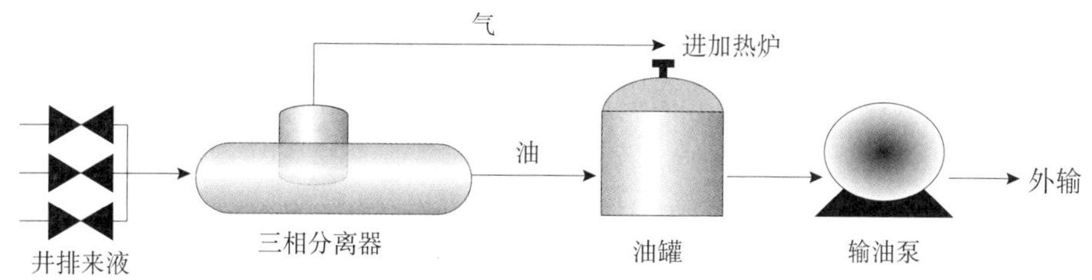

图4–1　高效三相分离器一次脱水工艺流程示意图

二、污水处理

马王庙油田第一座污水处理站——马25污水处理站建于1993年12月，污水处理能力400 m^3/d，主要采用压力过滤流程。站内生产污水处理后回注，洗井污水由洗井车就地处理后，注入井下，污油全部回收。

1994年，马36井区污水处理站建成投产，污水处理能力450m^3/d。该站污水处理工艺简单，三相来水经污水罐沉降后进入注水罐，回注地层。1997年1月马50井区污水处理站建成，污水日处理能力360 m^3。1998年1月马56污水处理站建成，污水处理能力360m^3/d。1999年对马25站污水系统改造，污水处理规模240m^3/d。通过对马25含油污水处理工艺进行改造，摸索出了一套适合新沟嘴油藏水质处理的工艺流程。2002年马36污水处理站改造，改造后污水处理能力为400m^3。

马王庙油田污水处理工艺上配套了五项技术：聚结除油技术、沉降排污技术、贮集容器密闭清淤技术、污泥回灌技术、改性纤维球精过滤技术，注水水质明显提高。

第三节　注水系统

马王庙油田地面注水系统，建有注水站4座、配水间8座、注水干线23条，日供注水1400m^3。为了保持油层压力，使油田长期高产、稳产，马王庙油田于1993年投入注水开发。

1993年9月，为了适应油田注水开发需要，马王庙油田第一座注水站——马25注水站建成投运，设计注水能力640 m^3，注水压力16MPa。注水采用清污水混注、天然气密闭短流程，前期先注清水。1994年马36井区注水站建成投产，日注水能力700 m^3，注水压力16MPa。1996年6月，由于原有的注水泵不能满足注水需求，站内又增加了1台注水泵（3DP4，Q=46.8m^3/h）。同时还增加了污水提升泵（IH65–40–200）1台。1997年1月，马50井区注水站完工，设计注水压力为25MPa，日注水量420 m^3。前期注清水，后期注污水。同年11月马56井区注水站投产，日注水能力300 m^3，注水压力20MPa。1997年底马36井区注水系统改造，主要针对站外系统改造。马36注水站所辖注水井18口（6口预留），除马36井已建回收水管线外，其余为单管注水流程，注水压力为16MPa，为了防止洗井水污染环境，新设计洗井水回收管线，以利洗井水回收利用。洗井水回收管线设计最高工作压力为2.5MPa。1999年12月马25注水系统改造，日注水规模11.7×10^{4}m^3。新建60m^{3}增压泵房一座，内设增压泵（3ZY75–6.8/40–10，N=30kW备用1台）2台，使注水压力由16MPa升至25MPa，以满足4口高压注水井的要求。2002年马36注水站再次改造，简化流程，改造配水间，重建加药系统。2003年3月马36井区清污分注工艺改造，马36井区4号点水井全部改注清水，日注水量250m^3，注水压力16MPa。2003年8月马56站改造，新建2台IH65–40–200A，Q=14～28m^3/h污水泵，同时对加药泵房、配水间及注水泵房改造。2004年7月马36清污分注工程。2005年底，马25注水站采用一级除油、沉降、石英砂工艺流程，水质达标率为71.43%。马36注水站采用二级除油、沉降、精过滤工艺流程，水质达标率为78.57%。马50注水站采用缓冲、核桃壳工艺流程，水质达标率为71.43%。马56注水站采用缓冲、石英砂工艺流程，水质达标率为85.71%。

第四节　防　腐

1995年5月18日，马王庙油田的马36至毛小垸输油管线牺牲阳极保护建成投入使用。马25至毛小垸段运行至1998年报废。“九五”、“十五”期间，玻璃钢管线、高原复合管、PE、PVC管、玻璃钢储罐在马王庙油田集输系统得到较为广泛的应用，在含水高、液量大的低中压单井管线及集输油管线上采用非金属管线，减缓了腐蚀，延长了管线的使用寿命，节约了成本。

第五节　配套工程

一、供电工程

马王庙油田所有站、点用电电压均为380V，油井用电电压为1140V。

马36井区初期供电电源为5台500kW柴油发电机发电，马56井区为2台500kW柴油发电机发电。2001年11月油田建成天门市横岭变电站至马36井区35kV供电线路、安装主变35kV/6kV、1000kV·A和35kV/6kV、1250kV·A各1台，专供马36井区和马56井区用电。

马25井区和马50井区前期供电电源为柴油发机发电，马25井区为2台500kW，马50井区为2台500kW。2001年9月油田建成仙桃市三伏潭变电站至马25井区10kV供电线路，安装主变10kV/6kV、800kV·A和10kV/6kV、1000kV·A各一台，专供马25井区和马50井区用电。

马49井区初期供电电源为1台200kW柴油发电机发电，2001年3月从仙桃市三伏潭变电站夏市线T接200m线路、安装1台100kV·A变压器专供该油区用电。

毛小垸拉油站初期供电电源为1台120kW和1台200kW柴油发电机发电，2000年5月从仙桃市三伏潭变电站康王线T接630m线路、安装1台80kV·A变压器，专供该拉油站用电，2001年又将变压器增容至160kV·A。

马13井区供电电源为1台200kW柴油发电机发电，1998年7月因该油区停止生产，发电机调回。

二、供水工程

马王庙油田生产、生活用水取自地下水源井。

马25井区1#水源井为1993年1月投运，井深110m，日产水量1200m³；2#水源井为1994年11月投运，井深220m，日产水量为1200m³，主要作为生活用水。

马50井区水源井为1996年9月投运，井深180m，日产水1200m³。

马36井区1#水源井为1993年12月投运，井深120m，日产水量1200m³；2#水源井为1996年4月投运，井深121m，日产水1200m³。平时一口运行，一口备用。

马56井区水源井为1997年4月投运，井深120m，日产水1200m³。

毛小垸拉油站水源井为1994年11月投运，井深120m，日产水1080m³。

马13井区水源井为1997年5月投运，1998年由于该井区停止生产而停用。

附 录

附录一 附 图

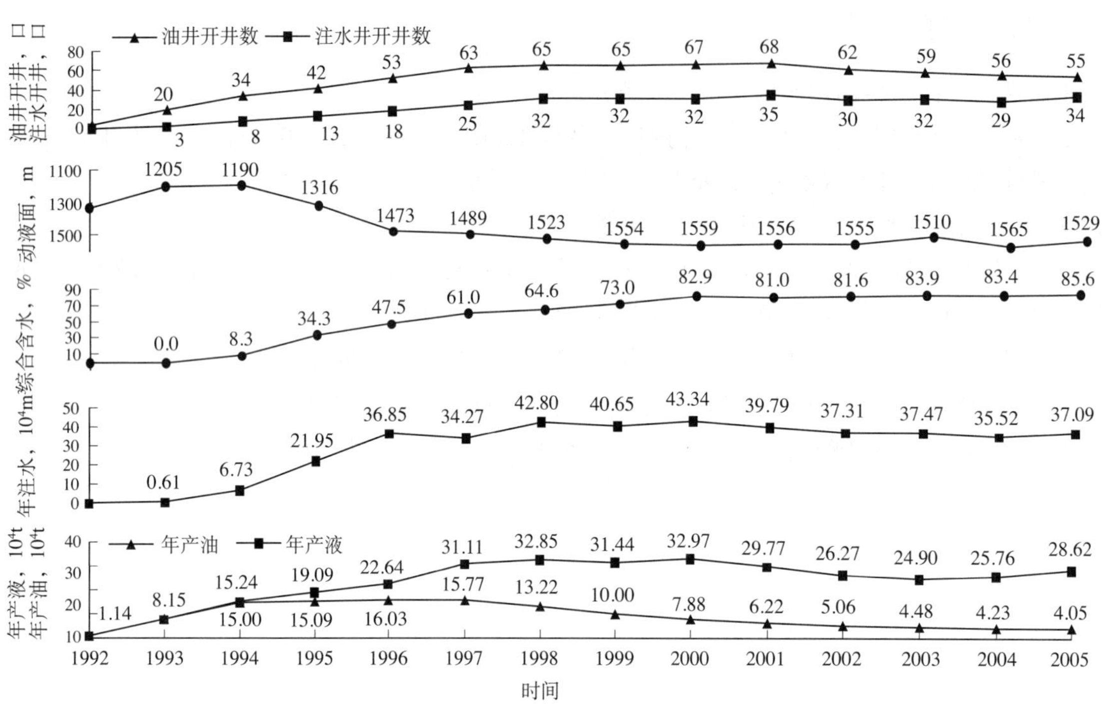

附图 1 马王庙油田开采综合曲线图

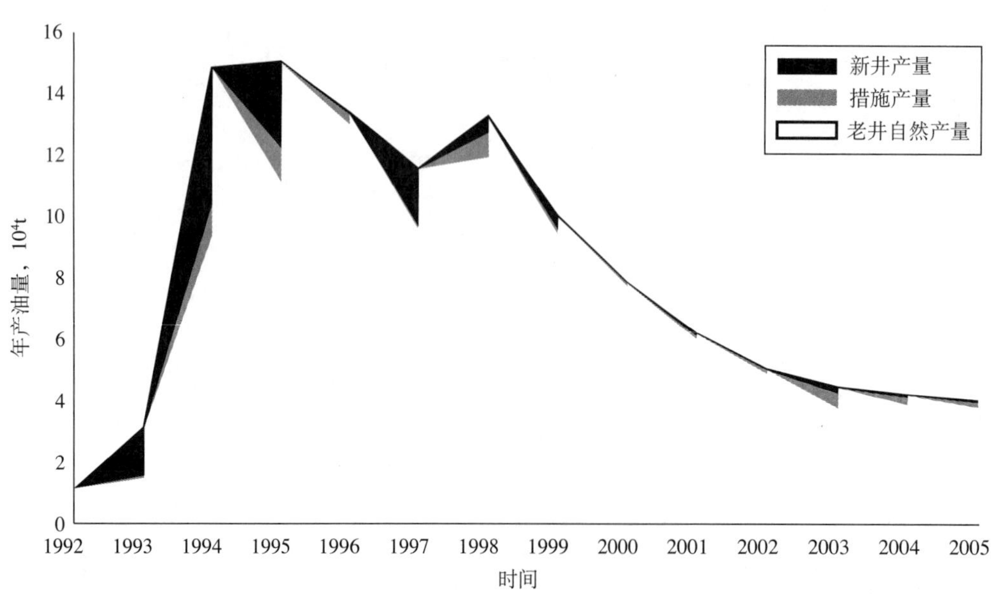

附图 2 马王庙油田历年产量构成曲线

附录二　附　表

附表 1　马王庙油田地质综合数据表

油田	含油面积 km^2	地质储量 10^4t	层位	油层埋藏深度 m	平均有效厚度 m	孔隙度 %	空气渗透率 mD	含油饱和度 %	地层温度 ℃	压力系数	原始地层压力 MPa	地层原油				地面原油					天然气		地层水		
												饱和压力 MPa	原始气油比 m^3/t	体积系数	地下黏度 mPa·s	密度 g/cm^3	黏度 mPa·s	凝固点 ℃	含蜡量 %	含硫量 %	相对密度	甲烷含量 %	水型	总矿化度 $10^4mg/L$	氯离子含量 $10^4mg/L$
马 25 井区	1.80	180	新下Ⅰ、Ⅱ、Ⅲ	1600	6.7	22.4	272	75	77.2	0.95	16.52	3.74	18.5	1.098	1.6	0.83	6.84	26.0	9.0	0.17	—	—	$CaCl_2$	16.0	9.5
马 36 井区	1.60	402	新下Ⅰ、Ⅱ、Ⅲ	1435	15.1	26.2	506	75	71.0	0.95	13.30	4.33	24.8	1.109	3.55	0.84	7.28	26.9	9.1	0.19	0.68	72.26	Na_2SO_4	17.0	10.0
马 50 井区	1.30	216	新下Ⅰ、Ⅱ、Ⅲ	1570	15.2	21.4	291～249	69	72.0	1.06	16.10	4.75	31.5	1.126	1.3	0.82	5.63	23.0	8.3	0.10	—	—	Na_2SO_4	18.0	10.3
马 56 井区	0.60	67	新下Ⅰ、Ⅱ、Ⅲ	1630	12.3	22.9			70.0	1.01	15.41	2.45	13.4	1.075	2.7	0.84	9.0	29.0	9.8	0.13	—	—	Na_2SO_4	17.5	10.3

附表 2 马王庙油田历年开采综合数据表

时间	动用地质储量 10^4t	油井		注水井		核实产油量		核实产水量		核实产液量		年末动液面 m	年末综合含水 %	注水量		注采比		地质采油速度 %	地质采出程度 %
		总井数 口	开井数 口	总井数 口	开井数 口	年 10^4t	累计 10^4t	年 10^4t	累计 10^4t	年 10^4t	累计 10^4t			年 10^4m^3	累计 10^4m^3	年末	累计		
1992	180	4	4	0	0	1.14	1.14	0.00	0.00	1.14	1.14	1335	—	0.00	0.00	—	—	—	—
1993	582	21	20	3	3	8.13	9.30	0.02	2.31	8.15	11.61	1205	0.23	0.61	0.61	—	—	4.52	5.17
1994	582	35	34	8	8	15.00	24.30	0.24	2.55	15.24	26.85	1190	8.29	6.73	7.34	—	—	2.58	4.18
1995	582	43	42	13	13	15.09	39.02	4.00	6.92	19.09	45.94	1316	34.34	21.95	29.29	—	—	2.59	6.7
1996	865	54	53	18	18	16.03	55.05	6.61	13.53	22.64	68.58	1473	47.47	36.85	66.14	—	—	2.75	9.46
1997	865	64	63	26	25	15.77	70.82	15.34	28.86	31.11	99.68	1489	60.99	34.27	100.41	—	—	1.82	8.19
1998	865	71	65	36	32	13.22	84.06	19.63	48.48	32.85	132.54	1523	64.56	42.80	148.68	1.03	0.98	1.53	9.72
1999	865	69	65	36	32	10.00	94.04	21.45	69.94	31.44	163.98	1554	73.02	40.65	189.33	1.26	1.02	1.16	10.87
2000	865	73	67	38	32	7.88	101.92	25.09	95.04	32.97	196.96	1559	82.86	43.34	233.53	1.37	1.05	0.91	11.78
2001	865	74	68	39	35	6.22	108.70	23.55	119.02	29.77	227.72	1556	80.97	39.79	273.14	1.27	1.08	0.72	12.57
2002	865	74	62	39	30	5.06	113.77	21.21	140.23	26.27	254.00	1555	81.57	37.31	310.44	1.49	1.11	0.59	13.15
2003	865	72	59	41	32	4.48	118.25	20.42	160.65	24.90	278.90	1510	83.87	37.47	347.92	1.64	1.13	0.52	13.67
2004	865	60	56	35	29	4.23	122.47	21.53	182.19	25.76	304.66	1565	83.39	35.52	383.44	1.33	1.15	0.49	14.16
2005	865	59	55	38	34	4.05	126.52	24.57	206.76	28.62	333.28	1529	85.62	37.09	420.53	1.46	1.16	0.49	15.38

附录三 人物名录

（一）马王庙作业区领导名录

序号	姓名	职务	任期
1	康国良	项目经理	1992 年 12 月—1993 年 12 月
2	张　凡	（副厂长兼）经理	1994 年 1 月—1998 年 10 月
3	白育文	党总支书记	1994 年 1 月—2002 年 3 月
4	常恩明	经理	1998 年 11 月—2003 年 8 月
5	郑书祥	党总支书记	2002 年 4 月—2005 年 2 月
6	汤端阳	经理	2003 年 9 月—2005 年 12 月
7	雷少平	党总支书记	2005 年 3 月—2005 年 12 月

（二）马王庙油田个人荣誉录

年度	获奖人	荣誉称号	授予单位
2005	张兴发	局十佳先锋战士	江汉石油管理局

（三）马王庙油田集体荣誉录

序号	时间	单位	荣誉称号
1	2003 年	马 36 站	中石化股份公司“四星级站库”
2	2004 年 8 月	采油 20 队注水岗	湖北省群众性创新创效示范岗

附录四　获奖项目

项目名称	获奖等级	获奖时间	获奖单位或获奖人
马王庙地区跨汉江特殊三维勘探技术及储层研究	江汉石油管理局科技进步一等奖	1991	地球物理勘探处
马王庙油田马 36 井区滚动开发地质研究	江汉石油管理局科技进步一等奖	1993	勘探开发研究院
马王庙油田马 36 井区开发方案	江汉石油管理局科技进步一等奖	1994	勘探开发研究院
马王庙地区油藏描述及油气富集规律研究	江汉石油管理局科技进步一等奖	1996	王典敷、郑晓玲、陈长江
马王庙油田滚动开发调整方案研究	江汉石油管理局科技进步一等奖	1997	韩定荣、汤春云、张旭辉

编纂始末

按照《中国油气田开发志》总编纂委员会的统一部署，江汉油田分公司于2006年8月28日成立编纂委员会，启动了《中国油气田开发志·江汉油气区油气田卷》编纂工作。江汉采油厂作为江汉油田分公司的二级单位，负责所管辖的26个油田开发志的编纂工作。2006年9月江汉采油厂成立《马王庙油田志》编纂委员会，由江汉采油厂厂长胡德高任主任，副厂长夏志刚任副主任，编纂组由雷春娇任组长。编纂工作中江汉油田分公司和江汉采油厂领导高度重视，从人力、物力、财力上给予大力支持。

《马王庙油田志》自编纂工作启动以来，江汉油田编纂委员会、《马王庙油田志》编纂委员会高度重视，组织有关专家给予指导和帮助。2007年6月完成《马王庙油田志》资料的收集工作，并形成初稿，参与审核的顾问组专家认为“技术味太浓，不像志书”。在专家的指导下，对初稿进行大刀阔斧地修改，2008年6月完成了《马王庙油田志》第二稿，并送顾问组专家审核，部分章节得到了专家的肯定，但“以事系人，人随事出”方面仍显不足，并对编纂内容提出了指导性的修改意见与建议。于2009年3月完成《马王庙油田志》第三稿，并在江汉油田第一招待所进行了评审，与会专家对《马王庙油田志》提出修改意见，要求进一步淡化技术内容，更加贴切志书要求，并对附图、附表进行规范。2009年7月完成《马王庙油田志》第四稿，基本编纂完成了《马王庙油田志》。在对志书用语、编排要求等提出规范意见，增加“配套工程”后，2009年11月，编纂完成《马王庙油田志》。

《马王庙油田志》分为7个部分，其中概述、第一章、第二章由雷春娇编写；第三章由李波峰、胡云鹏、袁玲想、余英、管发章编写；第四章由刘玉、张建国、申修志编写；大事记及附录由雷春娇编写。

在本志编纂过程中，江汉油田分公司顾问组的雷克林、袁欣、丁淑君、李渝生、洪志一、杜修宜、赵云山、张志强等专家发挥了重要作用，他们既是参谋者、指导者，又是第一读者，在每稿的审阅中都留下了他们许多宝贵的意见和箴言。中国石化江汉油田分公司勘探研究院档案室，在提供编纂资料方面给予了大力支持，在此表示衷心感谢。

《马王庙油田志》编纂组

2010年1月

编号：18—003

钟市油田志

《钟市油田志》编纂组　编

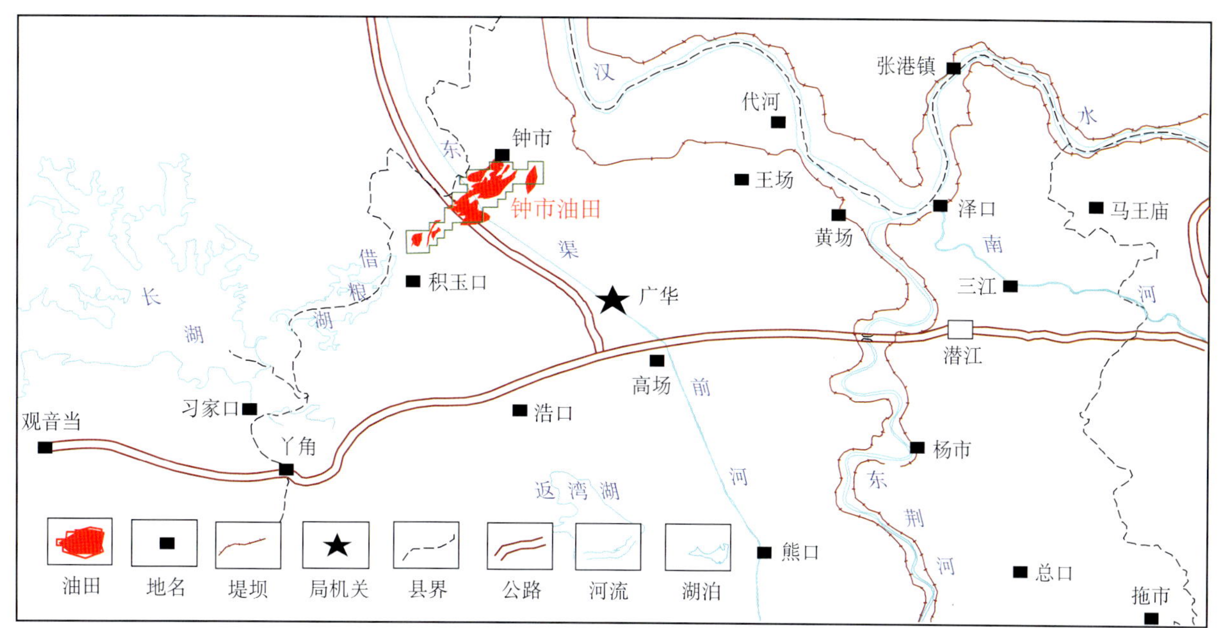

钟市油田地理位置图

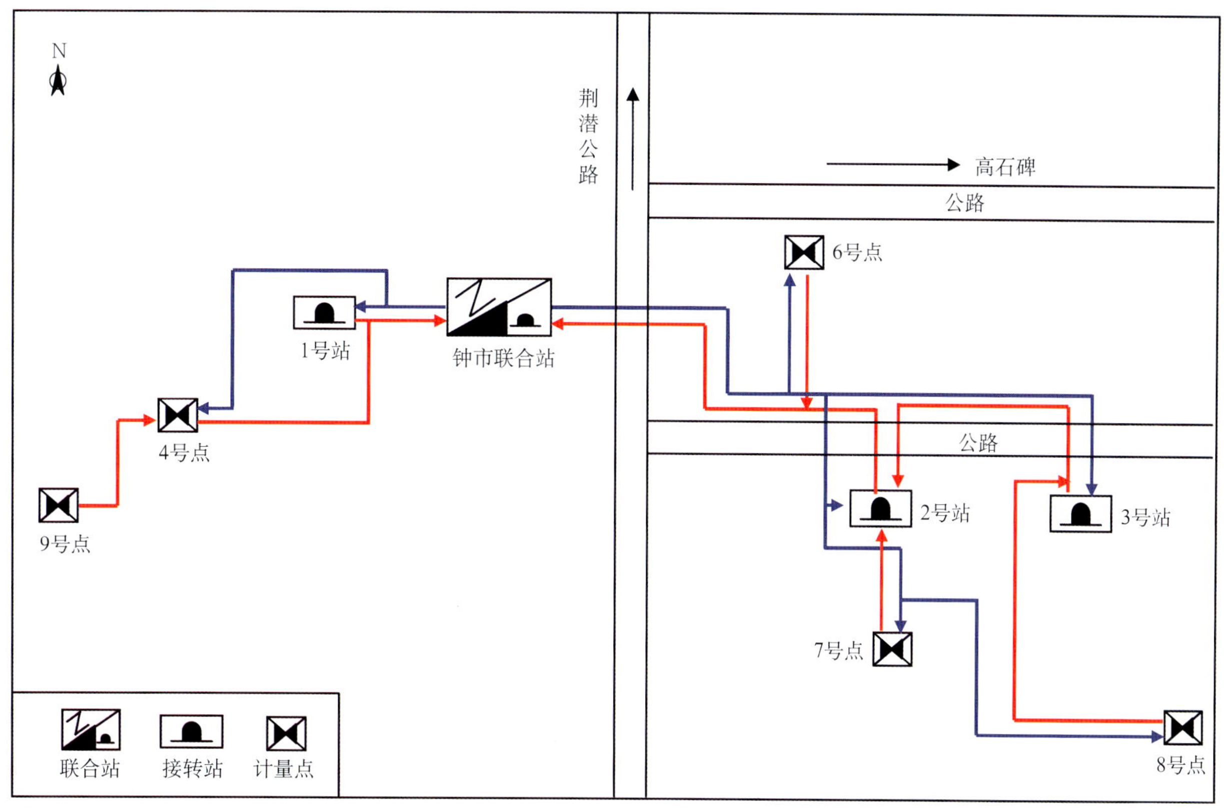

钟市油田地面系统平面布置图

钟市油田构造井位图

《钟市油田志》编纂委员会

主　任：胡德高

副主任：夏志刚

成　员：刘孔章　贺　春　刘敬尧

《钟市油田志》编纂组

组　长：邓春桃

成　员：黄午阳　李波峰　刘　玉　袁玲想　张建国　胡云鹏
余　英　申修志

《钟市油田志》审核人员

初审人：夏志刚　刘孔章　贺　春

复审人：邓江洪　洪志一　杜修宜　赵云山　罗秋林

本志目录

概　述

钟市油田为江汉油气区早期发现的油田之一，油藏类型有构造油藏、构造—岩性油藏、构造—地层油藏、岩性—地层油藏等多种。现由中国石化江汉油田分公司江汉采油厂管理。

一

钟市油田位于湖北省潜江市，地处江汉平原腹地。境内地势低洼，平均海拔高度38m，公路纵横，交通发达。

气候温暖湿润，四季分明，雨量充沛，属于亚热带季风气候。年平均气温15.3℃，年平均降水量955 ~ 1284mm，70%集中在5月—8月。土地肥沃，物产丰富，经济作物主要有棉花、蚕豆、黄豆、芝麻、油菜，粮食作物主要有水稻、高粱、小麦。地下资源丰富，有石油、卤水和盐岩等。

二

钟市油田位于江汉盆地潜江凹陷潜北大断裂前缘，属于盐湖沉积环境，含油层系为古近系潜江组。油藏主要地质特征：

钟市油田是一个继承性发育的鼻状构造，油藏超覆沉积在荆沙组剥蚀面上，构造受荆沙组断层剥蚀面控制，自西北向东南方向倾没。北部发育潜二段，中部发育潜三段，南部发育潜四段。油田内断层发育，以北东向断层为主，断距小，一般20~30m，延伸为700 ~ 1000m，共计20条正断层。油水关系复杂。

潜二、潜三、潜四段均有油层，油藏埋深1248 ~ 2918m，共有13个油组72个含油小层，潜三段、潜四段为油田的主力含油层系。油砂体小而多，共有282个油砂体，其中含油面积大于0.1 km^2的只有24个，其储量占全油田储量的55.7%。油藏类型较多，潜二段、潜四段以地层和断鼻油藏为主，潜三段以岩性—构造复合油藏为主。油藏天然驱动能量不足。

油田属于中低渗透油藏，有效孔隙度为20% ~ 28%，空气渗透率为207 ~ 622mD。

地面原油密度为0.862g/cm^3，地面原油黏度为34.7mPa·s，凝固点26.3℃。地层水总矿化度为27.7 $\times 10^4$mg/L，水型为Na_2SO_4。天然气相对密度为0.9647，甲烷含量为53.92%。

三

1954年，地质部部长李四光在燃料工业部石油管理总局所做的报告中指出，根据地质力学的观点，我国东部新华夏系三个沉降带是找油的远景地区。1957年底，石油工业部四川石油勘探局组成两湖（湖北、湖南）勘探大队。1958年初，在江汉平原西部作了路线地质测量。自1959年起，在鄂西建南和江汉平原内均开始浅井钻探工作，共计钻井23口，均属500m井深以内的浅井，取得了新近系的资料，未发现任何油气显示。1961年开始钻探中深井。1963—1964年期间，石油工业部江汉石油勘探处在潜江凹陷北部边缘进行勘探。1963 年下半年，在潜北断层前缘发现鼻状构造，取名钟滚垱(后改为钟市)鼻状构造。1965 年 6 月，钻探潜深 1 井(后改名为钟 11 井)，9 月 27 日试油获间歇自喷工业油流，从而发现了钟市油田。

钟 11 井获自喷工业油流的喜讯传出后，石油工业部领导非常重视。1966 年，江汉石油勘探指挥部成立。江汉石油勘探指挥部指示继续钻探潜江断裂带(潜北断裂带)，重点钻探钟市鼻状构造。1965 年 11 月至 1966 年 11 月，围绕钟 11 井布十字钻井剖面，钻井 6 口，仅钟 13 井潜 42 油组试油日产油 5.8t，其余各层均产水。1968 年 4 月至 1969 年 1 月，在鼻状构造中段按 1000m 井距部署探井 4 口，均获得成功。其中钟 18 井发现油层 30.2m，单层试油最高日产油 47t。

从 1972 年 6 月至 1973 年 12 月，在钟市油田进行详探和周缘扩边，钻井 40 口，获工业油流井 26 口。1974 年，钟 272 井获日产 14.6t 的工业油流，发现了潜四段西部含油区块。之后，又在钟市油田以东发现了钟市油田东部含油区块。详探结果，潜二段至潜四段都发现了油层，每个油组的含油宽度一般为 500 ~ 800m，初步控制了钟市油田的主体含油面积。

四

钟市油田 1973 年 8 月投入开发，分为三套开发层系(潜二段、潜三段、潜四段)，采用三角形井网布井，开发初期井距 300m，采油以抽油方式为主。1975 年投入注水开发，注水方式为边缘注水。油田开发经历了开发准备初建产能、全面开发高产稳产、产量递减精细开发三个阶段(图 1)。

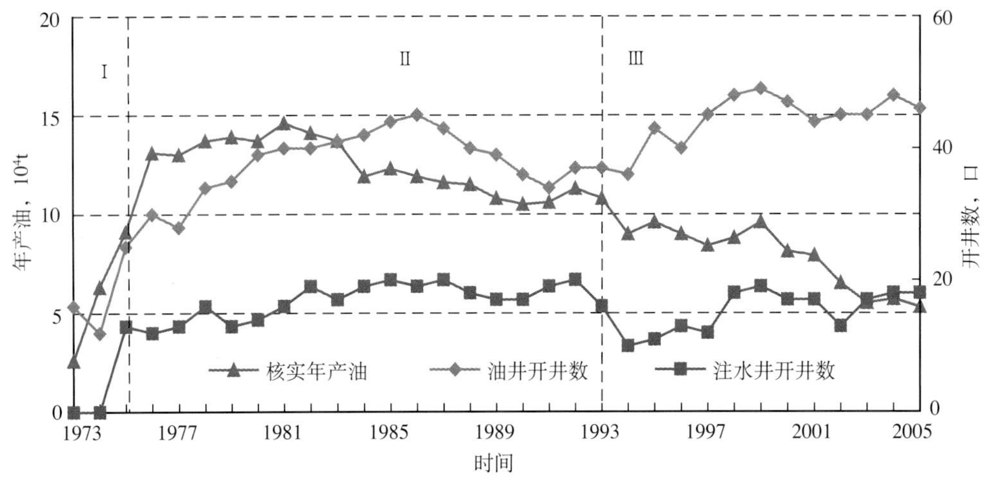

图 1　钟市油田开发阶段划分图

(1) 开发准备初建产能阶段(1973—1975 年)。根据江汉油田战备调整方案要求，钟 45 井区、潜三段东块、潜四段东块列为保存区，间断开井生产，潜三段西块、潜四段西块列为生产区连续生产，采用 1% 的采油速度依靠天然能量采油，产量、压力下降较快。统计 11 口井压力，投产 4 个月总压降达 3.04MPa。

从 1975 年 1 月起，注水井陆续投注，一部分油井受效，产量、压力有所回升。1975 年底，油井开井 25 口，水井开井 13 口，日产油 355t，综合含水 6.5%，采油速度 1.08%，地质储量采出程度 2.09%，可采储量采出程度 2.21%。

(2) 全面开发高产稳产阶段(1976—1993 年)。随着开井数的增加以及全面注水开发，产量上升较快。在此阶段中，钟市油田一直以年产油量 10×10^4t 以上，1.5% 左右的采油速度高产稳产开发。

1977—1978 年进行以注水调整为主的局部调整，由于含水上升和注水跟不上，平均单井产量从 13t/d 下降为 10.4t/d。1979—1982 年和 1983 年，分别在油田进行了以完善注采系统为主的整体调整。1993 年油井开井 37 口，水井开井 16 口，日产油 268t，综合含水 84.56%，采油速度 1.28%，地质储量采出程度 28.51%，可采储量采出程度 30.49%。

(3) 产量递减精细开发阶段 (1994—2005 年)。自 1994 年起，随着采出程度不断提高，含水上升加快，钟市油田进入产量递减精细开发阶段。为了减缓递减速度，改善开发效果，该阶段开展了油藏精细描述工作，进行了重新地层对比统层、沉积微相、剩余油饱和度分布规律研究，并在此基础上实施了注采调整、剩余油富集区挖潜和老井措施改造。钻生产井 53 口，老井措施 193 次，2005 年末钟市油田年产油 5.3×10^4t。

五

钟市油田历经 30 多年的开发，至 2005 年 12 月，探明石油地质储量 979×10^4t，含油面积 7.0km^2，动用石油地质储量 845×10^4t，含油面积 4.78km^2。由于钟东、钟西单井产量过低未动用，未动用地质储量 134×10^4t，含油面积 2.22km^2。

2005 年 12 月，油井开井 46 口，水井开井 18 口，日产油量 131t，综合含水 85.7%，累计采油 334.82×10^4t，可采储量采出程度为 91.33%，地质储量采出程度为 39.62%。

截至 2005 年底，钟市油田建成计量站 7 座，计量接转站 1 座，建有输油管线 0.8km，集油干线 7.02km，单井管线 20.35km。建有联合站 1 座，外交油站 1 座。设计外输能力 70×10^4t/a，外拉能力 10×10^4t/a，原油脱水能力 21.9×10^4t/a，实际脱水处理能力 38×10^4t/a，储油能力 3.0×10^4t。

钟市油田由江汉采油厂广华作业区采油六队管理，共有职工 180 人。

六

钟市油田是江汉油区前期探明的第二大油田，也是第一个获得自喷油流的油田，在江汉油田的开发史上具有重要地位。

钟市油田在不同的开发阶段根据新的认识和剩余油分布特点，采用完善注采井网、大泵提液、堵水调剖、油井转注等措施，提高注水效率，改善开发效果，使油田稳产开发。钟市油田开发 32 年以来，在实践中探索和形成了适应多油层、复杂油水系统、中低渗透油藏特点的分层注水、精细开发、提液增油、堵水等具有特色的复杂小断块油藏开发模式。

1972 年编制《钟市油田开发方案》，油田开发方案实施后，通过扩建、完善，产量迅速上升，1981 年年产油量最高为 14.55×10^4t，占江汉油区同期原油产量的 14.4%，在综合含水 57% ~ 80.5% 的情况下，高速稳产开发 7 年 (1982—1989 年)，年平均产油保持在 12×10^4t。油田进入高含水期以后，采用先进适用的工艺技术进行剩余油挖潜，平均年产油能力 7.5×10^4t，精细开发 15 年 (1990—2005 年)，曾被中国石油天然气总公司评为“八五”高效开发油田，为江汉油气区的稳定发展做出了贡献。

大事记

1965 年

6 月　石油工业部江汉石油勘探处 3204 钻井队钻探钟 11 井，9 月 27 日该井试油获得 6.7t 工业油流，这是江汉油田第一口自喷油井，从而发现了钟市油田。

1970 年

7 月　钟市联合站建成。钟市联合站是一座油气水处理综合站，有各种机泵 28 台，各类容器 16 具。钟荆管线建成投产，管径 377mm，全长 75km，最大输油能力 170×10^4t/a。

8 月　沙洋中转站建成投产。

1971 年

10 月　《钟市油田开发规划》编制完毕。

1972 年

6 月　建成钟市 1 号计量接转站。

8 月　建成钟市 2 号计量接转站。

12 月　《钟市油田开发方案》编制完毕。

1973 年

4 月　钟 33 井经过试油获得 110.4t/d 的高产油流。

7 月　建成钟市 3 号计量接转站。

8 月　历时 7 个月的钟市集油站工程建成投产。

8 月　成立采油 6 队，钟市油田投入试采。当年建成年产原油 13.62×10^4t 的生产能力，为当时江汉第二大主力油田。

1975 年

1 月　投入注水开发。

1980 年

11 月　建成钟市油田 8 号计量点。

1982 年

10 月　建成钟市油田 6 号计量点。

1984 年

是年　钟市集油站实现王一至荆门全线密闭输油。

1985 年

2 月　钟市集油站取消传统的“四合一”脱水工艺，改用陶粒脱水工艺。

10 月　钟市轻烃站建成投产。设计原油稳定能力 70×10^4t/a，伴生气年处理量 0.8×10^4m^3。

是年　原油生产能力 13.27×10^4t/a，注水能力 175.2×10^4m^3/a，脱水能力 21×10^4m^3/a，污水处理能力 91.3×10^4m^3/a，日产原油 345t，单井日产原油 8.3t。

1986 年

9 月　钟市集油站投运原油热处理流程。设计原油热处理能力 70×10^4 ～ 83×10^4 t/a，热处理后的原油直接由输油泵输送至荆门炼油厂。

1987 年

7 月　钟市油田伴生气回收改造工程完工。工程始于 1987 年 4 月，设计日回收能力 $2\times10^4m^3$，采用原油热处理与负压稳定相结合工艺，可增产液化石油气 4000t/a，轻质油 1500t/a。

1990 年

12 口注水井采用 752–6 型封隔器进行分层注水，1 口注水井采用 458 型封隔器进行分层注水。

1991 年

4 月　投资 270×10^4 元对钟市集油站进行扩建。拆除 $3000m^3$ 拱顶钢制储油罐 1 具，新建 $5000m^3$ 拱顶钢制储油罐 4 具，储油能力由 $3200m^3$ 提高到 $1.68\times10^4m^3$，此外，安装消防避雷装置 1 套，并对沙洋油库 3 具 $1\times10^4m^3$ 非金属储油罐的消防避雷装置进行技术改造。

1992 年

7 月　投资 195×10^4 元对钟市集油站进行改造。新建 $40m^3$ 缓冲罐 1 具、$200m^3$ 回水罐 1 具，改陶粒脱水为新型三相分离器脱水，完善站内工艺流程。工程于 1993 年 10 月 3 日完工。

1998 年

6 月　建成钟市油田 4 号计量点。

1999 年

9 月　建成钟市油田 9 号计量点。

2001 年

3 月　对污油回收系统、注水系统和热水循环系统进行部分改造，更换部分老化的设备和管网。

2002 年

3 月　钟市联合站更换注水站高压注水泵，由原先的 3 台 800kW 机泵更新为 2 台 560kW 机泵，减小运行 240kW·h，拆除用于冷却原高压注水泵的稀油站 1 座，降低了生产运行成本，仅用电一项平均每月节约 8×10^4kW·h。

9 月　历时 3 个月的冬防保温工作圆满完成。大修 2 号站加热炉，更换钟 7–21、钟 6–20、钟 6–8 等 3 口井的单井管线共 300m，其他单井管线部分更换累计 200m 左右，更换全部水井丝扣短节，包扎覆土管线 1000m。

2003 年

5 月　钟市联合站与钟市压气站联合举行较大规模的消防演习。

10 月　采油 6 队职工姚向东获得湖北省“技术能手”称号。

2004 年

1 月　历时 5 个月的钟市联合站水站改造工程结束并投入使用。整个工程加装了高压注水泵变频调速器、污水罐全自动化控制过滤装置、污水罐雷达测位仪，和拥有知识产权的冲、排泥新工艺，设计污水日处理能力 $1500m^3$。

3 月　江汉第一口油井纪念碑在钟市油田 3 号站附近建成。该碑成为弘扬“江汉第一口油井”精神、激励员工爱岗敬业的教育基地。

6 月　给 46 口生产油井安装时率监测仪。使用后，油田采油时率由 2003 年底的 99.1% 提高到 2004 年底的 99.3%。

12 月　采油 6 队女职工韩萍获得中国石油化工集团公司“技术能手”称号。

是年　全年推行自然递减分因素分级控制管理。将影响自然递减率的因素分为地质管理、采油管理、设备管理、作业管理、生产运行、综合治理 6 大类、22 个小项、54 个控制点，并实行“干部包类、班长包项、工人包点”，使全年自然递减率与 2003 年相比下降了 3 个百分点，较 2003 年因各方面因素造成的产量递减降低了 2131t，挽回经济效益 238.82×10^4 元。

2005 年

9 月　钟市油田自然递减分因素分级控制管理办法，在中国石油协会现代化管理成果发布会上获三等奖。

第一章

油田地质

钟市油田是江汉油区第二大老油田，在油田开发生产中占有十分重要的地位。该地区地质条件复杂，构造位于江汉盆地潜江凹陷潜北断裂前缘，是一个岩性复杂化的超覆沉积在荆沙组剥蚀面上的多层迭瓦状砂岩油藏。该地区处于荆门和汉水地堑两水系的交互地带，受两个水系及荆门地堑、乐关乡地垒、汉水地堑三个物源方向交叉控制，从而形成盐湖陡坡三角洲与沿岸体系的复杂叠加沉积体，相带变化快而窄，储层非均质严重。

钟市油田含油层组多，共有 13 个油组，27 个砂组，72 个含油小层。油砂体多，共有 282 个油砂体，主力油砂体个数较少，储量比例较大。油藏类型多，断层多，油水关系复杂。

第一节　构　造

钟市油田地质构造处于江汉盆地潜江凹陷潜北断裂构造带西段，为一继承性发育的鼻状构造。各层构造倾角东陡、西缓，深层陡、浅层缓。深层构造东、西差异大，浅层构造东、西差异小。构造闭合差，闭合面积均为浅层大、深层小。

如潜 2^2 油组顶，西部倾角为 8°50′，东部倾角为 12°20′；潜 4^3 油组顶，西部倾角 17°30′，东部倾角 12°20′。潜 $3^{1下}$油组顶面闭合差为 600m，潜 4^3 油组顶面闭合差为 400m。潜 2^2 油组顶面闭合面积 10.25km²，潜 4^3 油组顶面仅 2.8 km²。

钟市构造分为东西两个高点，两高点间为一鞍部。钟市构造在潜四段沉积时期具雏形，以后各期继承发育，但高点有不断北移、东移之势。如潜 4^3 油层沉积时期西高点在钟 7–9 井附近，东高点在钟 62 井以西。潜 3^3 油层沉积时期西高点移至钟 4–10 井附近，西高点在钟 47 井附近。潜 3^2 油层沉积时期西高点在钟 16 井附近，东部出现了钟 3–15 和钟 47 井两个高点。以后各期西部高点渐渐不明。潜二段沉积时期，西部高点消失，东部两个高点分别移至钟 71 井和钟 35 井附近。钟市构造在高点砂岩厚度最大，如东高点在钟 6–15、钟 8–17 井砂岩厚度分别为 44m、42.2m，西高点钟 53 井处砂岩厚度为 37m。这是由于砂、泥岩的岩性不同，砂岩塑性小，压缩性小；泥岩的塑性大，抗压性较弱易于压缩。因此，在泥岩沉积较厚的地区，在上覆地层压力作用下，产生侧向压力，并使砂岩体侧向流动，由于沉积物（砂、泥岩）不同，其抗压性亦不同产生压力差，形成了差异压实构造，所以，在构造鞍部砂岩薄，在高点部位砂岩厚。

钟市油田钻遇潜江组和荆沙组，主要含油层系是古近系潜江组，荆沙组顶面是数条断层复杂化的断阶剥蚀面，自南向北，陡缓相间形成数个台阶（图 1–1）。陡带为断层破碎带，缓带为剥蚀面。

荆沙组沉积之前，在潜北大断裂应力场作用的影响下，形成了以大断裂带为主的逐级南掉断层，愈处于断阶北部，中古生界抬起愈高，并遭受强烈剥蚀，故沉积其上的荆沙组亦陡之，边断边剥，形成断阶剥蚀面。由南向北潜江组超覆沉积该剥蚀面上，愈处于断阶南部，接受沉积时间愈早，层位愈全；愈向北，接受沉积时间愈晚，则层位愈少甚至缺失。断阶剥蚀面控制着目的层潜江组的沉积，地层超覆沉积在荆沙组剥蚀面上。

油田内断层发育，统计钟市油田100口完钻井中，潜江组钻遇断点122个，其中潜四段13个，潜三段39个，其余70个均在潜二段以上地层中分布，说明晚期断裂活动强烈。以北东向断层为主，断距小，一般在20～30m，延伸为700～1000m，内部被20条次级正断层切割而形成复杂的断鼻构造。

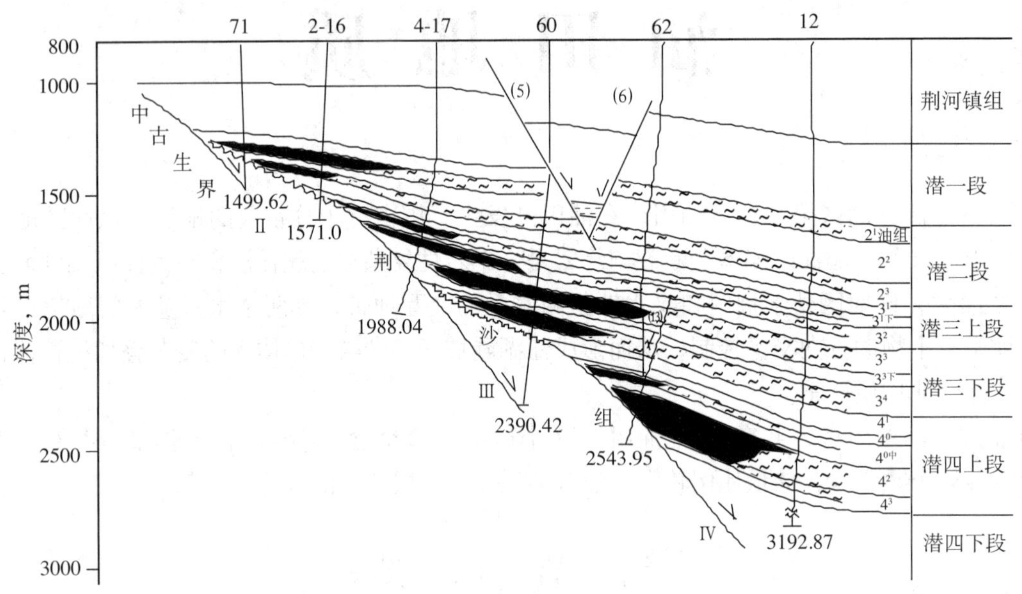

图1-1　钟市油田油藏剖面图

第二节　储　层

钟市油田主要含油目的层是古近系潜江组，具有断层多、含油层组多、油砂体个数多、油层连通性差、油藏类型多、油水界面多、含油井段长、原油黏度低、饱和压力低、油层非均质严重等特点。

一、地层

通过岩性、电性特征以及古生物分析资料、岩矿资料等进行地层对比，钟市油田地层自上而下为第四系平原组、新近系广华寺组、古近系荆河镇组、潜江组、荆沙组（表1-1）。

第四系平原组的上部为土黄色黏土，中部为黄绿色流砂层，底部为杂色砾石层，与下伏新近系广华寺组呈不整合接触。

新近系广华寺组的上部为灰绿、灰紫色黏土，下部为胶结松散的粗砂、细砂岩和砾岩，与下伏古近系荆河镇组为不整合接触。

古近系荆河镇组的上部为灰绿、绿灰色泥岩夹灰色、浅灰色细砂岩，下部以灰色泥岩为主，与下伏潜江组为整合接触。

古近系潜江组是一套盐湖沉积，岩性为深灰色钙芒硝白云岩、白云岩、白云质钙芒硝岩、钙芒硝岩与盐岩组成频繁的盐韵律层，中夹钙芒硝泥岩、泥岩与粉、细砂岩段，构成盐系地层中的油层组。潜江组纵向上按旋回性又可细分为潜一段、潜二段、潜三段、潜四段。潜一段的上部为灰色泥岩夹泥膏岩、油页岩、钙芒硝质泥岩，中部发育“周矶砂岩”段，下部为含盐韵律层（“软泥岩”段）。潜二段由24个含盐韵律层组成（“24韵律”段），每个盐韵律下部由灰、深灰色白云岩、钙芒硝质白云岩、白云质

表 1–1 钟市油田新生界标准层序简表 (1969 年)

<table>
<tr><th>系</th><th>组</th><th>段</th><th>亚段</th></tr>
<tr><td>第四系</td><td>平原组</td><td></td><td></td></tr>
<tr><td>新近系</td><td>广华寺组</td><td></td><td></td></tr>
<tr><td rowspan="10">古近系</td><td>荆河镇组</td><td></td><td></td></tr>
<tr><td rowspan="8">潜江组</td><td rowspan="2">一段</td><td>泥膏岩段</td></tr>
<tr><td>周矶砂岩段</td></tr>
<tr><td>二段</td><td></td></tr>
<tr><td rowspan="2">三段</td><td>上亚段</td></tr>
<tr><td>下亚段</td></tr>
<tr><td rowspan="2">四段</td><td>上亚段</td></tr>
<tr><td>下亚段</td></tr>
<tr><td></td><td></td></tr>
<tr><td>荆沙组</td><td></td><td></td></tr>
</table>

钙芒硝岩、钙芒硝岩组成，含油时呈褐色，称油浸白云岩、油浸钙芒硝质白云岩等。韵律上部为盐岩层夹薄层钙芒硝质白云岩和白云质钙芒硝岩。潜三段分为潜三上亚段和潜三下亚段。潜三上亚段的上、下为灰、深灰色钙芒硝质泥岩、白云质泥岩与浅灰、灰白色细、粉砂岩互层，细、粉砂岩含油时呈褐色，中部由三个盐韵律组成。潜三下亚段为灰色泥岩、油浸泥岩、芒膏、盐岩及油页岩，组成 14 个韵律层，其上部为潜 3^3 砂组，与潜 3^2 砂组不易分界。其下部第 9 ～ 14 韵律层为潜 3^4 砂组，与潜 4^1 砂组连接。潜三段下部的第 5 ～ 9 韵律比较稳定，在潜江凹陷中心为泥岩、盐岩组成的韵律层，到钟市为泥岩夹油页岩。潜四段分为潜四上亚段和潜四下亚段。潜四上亚段为灰色泥岩、油浸泥岩、芒膏、盐岩、粉砂岩及油页岩，组成了 4 个砂组和 3 个隔层。潜四下亚段为灰色泥岩、油浸泥岩、芒膏及盐岩互层。电阻高低相间，井径较为规则。

二、沉积相

江汉盆地在潜江组沉积时期为内陆盐湖盆地，潜江凹陷地处盆地中部，钟市地区位于潜江凹陷北部乐乡关地垒前缘，沉积物以砂、泥岩为主，夹少量泥灰岩、泥膏岩。沉积环境具有扇三角洲特点，三角洲各亚相间时有湖相沉积物，反映了注入水体能量不大，具有间歇性。测井曲线上，反韵律曲线较多，表明河口坝较发育，由于受湖浪湖流的影响，一些河口坝长轴方向与湖岸坝不易区分。由于受乐乡关地垒上间歇河流影响，当注入水体流量大，携带物质充分时，形成了相带窄、变化快的河口坝发育的盐湖陡坡三角洲；反之，则形成开阔型的滨浅湖相沿岸沉积；当注入量消失时，则形成封闭型滨浅湖相含膏泥质岩沉积物。

钟市油田盐湖陡坡三角洲沉积位于湖盆陡带浅水区，以粉、细砂岩为主，平面上呈扇 (朵) 状，纵向上岩性、电性显示为反旋回。前三角洲相或三角洲前缘相，有时直接插入盐湖中，沉积物时见盐类矿物，有时底积层即为封闭性盐湖沉积物；三角洲多相带窄、变化快，平面上不易区分。前缘相砂体厚度大，从几米到几十米，一般为 1 ～ 4m；单层砂岩连片性差，尖灭快，砂体多呈条带状或透镜状。由于乐关乡入湖河流受间歇河流的影响，各三角洲间夹有远源沉积物砾石，纵向上层位不稳定，横向上不易追踪。电测曲线呈钟形较少，呈倒三角形较多，表明河道不发育，以河口坝为主。钟市油田为三角洲前缘相，在剥蚀面以北无陆上部分，前三角洲泥与湖相泥难以区分。

钟市油田沉积模式从下而上为 : ①前三角洲泥及封闭型湖盆泥岩相，岩性为深灰色泥岩，夹褐色灰质油页岩及灰色泥灰岩，含膏泥岩、泥膏岩。具有水平层理及水平纹理，电测曲线为低平齿状。粒度概率曲线为单一悬浮段。②河口坝砂岩相，岩性为浅灰、灰色粉砂岩及泥质粉砂岩，粒度韵律呈反粒序特点，沉积构造由下部的波状层理、水平层理渐变为低角度交错层理及平行层理，显示出水动力不断加强的趋势。有时见植物碎屑及虫孔。测井曲线呈倒三角形或指状形。粒度概率曲线为两截式，并出现过渡段。③灰色含砾粉细砂岩或深灰色砾岩，以块状层理为主，偶见递变层理，电测曲线呈漏斗状。砾石以沿岸的中古生界碳酸盐岩为主的近源部分，水下冲积物一般厚度不大，最大单层厚度 3.0m，单井累计厚度最大 7.01m。④水下分流河道砂岩相。灰、深灰色细砂岩为主。底部含泥砾，顶部为粉砂岩、泥质粉砂岩，具正韵律粒序；下部为低角度板状交错层理，反映水动力由强变弱特征。粒度概率曲线为两截式，电测曲线呈箱形、钟形。

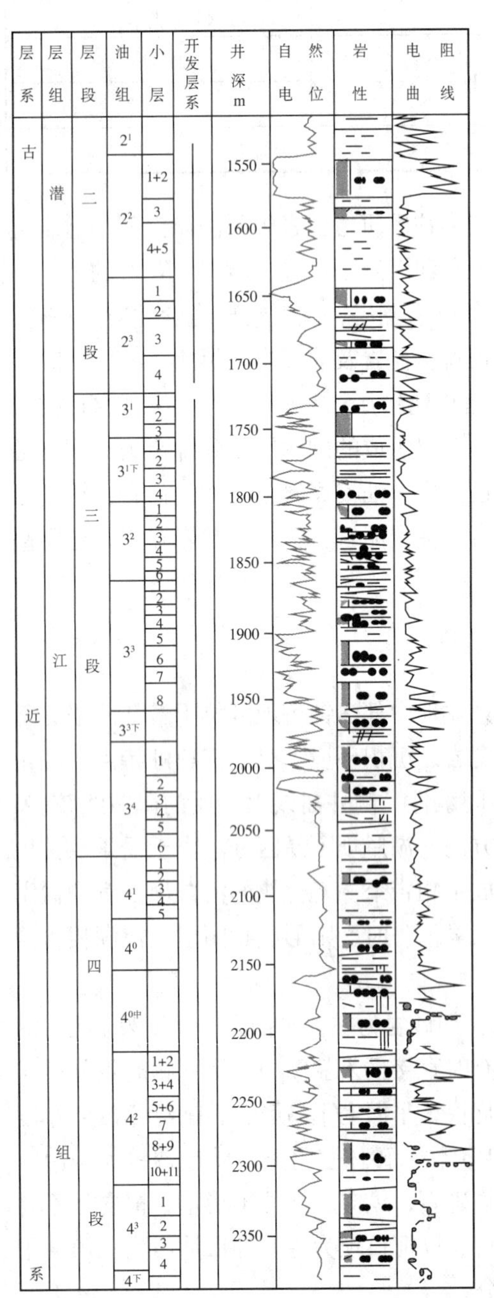

图 1–2　钟市油田柱状剖面图

三、储层

钟市油田出油层位为古近系潜江组，自上而下分潜二段、潜三段、潜四段共三个含油层段。油层最浅 1248m，最深达到 2918m，含油井段长达 1670m，潜二段为 1248.4 ~ 1690.6m，含油井段约 442m；潜三段油层深度 1537.4 ~ 2320.4m，含油井段约 783m，潜四段为 2120.6 ~ 2918m，含油井段约 798m。

钟市油田共划分 13 个油组，27 个砂组，72 个含油小层，其中潜 2^2、潜 3^3、潜 3^4、潜 4^2 等四个油组为主力油层（图 1–2）。油层比较分散，但主力油层比较集中，主力油层出油井段在 200m 以内。

由于钟市油田含油层组多，含油井段长，砂岩发育，但大都不连片，断层又多，因而油水关系相当复杂，具有三个不同的特点。第一，各油组无统一的油水界面。如潜 2^2 油组，油水底界在 1504.2m，潜 2^3 油组油水底界在 1690.6m，潜 3^1 油组油水底界在 1800m。第二，同一油组，各砂组油水界面不同。如潜 3^4 油组有三个砂组，西部一砂组油水界面在 2070m，二砂组油水界面在 2310m，三砂组在 2225m。第三，同一小层不同区块，不同油砂体，油水界面不一致。如潜 3^4_1 小层，西部钟 64 井区，IV 油砂体油水界面在 2174m，东部钟 54 井区，V 油砂体油水界面在 2127m。

钟市油田潜江组属于湖盆边缘沉积，是从盐化到淡化的交替地带，岩性岩相变化大，砂岩发育不稳定，厚层砂岩急剧变薄、分枝合并、错层尖灭等现象极为普遍。如钟 10–5 和钟 $10–5^2$ 井的潜 3^4_1 小层，钟 $10–5^2$ 井的潜 3^4_1 小层为一层 14.4m，而钟 10–5 井则变为 5 层，总厚度仅 6.4m。不同井场砂层厚度变化也很大。如钟 45 井潜 2^2_{2+3} 小层厚 30.8m，钟 2–14 井潜 2^2_{2+3} 小层厚 23m，而距两井只有 250 ~ 300m 的钟 3–13 井，由于岩性物性急剧变差而尖灭。

由于潜江组是超覆沉积在荆沙组剥蚀面上，各层油组沿荆沙组剥蚀面分布于构造高部位，从下至上呈迭瓦状分布。南部主要发育潜四段油层，中部主要发育潜三段油层，北部发育潜二段油层，构造腰部油层最为发育，平行荆沙组剥蚀面多呈条带状分布。如潜 2^2 油组钟 45 井区，钟 45 井、钟 3–15 井、钟 2–16 井、钟 66 井等油层厚度最大，往北油层厚度变薄，往南则变为水层。

钟市油田有 282 个油砂体，油砂体的分布有以下三个特点。第一，油砂体平面上呈北东—南西条带状展布。第二，油砂体平面分布不稳定，多呈透镜状。第三，油砂体虽多，但主力油砂体个数较少，储量比例较大。一类油砂体有 25 个，储量 467.8×10^4t，占 55.38%。二类油砂体有 30 个，储量为 170.13×10^4t，占 20.14%，三类油砂体有 227 个，储量 206.77×10^4t，占 24.48%。

由于钟市油田为继承性发育的鼻状构造，油藏形成时间可能较早，油源不够充分，油藏充满程度都较低。据对各油组统计，面积充满系数最高的潜 4^2 油组也只有 45%，其他油组只有 5% ~ 30% 之间。

四、岩性与物性

(一) 岩性

钟市油田各油组砂岩类型为长石砂岩、杂砂岩或长石质石英砂岩，以粗粉砂和细砂岩为主，分选较好，磨圆度差，胶结较致密。

岩石碎屑成分主要为石英和长石。潜二段石英含量较高，在 59% ~ 67% 之间。潜三、潜四段石英含量较低，在 50% ~ 60% 之间。长石含量普遍大于 25%。潜三、潜四段岩块含量一般大于 20%，而潜二段则小于 15%，以变质岩为主，火成岩次之，其他成分含量较少。砂岩颗粒为粗粉砂和细砂，潜 3^3 油组及以上各油组以粉砂为主，细砂岩很少。潜 3^4 油组及其以下各油组则以细砂为主，粗粉砂岩较少。

分选中—好，分选系数 1.5 ~ 2.5，一般小于 2。磨圆度较差，呈次圆—次棱角状。胶结物以泥质白云质为主，一般含量都大于 10%，潜二段较高为 15% ~ 20%，泥质、灰质含量较少，小于 5%，并含少量的石膏、硬石膏、沥青质等。胶结类型以孔隙式、接触式或二者混合类型为主，潜二段见基底式。

(二) 物性

钟市油田为中低渗透油田，有效孔隙度为 20% ~ 28%，空气渗透率为 207 ~ 622mD。粒度中值为 0.08 ~ 0.1195mm，分选系数为 2 ~ 2.27。由于溶蚀改造作用，次生孔隙发育。

钟市油田油砂体层内渗透率组合复杂，韵律类型多，各种类型的比例没有明显的差异，只是潜二段反韵律型稍多些，潜四段正好相反，以正韵律型为主。如钟 3–15 井潜 $2^2{}_{2+3}$ 小层，该层砂厚 23m，有效厚度为 17.6m，共分 28 个非均质段，渗透率变化从 2.3 ~ 2284.3mD，非均质系数为 4.27，渗透率级差为 10，渗透率变异系数为 1.07。

据取心井统计，潜二段层间综合非均质系数大于 6 的井占总井数的 40%，潜三段、潜四段占 75%，而王场油田潜三段非均质严重的井只占 60%。据电测解释的大量空气渗透率统计，把渗透率非均质系数大于 2.0、渗透率级差大于 3.0、渗透率变异系数大于 0.8 作为划分层间非均质严重程度的界限，结果潜二段的非均质程度较好，潜三、潜四段非均质较严重。

五、敏感性及润湿性

钟市油田胶结物中泥质含量很少，一般都小于 2%，黏土矿物水敏性较弱，有利于注水开发。钟市油田岩石胶结物主要以泥—粉晶碳酸盐、含铁碳酸盐为主，因此在油层酸化处理时易生成氢氧化铁胶体沉淀堵塞岩石空隙喉道损坏油层，降低措施效果。根据钟市油田历年措施后产量说明，酸化效果均低于压裂效果。

第三节 流 体

钟市油田纵向上原油性质差异大，浅层差、深层好；天然气均以溶解气为主；因沉积环境影响，地层水矿化度高。

钟市油田原油性质较好，具有三低的特点：即原油密度低、黏度低、油水黏度比低，并由浅到深变好。原油相对密度为0.862，地下黏度低为3.8mPa·s。潜二段为稠油，地下黏度为7.2mPa·s，潜三段、潜四段为稀油，潜三段地下黏度为4mPa·s，潜四段为2mPa·s。

钟市油田原油凝固点为26.3℃。潜三段原油凝固点最高为27℃，潜二段、潜四段分别为24.5℃、25.8℃。原油中含蜡量为18.2%，含硫量为1.34%。

钟市油田地层水为Na_2SO_4和$CaCl_2$型，矿化度高，总矿化度为27.7×10^4mg/L，由上至下逐渐增加，潜二段、潜三段、潜四段总矿化度分别为28×10^4mg/L、29×10^4mg/L、31×10^4mg/L。氯离子含量为17.1×10^4mg/L，与潜江凹陷其他油田水性一致。

钟市油田的天然气相对密度为0.9647，甲烷含量为53.92%，钟四段含量最高为58.6%，二氧化碳含量为0.85%。

第四节 油 藏

钟市油田地层温度为85.5℃，原始地层压力为24.16MPa，压力系数为1.09。其中潜二段地层温度为64.3℃，原始地层压力为13.78MPa，压力系数为0.94；潜三段地层温度为83.93℃，原始地层压力为21.46MPa，压力系数为1.11；潜四段地层温度为99.1℃，原始地层压力为29.52MPa，压力系数为1.22。

钟市油田饱和压力低，压力系数低，油气比低，流动系数低。油藏为弹性水压驱动油藏。和王场油田相比，其压力系数、流动系数均低于王场油田潜三段北断块。因此，钟市油田自喷能力较弱，自喷期较短。

按照1987年6月石油工业部天然能量标准，天然驱动能力的大小，以油藏采出1%地质储量压降值及实际弹性产量与封闭型产量理论值的比值作为评价标准。钟市油田在弹性开采期间采油速度小于1%，采出1%地质储量压降为0.21，弹性产量与封闭弹性产量的理论比值仅1.32，属天然能量不足油田。

按油藏形成的控制因素，钟市油田有四种类型的油藏。分别为地层油藏（以潜4^2油组为代表）、上倾尖灭岩性油藏（以潜三段为代表）、断鼻油藏（以潜二段为代表）和砂岩透镜体油藏（各段均有）。

第五节 储 量

钟市油田报石油部审批探明石油地质储量979×10^4t，含油面积7.0km^2，动用石油地质储量845×10^4t，含油面积4.78km^2。钟61、钟东、钟西、钟35因单井产量过低未动用。由于钟市油田含油面积没有变化，石油地质储量没有变化（表1–2）。

钟市油田含油面积不大，油藏油砂体小而多，且受断层破坏，开发难度较大。在30多年的开发过程中，对潜二段、潜三段、潜四段采取了不同的措施，不断地对油田进行调整和完善，努力提高注入水波及体积，使得油田石油可采储量不断增加。1973年的采收率为29%，石油可采储量为245×10^4t，到2005年分别增加到44%和373×10^4t，净增128×10^4t。其中潜四段油藏效果最为显著，采收率由30%

表 1–2 钟市油田储量动用表

单元	层位	类别	含油面积，km^2	地质储量，10^4t
潜二段	Eq_2	已动用	1.43	173.00
潜三段	Eq_3	已动用	2.39	364.00
潜四段	Eq_4	已动用	1.94	308.00
已动用小计			4.78	845.00
钟 61	Eq^4_4	未动用	1.00	48.00
钟西	Eq_3	未动用	0.72	45.00
钟东	Eq_4	未动用	0.70	15.00
钟 35	Eq^2_2	未动用	0.40	26.00
未动用小计			2.82	134.00
合计			7.00	979.00

注：表中“小计”和“合计”的含油面积为叠合面积。

增加到 55%，石油可采储量从 92×10^4t 增加到 168×10^4t，净增 76×10^4t。详情见表 1–3。

表 1–3 钟市油田历年储量统计表

时间	潜二段		潜三段		潜四段		全油田	
	可采储量 10^4t	采收率 %	可采储量 10^4t	采收率 %	可采储量 10^4t	采收率 %	可采储量 10^4t	采收率 %
1973—1979	43	25	109	30	92	30	245	29
1980—1984	43	20	109	30	99	32	251	30
1985—1986	35	20	109	30	108	35	252	30
1987—1991	35	20	109	30	123	40	267	32
1992	36	21	120	33	135	44	292	35
1993	36	21	121	33	137	44	294	35
1994	36	21	123	34	138	45	297	35
1995	38	22	126	35	137	45	302	36
1996	38	22	128	35	139	45	304	36
1997	38	22	130	36	139	45	307	36
1998	38	22	139	38	160	52	337	40
1999	38	22	139	38	172	56	349	41
2000	46	27	151	42	157	51	354	42
2001	46	27	157	43	157	51	360	43
2002	46	27	157	43	157	51	360	43
2003	46	27	156	43	157	51	359	43
2004	46	27	156	43	164	53	366	43
2005	48	28	157	43	168	55	373	44

第二章

开发部署与调整

1972 年，按已获钻井资料部署实施钟市油田开发方案；1975 年该油田投入注水开发，1979 年对钟市油田进行了一次全面的注水开发调整。为进一步改善油田开发效果，1983 年编制钟市油田注水开发调整方案，对油田再一次进行开发调整。1994 年，钟市油田综合含水已达到 86.14%，为挖掘剩余油富集区的生产潜力，油田开发进入高含水期的开发调整。

第一节　开发方案

江汉油田作为三线战备油田，开发方针为“平时试采，一般稳产，战时集中高产，甚至强化开采”。按照上级指示精神，在 1972 年 12 月，江汉石油管理局地质处蔡尔范、顾金克、赵自励等人编写了《钟市油田开发方案》。

钟市油田开发方案制定的实施原则为：从战备出发，划分保存区和生产区，保存区主要作好战时集中高产、多产的准备，生产区平时合理开发；立足于早期注水，保持压力开发，使油田具有旺盛的生产能力；采取酸化、压裂挖潜增产；针对地下复杂情况，开展工艺攻关，实行以分层注水为基础的注、压、抽配套开采；适应平时和战时的需要，调整改造集输流程；开展油田开发试验，点面结合改善开发效果；建立压力监测系统，取全取准第一手开发动态资料；坚持群众性的油田动态分析和地下大调查，不断提高开发管理水平。

按照开发实施原则，钟市 45 井区、潜三段东块、潜四段东块列为保存区，间断开井生产，潜三段西块、潜四段西块列为生产区连续生产。

根据已有资料，钟市油田从潜二段到荆沙组共发现 12 个含油层组，若从潜二段顶部到荆沙组底部考虑，井段很长，而各井实际含油井段要小得多。潜江组有 11 个油组，由于含油面积在平面上相互错开，基本上一口井钻遇一至二个油组，同时钻遇四个油组以上很少。按其油层分布特点，采用一套井网，按潜二、潜三、潜四段三套层系进行开发。采用三角形井网，300m 井距布井，注采井数比按 1 ： 2。钟市油田含油层组多，油水关系复杂，考虑初期注水方式时，根据各个油层特点、埋藏特点，分清主次，区别对待。零星分布的小块油层，在考虑只要油层注水时，适当兼顾，不单独布注水井。四周均为断层的断块油层，在断块的低产区和适中部位，布 1 ～ 2 口注水井，以补充断块的能量。沿断层呈条带状大面积分布的油层采用边缘注水方式。

钟市油田开发方案部署动用含油面积 4.4km^2，石油地质储量 845 × 10^{4}t，可采储量 359.3 × 10^{4}t。部署钻井 61 口，其中生产井 29 口，探井 32 口，设计年生产能力 12.2 × 10^{4}t。

按开发方案要求实施后，1972 年完成 17 口，1973 年燃料化学工业部要求稀井网、少井高产，对潜四段原井网进行抽稀，到年底共打井 32 口。两年共钻井 49 口，原油生产能力为 13.62 × 10^{4}t。

第二节　开发调整

钟市油田1975年投入注水开发，由于油田地质情况复杂，油田开发暴露出许多问题，严重影响着油田的稳产。因此，从油田投入开发到2005年底共进行了四次大的调整。分别是1979年油田注水开发调整，1983年油田注水开发调整，1994年油田油砂体研究及开发挖潜调整和2000年钟市油田高含水期开发综合研究。每次调整都给油田注入了新的活力，控制了油田产量递减速度。

（1）1979年钟市油田注水开发调整方案。

钟市油田1973年8月投入开发，1975年1月开始注水，1976年全面投入注水开发，至1979年6月，地质储量采出程度8.16%，综合含水27.1%，采油速度为1.72%，低于江汉油田其他8个油田的平均开采指标。根据江汉油田十年稳产规划安排，钟市油田必须尽快提高采油速度，逐步接替稳产，实现江汉油田稳产十年的目标。根据稳产形势要求，钟市油田采油速度需要提高到3%。因此，1979年对钟市油田作了第二次地质复查，对82口井54个小层进行了对比追索，重新观察了岩心，绘制了构造图、连通图、油砂体平面图132张，应用7口井的分层测试和吸水剖面资料，对每口井每个层的产出状况做了认真的分析，加深了对钟市油田地质和开采特点的认识。在以上基础上，江汉石油管理局勘探开发研究院油田开发室何素梅、罗扬栎编写了《钟市油田注水开发调整方案》。这次调整的特点是解剖油砂体，以油砂体为单元认识油层，分析开采特点，经过调整，使其更符合地下客观情况，确保油田稳产高产。

钟市油田开发存在的主要问题表现在几个方面。首先是储量动用差。采油速度低的主要影响因素是地质储量动用程度低，主要因为未动用储量、孤立的油砂体储量、层间干扰的油砂体储量、断层封隔影响的储量等四大类储量的影响。其次就是油井单向受效，单向见水。据统计全油田39口生产井，见效的26口井中，23口井为单向见效，而且层间矛盾突出。据钟10–5井分层产量测试资料，我们发现该井共射开油层厚度为54.4m，好的油层厚度为19.3m，占全井射开厚度的35.5%，而其相对产量百分数为79.9%；差的油层厚度为24.0m，占全井射开厚度的44.5%，其相对产量百分数为20.1%；不出油的油层厚度为11.1m，占全井射开厚度的20%。除此之外，还存在抽油井泵效低的问题。据钟市油田36口生产井统计发现，全油田平均泵效为50%左右，主要是由于油井结蜡、结盐、压裂后井底积砂等三个方面的原因。

整个钟市油田这次全面的调整遵循以下几个原则。首先完善及调整注采系统，构成油井多向受效，提高储量动用程度；其次细分层注水，分层采油，充分发挥各类油层的作用；适当补钻生产井，减少单井过重的储量负担；调整指标，采油速度达到2.5%～3.0%。本次的开发调整在潜二段、潜三段、潜四段分开进行，整体调整部署见图2–1。

潜二段的调整重点主要是完善注采系统，减少单井储量负担，提高储量动用程度。整个潜二段按两个单元进行调整。钟2–14、断块钻注水井钟3–13，给钟2–14、钟71井注水，兼探两个断块的关系。钟45断块则在钟45与钟66井连线上钻注水井钟1–16和生产井钟3–15，构成一个面积加边缘注水的厚层小井距开采试验区。

潜三段按东、西两块进行调整。潜三段东块油砂体分布比较零散，厚度簿。生产中存在的主要问题是油井单向受效以及层间干扰。因此潜三段东块调整的重点是使油井实现多向注水，分层开采，发挥主力油砂体的作用。新钻三口井，其中一口注水井（因该注水井钻遇油层，改为生产井）。转注一口井（钟6–18)，为两口新井补充能量。注水井钟5–19补孔调层注水观察对应油井钟5–20的变化。

潜三段西块存在的主要问题是油层集中、储量集中、产量集中以及断层影响油田开发。为解决目前潜三段西块存在的问题，在断层的上盘新钻生产井与原生产井钟10–5、钟10–5B形成多井分采系统。注水井钟19、钟57、钟6–11、钟10井的注水层位，根据新钻井和原来的钟10–5、钟10–5B、钟18

井的生产情况进行细分层注水。

潜四段也按东、西两块进行调整。潜四段东块地质储量为 242.9×10^4t，占全油田储量的 28.6%，油砂体面积和储量均较大，储量 10×10^4t 以上的油砂体有七个，是这次调整方案提高采油速度的重点区块。潜四段东块存在三个方面的问题。第一个方面是注采比低，地层压力低。潜四段东块有 6 口生产井，2 口注水井。由于注水井钟 68 和钟 79 井吸水能力较差，七个配注层段中有四个层段经常完不成配注任务，区块的累计注采比只有 0.45，导致地层压力水平低。第二个方面是层间矛盾突出，储量动用程度低。第三个方面是单井储量负担大。现有井网单井控制储量 40.5×10^4t，是江汉油田最高的。所以潜四段东块调整的重点是完善注采系统，减少单井储量负担；分注分采，减缓层间矛盾，提高储量动用强度。

根据油层分布特点，并考虑到 18 号断层的影响，钻生产井 4 口（其中钟 8–19 井主要生产层潜四段 4^2 油组均被水淹，由生产井改为注水井），注水井 4 口。

潜四段西块截至 1979 年 9 月有 4 口生产井，5 口注水井，采油速度为 2.07%，采出程度为 10.53%，综合含水为 11.07%。潜四段西块这次暂不调整，该区块稳产主要靠多层轮替开采。

调整方案实施后，据动态资料统计，调整前后比较，水驱控制储量由 452.04×10^4t 增加到 658.48×10^4t，水驱控制程度由 53% 提高到了 79.1%，提高了油层储量水驱动用程度，改善了开发效果。而且 1976—1982 年间，钟市油田年产油达到 14×10^4t，并稳产了 7 年。按调整方案要求，部分井区实现了边缘加点状注水开发，动态资料分析，先后有 5 个井组 8 口油井增加了受效方向。潜三、潜四段东部通过分层开采取得了较好的效果。潜三、潜四段东部为 1980 年调整重点区块，进行了细分层开采，取得了较好的效果，潜三段采油速度从 1.67% 上升到 1.78%，潜四段从 1.71% 上升到 3.25%。除此之外，放大压差提高排液量取得了一定效果。据统计，26 口油井换大泵放大生产压差提高排液量，都不同程度见到了效果，增产油量 8547t。注水开发调整方案在执行过程中虽然取得一定的效果，但不够理想，没有达到方案设计指标。

（2）1983 年钟市油田注水开发调整方案。

截至 1983 年 12 月，全油田共有油井 45 口，注水井 24 口，采油速度为 1.63%，采液速度为 3.8%，综合含水为 59.6%，累计产油 12.4×10^4t，地质储量采出程度为 14.68%，可采储量采出程度为 49%，累计注水 $345.7\times10^4m^3$，累计注采比为 1.41。全油田按采收率 30% 计算尚有剩余可采储量 129.4×10^4t，总的看来油田调整虽然取得一定效果，但仍不理想。为了提高采油速度，改善油田开发效果，1983 年为编制钟市油田注水开发调整方案，注重进行了七个方面的工作：第一，根据调整井新资料，重新进行了第三次地层对比复查，重新认识断层分布和油层特点，重新编制了整套地质基础图幅和数据；第二，油田地质储量复查计算；第三，油层非均质性研究；第四，油井地面设备潜力调查研究；第五，历年来钟市油田技术措施增产效果及影响因素分析，重点是油井的酸化、压裂措施效果分析；第六，利用钟市油田油水井测试成果和堵水资料，计算了主力油砂体的开发指标，研究分析了主力油砂体的开发状况及改善开发效果的技术措施；第七，利用油藏工程方法计算分析了钟市油田有关注水开发的特征参数和开发指标。通过上述工作，在认真总结钟市油田开发经验和教训的基础上，由江汉石油管理局勘探开发研究院油田开发研究室何素梅、罗扬栎、丁淑君编写了《钟市油田注水开发调整方案》。

钟市油田开发存在的主要问题，归纳起来有以下四个方面：采油速度低，储量动用差，层间矛盾突出，部分主力油砂体注采井点不完善、注水井井况差。此次调整的目的在于：根据区块的开发状况，立足于主力油砂体的注采系统完善并采取综合挖潜调整措施，尽力挖掘主力油砂体的生产潜力，注意发挥其他油砂体的生产能力，通过调整适当提高钟市油田的采油速度，争取较长的稳产采油期，并有利于提高最终采收率。

本次调整主要遵循以下原则。首先，钻必要的调整井，尽力完善主力油砂体的注采系统，提高油层

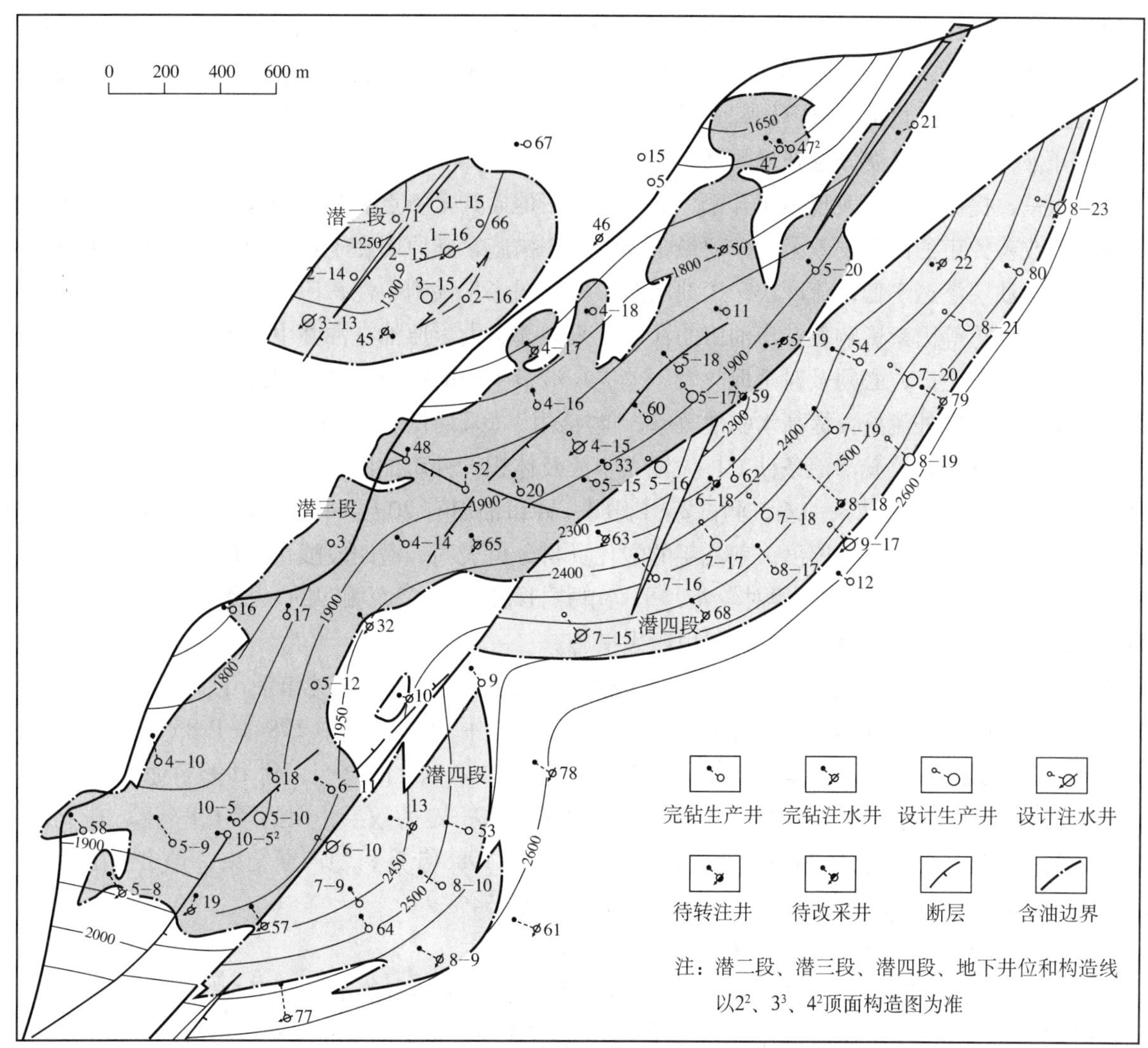

图 2-1 钟市油田调整方案部署图

水驱控制程度，对处于注水井一线的生产井未动用层和主力油砂体的未射孔的层进行补孔生产，提高储量动用程度。其次，调整主力油层的水线分布，对压力高、含水上升快的井层适当控制注水量，对压力低和放大压差生产的地区加强注水，对高部位的注水井控制注水，对低部位的注水井加强注水，加强难注井层的改造和增注措施，增加油井受效方向，最大限度地扩大水驱波及体积。针对油层分布集中、层间矛盾严重的区块实行分层开采、成组井开采和机动灵活的轮替开采，充分发挥各类油层的生产能力。而且大量发展采油工艺技术，提高泵效，放大生产压差，大幅度提高排液量，最大限度地实现强化开采。除此之外，还要加强分层注水、分层卡堵水、分层压裂等挖潜改造工作，使更多的油层投入注水开发。

总之，通过钻调整井、改造油层、提高排液量生产和细分层开采等措施，使钟市油田的开发指标达到方案设计要求。

根据钟市油田开采现状及主要问题进行以下调整。首先，补钻调整井，完善注采系统，提高水驱控制储量。由于断层封堵和油层连通性差的影响，尚有地质储量 339×10^4t(约占总地质储量的 40.1%) 受不到注水效果。按照完善主力油砂体注采系统，改善主力油砂体开发效果的原则，钻调整井 12 口，其中生产井 10 口，注水井 2 口。

其次，分层开采、轮替开采，充分发挥各类油层的生产能力。为减缓层间矛盾，比较好地发挥各类油层的生产能力，结合各区块的实际情况继续进行细分层系开采、成组井开采和机动灵活的轮替开采，进一步改善开发效果。潜三段西部、潜四段西部，采油井点较少，油层分布集中，应着重搞好成组井开采，并根据油井动态变化适时进行轮替开采。潜三段东部、潜四段东都在原分层开采的基础上继续进行细分层系开采，巩固和发展分层开采效果。

放大压差，提高液量，实现强化开采。从钟市油田地质开采特点和开发经验看出，放大压差、提高液量开采是改善钟市油田开发效果的一项最重要的增产措施，其原因在于：①油层储量主要集中分布在构造腰部。②油层渗透率低，流度小。③油层润湿性属弱亲水性到中性。④油层多、油水界面多、层间差异大、干扰严重等因素影响着钟市油田的注水开采规律。大量原油在油井中低含水期采出，随着油田进入中高含水阶段生产，必须及时采取放大压差提高液量生产的措施，尽力实现强化开采，减缓层间干扰程度；减少注入水外流量；提高水驱油效率，增加油田总采油量。

另外，改造油层，改善渗流条件，扩大注入水波及体积。钟市油田属低渗透油层，油藏类型以地层和岩性油藏为主，油层流动条件差。测试资料表明，钟市油田有 20 层 61.4m 油层在目前开采条件下不出力，需通过改造，增加出油厚度。前几年的酸化资料分析表明，潜四段酸化增产效果较好，平均单井日增产 13.3t，而潜三段和潜二段相对较差，平均单井日增产只有 7.5t 和 4.5t. 由此看来，对潜四段适宜采用酸化措施，对潜二段、潜三段适宜采用压裂措施。

钟市油田在注水开发过程中，经过两次开发调整的实践，加深了对钟市油田油藏地质复杂性和开发调整艰巨性的认识。而且通过方案的实施，调整部署新井 12 口，其中 1984—1985 年完钻 8 口，除钟 3–16 井钻遇断层未投产外，其他 7 口井初期都获得了 10t/d 以上的高产。到 1993 年底钟市油田产量仍保持稳定，年产油保持在 11×10^4t 以上。方案虽然取得了一定的效果，但到了 1987 年，并未达到方案设计的采油速度 1.7%，实际的采油速度只有 1.38%，到 1988 年底，稳产期结束，钟市油田以年产油 $11.5 \times 10^4 \sim 14.6 \times 10^4$t 稳产了 13 年，稳产期采油速度为 1.54%。

（3）1994 年钟市油田油砂体研究及开发挖潜调整意见。

1990 年 6 月中旬江汉石油勘探开发研究院开发室接受了对钟市油田荆沙组剥蚀面的研究任务，从古生物资料入手，对钟市油田已完钻井重新进行了地层划分、对比。1993 年 9 月江汉石油勘探开发研究院开发室下达了对钟市油田油砂体重新认识的研究任务，于是在 1990 年地层对比的基础上，补充了 1990—1993 年间新钻的 10 余口井的资料，修改完善了各油组顶面构造图，重新进行了小层划分对比、连通对比，对油砂体进行了重新认识和研究。资料用至 1994 年 7 月底，共追索出 270 个油砂体。此次开发挖潜调整主要是根据 1994 年上半年完成的钟市油田油砂体研究成果，结合 1994 年“地下大调查”工作，对钟市油田注采系统进行适当的调整，挖掘剩余油富集区的生产潜力。《钟市油田油砂体研究及开发挖潜调整意见》由江汉石油勘探开发研究院开发室唐树、王友祥编写，刘训波、刘群星、吴小娟参加编写，江汉石油勘探开发研究院开发室负责人李素娥进行了审核。

钟市油田自 1973 年 8 月投入开发已开采了 21 年，1993 年底重新标定的可采储量为 293.9×10^4t，至 1994 年 10 月，全油田累计产油 248.41×10^4t，地质储量采出程度 29.41%，可采储量采出程度为 84.52%，累计注水 $1205 \times 10^4 m^3$，累计注采比为 1.38。全油田共有油水井 63 口，其中采油井 40 口，开井 38 口，核实日产油 255t，采油速度 1.1%，日产水 1586t，综合含水 86.14%。注水井 23 口，开井 14 口，日注水 1687m^3，月注采比 0.9。

油田开发存在着五个方面的问题。第一，油田采出程度高，含水高，产量递减幅度大；第二，地层压力水平低；第三，注水井井况差，注采系统不完善；第四，增产措施选井选层困难，增产效果变差；第五，新钻调整井井位难提供，油田稳产难度增大。

钟市油田油砂体研究及开发挖潜调整遵循以下三个原则。第一，以油砂体为单元，重点完善主力油砂体，主力生产井区；第二，新钻井不过分强调井距大小，生产井主要挖掘剩余油富集区的生产潜力和部分油砂体扩边挖潜，注水井先钻部分急需完善的更新井；第三，利用部分积压井和边部高含水井转注，完善注采系统。

此次调整主要是针对潜三段及潜四段井区进行调整。首先对潜三段西部钟 10–5 井区进行调整。该井区目前的主要问题是钟 18、钟 6–11、钟 5–12 三口注水井已全坏而停注，无注水井点，而边部的钟 10–5B 井电潜泵大排量生产，高部位的钟 5–10、钟 6–9、钟 5–11 井动液面低，地层能量严重不足。因此新钻生产井钟 6–8，油井转注钟 6–9，补充潜 3^3_6 小层以上生产油井的地层能量。同时将目前的钟 10–5B 井的电潜泵改换管式泵生产，降低无效排液量，以保证潜 3^3_6 小层—潜 3^4 油组生产油井正常生产。

在潜三段东部新钻钟新 5–19、钟 5–22 两口注水井，老井转注钟 52 井，重点完善潜 3^3_4 Ⅲ、潜 3^3_6 Ⅲ、潜 3^4_3 Ⅱ、潜 3^4_{4+5} Ⅰ等主力油砂体。

其次就是对潜四段钟 62 井区进行调整。潜四段西部钟 62 井区有生产井 3 口，仅油水边界以外的钟更 8–9 在注水（报废井利用注水）。三口井均为高含水采油，而构造高部位无生产井点。因此新钻钟 8–12 井，挖掘高部位生产潜力，利用积压井钟 8–11 井投注，补充地层能量。潜四段钟 62 井区中部新钻生产井钟 6–17、钻 6–8 井，挖掘潜 4^2 油组构造高部位剩余油富集区的生产潜力，高含水井钟 8–18 井转注，补充地层能量。除此之外，在潜四段东部新钻钟 6–24 并挖掘构造高部位荆沙组剥蚀面附近潜 4^2_3II、潜 4^2_{4+5}I 油砂体的生产潜力，新钻钟新 79、钟新 8–23 两口更新注水井，完善注采系统（后因钟新 79、钟新 8–23 井钻遇油层而改为生产井）。

至于其他井区，潜二段新钻钟 1–19，挖掘潜 2^2_{2+3}I 油砂体高部位生产潜力；新钻钟 4–21 井，潜 2^2_2II、2^3_2I 油砂体构造高部位扩边挖潜。详情见表 2–1。

表 2–1　钟市油田注采系统调整工作量汇总表

分类		井数口	井　号
新钻井	生产井	8	钟 6–17、钟 6–8、钟 8–12、钟 4–21、钟 6–24、钟 1–19、钟 6–18、钟新 33
	注水井	4	钟新 5–19、钟新 79、钟新 8–23、钟 5–22
积压井投注		2	钟 8–11、钟 4–11
老井转注		4	钟 6–9、钟 7–9、钟 8–18、钟 52

此次调整新钻生产井 7 口，新钻注水井 2 口，积压井投注 1 口，老井转注 3 口，钟市油田潜三段西部的钟 5–10 井区、潜四段中部的钟 62 井区等注采系统极不完善的井区，地层能量得到了较好的补充，其生产能力进一步得到了发挥。而且钟市油田的产量保持年产油 9×10^4 ～ 10×10^4t 的生产能力，1995 年和 1996 年稳产了 2 年，达到了此次调整要求取得的效果。

（4）2000 年钟市油田高含水期开发综合研究。

1999 年初，江汉油田分公司勘探开发研究院开发室承担了中国石油化工集团公司科研课题《钟市油田高含水期开发综合研究》，旨在建立一套完善的油藏地质建模系统，实现高含水期油藏三维地质模型—数值模拟一体化研究，为油田开发提供有力的技术支持。该项目取得了很多的成果，此次便是根据油藏精细描述及油藏工程研究后得出的剩余油饱和度分布规律进行的开发调整。

《钟市油田高含水期开发综合研究》由江汉油田分公司勘探开发研究院开发室负责编写，彭裕林、赵金生、汤春云为项目负责人，由汤春云、许发年等人编写，王敏等人参加编写，由赵金生、彭裕林、李渝生进行了审核。

1998 年底油田开发表现为“三高”开发特征，即综合含水高，已经达到 78.32%，可采储量采出程度高，为 93.15%，剩余可采储量采油速度高，为 29.77%。地质条件的复杂及高剩余可采储量采油速度表明油田还有进一步的挖掘潜力。

本次调整遵循四个原则。第一，在荆沙组剥蚀面和构造高部位新增含油圈闭内进行调整挖潜。第二，对乐乡关地垒物源方向附近新划分出的河口坝、水下分流河道等有利微相进行调整挖潜，挖掘油层生产潜力。第三，对无井控制的岩性边界砂体进行滚动扩边调整部署。第四，在老开发区内，通过改变水动力方式、细分层系、调剖、放差等综合调整措施，挖掘潜力，改善开发效果。

本次部署调整井 19 口。其中构造解释的荆沙组剥蚀面和断层附近构造高部位，水下分流河道、河口坝等有利微相区，断层边角和注采系统不完善的剩余油富集区，钻开发调整井 13 口。岩性尖灭区附近滚动扩边挖潜，钻调整井 6 口。主要在钟 4–17 井区、钟斜 8–8 井区以及潜四段西部进行重点调整。

钟 4–17 井区潜 2^2_{2+3}I 油砂体以西地带经断裂系统重新组合后，其构造高部位为最有利的剩余油富集区，数值模拟研究结果表明剩余油饱和度值大于 60%，部署 3 口调整井挖掘其剩余油。

钟斜 8–8 井区潜 3^4_4I 为岩性油藏，1998 年底以前仅钟斜 8–8 井一口井生产，初期日产油 20t/d。1999 年钟 8–15 井在潜 3^4_4I 钻遇 4m 油层，油藏主控断层向北偏移，因此油层东北与西南方向构造高部位具有一定的滚动扩边潜力。神经网络 B—P 法剖面预测该油层东北与西南方向储层分布及油气显示良好，平面神经网络预测也显示该区域储层分布及油气显示良好，据此部署 2 口滚动扩边挖潜调整井。同时根据生产动态，钟斜 8–8 井地层能量不足，沉没度仅 100m，部署一口注水井，完善该井区注采系统。

潜四段西部共有地质储量 41.6×10^4t，主要生产层位为潜 4^2、潜 4^3 油组。地质模型反映该储层西南方向孔隙度、渗透率、含油饱和度均发育较好，含油性也比较好。同时根据该区现有生产井井网过密，层间矛盾突出，可采用分层系开采，据此部署 4 口调整井。

根据剩余油饱和度研究成果，建议老井实施堵水、压裂、酸化、补孔等措施共 24 口井。详见表 2–2。

表 2–2　钟市油田综合调整部署汇总表

措施内容	井数，口	井　号	实施时间
新钻调整井	19	钟 4–20、钟 4–21、钟 3–10、钟 3–8、钟 4–12、钟 8–6、钟 8–16、钟 9–6、钟 5–14、钟 5–26、钟 4–18B、钟 7–10、钟 8–7、钟 8–12B、钟 8–15、钟新 5–15、钟 6–25、钟 7–11、钟 7–7	1999—2001
补孔	7	钟 5–13、钟 6–16、钟 4–13、钟 6–8、钟 7–18、钟 6–21、钟 6–18	1999—2001
卡堵水	7	钟 5–16、钟 6–18、钟 7–20、钟 7–16、钟 6–17、钟 6–23、钟 6–21	1999—2001
酸化	4	钟 4–16、钟 6–23、钟斜 6–21、钟 8–10	1999—2000
压裂	1	钟新 6–15	1999—2000
转注	5	钟 20、钟 8–8、钟 7–16、钟 7–8、钟 6–19	1999—2001
周期注水	2	钟 7–21、钟 7–14	1999—2002
降压开采	1	钟新 8–21	2000—005
合计	46		

这次高含水期综合开发调整通过补孔、转注改变液流方向，完善注采对应，提高水驱控制程度。新井增油效果也较好。1999—2000 年共钻调整井 12 口，钻井成功率 100%，钻井井数完成合同计划的 120%。投产油井 10 口，平均单井日产油 15.7t，为钟市油田单井平均产量 (5.5t/d) 的 2.86 倍。单井初期日产油水平高于计划指标日产油水平 (10t/d)。新井累计采油 1.8×10^4t。年产油量：1999 年年产油量 9.56×10^4t，与 1998 年相比增加了 0.77×10^4t。2000 年底完成年产油量 8.63×10^4t。综合含水：1999 年

全区综合含水 75.5%，与 1998 年相比下降了 2.57 个百分点，与 1994 年相比下降了 10 个百分点。2000 年全区综合含水 76.9%。可采储量：根据水驱特征曲线计算，1999—2000 年增加可采储量 36.2×10^4t，提高采收率 4.28%，其中调整井扩边挖潜增加地质储量 41.15×10^4t、增加可采储量 12.516×10^4t。水驱控制程度：水驱控制程度进一步提高，2000 年为 73.5%，与 1998 年相比提高 11 个百分点，潜三、潜四段分别提高 11.9%、9.7%。

第三节　开发过程控制

钟市油田早期开发主要是提高油田的储量动用程度，减少层间干扰，形成多向受效的

注采系统，大泵提液尽快提高油田产油量。开发中期，主力油层含水较高，该阶段主要是使开发前期中动用状况比较差的油层逐步发挥作用，进一步完善注采系统，改造油层，以弥补主力油层的产量递减。至油田开发后期，各类油层普遍高含水，油田生产能力下降，通过堵水调剖、油层改造，努力提高油田最终采收率。

一、油层改造

钟市油田在四次调整过程中，都是以完善注采系统为主。1983 年钟市油田进行的注水开发调整和 2000 年进行的钟市油田高含水期开发综合研究都加大了油层改造的力度。据统计，1994 年老井实施补孔、压裂、酸化、堵水等调整措施共 18 井次，增产原油 1.77×10^4t。1999—2000 年仅补孔措施增油即达 1.167×10^4t。

二、大泵提液

1979 年钟市油田进行整体调整，主要采用分层开采、改变注水方式、放差提液等方式。据统计，26 口油井放差提液累计增油 8547t。1983 年第二次整体调整大量发展采油工艺，提高泵效，放大生产压差，大幅度提高排液量，实现强化开采。1989 年 8 月，江汉油田第一台电潜泵在钟市油田钟 10–5 井应用。第二次调整换大泵 38 井次，下电潜泵 2 井次，增油 4.1×10^4t。20 世纪 90 年代，油井含水普遍上升。如潜三段西块边部钟 10–5B 井电潜泵大排量，高部位的三口油井地层能量严重不足，因此将电潜泵改为管式泵生产，降低无效排液。90 年代后，平均每年换大泵提液 4 井次。

三、堵水调剖

（1）油井堵水。钟市油田属于非均质严重的砂岩油藏，由于油层多、层间差异大，在开发中出现注入水单层突进、水窜、水淹，油井含水上升速度快的现象。

20 世纪 70 年代，在油田注水开发的初期，部分油井含水上升快，主要采用机械分层卡封工艺，封堵高含水层，挖掘油井的生产潜力。据统计，1977—1979 年在钟市油田卡堵水 40 井次，有效率 92%，累计增油 5.4×10^4t。80 年代初期，钟市油田开始应用化学堵水技术。先后研究应用了水玻璃—氯化钙、聚丙烯酰胺铬冻胶、聚丙烯氰加氯化钙等化学堵水剂，化学堵水初期封堵效果较好，随着油井含水进一步上升，由于堵剂抗盐能力差，堵水效果逐渐变差。90 年代后，堵水以机械卡堵为主，化学堵水应用较少。

（2）水井调剖。钟市油田从 1973 年开始全面注水开发，到 80 年代初期潜三段西区、潜四段等主力开发区块层间矛盾突出，注水井吸水不均匀，注入水沿高渗透带突进，导致油井含水快速上升，甚至水淹。鉴于钟市油田生产过程中出现的这种情况，1981 年开始在注水井上应用同位素 ^{131}I 测吸水剖面，了解各个分层的吸水能力，针对性地开展了单井小剂量调剖工艺。如钟 45 井经 4 次调剖后，吸水指数下

降 31%，相同注水量条件下注水压力上升了 6.29MPa，吸水剖面由调剖前下部强吸水变为均匀吸水，每井次调剖的有效期 8 个月左右，对应油井累计增油 9585t。

由于小剂量调剖施工频繁，80 年代中期应用了大剂量深部调剖工艺，1984 年 4 月至 1984 年 7 月在钟 45 井进行了大剂量回注污水加水玻璃和搬土泥浆调剖，对应一线油井钟 3–15 井，含水下降 1.3%，增油 1632t，降水 6854m^3，有效地控制了断块含水上升。统计至 1987 年，累计增油 1.16×10^4t。90 年代后，调剖工艺应用较少。

四、动态监测

油田投入开发后，建立了压力监测系统，并应用产出、吸水剖面测试技术了解油层的产出状况，为油田调整提供依据。

钟市油田平均每年油井测压 20 口，47 井次。水井测压 4 口，5 井次。

1979 年 4 月首次在钟市油田潜三段钟 33 井进行产液剖面测试。1979 年 7 月首次在潜二段钟 45 井进行注水井吸水剖面测试。油田平均每年油井产液剖面测试 5 口，注水井吸水剖面测试 3 口。

第三章

钻井与采油工程

钟市油田在开发过程中，根据复杂地质构造钻采工艺技术不断改进，形成了一套完善的钻采工艺技术。开发钻井应用定向井、丛式井、水平井等多项技术；举升工艺采用以防腐耐磨泵为主体的机械采油、小泵深抽的配套技术，运用掺水解盐方法解决了举升过程中井筒结盐问题；注水工程采用笼统注水、分层注水、高压注水工艺。这些工艺技术为油田开发提供了技术保障。

第一节　钻井与完井

一、钻井

钟市油田开发初期采用防斜钻直钻井技术，钻井速度慢，周期长。20 世纪 80 年代后期采用转盘加螺杆的双动力钻井技术，使得钻井周期显著缩短，由原来的平均 100 天 (井深 2000m) 缩短为 50 天。1988 年推广应用的 PDC 钻头，使钻井速度进一步得到了提高。受地面条件限制，应用定向井和丛式井钻井技术，减少了耕地占用和钻前工作量。1991 年年底，由钻井研究所定向组钟奇沐等人负责技术服务，在钟斜 34 井首次成功实施三个目标定向钻探，该井最大井斜 18°，井底水平位移 262.56m。在钟市断鼻区块，设计顺剥蚀面倾向大斜度井或顺构造走向水平井，增加了纵向油层钻遇率和单层油层厚度，提高了单井控制储量。至 2005 年底，共完成大斜度井 4 口，水平井 2 口。

钻井液体系采用分段设计，一开表层使用膨润土浆钻井液，二开至完钻井深采用聚合物饱和盐水钻井液。自主研发的多种聚合防塌剂钻井液体系，提高了防塌、携砂、防卡等性能，有效解决了上部平原组地层垮塌的问题，减少了钻井事故的发生。

二、完井

完井方式主要采用套管完井、裸眼完井等。在开发钻井过程中，对于钻遇的地层压力系数比较接近，无异常压力层，套管程序采用表层套管 + 油层套管。水平井井深结构采用表层套管 + 技术套管 + 油层套管。油田开发初期采用 D 和 N80 钢级的套管，壁厚为 7.72mm，后随着油井深度不断加深，对套管的应力承受要求愈来愈高，逐渐引进和应用 P110 钢级，壁厚为 9.17mm 的套管。

油田开发初期，层位比较单一，多采用常规固井方式。随着开发层系的增多，油层纵向跨度增大，从潜二段到潜四段，要求封固段增长，超过 1000m 封固段采用双密度固井。针对水泥候凝过程中，水泥浆失重造成层间窜槽，影响胶结强度，采用其他固井技术，如“短候凝水泥”固井技术、多功能钻井液固井技术。对于井漏、井溢等复杂井，采用管外分隔器，固井过程中有效隔离复杂井段，确保油层段的水泥胶结强度。

油田初期射孔技术分为有枪身和无枪身两种，有枪身射孔采用的是 57–103 枪，无枪身采用的是文胜 –1 型、文胜 –2 型，主要采用有枪身射孔。1976 年以后，WS–73 枪渐渐取代了 57–103 枪，有枪身射孔应用非常广泛，无枪身射孔基本淘汰。1989年，在低渗透储层中，为了新井压裂、酸化等措施改造需要，进一步提高穿透深度，增加孔密，逐渐推广应用YD−89、YD102枪。油田大斜度和水平井射孔方式为油管传输射孔，枪型YD−89。射孔液主要是以下几种：清水、活性水、原油。对于那些敏感性不是很强的储层采用清水射孔液；对于敏感性强（如水敏）的储层采用活性水。

第二节　采油工程

油田1973年正式投入开采以来，举升工艺主要是以有杆泵采油为主，辅以无杆泵提液。随着开采时间的延长，形成了小泵深抽配套系列，螺杆泵抽稠、电潜泵提液等多种举升手段以适应油田开发需要。

一、有杆泵

1973年油田投入开采，地层能量充足，投产20口油井，其中11口井自喷，9口井采用机械采油。

自喷井油管下至油层中部，井口采油树装3～6mm油嘴自喷生产，最高日产量达到169t，占总产量的91.8%。

机械采油井开发初期动液面较高，抽油机悬点载荷不大，抽油机主要以3型、5型等轻型抽油机为主，冲程多为1.8～2.7m，冲次为6～12次／min不等。抽油杆采用C级杆，抽油泵选用普通管式泵，由于这种泵防腐性能差，致使泵效低，检泵周期平均为150天，日产油量仅占到总产量的8.9%。

1975年后，油田产量出现递减，地层能量下降，自喷采油井逐年减少，机械采油成为钟市油田的主要开采方式。

截至1981年6月，自喷井仅剩2口，机械采油井达到39口，日产油量高达441t，占总产量的96%。

进入20世纪80年代后，综合含水已达到30%以上，地层水矿化度高，对井下工具的腐蚀也日益加剧，严重影响了油井生产。

为解决防腐问题，1981年初从解决凡尔球的耐腐蚀性入手，试验使用了“尼龙阀球”、“阴极保护球”、“不锈钢阀球”，均起到了一定的效果。在此基础上，使用软密封柱塞整筒抽油泵，提高了泵的耐腐蚀性能。这种泵平均泵效较普通抽油泵提高了12.4%，平均检泵周期延长了60天。

1983年油田综合含水不断上升，单井产量下降，为了保持稳产，油田开始采取放大压差生产。同年油田引进D级杆，采用10型、12型等抽油机以适应长冲程提液的需要。抽油泵采用ϕ44mm、ϕ56mm至ϕ83mm防腐耐磨泵，满足长冲程大排量提液要求。

1990年以后，随着开采时间的延长，钟市油田动液面持续下降，油田日产油量下降到300t以下，综合含水高达80%以上，油田进入高含水时期，此时油田引进小泵深抽技术，并形成系列抽油泵组合，以适应各种生产需要；采用ϕ38mm和ϕ44mm的防腐耐磨整体钢泵，分别与10型抽油机、玻璃钢抽油杆，12型抽油机、D级抽油杆，14型抽油机、H级抽油杆配套使用，最大下泵深度达到3000m，进行小泵深抽提液。在部分井上采用长冲程皮带抽油机，配以ϕ83mm的大泵提高油井产液量。在进行深抽提液时还使用了张力油管锚、抽油杆扶正器、井口杆管旋转装置等配套设施，延长了杆管的使用寿命，收到了一定效果。

到2002年钟市油田深抽井数占全油田开井数的30%以上，产量占全油田产量的65%，深抽工艺不断完善，ϕ38mm的深抽泵最深可下至3000m，平均检泵周期达335天。深抽技术已成为钟市油田控水稳油、挖潜上产的重要手段。

2000年3月9日，为了更好的开发钟市油田潜二段稠油，首次在钟47井应用了螺杆泵采油技术。

同年9月22日又在钟5–24井下入螺杆泵进行生产，同时使用了空心抽油杆电加热采油技术，但由于油井递减快，稠油产出量少，螺杆泵采油未形成规模。

二、无杆泵

1989年8月18日钟市油田引进了电动潜油泵技术，在钟10–5井第一次下泵成功，排液量高达440m^3/d，满足了油田大排量提液的需求，这也标志着钟市油田无杆泵采油的开始。由于电动潜油泵具有排量大、工作性能稳定等特点，在钟市油田高含水期得到了推广，应用井数逐年增多，下泵井数达到8口井。1989—1995年，电动潜油泵采油技术成为钟市油田最主要的提液增油手段。

1995年后因供液不足、含水上升等原因，大部分电潜泵油井先后起出改为管式泵生产。截至2005年底，钟市油田仅有一口井在使用电潜泵生产。

三、井筒管理

钟市油田综合含水上升快，油井腐蚀现象日趋严重，油井结盐、结蜡、结膏和结垢现象严重影响油井正常生产。针对这些问题，油田做了大量工作。

（1）解盐。1974年钟市油田盐卡事故时常发生，油田采用投加三聚磷酸钠和磁场法物理解盐两种方法解盐，这两种方法起到了一定的解盐效果。因磁力解盐器仍不能彻底解盐，盐卡、堵造成的躺井事故时有发生，在作业过程中采取探盐面冲盐、大排量活性水洗井等方式，以清除井筒积盐。

1974年后油田采取清水解盐方法，首先是使用下丢手插入解盐管柱，清水可以从管柱底部筛管循环解盐，检泵周期明显延长6～8倍。在油田广泛使用。

（2）清防蜡。钟市油田主要采取化学清防蜡、热力清蜡方式。

自喷采油井主是采用刮蜡片清蜡，机械采油井清蜡方式以化学清蜡和热力清蜡为主。化学清蜡针对不同条件单井提出四种加药方式，即周期性小剂量套管加药、定期大剂量套管加药进行油套循环、油管直接加药浸泡、临时超大剂量套管加药进行油套循环。

2001年以前油田主要使用BJ系列油基清防蜡剂，效果良好。但BJ系列清防蜡溶剂中含有有机氯、二硫化碳，对炼制设备有腐蚀作用，所以停止使用。

2001年8月1日开始，无氯清防蜡剂CY–2作为一种替代品，代替了BJ系列清防蜡剂。从现场应用的情况来看，无氯清防蜡剂作用明显。

在油田热力清蜡方面，2002年以前，钟市油田主要采用热洗车和水套炉循环洗井清蜡，效果一般。2003年在钟市油田开始使用燃煤热洗车清蜡，效果较为理想。

（3）解膏。1979年4月，针对油井结膏采用油套环形空间定期加碳酸氢铵（NH_4HCO_3）化肥，解膏效果明显。已经成为油田管理的重要措施之一。

第三节　注水工程

钟市油田含油层系多，纵向上分布14个含油砂组，72个含油小层。主要分为潜二段、潜三段、潜四段三套开发层系。依据上述油层物性特征，钟市油田主要采用以下注水开发方式开采：笼统注水、分层注水、高压注水。随着油田发展的不断深入，注水工艺也在不断完善。

油田分层注水是油田开发中一项极其重要的手段。1975年1月钟市油田进入注水开发阶段，管柱方面采用大庆的475–8封隔器和胜利的空心活动配水器；在测试方面，采用吊球法测试和录井钢丝投捞。

1977年，油田主要采用的是以空心活动配水器为主的分注管柱。开展了以涂料油管(H52–1环氧酚醛烘漆型的)、不放喷作业、井口调配、752–3 深井注水封隔器和"101"井下流量计五个方面配套的分层注水工艺的研究和试验。

1978 年，由于空心活动注水管柱在使用过程中存在着投捞级数少，投捞工作量大的缺点，开始了偏心配水器的研制。

1979 年江 P–1 型新型偏心配水器问世，该偏心配水器一个最突出的特点是简化了投捞测试，减少了投捞次数，提高了投捞作业效率。

1979 年生产了江 752–3 型、江 752–4 型和江 752–5 型封隔器；其后又生产了双向承压的江 752–6 型封隔器，这项成果于 1982 年获石油工业部优秀科技成果二等奖。

1981—1982 年还设计出江 458 型肩部保护式注水封隔器，它适用于深井，能耐高温，且使用寿命较长，经现场试验，成功率达到 93%。这些封隔器的研制成功，解决了分层注水的一系列工艺技术问题。

1985—1990 年，注水工艺技术不断提高，试验和研究了包括压缩式封隔器、配水器、涂料油管、循环凡尔、丝扣密封脂、仪表测试等配套技术。

1994 年 10 月 2 日，钟市油田钟斜 8–11 井首次应用 Y341–114 深井注水封隔器，该封隔器是为了满足油田深井高压(井深为 2500 ~ 3500m，注水压力为 25MPa)注水工艺的需要而进行推广应用的。根据油田的地质特点和技术条件，所采用的工艺技术特点是利用 Y341–114 深井注水封隔器与 0665–2 型偏心配水器和 952–1 底部循环凡尔组成的 $5^1/_2$ in 偏心分注管柱。

1995 年底，钟市油田有空心配水井 2 口，偏心配水井 9 口。

2000 年开始，钟市油田采用 Y341–114 型封隔器分层注水的井有 1 口，采用 JH752–6 型封隔器的井有 4 口。分层配水器采用的是偏心配水器，注水管柱配套使用 KPX–114 型偏心配水管柱及皮碗式底部循环阀、涂料油管和丝扣密封脂。Y341–114 封隔器自投入使用后，密封可靠、反洗畅通、使用寿命较长。

2001—2005 年之间，油田又相继研究使用了油套保护注水管柱、套管变形井注水管柱、斜井注水管柱。通过上述各种分层管柱的应用，取得了较好的效果，工艺成功率在 84% 以上，措施有效率超过 82%，分注合格率为 76% 以上。

第四节　油层改造

钟市油田油层改造主要包括酸化、压裂工艺。开发初期，油田的开发对象主要是中、高渗透油层，油层改造措施以酸化为主，随着低渗透油层的逐步开发，压裂措施所占的比重越来越大。

一、酸化

油田开发初期，为了解除钻井过程中对油层的伤害，开始在试油作业中应用土酸酸化。1973—1989 年，每年应用 3 ~ 5 口井。随着油田开发的不断深入，为了解除储层深部伤害，1990 年油田处采油工艺研究所高英华、阳惠君等应用了氟硼酸深部酸化。1990 年 7 月 14 日对钟 6–20 井进行了酸化处理，日产油从 9.4t 上升到 12.4t。针对注水开发过程中出现的胶质、沥青质等有机垢物伤害储层，1991 年应用了胶束酸酸化，1991 年 6 月 24 日，在水井钟斜 1–17 井应用胶束酸酸化，酸化后注水压力由 10.5MPa 下降到 7MPa，注水量由 5m³ 上升到 26m³。

1992 年，针对钟市油田小层多而夹层又薄，无法下封隔器分酸，应用了厚油层暂堵分酸酸化，采用蜡球做暂堵剂。1992 年 12 月对钟 5–21 井进行了暂堵酸化。1992—1994 年共实施油井 8 口井，累计增油 4444t。随着油田含水的进一步上升，蜡球暂堵酸化效果逐渐变差，1997 年应用了转向酸酸化。

1997 年 12 月 6 日在钟 6–9 井应用，日产油由 0.5t 上升到 4.5t，含水由 57.6% 下降到 43.7%。1999 年，针对地层能量低，应用了增能酸化。1999 年 9 月 12 日在钟 6–21 井应用增能液和土酸处理地层，日产油由 0t 上升到 4.6t。2003 年，江汉油田开始进行潜江凹陷颗粒灰岩储层改造的工作，主要是采用复合酸，在钟市油田应用 2 口井。在钟 5–13 井应用复合酸处理后，日产油由 0t 上升到 2.4t，累计增油 590t。

二、压裂

低渗透油层投入开发后，开展了压裂技术的应用，随着压裂设备能力的不断提高，压裂技术不断发展，应用了多种压裂液及相关技术（表 3–1）。

开发初期，在浅井低渗透层应用压裂技术，压裂车组为 500 型车组，支撑剂采用石英砂，压裂液主要采用原油。1972 年 8 月 20 日在钟 48 井进行压裂，挤入原油 38.58m^3，加砂 1.68m^3。1976 年应用了油基压裂液，在钟市油田共施工 17 口井，有 14 口井见到不同程度的增油效果。1976 年 2 月 1 日在钟 7–9 井进行油基压裂液施工，加砂 2.2m^3，压裂后日产油由 3.3t 上升到 12.1t。

1976 年，为了提高中深井压裂改造效果，逐步配套和完善了 700 型压裂车组，开始使用江 453 封隔器开展分层压裂，压裂液应用羧甲基槐豆粉和羧甲基田菁粉、羟乙基皂仁粉等。1977 年 1 月 11 日在钟 59 井应用，加砂 6.2m^3，压裂后日产油从 14t 上升到 19.2t。1978 年应用 8 口井，累计增油 4649t。为了进一步提高压裂规模，在此期间还进行了田菁压裂液的应用。1978 年开始在注水井应用，通过降低粉剂用量，压后用酸处理残渣，在钟市油田应用 2 口井，平均日注水量由 13m^3 上升到 94m^3。

1985 年，针对油层在 3000m 以上的压裂改造问题，引进中原油田美国斯蒂文森千型压裂设备，同时应用了 ZH 压裂封隔器和千型井口，开始使用 3in 油管进行压裂，采用陶粒做支撑剂。1987 年油田处采油工艺研究所黄德琼、肖东等研究应用了 JH–S 压裂液用于深井压裂，1989 年 6 月 10 日在钟更 8–9 井进行压裂施工，日产油由压前的 7.6t 上升到 15.3t。1990 年应用了田菁有机肽压裂液，1990 年到 1994 年共施工了 17 口井。1990 年 4 月 30 日在钟 6–15 井施工，日产油由压前的 6t 上升到 12.5t。1995 年随着对油层保护的重视，应用了羟丙基瓜尔胶有机硼压裂液，1995—2001 年共施工 11 口井，主要是进行新井试油压裂。1999 年 5 月 6 日，在钟新斜 6–15 井进行压裂施工，加砂 20m^3，砂液比 30%，日产油由压前的 3.4t 上升到 12t。2002 年引进、配套了 2000 型压裂车组，2002 年到 2005 年共施工 7 口井。

表 3–1　历年压裂工艺发展应用情况表

时间	压裂车组	压裂液	支撑剂	排量 m^3/min	加砂量 m^3	砂液比 %
1970—1976	500 型	原油、油基	石英砂	1.5	1 ~ 3	7 ~ 10
1976—1985	700 型	槐豆粉、田菁	石英砂	2	5	15 ~ 20
1986—2001	1000 型	JH–S、瓜尔胶	陶粒	2.5 ~ 3	10 ~ 15	20 ~ 30
2002—2005	2000 型	瓜尔胶	陶粒	3 ~ 5	10 ~ 20	25 ~ 35

第五节　堵水、调剖

钟市油田属于非均质严重的砂岩油藏，断块多，油水关系复杂，由于油层多、层间差异大，常有注入水单层突进、水窜、水淹及油井含水上升速度快的现象。在采用机械分层卡堵水的同时，1980 年后应用了多种化学堵水调剖剂，开展了水井调剖、油井堵水的现场推广应用。1990 年后由于调剖堵水效果较差，技术上发展也较慢，应用较少。

一、水井调剖

1980年开始在注水井上应用同位素 ^{131}I 测吸水剖面，了解各个分层的吸水能力，针对性地开展了单井小剂量调剖。1981年在钟45断块进行小剂量调剖试验，1981—1983年在钟45断块先后调剖5井次，主要采用水玻璃—氯化钙双液法堵水调剖和聚丙烯酰胺铬冻胶堵水调剖相结合。在主要注水井钟45井调剖4井次，平均每井次挤入水玻璃—氯化钙33m³，聚丙烯酰胺铬冻胶120～160m³，调剖半径2.6～3.5m。钟45井经4次调剖后，吸水指数下降31%，相同注水量条件下注水压力上升了6.29MPa，吸水剖面由调剖前下部强吸水变为均匀吸水，每井次调剖的有效期8个月左右，对应油井累计增油9585t。

1984年，针对小剂量调剖施工频繁，增加作业工作量，有效期也不长的问题，开展了大剂量深部调剖试验。1984年4月至7月在钟45井进行了大剂量回注污水加水玻璃和搬土泥浆调剖试验，共挤入堵剂3151m³，调剖半径10.02m。调剖后吸水指数下降96.7%，相同注水量条件下注水压力上升了4.22MPa，两年后同位素测试均匀吸水。对应一线油井钟3–15井，含水下降1.3%，增油1632t，降水6854m³，有效地控制了断块含水上升。统计至1987年，累计增油 1.16×10^4t。

2000年3月，在钟市油田钟5–23井组开展了注氮气提高采收率试验，采取小剂量、小段塞方式交替注入氮气和水，同时加入泡沫剂进行调剖，周期10天，气液比1∶1，累计注气 23.5×10^4Nm³，注水7585m³，实施氮气驱后，钟5–23井地层压力由4.56MPa上升到15MPa，对应5口油井均见到明显效果，截至2000年10月，累计增油3132t，其中钟新21井日产油量由0t上升到11.8t。

二、油井堵水

1970年，开始应用封隔器找水法找出高含水层，堵水挖掘油井的生产潜力，应用了以江252–1封隔器为核心的找水、堵水管柱。1971—1973年应用36井次，累计增油 5.1×10^4t。由于钟市油田地层水矿化度高，普遍结盐，江252–1封隔器解封负荷大，1977年，应用了以江756–2封隔器为核心的找水、堵水管柱。1977—1979年在钟市油田应用40井次，有效率92%，累计增油 5.4×10^4t。同时开始应用临时气举找水法，将抽油井变成气举井，用自喷井的生产测试方法找水，现场应用12口井，由于资料误差大，工序多，逐渐被淘汰。1980年，应用了以江756–6封隔器为核心的找水、堵水管柱，1982—1983年应用16口井，累计增油3000t。同时开始应用化学法油井堵水技术，1980—1983年，主要应用水玻璃—氯化钙堵水，共实施8井次。1981年7月到1983年7月，在钟45断块开展调剖试验的同时，对应的油井也开展了油层选择性堵水试验。在离钟45井200m井距的钟3–15井共进行选择性化学堵水4次，采用聚丙烯酰胺铬冻胶堵水，平均堵塞半径3.3m，平均有效期493天，累计增油3039t。1983年，环空测试找水法开始在钟市油田应用，油田处采油工艺研究所王培烈等成功研制出可转动式偏心井口和过环空生产测井仪器JCF系列分层测试仪用于产液剖面测试找水，该技术获得了石油工业部科技进步三等奖。1983—1986年每年在钟市油田应用5–10口井。1984年针对堵水有效期短，应用了聚丙烯氰加氯化钙油井堵水，1984年2月26日，在钟7–18井进行了堵水施工，措施后累计增油172t，减水356t，含水下降44%。由于堵剂抗盐能力差，随着油井含水进一步上升，堵水效果逐渐变差。1988年为了提高测试的成功率，油田处采油工艺研究所伍朝东等研制出JLS系列分层测试仪用于产液剖面测试找水，该技术获得了石油工业部科技进步二等奖，每年应用5～10口井。1990年至今，找水方法主要应用的是封隔器找水法、环空测试找水法、中子寿命测试技术。环空测试产液剖面在钟市油田应用较多，1987—1992年，在钟市油田21口井进行了54井次的测试。堵水以机械堵水为主，主要应用以江756–2封隔器为核心的堵水管柱，化学堵水应用较少。

第六节　修　井

油田投入开发后，井下事故的出现也越来越频繁、复杂，处理事故的水平也不断进步。修井主要解决复杂的解卡打捞、修复套管等问题。

一、解卡打捞

油田开发初期，产出地层水矿化度高，井筒容易结盐造成生产管柱盐卡，修井工艺主要解决盐卡管柱的问题，其次是蜡卡和砂卡。在解卡施工技术方面，主要采用清水冲盐、挤清水解盐活动解卡，对于活动不能解卡的井采用套铣和倒扣的方法起出被卡管柱。随着掺水解盐的应用，盐卡、蜡卡井减少，1990 年以后，主要解决的是管卡和落物事故，通常是采用循环洗井、套铣和倒扣工艺解卡为主。在复杂落物打捞方面，主要根据落物顶部（鱼顶）情况，再选择或制作合适的打捞工具。如可退式捞茅、外钩、开窗捞筒、偏心捞矛等进行打捞，在钟 4–14 井、钟 33 井、钟 7–14 井打捞时都见到一定效果。

二、堵漏

油田位于盐湖盆地，钻井过程中要钻遇许多盐层和水层，由于盐层蠕动和盐水腐蚀，常造成油井套管外窜槽、腐蚀穿孔、套管变形。1981 年在套管穿孔漏井和套管外窜槽井应用水泥浆挤堵修复套管，1981 年 12 月，在钟 7–19 井进行水泥浆挤堵施工成功，从此水泥浆挤堵开始推广应用。2000 年以后针对井深、渗透率低，普通油井水泥浆封堵水层难度大的井应用了超细水泥浆挤堵。2005 年针对小段套管严重漏失、破裂的井引进了西安腾特石油科技公司的高效气动套管自动封堵、修复工艺，在钟 6–20 井进行了现场应用获得成功。

三、取套换套

针对大段套管严重穿孔、变形的修复问题，2002 在油田应用了取套换套修复套管，2002 年 2 月在钟 7–16 井进行了取换套管试验，由于地层垮塌严重，造成鱼顶丢失未成功。

第四章

地面生产系统

钟市油田油气水集输系统、污水处理与注水系统、供电系统为适应油田不同开发阶段的需要，不断完善并形成规模。建成联合站1座，外交油站1座，计量站7座，计量接转站1座，轻烃回收装置1座。设计外输能力70×10^4t/a，外拉能力10×10^4t/a，原油脱水能力21.9×10^4t/a，储油能力3.0×10^4t，原油稳定能力70×10^4t/a，伴生气日处理能力$0.8\times10^4m^3$的油气水地面集输系统，经多年的系统改造配套，钟市油田已具备完善的生产运行系统，为原油生产奠定了坚实基础。

第一节　油气水集输系统

钟市油田从零散单井拉油发展到具有规模的二级（三级）全密闭集输、污水处理回注，形成了较为完善的油气水集输系统。

一、原油集输

1965年，钟市油田勘探初期，油井采出液进入高架罐，采用拉油方式。

1969年8月至1970年1月，对钟市油田进行重点勘探，扩大了钟市油田的含油面积和储量。为满足当时钟市油田大规模开采生产的需要，对油田进行总体设计，配套钟市油田的地面集输系统。

1970年7月，钟市至荆门输油管线（ϕ377mm，总长75km）建成投产，最大输油能力170×10^4t/a，实际输油85×10^4t/a。

同年8月26日与之配套的系统工程钟市至荆门输油管线中途的2号站、沙洋站、3号站、4号加热、加压站已建成投入运行。为此，钟荆管线全线投产，形成了一套从钟市集油站（首站）—2号加热站—沙洋加热、加压站—3号加热站—4号加热站—荆门炼油厂一整套完善的外输系统，将江汉油田生产的原油脱水处理合格后外输至荆门炼油厂加工处理。

1972年1月钟市油田油气集输工程开始建设。同年6月新建了钟市1号计量接转站。同年8月新建了钟市2号计量接转站。1973年新建钟市3号计量接转点。同年8月1日钟市油田第一座联合站——钟市联合站投入运行。

1980—1982年，钟市4号、6号、7号、8号、9号计量点也相继建成投入使用。单井采用三管伴热，计量接转站（计量站）实现密闭接转，减少油气损耗，原油密闭率达100%。原油从井口自压至计量站或计量接转站进行原油单井计量，经计量后自压或者泵输接转至钟市联合站进行油气水集中处理后外输。

1986年后随含水上升，逐步淘汰三管流程，对含水量高、产液量大的油井，实现常温输送。单井都采用双管流程即：一根油管线，一根掺水解盐管线。

截至2005年，建成计量站7座，计量接转站1座。建有输油管线0.8km，集油干线7.02km，单井管线 20.35km。

二、天然气集输

钟市油田建有低压（干、湿）气集输管网气管线 2.6km。将湿气低压集输至钟市轻烃回收站，回收轻烃后将干气返输至各站作生产供热燃料，伴生气集输能力为 $0.8\times10^4m^3/d$。

第二节　油气水处理系统

钟市油田的油气水处理系统，建有联合站 1 座（钟市联合站），外交油站 1 座。担负着王场、广华等油田外输原油加热、稳定处理，计量、原油外交工作，还担负着钟市油田原油脱水、污水的处理及污水回注工作。设计外输能力 $70\times10^4t/a$，外拉能力 $10\times10^4t/a$，原油脱水能力 $21.9\times10^4t/a$，实际脱水处理 $38\times10^4t/a$，储油能力 3.0×10^4t。建有原油稳定装置 1 套，原油稳定能力 $70\times10^4t/a$，同时在钟市油田建有稳定气和伴生气处理回收装置 1 套，其中伴生气日处理能力 $0.8\times10^4m^3$。

一、原油处理

钟市油田原油处理系统主要采用原油脱水、原油稳定工艺。

1973 年，钟市油田主要采用传统的“四合一”脱水工艺即：分离、加热、脱水、缓冲、外输，集油部分原设计均为开式流程。

1980 年 5 月，钟市联合站密闭工艺流程扩建，实现了原油处理、输送密闭。

1984 年，钟市联合站改造，实现王场联合站至荆门输油密闭，钟市直输荆门，停止沙洋接转，减少 14 具油罐蒸发损耗。

1985 年 2 月对钟市联合站进行改造，新增 $100\times10^4kcal/h$ 高效加热炉 5 台，拆除“四合一”脱水工艺，采用二段脱水工艺即：计量站油水混合液—低温破乳—陶粒脱水—电脱水—缓冲—泵—计量—加热—外输（图 4–1），对中高含水原油脱水处理。这种密闭集输处理流程比传统的“四合一”流程操作简单，安全系数高，生产效率高，但能耗较大。

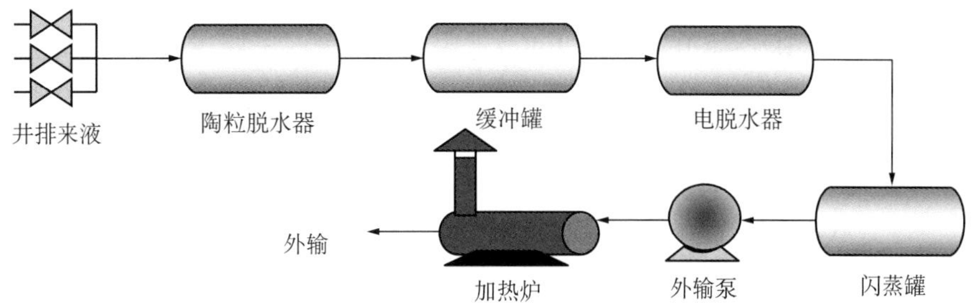

图 4–1　二段脱水工艺流程示意图

1986 年 9 月，投运原油热处理工程。王、广、钟含蜡原油热处理效果好，通过管理局科研所室内试验，对钟市外输原油热处理，热处理能力 70×10^4 ～ $83\times10^4t/a$，加 EVA 降凝剂，原油加温 85 ～ 90℃后急冷 55 ～ 60℃再外输，凝固点可从 26℃下降到 9 ～ 12℃以内，凝固点降低 51%，黏度下降 77% ～ 81%，如果再添加 10mg/L 降凝剂，凝固点可下降 5℃以内。

1987 年 1 月 25 日，钟荆原油热处理后的原油能一泵到底直输荆门，75km 不加热输送，沿途三个加热站一个加压站停止加热、加压。

1988 年 6 月，原油热处理外输温度偏低，增加 HST$100\times10^4kcal/h$ 加热炉一台。同年 9 月 27 日进行第一次试验，原油从钟市直输荆门，见油温度不低于 29℃。这套装置的经济效益明显，年节电 50 万元，使钟市轻烃回收装置日增产轻烃约 15t。

1990 年 11 月，增加原油热处理蒸汽换热器，安装 4t 锅炉一台，满足热处理温度要求。

1991 年 10 月对钟市联合站进行扩建，新建外输油站，建成 $5000m^3$ 拱顶钢油罐 4 具。储油能力由 $0.32\times10^4m^3$ 提高到 $1.68\times10^4m^3$。

1992 年 7 月至 1993 年 10 月，对钟市联合站进行改造，拆除原陶粒脱水器，采用高效三相分离器脱水工艺，即：计量站来液—低温破乳剂—三相油气水分离—缓冲罐—泵—计量—加热—外输（图 4–2)，将二段脱水工艺流程改为油气水一次直接分离，解决了高含水原油处理。

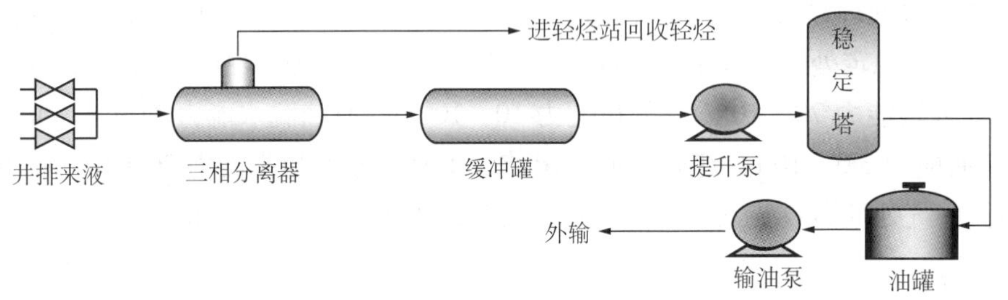

图 4–2 高效三相分离器一次脱水工艺流程示意图

1996 年 9 月，洪荆输油管线建成投产，江汉原油改在钟市交油掺输进入洪荆管线，对钟市外输站进行扩建，建钟市交油站 1 座及相应的工艺配套。同年 11 月 30 日，钟市停输荆门，钟荆管线全线扫线后，取消长输队 (2 号站、沙洋站、3 号站、4 号站）。

1997 年 1 月 4 日钟市交油站正式开始交油，结束了 27 年钟市输沙洋—荆门的历史。同年，新建钟市拉油站 1 座，设计装车能力 $10\times10^4t/a$，满足钟市装车外运的需要。

2002 年 5 月，钟市交油站油罐区扩容。新建 $10000m^3$ 外浮顶罐及 $600m^3$ 拱顶油罐各 1 具及相应的设施、工艺配套。

二、原油稳定、伴生气处理

钟市油田开发的同时，就开始了伴生气的生产。

1984 年，石油工业部要求各油田，在建设和改造中实现油气“三脱三回收”，实现油气损耗降低到 0.5% 以下。

1985 年 12 月，江汉石油管理局对集输系统进行了改造，实现全密闭输送，并在总外输口钟市联合站内建一套原油稳定、轻油回收工艺，对油田外输原油进行稳定回收轻烃。该装置 1983 年设计，1984 年建设，1985 年 10 月 28 日投产。设计工艺为负压抽气、原油稳定及氨冷分离低压浅冷回收轻烃（图 4–3)。设计原油稳定能力为 $70\times10^4t/a$，压力为 0.08MPa（绝对压力），稳定温度 65℃，伴生气处理能力为 $8000m^3/d$，实际稳定原油 $50\times10^4t/a$，实际伴生气处理量为 $6000m^3/d$。生产产品有：液化气、轻油、干气。主要建有原油稳定、压缩、冷却、分离、氨制冷、精馏、供热等设施。

图 4–3 钟市轻烃站装置

1987 年 10 月，结合原油热处理工艺，85℃进原油稳定塔，钟市轻烃站二期工程开工，历时 34 天。稳定拔顶气先分离进负压机，拔顶气经换冷，分离后再增加氨冷至 10℃分离后进原料罐。投产后液化气日平均产量 20t，轻油产量 10t。同时，增加轻油调制 80 号稳定轻烃装置，可以产出产品：干气、液化石油气、丙烷、混合丁烷、70 号及 80 号稳定轻烃。

1999 年，钟市水处理系统工艺改进，推广应用“LDZN”型节能软化水处理装置，锅炉水质硬度从原水 8mg/L 降至 0.03mg/L 左右。

2002 年 4 月至 7 月，钟市轻烃站三期工程改造，历时 41 天，新建脱硫系统 (2 具 ϕ1600mm × 12200mm 脱硫塔)，采用干法脱硫，脱硫塔进口 H_2S 含量为 420mg/m^3，在脱硫以前，硫化氢造成装置管网、设备、容器腐蚀严重，铜片腐蚀不合格，脱硫后脱硫塔出口 H_2S 含量为 0。新建 DCS 自动控制系统、精馏系统改造、整个装置平台拆除更换、更换一台 2t 燃气锅炉、站内消防系统改造，改造前 C_{3+} 收率为 75%，改造后 C_{3+} 收率为 82%。

三、污水处理

钟市污水站的雏形是 1975 年 1 月在集油站建成的三柱塞泵 (3W−6B5) 注水泵房，但污水未经任何处理就直接进入 700m^3 的钢水罐与清水混合，再经提升注入井下。

1981 年根据环境保护要求，站内污水不外排、洗井水必须处理合格后进行回注以及开发的需要，扩建成污水处理站，其污水处理能力为 2500t/d，采用混凝沉降过滤方法处理污水。在加药混合器前加水质净化剂，缓冲罐前加水质稳定剂。

1989 年针对钟市油田原油处理脱水器产生的含油污水、洗井污水等污水站进行改造，设计含油污水处理能力 3500m^3/d。含油污水经粗粒化除油罐、一级除油沉降、二级沉降、缓冲罐、过滤器，最后到注水罐再进入注水管网。过滤器为 GL150/6−W1 型核桃过滤器。1995 年为提高注水水质，节能降耗，对污水站进行了改造，设计污水处理能力 3600m^3/d，要求注水水质中机械杂质小于 4mg/L，对原 1000m^3 缓冲罐保温改造成沉降除油罐，改造核桃过滤罐为石英砂过滤罐。

2003 年针对污水工艺简单，设备腐蚀老化故障多，系统收油困难，污水池中功能单一，隔油、泥、水效果差，水处理效果差，水质达标率低，为提高注水系统效率，将过去的除油、沉降、缓冲三个过程全部集中到缓冲罐完成，改为除油、沉降、缓冲三过程分开，同时调整加药工艺，优化水处理药剂，注水水质得到改善。

2003 年 10 月至 2004 年 11 月对钟市注 (污) 水站整体进行了改造，采用“二级除油、二级缓冲、一级沉降、一级过滤”的污水处理流程，在一级缓冲罐前加液碱，在过滤器进口加杀菌剂 (SS313) 和一级缓冲罐出口加缓蚀剂 (SB−9805)，采用聚集除油技术、改性纤维球精过滤及过滤器自动控制技术、贮集容器密闭清淤技术、污泥回灌技术。

第三节　注水系统

钟市油田有 1 座注 (污) 水站，两台注水泵机组 (型号 DF65−160 × 10)，一用一备，额定排量 65m^3/h，供水 1735m^3/d，有 8 条注水干线，注水管线压力 17MPa。

1973 年 8 月钟市油田经过了短暂的自喷采油期，由于地层能量不足，1975 年 1 月投入注水开发。注水初期主要采用 2 台高压离心泵 (型号 6D100−150，一用一备，Q：100 m^3/h，H：1540m，N：2950r/min，V：6000V) 和 3 台柱塞泵 (3W−6B5，2 用 1 备 (Q：9.3 m^3/h，H：27 ～ 19m，N：1450r/min) 作为升压装置。注水站布置在集油站内，设计压力 15MPa，有 3 条配注管线，其中 2 条为 ϕ168mm 清水管线，1 条为 ϕ114mm 污水管线，保证了既能注清水，又能注污水的需要。同时，为了保证清水注水水质要求，配套有 ϕ2400mm×4644mm 和 ϕ2500mm×4970mm 清水锰砂过滤罐 1 座，100m³ 清水罐和污水罐各 1 座、700m³ 钢储水罐 1 座和加氯间 1 座。

1975 年 12 月共有注水井 13 口，开井 13 口，日注水 665m³。

1981 年 12 月共有注水井 23 口，开井 16 口。注水量从 685m³/d 上升至 1300m³/d，井口产水量从 37m³/d 上升到 372m³/d，原有的注水站已不能满足污水处理的需要，进入扩建、完善阶段，对污水泵房进行了扩建。采用混注、混洗流程，清、污水泵前混合，在 300m³ 沉降罐后 300 m³ 斜板沉降罐前加聚合铝，经注水泵增压调节，计量后进入配注水管网。

1982—1989 年第一次改造。这一阶段主要针对原油处理脱水器产生的含油污水、油田注水井洗井污水等处理进行的整体改造。

1989 年 12 月，油田日产污水 1134 m³，有注水井 19 口，开井 17 口，日注 2445 m³/d。

1990—1995 年第二次改造。本阶段日产污水最高为 1757 m³(1991 年 3 月)，最低 654 m³(1995 年 12 月)，平均 1438 m³。

1995 年 12 月共有注水井 26 口，开井 11 口，日注水 1561m³。设计最大污水处理量 3600 m³/d，机械杂质小于 4mg/L。主要针对钟市油田原有站点和地面管网系统工艺不合理，技术落后，能耗高，不能满足生产需要的现状，本着简化流程、节省投资、降低能耗、技术进步的原则对其进行了第二次改造，对原核桃壳过滤罐进行改造为石英砂过滤器，原 1000m³ 缓冲罐保温改造成沉降除油罐，原 500m³ 一次除油罐利用等。

1996—2005 年第三次改造。污水工艺简单，水处理效果差，水质达标率低，污水池中功能单一，隔油、泥、水效果差，部分设备使用时间长，故障多。

2001 年 3 月将原 6D100−150 注水泵 3 台更新 DF65−160×10 注水泵 2 台。改造后采用两级除油、两级缓冲、一级沉降、一级精过滤 (TCLW60−0.6Z)，水质达标率由 54.6% 上升到 60.8%。

第四节 防 腐

江汉盆地属于内陆盐湖沉积盆地，常年多雨，地下水位高，产出水含盐高，土壤的电阻率很高，对金属具有很强的腐蚀作用。钟市油田的阴极防腐是在 1982 年设计的，1983—1984 年 6 月 5 日钟市油田新建成阴极保护。保护油水井 70 口，油水管线 140km，设有装置点：钟 1、钟 2、钟 3、钟 4、钟 5、钟 6、钟 7 和钟市集油站。

1987—1988 年，由于种种原因，除长输油管线外，其他保护站都被破坏。

1989 年以来，对长输系统的沙洋站、四号站的阴极保护设施进行维修改造，并增建钟市保护站，同时对长输线采取牺牲阳极保护。

1997 年，沙洋长输系统停用，改为钟市交油。

“九五”、“十五”期间，玻璃钢管线、高原复合管、玻璃钢储罐、牺牲阳极在集输系统得到较为广泛的应用，在含水高、液量大的低中压单井管线及集输油管线上采用玻璃钢管线，减缓腐蚀，延长管线的使用寿命，节约成本。

第五节 配套工程

一、供电

钟市油田供电电源为油田 35kV 钟市变电站。

6kV 开关 6612、6615 出线直供钟市注水站 2 台 6kV/560kW 电机。

6kV 开关 6611 出线直供钟市轻烃站 2 台 630kV·A 变压器和钟市集油站 2 台 560kV·A 变压器，6kV 开关 6618 出线（钟市西干线）作为该站备用电源。

6kV 开关 6618 出线（钟市西干线）为钟市荆潜公路西部油区的 1 号接转站和所有油井增注井电源。

6kV 开关 6614 出线（钟市东干线）为钟市荆潜公路东部油区的 2 号、3 号、4 号接转站和所有油井、增注井电源。

钟市油田联合站、接转站、计量站用电电压为 380V，油井用电电压为 1140V。

钟市油田于 1975 年至 1976 年在江汉油田设计院自动化科研室和油田处参与下，开发研制了钟市油田自动化远程控制装置，对当时全部 60 余口油井遥控开、停机和故障停机报警，自动测量电机电流和油、水井的油压、回压、套压。由于该装置故障率较高，于 1982 年停用。

二、供水

钟市油田工业、生活用水均取自地下水源井。1973 年 1 月、1974 年 7 月、1975 年 4 月，1977 年 12 月、1992 年 4 月打的 5 口水源井由于出砂严重，防砂后出水量过少，先后在 80 年代至 90 年代报废。2005 年在用的 2 号水源井为 1974 年 6 月投运，井深 126m，日产水量 1920m^3；6 号水源井为 1985 年 9 月投运，井深 126m，日产水量 1920m^3；7 号水源井 1994 年 10 月投运，井深 126m，日产水 1200m^3；9 号水源井 2004 年 6 月投运，井深 130m，日产水 1200m^3。1995 年由于地下水质变差，打了一口深 62m，日产水量 1920m^3 的 8 号水源井，建水处理装置一座，专供生活和钟市联合站用水。

附　录

附录一　附　图

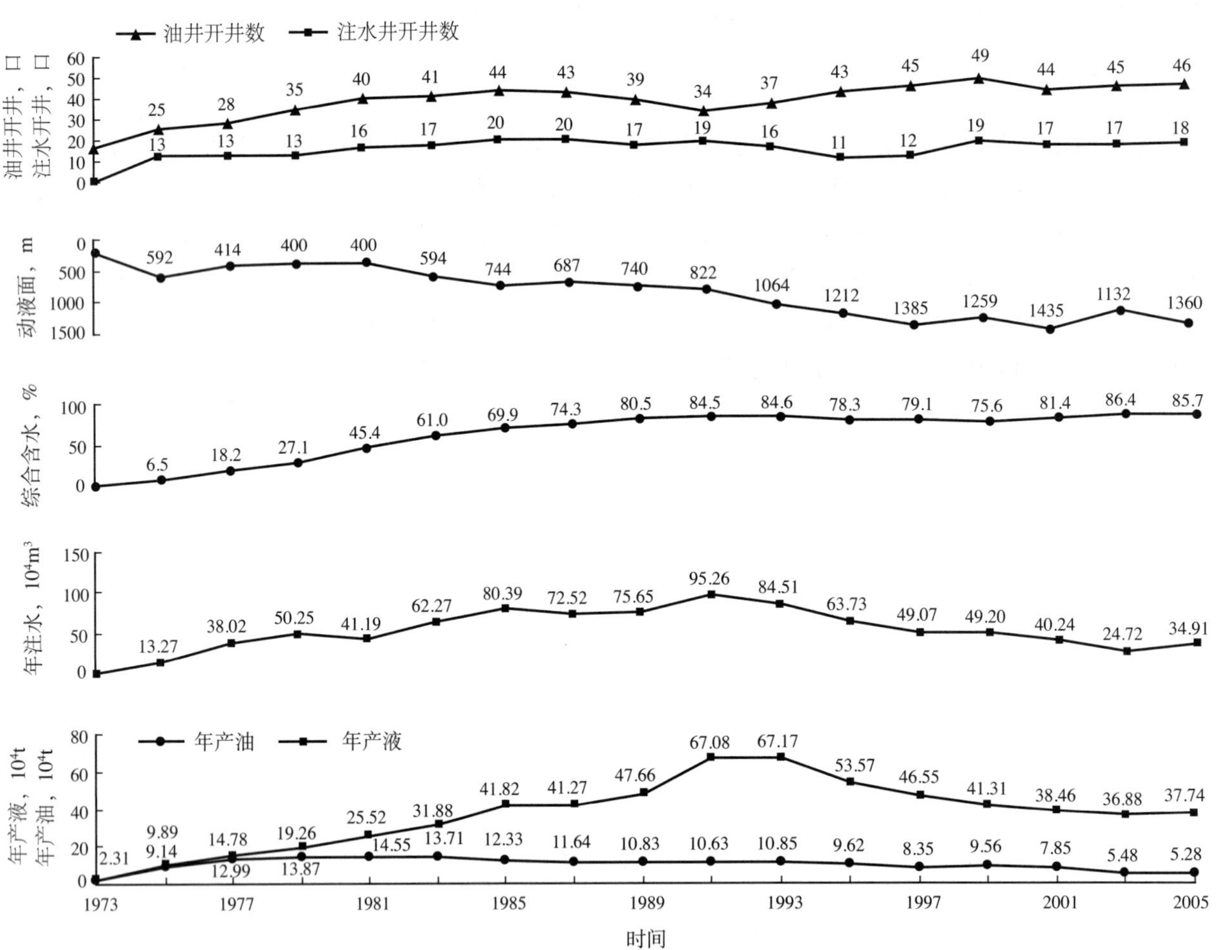

附图1　钟市油田开采综合曲线图

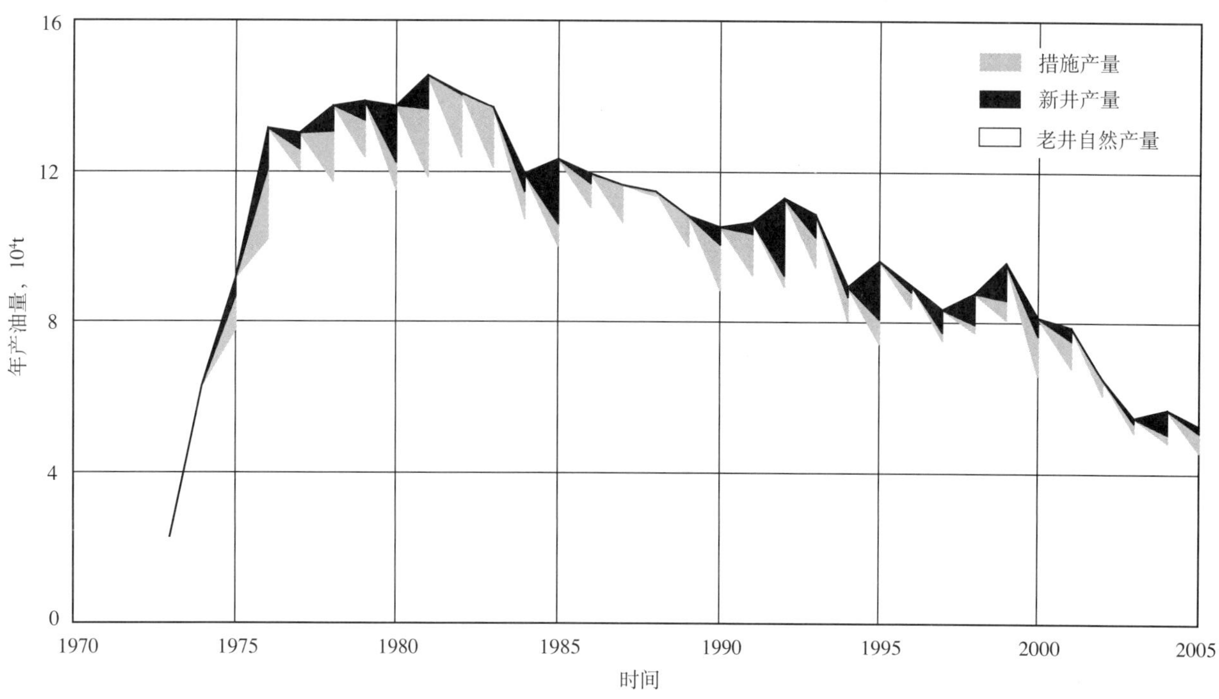

附图 2　钟市油田产量构成曲线图

附录二　钟市油田开发数据图表

附表 1　钟市油田综合地质数据表

油田	含油面积 km^2	地质储量 10^4t	层位	油层埋藏深度 m	平均有效厚度 m	孔隙度 %	空气渗透率 mD	含油饱和度 %	地层温度 ℃	压力系数	原始地层压力 MPa	地层原油				地面原油					天然气		地层水		
												饱和压力 MPa	原始气油比 m^3/t	体积系数	地下黏度 mPa·s	密度 g/cm^3	黏度 mPa·s	凝固点 ℃	含蜡量 %	含硫量 %	相对密度	甲烷含量 %	水型	总矿化度 $10^4mg/L$	氯离子含量 $10^4mg/L$
潜二段	0.85	173	潜江组	1248.4 ~ 1690.6	12.6	28	622	70	64	0.94	13.8	1.87	15.30	1.08	7.20	0.89	67.20	24.50	12.80	2.63	0.9778	50.17	Na_2SO_4	28	15.80
潜三段	2.6	364	潜江组	1537.4 ~ 2320.4	12.1	22	207	70	84	1.11	21.5	4.08	32.30	1.14	4	0.87	22.50	27	18.20	1.62	0.9886	52.99	Na_2SO_4	29	16.70
潜四段	1.94	308	潜江组	2120.6 ~ 2918	16.1	20	236	70	99	1.22	29.52	6.97	53.70	1.20	2	0.85	9	25.80	20.40	0.41	0.9278	58.60	$CaCl_2$	31	18.70
钟市油田	4.4	845	潜江组	1248 ~ 2918	16.7	22	302	70	85.5	1.09	24.12	4.55	36.70	1.16	3.80	0.86	34.70	26.30	18.20	1.34	0.9647	53.92	Na_2SO_4	27.70	17.10

附表 2　钟市油田开采综合数据表

时间	动用储量 10^4t	油井		注水井		核实产油量		核实产水量		核实产液量		年末动液面 m	年末综合含水 %	注水量		注采比		地质采油速度 %	地质采出程度 %
		总井数 口	开井数 口	总井数 口	开井数 口	年 10^4t	累计 10^4t	年 10^4t	累计 10^4t	年 10^4t	累计 10^4t			年 10^4m^3	累计 10^4m^3	年末	累计		
1973	845	21	16	0	0	2.26	2.26	0.06	0.06	2.31	2.31	214	0.80	0	0	0	0	0.27	0.27
1974	845	31	12	0	0	6.28	8.54	0.34	0.39	6.62	8.93	728	9.20	0	0	0	0	0.74	1.01
1975	845	37	25	13	13	9.14	17.67	0.75	1.14	9.89	18.82	592	6.50	13.27	13.27	1.39	0.51	1.08	2.09
1976	845	37	30	12	12	13.14	30.81	1.51	2.65	14.65	33.47	642	6.80	24.18	37.44	1.44	0.83	1.56	3.65
1977	845	36	28	13	13	12.99	43.81	1.78	4.44	14.78	48.24	414	18.20	38.02	75.46	1.78	1.14	1.54	5.18
1978	845	38	34	16	16	13.75	57.55	3.33	7.77	17.08	65.32	525	23.90	41.98	117.44	2.38	1.30	1.63	6.81
1979	845	39	35	20	13	13.87	71.42	5.39	13.16	19.26	84.58	400	27.10	50.25	167.69	1.55	1.43	1.64	8.45
1980	845	43	39	21	14	13.72	85.14	7.16	20.32	20.89	105.46	601	38.10	43.05	210.62	1.57	1.43	1.62	10.08
1981	845	45	40	23	16	14.55	99.69	10.97	31.29	25.52	130.98	400	45.40	41.19	251.81	1.35	1.39	1.72	11.80
1982	845	46	40	24	19	14.05	113.75	11.74	43.03	25.79	156.78	446	47.50	46.11	297.93	1.61	1.38	1.66	13.46
1983	845	45	41	24	17	13.71	127.46	18.17	61.20	31.88	188.66	594	61.00	62.27	360.20	1.07	1.41	1.62	15.08
1984	845	47	42	24	19	11.93	139.39	20.95	82.14	32.88	221.54	719	67.50	53.96	414.16	1.49	1.39	1.41	16.50
1985	845	49	44	23	20	12.33	151.72	29.49	111.64	41.82	263.36	744	69.90	80.39	494.55	1.79	1.43	1.46	17.95
1986	845	50	45	22	19	11.95	163.67	28.83	140.47	40.77	304.13	709	72.80	73.58	568.14	1.61	1.45	1.41	19.37
1987	845	45	43	24	20	11.64	175.31	29.62	170.09	41.27	345.40	687	74.30	72.52	640.66	1.47	1.45	1.38	20.75
1988	845	43	40	21	18	11.46	186.77	34.20	204.29	45.67	391.06	754	76.60	77.40	718.06	1.49	1.46	1.36	22.10
1989	845	40	39	19	17	10.83	197.60	36.83	241.12	47.66	438.72	740	80.50	75.65	793.71	1.63	1.46	1.28	23.38
1990	845	40	36	24	17	10.51	208.11	47.20	288.32	57.71	496.44	715	80.90	81.52	875.22	1.21	1.44	1.24	24.63
1991	845	38	34	26	19	10.63	218.75	56.44	344.77	67.08	563.52	822	84.50	95.26	970.39	1.50	1.43	1.26	25.89
1992	845	39	37	24	20	11.29	230.04	52.24	397.01	63.53	627.05	987	83.29	92.65	1063.04	1.51	1.43	1.34	27.23
1993	845	38	37	21	16	10.85	240.88	56.32	453.33	67.17	694.22	1064	84.56	84.51	1147.55	1.26	1.41	1.28	28.51
1994	845	41	36	22	10	8.96	249.84	56.86	510.19	65.82	760.03	934	85.63	67.33	1214.88	0.90	1.38	1.06	29.58
1995	845	44	43	26	11	9.62	259.46	43.95	554.14	53.57	813.61	1212	78.30	63.73	1278.61	1.19	1.36	1.14	30.72
1996	845	44	40	29	13	8.99	268.46	38.39	592.53	47.38	860.99	1376	82.75	50.20	1328.81	1.12	1.34	1.06	31.78
1997	845	50	45	30	12	8.35	276.81	38.20	630.73	46.55	907.54	1385	79.09	49.07	1377.88	0.94	1.33	0.99	32.76
1998	845	52	48	22	18	8.79	285.59	34.21	664.94	43.00	950.53	1360	78.32	46.83	1424.71	1.06	1.32	1.03	33.79
1999	845	55	49	23	19	9.56	295.16	31.74	696.68	41.31	991.84	1259	75.64	49.20	1473.91	1.24	1.32	4.94	34.93
2000	845	55	47	27	17	8.14	303.98	30.87	727.85	39.01	1031.83	1304	84.98	37.82	1511.74	0.87	1.29	0.58	35.97
2001	845	58	44	28	17	7.85	311.83	30.61	758.45	38.46	1070.29	1435	81.41	40.24	1551.98	1.20	1.29	0.70	36.90
2002	845	58	45	29	13	6.52	318.35	32.93	791.39	39.45	1109.74	1330	84.06	30.72	1582.70	0.56	1.27	0.70	37.67
2003	845	59	45	30	17	5.48	323.83	31.40	822.79	36.88	1146.62	1132	86.36	24.72	1607.43	0.63	1.25	0.64	38.32
2004	845	52	48	23	18	5.71	329.54	33.03	855.81	38.73	1185.35	1359	85.18	29.19	1636.62	0.82	1.24	0.67	39.00
2005	845	53	46	25	18	5.28	334.82	32.45	888.27	37.74	1223.08	1360	85.70	34.91	1671.53	1.07	1.23	0.56	39.62

附录三　人物名录

(一)钟市油田个人荣誉录

序号	年度	获奖人	荣誉称号	授予单位
1	2003	姚向东	湖北省技术能手	湖北省人民政府
2	2004	韩萍	中国石化集团技术能手	中国石油化工集团公司

(二)钟市油田集体荣誉录

序号	年度	单位	荣誉称号
1	1989	采油六队	双文明一级先进队
2	1990	采油六队	社会主义劳动竞赛金牌奖
3	2003	钟市集油站	四星级站库
4	2005	钟市污水站	四星级站
5	2005	采油六队	湖北省企业管理现代化创新成果三等奖

附录四　获奖项目

项目名称	获奖等级	获奖时间	获奖人
钟市油田高含水期综合调整研究	江汉石油管理局科技进步一等奖	1997 年	彭义成 李新文
钟市油田油藏精细描述及剩余油分布研究	江汉石油管理局科技进步一等奖	1998 年	姚凤英 汤春云
钟市油田高含水期开发综合研究	江汉石油管理局科技进步一等奖	2000 年	汤春云 赵金生

附录五　征引文献

文献名	作者	编制时间	现存地
钟市油田潜四段油层非均质性研究	丁淑君	1979.11	江汉石油勘探开发研究院
钟市油田高含水期开发综合研究	汤春云	2000.12	江汉石油勘探开发研究院
钟市油田油藏精细描述及剩余油分布研究	姚凤英	1998.12	江汉石油勘探开发研究院
钟市油田地质特征	谢展荣	1983.12	江汉石油勘探开发研究院
钟市油田地质模式总结	杨昌言	1990.12	江汉石油勘探开发研究院
钟市复杂小断块油藏开发模式研究	谢展荣	1993.7	江汉石油勘探开发研究院
钟市油田沉积微相及剩余油饱和度分布研究	贺其川	1993.11	江汉石油勘探开发研究院
钟市油田油砂体研究及开发挖潜	唐树一	1994.11	江汉石油勘探开发研究院

编纂始末

按照《中国油气田开发志》总编纂委员会的统一部署，江汉油田于2006年8月28日成立编纂委员会，启动了《中国油气田开发志·江汉油气区油气田卷》编纂工作。江汉采油厂作为江汉油田的二级单位，承担了辖区内26个油田的开发志编纂任务。2006年9月江汉采油厂成立《钟市油田志》编纂委员会，由江汉采油厂厂长胡德高任主任，副厂长夏志刚任副主任，编纂组由邓春桃任组长。编纂工作中，江汉油田和江汉采油厂领导高度重视，并从人力、物力、财力上给予大力支持。

《钟市油田志》作为江汉油田的详写篇，编纂工作启动以来，江汉油田编纂委员会、《钟市油田志》编纂委员会高度重视，组织有关领导、专家给予指导和帮助。2007年5月完成《钟市油田志》初稿，参与审核的江汉油田编纂委员会顾问组老专家认为“技术味太浓，不像志书”。根据老专家的意见，并在江汉油田编纂委员会有关领导、专家的多次指导下，对初稿进行大刀阔斧地修改，2008年5月完成了《钟市油田志》(第二稿)，但“以事系人，人随事出”方面仍显不足。按照总编纂委员会专家的意见与建议，对《钟市油田志》的篇章结构与内容进行了进一步的修改完善于2009年3月完成《钟市油田志》第三稿，并在江汉油田第一招待所进行了江汉油田编纂委员会评审，与会专家对《钟市油田志》提出修改意见，要求进一步淡化技术内容，更加贴切志书要求，并对附图、附表进行规范。2009年7月完成《钟市油田志》第四稿，基本编纂完成了《钟市油田志》，在对志书用语、编排要求等提出规范意见，并增加“配套工程”后，于2009年11月，编纂完成《钟市油田志》第五稿。2010年1月13日，下发了关于油气田篇编纂基本要求的规定，于是根据专家意见，对《钟市油田志》进行简单修改，并把“大事记”放在“概述”与专志之间。2010年1月18日，完成了《钟市油田志》终稿。

《钟市油田志》分为七个部分，其中概述、大事记、第一章油田地质、第二章开发部署与调整由邓春桃编写，其中黄午阳对资料进行了收集整理；第三章钻井与采油工程由李波峰、余英、袁玲想、张建国、胡云鹏编写；第四章地面生产系统由刘玉、申修志编写；附录由邓春桃编写。

在本志编纂过程中，江汉油田编纂委员会顾问组的邓江洪、洪志一、杜修宜、赵云山等老专家、老同志发挥了重要作用，他们既是参谋者、指导者，又是第一读者，在每稿的审阅中都留下了他们许多宝贵的意见和箴言。

《钟市油田志》编纂组

2010年1月

编号：18-004

潭口油田志

《潭口油田志》编纂组　编

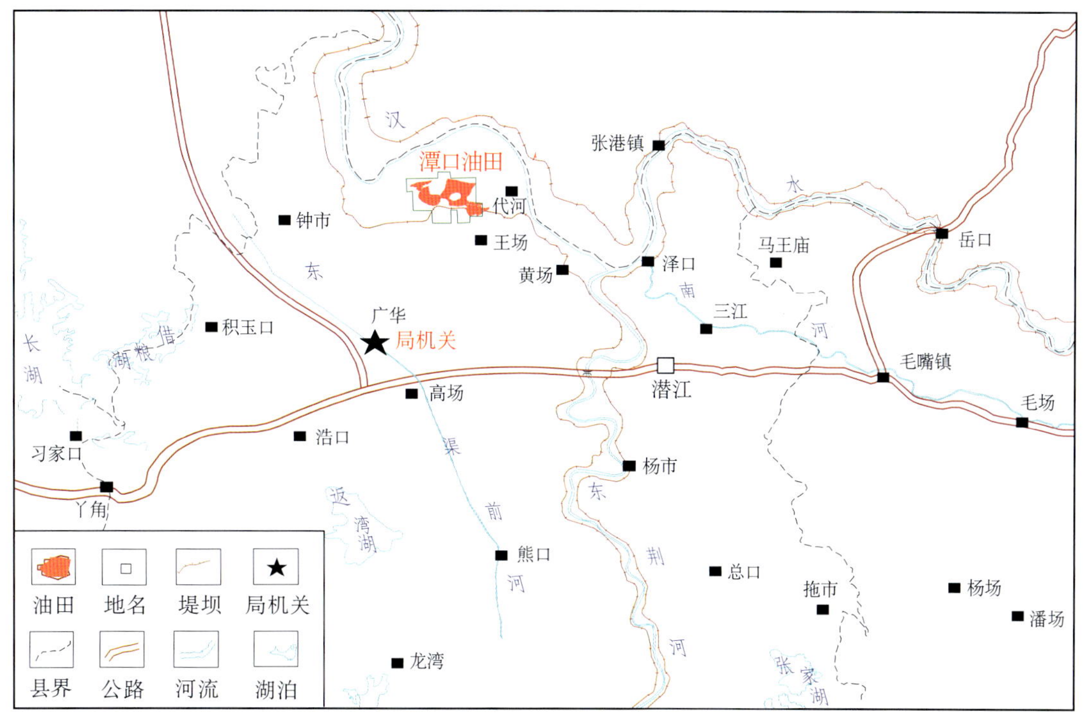

潭口油田地理位置图

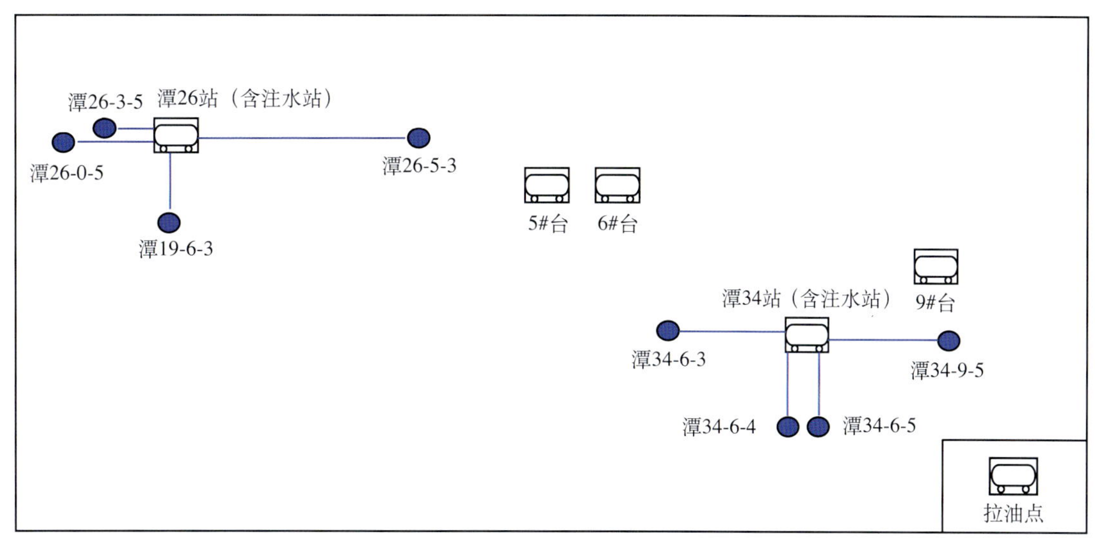

潭口油田地面系统平面布置图

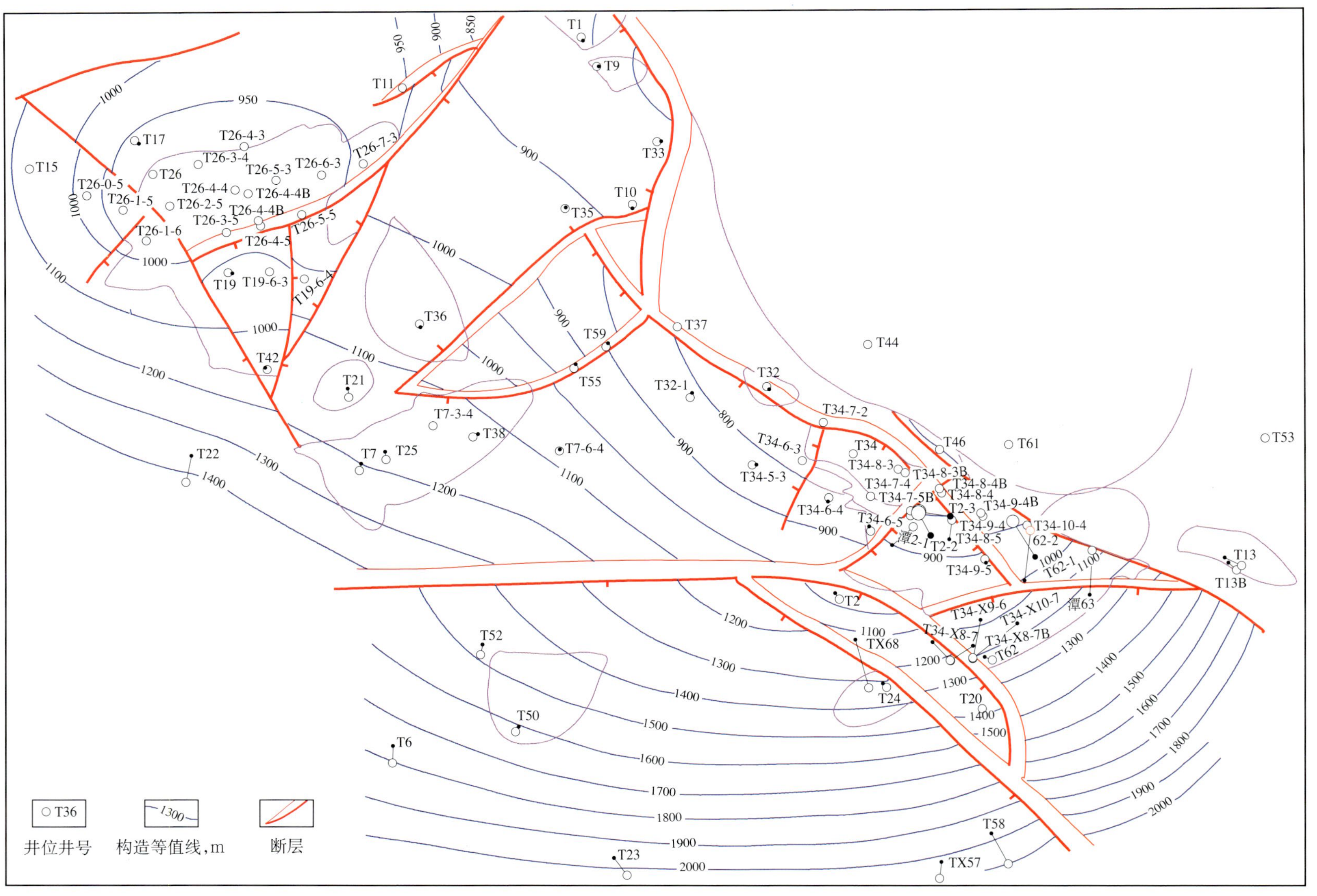

潭口油田构造井位图

《潭口油田志》编纂委员会

主　任：胡德高

副主任：夏志刚

成　员：刘孔章　贺　春　刘敬尧

《潭口油田志》编纂组

组　长：王晓燕

成　员：李波峰　刘　玉　袁玲想　张建国　余　英　肖　斌　申修志

《潭口油田志》审核人员

审核人：夏志刚　刘孔章　贺　春

复审人：丁淑君　洪志一　赵云山　罗秋林

本志目录

概　述

潭口油田位于湖北省潜江市张新乡境内，1987 年 3 月发现，1988 年投入开发，隶属中国石化江汉油田分公司江汉采油厂。

一

潭口油田位于素有“水乡泽国”之称的江汉盆地的汉江南部，属亚热带季风气候，四季分明，温暖湿润，雨量充沛。春季阴雨连绵，夏季干旱少雨，或者连下暴雨，易形成伏旱和水患，秋季风和日丽，秋高气爽，冬季多为湿冷天气。

二

潭口断块的构造是由几次构造运动演化而成。古近纪中期（荆沙组沉积期）开始隆起，潜江组沉积中晚期发展为一完整背斜，古近纪末期（荆河镇组沉积晚期）再度上升隆起露出水面，遭受剥蚀，其间派生一系列四级断层将该区切割成众多的小型断块或断鼻。新近纪又开始下降，接受了广华寺组的沉积，发育一套冲积平原相砂砾岩和杂色黏土，成为现今构造的格局。

三

潭口油田于 1958 年开始地震勘探。至 80 年代初，该区勘探经历了“三上三下”，因油层薄、油质稠、产量低而中断勘探。

1986 年对潭口断块重新勘探，同年 12 月部署潭 26 井，测井解释油层 9 层 14.6m，1987 年 3 月对潜 $4^{1下}$油组 954.6 ~ 968.3m 试油，获得日产 3.0t 工业油流，从而发现潭口油田。1987 年，又钻探了潭 34、潭 32 等一批探井，在潭 34 井潜 $4^{0中}$油组中途测试获日产 17.1t 工业油流。1987 年 6 月完钻的潭 32 井，在新近系广华寺组井深 620.2 ~ 625.2m 试油，15mm 孔板获日产气 $13.53\times10^4m^3$，该井为江汉盆地新近系广华寺组首次发现的工业气流井。同时该井在广华寺组底部发现稠油层，原油密度达 $1.01g/cm^3$。此后陆续发现潭 34 等 16 口井有稠油层，证实广三段为存在气顶气的特稠油油藏。为了进一步扩大勘探成果和为热采做准备，又陆续钻探 9 口稠油井，潭稠 1 井热采试验成功。

四

广华寺组广三段稠油区 1990 年投入单井注蒸汽吞吐热采，共有 18 口井先后投入了蒸汽吞吐试采，大部分井生产不正常，仅有潭稠 1、潭稠 2 井能正常热采生产。到 1992 年元月因燃料气不足和其他工艺问题已全部关井，累计采油 1.29×10^4t。

潜江组油藏分为潭 26、潭 7、潭 34、潭 62 四个稀油区，其中潭 7 块还未动用，潭 26 和潭 34 块

1988 年 1 月投入开发。按照 1987 年编制的《潭口油田滚动勘探开发地质方案》的设计要求，200m 井距、三角形井网布井，以机械采油方式进行生产，注水方式为边缘加点状。潭 62 井区于 1992 年投入开发。潭口油田的开发经历了上产 (1988—1989 年)、稳产 (1990—1991 年) 和递减 (1992—2005 年) 三个阶段（图 1）。

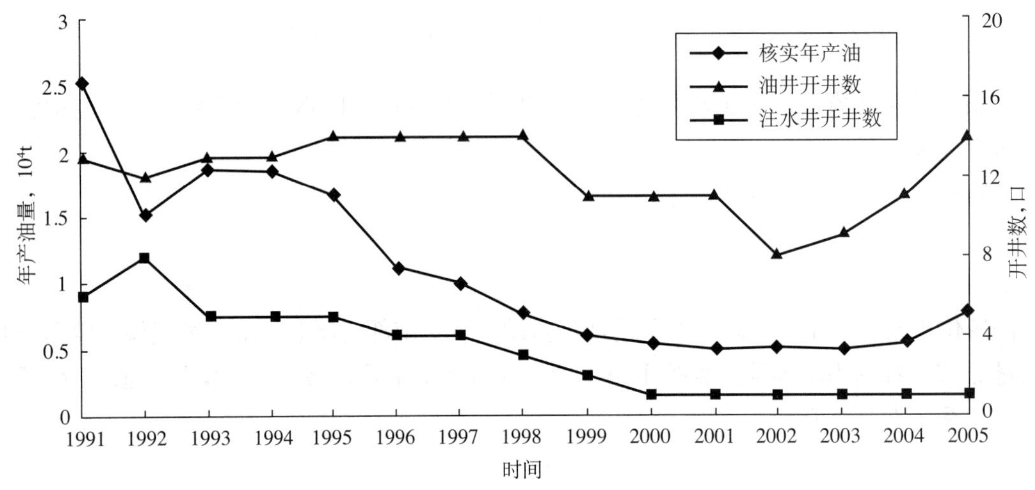

图 1　潭口油田开发阶段划分图

五

2005 年 12 月，潭口油田油井总井数为 18 口，开井 14 口，日产油 18t，日产液 215t，含水 91.6%，年产油 0.78×10^4t，累计采油量 22.64×10^4t，地质储量的采油速度为 0.20%，可采储量的采油速度为 1.75%，地质储量采出程度为 6.94%，可采储量采出程度为 60.04%；有注水井 3 口，开井 1 口，日注水 $58m^3$，累计注采比 0.62，累计亏空 $62.201\times10^4m^3$。

截至 2005 年，潭口油田建成拉油注水站 2 座，单井拉油站 4 座。设计原油外拉能力 3×10^4t/a，实际原油外拉 0.8×10^4t/a，建有单井油管线 17.6km。

潭口油田属江汉采油厂采油 16 队管理，现有职工 63 名。

大事记

1986 年

12 月　布置潭 26 井，测井解释油层 9 层 14.6m，1987 年 3 月对潜 $4^{1下}$油组 954.6 ~ 968.3m 井段 3 层 3.9m 试油，获得日产 3.0t 工业油流，从而发现潭口油田。

1987 年

6 月　完钻的潭 32 井，在新近系广华寺组井深 620.2 ~ 625.2m 试油，15mm 孔板获日产气 $13.53\times10^4m^3$，该井为江汉盆地新近系广华寺组首次发现的工业气流井。

是年　开始注水开发，全油田建成生产井 13 口、注水井 1 口的生产规模。

1988 年

是年　在潭 26、潭 34、潭 7 块共探明石油地质储量 256.00×10^4t。

1990 年

是年　潭稠 1 井进行热采试验，先后共生产四个周期，累计产油 1560t，累计注汽 $4624.8m^3$，气油比 0.337，平均日产油 21t，最高日产油达到 49.6t。

第一章

油 田 地 质

第一节 构 造

潭口油田属于复杂小断块油田，断块区中部为“潭 4 凸起”，剥蚀最为厉害，荆沙组以上地层剥蚀殆尽，古近系由老到新呈环状分布于凸起周围，按其分布特点分为潭 26 块、潭 7 块、潭 34 块、潭 62 块等。潜江组断层发育，均为正断层，断层倾向不一，倾角 40° ～ 70°，断距一般在 30 ～ 100m（图 1–1）。

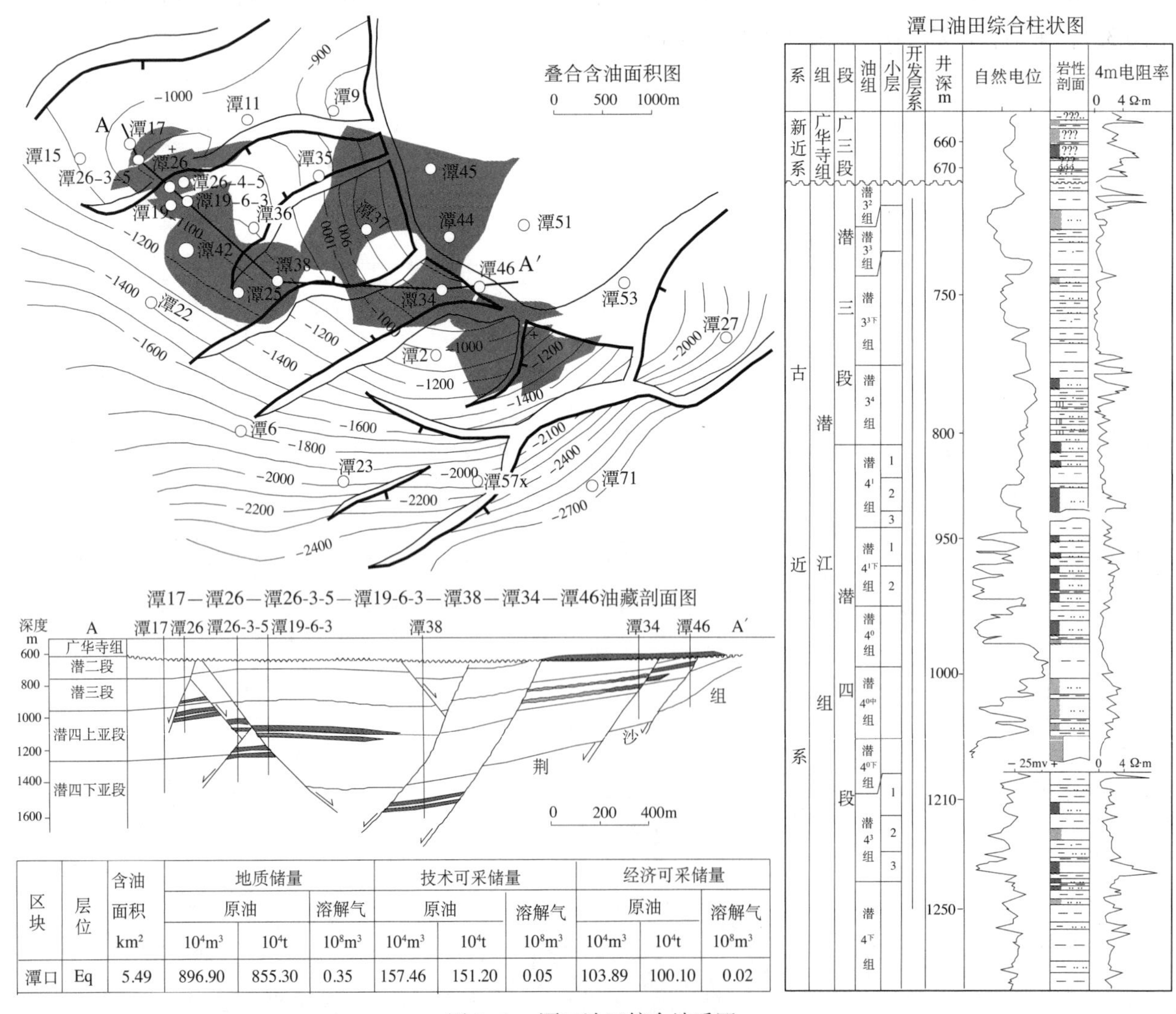

区块	层位	含油面积	地质储量			技术可采储量			经济可采储量		
			原油		溶解气	原油		溶解气	原油		溶解气
		km^2	10^4m^3	10^4t	10^8m^3	10^4m^3	10^4t	10^8m^3	10^4m^3	10^4t	10^8m^3
潭口	Eq	5.49	896.90	855.30	0.35	157.46	151.20	0.05	103.89	100.10	0.02

图 1–1 潭口油田综合地质图

第二节 储 层

潭口油田为陡坡三角洲相沉积。

含油层位为新近系广华寺组广三段，古近系潜江组潜三段、潜四段。广华寺组广三段油层单一，平均厚度为7.0m；埋深590 ～ 640m，平均埋深630m；岩性为含砾不等粒砂岩，岩性疏松；平均有效孔隙度为38.5%，空气渗透率为6169mD；油层分布在潭32块。潜江组产油层位主要在潜4^1、潜$4^{1下}$、潜4^0、潜$4^{0中}$、潜4^3、潜$4^下$等油组，油层埋深700 ～ 1600m；含油层为潜三段、潜四段，其中潜四段是该油田的主力含油层段，具有分布范围广，油层较厚，分布较为稳定的特点；油层分布在潭26、潭34、潭62等块，储层岩性为粉细砂岩；孔隙度为23.0% ～ 28.0%，空气渗透率为112 ～ 500mD，孔喉半径中值为4.735μm；胶结物以灰质、白云质为主，平均含量11.3%，胶结类型以孔隙式为主，次为接触—孔隙式。

第三节 流 体

广华寺组广三段为稠油油藏，在50℃情况下地面原油黏度为1.1×10^4 ～ 3.3×10^4mPa·s，平均2.2×10^4mPa·s；38℃情况下地面脱气原油黏度为2.6×10^4 ～ 9.8×10^4mPa·s，平均5.9×10^4mPa·s。地面原油密度为0.997g/cm^3，含硫3.0%，凝固点为15℃。潜江组原油相对密度为0.9050 ～ 0.9190，地面原油黏度23.7 ～ 97.7mPa·s，地下原油黏度10.2 ～ 23.3mPa·s，含硫量0.50% ～ 1.60%，凝固点7 ～ 32℃，原始气油比3.5 ～ 1.2m^3/t。

广华寺广三段稠油区地层水矿化度为7173.97mg/L，Cl^-含量为3391.05mg/L，水型以Na_2SO_4为主，其次为$NaHCO_3$。潜江组地层水总矿化度为22×10^4 ～ 33.9×10^4mg/L，Cl^-含量为5.3×10^4 ～ 16.3×10^4mg/L，水型为$NaHCO_3$和Na_2SO_4。

潜江组油层天然气相对密度为0.5733，甲烷含量为95.4%，Cl_2含量为0.52%。

第四节 油 藏

油藏为复杂断块油藏。潭26块为被断层切割的穹隆背斜构造形成的断鼻、断块油藏；潭34块为一断鼻构造，北为断层遮挡，东部为地层遮挡，形成断层—地层圈闭的油藏；潭7块为断层切割的复杂断块，往北抬高，为断层—岩性油藏；潭62块为断层复杂化的断鼻，为岩性—构造油藏。

由于该油田断层发育、断块多，油水分布较为复杂，各含油断块各油组有各自的油水系统。广华寺组广三段稠油区地层温度为38℃，原始地层压力未测。潜江组油藏地层温度为51 ～ 58.6℃，原始地层压力为7.89 ～ 10.23 MPa。

第五节 储 量

1988年首次在潭26、潭7和潭34块探明II类含油面积1.60km^2，原油地质储量256.00×10^4t，技术可采储量40.30×10^4t。其中潭26块含油面积0.70km^2，原油地质储量126.00×10^4t；潭7块含油面积0.50km^2，原油地质储量20.00×10^4t；潭34块含油面积0.40km^2，原油地质储量110.00×10^4t。

1990年在潭口油田新近系广华寺组探明III类含油面积2.60km^2，原油地质储量410.00×10^4t，技术

可采储量 90.90×10^4t。

1992 年潭 62 块探明Ⅲ类含油面积 0.50km²，原油地质储量 56.00×10^4t，技术可采储量 2.50×10^4t。

1993 年储量复算，潭 26 和潭 34 块升为探明Ⅰ类储量，含油面积和原油地质储量数据保持不变。含油面积 1.10km²，原油地质储量 236.00×10^4t。

1998 年老井复查，潭 42 块探明Ⅱ类含油面积 0.80km²，原油地质储量 57.00×10^4t，技术可采储量 2.50×10^4t。

2004 年潭 34 块以东的潭 62−1 和潭 63 块探明Ⅱ类原油地质储量 61.00×10^4t，含油面积 0.40km²，技术可采储量 17.70×10^4t。其中潭 62−1 块含油面积 0.20km²，原油地质储量 34.00×10^4t；潭 63 块含油面积 0.20km²，原油地质储量 27.00×10^4t。

2005 年储量套改，套改后潭口油田共探明含油面积 5.5km²，探明石油地质储量 850×10^4t，可采储量 153.2×10^4t，采收率 18.0%。

第二章

开发部署与调整

第一节　开发方案与实施

根据油藏特点，编制了《潭26井区开发试验方案》、《潭26、潭34井区注水开发方案》、《潭62井区滚动调整方案》、《潭口油田特稠油热采试验方案》。

一、潭口开发试验方案

1987年7月，由研究院开发室韩定荣编写、丁淑君审核了《潭26井区开发试验方案》。

根据现有的取心分析、化验、试油等资料，初步认为潭口地区具有储层埋藏浅、物性好、压力系数低、原油黏度高、凝固点高的特点，同江汉油区已投入开发的12个油田比较有着明显的差异，为了集中力量，迅速取得潭口地区的开发生产经验，决定开辟开发生产试验区。

1987年在构造比较落实，具有一定产能的潭26井区进行开发生产试验，其主要任务是：进一步落实断层封闭状况和构造形态，了解断层性质，寻找油层富集区分布规律；了解油藏驱动类型，认识地下渗流的动态规律；摸索高含蜡、高含胶、低能量地区的注采方式，研究开发层系的划分、合理井网密度及砂体布井方式对各类油砂体的适应程度；进行钻井、完井、射孔、采油、注水、地面工程建设的综合试验研究，寻找适合该地区稠油开发的配套工艺技术。

潭26井区规划部署井10口，其中生产井7口，注水井3口，针对油层埋深浅、能量低、原油稠的特点，决定采用三角形、密井网(200m井距)的布井方式，计划产能4.7×10^4t。

到1988年底，实际钻井11口，全油田建成生产井13口、注水井1口的生产规模，形成生产能力2.5×10^4t。

二、潭26、潭34井区注水开发方案

1988年，由研究院开发研究室陈新民编写、彭裕林审核了《潭26、潭34井区注水开发方案》。

潜江组油藏于1988年开始投入开发，潭26和潭34井区于1988年1月投入开发，这两个区块按二套开发层系、200m井距、三角形井网布井，以抽油方式进行生产，注水方式为边缘加点状。至1991年1月，投入油井21口，开井19口，日产油86t，日产液259t，含水62.5%，水井7口，日注水277m^3，月注采比0.95，累计注采比0.73，累计亏空$4.99\times10^4m^3$。

随着注水开发，全区含水逐渐上升，到1993年底，含水上升到83.29%，日产油量降到50t，日产液量322t，因此停注水井2口，实际开注5口，以减少油藏构造单一引起的注水突进。

1999年油井开井降到11口，日产油量降到14 t，日产液量163 t，含水91.46%，水井开井1口。到2005年新钻井潭2斜 –1、潭2斜 –2井、潭2斜 –3井，生产井数14口，日产油量上升到23t，日产液量222t。由于含水上升，日产油量继续下降到2005年年底的18t，含水91.37%。

三、潭口油田特稠油热采试验方案

1991年4月，由勘探开发研究院李素娥编写，丁淑君、蒋朝模审核的《潭口油田特稠油热采试验方案》部署33口井，第一轮计划布井14口，注汽井7口，采油井7口，采用100m井距，五点法注汽，计划建产能10.5×10^4t/a。实际1990年7月开始蒸汽吞吐，潭稠1、潭稠2作为第一批井，至1991年9月生产1～7个周期，采油5580 t，平均日产油18t，注汽干度38.4%～45.4%。

第二节　开发调整与控制

2004年，由研究院编制《潭62井区滚动调整方案》。因原始资料不明，记录有限。

1992年在潭口鼻状斜坡潭20井断块高部位钻探井的潭62井，在 潜4^1油组发现3层6.4m油层，上交探明含油面积0.5km²，新增石油地质储量56×10^4t。由于该区地层速度差异较大，地震资料品质较差，严重制约了滚动勘探工作的深入。2004年通过叠前深度偏移处理，资料品质有较大提高，对原构造进行重新解释，进一步落实了潜3^4、潜$4^{0中}$、潜4^3构造形态，并在潭62井以北部署了滚动评价井潭62–1井。同时针对潭口油田潭34井区以东潜4^1滚动扩边，兼探潜3^4、潜4^2、潜4^3储层分布情况，钻探了滚动评价井潭63井。

潭62–1井2004年4月30日开钻，完钻井深1390.0m，完钻层位潜四下亚段。地质录井在潜$4^{0中}$油组发现灰褐色油斑粉砂岩6层19.0m，在潜4^3油组发现灰褐色油斑粉砂岩1层3.5m。测井于潜$4^{0中}$油组1152.0～1226.0 m井段解释油层4层14.4m，于潜4^3油组1289.4～1295.6 m井段解释油层1层4.6m。对潜4^3油组1290.6～1295.0 m1层4.4m油层试油，日产油6.6t、水0.4m³。

潭63井2004年3月7日开钻，完钻井深1545.0m，完钻层位潜四下亚段。地质录井在潜3^4油组发现黄褐色油斑粉砂岩6层32.7m，测井于潜3^4油组1170.6～1250.0m井段解释油层3层13.2m，对潜3^4油组1231.6～1250.0 m 2层11.4m油层试油，日产油1.7t、水2.3m³。

第三章

钻井与采油工程

第一节 钻井与完井

一、钻井

勘探开发初期，钻井方式采用吊打防偏钻直井技术，钻井周期长。1986 年重上勘探后，采用复合定向钻进技术，1988 年推广应用 PDC 钻头，有效地提高了钻进速率，缩短了完井周期。由于潭口油田油藏埋深较浅，尤其是广华寺稠油，储层成岩性较差，因此采用饱和盐水钻井液，并加入自主研制聚合物防塌剂，有效解决了井壁垮塌和卡钻的问题。

二、完井

油田均采用套管完井方式。井身结构采用常规的二级套管结构，即 ϕ339.7mm 表层套管 +ϕ139.7mm 油层套管。为满足稠油开发的需要，稠油井套管采用高强度、耐高温的热采套管。由于无异常压力地层，固井采用常规固井技术。稠油井由于需要蒸汽吞吐热采，因此为保护套管，管外水泥返至地面。射孔枪早期采用 57–103 枪，1986—1989 年采用 WS–73 枪，1989 年后逐渐推广应用 YD–89、YD–102 枪，2000 年首次在潭口使用 127 枪。射孔方式为正压射孔。

第二节 举升工程

1987 年，潭 34 井下泵投产，标志着潭口油田的开发正式开始，至 2000 年间共投产油井 16 口，主要以机械采油为主，抽油泵主要使用 ϕ38mm 防腐耐磨泵，抽油杆多采用 C 级杆，抽油机为 CYJ10–337H13 机型，冲程多为 1.8 ～ 3.3m，冲次多为 4 ～ 6 次 /min 和 CYJ10–3–53B 的机型，冲程 2.159 ～ 3.048m。

2000—2005 年，开始使用 D 级杆。抽油泵多选用 ϕ38mm 和 ϕ44mm 管式泵。引用 10 型、12 型抽油机，冲程多为 3m，冲次多为 3 ～ 9 次 /min。在此期间，很多成熟的技术在潭口油田得到推广：如扶正器、防脱器、活动接头、加厚油管、油管丝扣脂、泄油器等。为潭口油田的开发提供了技术保障。

1990 年潭稠 1 井进行热采试验，先后共生产四个周期，累计产油 1560t，累计注汽 4624.8t，气油比 0.337，平均日产油 21 t，最高日产油达到 49.6t，打开了广三段稠油开发的局面。

截至 1993 年广三段完钻开发井 34 口，其中南部的 18 口井投入热采吞吐开发试验，由于燃烧气源不足和开采工艺等问题，生产不能正常进行，1993 年 10 月全部关井。

在潭口油田抽油泵的选择上，先后选择捞脱式泵、液压反馈式泵和环流式抽稠泵。1992 年研制并投入使用了偏流泵，其具有反馈泵和环流泵的一系列优点，完全能满足潭口稠油生产的需要。偏流泵的系列产品，外径 114mm 的小直径偏流能够适用于 ϕ139.7mm 套管的小直径稠油井中，所以，偏流泵的推广使用及适应性强，为油田生产任务的完成起到了积极的作用，更重要的是对进一步提高和完善本油田的稠油开采工艺开辟了一条新途径。

第三节　注水工程

潭口油田 1987 年投入注水开发，主要采用笼统注水方式。1989 年开始，为了解决层间矛盾，开始进行分层注水，分层工具为江 458 型肩部保护注水封隔器，可延长封隔器的使用寿命。配水器采用 DDQ0656-2 偏心配水器和 JH0651 空心配水器，管柱底部有 JH0251 阀和筛管丝堵。1990 年，有注水井 7 口，其中有 3 口分注井。1997 年，油田引进了 Y341-114 压缩式封隔器，该封隔器可重复坐封，反洗井，密封性能好。2005 年，潭口油田有注水井 3 口，其中分注井 1 口。造成分注井变少的原因有两方面，一方面是套管变形；另一方面是地层原因，如部分井区生产层位单一，无需分注。

第四节　油层改造

潭口油田油层渗透率高，原油黏度高，油层改造主要以酸化解堵为主，压裂应用较少。

一、酸化

油田开发初期应用了土酸酸化，主要应用在试油作业中，它是为了解除钻井液对近井地层的伤害，共应用土酸酸化 14 口井 22 层，有效仅 18%。1989 年针对油田开发过程中出现的胶质、沥青质等有机垢物伤害储层，应用了胶束酸酸化，1989 年 4 月在潭 34 井首次应用后，日产油由 5.7t 上升到 21.5t，其后开始推广应用，主要在潭 26、潭 34 两个井区，1989 年在潭口油田应用 11 井次，平均单井日增油 7.0t，当年累计增油 7742t。1990 年以后酸化应用较少。

二、压裂

油田压裂工艺应用较少，1989 年应用了甲叉基聚丙烯酰胺压裂液，采用光油管压裂，应用了千型压裂车组，支撑剂采用石英砂，加高强度陶粒作封口支撑剂，共应用 3 井次，平均砂液比 22%，平均单井加砂 15.6m^3，平均单井日增油 5.4t。1989 年开始应用田菁压裂液，1989 年 6 月首次在潭 34-10-4 井应用，日产油由 1.3t 上升到 9.6t。1993—1994 年共应用 4 口井，平均砂液比 32%，平均单井加砂 17.5m^3，平均单井日增油 6t。1994 年以后应用较少。

第五节　堵　水

潭口油田开发进入中高含水期后，发生了注入水单层突进、水窜、水淹、油井含水上升速度快的现象。因此也相应开展了油井堵水工作，应用不多。从 1989 年开始应用机械堵水技术，主要应用了以江 252-1 封隔器为核心的堵水管柱和以江 756-2 封隔器为核心的丢手堵水管柱堵水，1989—1995 年机械堵水 5 井次，成功 5 井次。1996 年，潭口油田应用了化学法油井堵水技术，1996 年 2 月在潭 34 井应用了水玻璃—甲酰胺堵水，共挤入堵剂 50m^3，封堵无效。

第六节　修　井

潭口油田规模小、井浅，大部分井深在1000m以下，易出砂。修井主要解决一般的解卡、打捞和修复套管等工艺问题。

一、解卡打捞

在解卡施工技术方面，主要解决的是砂卡管柱问题，工艺主要采用活动解卡、循环洗井、浸泡法解卡等为主，对于活动不能解卡的井采用套铣和倒扣的方法起出被卡管柱。1991年7月在潭34–8–3井起泵抽管柱遇砂卡，应用冲砂、倒扣、套铣多种方法起出全部落井管柱。在复杂落物打捞方面，主要根据落物顶部（鱼顶）情况，再选择或制作合适的打捞工具。1992年6月在潭34–7–4井，泵抽管柱落井，鱼顶为油管接箍，下可退式捞矛起出全部油管。

二、堵漏

油田位于盐湖盆地，钻井过程中要钻遇许多盐层和水层，由于盐层蠕动和盐水腐蚀，在油田开发早期就遇到了套管外窜槽、腐蚀穿孔等问题，开发早期就应用了水泥浆挤堵修复技术，应用井次较少。1987年9月在潭31井应用水泥灰浆封堵套管窜槽，一次封堵获得成功。

第四章

地面生产系统

1987 年潭口油田滚动开发，建设并配套地面生产系统，适应不同时期生产需要，建成油气水集输系统及注水、供水、供电系统，为原油生产提供保障。

第一节　油气水集输系统

潭口油田是边远分散断块油田，分为潭 26 井区、潭 34 井区、潭 7 井区和潭稠区块。集输系统经历了拉油、输油、再拉油的过程。

1987 年 3 月，潭口油田投入滚动开发，产能工程设计从 1987 年 5 月开始，地面集输系统采用建潭 34、潭 26 区临时拉油点，采出液由罐车拉运至王场联合站。

1987 年 5 月至 1988 年 5 月，潭口油田地面集输系统开始初步建设，潭 26、潭 34 区拉油站相继建成投产，集油能力 12×10^4t/a，产能 3.712×10^4t/a。随着潭口油田大规模滚动开发，油井增加，将潭 34 区单井拉油点改扩建为具有集油、计量、供热、脱水、污水处理、污水回注等功能的拉油注水站，为适应当时油田开发需要，单井采用三管伴热，自压进站，集中计量，同时满足掺水加药。

1988 年 7 月，随着潭口油田的进一步开发，产液量增加，达到管输条件，新建潭 34 区至王二站输油管线 ϕ 89mm × 3.5mm，总长 8.8km，设计泵最大外输能力 8.4×10^4t/a，最小输量 5.8×10^4t/a。

1988 年 10 月，新建潭 26 至潭 34 站输油管线 ϕ 89mm × 3.5mm，总长 4.7km，其他油水管线 15km。将潭口油田采出液泵输至王场油田的王二接转站后再输至王场联合站集中处理。1995 年下半年，潭 34、潭 26 区改为拉油。

潭口油田广三段是江汉油田“七五”期间新发现的特稠油油藏。采用蒸汽热采技术，注采合一流程和掺稀油集输工艺。

1990 年 7 月 12 日，在潭口油田潭稠 1 井开展注蒸汽吞吐采油试验获得成功。用玻璃纤维棉保温，稠油用高架罐计量，由罐车拉至王场联合站处理。

同年 11 月，潭口油田稠油投入开发，成立了热采队，新建成潭口热采供热注汽站，在江汉油田首次采用注蒸汽热采稠油。站外工艺管线采用三管伴热流程。11 月，潭稠 1 号配汽计量站已建成投产，具有集油、计量、配汽、掺稀及接转功能。设计泵接转能力 4×10^4t /a，自压接转能力 20×10^4m^3/a。

1991 年 5 月，潭稠 2 号计量接转站建成投产，生产工艺采用高压蒸汽吞吐采油，掺稀降黏集输流程，高压蒸汽由热采站供给，掺稀油由接转站供给。

1992 年 4 月，根据开发部 1992 年 2 月《关于潭口稠油九二年新建产能地面工程调整的通知》又新建潭口 3 号计量配气站。1992 年后，由于开采成本太高，停止开采，潭口热采站停产，站内所有设施拆除，相应的站报废停用。

截至 2005 年，潭口油田建成拉油注水站 2 座，单井拉油站 4 座。设计原油外拉能力 3×10^4t/a，实际原油外拉 0.8×10^4t/a，建有单井油管线 17.6km。

第二节　注水系统

为了保持油层压力，使油田长期高产、稳产，潭口油田于 1987 年 1 月投入注水开发。随着油田开发形势的需要，在完善注采井网的同时，从 1988 年注水站投产至 2005 年，不断完善了注水地面工程配套改造。

第三节　配套工程

潭口油田供电电源为油田王场变电站 35kV 王潭线。油站和稠油井、增注泵供电电压为 380V，其他油井供电电压均为 1140V。

潭口油田工业、生活用水取自地下水源井。潭 26 井区水源井为 1987 年 8 月投运，井深 143.2m，日产水 864m^3。潭 34 井区水源井为 1988 年 12 月投运，井深 143.6m，日产水 1920m^3。

附　录

附录一　附　图

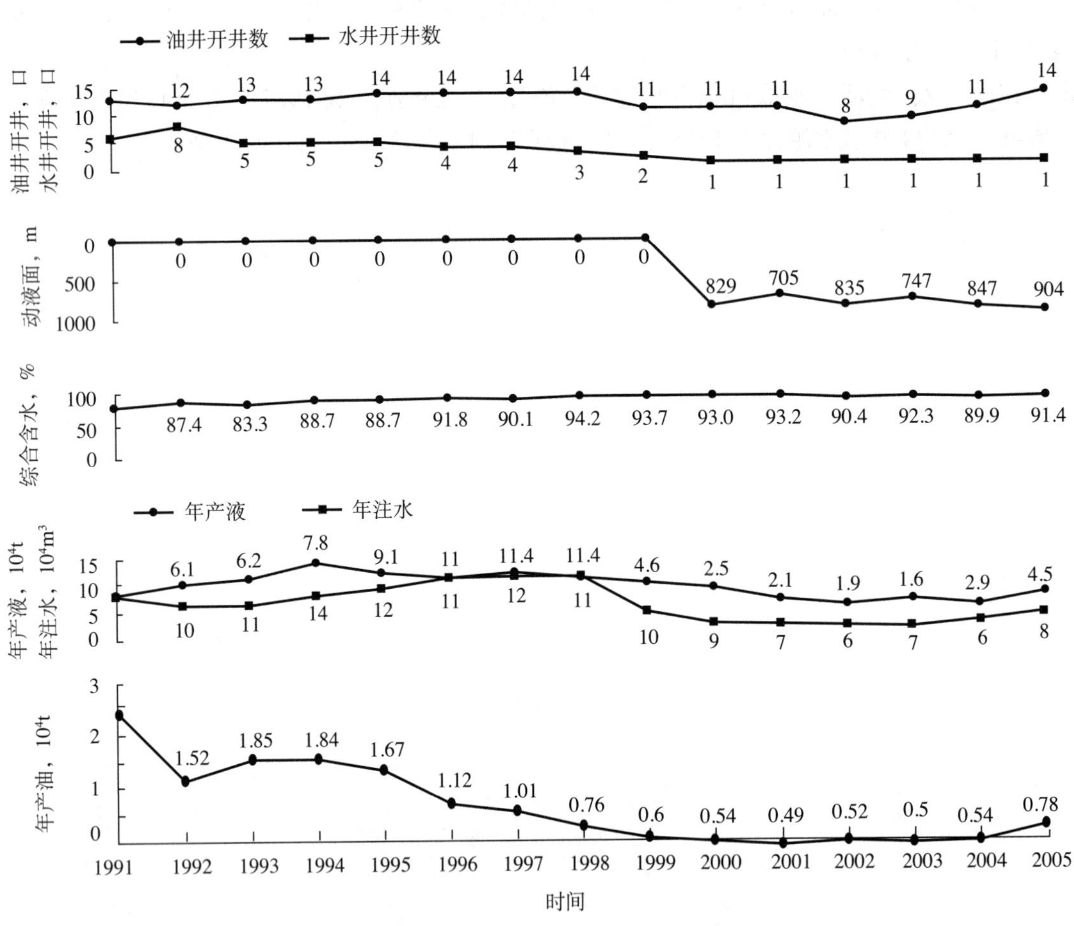

附图 1　潭口油田开采综合曲线图

附录二　附　表

附表 1　潭口油田综合地质数据表

油　田		潭　口
含油面积，km^2		5.49
层位		$Eq4^{1}$—$4^{下}$、$Eq3^{4}$、广三段
油层埋藏深度，m		597 ~ 1567
平均有效厚度，m		4.5
孔隙度，%		25
空气渗透率，mD		112 ~ 500
含油饱和度，%		70
地层温度，℃		稠油：38，稀油：55
原始地层压力，MPa		稀油：7.89 ~ 10.23
地层原油	饱和压力，MPa	稀：0.70 ~ 2.2
	原始气油比，m^3/t	稀：3.5 ~ 1
	体积系数	稀：1.035 ~ 1.044
	地下黏度，mPa·s	稀：12.47 ~ 37.6，稠：2.2×10^4
地面原油	密度，g/cm^3	稠：0.997，稀：0.9050 ~ 0.9190
	黏度，mPa·s	稀：23.7 ~ 93.7，稠：5.9×10^4
	凝固点，℃	稠：15，稀：25
	含硫量，%	稀：0.50 ~ 1.60，稠：3.0
天然气	相对密度	0.5733（稀）
	甲烷含量，%	95.2（稀）
地层水	水型	稠：Na_2SO_4，稀：$NaHCO_3$ 和 Na_2SO_4
	总矿化度，10^4mg/L	稀：22×10^4，稠：7173.97
	氯离子含量，10^4mg/L	稀：5.3×10^4，稠：3391.05

附表 2　潭口油田开采综合数据表

时间	动用地质储量 10^4t	油井		注水井		核实产油量		核实产水量		核实产液量		年末动液面 m	年末综合含水 %	注水量		注采比		地质采油速度 %	地质采出程度 %
		总井数 口	开井数 口	总井数 口	开井数 口	年 10^4t	累计 10^4t	年 10^4t	累计 10^4t	年 10^4t	累计 10^4t			年 10^4m^3	累计 10^4m^3	年末	累计		
1991	289.00	21	13	7	6	2.55	8.73	5.78	10.39	8.33	19.13	—	79.4	7.85	20.15	1.05	0.73	1.08	3.70
1992	289.00	18	12	9	8	1.52	10.25	8.09	18.48	9.61	28.73	—	87.43	6.08	26.23	0.40	0.68	0.64	4.34
1993	345.00	16	13	5	5	1.85	12.27	9.41	28.18	11.26	40.45	—	83.29	6.17	32.40	0.49	0.63	0.54	3.56
1994	345.00	16	13	5	5	1.84	14.11	11.72	39.90	13.56	54.01	—	88.75	7.83	40.22	0.67	0.62	0.63	4.83
1995	345.00	15	14	5	5	1.67	15.78	10.38	50.29	12.05	66.06	—	88.73	9.08	49.30	0.94	0.64	0.57	5.40
1996	345.00	15	14	5	4	1.12	16.90	10.31	60.59	11.42	77.49	—	91.82	11.00	60.30	0.94	0.68	0.38	5.79
1997	345.00	15	14	6	4	1.01	17.91	11.06	71.65	12.07	89.56	—	90.08	11.44	71.73	1.48	0.71	0.35	6.13
1998	345.00	14	14	5	3	0.76	18.67	10.02	81.67	10.78	100.34	—	94.16	11.36	83.09	0.82	0.75	0.25	6.39
1999	345.00	14	11	4	2	0.60	19.27	9.27	90.94	9.87	110.21	—	93.69	4.58	87.67	0.40	0.72	0.20	6.60
2000	345.00	14	11	4	1	0.54	19.81	8.18	99.12	8.72	118.93	829	93.01	2.45	90.12	0.23	0.70	0.17	6.78
2001	345.00	14	11	4	1	0.49	20.30	6.89	106.00	7.38	126.30	705	93.24	2.14	92.27	0.26	0.67	0.18	6.95
2002	345.00	14	8	4	1	0.52	20.82	5.63	111.63	6.15	132.45	835	90.38	1.92	94.18	0.44	0.66	0.15	7.13
2003	345.00	14	9	4	1	0.50	21.32	6.16	117.79	6.66	139.11	747	92.26	1.58	95.76	0.27	0.64	0.17	7.30
2004	345.00	15	11	3	1	0.54	21.86	5.78	123.57	6.32	145.42	847	89.56	2.91	98.67	0.32	0.63	0.21	7.49
2005	345.00	18	14	3	1	0.78	22.64	7.39	130.96	8.17	153.60	904	91.37	4.54	103.21	0.24	0.62	0.20	6.94

编号：18－005

建南气田志

《建南气田志》编纂组　编

武汉军区政委李成芳（前排左七）视察建南气田时合影（1978 年）

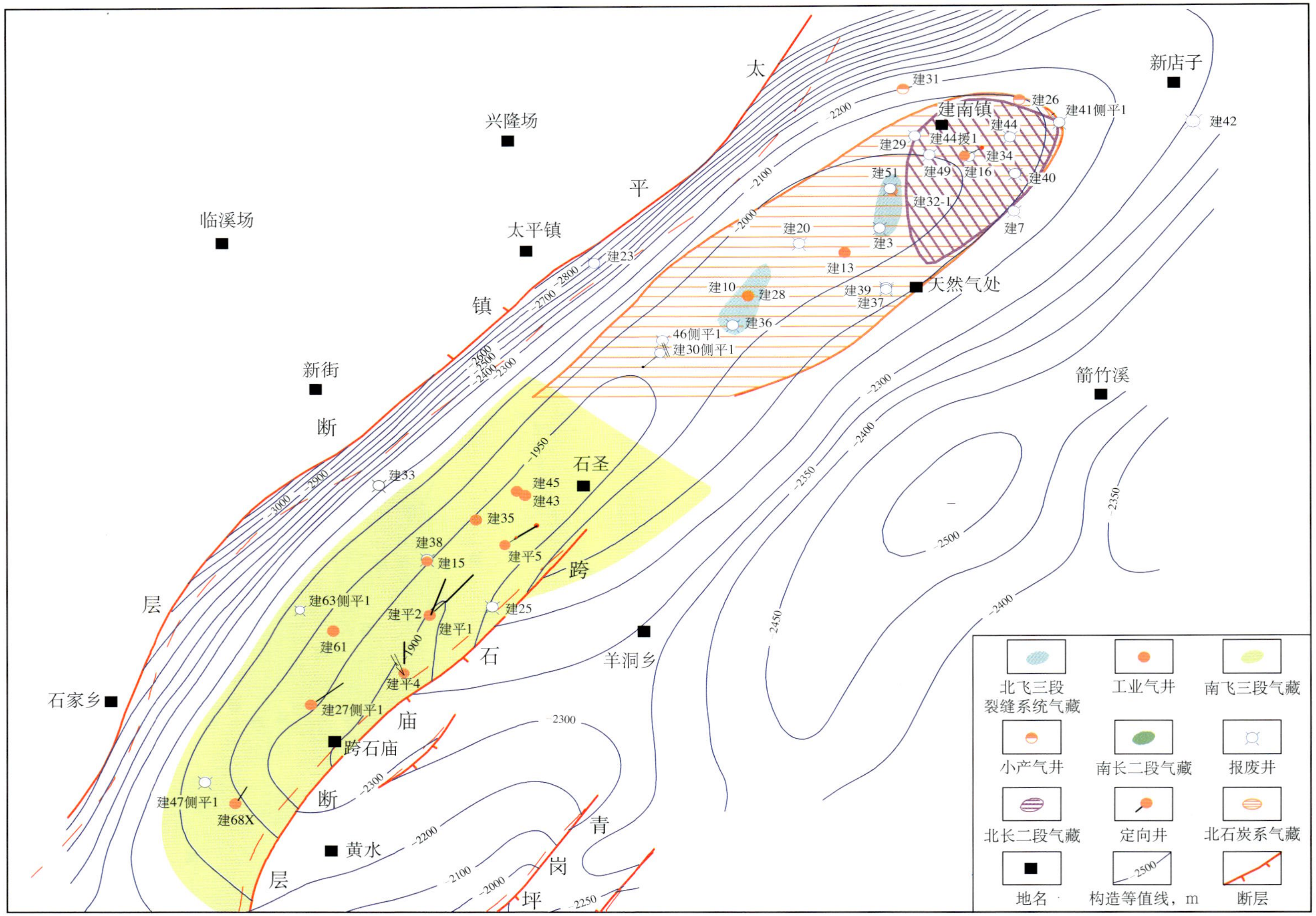

太平镇断层
跨石庙断层
青岗坪
新店子
兴隆场
临溪场
太平镇
新街
石家乡
建南镇
天然气处
箭竹溪
石圣
羊洞乡
跨石庙
黄水
建31
建26
建41侧平1
建42
建44
建29
建44援1
建34
建49
建16
建40
建51
建32-1
建7
建20
建3
建13
建10
建28
建39
建37
建36
46侧平1
建30侧平1
建23
建33
建45
建43
建35
建38
建15
建平5
建63侧平1
建平2
建平1
建25
建61
建平4
建27侧平1
建47侧平1
建68X
北飞三段裂缝系统气藏
工业气井
南飞三段气藏
小产气井
南长二段气藏
报废井
北长二段气藏
定向井
北石炭系气藏
地名
构造等值线，m
断层

建南气田构造井位图

至万州
柏杨渡
去万州
去龙驹镇
新店子
建31
建南镇
建26
建34
至谋道
建29
建44援1
北集站
建32-1
净化厂
建深1
建7
兴隆场
临溪场
太平镇
建13
天然气处
建10
建28
建36
去西沱
石柱化工厂
至石柱、忠县
南集站
建30侧平1
去利川、恩施
箭竹溪
至利川、恩施
建43
石圣
建45
建35
建平5
建15
建平2
建平1
建61
建平4
石家坝
建27侧平1
垮石庙
去石柱县城
建47
建68X
至石柱、忠县
至利川、恩施
黄水坝
工业气井
小产气井
注水井
报废井
地名
公路
注水管线
集气管线
输气管线
建南气田管网分布图

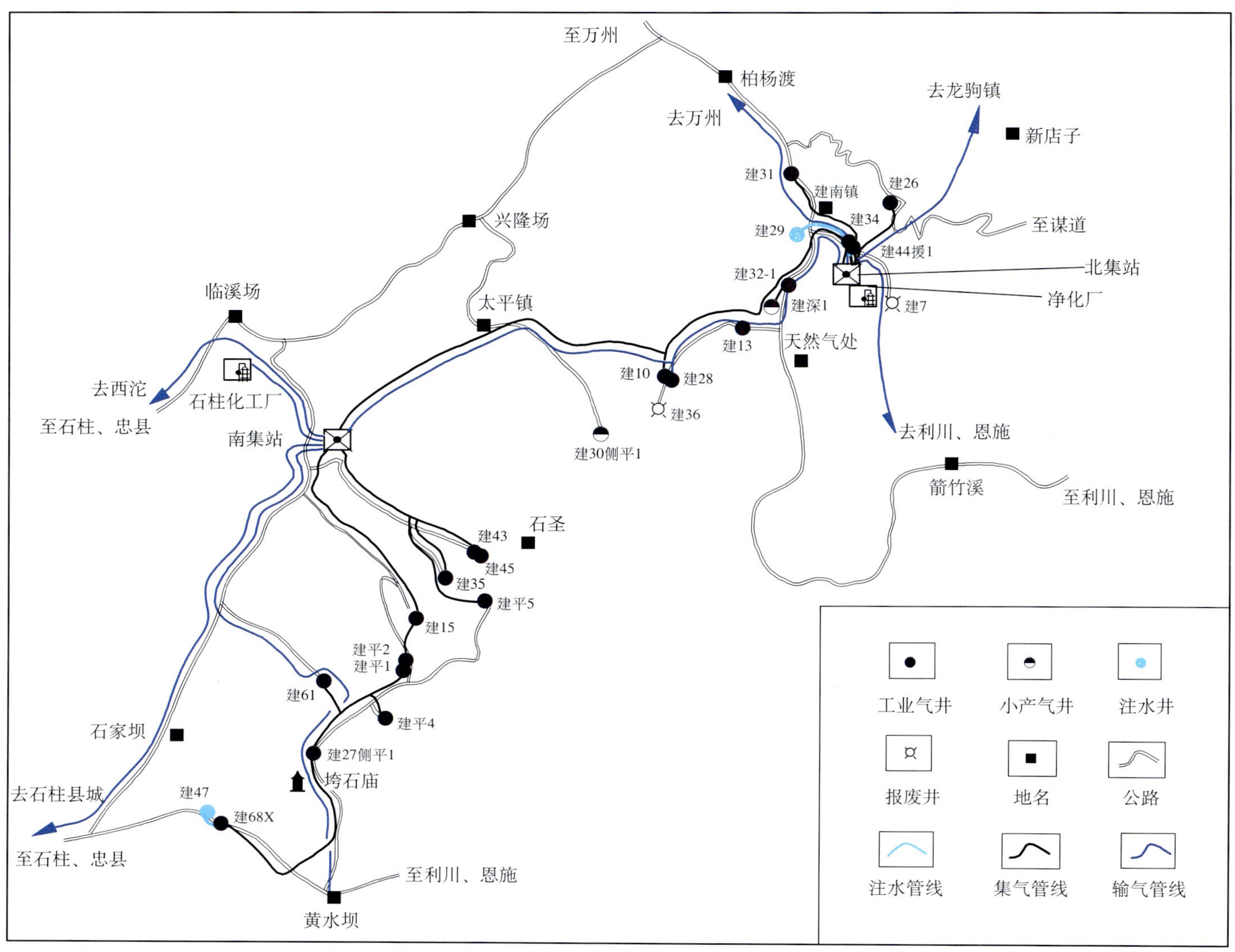

《建南气田志》编纂委员会

主　任：周育武

副主任：曹苏文　刘新民

成　员：邹中贵　伍亚林　孙建法　张三荣　张松林
张集兵　张承平　李平权　陈　忠　刘乔平

《建南气田志》编纂组

组　长：陈　忠

成　员：张集兵　刘新民　邹中贵　张松林　孙建法　张三荣
刘延华　向明兵　张承平　李平权　刘乔平　余洁萍
王万华　沈金才　银熙炉

《建南气田志》审核人员

初审人：周育武　曹苏文

复审人：杜修宜　洪志一　赵云山　陈志超　李渝生

本志目录

概　述

建南气田的管理单位是中国石化江汉油田分公司天然气勘探开发处，其前身是湘鄂西地质指挥所。1970年11月25日建3井飞三段测试获得工业气流，至此发现建南气田。1966年3月江汉石油勘探指挥部以湘鄂西勘探大队为基础，成立湘鄂西地质指挥部；1970年3月，湘鄂西勘探指挥部更名为五七油田第十五团；1972年5月，五七油田会战结束，第十五团更名为江汉石油管理局建南气矿，不再沿用部队编制；1977年11月，江汉石油管理局建南气矿更名为第二勘探指挥部，1987年11月更名为天然气勘探开发公司。1989年11月，天然气勘探开发公司更名为天然气勘探开发处；2000年2月至2005年12月，天然气勘探开发处更名为中国石化江汉油田分公司天然气勘探开发处，下设7个机关科室和8个基层单位，注册职工499人。

一

建南气田位于湖北省与重庆市交界处，呈北偏东—南偏西向条带状，南北长约30km，东西宽约3.5km，分南北两个高点，北高点位于湖北省利川市境内，南高点位于重庆市石柱县境内。地面出露侏罗系砂泥岩地层，为山地地貌区，平均海拔800m。建南镇有一条山间小溪自建南河南向北流入长江，建南河沿岸有一些阶梯平地，居民点和各类设施均紧靠河边设置。区内山高谷深，相对高差在600m以上，道路崎岖，区内年平均气温11～15℃，常年有风，主导风向为自南向北；冬无严寒，夏无酷暑，气候温暖适宜；无霜期长，日照时间短，阴天和雾天较长，农作物主要以水稻和玉米为主。交通较便利，与湖北省利川市、重庆市万州和石柱县均相距在90km左右，有公路相连。

二

建南气田在区域构造处于川东褶皱带与湘鄂西褶皱带的结合部位，紧邻川东天然气高产富集带的大池干、高峰场等气田，建南构造为太平镇断层和跨石庙断层共同形成的断背斜，跨石庙断层切割构造高点，同时构造整体呈现为一中间低两边高的鞍状构造，因此将建南构造划分为两个高点，以建28井为界，南边称南高点，北边称北高点。南高点位于建15井一带，北高点在建3井附近构造轴线沿北东方向，呈缓“S”型展布。

建南气田属于海相沉积环境，由于经历多次构造运动，沉积过程中发生多次海进和海退，因此在纵向上具有多层系、多旋回特点，形成了多套生储盖组合，主要气层为下三叠统、下二叠统及石炭系的碳酸盐岩层。

由于两个构造高点气藏差异，导致南高点飞三气藏好于北高点飞三气藏。南高点飞三气藏（称建35井区飞三气藏）为具有边水的层状构造气藏；北高点飞三气藏存在着小面积孤立储渗体与致密岩隔挡形成的圈闭，这类圈闭无统一气水界面，互不连通，北高点飞三气藏共有4个单井裂缝系统。

建南构造长二气藏储层主要岩性为白云岩，但由于成因不同，造成储层物性有区别，并形成建南构造南高点长二气藏（称建43井区长二气藏）为生物滩、建南构造北高点长二气藏（称建16井区长二气藏）为生物礁的格局。

建南构造石炭系气藏由于石炭纪末云南运动的影响，使本层曾经暴露地表，遭受风化剥蚀，其中南高点石炭系气藏普遍剥蚀严重，剥蚀零线在建28井与建45井之间。北高点石炭系气藏储层为低孔低渗型，气藏内各井生产相互连通，为统一压力系统，连通性较差，是一个具有边水的地层—构造复合圈闭层状气藏。

三

建南及周缘地区的勘探始于20世纪60年代。1966年在四川威远气田发现震旦系气藏的启示下，石油工业部组织北京地质学院、北京石油学院、大庆石油学院及北京石油地质学校配合当时成立的五七油田湘鄂西勘探指挥部，开展了以下古生界为勘探目的层的地质会战。先后经历了三个勘探阶段。

（1）区域普查阶段（1958年至1969年）：1958年至1969年进行了地质详查，仅在宜3井、鱼1井和河2井见到微量可燃气体。后将勘探重点西移至石柱复向斜，以勘探上组合三叠系—石炭系为主。

（2）鄂西区域性勘探（1970年至1981年）。1970年1月在建南构造上首钻建3井，1970年11月对该井飞仙关组2710～2762m射孔酸化，在套压2.55MPa、油压1.67MPa的情况下，测得气产量$3.77\times 10^4m^3/d$，发现建南气田。截至1981年完成详探工作，共钻探井33口，进尺12.1×10^4m，获上石炭统黄龙组、下二叠统长兴组和下三叠统飞仙关组、嘉陵江组共4个工业气层，17口工业气井。

（3）综合研究阶段（1981年至2005年）。1981年至2001年间，共完成二维数字地震7515.9km，主测线间距已达1～2km，基本探明本区志留系以上各反射界面的构造情况。2001年至2005年共完成钻井5口，进尺18520米。

四

1970年11月25日建3井飞三段经射孔酸化获得工业气流，至此发现建南气田，后因受到用户的限制，只利用探井小产量试生产，2000年投入全面开发，到2005年底共经历了如下三个开发阶段(图1)。

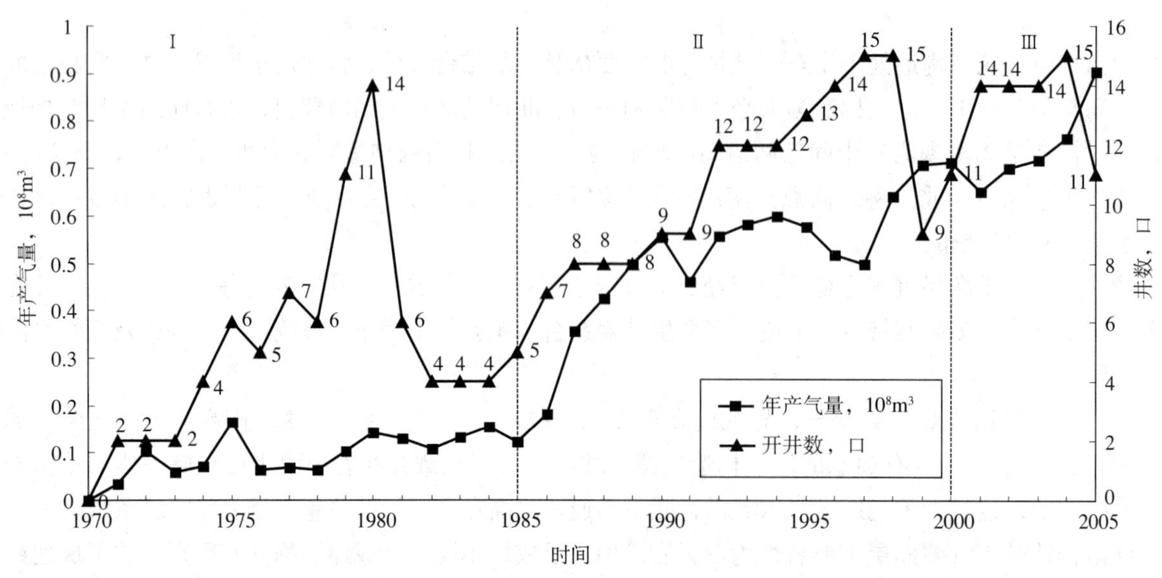

图1　建南气田开发阶段划分图

（1）探井试采阶段（1971 年至 1985 年）。详探结束后建南气田虽然具备了一定规模，但是由于没有用户，大部分气井获得工业气流后进行了封存，只留下 2 ～ 3 口工业气井生产，供当地利川市盐厂和处职工生活用气，气田处于小产量试采阶段。

（2）探井投入开发阶段（1986 年至 1999 年）。为满足重庆市石柱县年产 2500t 炭黑厂、湖北省利川市盐厂以及自建年产 5000t 炭黑厂及职工生活用气的需要，气田主要开采建 35 井区飞三气藏及建 13 井区石炭系气藏。

（3）全面开发阶段（2000 年至 2005 年）。为解决周边城镇居民生活用气，江汉油田分公司在鄂西渝东地区开展以建南气田为中心的滚动勘探工作；同时采用水平井技术在气田钻探水平井，逐步完善开发井网，气田进入全面开发时期。

五

建南气田自勘探开发以来，共投入建 32 井区嘉一气藏、建 3 井飞三裂缝气藏、建 10 井飞三裂缝气藏、建 51 井飞三裂缝气藏、建 36 井飞三裂缝气藏、建 43 井区长二气藏等六个裂缝性气藏和建 16 井区长二气藏、建 13 井区石炭气藏、建 35 井区飞三气藏三个连片分布的低渗透率气藏，共 9 个开发单元。到 2005 年 12 月已探明含气面积 104.4km^2，探明地质储量 $100.25 \times 10^8 m^3$，探明可采储量 $53.85 \times 10^8 m^3$，已动用含气面积 74.10km^2，动用地质储量 $64.23 \times 10^8 m^3$，动用可采储量 $35.88 \times 10^8 m^3$，累计采气 $14.18 \times 10^8 m^3$。

六

建南气田经过 36 年的勘探开发，既为江汉石油管理局培养并保留了一支建制齐全的天然气勘探开发技术队伍，也为我国天然气勘探开发和地方经济发展作出了贡献。

建南气田详探结束初期，大部分工业气井处于封存状态，只有 2 ～ 3 口北高点的工业气井开井生产，气田职工依靠江汉石油管理局供给维持生存。1985 年至 1987 年，重庆石柱炭黑厂和气田自建炭黑厂相继建成投产，气田通过炭黑生产的原料气供应促进了天然气产销，初步解决了职工生存问题，逐渐摆脱了由江汉石油管理局反供给的局面。

2000 年以来，随着鄂西渝东海相勘探会战的展开，建南气田进入全面开发阶段，陆续解决了重庆市的黔江、万州、石柱、丰都和湖北省鄂西地区的工业用气和居民生活用气，而且建南气田一直以低廉的气价供给当地用于生产化肥、制盐及居民用气，有力地支援了当地经济发展，提高了居民生活质量。

1975 年对建 16 井长二气藏测试求产，获得无阻流量 $90 \times 10^4 m^3/d$，在国内首次发现生物礁型气藏，为普光气田生物礁型气藏的勘探开发提供了宝贵经验。建南气田的天然气净化工艺，也为普光气田的天然气净化提供了有力的技术支撑。

1977 年建 13 井石炭系测试求产获得无阻流量 $87.58 \times 10^4 m^3/d$，标志建南气田与一江之隔的川东气田在我国同时首次发现石炭系气藏。为川东气田把石炭系气藏作为主力气藏来勘探开发，20 世纪 80 年代增储上产起到一定的借鉴作用。

随着 2000 年以来勘探开发工作的全面展开，天然气已成为江汉油田分公司新的经济增长点。

大事记

1966 年

3 月 20 日　江汉石油勘探指挥部根据石油部（66）油政干周 58 号《关于组成湘鄂西地质指挥所及干部配备的通知》精神，以湘鄂西勘探大队为基础，成立了湘鄂西地质指挥所，机关设在宜都干沟河，7 月迁往恩施。

8 月　湘鄂西地质指挥所改名为湘鄂西勘探指挥部，确定了湘鄂西“深探鱼皮泽，浅探白果坝，准备李子溪，大搞地层对比，大搞构造研究，尽快提出有利的目的层和勘探地区”的勘探部署。

9 月　湘鄂西勘探指挥部派出全体专业人员，会同北京地质学院、北京石油学院、东北石油学院和大庆石油地质学校师生及九二三厂等单位的地质人员，共 1170 余人，组成 127 个地质小队，配备 11 个浅钻队，在湘鄂西地区开展大规模的地质构造详查及综合研究工作。历时 9 个月，详查面积 4 万余平方千米，发现了一批有利构造。

1969 年

8 月 10 日　湘鄂西勘探指挥部负责人刘俊、钟泽金及赵中坚等向石油部副部长康世恩汇报工作，提出了“把勘探重点从两个高背斜转向宽向背斜”的建议，得到积极支持。同时，石油部决定将四川乌江以东、长江以南地区的勘探任务划给湘鄂西勘探指挥部。随后，队伍向西转移，在利川成立了“八一〇工地”，川鄂边区的石油地质勘探工作，从此全面展开。

1970 年

3 月　湘鄂西勘探指挥部更名为五七油田第十五团，采用部队编制，下辖司令部、政治处、后勤处，团部设在恩施，职工总数 4570 人。

11 月 18 日至 26 日，十五团 32151 钻井队在建南构造北高点钻探出湖北省第一口工业气井——建 3 井，进行中途测试，喜获日天然气流量 37720m^3。

1971 年

5 月 28 日　建 3 井再次进行试气作业，经测试日最高气流量达 50060m^3。十五团在建 3 井召开了隆重的现场祝捷大会，正式宣布发现建南气田。

11 月 20 日　十五团 3284 钻井队在建南构造钻成建 10 井，测试飞三段，获得日产 $6.54 \times 10^4 m^3$ 的工业气流。

12 月　十五团团部迁往利川建南，先后在建南、龙驹坝、大山坪、齐跃山和猫儿槽等构造上进行了钻探，并在利川汪营垦荒 $12.1 \times 10^4 m^2$，建立了农副业生产基地。

1974 年

7 月 16 日　留守建南的钻井队在对建南构造的建 16 井进行加深钻探时，在二迭系长兴组长二段获得无阻流量 $90 \times 10^4 m^3/d$ 的高产气流。这是在该构造发现的第二个产气层位，也是在国内发现的第一个生物礁气藏。

1975 年

4 月 25 日至 5 月 4 日　江汉石油管理局副局长郭水生、建南气矿副矿长钟泽金带领建南气矿一行

64 人，赴石油化学工业部汇报工作。

是年　建南气矿采用“沿长轴，占高点，打断裂，稀井广探”的方法，在高点和轴线附近沿大逆断层钻井 6 口，在建 36 井飞三段和建 43 井长兴组分别获日产 $2.34 \times 10^4 m^3/d$ 和 $5.95 \times 10^4 m^3/d$ 的工业气流。

1977 年

11 月 18 日　32164 钻井队在建南构造北高点加深钻探的建 13 井，钻至井深 3748m 完井测试，在石炭系首次获得日产 $9.41 \times 10^4 m^3/d$ 的工业气流。

1978 年

1 月 5 日至 6 日　石油工业部部长宋振明率有关人员到江汉石油管理局第二勘探指挥部检查指导工作。

9 月 10 日至 11 日　湖北省委书记陈丕显和恩施地委书记王利滨等，到第二勘探指挥部视察工作。

1979 年

10 月　第二勘探指挥部建成部分集输系统，形成年产 $2000 \times 10^4 m^3$ 天然气的能力。

1980 年

4 月 24 日　第二勘探指挥部在建 44 井用美制江斯顿测试器裸眼测试，获得日产 $26.9 \times 10^4 m^3$ 的工业气流。

1985 年

6 月　随着石柱县炭黑厂筹建并计划用气，气田开始试开发南高点气藏，先后在建 15 井、建 45 井建成采输气流程。

1986 年

6 月 20 日　建南气田南高点正式为四川省石柱炭黑厂输送天然气。

9 月　第二勘探指挥部动工兴建炭黑厂。

1990 年

10 月中旬　中国石油天然气总公司副总经理周永康委派总公司有关人员来天然气勘探开发处了解情况、指导工作。

1991 年

9 月 8 日　湖北省石化厅厅长邓庆宗一行到天然气处检查指导工作，并就天然气勘探、开发前景及与地市合作等问题交换了意见。

1996 年

10 月 4 日　江汉石油管理局重点工程天然气净化脱硫装置开工建设。

1997 年

7 月 12 日　江汉石油管理局局长文光辉、局党委书记刘恩学代表江汉石油管理局与万州区天然气公司举行“五桥天然气建设项目签字仪式”。江汉石油管理局与重庆市万州区签订天然气输供合同。

1998 年

3 月 4 日　建南至重庆市万州区的天然气输气管道工程正式开工建设，同年 12 月 21 日在万州区五桥举行通气仪式。

8 月 21 日　建 44 井发生强烈井喷。在江汉石油管理局、四川石油管理局、中原石油勘探局的大力支持及有关专家的指导下，采用多种措施进行堵井作业。同年 9 月 7 日建 44 井井喷得到控制。

10 月 1 日　江汉油田第一座日处理量 $15 \times 10^4 m^3$ 的天然气脱硫净化装置一期工程竣工，并在建南建成投产。

10 月 3 日　建 44 井的井喷天然气输往净化厂脱硫后利用，日输气 $18 \times 10^4 m^3$。

1999 年

2 月 14 日　天然气勘探开发处将建南气田相距 15km 的南高点与北高点输气管道并网输气。

4 月 18 日　建南至恩施天然气输气管道工程开工。

8 月 21 日　中国石油化工集团公司副总经理牟书令在油田部主任李干生、江汉石油管理局局长刘恩学等陪同下视察天然气处。

9 月 10 日　天然气处净化厂二期工程的一套日处理量 $20 \times 10^4 m^3$ 的净化装置动工兴建。

12 月　南高点至石柱县城输气管道开通，建南气田天然气开始输往石柱县城。

2000 年

6 月 9 日　天然气脱硫二号装置建成投产。生产的净化气达到国家Ⅱ类气标准，天然气净化能力由 $15 \times 10^4 m^3/d$ 上升到 $35 \times 10^4 m^3/d$。

7 月 18 日　建南至恩施天然气输气管道工程的部分工程——建南至利川天然气输气管道试运成功。该输气管道由重庆民生燃气有限公司投资兴建，江汉油田油建处施工，全长 54km，日输天然气能力 $20 \times 10^4 m^3$。

11 月 3 日　湖北省人大环资委领导鄂万友一行来天然气处检查环保状况，并就与外商合作共同开发天然气发电进行项目考察。

11 月 18 日　位于鄂西的第一口水平井——建平 1 井，在重庆市石柱县顺利开钻。该井设计井深 3470m，水平段长 1046.19m。这口井的开钻标志着建南气田天然气开发步入正规开采。

12 月 30 日　建南至恩施管道工程竣工。该工程是重庆民生燃气有限公司鄂西渝东输气管网的一个重要组成部分，对建南气田天然气销售具有重要意义。

2001 年

7 月 24 日　建平 1 井喜获高产气流——日产天然气 $21 \times 10^4 m^3/d$。

8 月 28 日至 9 月 1 日　江汉石油管理局局长常子恒先后三次来天然气处，就勘探开发、资源扩充以及天然气处近期主要工作作了指示。

9 月 25 日　南北高点复线管道工程开工。该管线起于北高点的建 28 井，止于南高点集气站。

10 月 28 日至 11 月 1 日　江汉石油管理局局长常子恒到天然气处部署全面加快建南气田勘探开发工作。

10 月 31 日　南北高点复线管道工程竣工。该管道投入使用后，为建平 1 井及南高点原有生产井天然气输往净化厂脱硫提供了保证，南北高点天然气调配能力由此前的 $5 \times 10^4 m^3/d$ 提升到 $10 \times 10^4 m^3/d$。

2002 年

1 月 14 日至 15 日　鄂西渝东钻井技术研讨会在万州召开，江汉石油管理局局长常子恒等 35 位有关领导和技术专家参加了会议。

3 月 23 日　建平 1 井投入生产，结束了建南气田 30 多年来靠勘探井开采的历史。

4 月 22 日至 24 日　中国石油化工集团公司调研组在江汉石油管理局局长常子恒的陪同下，一行十余人到天然气处就如何部署建南 16 口老井的安全隐患整治工作进行了考察、调研。

6 月 4 日至 5 日　中国石油化工集团公司副总经理张耀仓一行在江汉石油管理局局长常子恒、江汉油田分公司经理方志雄的陪同下，详细了解了气井钻进及隐患整治情况，并听取了关于建南气田的专题汇报。

6 月 12 日至 14 日　中国石油化工集团公司油田部总地质师钱基、油田部勘探开发处处长焦大庆一行，在江汉石油管理局局长常子恒、江汉油田分公司经理方志雄等领导的陪同下，到天然气处进行现场调研。

7月3日　建南气田首口救援井——建44援1井开钻，标志着气田老井安全隐患整治进入实施阶段。

7月27日至28日　中国石化股份公司发展计划部副主任刘岩及油田勘探开发事业部领导一行4人对建南气田进行了调研。

2003年

8月29日　由重庆万州天然气公司投资兴建的天然气过江管道竣工，建南天然气实现过江，天然气用户结构逐步得到优化。

2004年

5月10日　天然气处撤销炭黑厂。

第一章

气 田 地 质

建南气田属于复杂的海相沉积，表现为构造地质条件复杂、储层岩性非均质性强、分布零散、储层气水关系复杂，同时气田开发历程较短，对地质特征的认识是一个不断完善的过程。

第一节 构 造

1982 年 3 月江汉油田管理局第二勘探指挥部江荣沛、银玉光编写的《建南气田储量报告》，报告认为建南构造位于四川盆地川东南中隆高陡构造区东缘石柱复向斜内，为一个保存完整的膝状构造。白垩纪末期和燕山运动，形成了建南构造现今的基本构造形态。地震发现在地腹有两条大的北东走向逆断层——太平镇逆断层和石圣—垮石庙逆断层，从时间剖面上看，这两条断层都未穿过侏罗系底部地层；对 33 口深探井的各种资料对比后，共发现井下断点 16 个，其中正断点 6 个，逆断点 10 个，主要发生在长兴组—嘉三段地层中。

2004 年 2 月 28 日江汉油田分公司勘探开发研究院林娟华、付兴宜、万云强等人编写，研究院副院长严金泉、李元祥审核的《建南及周缘地区地质综合评价研究》报告认为：建南地区隶属上扬子区川东褶皱带，受区域构造控制，区内地层走向主体呈北北东—北东向，出露最老地层为上震旦统，最新地层为上侏罗统蓬莱镇组，前者见于齐岳山复背斜核部，后者位于石柱复向斜核部，呈北北东向展布。自上震旦统到上侏罗统，因地壳频繁波动和大幅抬升，地层遭受剥蚀而出现平行不整合面 7 个，其中影响范围广而深远的有两个：一是志留纪末的加里东运动，二是中三叠世末的印支运动。加里东运动使区内上志留统普遍遭受剥蚀，并缺失下泥盆统和部分下石炭统；印支运动使全区整体抬升，结束海侵历史，中三叠统遭受不同程度的剥蚀，并在本区形成了石柱古隆起。

喜马拉雅晚期，因印度板块向亚洲板块俯冲，其产生的南东向挤压应力越过龙门山经过四川盆地波及本区，叠加在早燕山期先成构造上，在先期形成背斜带的东翼前端形成北西倾逆冲断层，该期断层错开先期断层，形成断层相关褶皱，改造和重建了先期构造，方斗山、龙驹坝等构造再次抬升，遭受剥蚀。并最终形成了本区现今的 NE—NEE 向隆凹相间的区域构造格局（图 1–1）。

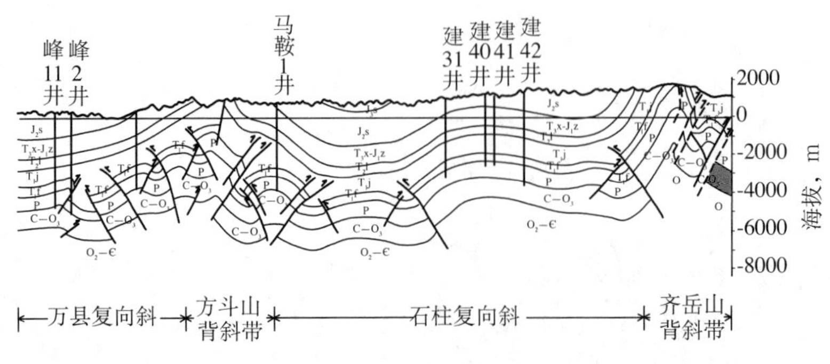

图 1–1　建南及周缘地区高峰场—齐岳山地震地质解释剖面

第二节　储　层

一、地层

1970年1月石油工业部五七油田湘鄂西勘探指挥部革委会在湘鄂西地区综合调查研究报告中的描述认为，湘鄂西地区地层自下而上发育了震旦系、寒武系、奥陶系、志留系、泥盆系、石炭系、二叠系、三叠系、侏罗系，层序完整，部分层系之间存在假整合。同时报告认为二叠系长二段南北高点为两个独立的，以白云岩为主要储层，受岩相控制的气藏，并首次发现生物礁，对我国南方油气勘探有重要意义。由于石炭系中期的昆明运动或末期的云南运动，造成区域假整合或不整合接触关系，接踵而来的海侵，使已沉积的磷矿层局部破坏被搬运到适合地带沉积成为白云岩中的砂屑或砾石，并造成建南构造南高点缺失中石炭统，北高点范围均有中石炭统分布。

二、沉积相

2002年江汉油田分公司勘探开发研究院何可、严金泉、林娟华等编写了《建南及周缘地区地质综合评价研究》，报告对三个主要产气层沉积相特征进行了描述。

石炭系黄龙组在建南气田呈东高西低、南高北低格局，华南海海水广泛侵入而沉积的一套碳酸岩盐地层。气田早石炭世继承了晚泥盆世的古陆环境，大部分地区未接受沉积，仅局部低洼地区接受了一套沼泽相碎屑岩沉积，为深灰—灰白色细粒石英砂岩，上部间夹二层绿灰色页岩薄层，与下伏志留系地层呈假整合接触；晚石炭世早期，全区普遍沉降，海水广泛入侵，全区接受了一套浅海台地相碳酸盐岩沉积，与下伏石炭统呈假整合接触。晚石炭世末期受云南运动的影响，抬升为陆，形成了区域性沉积间断，大部分地区上石炭统地层部分遭受剥蚀。

二叠系长兴组时期来自东南方向的古特堤斯海水广泛入侵四川海域，按生物组合与岩性变化，从西向东可分为河流平原、海陆交互相、局限台地、开阔台地、台地边缘、海槽及盆地等几个沉积单元。气田长兴组表现为台地边缘相至台地相，以东为浅海盆地相，生物礁、滩相呈分散块状展布于台地相及台地边缘相内。

三叠系飞仙关时期沉积环境沿从西向东方向依次为局限台地、开阔台地、台地边缘、台缘斜坡相带，综合认为该时期为一持续的海退过程，但也有多次较小规模的海侵过程，沉积相带呈近南北向条带状展布，由早到晚自西向东逐渐推移，因而造成了台缘滩坝的穿时发育。下三叠统飞仙关气藏形成于早三叠世早期，海水自北向南侵入，经过广泛海侵。气田具有开阔台地相至台缘斜坡相沉积特征，水平层理、砂屑条带及冲刷构造多见，局部可见丘状交错层理，纵向上表现为台地相与台地边缘相交替沉积特征，平面上以台地边缘相为主，发育鲕粒滩坝亚相，东侧为台缘斜坡相，西侧为开阔台地相。

三、气层层系划分

建南气田自上而下四个工业产气层系为三叠系下统嘉陵江组嘉一段、三叠系下统飞仙关组飞三段、二叠系上统长兴组长二段、石炭系中统黄龙组。

四、岩性物性

1975年12月由南方石油公司勘探研究所地质大队鄂西地质队陆昌兴编写，张文荣、马天泉审核完成的《石柱复向斜二叠、三叠系天然气高产规律初步认识》报告，先后分析地面储层剖面薄片6332块，对比地面、井下地层379层次，整理地层数据6788个，分析认为各气层具有低孔隙度、低渗透率特征（表1–1）。

表 1–1 建南气田天然气储层物性

层位	取心井数 口	取心进尺 m	有效储层厚度 m	实测样品数量 个	孔隙度，%		渗透率，mD	
					最大	平均	最大	平均
嘉一段	17	416.25	—	1589	7.033	<1	29.56	1.052
飞三段	23	526.73	32.8~12.4	2146	4	3.35~1.81	26.37	1.456
长二段	19	265.06	34.0~12	286	14.6	5.83~1.75	94.09	2.255
石炭系	5	73.25	13.2~5.4	402	6.91	3.91~1.75	6.673	1.652

五、孔隙结构

建南气田各产层属低孔、低渗裂缝孔隙型或裂缝型储层，各主力气藏储层平均孔隙度不足 3%，平均渗透率普遍小于 0.1mD。储层中通常是孔、洞、缝兼备。气田储层有四种结构类型：裂缝—孔隙型、孔隙型、孔洞型及裂缝型（表 1–2）。

表 1–2 建南气田气藏孔隙结构

气田	气藏	孔隙结构	岩性
建南	嘉陵江组一段气藏	裂缝型	细粉晶灰岩、粗结构岩类
	飞仙关组三段气藏	裂缝—孔隙型	内碎屑—核形石灰岩、鲕灰岩、白云岩及细粉晶灰岩
	长兴组气藏	裂缝—孔隙型	次生白云岩、白云岩、细粉晶灰岩
	石炭系气藏	微裂缝—溶孔型	藻白云岩、角砾云岩

2004 年运用 3DMOVE 软件开展了建南气田的裂缝预测，裂缝预测结果分析，整体上看北高点裂缝较南高点相对发育：一是北高点相对南高点埋深浅，故受到的压实作用不如南点强，易产生裂缝；二是北高点为白云岩相对发育，白云石为易被溶蚀的矿物，易形成溶蚀缝，且白云石失水，体积缩小而形成缝。而实际上通过取心资料也证明北高点裂缝相对发育。

六、敏感性分析

根据室内试验，建南气田飞三、长兴及石炭系储层敏感性分析如表 1–3。

表 1–3 建南气田储层敏感性分析表

敏感性 / 储层	敏感性分析					
	速敏	水敏	盐敏	酸敏	碱敏	应力
飞仙关组三段储层	无	中等偏弱	中等偏弱	无	弱	强
长兴组储层	弱	中等偏强	中等偏强	—	—	—
石炭系储层	弱	中等偏强	—	中等偏强	中等偏强	—

根据储集岩的物性特征及孔隙结构特征，建南储层评价参照四川盆地地层碳酸盐岩储集岩分类标准，气田储层为第 IV 类，属很差的储集岩或非储集岩。但部分储层段经改造后，可以达到第 III 类，即小产能储集岩。

第三节 流 体

一、流体性质

（一）天然气性质

气田各气藏气体相对密度最高为0.6633，最低为0.5844，平均0.6066。同时各气藏气体普遍含有硫化氢，其中长二气藏硫化氢含量最高，达2.85%（相当于56.9g/m^3），其他气藏硫化氢含量相对较低（表1–4）。

表1–4 建南气田气分析数据表

层位	甲烷 %	乙烷 %	丙烷 %	氮 %	二氧化碳 %	硫化氢 g/m^3	相对 密度	临界 温度 K	临界 压力 MPa	备注
嘉一段	96.08	0.19	—	1.29	2.34	0 ~ 6.105	0.5844	192.96	4.79	4口井平均值
飞三段	94.85	0.14	—	1.27	3.1	1.621 ~ 38.271	0.5941	194.59	4.83	10口井平均值
长二段	89.08	0.15	—	1	8.92	27.630 ~ 56.898	0.6633	205.54	5.10	5口井平均值
石炭系	94.35	1.28	0.21	3.4	0.73	0 ~ 0.424	0.5844	191.16	4.71	5口井平均值

（二）地层水性质

气田四套工业气层地层水型都为氯化钙型（表1–5），代表水所处的环境封闭性好，有利于油气的聚集和保存，是含油气的良好标志。

表1–5 建南气田地层水性质表

气藏	总矿化度，10^{4}mg/L	氯离子含量，10^{4}mg/L	水型
北高点飞仙关组三段气藏	18.40	11.20	$CaCl_2$
南高点飞仙关组三段气藏	13.30	8.00	$CaCl_2$
长兴组二段气藏	10.80	6.40	$CaCl_2$
石炭系气藏	9.10	5.50	$CaCl_2$

二、地层水分布

气田地层水分布普遍，气和水在圈闭中的分布除受重力支配外，还与圈闭的形态、储层结构等因素有关。气藏中地层水分布有三种情况。

（1）边水：边水水体较小，分布在气藏边缘的裂缝不发育区，水主要存在于低渗的孔隙层内，开采中水一般不活跃，如建35井区飞三气藏、建13井区石炭系气藏的边水在开采中均不活跃。

（2）边、底水：建16井区长二生物礁是一个块状气藏，存在边、底水。气藏高部位产气，低部位产水，上部产气，下部产水，但水体不大，也不活跃。

（3）不规则水：北高点飞三气藏受岩性和裂缝控制，气井互不连通，没有统一的气水界面，高部位产水，低部位产气，气水分布不规则。

上述三种分布状态的地层水水性均为氯化钙型，氯化物水组，钠亚组，属交替停滞带与油气有关的地层水。高矿化度地层水的存在，也对气井井下管柱起腐蚀作用，给生产带来一定的影响。

第四节　气　藏

建南气田气藏类型受构造、地层、沉积相控制，主要存在3个连片分布的整装气藏和6个裂缝性气藏，共9个开发单元。

一、气藏类型

2000年由李茂昭、赵中坚等人编写的《建南气田开发现状及潜力分析》报告中对建南气田储层评价认为：

北高点嘉一段建32井，飞三段建3井、建51井和南高点建43井属于裂缝型储渗结构类型；建10井、建36井为受次生云岩和砂屑灰岩控制的点状气藏。综合认为除长二段生物礁白云岩储层可达Ⅱ—Ⅲ类储层标准外，飞仙关组三段、石炭系两个产气层的储层均以Ⅲ类储层为主，少量Ⅱ类储层，嘉陵江组一段更不具储集条件。

建35井区飞仙关组三段岩性—构造气藏：在构造高部位的建15井、建35井、建45井产气，构造低部位的建47井、建61井气水同产，是一个具有边水的气藏。区内储层在南高点连片分布，在圈闭闭合线以内为气井、干井、含气井，并且气层段均未见大量地层水产出，圈闭闭合线以外为水井，表明飞仙关组三段气藏气、水分布明显受构造圈闭控制，气藏东部边界以石圣—跨石庙断层遮挡，北部受岩性控制，西南部受构造控制，为弹性驱动的岩性—构造复合气藏。

建16井区长生组二段生物礁—构造块状气藏：为潜伏生物礁体，礁岩最大厚度在建7井—建16井区一带，礁翼位于建46井、建41井及建3井以北。气藏北、西、南边界与礁岩边界一致。气藏受今构造的控制，高部位的建16井、建40井、建44井产气，低部位的建7井产水，气藏为具有边、底水。

建13井区石炭系地层—构造层状气藏：受古风化面控制，气藏南部为地层圈闭，剥蚀零线在建28井与建45井之间，在气藏北部低部位产水。

二、气藏压力、温度

气田地面常年平均温度为15.0℃，地温梯度2℃/100m。北飞仙关组三段气藏气层中部温度81.31℃，原始地层压力为32.44MPa，压力系数1.02；长二段气层中部温度85.77℃，气藏原始地层压力为38.10MPa，压力系数1.02；石炭系气层中部温度93.41℃，气藏原始地层压力为41.43MPa，压力系数1.05。

建35井区飞三气藏各单井原始地层压力在32.96～33.14MPa之间，折算气藏原始地层压力33.05MPa，反映飞仙关组三段气藏为同一压力系统。

第五节　储　量

一、地质储量

建南气田1985年经国家储委批准，探明含气面积71.0km^2，天然气地质储量50.55×10^8m^3。2002年通过地质重新认识和建68X井的钻探，建35井区飞三段气藏新增含气面积33km^2，新增探明地质储量48.12×10^8m^3。

同时1985年上报长二段建43井单井探明地质储量0.1×10^8m^3，技术可采储量0.05×10^8m^3，当时认为建43井区长二段为裂缝型气藏，采用压降法计算。随着勘探的深入，长二段生物滩气藏含气面积扩大，2002年上报控制储量71.21×10^8m^3。由于建43井区和北高点嘉一段32井区后期采气量已远远超过可采储量的标定值，2005年探明储量套改时，采用压降法重新计算建43井单井探明天然气地质储量为1.56×10^8m^3，建32井探明天然气地质储量为0.37×10^8m^3。

截至2005年底气田探明含气面积104.04km^2，天然气地质储量100.25×10^8m^3（表1–6）。

表1–6　建南气田地质储量汇总表

层位	高点	井区	1985年		2002年		2005年	
			含气面积 km^2	地质储量 10^8m^3	含气面积 km^2	地质储量 10^8m^3	含气面积 km^2	地质储量 10^8m^3
嘉陵江组一段	北高点	建32井	—	0.25	—	0.25	—	0.37
飞仙关组三段	北高点	建3井	—	0.56	—	0.56	—	0.56
		建10井	—	1.67	—	1.67	—	1.67
		建36井	—	0.08	—	0.08	—	0.08
		建51井	—	0.22	—	0.22	—	0.22
		小计	—	2.53	—	2.53	—	2.53
	南高点	建35气藏	30.0	17.12	63.0	65.24	63.0	65.24
长兴组二段	北高点	建16气藏	12.6	9.55	12.6	9.55	12.6	9.55
	南高点	建43气藏	—	0.10	—	0.10	—	1.56
石炭系	北高点	建13气藏	53.0	21.00	41.1	21.00	41.1	21.00
合计			71.0	20.55	104.0	98.67	104.0	100.25

二、可采储量

1985年《建南气田储量报告》根据容积法计算可采储量25.8×10^8m^3，采收率为51.04%。随着开采水平的提高，2002年底经储量复算气田可采储量为52.57×10^8m^3，采收率53.28%。

2005年探明储量套改时重新核算气田可采储量为53.85×10^8m^3，采收率54.58%（表1–7）。

表1–7　建南气田可采储量汇总表

层位	高点	井区	1985年		2002年		2005年	
			可采储量 10^8m^3	采收率 %	可采储量 10^8m^3	采收率 %	可采储量 10^8m^3	采收率 %
嘉陵江组一段	北高点	建32井	0.24	96.00	0.30	120.00	0.30	81.08
飞仙关组三段	北高点	建3井	0.32	57.14	0.37	66.07	0.37	66.07
		建10井	1.00	59.88	1.00	59.88	1.00	59.88
		建36井	0.05	62.5	0.08	100.00	0.08	100.00
		建51井	0.21	95.45	0.17	77.27	0.19	86.36
		小计	1.58	62.45	1.62	64.03	1.64	64.82
	南高点	建35井区	8.6	50	35.09	53.79	35.91	55.04
长兴组二段	北高点	建16井区	4.78	50.05	4.51	47.23	4.51	47.23
	南高点	建43井区	0.1	100	0.55	550.00	0.94	60.26
石炭系	北高点	建13井区	10.5	50	10.50	50.00	10.55	50.24
合计			25.80	51.04	52.57	53.28	53.85	54.58

第二章

开发部署与调整

1971 年 11 月建 3 井投入试采，拉开了建南气田开发的序幕，经过 30 多年钻探、试气、试采，积累了丰富的第一手资料，做了大量的分析研究工作，对气田地质、流体性质、储层类型等有了一定认识，具备了编制气田开发方案的基本条件。自 1977 年到 2005 年先后针对建南气田南高点、北高点编制了《建南气田日产 100 万方勘探开发规划》、《建南气田北高点开发地质设计书》、《建南气田南高点开发地质设计书》和《建南气田北高点开发方案》等四套方案，主要采用完善开发井网及酸化增产开发方式，至 1981 年 7 月详探结束完成深探井 33 口，共计动用地质储量 $40.68\times10^8m^3$。由于政策调整，并且气田位于贫困山区，交通不便，除少数井进行了试采外，多数井完井后都采用清水压井或封存，因此部分方案未能有效实施。

第一节　开发方案

从 1977 年 11 月至 2005 年 12 月，针对建南气田南高点、北高点先后编制了四个开发方案。

一、规划方案

1977 年 11 月，江汉石油管理局在对建南气田地质特征分析评价、气田开发井网及合理井距研究的基础上，编制了《建南气田日产 100 万方勘探开发规划》。方案由梁崇刚、江荣沛等编写，周树林审核完成，方案确定了开发规划指标：建南气田必须投入开发，在 1978 年内建成日产 $100\times10^4m^3/d$ 天然气的生产能力，正式输气后要求稳产 5 年。由于嘉陵江组一段气层自然产能低、还没突破，泥盆系气层有待进一步工作，所以该方案主要以飞仙关组三段气藏和长兴组二段气藏作为开发层系。井网部署考虑到建南气田地质条件复杂，岩相、岩性变化大的特点，综合地面地形条件，按照不规则的布井方式布井。建南气田井距主要采用 1 ~ 1.5km，具体布井时适当考虑地面条件，计划部署新井 7 口，其中 4 口井布在北高点，3 口井布在南高点，预计产能 $35\times10^4m^3/d$。

1978 年 1 月方案实施后，截至 1981 年详探结束，完成深探井 33 口，钻井进尺 120550m，试气 96 层，获工业气井 17 口，四个工业气层。气田此时具备了一定产能规模，但由于远离城镇工业区，交通不便，除少数井进行了试采外，多数井完井后都采用清水压井或封存，因此未能实现方案制订的目标。这期间先后投产探井 13 口，其中工业气井 9 口，小产气井 4 口，平均日产气 $5.2\times10^4m^3$，平均年采气速度 3.08%。截至 1985 年底累计采气 $1.52\times10^8m^3$，动用地质储量 $40.68\times10^8m^3$，采出程度 3.74%。

二、北高点

为满足湖北省利川市盐厂和江汉石油管理局待建年产 5000t 炭黑厂及气田职工生活用气的需要，1985 年由江汉油田管理局第二勘探指挥部黄国炘、银玉光编写了《建南气田北高点开发地质设计书》，确定了在以长兴组气藏和石炭系气藏为主力开发气藏，飞仙关组三段气藏作为开发补充调节用气的开发原则基础上，先开发长兴组气藏，石炭系气藏作为接替，充分利用现有气井进行开发，原则上不打补充开发井。同时由于长兴气藏硫化氢含量高达 44 ~ 50g/m^3，必须脱硫后进行投产。由于政策调整，原计划于 1986 年度内建成脱硫厂的目标未能实现，导致建南气田长兴气藏未能实现开发。实际实施方案以石炭系气藏作为主要开发气藏，飞三气藏作为接替进行了试采，1987 年 7 月随着年产 2500t 的炭黑厂正式投产，气田石炭系气藏 4 口工业气井均已开井，从此北高点进入全面试采，日供气平均 10×10^4m^3/d。截至 1989 年，该阶段累计产气 1.46×10^8m^3，动用探明储量 40.68×10^8m^3，动用可采储量 20.82×10^8m^3，平均日产气量 14.8×10^4m^3/d。

为尽快利用北高点天然气资源，满足利川市盐厂，天然气处炭黑厂及待建的甲醇厂和生活保温用气需要。1989 年 10 月由江汉油田管理局田应发、曹苏文、胡东成等编写，赵中坚、李渝生审核，完成了《建南气田北高点开发方案》。根据北高点长兴和石炭系两个主力气藏各为单独的开发层系，深度及气质相差较大，且生产井点也具备单独开发的特点，确定的北高点石炭系气藏开发指标为配产 12×10^4m^3/d 为最佳，立足现有井点，原则上不增打生产井点。

由于资金困难，脱硫净化装置未按方案要求于 1993 年完成，长兴气藏硫化氢含量高，未按方案要求及时开发利用。同时由于用户用气需要，无法对石炭系气藏停产进行深层酸化等增产措施，只能利用低压小产气井作为补充井以满足生产要求。

三、南高点

1985 年 9 月，为满足四川省石柱县拟建年产炭黑 3000t 的半补强炭黑厂，日需气量 6×10^4m^3 的需要，江汉石油管理局第二勘探指挥部黄国炘编写了《建南气田南高点开发地质设计书》，方案以飞三段气藏探明储量 15.85×10^8m^3 为主要依据计算开发指标，以飞仙关组三段气藏现有的工业气井进行配产，对南高点其他气藏气井因储量小未列入其中，制定了日输气 7.0×10^4m^3/d 的开发方案。

1986 年 1 月方案开始实施，针对建南气田缺乏外输气条件，先后动用 16 口工业气井，4 口小产气井对气田进行试采开发。初期建成日输气 25×10^4m^3/d 的管网，两座集气站及一座年产 2500t 炭黑厂。截至 2000 年初气田有单井集输流程 18 套，集气站 3 座，输气管线 200.1km。南北高点联网日输气能力为 7.0×10^4m^3/d。另外还有一座日处理 35×10^4m^3/d 的天然气净化厂和一座年产 4000t 炭黑厂，基本形成了产、供、销，上、下游配套的格局。同时气田开发工作是主要是利用探井转产，未完善开发井网，采气井井点少，采气量的大小，还要受到下游用户的限制。用气量少，采气速度低；用气量大，又无别的气田可以调节，就得放大压差，难以完全按开发方案执行。

第二节　开发调整

建南气田投入开发以来，各气藏存在的问题和矛盾逐渐暴露出来。2001 年江汉石油管理局局长常子恒驻守天然气处部署全面加快建南气田勘探开发工作，为保持气田在今后的一段时间内继续稳产高产，深入开展气田调整方案的研究与实施，加深对不同气藏的全面认识，认真分析开发中暴露的问题，深入研究气田开发潜力，提高开发效果。1999 年、2004 年针对气藏特点分别编制了《建南气田开发调整方案》，《建南气田建 35 井区飞三气藏开发方案》。

一、开发调整方案

为了科学、合理地开发气田，提高气田的采收率，满足目前新用户发展的需要，更好地利用地下资源，获得更好的经济效益，根据气田的现有储量、产能和潜力，1999 年 12 月江汉石油管理局曹苏文、王智编写，李国信批准完成了《建南气田开发调整方案》，本次调整方案按照“立足现有储量，老井挖潜，完善井网，滚动扩边、先北后南、分步实施”的开发原则，计划修井作业 6 井次，北高点石炭系加深钻井 3 口，新钻井 4 口。

2000 年 11 月，建平 1 井开钻，标志气藏开始应用水平井技术。该井完钻井深 4646.17m，水平段长 1046.19m，完井测试产量 $20.7 \times 10^4 m^3/d$。2002 年利用老井——建 27 井（完井测试产量 $1230m^3/d$）侧钻，获得 $8.4 \times 10^4 m^3/d$ 的工业产能。2003 年利用评价井——建 68 井（完井测试产量 $6470m^3/d$）侧钻，获得 $5.2 \times 10^4 m^3/d$ 的工业产能。标志气田进入产能建设阶段，结束了气田只能依靠探井开发的历程。

开发调整方案实施后，江汉油田分公司结合隐患治理工作，在建南气田重新开展了勘探、开发评价工作。这一阶段建南气田共新钻井 4 口，救援井 1 口及侧钻加深井 5 口，总进尺 26896.37m，获得工业气井 7 口，共建产能 $1.24 \times 10^8 m^3/d$。

这一阶段还进行 15 井次常规修井作业，并针对长期封存的非工业气井和枯竭井大修 10 井次。截至 2005 年底，建南气田共获工业气井 22 口，年产气 $0.9035 \times 10^4 m^3/d$，日产天然气水平 $24.62 \times 10^4 m^3$，气田累积采气 $14.18 \times 10^8 m^3$。

二、建 35 井区飞三气藏开发方案

2002—2003 年间，局长常子恒到建南现场主持建南气田详探结束以来的最大规模的会战，加深了建南地区地质认识，实现储量增长和产能上升。

随着建平 1 井、建 27 侧平 1 井及建 68X 井等水平井和大斜度井相继获得工业气流，2003 年新增建 35 井区飞三气藏天然气储量 $48.12 \times 10^8 m^3$。江汉油田分公司勘探开发研究院、采油工艺研究院、勘察设计研究院三家单位合作，认真总结建南气田飞仙关组三段气藏开发经验，2004 年 10 月编制了《建南气田建 35 井区飞三气藏开发方案》，设计新钻水平井 5 口，进尺 $2.1 \times 10^4 m$，新增能力 $1.16 \times 10^8 m^3/a$。

由于建南气田建 35 井区飞仙关组三段气藏埋藏深、地表复杂，钻井成本高，因此布井比较少，方案实施后截至 2005 年只钻探 1 口水平井，通过优化建平 4 井设计方案，2005 年 7 月 19 日完钻，完钻井深 4172.75m，水平段长 601.21m，2005 年 12 月 23 日投产，日产气 $5.5 \times 10^4 m^3/d$，新建产能 $0.18 \times 10^8 m^3/a$。

2000 年以来，建南气田通过水平井工艺的应用，天然气年产量呈逐年上升的趋势，其中南高点飞三气藏年产量增长势头强劲，产量所占比重从 2001 年的 23.5% 上升到 2005 年的 66.1%。年产气量由 2001 年 $0.65 \times 10^8 m^3/a$ 上升到 2005 年的 $0.90 \times 10^8 m^3/a$，这得益于近年来南高点建 35 井区产能建设的逐步实施（表 2–1）。

表 2–1　建南气田 2001—2005 年产量组成表（$10^8 m^3$）

区块	2001 年	2002 年	2003 年	2004 年	2005 年
南飞三段	0.15	0.35	0.41	0.43	0.60
北长二段	0.28	0.12	0.11	0.16	0.10
北石炭系	0.12	0.10	0.09	0.08	0.10
其他	0.10	0.13	0.11	0.10	0.10
合计	0.65	0.70	0.72	0.77	0.90

第三节　开发过程控制

建南气田利用一定的监测技术在进行气田的开发和调整过程中，针对新的认识和暴露出来的问

题，及时采取综合配套的地质和工艺措施，进行动态监测及间歇开井控制含水，以提高气田开发和调整效果。

一、动态监测

由于投产初期开采的不合理，造成部分气藏出水，当时气田监测手段少，只是依靠气、水分析，选择观察井等方法进行监测；对于压力检测，仅能用真重仪测压，对气井井下动态不能掌握。

随着石炭系气藏、长兴组气藏的边水不断推进，逐渐认识到必须加强动态监测工作，1990 年以后逐步加强了长兴组二段气藏、石炭系气藏着重对边水活动情况的监测和气藏压力分布监测，同时弄清楚南高点飞仙关组三段气藏联通关系、边水活动及气藏压力分布情况。

2000 年以来，随着科技的不断进步，动态监测方法不断完善，通过试井解释软件加强了气井的动态跟踪，同时随时进行不同气藏的气、水分析对比，摸清气藏储层规律。

二、间歇开井控制含水

由于建南气田部分井为气水同产井，如何合理开采，延长自喷带水周期，成为气田发展的难题。建 61 井为建南气田南高点飞三气藏西南边一口气水同产井，完井测试井口最高产量为 $5.7\times10^4m^3/d$，产水 $43m^3/d$，为确保该井能正常生产，1992 年 7 月投产后采取间断生产方式，日产气量控制在 $0.8\times10^4m^3/d$，井底积液部分通过自身带水，部分化学药剂或瞬时加大产量排出。井底积液排出后使该井能保持一定能量，2000 年更换油管作业时，注入清水 $378m^3$，后抽汲排液后仍能自喷带水，截至 2005 年 12 月建 61 井平均日产气 $0.5\times10^4m^3/d$，日产水 $0.5m^3$。

通过建 61 井稳水控水试验，认为对边部的气水同产井不能采用大压差带水生产，防止造成地层能量消耗快，边水突进。

第四节　开采现状

建南气田经过 36 年的勘探开发，共投入建 32 井区嘉陵江组一段气藏、建 3 井飞仙关组三段裂缝气藏、建 10 井飞仙关组三段裂缝气藏、建 51 井飞仙关组三段裂缝气藏、建 36 井飞仙关组三段裂缝气藏、建 43 井区长兴组二段气藏等六个裂缝性气藏和建 16 井区长兴组二段气藏、建 13 井区石炭系气藏、建 35 井区飞仙关组三段气藏三个连片分布的低渗透率气藏，共 9 个开发单元。

2005 年底，气田年产气 $0.9035\times10^8m^3$，日产天然气 $24.62\times10^4m^3$，气田累产气 $14.18\times10^8m^3$，地质储量采出程度 22.1%，开采储量采出程度 39.5%。

一、单井裂缝系统

（一）建 32 井区嘉陵江组一段裂缝系统

嘉陵江组一段气藏为一典型裂缝型气藏，除在建 32 井获得工业气流外，其他井（建 29 井、建 31 井、建 39 井）虽普遍含气，但测试产量很低，截至 2005 年底该气藏已无井生产。

建 32 井 1978 年 8 月开钻，1979 年 1 月 8 完钻，完钻井深 2532m，层位嘉陵江组一段，完井酸化后测试井口最大产能 $35.4\times10^4m^3/d$。1980 年 2 月 23 日投产，平均以日产 $2.5\times10^4m^3$，至 1998 年初套压降至 1.7MPa，油压降至 1.3MPa，平均日产气 $0.3\times10^4m^3$，1998 年后该井再未生产，截至 2005 年底该井累计产气 $0.28\times10^8m^3$，地质储量采出程度 76.43%，开采储量采出程度 96.27%。

（二）建 3 井飞仙关组三段单井裂缝系统

建 3 井位于建南构造北高点轴部地面高点上。1970 年 1 月 18 日开钻，1971 年 3 月 17 日完钻，完钻井深3600m，酸化后测试产量2.13×$10^4m^3/d$。1971年投产，在生产过程中，由于生产套管破，1995年水淹停产。

截至2005年底累计采气3216×10^4m^3，地质储量采出程度57.43%，可采储量采出程度86.92%。

（三）建10井飞仙关组三段单井裂缝系统

建10井位于建南构造北高点西南轴线上，1970年10月31日开钻，1971年11月27日完钻，完钻井深2971m。酸化测试产量为11.38×$10^4m^3/d$，气层原始地层压力30.96MPa。1974年2月8日投产。

截至2005年底，该井累计采气4651.5×10^4m^3，地质储量采出程度27.31%，可采储量采出程度45.62%。

（四）建36井飞仙关组三段单井裂缝系统

建36井位于建南构造北高点南端地面轴线偏东南翼100m。1974年9月6日开钻，1975年8月27日完钻，完钻井深3120.84m，后期裸眼完成飞仙关组三段气层，酸化后测试产量5.19×$10^4m^3/d$，1976年1月19日投产，由于能量枯竭，2005年永久性封存。

截至2005年底累计采气0.075×10^8m^3，地质储量采出程度93.6%，可采储量采出程度93.6%。

（五）建51井裂缝系统

建51井1979年3月22日开钻，12月14日完钻，完钻层位飞仙关组三段，井深2790m。酸化后测试产量57.7×$10^4m^3/d$，计算压降储量0.22×10^8m^3，测试后在气层上部注水泥封存。

1994年12月1日至1995年3月17日钻水泥塞投产，平均日产气2.82×10^4m^3，生产175天后井口套压由16.0MPa降为5.52MPa，压力下降65.50%。由于井口压力、产量下降较快，至1997年6月后只能间断生产，由于能量枯竭，该井2004年永久性封存。

截至2005年底累计采气0.1748×10^8m^3，地质储量采出程度79.47%，可采储量采出程度92.02%。

（六）建43井区长兴组二段气藏

1985年对建43井区长兴组二段气藏采用压降法计算储量仅0.1×10^8m^3，当时认为建43井区是一个岩性—裂缝系统，而实际上截至2001年底，建43井已累计采气0.38×10^8m^3，表明建43井区长兴组二段气藏控制范围较大，应当是一个以岩性为主，伴随裂缝改造的层状气藏。2002年用容积法重新计算南高点长二生物滩地质储量，新增控制天然气地质储量71.21×10^8m^3。2004年完钻的建平2井，其水平段在长兴组二段测井解释气层、含气层82.2m/16层，裸眼测试获1.62×$10^4m^3/d$工业气流，表明南高点长兴组二段气藏具有储量升级的潜力。

截至2005年底该气藏共有气井2口，累计采气0.5869×10^8m^3，地质储量采出程度37.62%，可采储量采出程度62.44%。

二、建35井区飞仙关组三段气藏

截至2005年底，建35井区飞仙关组三段气藏钻遇井15口，其中建15井、建35井、建45井、建61井、建平1井、建27侧平1井、建68X井、建平4井等8口井为工业气井。经开发证实，该气藏为一统一压力系统，开发19年来由于受用户用气量限制，日产量基本稳定在（7～7.5）×10^4m^3。

2000年实施水平井整体开发，气田产量逐步上升，建35井区飞仙关组三段气藏产量比重逐年增大。从气藏历年产量、压力资料分析，该气藏平均采气指数为1.40×$10^8m^3/MPa$，该气藏正处于产量上升期，压力基本保持稳定。

截至2005年底气藏累产气4.57×10^8m^3，地质储量采出程度7.0%，可采储量采出程度12.71%。

三、建16井区长兴组二段气藏

该气藏共有工业气井4口（建44井、建16井、建40井、建44援1井）。

1974 年完钻的建 16 井，长兴组二段气藏经过两次酸化压裂，获得无阻流量 $90 \times 10^4 m^3/d$，在国内首次发现生物礁型气藏。为突破 $100 \times 10^4 m^3/d$，1975 年在实施大酸量酸化压裂过程中造成表层套管破裂，井场下游约 500 ～ 800m 的溪沟两侧，10 多处窜气，火苗近 1m 高，约燃烧了七、八年才熄灭。由于该井能量枯竭，同时存在安全隐患，2005 年进行弃井封存。截至 2005 年底该井累计产气 $5020.73 \times 10^4 m^3$。

建 44 井 1998 年 8 月至 1999 年 12 月发生严重井喷，历时 15 个月才控制住。由于该井存在安全隐患治理，2005 年对该井进行弃井封存。截至 2005 年底该井累计产气 $2.37 \times 10^8 m^3$。

建 40 井 1978 年 8 月 15 日完钻后，测试产量 $13.50 \times 10^4 m^3$，由于当时无用户，1980 年 12 月 15 日打水泥塞封存。2002 年钻穿水泥塞，通过解堵，抽汲诱喷，气水同出，不能自喷，且出水量大，分析认为与边界连通，随后对该井进行打塞封存。

为实施老井安全隐患治理，2002 年完钻了建 44 井的救援井——建 44 援 1 井，获得测试产量 $4.39 \times 10^4 m^3/d$ 的工业气流，该井 2003 年 6 月 4 日投产，投产初期最高油压 14.1MPa，最高套压 13.3MPa，日配产 $3 \times 10^4 m^3/d$。气藏只有建 44 援 1 井生产，受建 44 井 1998 年井喷的影响，气藏压力大幅下降，且底水锥进，地层压力快速递减，建 44 援 1 井已水淹关井，气藏已无生产井点。

截至 2005 年 12 月底，气藏累计采气 $3.18 \times 10^8 m^3$，地质储量采出程度 33.31%，可采储量采出程度 70.53%。

四、建 13 井区石炭系气藏

该气藏共有 4 口气井，分别是建 13 井、建 28 井、建 32−1 井、建 34 井，其中建 34 井水淹停产，已经地质报废。气藏探明地质储量 $21 \times 10^8 m^3$，可采储量 $10.55 \times 10^8 m^3$，其中已动用地质储量 $16.9 \times 10^8 m^3$，可采储量 $8.5 \times 10^8 m^3$。截至 2005 年底气藏累计采气 $4.38 \times 10^8 m^3$。

该气藏产能为 $3.0 \times 10^4 m^3/d$，由于采气井点少，布井不合理，加上投产初期个别井采气速度过高，造成边水沿裂缝发育带窜进，严重影响气井生产，对气藏提高采收率极为不利。

截至 2005 年 12 月底共有生产井 3 口，气藏累计采气 $4.39 \times 10^8 m^3$，地质储量采出程度 25.9%，可采储量采出程度 51.6%。

第三章

钻井与采气工程

建南气田从发现到利用探井试采只有两年间隔，截至2005年气田仍处在开发与评价相结合的时期，因此气田的钻井与采气工作是相继开展，同步进行，共同促进气田产能的提高。在开发和建设过程中，随着气田地质认识的加深，工艺技术的进步，气田开发技术手段逐步呈现多样化，开发技术装备趋于系统化，开发技术水平也是逐年提高。在钻井与完井方面，钻井设备不断更新，完井工艺持续改进，运用了定向钻井、水平钻井和屏蔽暂堵保护气层等技术，形成了具有建南特色的钻具配套系列、泥浆体系、固井技术、完井技术和气层保护技术。在举升工程方面，气田应用了泡沫排水采气、小油管排水采气技术、柱塞气举排水采气技术、注甲醇防治水合物技术。在气层改造方面，针对气田储层低孔隙度、低渗透率、岩性为碳酸盐岩储层的特点，先后应用了常规酸化、氧化解堵、胶凝酸酸压和加砂压裂等措施工艺，均取得过良好效果，逐步形成了以胶凝酸为主体酸、“大酸量、大排量、缓速、深穿透”、全程伴注液氮、连续油管液氮气举的酸压模式。在防硫防腐方面，对20世纪70年代完成的气井，采用封隔器管柱保护技术，解决了简易套管头不密封、生产套管不防硫的安全隐患问题，对新钻井，一律按标准规范选用防硫井口和油套管，严格建井。在修井作业方面，针对老井存在的简易套管头不密封、生产套管不防硫、生产油管使用时间长腐蚀严重的安全隐患问题，有针对性地开展修井作业，维持了气井正常生产。

第一节　钻井与完井

建南气田在开发和建设过程中，开发技术手段和钻井设备、完井工艺不断更新和提高。气田运用了定向钻井、水平钻井和屏蔽暂堵保护气层等技术，使气井产能有了较大幅度的提高。

一、钻井

1969年10月，建南气田开始采用直井详探，至1981年7月详探结束，累计完成54口井的钻探，其中包括20口浅井，期间钻机以国外进口居多。

1970年11月，气田在建3井采用国产3200米钻机，完成了3600m的深井，并首次获得工业气流，从而发现了建南气田。1978年以后主要使用ZJ–130钻机和改装R–3200钻机。钻头主要为钢齿三牙轮钻头，钻井液多为普通分散钻井液，井型全部为直井；气井生产套管主要包括J55、C75、N80、P110等钢级套管，除C75套管防硫外，其余都不防硫。

1998年8月21日，高含硫气井建44井在作业期间发生强烈井喷，气流在井口附近突破非防硫生产套管经简易套管头喷出，并一度失控，后经整改井口并利用井口应急导流管才得以控制。这起井喷事故主要原因就是井口没有使用正规套管头，生产套管不防硫。

2000年11月18日，建平1井开钻，建南气田开始应用水平井技术，标志着建南气田由利用探井试采阶段转入全面开发阶段。该井是建 35 井区飞仙关组三段气藏一口开发井，井深 4646.17m，水平段长 1046.19m，刷新了当时国内海相水平段最长的钻井记录；同时在钻井完井过程中气田首次采用屏蔽暂堵保护气层技术，完井测试产量 $20.7 \times 10^4 m^3/d$。随后开始推广水平井钻井，截至 2005 年共完钻水平井 4 口。

2004 年至 2005 年期间，气田完成 2 口水平井的钻探，先后在 4 口水平井中使用屏蔽暂堵保护气层技术，取得了良好效果。

气田开发的初期，钻井液配方为：清水 + 黄泥 + 氯化钠；气田大规模开发阶段，随着钻井工艺的成熟，钻井液为钾基聚合物防塌钻井液体系，气层钻进采用聚磺润滑完井液体系，钻井液的改变，反映了建南气田开发至今的钻井工艺不断提高，逐步重视环保、井深质量和气层保护的发展历程。

二、完井

建南气田的井身结构多采用 ϕ339.7mm ~ ϕ244.5mm ~ ϕ177.8mm（ϕ139.7mm）程序，少数气井采用 ϕ127mm 的生产套管，2000 年以后气田积极应用尾管悬挂技术。套管均选用防硫体系，钢级有 AC95(S)、NT95、TP95S、TP80S、S 米 95S 等，建南气田水平井和斜井典型井身结构如图 3–1 所示。

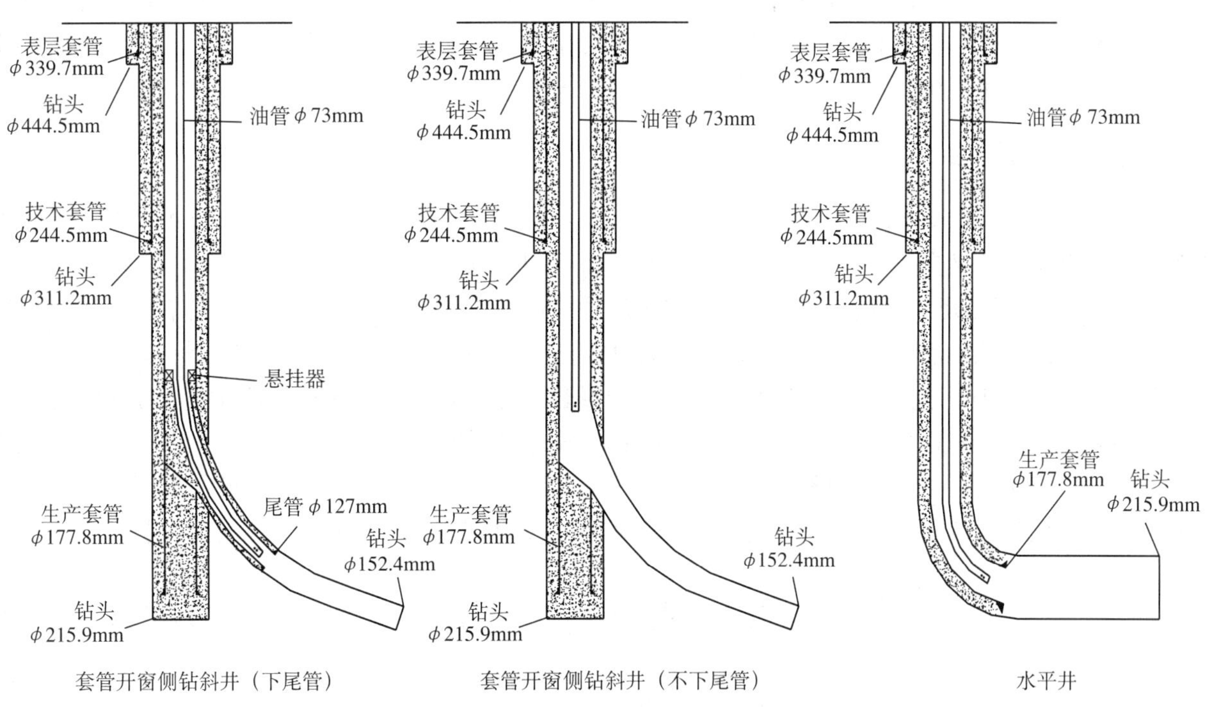

图 3–1　建南气田水平井和斜井典型井身结构示意图

固井：建南气田主要采用常规固井技术，水泥返高至地面，但由于建南地区上部地层漏失层较多、整体承压能力低，这种固井技术达不到预期效果，影响后期气井作业。2000 年以后，建南气田积极探索多级固井技术，针对建南气田承压低的特点采用先从井底正替水泥；再从井口环空反挤水泥技术以提高固井质量。

完井方式：1969 年至 1999 年，均采用裸眼完井和套管射孔完井，完井管柱采用替喷投产生产管柱；完井井口采用简易套管头，为日后气井生产留下了安全隐患。2000 年至 2005 年，采用裸眼完井和套管射孔完井；完井管柱采用封隔器生产管柱和压裂酸化投产生产管柱；完井井口均采用正规套管头。

第二节　采气工程

建南气田从1972年开始利用探井试采，到1997年气田各重点气藏均投入了试采。由于生产井少，管网不完善，气田部分气井从1993年开始就结束了自喷生产，对此气田应用了泡沫排水采气、小油管排水采气技术、柱塞气举排水采气技术；针对气田生产中天然气水合物的危害，采用了与之相适应的注甲醇水合物防治方法。

一、排水采气

1993年，建南气田开始在石炭系气藏的建37井试验应用泡沫排水采气工艺，应用初期多用平衡罐从油套环空滴注起泡剂或者从油管直接投入泡沫棒的方法。

2003年，气田开始推广注液氮排水采气技术，在建63侧平1井开始应用并取得良好效果。从应用初期的油套环空中注液氮发展到通过连续油管分段气举排水采气。

2005年建44援1井开始应用泵加压泵注泡排剂的方法并取得良好的效果，截至2005年底气田共使用泡排剂近10t，泡沫棒近400根；累积依靠泡沫排水采气2069.11×10^4m^3；历年使用的泡排剂有CT5–7、XH–2、W米–3J泡排剂。同年选取建34井开展柱塞排水采气试验，取得初步成效，基本摸索出了该工艺的应用规律。

二、水合物防治

1997年，建44井投产，但投产后不久就多次发生井下“冰堵”，即井下油管水合物堵塞，严重影响生产。该现象随后又在建16井、建平1井、建27侧平1等多口井发生。

1997年，气田出现水合物“冰堵”初期采用两种措施解决油管堵塞，一是用水泥车清洗油管，向油管内注入经过加热的活性水，待水合物融化后，再清洗油管，最后从井口排出污物。

2000年，开始应用向油套环空注水合物抑制剂甲醇预防“冰堵”的方法，但该方法目前仅局限于未下封隔器的气井，并总结出一套与井下水合物生成条件相适应的甲醇注入机制。

2005年，开展水合物形成的预测研究，建立了水合物生成预测模型及抑制剂加注量预测模型，并编写了相应的软件。该模型和软件基本反映了实际情况，解决了大部分气井的“冰堵”问题。

第三节　气层改造

建南气田南北高点上组合都为海相碳酸盐岩储层，属于低孔隙度、低渗透率储层，酸压工艺对气层的改造效果明显。2000年以后南北高点开发，气田针对钻井中储层污染严重、储层连通性差的问题，应用了氧化解堵、大型多级酸压和志留系砂岩储层水力加砂压裂工艺。

1970年至1981年，气田处于勘探评价阶段，增产措施几乎都采用酸化，期间曾开展过酸压试验。对试气层，酸化次数大都是两次，酸化前进行酸浸，酸化规模一般为小型和中型，大型极少。配套的排液措施主要是抽汲和压风车气举。该期间，气田针对产层厚度薄、压力系数低、吸酸能力差的特点，采取精选射孔井段、低浓度、小酸量等做法。

2000年后，气田进入产能建设阶段，一方面广泛应用水平井技术增储上产，另一方面积极应用新工艺、新技术、新设备，大力开展措施增气。期间共进行了约50井次的措施，主要措施有氧化解堵、酸化、胶凝酸酸压等三种，另外还开展了少量井次的加砂压裂试验。配套的排液措施有抽汲、气举、助排剂、泡沫气举排液、伴注液氮、连续油管液氮气举等技术。该阶段初期，水平井本身就是一种特殊的储层改造方式，一般具有较高的自然产能，所以采用了比较保守的与复合暂堵气层保护技术配套的氧化解堵工艺技术。气井投产前，利用氧化解堵剂达到有效解除屏蔽剂滤饼，沟通储层和井筒的目的。

2003 年建平 2 井实施了利用特殊冻胶暂堵非措施井段，加大措施井段的改造强度，见到良好效果，并获得工业气流。为进一步提高措施效果，在建平 5 井首次采用了全程伴注液氮的注酸工艺，并配套连续油管注氮助排的措施，取得巨大成功，获得同井区最高单井产能。

第四节　防硫防腐

建南气田普遍含有硫化氢和二氧化碳等腐蚀性气体，对气井安全生产构成威胁。针对 20 世纪 70 年代完成的气井，普遍采用封隔器管柱保护技术，解决简易套管头不密封、生产套管不防硫的安全隐患问题。对新钻井，一律按标准规范选用防硫井口和油套管，严格建井。

一、井口装置的防硫防腐

1981 年以前，气井井口装置由简易套管头、油管头和采气树组成，密封性能差，承压能力小，易于腐蚀，存在安全隐患。为保护此类气井井口装置，特别是高含硫气井，气田采取了两项措施，一是利用套管护套保护升高短节，并在护套与升高短节之间灌注环氧树脂；二是利用封隔器管柱保护套管的同时，也一并保护简易套管头。

2000 年以后，气井井口装置都是由正规的套管头、油管头和采气树组成，井口装置具有抗硫特点，能满足含硫气井生产要求。

二、井下生产油、套管的防硫防腐

气田各气藏普遍含有硫化氢，其中长兴组二段气藏硫化氢含量高达 27.64 ~ 56.9g/m^3，同时含有二氧化碳，均对井下管柱及地面管线有较强的腐蚀性（图 3–2，图 3–3）。

图 3–2　建 51 井油管腐蚀图

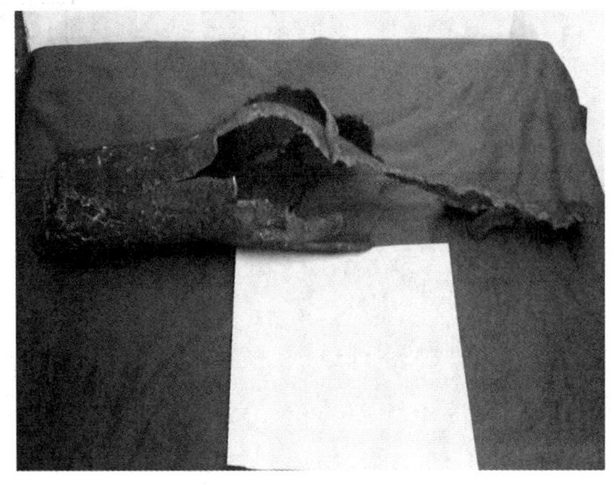

图 3–3　建 63 侧平 1 井油管腐蚀图

在建 16 井区长兴组二段高含硫气藏没有投入开发前，对于低含硫的气井，采用光油管生产管柱，选用 C75 加厚油管；建 35 井区飞三气藏的建 45 井和建 43 井区长二气藏的建 43 井为例，2005 年修井作业时发现，入井分别 20 年和 15 年的 C75 加厚油管只有轻微腐蚀。

建 16 井区长兴组二段气藏投入开发后，为确保高含硫气井长期安全生产，针对气田硫化氢和二氧化碳腐蚀共存的特点，优选 NK–AC80 油管并带油田内部生产的 Y342–114 封隔器，先后在建 44 井和建 16 井采用封隔器生产管柱完井，但后期有封隔器失效，油管腐蚀断裂的情况。针对这些问题，气田在建16井选用了具有3SB特殊扣的防硫油管和川局生产的CYY453−112插管式封隔器，这种做法确保了管柱密封、封隔器有效，实现了该井长期安全生产。

第五节 修 井

建南气田逐步投入较大规模试采后，从1992年开展了气井维护与修井作业。截至2005年底，不包括气井投产作业，气井累计开展维护作业4井次，其中2井次是因为油管腐蚀穿孔影响携液效果，2井次是因为套管腐蚀穿孔导致气井水淹或地表渗气。

2002年至2003年期间，管理局局长常子恒在建南组织实施了一系列的老井普查、老井安全隐患治理、滚动扩边和产能建设相结合的综合治理工作，包括7井次的老井侧钻大修作业，其中建27侧平1井经措施作业之后获得$8.44\times10^4m^3/d$的工业气量；3井次的井下事故诊断作业，即利用鹰眼井下视像系统确定井下漏点、落鱼鱼顶形状和套管损坏情况。

2003年，地质矿产部所钻浅井盐1井"9·15"井喷事故之后，建南工作组对建南气田浅井安全隐患进行了考察，先后整治隐患井12口。对于详探期间完成的探井，当硫化氢含量较高时，为保护简易井口和不防硫生产套管，一般采取两项措施。一项是利用套管护套保护升高短节，并在护套与升高短节之间灌注环氧树脂（图3−4）。另一项是利用封隔器管柱在保护套管的同时，也一并保护简易套管头。对于2000年以后完成的正规气井，气田没有采取特殊措施保护井口装置。

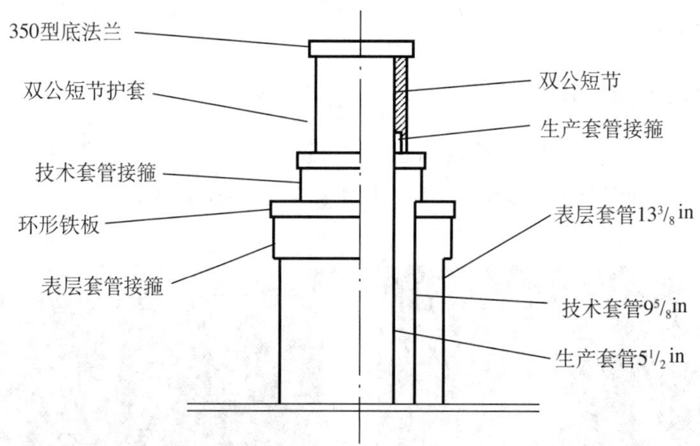

图3−4 采取保护措施后的气井简易套管头示意图

第四章

地面生产系统

第一节　地面集输

1985年前，气田为满足当地利川市盐厂生产和矿区生活用气需要，只有2～3口工业气井生产，井站流程和集输管道规模小，属于临时性质，未按正规设计施工建设，管道多用报废钻杆、套管等建成。1985年决定开发南高点，同年建成南高点集气站及建15井、建35井、建43井三口生产气井。此后，气田又陆续建成生产气井15口，南高点、北高点集输系统，建万输气管道及配套工程。与此同时，天然气用户投资建成了一批辐射周边地区城镇的外输气管道，与气田所属集输站场、集输管道一起构成了满足生产、输配需要的地面集输系统。

一、天然气集输

1985年前的早期试采阶段，以低含硫的北石炭系气藏为主要开发单元，矿区的集输管线都是报废的油套管和钻杆，1985年以后由于输送的天然气含硫较高，新建的管线大都是正规建设的20号低碳钢管线。

试采阶段早期，气田使用过不抗硫的阀门和压力表，之后气田改用了抗硫压力表，效果较好。

为保护集输气流程和集输气管线，气田采用了涂漆防腐、加强级石油沥青防腐层、牺牲阳极或阴极、安装缓蚀剂注入装置等措施。为监控集输气流程和集输气管线的使用情况，气田每年定期检测管线、压力容器的壁厚，以便发现问题时采取措施。

由于规模较小，气井分散，产量不高，气田普遍采用单井集气工艺流程，配套中低压管网集输。单井计量普遍采用标准孔板流量计配套智能积算监控系统或双波纹管差压计，外销计量采用标准孔板流量计配套智能积算监控系统或一体化的智能流量计。

至2005年底，气田拥有生产气井18口，污水回注井1口。配套建有13座采气井站，16套单井采气流程，3座集输气站（南高点集气站、建南输气首站、建万管道输气末站），187.42km集输气管线，2套天然气脱硫装置，1套硫黄回收装置。其中，南高点集输站具备向净化厂输送近$9\times10^4m^3/d$的输气能力；首站具备向万州、利川、石柱分别输送$30\times10^4m^3/d$、$25\times10^4m^3/d$、$5\times10^4m^3/d$的输气能力；天然气脱硫处理能力分别设计为$15\times10^4m^3/d$和$20\times10^4m^3/d$。气田内部有两条重要的集输气管线，一条是南高点集气站到北高点净化厂的原料气输气管线，另一条是北高点净化厂到南高点集气站的净化气输气管线。

截至2005年底，天然气外输管线总长556.97km，其中气田所属120.82km。外输管线中，主要有四条，即首站—石柱县城、南集站—石柱化工厂、首站—万州、首站—利川恩施方向，辐射重庆市的黔江、万州、石柱、丰都和湖北省鄂西地区。

二、天然气处理

1998 年天然气净化厂第一套脱硫装置建成投产，2000 年第二套脱硫装置建成投产，用于原料气的脱硫净化，天然气处理能力合计达到 $45\times10^4m^3/d$（装置 1 为 $15\times10^4m^3/d$，装置 2 为 $30\times10^4m^3/d$），正常情况下，该厂生产的净化气硫化氢含量不超过 $6mg/m^3$，完全达到民用气质量要求，其硫黄回收率可以达到 95% 以上。

两套脱硫装置都选用甲基二乙醇胺（MDEA）选择性脱硫工艺，工艺的主要优点是，在硫化氢与二氧化碳共同存在的情况下，可以选择脱除硫化氢采用灼烧处理。

三、管道设备防腐

建南气田普遍含有硫化氢和二氧化碳，其中北长兴组二段气藏硫化氢含量最高，平均为 $60g/m^3$，地面集输管线和设备腐蚀比较严重。从 1985 年南高点气井投产开始，气田根据四川气田经验，为抗硫防腐，集输管线一般采用 20# 低碳钢钢管。2005 年在建设南高点集气站到北高点净化厂的原料气输气管线时，为提高管道压力等级，选用了 X52 钢钢管。

为保护集输气流程和集输气管线，气田采用了涂漆防腐、加强级石油沥青防腐层、牺牲阳极阴极防腐、安装缓蚀剂注入装置等措施。为监控集输气流程和集输气管线的使用情况，气田每年定期检测管线、压力容器的壁厚。

2001 年至 2005 年期间，气田与分公司采油院一起开展了一系列腐蚀研究，评选出了适合于建南气田缓蚀剂、防腐涂料，并进行 2 口井井试验，缓蚀率达到 68%，涂料有效期大于 14 个月。

四、水合物防治

（一）高压采气管线堵塞的防治

预防高压采气管线堵塞的方法有两种，一种是向油套环空加注抑制剂，在预防油管堵塞的同时一并预防；另一种是使用伴热带加热保温，但该方法仅局限于裸露的高压采气管线。

解决高压采气管线堵塞的原理跟油管解堵方法相似，一是用水泥车清洗融化，再全开二级节流阀，用一级节流阀控制气量，从分离器放空，排出污物；二是直接全开二级节流阀，用一级节流阀控制气量，从分离器放空，排出污物。

（二）外输管线堵塞的防治

外输管线堵塞的防治措施主要是向管线中加注抑制剂。2005 年气田结合以前的摸索实践，根据水合物形成的必要条件，开展了形成水合物的预测研究，建立了水合物生成预测模型及抑制剂加注量预测模型，并编写了相应的软件。

第二节　地面配套系统

为保证建南气田的顺利开采，先后建成了供水、供电等生产设施，同时加强了地面建设和公益事业建设，有效解决了气田生产和生活中的难题。

建南气田供水系统始建于 20 世纪 60 年代末，直接从建南河中取得水源，经净化处理后转送到山上水池。供水管网自成体系，运行上实行自给自足的内部供水方式，日供水量约 $1000m^3$。随着生产的发展供水系统也在不断完善，先后投资更新了净化处理系统、转水动力系统、供水管网。为了理清工农关系、适应生产发展，2005 年以投资方式与地方部门合作，对供水系统进行了较大改造后交由地方部门管理。矿区生产、生活用水全部外购（图 4–1）。

1970 年发现建南气田后，气田的生产、生活用电完全自己发电，装机容量为 2×300kW，即两台 300kW 的柴油发电机组。随着生产发展，在 20 世纪 80 年代末又增加两台 200kW 的柴油发电机组，整个装机容量达到 1000kW。配供电系统自成体系：自发的 400V 电源升压到 6000V，配送到各用电车间。电力系统为小电流接地系统即采用中性点不接地运行方式。20 世纪 90 年代中期，引进地方电力，对原有配供电系统进行改造，采用 10000V 配电后直接配送到各用电车间，现有 10000V 高压线路 45km，形成了双电源、三回路的供电模式（图 4–2）。

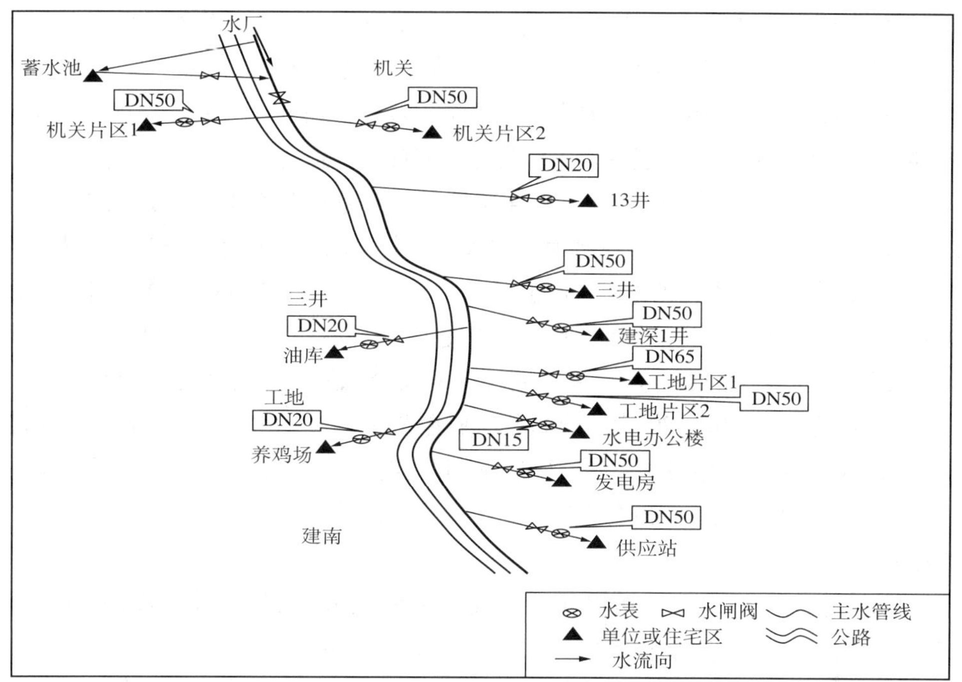

图 4–1　建南气田供水网络

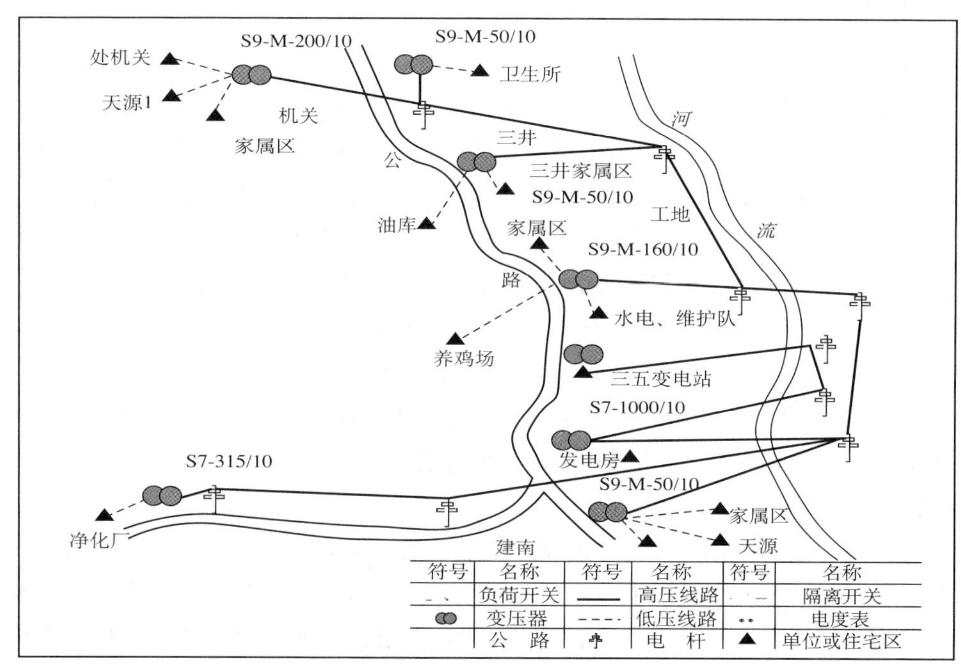

图 4–2　建南气田供电网络

第三节　安全与环保

一、安全生产

（一）安全管理

建南气田地域广阔，具有高温、高压、易燃、易爆、易中毒部位多等特点，建立健全各项安全生产管理制度非常有必要。从1969起，建南气田根据多年开发经验，组织制定了一系列安全生产管理制度和操作规程。1998年8月21日建44井在修井作业时发生井喷，领导高度重视，成立了以副局长李国信为组长的井喷抢险领导小组，制订抢险方案，积极组织抢险，经过近1个月的昼夜奋战，终于有效地控制了井喷。井喷发生后，针对气田老井隐患的特点，制修订了适合气田开发、作业、电气、生产经营特点的安全操作标准《安全生产管理标准》，2004年针对气田易发生各种突发事件的实际，天然气处分别与利川市人民政府、石柱县人民政府联合编制《天然气处事故应急救援预案》，天然气净化厂与利川市建南镇政府联合编制了《天然气净化厂事故应急救援预案》，采气队与石柱县临溪镇政府联合制订了《事故应急救援预案》，采气生产井站分别与所在地村民委员会联合制订了《事故应急救援预案》。

由于历史原因，建南气田的老井都存在不同程度的安全隐患，主要表现为无套管头、水泥没有返至地面、生产套管不防硫。2000—2005年期间共实施隐患治理井18口，其中试气取资料后封存了建44井等15口隐患井；结合产能建设，对建27侧平1井、建32-1井等2口隐患井采取加深或侧钻水平井，全部更换了套管头，且均采用防硫套管完井，使隐患得到治理。

（二）消防工作

建南气田消防队始建于1989年，1990年正式成立并承担消防战备备勤，执勤消防车2台，隶属于利川市消防大队。建设项目严格执行国家消防安全同时设计、同时施工、同时投入使用制度。天然气处生产、生活、施工作业等场所配备的消防安全器材和消防安全设备设施共计416台。

二、环境保护

（一）环境管理

通过成立安全环保委员会，建立了较为完善的安全环保网络体系和环境保护管理制度，多年来，建南气田积极开展环境监测，做到达标排放；积极开展废水、废气、噪声等污染源综合治理；积极开展清洁生产工作。主要生产单位采气队、天然气净化厂2004年获得江汉油田分公司“清洁生产单位”称号。自1998年以来，由于天然气净化厂的建成投产，为当地居民提供了新的清洁能源，改善了当地居民的燃料结构，极大地改善了周边大气环境。因上级重视、自身环保意识的提高，加之恩施州、利川市的环境监测部门对该处适时进行监测与监督，有效地加强了环境保护工作。

2000年以来，从气田可持续发展的战略高度出发，不断强化环境保护制度建设，严格执行建设项目环境影响评价和同时设计、同时施工、同时投入使用制度，建立和完善企业内部环评制度，对存在污染隐患的工程坚决不予审批，从源头上杜绝了新污染源的产生。

（二）污染防治

在大气污染治理方面，1998年新建1套硫黄回收装置，对硫化氢进行回收成硫黄加以利用，有效地减少了二氧化硫的排放量，实现了生产建设与环境保护双赢；在噪声污染治理方面，2000年更换了不符合噪声排放标准的风机，改善了职工的工作条件；在节能方面，2005年改造供电系统，安装变频器，节能效果明显；在污水治理方面，2003年建成了气田南高点污水回注站，2005年建成气田北高点污水回注站，年处理污水能力达$20\times10^4m^3$，污水回注率达到100%。

建南气田从控制源头和生产全过程入手，加大环保管理力度，大力实施管理创新和科技创新，截至2005年底，污水回注率100%、无污染作业率达到98.7%、污染治理率100%，其他各项环保管理指标达到或优于上级要求，实现了生产经营和环境保护的协调发展。

附　录

附录一　附　图

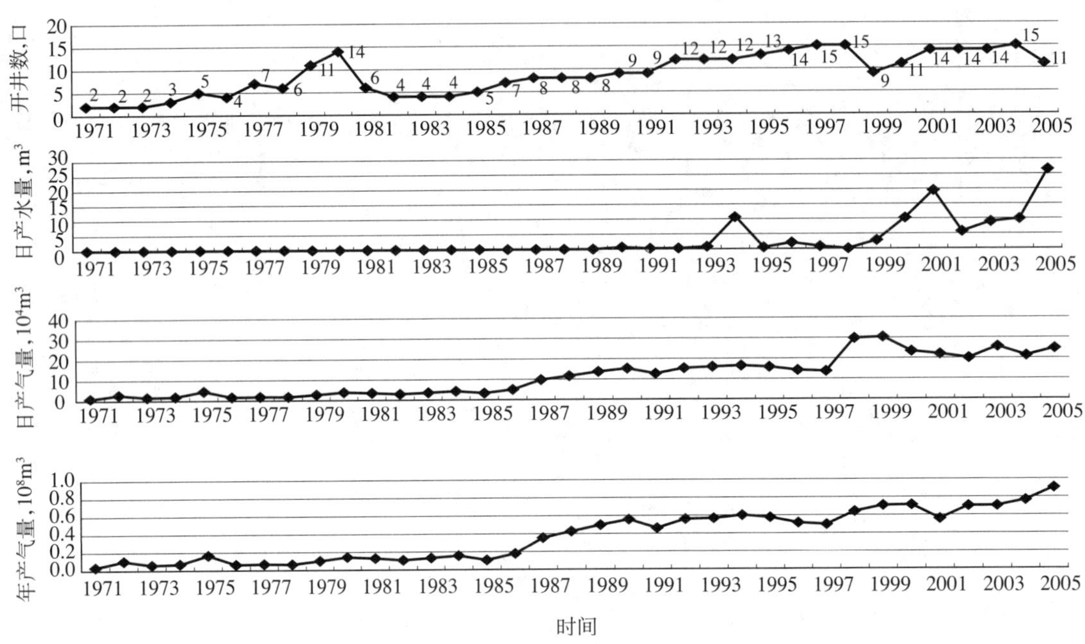

附图 1　建南气田开采综合曲线图

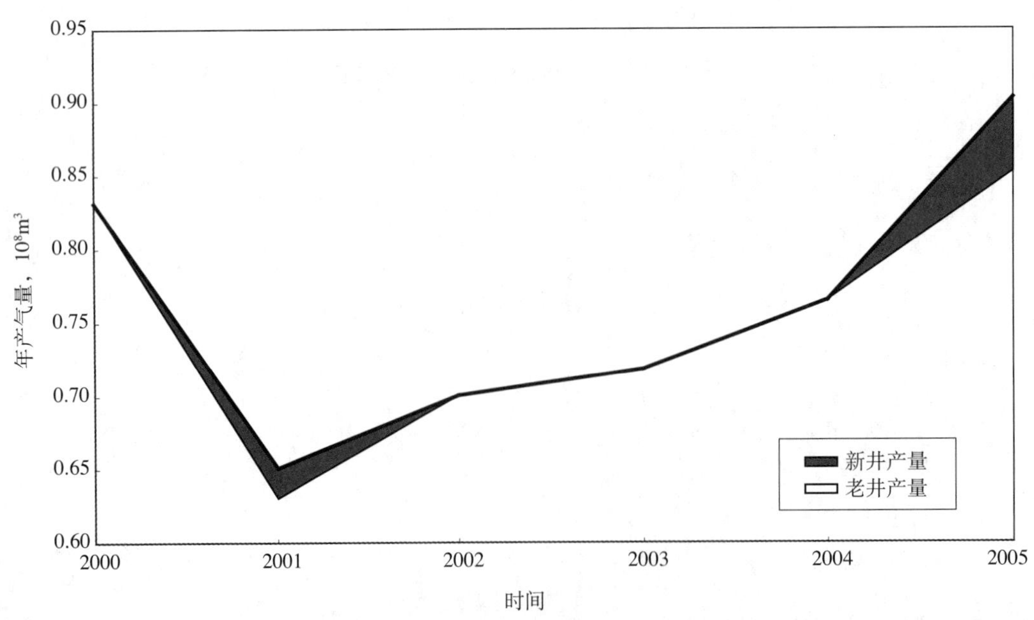

附图 2　建南气田产量构成曲线

附录二 附 表

附表 1 建南气田综合地质数据表

气藏	含气面积 km^2	探明储量 10^8m^3	埋藏深度 m	储层岩性	气藏类型	有效厚度 m	孔隙度%	空气渗透率 mD	原始气层压力 MPa	天然气相对密度	天然气组合			硫化氢含量		地层水			
											CH_4 %	C_2H_6 %	CO_2 %	g/m^3	%	水型	总矿化度 $10^4mg/L$	氯离子含量 $10^4mg/L$	水体类型
嘉陵江组一段气藏	—	0.37	2400 ~ 3000	细粉晶灰岩、粗结构岩类	裂缝型	—	0.96	—	—	0.58	96.08	0.19	2.34	6.105	0.10	—	—	—	边水
飞仙关组三段气藏	62.96	67.77	2700 ~ 3200	内碎屑—核形石灰岩、鲕灰岩、白云岩及细粉晶灰岩	裂缝—孔隙型	23.1	2.23	0.097 ~ 0.417	32.44	0.60	94.45	0.13	3.35	14.94	0.86	$CaCl_2$	13.3	8.0	边水
长兴组气藏	12.58	9.55	3100 ~ 3400	次生白云岩、白云岩、细粉晶灰岩	裂缝—孔隙型	19.4	2.35	1.35	38.10	0.66	87.08	0.15	8.92	53.93	2.85	$CaCl_2$	10.8	6.4	底水
石炭系气藏	41.08	21.00	3700 ~ 4000	藻白云岩、角砾云岩	微裂缝—溶孔型	12.5	2.21	5.5	41.43	0.58	94.35	1.28	0.73	0.64	0.03	$CaCl_2$	9.1	5.5	边水

附表 2　建南气田开采综合数据表

时间	累计动用		气　井　数		井口产气量			地质		可采		产　水　量				
	地质储量 10^8m^3	可采储量 10^8m^3	总井数 口	开井数 口	日 10^4m^3	年 10^4m^3	累计 10^8m^3	采气速度 %	采出程度 %	采气速度 %	采出程度 %	出水井数 口	出水井开井 口	日 m^3	年 10^4m^3	累计 10^4m^3
1971	50.55	28.55	2	2	0.93	341.50	0.03	0.07	0.07	0.12	0.12	—	—	—	—	—
1972	50.55	28.55	2	2	2.82	1031.80	0.14	0.20	0.27	0.36	0.48	—	—	—	—	—
1973	50.55	28.55	2	2	1.64	598.10	0.20	0.12	0.39	0.21	0.69	—	—	—	—	—
1974	50.55	28.55	4	3	1.92	702.46	0.27	0.14	0.53	0.25	0.94	—	—	—	—	—
1975	50.55	28.55	6	5	4.54	1656.65	0.43	0.33	0.86	0.58	1.52	—	—	—	—	—
1976	50.55	28.55	6	4	1.71	627.08	0.50	0.12	0.98	0.22	1.74	—	—	—	—	—
1977	50.55	28.55	8	7	1.85	676.54	0.56	0.13	1.11	0.24	1.97	—	—	—	—	—
1978	50.55	28.55	9	6	1.77	645.35	0.63	0.13	1.24	0.23	2.20	—	—	—	—	—
1979	50.55	28.55	14	11	2.81	1026.47	0.73	0.20	1.45	0.36	2.56	—	—	—	—	—
1980	50.55	28.55	17	14	3.90	1428.22	0.87	0.28	1.73	0.50	3.06	—	—	—	—	—
1981	50.55	28.55	17	6	3.54	1292.90	1.00	0.26	1.98	0.45	3.51	—	—	—	—	—
1982	50.55	28.55	17	4	2.97	1084.77	1.11	0.21	2.20	0.38	3.89	—	—	—	—	—
1983	50.55	28.55	17	4	3.61	1318.73	1.24	0.26	2.46	0.46	4.35	—	—	—	—	—
1984	50.55	28.55	17	4	4.25	1556.32	1.40	0.31	2.77	0.55	4.90	—	—	—	—	—
1985	50.55	28.55	17	5	3.3	1217.6	1.52	0.2	3.0	0.4	5.3	5	3	0.00	0.00	0.03
1986	50.55	28.55	17	7	5.0	1814.2	1.70	0.4	3.4	0.6	6.0	7	5	0.00	0.00	0.04
1987	50.55	28.55	17	8	9.7	3554.4	2.06	0.7	4.1	1.2	7.2	11	7	0.00	0.01	0.05
1988	50.55	28.55	17	8	11.6	4252.8	2.48	0.8	4.9	1.5	8.7	11	7	0.00	0.01	0.06
1989	50.55	28.55	17	8	13.7	4990.2	2.98	1.0	5.9	1.7	10.4	11	7	0.00	0.01	0.06
1990	50.55	28.55	17	9	15.2	5549.89	3.54	1.1	7.0	1.9	12.4	10	6	0.66	0.01	0.07
1991	50.55	28.55	17	9	12.6	4616.90	4.00	0.9	7.9	1.6	14.0	11	7	0.22	0.01	0.08
1992	50.55	28.55	17	12	15.2	5577.15	4.56	1.1	9.0	2.0	16.0	12	11	0.25	0.04	0.12
1993	50.55	28.55	17	12	15.9	5820.73	5.14	1.2	10.2	2.0	18.0	13	11	0.81	0.03	0.15
1994	50.55	28.55	17	12	16.5	6007.19	5.74	1.2	11.4	2.1	20.1	13	12	10.79	0.09	0.24
1995	50.55	28.55	17	13	15.8	5762.09	6.32	1.1	12.5	2.0	22.1	14	13	0.51	0.05	0.29
1996	50.55	28.55	17	14	14.1	5176.06	6.83	1.0	13.5	1.8	23.9	14	12	2.11	0.06	0.35
1997	50.55	28.55	17	15	13.7	4989.66	7.33	1.0	14.5	1.7	25.7	15	11	0.80	0.05	0.39
1998	50.55	28.55	17	15	29.8	6420.00	8.42	2.2	16.7	3.8	29.5	15	5	0.04	0.10	0.49
1999	50.55	28.55	17	9	30.4	7070.00	9.61	2.4	19.0	4.2	33.7	9	7	2.80	0.11	0.60
2000	50.55	28.55	17	11	23.4	7120.00	10.44	1.6	20.7	2.9	36.6	12	11	10.28	0.16	0.76
2001	50.55	28.55	18	14	21.9	6508.40	11.09	1.3	21.9	2.3	38.9	12	12	19.46	0.58	1.33
2002	50.55	28.55	17	14	20.0	7008.20	11.80	1.4	23.3	2.5	41.3	13	13	5.72	0.76	2.09
2003	50.55	28.55	15	14	25.6	7180.54	12.51	1.4	24.8	2.5	43.8	14	14	8.97	0.23	2.32
2004	50.55	28.55	17	16	21.2	7653.05	13.28	1.5	26.3	2.7	46.5	16	16	9.93	0.36	2.68
2005	64.23	35.88	19	19	24.76	9035.00	14.18	1.4	22.1	2.5	39.5	19	12	26.56	0.97	3.65

附录三 人物名录

（一）领导人名录

序号	机构名称	姓名	职务	任期
1	湘鄂西勘探指挥部（1966年3月—1970年2月）	张祉生	负责人	1966年3月—1970年2月
2		刘 俊	成员	1966年3月—1970年2月
3		杨华超	成员	1966年3月—1970年2月
4		钟泽金	成员	1966年3月—1970年2月
5	五七油田第十五团（1970年3月—1972年4月）	车长瑞	临时党委书记	1970年3月—1971年8月
6		赵富贵	政委	1971年9月—1972年4月
7		赵富贵	团长	1970年3月—1971年8月
8		孙麦则	团长	1971年9月—1972年4月
9	江汉石油管理局建南气矿（1972年5月—1977年10月）	母 勋	政委	1972年5月—1974年6月
10		曹维卿	政委	1974年7月—1977年10月
11		李孟东	矿长	1972年5月—1977年10月
12	江汉石油管理局第二勘探指挥部（1977年11月—1987年10月）	曹维卿	党委书记	1977年11月—1978年9月
13		刘绍沛	党委书记	1978年10月—1981年11月
14		唐纯楚	代理党委书记	1981年12月—1985年6月
15		刘祥莲（女）	党委书记	1985年7月—1987年10月
16		李孟东	指挥	1977年11月—1982年11月
17	天然气勘探开发公司（1987年11月—1989年10月）	刘祥莲（女）	党委书记	1987年11月—1989年1月
18		何志荣	党委书记	1989年2月—1989年10月
19		胡东成	天然气公司经理	1987年11月—1989年10月
20	天然气勘探开发处（1989年11月—2000年1月）	何志荣	党委书记	1989年11月—1992年10月
21		郭令余	党委书记	1992年11月—1998年12月
22		张景一	党委书记	1999年1月—2000年1月
23		胡东成	处长	1989年11月—1991年11月
24		郭令余	处长	1991年12月—1998年12月
25		周世良	处长	1999年1月—2000年1月
26		李代德	总工程师	1989年11月—1998年12月
27		杨志涛	总工程师	1999年1月—2000年1月
28	天然气勘探开发处（2000年2月—2005年12月）	张景一	党委书记	2000年2月—2001年11月
29		李君山	党委书记	2001年12月—2005年12月
30		周世良	处长	2000年2月
31		张景一	处长	2000年3月—2005年5月
32		周育武	处长	2005年6月—2005年12月
33		杨志涛	总工程师	2000年2月—2000年5月
34		曹苏文	总地质师	2000年5月—2004年1月

（二）劳动模范名录

年度	获奖人	荣誉称号	授予单位
1976	湛毓林	江汉石油管理局劳动模范	江汉石油管理局
1977	阎遵明	江汉石油管理局劳动模范	江汉石油管理局
1978	湛毓林	江汉石油管理局劳动模范	江汉石油管理局
1978	阎遵明	江汉石油管理局劳动模范	江汉石油管理局
1980	章升朝	江汉石油管理局劳动模范	江汉石油管理局
1980	宋金祥	江汉石油管理局劳动模范	江汉石油管理局
1980	赵胜海	江汉石油管理局劳动模范	江汉石油管理局
1981	章升朝	江汉石油管理局劳动模范	江汉石油管理局
1982	章升朝	江汉石油管理局劳动模范	江汉石油管理局
1986	黄国忻	江汉石油管理局劳动模范	江汉石油管理局
1988	邵诗应	江汉石油管理局劳动模范	江汉石油管理局
1989	邵诗应	江汉石油管理局劳动模范	江汉石油管理局
1990	邵诗应	江汉石油管理局劳动模范	江汉石油管理局
1990	卿成扬	江汉石油管理局劳动模范	江汉石油管理局
1991	邵诗应	江汉石油管理局劳动模范	江汉石油管理局
1992	章升朝	江汉石油管理局劳动模范	江汉石油管理局
1993	朱福安	江汉石油管理局劳动模范	江汉石油管理局
1994	朱福安	江汉石油管理局劳动模范	江汉石油管理局
1995	王启业	江汉石油管理局劳动模范	江汉石油管理局
1996	王启业	江汉石油管理局劳动模范	江汉石油管理局
1996	郭令余	江汉石油管理局劳动模范	江汉石油管理局
1998	袁如俊	江汉石油管理局劳动模范	江汉石油管理局
黄为祥 1980 年 10 月 10 日为抢救被洪水围困的一土家族村民英勇牺牲，被湖北省人民政府批准为革命烈士。			

附录四　征引文献

文献名	作者	出版或编制时间	出版社或现存地
江汉油田志（1996—2000）	《江汉油田志》编纂委员会	2004.8	方志出版社
江汉油田年鉴（2001）	《江汉油田年鉴》编纂委员会	2001.12	江汉油田出版社
江汉油田年鉴（2003）	《江汉油田年鉴》编纂委员会	2003.10	湖北合美印务有限公司
江汉油田年鉴（2005）	《江汉油田年鉴》编纂委员会	2007.6	华夏文化艺术出版社

编纂始末

按照《中国油气田开发志》总编纂委员会的统一部署，江汉油田于2006年8月28日成立编纂委员会，启动了《中国油气田开发志·江汉油气区油气田卷》编纂工作。天然气勘探开发处作为江汉油田分公司的二级单位，承担了辖区内建南气田的开发志编纂任务。2007年3月天然气勘探开发处成立《建南气田志》编纂委员会，由处长周育武任主任，副处长曹苏文任副主任。编纂工作中，江汉油田和天然气勘探开发处领导高度重视，并从人力、物力上给予大力支持。

《建南气田志》作为江汉油田的详写篇，编纂工作启动以来，江汉油田编纂委员会、《建南气田志》编纂委员会高度重视，组织有关领导、专家给予指导和帮助。2007年11月完成《建南气田志》资料的收集工作，并形成初稿，参与审核的江汉油田编纂委员会顾问组老专家认为“摘抄方案太多，未融会贯通形成志书自身语言，技术味太浓”。根据老专家的意见，并在江汉油田编纂委员会有关领导、专家的多次指导下，对初稿进行大刀阔斧地修改，2008年5月完成了《建南气田志》(第二稿)，部分章节得到了与会专家的肯定，但“以事系人，人随事出”方面仍显不足，并对编纂内容提出了指导修改意见与建议。按照总编纂委员会专家的意见与建议，对《建南气田志》的篇章结构与内容进行了进一步的修改完善，增加“开发过程控制”、“防硫防腐”、“举升工程”及“修井”四节，于2009年3月完成于《建南气田志》第三稿，并在江汉油田第一招待所进行了江汉油田编纂委员会评审，与会专家对《建南气田志》提出修改意见，要求进一步淡化技术内容，更加贴切志书要求，并对附图、附表进行规范。2009年5月完成《建南气田志》第四稿，基本编纂完成了《建南气田志》，在对志书用语、编排要求等提出规范意见，并增加“开发现状”一节后，于2010年1月，编纂完成《建南气田志》。

《建南气田志》分为七个部分，概述、第一章、第二章由陈忠编写，张承平、李平权、银熙炉对资料进行了收集；第三章由张集兵、刘乔平、沈金才编写；第四章由刘延华、向明兵、张三荣、孙建法编写；大事记及附录由陈忠、张松林、邹中贵、刘新民、余洁萍、王万华等人编写。

在本志编纂过程中，江汉油田编纂委员会顾问组的杜修宜、洪志一、赵云山、陈志超、李渝生等老专家、老领导发挥了重要作用，他们既是参谋者、指导者，又是第一读者，在每稿的审阅中都留下了他们许多宝贵的意见和箴言，在此表示衷心感谢。

《建南气田志》编纂组

2010年1月

编号：18—006

拖市油田志

《拖市油田志》编纂组　编

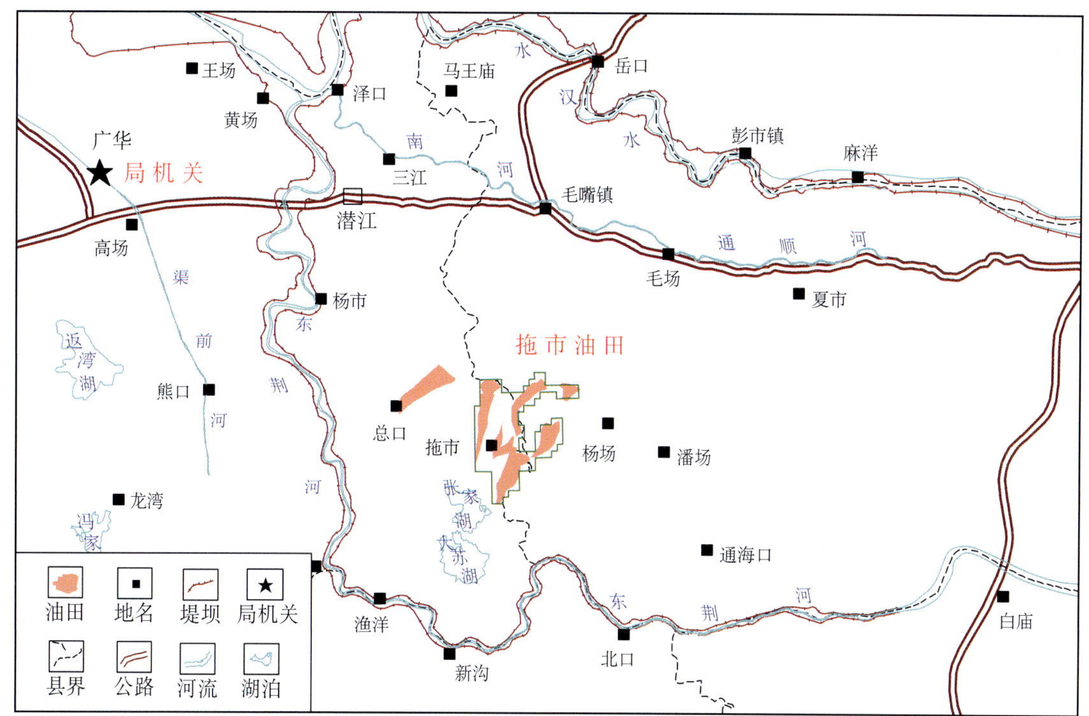

拖市油田地理位置图

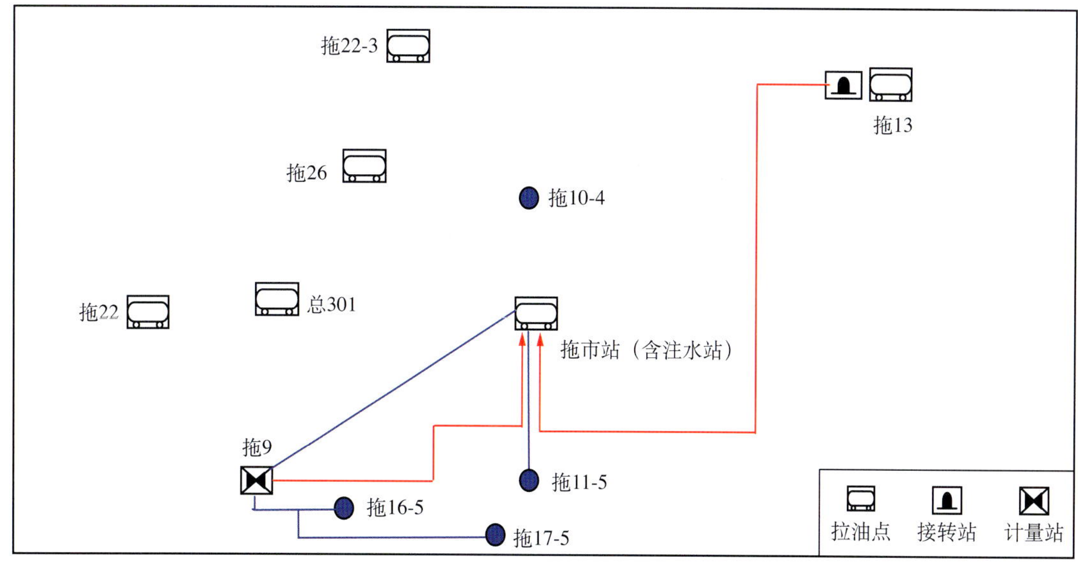

拖市油田地面系统平面布置图

拖①断层
构造拼接线
拖36
谢1
拖26
拖26-2
拖20
拖19
拖18
拖18-4
拖18-1
拖15
拖6
拖8
拖22-1
拖22
拖22-3
潜深11
拖23
拖21
拖25-1-7C
拖25-1-7
拖12
拖25
拖10
拖新2
拖2
拖9-4
拖14
拖10斜-3
拖28
拖参1
拖11-5
拖11-6
拖17
拖13-5
拖16-4
拖17-5
拖16-5
拖15-5
拖3
拖9
拖7
拖5
拖16
拖新4
拖4
拖13斜-2
拖13-1
拖13-3-4
拖13
拖34
总4
总4-1
总3
总2
总3x
总3-4-7
总3-5-5
总3斜-5-4
总3-4-6
总3-4-5
总3-3-7
总3-3-6
总3-2-7
总301
构造等值线，m
砂岩厚度等值线，m
井位
断层
拖市油田构造井位图

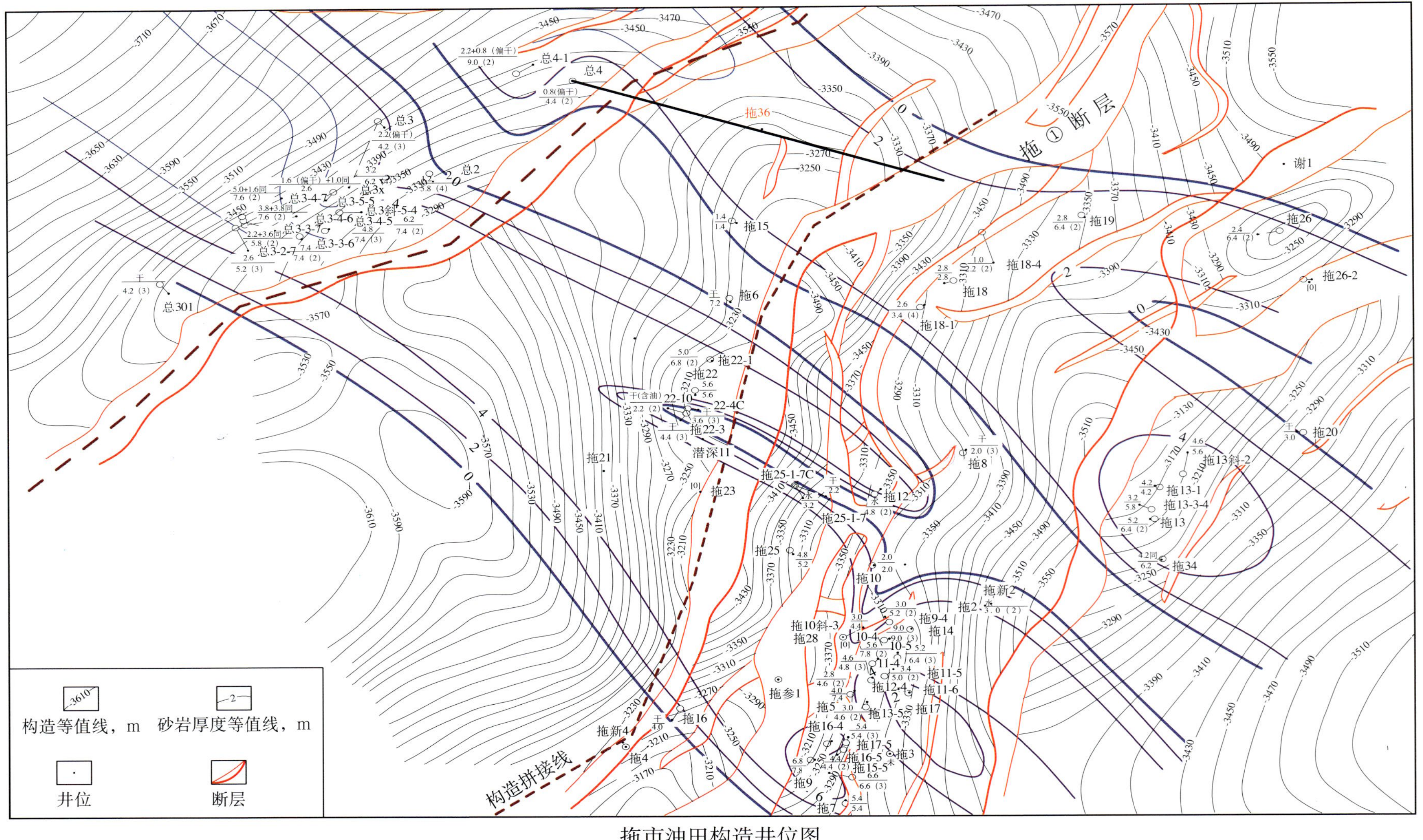

《拖市油田志》编纂委员会

主　任：胡德高

副主任：夏志刚

成　员：刘孔章　贺　春　刘敬尧

《拖市油田志》编纂组

组　长：王晓燕

成　员：李波峰　刘　玉　袁玲想　张建国　余　英
胡云鹏　申修志

《拖市油田志》审核人员

初审人：夏志刚　刘孔章　贺　春

复审人：刁传学　丁淑君　洪志一　赵云山　戴军华

本志目录

概 述

拖市油田位于湖北省潜江市和仙桃市交界地区潜江市辖区拖市乡。1969 年 10 月钻探潜深 11 井，发现拖市构造，1975 年钻拖 2 井，试油获工业油流，从而发现拖市油田。1985 年正式投入开发。气候属亚热带季风气候，四季分明，温暖潮湿。年平均气温 15.3 ~ 16.9℃，年平均相对湿度为 80% 左右。春季有时阴雨连绵，有时干旱少雨，冷暖多变；夏季炎热，有时连下暴雨，构成水患；秋季一般风和日丽，但为时较短；冬季有时久晴少雨，温暖如春，有时风雪交加，寒冷异常。全年雨量充沛，无霜期长，适合农作物生长。隶属中国石化江汉油田分公司江汉采油厂管理。

一

拖谢构造带是一个自南而北，走向北北东转为北东向的断裂构造带。背斜被四条断层切割成 5 个断鼻构造，其构造比较平缓。油田内断层比较发育，共有 9 条正断层，延伸长度 3 ~ 10km，断距较大，主要断层断距大于 100m。断层对油气的聚集起一定的封隔作用。共探明 7 个含油圈闭。

1975 年拖 2 井、拖 3 井部署在拖Ⅱ断鼻，钻探出油后（图 1），又在构造高部位部署拖 4、拖 7、拖 8 井，均未获工业油流，发现拖 2、拖 3 井为岩性油藏，拖 4 井构造无变化，油层断失，拖 7、拖 8 井为构造低部位（图 2）。

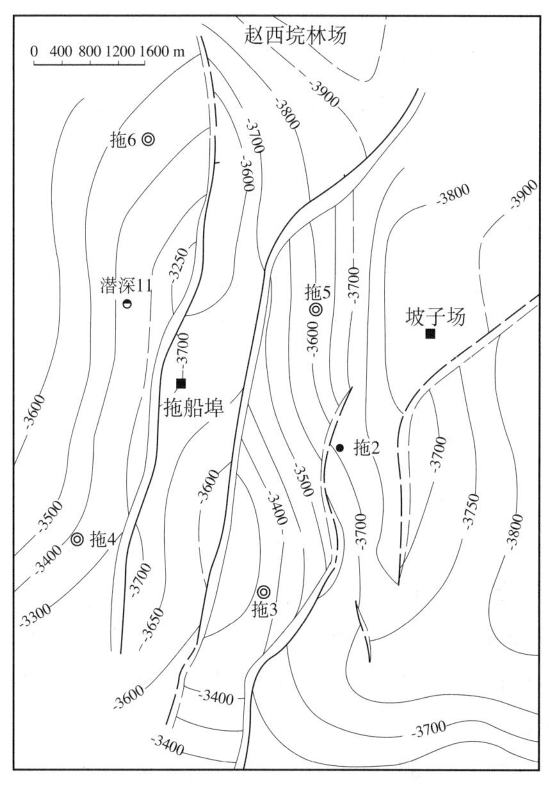

图 1　拖谢构造带 1975 年勘探成果图

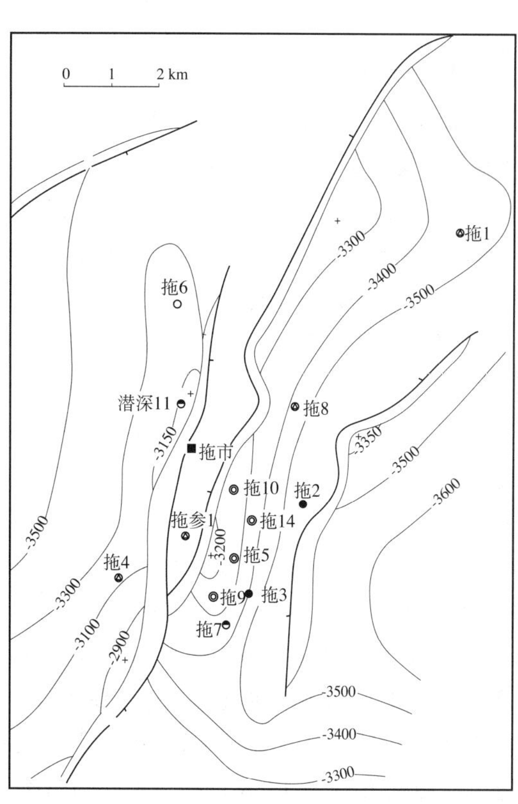

图 2　拖谢构造带 1983 年勘探成果图

1983—1985年，构造重新组合认识，在拖Ⅱ断鼻高部位部署拖5、拖9、拖10、拖14井，均获得高产油流（图3），证实了拖Ⅱ断鼻构造。

1986年进行三维地震，基本弄清断鼻断块的分布，证实高部位7个断鼻断块含油块，即拖Ⅰ断鼻（拖22—拖15井区）、拖市断鼻（拖25井区）、拖10井断块、拖Ⅱ断鼻北部（拖8—拖18井区）、拖Ⅱ断鼻南部（拖5井区）、拖Ⅲ断鼻（拖13—拖20—拖34井区）以及拖26—谢1井断鼻（图4）。

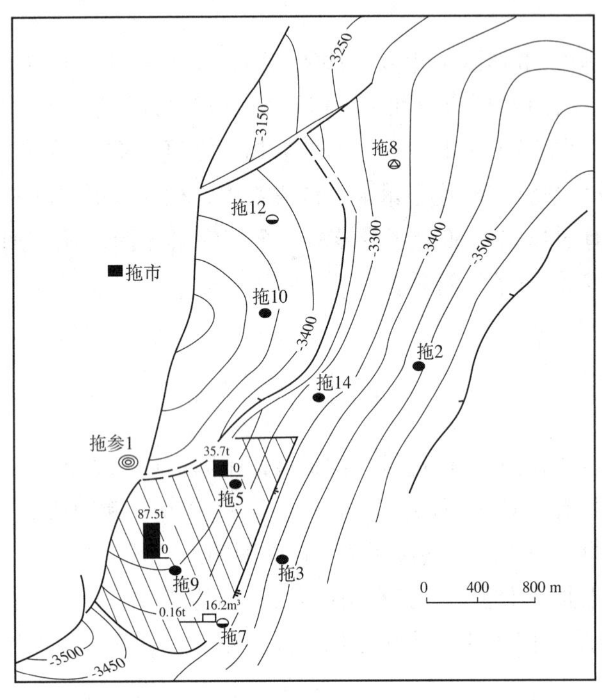

图3　拖市油田1984年含油面积图

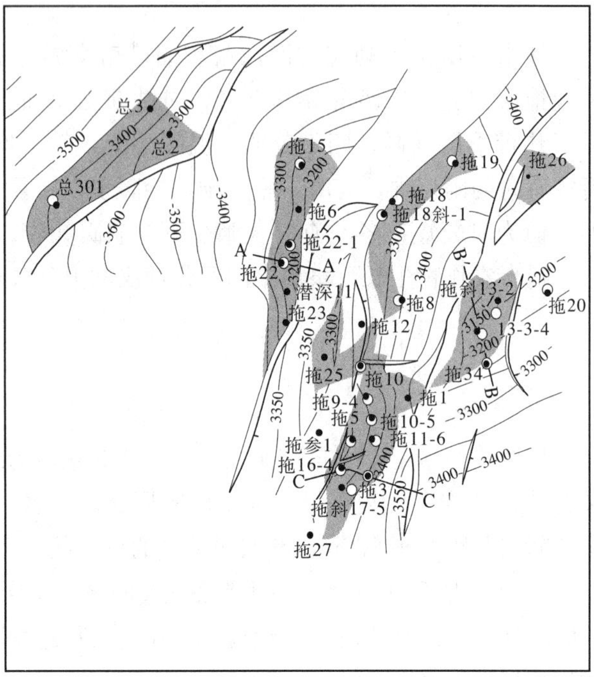

图4　拖市油田2000年含油面积图

油田为盐湖沉积，拖市油田经钻井揭示地层自下而上为古近系沙市组、新沟嘴组、荆沙组、潜江组、荆河镇组，新近系广华寺组和第四系平原组，其中新沟嘴组下段具有工业油气流。主要油层属古近系新沟嘴组下段，新下段Ⅰ、Ⅱ、Ⅲ油组均有油层，新下段Ⅲ油组为主力油组，新下段Ⅰ、Ⅱ两个油组油层多呈透镜状分布；埋藏深度为3150～3350m，油层主要为杂质长石砂岩和长石砂岩，粒度中值为0.064mm，以粗粉砂岩为主；胶结物平均含量为12.9%～14.9%，以石膏、硬石膏质为主，次为灰质、白云质；胶结类型以孔隙式为主，次为次生加大—孔隙式。据少量油层取心统计，Ⅰ油组平均孔隙度12.0%，平均渗透率7.7mD。Ⅲ油组单井平均孔隙度9.8%～14.4%，渗透率最高可达20.1mD。储层为亲水油藏。

油藏类型为低渗透高压油藏，油藏以溶解气驱为主，部分构造型油气藏虽存在边水，但能量不足，属弱水压驱动。地层原始压力高，为42～51MPa，压力系数1.2～1.57；地层温度高，为111.1～132.7℃。

地面原油密度0.8011～0.834g/cm^3，平均0.8138g/cm^3；地面原油黏度3.26～7.61mPa·s；含硫量0.02%～0.31%，平均0.11%；凝固点22～32℃，平均27℃。地层原油密度0.686～0.759g/cm^3，平均0.720g/cm^3；地层原油黏度0.8～1.6mPa·s，平均1.22mPa·s；地层原油饱和压力7.57～16.79MPa，平均13.28MPa；原始溶解气油比39.5～100m^3/t，平均66m^3/t；原始溶解气油比也较高，平均66m^3/t。地层水总矿化度45184.4～253594.2mg/L，水型为$CaCl_2$。

拖市油田拖Ⅱ断鼻1988—1989年探明Ⅲ类原油地质储量283.00×10^{4}t，含油面积4.70km^2。拖Ⅱ断鼻南部于 1992 年基本完善了主体部位的开发井网（由于井深及储层薄，边部控制井仍然较少），完钻探井与开发井共 18 口，井网密度达 4 口 /km²，建成原油年产能力 3.8×10^4t，至 1992 年底累计采油 11.40×10^4t，基本达到方案设计要求。在新增加了钻井、取心及其他分析化验资料的条件下，于 1993 年对拖Ⅱ断鼻部的探明储量进行了升级复算，储量参数确定的方法和计算方法仍为原有标准。计算结果为：含油面积 4.5km²，地质储量 223×10^4t，溶解气地质储量 $1.54 \times 10^4 m^3$，地质储量比原储量减少 60×10^4t。

从 1990—1992 年三年时间里，相继在拖Ⅰ断鼻、拖市断鼻、拖 10、拖Ⅱ北、拖Ⅲ断鼻、拖 26 等 6 个含油区块探明Ⅲ类原油地质储量 431.00×10^4t，含油面积 12.10km²，溶解气地质储量 $2.23 \times 10^4 m^3$。

2004 年总 3 井区探明Ⅲ类原油地质储量 117.00×10^4t，含油面积 4.80km²，溶解气地质储量 0.48×10^4t。

至 2005 年底套改后，拖市油田共上报 8 个构造单元的储量，累计探明Ⅰ、Ⅲ类含油面积 21.40km²，原油地质储量 771.00×10^4t，原油可采储量 $107.2.60 \times 10^4$t，溶解气地质储量 $4.25 \times 10^4 m^3$，溶解气可采储量 $0.51 \times 10^4 m^3$。

二

拖谢隆起构造带的勘探工作始于 20 世纪 60 年代初期。1969 年地质部钻探潜深 11 井，在古近系新沟嘴组下段Ⅲ油组发现油浸粉砂岩 4 层 6.5m，油斑粉砂岩 21 层 29.5m，试油时经二次压裂日产油 0.73t，发现了拖谢构造带含油。1975 年完钻拖 2 井，在新沟嘴组下段Ⅱ油组获日产油 6.53t，突破了工业油流关，从而揭开了在该区找油的序幕。其后对该区构造进行多次落实，1983 年钻拖 5 井获日产油 35.7t，发现了拖Ⅱ断鼻含油气构造。

大事记

1975年

是年　完钻拖2井，在新沟嘴组下段Ⅱ油组获日产油6.53t，发现了拖市油田，从而揭开了在该区找油的序幕。

1985年

10月　拖5井投产，拉开了拖市油田正式开发的序幕。

1986年

1月　拖市油田集油站建成投产，站内8井式阀组，采用三管伴热流程，并建成相应的集输、水、电、路、讯配套工程。

9月　投入注水开发。

1995年

5月　拖市含油污水处理站开始设计，同年12月建成投产。

第一章

油 田 开 发

拖市油田 1985 年投入试采，1989 年投入全面开发，先后经历了初期试采、开发上产、稳产阶段、递减阶段、低速开发五个阶段（图 1-1），截至 2005 年 12 月实施了开发方案设计部署、拖市油田的滚动开发、拖Ⅱ断鼻南部的滚动开发。

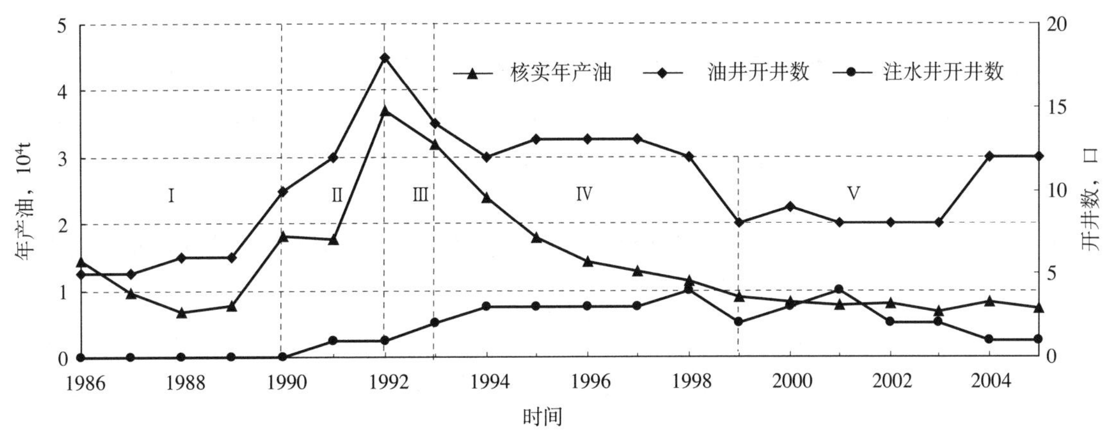

图 1-1　拖市油田开发阶段划分图

第一节　开发历程

1985—1989 年为试采阶段。该阶段主要任务是实施试采、完成开发方案设计部署。进一步对构造形态、圈闭类型、断层分布、储集类型、储层横向变化及展布、油水关系、驱动类型等油藏主要特征进行深入细致的研究，取得比较清楚的认识。在此基础上，分阶段完成整个构造带的探明储量计算工作。为了了解各油组生产能力、鉴别油藏驱动类型、探测边界、补取原油和水的高压物性资料，1988 年 5 月由江汉石油管理局勘探开发研究院开发研究室徐存金编写了拖市油田试采意见。到 1989 年 12 月，累计完钻各类井 24 口，油井总数 6 口，开井 6 口，日产油水平 22t，不含水，累计产油 4.14×10^4t。

1990—1992 年为开发上产阶段。1988 年 10 月，由江汉石油管理局勘探开发研究院开发研究室徐存金编写，丁淑君、韩定荣审核了《拖市油田开发方案》。设计主力油层新下段Ⅲ油组一套层系开发，采用 500m 井距三角形井网边缘注水，共布生产井 13 口，注水井 6 口，平均单井控制储量 22×10^4t，年产油量预计 5.85×10^4t，采油速度预计 2.05%，水驱控制程度预计 85%，方案实施后，1990 年 4 月，拖 9 井区完钻 3 口油井；同时对拖Ⅱ断鼻北、拖市断鼻、拖Ⅲ断鼻等局部圈闭进行评价，圈闭钻探均获成功。

本着探新块、滚动建产、改选油层、注压抽配套的指导思想，1990 年 5 月由江汉石油管理局勘探开发研究院曾淑安编写了拖谢构造带滚动勘探开发规划。1990 年完成了拖 9 井区钻探开发，建采油井 6 口，转注一口。1991 年 1 月开始注水开发，期间表现出的主要开发特征是油井见水快，含水上升快，注水开发效果差。1991 年完成了谢家场子断鼻的预探，钻预探井拖 26 井；完成拖Ⅰ断鼻的预探，钻预探井拖 15 井；滚动开发拖 14 井组，完成开发井 5 口；完成拖Ⅱ断鼻北部评价井拖 19 井；1991 年底，为了落实拖 13 井区的构造形态和断层分布情况，评价探明储量 78×10^4t 的可靠性，上开发评价井拖 13–1。1992 年完成了拖Ⅰ断鼻评价井拖 22 井；由于 1991 年拖Ⅱ断鼻北部的评价井拖 19 效果很差，后期开发井未上。

该阶段末，基本完成了拖市油田的滚动开发，共有油井 18 口，开井 18 口，水井 1 口，井口日产油 132t，累计产油 11.42×10^4t 。该阶段由于不断地钻投新井，井区产量一度上升，到 1992 年 12 月达到了历史最高产 132t，综合含水 14.18%，动液面 1198m。

1993 年为稳产阶段。拖市油田稳产期很短，1993 年拖Ⅱ断鼻南部完成了滚动开发。

1993 年拖市油田有 2 口注水井补充地层能量，部分油井见到注水效果，该阶段有油井 14 口，开井 14 口；水井 2 口，日注水平 $48m^3$，年产油量 3.20×10^4t；累计产油 14.61×10^4t。井区日产油 80t，综合含水由 34.45%，动液面 1550m。

1994—1999 年为产量递减阶段。该阶段受地层能量不足、注水、井下技术状况不良等诸多因素的影响，产量持续下滑。到阶段末有油井 12 口，开井 8 口，注水井 5 口，开井 2 口，日注水平 $34m^3$，累计产油 23.52×10^4t。井区日产油由 70t 下降至 21t，综合含水由 39.92% 上升到 63.90%，动液面由 1553m 下降至 2115m。

2000—2005 年为低速开发阶段。该阶段由于平面及层间矛盾日益突出，以及开发工艺难以突破，使得该井区采油速度低，日产油水平只有 20t 左右。

第二节　开发现状

截至 2005 年底，拖市油田已开发单元共有油水井 18 口，其中，采油井 14 口（开井 12 口），注水井 4 口（开井 1 口），日产油 16.0t，日注水 $78m^3$，年产油量 0.72×10^4t，累计采油 28.93×10^4t，综合含水 77.56%，地质储量采油速度 0.17%，采出程度 7.02%，可采储量采油速度 1.91%，采出程度 77.45%，剩余可采储量采油速度 7.8%。

截至 2005 年，建成计量站 1 座，拉油站 7 座。建有 2 条集油管线，总长 8.49km，单井油管线 9.6km。

拖市油田属江汉采油厂采油 15 队管理，现有职工 47 名。

第二章

钻采与地面工程

第一节　钻井工程

开发初期，钻井方式采用吊打防偏直井技术，钻井周期较长。20 世纪 80 年代后期应用转盘加井下动力钻具的复合钻井技术，提高了机械钻进速度。1988 年 PDC 钻头的使用，进一步缩短了完钻周期，同时降低了钻井成本。针对新沟嘴组特殊的敏感地层，钻井液使用三复合盐水钻井液体系，并应用自主研发的聚合物防塌剂，有效解决了地层水敏和垮塌问题。为降低钻井液对油层的伤害，在拖 13 斜 –2 井钻井过程中实验应用屏蔽暂堵技术和欠平衡钻井技术，投产后获日产 20t 的高产油流。

完井方式采用套管完井。对于钻遇的地层压力系数比较接近，无异常压力层，井身结构采用表层套管 + 油层套管。对于油田部分裂缝发育区块，钻井过程中易喷，为保证钻进安全，采用表层套管 + 技术套管 + 油层套管的三级套管程序。

油田储层纵向跨度不高，但油层埋藏较深，以往多采用常规固井方式，水泥返高有限，未封固段套管极易变形和错断。增加管外水泥高度（从井深平均 2500m 提高到 2000m），减少套管自由段长度，同时固井前对套管进行预拉应力，有效延长了套管的使用寿命。推广应用“短候凝水泥”固井技术，有效解决了候凝过程中层间互窜，水泥环胶结差的问题。应用管外分隔器，解决固井过程中油水互窜，确保油层段的固井质量。紊流器的应用，增强水泥浆的紊流程度，从而提高水泥环的胶结质量。

射孔早期采用 57–103 枪，1983 年后逐渐使用 WS–73 枪，1989 年引进和使用 YD–89、YD–102 枪。射孔方式采用正压射孔，射孔液考虑地层敏感性，采用活性水。

第二节　采油工程

一、举升

拖 5 井 1985 年 10 月 24 日投产，拉开了拖市油田正式开发的序幕。开发初期地层能量充足，采取以自喷采油为主、机械采油为辅的开采方式。自喷井多采用油管下至油层中部、井口采油树，一般装 4 ~ 6mm 油嘴自喷生产。自喷井占油井总数的 85%，产量占总产量的 90% 以上。

1988 年从自喷采油转为了机械采油，抽油泵主要使用 ϕ32mm、ϕ44mm、ϕ56mm 等几种泵径的管式泵，抽油杆采用 D 级杆，选用 3 型、10 型抽油机，冲程多为 3.6m，冲次多为 6 ~ 9 次 /min。自 1991 年 1 月开始注水开发，期间共有油井 13 口，开始使用 12 型抽油机，泵挂深度也不断加深至 1500m 左右，冲程多为 3 ~ 3.6 m，冲次为 6 ~ 9 次 /min。

1993 年以后，拖市油田动液面持续下降，泵挂深度也随之加深，举升方式开始由大排量转向小泵深抽。针对老区动液面持续下降，新投入区块油层较深等特点，1992—1996 年，采用玻璃钢抽油杆、

10 型抽油机，最大下泵深度 2800m。1996 年以后拖市油田引进 H 级抽油杆，配套使用 14 型抽油机，逐步开展深抽工艺的推广、应用，最大下泵深度达到 2850m。2001 年，开展小外径泵套的研制工作，成功试制出外径为 ϕ89mm 的泵套，同时通过泵下短节接箍以及泄油器结构改进，最终形成 ϕ32mm、ϕ38mm、ϕ44mm 泵径与 ϕ89mm 小外径泵套相适应的深抽泵系列，逐步完善了小泵深抽技术配套。

截至 2005 年，拖市油田平均泵效为 27.6%，平均检泵周期 389 天，在泵径的选择上多选用 ϕ32mm、ϕ38mm 的管式泵，抽油杆选择偏向于 H 级的高强度抽油杆。抽油机选择以 12 型抽油机为主，辅以部分 10 型、14 型抽油机，冲程多为 3 ～ 3.8m，冲次多为 4 ～ 6 次 /min。

二、注水工程

拖市油田从投入注水开发以来，只有 1 口注水井拖 11–5 井进行分层注水，其他水井采用全井注水。

1995 年 4 月，采用 JH458 封隔器、偏心配水器、空心配水器和 JH0251 阀分层注水管柱组合在拖 11–5 井投入使用，开始注水效果好，后来因地层水突进，致使此井停注。

三、油层改造

拖市油田于 1985 年投入开发，是典型的深井低渗透油田，油层改造工艺应用较多，酸化、压裂等措施是油田开发的重要手段。拖市油田的主力油水井几乎都进行过油层改造措施。

（一）酸化

开发初期就在试油井上应用了土酸酸化，但几乎都无效。1990 年，应用了组合活性酸酸化，应用 3 井次，平均单井日增油 12.8t，1990 年 8 月在拖 9 井应用后，日产油由 3.2t 上升到 17.1t。1991 年应用了胶束酸酸化，应用 2 井次，在拖 14 井应用后，日产油由 4.2t 上升到 16.5t。1993 年，针对拖市油田地层结膏的问题，应用浓缩酸和解膏剂联作酸化，1993—1995 年在油井上应用 5 井次，累计增油 3134t，1994 年 3 月在拖 13–1 井应用后，日产油由 0.6t 上升到 12t。在注水井上应用 1 口井，拖 16–5 井应用浓缩酸和解膏剂联作酸化，日注水由 0 上升到 50m^3，累计增注 9700m^3。从此，浓缩酸和解膏剂联作酸化开始在拖市油田推广应用。

（二）压裂

拖市油田几乎所有主力油井都应用了压裂改造油层。1989 年，主要应用千型压裂车组，同时应用了 ZH 封隔器和千型井口，使用 3in 油管进行压裂，支撑剂采用陶粒，压裂液应用了 JH–S 压裂液，1989 年在拖市油田应用 3 口井，平均砂液比 20%，单井平均加砂 4m^3，在拖 14 井应用后，日产油由 5.2t 上升到 22t。通过压裂改造，拖市油田日产油由 1989 年的 16t 逐步上升到 1991 年的 55t。1992 年应用了田菁有机肽压裂液，应用 11 口井，平均砂液比 21%，平均单井加砂 12m^3，平均单井日增油 11t。在拖 13 井应用后，日产油由 1.2t 上升到 20t。1995 年，随着对油层保护的重视，应用了羟丙基瓜尔胶有机硼压裂液，主要用于新井压裂试油。由于储层进一步变差，压裂砂堵井越来越多，2004 年开始在部分油井开展了小粒径陶粒作为支撑剂进行压裂，在拖 13–2 井首次应用，加砂 11m^3，平均砂液比 19%，初期日产油 6.5t。

四、修井

修井主要解决复杂的打捞、解卡工艺问题。在解卡施工技术方面，主要解决的是砂卡和套管变形卡管柱，主要采用活动解卡、循环洗井、浸泡法解卡等为主，对于活动不能解卡的井采用套铣和倒扣的方法起出被卡管柱。在复杂落物打捞方面，先摸清井内落物的形状，再选择或制作合适的打捞工具。1990

年 10 月在拖 3 井油管落井，分别下可退式捞矛、母锥、牙块捞矛、可退式捞筒，起出全部油管。

第三节 地面工程

一、集输工程

拖市油田 1985 年投入试采，有拖 9、拖 13、拖 22、拖 18、拖 26、总 3 等分散小区块。对于分散的拖 13、拖 9 小区块，采用就近建计量接转站（或计量站）集中计量、供热后，采用自压和泵输至拖市站集中脱水处理后装车外运潜江石化厂，污水进入污水处理站，处理后回注。分出的伴生气供拖市站、拖 9 加热炉作为燃料。对于零散的单井如拖 18、拖 22、拖 26 等，采用就地建单井拉油点，高架罐自流装车外运。

开发初期井少，采用简易单井拉油方式，开式流程。1986 年 1 月，拖市油田集油站建成投产，站内 8 井式阀组，采用三管伴热流程，并建成相应的集输、水、电、路、讯配套工程。井排来液进罐，油、水用汽车拉至王场油田的王场联合站处理。建成 500m^3 拱顶钢油罐 2 座，建深井泵房一座及处理装置一套，供站内生产用水及生活区生活用水。

1989 年 12 月至 1990 年 10 月，拖 9 试验区供热计量站建成投产，该站共承担 10 口油井的计量，3 口注水井口配水计量。采用三管线伴热流程，单井来油计量后，原油直压至拖市集油站。计量站加热炉用气及供水、注水由拖市集油站建管线供给。

1992 年 3 月至 9 月，新建拖 13 计量接转站，采出液计量后泵输至拖市站集中脱水处理。随着拖市油田的进一步开发，拖 22、拖 18、拖 26、总 3 等单井拉油点相继建成投入运行。

1995 年 5 月，拖市含油污水处理站开始设计，同年 12 月建成投产，应用高效三相分离器实现油气水一次分离。设计原油脱水能力 36.5 × 10^{4}t/a，实际脱水处理 4 × 10^{4}t /a，设计原油外拉能力 10 × 10^{4}t/a，实际原油外拉 0.8 × 10^{4}t/a。

为了解决拖市油田含油污水，使其不污染环境，1995 年，拖市污水处理站建成投入使用，日污水处理能力 200m^3，此站首次采用由机械研究所研制的旋流分离器和江汉石油机械厂研制的自动过滤器，使用效果良好。在加药方面，利用原注水站三套加药装置，新设有加药管网及相应设施，可同时投加杀菌剂、脱氧剂及阻垢、缓蚀剂、其中阻垢、缓蚀剂可考虑投加江汉设计院研制的 XW–2 药剂，保证腐蚀率小于 0.076mm/a。站内自产污水均收集进事故污水池，通过提升至污水缓冲罐进行再处理。

1998 年对拖市污水站进行改造，增建 100m^3 玻璃钢污水缓冲罐 1 具，与原建污水缓冲罐并联使用，增加串联流程，提高了污水处理能力。

1999 年至 2005 年，拖市污水站污水处理流程未进行大的改进，2005 年底，拖市污水站水质达标率为 71.43%。

截至 2005 年，建成计量站 1 座，拉油站 7 座。建有 2 条集油管线，总长 8.49km，单井油管线 9.6km。

二、配套工程

拖市油田投产初期供电电源为监利县新沟变电站，1988 年油田建成到老一区集油站 35kV 供电线路后，改用长拖 35kV 线路的 10kV 拖市支线供电。

拖市油田供水取自 1985 年 8 月打的一口深 129m、日产水量为 1200m^3 的地下水源井。1991 年 5 月又在此井附近打了一口水源井作为备用。

附　录

附录一　附　图

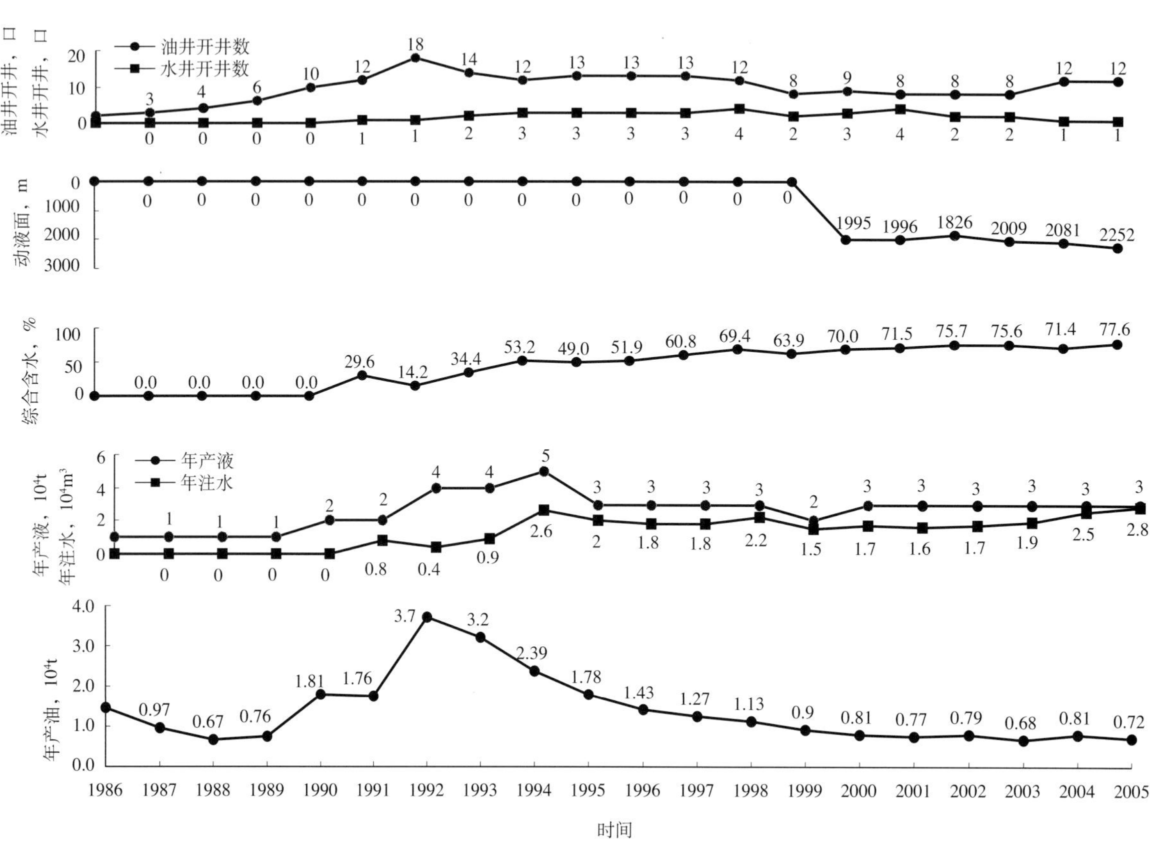

附图 1　拖市油田开采综合曲线图

附录二　附　表

附表 1　拖市油田综合地质数据表

含油面积 km²	层位	油层埋藏深度 m	平均有效厚度 m	孔隙度 %	空气渗透率 mD	含油饱和度 %	地层温度 ℃	压力系数	原始地层压力 MPa	地层原油			地面原油				地层水		
										饱和压力 MPa	原始气油比 m³/t	地下黏度 mPa·s	密度 g/cm³	黏度 mPa·s	凝固点 ℃	含硫量 %	水型	总矿化度 mg/L	氯离子含量 10^4mg/L
21.4	新下段Ⅰ、Ⅱ、Ⅲ油组	为3150～3350	5.2	12.5	14	65	111.1～132.7	1.38	46	13.28	66	1.22	0.8138	3.26～7.61	27	0.02～0.31	$CaCl_2$	45184.4～253594.2	14.7

附表 2　拖市油田开采综合数据表

时间	动用储量 10^4t	油井		注水井		核实产油量		核实产水量		核实产液量		年末综合含水 %	注水量		注采比		地质采油速度 %	地质采出程度 %
		总井数 口	开井数 口	总井数 口	开井数 口	年 10^4t	累计 10^4t	年 10^4t	累计 10^4t	年 10^4t	累计 10^4t		年 10^4m^3	累计 10^4m^3	年末	累计		
1986	124	5	5	0	0	1.44	1.79	0	0	1.44	1.79	0	0.00	0.00	0.00	0.00	0.92	1.14
1987	124	5	5	0	0	0.97	2.76	0	0	0.97	2.76	0	0.00	0.00	0.00	0.00	0.62	1.76
1988	124	6	6	0	0	0.67	3.38	0	0	0.67	3.38	0	0.00	0.00	0.00	0.00	0.43	2.15
1989	124	6	6	0	0	0.76	4.14	0	0	0.76	4.14	0	0.00	0.00	0.00	0.00	0.49	2.64
1990	223	11	10	0	0	1.81	5.96	0	0	1.81	5.96	0	0.00	0.00	0.00	0.00	0.64	2.11
1991	223	13	12	1	1	1.76	7.72	0.27	0.32	2.03	8.05	29.6	0.76	0.76	0.12	0.06	0.62	2.73
1992	223	18	18	1	1	3.70	11.42	0.52	0.87	4.22	12.28	14.18	0.45	1.21	0.14	0.06	1.31	4.03
1993	412	14	14	2	2	3.20	14.61	0.66	1.81	3.85	16.42	34.45	0.94	2.14	0.29	0.08	0.78	3.55
1994	412	13	12	3	3	2.39	17.01	2.56	4.08	4.95	21.09	53.17	2.64	4.79	0.41	0.15	0.58	4.13
1995	412	13	13	3	3	1.78	18.79	1.73	5.85	3.51	24.64	48.96	2.03	6.82	0.43	0.19	0.43	4.56
1996	412	13	13	3	3	1.43	20.22	1.58	7.43	3.01	27.65	51.95	1.82	8.64	0.45	0.21	0.35	4.91
1997	412	13	13	3	3	1.27	21.49	1.71	9.03	2.98	30.52	60.84	1.84	10.48	0.54	0.24	0.31	5.22
1998	412	12	12	5	4	1.13	22.62	2.15	11.03	3.28	33.65	69.41	2.22	12.70	0.51	0.27	0.26	5.51
1999	412	12	8	5	2	0.90	23.52	1.54	12.58	2.44	36.01	63.88	1.46	14.16	0.51	0.28	0.52	5.71
2000	412	12	9	5	3	0.81	24.33	1.83	14.36	2.64	38.69	70.01	1.74	15.90	0.38	0.29	0.17	5.91
2001	412	12	8	5	4	0.77	25.10	1.81	15.97	2.58	41.07	71.54	1.63	17.53	0.50	0.31	0.16	6.09
2002	412	12	8	5	2	0.79	25.89	2.46	17.83	3.25	43.73	75.69	1.72	19.25	0.64	0.32	0.15	6.28
2003	412	12	8	5	2	0.68	26.57	2.05	19.64	2.73	46.22	75.64	1.93	21.18	0.82	0.34	0.18	6.45
2004	412	12	12	4	1	0.81	27.39	2.12	21.65	2.93	49.04	70.76	2.51	23.69	0.79	0.36	0.21	6.65
2005	412	14	12	4	1	0.72	28.93	2.35	24.01	3.07	52.94	77.56	2.81	26.50	0.81	0.38	0.15	7.02

编号：18–007

广华油田志

《广华油田志》编纂组　编

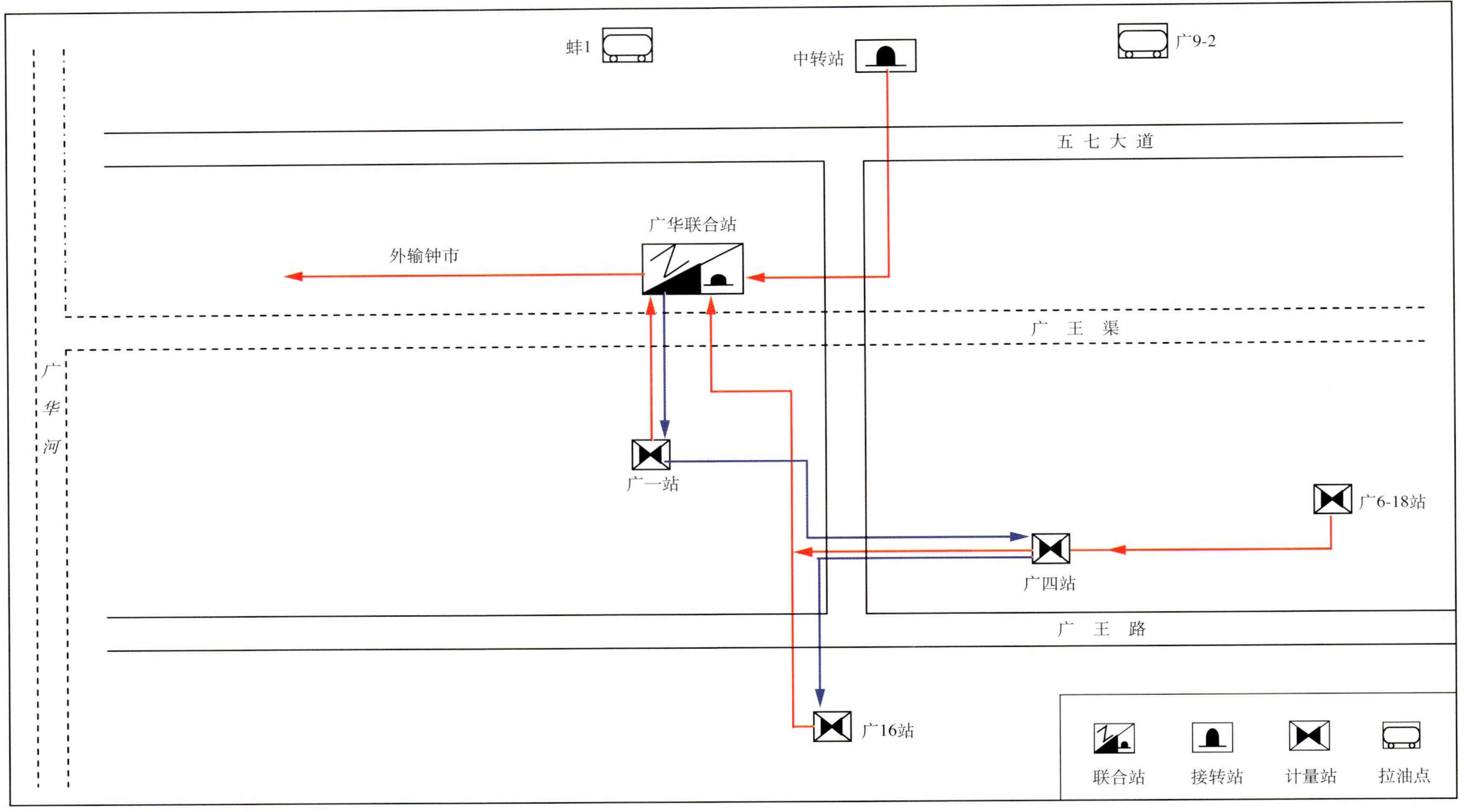

广华油田地面系统平面布置图

《广华油田志》编纂委员会

主　任：胡德高

副主任：夏志刚

成　员：刘孔章　贺　春　刘敬尧

《广华油田志》编纂组

组　长：肖　斌

成　员：李波峰　胡云鹏　刘　玉　张建国　袁玲想
余　英　申修志

《广华油田志》审稿人员

初审人：夏志刚　刘孔章　贺　春

复审人：李渝生　丁淑君　杜修宜　洪志一　赵云山　罗秋林

本志目录

概 述

广华油田1967年发现，为江汉盆地潜江凹陷的一个构造岩性油藏，现由中国石化江汉油田分公司江汉采油厂经营和管理。

一

广华油田位于湖北省潜江市广华寺（现称广华）东南，北与王场油田相连。地处江汉平原腹地，平均海拔高度28.9m，属平原湖区，是典型的水网地区。属亚热带季风气候，四季变化明显，雨季长，多集中在5～8月。这里土地肥沃，物产丰富，有鱼米之乡之称。有被誉为中生代孑遗植物“活化石”的水杉树18万株，成片林0.23km^2，成为全国面积最大的人工水杉林。区域内国道G318、省道S219从广华油田边缘穿过。

二

广华油田地质构造处于江汉盆地潜江凹陷北部，在王场—广华—浩口断裂带上。包括北部广一区和南部广二区两个含油区块，南北两部分构造不同，北部广一区为背斜构造，南部广二区为断层切割的单斜。含油层系为古近系潜江组，油田含油面积约6.23×10^{4}km，石油地质储量534×10^{4}t。

广华油田南北两部分构造不同，北部为平缓完整的短轴背斜，构造走向近东西向，构造长轴2.23km，短轴1.02km，圈闭面积为1.5km^2，构造高点在广7-12井以东400m处，地层倾角2°～5°，以潜3^{1}油组圈闭面积为最大；南部为断层切割的单斜。南、北之间为盐岩塑性隆起区，由于盐岩刺穿作用，造成地层和油层缺失。油田内共有三条断层，均为正断层。

储集层岩性为粉—细砂岩。胶结物以灰质、泥灰质为主，胶结类型为接触—孔隙式。油层埋藏深度1814.4～3307.7m，属盐湖三角洲相沉积。

油藏类型主要受构造控制。北部油藏以岩性控制为主，形成构造—岩性油藏；南部为断层遮挡的构造油藏和构造—岩性油藏。在广华油田与王场油田连接带，则是古隆起背景下的潜4^{3}油组大片分布的岩性油藏。有三个含油层段，分别为潜一段、潜三段、潜四段，共有8个油组含油。潜一段和潜三段为中高渗透油藏，潜四段为低渗透油藏。

油藏饱和压力低3.78～7.96MPa，属低饱和油藏，原始地层压力28.09～32.84MPa，原始地层饱和压差大；地层水矿化度高，平均为31.4×10^{4}mg/L，水型主要为Na_2SO_4型。

三

20世纪60年代初，由地震普查发现构造，1965年开始钻探潜深2井，当年完钻，完钻井深2001.18m，潜三段发现油气显示，未下套管。1967年3月1日，地质部第五普查勘探大队3203钻井队，在广华构造上钻探潜深7井，同年4月30日开始试油。1968年8月27日，对潜三段2374.6～

2491.5m 试油，采用盐酸酸化，洗井放喷，到 12 月 24 日—30 日系统测试，10mm 油嘴，日产油量 75.8t，历时一年零八个月结束该井试油，证实广华构造是一个高产油田，发现广华油田。1969 年 11 月 23 日，在广华南部断鼻构造高点钻探广 4 井，该井完钻井深 3250m，潜四段发现油气显示，钻遇油层 43.1m，对 2789.4 ~ 3177m 试油，15mm 油嘴，获日产油量 217.6t 的高产油流，以后又在浩口断层以南陆续发现高 3、广 9、广 16 等含油区块，在浩口断裂带钻探的广 8 井也在断层破碎带喷油。

四

油田于 1970 年 8 月投入试采，一套开发层系，采用 300m 井距正方形和不规则三角形井网布井，1973 年油田见水，1976 年 8 月投入全面开发，开发初期有部分自喷井，后转入机械生产，注水方式为边缘加点状注水。油田的开发经历了上产阶段、稳产阶段、递减阶段及精细开发调整四个阶段（见图 1）。

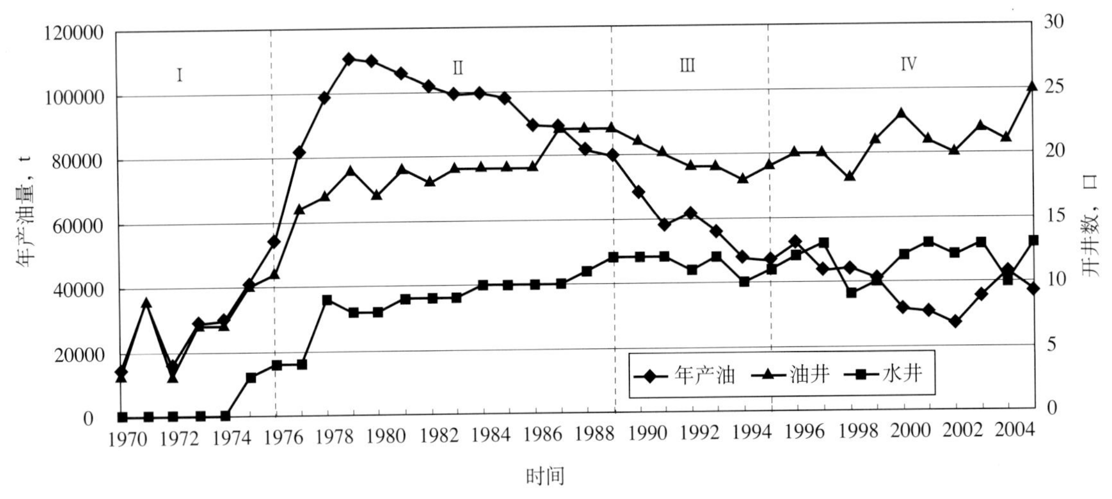

图 1　广华油田开发阶段划分图

(1) 1970 年至 1976 年为上产阶段。油田分别于 1970 年 9 月—1972 年 6 月和 1972 年 7 月—1974 年 12 月先后进行了六次间断试采和连续生产试验，通过这两个阶段的开发实践，证实广华油田为弹性水压驱动油藏。产量初期递减大，压力下降快，同时也表现出天然能量不足，必须注水补充地层能量，另外，在油井生产过程中，部分油井结盐严重，造成油井停喷，产量下降。1973 年 4 月开展用六偏磷酸钠溶液进行解盐试验，化学解堵试验取得了较好的效果。同时根据战备调整方案，将广华油田作为保存区控制开采，平时只开少数井或间断开井。1975 年 10 月投入注水开发。采用边缘注水方式，南部油井陆续见效，产量逐年上升。1976 年广二区井也陆续投入生产，使得产量进一步上升，进入了上产期。随着地层能量不断得到补充，1976 年 12 月采油速度达到了 3.09%。截至 1976 年 12 月，油井总井数 21 口，油井开井数 11 口，平均单井日产油 19t，油田日产油水平 209t，综合含水 3.6%，地质储量采出程度 4.29%，地质储量采油速度 1.06%。累计产油 21.85×10^4t。注水井 4 口，开井 4 口，日注水量 417m^3，月注采比 1.43。

(2) 1977 年至 1989 年为稳产阶段。针对油田注水开发以来暴露出的问题，进行了注采系统的调整，并增加内部点状注水，共钻调整井 10 口。1983 年后，对潜 3^1、潜 3^2 油组和潜 3^3、潜 3^4 油组进行细分层系开采，完善广二区潜 4^3 油组注采系统，使得全油田以 2% 左右的采油速度连续稳产 13 年。1989 年 12 月，油井总井数 22 口，开井数 22 口，平均单井日产油 8.6t，日产水平 190t，综合含水

71.3%，地质储量采油速度 1.56%，地质储量采出程度 28.67%，剩余可采储量采油速度 10.64%，累计产油 146.22×10^4t。注水井 12 口，开井 12 口，日注水 576m^3，月注采比 0.79。

(3) 1990 年至 1995 年为递减阶段。油田进入递减开发阶段后，由于井况变差、含水上升、潜力井层少，产量逐年下降。地质储量采油速度由 1987 年末的 1.74% 下降到 1995 年的 0.92%。到本阶段末，油田总井数 37 口，采油井 24 口，开井 19 口，日产油水平 157t，综合含水 73.5%，累计产油 180.04×10^4t。注水井 13 口，开井 11 口，日注水平 572 m^3，月注采比 0.89。

(4) 1996 年至 2005 年为精细开发调整阶段。该阶段在构造精细解释、储层预测等油藏精细描述和剩余油研究的基础上，以稳油控水为目标，依靠工艺技术进步，调整产液结构，完善注采井网，使原油产量在 2002 年后有所上升。

五

截至 2005 年底，累计探明含油面积为 6.23km^2，探明石油地质储量 534×10^4t，采收率 50.7%；动用地质储量 510×10^4t，标定可采储量 263.5×10^4t，标定采收率 51.7%。截至 2005 年 12 月，广华油田方案油水井总数 53 口，报废利用油水井 8 口，其中方案采油井 31 口，报废利用油井 7 口，开井 25 口，日产油水平 97t，日产液水平 387t，平均单井日产油水平 3.9t，平均单井日产液 15.5t，综合含水 75.21%，年产油 3.74×10^4t，累计采油 219.45×10^4t，地质储量采油速度 0.69%，地质储量采出程度 43.03%，可采储量采出程度 83.3%。注水井 21 口，报废利用注水井 1 口，开井 13 口，日注水 462m^3，平均单井日注水 36m^3，累计注水 641.83×10^4m^3，累计注采比 0.92。观察井 1 口。

截至 2005 年末，建成计量接转站（计量站）5 座、单井拉油点 3 座。建有 5 条集油管线，总长 9.46km，建有连续输油管线 1 条：广华—钟市外输油管线，长 12.40km，单井油管线 24.80km。

建有低压（干、湿）气集输管网 7.5km，将湿气低压集输至轻烃回收站，回收轻烃后将干气返输至各站作生产供热燃料，伴生气集输能力为 1.0×10^4m^3/d，实际集输气量为 0.8×10^4m^3/d。

建有联合站 1 座（广华联合站），担负着广华油田、广北油田来液、罐车运来的外围小块油田（如严河、沙市、荆西、花园、习家口、丫角、周 30 等油田）的原油净化处理、原油外输、加热、计量和高场、浩口油田、中转站原油的转输以及王一联合站来油的加热直输工作，还担负着本联合站原油脱出污水的污水处理及回注工作。

1993 年 7 月，广华油田轻烃站建成投产，设计原油稳定 15×10^4t/a，伴生气处理 10000m^3/d。

2005 年底开发管理部门为使王场、广华、黄场潜 4^3 油组连片部署动用，将原广一区、广二区重新组合后，再细分为广华上段和广华潜 4^3 两个开发单元。至此广一区和广二区开发单元取消。

广华油田由江汉油田分公司江汉采油厂广华作业区采油七队管理，共有职工 247 人。

六

广华油田历经近四十年的开发，形成了一套适合高矿化度、低渗透油藏的开发模式，具有自身的开发特色。

实现高效开发。油田开发过程中，根据地质构造特点和油层分布状况，分别采用正方形布井，边缘注水和边外注水及不规则点状注水开发，均取得好的开发效果，1977—1989 年实现了年产 8×10^4t 以上稳产十三年，油田实现高效开发。

高矿化度油藏实现正常开发。广华油田地层水总矿化度达到（15.1 ~ 37.5）×10^4mg/L，生产过程中易造成盐卡，抽油杆、油管、抽油泵和地面管线腐蚀严重。广华油田是江汉油区最早开展解盐试验和阴极防腐的油田，为江汉油区的解盐、防腐技术起到先导作用。阴极防腐技术取得的效果也是明显的，套管损害及管道腐蚀均低于江汉油区其他地区。

在开发井网部署设计中，由五七油田第六团（现江汉油田分公司勘探开发研究院）团长李道品、工程师蔡尔凡首次提出采用正方形井网布井。实施结果证实，正方形井网、反九点注水方式为广华油田开发奠定了良好基础，在不同时期调整中体现了其灵活性，取得了较好的开发效果。

大事记

1966 年

10 月 20 日　广华油田第一口发现井潜深 7 井开钻，1967 年 3 月 1 日完钻，完钻井深 3172.96m，完钻层位潜 4 上段。1967 年 5 月 6 日，采用 57–103 枪同时射开 4 个小层试油，初期自喷，5 月 17 日因故暂停试油。1968 年 8 月重新对该井试油，经酸化恢复自喷，10mm 油嘴，日产油 75.8t，从而发现广华寺油田。

1969 年

11 月 23 日　在构造南部的广 4 井测试潜四段获得日产 217.6t 的高产油流，后又完钻广 5 等井，获得工业油流，发现广二区。

1970 年

8 月　广华至钟市输油管线 ϕ325mm × 7mm × 12.4km 建成投入使用。设计最大输量 100 × 10^4t/a，最小输量 70 × 10^4t/a。

8 月 26 日　广华至荆门长输管线建成并投入运行。同年 9 月，王场、广华寺油田及广华至荆门输油管线联合试运一次成功。

12 月　广华油田第一座联合站——广华联合站投入运行。

是年　建成广一站。

1973 年

4 月　江汉油田第一次在广二区广 4 井开展化学解堵试验。

1974 年

是年　建成广四站及广 16 站。

1975 年

12 月—1976 年 8 月　广华联合站脱盐脱水完善工程扩建，建成规模为 13 × 10^4t/a。

1979 年

2 月　广华联合站进行的“大罐自动量油试验”获得成功。

1981 年

是年　建成广华寺油田污水提升站，把污水输至王场油田王一站集中处理。2003 年对该站进行了改造，将污水处理规模由 2500m^3/d 改为 1500m^3/d。

1984 年

4 月　广华油田新建阴极保护，是江汉油田第一个开展区域防腐技术试验的油田，起到先导作用。

9 月—1985 年 2 月　广华联合站一期改造：设计规模，年产液量 44.34 × 10^4t，年产原油 10 × 10^4t，综合含水 77.7%，将“四合一”脱水工艺改为陶粒脱水工艺。

1986 年

4 月　广华联合站二期改造：设计集油脱水能力 120 × 10^4t/a，转输王场联合站原油能力 68 × 10^4t/a，向浩口输油 57t/h，向石化厂输油 15t/h。推广应用 HST100–0.5–Y 型高效炉 5 台。

1988 年

是年　广华污水站开始建设，1989 年投入使用，设计污水能力 $2500m^3/d$。

是年　广华注水站建成投产，注水能力 $2500m^3/d$，注水压力 18MPa。

1993 年

7 月　广华油田轻烃站建成投产，设计原油稳定 $15 \times 10^4 t/a$，伴生气处理 $10000m^3/d$。

1996 年

7 月　对广华联合站脱水工艺进行改造，拆除陶粒脱水器，推广高效三相脱水分离器，实现油气水一次处理。

2003 年

是年　广华联合站改造。重点对油系统、消防水系统、热力系统、污水处理站的改造，建成 $5000m^3$ 储油罐 1 具，安装 5 具油罐的雷达液位计。

第一章

油田地质

广华油田以构造油藏为主。在油田各个开发时期，利用地震、钻井及动静态资料，对地质构造、储层与沉积相、流体性质、油气储量、剩余油分布规律等方面进行研究，以指导油田的开发与调整。

第一节 构 造

广华油田构造北部为平缓完整的短轴背斜，南部为断层切割的单斜。油田开发初期，主要进行地质构造形态研究；进入高含水开采期后，主要对断层构造进行了精细研究，并取得新的认识。

一、构造形态认识

六十年代初，由地震普查发现广华构造，1965 年开始钻探。北部为平缓完整的短轴背斜构造，走向近东西向，构造长轴 2.15km，短轴 0.98km，构造高点位于潜深 7 与广 3–10 之间，圈闭面积为 1.5km^2，闭合高度 31.5m，构造南翼略陡，倾角大于 8°，北翼略缓，倾角小于 7°，以潜 3^1 油组圈闭面积为最大（图 1–1）。

1969 年，发现了广华南部断鼻构造，南部为断层切割的单斜。南、北两区之间为盐岩塑性隆起区，由于盐岩刺穿作用，造成地层和油层缺失。

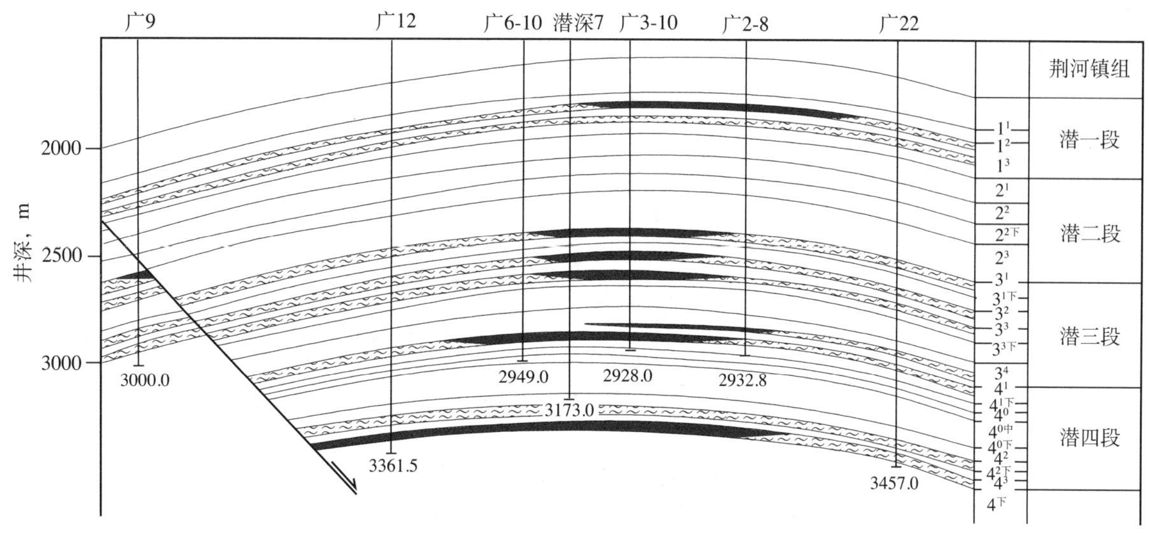

图 1–1 广华油田油藏剖面图

南部断鼻构造位置处于浩口和车挡两组断层的收敛部位，范围在北 I 号断层以南，东至广 5–18B 井，西至广 9 井。其钻探过程大致分两个阶段：1969 年 8 月—1970 年底，通过此阶段勘探，认识到这一地区断层多，比较复杂，但对其规律性的认识尚差，当时组合的断层有东西向的，有南北向的，倾向也是各方向都有。第二阶段从 1973—1976 年初，精雕细刻、解剖车挡—浩口断裂带。认识到断层主要为浩口断裂带东延部分和伴生的小断层，东面为车挡断层的延展部分。

油田断层较发育，均为正断层。现已发现 8 条断层，其中 6 条属于浩口断裂带，2 条属于车挡断裂体系。

浩口断层是油田的主要断层，走向东西，向北倾，延伸长度大于 6km，断距在 30 ~ 400m，倾角 30° ~ 65° 该断层控制着两侧的地层沉积和油气聚集。

浩口断裂在广 9—广 13 井一带落差 600 ~ 700m，断距大，倾角小；向东延展，断距减小，一般小于 100m，断层条数增多，但仍有两条主断层，而派生多条小断层，各条断层走向基本一致，为北东东向，倾向北西西，倾角一般 30° ~ 50° 。

二、断层精细研究

2003 年研究院开发室彭丽萍等人通过三维地震解释等对广华油田的构造及断层进行了精细研究，认为广华油田整体构造为一继承性隆起，构造类型为断鼻，构造发育虽有继承性，但不同油组的构造高点和幅度有所不同，潜 3^4 油组构造高点在广 32 井处，幅度 60m，潜 4^1 油组的构造高点在广新 4 井处，幅度 60m，潜 4^3 油组的构造高点在广 8 斜 −13 处，幅度 160m，潜 3^3 的构造高点位于广 4−11 井附近。区内断层发育，均为正断层，走向北东向，其中最大的断层为浩口断层，属于二级断层，浩口断层在广华地区分叉为三条断层，这些断层大部分控制着油水系统的分布。

在此研究基础上，对广华油田构造取得新认识。潜 4^3 油组构造存在明显的变化：一是原构造认为高点在广新 4 井附近，高点埋深 −3100m，现构造认为高点向南推移约 130m，高点位于广 8 斜 −13 井附近，高点埋深 −3050m；二是浩口分支断层的下降盘南推 130m；三是减少一条北掉小断层，广 4 井与广新 6−15 井间并无断层分隔（图 1−2、图 1−3）。

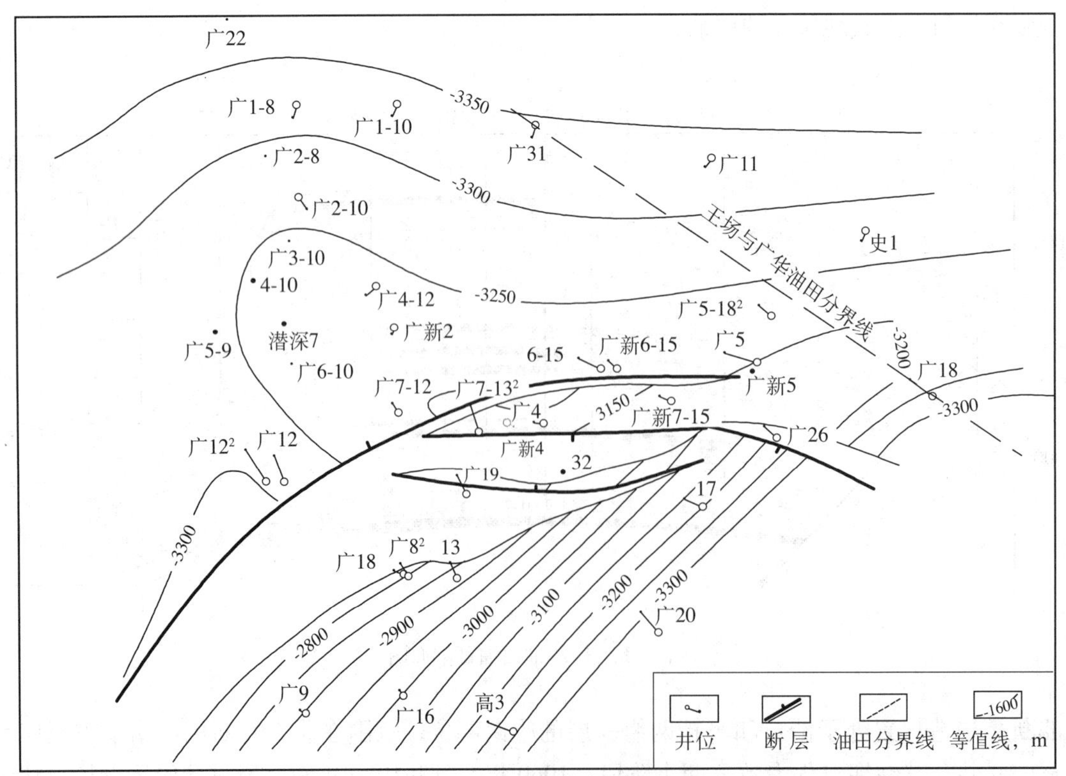

图 1−2　原构造认识图

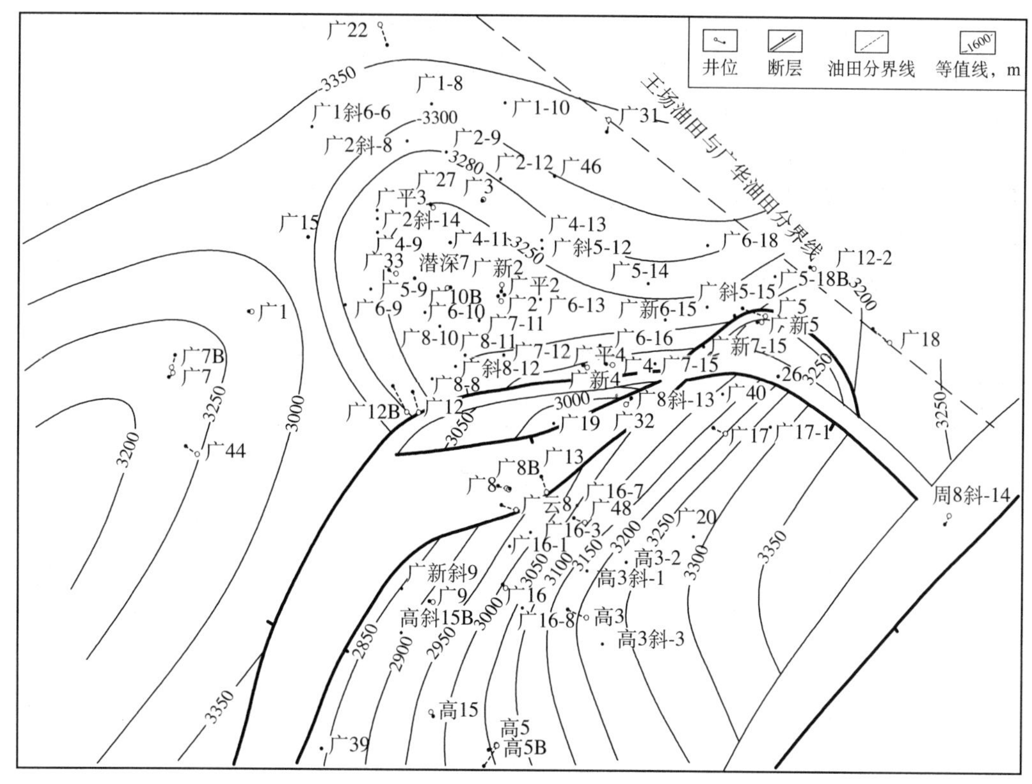

图 1-3　新构造认识图

第二节　储　层

广华油田油气集中分布在古近系中，纵向上含油层系多、井段长，潜三段与潜四段顶部是主要含油层系，储层盐韵律为主夹砂泥岩的较深—深湖环境下滑塌浊积成因的盐湖密度流砂体和浅水盐湖滩、坝相砂体。储层物性浅层好、深层差。

一、地层

1966—1970 年地质部第五普查勘探大队根据广华构造 16 口探井的实钻资料，主要从岩性、电性及膏盐韵律性三个方面为主，对广华构造的地层进行了划分，地层层序自上而下分为第四系平原组、新近系广华寺组、古近系荆河镇组、潜江组、荆沙组。油田含油层系为古近系上始新统潜江组（表 1–1）。

潜江组地层是一套盐湖沉积，岩性为深灰色钙芒硝白云岩、白云岩、白云质钙芒硝岩、钙芒硝岩与盐岩组成频繁盐韵律层，中夹钙芒硝泥岩、泥岩与粉、细砂岩段，构成盐系地层中的油层组（图 1–4）。

潜江组地层纵向上按旋回性细分为潜一段、潜二段、潜三段、潜四段。

潜一段：地层厚度 270 ~ 460m，自构造轴部向两翼及倾没端加厚。上部为灰色泥岩夹泥膏岩、油页岩、钙芒硝质泥岩；中部发育“周矶砂岩”段；下部为含盐韵律层（“软泥岩”段）。

潜二段：地层厚度 320 ~ 680m，自构造轴部向两翼及倾没端加厚。由 24 个含盐韵律层组成（“24 韵律”段），每个盐韵律下部由灰、深灰色白云岩、钙芒硝质白云岩、白云质钙芒硝岩、钙芒硝岩组成，含油时呈褐色，称油浸白云岩、油浸钙芒硝质白云岩等；韵律上部为盐岩层夹薄层钙芒硝质白云岩和白云质钙芒硝岩。

潜三段：分为潜三上段和潜三下段。

潜三上段：上、下为灰、深灰色钙芒硝质泥岩、白云质泥岩与浅灰、灰白色细、粉砂岩互层，细、粉砂岩含油时呈褐色；中部由三个盐韵律组成。地层厚度 150 ～ 250m。

潜三下段：由 14 个盐韵律层组成，地层厚度 150 ～ 250m。

潜四段：分为潜四上段和潜四下段。

潜四上段：含盐韵律层段与砂、泥岩层段间互分布。地层厚度 340 ～ 650m，构造主体薄，向北至倾没端逐渐加厚。砂岩普遍含油。

潜四下段：地层厚度 2219.5m，全由一套含盐韵律层组成。

表 1–1　广华油田白垩—古近系标准层序简表

系	组	段	亚段
第四系	平原组		
新近系	广华寺组		
古近系	荆河镇组		
	潜江组	一段	泥膏岩段
			周矶砂岩段
		二段	
		三段	上段
			下段
		四段	上段
			下段
	荆沙组		

二、沉积相

油田属盐湖三角洲相沉积。2003 年研究院开发室彭丽萍等人对广华油田开展了沉积微相研究。油田属盐湖砂坝微相，岩性为灰褐色、灰色、深灰色粉砂岩、细砂岩，具反韵律特征，沉积构造为水平层理、块状层理。其沉积时古地形为隆起带，沉积厚度大，砂岩分布面积广，靠近蚌湖生油凹陷，油源供应充足。

广华油田沉积时期物源来自于西北部，主要发育盐湖滩坝相以及沙坝主体和滩砂之间的坝斜坡。

三、储层

（一）储层划分

广华油田储层集中在古近系潜江组，自上而下分为潜一段、潜三段、潜四段 3 个油层段 8 个油组 22 个含油小层。其中潜一段 1 个油组：潜 1^3，2 个含油小层潜 1^3_1、潜 1^3_2；潜三段 4 个油组：潜 3^1、潜 3^2、潜 3^3、潜 3^4，11 个含油小层潜 3^1_1、潜 3^1_2、潜 3^1_3、潜 3^2_1、潜 3^2_2、潜 3^3_1、潜 3^3_2、潜 3^3_3、潜 3^4_1、潜 3^4_2、潜 3^4_3；潜四段 3 个油组：潜 4^1、潜 4^2、潜 4^3，9 个含油小层潜 4^1_1、潜 4^1_2、潜 4^1_3、潜 $4^{0下}_1$、潜 4^2_1、潜 4^2_2、潜 4^3_1、潜 4^3_2、潜 4^3_3（潜 4^3_3 小层经过滚动勘探开发，实现了与王场油田、黄场油田连片，从而成为江汉油区含油面积最大的低渗透油藏）。潜三段潜 3^1、3^2 是油田的主力含油层段，厚度大，分布面积较广，连通性较好。

（二）储层特征

纵向上含油层系多、厚度大、井段长、分布面积较广，连通性较好，储集层岩性为粉—细砂岩及含泥灰质粉砂质，少量鱼子状泥灰岩。砂岩储油层单层一般厚 2 ~ 4m，最大单层厚 26.8m（广 3–11 井）。油层平均厚度 11.3m，一般在构造顶部厚，翼部薄，东西较稳定，南北迅速减薄。油层比较分散，分布井段长达 500 ~ 700m，但主力油层相对比较集中。油层物性孔隙度 16.8%，空气渗透率 27 ~ 183mD。平均空气渗透率为 127mD，有效渗透率为 38mD。孔喉半径中值为 4.93 ~ 7.14μm。油层埋藏深度 1814.4 ~ 3307.7m。

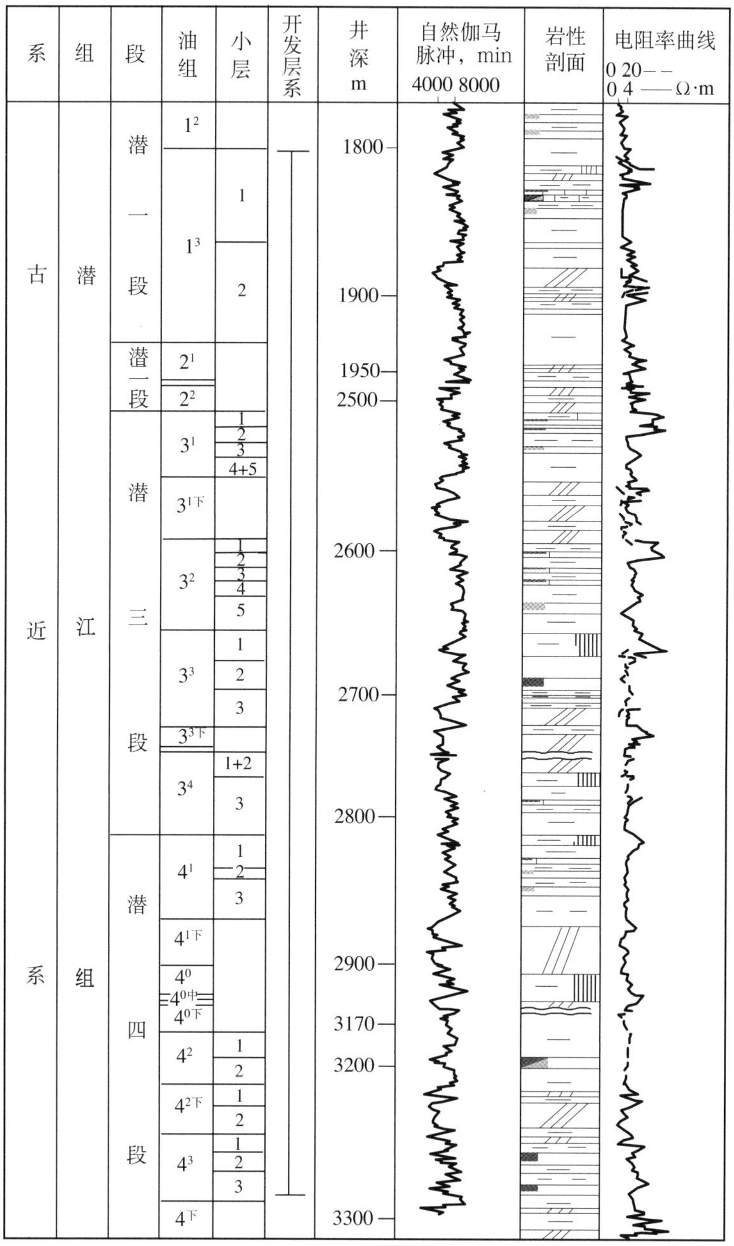

图 1–4　广华油田综合柱状图

根据储层分类，潜三段属一、二类较好的储层。潜四段属三类储层。胶结物以灰质、泥灰质为主，胶结类型为接触—孔隙式。潜三段是以细砂为主的长石石英砂岩，胶结类型主要为孔隙式；潜四段是以粉—细砂为主的长石质砂岩。胶结类型主要为接触—孔隙式或基底—孔隙式。因此潜三段岩性比潜四段为好，而在潜三段当中 3^1 和 3^2 油组的岩性要比 3^3 为好；在潜四段中 4^1 油组的岩性要比 4^2、4^3 油组为好。

第三节 流 体

一、流体性质

原油属轻质稀油。地面原油密度平均 0.866g/cm³，地面黏度平均 31.4mPa·s（50℃时），凝固点 20 ~ 42℃，平均 27.7℃，含蜡量 12.6%，含硫 0.66%。高压物性分析资料统计，饱和压力平均 4.38MPa，地层原油密度 0.777 g/cm³，地层原油黏度 3.2 mPa·s，原油体积系数 1.212，原始油气比 45.6m³/t。

潜三段原油密度大（0.8711 ~ 0.8852g/cm³），黏度中等 (15.15 ~ 36.92mPa·s)，含硫量较高（1.22% ~ 1.79%），凝固点较高（26 ~ 28℃）。潜四段原油密度较小（0.8445g/cm³），黏度低 7.56mPa·s，含硫量低 0.23%。潜三段和潜四段原油物性差异较大，原油黏度潜四段比潜三段低三倍左右。

原油物性在纵向和横向上的分布规律表现为横向上西部差东部好，纵向上同一油组上部油质较差，下部油质较好。

地层水矿化度高，据水分析资料，氯离子含量 8.5×10^4 ~ 22.6×10^4mg/L，地层水矿化度 15.1×10^4 ~ 37.5×10^4mg/L，平均总矿化度为 32×10^4mg/L，水型主要为 Na_2SO_4 型 $CaCl_2$。

天然气相对密度 1.2186 ~ 1.2412，平均 1.1558，甲烷含量为 39.36%，二氧化碳含量 0.68%。

二、流体分布

油水界面多，相同油组不同构造单元油水界面不同，广华油田油水界面 16 个。潜三段潜 3^1 油组油水界面为 2395m；潜 3^2 油组油水界面为 2505m；潜 3^3 油组油水界面为 2576m；潜四段潜 4^1 油组油水界面为 2861.0m；潜 4^3 油组油水界面为 3280m。

三、渗流特征

油层表面润湿性以亲水为主。自吸水量占孔隙体积的 5% ~ 15%。

相对渗透率曲线具有亲水性，油水相对渗透率曲线交点处含水饱和度为 0.50，束缚水饱和度为 0.22，残余油饱和度为 0.30。双相流饱和度为 0.48，最终驱油效率为 61.5%。

注入毛细管压力曲线反映的孔隙结构特征参数表明，孔隙结构好，孔渗比大（图 1–5）。

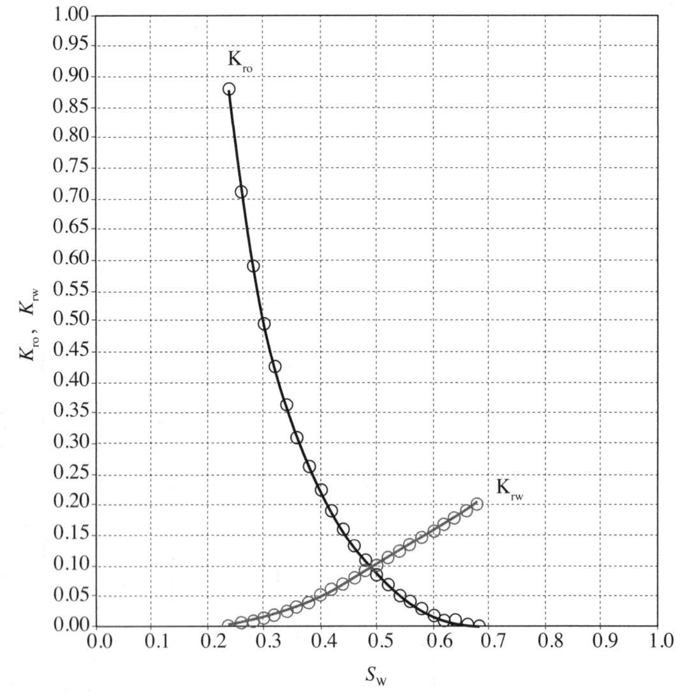

图 1–5 广华油田相对渗透率曲线

第四节 油 藏

油藏类型主要受构造控制，包括构造层状油藏和构造块状油藏两种。北部油藏以岩性控制为主，形成构造—岩性油藏；南部为断层遮挡的构造油藏、断层—岩性油藏。在广华油田与王场油田连接带，则是古隆起背景下的潜 4^3 油组大片分布的岩性油藏。其中潜 1^3、潜 3^1、潜 3^2、潜 3^3、潜 3^4、潜 4^1、潜 4^2

为中高渗透油藏，潜 4^3 油组为低渗透油藏。

天然能量，属于弹性水压驱动类型，主力油组初期具有较强的自喷能力。

油层温度为 103.7℃，原始油层压力为 28.42MPa，原始压力系数为 1.11。其中广一区地层温度 102.6℃，原始地层压力 28.09MPa；广二区地层温度 118.0℃，原始地层压力 32.84MPa。

第五节　储　量

一、石油地质储量

1969 年对广华油田的储量进行了初步计算地质储量 268.8×10^4t。

1972 年，对油田储量进行了全面核实工作，并在同年向石油部汇报。广华油田新增含油面积 4.82km²，新增地质储量 236.8×10^4t，累积含油面积 6.85km²，地质储量 505.6×10^4t。

1975 年广华油田潜三段新增含油面积 1.4km²，新增地质储量 4×10^4t，累计含油面积 8.25km²，地质储量 509.6×10^4t。

1977 年根据部颁“油气地质储量计算工作意见”进行了全面系统复核、落实，其结果于 1979 年 1 月汇报给石油工业部，后经石油工业部开发司多次审查，1980 年 4 月石油工业部储量委员会正式颁发了江汉十个油田的储量公报，确定广华油田含油面积 5.7km²，地质储量 506×10^4t。

1985 年，根据石油工业部（84）油勘字第 22 号文件及 1985 年东部会议（辽河）要求储量要实报实销的精神，对广华等油田进行储量复算，以“油（气）地质储量计算工作意见”为依据，储量复核确定，广华油田含油面积 5.70km²，地质储量 510.0×10^4t（表 1–2）。

表 1–2　广华油田 1985 年复算后储量变化表

区块	1978 年				1985 年			
	累计探明		已开发		累计探明		已开发	
	面 积 km²	地质储量 10^4t	面 积 km²	地质储量 10^4t	面 积 km²	地质储量 10^4t	面 积 km²	地质储量，10^4t
广一区	2.67	313.70	2.10	260.70	2.03	273.20	2.03	273.20
广二区	3.03	192.60	3.03	192.60	4.82	236.80	4.82	236.80
合计	5.70	506.00	5.10	453.00	5.70	510.00	5.70	510.00

1992 年老井复查，对 1974 年钻探的广 17 井潜 3^3 油组的 2756.0 ～ 2771.0m 井段油层实施压裂试油，获日产 3.3t 工业油流，1993 年 5 月 18 日经全国储委批准，广华油田断层南侧的广二区新增探明含油面积 0.5km²，探明石油地质储量 24×10^4t。至此广华油田累计探明含油面积 6.2km²，探明石油地质储量 534×10^4t。已开发含油面积 5.7km²，石油地质储量 510×10^4t。未开发含油面积 0.50km²，石油地质储量 24×10^4t。

截至 2005 年 12 月，广华油田累计探明含油面积 6.23km²，地质储量 534×10^4t，其中动用含油面积 5.73km²，地质储量 510×10^4t，广 17 井区上报地质储量 24×10^4t 未动用。

二、石油可采储量

1981 年第一次标定油田可采储量 175.9×10^4t，采收率 38.5%。

1985 年第二次可采储量标定，按编制“七五”规划的要求，于 1985 年 7 月在华北油田研究院审查、批准油田可采储量 201.3×10^4t，标定采收率 39.5%。

1989 年进行第三次可采储量标定：根据中国石油天然气总公司（89）开字第 33 号文件的通知。为进一步落实油气资源、分析开发油田的开发情况，评价开发效果，为编制“八五”规划准备，经中国石油天然气总公司评审通过，油田可采储量 213.1×10^4t，标定采收率 41.8%。

1993 年对已开发油田的可采储量进行年度标定，按中国石油天然气总公司（93）开字第 28 号文件的要求，标定广华油田可采储量 221.8×10^4t，采收率 43.5%。

从此以后，每年年底都要对已开发油田的可采储量进行年底标定。已探明未开发油田的可采储量按当年新增储量上报国家储委批准的数值为准。

截至 2005 年 12 月，广华油田可采储量 275.01×10^4t，标定采收率 51.5%。

第二章

开发部署与调整

1966 年 10 月开始钻探，1967 年 4 月在潜深 7 井获得初期间喷 2t/d 的工业产量，后对潜三段 4 层 27m 油层进行酸化措施，产油 75t/d。1968 年在广 2、广 3 井相继获得工业油流，1969 年 8 月开始会战，拉开了广华油田油气开发的序幕。1969 年 11 月在构造南部钻探广 4 井潜四段获得日产 217.6t/d 的高产油流，1970 年 8 月油区正式投入开发，1971 年进行开发钻井，按一套开发层系、300m 正方形布井。由于先后有广 2、潜深 7、广 4 等井投入试采，积累了大量的基础资料。认为广华油田是受构造控制的块状油藏。针对广华油田的油藏特点开展了油田地质、油藏工程、采油工艺、地面生产系统工程等多项研究，在江汉油田开发建设总体方案要求下编制了广华油田开发方案。同时结合油藏特点，按照注采同步、实施与调整同步的方针，开展注水方案与和调整方案的编制与实施。从 1970 年到 2005 年总共编制了《广华寺油田开发方案》《广华油田战备调整方案》《广华油田注压抽配套方案》《广华油田建成大庆式油田实施方案》等方案。

第一节　开发方案

广华油田经过初期的钻探、试油、试采，积累了丰富的第一手资料，做了大量分析研究工作，对油田地质、流体性质、储集类型等有了一定的认识，具备了编制广华油田开发方案的基本条件。

1970 年会战指挥部提出，要在江汉油区建成 100×10^4t 生产能力的规模，一分部六团组织地质人员，结合油田的地质、试油、储量情况分油田做出了开发方案。在做方案时，根据边勘探、边建设、边开发的“三边”方针，广华油田的自喷井以 62% 的初产为稳产，所有的抽油井都按初期产能和稳定产能一致考虑。

1971 年 2 月，由五七油田第六团（现江汉油田分公司勘探开发研究院）编制了《广华寺油田开发方案》。依据开发原则和油藏工程分析，广华油田动用含油面积 2.03km^2，地质储量 239.8×10^4t，部署开发井 36 口，年建产能 3×10^4t。

依据对广华油田地质构造、储层及原油物性的认识，制定开发原则，一是广华油田为三线战备油田。二是实行早期注水开始原则，根据油田试采，油田边水不甚活跃，虽地饱压差大，但是油气比低，气量小，地层能量较低。试采过程地层压力、产量下降均较快，为保证供给，需早期注水。三是广华地区处于“鱼米之乡”，良田一片，道路、水网纵横，雨季较长，必须贯彻少占地和适应雨季施工的原则，布井尽量考虑“三边”（即路边、地边、水边）。层系划分，广一区潜三段一套开发层系，广二区潜三段和潜四段原油物性差异较大，生产能力相差亦较大，合采井段过长（800m），因此，按两套层系开发，潜 4^0 及以上作为一套开发层系，潜 4^2、4^3 作为另一套开发层系。布井方式，由团长李道品和工程师蔡尔凡首次提出采用正方形布井方式，300m 井距。布井方案广一区潜三段为一套开发层系，正方形布井，井网 300m，布井面积 1.43km^2。共布井 19 口，其中完钻井 3 口，正钻井 2 口，需钻 14 口，进尺 4×10^4tm。取心井 2 口，进尺 230m。潜 4^1 油组作为后备储量暂不开发。广二区采用两套层系，成组打井。正方形布井，井网 300m，布井面积 0.96km^2。潜 4^0 及以上集中于广 4 井附近布井 7 口，进尺 2.0×10^{4}tm，取心井 1 口进尺 170m。潜 4^2、潜 4^3 共布井 10 口，其中完钻井 1 口，需钻井 9 口。进尺 3.0×10^{4}t。取心井 1 口，进尺 80m。

方案实施结果，初期开发方案实施后，广华油田 1971 年底：总井数 11 口，投产井数 10 口，年产油量 2.93×10^{4}t，年产水 129m^3，累计产油量 4.08×10^{4}t，累计产水量 198m^3，采出程度 1.7%，达到方案设计要求。

从 1971 年到 1975 年，广华油田的采油速度保持在 1%左右，为低速开采时期。在这一阶段，1973 年油田见水，1973 年 10 月编制了《潜江凹陷广华寺地震成果报告》，基本搞清了浩口断层东延，浩口断层为一条近于北东向北掉正断层，长度 5km，落差 870 ～ 20m。基本搞清了车挡断层西延车挡断层为一条近于北东向的南掉正断层，长度 1.5km，落差 60 ～ 80m，对高 3—广 9 井区断层断块有了进一步认识。1974 年由地质处油田开发试验室刘良传编写了《油田战备调整方案》，把江汉油区已投产油田分为两个部分，一是保存区，平时全部关井，严格保存，做好战时高产多产的准备；二是生产区，正常生产。广华油田被列为为“保存区”，一般只开边部井生产。1976 年根据石油工业部指示，广华油田全面投入开发。

第二节　开发调整

广华油田在全面投入开发后，区块存在的问题及矛盾逐渐暴露出来。为保持油藏在今后一段时期内继续高产稳产，深入研究油藏开发潜力，对油藏实施开发调整，提高开发效果。各油层在合采的条件下层间干扰严重，为改善开发效果，对潜三段、潜四段实施井网加密及滚动扩边挖潜，以提高开发效果。

一、细分层开采

细分层开采主要集中在“七五”期间。随着油田含水上升，层间差异大，矛盾突出，动用储量减少，为提高开发效果，对广一区进行细分层开发，解决潜 3^1、潜 3^2、潜 3^3、潜 3^4 油组层间干扰大，出力差异大的矛盾。如广 3–10 井，潜 3^1、潜 3^2 合采时，日产油 11.3t，含水 90.2%，1984 年 4 月封堵潜 3^1，单采潜 3^2 油组，日产油从 11.2t 升高到 64.3t，含水由 90.2% 下降至 50.6%。潜 3^1、潜 3^2 油组在“七五”期间轮替开采，提高了开发效果。广二区生产层系为潜四段，1993 年通过广 4–11^2（现广 4–11B）改潜三段生产，日产油水平较换层前提高了 14 吨。

二、井网加密调整

1994—1999 年，为完善广二区注采井网，5 年内共钻调整加密井 25 口，其中油井 17 口，注水井 8 口，实施效果较好，核实年产油从 1994 年的 1.90×10^{4}t 上升到 1999 年的 3.31×10^{4}t。特别是 1997—1999 年间在广 16 井区钻调整更新井 6 口，其中 5 口油井，1 口水井。1997 年 9 月油转注广 16 井，对应油井见效，产油量上升，广 16 井区日产油由调整前的 12t 上升至 50t。2001 年后继续对广二区进行井网加密调整，2001—2004 年广二区实际钻加密调整井 12 口，其中油井 9 口，水井 3 口，核实年产油从 2001 年的 1.74×10^{4}t 上升到 2004 年的 3.19×10^{4}t。

广一区井网加密调整时间主要集中在 2004—2005 年，2 年内共钻调整加密井 7 口，其中油井 7 口。通过井网加密调整实施后使潜三段广一区的核实年产量从 2003 年的 0.99×10^{4}t 上升到 2005 年 1.49×10^{4}t。

三、滚动扩边

1992 年以后对广华油田进行滚动扩边，发现广 17 井区。1992 年老井复查，对 1974 年钻探的广 17

井潜 3^3 油组的 2756.0 ～ 2771.0m 井段油层实施压裂试油，获日产 3.3t 工业油流，新增探明含油面积 $0.5km^2$，探明石油地质储量 24×10^4t。

2002 年下半年，通过对广二区生产历史及见水见效特征分析，认为在盐隆附近为剩余油富积区，具有调整挖潜提高采收率的可能；同时通过对该区三维地震资料的精细解释，发现盐隆向南外扩 200m 左右，并且在盐隆附近地层迅速被拖高 30m 左右。经综合分析认为，在广南盐隆附近有整体调整、完善注采井网、提高采油速度的潜力。因此部署调整井广 7–17 井，该井于 2002 年 10 月完钻，共钻遇油层 34m/10 层，其中 $Eq4^1_2$ 单层厚度 16m，并且该井 $Eq4^3$ 钻遇油层 11.0m/4 层，其地层与邻井广新 4 井对比高 37m，同钻井前认识一致。通过对广 7–17 井的钻探，证实了我们对广南盐隆附近剩余油分布规律及构造的认识，为在该区进行整体调整提供了科学依据。至 2003 年底该井区新钻产能井 4 口，其中广平 4 井钻遇油层 151m，2003 年 5 月 28 日投产，4mm 油嘴自喷，日产油 50t。

四、改变注水方式

广一区 1975 年 10 月采用边缘注水方式投入注水开发。1977 年有生产井 13 口，注水井 4 口，采取边缘和边外注水方式，当年采油 6.7×10^4t，产水 $0.8\times10^4m^3$，注水 $9.1\times10^4m^3$，年注采比 0.94。注入水从南边的广 6–10 井推进到潜深 7 井，并突进到油田腰部的广 4–10 井，尽管这样，当年地层压力仍然下降了 0.34MPa（广 3–10、广 3–11、广 4–9 三口井），当时分析主要有两个方面的原因，一是边缘和边外注水不能满足二线井稳产要求；二是潜 3^2、潜 3^4 两个主力油组吸水能力达不到要求。为了扭转生产被动局面，提出顶部加点注水方案。1978 年广一区为增加注水受益方向，提高采油速度，把位于顶部的高产井广 4–11 井转为注水井，同时在边部增加注水井点。注水方式由边缘注水转为边缘加点状注水，年采油速度由点注前 2.38% 提高到 3.02%，油田日注水量由 1977 年底的 $274m^3$ 上升到 1978 年底的 $614m^3$。

第三节　开发过程控制

以稳油控水、提高开发效果为目的，开发过程控制一直贯穿油田开发的全过程。针对广华油田不同开发阶段的实际需要，编制了《广华油田战备调整方案》、《广华油田注、压、抽配套规划》、《广华油田建成大庆式油田实施方案》等。在方案的指导下，取全取准资料，开展搞好动态监测，开展一年一度的地下大调查，有针对性地完善注采井网，扩大水驱波及体积，保持油藏合理的地层压力；通过水井分层注水，油井卡堵水以及动态调水控制含水上升；通过放差提液与油井措施增油来控制油田递减，取得较好的效果。

通过对油田开发过程的控制，遏制了产量递减和含水上升，广华油田实现年产 8×10^4t 以上连续高产稳产十年。1988 年产量出现递减后，在 2002 年后又实现了二次上产，井口日产油水平从 2002 年 12 月 64t 上升到 2005 年 12 月的 108t，综合含水由 2002 年 12 月的 88.56% 下降到 2005 年 12 月的 75.21%。

一、动态监测

油田投入开发后，建立了压力监测系统，还应用了两个剖面测试技术及以找油为主的饱和度测井为改造油层、注采调整提供了依据。

油田开发初期，油井以自喷开采为主，自喷井采用高压试井，抽油井采用低压试井。压力监测主要应用 CY–613–A 型深井压力计测油井的流压和静压；自喷井转抽油机生产后，应用抽油井环空测试 QTY–1 型小直径压力计测地层静压，“十五”期间，广华油田主要采用 CEP 型或 CJCY 型存储式电子压力计进行测压。1980—1990 年共测压 203 口 627 次，其中油井 164 口 588 井次，注水井 39 口 39 井次；1991—2005 年共测压 140 口 362 井次，平均每年录取压力资料 40 井次。

1978 年 9 月在广华油田广一区广 3−10 井首次进行产液剖面测试。采用江汉采油研究所（现改名为江汉采油研究院）研制的 JLS−ϕ25 抽油井环空分层测试仪，至 2005 年共进行产液剖面测试 33 井次。1980 年 10 月在广一区广 1−10 井首次进行注水井吸水剖面测试，主要使用 FCIC−38−120 闪烁放射性磁定位器组合进行测试，先后采用同位素锌 65、碘 131、钡 131 载体，2000 年以后，应用密闭式井下释放法测试吸水剖面。油田截至 2005 年底共进行吸水剖面测试 67 井次。

为了解油层剩余油分布，自 1995 年 10 月在广 4−10 井使用中子寿命测试技术，到 2005 年底共进行中子寿命测试 4 井次。

1973 年开始在油田广泛开展液面和示功图测试工作。1976 年油田开展分层注水工作以后，在投球测试的基础上，开始应用浮子流量计对注水井进行分层测试。

二、压力控制

油田天然能量开采无法满足战备油田开发方针的要求，为提高开发效果，油田开发初期就投入以保持地层能量为目的的注水开发，并在开发过程中不断完善注采井网，同时对注水压力高、吸水能力差的注水井采取增注，使广华油田地层压力水平保持在合理的范围之内，到 2005 年末，地层压力 23.23MPa 保持在原始地层压力的 80% 左右。

（一）完善注采井网

20 世纪 70 年代根据《广华油田注压抽配套规划》、《建大庆式油田方案》和《广华油田广新 2 井区潜 4^3 油藏注水开发意见》的要求，对广华油田的注采井网进行调整完善。从 1978 年年初开始，在广华油田不停顿的组织作业会战，大搞油水井增产增注，调整完善注采系统工作，增加注水井，使广二区投入注水开发。

由于广华油田自投产以来，靠天然能量开采，地层能量不足，以致使地层压力迅速下降，产量也不断下降，所以必须注水补充能量。又因油井见水后结盐积水严重，在此环境下由油田处地质室（现江汉采油厂地质所）谢茂英等同志编写了 1975 年 2 月—1980 年的“广华油田注、压、抽配套规划”方案，方案的实质就是继续完善注采系统，新增注水井 4 口，其中钻新井 2 口，老井转注 2 口，增加注水井点，实施分层配注，增大注水量。同时配套压裂、补层等措施工艺，使水驱储量达到 80% 以上。还要搞好管线防腐，确保油水井正常生产，实现“三脱”（脱盐、脱水、脱气），“三回收”（回收废油、天然气及污水）。油田规划以采油速度 4% 开采，稳产三年。

广华油田注压抽配套方案实施后，采油速度未达到方案的要求，但开发效果相对较好。1980 年与 1975 年对比，注水井总井数从 3 口井上升到 9 口；月注采比由 0.82 上升到 1.1；累计注采比由 0.3 上升到 0.78；年注水量从 $0.74\times10^4m^3$ 上升到 $75.14\times10^4m^3$。至 1980 年 12 月油水井总井数 20 口，开井 29 口，其中油井总井数 20 口，开井 17 口，年产油量 10.96×10^4t，年产水 $2.41\times10^4m^3$，累计产油量 61.87×10^4t，采出速度 2.15%。注水井总数 9 口，开井 8 口，年注水 $23.99\times10^4m^3$，累计注采比 0.78。

20 世纪 80 年代至 90 年代，广华油田以钻少量注水井和油井转注为主，对局部区域进行注采井网完善，每年投转注水井 1 口左右。2001 年以后，由于对潜四段油藏进行滚动扩边和调整加密，完善注采井网力度有所加强，每年投转注水井 2 口左右。

（二）注水井增注

为不断完善注采系统，始终把油田注水开发摆在第一位，在注好水注够水上下工夫，使油田稳产的基础更加牢靠。从 1978 年年初开始，在广华油田，大搞油水井增产增注，调整完善注采系统工作，增加注水井，使广二区投入注水开发。1982 年，为了解决油田开发中的“三大矛盾”，即层间、平面、层内矛盾，巩固油田的稳产基础，实施转注，对油区9口注水井调整了配注水量。投入注水开发做到了当年投产，当年注水，当年地下不亏空。与1981年比较，注水量增加，地层压力稳定，油田取得了较好的开发效果。1983年广一区共有9口注水井，日配注水量755m^3，但1982年实际注水598m^3，同年先后在六口井上进行了9井次增注，7井次有效，有效率77.8%，增注前日注水量319.4m^3，增注后508.3m^3，累积增加注水量35012m^3。使区块日注水平达到640m^3，比1982年提高42m^3，区块日产油207t，另外对难注井层采用增注措施，安装增压泵，为油田注好水起到了一定的作用。

广华油田潜四段属于低渗透油田，特别是潜4^{3}油组，部分注水井吸水压力高，在现有的系统注水压力下，吸水能力差，为补充地层能量，提高油田开发效果，对油田难注井层进行降压增注和安装增压泵高压注水。统计2000—2005年油田共进行增注10井次，平均每年2井次，年平均累积增注水量1.11×10^4m^3。对酸化等增注措施效果较差的注水井，采用高压增注措施。2001年江汉油田分公司采油研究院研制出了一种适用的超高压注水管柱及配套工具，采用Y341−114封和Y241−114封高压注水封隔器。2000—2005年，广华油田共进行高压增注3井次，注水压力在40MPa以上，年平均增注水量6863m^3，实现了注水井的有效注水。

三、含水控制

广华油田层间和层内矛盾突出，在开发过程中，主要采取对注水井分层注水、对油水井化堵的同时对高含水油井关停间开或注水井间断注水、层间轮采等手段进行含水控制。通过调整，油田综合含水由2000年12月的84.86%下降到2005年12月的75.21%。

（一）分层注水

广华油田从1975年开始进行注水开发后，由于层间物性差异较大，注入水单层突进严重，造成高渗透层水淹快，低渗透层不出力。根据12口注水井吸水剖面资料统计，总层数40层，厚度178.4m，其中吸水较好的12层，厚度75.8m，占总层数的30%，总厚度的42.5%；吸水较差的27层，厚度99.8m，占总层数的67.5%，总厚度的55.9%；不吸水的1层，厚度2.8m。为解决层间矛盾，1976年开始进行分层注水，以控制含水上升速度，提高开发效果。

油田1975年10月投入注水开发，1975年12月注水井3口，开井3口，日注水量166m^3，综合含水7.2%。1976年为达到注压抽配套方案采油速度4%的开发要求，注水方式主要以边缘和边外注水为主，外加点状注水。潜3^1、潜3^{2}两个油组由于渗透性差异大，在开采过程中部分井已见水，层间矛盾突出。1976年有注水井4口，开井4口，4口注水井均采取分层注水措施，分层注水实施后，加强了低渗透层注水，改变了油层出油状况，油井普遍见效，地层能量得到补充，1976年12月采油速度达到3.09%。年产油量由1975年的4.10×10^4t上升到1976年的5.40×10^4t，综合含水由1975年的7.2%下降至1976年的3.6%。

（二）堵水

20世纪80年代中期油田开发进入中高含水期后，油井普遍见水，层间差异大，矛盾突出，油井堵水开始应用，主要采用机械卡堵水，应用以江252−1封隔器为核心的堵水管柱。1995年3月水玻璃−氯化钙技术进行化学堵水在广斜5−11井应用，日产油由4.6t上升到12.6t，含水由91%下降到30%。油田1982—2005年共堵水22井次，增油0.34×10^4t。

（三）动态调水

油田1975年10月开始投入注水开发，由于层间和平面矛盾突出，含水上升与能量不足的矛盾随着油田进入中含水期后越来越突出，常规注水方式已很难同时起到补充地层能量和调节含水的双重作用，在注采调整中采用周期注水、脉冲注水、换向注水等灵活多样的注水方式。1979年，广一区8口注水井4口井采用增注提水，平均地层压力回升0.4MPa，总压差−1.73MPa，油田产量呈递增状态。1983

年根据区块注采反映，及时进行调水，促使区块稳产。在对每口注水井现状分析的基础上，以当年配产为依据，结合注采反映编制系统的调水方案。对广一区部分井进行了调水，注水量上升，根据开发中所暴露的矛盾，编制出全油田的调水方案，增加注水井点，进行动态配水，以后每年陆续对油田部分井进行了调水工作，注水量上升幅度较大，扭转了地层压力下降的局面。

“十五”以来对广华潜四段的低渗透油藏普遍采取了脉冲注水、换向注水等不稳定注水方式，以及关停高含水井改变液流方向等方式，对控制油井含水上升，每年进行注水井动态调水 30 井次。一方面减缓了部分区块、井组的含水上升速度；另一方面有效地补充了地层能量，促进了部分井层的见效，保持了对应油井的稳产增产。

四、递减率控制

广华油田主要采用油井转抽，放大压差提液和酸化、压裂、补孔、注采调整等措施，减缓产量递减，控制递减率，实现油田高产稳产。从 1977—1989 年油田产量在 8×10^4t 以上高产稳产十三年，自然递减从 1999 年 12 月的 35.91% 下降至 2005 年 12 月的 19.66%，综合递减从 1999 年 12 月的 31.67% 下降至 2005 年 12 月的 10.42%。

（一）油井转抽

广华油田开发初期以自喷开采为主，进入开发中期，为保持高产稳产，实施自喷井转抽，到 1984 年以后主要以机械采油为主。统计 1980—1983 年共转抽 6 井次，增油 0.8×10^4t。

（二）放差提液

随着油田含水上升，为了减缓老井产量递减，提高单井排液量。广华油田针对潜三段油藏供液充足、多层出油、油层厚度大、储层渗透率高的特点开展调整油井冲程冲次、转抽、换大泵、下电潜泵等提液措施。

1981 年开展油井放大生产压差试验，对油田稳产起了重要作用，并摸索出对放差效果的看法。一是地层能量充足的区块放差效果好。广一区能量充足，动液面在井口附近。每增加一个生产压差，增油 978t，有效期 2.7 个月。二是非均质多油层油井放差效果好，渗透率级差在 10 ~ 15 的多油层层中，放差后低渗透层发挥接替作用好。三是含水 40% ~ 60% 的井放差效果最好。

截至 2005 年底，油田换大泵、下电潜泵共 57 井次，增油 3.48×10^4t。

（三）储层改造

广华油田主要采取压裂、酸化和补孔等增产措施提高开发效果，截至 2005 年 12 月底，广华油田措施累计增油 18.74×10^4t，占总产量的 8.2%。

酸化是油田挖潜增产的重要措施。1970—1978 年期间，油井酸化 14 井次，有效 8 井次，增油 1×10^4t，单井平均增油 1228t；全面开发后，酸化措施增多，1979—1987 年酸化 23 井次，有效 15 井次，增油 2.15×10^4t，单井平均增油 1434t；进入中高含水开发期后，酸化选井选层困难，重复酸化井增多，效果变差，1988—2005 年酸化施工 45 井次，增油 1.22×10^4t。

20 世纪 80 年代中后期，引进千型压裂设备及深井压裂液和千型压裂封隔器，解决了油层在 3000m 以上油井的压裂问题。压裂车由 1000 型发展到 2000 型、压裂液主要采用瓜尔胶、支撑剂采用高强度陶粒。针对广二区潜 4^3 油组深井低渗透储层加密和滚动扩边井都是经过压裂投产的。1983—2005 年压裂施工 11 井次，增油 0.83×10^4t。

1980—2005 年，油井补孔措施 35 井次，增油 2.50×10^4t。

第三章

钻井与采油工程

广华油田历经近四十年的开发，在不断摸索和研究中形成了一套完善的适合高矿化度、低渗透油藏的钻采工艺技术。开发钻井应用复合钻井技术，推广了定向井、水平井、侧钻井等多项技术；举升工艺采用以防腐耐磨泵为主体的机械采油、小泵深抽的配套技术，运用掺水解盐方法解决了地层水矿化度高造成的井筒管理难题；注入工程中配套了以 Y341 封隔器为主的分层注水工艺，推广单井高压注水。这些技术的完善配套给油田开发提供了技术基础。

第一节　钻井与完井

广华油田在开发建设过程中，开发钻井设备和技术手段不断更新和提高。根据油藏条件和整体开发的需要，适时推广应用定向井、丛式井、水平井，采用不同的井身结构、钻进方式、固井技术、完井方式。

一、钻井

广华油田开发初期采用防斜钻直配套钻井技术，20 世纪 80 年代后期采用转盘加螺杆双动力钻井方式，提高了钻进速度，周期由原来的平均 140 天缩短为 60 天。1986 年推广使用的复合钻井技术（螺杆+PDC 钻头），使得钻井速度进一步得到了提高。1986 年首次在广 10^2 井试用 ϕ244mmPDC 钻头，单井进尺 1290m，纯钻时间达到 440.5h。受地面条件影响，应用定向井和丛式井钻井技术，减少了耕地占用和钻前工作量。如广 2 区设计顺地层倾向大斜度井或顺构造走向水平井，增加了油层钻遇厚度，提高了最终采收率。至 2005 年底，共完成大斜度井（井斜大于 60°）4 口，水平井 3 口。水平井广平 4 井于 2003 年 5 月完钻，初期日产油 28.1t。

钻井液体系采用分级使用，一开使用膨润土浆钻井液，二开使用聚合物饱和盐水钻井液。钻井公司自主研发的聚合防塌剂钻井液体系，提高了防塌、携砂、防卡等性能。

二、完井

在开发钻井过程中，对于钻遇的地层压力系数比较接近，无异常压力层，井身结构采用表层套管加油层套管。大斜度井和水平井采用表层套管 + 技术套管 + 油层套管。完井方式主要采用套管完井。

广华油田开发初期采用常规固井方式，由于油层埋深较大，水泥返高有限（平均 2500m），未封固段套管极易变形和错断。随着油田开发层系的增多，纵向储层跨度的增大（纵向跨度一般都超过 1500m），管外水泥返高要求更高，而常规固井已经无法实现，因此采用双密度固井或分级固井。如广新 2–8 井，采用双密度固井，上部为低密度水泥，下部为高密度水泥。分级固井采用特殊接箍，使注水泥施工分成二级或三级完成。另外，针对钻遇的不同地层及地层压力系统，广华油田固井方面还采用其他固井技术，如“短候凝水泥”固井技术，多功能钻井液固井技术等。水平井一般采用尾管悬挂固井，在上部已经下有套管的井内只对下部新钻开的裸眼井段下套管注水泥进行封固，对这部分套管用一种特殊工具悬挂在上一层套管内壁或坐在井底。另外，为保证水泥环强度均匀，在套管尾部下入紊流器，使水泥均匀上返。由于广华油田潜2段盐岩比较发育，盐岩的塑性蠕动对套管的使用寿命影响很大，因而有时在岩盐段采用厚壁套管，并采取套管预拉应力完井。

1967—1976年，广华油田射孔技术分为有枪身和无枪身两种，有枪身射孔采用57–103枪，无枪身采用文胜–1型、文胜–2型，主要采用有枪身射孔。1976—1989年，为了提高穿透深度，开始和广泛使用WS–73枪，无枪身射孔基本淘汰。1989年以后逐渐推广应用YD–89、YD102枪，广华油田大斜度和水平井射孔方式为油管传输射孔，枪型YD–89。

射孔方式主要采用正压射孔，射孔液包括清水、活性水、原油等。对于那些敏感性不是很强的储层采用清水射孔液；对于敏感性强（如水敏）的储层采用活性水。水平井为降低储层二次伤害，采用原油射孔液。

第二节　采油工程

广华油田从20世纪70年代初发现到2005年已经开采三十多年，采油工艺也在不断地发展和提高，从最初落后的工艺技术发展到目前完善配套的举升工艺。

一、自喷井采油

1970年广华油田投入试采，开发初期以自喷采油为主，机械采油为辅。

1972年12月，广华油田共有12口生产井，其中自喷井9口，抽油井3口。自喷井井口采油树装3～8mm油嘴自喷生产；最高产量达到每天206t，占总产量的98%。

二、机械采油

随着开采时间的延长，地层能量下降，自喷井逐渐转抽，机械采油井数占的比例及产油量逐年增加，广华油田从自喷期转变为机械采油时期，开采工艺也逐步形成了有杆泵和无杆泵相结合的开采方式。到1974年12月，机械采油的产量占到了总产量的81%。

广华油田在开采工艺上主要采用有杆泵采油，从最初采用普通管式泵发展到防腐耐磨整体钢泵，形成多种系列抽油泵。抽油机由短冲程、快冲次逐步向长冲程、慢冲次发展。

截至1984年油田全部转为机械采油。开采初期，地层天然能量充足、液面较高，多在200～800m之间，泵挂深度较浅、抽油机悬点负荷小，抽油机多选3型、5型、10型等几种型号；冲程多为0.8～2.0m，冲次多为6～9次/min不等；抽油泵采用普通管式泵，由于这种泵防腐性能差，泵效低，检泵周期平均为150天。抽油杆多采用C级杆。

江汉油田属于盐湖断陷沉积盆地，地层水矿化度高，造成抽油泵腐蚀严重。为解决抽油泵的防腐问题，1981年开始从解决阀的耐腐蚀性入手，实验使用了“尼阀球”，“阴极保护球”，“不锈钢阀球”，均取得了一定的效果。在此基础上，引进了软密封柱塞整筒抽油泵（泵筒长度4.5m），提高抽油泵柱塞的耐蚀性。这种泵平均泵效较普通常规抽油泵提高12.4%，平均检泵周期延长了两个多月。

随着油田综合含水不断上升和单井产油量下降，开始对一些抽油井广泛采用放大压差生产，多采用ϕ44mm至ϕ83mm的防腐耐磨管式泵或防腐耐磨整体泵，形成放差提液的抽油泵系列，分别与10型、12型抽油机配套使用。1988年广3–10井采用$\phi 70\times 6.5$m的防腐耐磨整体钢泵，下泵深度956.11m。泵在井下运转126d，平均日产液量为151.3m^3，平均泵效94%。与有衬套泵相比泵效提高24%，收到了较好的提液效果。

随着开采时间延长，油田动液面持续下降，进入中、高含水期，开采难度加大，开采方式开始由大排量浅抽转向小泵深抽。1988 年在广 7–12 井采用了直径 38mm 的防腐耐磨泵，下泵深度在 2000m，提液效果明显。举升工艺形成了以小泵深抽、大泵、电动潜油泵等多种方式相结合的放差提液。1999 年在广华油田推广应用了特种泵，如防砂泵、环阀防气泵、长柱塞防砂泵，满足了广华油田抽油泵挂深度在 2800m 井的深抽需要。

同时油田在部分油井上还引进玻璃钢抽油杆应用于深抽，如广新 4–12 井、广 5–10 等井，与钢质抽油杆比较，使用玻璃钢抽油杆的油井平均泵挂深度增加 615m，冲程增长 0.18m。动液面下降 103m，单井原油日产量上升 5t。截至 2005 年底，在广华油田应用玻璃钢抽油杆提液井有 9 口，均见到明显效果。油田配套使用了 H 级抽油杆、14 型长冲程抽油机，继续开展深抽工艺的推广、应用。

1999 年在深抽工艺基础上使用小外径泵套，形成 ϕ38mm、ϕ32mm 泵与 ϕ89mm 小外径泵套相适应的深抽泵系列。

2005 年广华油田根据井深不同、产液量不同，在泵径的选择上多选用 ϕ32mm、ϕ38mm、ϕ44mm、ϕ56mm 的管式泵，抽油杆多偏向于 H 级高强度抽油杆。抽油机以 14 型抽油机居多，辅以部分 10 型、12 型抽油机，冲程多为 3 ~ 3.8m，冲次多为 4 ~ 6 次 /min。

2000 年在广华油田广 4–10、广 3–10 等井上现场应用了 ROTAFLEX700–B 皮带式抽油机，节能降耗效果显著，累计增油 293t，取得了较好的效果。

在抽油杆柱组合上采用了抽油杆防断脱技术，包括扶正器、活动接头、脱接器、张力油管锚和光杆调心盘根盒等。

1989 年广华油田综合含水上升较快，为保证稳产，在广新 2 井开展了水力泵深抽采油的现场试验，取得了好的效果，截至 1990 年 11 月 25 日，该井累计净增原油 5233t，平均作业周期长达 240 天，平均泵效 74.3%，较常规泵高 10.4%。由于该泵防腐耐磨性能较差，加上取资料资料困难，未推广使用。

1990 年还开展了电潜泵采油试验，先后下入了 3 口井，广 4 井、广 3–10、广 4–10 等井，增油效果较好。后因油层供液不足，停止使用。

三、井筒管理

广华油田地层矿化度高，油井结蜡、结盐、结膏、结垢等现象严重影响生产，针对以上问题，做了大量的工作。

（一）清防蜡

广华油田主要采取以化学清防蜡、热力清蜡为主、机械清蜡为辅的管理方式。

在自喷采油期，油井主是采用下刮蜡片机械清蜡，随着油田进入机械采油时期，清蜡方式主要采用化学清蜡和热力清蜡。油井的化学清蜡采用四种加药方式，即周期性小剂量套管加药、定期大剂量套管加药进行油套循环、油管直接加药浸泡。

2001 年以前油田主要使用 BJ 系列油基清防蜡剂，效果良好。但 BJ 系列清防蜡溶剂对炼制设备有一定的腐蚀作用，2001 年停止使用。

2001 年 8 月 1 日开始，使用无氯、无硫清防蜡剂 CY–2、CY–3 代替了 BJ 系列清防蜡剂，在油井维护生产中起到了重要作用。

2002 年以前，广华油田主要采用热洗车和水套炉循环洗井清蜡，效果不好，2003 年广华油田开始使用燃煤热洗车，效果较为理想。

（二）解盐

广华油田早在 20 世纪 70 年代初就开始了油井解盐实验。广 4 井是一口高产井，1970 年 8 月投产，日产 14.2t，71 年开始见水，油井生产不正常，油嘴油管经常被盐堵，产量急剧下降，油井被迫关闭。

为解决油井盐堵，油田采用六偏磷酸钠和三聚磷酸钠解盐，但效果不好。

1973 年，油田进行了清水解盐试验。首先使用下丢手插入解盐管柱，清水可以从管柱底部筛管循环解盐，检泵周期明显延长 6 ~ 8 倍。通过这一试验，证实清水解盐是解决油井结盐的有效方法。开始从套管掺水解盐，效果明显，并找到一套从套管掺水解盐的科学方法，广华油田开始广泛使用。该方法促进了油井正常生产，成为目前井筒管理的主要措施。

（三）解膏

1979 年 4 月，针对油井管柱结膏现象，使用 NH_4HCO_3 水溶液解除结膏效果较明显。

1996 年，采用 JCS–2 解膏剂，见效率为 100%，到 12 月 10 日，累计增油 1652t。

截至 2005 年 12 月，主要采用 JCS–2 化学解膏技术，该技术已经成为广华油田油井管理的重要措施之一。

（四）防垢

广华油田垢的主要成分是氢氧化铁、三氧化二铁、碳酸钙、硫酸钙等，呈絮状或致密的沉积在泵筒内或附着在油管或筛管的外壁，堵塞进油孔，导致油井产量下降或不出油，严重时进入衬套和活塞间隙中，造成卡泵，影响油井的正常生产。

1991 年，引进强磁防垢器，截至 1992 年 9 月，共引进 9 台，使用 6 井次，见到效果。

1993 年，通过现场评比筛选，确定磷酸类防垢剂（如 HEDP、FO_2、H–08）对防止油井结垢具有较好的效果。

2000 年，油田采用井口加水池，将 HEDP 阻垢剂 24h 连续不断地掺入井筒中，达到防垢清垢的作用。加药量按日产水计为 10mg/L，试验周期从 2000 年初至今，井区结垢问题得到了控制。

（五）防腐

广华油田进入高含水阶段，油井产出水矿化度高，由于多种粒子和溶解气体的存在，对井下设备的腐蚀日趋严重，1985—1986 年开展加烧碱及缓蚀阻垢剂，现场见到了良好效果，因烧碱使用时，用量大，施工时劳动强度大，不方便推广应用。

1987 年，选用 Ly9–613、CT2–10 两种缓蚀剂现场试验 5 井次，见效率为 80%，截至 1989 年 9 月累计增油 1564t。

2002 年，使用 IMC– 石大 1 号、SB9805，其缓蚀率大于 80%，2005 年，试验井下油管阴极保护装置，有效的延长免修期，从现场作业的情况来看，阴极保护器表面损耗，所保护的油管没有发现腐蚀的情况，效果良好。

第三节　注水工程

广华油田层系多，非均质严重，层间差异大，层间干扰严重。为了提高注入水的波及体积，让各小层都取得好的注水效果，防止注入水单层突进，广华寺油田主要采用分层注水工艺。

1975 年 10 月广华油田进入注水开发阶段，注水管柱采用大庆的 475–8 封隔器和胜利的空心活动配水器；测试用吊球法测试和录井钢丝投捞。

1977 年，油田主要采用的是以空心活动配水器为主的单管分注管柱。开展了以涂料油管（H52–1 环氧酚醛烘漆型的），不放喷作业，井口调配，752–3 深井注水封隔器和“101”井下流量计等五个方面配套的分层注水工艺试验。

1978 年广华油田常用的封隔器主要有两种：475–8 Ⅲ型水力压差式封隔器；752–3 型水力压缩式封隔器。

1978 年开始了偏心配水器的研制，第二年江 P–1 型新型偏心配水器问世，经过发展、完善，使之成为一种能投送和捞取多级堵塞器的偏心配水器，一个最突出的特点是简化了投捞测试，减少了投捞次数，缩短了施工周期，提高了效率。

1979年生产了江752−4型和江752−5型封隔器；其后又生产了双向承压的江752−6型封隔器，这项成果，于1982年获石油部优秀科技成果二等奖。

1981—1982年设计出江458型肩部保护式注水封隔器，它适用于深井，能耐高温，且使用寿命较长，经现场试验，成功率达到93%。这些封隔器的研制成功，解决了部分深井分层注水工艺技术问题。注水工艺技术得到提高。

1985—1990年形成了一套分层注水工艺，包括压缩式封隔器、配水器、涂料油管、循环阀、丝扣密封脂、仪表测试等配套技术，投入使用后使油田水驱控制程度提高。主力油田水驱控制程度达到93.7%；分层配注合格率保持在77.7%以上；水井换封周期达到435天；注采基本平衡，地层压力稳定。

1995年底，广华油田分层注水采用的封隔器主要有752−6型、475−8型。752−6型水力压缩式封隔器，该封隔器主要用于深井，平均井下深度2260m，有5口井采用此封隔器。475−8型封隔器为水力压差式，一般用于浅井，平均下井深度1512m，有1口采用此封隔器。采用的配水器为偏心和空心两种类型，空心配水器井1口，偏心配水器井5口。注水管柱配套使用了皮碗式底部循环阀、涂料油管和SF丝扣密封脂。使用涂料油管，改善了防腐耐酸性能，缓解了铁锈堵塞水嘴的矛盾。采用SF丝扣密封脂，提高了密封性能，减少了油管漏失现象。

1996年以后注水采用的封隔器主要是Y341−114型和JH752−6型。Y341−114型和JH752−6型封隔器能满足高温、深井分层注水要求，且不带卡瓦，可重复坐封，反洗井，密封性能好，可用于3500m深井分层注水。

1999年，广华油田采用JH752−6型封隔器的井有2口。分层配水器采用的是偏心配水器，注水管柱配套使用KPX−114型偏心配水管柱及皮碗式底部循环阀、涂料油管和丝扣密封脂。

2000年，针对注水压力高、层间差异大、注水管柱蠕动严重的问题，在广华油田开展了防蠕动高压分层注水管柱研究并在现场试验。该管柱主要由伸缩管、反循环洗井开关、安全接头、水力锚、Y341注水封隔器、偏心配水器和952−1底部循环阀以及筛管丝堵等组成。自从使用该管柱后，一些长期难注井层实现注水或区块产液量和产油量显著提高。

2001—2005年之间，油田又相继研究并使用了油套保护注水工艺管柱、斜井注水工艺管柱。工艺成功率90%以上，措施有效率超过85%，分注合格率78%以上。

第四节　油层改造

广华油田油层改造主要包括酸化、压裂。开发初期，油田的开发对象主要是中、高渗透油层，油层改造措施以酸化为主，随着低渗透油藏投入开发，油层改造措施以压裂为主。

一、酸化

开发初期主要应用的是土酸酸化，广泛应用在试油作业中，1969—1971年，酸化17口井49层，30层有效，有效率61%。1971—1986年，每年应用10～20口井，1987年，为了提高酸化效果，开展了组合活性酸酸化，应用3口井，平均单井日增油7.9t。为了解除储层深部堵塞，1989年应用了氟硼酸深部酸化解堵，在广华油田应用3口井，平均单井日增油8t。同年针对油田开发过程中出现的胶质、沥青质等有机垢物伤害储层，应用了胶束酸酸化，在广华油田应用3口井，增油4282t。1990年开始在注水井上应用3口井，累计增注水量19197m^3。

1992 年针对低渗透油藏酸化，应用了浓缩酸酸化，在油井上应用 5 口井，1994 年 4 月在广 16 井应用后，日产油由 0t 上升到 2.4t。同年针对部分含膏油层开展了解膏酸化，1992—1996 年现场应用 6 口井，1992 年 2 月在广 7–13^2 井（现为广 7–13B）应用，日产油从 4.2t 上升到 11.4t。2004 年针对广华油田部分高压、超高压注水井注水困难的问题，开展了降压增注技术应用，2004—2005 年在广华油田应用 4 口井，在广 5–16 井应用，降压增注前油压 48MPa，日注水 0m^3，降压增注后，油压 38MPa，注水 45m^3。

二、压裂

低渗透油层投入开发后，开展了压裂技术的应用，随着压裂设备能力的不断提高，压裂技术不断发展，应用了多种压裂液及相关技术。

1970 年，开始在浅井低渗透层进行压裂，压裂车组为 500 型车组，支撑剂采用石英砂，采用油管或油套环空全井压裂，压裂液主要采用原油，应用井次较少。

1979 年，为了提高中深井压裂改造效果，逐步配套和完善了 700 型压裂车组，开始使用江 453 封隔器开展分层压裂，支撑剂采用石英砂，压裂液开始应用甲叉基聚丙烯酰胺压裂液，1979 年首先在水井上应用甲叉基聚丙烯酰胺压裂液，应用 3 口井，累计增注 33118m^3。同年在油井上应用碱化田菁压裂液，现场应用 2 口井，平均砂液比 14%，单井平均加砂 10m^3，在广 3–13 井应用后，日产油从 5.2t 上升到 15.9t。

1987 年，针对油层在 3000m 以上的压裂改造问题，引进中原油田美国斯蒂文森千型压裂设备，应用了 ZH 压裂封隔器和千型井口，开始使用 3in 油管进行压裂，支撑剂采用陶粒，1987 年油田处采油工艺研究所黄德琼、肖东等应用了 JH–S 压裂液，应用 4 口井，平均砂液比提高到 20% 以上，单井平均加砂 15m^3，增油 4641 吨。在广 6–14 井应用，日产油从 9.9t 上升到 35t。1992 年应用了田菁有机肽压裂液，1993—1994 年应用 3 口井，平均砂比达到了 25%，单井平均加砂 16m^3，平均单井日增油 3t。由于田菁压裂液杂质较多，1995 年应用了羟丙基瓜尔胶有机硼压裂液，应用 4 口井，平均砂液比 25%，单井平均加砂 14m^3，平均单井日增油 18.8t，1995 年 12 月在广 7–11 井应用后，日产油从 0t 上升到 28.1t。之后在广华油田推广应用，主要用在新井试油，1996—2000 年应用 17 口油井，1 口水井，累计增油 9724t，增注 5392m^3。2002 年，为了提高压裂改造规模，引进、配套了 2000 型压裂车组，压裂车组有了极大的技术提高，当年应用 2 口井。

第五节　修　井

油田投入开发后，井下事故的出现也越来越频繁、复杂，处理事故的水平也不断进步。修井主要解决复杂的解卡打捞，修复套管等问题。

一、打捞

油田开发初期，产出地层水矿化度高，井筒容易结盐造成生产管柱盐卡，修井主要解决盐卡管柱，其次是蜡卡和砂卡，在解卡施工方面，主要采用清水冲盐、挤清水解盐活动解卡，对于活动不能解卡的井采用套铣和倒扣的方法起出被卡管柱。1984 年 9 月，在广 3–13 井盐卡管柱，采用冲盐、套铣和倒扣工艺成功起出全部被卡管柱。1990 年针对活动不能解卡的井应用了震击器解卡。随着掺水解盐的应用，盐卡、蜡卡井减少，20 世纪 90 年代以后，主要解决的是管卡和落物事故，通常是采用循环洗井、套铣和倒扣解卡为主。在复杂落物打捞方面，主要根据落物顶部（鱼顶）情况，再选择或制作合适的打捞工具。如抽油杆打捞器、反扣捞矛等进行打捞，在广 5 井、广 16–3 井打捞时都见到一定效果。

二、堵漏

油田位于盐湖盆地，钻井过程中要钻遇许多盐层和水层，由于盐层蠕动和盐水腐蚀，造成油井套管外窜槽、腐蚀穿孔、套管变形。在开发早期，在套管穿孔漏失井和套管外窜槽井应用了水泥浆挤堵修复套管，1977 年 3 月在广 3 井应用水泥浆挤堵获得成功，从此水泥浆挤堵修复套管在油田推广，水泥浆挤堵技术还应用于封堵水层也获得了成功。2000 年以后针对井深、渗透率低，普通油井水泥浆封堵水层难度大的井应用了超细水泥浆挤堵修复套管。

第四章

地面生产系统

广华油田油气水集输系统、油气水处理与注水系统、供电系统、信息系统，适应油田不同开发阶段的需要，不断完善、形成规模。建成联合站 1 座，计量接转站（计量站）5 座、单井拉油点 3 座，轻烃回收装置 1 座。设计原油外输能力 65×10^4t/a，原油脱水能力 45×10^4t/a，储油能力 2.3×10^4t，污水处理能力为 90×10^4t/a，注水能力为 90×10^4t/a 的油、气、水地面集输系统。经多年的系统改造配套，广华油田已具备完善的生产运行系统，为原油生产奠定了坚实基础。

第一节　集输系统

广华寺油田油气水集输系统，从零散单井拉油发展到具有规模的油气密闭分输再到油气水密闭混输、污水处理回注，形成了较为完善的油气水集输系统。对于主力区块采用二级（三级）全密闭集输流程。对于零散的单井，液量低，离主力区块远，周边没有依托条件，采用单井拉油流程。

一、原油集输

油田开发初期，油井采出液进入高架罐，采用拉油方式。随着广华寺油田的进一步勘探开发，油井数增加，为解决计量、集中供热等需要，1970 年 6 月至 8 月广华寺油田初步建成，广华寺油田从井口至计量接站（点）再到大站的油气水地面配套系统初步建成，1970 年 12 月广华油田第一座联合站——广华联合站投入运行。

1970 年 8 月，广华至钟市输油管线 ϕ325mm × 7mm × 12.4km 建成投入使用。设计最大输量 100×10^4t/a，最小输量 70×10^4t/a。担负着江汉油田每年约 70×10^4t 的原油输至钟市的输油任务。

同年 8 月 26 日，广华至荆门输油管线全线接通并进行试运，是江汉油田原油外输的重要输油干线，总长 87.40km。同年 9 月，王场、广华寺油田及广华至荆门输油管线联合试运一次成功。

1970 年，建成广一站；1974 年，新建广四站，同年，建成广 16 站，井口采出液通过直压进广华联合站集中脱水处理。单井采用三管伴热集中计量流程，其次为二管掺水（或三管掺水流程）。

1986 年间，油井采用常温输送工艺，对单井进站温度在 30℃以上，原油含水率在 75% 以上的高含水井，分别采用全年常温输送和季节性常温输送工艺，采用双管流程（便于掺水解盐）为主的集油工艺，常温集油，降低了能耗。

2001 年，安装油气混输泵，采用井口→混输泵→大站的集输工艺，实现油气混输，二级布站。

截至 2005 年，建成计量接转站（计量站）5 座、单井拉油点 3 座。建有 5 条集油管线，总长 9.46km，建有连续输油管线 1 条：广华—钟市外输油管线，长 12.40km，单井油管线 24.80km。

二、天然气集输

广华寺油田开发的同时，就开始了伴生气的收集。井口采出液进计量站（接转站）的缓冲罐进行油气分离后，伴生气除供给加热炉生产自用外，其余作为广华地区的生活用气。1988 年，为降低油气损耗，在广华油田建成伴生气处理原油稳定轻烃回收装置，将各计量接转站、联合站分离出的伴生气输送至轻烃站处理回收轻烃，返回干气作为加热炉燃料。即：井口混合液→接转站（联合站）→缓冲罐（脱水三相分离器）→生产分离器→伴生气外输→轻烃站回收轻烃。

广华寺油田建有低压（干、湿）气集输管网 7.5km，将湿气低压集输至轻烃回收站，回收轻烃后将干气返输至各站作生产供热燃料，伴生气集输能力为 $1.0\times10^4m^3/d$，实际集输气量为 $0.8\times10^4m^3/d$。

第二节　油气水处理系统

广华寺油田的油气水处理系统，建有联合站 1 座（广华联合站），担负着广华油田、广北油田来液、罐车运来的外围小块油田如：严河、沙市、荆西、花园、习家口、丫角、周 30 等油田的原油净化处理、原油外输、加热、计量和高场、浩口油田、中转站原油的转输以及王一联合站来油的加热直输工作，还担负着本联合站原油脱出污水的污水处理及回注工作。主要包括原油净化处理、原油外输、计量、加热、储存及污水处理、污水回注等工艺及设备。设计原油外输能力 $65\times10^4t/a$，实际原油外输 $16\times10^4t/a$，原油脱水能力 $45\times10^4t/a$，实际脱水处理 $30\times10^4t/a$，储油能力 2.3×10^4t，污水处理能力为 $90\times10^4t/a$，注水能力为 $90\times10^4t/a$ 的油、气、水地面集输系统。

一、原油处理

广华寺油田原油处理系统，主要采用原油脱水、原油稳定工艺。1970—1986 年间，广华油田主要采用传统的“四合一”脱水工艺即：分离、加热、脱水、缓冲、外输。

1975 年 12 月至 1976 年 8 月，广华联合站脱盐脱水完善工程扩建，建成规模为 $13\times10^4t/a$。

1979 年 2 月，广华联合站进行的“大罐自动量油试验”获得成功。

1984 年 9 月至 1985 年 2 月，广华联合站一期改造：设计规模，年产液量 44.34×10^4t，年产原油 10×10^4t，综含水 77.7%，只改造原油处理部分，保留原来的脱水、掺水、外输流程。淘汰了“四合一”脱水工艺改为陶粒脱水工艺（图 4−1）。

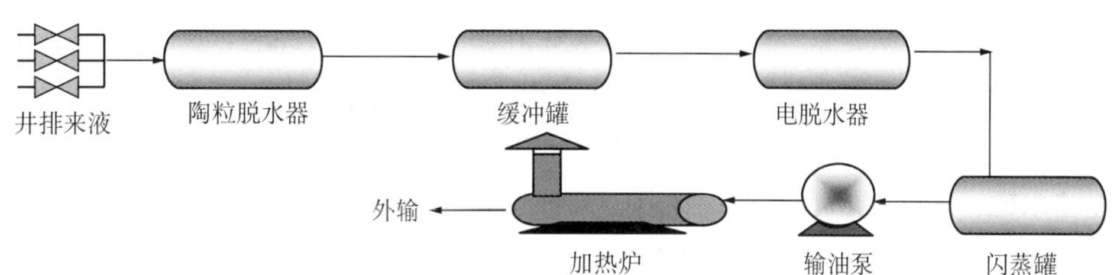

图 4−1　二段脱水工艺流程示意图

1986 年 4 月，二期工程改造：设计集油脱水能力 $120\times10^4t/a$，转输王场联合站原油能力 $68\times10^4t/a$，向浩口输油 57t/h，向石化厂输油 15t/h。推广应用 HST100−0.5−Y 型高效炉 5 台。

1996 年 7 月，对脱水工艺进行改造，拆除陶粒脱水器，推广高效三相脱水分离器，实现油气水一次处理（图 4−2）。

2003 年 3 月，依据江汉石油分公司设计任务书江油计设字（2003）第 13 号。2003 年 5 月 30 日《会议纪要》。对广华联合站改造油系统、消防水系统、热力系统、污水处理站改造，建成 $5000m^3$ 储油罐 1 具，安装 5 具油罐的雷达液位计。

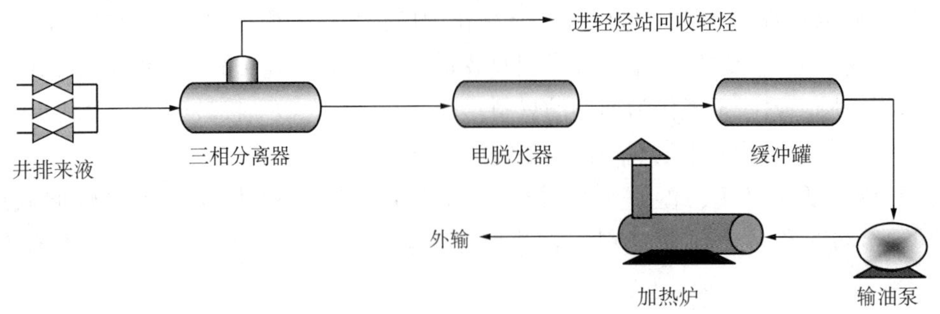

图 4-2　高效三相分离器一次脱水工艺流程示意图

二、伴生气处理

广华寺油田开发的同时，就开始了伴生气的生产，当时广华寺油田伴生气除部分作为加热炉的燃料气外，大多放空烧掉。为了综合利用油气资源，降低油气损耗，1993 年 7 月，广华寺油田轻烃站建成投产，设计原油稳定 15×10^4t/a，伴生气处理 10000m^3/d。

三、污水处理

1980 年 1 月广华污水转输站开始建设，按原油含水 70% 设计，转输站处理污水量为 1000m^3/d。考虑近期王一污水处理站及本站的污水量均少，为了减少广华污水降温对王一污水处理站处理效果的影响及输送管壁上凝油，先装两台小泵 50F–63，其中备用一台，以小排量向王一污水处理站输送污水，远期再换三台 65F–100 泵（其中一台备用）。集油站“四合一”脱水装置及沙洋、浩口、广华来的扫线含油污水进两座 200m^3 缓冲隔油罐，油罐放水、污油罐放水，缓冲隔油罐放空来的含油污水进污水池，用污水回收泵提升至缓冲隔油罐。隔油后用污水提升泵加压，经输水管线送至王一污水处理站进行处理并回注。污油由缓冲隔油罐自流至污油罐，经污油提升泵加压送至 2000m^{3}1 号砖砌油罐。主要设备有 200m^3 缓冲隔油罐 2 座，40m^3 污油罐 1 座，污水提升泵 50F–63 两台，2BA–6 污油泵 1 台，50m^3 污水池 1 座。

1981 年，广华寺建成污水提升站，把污水输到王一站集中处理。

为了对站内脱水器产生的含油污水、注水井洗井污水和其他生产污水进行密闭净化处理，在广华寺油田建污水处理站——广华污水站一座。该站 1988 年开始建设，1989 年投产，设计污水处理能力 2500 m^3/d。采用传统的自然除油—混凝除油—压力过滤流程。为了保证注水水质，加药部分设置了六台加药泵和搅拌筒及药库，可以加杀菌、除氧、三防药剂和混凝剂等。一次除油罐、二次沉降罐、有收油槽自动收油流程注水罐、缓冲罐、有高液位报警，测油位管观测油位，手动收油进污油罐流程，以上罐和现有两座 200m^3 和一座 500m^3 回收水罐的溢流。(粗粒化罐无溢流），放空、排污均自流进污水回收池。污水泵房自流排水，注水泵房上水泵排水，化验室排水均按坡降要求自流入污水回收池。反冲洗水由反冲洗泵从注水罐中抽吸。反冲洗排水进现有回收水罐。污水回收池污水，现有回收水罐污水进回收泵提升经计量后均匀进一次除油罐（或粗粒化罐）进行处理。站内主要设备有 ϕ2.0m 立式粗粒化除油罐 2 座，700m^3 一次立式除油罐 1 座，700m^3 二次混凝沉降罐 1 座，100m^3 缓冲罐 1 座，污水回收池 1 座，ϕ2.4m 压力滤罐 4 具，100FB–37 提升泵 2 台，80FB–38 回收水泵 3 台，85h–13A 反冲洗泵 1 台，MJ–80/10 加药泵 6 台，玻璃钢搅拌桶 6 个。

经过多年运行，因污水腐蚀性大（矿化度 20.3×10^4mg/L），自 2000 年起，站内容器、管线多次出现腐蚀穿孔现象，给正常生产带来了严重影响。

2003 年对该站进行了改造，将污水处理规模由 2500m^3/d 改为 1500m^3/d，采用压力除油→自然除油

→混凝除油→压力过滤流程。改造后的流程流程为：除油器→除油罐→缓冲罐→沉降罐→缓冲罐→TCL过滤器→注水系统，经收集、处理达标后，全部回注地层，平时的排污经管线汇入新增的污水池，然后经污水泵提升至压力排污管线，进入污水处理装置，不直接外排。所以污水不会对环境造成污染。原有污水处理系统处理前含油量500～1000mg/L，处理后含油量≤32.7mg/L；处理前悬浮物≤100mg/L，处理后悬浮物≤8mg/L；处理后颗粒直径3μm。新建污水精细处理系统处理后含油量≤5mg/L，处理后悬浮物≤3mg/L；处理后颗粒直径2μm。采用聚集除油技术、改性纤维求精过滤及过滤器自动控制技术、贮集容器密闭清淤技术、污泥回灌技术，注水水质明显提高。

广华污水站处理的含油污水来源主要来自管辖的5个开发单元：①三相来水（主要来自三个开发单元：广一区、广二区、广北）；②外围油田拉水（包括严2井区、严5井区、周矶及外围单井拉油点）；③其他水量，主要是浩口预热扫线水、作业扫线回收污水、各队清罐污水、地面雨水回收水。

第三节　注水系统

广华注（污）水站有各类泵27台；有各类罐7具，总罐容2980m^3；注水干线3条，总长3831m，其中玻璃钢1000m；配水间6座，另有5口注水井直接与注水干线连接；注水水质为污水。

为了保持油层压力，使油田长期高产、稳产，广华寺油田于1975年10月投入注水开发。随着油田开发形势的需要，在完善注采井网的同时，也不断完善了注水地面工程配套改造。

一、注水地面工程初建阶段（1970—1988年）

1970年广华寺油田经过了天然能量开采时期。

1975年10月，由于地层能量不足，投入注水开发，注水初期主要由王场油田王一注水站供水。

1988年，随着油田的开发，王一注水站不能满足广华寺油田注水需求，在广华寺油田建注水站一座——广华注水站，该站注水能力2500m^3/d，注水压力18MPa。站内主要设备有700m^{3}注水罐2座，100FB−23A上水泵2台，2台三柱塞高压注水泵3S$_3$，4台五柱塞高压注水泵5SZ−1B Ⅱ。

1988年底广华寺油田建成高压系统，把注水压力提高到18MPa以上，年增水量4×10^4m^3。

该阶段广华站注水水源为含油污水。

二、注水地面工程改造和完善阶段（1989—2005年）

这一阶段油田进入了高含水期，相应的注水系统也进行了改造完善。

由于现有污水工艺简单，水处理效果差，水质达标率低，污水池中功能单一，隔油、泥、水效果差，部分设备使用时间长，故障多。2004年12月对广华注水站改造，本次改造针对广华注（污）水站内污水进行精处理并外输，将该站污水处理规模改为1500m^3/d，注水规模由2500m^3/d改为1000m^3/d。对广华（注）污水站站内罐区、设备、管网进行改造更新，对该站环境污染进行治理。改造后采用两级除油、两级缓冲、一级沉降、一级精过滤（TCLW60−0.6Z），水质达标率由53.85%上升到61.54%。

第四节　防　腐

江汉盆地属于内陆盐湖沉积盆地，土壤的电阻率很高，对金属具有很强的腐蚀作用。为解决地下金属管线的严重腐蚀，设计院、油田处和测井研究所在广华寺油田试验成功区域防腐技术。

1984—1985年4月25日广华油田新建阴极保护。保护油水井37口，各类管线60km，设有装置点：广4、广1、广16、广华集油站。对5.3km^{2}范围油水管线进行区域性阴极保护，保护度达80%以上，保护电位在0.85V以下，延长了金属管线的使用寿命。该成果，获石油部优秀科技成果奖。

1989年以来，对广华油田采取区域性阴极保护措施，将广华联合站、广1计量站、广北站、广四4个保护站原架空电线改用埋地电缆，并对保护站门进行加固，防止人为破坏。“九五”、“十五”期间，玻璃钢管线、高原复合管、玻璃钢储罐、牺牲阳极在集输系统得到较为广泛的应用，在含水高、液量大的低中压单井管线及集输油管线上采用玻璃钢（复合管）管线，减缓腐蚀，延长管线的使用寿命，节约成本。

第五节　配套工程

一、供电

广华油田供电电源为油田广华变电站。广华联合站的油站2台315kV·A变压器和污水站的2台800kV·A变压器为6kV广污Ⅰ线和6kV广污Ⅱ线所供，平时各一台运行，一台作备用；广2−13井区和采油7队队部的100kV·A变压器为广污Ⅰ线所供；广一区的广3−10井区为6kV二矿线所供；广一区的其他井和广二线的全部油、水井、计量站和广16井区均为6kV广浩联络线所供。

二、供水

广华油田生产、生活用水均为油田水电厂供水管网自来水。20世纪80年代初，由于该油田用水量增多，水电厂供水管网满足不了生产需求，1982年8月在广华联合站内打了一口地下水源井，井深135m，日产水1920m³，作为广华联合站生产用水。90年代初，江汉石油管理局对水电厂供水管网进行了改造，满足该油田生产、生活用水需要，广华油田地下水源井逐渐退出运行。

附　录

附录一　附　图

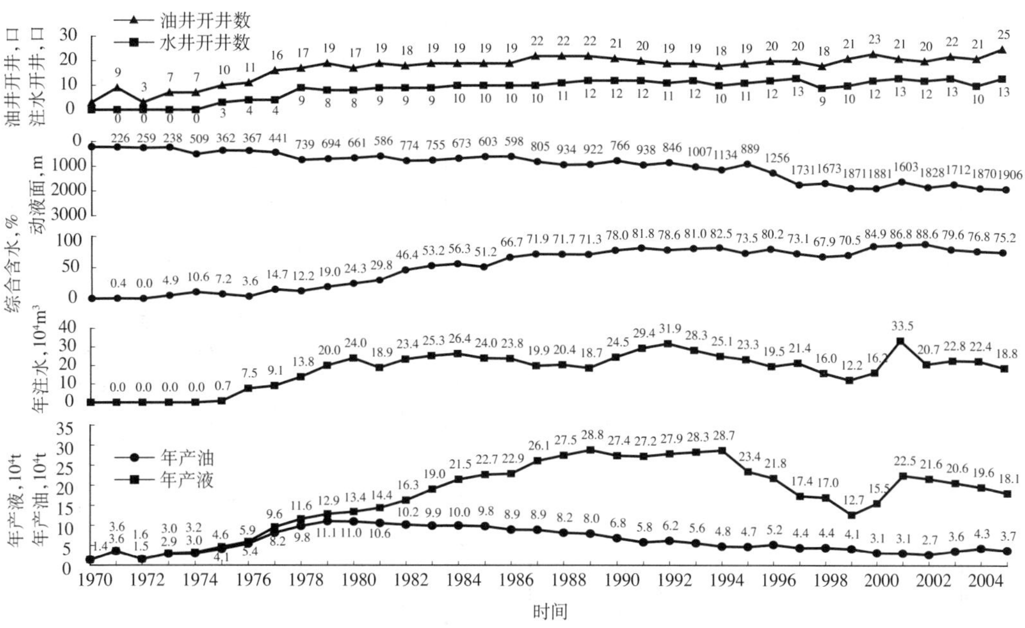

附图 1　广华油田开采综合曲线图

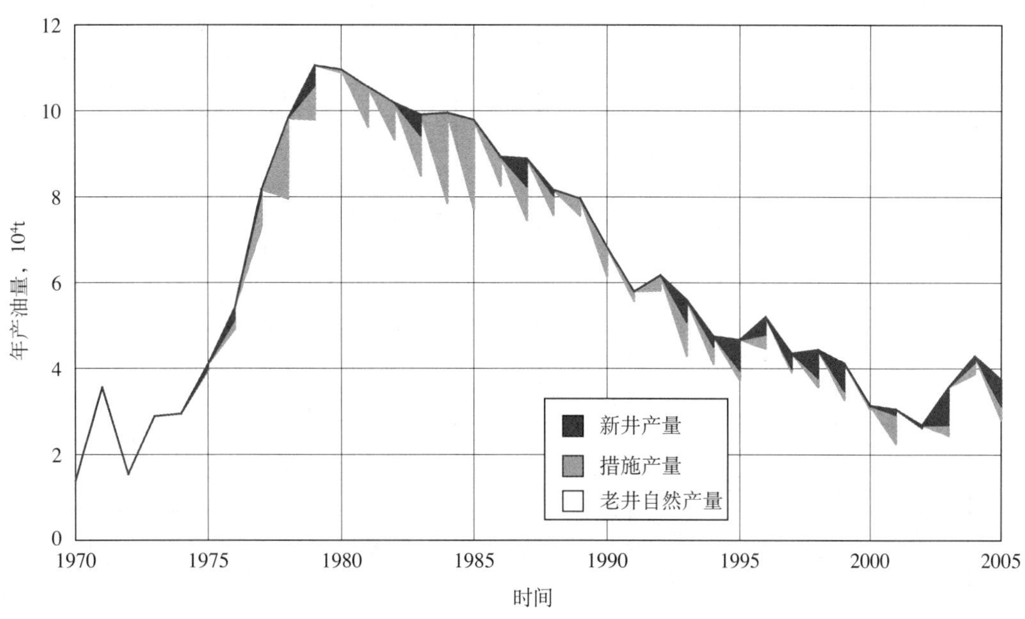

附图 2　广华油田产量构成曲线图

附录二　附　表

附表 1　广华油田综合地质数据表

油田	含油面积 km^2	地质储量 10^4t	层位	油层埋藏深度 m	平均有效厚度 m	孔隙度 %	空气渗透率 mD		含油饱和度 %	地层温度 ℃	压力系数	原始地层压力 MPa	地层原油				地面原油					天然气		地层水		
							空气	有效					饱和压力 MPa	原始气油比 m^3/t	体积系数	地下黏度 mPa·s	密度 g/cm^3	黏度 mPa·s	凝固点 ℃	含蜡量 %	含硫量 %	相对密度	甲烷含量 %	水型	总矿化度 $10^4mg/L$	氯离子含量 $10^4mg/L$
广一区	2.00	273.0	潜江组	1814.4~3307.7	14.3	19.0	183	53	70.0	103.0	1.10	28.09	3.78	43.4	1.195	3.4	0.871	36.9	27.3	6.7	—	1.155	39.36	Na_2SO_4	32.0	18.5
广二区	5.30	261.0	潜江组	2590.4~3262.4	7.7	15.0	27	11	70.0	118.0	1.12	32.84	7.95	76.7	1.241	0.7	0.863	11.1	29.0	30.6	—	—	—	Na_2SO_4	30.7	—
广华	6.23	534.0	潜江组	1814.4~3307.7	10.6	16.8	127	38	70.0	103.7	1.11	28.42	4.38	45.6	1.212	3.2	0.866	31.4	27.7	12.6	0.66	1.155	39.36	Na_2SO_4	31.4	18.5

附表 2　广华油田开采综合数据表

时间	动用地质储量 10^4t	油井		注水井		核实产油量		核实产水量		核实产液量		年末动液面 m	年末综合含水 %	注水量		注采比		地质采油速度 %	地质采出程度 %
		总井数 口	开井数 口	总井数 口	开井数 口	年 10^4t	累计 10^4t	年 10^4t	累计 10^4t	年 10^4t	累计 10^4t			年 10^4m^3	累计 10^4m^3	年末	累计		
1970	—	3	3	—	—	1.39	1.39	—	0.02	1.39	1.42	216.00	—	—	—	—	—	0.27	0.27
1971	—	10	9	—	—	3.56	4.95	0.06	0.08	3.62	5.03	226.35	0.40	—	—	—	—	0.70	0.97
1972	—	12	3	—	—	1.55	6.50	0.01	0.09	1.55	6.59	259.00	—	—	—	—	—	0.30	1.27
1973	—	12	7	—	—	2.89	9.39	0.11	0.20	3.01	9.59	237.97	4.90	—	—	—	—	0.57	1.84
1974	—	14	7	—	—	2.95	12.34	0.27	0.47	3.22	12.81	509.00	10.60	—	—	—	—	0.58	2.42
1975	—	14	10	3	3	4.10	16.44	0.52	0.99	4.62	17.43	361.50	7.20	0.74	0.74	0.82	0.03	0.80	3.22
1976	453	21	11	4	4	5.41	21.85	0.50	1.49	5.91	23.34	367.10	3.60	7.52	8.27	1.43	0.26	1.06	4.29
1977	453	20	16	4	4	8.18	30.03	1.41	2.90	9.59	32.93	440.50	14.70	9.09	17.36	0.76	0.39	1.60	5.89
1978	453	19	17	9	9	9.82	39.85	1.79	4.69	11.62	44.54	738.62	12.20	13.77	31.13	1.41	0.52	1.93	7.81

续表

时间	动用地质储量 10^4t	油井		注水井		核实产油量		核实产水量		核实产液量		年末动液面 m	年末综合含水 %	注水量		注采比		地质采油速度 %	地质采出程度 %
		总井数 口	开井数 口	总井数 口	开井数 口	年 10^4t	累计 10^4t	年 10^4t	累计 10^4t	年 10^4t	累计 10^4t			年 10^4m^3	累计 10^4m^3	年末	累计		
1979	453	20	19	9	8	11.06	50.91	1.80	6.49	12.86	57.40	693.68	19.00	20.02	51.15	1.33	0.65	2.17	9.98
1980	453	20	17	9	8	10.96	61.87	2.41	8.91	13.38	70.78	661.25	24.30	23.99	75.14	1.10	0.78	2.15	12.13
1981	453	20	19	9	9	10.56	72.43	3.83	12.73	14.39	85.17	585.50	29.80	18.85	93.99	0.98	0.81	2.07	14.20
1982	453	19	18	9	9	10.18	82.61	6.08	18.81	16.26	101.43	773.64	46.40	23.42	117.41	1.12	0.85	2.00	16.20
1983	453	20	19	9	9	9.91	92.53	9.12	27.94	19.04	120.46	754.54	53.20	25.27	142.68	1.04	0.88	1.94	18.14
1984	453	19	19	10	10	9.95	102.48	11.54	39.48	21.49	141.96	673.30	56.30	26.36	169.04	1.19	0.90	1.95	20.09
1985	510	19	19	10	10	9.79	112.27	12.87	52.36	22.66	164.62	603.47	51.20	24.00	193.05	1.07	0.90	1.92	22.01
1986	510	20	19	10	10	8.94	121.20	13.97	66.32	22.90	187.52	598.20	66.70	23.79	216.84	0.74	0.89	1.75	23.77
1987	510	22	22	10	10	8.89	130.09	17.22	83.54	26.11	213.63	804.53	71.90	19.86	236.70	0.54	0.87	1.74	25.51
1988	510	22	22	11	11	8.16	138.25	19.33	102.88	27.50	241.13	933.94	71.70	20.44	257.14	0.58	0.85	1.60	27.11
1989	510	22	22	12	12	7.97	146.22	20.85	123.72	28.81	269.94	922.00	71.30	18.68	275.82	0.79	0.82	1.56	28.67
1990	510	22	21	12	12	6.83	153.04	20.58	144.30	27.40	297.34	765.67	78.00	24.50	300.32	0.84	0.82	1.34	30.01
1991	510	20	20	12	12	5.80	158.84	21.42	165.72	27.22	324.57	938.47	81.80	29.39	329.71	1.17	0.84	1.14	31.15
1992	510	19	19	12	11	6.17	165.01	21.71	187.43	27.87	352.44	845.57	78.60	31.88	361.59	1.12	0.85	1.21	32.36
1993	510	20	19	12	12	5.60	170.61	22.68	210.11	28.29	380.73	1007.44	80.95	28.26	389.84	1.04	0.86	1.10	33.45
1994	510	20	18	12	10	4.76	175.37	23.97	234.08	28.73	409.45	1134.27	82.49	25.05	414.90	1.03	0.86	0.93	34.39
1995	510	24	19	13	11	4.67	180.04	18.76	252.84	23.43	432.88	888.86	73.50	23.27	438.16	0.89	0.87	0.92	35.30
1996	510	28	20	15	12	5.21	185.25	16.54	269.39	21.75	454.64	1255.60	80.22	19.55	457.71	0.83	0.87	1.02	36.32
1997	510	28	20	18	13	4.36	189.61	13.00	282.39	17.36	472.00	1731.15	73.09	21.43	479.14	1.29	0.88	0.85	37.18
1998	510	26	18	16	9	4.44	194.05	12.52	294.91	16.96	488.96	1673.00	67.92	15.96	495.10	0.78	0.88	0.84	38.05
1999	510	27	21	18	10	4.12	198.18	8.53	303.44	12.66	501.62	1871.00	70.52	12.23	507.33	1.19	−0.09	2.93	39.79
2000	510	30	23	17	12	3.14	201.33	12.39	315.83	15.53	517.16	1881.00	84.86	16.22	523.55	1.29	0.88	0.56	39.48
2001	510	30	21	19	13	3.06	204.39	19.41	335.24	22.47	539.62	1603.00	86.75	33.54	557.09	1.63	0.90	0.45	40.08
2002	510	32	20	19	12	2.69	207.07	18.96	354.20	21.65	561.27	1828.00	88.56	20.75	577.84	0.96	0.91	0.43	40.60

续表

时间	动用地质储量 10^4t	油井		注水井		核实产油量		核实产水量		核实产液量		年末动液面 m	年末综合含水 %	注水量		注采比		地质采油速度 %	地质采出程度 %
		总井数 口	开井数 口	总井数 口	开井数 口	年 10^4t	累计 10^4t	年 10^4t	累计 10^4t	年 10^4t	累计 10^4t			年 10^4m^3	累计 10^4m^3	年末	累计		
2003	510	38	22	20	13	3.57	210.64	17.06	371.26	20.63	581.90	1712.00	79.80	22.79	600.63	1.13	0.91	0.80	41.30
2004	510	25	21	20	10	4.30	215.71	15.26	386.79	19.56	602.50	1870.00	76.81	22.45	623.08	0.66	0.92	0.66	42.30
2005	510	31	25	21	13	3.74	219.45	14.32	401.11	18.06	620.56	1906.00	75.21	18.75	641.83	0.98	0.92	0.69	43.03

附录三 人物名录

（一）广华油田历任主要领导名录

序号	姓名	职务	任期
1	王安弟	矿长	
2	曹治世	矿长	
3	瞿宽来	教导员	
4	龚如宗	矿长	
5	邵世银	教导员	
6	何培根	矿长	
7	舒亚日	教导员	
8	卢丛和	矿长	1985 年 2 月—1988 年 6 月
9	任家乃	矿长	1988 年 6 月—1996 年 12 月
10	任光运	党总支书记	1988 年 6 月—1992 年 3 月
11	罗元昌	经理	1996 年 12 月—1998 年 2 月
12	卢继堂	党总支书记	1992 年 3 月—2003 年 4 月
13	王明泉	经理	1998 年 3 月—1998 年 12 月
14	罗元昌	经理	1998 年 12 月—2003 年 7 月
15	李长华	经理	2003 年 8 月—2004 年 2 月
16	龚汉武	党总支书记	2003 年 5 月—
17	彭义成	经理	2004 年 3 月—2006 年 11 月

（二）广华油田个人荣誉录

年度	获奖人	荣誉称号	授予单位
1976、1977	仲　召	局劳动模范	江汉石油管理局
1983、1984、1985、1986	王合珠	局劳动模范	江汉石油管理局
1987	党泽厚	局劳动模范	江汉石油管理局
1988	李　琳	局劳动模范	江汉石油管理局
1989、1990	党泽厚	局劳动模范	江汉石油管理局
1991	刘小明	局劳动模范	江汉石油管理局
1993	党泽厚	全国“五一”劳动奖章	全国总工会
1993、1994	党泽厚	局劳动模范	江汉石油管理局
1994	党泽厚	全国劳动模范	江汉石油管理局
1995、1996	党泽厚	局劳动模范	江汉石油管理局
1997、1998、1999、2000、2001	党泽厚	局劳动模范	江汉油田分公司

附录四　获奖项目

项目名称	获奖等级	获奖时间	项目完成者（单位）
广华寺油田地下金属构筑物区域性阴极保护技术	石油工业部优秀科技成果一等奖	1982.2	江汉石油管理局设计院、油田处、测井研究所
卡瓦式装置	全国青工“五小”智慧杯获三等奖	1990	王孟平
卡瓦式装置	湖北省青工“五小”成果二等奖	1990	王孟平
卡瓦式悬绳器装置	湖北青年科技成果展览最佳成果奖	1991	王孟平

附录五　征引文献

文献名	作者	出版时间	出版社
江汉油田志（1961—1985）	《江汉油田志》编辑室	1986	江汉石油报社

编纂始末

按照《中国油气田开发志》总编纂委员会的统一部署，江汉油田分公司于2006年8月28日成立编纂委员会，启动了《中国油气田开发志·江汉油气区油气田卷》编纂工作。江汉采油厂作为江汉油田分公司的二级单位，负责所管辖的26个油田开发志的编纂工作。2006年9月江汉采油厂成立《广华油田志》编纂委员会，由江汉采油厂厂长胡德高任主任，副厂长夏志刚任副主任，编纂组由肖斌任组长，编纂工作中，江汉油田分公司和江汉采油厂领导高度重视，并从人力、物力、财力上给予大力支持。

《广华油田志》自编纂工作启动以来，江汉油田分公司编纂委员会、《广华油田志》高度重视，组织有关专家给予指导和帮助。2007年6月完成《广华油田志》资料的收集工作，并形成初稿，参与审核的顾问组老专家认为“摘抄方案太多，未融会贯通形成志书自身语言，技术味太浓，不像志书”。根据老专家的意见，在老专家的指导下，对初稿进行大刀阔斧的修改，2008年6月完成了《广华油田志》（第二稿），并送顾问组老专家审核，部分章节得到了老专家的肯定，但“以事系人，人随事出”方面仍显不足，并对编纂内容提出了指导修改意见与建议。按照专家的意见与建议，对《广华油田志》的篇章结构与内容进行了进一步的修改完善，因开发试验较少，删除“开发试验”一节，于2009年3月完成于《广华油田志》第三稿，并在江汉油田第一招待所进行了评审，与会专家对《广华油田志》提出修改，要求进一步淡化技术内容，更加贴切志书要求，并对附图、附表进行规范。2009年7月完成《广华油田志》第四稿，基本编纂完成了《广华油田志》。在对志书用语、编排要求等提出规范意见，增加“配套工程”后，2009年11月，编纂完成《广华油田志》。

《广华油田志》分为七个部分，其中概述、第一章、第二章由肖斌编写；第三章由李波峰、余英、袁玲想、张建国、胡云鹏编写；第四章由刘玉、张建国、申修志编写；大事记及附录由肖斌编写。

在本志编纂过程中，江汉油田分公司顾问组的李渝生、洪志一、杜修宜、丁淑君、赵云山、叶全根等老专家、老同志发挥了重要作用，他们既是参谋者、指导者，又是第一读者，在每稿的审阅中都留下了他们许多宝贵的意见和箴言。中国石化江汉油田分公司勘探研究院档案室、广华作业区及采油7队在提供编纂资料方面，给予了大力支持，在此表示衷心感谢。

《广华油田志》编纂组
2010年1月

编号：18–008

代河油田志

《代河油田志》编纂组　编

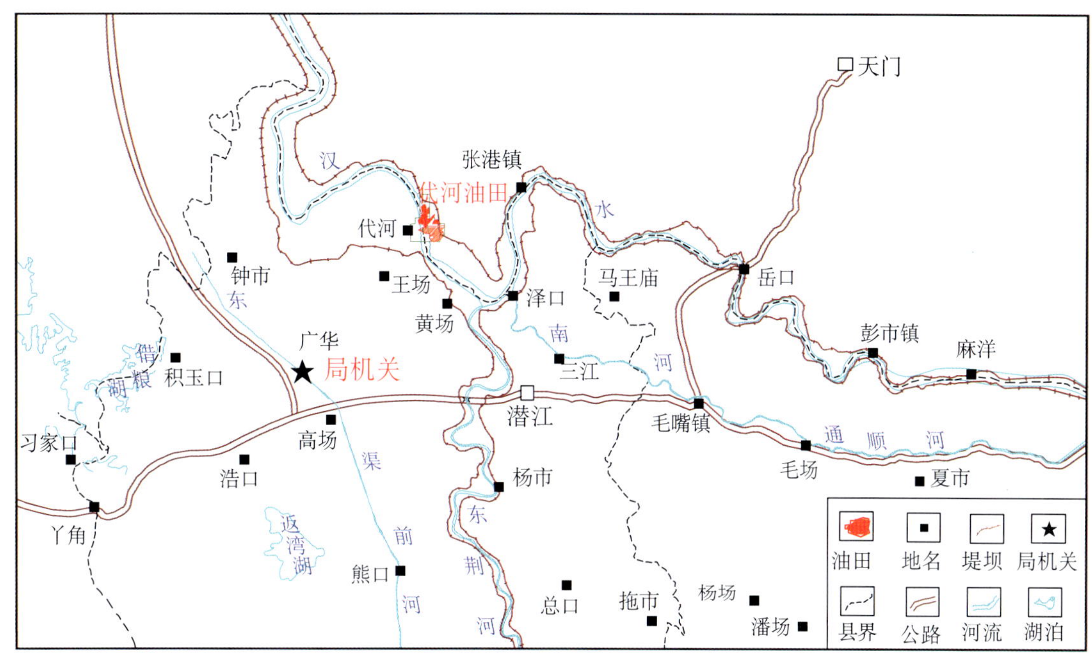

代河油田地理位置图

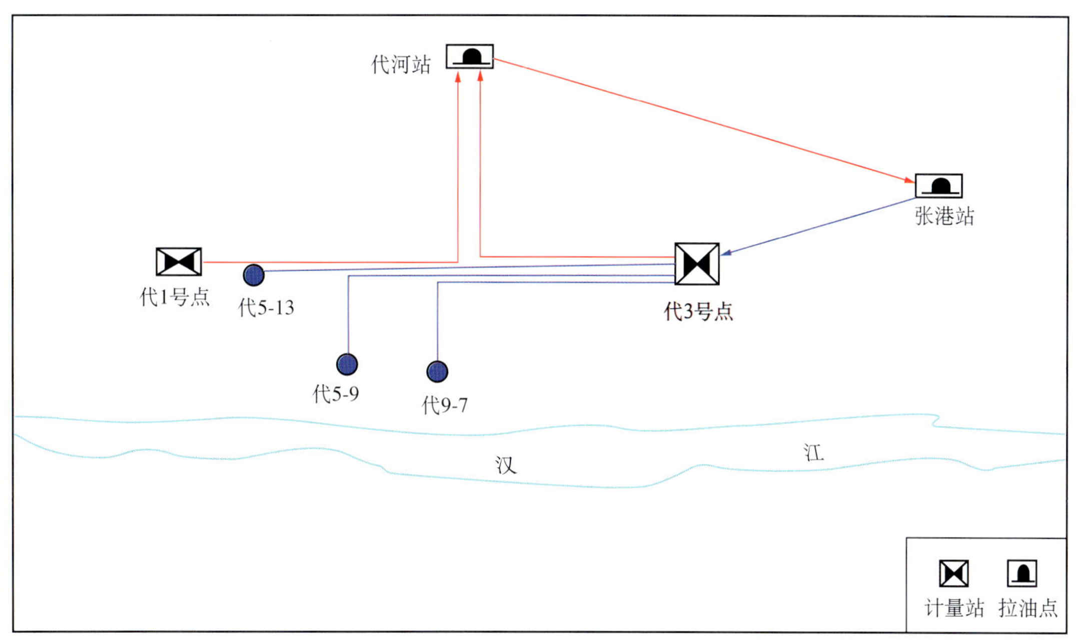

代河油田地面系统平面布置

代10
代9
潭40
代8-2
代斜9-3
代1-13
代8
代3-11
代5-9
B
代斜5-5
代7-7
B
代5-9
代5-11
B
代2
代1-17
代7
代9-5
代6
代5-11
代9-7
代斜14-8
代14
代14-1
代5-13
代7-11
潭41
代16
水
8.2
潭12
-900
-1000
-1100
-1200
-1300
-1400
-1500
-1600
-1700
-1800
-1900
-2000
构造等值线，m
断层
井位
代河油田构造井位图

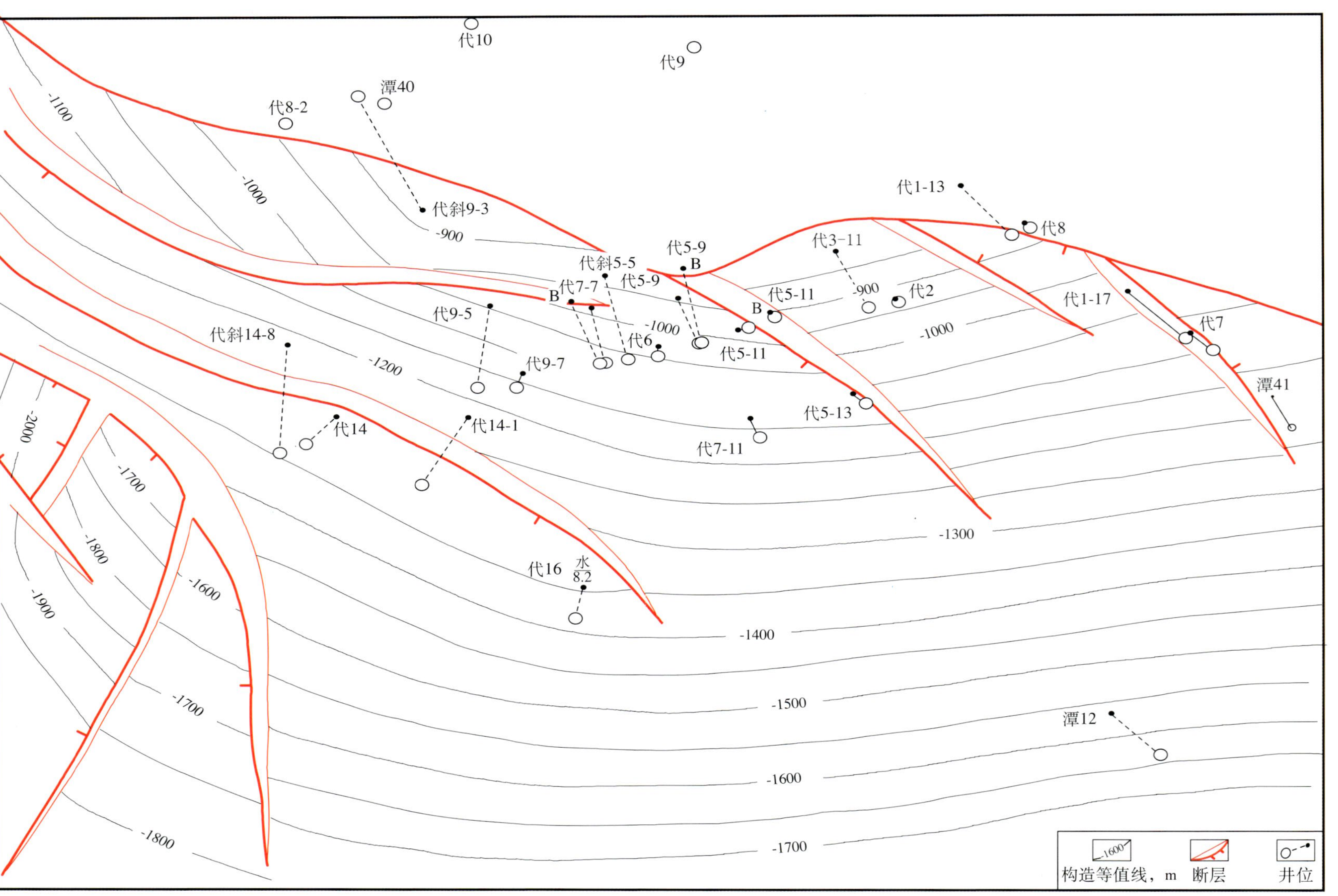

《代河油田志》编纂委员会

主　任：胡德高

副主任：夏志刚

成　员：刘孔章　贺　春　刘敬尧

《代河油田志》编纂组

组　长：王晓燕

成　员：李波峰　刘　玉　袁玲想　张建国　余　英
管发章　申修志

《代河油田志》审核人员

初审人：夏志刚　刘孔章　贺　春

复审人：丁淑君　洪志一　赵云山　罗秋林

概 述

代河油田位于湖北省潜江市王场镇张新乡代河大队与天门市交界地带，1988 年 7 月发现并投入开发，属亚热带季风气候，四季分明，温暖湿润，雨量充沛。位于素有水乡之国之称的江汉盆地北部，汉江从油田南部绕流而过。隶属中国石化江汉油田分公司江汉采油厂管理。

一

代河油田区域构造属于江汉盆地潜江凹陷北部钟—潭断裂构造带中段潭口断块代河断鼻，油田东南为黄场、张港和王场油田，西隔潭 4 井—代 1 井凸起区与潭口油田相对。代河油田为一被主控制断层和次级断层切割复杂化的鼻状构造。整个构造走向南北，向东倾没，倾角 21° ~ 37° 。区内断层发育，主控断层为一条南北向断层，控制代河油田构造的基本轮廓，断距 300m 左右，延伸长度大于 4km，向东倾，断面倾角 30° 。钻井结合地震资料揭示还有 6 条正断层，按其走向可分为近南北向、北东向和近东西向三组断层，断鼻内被次级断层切割成代 7、代 8、代 2、代 6、代 14 等 5 个含油井块。

代河油田为盐湖沉积，含油层位为古近系潜江组潜四段，共分 7 个油组，其中潜 $4^{1下}$、潜 $4^{0下}$和潜 4^{2} 三个油组是该油田的主力油组，埋深 830.2 ~ 1425.0m，油层平均有效厚度 9.3m，储层岩性以粉、细砂岩为主，砂岩成分以石英和长石为主，分选系数 1.93 ~ 2.40，胶结类型以孔隙式为主。油层物性潜 4^{1}—潜 4^{2} 油组比潜 4^{3} 油组好，潜 4^{1}—潜 4^{2} 油组平均孔隙度为 26.8%，平均空气渗透率为 692mD；潜 4^{3} 油组平均孔隙度为 16.6% ，平均空气渗透率为 29.8mD，潜 $4^{1下}$—潜 4^{2} 油组孔喉分选好，颗粒均匀，胶结物充填少，孔喉半径分布较集中；潜 $4^{2下}$—潜 4^{3} 油组分选性变差，孔喉半径分布区间变宽。储层润湿性为亲水性。

原油性质自上而下（潜 4^{1}—潜 4^{3} 油组）变好。潜 4^{1}、潜 $4^{1下}$油组属稠油，地面原油相对密度 0.9357 ~ 0.9722，黏度 208.51 ~ 469.55mPa·s。潜 $4^{0下}$—潜 4^{3} 油组属稀油，地面原油相对密度 0.896，黏度 306.9mPa·s。地层水总矿化度为 24.12×10^4mg/L，Cl^- 含量为 13.56×10^4mg/L，水型以 Na_2SO_4 型为主，其次为 $NaHCO_3$ 型。相对密度为 0.984。原始气油比为 $4m^3/t$，天然气主要为石油溶解气，甲烷含量为 26.6%。

油藏驱动类型为弹性水压驱动，原始地层压力为 10.71MPa，地层温度为 56.0℃。

代河油田到 1989 年底经全国储委会批准，叠合含油面积 1.9 km^2，基本探明石油地质储量 325×10^4t。

1992 年，发现了代河南侧的代 14 井区，提交含油面积 $0.6km^2$，探明储量 126×10^4t，增加后含油面积为 $2.5km^2$，探明地质储量为 451×10^4t。

2005 年套改，经国土资源部批准，叠合含油面积 $0.96km^2$，基本探明石油地质储量 141.7×10^4t。

截至 2005 年底，代河油田共探明含油面积 $0.96km^2$，地质储量 141.7×10^4t，标定采收率 12.4%，可采储量 17.59×10^4t。

二

代河油田的勘探工作始于1970年3月，当年钻探潭41井，在潜$4^{2\text{下}}$油组发现1层1m的油层，试油获日产油0.01t，由于未获工业油流，钻探工作一直中断。1988年初，进一步落实构造，钻探潭40井，在新沟嘴组下段Ⅱ油组试油获日产3.2t的工业油流。同年6月完钻的代6井于潜江组钻遇油层14层28.8m，试油获日产27.7t的较高产工业油流，从而发现了代河油田。

到2005年，代河油田实现三维地震满覆盖，完钻探井8口，取心井6口，共发现代2、代6、代7、代8井、代14五个含油区块。

大事记

1988 年

7 月　代 6 井于潜江组潜四段上亚段钻遇油层 28.8m/14 层，试油获日产 27.7t 的较高产工业油流，从而发现了代河油田，并投入滚动勘探开发，发现代 8 井、代 7 井等含油区块。

8 月　在汉江大堤内建计量站 2 座，同年 12 月，新建代河接转站至张港站输油管线 6.3km，设计输量 12×10^4t/a。

1989 年

6 月　代河接转站改建为集油站。

9 月　投入注水开发。

1991 年

是年　发现代 14 井区，并发现新的油层潜 3^3 油组。

是年　代 2、代 5−9 转注。

1999 年

是年　代 3−11、代 5−9 计划关井。

2004 年

是年　代 5−5 计划关井。

2005 年

是年　储量套改，经国土资源部批准，叠合含油面积 0.96 km^2，基本探明石油地质储量 141.7×10^4t。

第一章

油 田 开 发

代河油田 1988 年 9 月投入试采，1989 年 9 月投入注水开发。

第一节　开发历程

代河油田于 1988 年 9 月投入试采，1989 年投入开发，按照 1989 年由研究院罗伟编制、丁淑君、韩定荣审核的《代河油田滚动开发初步方案》的设计要求，采取小井距（200 ~ 300m）不规则三角形布井方式，一套开发层系开发，注水方式为边缘注水，设计年产油 4.7×10^4t，当年生产原油 0.72×10^4t，1989 年原油产量达到最高峰，年产油 1.07×10^4t。代河油田经历了试采、开发上产、开发递减阶段（图 1–1）。

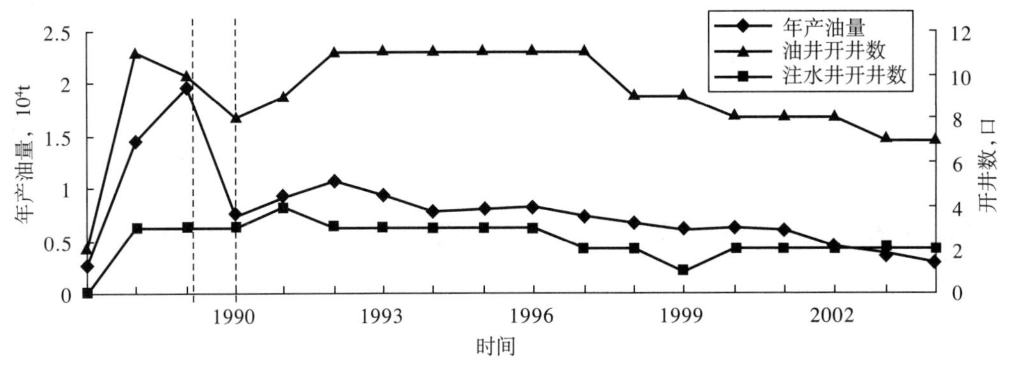

图 1–1　代河油田开发阶段划分图

1988—1989 年为试采阶段。代河油田 1988 年下半年投入滚动勘探开发，设计井位 26 口，建产能 4.7×10^4t，实际到 1988 年 12 月代河及周缘共完钻 11 口井，其中探井 5 口，评价井 1 口，开发准备井 5 口，建产能 2.5×10^4t。

1990 年为上产阶段。整个油田 1989 年 9 月投入注水开发，1990 年 6 月至 8 月普遍见效，产液量、产油量、含水、动液面上升，1990 年 12 月钻代 14 井，1991 年 6 月获得 25.3t 的工业油流，发现代 14 井区，同时井口产量达到历史最高峰的 74t。

1991—2005 年为递减阶段。1991 年起含水上升，产油量、动液面下降，主要由于注水后见水快引起含水上升。1992 年投入代 5–5、代斜 14–8 井，区块产量有所上升。之后逐步递减，至 1999 年，计划关闭代 3–11（低液面）、代 5–9（高含水）井，2000 年计划关闭代 5–5（低液面、高含水）井，以及 2004 年计划关闭代 5–11B 井后，产量一路递减。

第二节　开发现状

2005年12月，有油水井9口，其中油井7口，开井6口，水井2口，开井2口。井口日产油8t，核实7t，采油速度0.07%，累计产油125848t，采出程度3.36%，日注水76m^3，月注采比0.73，综合含水92.55%，累计注水75.26×10^4m^3，累计注采比1.10，累计地下亏空6.68×10^4m^3。

代河油田属江汉采油厂采油21队管理，该队目前有职工34名。

第二章

钻采与地面工程

第一节　钻井工程

油田开发始于20世纪80年代后期，钻井技术已迅速发展，钻井方式采用转盘加井下动力钻具的复合钻井方式。受地面条件限制，推广应用定向钻井技术。钻井液使用饱和盐水钻井液体系，应用自主研发的多种聚合防塌剂，提高了防塌、携砂、防卡等性能，有效解决了上部广华寺组地层垮塌的问题，减少了钻井事故的发生。

油田均采用套管完井方式。由于油田平均井深较浅，且无异常压力地层，井身结构多采用常规的二级套管结构，即ϕ339.7mm表层套管+ϕ139.7mm油层套管。固井采用常规固井技术。射孔枪早期使用73枪，1989年开始使用YD–89和YD–102枪。射孔方式为正压射孔，射孔液采用清水。

第二节　采油工程

一、举升

代河油田自1988年9月第一口油井代6井开始机械采油，截至2005年共有12口油井投入生产，主要采用机械采油，随着地层压力降低，由小泵向大泵提液及小泵深抽方向发展。从最初的普通管式泵发展到防腐耐磨管式钢泵，泵径由小到大形成多种系列。

代河油田截至2005年，平均泵效为54.8%，平均检泵周期1371天，在泵径的选择上多选用ϕ32mm、ϕ38mm的管式泵，抽油杆多偏向于D级高强度抽油杆。抽油机的选择以10型抽油机为主，辅以部分12型抽油机，冲程多为3m，冲次多为4～6次/min。

二、注水

代河油田于1990年投入注水开发，注水水源来自张一站，张一站来水通过江边站到达代河3号点，分配各井，注水干线全长7200m，注水压力10MPa。代河油田从开发到现在，共有注水井3口，其中分层注水井1口，全井注水井2口。

三、油层改造

开发初期应用土酸酸化，主要应用在试油作业中，应用效果不好，应用井次较少。1989年针对油田开发过程中出现的胶质、沥青质等有机垢物污染储层，应用了胶束酸酸化，1989—1990年在代河油田应用4口井，平均单井日增油4.5t。1989年5月在代7–7井应用后，日产油由7.1t上升到15.7t。从此胶束酸酸化在代河油田推广应用。

压裂应用较少，主要应用田菁压裂液，压裂车组采用中原油田美国斯蒂文森千型压裂车组，全井加石英砂，1991—1992 年共应用 3 口井，平均砂液比 26%，平均单井加砂 17m^3，均未取得明显的效果，未推广应用。

四、堵水

油田开发进入中高含水期后，开展了油井找水、堵水工作，采用用封隔器找、堵水。主要应用了以江 756–2 封隔器为核心的找水、堵水管柱堵水，共应用 4 井次，1991 年 11 月在代 6 井应用后，日产油由 1.5t 上升到 13.6t，日产水由 57.3m^3 下降到 9.5m^3。

五、修井

修井主要解决盐卡管柱的问题，主要采用清水冲盐工艺、挤清水解盐活动解卡，对于活动不能解卡的井采用套铣和倒扣的方法起出被卡管柱。在复杂落物打捞方面，主要根据落物顶部（鱼顶）情况，再选择或制作合适的打捞工具。1993 年 5 月在代 5–11 井油管落井，下可退式打捞筒，捞出全部油管。

第三节 地面工程

一、集输工程

1988 年 6 月，代河油田开发初期，地面工艺采用建单井拉油工艺，开式流程，采出液由罐车拉运至张一站。

1988 年 8 月，随着代河油田的滚动开发，汉江大堤内建计量站 2 座，各种油水管线 10km，大堤外新建活动撬装式计量接转站，集油能力 7.5 × 10^{4}t/a，产能 3.1 × 10^{4}t/a。同年 10 月，代河 1 号、2 号撬装式计量站建成投产；同年 12 月，新建代河接转站至张港站输油管线 6.3km，设计输量 12 × 10^{4}t/a。

1989 年 3 月，代 1 号、代 2 号计量站合并为 1 个计量站，建在汉江大堤迎水面区域代 2 井附近；同年 6 月，代河接转站改建为集油站，满足代 1 号、代 2 号计量站和张港计量接转站来油及代河向张港、王场联合站输油和管线预热扫线等要求。

1990 年新建代 3 号点，1991 年 11 月，新建代 14 计量点。

由于代河油田油稠，管输阻力大，井口回压高，冬季生产困难，集输站外采用三管流程，单井来液经计量后自压至代河接转站外输（间输）张港站再经王 19 接转站输至王场联合站集中处理。

截至 2005 年，建成计量接转站 1 座，计量站 2 座。设计原油外输能力 3.65 × 10^{4}t/a，实际原油外输 1.2 × 10^{4}t/a，建有 2 条集油管线，总长 2.7km，建有油水间输管线 1 条——代河—张港外输油管线，长 6.4km，单井集油管线 8.31km。

二、配套工程

代河油田供电电源为油田 35kV 王代线供电。

代河油田早期供水取自 1989 年 8 月在汉江边打的一口深 164m 的地下水源井，日产水为 1920m^3，后期供水取自 1999 年打的一口深 150m 日产水 1200m^3 的地下水源井。2005 年 3 月又打了一口水源井作为备用。

附　录

附录一　附　图

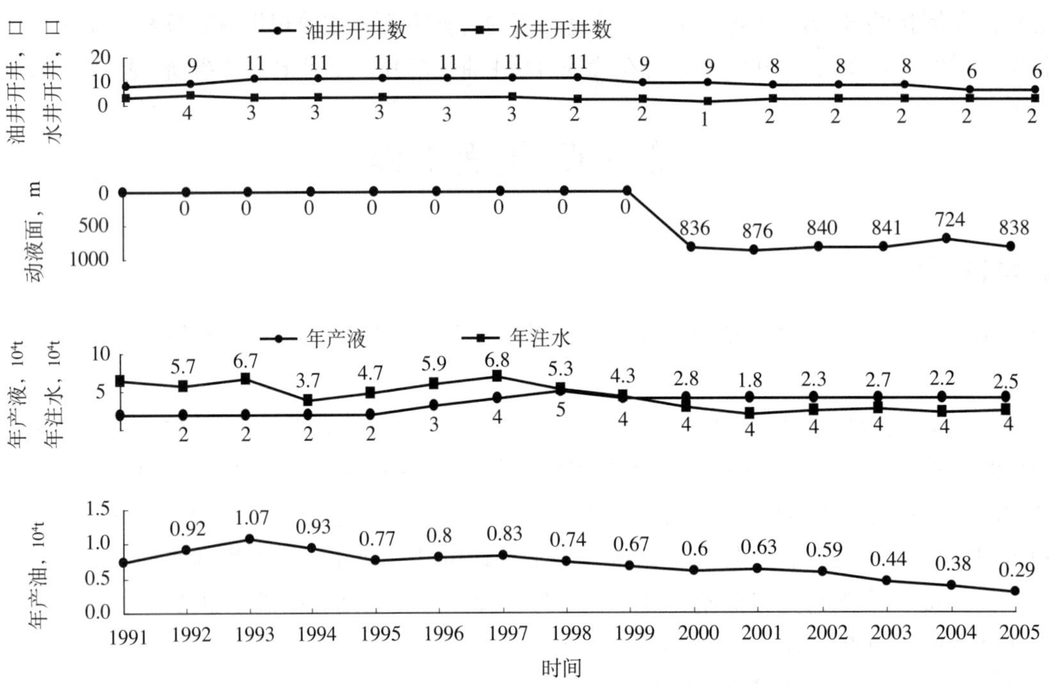

代河油田开采综合曲线图

附录二　附　表

附表 1　代河油田综合地质数据表

油田	含油面积 km²	层位	油层埋藏深度 m	平均有效厚度 m	孔隙度 %	空气渗透率 mD	含油饱和度 %	地层温度 ℃	压力系数	原始地层压力 MPa	地层原油				地面原油				天然气		地层水		
											饱和压力 MPa	原始气油比 m^3/t	体积系数	地下黏度 mPa·s	密度 g/cm^3	黏度 mPa.s	凝固点 ℃	含硫量 %	相对密度	甲烷含量 %	水型	总矿化度 $10^4mg/L$	氯离子含量 $10^4mg/L$
代河	0.96	4^1、$4^{1下}$、4^0、$4^{0下}$、4^2、$4^{2下}$、4^3	830.2 ~ 1425.0	9.3	26.2	22.46	69.5	56	0.97	10.71	2.1	4	1.033	12.86	0.9	208 ~ 469	26.1	22.46	—	26.6	Na_2SO_4	24.12	13.6

附表 2　代河油田开采地质数据表

时间	动用储量 10^4t	油井		注水井		核实产油量		核实产水量		核实产液量		年末动液面 m	年末综合含水 %	注水量		注采比		地质采油速度 %	地质采出程度 %
		总井数 口	开井数 口	总井数 口	开井数 口	年 10^4t	累计 10^4t	年 10^4t	累计 10^4t	年 10^4t	累计 10^4t			年 10^4m^3	累计 10^4m^3	年末	累计		
1991	249	9	8	5	3	0.73	2.54	1.31	2.25	2.04	4.79	—	49.90	6.50	14.17	2.63	1.43	0.29	1.02
1992	249	10	9	4	4	0.92	3.46	0.59	2.84	1.51	6.30	—	52.52	5.66	19.83	3.20	1.57	0.37	1.39
1993	375	11	11	3	3	1.07	4.92	1.45	4.56	2.52	9.48	—	53.06	6.72	26.55	1.14	1.54	0.29	1.31
1994	375	11	11	3	3	0.93	5.84	1.08	5.64	2.00	11.49	—	61.74	3.71	30.26	1.23	1.47	0.25	1.56
1995	375	11	11	3	3	0.77	6.61	1.37	7.01	2.14	13.63	—	68.49	4.73	35.00	1.72	1.49	0.21	1.76
1996	375	11	11	3	3	0.80	7.41	2.54	9.56	3.34	16.97	—	76.58	5.94	40.93	1.98	1.52	0.21	1.98
1997	375	11	11	3	3	0.83	8.24	2.87	12.43	3.70	20.67	—	82.31	6.85	47.78	1.78	1.56	0.22	2.20
1998	375	11	11	3	2	0.74	8.98	3.85	16.28	4.59	25.26	—	83.19	5.26	53.04	0.95	1.49	0.20	2.41
1999	375	11	9	2	2	0.67	9.65	3.66	19.95	4.33	29.59	—	84.62	4.33	57.38	0.60	0.04	1.09	2.57
2000	375	12	9	2	1	0.60	10.25	3.05	23.10	3.65	33.35	836	81.57	2.75	60.13	0.30	1.38	0.17	2.73
2001	375	12	8	2	2	0.63	10.88	3.15	26.25	3.78	37.13	876	83.12	1.83	61.96	0.86	1.31	0.17	2.90
2002	375	12	8	2	2	0.59	11.47	3.26	29.51	3.85	40.98	840	85.90	2.27	64.23	0.59	1.25	0.15	3.06

续表

时间	动用储量 10^4t	油井		注水井		核实产油量		核实产水量		核实产液量		年末动液面 m	年末综合含水 %	注水量		注采比		地质采油速度 %	地质采出程度 %
		总井数 口	开井数 口	总井数 口	开井数 口	年 10^4t	累计 10^4t	年 10^4t	累计 10^4t	年 10^4t	累计 10^4t			年 10^4m^3	累计 10^4m^3	年末	累计		
2003	375	11	8	2	2	0.44	11.92	3.65	33.16	4.01	45.08	841	89.22	2.67	66.90	0.69	1.20	0.13	3.18
2004	375	7	6	2	2	0.38	12.29	3.69	36.85	4.07	49.15	724	91.93	2.22	69.13	0.53	1.16	0.08	3.28
2005	375	7	6	2	2	0.29	12.58	3.28	40.13	3.57	52.72	838	92.55	2.53	71.66	0.73	1.13	0.07	3.36

编号：18-009

老新油田志

《老新油田志》编纂组 编

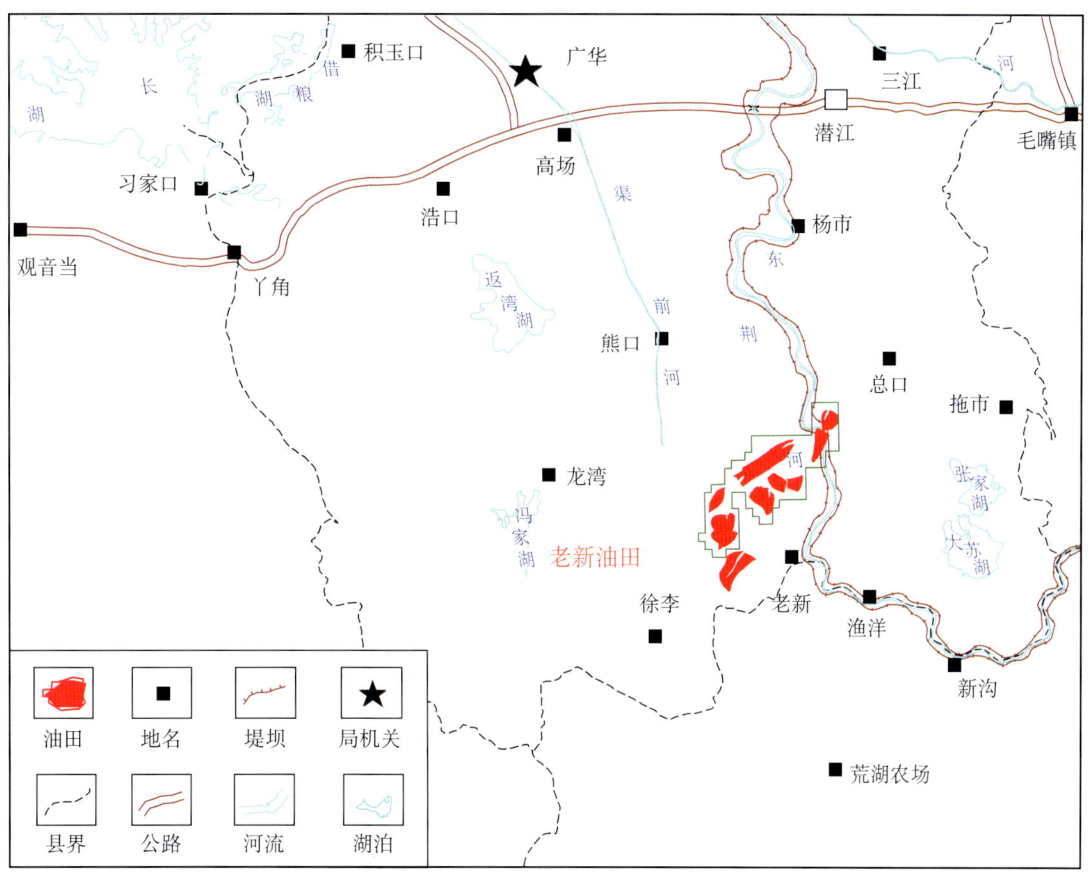

老新油田地理位置图

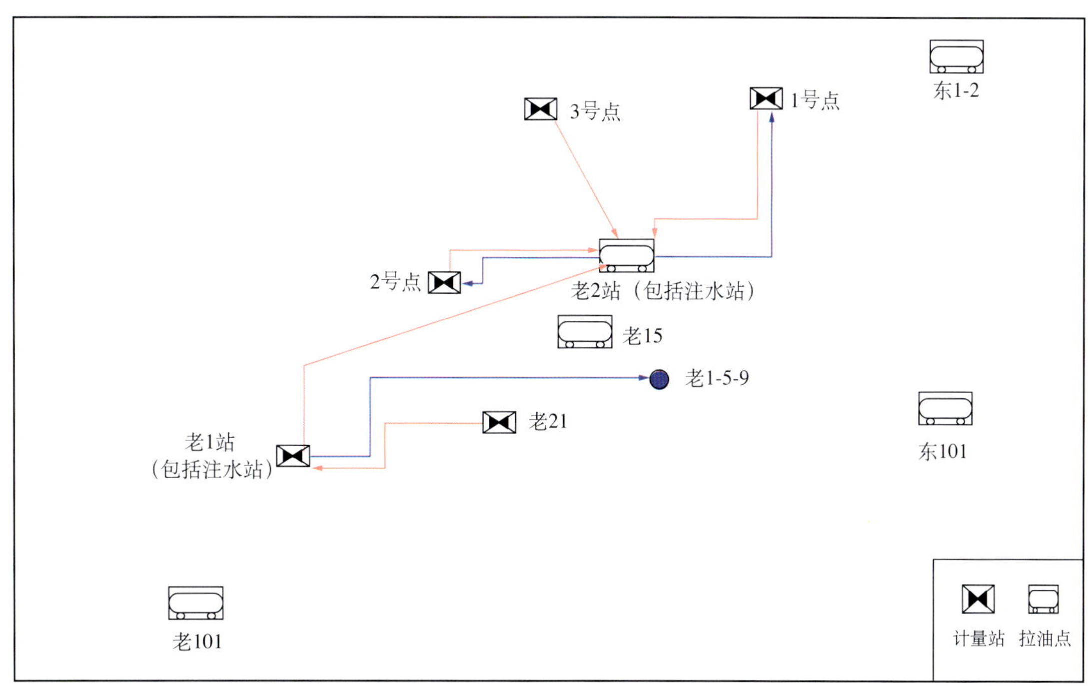

老新油田地面系统平面布置图

本志目录

概　述

1971 年在老新鼻状构造上钻探新 13 井，获工业油流，发现老新油田，1989 年开始试采，1993 年正式投入开发。主要含油层系为古近系新沟嘴组下段。截至 2005 年 12 月，共上报探明含油面积 $14.2km^2$，石油地质储量 448.00×10^4t，可采储量 83.40×10^4t。现由中国石化江汉油田分公司江汉采油厂管辖。

一

老新油田位于湖北省潜江市渔洋乡和熊口农场西湖湾分场境内，地面为平原，海拔高 25m 左右，交通方便。属于亚热带季风气候，四季分明，雨量充沛。春季多雨，夏季热湿，秋季凉爽，冬季多为湿冷天气，适于农作物生长。农作物以水稻为主，经济作物主要有油菜、棉花、蚕豆等。

二

区域背景为一由西南向东北倾的单斜，被两条近东西向的大断层（东荆河断层、中岭断层）分成三大块，由北向南为老新鼻状隆起带、新沟地垒隆起带、胡家场斜坡断阶带。老新油田构造位于潜江凹陷南部老新鼻状隆起，走向北东，被直路口断层切割成南、北两块，北块已发现老新油田老一区、老二区和老 21 块，南块发现老 101、老 15、老 14 和东 1 含油区块。

油源来源于油田东临的总口、熊口向斜和自身的未熟—成熟“双重”油源。老新断鼻是自荆沙组沉积早期形成，并继承性发育的构造，滩坝和河道充填而成的砂体有利于聚集从东北总口、熊口地区运移而来的油气，又有利于捕获老新鼻状隆起自身的油气，新沟嘴组下亚段目的层以上又被新沟嘴组上亚段、荆沙组和潜江组大套泥质岩覆盖，具有良好的盖层，因而形成老新油田。

老新油田断层较发育，平面上主要由北东、北西和东西向三组断层组成，其中北东和北西向两组断层尤为发育，各断层断距大小不一，断距最小的仅 10m 左右，大的达 400 多米，断层延伸长度 0.7 ~ 10km。

三

1970 年经钻探发现老新断鼻构造，1971 年 1 月 24 日在老新鼻状构造上钻探新 13 井，5 月 21 日完钻，测井解释油层 4 层 5.0m，6 月 21 日对古近系新沟嘴组下亚段Ⅲ油组 2504.6 ~ 2515.2m 井段试油，获日产 16.9t 工业油流。1972 年 3 月 15 日钻探新 12 井，6 月 17 日完钻，在新沟嘴组下亚段测井解释油层 6 层 7.0m，10 月 4 日对新沟嘴组下亚段Ⅱ油组 2362.0 ~ 2396.4m 井段试油，获日产 $10.3m^3$ 工业油流，从而发现了老新油田老一区含油区块。

1983 年 6 月 1 日在老新鼻状隆起直路口断块钻探老 10 井，10 月 30 日完钻，在新沟嘴组下亚段共解释油层 10 层 16.0m。1984 年 3 月 13 日和 5 月 3 日分别对新沟嘴组下亚段Ⅲ油组 2593.4 ~ 2607.0m

井段及新Ⅰ油组 2456.6 ~ 2480.0m 井段试油，分获日产 13.1t 和 21.4t 工业油流，从而发现了老新油田老二区含油区块。

1991 年以后，在对老新地区二维地震资料重新解释及沉积相带评价的基础上，相继发现老 14、老 15、老 21、老 101、东 1 块圈闭，通过钻探后试油证实五个圈闭均含油。

截至 2005 年底，老新油田的老 14、老 15、老 21、老 101、东 1 块等 5 个含油区块，共探明含油面积 8.20km^2，地质储量 221.0×10^{4}t，尚未投入开发，已钻各类井 22 口，其中探井 17 口，开发井 5 口，工业油流井 8 口，符合未开发储量界定原则。

四

老新油田仅老一区和老二区两个区块投入开发，其中老二区于 1989 年 2 月投入开发，1990 年投入注水开发，按一套开发层系、500m 井距、三角形井网布井（局部油层叠合区加密为 250m 井距），注水方式为边缘加点状；老一区于 1992 年投入开发，1993 年开始注水，一套开发层系，三角形井网，井距 200 ~ 300m，注水方式为边缘注水加点状。老新油田可划分为上产阶段、稳产阶段、产量递减阶段和低速稳产阶段（图 1）。

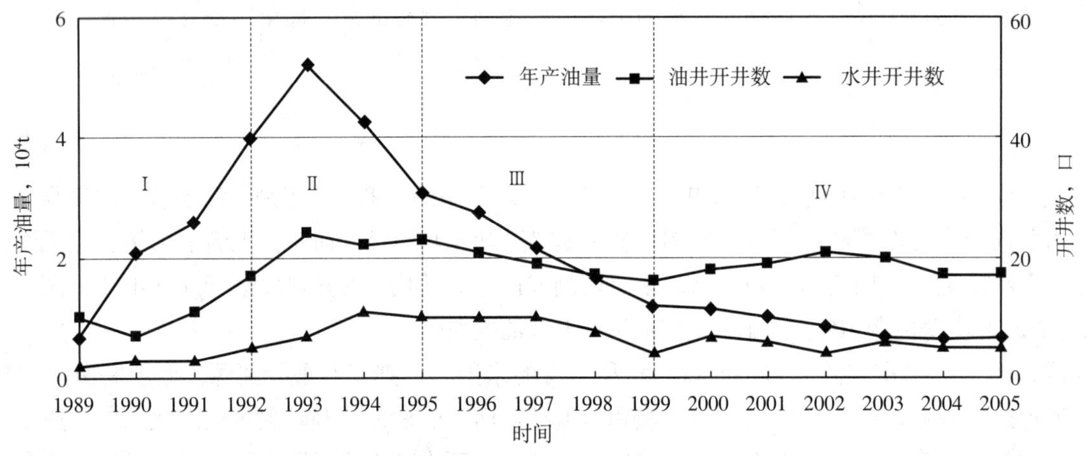

图 1　老新油田注水开发阶段划分图

(1) 上产阶段（1989 年至 1991 年）。1989 年 2 月起，老二区利用 3 口探井进行试采的同时，通过滚动勘探开发建设，到 1989 年底投产油井 9 口，建成原油生产能力 2.20×10^{4}t/a。由于该区为低渗透油藏，边水能量不活跃，投入开发后，地层压力下降快，产量递减幅度大，1989 年 12 月平均单井日产油量仅为同年 8 月的 33.8%。1990—1991 年相继投产新井 7 口，井区产量上升。1990 年 4 月投入注水开发，同年 5 月转注水井 3 口，注水开发以后，油井见到明显效果。

到 1991 年 12 月油井开井 11 口，平均单井日产油 6.3t，日产油水平 53t，综合含水 30.98%，累计采油 5.77×10^{4}t，注水井开井数 3 口，平均单井日注水量 74m^3，油田日注水量 221m^3，累计注水量 9.86×10^{4}m^3。

(2) 稳产阶段（1992 年至 1994 年）。为保证持续高产稳产和“八五”开发规划方案的安排，1992—1993 年继续完善老二区注采系统，共新钻油、水井 11 口。1993 年老二区油井增至 17 口，注水井增至 6 口，注水后见到了一定的效果，动液面略有回升，1992 年年产油量达到高峰值 3.99×10^{4}t，通过完善注采井网和注水补充地层能量，有效地控制了老二区产油量递减，确保了老二区稳产。

1992 年老一区投入开发，当年投产油井 3 口，注水井 1 口，1993 年油井开井数 7 口，年产油量 1.25×10^4t，1993 年老新油田产量达到最高峰，年产油 5.22×10^4t，随后产量呈递减趋势。

1994 年 12 月，老新油田油井开井 22 口，平均单井日产油 11.8t，日产油水平 93t，综合含水 56.88%，年产油量 4.24×10^4t，累计采油 19.52×10^4t，地质储量采油速度 1.87%，采出程度 8.60%。注水井开井数 11 口，平均单井日注水量 $69m^3$，日注水量 $387m^3$，年注水量 $12.39 \times 10^4m^3$，累计注水量 $41.52 \times 10^4m^3$，月注采比 1.18，累计注采比 1.10。

(3) 产量递减阶段（1995 年至 1998 年）。老新油田注水开发后，油井能见到注水效果，且大部分区块见效较快，见效时间一般为 2 ～ 6 个月，最长的约一年左右，平均在 4 个月内对应油井即可见效，但是见效后很快出现含水快速上升，平均在见效 7 个月后含水大幅度上升，老一区表现尤为显著，表现为含水上升、产油量下降。

1998 年 12 月，老新油田油井开井 20 口，平均单井日产油 6.4t，日产液水平 42t，综合含水 75.56%，年产油量 1.77×10^4t，累计采油 30.71×10^4t，地质储量采油速度 0.78%，采出程度 13.53%。注水井开井数 8 口，平均单井日注水量 $80m^3$，日注水量 $320m^3$，年注水量 $12.75 \times 10^4m^3$，累计注水量 $98.76 \times 10^4m^3$，月注采比 1.74，累计注采比 1.28。

(4) 低速稳产阶段（1999 至 2005 年）。主要通过三类井恢复、局部注采井网完善与注水井的动态调整，实现了老新油田的低速稳产，地质储量采油速度在 0.3% ～ 0.5% 之间。

五

截至 2005 年 12 月，老新油田共上报探明含油面积 $14.20km^2$，石油地质储量 448.00×10^4t，可采储量 83.40×10^4t，其中动用含油面积 $6.00km^2$，石油地质储量 227.00×10^4t，可采储量 39.20×10^4t。

2005 年 12 月，老新油田有油井 20 口，开井 17 口，日产油水平 18t，日产液水平 125t，平均单井日产油 1.1t，综合含水 84.5%，地质储量采油速度 0.29%，地质储量采出程度 16.32%，累计产油 37.04×10^4t；注水井 8 口，开井 5 口，日注水 $185m^3$，累计注水量 $145.01 \times 10^4m^3$，累计注采比 1.21。

截至 2005 年，老新油田建成拉油注水站 1 座，计量接转站 1 座，计量站 2 座。单井拉油点 3 座（老 15、老 21、东 1–2），设计原油外拉能力 10×10^4t/a，实际原油外拉 0.7×10^4t/a。建有 3 条集油管线，总长 6.35km，单井油管线 16km。

老新油田由江汉采油厂新周作业区所属的采油二十二队管理。

大事记

1971 年

6 月　完钻新 13 井，压裂后抽汲求产，日产油 16.9t，发现了老新油田。

1972 年

6 月　钻探新 12 井，发现老新油田老一区。

1984 年

10 月　钻探老 10 井，发现老新油田老二区。

1990 年

4 月　老二区建站。

1991 年

1 月　对老 14 井试油，发现老 14 井区。

1994 年

5 月　钻探东 1 井发现东 1 井区。

6 月　钻探老 21 井发现老 21 井区。

9 月　钻探老 15 井发现老 15 井区。

1997 年

8 月　钻探老 101 井发现老 101 井区。

第一章

油 田 地 质

在油田各开发时期，结合技术进步，利用地震、钻井及动静态资料，对油田地质构造、储层与沉积相、流体性质、石油地质储量、剩余油分布规律等进行研究，以指导油田开发。

第一节 构 造

老新断鼻构造是老新鼻状隆起被断层的切割而成。老新鼻状隆起是在底盆微弱隆起的基础上沉积了新沟嘴组下段，此时直路口断层就明显产生了，并控制了两盘的沉积厚度，新上段时期断层继续活动。荆二段沉积时期，随着老新鼻状隆起急剧抬起，断裂活动加剧并产生一系列伴生断层，切割隆起形成局部构造，荆一段沉积以后，断层活动逐渐减弱，潜江组沉积后至广华寺组沉积前，直路口断层停止活动。

古近系沉积后，新近系广华寺组沉积前，老新鼻状隆起整体回返上升，荆河镇组及部分潜江组遭受剥蚀，该构造定型，其上被新近系广华寺组和第四系平原组覆盖。

老新油田位于潜江凹陷南部老新鼻状构造带，断层较发育，平面上主要由北东、北西和东西向三组断层组成，其中北东和北西向两组断层尤为发育，各断层断距大小不一，断距最小的仅10m左右，大的达400多米，断层延伸长度0.7～10km。老新地区经一系列北东、北西和东西向断层切割形成的断鼻或断块构造，沿轴部被北东—北东东向展布的直路口断层切割成南北两块。北块已发现老新油田老一区、老二区和老21块，南块发现老101、老15、老14和东1含油区块（图1–1）。

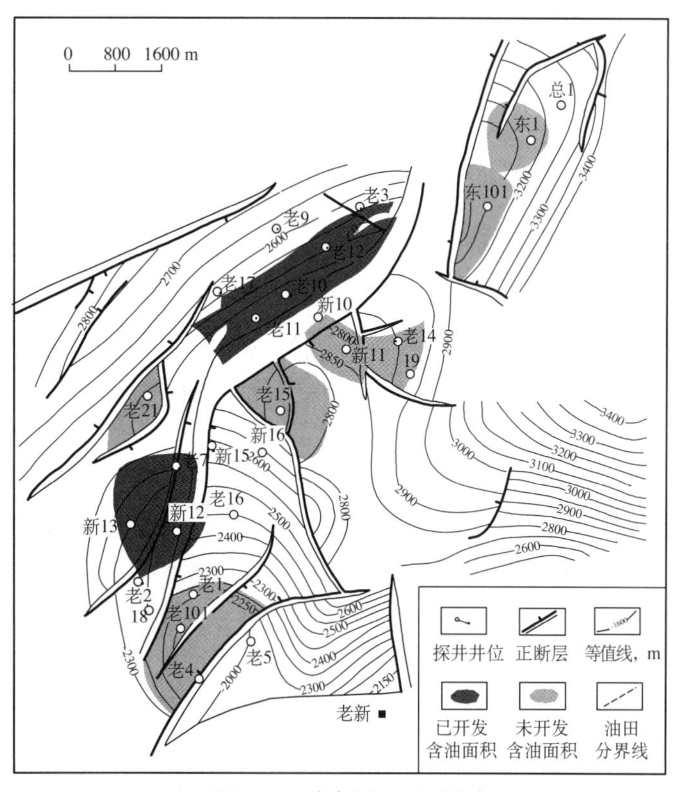

图1–1 老新油田平面分布图

老一区和老二区均为一条平行老新鼻状隆起轴线的直路口正断层切割（图1–2）。老一区是一个被断层封闭而形成的断鼻构造，构造向北西倾没，比较平缓，地层倾角一般小于6°，翼部地层倾角9°左右，构造闭合高度大于200m，高点在老1–6–6井附近。老二区构造为一个向北西倾没的断鼻构造，走向为北东向，构造比较陡，地层倾角一般小于16°，翼部地层倾角9°左右。老二区的主断层为直路口断层，走向北东，向南东倾斜，断距 118 ~ 405m，延伸长度大于 3km，构造高点在老 2–2–6 井附近，高点埋深 2390m。东 1 区块为南块上被一反向正断层封堵的上升盘逆牵引断鼻构造，圈闭面积 4.5km²，闭合高度 100m，高点埋深 3150m。老 21 区块闭合面积 0.8km²，闭合高度 60m，高点埋深 23300m。老 101 区块为断块构造，圈闭面积 0.8km²，闭合高度 50m，高点埋深 23300m。老 14 区块为断鼻构造，圈闭面积 1.0km²，闭合高度 50m，高点埋深 2950m。老 15 区块为断鼻构造，圈闭面积 0.3km²，闭合高度 50m，高点埋深 2920m。

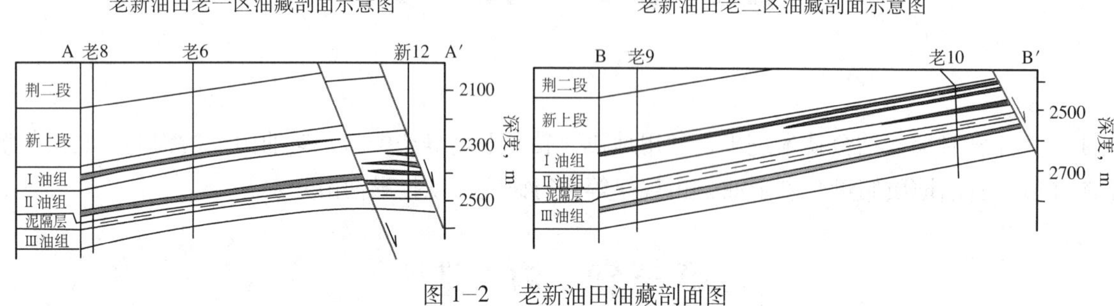

图 1–2　老新油田油藏剖面图

第二节　储　层

一、地层层序

老新油田地层自上而下为第四系平原组，新近系广华寺组，古近系潜江组、荆沙组、新沟嘴组上段 (Ex 上)、新沟嘴组下段 (Ex 下)、沙市组，白垩系渔洋组。老新油田区域性缺失荆河镇组，广华寺组与下伏的潜江组为不整合接触，其他各层为整合接触。

主要含油气层系为古近系新沟嘴组下段，为灰色、灰紫色泥岩夹泥膏岩、粉砂岩，细分为大膏层、Ⅰ油组、Ⅱ油组、泥隔层、Ⅲ油组。其中大膏层和泥隔层在该区分布稳定，是一级标志层。

大膏层以灰白色石膏岩、泥膏岩为主，夹灰色泥岩和石膏质泥岩，分布稳定，厚度 9 ~ 15m；Ⅰ油组为紫红色、灰色泥岩与粉砂岩互层分布，厚度 80 ~ 90m；Ⅱ油组为灰、深灰色泥岩夹石膏质泥岩及粉砂岩，厚度 80 ~ 110m；泥隔层为深灰、灰黑色泥岩夹石膏质泥岩，厚度 12 ~ 15m，分布稳定，电性标志清楚；Ⅲ油组为灰、深灰色泥岩与粉砂岩互层分布，厚度 100 ~ 115m。

二、沉积特征

潜江凹陷新沟嘴组下段发育三角洲—湖泊沉积体系，三角洲沉积体系主要发育三角洲前缘水下分流河道、河口坝及河道间湾，湖泊以滨浅湖、半深湖为主，物源主要来自潜江凹陷北部的汉水一带，砂体自西北向东南方向延伸。

老新地区新沟嘴组沉积时期主要为三角洲前缘和滨浅湖沉积体系。新下段Ⅲ油组沉积时期，老新油田沉积了一套深灰色泥岩和紫灰色粉砂岩、灰色粉砂岩频繁互层，以河口坝、滨浅湖相滩坝、滩砂沉积为主，尤以滩砂最发育；2 ~ 6 小层以砂体呈土豆状或带状、薄层零星分布，局部形成沙坝；只是在新下段Ⅲ油组 1 小层沉积时期，受北西方向汉水物源的影响，碎屑物质供给充足，砂体顺物源方向呈条带状延伸，在老 15、老 2–4–10、老 2–7–18 井等处形成河口坝，砂体厚 3.0 ~ 8.0m。

新下段Ⅱ油组沉积时期以湖相滩砂沉积为主，2、3 小层在老 2–2–5、新 11–1 井附近局部加厚形成沙坝。岩性主要为灰、深灰色泥岩、页岩，夹灰色粉砂岩，底部夹浅灰色灰质泥岩及膏质泥岩。

新下段Ⅰ油组沉积时期岩性为暗紫红色、紫灰色泥岩、泥膏岩、灰色粉砂岩，下部灰色泥岩夹灰色粉砂岩。在新下段Ⅰ油组1小层沉积时期，受北西方向汉水物源的影响，砂体顺物源方向呈条带状延伸，砂体厚3.0～8.0m，在新11、老15、老8井处形成沙坝。

从整个新下段来看，不同油组沉积相分布有其继承性和差异性，继承性表现在新下段不同沉积时期都发育有三角洲相和滨浅湖相沉积，砂体沉积微相类型主要为三角洲前缘水下分流河道、河口坝、滨浅湖滩砂、沙坝。差异性表现在不同沉积时期各沉积亚相发育程度不同，砂体分布相对位置不同。新下段Ⅲ油组最发育、Ⅱ油组、Ⅰ油组不发育，体现出一个湖盆扩张退积的过程。

老一区主要位于水下分流河道及河道侧缘上，砂岩发育，一般单砂厚2～4m；老二区以水下分流河道、河口坝沉积为主，砂岩发育，一般单砂厚3～8m。

三、储层

老新油田主要含油层系为古近系新沟嘴组下段，划分为12个小层，其中7个小层含油。Ⅰ、Ⅱ、Ⅲ油组均有油层分布，其中Ⅰ、Ⅲ油组相对发育，老一区主力油层为Ⅲ油组，老二区主力油层为Ⅰ油组（图1–3）。

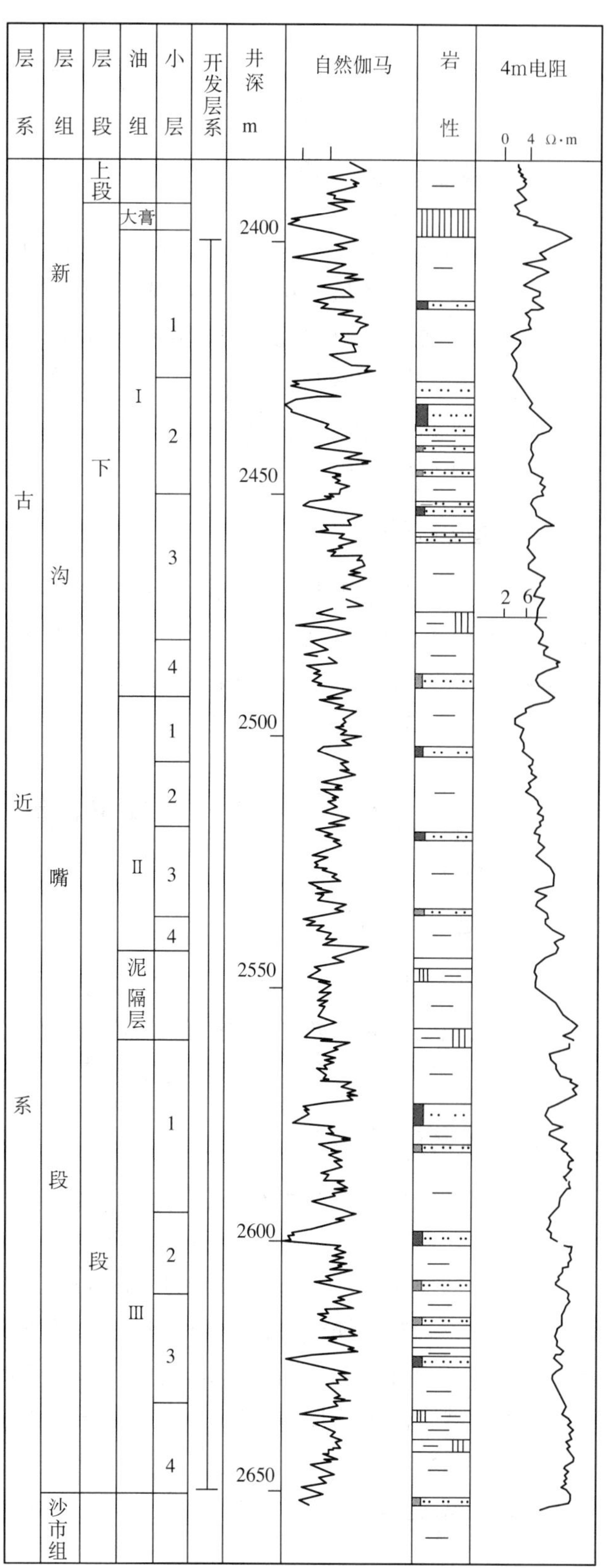

图1–3　老新油田综合柱状图

老一区油藏埋藏深度2456.4～2618.4m，油层中深2548.7m。单井油层最大厚度10.4m，最小厚度1.0m，平均6.8m；单层最大油层厚度4.0m，最小油层厚度0.6m。老二区油藏埋深2428.2～2674.4m，含油高度246.20m，含油层段较长，纵向上主要集中在新下段Ⅰ油组3小层和新下段Ⅲ油组1、2、3小层。老二区新下段Ⅰ、Ⅱ、Ⅲ油组油层平均厚度分别为4.5m、2.1m、4.7m，从全区油层分布情况看，单井最大有效厚度为17.6m，最小有效厚度2.2m，单井平均有效厚度8.1m；单层最大有效厚度6.2m，最小0.4m，平均1.8m。

老一区储层主要为长石质石英砂岩，石英含量占52.53%～55.83%，长石含量大于27%；胶结类型以孔隙式胶结为主，接触—孔隙式次之；胶结物以方解石为主，次为白云质和硬石膏质，胶结物总量占8.2%；粒度以细砂为主，平均粒度中值0.089mm，分选中等。储层黏土矿物绝对含量较低，只有1.5%，主要为伊利石和绿泥石，少含伊/蒙混层矿物。老一区储层属于低渗透层，各油组平均孔隙度为11.3%～12.3%，渗透率为5.7～18.7mD。

老二区储层主要为长石质石英砂岩，石英含

量占 50% ～ 55%，长石含量大于 25%；胶结类型为孔隙式；胶结物以方解石为主，次为白云质和硬石膏质，并见少量黄铁矿，胶结物总量占 12.25%；粒度以粉砂为主，平均粒度中值为 0.075mm。储层黏土矿物绝对含量较低，只有 0.8%，主要为伊利石和绿泥石，不含或少含伊 / 蒙混层矿物。老二区储层属于低渗透层，各油组平均孔隙度为 12.2% ～ 16.4%，渗透率为 9.6 ～ 16.7mD。

第三节　流　体

一、流体性质

地面原油密度为 0.807 ～ 0.844g/cm^3，平均为 0.819 g/cm^3，地面原油黏度为 3.16 ～ 10.01mPa·s，平均为 4.91mPa·s，含硫量为 0.02 ～ 0.43%，凝固点为 22 ～ 35℃。

老新油田地层水总矿化度为 13.50 × 10^{4}mg/L，Cl^- 含量 8.1 × 10^{4}mg/L，水型为 $CaCl_2$ 型。

老新油田天然气相对密度为 0.75，甲烷含量为 47.66%，CO_2 含量为 2.28%。

地层原油黏度为 0.7 ～ 1.3mPa·s，饱和压力为 3.96 ～ 4.60MPa，原油体积系数为 1.098 ～ 1.138，原始气油比为 6.7 ～ 26.9m^3/t。

二、渗流特征

根据试验室测得相对渗透率曲线分析，油水相对渗透率曲线交点处含水饱和度为 0.55，束缚水饱和度为 0.28，残余油饱和度为 0.28，双相流饱和度为 0.44，最终驱油效率为 47.2%。

砂岩储层岩石表面润湿性为中性—弱亲水性，具弱酸敏、弱碱敏，中等偏弱水敏、强盐敏、盐敏临界矿化度为 10.83 × 10^4 ～ 12.42 × 10^{4}mg/L，无速敏。

第四节　油　藏

一、压力与温度

老新油田地层温度为 96 ～ 107.3℃，原始地层压力为 22.72 ～ 23.8MPa，压力系数为 0.92 ～ 0.93。其中老一区地层温度为 96℃，原始地层压力平均为 22.72MPa，饱和压力为 3.96MPa，压力系数为 0.92；老二区地层温度为 107.3℃，原始地层压力为 23.85MPa，饱和压力为 4.59 MPa，地层压力系数为 0.93。

二、天然能量

老一区的地层压力系数为 0.92，边水不活跃，天然能量不足。统计老一区投产油井初期产量变化情况，投产初期平均单井日产油为 9.9t，投产 3 个月后平均单井日产油为 4.7t，下降了一半以上，产量下降的同时动液面下降明显，平均单井动液面下降了 164m。老二区油藏多为岩性—构造油藏，下倾方向存在边水，通过短期试采，从 1989 年 2 月投产，到 1990 年 3 月，各油井产量下降快，产量从日产油 5.1 ～ 43t 下降到日产油 0 ～ 9.4t，动液面均在 1450m 以下，又由于新下段Ⅲ油组油层有一定的边水，油藏驱动类型属弹性弱水压驱动。因此，老一区和老二区的驱动类型为弹性弱水压驱动类型。其余含油区块以弹性驱动为主。

三、油藏类型

老一区受构造和岩性等因素控制，各油组主要发育构造—岩性或岩性—构造油藏；老二区油藏受断层、岩性控制，油藏类型为岩性—构造油藏；老14、老15、东1井区为岩性—构造油藏。根据物性老新油田为低渗透油藏。

第五节 储 量

一、石油地质储量

经国家储委批准，老新油田老一区1984年3月在新下段Ⅰ、Ⅱ、Ⅲ油组探明Ⅲ类含油面积2.6km^2，原油地质储量99.00×10^{4}t。

老二区1986年探明Ⅲ类含油面积5.20km^2，原油地质储量215.10×10^{4}t。1993年储量复算，探明Ⅰ类含油面积3.40km^2，原油地质储量128.00×10^{4}t。

老14区块1991年12月在新下段Ⅰ、Ⅱ油组探明Ⅲ类含油面积1.50km^2，原油地质储量52.00×10^{4}t。

老15区块1994年12月在新下段Ⅰ、Ⅲ油组探明Ⅲ类含油面积1.50km^2，原油地质储量31.00×10^{4}t。1995年12月在新下段Ⅲ油组上报探明Ⅲ类含油面积0.50km^2，原油地质储量14.00×10^{4}t。合计含油面积1.50km^2，探明原油地质储量45.00×10^{4}t。

老21区块1994年12月在新下段Ⅱ油组探明Ⅲ类含油面积0.80km^2，原油地质储量7.00×10^{4}t。

老101区块1997年12月在新下段Ⅰ油组探明Ⅲ类含油面积2.30km^2，原油地质储量58.00×10^{4}t。

东1区块1995年12月在新下段Ⅰ、Ⅲ油组上报探明Ⅲ类含油面积1.00km^2，原油地质储量33.00×10^{4}t；1998年钻探东101井，在新下段Ⅲ油组试油，日产油6.4t，同年12月在新下段Ⅲ油组上报探明Ⅲ类含油面积1.10km^2，原油地质储量26.00×10^{4}t。东1井区共在在新下段Ⅰ、Ⅲ油组上报探明Ⅲ类含油面积2.10km^2，原油地质储量59.00×10^{4}t。

截至2005年底，老新油田共在新下段Ⅰ、Ⅱ、Ⅲ油组探明Ⅰ、Ⅲ类含油面积14.20km^2，原油地质储量448.00×10^{4}t，可采储量83.38×10^{4}t（表1–1）。

表1–1 老新油田储量表

区块	上报储量时间	储量类别	含油面积，km^2	地质储量10^{4}t，	可采储量，10^{4}t	采收率，%	备注
老一	1984.3	III	2.60	99.00	10.00	10.10	新增
老二	1986.12	III	5.20	215.00	43.00	20.00	新增
	1993.12	I	3.40	128.00	29.18	22.80	复算
老14	1991.12	III	1.50	52.00	10.40	20.00	新增
老15	1994.12	III	1.50	31.00	6.20	20.00	新增
	1995.12	III	0.50	14.00	2.80	20.00	新增
	小计	III	1.50	45.00	9.00	20.00	—
老21	1994.12	III	0.80	7.00	1.40	20.00	新增
老101	1997.12	III	2.30	58.00	11.60	20.00	新增
东1	1995.12	III	1.00	33.00	6.60	20.00	新增
	1998.12	III	1.10	26.00	5.20	20.00	新增
	小计	III	2.10	59.00	11.80	20.00	—
合计			14.20	448.00	83.38	18.61	—

二、可采储量

老新油田老 14、老 15、老 21、老 101 和东 1 井区的采收率标定为 20.00%，由于未投入开发，标定采收率未发生变化。

老一区于 1992 年投入开发，当年标定采收率为 18.30%，可采储量为 18.10×10^4t，1996 年采收率重新标定为 15.40%，可采储量为 15.20×10^4t，1999 年采收率标定 10.10%，可采储量为 10.00×10^4t。

老二区于 1989 年投入开发，1990 年标定采收率为 10.90%，可采储量为 23.40×10^4t，1993 年储量复算后重新标定采收率为 18.30%，可采储量 23.40×10^4t，1999 年采收率标定 20.30%，可采储量为 26.00×10^4t，2005 年采收率标定 22.80%，可采储量为 29.18×10^4t。

第二章

开发部署与调整

1971 年发现老一区，先后在老新油田发现了七个含油区块，仅老一区和老二区投入开发，其余五个含油区块由于储层物性及储层连通性差，开发效益低等原因，未投入开发。油田开发初期编写了《老新油田开发初步方案》和《老二区初期开发方案》，在开发过程中，对老一区的开发进行了重新启动，并编写了《老一区注水开发方案》，为改善开发效果，对老新油田，特别是老二区进行了局部注采井网完善，并对油、水井进行措施挖潜，确保了老新油田的开发效果。

第一节　开发方案

一、老新油田开发初步方案

截至 1984 年老新油田共钻探井 11 口，其中取心井 4 口，取心长度 94.11m，收获率 77.74%，油砂长度 11.0m，有 6 口井获得工业油流。从 1984 年元月开始有 4 口井（新 12、新 13、老 6、老 8）投入试采，油井生产层位为古近系新沟嘴组下段油层，叠合含油面积 2.3km^2，地质储量 56.0×10^4t。

1984 年 5 月江汉石油管理局勘探开发研究院油田开发研究室杨昌言等编写、杨寿山复核、谢泰俊批准了《老新油田开发初步方案》。

方案部署：由于含油层井段不长，新下段三个油组总厚度为 200 ～ 240m；原油性质接近，油层薄，平均单井厚度为 3.24m，单井控制储量为 8×10^4t，无分层开采必要，采用一套层系开发。在现有探井的基础上，按 500m 井距，不规则井网，边缘注水方式，分两个方案布井。第一方案新布井 4 口（生产、注水井各 2 口），利用原探井 5 口，建成 9 口井生产规模，暂不定注采井别；第二方案新布井 3 口，包括第一方案中的 9 口，共建成生产井 12 口，所布 3 口新井视第一方案井的油层好坏再定是否钻探。

指标预测：从试采情况分析，试采产量仅为试油产量的五分之一左右，采油速度按照 1.0% 计算，年产油量 5600t，单井日产油量 2.2t。考虑含水 70% 采出可采储量 50% 以前稳产计算，单井日产液量为 7.3t，采液强度为 0.27t/d·m，预计可稳产 8 ～ 10 年，在注水补充能量保持压力下开发。注采比为 1.0，含水为 70% 时，要求最大日注水量 56m^3，年注水量 2.07×10^4m^3，注水强度 5.3m^3/d·m。国外经验公式计算结果，在水驱条件下开发，其最终采收率约为 41.5%，因此按水驱控制储量 50% 计算，最终采收率为 20% 左右。

实施进程安排：1984 年开始进行试采，1985—1986 年钻完第一方案中的探井，1986 年完善注采系统，1987 年试注并投入注水开发。

方案实施结果：老新油田在 1984 年有 4 口油井试采，年产油量 1982t，由于油井生产能力低，产量递减快，生产 10 个月后油井几乎处于不定期气举采油或关井状态。1985 年油井开井 2 口，年产油量 125t，因此，仅按开发初步方案钻探 1 口井（老 20），该井于 1986 年 3 月试油，经过对新下段Ⅰ、Ⅲ油组压裂试油，无产量，于 1986 年 4 月封井。

二、老二区开发初步方案

老新油田老二区于1983年6月钻第一探井（老10井），1984年3月试油获工业油流以来，至1988年共钻探井6口，其中取心井5口，取心总进尺215.14m，岩心长205.68m，收获率95.6%，共取出油斑、油浸砂岩19.53m。老二区储层为古近系新沟嘴组，油藏埋深2431.4～2632.4m，对4口下套管井进行试油，3口井（老10、老11、老12）获工业油流，并先后进行试采。探明含油面积5.2km²，地质储量215.1×10^4t，截至1988年6月底累计采油3810t，采出程度0.18%。

1988年10月，江汉石油管理局勘探研究院开发研究室夏永福编写、管理局李渝生、蒋朝模审核、黄嘉瑗批准了《老新油田老二区开发方案》。

开发层系：老二区储层物性差，层间渗透率差异小；原油物性相近，都属低黏度油藏；新下段Ⅰ、Ⅱ、Ⅲ油组间虽具有良好的隔层，但Ⅲ油组地质储量仅44.5×10^4t，占全区储量的20%，缺乏单独开采的物质基础；各油组属同一压力系统。因此，老二区采用一套开发层系。

注水方式：老二区原油物性好，地下原油黏度为1.3mPa·s，油水黏度比小，为油田注水开发提供了基础。老二区油层沿断层呈长条状分布，油组含油宽度500～700m，长度3000～5000m，采用边缘加点状注水方式。

井网：老二区油层岩性变化大，为加强对油层的控制程度，采用三角形井网。以新下段Ⅰ油组为主要目的层，按500m井距部署油、水井19口；在构造高部位厚油层分布区（Ⅲ油组分布区），以250m井距布加密井8口，区块总井数27口，其中生产井19口，注水井8口；采油强度按0.9t/d·m计，区块日产油能力100t，平均单井日产能力5.3t，日产油水平4.3t，区块年产油3.00×10^4t，采油速度1.39%。

方案实施要求：一是油水井投产前进行压裂整体改造，提高渗透率；早期高压注水保持油田能量开发，原则上要求采油、注水同步进行；采用抽油方式开采，并立足于深抽。二是老二区详探阶段已结束，但对油层的控制程度仍较差，因此，在钻开发井时必须先钻纯油区的井，后向油水边界扩展；先钻油井，后钻注水井；先钻构造高部位的井，后钻低部位井；先钻井后定井别。

方案实施步骤：1989年在构造高部位，按250m井距钻开发井10口，利用探井4口，到1989年底建成生产井10口，注水井4口，新建原油生产能力1.85×10^4t，计划当年产油0.8×10^4t。1990年在1989年的基础上再钻开发井10口，其中生产井8口，注水井2口，新建原油生产能力1.19×10^4t，累计建成原油生产能力3.04×10^4t，计划当年产油2.0×10^4t。1991年在前两年的基础上，按方案要求钻井3口，其中生产井1口，注水井2口。老二区由于是逐年投入开发，注采比逐年提高，1989年为0.5，1990年为1.2，1991年达到1.5左右。

方案实施结果：1989年实施新钻井9口，利用探井3口，建成油井10口，注水井2口，新建原油生产能力2.20×10^4t，当年产油0.69×10^4t，年注水量0.17×10^4m³。此后，钻井实施进度未按方案实施步骤进行，1990年仅完钻油井1口，1991年完钻新井6口，1992年完钻新井7口，1993年完钻新井4口，至此，老二区开发方案全部完成，共新钻井27口，与方案持平。

第二节　开发调整

一、老一区重新投入开发

1977年6月新13井获日产16.9t的工业油流，其后进行详探，由于边缘低渗透，产量偏低未开发，利用探井进行试采，1983年建成年产油能力0.5×10^4t，1984年5月编制初步开发方案，由于开发效果差，基本未实施，1986年核销。1990年4月老二区投入注水开发，进行油水井对应压裂取得较好的开发效果后，1992 年老一区重新开始钻井开发，1992—1995 年共钻新井 11 口，1993 年建成原油生产能力 1.6×10^4t，1995 年达到年产油量 1.37×10^4t，1997 年开始递减，到 2005 年仅有 0.13×10^4t。1993 年 4 月老 6 井开始注水，注采井网到 2005 年底仍未完善。

二、老一区注水开发方案

老一区于 1992 年投入开发，1993 年开始注水，到 1995 年产量达到高峰值，其开采特征如下。首先油井无自喷采油期，天然能量严重不足。从初期试采四口井看，油井不能自喷，靠机械采油生产。利用天然能量试采到 1987 年 5 月，累计采油 2262t，实测地层压力 21.24MPa，地层压力降为 1.2MPa，每采出 1.0% 的地质储量地层压力下降 5.25MPa，弹性产率较低，按照天然能量分类标准，该区块属于天然能量微弱油藏。另外，该区投入全面开发后，大部分油井动液面均在 1000m 以下，投入注水开发前，平均总压降为 13.0MPa，地层压力下降快，说明地层能量严重不足。其次注水见到了一定效果，地层能量有所恢复。因该区油砂体小，连通性差，储层物性差，在投入全面注水开发后，区块产量处于稳定状况，油井见到了一定效果。另外，从老 1–5–7 井两次测压资料看，1994 年 6 月和 10 月分别测得地层压力为 9.54MPa 和 11.62MPa，压力回升了 2.08MPa，说明注水后地层能量有所恢复。

合理注采井数比的确定：通过矿场测试资料统计计算得老一区新下段Ⅲ油组目前吸水指数为 $8.13m^3/$ (d·MPa)，目前含水状况下的采液指数为 3.15t/ (d·MPa)，合理注采井数比为 1 ∶ 1.6。

稳定注采比的确定：由于老一区老 1–5–7 井处于生产一线井位置，于 1994 年 6 月和 10 月分别测得地层压力为 9.54MPa 和 11.62MPa，地层压力回升了 2.08MPa，通过计算其天然能量开采阶段年均下降压差和以一定注采比注水后井组压力回升的对应状况，绘出其年压差与年注采比关系曲线，求得其稳定注采比为 0.86。虽然注采比达到 1.45，经动态分析老 1–5–9、老 6 井有无效注水层段，计算出其实际有效注采比为 0.97。

合理注采比的确定：鉴于老一区目前地层压力保持水平较低为 50.96%，单井排液量较低为 6.4t/d，生产井受效效果较差等现状，逐步增加注水井数达到合理注采井数比的前提下，保持年注采比为 1.0 的水平，以满足提液的要求。

开发层系：由于该区三个油组原油性质接近，单井平均有效厚度仅 5.3m，新下段Ⅰ、Ⅱ、Ⅲ三个油组分布井段长 17.6m、18.2m 和 41.3m，且从老 6、老 8 两口井的试油资料看，新下段Ⅲ油组的产能较高，说明该区主要以新下段Ⅲ油组为主，不具备分采条件，故采用一套层系开发。

开发井网：该区在现有注采井网条件下，西块立足于完善新下段Ⅲ油组注采系统；东块立足于边滚动边完善注采系统，本次考虑部署一个注采井组，形成不规则三角形注采井网，井距在 200 ~ 300m。

注水方式：由于该区油藏面积不大，含油宽度窄，加之已形成的注采井网格局，本次主要部署完善边缘注水。

部署结果：根据上述原则，为提高该井区原油最终采收率，在该区块实行强注强采，方案部署新钻井 4 口，其中油井 3 口，注水井 1 口，利用老井转注 1 口，形成油井 10 口，注水井 6 口的生产规模，注水井数比为 1 ∶ 1.67。方案实施后，水驱控制程度为 73.9%，单向对应率 66.7%，双向以上对应率 76.3%，水驱面积控制程度 47.6%。

生产能力的确定：根据该井区 7 口井的开采资料，标定单井日产能能力为 6t，计算年产油能力为 1.80×10^4t。根据 8 口井的开采资料，计算平均采油强度为 0.45t/ (d·m)，方案设计油井总的射开有效厚度为 110m，计算原油生产能力为 1.81×10^4t。

综上所述，确定该井区年产原油生产能力为 1.80×10^4t。但由于老一区油层条件较差，方案调整工作量较小，其主要产能井为老井，考虑其综合因素的影响，该井区稳产年产油水平为其能力的 80% 左右，可达到 1.44×10⁴t。

采收率及可采储量：老一区的采收率及可采储量按 1994 年全国储委审批的标定结果取值，采收率为 23.1%，可采储量为 22.9×10⁴t。

方案实施结果：老一区注水开发方案编制后老一区的开发效果变差，年产油量下降、含水上升，1995—1997 年年产油量分别为 1.37×10⁴t、1.22×10⁴t、1.07×10⁴t，综合含水分别为 22.66%、43.97%、63.55%，因此，仅在 1998 年投产油井 1 口，初期日产油 3.2t，其余油、水井未实施。

第三节　开发过程控制

老新油田产量进入递减阶段后，针对油田产液量下降、含水上升、产油量下降的开发局面，为了改善开发效果，对老二区进行了措施调整以提高老二区的采出程度，对老一区完善了注采井网，此外进行了三类井恢复工作。

一、局部注采井网完善

老新油田在开发中后期，针对产油量下降、含水上升的开发形势，开始进行局部注采井网完善。1994—2003 年间，老二区共投、转注水井 7 口，新投产油井 1 口，老一区在 2001 年 5 月投注水井 1 口。通过注采井网完善，使老新油田保持低速度稳产，防止了开发形势的进一步恶化。

二、老一区间歇注水

老一区 1993 年 4 月投入注水开发，早期效果比较好，随着注水量的提高，注水压力逐渐升高，油井水驱效果越来越差，到 1998 年油区表现出含水上升，产油量下降的开发形势。1993 年区块综合含水为 20.36%，到 1997 年区块综合含水上升到 60.0% 以上，单井日产油水平从 5.5t 下降到 2.5t。鉴于这种生产形势，1999 年开始对 4 口正常注水井进行间歇注水，控制含水上升，间歇注水后油井实现了低速稳产，含水虽然进一步上升，但区块产量稳产。2003 年老一区表现为地层能量不足，油井产量下降，含水上升，逐渐恢复了老一区的正常注水，共恢复注水井 4 口，遏止产量下滑的势头。

三、措施改善开发效果

老新油田结垢比较严重，在老二区对油井进行酸化解堵，先后对老 10 井、老 11 井、老 2–6–17 井、老 2–7–17 井、老 2–3–12 井进行酸化，效果比较好。统计酸化 6 井次，酸化前日产液 46.2t，日产油 5.5t；酸化后日产液 128.3t，日产油 19.8t。

老新油田试采后能量不足，动液面下降、产液量下降、产油量下降，为了稳产、上产，完善了老新油田注采井网。1993 年为完善注采井网，增加生产井点，弥补产量递减，部署新钻井 3 口（老 1–5–9、老 1–6–5、老 1–7–6），利用井 1 口，建采油井 3 口，注水井 1 口，单井日产能力 6.7t，在投入全面注水开发后，区块产量处于稳定状况，油井见到了一定效果。另外，从老 1–5–7 井两次测压资料看，1994 年 6 月和 10 月分别测得地层压力为 9.54MPa 和 11.62MPa，压力回升了 2.08MPa，说明注水后地层能量有所恢复。

江汉采油厂地质研究所胡克兵、魏黎芝、韩玉芳等人根据老新油田储量物性差、地饱压差大、含油面积大、采出程度低的特点，在 2004 年 7 月 6 日编写了《老一区重复压裂先导方案》。按照方案，加强了老一区的注水，转注老 6 井、老 1–5–6 井、老 1–6–6 井，并对 6 口注水井增注，在注水补充地层能量后，2006 年开始对老新油田油井进行重复压裂，至 2008 年底，重复压裂 18 井区，有效 16 井次，累计增油 1.08×10⁴t。

四、三类井恢复

老新油田大力恢复三类井，以提高油田的生产能力。先后恢复了老17井、老7井、新12井，其中老17井、老7井恢复效果比较好。2001年江汉采油厂新周作业区经理黄开本、廖军、采油十队队长陈文新、书记孔凡江、地质技术员宋卫星认为老7井初期产量高，具有恢复潜力，对新下段Ⅰ油组3小层、Ⅱ油组1小层，用高效强力弹复射，初期该井日产液16t，日产油4.8t，含水70%，累计增油1388t。

第三章

钻井与采油工程

第一节 开发钻井

一、钻井

钻井方式早期采用吊打防偏钻直井技术，钻井周期较长。1991 年后应用转盘加井下动力钻具的复合钻井技术，并结合使用高效耐用的 PDC 钻头，提高了机械钻进速度，缩短了钻井周期。受地面条件限制，推广应用定向钻进技术。针对新沟嘴组的水敏特点，钻井液使用三复合盐钻井液体系，并应用自主研发的聚合物防塌剂，有效解决了地层水敏和垮塌问题。

二、完井

完井方式均采用套管完井。因地层纵向上无异常压力层，井身结构采用表层套管 + 油层套管。为增加套管的使用寿命，在固井前对套管进行预拉应力，增强套管的强度，减少使用后期变形的几率。固井采用常规固井方式，水泥候凝时间一般在 36 ～ 48h，因纵向层间压力系数不同，易造成层间互窜，影响胶结强度，推广应用“短候凝水泥”固井技术有效解决了这一问题。推广应用管外分隔器，分隔邻近的油水层，确保了油层段的固井质量。在套管底部加挂紊流器，有效解决了水泥浆上返不均的难题。

油田开发初期射孔枪使用 57–103 枪，1983 年后推广应用 WS–73 枪，1991 年后引进和使用 YD–89、YD–102 枪。射孔方式采用正压射孔。考虑到储层的水敏特点，射孔液采用活性水或原油，避免造成二次伤害。

第二节 采 油

1989 年老新油田投入开采，开发初期地层能量充足，采取以自喷采油为主、机械采油为辅的开采方式。自喷井多采用油管下至油层中部、井口采油树，装 4 ～ 5mm 油嘴自喷生产。自喷井占油井总数的 85%，产量占总产量的 90% 以上。

1990 年老新油田逐步转入了机械采油，开发初期，针对采油井下泵浅、液面高、抽油机悬点负荷小等特点，抽油泵主要用 ϕ38mm 管式泵，抽油杆多采用 C 级杆，选用 3 型抽油机，冲程多为 1.2 ～ 1.8m，冲次多为 6 次 /min。

1990 年，为满足油田注水开发，抽油杆采用 D 级杆，引用 10 型抽油机，冲程多为 3m，冲次多为 3 ～ 9 次 /min。老新油田开发较晚，很多成熟的技术在新沟油田得到推广，如扶正器、防脱器、活动接头、加厚油管、油管丝扣脂、泄油器等，为老新油田的初期开发提供了技术保障。

机械采油井采用游梁式抽油机，抽油机一般是选用 CYJ10–3–53HB 型，冲程多为 3m，冲次多为

4 次 /min、6 次 /min，抽油杆多为 D 级杆、玻璃钢抽油杆，抽油泵一般选择 ϕ32mm、ϕ38mm、ϕ44mm 的管式泵，泵挂深度与开发初期相比有所增加，在 200 ～ 150m 之间。

截至 2005 年底，老新油田平均泵效为 27.15%，平均检泵周期 851 天，该阶段多选用 10 型、12 型抽油机，在抽油杆的选择上，也趋于高强度化，选用 H 级抽油杆，与开发中期相比，泵深也向深部发展，ϕ32mm、ϕ38mm 抽油泵下泵深度达 2500m 左右。冲程以 3m、4.2m，冲次 4 次 /min、6 次 /min 为主。

第三节　注水工程

老新油田注水方式上主要以笼统注水为主，分层注水为辅。

1990—2002 年之间，老新油田分层注水工具主要是江 458 封隔器，少数为江 453 封隔器。江 458 封隔器具有新型的肩部保护机构，从而提高了封隔器抗温、抗压差性能，延长了封隔器的使用寿命。2003 年至今，主要采用 Y341–114 封隔器，分层配水器采用的是偏心配水器，注水管柱配套使用 KPX–114 型偏心配水管柱及皮碗式底部循环阀、涂料油管和丝扣密封脂。Y341–114 封隔器自投入使用后，密封可靠、反洗畅通、使用寿命较长。

为了提高分层流量测试准确率，1998 年开始开展注水井测试方法、测试仪器的科研攻关，先后研制开发了针对分层注水井井下流量测试的涡轮流量计、电磁流量计。2002 年，针对油田注水压力越来越高，为了对井下各层的地层压力和伤害程度能够较好的了解，研制开发了 JYC–2010 投捞式压力仪，该仪器能直接进行分层地层压力测试，且在测试过程中，不影响其他层段的正常注水。2004 年，针对污水回注井，应用了一种即可用于清水，也能适应污水测试的井下涡街流量计。为了及时掌握注水管柱的工作状况，2005 年又研制开发了用于分层注水管柱工作状况的在线监测井下测量装置。目前主要采用钢丝投捞和注水井流量测试，由测试队负责。

第四节　油层改造

老新油田油层改造以压裂为主，酸化应用不多。

一、酸化

油田开发初期就开展了酸化解堵增注措施。1989 年，主要应用的是土酸酸化，酸化井次较少。1992 年针对油田开发过程中出现的胶质、沥青质等有机垢物伤害储层，应用了胶束酸酸化，在老新油田应用 2 井次，1992 年 11 月在老 11 井应用后，日产油由 3.3t 上升到 5.1t。1994 年应用了浓缩酸酸化，油井应用 2 口，1994 年 6 月在老 2–2–5 井应用，日产油由 1.4t 上升到 5.5t；水井应用 3 口井，1994 年 5 月在老 2–5–14 井应用后，日注水由 0 上升到 67m^3。从此浓缩酸酸化成为老新油田的主要酸化技术得到应用。

二、压裂

老新油田大部分油井都通过压裂投产。1989 年应用了甲叉基聚丙烯酰胺压裂液，主要采用光油管压裂，压裂车组应用千型压裂车组，支撑剂采用石英砂。1989 年在老新油田应用 7 口井，平均砂液比 20%，单井平均加砂 14.6m^3，平均单井日增油 9.8t，在老 2–3–10 井应用后，日产油由 1.3t 上升到 14.4t。1991 年应用了田菁有机肽压裂液，应用 2 口井，平均砂液比 28%，平均单井加砂 19m^3，平均单井日增油 16t。1993 年推广应用 5 口井，平均单井日增油 15.8t。1993 年应用了西安石油大学的高能气体压裂，在老 1–6–6 井进行现场试验。1995 年，为了更好地发挥各层的潜力，应用了蜡球暂堵压裂，现场应用 2 口井，1995 年 5 月在老 1–7–7 井应用投球压裂后，日产油由 0 上升到 7.3t。1995 年应用了低伤害的羟丙基瓜尔胶有机硼压裂液，应用 ZH 封隔器开展分层压裂，应用 3 口井，有效 2 口井，平均砂液比 28%，平均单井加砂 $9m^3$，平均单井日增油 4.4t。1996—1999 年共压裂 5 口井，2000 年后应用较少。

第五节　堵水与调剖

老新油田开发进入中高含水期后，开展了油井找水、堵水，水井的调剖工作，应用不多。

一、油井堵水

油田主要是应用封隔器找、堵水技术。1990 年开始应用以江 756–2 封隔器为核心的找、堵水管柱堵水，1990—1995 年共应用 11 井次，有效 7 井次，有效率 64%。1995 年以后应用较少。

二、水井调剖

老新油田应用水井调剖较少，1993 年在老 2–4–11 井开展了小剂量调剖。采用铬冻胶堵剂，共挤入堵剂 $105m^3$，调剖后，注水井启动压力上升 0.4MPa，吸水指数下降 78%。

第六节　修　井

老新油田开发后，大修主要解决复杂的打捞、解卡工艺问题。在复杂落物打捞方面，由于该类井落物顶部（鱼顶）遭到破坏或重复落物，打捞比较困难，因此处理该类事故，先摸清井内落物的形状，再选择或制作合适的打捞工具。如螺旋捞筒、强磁打捞器、滑块捞矛等在老 2–4–13 井等应用后成功打捞落井管柱。

第四章

地面生产系统

老新油田油气水集输系统、油气水处理与注水系统、供电系统，适应油田不同开发阶段的需要，不断完善、形成规模。

第一节　集输系统

老新油田分为老一区和老二区。老一区于1982年投入开发，天然能量生产，产量普遍较低，后停产。1993年1月恢复生产，1993年4月投入注水开发，注清水。老二区于1989年2月投入开发，1990年4月投入注水开发。离主力油田较远，初期井少，建简易拉油点，开式流程，随油井增加，规模扩大，建正规式拉油站，井口采出液进站处理后油装车外运，污水就地回注。

1982年老一区投入开发，建简易拉油点，开式流程，井口采出液外运。随着开发深入，为满足集中计量、供热、装车需要，1983年年初在老一区新建计量拉油站1座，集输为三管流程，建成10井式计量阀组，200m³油罐及相应的站内外工艺配套。当时没考虑注水，油井采出液自压至老一计量拉油站经计量后进200m³油罐，由泵提升装车外运至王场联合站。

1989年2月16日，老二站建成投产，在当时开发状况下（只完钻2口油井），先上分离计量部分，站内采用活动橇装房及活动基础。设计集油能力6×10^4t/a，产能3×10^4t/a，建成10井式计量阀组及相应的站内外工艺配套。

随着老二区开发的深入，老二区地面集输系统开始逐步配套完善。1991年10月，建成老二区1号计量点。1992年7月，对老二区拉油站进行改建，增建原油脱水、污水处理及注水系统。净化油拉至王场联合站或潜江石化厂，污水就地处理后回注。同年，老一区计量拉油站恢复，利用原建计量拉油站现有建筑及设备，新建采油井4口，产能1.2×10^4t/a，利用原站10井式阀组。井口产出液计量后由罐车拉至王场联合站。

1993年3月，建成老二区2号计量点。采用三管流程，井口来液进计量站计量后自压至老二站集中处理拉油。

1994年3月，周矶油田滚动开发，根据老Ⅰ—老Ⅱ—周13—周矶—王场联合站输油系统配套工程，又将老二区拉油站改建成接转站，新增输油系统，同时，对老一区计量拉油站改建，建输油泵、老一区至老二区输油管线4.78km，老一站设计最小输量2.0×10^4t/a，泵压2.5MPa时输量12×10^4t/a。将老一区井口产出液泵输至老二站进行原油脱水处理后与老二站油一同直输至周13站再输周矶站，最后到达王场油田的王场联合站，新建老二站至周13站输油管线21km，老二站设计最小输量7.2×10^4t/a，泵压3.5MPa时输量11×10^4t/a。1996年3月，因油量少，管输困难，常冻管线，老二站停止向周13输油，改为拉潜江石化厂，管线报废停用。

截至2005年，老新油田建成拉油注水站1座，计量接转站1座，计量站2座。单井拉油点3座（老15、老21、东1–2），设计原油外拉能力10×10^4t/a，实际原油外拉0.7×10^4t/a。建有3条集油管线，总长 6.35km，单井油管线 16km。

第二节　处理系统

一、原油处理

1992 年，油田进入高含水期生产，产液量增加，连油带水拉运费用高，同年 7 月，在老二站增建了油气水处理系统，设计原油脱水能力 36.5×10^4t/a，实际脱水处理 5×10^4t/a。采用高效三相分离器一次分离脱水（图 4–1），增建 ϕ2200mm × 6600mm 三相分离器及相应的工艺流程配套，污水就地处理后回注，油拉至王场联合站或潜江石化厂。

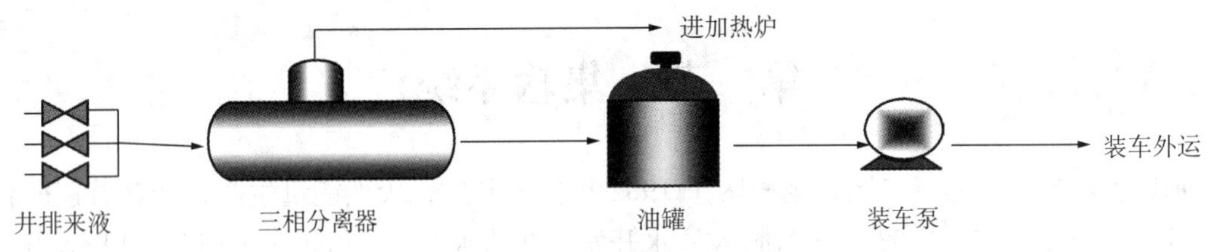

图 4–1　高效三相分离器一次脱水工艺示意图

针对脱水高效三相分离器的腐蚀问题，江汉设计院、采油厂进行了“玻璃钢三相分离器”的研制应用及防静电等一系列科研课题，2000 年初成功研制了一台规格为：ϕ2200mm × 6600mm、工作压力 0.4MPa、工作温度 60℃的玻璃钢三相分离器，填料同样是采用玻璃钢制成。在老二站投入运行后，操作平稳，三相分离器出口含水在 0.5%，达到预期效果，延长了设备使用寿命，节约了成本。

二、污水处理

老新油田于 1971 年 6 月发现，包括老一区和老二区，分别于 1993 年、1990 年投入注水开发，采用边缘加点状注水方式。

老新油田有注（污）水站两座，老一注水站和老二注（污）水站。

为了对油田采出水进行处理，使其不污染环境，1992 年老二区污水处理站建成投入使用，日污水处理能力 200 m³。工艺流程为：油站来水→ 100m³ 缓冲罐→提升泵→粗粒化柱→斜管沉降柱→粗粒化柱→斜管沉降柱→过滤→注水罐。缓冲罐收油槽的污油自流进污油回收箱，经泵提升进油站。粗粒化柱、斜管沉降柱的污油直接靠余压进油站。站内过滤部分的反冲洗排水及污水处理站各个构筑物的排污、溢流等均进污水回收箱，回收箱的水靠回收水泵提升进缓冲罐，进污水处理流程。为了保证注入水水质，设有一套加药装置，该装置利用注水站加药泵房最北面一套，所加药剂为混凝剂，投药点为提升泵的吸入口，加药量及药品品种由生产单位根据试验确定。

1996 年为提高注水水质，节能降耗，对污水站进行了改造，设计污水处理能力 350 m³，拆除原有粗粒化柱、斜管沉降管，新增全自动核桃壳过滤器和加药装置，对部分腐蚀严重的管线实施改造。其污水处理流程为：三相分离器来水→ 200 m³ 缓冲罐→提升泵→核桃壳过滤器→ 100 m³ 注水罐，站内过滤部分的反冲洗排水及各构筑物的排污、溢流等均进污水回收池，经隔油后经回收水泵提升进缓冲罐，进入污水处理流程。主要使用的污水处理药剂有：三防药剂、液碱、除氧剂 Na_2SO_3、杀菌剂 1427 和 JMC971–2 等，在缓冲罐入口投加三防药剂、烧碱，在过滤器进口投加杀菌剂，在注水泵进口投加除氧剂。

老新油田污水处理工艺简单，目前主要采用沉降、核桃壳过滤流程对污水进行处理。

第三节　注水系统

老新油田于1990年4月投入注水开发。

1990年老二区注水站建成，注水压力32MPa。该站首次采用由大港油田总机厂生产的三柱塞撬装注水装置，此项装置采用3次过滤（粗滤、精滤、井口过滤）方法，使地层水净化指标大部分达到部颁标准，少数接近部颁标准。站内流程采用全压力密闭隔绝氧气，为了保证运转安全，设计中考虑打一口水源井，确保注水系统供水的连续性。

1993年，老一区开始注水。老一区有注水站一座，该注水站于1983年建成，当时由于人为因素等原因停注。1993年老一注水站重建投产，注水能力320m^3/d，注水压力为20MPa。1995年底，老一区有注水井4口，日注水101 m^3，注水压力25MPa，油井综合含水22.66%。1996年6月老二区注水站进行改造，该站日注水能力450m^3，注水压力20MPa。老一区注水站自1993年恢复投产后，至2005年底未进行大的改造。

2005年底，老新油田有注水井16口，开井5口，日注水平185m^3，单井日注水37m^3。老一区注水站水质达标率为66.67%，老二区注水站经过改造和完善，水质达标率由50%上升到53.85%。

第四节　配套工程

一、供电工程

老新油田生产前期供电电源为监利县新沟变电站油田专柜10kV出线，1988年油田35kV长托线建成投产后改为专线供电。

老一区简易变电站建有630kV·A和1000kV·A两台变压器，630kV·A变压器10kV出线带老一区油井、站用电，1000kV·A变压器10kV出线到新沟油田和拖市油田。

老二区简易变电站建有400kV·A和800kV·A两台变压器，400kV·A变压器供老二区集油站用电，800kV·A变压器供老二区油井用电，油井用电均为1140V。

二、供水工程

老新油田生产、生活用水均为地下水源井供水。老一区1号水源井为1983年4月投用，井深161m，日产水量为1920m^3。1993年6月又打了一口井深165m水源井，日产水量为1200m^3，作为备用。老二区1号水源井1989年3月投入运行，井深169m，日产水量为1920m^3。1993年5月又打了一口井深161m，日产水量为1200m^{3}的水源井作为备用。

附　录

附录一　附　图

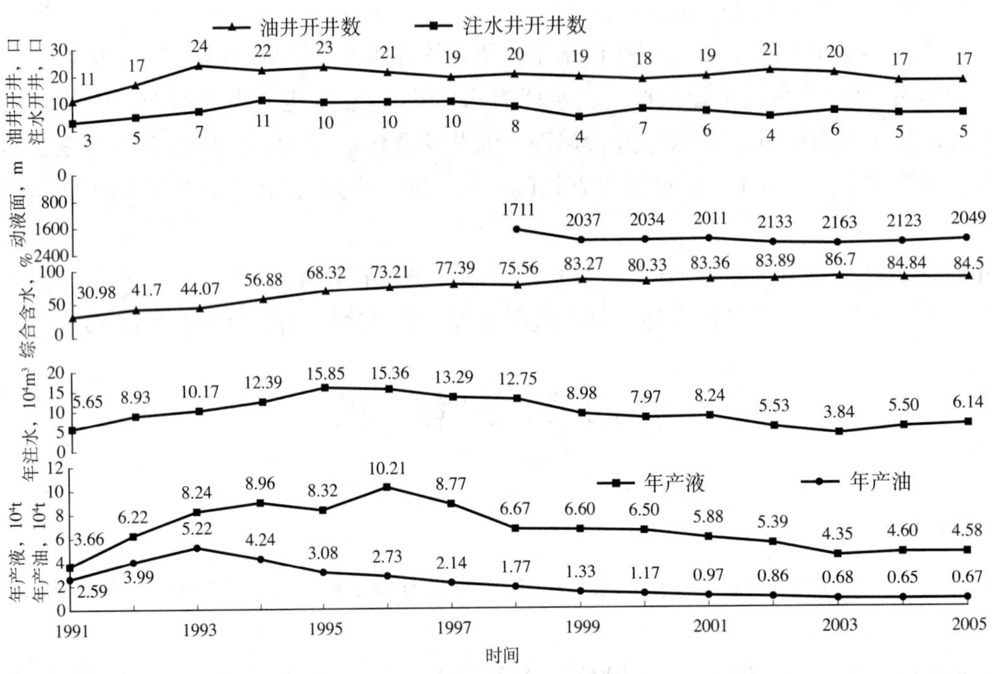

附图1　老新油田开采综合曲线图

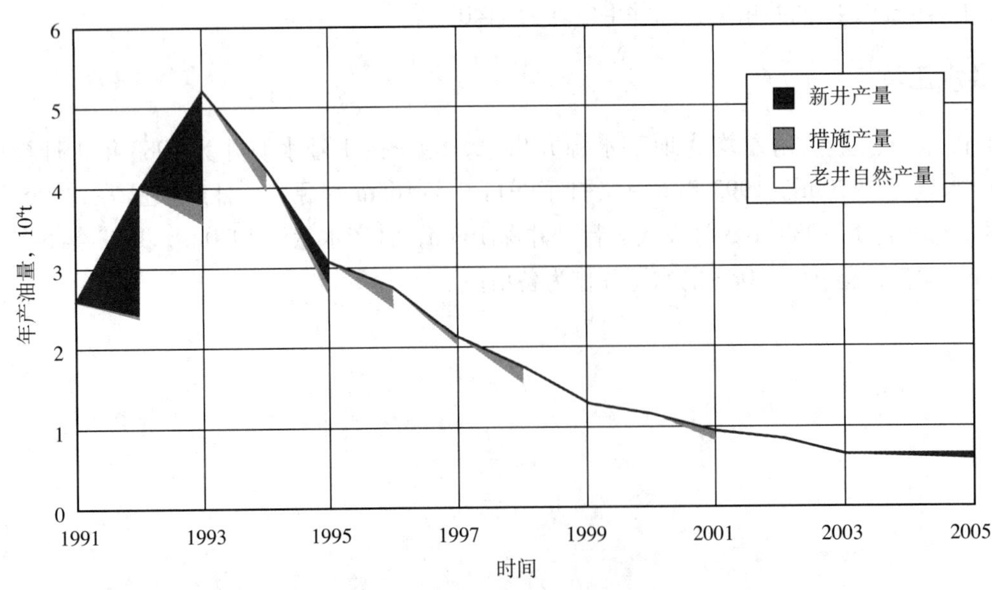

附图2　老新油田产量构成曲线图

附录二　附　表

附表 1　老新油田综合地质数据表

油田	含油面积 km^2	地质储量 10^4t	层位	油层埋藏深度 m	平均有效厚度 m	孔隙度 %	空气渗透率 mD	含油饱和度 %	地层温度 ℃	压力系数	原始地层压力 MPa	地层原油				地面原油				天然气		地层水		
												饱和压力 MPa	原始气油比 m^3/t	体积系数	黏度 mPa·s	密度 g/cm^3	黏度 mPa·s	凝固点 ℃	含硫量 %	相对密度	甲烷含量 %	水型	总矿化度 $10^4mg/L$	氯离子含量 $10^4mg/L$
老一区	2.60	99.0	Ex	2456.4 ~ 2618.4	6.8	15.1	40	65.0	96.0	0.91	22.44	3.96	6.7	1.01	0.7	0.822	4.7	26.5	0.02	0.75	47.66	$CaCl_2$	13.5	8.1
老二区	3.40	128.0	Ex	2428.2 ~ 2674.4	8.1	13.7	23	65.0	107.3	0.94	23.80	4.60	26.9	1.14	1.3	0.817	4.6	26.7	0.43	0.75	47.66	$CaCl_2$	13.5	8.1

附表 2　老新油田开采综合数据表

时间	动用地质储量	油井		注水井		核实产油量		核实产水量		核实产液量		年末动液面 m	年末综合含水 %	注水量		注采比		地质采油速度 %	地质采出程度 %
	10^4t	总井数 口	开井数 口	总井数 口	开井数 口	年 10^4t	累计 10^4t	年 10^4t	累计 10^4t	年 10^4t	累计 10^4t			年 10^4m^3	累计 10^4m^3	年末	累计		
1991	215.00	11	11	3	3	2.59	5.77	1.06	1.13	3.66	6.90		30.98	5.65	9.86	1.23	1.01	1.21	2.68
1992	314.00	20	17	6	5	3.99	10.06	2.22	3.36	6.22	13.42		41.7	8.93	18.95	1.16	1.11	1.86	4.68
1993	227.00	24	24	8	7	5.22	15.28	3.02	6.38	8.24	21.66		44.07	10.17	29.12	1.00	1.07	2.30	6.73
1994	227.00	22	22	12	11	4.24	19.52	4.72	11.01	8.96	30.62		56.88	12.39	41.52	1.18	1.10	1.87	8.60
1995	227.00	24	23	12	10	3.08	22.60	5.24	16.34	8.32	38.94		68.32	15.85	57.36	1.68	1.22	1.36	9.96
1996	227.00	23	21	13	10	2.73	25.33	7.48	23.82	10.21	49.14		73.21	15.36	72.72	1.37	1.25	1.20	11.16
1997	227.00	22	19	14	10	2.14	27.47	6.63	30.45	8.77	57.92		77.39	13.29	86.01	1.39	1.27	0.94	12.10
1998	227.00	26	20	13	8	1.77	30.71	4.90	35.57	6.67	66.28	1711	75.56	12.75	98.76	1.74	1.28	0.78	13.53
1999	227.00	25	19	12	4	1.33	32.04	5.28	40.85	6.60	72.89	2037	83.27	8.98	107.74	1.27	1.27	0.59	14.12
2000	227.00	26	18	13	7	1.17	33.21	5.32	46.17	6.50	79.38	2034	80.33	7.97	115.72	1.15	1.27	0.52	14.63
2001	227.00	25	19	14	6	0.97	34.18	4.91	51.08	5.88	85.26	2011	83.36	8.24	123.96	1.32	1.27	0.43	15.06
2002	227.00	25	21	14	4	0.86	35.04	4.54	55.62	5.39	90.66	2133	83.89	5.53	129.53	0.97	1.25	0.38	15.44

续表

时间	动用地质储量	油井		注水井		核实产油量		核实产水量		核实产液量		年末动液面	年末综合含水	注水量		注采比		地质采油速度	地质采出程度
	10^4t	总井数 口	开井数 口	总井数 口	开井数 口	年 10^4t	累计 10^4t	年 10^4t	累计 10^4t	年 10^4t	累计 10^4t	m	%	年 10^4m^3	累计 10^4m^3	年末	累计	%	%
2003	227.00	23	20	15	6	0.68	35.72	3.68	59.30	4.35	95.02	2163	86.7	3.84	133.37	1.03	1.24	0.30	15.74
2004	227.00	19	17	8	5	0.65	36.37	3.95	63.25	4.60	99.61	2123	84.84	5.50	138.87	1.74	1.20	0.29	16.02
2005	227.00	20	17	8	5	0.67	37.04	3.92	67.16	4.58	104.20	2049	84.5	6.14	145.01	1.39	1.21	0.29	16.32

附录三　人物名录

老新油田历任主要领导

序号	姓名	职务	任期
1	蔡庭尧	新周项目组经理	1994.1—1994.12
2	肖远长	新周作业区经理	1995.1—1995.12
3	邱章法	新周作业区经理	1996.1—2001.12
4	黄开本	新周作业区经理	2002.1—
5	郭义林	党总支书记	1994.1—

附录四　参考文献

文献名	作者	出版时间	出版社
江汉油田志（1961—1985）	《江汉油田志》编辑室	1986	江汉石油报社
江汉油田志（1986—1990）	丘昌济	1993.1	人民出版社

编纂始末

按照《中国油气田开发志》总编纂委员会的统一部署，江汉油田于2006年8月28日成立编纂委员会，启动了《中国油气田开发志·江汉油气区油气田卷》编纂工作。江汉采油厂作为江汉油田的二级单位，承担了辖区内26个油田的开发志编写任务。2006年9月江汉采油厂成立《老新油田志》编纂委员会，由江汉采油厂厂长胡德高任主任，副厂长夏志刚任副主任，编纂组由马敏任组长。编纂工作中，江汉油田和江汉采油厂领导高度重视，并从人力、物力、财力上给予大力支持。

《老新油田志》编纂工作启动以来，江汉油田编纂委员会、《老新油田志》编纂委员会高度重视，组织有关领导、专家给予指导和帮助。2007年7月完成《老新油田志》资料的收集工作，并形成初稿，但由于摘抄方案太多，技术味太浓，更像一部技术报告。2008年以《王场油田志》第二稿为范本，对《老新油田志》进行大刀阔斧地修改，并完成了《老新油田志》（第二稿），在武汉会议上后，按照总编纂委员会统一要求，对《老新油田志》的篇章结构与内容进行了进一步的修改完善，于2009年3月完成于《老新油田志》第三稿，并在江汉油田第一招待所进行了江汉油田编纂委员会评审，与会专家对《老新油田志》提出修改意见，要求进一步淡化技术内容，更加贴切志书要求，并对附图、附表进行规范。2009年7月完成《老新油田志》第四稿，基本编纂完成了《老新油田志》，在对志书用语、编排要求等提出规范意见，并增加“配套工程”后。2010年元月按照《关于油气田篇编纂基本要求的规定》，对《老新油田志》篇章结构进行了进一步调整，最终编纂完成《老新油田志》。

《老新油田志》分为七个部分，其中概述、大事记、第一章、第二章由马敏、刘敬尧编写；第三章由李波峰、余英、袁玲想、张建国、胡云鹏编写；第四章由刘玉、申修志编写；附录由刘敬尧编写。因工作原因，第四稿以后马敏不再参与《老新油田志》编写，其工作由刘敬尧接手完成。

在本志编纂过程中，江汉油田分公司开发处和局档案馆作了大量的组织协调工作，保证了《老新油田志》编纂工作的顺利进行；江汉油田编纂委员会顾问组的李渝生、洪志一、杜修宜、丁淑君、赵云山、叶全根等老专家、老同志发挥了重要作用，他们既是参谋者、指导者，又是第一读者，在每稿的审阅中都留下了他们许多宝贵的意见和箴言。江汉油田分公司勘探开发研究院档案室在提供编纂资料方面，给予了大力支持，在此表示衷心感谢。

《老新油田志》编纂组

2010年1月

编号：18−010

黄场油田志

《黄场油田志》编纂组　编

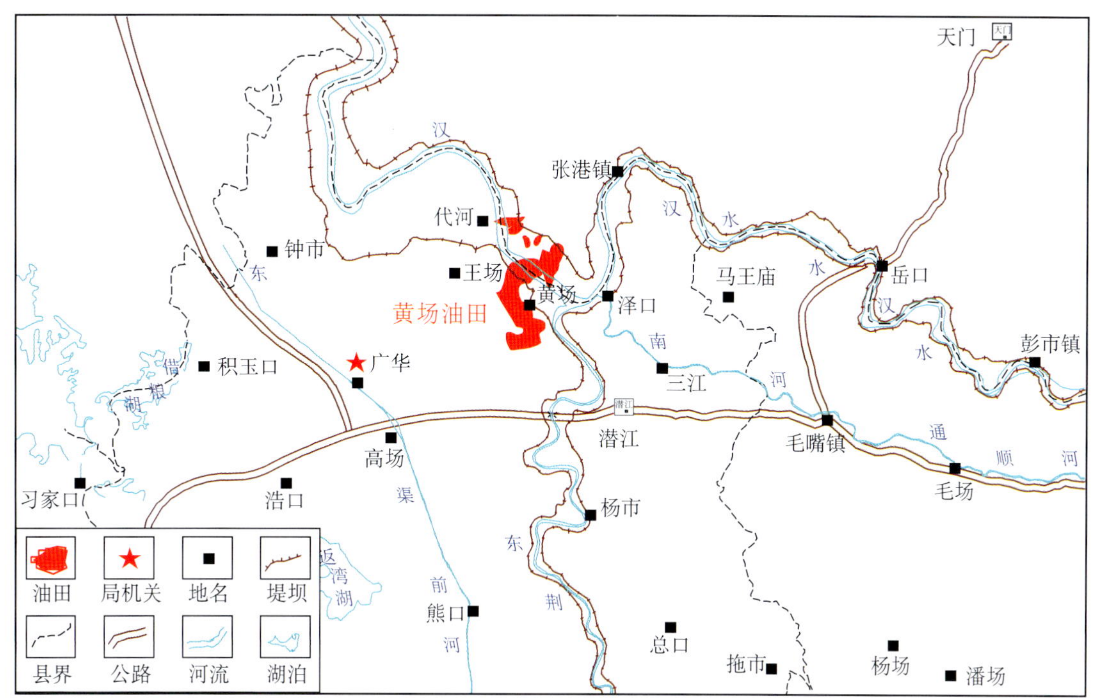

黄场油田地理位置图

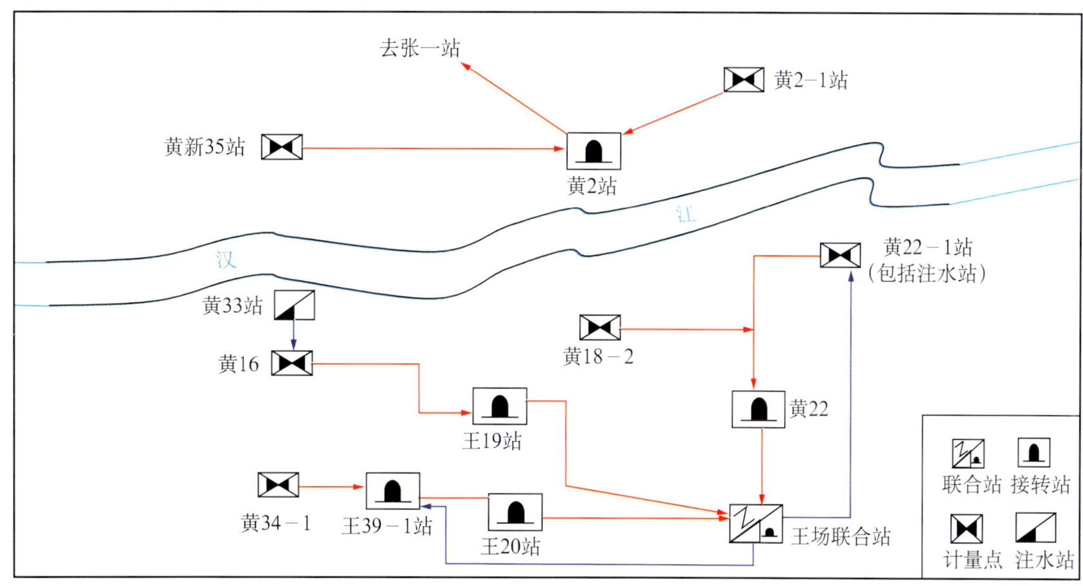

黄场油田地面生产系统平面布置图

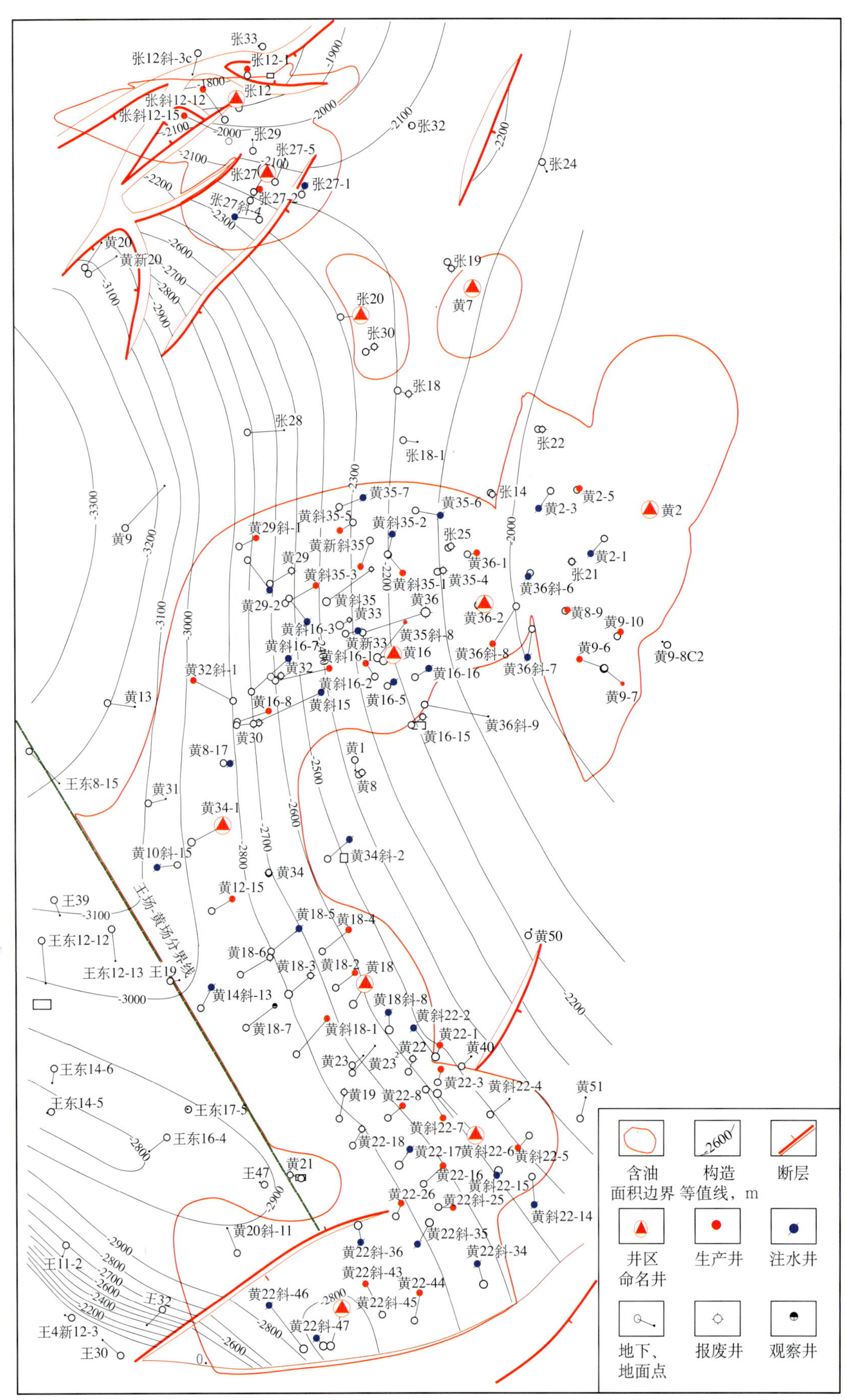

黄场油田构造井位图

《黄场油田志》编纂委员会

主　任：胡德高

副主任：夏志刚

成　员：刘孔章　贺　春　刘敬尧

《黄场油田志》编纂组

组　长：江　燕

成　员：黄午阳　李波峰　胡云鹏　刘　玉　张建国　袁玲想
　　　　余　英　申修志

《黄场油田志》审核人员

初审人：夏志刚　刘孔章　贺　春

审核人：杜修宜　袁　欣　洪志一　何志祥　赵云山

概　述

黄场油田于1969年初发现，1977年1月投入开发，是江汉油区发现较早的一个整装油田。由中国石化江汉油田分公司江汉采油厂管理。

一

黄场油田位于江汉平原腹地，跨湖北省潜江市黄场乡与天门市张港镇两地，汉江横贯其中，东邻张港油田，西与王场油田相连。境内地势低洼，北高南低，平均海拔高度38m，公路纵横，交通发达。地域气候温暖湿润，年相对湿度81%，四季分明，雨量充沛。春季多雨，夏季湿热，时有大暴雨，年均降雨量1112.6mm，秋高气爽，冬季多为湿冷天气。年平均气温16.1℃，最高温度为40.3℃，最低温度为−17.5℃，属于亚热带季风气候。油田境内多江河渠网，地下水位较高，土壤含水处于饱和状态，其中6—7月水位埋深在50cm以内。主要风向冬季为西北风，夏季为东南风。

农作物以水稻为主，经济作物主要有油菜、棉花、蚕豆。

二

黄场油田位于潜江凹陷东斜坡区域性砂岩尖灭带上，构造简单，总体构造格局属区域性鼻状斜坡，南部被车挡断层切割。单倾斜坡是黄场油田的主体构造，由北东向南西倾没，地层倾角7.7°～30°，构造顶部平缓，翼部逐渐变陡，地层走向近于南北。

油田纵向上有6个含油油组，即古近系潜江组的潜4^1、潜$4^{1下}$、潜$4^{0中}$、潜$4^{0下}$、潜4^2、潜4^3油组，油层埋深1641.2～3075.2m。2005年划分开发单元时，根据油层物性与开发特点，将其划分为两个开发单元，即黄场上段与黄场潜4^3，黄场上段包括潜4^1、潜$4^{1下}$、潜$4^{0中}$、潜$4^{0下}$、潜4^2油组，黄场潜4^3即指黄场潜4^3油组，按照油藏类型分类标准，分别属于中高渗透复杂断块油藏与低渗透油藏。

开发初期，探明的井区相对较少，只有黄2井区、张20井区、黄18井区、黄7井区、黄16井区、张27井区等6个井区，井区之间不连片，分布零散。1991年后经逐步勘探，探明井区逐渐增多，先后新增了张12井区、黄22−6井区、黄22−45井区、黄34−1井区、黄36−2井区等5个井区，同时张27、黄2井区含油面积进一步扩大。截至2005年底，黄场油田开发井区共有11个，其中黄场油田潜4^3油层已与王场油田、广华油田连片，成为江汉油区含油面积最大的整装低渗透油藏。

三

1967年在潜江凹陷东部斜坡带部署一条钻井剖面，自西向东构造由低到高，分别部署了黄1、黄2和黄3井，井距为2～3km。1967年6月完钻的黄1井在潜3^1、潜3^2、潜4^2、潜4^3油组共发现5层9.0m油斑显示。1969年初钻探黄2井，在潜4^1油组发现1层1.4m油层，1969年8月10日试油获得日产1.25t工业油流，从而发现了黄场油田。截至2005年底，黄场油田共完钻探井46口，开发井85口，

探明地质储量 404×10^4t，全部投入开发，2005 年末核定原油生产能力 9.17×10^4t/a。

四

黄场油田是江汉油区较早勘探发现的油田。1969 年在黄 2 井潜四段获工业性油流，揭开了黄场油田滚动勘探开发的序幕。1977 年前，黄场油田无开发设计方案，油田发现后探井陆续试采，形成一定规模后油田正式投入开发，至 2005 年底，黄场油田开发历时 28 年，可分为四个阶段（图 1）。

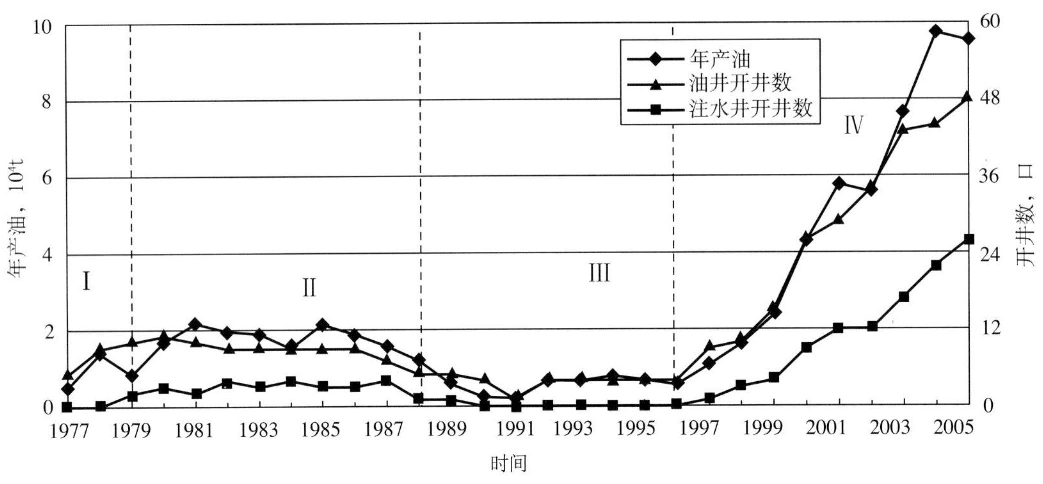

图 1　黄场油田开发阶段划分图

（1）天然能量开采阶段（1977 年 1 月至 1979 年 1 月）。黄场油田从 1977 年起陆续开井生产，采用一套开发层系，800 ~ 1000m 井距，不规则井网，先后动用了黄 16 井区、黄 18 井区、黄 2 井区、黄 7 井区、张 27 井区等 5 个井区。开发初期采用气举采油生产，后转入抽油生产。由于该油田是以岩性低渗透油藏为主，边水不活跃，单井产量和地层压力下降快。1978 年 12 月，油井开井 9 口，平均单井日产油 3.8t，日产油水平 34t，不含水，地质储量采油速度 0.89%，采出程度 1.38%。

（2）注水开发稳产阶段（1979 年 2 月至 1988 年 12 月）。自 1979 年 2 月起，相继投转注水井 4 口，油田注水后，见到一定效果，1979 年下半年油井全部开井生产。通过对油层进行压裂改造，1984 年完善黄 16 井区的注采系统，同时对黄 2、黄 18 井区进行局部调整，使得黄场油田以 1% 以上的采油速度连续稳产了 8 年，日产油水平由 24t 逐步上升到 60t 左右，平均单井日产油水平上升至 6.0t，1981 年最高年产油量达到 2.16×10^4t。

（3）产量递减阶段（1989 年 1 月至 1996 年 12 月）。1988 年以后，由于井网不完善，老井报废后，生产井点减少，加之受地理环境影响（汉江贯穿油田）和人为因素，产量急剧下降。1990—1991 年，产量跌至最低谷，1990 年单井日产量下降至 1.6t，年产油量为 0.26×10^4t，1991 年油田开井数仅 1 口，日产油 3t，年产油 0.21×10^4t。1992 年新增探明与动用张 12 井区。到 1996 年底，区块只有 4 口采油井生产，核实日产油水平 15t。1989—1996 年 8 年间，油田年平均产油仅 0.54×10^4t，属不正常生产状态。

（4）精细开发阶段（1997 年 1 月至 2005 年 12 月）。自 1997 年开始，对黄场油田重新开展了储层分布与构造精细研究，对原上报储量区域进行了井网加密与注采完善，其中利用三类井恢复工作对储量一直未动用的张 20 井区进行了开发。同时通过滚动勘探扩大了张 27 井区和黄 2 井区含油面积，新发现了黄 22-6 井区、黄 34-1 井区、黄 22-45 井区、黄 36-2 井区，新增地质储量 206×10^4t，经过逐步动用与注采井网完善，油田产量逐年攀升，年产油量由 1996 年的 0.55×10^4t 逐步最高上升至 2004 年的

9.72×10^4t，年均日产油由15t上升至266t，地质储量采油速度由0.28%上升至2.34%，实现了储量、产量的同步增长。

五

至2005年12月底，黄场油田共有方案油水井总井数87口，其中油井56口，开井48口，日产油水平235t，单井日产油水平5.2t，综合含水40.7%。水井31口，开井26口，日注水量495 m^3，累计注水$105.56\times10^4m^3$。年产油9.52×10^4t，累计采油70.96×10^4t，地质储量采油速度2.36%，地质储量采出程度17.56%，可采储量采出程度50.3%。

截至2005年底，黄场油田建成计量站6座，计量接转站3座。设计生产能力25×10^4t/a，集油能力20×10^4t/a，设计外输能力10×10^4t/a。建有8条集油管线，总长11.433km，建有连续输油（水）管线1条：王十九站—王一联合站外输油管线，长6.4km，单井油管线38.4km。

黄场油田由江汉采油厂五七作业区所属的采油四队、采油五队共同管理，共有职工220人。

六

黄场油田是一个以低渗透油藏为主的油田，开发初期由于对油田储层分布认识不足，也缺乏低渗透油藏配套的“注、压、深抽”工艺，对油田没有整体的开发调整方案，油田投入开发20年，最高年产量为2.16×10^4t。1997年以后，通过深化地质研究与配套工艺进步，对原来解释为干层的区域滚动钻探，获得了较高的工业油流，逐步实现了黄场潜4^3低渗透油藏储层连片，同时也为江汉油区最大的整装低渗透油藏，即广华—王场—黄场油田潜4^3油组的含油连片提供了滚动开发的依据。经过不断的滚动开发与调整完善，黄场油田年产油量由原来的2×10^4t增至9×10^4t左右，年地质储量采油速度由原来的1.01%提高至2.41%，对江汉油区的持续稳产起到了重要作用。

大事记

1969 年

8 月 10 日　黄 2 井在潜 4^1 油组试油获 1.25t/d 工业油流，从而发现了黄场油田。

1974 年

是年　黄场油田黄 2、张 20、黄 18、黄 7、黄 16、张 27 井区上报探明含油面积 10.3km^2，地质储量 213×10^4t。

1977 年

是年　黄场油田正式投入开发。

1979 年

2 月　黄场油田正式投入注水开发。

是年　石油工业部地质处在统一江汉十个油田的名称时，将汉江北面的黄 2、张 25 等井，以及张港油田的张二区，和汉江南面的黄场地区合称为黄场油田。

是年　黄场油田开展水文勘探试验，证实油层连通，为确定注采系统提供了依据。

1984 年

是年　建成黄场油田第一个计量接转站：王十九计量接转站。

1985 年

是年　黄场油田经储量复算，含油面积、地质储量减少，核实含油面积 8.10km^2，地质储量 156.00×10^4t。

1987 年

是年　黄场油田开始正式推广使用油基清防蜡剂 BJ，并辅以本油田生产 QF–08、CY–1 等油基清防蜡剂。

1992 年

是年　新发现了张 12 井区，新增地质储量 42×10^4t。

1995 年

是年　黄场油田开始试用 FT–8M、BJ–6 清防蜡剂，并在部分井进行扩大试验。

2000 年

是年　新发现了黄 22–6 井区，张 27–1 井区扩边储量增大，共新增地质储量 47×10^4t。

2001 年

是年　黄场油田推广应用无氯的油基清蜡剂 CY–2。

2002 年

是年　由胡德高等人研制的低压小排量燃煤热洗车获得国家专利，在黄场油田推广运用。

是年　在黄场油田开始开展氮气—水交替驱提高采收率工业试验，见到效果。

2003 年

是年　黄场油田黄 2 井区扩边储量增大，新发现了黄 22–45 井区、黄 36–2 井区、黄 34–1 井区，

共新增地质储量 159×10^{4}t。

2005 年

是年　重新划分开发单元时，根据油层物性与开发特点不同，将黄场油田细分为黄场上段与黄场潜 4^{3} 两个开发单元。

第一章

油 田 地 质

黄场油田为砂岩油藏，内部油藏类型较多，既有构造油藏，又有岩性油藏。1990 年后，尤其是 1997 年后的精细开发阶段，结合技术进步对地震、钻井、开发生产数据等动静态资料进行了深入分析，通过开展构造精细解释、储层预测、沉积微相等研究，对油田地质构造、储层分布、油层物性不断有新的认识，滚动勘探陆续新发现了 5 个井区，另外有 2 个井区含油面积扩大，新增探明地质储量 248×10^4t，黄场潜 4^3 油组储层实现了含油连片。

第一节 构 造

黄场油田由长期发育的古单斜构造和局部鼻状构造组成。单斜构造是黄场油田的主体部分，由北东东向南西西方向倾没，构造比较平缓，顶部倾角 7° ~ 8°，翼部逐渐变陡，最大倾角达 30°（图 1–1）。构造北部与代河油田相接，断层复杂，构造碎。

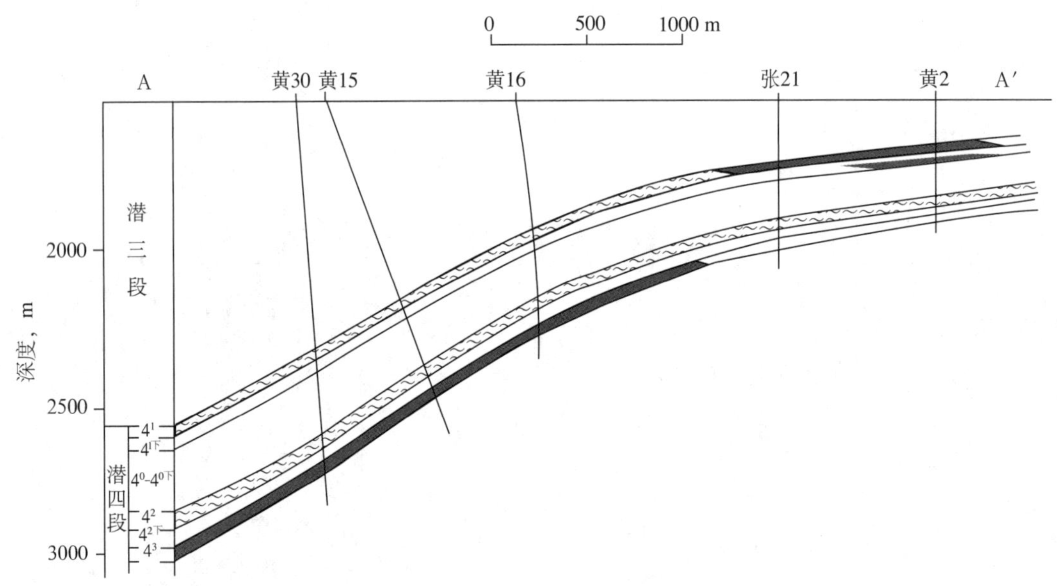

图 1–1 黄 30—黄 2 井油藏剖面图

黄场油田潜 4^3 油组构造属于单倾斜坡，地层自西向东抬高，区域性砂岩尖灭线从斜坡穿过，砂岩沿地层上倾方向尖灭，为一岩性圈闭，南部被车挡断层遮挡。黄场油田南部的黄 40 井断层过去认为是车挡断层向东延伸的尾部，1999 年通过运用三维地震资料进行构造描述研究，认为该断层为一断距 59m、延伸长度 1500m 的小断层，车挡断层距黄 40 井约为 1000m，经滚动勘探落实，从而将南部的车挡断层向南推移了 1km。

黄场油田上段主要为受断层控制的构造—岩性圈闭，断层走向基本与车挡断层平行，低部位有边水。其中位于黄场油田东部的黄 2 井区，潜 4^1 油组圈闭面积 1.9km^2，高点埋深 1610m，幅度 120m，东南部有断层控制；黄场油田北部的张 12 井区与代河油田相邻，为一南倾的单斜，北部受断层控制，为一构造—岩性圈闭，圈闭面积 1.3km^2，高点埋深 1500m，幅度 400m；位于黄场油田西南部的黄 22—45 井区，潜 4^2 油组为一断鼻圈闭，南部被车挡断层遮挡，圈闭面积 0.4km^2，高点埋深 2700m，幅度 50m。

第二节　储　层

黄场油田油气集中分布在古近系潜江组中，潜四段为主要含油层系，纵向上油组多、井段长，主要发育盐湖三角洲、水下扇及盐湖滩坝沉积体系。黄场上段与黄场潜 4^3 两个开发单元物性相差较大。

一、地层

根据黄场地区目前的钻井资料，揭示的地层自上而下依次为第四系平原组、新近系广华寺组、古近系荆河镇组、潜江组。

第四系平原组地层厚度 70 ～ 110m。上部多为淤泥，中部多为松砂，下部以砂砾岩为主，覆盖于整个盆地之上，形成江汉平原，与下伏新近系呈假整合接触。

新近系广华寺组地层厚度 550 ～ 660m。为一套黄色为主的杂色黏土岩、砂岩和砂砾岩互层，成岩性差，底部有侵蚀面，与下伏古近系荆河镇组呈不整合接触。

古近系荆河镇组地层厚度 260 ～ 530m。上部普遍遭受剥蚀，下部以灰绿色砂、泥岩为主，夹少量劣质油页岩和棕红色软泥岩，是一套淡水砂泥岩沉积，岩性上与下伏潜江组盐湖沉积有明显区别。

古近系潜江组在潜江凹陷特别发育，地层厚度 1400 ～ 2000m，是一套盐湖相沉积，以发育大量的化学岩类（膏、盐岩）为突出特征，同时发育有巨厚的暗色生油岩，加之砂岩集中，形成丰富的油气。潜江组纵向上按旋回性又可分为四段。潜一段地层厚度 280 ～ 310m。上部为泥膏盐，中部发育周矶砂岩，下部为软泥岩。潜二段地层厚度 370 ～ 440m。由灰色泥岩、褐色油浸泥岩、油页岩、泥膏盐、盐岩等岩性构成 24 个韵律层。

潜三段地层厚度 340 ～ 450m。岩性明显分成上、下两部分，上部有两个砂岩组，即潜 3^1 砂组、潜 3^2 砂组，为灰色粉砂岩，中间夹泥膏盐、盐岩；下部为泥膏盐、盐岩、油页岩、泥岩等组成的 14 个韵律层。

潜四上亚段地层厚度 350 ～ 480m。岩性为泥、盐岩韵律层与砂泥岩组成的互层，主要有潜 4^1、潜 4^2、潜 4^3 砂组，该段砂岩发育，是油气富集层位，岩性主要为褐灰色油迹粉砂岩、褐色油斑粉砂岩，其间夹泥盐、盐岩，本区潜 4^3 砂组为主要含油层位，砂岩分布广，岩性较致密。

潜四下亚段地层厚度 50 ～ 80m（未钻穿）。岩性多为深灰色泥岩，含膏泥岩及盐岩等。

二、沉积相

潜江组潜四段沉积时期主要发育盐湖三角洲、水下扇及盐湖滩坝沉积体系，物源方向以汉水地堑物源为主，永隆河隆起物源对黄场影响较小。潜 4^3 油组砂体属三角洲前缘亚相沉积，主要形成水下分流河道、水下分流间湾、河口坝和席状砂。

潜 4^1、潜 4^2 油组为盐湖滩坝沉积，主要分为盐湖坝主体、盐湖坝斜坡及盐湖席状砂等。

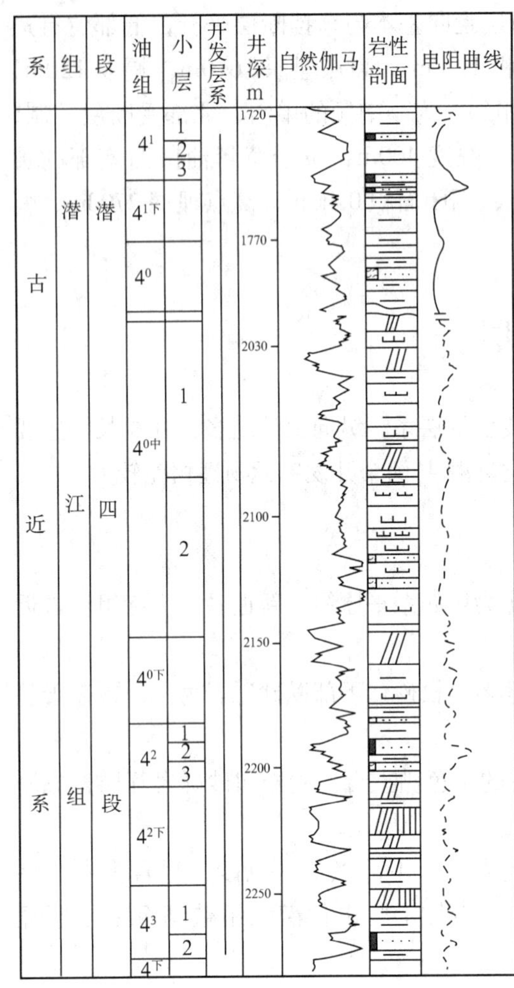

图 1–2　黄场油田综合柱状图

三、储层

储层为古近系潜江组潜四段，纵向上共有 6 个含油油组，即潜 4^1、潜 $4^{1下}$、潜 $4^{0中}$、潜 $4^{0下}$、潜 4^2、潜 4^3（图 1–2），9 个含油小层，平均油层厚度 2.3m。

根据油田各油组物性的差异和分布面积大小不同的特点，将黄场油田储层分为上、下两段。黄场上段油层埋深 1628.4 ~ 2732.7m，受断层、岩性等因素控制，储层分布较为零散，含油高度窄，面积较小，低部位有边水，平均有效厚度 3.4m。平面上自北向南分布有张 12 井区（潜 4^1、潜 $4^{0下}$油组）、黄 2 井区（潜 4^1、潜 $4^{1下}$、油组）、张 20 井区（潜 $4^{0中}$油组）、黄 18 井区（潜 4^2 油组）、黄 22–45 井区（潜 4^2 油组）。

下段为潜 4^3 油组，是黄场油田的主力油层。开发之初对储层分布认识不足，认为储层呈透镜状、蜂窝状分布，通过不断深入地质研究与滚动完善，黄场潜 4^3_3 油层已实现储层连片分布，与相邻的王场油田相连。黄场油田潜 4^3 油组油层埋深 2006.7 ~ 3056.1m，砂层厚度 1.8 ~ 4.0m，油层厚度 1.0 ~ 3.2m，平均油层厚度 2.1m。平面上自北向南分布有张 27 井区、黄 7 井区、黄 16 井区、黄 36–2 井区、黄 34–1 井区、黄 18 井区、黄 22–6、黄 22–45 井区。

四、岩性物性

油层岩性主要为致密的细—粉砂岩，岩石类型为长石砂岩，砂岩储层的胶结类型以孔隙型胶结为主，胶结物成分主要以硬石膏、白云石、方解石为主，并含一定量的黄铁矿，磨圆度为次圆—次棱角状，分选性中等。油层平均孔隙度 18.0%，平均空气渗透率 99mD，但不同油组不同区域油层物性相差较大。

黄场上段平均孔隙度 21.1%，平均空气渗透率 165mD，属中渗透储层；黄场潜 4^3 油组平均有效孔隙度 16.3%，平均空气渗透率 34mD，属低渗透储层。

五、敏感性

黄场油田储层无速敏，无水敏，无—弱酸敏，无盐敏，中—无碱敏，临界 pH 为 10。

第三节　流　体

一、原油性质

原油属轻质稀油。地面原油密度 0.853 ~ 0.881g/cm³，黏度 12 ~ 29mPa·s，凝固点 28 ~ 34℃。地层原油密度 0.759g/cm³，地层原油黏度 3.5mPa·s，体积系数 1.160，原始气油比 41.7m³/t。

二、地层水性质

地层水矿化度高，为 $6.7 \times 10^4 \sim 33.0 \times 10^4$mg/L，氯离子含量 $8.3 \times 10^4 \sim 19.0 \times 10^4$mg/L，水型主要为 $NaHCO_3$。

第四节　油　藏

一、压力、温度

原始地层压力为 26.42MPa，压力系数 1.19，饱和压力 4.84MPa，地饱压差大，为 21.58MPa，地层温度 89.5℃，属正常压力、温度系统。

二、天然能量

根据黄场油田试采数据计算，注水前采出程度 1.04%，地层压力下降 8.4MPa；单储压降 8.08 MPa，弹性产量比 2.30。根据油藏天然能量评价方法（SY/T6167—1995），黄场油田为天然能量微弱油藏。

三、油藏类型

黄场油田上段，即潜 4^1、潜 $4^{1下}$、潜 $4^{0中}$、潜 $4^{0下}$、潜 4^2 油组为中渗透砂岩油藏，黄场潜 4^3 油组为低渗透油藏。

第五节　储　量

1978—2005 年，黄场油田曾经 5 次申报探明石油地质储量，截至 2005 年底，累计探明石油地质储量 404.00×10^4t，可采储量 143.10×10^4t。

一、石油地质储量

1978 年，根据石油化学工业部的要求，以石油工业化学部油田勘探开发部和石油勘探规划研究院 1977 年 7 月编制的《油（气）地质储量计算工作意见（试行）》为依据，结合江汉油田的实际，对江汉油田进行储量计算，于 1979 年元月在廊坊向石油工业部储量委员会汇报，并被批准。黄场油田累计探明含油面积 10.3km²，探明石油地质储量 213×10^4t，探明区块包括黄 2 井区、张 20 井区、黄 18 井区、黄 7 井区、黄 16 井区与张 27 井区。

1985 年根据石油工业部（84）油勘字第 22 号文件及 1985 年东部会议（辽河）要求，在 1978 年上报地质储量的基础上，对黄场油田的地质储量进行了重新计算、核实，对原上报储量时日产油小于 0.5t 的非工业油流储量予以扣除，另外对原含油面积内部分钻井落空的储量也予以扣除。复算后含油面积、地质储量减少，1985 年上报含油面积 8.1km²，地质储量 156×10^4t。

1991 年对该区三维地震资料进行精细处理、解释，进一步落实了构造，在北部构造高部位钻探了张 12 井与张斜 12–12，获工业油流，继而落实了张 12 块储量，新增探明含油面积 0.8km²，探明石油地质储量 42×10^4t。

2000—2003 年期间对老区扩边挖潜，运用三维地震资料和储层预测研究成果，对黄场油田南部车挡断层有了新的认识，陆续发现了黄 22–6 及黄 22–45 含油区块。同时通过老井复查和提高措施水平，新发现了黄 34–1 井区与黄 36–2 井区，实现了潜 4^3 油组黄 16、黄 18 井区与王场油田东区的含油连片，扩大了储量规模。北部的张 27 井区扩边钻探张 27–1 井，东部的黄 2 井区扩边钻探了黄 9–10 井，均扩大了含油面积。共新增含油面积 8.5km^2，探明储量 206×10^4t。

截至 2005 年 12 月，黄场油田共上报探明含油面积 17.4km^2，探明原油地质储量 404.0×10^4t，探明的石油地质储量全部动用。2005 年重新划分开发单元，将黄场油田纵向上细分为黄场上段与黄场潜 4^3 两个开发单元，其中黄场上段含油面积 4.2km^2，地质储量 163×10^4，黄场潜 4^3 含油面积 12.5km^2，地质储量 241×10^4（表 1–1）。

表 1–1　黄场油田历年探明储量变动明细表

时间	上报储量		变化值		变化明细				变化原因
	含油面积 km^2	地质储量 10^4t	含油面积 km^2	地质储量 10^4t	区块	层位	含油面积 km^2	地质储量 10^4t	
1978	10.3	213			黄 2 井区				
					张 20 井区				
					黄 18 井区				
					黄 7 井区				
					黄 16 井区				
					张 27 井区				
1985	8.1	156	–2.2	–57					储量复算
1992	8.9	198	0.8	42	张 12 井区、	潜 4^1、潜 $4^{0下}$	0.8	42	滚动新增
2000	11.2	245	2.3	47	黄 22–6 井区	潜 4^3	1.5	23	滚动新增
					张 27 井区	潜 4^3	0.8	24	扩边
2003	17.4	404	6.2	159	黄 2 井区	潜 4^1	0.2	28	扩边核算净增
					黄 22–45 井区	潜 4^2、潜 4^3	2	46	滚动新增
					黄 36–2 井区	潜 4^3	0.7	36	
					黄 34–1 井区	潜 4^3	3.3	49	
2005	17.4	404	0	0	黄场上段	潜 4^1、潜 $4^{1下}$、潜 $4^{0中}$、潜 $4^{0下}$、潜 4^2	4.2	163	重新划分开发单元
					黄场潜 4^3	潜 4^3	12.5	241	

二、石油可采储量

1978 年黄场油田上交探明储量时，计算可采储量 64.0×10^4t，标定采收率 30.0%。1979 年对上报可采储量重新计算，计算可采储量 74.6×10^4t，标定采收率 35.0%。之后按照五年规划的要求，先后于 1980 年、1985 年、1989 年、1993 年、1996 年、1999 年实施了六次可采储量大标，根据计算方法的不同，可采储量出现了几次变动。其中 1985 年黄场油田由于储量复算后探明储量核减，标定采收率未变，可采储量减少 17.2×10^4t，标定可采储量 46.8×10^4t；1989 年由于标定采收率由 30.0% 下降至 15.0%，可采储量减少 23.4×10^4t，标定可采储量 23.4×10^4t；1993 年由于新增动用了张 12 井区，新区新增可采储量 6.3×10^4t，标定可采储量 29.7×10^4t；1996 年黄场老区由于生产不正常，井数减少，注采井网不完善，开发效果变差，标定采收率由 15.0% 下降至 12.3%，可采储量减少 5.4×10^4t，标定可采储量 24.3×10^4t。1997 年以后黄场油田不断在老区与滚动新区开展产能建设工作，每年的可采储量均有所上升，油田的标定采收率也逐年上升。

1997 年标定可采储量 26.9×10^4t，标定采收率 13.6%，老区当年新增可采储量 2.6×10^4t。

1998 年标定可采储量 29.7×10^4t，标定采收率 15.0%，老区当年新增可采储量 2.8×10^4t。

1999 年标定可采储量 45.0×10^4t，标定采收率 22.7%，老区当年新增可采储量 15.3×10^4t。

2000 年标定可采储量 61.8×10^4t，标定采收率 25.2%，新区当年新增可采储量 10.8×10^4t，老区当年新增可采储量 6.0×10^4t。

2001 年标定可采储量 72.3×10^4t，标定采收率 29.5%，老区当年新增可采储量 10.5×10^4t。

2002 年标定可采储量 84.8×10^4t，标定采收率 34.6%，老区当年新增可采储量 12.5×10^4t。

2003 年标定可采储量 133.7×10^4t，标定采收率 33.1%，新区当年新增可采储量 42.9×10^4t，老区当年新增可采储量 6.0×10^4t。

2004 年标定可采储量 141.1×10^4t，标定采收率 34.9%，老区当年新增可采储量 7.4×10^4t。

2005 年标定可采储量 143.1×10^4t，标定采收率 35.4%，老区当年新增可采储量 2.0×10^4t。

截至 2005 年底，黄场上段原油可采储量 60.0×10^4t，标定采收率 36.8%，黄场潜 4^3 原油可采储量 83.1×10^4t，标定采收率 34.5%。

第二章

开发部署与调整

黄场油田是江汉油区较早勘探发现的油田，1977 年前，黄场油田无开发设计方案，油田发现后探井陆续试采，形成一定规模后油田正式投入开发。在注水试验取得成功的基础上，1979 年油田投入注水开发。1990 年后，尤其是 1997 年以后的精细开发阶段，滚动勘探陆续新发现了 5 个井区，另外有 2 个井区含油面积扩大，通过这些井区的陆续动用，黄场油田的生产井区逐渐增多，产量规模也逐步扩大，共新建油水井 92 口，累计新建、新增产能 15.6×10^4t，年产油量由 1996 年的 0.55×10^4t 逐步上升为 2005 年的 9.47×10^4t，年均核实日产油水平也由 15t 上升至 259t，地质储量采油速度由 0.28% 上升至 2.34%。同时通过不断实施注采调整，跟踪完善注采井网，采取增压注水、脉冲注水、降低无效排液、氮—水交替驱等措施，油田注水开发效果逐步变好。

第一节 开发方案

一、初期井网

1977 年前油田无开发方案。至 1977 年元月，在含油范围内已钻 21 口井，其中取心井 11 口，试油 19 口，获得工业油流的 15 口，少量油流井 3 口，落空井 1 口，未下套管井 1 口。探井井距在 600 ~ 1000m 之间，开发井网基本形成。至 1978 年，探明发现的 6 个井区，除张 20 井区由于先后试油的 2 口井产量偏低（日产油 3t 左右）或套管变形未投产，未正式投入开发外，其余 5 个井区相继投入动用与开发，包括黄 16 井区、黄 18 井区、黄 2 井区、黄 7 井区、张 27 井区。由于该油田是以岩性低渗透油藏为主，边水不活跃，单井产量和地层压力下降快。1978 年 12 月，油井开井 9 口，平均单井日产油 3.8t，日产油水平 34t，不含水，地质储量采油速度 0.89%，采出程度 1.38%。

二、注水试验

黄场油田地面被汉江南北向贯穿，分割成汉江北岸与汉江南岸两部分。油田 1977 年建成并开始投产。汉江北岸建有油井 9 口，产量比较低，当时按水力活塞泵采油而设计的江北站，后因水力活塞泵生产不正常，计量问题不过关等因素，自建立以来一直未全面生产。汉江南岸由于注水跟不上，造成产量、压力很快下降。为此，1977 年对黄 30 井进行试注，由于水质不合格，堵塞油层，使日注水量急剧下降，1980 年对该井酸化解堵，改为抽油井生产。

1979 年为改善黄场油田的开发状况，了解油层的连通情况，为注采系统提供依据，对同生产潜 4^3 油组的黄 16 井与黄 29、张 25 井开展了水文勘探试验。黄 29 井距黄 16 井 945m，位于汉江南岸，张 25 井距黄 16 井 850m，位于汉江北岸。1979 年 5 月 31 日分别在黄 29 井和张 25 井下微差压力计观察来自黄 16 井的激动讯号。微差压力计下井三天后，黄 16 井开始抽油生产，激动试验时日产油 8 ~ 12t。试验结果表明张 25 井、黄 29 井均收到了黄 16 井的激动讯号，表明井之间油层是连通的。

1979 年在汉江南岸钻注水井黄 33 井，注水后油井当年见效，黄场油田正式投入注水开发，接着又继续投注了 3 口井，由于补充了地层能量，汉江南岸油井生产主动，与汉江北岸形成了鲜明对照。

三、滚动扩边

1990 年后，通过开展构造精细解释、储层分布等研究，对黄场油田的地质认识不断深化，1992—2003 年黄场油田通过滚动扩边新发现了 5 个井区，另外有 2 个井区含油面积扩大。2001 年以前黄场油田未正式编制产能建设开发方案，2001 年后先后编制了《黄场油田黄 34 井区开发方案》、《黄 22 井区扩开发方案》、《黄场油田黄 2 井区开发调整方案》、《黄 36–2 井区开发方案》等 4 个产能建设方案，通过这些井区的逐步动用，黄场油田的生产井区逐渐增多，生产规模逐渐扩大，至 2005 年底黄场油田共动用 11 个井区。

张 12 井区：张 12 井区是北部代河断鼻南端的次级断鼻，1990 年利用仅有的 5 条地震模拟剖面，结合钻井资料进一步落实了该构造。1991 年初在构造高部位钻探张 12 井，该井在潜 $4^{1下}$油组发现 2 层 5.8m 油层，1991 年 6 月在钻井过程中中途测试，8MPa 生产压差下日产油 41.1t，投产初期日产油 32.8t，证实该块为一浅层高产的小型断鼻油藏。1992 年上报探明含油面积 0.8km^2，地质储量 42×10^4t。井区受断层影响构造较破碎，含油面积小，难以形成注采井网。初期仅建井 2 口，后期通过补充调整又新建了 3 口井，但产量较低，一直未投入注水开发。

张 27 井区扩边：张 27 井区位于张黄斜坡带，代河油田以南，1978 年潜 4^3 油组上交含油面积 0.1km^2，地质储量 3×10^4t。1999 年利用三维地震资料，重新落实构造，进行了储层横向预测，在张 27 井区的东部部署了滚动探井张 27–1 井，成功钻遇潜 4^3 油层 2 层 2.4m，由于物性较差，压裂失败，后投注。2000 年井区新钻 2 口井，利用老井 1 口，共建油井 1 口、水井 1 口，产量低，当年新建产能 0.1×10^4t。2000 年张 27 井区扩边上交新增含油面积 0.8km^2，增加地质储量 24×10^4t。后构造重新解释发现油井与张 27–1 水井之间被断层隔断，注水井于 2001 年 12 月计划关井。2002 年在井区低部位补充了一口注水井，井区实行“1 注 1 采”的点状注水方式，注采井距 300m。

黄 22–6 井区：黄场油田南部的黄 40 井断层过去认为是车挡断层向东延伸的尾部，通过运用三维地震资料进行构造描述研究，认为该断层为一断距 59m，延伸长度 1500m 的小断层，车挡断层距黄 40 井约为 1000m，黄 40 井至车挡断层 2km^2 的区域内，储层预测认为是潜 4^3 油组岩性油藏发育的有利地区。1999 年部署了滚动探井黄斜 22–6，该井在潜 4^3 油组钻遇油层 2.4m，1999 年 12 月末压裂初期日产油 15t，从而发现该区。

2000 年在黄 22–6 井区进行滚动完善，新建油水井 11 口，其中油井 8 口，水井 3 口，油水井整体实施了压裂改造，获得了较高的产能，2000 年末井区日产油 60t，年新建产能 1.50×10^4t。2000 年新增探明含油面积 1.5km^2，增加地质储量 23×10^4t。

黄 34–1 井区：黄 34–1 井区位于黄场、王场东区之间的区域，与王场油田王 39 井区大致呈鞍部相接，原有探井 3 口，均钻遇潜 4^3 砂层，测井解释为干层，未计算地质储量。通过开展沉积微相分析和老井复查等研究，认为该区潜 4^3 砂组沉积主要为滨浅湖相沉积，砂体成席状广泛分布。2001 年底对新井黄斜 18–1 井 3.6m 干层进行了压裂投产，获 10.9t/d 的高产。通过修改测井解释图版，对老井重新解释，认为原解释的干层应为油层。在王场和黄场油田之间部署的开发评价井黄 34–1 井获得成功，该井钻遇油层 1 层 3.4m，2002 年 1 月压裂投产，初期获得日产油 12.4t。

2001 年编制了《黄场油田黄 34 井区开发方案》，计算含油面积 3.5km^2，石油地质储量 97×10^4t。部署油水井 6 口，新建原油生产能力 1.6×10^4t/a。2002 年方案实际钻井 4 口，利用老井 1 口，新建采油井 3 口，建水井 2 口，新井投产初期平均单井日产油 8.2t，单井标定日产油 6.7t，新建原油生产能力 0.6×10^4t/a。2003 年黄 34–1 井区上报新增探明含油面积 3.3km^2，新增石油地质储量 49×10^4t。

黄 22–45 井区：黄 22–45 井区位于黄场油田南部，与黄 22–6 井区相连，为一单斜构造，西低东高，砂岩向东尖灭，南部被车挡断层切割，为一向东抬升的单斜构造，主要含油层位为潜 4^3 油组。2002 年在该块东部钻探黄 22–35 井获得成功，该井钻遇潜 4^3 油组油层 3.6m，投产初期产量为 21.0t/d。

2001 年编制了《黄场油田黄 22 井区扩开发方案》，初步计算含油面积 2.7km²，石油地质储量 54 × 10^4t。方案部署新钻井 5 口，进尺 1.45 × 10^4m，建成油井 4 口，水井 1 口，新建原油生产能力 1.2 × 10^4t。

通过 2002 年滚动开发，共完钻井 5 口，建成油井 5 口，水井 1 口，新井投产初期平均单井日产油 10.9t，单井日产能标定为 8t/d，新建原油生产能力 1.2 × 10^4t/a。2003 年潜 4^3 油组上报新增含油面积 2.0km²，新增石油地质储量 20 × 10^4t，较方案有所缩小。

另外通过黄场油田南部储层特征的分析，认为该地区潜 4^2 油组物源主要来自西北方向，南部储层有加厚变好的可能。2002 年 8 月钻探滚动探井黄 22–45 井，在潜 4^2 油组发现油层 3 层 14.8m，投产后获日产 16.2t 工业油流。2003 年潜 4^2 油组上报新增探明含油面积 0.3km², 新增石油地质储量 26 × 10^4t。该区南部被车挡断层控制，低部位有边水，含油面积较小，未编制开发方案。2002—2003 年新建井 2 口，其中一口油井后期转注，形成了“1 注 1 采”的注采井网。2003 年底黄 22–45 井区潜 4^2、潜 4^3 油组共上报新增含油面积 2.0km², 新增探明地质储量 46 × 10^4t。

黄 2 井区：黄 2 井区原潜 4^1 油组探明含油面积 1.7km²，石油地质储量 29 × 10^4t，1989 年后由于油井工程报废，水井调层注水，井区长期处于停产状态。1999 年投产了 1 口新井，但单井产量较低，日产油只有 2t，该井区一直没有开展调整与完善工作。

2002 年通过对黄场油田进行综合地质研究，认为黄场油田潜 4^3 油组油层为一连片分布的整体，其中黄 34、黄 22 井区与王场油田东区潜 4^3 油组已呈连片态势，黄 16、黄 35 井区虽然主体部位注采井网已基本完善，但仍有一定的扩边潜力。黄 2 井区主力油层潜 4^1、潜 $4^{1下}$油组为盐湖滩坝沉积，在构造高部位局部分布，也具有整体调整的潜力。2002 年 10 月江汉勘探开发研究院索绪昌等人以张 12—黄 16 井区扩边、黄 2 井区为重点，编制了《黄场油田整体开发调整方案》，整体方案规划总井数 46 口，其中油井 33 口，注水井 13 口，注采井数比 1:2.5，平均单井控制地质储量 5.5 × 10^4t，建成原油生产能力 6.5 × 10^4t/a。其中张 12—黄 16 井区扩边主要目的层为潜 4^3 油组，按反九点法井网，井距 400m 开发方式部署，方案规划总井数 35 口，其中油井 25 口，注水井 10 口，注采井数比 1 ： 2.5，单井产能标定为 8t/d，建成原油生产能力 4.94 × 10^4t/a；黄 2 井区目的层为潜 4^1、$4^{1下}$油组，按反七点三角形井网，井距 400m 开发方式部署，方案规划总井数 11 口，其中油井 8 口，注水井 3 口，注采井数比 1 ： 2.7，单井产能标定为 6.5t/d，建成原油生产能力 1.56 × 10^4t/a。方案分批实施，2003 年优先实施黄 2 井区和黄 16 井区扩边（黄 16 井区低部位），共部署油水井 11 口，其中新钻井 9 口，新建产能 1.98 × 10^4t/a。黄 2 井区优先实施钻井 4 口油井，利用老井注水 1 口，建成采油井 4 口，注水井 1 口，新建原油生产能力 0.78 × 10^4t/a；黄 16 井区扩边实施钻井 5 口，其中油井 4 口，注水井 1 口，利用老井 1 口，建成采油井 5 口，注水井 1 口，新建原油生产能力 1.2 × 10^4t/a。

方案实施过程中，黄 16 井区扩边低部位评价井黄 32–1 井虽成功钻遇油层，但压裂后单井稳定产能仅 1.5t 左右，产能较低加上井较深（完钻井深 3196m），效益较差，因此停止了该井区调整方案的实施。黄 2 井区至 2003 年 3 月底已完钻井 5 口，其中投产油井 3 口，黄 9–10 井在主探目的层潜 4^1_1 小层尖灭，却钻遇兼探层潜 4^1_2 油层 1 层 4.6m，2003 年 1 月末压裂投产，日产油 15t。通过新钻井的油层钻遇及投产效果，对黄 2 井区又有了新的地质认识，如潜 4^1 油组潜 4^1_2 小层往南变厚，含油面积增大，单井产能较高，潜 $4^{1下}$油组厚度增加等。根据新的认识 2003 年 4 月江汉采油厂周正梅等人编制完成了《黄 2 井区产能建设调整方案》，对原方案进行了调整，对潜 4^1_2 小层增加部署了 3 口井，潜 $4^{1下}$油组新增部署了 3 口井，黄 2 井区整体方案规划总井数 14 口，其中油井 10 口，注水井 4 口，注采井数比 1 ： 2.5，采用不规则三角形边缘注水井网，平均单井控制储量 8.6 × 10^4t，建成原油生产能力 2.27 × 10^4t。潜

4^1_1小层、潜$4^{1下}$油组生产井单井产能仍按原方案6.5t/d，潜4^1_2小层根据已投产的黄8–9、黄9–10井的试采情况，单井产能由6.5t/d上调标定为10t/d。

2003年黄2井区实际新钻井10口，利用老井2口，共建成油井9口，水井1口，平均单井产能10.7t/d，新建产能2.89×10^4t。由于开发调整效果较好，补充新增加的钻井资料对该区进行储量复算，平均孔隙度、油层平均厚度、含油面积均有所增加，2003年核算后黄2井区新增含油面积0.2km²，探明石油地质储量28×10^4t。

2004年、2005年陆续对该区进行了调整与完善，至2005年底该区陆续新建油水井17口井，其中油井14口，水井3口，单井产量3.0～20.5t/d，井区产量由调整前的2t上升至110t左右。黄2井区方案部署时是动用潜4^1、潜$4^{1下}$油组，方案实施过程中潜$4^{1下}$油组由于油稠油井试采效果不佳调层上返，目前无井生产。主要动用的潜4^1油组，潜4^1_2小层由于含油面积狭长，低部位边水能量充足，目前靠天然能量进行开发，潜4^1_1小层目前为面积注水开发井网。

黄36–2井区：黄36井区位于黄16井区的高部位，紧邻黄16、黄35井区，2002年通过对黄场油田沉积微相及储层预测研究，认为黄36井以东潜4^3油组位于有利的扇三角洲前缘亚相河口坝微相区，通过储层预测，砂岩明显增厚。部署的滚动探井黄36–1井钻遇潜4^3油组砂岩厚度7.4 m，有效厚度6m，初期日产油4t。相继又钻探了黄35–8、黄36–2井，钻遇潜4^3油组砂岩厚度分别为4.4 m、8.4 m，有效厚度3.6 m、8.4m，初期日产油分别为6.5t和4.6t。钻井结果与研究认识一致。

2003年8月江汉勘探开发研究院孙莉等人编制了《黄场油田黄36井区开发方案》，计算黄36井区含油面积1.5km²，地质储量49×10^4t。主要目的层为潜4^3油组，根据黄16井区原井网，选择七点法三角形井网进行整体部署，井距350m。方案共部署油水井8口，其中新钻井6口，利用老井2口，建成油井5口，注水井3口，注采井数比1 ∶ 2，平均单井控制地质储量9.8×10^4t，单井产能标定为8t/d，建成原油生产能力1.2×10^4t/a。

2003年底黄36–2井区上报新增探明含油面积0.7km²，新增地质储量36×10^4t，较方案计算储量有所减少。方案实施过程中由于储层非均质较严重，储层物性、单井产能变化大。位于相对中部的大斜度井黄36斜–8钻遇潜4^3_2小层油层1层有效厚度39.6m，直接试油投产，初期日产油达24.6t，而位于该井南边400m的黄36斜–9井仅钻遇潜4^3_2小层油层1层有效厚度1.0m，投注水井。2004年实际实施工作量较方案部署时缩小，当年钻井4口，利用老井2口，建成采油井3口，注水井2口，新建产能1.14×10^4t/a。

至2005年井区实际建井6口，其中油井4口，水井2口，井区最高日产油46t。

第二节　开发试验

2002年开始在黄新33井组开展氮—水交替驱提高采收率试验。2002年1月在黄新33井组交替注入氮气和水，4月17日完成2个周期，累计注气3752m³，5月30日后由于设备故障停止注氮。注氮期间，相邻2口注水井实施了强化注水，注水与注氮双重作用促使井组产量上升明显，井组日产油由38.4t上升至59.4t，对应7口油井平均动液面上升73m，效果最好的为低部位与顶部位的油井，日产油实现翻番。2003年后又继续在黄新33、黄22–17、黄22–4井组开展了注氮措施，效果较2002年变差，但对补充地层能量、控制油井含水上升与促进油井见效增产等方面起到了一定的作用。

第三节　开发调整

黄场油田开发初期的开发调整主要做了注采抽配套工作。1997年以后，随着大型压裂、深抽配套等低渗透油藏的配套技术进步，实施井网加密、注采完善等工作，使黄场油田由最初的点状注水开发井网逐步转变为不规则面积注采井网方式，井距由 600m 左右缩小至 300m 左右。

一、注采配套调整

1977 年 5 月，罗杨棣、谢洪才等人编制了《黄场、王广、广南油田注压抽配套规划》，规划方案对黄场油田因断层分割及岩性变化分成的三个井区，即张 27 井区、黄 16 井区和黄 18 井区的注采配套分别进行了规划。为力争更多的储量在注水保持地层压力下开采，油层储量损失减低到最低程度，提高水驱储量，提出了注采井别的确定意见，另外对注采井组划分、注水井吸水量以及“注压抽配套”也提出了具体意见。方案规划共钻井 2 口，转注 5 口，分层注水 3 口，全井压裂 6 口，分层压裂 1 口，补孔 2 口，可基本形成点状注采井网。

1977—1981 年，注采压配套基本完成，除北部的张 27 井区未按规划要求注水，仍采取天然能量开采，黄 16、黄 18 井区基本实现了点状注水开发方式。中部的黄 16 井区新钻注水井 2 口，形成“2 注 8 采”的注采井网，注水井与生产井距离约为 400 ~ 1000m；南部的黄 18 井区低部位转注井 1 口，1981 年又新钻了注水井 1 口，对潜 4^2 与潜 4^3 分层注水，采取“2 注 2 采”的注水方式，注水井与生产井距离 300 ~ 500m。由于多种因素，原规划中的油井压裂只完成了 1 口（张 21），但效果较好，油井日产油由 1.5t 上升至 8t。

二、注水开发调整

1984 年魏明根编制了《黄场油田注水开发调整方案》，主要对单井产量较高、已进行注水开发、效果较好的 7 个油砂体完善注采系统，提高水驱控制程度，提高采油速度，改善开发效果。调整对象重点是黄 16 井区，但新钻开发调整井黄斜 15 井落空后，便停止了调整方案的实施。

三、井网加密

1997 年以后，对黄场逐步开展井网加密与注采完善，重点是黄 16 与黄 18 井区，对其他面积、储量较小的井区也补充了部分调整加密井。1997—2005 年对原储量面积内陆续新建油水井 38 口，其中投产油井 32 口，后转注水井 7 口，投注水井 6 口，新增油水井数比为 25 ∶ 13，单井控制储量由 18×10^4t 下降至 4.0×10^4t，井网密度由 1.24 口 /km^2 上升至 5.51 口 /km^2，井距由原来的 600m 左右缩小至 300m 左右。

第四节　开发过程控制

黄场油田开发早期井数较少，开发过程控制工作量较少。1997 年后随着对油田的不断滚动扩边与调整完善，重点做了完善注采井网、注水井增注、不稳定注水、控制无效排液、氮—水交替驱与动态监测等方面的工作，使得黄场油田投入开发近 30 年，综合含水目前仍控制在 40% 左右，老井年自然递减控制在 11% 以内。

一、完善注采井网

黄场油田 1997 年重新启动完善与滚动扩边后，跟踪完善注采井网一直是开发过程控制的重点工作之一。

从 1997 年至 2005 年，共投转注水井 30 口，其中投注水井 24 口，油井转注水井 6 口，黄场油田注水井数由 2 口上升至 31 口，年注水量从 0 上升到 $19.70\times10^4m^3$, 累计注采比由 0.64 上升至 0.79。

至 2005 年，注采井网由初期的点状注水井网逐步调整为不规则面积注采井网，井距 300m 左右，注采井数比 1 ∶ 1.8（即 31 ∶ 56），注采井网基本完善。

二、注水井增注

黄场油田主要属于低渗透油藏，注水井启动压力较高，为保证有效注水，及时补充地层能量，对注水井主要开展了酸化增注与单井加装增压泵等措施。

1997—2005 年共开展注水井增注 9 井次，累计年增加注水量 1.78 × 10^4m^3。另外采取站内以及单井井口加装高压增注泵的方式，先后使 20 口注水井的注水压力达到 20MPa 以上。同时针对经压裂改造、酸化增注、装增注泵等措施仍无法达到配注要求的部分注水井，2002 年开始运用了超高压注水方式，首口井为黄 10 斜 –15 井，加装超高压注水泵后，注水压力由原来的 35MPa 上升至 43MPa，日注水达到 $40m^3$ 的配注要求，对应井 2 口井日产油由 5.9t 上升至 9.4t。继该井之后又先后有 2 口井加装了超高压注水泵，单井注水压力可达到 40MPa 以上，日注水量达到 $30m^3$ 以上，对应油井增产明显。

三、不稳定注水

黄场油田在滚动完善期间，由于注采井网欠完善，平面上物性的差异，平面矛盾日益突出，部分井能量下降，日产液量下降，而部分井却含水上升速度快，产量下降明显。1999 年开始根据水动力理论，对注水井进行动态调水工作。初期主要根据油井生产动态对注水井实施不规则的关停或对注水量进行调整，2000 年下半年开始摸索脉冲注水方式，结合面积注采井网开展井组间同步配套脉冲注水方式，强弱互补，保持了井组产量的稳定。

黄场油田先后在 10 个井组长期或阶段性实行了脉冲注水，5 ～ 10 天短周期的脉冲注水方式逐步成为油田主要的动态调水方式。

四、控制无效排液

黄场油田平面上物性相差较大，部分区域注水开发后易形成单向指进，造成油井含水快速上升或水淹，对水淹或高含水井采取间开生产或关井，控制无效排液，对控制油田含水，促进周围油井见效方面起到了积极的作用。

至 2005 年，先后关停油井 8 口，日减少无效排液 150t，其中有 2 口高含水井后期进行了转注，周围油井因此受益，油井注水见效后单井日增油最高达 15t 左右。

五、动态监测

油田开发初期，动态监测以油水井测试地层静压为主，随着油田开发的逐步深入，含水不断上升，为控制含水，增加了以了解油水运动规律与水淹状况的吸水剖面、注示踪剂、水驱前缘测试、储层裂缝测试等动态监测手段。

1997 年以前每年油水井测试静压一般为 2 ～ 4 口，1998 年以后随着生产井数逐步增多，至 2005 年油水井测静压井数达到 24 口。2001 年 9 月，对黄 22、黄 16 井区的 8 口注水井开展了储层裂缝测试。黄场油田生产层位较为单一，仅 2002 年、2005 年分别对 2 口注水井进行了吸水剖面测试。2003—2004 年对 3 口注水井投入了氚水示踪剂，监测井组油井的反应。2004 年根据注水井在注水过程中会产生微震波的原理，通过地面微震波信号进行处理，对 2 个井组开展了水驱前缘测试。动态监测资料对动态调整提供了有利的依据。

黄场油田油藏类型多样，黄场潜 4^3 油组属低渗透储层，油井投产大多需压裂改造，见水后含水上升快，除潜 4^3 油组以外的其他油组渗透率相对较高，属中渗透储层，如黄 2 井区的潜 4^1 油组，油井投产不需压裂改造即可获得 10t/d 以上的单井产能，稳产期较长。由于不同类型油藏所具有的不同储层物性与开采特征，2005 年划分开发单元时将黄场油田细分为黄场上段与黄场潜 4^3 两个开发单元，分别属于中高渗复杂断块油藏与低渗透油藏，开发单元的划分有利于生产过程中的开发调整与开发规律的总结。

第三章

钻井与采油工程

自黄场油田开发以来，根据储层与盐层交互，地层矿化度高，油层亲水性强的特点，刻苦攻关，钻采工艺技术得到迅速发展，形成了具有盐湖油田特色的钻采工艺技术。钻井与完井方面，应用了复合钻井技术，推广了定向井技术；举升工艺上发展了以防腐耐磨泵为主体的机械采油、小泵深抽的配套技术，运用掺水解盐方法解决了地层水矿化度高造成的井筒管理难题；注入工程中推广了单井高压注水。这些技术的完善配套对黄场油田的滚动开发提供了技术基础。

第一节　钻井与完井

一、钻井

油田开发初期阶段，采用防斜钻直井技术，钻井周期较长。20 世纪 80 年代后期推广使用了转盘和水力螺杆双动力的复合钻井技术，提高了钻井机械钻速。1988 年推广应用 PDC 钻头，进一步缩短了钻井周期，从原来的平均 45 天缩短至 20 天。由于油田处于汉江两岸，受地面条件限制，推广应用了定向钻井技术和丛式井技术，定向井占新钻井的 98%。由于黄场油田是单斜构造，地层倾向基本稳定，利用地层的自然造斜规律，开创性的使用自然造斜井，可以充分解放钻压和减少定向费用。钻井液使用饱和盐水体系，应用自主研发的多种聚合防塌剂，提高了防塌、携砂、防卡等性能，有效解决了上部广华寺组地层垮塌的问题，减少了钻井事故的发生。

二、完井

完井方式采用套管完井。因纵向地层无异常压力层，井身结构采用表层套管加油层套管。后为增加套管的使用寿命，在固井前对套管进行预拉应力，增强套管的强度，减少使用后期变形的几率。黄场油田以往多采用常规固井方式，管外水泥柱平均只有 500m，套管自由段过长，极易变形和错断。后通过增加管外水泥面高度（1000m），延长了套管使用寿命。推广应用“短候凝水泥”固井技术，解决水泥长时间候凝过程中层间互窜问题。推广应用管外分隔器，解决固井过程中油水互窜，确保油层段的固井质量。紊流器的应用，增强水泥浆的均衡程度，从而提高水泥环的胶结质量。

油田开发初期，射孔采用文胜 –2 枪和 57–103 枪，1976 年开始广泛使用 WS–73 枪，1989 年引进和推广使用 YD–89 枪和 YD–102 枪。射孔方式包括负压射孔、正压射孔，射孔液为清水。

第二节　采油工程

黄场油田开发初期以自喷采油为主。随着抽油机井数的逐渐增加，有杆泵采油举升工艺由小泵向大泵提液及小泵深抽方向发展。

黄场油田开发初期地层能量充足，采取以自喷采油为主辅以少量气举采油井、机械采油井。自喷井多采用油管下至油层中部、井口装采油树，一般采用 4 ~ 5mm 油嘴自喷生产。自喷井占油井总数的 85% 以上，日产油近 60t，不含水，产量占总产量的 94% 以上。

1979 年黄场油田开采方式逐渐由自喷采油转向机械采油，初期抽油泵主要使用 ϕ38mm 普通管式泵，抽油杆多采用 C 级杆，选用 3 型抽油机，冲程多为 1.2 ~ 1.8m，冲次多为 6 次 /min。

为满足油田注水开发，抽油杆逐渐采用 D 级杆，引用 CYJ10–3012 和 CYJ10–3312 抽油机，冲程多为 3m，冲次 3 ~ 9 次 /min。1983 年开始应用抽油杆使用系数设计软件，以及三级杆组合，节省了钢材、降低了能耗，提高了工作效率。1985 年对 ϕ70mm 以上泵，研制使用抽油泵脱节器，并取得成功。1990 年试验使用油管锚定技术及油管丝扣密封脂，减少油管蠕动和油管丝扣漏失。

1995 年以后，黄场油田动液面持续下降，泵挂深度也随之加深，举升方式开始由大排量转向小泵深抽。1993—1998 年使用玻璃钢抽油杆，并开始推广应用 H 级高强度抽油杆，配套使用 14 型抽油机。2000 年，ϕ38mm 抽油泵全井 H 级高强度抽油杆最大下泵深度达到 2850m。到 2005 年深抽井数占黄场油田开井数的 85%，深抽井产量占全油田产量的 90%以上，最大下泵深度达 2850m，平均检泵周期达 480 天。深抽技术的发展为油田的上产与稳产起到了至关重要的基础作用。

开发后期，截至 2005 年底，黄场油田平均泵效为 44.4%，平均检泵周期 432 天，部分液面较高的油井选用 ϕ70mm 泵生产，采取放大压差提液的方式，提高油井产量。在抽油机的选择上，向大型化发展，该阶段多选用 12 型、14 型抽油机，冲程以 3.8m、4.2m，冲次 4 次 /min、6 次 /min 为主。与开发中期相比，泵深也向深部发展，平均泵挂深度 2258m，在抽油杆的选择上，也趋于高强度。

在黄场油田的生产管理中，对井筒管理影响最大的是蜡、盐。针对结蜡，主要采取以化学清防蜡、热力清蜡为主、机械清蜡为辅的管理方式。2002 年，在黄场油田使用了低压小排量燃煤热洗炉，取得了很好的清蜡效果。针对地层水矿化度高，井筒结盐等特点，掺水解盐是主要的解盐措施，为更好的实施掺水解盐，在管柱结构上将尾管下至油层中上部，更有利于掺水解盐方式的实施，当尾管过长，超过泵所能承受的尾管长度范围时，研制出了悬挂泵套，降低尾管过长对泵的伤害。

第三节　注水工程

黄场油田主要采用全井注水、脉冲注水和高压注水方式。

油田自从投入注水开发以来，由于地层层系比较单一，一直采用全井注水。

1999 年，由于注水水质对地层的影响，部分井地层吸水性开始变差，注水压力增高。针对注水压力高的水井，引进了高压增注泵，注水压力由原来的 20MPa 上升到 35MPa 以上，起到了较好的注水效果。2002 年，为了配合高压注水井，开始使用高压注水封隔器 Y341–114，进行单井套管保护，防止因注水压力高损坏套管。

至 2005 年底，黄场油田注水井有 29 口，其中高压注水井 10 口，最高压力 40MPa。

第四节　油层改造

黄场油田油层改造主要包括酸化、压裂。开发初期，油田的开发对象主要是中、高渗透油层，油层改造措施以酸化为主，随着低渗透油藏投入开发，油层改造措施以压裂为主。

一、酸化

开发初期主要应用的是土酸酸化，1969—1970 年，在黄场油田进行了 6 口井 17 层的酸化，最高日增油 1.9t。其后，土酸一直作为油田酸化解堵增产增注的主要酸化技术。1980—1983 年在黄场油田油井应用 11 井次，有效 8 井次，平均单井日增油 6.9t；在水井增注上应用 4 井次，平均单井日增注 14m^3。1983 年以后，土酸酸化效果变差，酸化井次逐年减少。1996 年针对低渗透油藏酸化，应用了浓缩酸酸化，应用 7 井次，有效 3 井次，平均单井日增油 1.8t。2001 年针对黄场油田酸化二次沉淀问题，应用了硝酸酸化，在黄场油田应用 2 井次，平均单井日增油 1.2t。

二、压裂

开发初期，油田就应用了压裂技术改造油层。1970 年应用了原油压裂液，压裂车组为 500 型车组，应用 2 口井，均无效。1978 年应用了羧甲基田菁粉压裂液，压裂车组为 700 型压裂车组，支撑剂采用石英砂，应用 2 井次，平均砂液比 16%。1978 年 6 月在黄 16 井应用，压裂后日产油由 6.7t 上升到 10.4t。1979 年开始在水井上应用甲叉基聚丙烯酰胺压裂液，在黄场油田应用 2 井次，平均砂比 13%，单井加砂 7m^3，平均日增注 58m^3。1985 年以后基本未开展压裂技术的应用。

1999 年以后，随着一些低渗透区块相继滚动开发，应用了羟丙基瓜尔胶有机硼压裂液改造油层，应用 ZH 封隔器和千型井口，采用陶粒做支撑剂。2000 年主要在黄 22 井区应用，应用 15 井次，平均砂液比达 31%，平均单井加砂 13m^3，累计增油 13757t。2001 年主要在黄 18 井区应用 13 井次，累计增油 6677t。2002 年开始应用 2000 型压裂车组，2002—2005 年在黄场油田应用 26 井次，有效 17 井次，累计增油 2.18×10^4t。

第五节　堵水与调剖

黄场油田油井找水、堵水和水井调剖工作较少。

一、油井堵水

油井找、堵水主要应用以江 252–1 封隔器为核心的找、堵水管柱。

二、水井调剖

2006 年在黄新 33 井应用了预交联体膨型颗粒堵水技术进行调剖，共挤入堵剂 527m^3，施工后黄新 33 井吸水指数下降 74%，对应油井黄 16–1 井日产液下降 1.1t，日产油上升 3.6t。

第六节　修　井

修井主要解决复杂的解卡打捞、修复套管等问题。

一、解卡打捞

在解卡施工技术方面，主要解决的是盐卡和砂卡管柱问题，以活动解卡、循环洗井、浸泡法解卡等为主，对于活动不能解卡的井采用套铣和倒扣的方法起出被卡管柱。在复杂落物打捞方面，主要根据落物顶部（鱼顶）情况，再选择或制作合适的打捞工具。如抽油杆翻叉捞筒、可退式蓝式捞筒等，在黄 22–7 井等得到应用。

二、堵漏

油田位于盐湖盆地，钻井过程中要钻遇盐层和水层，由于盐层蠕动和盐水腐蚀，在油田开发早期就遇到了套管外窜槽、腐蚀穿孔等问题，因此开展了水泥浆挤堵修复技术。1992 年 8 月在黄 3 井应用水泥灰浆进行封堵井段 858.04 ～ 867.42m 获得成功，从此水泥浆挤堵作为套管穿孔漏失井的主要修复技术。

第四章

地面生产系统

黄场油田的油气水集输系统、注水系统、供电系统，在油田的不同开发阶段，为适应油田的开发需要，不断完善，并逐步形成规模。

第一节　集输系统

黄场油田被汉江分为南北两块，平面上井区分布较为分散。初期，地面系统主要是建分散的简易式（或撬装式）单井拉油点，开式流程，单井采用电加热器加热，单管流程。随着进一步勘探开发，黄场油田逐步完善了地面集输系统，将拉油点改建为具有计量、供热功能的计量（接转）站。

1976 年 8 月，黄场油田江南区块初步建成，建简易单井拉油点。同年 10 月，根据规划方案及三结合确定新建黄 18 计量点，流程为：两管掺水冷输至江南掺水站。1984 年，新建王十九计量接转站，当时王十九计量接转站仅作为计量及加热站用（加热张港来液），不具备其他功能。1989 年 6 月对王十九站进行改造，满足张港站来液的加热接转和黄场油田井口来液的计量加热输送。后来黄场区块油量减少，周围油井报废，该站曾一度荒废，起不到原设计的功能，仅作为加热、加压站（接转张港来液），站内大部分设备闲置报废。

1999 年，黄场油田的江北区块建黄 35 橇装式简易计量间，采出液计量后进黄 35 拉油点装车运至张港站，部分单井及高架罐采用电加热器加热。2000 年，重点对黄场油田的黄 16、黄 22–6、黄 2、张 27 井区滚动扩边，江南黄 18、黄 22–6、黄 16、黄 34–1 井区，江北黄 35、黄 2 井区的地面系统相继建成投产，建成黄 22–1、黄 22–16、黄 18、黄 35、黄 16、黄 34–1 等单井拉油点，高架罐装车，开式流程。同年 7 月，黄场油田江南新建黄 16–2 计量点，采用三管伴热流程，井排来液由拉油改为进计量点计量后密闭自压进王十九站。同年 9 月，将黄 22–1、黄 22–16、黄 18 三个单井拉油点改为计量（接转）站，新建黄 22–1 至黄 22–16 计量接转站集油管线 1.233km，井口采出液自压至黄 22–16 计量接转站。同时，新建黄 22–16 至王场联合站集油干线长 3.53km，单井拉油改为离心泵输油进王场油田的王场联合站系统集中处理，伴生气供加热炉作为燃料。同年 10 月，首次在黄 22–16 计量接转站研究应用油气密闭混输工艺，安装 CSY12 Ⅱ –70/240 油气混输泵，离心泵输油改为油气水密闭混输至王场联合站。采用二级全密闭集输流程，从井口→计量站→联合站（处理、外输）（图 4–1），具有节能降耗，工艺先进的特点。为江汉油田分散、低产小断块油田集输工艺配套提供了依据，将三级布站改为一级或一级半布站。随着江北黄 2 井区的滚动开发，日产液量增加，达到管输条件，2003 年 9 月，新建黄 2–1 计量点，敷设黄 2–1 至黄 2 站输油干线。同年 10 月，新建黄 2 井橇装式计量接转站，敷设黄 2 接转站至张港站输油干线，长 5.008km，将黄 35、黄 2 井区油分散的单井拉油点改为密闭混输至张港站，伴生气部分作为黄 2 站加热炉燃料，多余部分混输至张港站，减少张港站的燃油消耗。

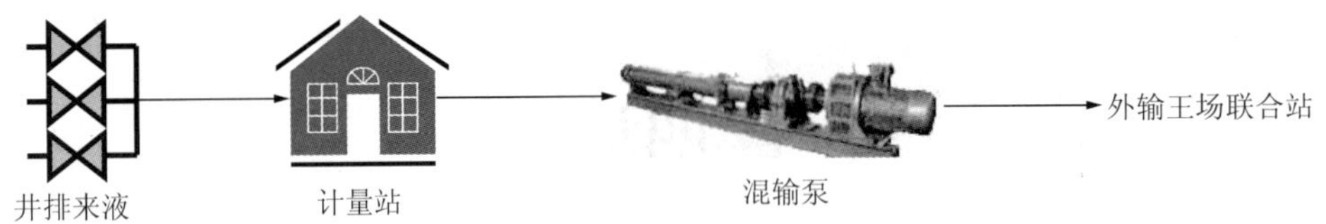

图 4-1　密闭混输工艺示意图

截至 2005 年，黄场油田建成计量站 6 座，计量接转站 3 座。设计生产能力 25×10^4t/a，集油能力 20×10^4t/a，设计外输能力 10×10^4t/a。建有 8 条集油管线，总长 11.433km，建有连续输油（水）管线 1 条：王十九站至王一联合站外输油管线，长 6.4km，单井油管线 38.4km。

第二节　注水系统

黄场油田于 1979 年投入注水开发，注水井 4 口，注水压力 22MPa，建有黄 16 和黄 22 两座注水站。

1979 年 2 月转注 2 口注水井，日注水 35m^3。注水初期主要由张港油田张一站供水。

1990—1996 年，由于受地理环境影响及人为因素干扰，停止注水。

1997 年，建成了黄场油田第一座注水站——黄 22 注水站，注水能力为 200m^3/d，注水压力 25MPa。该站注水工艺采用短流程，不设注水罐、缓冲罐，水源采用自动调频装置，水源井来水由超精细过滤器处理后经注水泵增压到注水管网。为了确保水质达标，设计了加药流程。过滤器、净水器的反冲洗水进污水池，站内污水不外排。1998 年初，黄 16 井区投入注水开发，与之相应的注水站黄 16 注水站建成投运，注水能力为 110m^3/d，注水压力 25MPa。该站注水工艺采用短流程，不设注水罐，原供水管网来水进缓冲罐后由管道提升泵提升至超精细过滤器处理，处理后水经注水泵增压到注水管网。为了确保水质达标，设计了加药流程，缓冲罐排污，超精细过滤器反冲洗水进污水池，站内污水不外排。2002 年，由于黄 22 注水站原有的注水泵不能满足大排量、高泵压的注水要求，为此新增了 1 台注水泵 3S125A-11/25-2H，保证了注水任务的完成。

2005 年底，黄场油田有注水井 31 口，开井 26 口，日注水量 195m^3，注水压力 25MPa。

第三节　配套工程

黄场油田江北区块的黄 2、黄 9、黄 35、黄 36 井区供电电源为油田王场变电站 35kV 王代线。江南区块的黄 18 井区、黄 22 井区供电电源为油田王场变电站 35kV 黄场线，江南区块的黄 16 井区、黄 29 井区、黄 32 井区、黄 33 注水站供电电源为油田王场变电站 35kV 码头线。计量站、注水站供电电压为 380V，油井供电电压为 1140V。

黄 2 斜 -11、黄 22-24、黄 22-43、黄 22-44、黄 22-45、黄 22-49、黄 22-50、黄 22 斜 -46、黄 22 斜 -4 为油田 6kV 王两线所供电。

黄场油田江北区块工业用水为张港油田管线输送，生活用水为车送。江南区块的黄 16、黄 33 注水站、王 19 站工业、生活用水均取自油田水电厂的二级泵站至井下酸站 ϕ114mm 管网和盐化工总厂消防 ϕ114mm 管网。黄 18、黄 22 井区工业、生活用水均取自地下水源井。黄 22 站水源井为 1997 年 9 月投运，井深 190m，日产水量 864m^3。

附　录

附录一　附　图

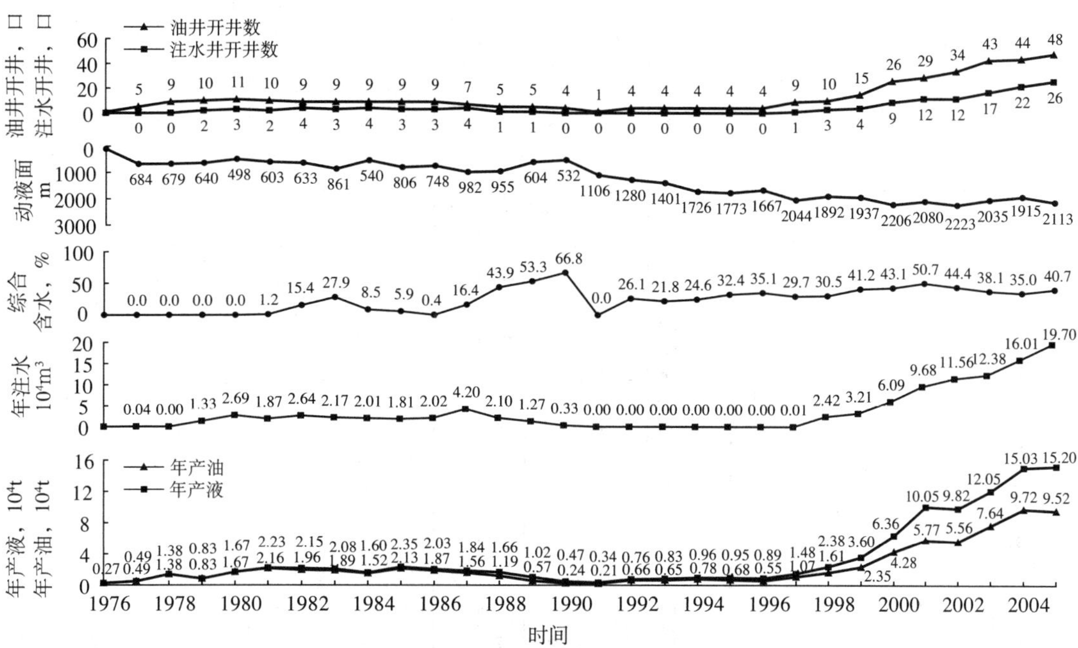

附图1　黄场油田开采综合曲线图

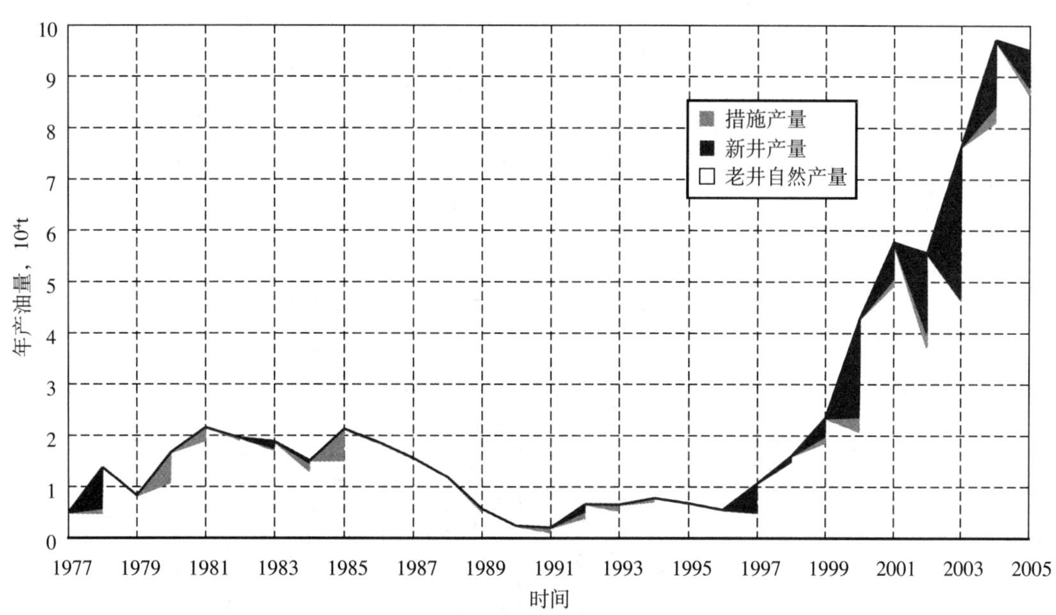

附图2　黄场油田产量构成曲线图

附录二　附　表

附表 1　黄场油田综合地质数据表

含油面积 km^2	地质储量 10^4t	层位	油层埋藏深度 m	平均有效厚度 m	孔隙度 %	空气渗透率 mD	含油饱和度 %	地层温度 ℃	压力系数	原始地层压力 MPa	地层原油				地面原油				地层水		
											饱和压力 MPa	原始气油比 m^3/t	体积系数	地下黏度 mPa·s	密度 g/cm^3	黏度 mPa·s	凝固点 ℃	含硫量 %	水型	总矿化度 $10^4mg/L$	氯离子含量 $10^4mg/L$
17.4	404	潜 4^1—潜 4^3 油组	1628.4 ~ 3056.1	2.3	18.0	99	70	89.5	1.19	26.42	4.84	41.1	1.16	3.5	0.87	18.2	28	0.5	$NaHCO_3$	28.5	16.2

附表 2　黄场油田开采综合数据表

时间	动用地质储量 10^4t	油井		注水井		核实产油量		核实产水量		核实产液量		年末动液面，m	年末综合含水 %	注水量		注采比		地质采油速度 %	地质采出程度 %
		总井数 口	开井数 口	总井数 口	开井数 口	年 10^4t	累计 10^4t	年 10^4t	累计 10^4t	年 10^4t	累计 10^4t			年 10^4m^3	累计 10^4m^3	年末	累计		
1976	156.00	4	1	0	0	0.27	0.27	0.00	0.00	0.27	0.27	105	0.00	0.00	0.00	0.00	0.00	0.17	0.17
1977	156.00	5	5	0	0	0.49	0.76	0.00	0.00	0.49	0.76	684	0.00	0.04	0.04	0.00	0.04	0.32	0.49
1978	156.00	9	9	0	0	1.38	2.15	0.00	0.00	1.38	2.15	679	0.00	0.00	0.04	0.00	0.01	0.89	1.38
1979	156.00	10	10	2	2	0.83	2.97	0.00	0.00	0.83	2.97	640	0.00	1.33	1.37	1.26	0.32	0.53	1.91
1980	156.00	11	11	3	3	1.67	4.65	0.00	0.00	1.67	4.65	498	0.00	2.69	4.06	0.74	0.61	1.07	2.98
1981	156.00	11	10	4	2	2.16	6.81	0.07	0.07	2.23	6.88	603	1.20	1.87	5.93	0.38	0.61	1.38	4.36
1982	156.00	10	9	4	4	1.96	8.76	0.19	0.27	2.15	9.03	633	15.40	2.64	8.57	0.85	0.67	1.25	5.62
1983	156.00	11	9	4	3	1.89	10.65	0.19	0.45	2.08	11.11	861	27.90	2.17	10.74	0.66	0.70	1.21	6.83
1984	156.00	12	9	4	4	1.52	12.17	0.09	0.54	1.60	12.71	540	8.50	2.01	12.75	0.64	0.73	0.97	7.80
1985	156.00	12	9	4	3	2.13	14.30	0.21	0.75	2.35	15.05	806	5.90	1.81	14.57	0.55	0.70	1.37	9.17
1986	156.00	11	9	4	3	1.87	16.17	0.16	0.91	2.03	17.09	748	0.40	2.02	16.59	0.58	0.70	1.20	10.37

续表

时间	动用地质储量 10^4t	油井		注水井		核实产油量		核实产水量		核实产液量		年末动液面，m	年末综合含水 %	注水量		注采比		地质采油速度 %	地质采出程度 %
		总井数 口	开井数 口	总井数 口	开井数 口	年 10^4t	累计 10^4t	年 10^4t	累计 10^4t	年 10^4t	累计 10^4t			年 10^4m^3	累计 10^4m^3	年末	累计		
1987	156.00	10	7	4	4	1.56	17.74	0.28	1.19	1.84	18.93	982	16.40	4.20	20.79	2.32	0.78	1.00	11.37
1988	156.00	10	5	4	1	1.19	18.92	0.48	1.67	1.66	20.59	955	43.90	2.10	22.89	0.50	0.79	0.76	12.13
1989	156.00	10	5	3	1	0.57	19.49	0.45	2.12	1.02	21.61	604	53.30	1.27	24.16	0.99	0.80	0.37	12.49
1990	156.00	8	4	2	0	0.24	19.73	0.23	2.36	0.47	22.09	532	66.80	0.33	24.49	0.00	0.79	0.15	12.65
1991	156.00	8	1	2	0	0.21	19.94	0.13	2.48	0.34	22.42	1106	0.00	0.00	24.49	0.00	0.79	0.13	12.78
1992	156.00	10	4	2	0	0.66	20.76	0.10	2.59	0.76	23.35	1280	26.11	0.00	24.49	0.00	0.75	0.42	13.31
1993	198.00	8	4	2	0	0.65	21.42	0.18	2.77	0.83	24.18	1401	21.83	0.00	24.49	0.00	0.72	0.33	10.82
1994	198.00	8	4	2	0	0.78	22.20	0.18	2.95	0.96	25.14	1726	24.62	0.00	24.49	0.00	0.68	0.39	11.21
1995	198.00	8	4	2	0	0.68	22.88	0.27	3.22	0.95	26.10	1773	32.37	0.00	24.49	0.00	0.66	0.34	11.55
1996	198.00	8	4	2	0	0.55	23.43	0.34	3.56	0.89	26.99	1667	35.09	0.00	24.49	0.00	0.64	0.28	11.83
1997	198.00	12	9	3	1	1.07	24.50	0.41	3.98	1.48	28.47	2044	29.67	0.01	24.50	0.06	0.61	0.54	12.37
1998	198.00	13	10	5	3	1.61	26.11	0.77	4.74	2.38	30.85	1892	30.49	2.42	26.92	0.71	0.62	0.81	13.19
1999	198.00	15	15	6	4	2.35	28.45	1.25	6.00	3.60	34.45	1937	41.23	3.21	30.13	0.58	0.00	1.19	14.37
2000	245.00	28	26	11	9	4.28	32.74	2.08	8.07	6.36	40.81	2206	43.10	6.09	36.22	1.12	0.65	1.75	13.36
2001	245.00	35	29	15	12	5.77	38.51	4.28	12.35	10.05	50.86	2080	50.67	9.68	45.91	1.00	0.68	2.36	15.72
2002	245.00	43	34	20	12	5.56	44.07	4.26	16.61	9.82	60.68	2223	44.40	11.56	57.46	0.89	0.72	2.27	17.99
2003	404.00	54	43	23	17	7.64	51.71	4.41	21.02	12.05	72.73	2035	38.06	12.38	69.85	0.76	0.74	1.89	12.80
2004	404.00	50	44	27	22	9.72	61.44	5.31	26.33	15.03	87.76	1915	35.04	16.01	85.86	1.04	0.75	2.41	15.21
2005	404.00	56	48	31	26	9.52	70.96	5.68	32.01	15.20	102.97	2113	40.70	19.70	105.56	0.98	0.79	2.36	17.56

附录三　人物名录

劳动模范名录

年度	获奖人	荣誉称号	授予单位
1983	尚学增	湖北省劳动模范	湖北省人民政府

附录四　获奖项目

项目名称	获奖等级	获奖时间	获奖人
代黄张地区滚动勘探开发研究	江汉石油管理局科技进步一等奖	2000	邓江洪 孙 莉 李云海
黄场地区沉积微相研究	江汉石油管理局科技进步一等奖	2002	姚凤英 杨 斌 刘训波

附录五　征引文献

书　名	作　者	出版时间	出版社
江汉油田志（1961—1985）	《江汉油田志》编辑室	1986	江汉石油报社
江汉油田志（1986—1990）	丘昌济	1993	人民出版社

编纂始末

按照《中国油气田开发志》总编纂委员会的统一部署，江汉油田于2006年8月28日成立编纂委员会，启动了《中国油气田开发志·江汉油气田卷》编纂工作。江汉采油厂作为江汉油田的二级单位，承担了辖区内26个油田的开发志编纂任务。2006年9月江汉采油厂成立《黄场油田志》编纂委员会，由江汉采油厂厂长胡德高任主任，副厂长夏志刚任副主任，成员由地质所、工艺所的负责人刘孔章、贺春等组成，编纂组由黄午阳任组长，2007—2008年黄午阳负责油藏部分的编纂工作，2009年由于工作调整，改由江燕任组长，负责油田志的修改与定稿，成员由李波峰、胡云鹏、刘玉、张建国、袁玲想、余英、申修志等人组成。

《黄场油田志》编纂工作启动以来，根据不断修订、完善的编纂要求先后六易其稿，于2010年1月10日，最终完成《黄场油田志》审定稿。《黄场油田志》分为七个部分，其中概述、大事记、第一章、第二章由江燕、黄午阳编写；第三章由李波峰、余英、袁玲想、张建国、胡云鹏编写；第四章由刘玉、申修志编写；附录由江燕编写。

在本志编纂过程中，江汉油田分公司开发处和局档案馆作了大量的组织协调工作，保证了《黄场油田志》编纂工作的顺利进行；江汉油田编纂委员会顾问组的李渝生、洪志一、杜修宜、丁淑君、赵云山、叶全根等老专家、老同志发挥了重要作用，他们既是参谋者、指导者，又是第一读者，在每稿的审阅中都留下了他们许多宝贵的意见和箴言。江汉油田分公司勘探开发研究院档案室在提供编纂资料方面给予了大力支持，在此表示衷心感谢。

《黄场油田志》编纂组

2010年1月

编号： 18-011

周矶油田志

《周矶油田志》编纂组　编

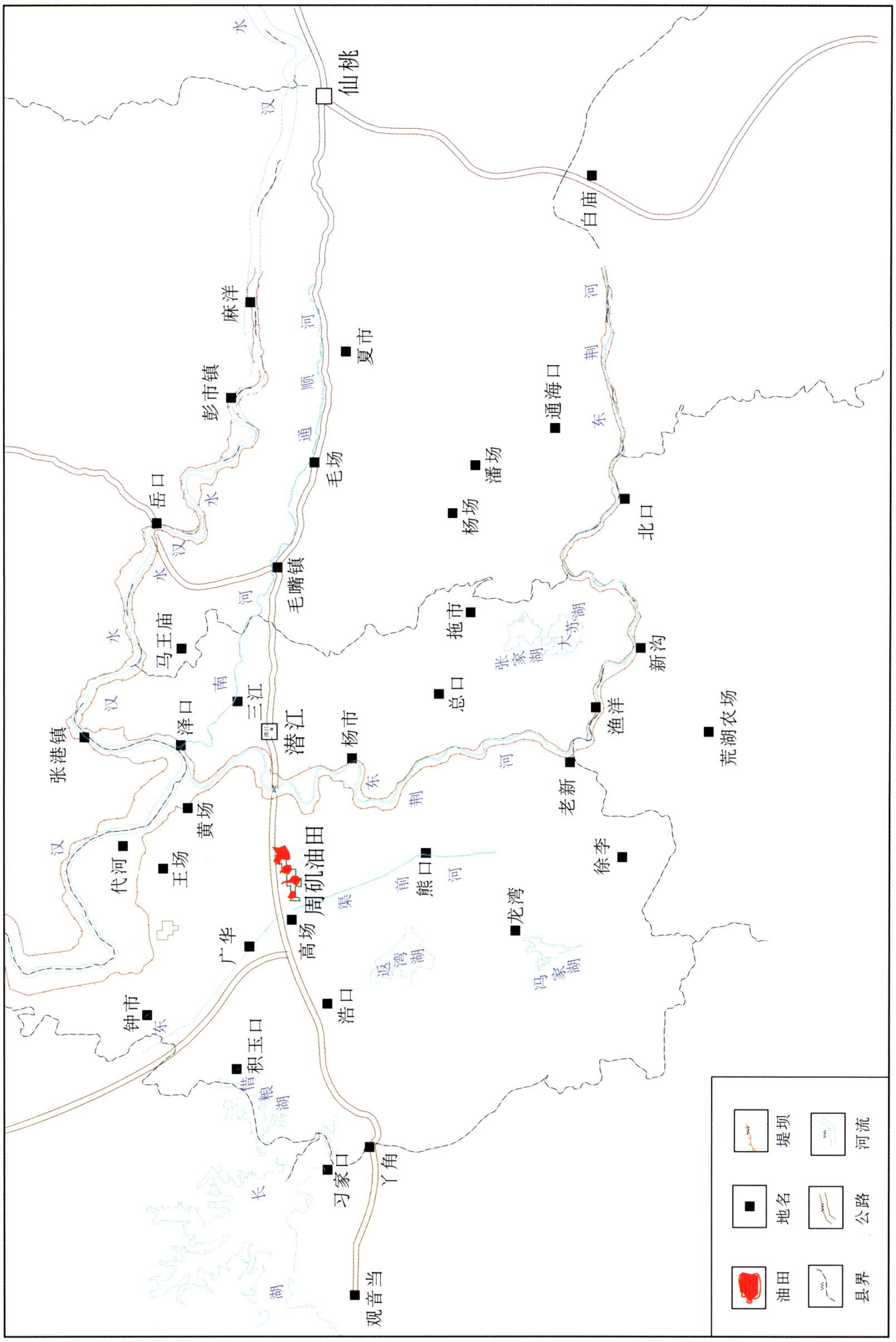
仙桃
白庙
麻洋
夏市
彭市镇
通海口
毛场
潘场
岳口
杨场
北口
毛嘴镇
拖市
马王庙
新沟
总口
三江
泽口
渔洋
荒湖农场
张港镇
潜江
杨市
老新
黄场
代河
王场
周矶油田
熊口
徐李
龙湾
广华
高场
浩口
钟市
积玉口
丫角
习家口
观音当
汉水
通顺河
东荆河
张家湖
返湾湖
冯家湖
借粮湖
油田
地名
堤坝
县界
公路
河流

周矶油田地理位置图

《周矶油田志》编纂委员会

主　任： 胡德高

副主任： 夏志刚

成　员： 刘孔章　贺　春　刘敬尧

《周矶油田志》编纂组

组　长： 韩玉芳

成　员： 张家国　李波峰　刘　玉　袁玲想　张建国　余　英
胡云鹏　申修志

《周矶油田志》审核人员

初审人： 夏志刚　刘孔章　贺　春

审核人： 丁淑君　袁　欣　李渝生　洪志一　赵云山　戴军华

本志目录

概　述

周矶油田位于湖北省潜江市周矶镇。1992 年发现，1994 年投入开发。地处江汉平原腹地，地势平坦，地面条件一般为农田，交通便利，油区紧邻 318 国道和宜黄高速公路。现由中国石化江汉油田分公司江汉采油厂管辖。

一

油田位于江汉盆地潜江凹陷周矶—返湾湖断裂构造带，构造格局是地层自北西向南东逐级抬升。区内发育有一条二级断层——周矶—返湾湖断层，三条三级断层——返Ⅰ、返Ⅱ、返Ⅲ断层和多条四级小断层，它们对构造的形成和油气的富集起着重要的控制作用。

地层自上而下为第四系平原组，新近系广华寺组，古近系荆河镇组、潜江组，其中潜江组又分为四段，本区含油层位主要是潜三段潜 3^1 油组、潜 3^2 油组、潜 3^4 油组及潜四段潜 4^1 油组和潜 4^3 油组。周矶油田岩性为粉细砂岩，粒度中值平均 0.11mm，分选中—差。砂岩成分以石英为主，油层平均有效孔隙度 18%，平均空气渗透率 129mD。胶结类型以孔隙式胶结为主，沉积相为三角洲盐湖相。

该油田油藏类型为构造油藏，边水驱动，天然能量足。

地面原油密度为 0.8797 ~ 0.9013g/cm^3，地面原油黏度为 30.16 ~ 144.58mPa·s，含硫 0.40% ~ 0.99%，凝固点 26 ~ 32℃。地层水总矿化度 318881mg/L，氯离子含量 175442mg/L，水型 Na_2SO_4。

周矶油田砂岩较发育，以构造油藏为主，存在边水，地层压力 21.67 ~ 28.18MPa，压力系数 1 左右，地层温度 86.7 ~ 102℃，根据岩心敏感性室内试验，储层敏感性为无速敏、强水敏、中强—弱盐敏、弱酸敏，储层润湿性表现为亲水性质，为弹性水压驱动。

1992 年 5 月至 8 月共发现了周 9、周 11、周 12、周 13 四个含油区块，探明石油地质储量 102×10^4t。1993—1995 年期间又在该区发现四个含油圈闭（周 21、周 22、周 16、周 18），经过滚动勘探开发，探明原油地质储量 176×10^4t，探明可采储量 26.29×10^4t。2001 年发现周 23 含油区块，2003 年上报探明原油地质储量 14×10^4t，可采储量 3.61×10^4t。2004 年发现周 30 井区，2005 年上报探明原油地质储量 101.15×10^4t，可采储量 26.07×10^4t。

截至 2005 年底，周矶油田共发现 11 个含油区块，探明含油面积 4.50km^2，石油地质储量 302.2×10^4t，标定可采储量 77.88×10^4t。

二

本区 1967 年开始地震勘探，勘探工作经历了普查、详查和精查三个阶段。截至 1989 年，地震测网密度达到 0.5km × 0.5km，局部地区已达到 0.25km × 0.25km。钻探井 9 口，除熊 8 井无显示外，其余 8 口井均见不同程度的油、气显示和少量油流。1990 年又在该区部署并完成三维地震 84km^2，对三维资料进行精细处理，并与二维资料拼接，结合钻井资料编制了 T_5、T_6 反射层构造图（图 1）。

1992 年 5 月在曾家滩背斜部署周 9 井，经钻探在井深 2589 ~ 2596m 潜 4^1 油组岩屑录井中发现了

3 层 6.2m 灰褐色油斑粉砂岩，电测解释油层 2 层 4.2m，对该井段射孔，射开 1 层 6.5m，抽深 700m/78 次，获日产油 29t 高产工业油流，突破该区工业油流关，从而发现了周矶油田。周 9 井区 1992 年批准控制储量 90×10^4t，含油面积 2.0km²。1993 年 5 月在曾家滩西背斜钻探周 11 井，获得日产 29.3t 的高产工业油流。1993 年 7 月在江家台背斜钻探周 12 井，在井深 2704.6 ~ 2739.6m 潜 4^1 油组钻遇油层 6 层 14.8m，对 2719.88 ~ 2780.20m 井段中途测试，在 10.8MPa 生产压差的条件下，获得日产 24.4t 的高产工业油流。1993 年 8 月钻探周 13 井，在井深 2563.2 ~ 2584.8m 潜 4^1 油组钻遇油层 2 层 8.2m，对 2560.6 ~ 2585.0m 井段中途测试，在 10MPa 生产压差下，获得日产 30.4t 的高产工业油流。1993 年以后又相继发现周 16、周 18、周 21、周 22 和周 30 等含油区块，从而揭开了周矶油田滚动开发的序幕。

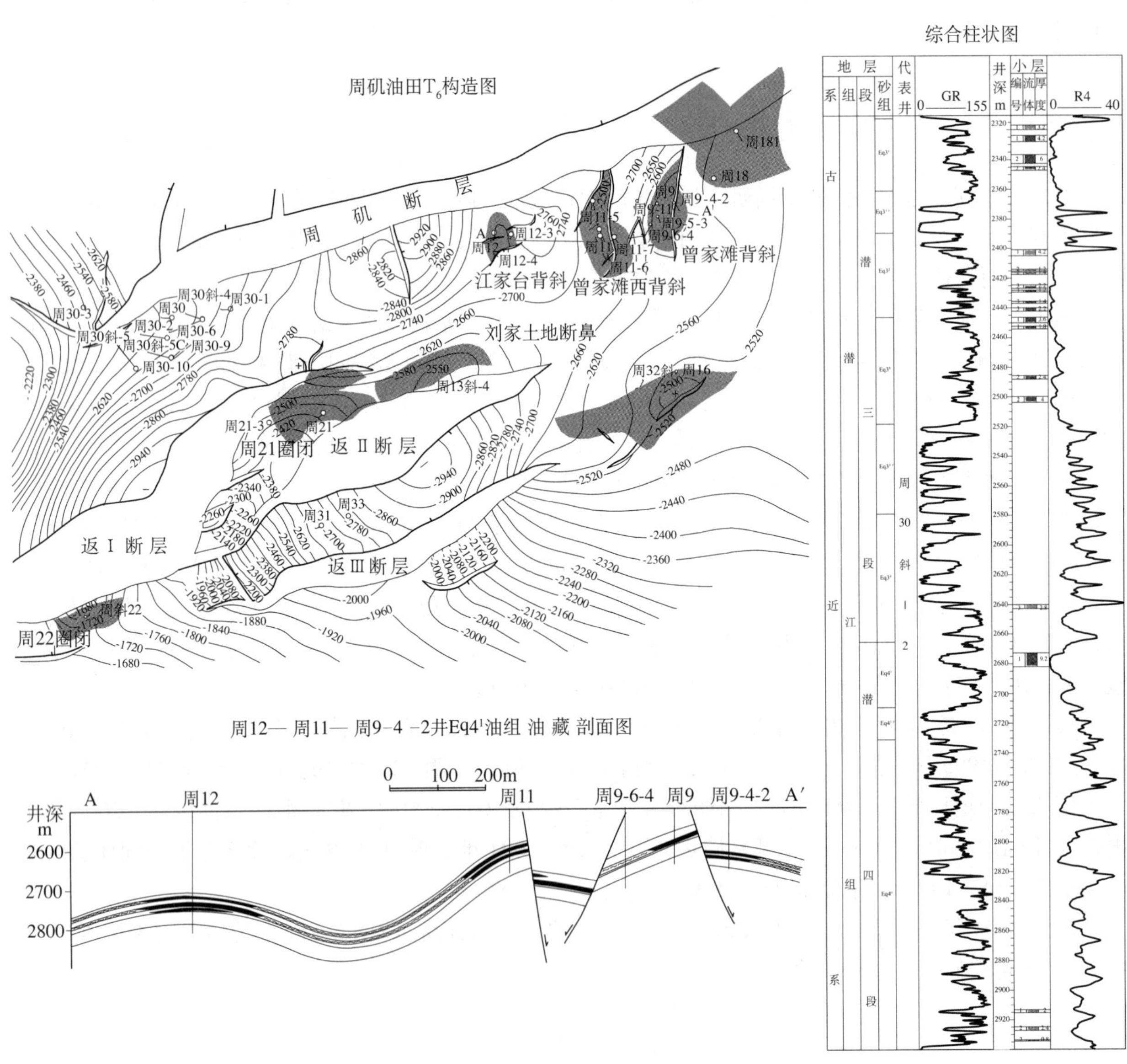

图 1　周矶油田综合地质图

大事记

1992 年

5 月　在曾家滩背斜部署周 9 井，经钻探在井深 2589 ~ 2596m 潜 4^1 油组岩屑录井中发现了 3 层 6.2m 灰褐色油斑粉砂岩，电测解释油层 2 层 4.2m，对该井段射孔，射开 1 层 6.5m，抽深 700m/78 次，获日产油 29t 高产工业油流，突破该区工业油流关，从而发现了周矶油田。

1993 年

是年　在曾家滩西背斜钻探周 11 井、周 12 井、周 13 井获得高产工业油流。1993 年以后又相继发现周 16、周 18、周 21、周 22 等含油区块，从而揭开了周矶油田滚动开发的序幕。

1996 年

1 月　投入注水开发，周矶油田第一座注水站——周 21 注水站建成投入使用。

2001 年

是年　对周 21 井区两口注水井采用污泥调剖技术，使注水井的注水压力由 0 上升到 10MPa，取得了较好的注水效果。

2004 年

5 月　钻探井周 30 井，在潜 3^3、潜 3^4、潜 4^1 油组钻遇油层共 3 层 7.0m，从而发现周 30 井区并投入滚动开发，打破了周矶油田近十年来在勘探上进展不大的状况。

第一章

油 田 开 发

周矶油田由多个小断块油藏构成，采取滚动勘探开发方式，开发过程中不断有新的区块发现。

第一节　开发过程

开发过程是探明一块，开发一块。

1992 年 5 月至 8 月共发现了周 9、周 11、周 12、周 13 四个含油区块并投入开发，该阶段成立了周矶油田开发项目组，以项目组模式进行管理，第一任经理谢茂英、蔡庭尧。该阶段初期 7 口井投入试采，试采初期产量最高的一口井为周 9 井，试采 72 天，累计产油 3386.4t，平均日产油 47t。周 9 井区有 3 口井试采，试采初期平均单井日产油 32t；周 11 井区有 2 口井试采，试采初期平均单井日产油 23t；周 12 井区有 1 口井试采，试采初期平均单井日产油 28t；周 13 井区有 1 口井试采，试采初期平均单井日产油 22t。到 1993 年底，周矶油田利用天然能量生产，生产能力较强，累计生产原油 3.93×10^4t。

1994 年以后，在周矶油田又相继发现周 16、周 18、周 21、周 22 等 4 个含油区块，总含油面积 5.5km^2，地质储量 278×10^4t。投入开发的单元主要有周 9、周 11、周 12、周 13、周 21、周 22 井区等六块（其中周 13、周 21 井区投入注水开发），含油面积为 2.4km^2，石油地质储量 201×10^4t，采收率 26.2%，可采储量 52.7×10^4t。在油田全面开发建设期间，周矶油田被列为局级重点产能建设区块。初期大多数油井能实现自喷生产，采油速度达到 2.5%。

1994 年元月编制了《周矶油田开发方案部署》，单层编制，采用一套开发层系、不规则三角形井网，井距 200 ~ 300m，边缘注水方式开发。油井开井 8 口，注水井开井 4 口，设计生产能力为 2.1×10^4t。1998 年 7 月编制了《周矶油田周 21 井区注水开发方案》。1997 年 5 月周 13 井区投入注水开发，1998 年 2 月周 21 井区正式投入注水开发。其他小区块仍为天然能量开发。

油藏属于小断块油藏，大部分油井采用天然能量开发，地层压力下降较快，在没有新井接替的情况下，1998 年以后油田产量进入递减阶段。

2004 年 7 月探井周 30 井出油，年底编写《周 30 井区产能建设方案》。周 30 井区主力油层不集中，采用两套开发层系进行开发，按 300m 井距不规则三角形井网，边缘加点状注水方式布井，方案设计总井数 14 口，其中油井 10 口，注水井 4 口，新建产能 2.4×10^4t/a。方案实施后实际完成 11 口，其中油井 10 口，注水井 1 口，实际建产能 1.8×10^4t/a。

由于周 30 井区投入滚动开发，周矶油田进入二次上产阶段，2005 年周 30 井区相继投产滚动扩边油井 10 口，注水井 1 口，使油田总产量由新井投产前的 45t/d 上升到 2005 年 5 月的 109t/d（图 1-1）。

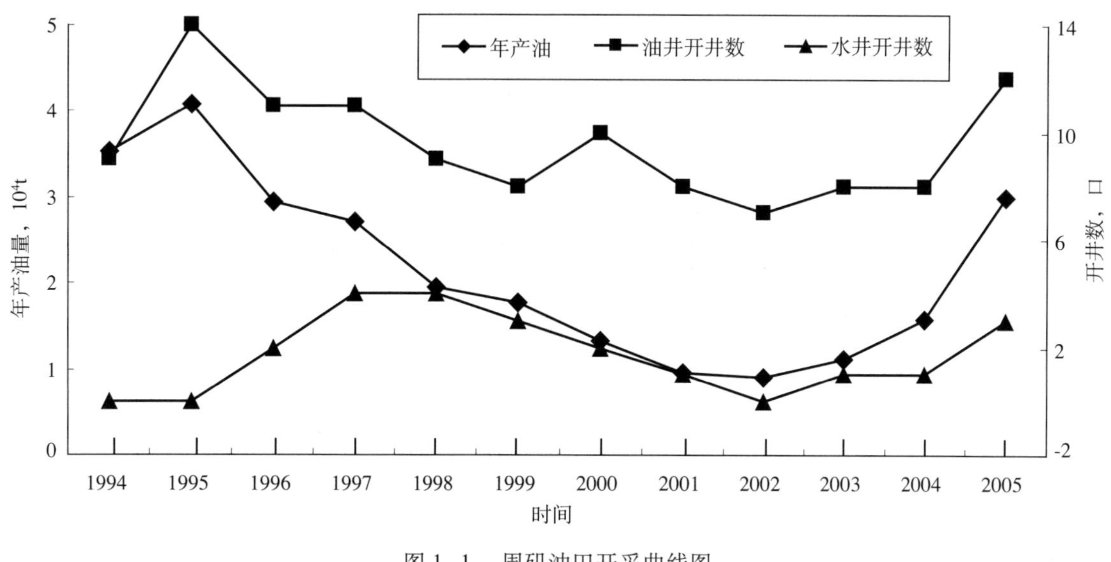

图 1-1 周矶油田开采曲线图

第二节 开发现状

截至 2005 年 12 月，周矶油田动用含油面积 4.5km^2，石油地质储量 302 × 10^4t，标定采收率 25.8%。油井开井 12 口，水井 3 口，日产油水平 73t，综合含水 53.99%。核实累计产油 29.78 × 10^4t，核实累计产液量 44.78 × 10^4t，累计注水 25.50 × 10^4m^3，累计注采比 0.43，累计亏空 34.10 × 10^4m^3。

第二章

钻采与地面工程

第一节　钻井工程

周矶油田由于开发较晚（20 世纪 90 年代），钻井技术已经突飞猛进，各项钻井先进技术的广泛应用（复合钻井技术、偏心 PDC 钻头使用），使钻进速度明显加快，平均单井钻井周期小于 30 天（平均井深 3000.0m）。钻井液采用聚合物饱和盐水钻井液体系，自主研发的多种聚合防塌剂提高了防塌、携砂、防卡等性能，有效解决了上部广华寺组地层垮塌的问题。

油田均采用套管完井方式。井身结构多采用常规的二级套管结构，即 ϕ339.7mm 表层套管 + ϕ139.7mm 油层套管。由于无异常压力地层，固井采用常规固井技术，前期由于开发层系单一以及固井技术的限制，管外水泥返高较低，套管自由段受盐层挤压易变形挫断。随着新型固井水泥车和固井新技术的应用，管外水泥返高由原来的平均 2000m 提高到 1500m。

射孔主要采用 YD−89、YD−102 枪。射孔方式为正压射孔，射孔液为清水。

第二节　采油工程

一、举升

1992 年周矶油田投入开发，开发初期以机械采油为主，自喷采油为辅的开采方式。自喷井多采用油管下至油层中部，井口装采油树，装 3 ~ 6mm 油嘴。

机械采油针对采油井下泵浅、液面高、抽油机悬点负荷小等特点，抽油泵主要使用 ϕ38mm、ϕ44mm、ϕ56mm 的管式泵，抽油杆多采用 D 级杆，抽油机选用 10 型—12 型抽油机，冲程为 3 ~ 3.6m，冲次为 6 ~ 9 次 /min。随着不断开发，地层能量下降，为了满足深抽的需要，1994 年引进玻璃钢抽油杆。1994 年 2 月在周 9 井使用玻璃钢抽油杆，将 ϕ44mm 泵换为 ϕ38mm，泵深由 1395m 加深为 1775m，效果较好，延长免修期 240 天。

周矶油田开发较晚，很多成熟的技术在周矶油田得到推广，如扶正器、防脱器、活动接头、加厚油管，油管丝扣脂、泄油器等，为周矶油田的初期开发提供了技术保障。

1996 年以后，举升方式开始由大排量转向小泵深抽。周矶油田引进 H 级抽油杆，配套使用 14 型抽油机，逐步开展深抽工艺的推广、应用。2001 年，成功研制出外径为 89mm 的泵套，形成 ϕ32mm、ϕ38mm、ϕ44mm 泵与 ϕ89mm 小外径泵套相适应的深抽泵系列，完善了小泵深抽配套技术；2000 年，采用 ϕ38mm 抽油泵，全井 H 级高强度抽油杆，最大下泵深度达到 2850m。

周矶油田截至 2005 年，平均泵效为 41.5%，平均检泵周期 529 天。

周矶油田生产管理中，对井筒管理影响较大的是结盐、结蜡。掺水解盐成为油田井筒管理的主要措施，为更好的实施掺水解盐，在管柱结构上将尾管下至油层中上部，更有利于掺水解盐方式的实施，当尾管过长，超过泵所能承受的尾管长度范围时，使用了悬挂泵套，降低尾管过长造成对泵的伤害。油田主要采取以化学清防蜡为主，热力清蜡、机械清蜡为辅的管理方式。

周矶油田注水方式上采用笼统注水，共有注水井 12 口，开井 8 口，日注水量为 105m^3。

二、油层改造

酸化：开发初期应用了土酸酸化，1994 年应用土酸酸化 5 井次，1994 年 5 月在周 21 井应用后，日产油由 0 上升到 23t。1994 年针对低渗油层，应用了浓缩酸酸化，1994—1995 年应用 5 井次，累计增油 1231t。1994 年 12 月在周 9–5–3 井应用后，日产油由 0 上升到 5t。1996 年以后，周矶油田酸化措施应用较少。

压裂：开发初期就开展了压裂技术的应用，主要集中在 1994 年，压裂液为田菁压裂液，压裂车组应用千型压裂车组，应用全井加石英砂，1994 年在周矶油田应用 11 井次，平均砂液比 25.5%，单井平均加砂 16.7m^3，平均单井日增油 10.3t。1994 年 3 月在周 11–5 井应用后，日产油由 10t 上升到 38t。1995—2004 年压裂措施基本未应用。2005 年随着周 30 井区的开发，周矶油田又开始应用压裂改造油层，采用羟丙基瓜尔胶有机硼压裂液，压裂车组应用 2000 型压裂车组，全井加高强度陶粒，2005 年在周矶油田应用 7 井次，平均砂液比 22.2%，单井平均加砂 8.6m^3，平均单井日增油 14.3t，累计增油 12557t。2005 年 4 月在周 30–4 井应用后，日产油由 0 上升到 25.2t。

三、堵水

油田开发进入中高含水期后，开展了油井找水、堵水工作，应用不多。采用封隔器找水法，主要应用以江 756–6 封隔器为核心的找水管柱，堵水主要应用以江 756–2 封隔器为核心的丢手堵水管柱。同时也应用了化学法进行油井堵水。1994 年 7 月在周 12–3 井应用铬冻胶堵水，共挤入堵剂 25m^3，封堵效果不好。1994 年 8 月又应用水玻璃—氯化钙堵水技术再次进行化学堵水，共挤入堵剂 13.5m^3，封堵效果依然不好。

四、修井

主要解决复杂的打捞、解卡及修复套管等工艺问题。在解卡施工技术方面，主要采用清水冲盐工艺、挤清水解盐活动解卡，对于活动不能解卡的井采用套铣和倒扣的方法起出被卡管柱。1990 年针对活动不能解卡的井发展应用了震击器解卡。1995 年 5 月在周 21 井起管遇卡，应用挤水解盐活动解卡。在复杂落物打捞方面，主要根据落物顶部（鱼顶）情况，再选择或制作合适的打捞工具。1994 年 7 月在周 11–4 井起管，管柱脱扣落井，下螺旋捞筒捞出全部落鱼。在套管外窜槽、腐蚀穿孔修复方面，应用水泥浆挤堵修复，1995 年 12 月在周 12 井应用油井水泥灰浆封堵漏失井段获得成功。之后水泥浆挤堵开始推广应用。

第三节　地面工程

一、集输工程

周矶油田有周 9、周 11、周 12、周 13、周 16、周 18、周 21、周 22、周 23、周 30、周 19 等 11 个小区块，含油宽度窄，面积小，区块分散，单井产液量低，形不成规模，油气水集输系统只能采用建高架罐单井拉油、建集中拉油站或建中转油站的方式进行集油。

周矶油田系滚动开发、滚动建设油田，1992 年 11 月，周矶油田第一口油井周 9 井投产，当时采用橇装式单井拉油。1993 年年初，周 9、周 11、周 12、周 13 滚动开发同时启动，建简易单井拉油设施。随着周矶油田滚动开发规模加大，1993 年下半年在周 9、周 11、周 12、周 13 井区获得工业油流井 7 口，形成 4 个区块，该油田地面建设工程分期进行。1993 年 11 月，一期工程开始设计，1994 年建成生产井 20 口，3 座单井拉油点同时扩建成计量站（周 9、周 11、周 12）并在周矶油田建设一座年集油能力为 10×10^4t 的集油站——周矶集油站，在周矶集油站与王场联合站之间铺设输油管道 7.8km，形成产能 15×10^4t /a。1994 年 3 月，又将周 13 计量站改建成计量接转站，设计接转能力 5.4×10^4t /a，并在周 13 计量接转站与老二站之间铺设输油管道 21km，在周 13 计量接转站与周矶集油站之间铺设输油管道 4.27km，老一站与老二站之间铺设输油管道 4.65km。因而实现了老新、周矶、王场三个油田建成一个输油系统，采出液管输至周矶站集中处理，油水分段间输至王场联合站。同年 8 月至 11 月，周 21、周 16 等区块相继建成投入生产，采用简易单井拉油。2003 年后，相继建成周 22-3、周 31、周 181、周 16-2 等拉油点。2004 年，周 30 井区投入开发，初期井少，采用简易单井拉油，2005 年 10 月，将周 30 单井拉油点改扩建为周 30 注水拉油站，设计日产液 200m^3，日注水 200m^3，因高度分散，采用拉油方式，开式流程，集油和回水工艺采用串糖葫芦流程，大部分单井都采用常温输送，部分低液、低含水井用电加热器加热。随着开发的深入，老新、周矶油田产量大幅度降低，无法实现管输条件，能耗大，管网腐蚀严重，运行困难，老新停止向周 13 输油，周 13、周 21 将原来的输油改为输水拉油。

周矶油田的油气水处理系统于 1994 年 3 月 14 日建成投产，采用高效三相分离器进行原油一次脱水，设计原油处理能力 15×10^4t /a（实际脱水处理 3×10^4t/a），ϕ 3000mm × 9600mm 高效脱水分离器 1 台。担负着周 9、周 11–5 的集油及周 21、周 13 污水接转，周矶至王场联合站一季度一次的间隙输油任务。其余周 16、周 30、周 31 等区块采出液外拉至广华联合站，开式流程。周 21 采用压力沉降脱水，油外拉广华联合站，污水采用管输至周矶站。

截至 2005 年，建成接转站 2 座，计量站 4 座，零散单井拉油点 4 座，设计原油外输能力 30×10^4 t /a，实际原油外输 0.7×10^4t /a。建有 6 条集油管线，总长 11.697km，建有间输油管线 1 条——周矶—王场联合站外输油管线，长 7.8km，单井油管线 18.4km。

周矶油田 1996 年 1 月投入注水开发，注水井 2 口（开井 2 口），日注水量为 80m^3，其注水水源为浅层地下水。

周矶油田第一座注水站——周 21 注水站 1996 年 1 月建成投入使用，采用超精细过滤工艺进行水质处理。注水介质为清水，注水能力为 200m^3，压力 20MPa。为确保水质达标，设计了加药流程，可投加杀菌剂及除氧剂等。过滤器反冲洗水及缓冲罐排污等进入污水池，站内污水不外排。

1997 年，研究院、开发处、计划科、基建处、采油厂共同研究决定周矶油田周 13 井区注水。同年，周矶油田第二座注水站——周 13 注水站建成。周 13 注水站辖注水井 2 口（周 13–2、周 13–5），注水介质为清水，并且两井轮流注水。注水能力为 50m^3，压力 20MPa。

2001 年，对周 21 井区两口注水井采用污泥调剖技术，使注水井的注水压力由 0 上升到 10MPa 左右，取得了较好的注水效果。在此基础上，对两口井实行了换向注水，每口井注半个月停半个月，改变驱油方式，提高了驱油效率。

2005 年 5 月，为了补充周 30 井区的能量，周矶油田第三座注水站——周 30 注水拉油站开始建设，投入使用的有高压注水泵一台，型号为 30PAM100–5/25。设计注水压力为 25MPa，注清水，注水泵压为 4MPa，日注 50m^3。

2005 年底，周矶油田有注水井 12 口，开井 8 口，注水量为 105m^3，注水水质达标率为 61.54%，其中回灌井 6 口，日回灌水量为 55m^3。

二、配套工程

周矶油田周 18、周 19 井区供电电源为油田 35kV 两厂变电站出线 6kV 物探线。周 9、周 11 井区为油田 35kV 周矶变电站 6kV 东干线供电。

周 13、周 16、周 21、周 30 井区为油田 35kV 周矶变电站 6kV 西干线供电。

周 22 斜 -3 井区投产时的供电电源为 200kW 柴油发电机发电。2003 年 6 月在潜江市后湖 35kV 变电站 10kV 后支 16 线 81 号杆 T 接 300m，安装一台 100kV · A 变压器作为该井区供电电源，2004 年变压器增容到 160kV · A。

周 30 井区用水为潜江市后湖农场水厂供水。周 16、周 18、周 19 井区为田关河水厂供水管网供水，其他用水均为潜江市水厂江汉油田运输供水管网供水。

附　录

附录一　附　图

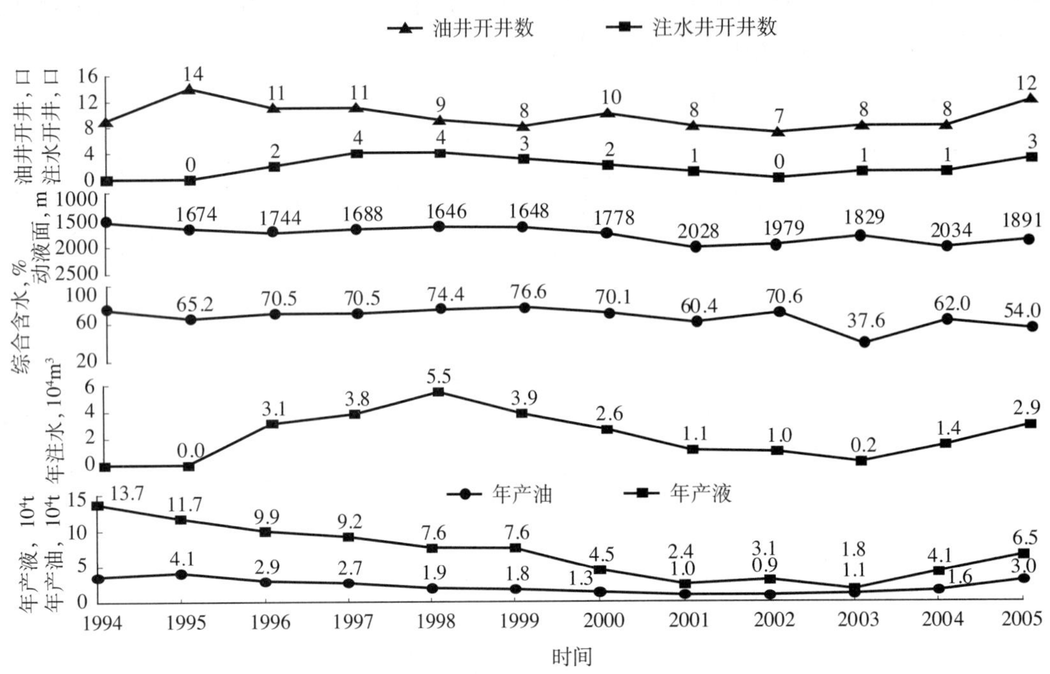

附图 1　周矶油田开采综合曲线图

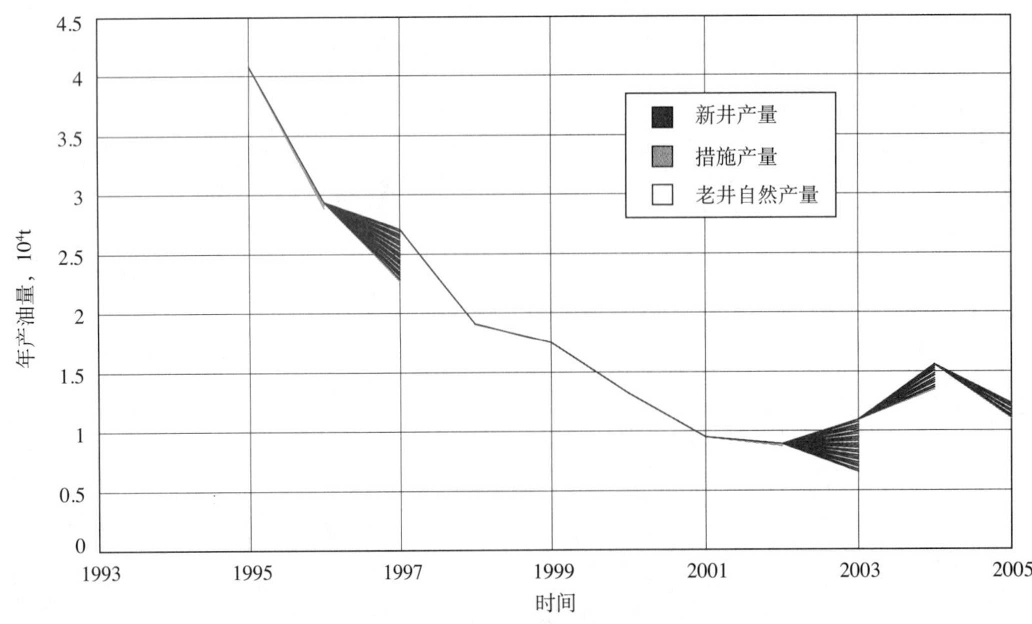

附图 2　周矶油田产量构成曲线图

附录二 附 表

附表 1 周矶油田综合地质数据表

油田	含油面积 km^2	地质储量 10^4t	层位	油层埋藏深度 m	平均有效厚度 m	孔隙度 %	空气渗透率 mD	含油饱和度 %	地层温度 ℃	压力系数	原始地层压力 MPa	地层原油				地面原油				地层水		
												饱和压力 MPa	原始气油比 m^3/t	体积系数	地下黏度 mPa·s	密度 g/cm^3	黏度 mPa·s	凝固点 ℃	含硫量 %	水型	总矿化度 $10^4mg/L$	氯离子含量 $10^4mg/L$
周矶	5.7	292	潜 3^2、潜 4^1、潜 4^3	1510 ~ 2750	5.5	19.5	233	65	86.7 ~ 102	1.072	28	0.49 ~ 1.49	4.6 ~ 46.1	1.090 ~ 1.263	5.95 ~ 10.1	0.859 ~ 0.923	20 ~ 145	26 ~ 35	0.55 ~ 0.99	$CaCl_2$	31.7	19.04

附表 2 周矶油田历年开采综合数据表

时间	动用储量 10^4t	油井		注水井		核实产油量		核实产水量		核实产液量		年末动液面 m	年末综合含水 %	注水量		注采比		地质采油速度 %	地质采出程度 %
		总井数，口	开井数，口	总井数，口	开井数，口	年 10^4t	累计 10^4t	年 10^4t	累计 10^4t	年 10^4t	累计 10^4t			年 10^4m^3	累计 10^4m^3	年末	累计		
1994	—	13	9	0	—	3.53	5.34	0.61	0.61	4.14	5.95	1674	74.3	—	—	—	—	1.35	7.31
1995	—	20	14	0	—	4.08	11.12	3.37	4.40	7.45	15.52	1744	65.2	—	—	—	—	1.56	5.74
1996	—	18	11	2	2	2.94	14.06	1.59	5.99	4.53	20.05	1688	70.5	3.14	3.14	0.67	0.13	1.13	7.20
1997	—	21	11	4	4	2.71	16.76	2.62	8.61	5.33	25.37	1646	70.5	3.84	6.98	0.7	0.24	1.04	8.55
1998	—	23	9	5	4	1.95	19.13	2.44	11.12	4.39	30.25	1648	74.4	5.48	12.46	1.22	0.36	0.74	9.52
1999	201	23	8	5	3	1.77	20.90	2.12	13.23	3.89	34.13	1778	76.6	3.85	16.31	0.96	0.43	0.68	10.40
2000	201	23	10	5	2	1.33	22.24	2.54	15.77	3.87	38.01	2028	70.1	2.61	18.92	0.65	0.45	0.51	11.06
2001	201	24	8	4	1	0.96	23.20	2.13	17.90	3.09	41.10	1979	60.4	1.07	19.99	0.51	0.45	0.31	11.54
2002	201	27	7	4	—	0.90	24.10	1.50	19.40	2.40	43.50	1829	70.6	0.96	20.95	0.38	0.44	0.32	11.99
2003	201	27	8	4	1	1.12	25.22	1.26	20.66	2.38	45.88	2034	37.6	0.17	21.12	0.41	0.42	0.66	12.55
2004	201	17	8	1	1	1.57	26.79	1.66	22.32	3.23	49.11	1891	62.0	1.44	22.56	0.36	0.42	0.78	11.80
2005	201	23	12	3	3	2.99	29.78	2.74	25.06	5.73	54.84	1859	54.0	2.95	25.50	0.57	0.43	1.25	9.86

编纂始末

按照《中国油气田开发志》总编纂委员会的统一部署，江汉油田分公司于2006年8月28日成立，启动了《中国油气田开发志·江汉油气区油气田卷》编纂工作。江汉采油厂作为江汉油田分公司的二级单位，负责所管辖的26个油田开发志的编纂工作。2006年9月江汉采油厂成立《周矶油田志》编纂委员会，由江汉采油厂厂长胡德高任主任，副厂长夏志刚任副主任，编纂组由雷春娇任组长。编纂工作中江汉油田分公司和江汉采油厂领导高度重视，并从人力、物力、财力上给予大力支持。

《周矶油田志》自编纂工作启动以来，江汉油田分公司编纂委员会、《周矶油田志》编纂委员会高度重视，组织有关专家给予指导和帮助。2007年6月完成《周矶油田志》资料的收集工作，并形成初稿，参与审核的顾问组专家认为“技术味太浓，不像志书”。在专家的指导下，对初稿进行大刀阔斧地修改，2008年6月完成了《周矶油田志》第二稿，并送顾问组专家审核，部分章节得到了专家的肯定，但有些方面仍显不足，并对编纂内容提出了指导性的修改意见与建议。2009年3月完成《周矶油田志》第三稿，并在江汉油田第一招待所进行了评审，与会专家对《周矶油田志》提出修改意见，要求进一步淡化技术内容，更加贴切志书要求，并对附图、附表进行规范。2009年7月完成《周矶油田志》第四稿，基本编纂完成了《周矶油田志》。在对志书用语、编排要求等提出规范意见，增加“配套工程”后，2009年11月，编纂完成《周矶油田志》。

《周矶油田志》分为四个部分，其中第一章、第二章、第三章由韩玉芳编写；第四章由李波峰、胡云鹏、袁玲想、余英、刘玉、张建国、申修志编写；大事记及附录由韩玉芳编写。

在本志编纂过程中，江汉油田分公司顾问组的丁淑君、李渝生、洪志一、杜修宜、赵云山、张志强、叶全根等老专家发挥了重要作用，他们既是参谋者、指导者，又是第一读者，在每稿的审阅中都留下了他们许多宝贵的意见和箴言。中国石化江汉油田分公司勘探研究院档案室在提供编纂资料方面给予了大力支持，在此表示衷心感谢。

《周矶油田志》编纂组

2010年1月

编号：18–012

习家口油田志

《习家口油田志》编纂组　编

刁家口油田地理位置图

油田 公路 县界 河流 地名 湖泊 提坝

长9块

习一区

习二区

正断层 逆断层 井位 构造等值线，m

习家口油田构造井位图

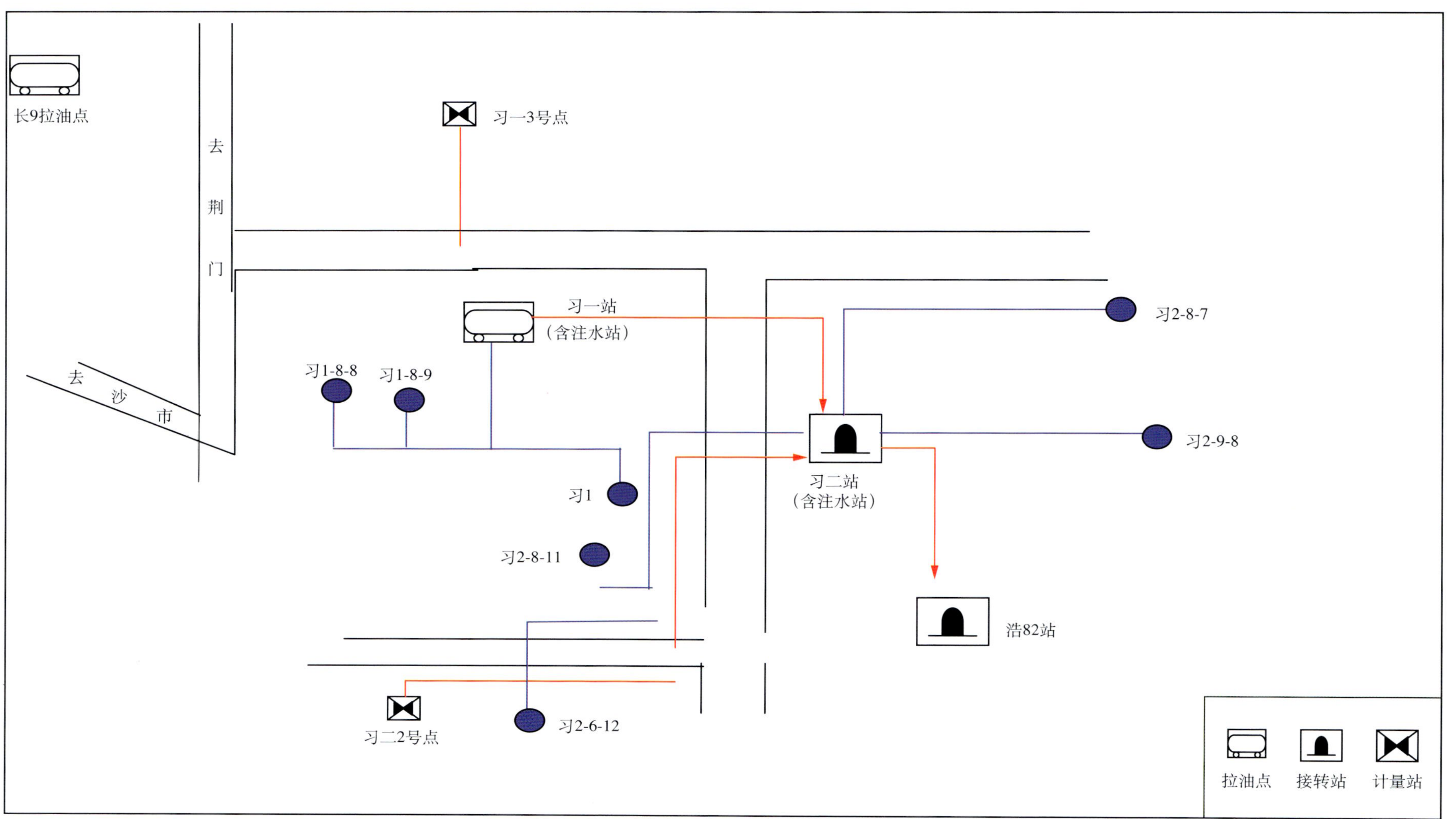

习家口油田地面系统平面布置图

《习家口油田志》编纂委员会

主　任：胡德高

副主任：夏志刚

成　员：刘孔章　贺　春　刘敬尧

《习家口油田志》编纂组

组　长：汤明霞

成　员：李波峰　余　英　张建国　胡云鹏　刘　玉　袁玲想
申修志

《习家口油田志》审核人员

初审人：夏志刚　刘孔章　贺　春

复审人：杜修宜　李渝生　洪志一　赵云山　罗秋林　戴军华

本志目录

概　述

习家口油田隶属中国石化江汉油田分公司江汉采油厂管理，油田位于湖北省荆州市、潜江市交界处，紧靠长湖边，地处江汉平原，农作物以水稻为主，鱼产品丰富。交通便利，气候四季变化明显。

一

习家口油田位于潜江凹陷西斜坡，蚌湖生油洼陷以西，油田主要含油构造皆为北东向的反向正断层封闭的鼻状构造。习家口油田储油层为古近系潜江组。该区储盖组合良好，砂层发育，具有多含油层系的特点。在习一区油层纵向上分布比较集中，含油高度仅 80m 左右；习二区油层纵向上分布井段长，含油高度达 550m。构造类型为断层封闭的鼻状构造，断层对油气聚集起着重要作用，构造部位的高低，严格控制着含油范围。油藏类型以断层加鼻状圈闭的构造油藏为主，各断块、各油组均无统一的油水界面，具有多油水界面的特点。

习家口油田构造形态为一系列北东—南西向被断层切割的鼻状构造群，中部习一区由 3 条走向为北东—南西向的反向正断层所切割的 3 个断鼻构造组成，呈雁行式排列。习二区被两条北东向正断层分为两块，东南方向的浩 42 鼻状构造是习二区的主要含油构造（图 1)。西部长 9 块亦为一断鼻构造。

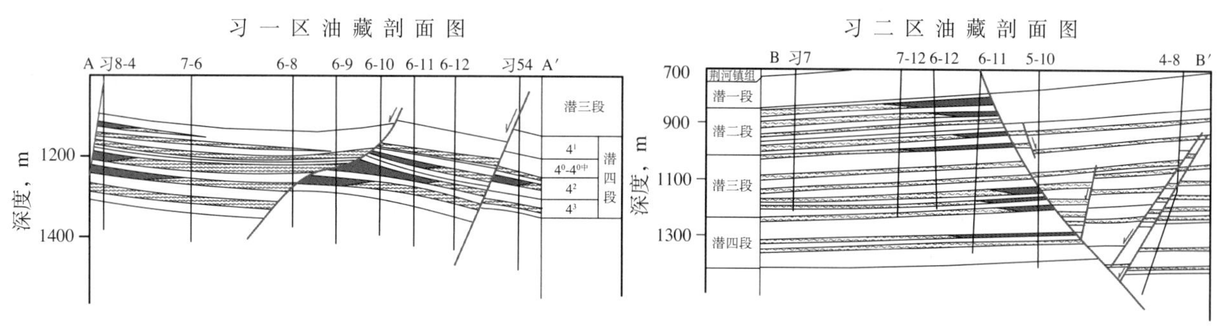

图 1　习家口油田油藏剖面图

习家口油田油层主要分布在古近系潜江组潜二、潜三段和潜四上亚段，有潜 2^1、潜 2^2、潜 2^3、潜 3^1、潜 3^3、潜 3^4、潜 4^1、潜 4^0、潜 $4^{0下}$、潜 4^2、潜 4^3 等 11 个油组含油，具有多含油层系的特点，储盖层组合良好。砂岩发育，储层岩性主要为粉、细砂岩，少数为鱼子状泥灰岩和含鱼子粉砂岩。储层物性好，属中—高孔、中渗储层（图 2)。

习一区储层主要是粉砂岩及少量细粉砂岩，胶结物以灰质、泥质为主，胶结类型主要是接触式。有效孔隙度 20.4% ~ 25.4%，空气渗透率 606mD。

习二区的潜 2^1—潜 3^3 油组岩性致密，储层主要是鲕状（鱼子泥灰岩）泥灰岩、鲕状粉砂岩和粉砂岩，物性较差。鲕状泥灰岩空气渗透率一般小于 1mD，鲕状粉砂岩空气渗透率小于 300mD，孔隙度一般为 18% ~ 23%，碳酸盐含量 50% ~ 60%；而粉砂岩物性较好，空气渗透率一般大于 300mD，孔隙度 23% ~ 29%。潜 3^4—潜 4^3 油组储层岩性较单一，以粗粉砂、细砂岩为主，渗透率一般大于 300mD，

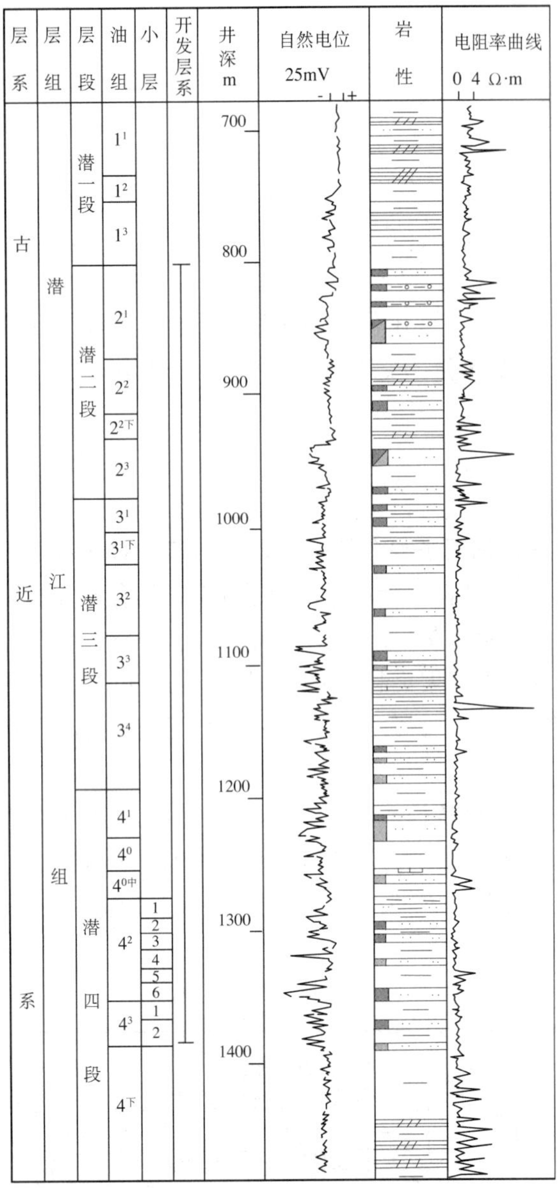

图 2　习家口油田柱状剖面图

孔隙度 18% ～ 32%，碳酸盐含量 8% ～ 18%，总的看来储层以孔隙—接触式胶结为主，胶结物多为泥灰质和灰质。

长 9 块储层岩性主要为细砂岩、粗粉砂岩，分选中等，胶结类型以孔隙—接触式为主，胶结物主要成分是泥灰质、灰质。储层物性好，有效孔隙度为 24% ～ 28%，空气渗透率一般为 34 ～ 865mD。

原油性质有明显差异，自东向西、自上而下逐渐变好。潜二、潜三段原油性质差，属稠油，地面原油密度 0.9118 ～ 0.9851 g/cm^3，黏度 174.5 ～ 6560.9 mPa·s，凝固点 6 ～ 20℃，含硫量 2.91% ～ 3.98%。潜四段原油性质好，属稀油，地面原油密度 0.8497 ～ 0.9169g/cm^3，黏度 7.6 ～ 77.68 mPa·s，地下原油黏度 16.9 mPa·s，凝固点 19 ～ 32℃，含硫量小于 1%。油田水为 Na_2SO_4 型，总矿化度为 21.5 × 10^{4}mg/L。

习家口油田属复杂断块型油藏，油藏埋深 880 ～ 1732m，含油层位多，含油状况不一，主力油层为潜 2^1、潜 2^3、潜 3^1、潜 3^4、潜 4^1、潜 4^2、潜 4^3 油组，油藏充满程度高，其他油组油层零星分布，油藏充满程度低。习一块油层埋藏深度 1081 ～ 1264m，油层纵向上分布比较集中，含油高度 80m，平面上沿断层分布。习二块油层纵向上分布井段较长，含油高度达 550m，油层埋藏深度 800 ～ 1349m，由于反向正断层断面北西倾，故各油组分布由浅至深依次向北西移动，沿 断层走向呈条带状分布。长 9 块油层纵向上分布于潜 4^{0下}油组，油层埋藏深度 1368 ～ 1732m。

油藏类型主要为断鼻油藏，其次为含油范围内砂岩局部变化形成的岩性—构造油藏。具有多油水界面的特点，各断块、各油组均无统一油水界面，但同一断块、同一油组油水界面相对一致。边水较活跃，驱动类型为边水驱动。

地层温度为 58℃，原始地层压力为 12.99MPa。

1978 年复算后习家口油田累计探明含油面积 2.6km^2，地质储量 306 × 10^{4}t，其中习一区探明含油面积 1.26km^2，地质储量 87 × 10^{4}t，习二区探明含油面积 1.34km^2，地质储量 219 × 10^{4}t。

根据石油工业部（84）油勘字第 22 号文件及 1985 年东部会议（辽河）要求，在 1978 年上报地质储量的基础上，1984—1985 年重新计算、核实了江汉油区的地质储量。习家口油田探明含油面积 2.7km^2，地质储量 309 × 10^{4}t，主要是习一区增加含油面积 0.1km^2，地质储量 3.0 × 10^{4}t。

1999 年习Ⅱ –8–7 井块钻探开发井习Ⅱ斜 7–71 井，潜 4^2 油组油层厚度由 5.4m 增加到 16.4m，并发现了新的含油层位，当年对原储量进行了复算，新增储量 46 × 10^{4}t。

原Ⅲ类储量长 9 块计算单元，2001 年探明并投入开发，目前未增加新井资料，储量落实。探明长 9 块新增含油面积 0.3km^2，地质储量 19 × 10^{4}t。截至 2005 年底，习家口油田探明含油面积 3.0km^2，地质储量 374 × 10^{4}t，标定采收率 29.3%，可采储量 109.6 × 10^{4}t。

二

1968年地震勘探发现潜江凹陷西斜坡构造，1970年10月，在该构造②号断鼻钻探浩42井，于潜3^1油组试油获日产3t的工业油流。同年在①号断鼻钻探习1井，于潜3^1油组试油，获日产5.2t的工业油流（抽深800m）。浩42井和习1井分别发现了习二区和习一区含油区块，两井相距4km，开始称习一区油田和习二区油田，后统称为习家口油田。

大事记

1970 年

11 月 11 日　在潜江凹陷西坡钻探的习 1 井、习 8 井和浩 42 井先后试出工业油流。

1971 年

10 月　油田投入开发。

1973 年

8 月　在习二区习 3–11 井、习 7–8 井进行高含水井多层轮替采油实验。

1975 年

5 月　投入注水开发，采用边缘注水方式，其注水水源为深井泵来水。

1980 年

5 月　习 2–7–9 进行井下热力降黏管柱试验。

1992 年

12 月　习家口油田停止注水。

1999 年

是年　开始在习家口油田实施了调整扩边措施，共钻探调整扩边井 11 口，应用大位移多靶点定向斜井技术，让井轨迹紧贴断层面钻进，钻遇更多的油层。

2002 年

11 月　习二站推广应用 ϕ 2200mm × 6600mm 玻璃钢三相分离器。

第一章

油田开发

第一节　开发历程

习家口油田开发经历了天然能量开采阶段、稳产阶段、递减阶段、精细开采阶段四个开发阶段（图1–1）。

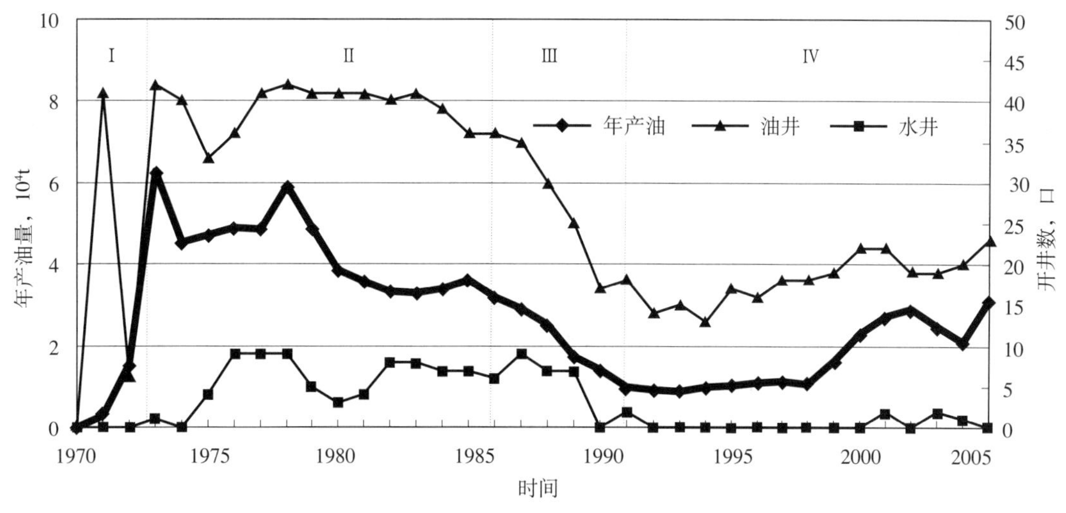

图 1–1　习家口油田开发阶段划分图

1971 年至 1973 年为天然能量开采阶段。由于构造平缓，含油小层多，含油小而窄，油水界面多，导致部分油井投产即见水或高含水率，油田没有无水采油期。1973 年油井总数达到 61 口，年产油 6.259×10^4t，达到历史最高水平。

1974 年至 1986 年为稳产阶段。1975 年底投入全面注水开发。注水井数最多达到 11 口，最高年注水 $18.98\times10^4\text{m}^3$。该阶段产油量有一个短期的上升，1978 年年产油量达到第二个高峰，年产油 5.9104×10^4t，以后年产油量逐渐递减至 1×10^4t 左右。该阶段末综合含水率达到 95% 左右。①上层系原油黏度高，边水能量较弱，水侵速度仅 1%。1975 年投入注水开发，注入水采用净化采出水，注水前后比较，总压差由 −1.28 MPa（1975 年 11 月）上升到 +1.94 MPa（1979 年 11 月），地层压力回升了 3.22 MPa，采油速度由 0.3% 逐步提高到 0.9% ～ 1.0%。1978 年 1 月至 1979 年 9 月形成一个高产稳产阶段，阶段平均月产油由 465t 上升到 1140t，阶段平均综合含水由 73.5% 下降到 69.9%。②下层系边水比较活跃，具有一定边水能量，水侵速度为 5% ～ 7%。1976 年投入注水开发，采用较低的注采比来保持地层压力的稳定。在注采比 0.3 ～ 0.5 的条件下，采液速度 5% ～ 6%，水侵速度 7%，总压差稳定在 1.2 ～

1.3MPa 的水平，采油速度以大于 1% 的速度稳产了 11 年。

1987 年至 1991 年为递减阶段。随着油田含水的逐步上升（1989 年年均综合含水达到 94.0%），产油量下降幅度加大（1989 年年均日产油水平只有 25t，年产量综合递减率达到 23.35%），1989 年底至 1990 年针对习二区生产状况进行了较大幅度的调整（主要是从油田开发生产的经济效益上考虑），一方面对注水井实施了全面的停注措施（注水量由 $200m^3/d$ 下降到 0），另一方面对部分低效无效的生产油井实施了关停、间开等措施（油井开井数由 1989 年的 15 口减少到 1990 年的 8 口），油田日产油水平进一步下降到 20t。1991—1998 年上半年区块产量基本上在 13 ～ 17t 之间徘徊。

1992 年至 2005 年为精细开采阶段。1999 年开始在习家口油田实施了调整扩边措施，共钻探调整扩边井 11 口，2002 年年产油量回升到 2.9085×10^4t。由于习家口油田已进入特高含水开发后期，从应用常规的地震资料解释所编制的构造图来看，高部位剩余油挖潜潜力已不大，近于废弃。为了提高老油区采收率，1999 年对于习家口复杂断块油藏应用小层精细划分与对比和构造精细描述技术，通过采用人机联作的方式，对油田所有完钻井资料重新进行精细的地层对比和构造精细解释，来细化断块油藏断层认识，利用钻井、测井资料卡准地震剖面上断层位置，精确描述断层和构造高点的空间分布，落实主控断层与纵向上各主力油层顶面的关系，编制各主力油层甚至单砂层顶面构造图，应用地震资料精细解释技术，建立微构造模型，精确确定局部构造高点。

由于主控断层外移，剩余油大量富集在断层附近，有调整挖潜的空间。针对这种反屋脊层状构造油藏，在钻井地质设计上，应用了大位移多靶点定向斜井技术，让井轨迹紧贴断层面钻进，这样可以钻遇更多的油层。如大位移定向井习 2 斜 -7-71，该井井底垂深 1302m, 水平位移 178m，不仅钻遇了 9 层 48m 油层，还发现 3 个新的含油层，新增含油面积 $0.2km^2$，地质储量 46×10^4t。

“十五”期间通过深化地质认识，精细构造解释，结合生产实际，在习家口油田提出了调整井 13 口，钻遇油层 183 层 367.6 m，油田总产量从 1998 年调整前的 28t/d 上升到 2005 年底的 97t/d，油田综合含水从 97.51% 下降到 91.08%。

到 2005 年底，油田有生产井 29 口，日产油水平 97t，综合含水 91.08%，年产油 3.1×10^4t，累计产油 96.1×10^4t，地质储量采油速度 0.7%，采出程度 26.54%，可采储量采油速度 2.38%。

第二节　开发现状

截至 2005 年底，累计探明含油面积 $3.0km^2$，地质储量 374×10^4t。习一区由采油十一队管理，习二区由采油十三队管理。目前油田有生产井 29 口，日产油水平 97t，综合含水 91.08%，年产油 3.1×10^4t，累计产油 96.1×10^4t，地质储量采油速度 0.7%，采出程度 26.54%，可采储量采油速度 2.38%。由于边水较活跃，油田进入高含水期于 1992 年 12 月停止注水。油田累计注水 $226.0 \times 10^4m^3$，累计注采比 0.26。

第二章

钻采与地面工程

第一节　钻井工程

油田开发初期采用防斜钻直井技术，采用吊打方式，单井钻井周期较长（30 天）。20 世纪 80 年代后期开始推广使用了转盘和水力螺杆双动力的复合钻井技术，提高了机械钻速。1988 年引进使用高效率的 PDC 钻头，进一步缩短了钻井周期，使原来的单井钻井周期从 30 天缩短至 10 天（井深 1500m）。受地面条件限制，推广应用了定向钻井和丛式井技术，减少了耕地占用和搬家费用。针对油田为鼻状构造油藏，且纵向上开发层系较多，应用顺断层倾向大斜度（井斜大于 60°）定向井，增加油层钻遇率。钻井液使用饱和盐水钻井液体系，应用自主研发的多种聚合防塌剂，提高了防塌、携砂、防卡等性能，有效解决了上部广华寺组地层垮塌的问题，减少了钻井事故的发生。

完井方式主要采用套管完井。因油田纵向上无异常压力层，井身结构采用表层套管 + 油层套管。为增加套管的使用寿命，在固井前对套管进行预拉应力，增强套管的强度，减少使用后期变形的几率。固井采用常规固井方式，后由于开发造成层间压力系统变化，推广应用“短候凝水泥”固井技术，解决了层间互串问题，并且降低了固井过程中对储层的二次侵入伤害。推广应用管外分隔器，解决固井过程中油水互串，确保油层段的固井质量。紊流器的应用，增强水泥浆的均衡程度，从而提高水泥环的胶结质量。

射孔早期采用 57–103 枪，1976 年开始广泛使用 WS–73 枪，1989 年逐渐推广应用 YD–89、YD–102 枪。射孔方式采用正压射孔，射孔液为清水。

第二节　采油工程

一、举升

习家口油田开发初期地层能量较低，油井全部采用机械采油方式进行开采。抽油机采用 3 型、5 型等抽油机；冲程多为 0.9m、1.2m、1.5m；冲次为 6 ～ 9 次 / min 不等。抽油泵使用管式泵，抽油杆使用 C 级杆。

1983 年开始，油田采用了放大压差生产，使用了防腐耐磨钢泵，取得较好效果。抽油机逐渐以 10 型取代了 3 型、5 型抽油机；抽油杆也逐渐更换成 D 级杆。

1990 年后，地层能量递减，采油工艺随井况的变化而相应配套：液面相对较高，采液指数较高的油井选择 ϕ 56mm、ϕ 70mm 的泵生产，日产液量在 10 ～ 30t 的低液面、低采液指数的油井选择有杆小泵径深抽。随着泵挂深度的增加，驴头载荷也在增加，抽油机逐步转向承载大负荷的 10 型、12 型抽油机。冲程多采用 3m，冲次 4 ～ 6 次 / min。

2000年以后，为了更好的开采刁家口的稠油油藏，采用电动螺杆泵采油工艺，同时抽油杆由普通的D级更换成超高强度的H级，使用效果良好。

二、油层改造

开发初期就开展了酸化解堵增注措施，主要应用的是土酸酸化，广泛应用在试油作业中。1970—1971年，在刁家口油田酸化18口30层，有效率47%。此后土酸酸化一直是刁家口油田应用的主要酸化技术，1979—1985年在刁二区酸化7井次，最高日增油2.4t。1985年以后应用较少。

刁家口油田压裂应用主要集中在1974—1978年，1980年以后应用较少。1974年应用了原油压裂，采用油管或油套环空全井压裂，支撑剂为石英砂，压裂车组为500型车组，1974—1976年在刁家口油田应用了21井次，平均单井加砂5～10m^3，平均砂比7%～10%，有效13口，平均单井日增油1.7t。1978年，应用了羧甲基田菁粉压裂液，开始应用700型压裂车组，1978年在刁家口油田应用4口井，平均砂液比15%，单井加砂量10m^3，平均单井日增油5t。1978年5月在刁2-7-11井应用后，日产油由3.3t上升到16.9t。

三、堵水调剖

刁家口油田水井调剖工艺应用较少，只在1口井上进行过调剖，1981年8月在刁2-7-10井应用了铬冻胶调剖技术，共挤入堵剂720m^3，应用后刁2-7-10井吸水指数下降了12.6%。

1970年，应用了以江252-1封隔器为核心的堵水管柱，是刁家口油田油井堵水的主要技术，应用规模大，1972—1979年在刁家口油田应用64井次，有效39井次，平均单井日增油3.5t。1975年7月在刁2-7-8井应用后，日产油由1.9t上升到16.5t，日产水由18.7m^{3}下降到10.3m^3。期间还在刁二区应用了以江141封隔器为核心的找堵水管柱，1977—1982年应用7井次，1977年7月在刁2-5-12井应用后，日产油由1.9t上升到16.5t，含水由78%下降到38%。1979年开始应用化学法油井堵水技术，1979年应用了水玻璃—氯化钙堵水，1979年6月在刁2-8-11井应用后，日产油由0.5t上升到2.7t，日产水由13.4m^{3}下降到2m^3。1982年应用了氟硅酸—水玻璃油井堵水，在刁家口油田应用2井次，平均单井日增油1.1t。1984年应用了水玻璃定时胶凝堵水，在刁家口油田应用2口井，累计增油633t。1985年以后堵水技术应用较少，主要是应用以江252-1封隔器为核心的堵水管柱。

四、修井

油田投入开发后，由于油田地质条件复杂，井下事故的出现也越来越频繁、复杂，处理事故的工艺技术水平也在不断进步。修井主要解决复杂的打捞、解卡、修复套管等工艺问题。

油田位于盐湖盆地，钻井过程中要钻遇许多盐层和水层，由于盐层蠕动和盐水腐蚀，在油田开发早期就遇到了套管外窜槽、腐蚀穿孔等问题，油田从20世纪70年代开始在套管漏失井应用水泥浆挤堵修复，1970年8月在刁8井应用油井水泥灰浆封堵漏失井段，一次堵漏获得成功。之后水泥浆挤堵开始推广应用。这期间为了解决封堵大孔道问题，采用在水泥浆添加石棉、布条等提高成功率，1982年8月在刁2-7-9井应用水泥浆加锯木、石棉进行堵漏获得成功。

油田开发初期，产出地层水矿化度高，井筒容易结盐造成生产管柱盐卡，修井工艺主要解决盐卡管柱的问题，在解卡施工技术方面，主要采用清水冲盐工艺、挤清水解盐活动解卡，对于活动不能解卡的井采用套铣和倒扣的方法起出被卡管柱。随着井筒管理的技术进步，特别是掺水解盐工艺的应用，盐卡井减少，20世纪90年代以后，主要解决的是管卡和落物事故，通常是采用循环洗井、套铣和倒扣工艺解卡为主。在复杂落物打捞方面，主要根据落物顶部（鱼顶）情况，再选择或制作合适的打捞工具。1989年5月在刁2-4-12井油管落井，下可退式捞矛捞出全部落鱼。

五、注水工程

习家口油田于1970年11月发现，1975年投入注水开发，采用边缘注水方式，其注水水源为地下水。习家口油田现有注（污）水站2座—习一站和习二站。

习家口油田注水工艺分两个阶段：1975—1990年分层注水工艺技术阶段；1991—2005年笼统注水工艺技术阶段。

2005年底，习家口油田有8口注水井，全为笼注水。

第三节　地面工程

一、集输系统

习家口油田分为习一区和习二区（含熊家台零散井区），过去曾统称“西坡”。1971年6月，习家口油田习一区建成，同年10月，习二区相继建成，同年12月一起投入试采。同年6月至12月，习家口油田从井口到大站的油气水地面配套系统初步建成投入使用。当时习一区相继建成习一站、1号、2号、3号、4号计量点。习二区相继建成习二站、1号、2号、3号、4号计量点、熊加台计量接转站、浩口加热站。

1972年5月25日，习二站至浩口站输油管线（ϕ159mm，长17.0km）建成投入使用，同年11月，管线阴极保护装置建成。该管线最大输量32×10^4t/a，最小输量28×10^4t/a，将习家口原油及部分浩口油田原油，经习二集油站通过输油管道输往沙市热电厂。中间设有浩口加热站、熊加台计量接转站。浩口加热站内设有630kW加热炉2台，主要功能是给干线来油加热。熊加台计量接转站主要功能是给干线来油加热及熊加台油井的计量、接转功能。站内设有计量阀组，管辖6口油井。同年9月4日，习一站至习二站输油管线（ϕ114mm，长4.5km）建成投产，最大输量25×10^4t/a，最小输量16×10^4t/a。

1973年3月，习二站新建装油台，同年5月，沙市热电厂开始罐车拉油。

1974年搞冷输。1975年实现油井自动化管理，在控制室对抽油井遥控开关，集中记录油井回压、开关时间及量油资料等，合并了生产岗位，节约了劳力。

1980年后，随着习一区油田综合含水上升，产量递减，地面集输系统设备、管线、容器腐蚀严重，计量点相继停用、报废。

1992年，由于产量下降，管线输量小，腐蚀穿孔严重，难以维护，习一站至习二站管线、习浩线、洁口加热站、熊加台计量接转站停用报废。将输油改为拉油至广华联合站。

习家口油田的油气水处理系统，建有习一、习二两座脱水处理拉油站。习一站设计拉油能力2×10^4t/a，实际拉油1×10^4t/a，原油沉降脱水能力21.9×10^4t/a，实际脱水处理20.08×10^4t/a。习二站设计拉油能力3×10^4t/a，实际拉油2×10^4t/a，原油沉降脱水能力36×10^4t/a，实际脱水处理20.08×10^4t/a。

1971—1986年，采用Ⅳ型“四合一”进行原油脱水。

1987年后，产量下降，“四合一”腐蚀，不安全，采用大罐热化学沉降脱水，净化油装车外运，污水就地处理回注。

1999年后，习一站采用压力沉降脱水，油进高架罐自流装车外运广华联合站，污水就地回注。

2000年10月，习二站采用高效三相分离器对高含水原油进行油、气、水一次分离脱水，合格油拉至广华联合站。

2002年11月，习二站推广应用ϕ2200mm×6600mm玻璃钢三相分离器。

截至2005年，习一区建成拉油站1座，简易计量站2座，单井拉油点1座。习二区建成拉油站1座。习家口油田建有2条集油管线，总长3.5km，单井油管线23.2km。

二、配套工程

习家口油田供电电源为丫角变的6kV习一线和6kV习二线。

习一区生活用水取自长湖水。工业用水为地下水源井，该水源井于1971年10月投运，井深123m，日产水量为1920m^3。

习二区生活用水初期从田关河取水。2004年后打了一口水源井，从水源井取水。工业用水为1971年10月投用的水源井，井深141m，日产水1920m^3。

附　录

附录一　附　图

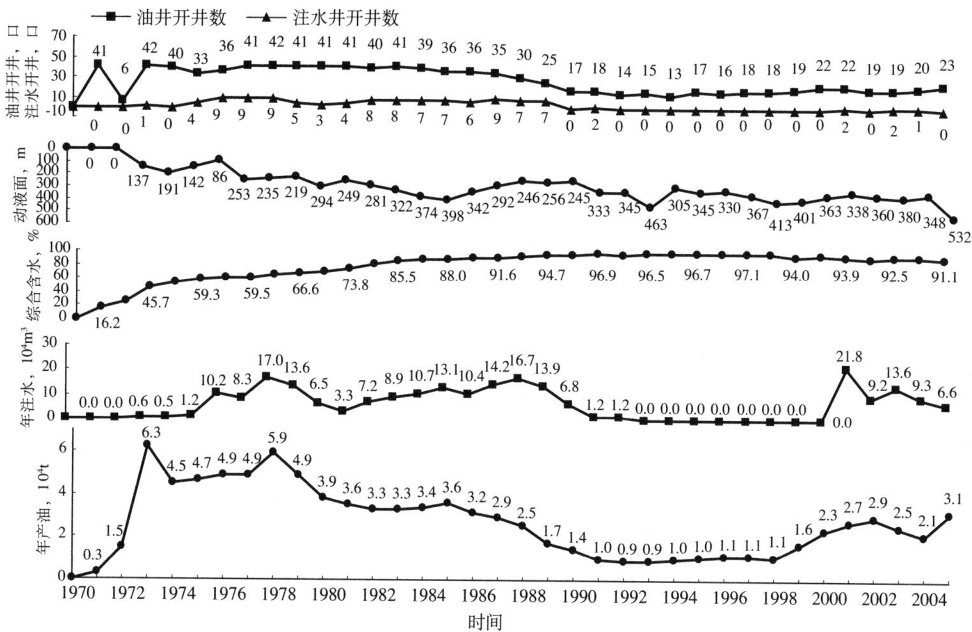

附图 1　习家口油田开采综合曲线图

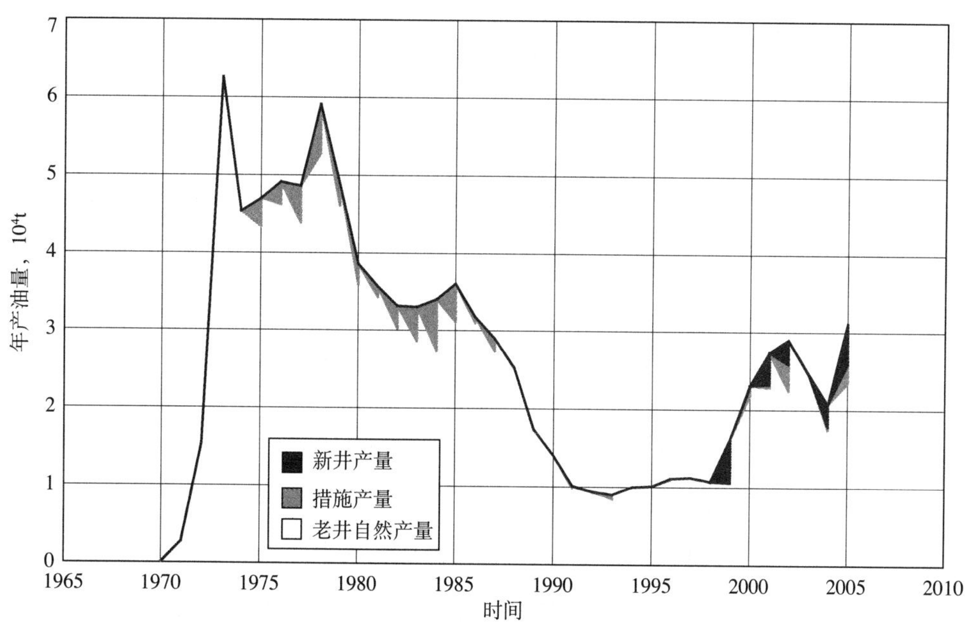

附图 2　习家口油田产量构成曲线图

附录二 附 表

附表 1 习家口油田综合地质数据表

油田	含油面积 km^2	地质储量 10^4t	层位	油层埋藏深度 m	平均有效厚度 m	孔隙度 %	空气渗透率 mD	含油饱和度 %	地层温度 ℃	压力系数	原始地层压力 MPa	地层原油				地面原油				地层水		
												饱和压力 MPa	原始气油比 m^3/t	体积系数	地下黏度 mPa·s	密度 g/cm^3	黏度 mPa·s	凝固点 ℃	含蜡量 %	水型	总矿化度 $10^4mg/L$	氯离子含量 $10^4mg/L$
习家口	3.0	374.0	Eq	1287	8.4	22	598	70.0	58.3	1.06	11	11.90	8.60	1.030	19.0	0.903	459.9	19.0	6.6	Na_2SO_4	21.5	11.6

附表 2 习家口油田开采综合数据表

时间	动用地质储量 10^4t	油井		注水井		核实产油量		核实产水量		核实产液量		年末动液面 m	年末综合含水 %	注水量		注采比		地质采油度 %	地质采出程度 %
		总井数 口	开井数 口	总井数 口	开井数 口	年 10^4t	累计 10^4t	年 10^4t	累计 10^4t	年 10^4t	累计 10^4t			年 10^4m^3	累计 10^4m^3	年末	累计		
1970	355	0	0	0	0	0.00	0.00	0.04	0.04	0.04	0.07	0	0	0	0	0	0	—	—
1971	355	43	41	0	0	0.28	0.28	0.15	0.18	0.46	0.33	0	16.2	0	0	0	0	0.09	0.09
1972	355	52	6	0	0	1.54	1.82	0.37	0.55	2.38	0.93	0	26.1	0	0	0	0	0.50	0.60
1973	355	61	42	1	1	6.26	8.08	3.96	4.51	12.59	8.47	137	45.7	0.55	0.55	0.12	0.04	2.05	2.64
1974	355	61	40	0	0	4.54	12.62	4.71	9.22	21.84	13.93	191	54.4	0.54	1.09	0	0.05	1.48	4.12
1975	355	54	33	4	4	4.70	17.32	5.44	14.66	31.98	20.11	142	59.3	1.18	2.27	1.4	0.07	1.54	5.66
1976	355	55	36	9	9	4.90	22.23	7.58	22.24	44.47	29.82	86	61.2	10.24	12.50	0.89	0.27	1.60	7.26
1977	355	49	41	9	9	4.86	27.09	7.74	29.98	57.07	37.72	253	59.5	8.29	20.79	0.91	0.35	1.59	8.85
1978	355	45	42	9	9	5.91	33.00	9.36	39.34	72.34	48.70	235	64.7	16.98	37.77	1.12	0.5	1.93	10.78
1979	355	43	41	11	5	4.89	37.89	8.99	48.33	86.22	57.32	219	66.6	13.65	51.42	0.44	0.56	1.60	12.38
1980	355	43	41	11	3	3.86	41.74	7.76	56.09	97.84	63.86	294	69.4	6.51	57.93	0.35	0.55	1.26	13.64
1981	355	43	41	11	4	3.57	45.31	8.07	64.34	109.65	72.40	249	73.8	3.28	61.21	0.27	0.51	1.17	14.81
1982	355	43	40	11	8	3.32	48.63	10.43	74.77	123.40	85.20	281	80.6	7.17	68.38	0.52	0.5	1.09	15.89
1983	355	43	41	11	8	3.30	51.93	16.65	91.41	143.35	108.06	322	85.5	8.87	77.25	0.36	0.49	1.08	16.97

续表

时间	动用地质储量 10^4t	油井		注水井		核实产油量		核实产水量		核实产液量		年末动液面 m	年末综合含水 %	注水量		注采比		地质采油度 %	地质采出程度 %
		总井数 口	开井数 口	总井数 口	开井数 口	年 10^4t	累计 10^4t	年 10^4t	累计 10^4t	年 10^4t	累计 10^4t			年 10^4m^3	累计 10^4m^3	年末	累计		
1984	355	41	39	11	7	3.41	55.34	23.10	114.51	169.85	137.61	374	88.6	10.72	87.97	0.46	0.47	1.11	18.08
1985	355	39	36	11	7	3.61	58.95	24.17	138.68	197.63	162.85	398	88	13.06	101.03	0.42	0.47	1.17	19.08
1986	355	39	36	11	6	3.19	62.13	24.88	164.03	226.16	188.91	342	90.9	10.44	111.46	0.31	0.46	1.03	20.11
1987	355	36	35	11	9	2.90	65.04	28.63	192.66	257.70	221.29	292	91.6	14.25	125.71	0.49	0.45	0.94	21.05
1988	355	32	30	9	7	2.53	67.57	30.60	223.26	290.83	253.85	246	93.1	16.70	142.41	0.43	0.46	0.82	21.87
1989	355	27	25	9	7	1.74	69.31	27.40	250.65	319.96	278.05	256	94.7	13.95	156.36	0.45	0.46	0.56	22.43
1990	355	24	17	9	0	1.41	70.72	25.44	276.10	346.81	301.54	245	95.2	6.79	163.15	0	0.45	0.45	22.89
1991	355	22	18	9	2	1.01	71.73	23.03	299.13	370.85	322.16	333	96.9	1.18	164.33	0.09	0.42	0.33	23.21
1992	355	21	14	9	0	0.93	72.66	22.07	321.20	393.85	343.26	345	95.74	1.22	165.55	0	0.41	0.30	23.51
1993	355	20	15	9	0	0.90	73.56	24.42	345.62	419.18	370.04	463	96.52	0	165.55	0	0.38	0.29	23.81
1994	355	20	13	9	0	1.00	74.56	29.83	375.44	450.01	405.27	305	96.68	0	165.55	0	0.36	0.32	24.13
1995	355	20	17	9	0	1.02	75.58	29.67	405.12	480.70	434.79	345	96.74	0	165.55	0	0.34	0.33	24.46
1996	355	20	16	9	0	1.12	76.70	32.69	437.80	514.50	470.49	330	96.82	0	165.55	0	0.32	0.36	24.82
1997	355	20	18	9	0	1.13	77.83	36.22	474.03	551.85	510.25	367	97.07	0	165.55	0	0.3	0.37	25.19
1998	355	19	18	5	0	1.08	78.90	39.68	513.71	592.61	553.39	413	97.51	0	165.55	0	0.28	0.35	25.53
1999	355	20	19	5	0	1.62	80.53	38.16	551.87	632.40	590.03	401	93.96	0	165.55	0	0.26	0.46	22.68
2000	374	22	22	4	0	2.31	82.84	36.44	588.32	671.16	624.76	497	94.46	0	165.55	0	0.25	0.65	23.34
2001	374	23	22	4	2	2.74	85.58	40.14	628.45	714.04	668.59	498	93.9	21.78	187.33	0.58	0.27	0.73	22.88
2002	374	25	19	4	0	2.91	88.49	34.34	662.79	751.28	697.13	636	89.95	9.25	196.58	0.1	0.27	0.78	23.66
2003	374	26	19	4	2	2.48	90.97	26.63	689.42	780.39	716.04	737	92.45	13.61	210.19	0.32	0.28	0.66	24.32
2004	374	25	20	1	1	2.08	93.06	28.85	718.27	811.32	747.12	641	92.46	9.31	219.50	0.33	0.28	0.56	24.88
2005	374	29	23	1	0	3.12	96.18	35.80	754.07	850.25	789.87	896	91.08	6.57	226.07	0	0.27	0.84	25.72

编号：18–013

谢凤桥油田志

《谢凤桥油田志》编纂组　编

宜昌市
沪
蓉
高
速
宜都市
枝江市
枝城
松滋市
谢凤桥油田
涴市
沙道观
川店
荆州市
沙市区
318国道
襄
荆
高
速
公
路
兴隆
积玉口
张金
公
路
荆
东
高
速
公
路
公安县
江陵县
南平
长
江
湖
铁路
高速公路
公路
湖泊
河流
县市
乡镇
油田

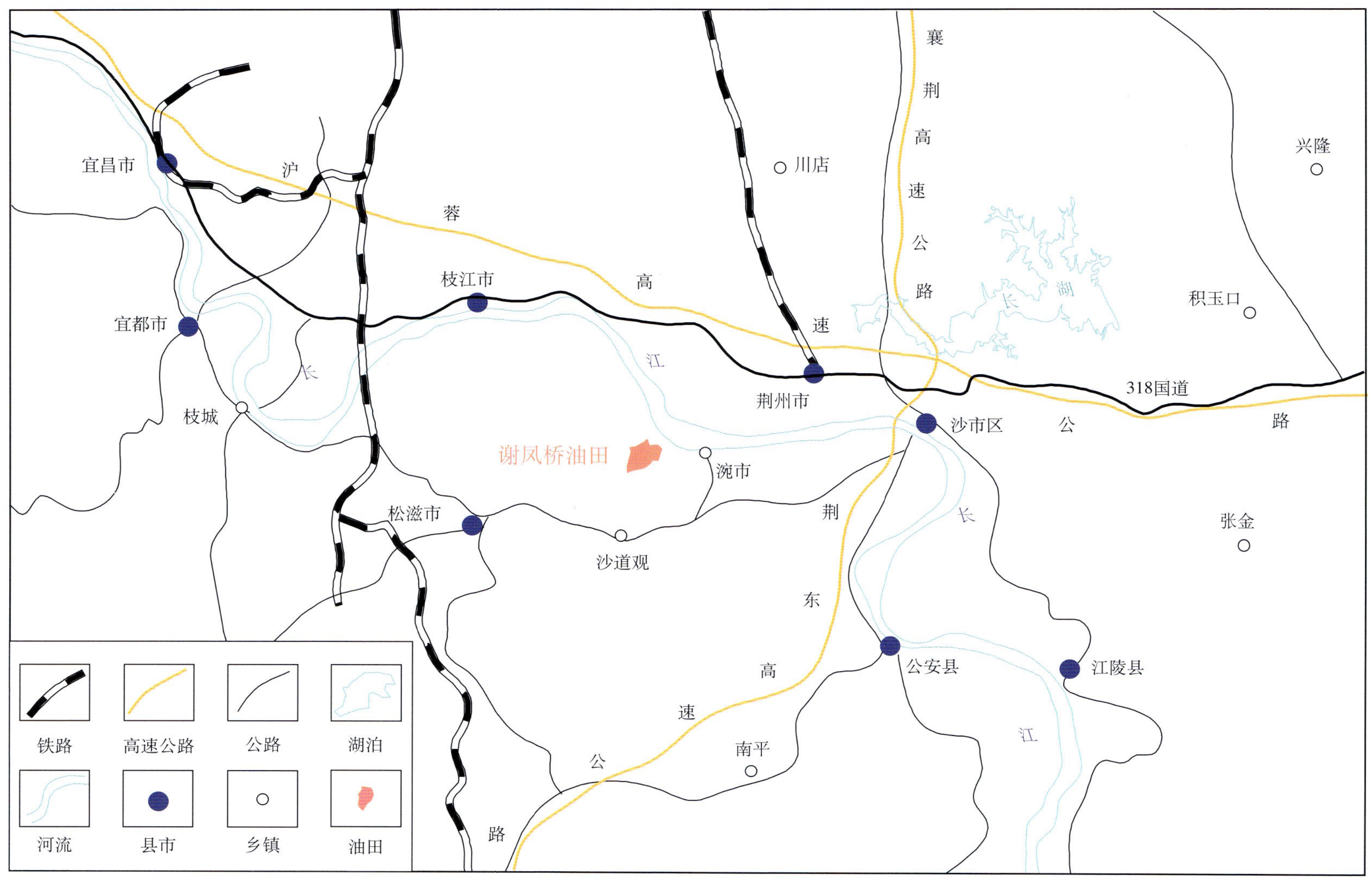

谢凤桥油田地理位置图

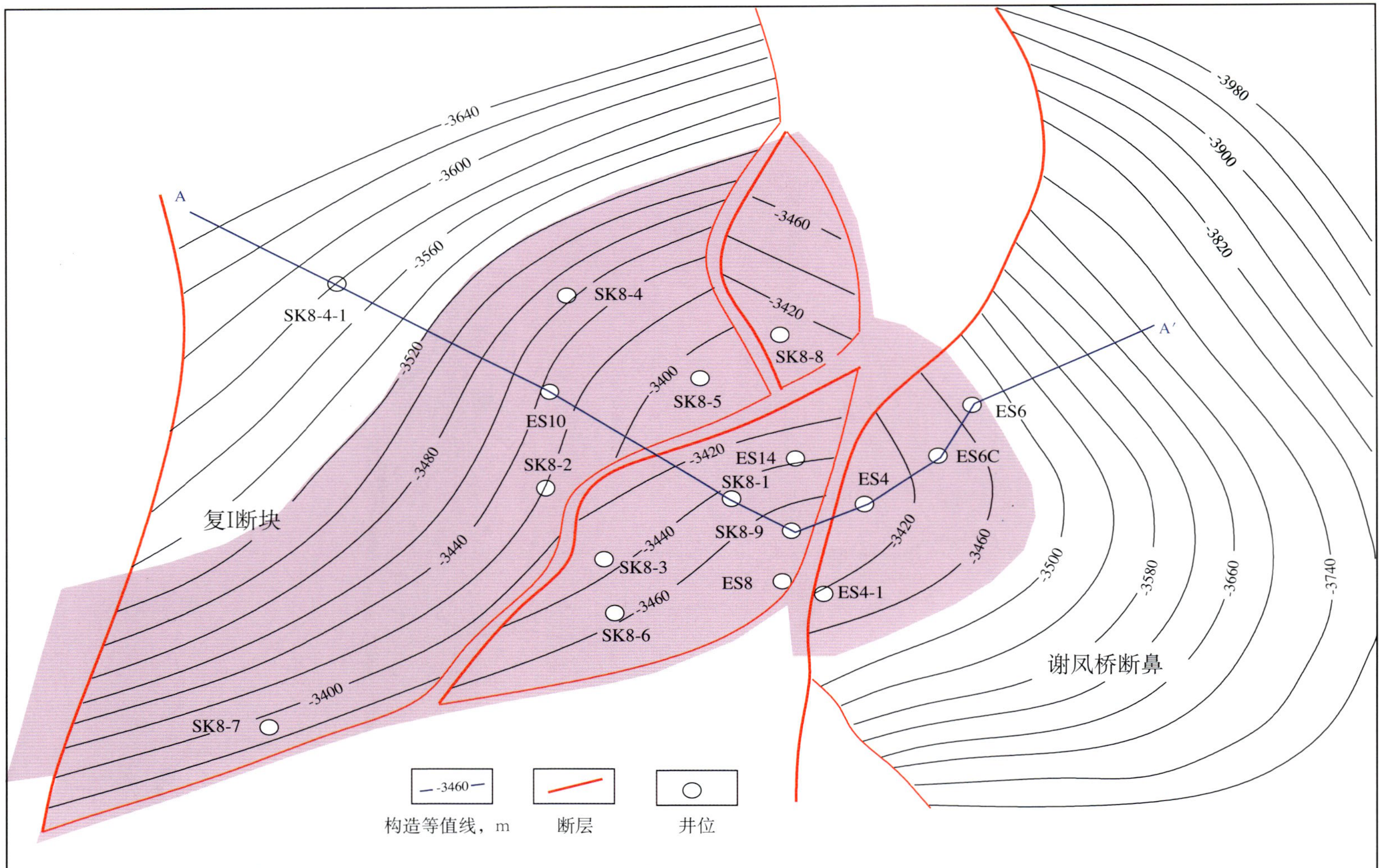

复 I 断块采用渔洋组3砂组4小层顶面构造图，谢风桥断鼻采用新沟嘴组下段3油组3小层顶面构造图

谢风桥油田构造井位图

《谢凤桥油田志》编纂委员会

主　任：王晓毛　许长平

副主任：彭信海　贺其川　曾祥林　刘群海

成　员：肖礼军　詹海军　曹起长　冯少华　周　庆

《谢凤桥油田志》编纂组

组　长：贺其川　陈　波

成　员：刘群海　肖礼军　詹海军　刘金姣　易　旋　刘谦彪

《谢凤桥油田志》审核人员

初审人：王晓毛　贺其川　刘群海

复审人：杜修宜　洪志一　李渝生　张志强

本志目录

概　述

谢凤桥油田位于湖北省松滋市涴市镇以西 5km 左右，地理上属江汉平原，北面紧邻长江，地势平坦，人口稠密，良田密布，水陆交通便利。属亚热带季风气候，具光照充分，四季分明的特点，年平均气温 20℃左右，年降水 1000mm 左右，为湖北省经济较发达地区。

一

谢凤桥油田构造上位于江汉盆地江陵凹陷西南缘，谢凤桥断层将油田分为两块，处于断层下降盘的谢凤桥鼻状构造位于谢凤桥—八宝鼻状构造带上；处于断层上升盘的复 I 断块位于复兴场—永固复式断阶复兴场断阶上。

谢凤桥油田的主要断层——谢凤桥断层为一区域性大断层，属于万城大断层的一部分，走向近北东东向，为一断面东倾的正断层。断距大于 1000m，具上小下大的特征，延伸长度大于 10km。切割层位从荆沙组下部到基底，断面具有上缓下陡的特征，是控制白垩系—古近系荆沙组沉积的同生断层，断层的长期活动对构造的形成和油气的运移、聚集成藏起着重要的作用。

谢凤桥鼻状构造位于谢凤桥—八宝断鼻构造带北部，位于谢凤桥断层的下降盘，西侧被谢凤桥断层遮挡，南侧为红花庙断层所限，构造高点位于鄂深 4 井附近，向北、东、南倾伏。复 I 断块位于复兴场—永固复式断阶复兴场断阶上，处于谢凤桥断层的上升盘，为一被谢凤桥断层、复兴场断层、花园 I 号断层所夹持的断块构造，内部分布多条小断层导致构造复杂化。构造高点在 SK8–5 井附近，向西北和东南倾伏（图 1)。

地层自下而上依次为白垩系红花套组、渔洋组，古近系沙市组、新沟嘴组、荆沙组、潜江组、荆河镇组，新近系广华寺组及第四系平原组。复 I 断块的主力含油层系为白垩系渔洋组，谢凤桥断鼻的主力含油层系为古近系沙市组上段和新沟嘴组下段（图 2)。

储层岩性为中—细长石石英砂岩。含油井段长 300 ~ 500m，油层埋深 3100 ~ 3550m，平均油层有效厚度 28.7m。

油藏埋藏深度大，经历了复杂的成岩后生作用，以压实作用、胶结作用、溶解作用为主。油藏储集空间以次生溶蚀孔隙为主，局部为孔隙—裂缝双重介质储层，根据岩心分析结果，储层孔隙度分布范围在 5% ~ 11%，平均 9.3%，渗透率分布范围为 1 ~ 11mD，平均 4.4mD（附表 1），储层基质主要为低孔、特低渗透储层，部分油层裂缝发育，有斜交剪切裂缝、垂直张裂缝、水平张裂缝等三种类型，使储层渗透率分布复杂化；裂缝不是主要的储油空间，却是油井高产的主要因素。

储层孔径 20 ~ 70μm，其中 30 ~ 50μm 孔径分布频率最大，且孔隙大小分布较为集中，平均喉道半径 0.1 ~ 1μm，最大喉道半径 0.2 ~ 3μm，为中—大孔隙，细喉—微细喉结构。黏土矿物以伊利石占绝对优势，平均含量 98.87%，绿泥石平均含量 1.12%。储层无酸敏、无水敏、无速敏、弱碱敏、弱盐敏，盐敏临界矿化度为 2000mg/L。

原油具有“三低二高”的特点，即低密度、低黏度、低含硫和高含蜡量、高凝固点。地面原油密度平均为 0.819 g/cm^3，地层原油密度平均为 0.669 g/cm^3；地面原油黏度平均为 5.3 mPa·s，地层原油黏度

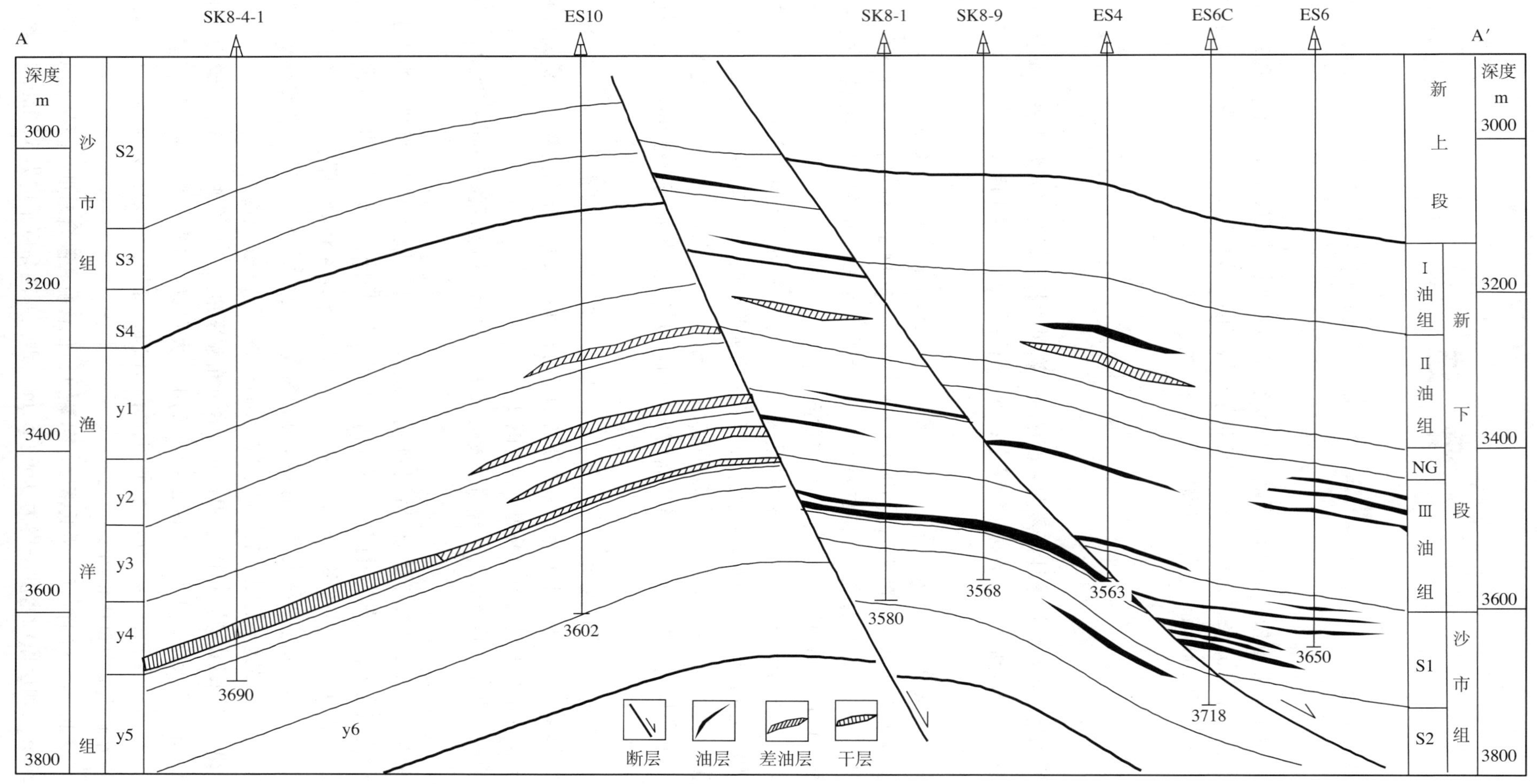

图1 谢风桥油田油藏剖面图

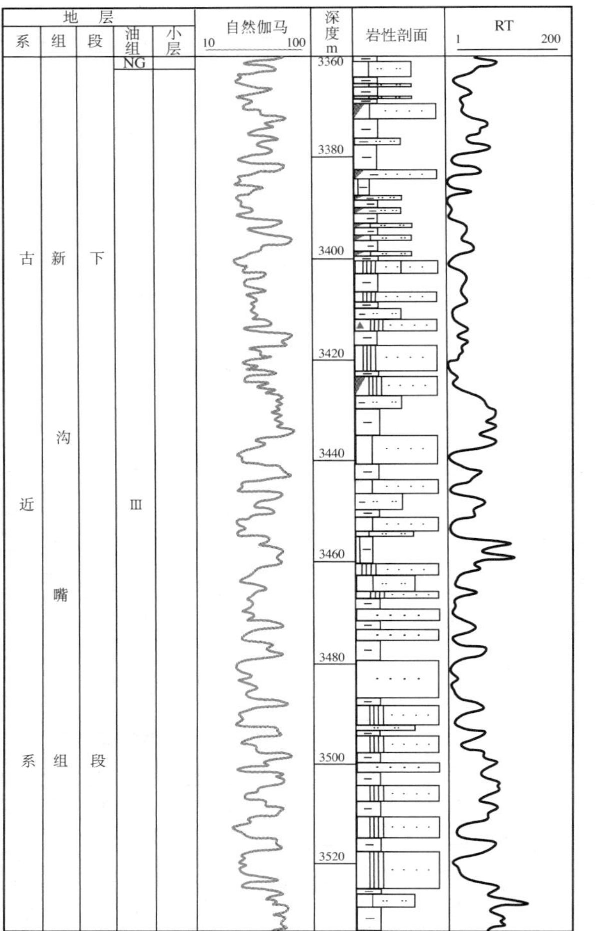

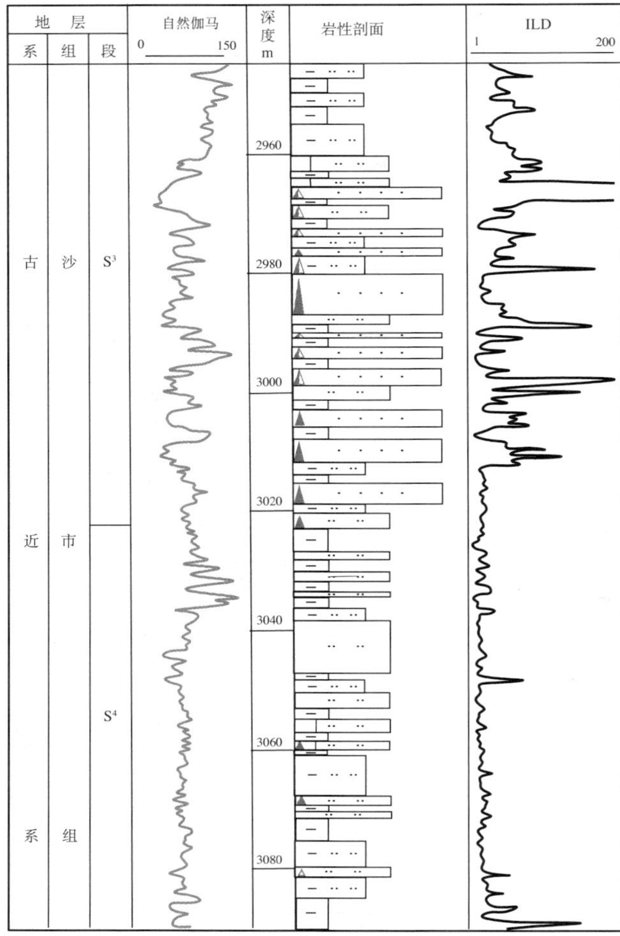

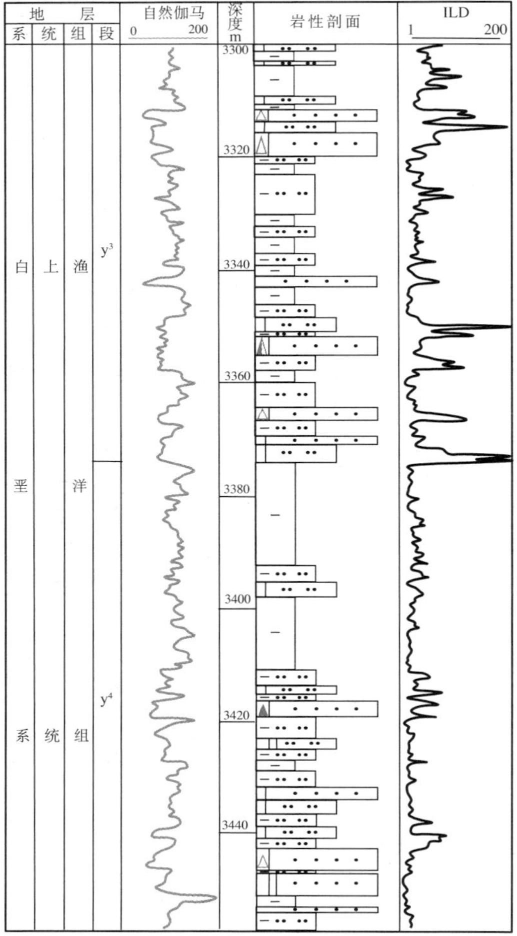

图2 谢凤桥油田主要目的层段地层综合柱状剖面图

平均为 1.1 mPa·s，含硫量一般在 0.02%～0.43%之间，平均为 0.13%；含蜡量平均为 27.3%，凝固点平均为 28℃。

原始气油比平均为 108.1m^3/t，体积系数为 1.35, 天然气一次脱气气体密度平均为 0.998g/L，成分以甲烷为主，占 83.4%，其次是氮气，占 13.6%。

地层水为中性—弱酸性，pH 值为 6.1～6.4，水型为氯化钙型（$CaCl_2$），总矿化度 14.77×10^4～22.35×10^4mg/L，氯离子含量为 9.02×10^4～13.09×10^4mg/L。

谢凤桥油田平均油层中部深度为 3456m，原始地层压力平均为 34.1MPa，压力系数在 0.83～1.08 之间，平均为 0.99，饱和压力平均为 15.70MPa；油层温度平均为 122℃，梯度在 2.81～3.07℃/100m 之间，平均为 2.93℃/100m，属于正常温度、压力系统。

谢凤桥油田复 I 断块、谢凤桥断鼻油藏主要受构造和岩性控制，油藏类型为特低渗透率构造岩性油藏。油藏天然能量微弱，油藏驱动类型为弹性驱动。经过 2005 年 9 月储量套改后，谢凤桥油田累计探明含油面积 3.2km^2，探明石油地质储量 311.90×10^4t，可采储量 74.8×10^4t，其中，复 I 断块渔洋组探明石油地质储量 163.36×10^4t，复 I 断块沙市组探明石油地质储量 123.04×10^4t，谢凤桥断鼻新沟嘴组下段探明石油地质储量 25.5×10^4t，动用复 I 断块渔洋组、谢凤桥断鼻新沟嘴组下段，动用石油地质储量 188.86×10^4t, 可采储量 31.72×10^4t。

二

江陵凹陷西南缘的油气勘探始于 20 世纪 60 年代，由于地质条件复杂、勘探效益较低，投入的研究力量与实物工作量均不足，油气勘探未能获得突破。

1994 年 6 月，地矿部石油地质海洋地质局在北京回龙观召开年中油气勘探部署调整会议，针对中南石油局“七五”、“八五”期间鄂中海相碳酸盐岩勘探领域久攻不破的局面，根据当时的勘探技术，提出了由鄂中海相转移到江汉盆地陆相油气勘探的战略调整。中南石油局坚定贯彻会议精神，组织了江汉盆地陆相油气勘探选区评价项目组。项目组针对当时江汉盆地的油气勘探现状，根据中国东部油田“围源找砂”的勘探经验，对江汉盆地油气成藏地质条件进行了详细的分析与论证，提出了江陵凹陷西南缘的新沟嘴组下段具有良好的烃源条件和有利于砂岩储层发育的沉积相带，为油气成藏奠定了良好的地质基础，是新一轮油气勘探的有利区块。10 月，中南石油局副总工程师雷清亮在石油地质海洋地质局召开的油气勘探年会上，根据项目组对江汉盆地陆相油气勘探选区评价的研究成果，向石油地质海洋地质局总工程师周玉琦进行了江陵凹陷西南缘油气勘探立项的专题汇报，周玉琦同意立项并安排了地震勘探工作，拉开了该区新一轮油气勘探的序幕。

中南石油局第五物探大队于 1995 年底在江陵凹陷西南部实施 2km×2km 二维地震资料采集，发现了谢凤桥构造。

1996—1997 年，中南石油局地质大队鄂中项目组对谢凤桥构造进行评价，认为该构造具有良好的油气成藏条件，经新星石油公司（地矿部石油地质海洋地质局）批准，1997 年 9 月在该构造上部署并实施了鄂深 4 井（Es_4）的钻探，该井在钻井过程中，于古近系新沟嘴组下段发现了良好的油气显示，对新沟嘴组下段Ⅲ油组 3526～3529m 油层进行完井测试，获 6.28m^3/d 的工业油流，实现了该区的勘探突破，由此发现了谢凤桥油田。

1999 年 5 月部署评价井鄂深 6 井，设计井深 3650m，于 2855～3554m 井段新沟嘴组见多层油气显示，但因储层物性差，试油三层仅少量油流。

2000 年初，根据中南石油局副总工程师雷清亮的意见，由中南石油局勘探开发研究院、江汉石油学院和新星石油公司勘探开发研究院江陵分院等单位技术人员组成了研究小组，对谢凤桥构造有利储层发育区及下一步勘探目标进行了研究，根据研究成果，2000 年在鄂深 4 井西部实施了鄂深 8 井（ES8）的钻探，该井在 3487 ～ 3520m 井段发现 33m 油层，经试油获得 8mm 油嘴自喷产油 32.4m^3/d 的高产工业油流。

2001 年，通过三维地震资料解释，在谢凤桥背斜构造上解释出谢凤桥断层，该断层将谢凤桥构造分为复兴场 I 号断块和谢凤桥鼻状构造。鄂深 8 井 3487 ～ 3520m 井段属于白垩系渔洋组，构造上位于谢凤桥油田复 I 断块，该井首次发现了中国南方白垩系的油藏，勘探工作取得重大突破，不仅使谢凤桥油田的产量上了台阶，而且证明江陵凹陷除新沟嘴外，白垩系是实现储量和产量接替的重要资源。

2005 年，根据鄂深 4 井长期稳产的特征，决定鄂深 6 井大修侧钻，该井侧钻后发现了沙市组油藏并获得稳产 7.5t/d 的工业油流，证实谢凤桥断鼻具备多套含油层系。

大事记

1997 年

4 月　地矿部中南石油局江汉油气项目部成立。

1998 年

5 月 30 日　谢凤桥构造预探井鄂深 4 井突破工业油流。经常规测试，该井在新沟嘴组下段获得 6.28m^3/d 工业油流，标志谢凤桥油田的发现。

1999 年

12 月　谢凤桥构造评价井 ES6 井获低产油流。

2000 年

12 月 7 日　复兴场 I 号断块（复 I 断块）的鄂深 8 井首次在江汉盆地发现了白垩系渔洋组油藏并喜获高产工业油流。

2001 年

6 月　中南石油局江汉油气项目部划转入中国石油化工股份有限公司。

2002 年

1 月　松滋油田勘探开发指挥部成立。

2 月　鄂深 4 井进行老井复查获得成功，获得获 12m^3/d 工业油流（6mm 油嘴自喷）。

8 月 5 日　复 I 断块鄂深 10 井经过压裂获得 18m^3/d 的工业油流。

2003 年

7 月　松滋油田采油厂成立。

2005 年

10 月　评价井鄂深 6– 侧井在盐下油藏勘探上取得重要进展，发现沙市组油层 13.7m/7 层，10 月 23 日对沙市组 3610.1 ～ 3627m 井段 10.0m/4 层油层进行试油，获得 9.24t/d 工业油流。

是年　启动试注进程，完成注水站一座。

2007 年

4 月 1 日　根据中国石油化工集团公司“部分石油局（分公司）整合重组及勘探分公司组建干部会议”精神，谢凤桥油田随松滋采油厂并入中国石油化工股份有限公司江汉油田分公司。

第一章

油田开发

2002年中南石油局成立了松滋油田勘探开发指挥部，负责江陵凹陷西南缘的钻井及油气试采工作。2003年成立松滋油田采油厂，负责谢凤桥油田的滚动勘探开发工作。

第一节　开发历程

谢凤桥油田从1998年鄂深4井投入试采至今已有8年时间，经历了两个开发阶段。

（1）1998至2001年为勘探发现与评价阶段。

1998年5月30日，鄂深4井于新沟嘴组下段Ⅲ油组获得6.28m^3/d的工业油流，发现了谢凤桥含油断鼻。

2000年鄂深8井用8mm油嘴自喷投产获得32.4m^3/d的高产工业油流，发现了复I含油断块。

2001年由中南石油局勘探开发研究院和江汉油田勘探开发研究院合作，由邹家健、韩定坤编制完成了《复I断块油田开发概念设计》，方案估算复I断块地质储量197×10^{4}t，其中，K_2y_2的含油面积为2.3km^2，地质储量93×10^{4}t；K_2y_3的含油面积为2.1km^2，地质储量104×10^{4}t。方案采用减小排距、加大井距的不规则反九点井网，共设计油水井总井数14口，利用老井5口，新钻井9口；其中生产井10口，注水井4口。设计单井日产油8t，年产油能力3×10^{4}t，预测水驱采收率为12%，油田总投资9714万元，其中钻井投资8314万元，地面工程及系统配套工程投资1400万元。原油价格按1300元／t计算，资金回收期6年。

考虑到油藏埋藏深、控制井点少、对油藏的分布规律认识程度低等因素，方案作为滚动勘探开发的参考。

至2001年年底，油田共完钻了ES4井、ES6井、ES8井等3口井，投产2口，开井2口，平均日产油12.2t，年产油4079t，不含水，阶段采油8321t。

（2）2002至2005年为上产阶段。

2002年，根据《复I断块油田开发概念设计》，在复I断块部署并完钻了ES10、SK8–1、SK8–2井，投产2口井。2002年5月对鄂深10井渔洋组3352～3370m井段进行压裂测试，获得18m^3/d的工业油流；6月对SK8–1井3468.8～3496.5m井压裂投产获12.0m^3/d工业油流。经雷清亮、邹家健、易积正、韩定坤、潘泽雄、王伟克等领导与专家研究决定，对鄂深4井3412～3414m井段低阻油层进行老井复查测试，用6mm油嘴自喷方式获得12m^3/d的工业油流。谢凤桥油田2002年油井开井4口，年产油5283t。

2003年，根据《复I断块油田开发概念设计》，相继部署并完钻了SK8–3、SK8–4、SK8–5、SK8–6、SK8–7和SK8–4–1井等6口开发井，其中，SK8–5经过酸化后于2003年10月投产，初期稳定日产油10t，取得较好效果；SK8–3经过压裂后于2003年5月投产，初期稳定日产油4.4t；SK8–4经过酸化、压裂后于2003年6月投产，初期稳定日产油仅0.4t；SK8–6经过酸化后于2003年9月投产，初期稳定日产油 4.0t；SK8−7、SK8−4−1 井经过酸化、压裂没有获得工业油流；总体上开发井钻探效果不理想，反映出该区油层分布、储层物性横向上变化很大的特点，开发方案中止实施。同年，鄂深 6 井、SK8−2 井经过压裂也相继投产，但效果不佳。谢凤桥油田 2004 年油井开井 11 口，年产油 7846t。

2003 年春由中南分公司勘探部牵头，勘探开发研究院和江汉石油学院等单位邹家健、肖秋苟、代国汉、潘泽雄等研究人员组成的研究小组对江汉盆地西南缘地区油气的成藏与分布规律、谢凤桥断层的断面形态及地层对接关系进行了研究，根据新的成果在复 I 断块钻探了鄂深 14 井，该井在未进行储层改造的条件下获得 10.5t/d 的工业油流，效果较好。

谢凤桥油田 2003 年累计完钻井 13 口，油井开井 11 口，年产油 6337t，与 2002 年相比，油井数大幅增加，但产量增加幅度小。

2004 年谢凤桥油田完钻了 SK8−8 井，该井于 2004 年 7 月投产，初期日产油 4t，年底改为间抽。由于鄂深 14 井 2004 年年产油达 2684t，谢凤桥油田 2004 年年产油达到 7846t。

2004 年末，中南分公司委托中原油田勘探开发研究院利用深度偏移技术对油田三维地震资料重新处理，对复 I 断块原构造格局进行再认识。在断块内新增两条次级断层，将原油藏分为三个独立的含油小断块，2005 年在复 I 断块部署并完钻了开发准备井 SK8−9、SK8−10，其中，SK8−10 井于 2005 年 12 月投产，经酸化后自喷初期产量达 20t/d；SK8−9 井于 2005 年 7 月投产，初期日产油 5t。2005 年 9 月，鄂深 6 井完成了大修侧钻工作，该井侧钻后发现了沙市组油藏并获得稳产 7.5t/d 的工业油流。2005 年 12 月 22 日，ES4−1 井完钻。

2005 年底由中南分公司勘探开发研究院王凤强负责，林甲忠、刘忠仁等人编制了《谢凤桥油田复 I 区块开发方案》，方案确定了先肥后瘦，整体部署，分批实施；评价与开发相结合，滚动评价开发；补充能量，保持注采平衡；试验与整体部署相结合的开发原则。方案设计总井数 29 口，其中油井 21 口，水井 8 口，注采井数比 1 ∶ 2.65，设计年产油能力 4.41×10^4t，采油速度 1.93%。由于油藏天然能量微弱，谢凤桥油田地层保持压力水平低，方案计划 2006 年在 ES8 井区完善注采井网，在 ES10 井区实施一个注采试验井组，在 SK8−10 井区与注采试验井组相结合开展 K_2y^3 油藏评价工作。

本阶段末，谢凤桥油田共完钻井 17 口，投产油井 14 口，年产油 6184t，阶段采油 25650t。

第二节　试油试采

复 I 断块有 7 口井共 9 层进行了的试油，谢凤桥断鼻有 4 口井共 7 层进行了试油、2 口井共 3 层进行了地层测试，试油、试采特征表现为：

（1）谢凤桥断层附近储层裂缝比较发育，溶解作用较强，储层物性较好，高产油井集中分布于此，如鄂深 8 井 2000 年投入试采，初期日产油 13.3t，截至 2005 年 12 月累计产油 8506t。谢凤桥断层附近油井初期产量高，但递减快，如复 I 断块 9 口试采井初期平均单井日产油达 10.3t/d，但递减很快，2001—2005 年平均年递减率达 35.0%。距离谢凤桥断层较远的 SK8−4、SK8−7、SK8−4−1 等井未能获得工业油流，效果差。

（2）储层物性普遍较差，加上钻井过程中的油层污染比较严重，油井自然产能低甚至无自然产能，一般需要进行储层改造后才能够投产。

（3）油藏天然能量微弱：单位压降采油量在 180 ～ 700t/MPa 之间，每采出地质储量的 1%，压力下降 2% ～ 3%；地层压力下降快：目前地层压力保持水平只有原始地层压力的 61.1%，油井平均动液面仅保持在 2400m 左右。后期新钻油井自然产量低，储层改造效果差。

谢凤桥油田依靠弹性能量开发，与其他低渗透油田相似，具有产量、地层压力下降快、自然递减率大等特征。复I断块主力油层厚度较大（>20m），分布相对稳定，但断层多、断块小、储层物性横向变化大、局部井层有裂缝发育；谢凤桥断鼻主力油层厚度小、横向变化大、油砂体面积小；全油田储层物性差，平均喉道半径一般小于 1μm，对注入水水质标准要求高，对注水开发不利。

第三节　开发现状

截至 2005 年 12 月，谢凤桥油田共有生产井 14 口，在未补充地层能量的状况下，依靠新井投入仍无法保持原油产量的稳定，自然递减达 29.5%。

谢凤桥油田已完钻探井、开发井共计 17 口，投产井井数 14 口，油井均为机械采油井，油井利用率 82.4%。2005 年平均单井日产油 1.2t，地质储量采油速度为 0.33%，采出程度为 1.80%，综合含水 17.5%，累计采油 33971t。

谢凤桥油田日常生产管理工作由采油队负责，业务工作由生产技术科负责。

第二章

开发工程

第一节　钻井工程

荆沙组（2000m以下）至新沟嘴组（泥隔层以上）地层岩性为砂、泥岩互层，软硬交错频繁，其中的厚层棕色泥岩岩性致密，可钻性差。根据油田地层特点，利用PDC钻头+螺杆+转盘复合旋转钻解放钻压，钻井周期从该区勘探初期的5.73个台·月缩短至平均2.5个台·月，机械钻速由1.65m/h提高到平均达4.05m/h。如SK8–5井用不足74天的时间钻达井深3600m，台月效率达1267m/台·月。

在井身结构优化上，由开发初期的开发井采用三级井身结构优化为二级井身结构，采用表层套管下深650m左右直接封固荆河镇组砾岩。优化的井身结构不仅降低了套管成本，也为提高钻井效率创造了条件。

根据谢凤桥油田的地层特征对钻井液进行了改进：一是利用正电胶高切力淡水泥浆大排量施工实现表层疏松层的快速钻井，以往一般深150m疏松层一开时间要花9～10天，采用新泥浆后一开时间仅2～3天（钻井时间10小时左右）；二是本区荆沙组以下地层为含膏盐层，除勘探初期的鄂深4井采用FCLS细分散淡水钻井液体系外，其他井均为欠饱和盐水钻井液体系。欠饱和盐水钻井液密度高，不仅影响钻井速度，而且因储层井段液柱压力高而伤害储层；钻井液的失水易波动；对钻具、设备腐蚀性强，加速了钻具、设备的损坏，导致刺坏钻具、刺垮井壁，危及井下安全；此外，污水处理困难，还田复耕时间长，环境保护费用高等。为了解决这些问题，中南分公司与江汉石油学院、江汉油田钻井处联合研制聚合物淡水钻井液，并将其研究成果应用到现场生产实践，使SK8-4井得以顺利完钻。室内试验与现场生产实践均证明，该钻井液具有：①抑制防塌能力强，砂样代表性好；②抗温、抗污染能力强，深井阶段性能稳定，易于控制；③对储层伤害评价渗透率恢复值高，能更好地保护储层；④成本低等特点。

第二节　采油工程

2005年油田采用RODSTAR软件进行抽油杆杆柱组合的优化设计，在全部作业井的下泵过程中应用，先后对10口井进行了优化设计，平均检泵周期达到300天以上。

谢凤桥主力油层埋深大于3000m，储层属于低孔特低渗储层，地层能量不足，油层压力、温度均较高，在开发过程中必须对储层进行改造。谢凤桥油田探索出一条适合储层特点的酸化、压裂储层改造技术并取得了良好的效果。

压裂4口井，其中3口井压裂效果好，日产量由压裂前的8m^3/d提高到压裂后的36m^3/d。

在储层酸化方面，针对不同的储层孔隙类型选择不同的方法。对于以粒间溶孔为主的储层，主要采用普通酸化工艺技术；对于裂缝发育的储层，主要采用缓速酸深度酸化工艺，最大限度地降低储层改造过程中的二次伤害。2003—2004 年对复 I 断块 4 口井分别实施了普通基质酸化和缓速酸深度酸化工艺，有效率达到 100%，日产量由酸化前的仅见油花提高到酸化后的 53m³/d（表 2–1）。

表 2–1　复 I 断块压裂、酸化改造效果表

井号	层位	方式	产量，m³/d		稳产时间 d	施工时间
			措施前	措施后		
SK8–1	K_2y^4	压裂	4	12	120	2002
SK8–2	K_2y^4	压裂	4	14	30	2003
SK8–3	K_2y^4	压裂	0	10	20	2003
SK8–4	K_2y^4	压裂	0	油花		2003
SK8–5	K_2y^4	酸化	油花	15.0	54	2003
SK8–6	K_2y^4		油花	12.0	60	2003
SK8–8	K_2y^4	酸化	0	8	20	2004
ES14	K_2y^4	酸化	0	18	80	2004

第三节　地面生产系统

谢凤桥油田油气集输于 2004 年开始建设，主要建高架罐集油点，建设在主要产油井附近，然后通过汽车拉油至石化厂。

油田采用地方农网供电。

油田钻了 1 口水源井以满足工业用水。

附　录

附录一　附　图

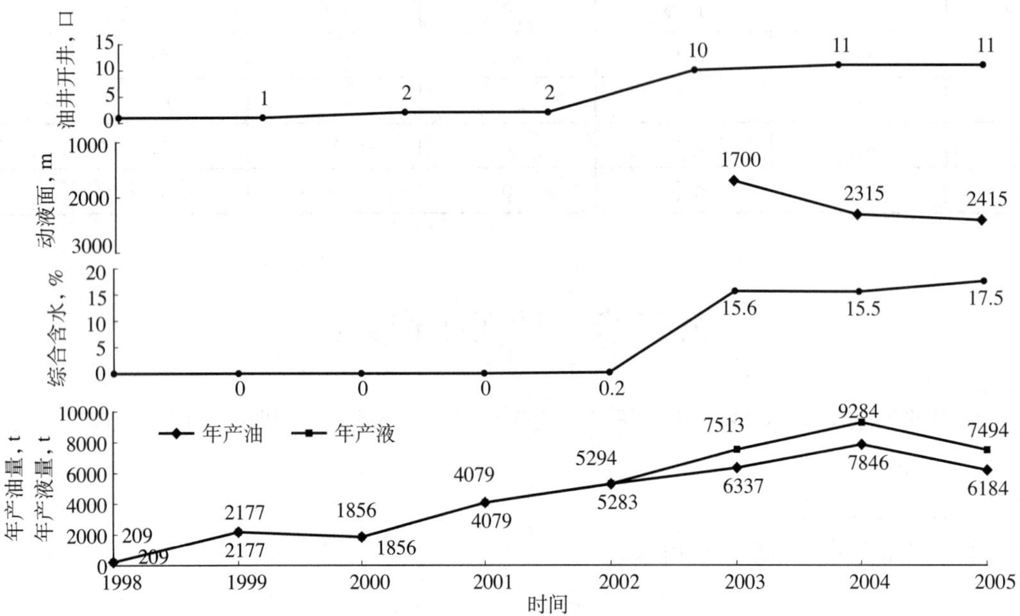

附图 1　谢凤桥油田开采综合曲线图

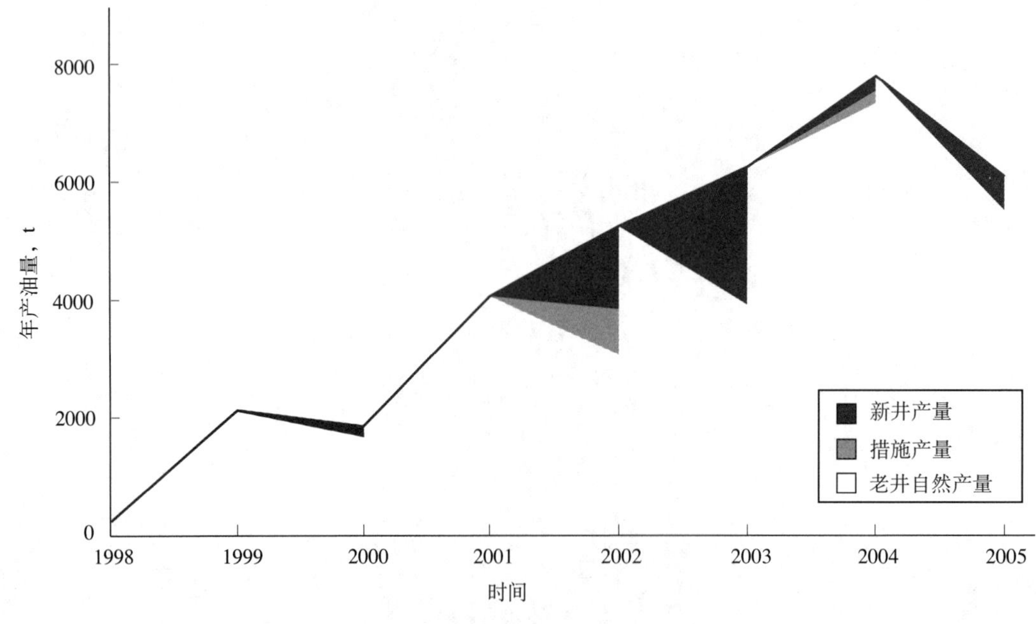

附图 2　谢凤桥油田产量构成曲线

附录二　附　表

附表 1　谢凤桥油田综合地质数据表

层位	含油面积 km²	地质储量 10^4t	油层中部深度 m	平均有效厚度 m	孔隙度 %	空气渗透率 mD	含油饱和度 %	地层温度 ℃	压力系数	原始地层压力 MPa	储层岩性	油藏类型	地层原油				地面原油					天然气		地层水		
													饱和压力 MPa	原始气油比 m³/t	体积系数	地下黏度 mPa·s	密度 g/cm³	黏度 mPa·s	凝固点 ℃	含蜡量 %	含硫量 %	相对密度	甲烷含量 %	水型	总矿化度 10^4mg/L	氯离子含量 10^4mg/L
EX下Ⅲ EsK_2y_3 K_2y_4	3.20	311.9	−3456	28.7	9.3	4.4	55~61	122	0.99	34.1	砂岩	特低渗透	15.7	108	1.35	1.1	0.819	5.3	28	27.3	0.13		83.4	$CaCl_2$	14.77~22.35	9. 02~13.09

附表 2　谢凤桥油田历年开采综合数据表

时间	油井		注水井		核实产油量		核实产水量		核实产液量		年末动液面 m	年末综合含水 %	注水量		注采比		动用石油地质储量 10^4t	地质采油速度 %	地质采出程度 %
	总井数 口	开井数 口	总井数 口	开井数 口	年 t	累计 t	年 t	累计 t	年 t	累计 t			年 10^4m^3	累计 10^4m^3	年 10^4m^3	累计 10^4m^3			
1998	1	1	0	0	209	209	0	0	209	209	—	0	0	0	0	0	0	0.01	0.01
1999	1	1	0	0	2177	2386	0	0	2177	2386	—	0	0	0	0	0	0	0.12	0.13
2000	2	2	0	0	1856	4242	0	0	1856	4242	—	0	0	0	0	0	0	0.10	0.22
2001	2	2	0	0	4079	8321	0	0	4079	8321	—	0	0	0	0	0	0	0.22	0.44
2002	4	4	0	0	5283	13604	11	0	5294	13604	—	0	0	0	0	0	0	0.28	0.72
2003	11	11	0	0	6337	19941	1176	0	7513	19941	2090	15.6	0	0	0	0	0	0.34	1.06
2004	11	11	0	0	7846	27787	1438	0	9284	27787	2183	15.5	0	0	0	0	0	0.42	1.47
2005	14	14	0	0	6184	33971	1310	0	7494	33971	2210	17.5	0	0	0	0	0	0.33	1.80

注：谢凤桥油田探明石油地质储量 311.90 × 10^4t，2007 年动用石油地质储量 188.86 × 10^4t, 可采储量 31.72 × 10^4t。

附录三　人物名录

（一）历任主要领导

序号	姓名	职务	任期
1	于　泽	经理	1997—1998 年
2	姚席斌	经理	1998—1999 年
3	刘宪春	经理	2000—2001 年
4	谭振山	指挥长	2002 年 1 月—2002 年 8 月
5	易积正	指挥长	2002 年 9 月—2003 年 6 月
6	刘群海	书记	2002 年 1 月—2003 年 6 月
7	张素珍	总地质师	2002 年 1 月—2003 年 6 月
8	岑恩永	总工程师	2002 年 1 月—2003 年 6 月
9	程志强	队长	2002 年 1 月—2003 年 6 月
10	卢亚平	厂长	2003 年 7 月—2005 年 12 月
11	刘群海	书记	2003 年 7 月—2005 年 12 月
12	程志强	副总工程师	2003 年 7 月—2005 年 12 月
13	刘金林	队长	2003 年 7 月—2005 年 12 月
14	沈锁苟	书记	2003 年 7 月—2005 年 12 月

注：采油队未设地质、工程技术员

（二）劳动模范

荣誉称号	授予单位	时间	姓名
十佳职工	中南石油局	2002	卢亚平
优秀生产工人	中南石油局	2004	张志敏
优秀专业技术人员	中南石油局	2005	张素珍
优秀生产操作工作	中南石油局	2005	钱利平

编号： 18–014

浩口油田志

《浩口油田志》编纂组　编

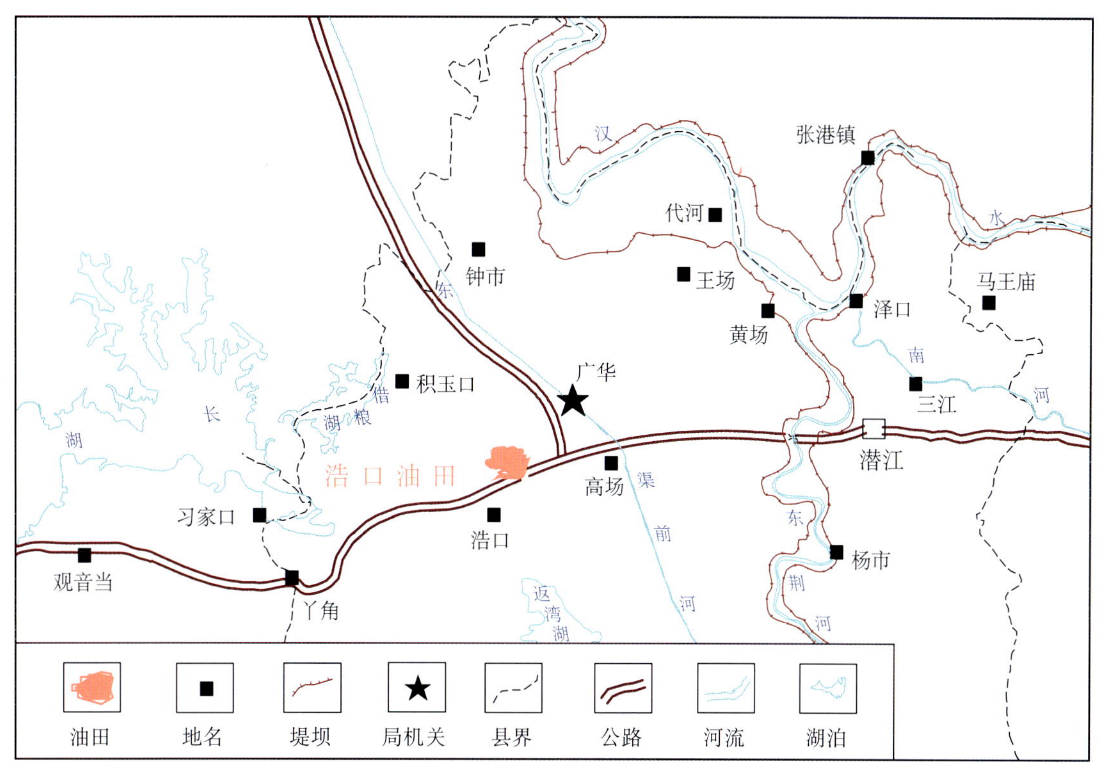

浩口油田地理位置图

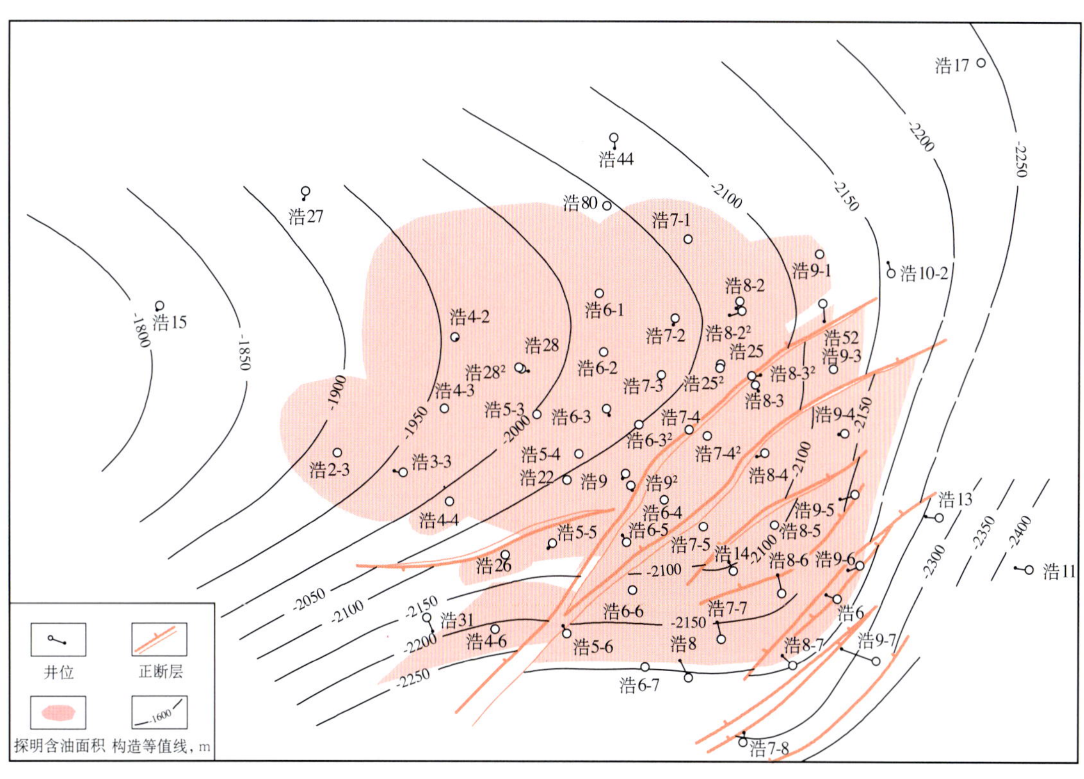

浩口油田构造井位图

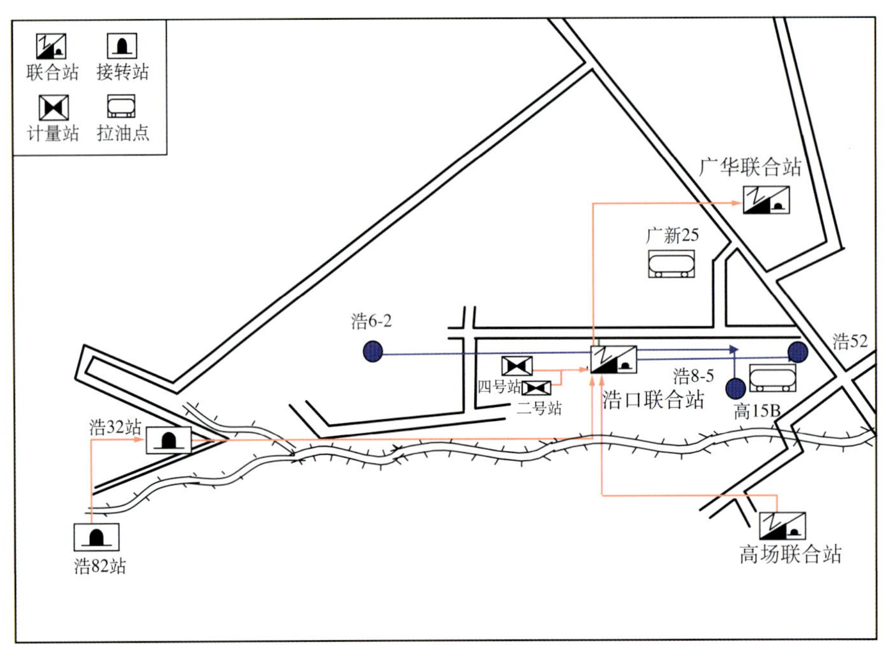

浩口油田地面系统平面布置图

《浩口油田志》编纂委员会

主　任：胡德高

副主任：夏志刚

成　员：刘孔章　贺　春　刘敬尧

《浩口油田志》编纂组

组　长：王　琳

成　员：刘敬尧　李波峰　刘　玉　余　英　胡云鹏　袁玲想
张建国　申修志

《浩口油田志》审核人员

初审人：夏志刚　刘孔章　贺　春

复审人：丁淑君　洪志一　赵云山　戴军华　罗秋林

本志目录

概　述

浩口油田隶属于中国石化江汉油田分公司江汉采油厂，位于湖北省潜江市浩口镇以北，地质构造处于江汉盆地潜江凹陷王场—广华—浩口断裂构造带北侧，蚌湖向斜西部。1970 年发现，1971 年 5 月投入开发，含油层系为古近系潜江组。

一

浩口油田位于湖北省潜江市浩口镇东北，属亚热带季风气候，四季分明，温暖湿润，雨量丰沛。春季阴雨连绵；夏季干旱少雨，或则连下暴雨，易形成伏旱和水患；秋季风和日丽；冬季多为湿冷天气。年平均气温一般为 15.3 ~ 16.9℃，极端最高气温为 40.3℃，极端最低气温为 −17.5℃；年平均日照率 45%；相对湿度为 80%，水气压 0.17Pa；年平均降水量为 955 ~ 1284mm，70% 集中在 5—8 月。地面为农田，交通便利。

二

浩口构造位于蚌湖凹陷西南的西斜坡前缘。东与广华构造鞍部相隔，南与浩口断层相接，西邻幺口鼻状构造。构造中部被断层切割，分为南北两部分。北部轴线近东西向，主要为岩性油藏。南部轴线为南东向，主要为鼻状构造控制的层状油藏。油田断层发育，共有 17 条断层。

浩口油田平面上有 17 个含油井块，纵向上有三套含油层，共有 10 个油组 25 个小层含油；属中质稀油低饱和油藏；地层水矿化度高；具有一定边水驱动能力，为弹性水压驱动。

三

潜江凹陷西斜坡勘探始于 20 世纪 60 年代初。1969 年 9 月 20 日钻探的浩 6 井，1969 年 12 月 11 日完钻，在潜二段和潜三段潜 3^1 油组发现油层 5.9m/2 层，1969 年 12 月 27 日试油潜 3^1 油组获工业油流，日产油 23.5t，从而发现浩口油田。

1969 年 12 月 26 日钻探浩 9 井，1970 年 3 月 6 日完钻，钻遇潜 3^4、潜 4^1 油组油层 5 层 23.0m，1970 年 3 月 14 日对潜 3^4 油组油层 21.8m/4 层进行试油，获日产 64.0t 高产工业油流。1970 年相继在浩口鼻状构造及周围实施二维地震勘探（测网 250m × 500m），部署探井 19 口，初步查明了构造形态，探明石油地质储量 329×10^4t。

四

1971 年 5 月投入开发，含油层系为古近系潜江组，一直采用边缘方式注水。主要经历了试采、稳产，递减和精细开发等四个开发阶段（图 1）。

（1）间断试采阶段（1970—1972 年）。浩口油田自 1969 年底钻探浩 6 井出油之后，按正方形井网、300m 井距布井，经过一年多的会战，1971 年完成试油 38 口，1972 年完成试油 13 口，并对出油井进行了试采，其中自喷井 18 口，抽油井 22 口，水力活塞泵 5 口。截至 1972 年底累计采油量 3.27×10^4t。

通过两次间断试采证实，浩口油田地层压力下降快，关井后地层压力回升，反映出弹性水压驱动特征。

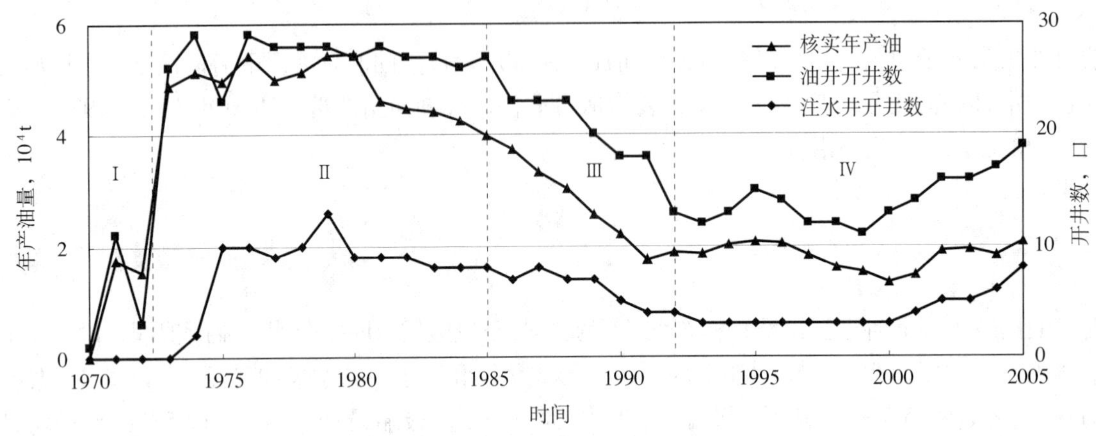

图 1　浩口油田开发阶段划分曲线图

（2）稳产阶段（1973—1985 年）。1973 年 4 月开始对浩口油田进行分层系开发，并通过完善注采系统，油井转抽、油井找水堵水、油井增产措施和注水井分层注水等，实现浩口油田稳产 12 年。

至 1985 年 12 月油水井开井数 35 口，其中油井 27 口，水井 8 口，日产油能力 86t，年产油 4.0×10^4t，日注水平 581m^3，注采比 0.90。

（3）递减阶段（1986—1992 年）。1986 年浩口油田由于含水上升，产量进入递减阶段，至 1992 年 12 月油水井开井数 17 口，其中油井 13 口，水井 4 口，日产油能力 52t，年产油 1.90×10^4t，日注水平 378m^3，注采比 0.84。

（4）精细开发阶段（1993—2005 年）。在构造精细解释、储层预测等油藏精细描述和剩余油研究的基础上，进行井网加密、加大油井措施增产力度、强化注采调整，开发效果变好，产量稳中有升。

至 2005 年 12 月油水井开井数 27 口，其中油井 19 口，水井 8 口，日产油能力 63t，年产油 2.08×10^4t，日注水平 393 m^3，注采比 0.78。

五

截至 2005 年 12 月，浩口油田累计探明含油面积 3.7km^2，石油地质储量 344×10^4t，储量全部动用，标定采收率 38.5%，可采储量 132.6×10^4t。2005 年底浩口油田共有油井 20 口，开井 19 口，日产油水平 63t，日产液水平 584t，平均单井日产油 3.3t，单井日产液 30.7t，综合含水 89.2%，累计产油 108.4×10^4t，年产油 2.08×10^4t，采油速度 0.67%，剩余可采储量采油速度 8.81%，地质储量采出程度 31.51%，可采储量采出程度 81.76%。注水井总数 8 口，开井 8 口，日注水平 393m^3，单井日注水平 49m^3，年注水量 $16.88 \times 10^4 m^3$，累计注水量 $404.54 \times 10^4 m^3$，月注采比 0.70，累计注采比 0.78。

截至 2005 年，建成计量站 1 座，单井拉油点 2 座。建有 3 条集油管线，总长 3.0km，建有间隙输油管线 1 条：浩口—广华外输油管线，长 9.3km，单井油管线 16.8km。

浩口油田由江汉采油厂广华作业区所属的采油八队管理。

大事记

1969 年

12 月　钻成浩 6 井，经测试获得工业油流，从而发现浩口油田。

1970 年

是年　钻井 9 口，均见到良好的油气显示，其中浩 9 井日产油 64t。

1971 年

5 月　进行间断试采，采油速度为 0.5% 左右。

1971 年

是年　组织开展油井防盐、防蜡、防膏试验，找到“掺水解盐”和“化学防盐”等两种方法。

1973 年

是年　全面投入开发，压力下降较快。

1974 年

是年　大部分自喷井转入抽油生产，并按边缘注水方式钻水井 10 口，当年投注 5 口。

1983 年

是年　在新钻的浩 6–32 井发现潜 4^2、潜 4^3 等两个新油层，经测试获得工业油流。

1983 年

是年　改造浩口集油站，新建陶粒脱水器 1 台、电脱水器 2 台、高效加热炉 3 台。

1985 年

是年　油田采油速度为 1.16%，综合含水 71.7%，年末采出程度 19.31%。

1988 年

是年　浩口注水站更换 1 台五柱塞注水泵，日注水能力达到 $960m^3$，满足了浩口油田配注要求。

第一章

油田地质

在油田各开发时期，结合技术进步，利用地震、钻井及动静态资料，对油田地质构造、储层与沉积相、流体性质、石油地质储量、剩余油分布规律等进行研究，以指导油田开发。

第一节　构　造

浩口油田构造为一向西抬升的斜坡，东与广华构造相邻，南与浩口断层相接，西邻幺口鼻状构造。构造中部有一组北东向断层，断面北倾，断层以北为轴线近东西向的幺口鼻状隆起，地层较缓，倾角 4° ～ 5° ；断层以南为反向正断层控制的鼻状构造，上缓下陡，向南东方向倾没，构造高点位于浩 7–4²、浩 7–5 井一带。潜 3¹下油组圈闭面积最大，为 1.50km²，闭合高度 150m，高点埋深 2100m（图 1–1）。

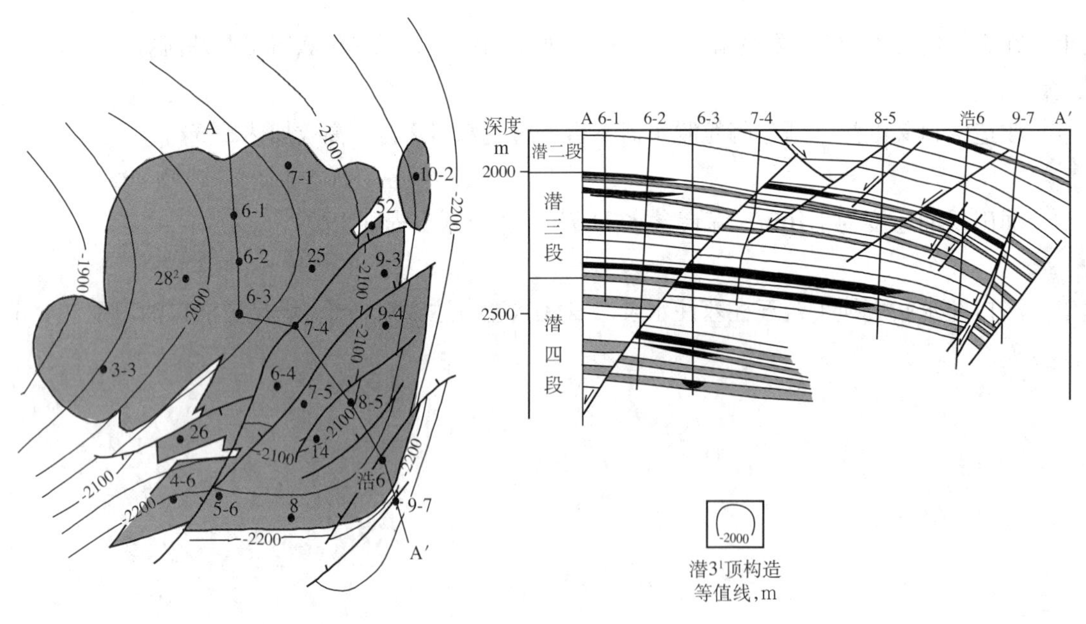

图 1–1　浩口油田油藏剖面示意图

浩口油田断层发育，在 52 口井中已发现 132 个断点，单井中最多可见 6 个断点。利用 125 个断点组合了 17 条断层，多数断层发育在潜 3¹ 到荆河镇组地层中，皆为正断层。多数断层向深处消失，潜 4¹ 中部构造图上仅有 2 条断层，构造形态也随之向下趋于完整。构造中只有 5 条断层对油气运移、聚集、保存有影响，其余 12 条断层对油气无明显影响。

第二节 储 层

一、地层层序

浩口油田地层自上而下为第四系平原组，新近系广华寺组，古近系荆河镇组、潜江组、荆沙组。

二、沉积相

浩口油田潜江组地层具有盐湖化学相与淡化环境下碎屑沉积之间的过渡相沉积特征。主要发育河口坝、滩砂、湖相泥等三种微相类型。它的韵律层没有王场、广华地区典型完整，碎屑沉积也不如西坡地区发育。其物源主要来自于潜江凹陷北部的荆门地堑。

剖面自上而下由粗到细可分为四个反旋回，四个反旋回组成了四套生储盖组合。浩口油田处在过渡相带，岩性变化大，砂岩交错出现，剖面上岩性复杂。

三、油层层系划分

浩口油田油藏埋深 1900 ~ 2800m，油层平均有效厚度 9.0m。从上而下可划分为 10 个油组（潜 2^1—潜 4^3），25 个含油小层（图 1–2）。其中潜 3^1、潜 $3^{1下}$、潜 3^4 三个油组油层分布比较稳定，大片连通，且平均渗透率一般都比较高，在 283.5mD 以上，储量占总储量的 89.7%，潜 3^4 一个油组占总储量的 52.4%；而其他油组油层呈透镜状或条带状分布，渗透率较低。

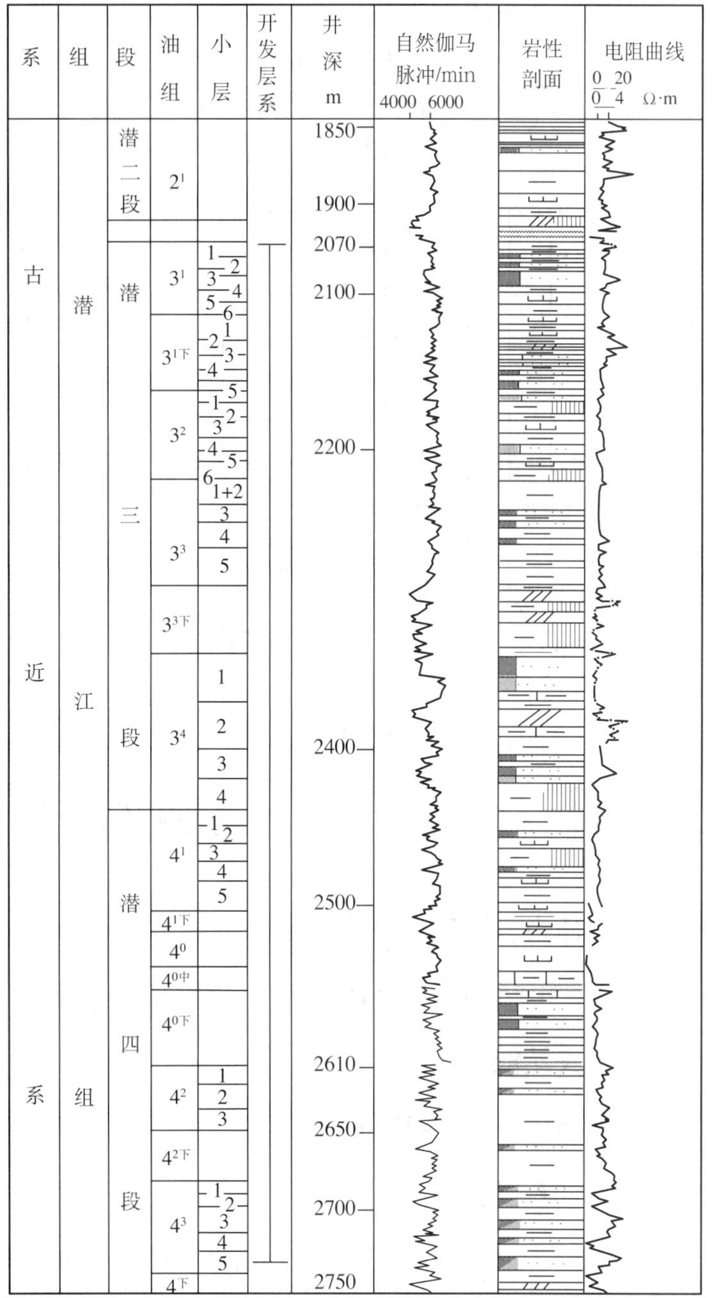

图 1–2 浩口油田综合柱状图

四、岩性物性

储层岩性主要以粉、细砂岩为主，分选中—好，砂岩成分以石英为主，长石次之，为长石石英砂岩，胶结物以泥灰质居多，胶结类型以孔隙—接触式为主。黏土矿物主要为伊利石，少量绿泥石和蒙皂石。

油层孔隙度最高的潜 3^1 油组为 20.1%，最低的潜 4^1 油组为 11.3%，一般为 18% ~ 20%。油层空气渗透率处于中低值，一般在 160 ~ 300mD 之间，最高的潜 3^1 油组为 326mD，最低的潜 4^1 油组因含灰质重，致密而只有 17.6mD。

第三节　流　体

一、流体性质

（一）原油性质

原油属中质稀油。地面原油密度为 0.835 ～ 0.979g/cm³，平均 0.885g/cm³，地面原油黏度 6 ～ 612mPa·s，平均为 74.3 mPa·s，凝固点 28.8℃。地层原油黏度 7.7mPa·s，体积系数 1.147。

饱和压力 2.51 ～ 4.09MPa，地饱压差在 20MPa 以上，为低饱和油藏。

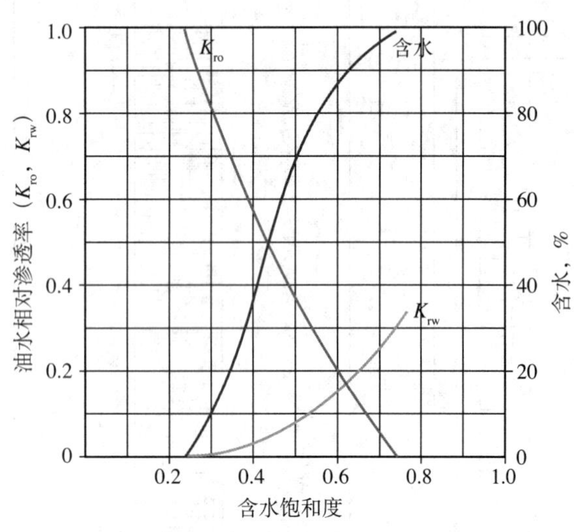

图 1–3　浩口油田典型相对渗透率曲线

（二）地层水性质

地层水矿化度高。总矿化度为 32.0×10^4mg/L，氯离子含量 18×10^4mg/L，水型除 4^1 油组属 $CaCl_2$ 型外，其余各油组均为 Na_2SO_4 型。

（三）天然气性质

天然气相对密度为 1.1511，甲烷含量占 41%，乙烷、丙烷、丁烷含量共占 45%，其他组分含量占 14%。

二、渗流特征

根据试验室测得相对渗透率曲线 (图 1–3) 分析，油水相对渗透率曲线交点处含水饱和度为 0.61，束缚水饱和度为 0.23，残余油饱和度为 0.26。双相流饱和度为 0.51，最终驱油效率为 66.2%。

第四节　油　藏

一、压力、温度

浩口油田原始地层压力 25.06MPa，原始地层温度 96.4℃。

二、天然能量

天然能量不足，属弹性水压驱动。

三、油藏类型

油藏控制因素以构造为主，断层南部以断鼻构造油藏与断鼻—岩性油藏，北部主要为上倾尖灭的岩性油藏。

第五节　储　量

一、地质储量

浩口油田 1970 年发现，1978 年上报探明含油面积 3.64km²，原油地质储量 329.40×10^4t。

1984 年新增探明含油面积 0.10km^2，原油地质储量 16.00 × 10^{4}t。

1985 年复算上报石油工业部并批准 I 类含油面积 3.70km^2，原油地质储量 344.00 × 10^{4}t。

截至 2005 年底，浩口油田共上报储量计算单元 27 个，探明含油面积 3.70km^2，探明 I 类原油地质储量 344.00 × 10^{4}t。

二、可采储量

1981 年第一次标定可采储量，浩口油田可采储量 115.20 × 10^{4}t，标定采收率 35.0%。

按编制“七五”规划的要求，1985 年进行第二次可采储量标定，标定结果于 1985 年 7 月在华北油田研究院审查、批准。浩口油田可采储量 123.8 × 10^{4}t，标定采收率 36.0%。

根据中国石油天然气总公司（89）开字第 33 号文件的通知，为进一步落实油气资源、分析开发油田的开发情况，评价开发效果，为编制“八五”规划准备，1989 年进行第三次可采储量标定，经中国石油天然气总公司评审通过，浩口油田可采储量 113.5 × 10^{4}t，标定采收率 33.0%。

按中国石油天然气总公司（93）开字第 28 号文件的要求，1993 年对浩口油田的可采储量进行年度标定，浩口油田可采储量 107.5 × 10^{4}t，标定采收率 31.3%。

从此以后，每年年底都要对已开发油田的可采储量进行年底标定。截至 2005 年 12 月，浩口油田可采储量 132.6 × 10^{4}t，标定采收率 38.5%。

第二章

开发部署与调整

从 1971 年 3 月，浩口油田编制了《浩口油田开发方案》，动用地质储量 399.64×10^4t，设计原油生产能力 5.4×10^4t。在开发过程中，先后编制了《浩口油田注水开发方案》《浩口油田建成大庆式油田实施方案》《浩口油田分层注水方案》《浩口油田“七五”开发规划》等，指导了油田开发。

第一节　开发方案

1969 年 12 月钻探的浩 6 井，在潜二段、潜三段潜 3^1 油组发现油层 5.9m/2 层，试油潜 3^1 油组获工业油流，日产油 23.5t，试油潜二段油层获日产 14.0t 工业油流，展示出浩口断裂带找油的光明前景。为了进一步扩大浩 6 井油层的含油面积，1970 年又相继钻探了浩 8、浩 9 等探井，均发现了良好的油气显示，尤其是浩 9 井，日产油量达到 64t。同年取心 1 口，进尺 189.52m，取心收获率 82.3%，有 9 口井进行了试油，取得 13 层资料。

根据钻井和试油取得的资料，1971 年 1 月由五七油田第六团（现江汉油田分公司勘探开发研究院）编制了《浩口油田开发方案》，决定采用两套层系开发。潜 3^4 油组厚度大，是浩 9 断块的主力油导，储量占浩口油田总储量的 60%，而且能够自喷生产，因此，单独作为一套层系开发，其他油层合为一套层系开发。采用同一井场，对两套层系各打一口井的办法，完成方案所布置的生产井。浩 6 断块的潜 3^4 油组暂不布井。浩口油田全部采用正方形面积注水，井距 300m，根据当时估算含油面积 $3.62km^2$，地质储量 399.64×10^4t，共部署生产井 55 口，设计原油生产能力 $5.4\times10^4t/a$。

至 1971 年底，浩口油田已完钻 44 口井，其中包括探井 4 口。至 1972 年油田完钻井 53 口，试油 51 口，其中出油花井 4 口，出水井 2 口，油井 45 口。45 口油井中自喷井 18 口，抽油井 22 口，水力活塞泵 5 口。1971 年 8 月到 1972 年底，对浩口油田进行了间断试采，采油速度 0.5% 左右。

随着钻井井数的增加，获得的地质资料逐渐增多，对浩口油田进行了地质研究，并结合间断试采，得出浩口油田的六个特点：

（1）油田小、断层多，油藏类型多。

浩口油田为多条断层切割的鼻状构造。共钻井 53 口，其中有 52 口井钻遇断层，共发现 132 个断点（由地层对比确定，一般断距仅 10 ～ 30m），组合成 17 条断层，其中较为落实的有三条。其他断层延伸长度小于或等于 1km 左右，断距为 10 ～ 30m，一般仅几口钻遇对油气起控制作用的是北东向横穿油田内部的 2 号断层，将油田分为南北两部分。由于断层和岩性因素的影响，南北两部分油藏类型不同南部为断层构造状油藏（成片分布的潜 3^1、潜 $3^{1下}$、潜 3^4、潜 4^1 油组）与断层构造岩性油藏（潜 2^1、潜 3^0），北部为岩性上倾尖灭油藏。

（2）含油层系多，储量相对集中，层间差异明显。

浩口油田从上至下可划分为 10 个油组，25 个含油小层，潜 3^1、潜 $3^{1下}$、潜 3^4 三个油组占总储量的 89.7%，潜 3^4 一个油组占总储量 52.4%。

油层性质层间差异明显，潜 3^1、潜 3^4 和潜 4^1 油组油层分布比较稳定，大片连通；其次是 $3^{1下}$油组，大片连通，但局部尖灭；其他油组均呈透镜状或条带状分布。潜 3^1、潜 $3^{1下}$、潜 3^4 与潜 4^1 油组基本上是由面积大于 0.3km^2 的油砂体组成。主要油层组的平均渗透率一般都比较高，只是潜 $3^{1下}$较低。而其他油组的渗透率则相对较低，但同一油组内各小层的渗透率相差较大。

各油组平均单井试油产量和采油强度差异大。潜 3^3 以上各油组生产能力差别较大，潜 3^1 为 40.2t/d，而潜 $3^{1下}$仅 6.2t/d, 采油强度它们之间亦有差别，潜 3^0 以下各油组，平均单井试油产量差别不大，但采油强度差别较大，若从潜 3^1、潜 3^4 两个主要油组来看，不论平均单井试油产量，还是采油强度，差别都比较大。

上述三个方面说明，层间差别明显，必须合理划分层系，减少层间矛盾，走分层开采道路。

（3）油组构造顶部和边部砂层发育程度大致相当，但油层厚度，平均单井试油产量等差异较大，边部差。从开采方式上看，顶部油井大多可以自喷生产，而边部油井全为抽油生产。根据这些点，为了保护顶部高产区，充分发挥边部低产区的作用，可考虑在油田边缘补给能量。

（4）油水系统复杂，油水层交叉分布，必须合理划分层系，减少油井见水机会。

浩口油田含油小层多达 25 个，油层之间隔层条件好，加上岩性因素影响，油水系统比较复杂，各小层都有自己的油水界面，并有纯水层存在。浩口油田每口井都曾钻遇水层。这样就增加了油井单层见水的可能，降低油井无水采油量，同时给井下作业、油井管理等方面带来很多困难。因此，必须合理划分开发层系，减少油井见水机会。

（5）原油性质差异大，地下水密度高，含盐量高。

潜 3^1 和潜 3^4 两个主要油组差别大，潜 3^4 油组相对密度最高（0.9375），潜 3^1 相对密度则为 0.8851。其他油组相对密度一般在 0.8459 ～ 0.8890 之间，地下水黏度潜 3^4 最大，为 13.4mPa·s，比潜 3^1（8.9 mPa·s）大 1.5 倍，比潜 $3^{1下}$（4 mPa·s）大 3.4 倍，含硫量亦是潜 3^4 油组最大，为 4.09 %，比潜 3^1（1.76%）大两倍多。原油性质的明显差异，应该划分两套层系来解决这个矛盾。

浩口油田地下水矿化度高达 28.7×10^4 ～ 32.7×10^4mg/L，地下水相对密度大，为 1.18 ～ 1.2。油水黏度大，提高水驱油效率是很有利的。不利的一面是油井见水后，地下水密度高导致油井停喷。含盐量、含硫量高，影响油井正常生产，同时对管线、设备和油气集输系统腐蚀较大，因此，在油田开采工艺上应认真研究予以解决。

（6）油田饱和压力低，油气比小，弹性能量低。

浩口油田属于低饱和油田，饱和压力为 2.51 ～ 4.09MPa，气油比为 20.1 ～ 55.1m^3/t，原始地层压力潜 3^3 油组以上为 24.0 ～ 24.5MPa。潜 3^0 油组以下为 25.8 ～ 26.5MPa。这对战时高产、多产是十分有利的。但由于原油中含气量少，主要油组潜 3^1 和潜 3^4 油气比为 20m^3/t 左右，弹性能量低，弹性阶段采收率仅 3.8%自喷期短，因此，战略上油井必须立足于注水和机械采油。

第二节　开发调整

浩口油田开发调整工作量较少，在 1974 年 3 月地质处开发室的顾克金编制了《浩口油田注水开发方案》，开始对浩口油田进行注水开发，在开发过程中针对剩余油分布，进行了井网加密。

一、注水开发方案

1971 年 5 月投入开发，采用两套开发层系开发，利用正方形井网 300m 井距布井，考虑到部分地区井距不规则，在注水开发中影响水线推进的均匀性，控制储量上不如三角形井网，这在开发后期应作适当的调整来弥补。由于没有考虑到多油水系统，油水层间互的特点，盲目射孔给开发工作造成很大的困难。

浩口油田油层原始饱和压力低，气油比低，边水不够活跃，在边水驱动的弹性开采情况下，地层压力下降快。试采阶段油井的产量递减快，必须注水补充能量，以保证高速开采的要求。为了战时高产、多产，战略上油井必须立足于注水和机械采油。

通过一年多的会战和浩 44 井试注，认识到浩口油田所具有的特点，为编制注水方案提供了一定的依据。各井开采层位不统一，纵向上油组多、含油面积小、层间差异大；平面上油层顶部与边部有差异；各含油小层都有自己的油水界面。油水层交叉分布为了减少层间干扰，改善开发效果和提高采收率，便于进行分层配产配注和井下作业，将南断块划分为两套层系开采且两层系的生产井也都具有一定的生产能力。

（一）注水开发依据

浩口油田油层原始饱和压力低 (2.51 ～ 4.09MPa)，气油比低 (19.0 ～ 55.1m^3/t)，边水不够活跃，油田弹性能量不足，地层压力下降快，产量递减快，为了提高油田生产能力，除利用边水和油藏本身的弹性能量外，必须注水补充能量。

（二）开发层系划分

各井开采层位不统一，纵向上油组多、含油面积小、层间差异大；平面上油层顶部与边部有差异；各含油小层都有自己的油水界面，油水层交叉分布为了减少层间干扰，改善开发效果和提高采收率，便于进行分层配产配注和井下作业，将南断块划分为两套层系开采。即潜 3^3 以上为一套称为上层系，潜 3^0 以下为一套称为下层系。两套层系都占有一定的地质储量，上层系和下层系分别占总地质储量的 37.9% 和 62.1%，而且两层系之间具有很好的隔层，其隔层厚度大于 100m。

（三）注水方式确定

浩口油田含油面积小，主力油层连片分布。高产井大部分集中在构造顶部，油层到构造边部成为水层，边部砂层发育，试采说明边水有一定的驱动作用。在部署注水井时，既要保护高产区，照顾油井能受到充分的注水效果，以达到高速采油的要求，又要有效利用边水天然能量，因此采用边缘注水方式。

（四）注水井选择

按 1973 年 4 月对断层的认识，注水井分两批实施，先注井基本上按断块分布，先注井的作用在于进行试注，并进行水文勘探，暴露矛盾，进一步认识断层与油层特点。后注井还能在边水作用下采出较多的原油。上层系：注水井 7 口，采油井 20 口；下层系：注水井 7 口，采油井 18 口。尽量利用油层较薄、产量较低或已出水井作为注水井，保持较多的高产井，以利于高产稳产。注水井应有较厚的砂层，并且与生产井连通好，使较多的储量和油井处于水驱条件下开采。注水井在平面上分布比较均匀，避免水线局部推进。利用同井分注，减少注水井数。

（五）方案实施意见

1974 年浩口油田有 5 口井投入了注水，由于当时注入水水质差，主要是注入水井口含铁量高，影响了注水井投入的进度，并且已经注水的 5 口井的日注水量也不断下降。1974 年到 1975 年组织现场攻关，专门研究水质问题，总结出在水中加入小量烧碱可以减缓注入水对管线腐蚀的做法和认识，从而解决了水质问题。1975 年又投入 5 口注水井，并有部分油井见到了注水效果，与 1974 年对比，地层总压差由 −5.91MPa 上升到 −3.92MPa，在 1975 年生产油井减少 5 口的情况下，采油速度达到 1.5%，仍接近 1974 年的采油速度（1.56%）。

二、井网加密

浩口油田投入开发至 2005 年共钻调整加密油井 16 口，2001 年以前工作量较少，共新钻油井 5 口，主要以更新套损井和主力油组局部井网未控制区的加密井为主。2001 年以后，加强了剩余油分布规律研究，对物性差、多层合采时动用程度低的油组进行细分层开发，井网加密工作量有所加强，如浩口油

田潜 4^3 油组含油面积 0.6km²，地质储量 16.3×10^4t，历史上有 3 口油井钻遇该油组，仅 2 口对该油组射开合采，井网控制程度低，动用程度差，2001 年以后，在该油组新钻油井 3 口，注水井 1 口，新增日产油能力 28t。2001—2005 年共浩口油田新钻油井 11 口，新建原油生产能力 1.30×10^4t，使浩口油田年产油量从 2000 年的 1.34×10^4t 上升到 2005 年的 2.08×10^4t。

第三节　开发过程控制

针对浩口油田层多、非均质性严重，在开发过程中主要开展了注水井的分层注水、注采井网完善和以控水增油为目的的各种调整手段，确保了开发效果。

一、分层注水

浩口油田由于层间差异明显，划分两套层系开采后，层系内的层间矛盾仍然突出，加之注水井未划分层系，为减少层间矛盾，需采用分层段注水。1974 年 9 月地质处开发室的蔡尔范编制了《浩口油田分层注水意见》，对 10 口注水井提出分层段注水意见。以小层为单位，根据其油层原油物性，生产特点等，全区统一划分为三种配水层段：暂不注水层、控制注水层、加强注水层。考虑到采油工艺技术水平，注水井封隔器级数不应大于三级。分层注水井段间的隔层厚度不应小于 2m，以便于施工。浩口油田小层平均有效渗透率高于 100mD 的仅潜 3^1_4、潜 3^4_2、潜 3^3_4 三个小层，其中潜 3^1_4 在开采过程中地层压力下降缓慢，而油井关井后压力恢复快，边水能量比较充足，该层又是全油田渗透率最高的层。因此定为暂不注水层，在注水井中不射开，靠天然能量开采。待战时强化开采时射开注水。潜 3^4_2 小层是潜 3^4 油组的主力油层，厚度大，渗透率较高，含油边界外砂岩发育。从生产看有一定的边水作用，但该油组原油较稠、密度高、黏度大、天然能量满足不了开采要求，因此定为控制注水层。其他各层渗透率均小于 100mD，定为加强注水层。

通过分层注水工作的开展，使浩口油田年产油量稳定在 5.0×10^4t，地质储量采油速度维持在 1.5%。

二、完善注采井网

根据战备油田调整方案和 1977 年 7 月地质处开发室的顾克金编制了《浩口建成大庆式油田实施方案》，根据方案要求，在 1974 年注采井网的基础上，继续对浩口油田进行注采井网进行完善，1979 年继续投转注水井 3 口，使浩口油田注水井达到 13 口，油水井井数比达到 2.2 ： 1，通过注水井的投注，改善了水驱油效率，到 1980 年浩口油田年产油量 5.47×10^4t，达到历史最高。

通过完善注采井网和分层注水，油井见效明显，油田以年产油量 5.0×10^4t 左右稳产 7 年，地层总压差由 −3.56MPa 上升到 −1.89MPa，采油速度稳定在 1.5%，被评为“大庆式”油田。

三、多种手段，挖掘剩余油潜力

（一）措施

1980 年以后，浩口油田在开展好注水工作的基础上，大量开展油井措施挖潜，仅 1980—1982 年的三年之间，浩口油田就实施油井措施 27 井次，累计增油 1.47×10^4t，保证了浩口油田的稳产。

浩口油田主要的措施增产手段包括油井酸化、补孔改层和大泵提液，从投产到 2005 年底，浩口油田共进行措施 119 井次，累计增油 6.95×10^4t。

（二）堵水

浩口油田为边缘注水开发，平面矛盾突出，1976 年调整增加了注水井点，1980 年油井全部见水，个别井高含水，找水证实为主力油层水淹严重，采用封隔器卡堵水，见到一定效果，如 1980 年 3 月在浩 8–4 井应用封隔器封堵高含水层后，日产油从 3.1t 上升到 44t，含水由 76% 下降到 4%。但主力油层层内矛盾突出，使用化学堵剂选择性堵水，可有效解决层内矛盾，如 1982 年 6 月在浩 9 井应用化学堵水措施后，日产油由 3.4t 上升到 10.0t，含水由 85.6% 下降到 52.6%。1980—1990 年，浩口油田共堵水 33 井次，增油 1.2×10^4t，1990 年以后，堵水技术应用较少。

（三）调整注水结构

通过高含水油井转注、注水井分层增注、补孔增加纵向上吸水层位以及注水井的动态调水等措施，改善了浩口油田注水结构，减少了无效注水，增加油井受效方向，提高注入水利用率，老井自然产量由 2001 年的 1.30×10^4t 上升到 2002 年的 1.87×10^4t，自然递减率由 4.06% 下降到 −27.5%。

（四）提液

浩口油田进入中高含水期后，实施油井换大泵提液，1980—2005 年，换大泵 40 井次，增油 0.57×10^4t。

通过对上述工作的开展，浩口油田在 20 世纪 90 年代以后，扼制住了产量下降的趋势，年产油量在 2.0×10^4t 左右，地质储量采油速度保持在 0.5% 左右。

第三章

钻井与采油工程

第一节　钻井与完井

一、钻井

油田开发初期采用防斜钻直井技术，钻井周期普遍较长。20 世纪 80 年代后期推广使用了转盘和水力螺杆双动力的复合钻井技术，提高了机械钻速。1988 年高效耐用的 PDC 钻头的使用，进一步缩短了钻井周期，并节约了单井所耗钻头，平均钻井周期从开发初期 90 天缩短至 30 天。由于油田地处农田和水网密集区，地面条件有限，推广应用了定向钻井和从式井技术。钻井液使用饱和盐水钻井液体系，应用自主研发的多种聚合防塌剂，提高了防塌、携砂、防卡等性能，有效解决了上部广华寺地层垮塌的问题，减少了钻井事故的发生。

二、完井

油田开发过程中，完井方式均采用套管射孔完井。因纵向上地层无异常压力层，井身结构采用表层套管 + 油层套管。固井采用常规固井方式，为增加套管的使用寿命，在固井前对套管进行预拉应力，增强套管的强度，减少使用后期变形的几率。推广应用“短候凝水泥”固井技术，解决水泥长时间候凝过程中，层间互窜问题。推广应用管外分隔器，解决固井过程中油水互窜，确保油层段的固井质量。紊流器的应用，增强水泥浆的均衡程度，从而提高水泥环的胶结质量。

射孔枪开发初期采用 57–103 枪，1977 年后推广应用 WS–73 枪，1989 年逐渐采用 YD–89、YD–102 枪。射孔方式包括负压射孔、正压射孔，射孔液采用清水。

第二节　采油工程

1971 年 2 月开始到 1972 年 9 月油田投入开发，开采初期采用机械采油和自喷采油共同生产的方式。投产油井 45 口；其中自喷井 18 口，占总油井总数的 40%，抽油井 22 口，占总井数的 49%；水力活塞泵 5 口，占总井数的 11%。

自喷井采油工艺采用下光油管，至油层中部，井口采油树装 3 ~ 7mm 油嘴自喷生产。随着开采时间的延长，地层能量下降，自喷井逐渐转抽。

1974 年底仅剩 4 口自喷井。

一、有杆泵采油

1971 年 5 月在浩 6 井下 ϕ38mm 泵生产，浩口油田开始了机械采油。开采初期，地层能量充足，动液面普遍在 200 ~ 600m 以内，抽油机悬点载荷不大，选用 3 型抽油机。冲程多为 0.9 ~ 2.1m。冲次多为 9 次 /min、6 次 /min。抽油泵采用普通管式泵，泵型大多为 ϕ32mm、ϕ38mm、ϕ44mm 和 ϕ56mm。抽油杆选用 C 级杆。

20 世纪 80 年代初由于油井的产量递减，为了适应生产需要，机械采油采用深抽方式，大泵放大压差生产，提高排液量。

浩口油田油井产液中含有多种腐蚀介质，造成抽油泵严重腐蚀。从 1981 年 3 月开始，浩口油田使用了 ϕ56mm 和 ϕ70mm 两种规格的无衬套软柱塞泵。该泵防腐性能较好，泵的断脱现象减少，平均泵效较普通常规抽油泵提高了 10.8%，平均检泵周期延长 61 天。

随着开采时间延长，地层能量逐渐下降，泵挂深度不断加深，悬点负荷增加，逐渐以 5 型、10 型取代了 3 型抽油机，抽油杆也逐渐更换成了 D 级杆。

1983 年，油田放大压差生产，在此期间，含水上升，产液量急增，油井结盐现象严重，腐蚀加重；如浩 7–4 井，下 ϕ56mm 普通钢泵仅生产 52 天。

1986 年 10 月，浩口油田开始采用了防腐耐磨管式钢泵。提高了泵的防磨性能，延长了检泵周期。

1990 年 2 月浩口油田在浩 7–3 井下 ϕ70mm 的耐磨防腐整体钢泵进行了现场试验，下泵深度 1098.71m，冲程 3.0m，冲次 6 次 /min，泵效 75.3%。同管式抽油泵相比，平均泵效提高 5% ~ 10%，平均检泵周期延长 0.54 倍。

与此同时，抽油机也向承载重负荷的方向发展。从 1990 年后，抽油机逐渐更换成 CYJ10–3–53B、CYJ12–4.2–73HB、CYJ14–4.8–73B 型等抽油机。

1992 年 10 月在浩口油田浩 7–4 井上首次开展油井深抽实验。该井使用玻璃钢抽油杆 824m，下泵深度 1501m，泵径为 ϕ44mm，冲次 9 次 /min，冲程 3.0m。产液量由 60.2t/d 增加到 78.1t/d，泵效由 84.4% 增加到 100%，这口井打开了江汉油田应用玻璃钢抽油杆的局面。

在采用下大泵抽油工艺的同时，1993 年 6 月，浩口油田先后在浩 8–4、浩 7–3、浩 6–3 井上应用了Ⅲ型脱接器，成功率 100%，延长检泵周期，提高了泵效。

2003 年 2 月 9 日在浩 8–4 井安装了皮带式抽油机，日产液 72.6t 上升到 153.1t，日产油由 2.1t 上升到 3.5t，含水由 97.10% 上升到 97.70%，动液面由 700m 下降到 752m, 得到较好效果。

二、无杆泵采油

1971 年试制的 SHBϕ44–ϕ44 型（即兰通泵）水力活塞泵在浩 52、浩 14、浩 8–7、浩 9–6 井这四口井进行了试运行实验，单泵一次连续运转时数达 1828h，仍正常运转；总产油量 4258t。

1972 年由点到面建成了浩 6 站（控制 4 口井）多井泵站、和多口单井水力活塞泵抽油工业性试验点。江汉 V 型泵 (两种泵型 SHBϕ44mm–ϕ44mm 和 SHBϕ44mm–ϕ32mm)、兰通泵进行试验，投泵成功率达到了 80%；其中浩 52 井单泵连续运行 1828h。另外，还进行了水力活塞泵井测压等试验。

由于这种结构的泵主要缺点是易损零件的寿命较短，至使该泵对高含水的油井适应性很差，最终退出市场。

第三节　注水工程

1974—1978 年，主要采用空心活动配水器分层注水管柱，少数为光管注水管柱。1974 年 11 月浩口油田第一口注水井浩 9–1 井转注成功，标志着浩口油田进入注水开发阶段。以使用 475–8 Ⅲ水力压差式封隔器用于中深井，475–8 Ⅲ采用的宜昌 75℃胶筒耐温性能差，寿命短。因此于 1975 年底研制出了耐温 120℃、耐压差 15MPa 的并子胶筒作为密封元件，双层中心管作为洗井通道的 752–3 水力压缩式深井注水封隔器。1975 年在管柱方面主要采用的了大庆的 475–8 封隔器和胜利的空心活动配水器。1977 年，以空心活动配水器为主的单管分注管柱，开展了塑料油管（H52–1 环氧酚醛烘漆型的），不放喷作业，井口调配，752–3 深井注水封隔器和“101”井下流量计等五个方面配套的分层注水工艺试验。

1979—1995 年，偏心与空心注水管柱共存阶段。1978 年开始了偏心配水器的研制，1979 年江 P–1 型新型偏心配水器问世，经发展、完善，使之成为一种能投送和捞取多级堵塞器的偏心配水器，一个最突出的特点是简化了投捞测试，减少了投捞次数，极大地提高了效率，缩短了注水井施工周期。1979 年油田生产了江 752–4 型和江 752–5 型封隔器；其后又生产了双向承压的江 752–6 型封隔器，这项成果，于 1982 年获石油工业部优秀科技成果二等奖；1981—1982 年还设计出江 458 型肩部保护式注水封隔器，它适用于深井，能耐高温，且使用寿命较长，经现场试验，成功率达到 93%。这些封隔器的研制成功，解决了深井分层注水的一系列工艺技术问题。主力油田水驱控制程度达到 93.7%；分层配注合格率保持在 77.7% 以上；水井换封周期达到 435 天；注采基本平衡，地层压力稳定。1995 年底，浩口油田分层注水采用的封隔器主要有 752–6 型和 475–8 型 2 种。有 3 口井使用 752–6 型水力压缩式封隔器，有 1 口井使用 475–8 型水力压差式封隔器。采用的配水器主要有空心和偏心两种类型。

1996—2005 年，偏心注水管柱阶段。采用的封隔器为 Y341–114 型和 JH752–6 型。2000 年，浩口油田采用 Y341–114 型封隔器分层注水的井有 1 口。2004 年，为了解决管柱蠕动问题，油田使用了锚定防蠕动注水管柱，该管柱由水力锚、Y341–114 注水封隔器、偏心配水器、952–1 循环阀和筛管丝堵组成，延长了注水封隔器的工作寿命。

第四节　油层改造

浩口油田油层改造主要包括酸化、压裂。开发初期，油田的开发对象主要是中、高渗透油层，油层改造措施以酸化为主，随着低渗透油藏投入开发，油层改造措施以压裂为主。

一、酸化

开发初期，由于浩口油田油层含灰质较高，特别是进行了鱼子状灰岩的试油，酸化以盐酸为主，1968—1971 年，在浩口油田酸化 40 口 112 层，有效率 41%，1971 年 8 月在浩 4–6 井采用盐酸酸化，日产油从 0t 上升到 26.8t。1975 年以后随着砂岩油藏的逐步开发，酸化以土酸为主，1976—1982 年，油井酸化 14 井次，浩 6–2 井 1979 年 9 月采用土酸酸化，日产油从 5.4t 上升到 12.5t。水井增注主要应用土酸增注，1976—1982 年，水井增注 43 井次，有效率 88%。为了解决储层深部堵塞的问题，1994 年应用浓缩酸酸化，1994 年 5 月在浩 4–7 井应用，月产油由 85t 上升到 309t，至 2005 年共应用 10 井次。

二、压裂

1970 年，应用了原油压裂，支撑剂为 0.4 ~ 0.8mm 石英砂，压裂车组为 500 型车组，应用了 3 口井。同时还开展了高黏水基压裂液的应用，主要为羧甲基槐豆粉和羧甲基田菁粉、羟乙基皂仁粉，现场应用 5 井次，有效 4 井次，平均单井加砂 $7m^3$，平均砂液比 14%。1979 年，在水井上应用甲叉基聚丙烯酰胺压裂液，逐步配套和完善了 700 型压裂车组，1979—1980 年在浩口油田应用 4 井次，累计增注 $3768m^3$。1981 年后压裂应用较少。2000 年，开始应用羟丙基瓜尔胶有机硼压裂液，深井普遍使用 3in 油管压裂，应用了 Y344 封隔器，采用陶粒作支撑剂。2002 年引进、配套了 2000 型压裂车组。2000—2005 年应用 6 井次，有效 4 井次，平均砂液比 30%，平均单井加砂 $15m^3$，平均单井日增油 5t。

第五节　堵　水

油田注水开发的初期，部分油井出现了含水上升快的现象，开始应用封隔器找水法找出高含水层，封堵高含水层，应用了以江 252−1、江 151 封隔器为主的找水、堵水管柱，成为浩口油田主要的找水、堵水技术，1976—1980 年应用 17 井次，1980 年 3 月在浩 8−4 井应用后，日产油从 3.1t 上升到 44t，含水由 76% 下降到 4%。同时还应用了以江 756−2 封隔器为核心的丢手堵水管柱，1978—1981 年应用 4 井次。1979 年，浩口油田开始应用聚合物冻胶堵水进行化学堵水。应用部分水解聚丙烯酰胺堵水 2 井次，有效 2 井次，累计增油 532t，降水 725m^3。1981—1982 年应用了水玻璃—氯化钙堵水，应用 2 口，用于堵死高含水油层。1982 年应用铬冻胶堵水技术选择性堵水，1982—1984 年应用了 4 井次，有效 3 井次，1982 年 6 月在浩 9 井应用后，日产油由 3.4t 上升到 10t。1990 年以后，堵水技术应用较少。

第六节　修　井

主要解决复杂的打捞，解卡问题和套管穿孔漏失井的修复。在解卡施工技术方面，主要采用活动解卡、循环洗井、浸泡法解卡等为主；在复杂落物打捞方面，主要根据落物顶部（鱼顶）情况，再选择或制作合适的打捞工具。如浩 6−5 井，应用卡瓦捞矛捞出全部落物。在套管外窜槽、腐蚀穿孔修复方面，应用水泥浆挤堵修复，1985 年 5 月在浩 8−2 井应用油井水泥灰浆封堵漏失井段成功。从此水泥浆挤堵作为套管穿孔漏失井的主要修复技术在油田应用。

第四章

地面生产系统

第一节　油气集输

浩口油田油气水集输系统，从零散单井拉油发展到具有规模的二级（三级）全密闭集输、污水处理回注，形成了较为完善的油气水集输系统。

一、原油集输

浩口油田是 1969 年 9 月钻探浩 6 井、试油获高产工业油流后发现的。初期采用单井拉油，开式流程。1970 年 11 月，浩口油田基本建成，1970 年 11 月至 1971 年 5 月，浩口油田第一座集油站——浩口集油站投入运行。同年 5 月，新建成浩口至广华输油管线，ϕ159mm × 4.5mm，全长 8.4km，设计输量 25 × 10^4t/a。随着浩口油田的进一步勘探开发，至 1979 年浩 1、浩 2、浩 3、浩 4、浩 5、浩 6、浩 7 计量接转站（计量站）相继建成投入使用，初期集输均为开式流程，单井采用三管伴热，原油从井口自压至计量站或计量接转站进行原油单井计量，经计量后自压或者泵输至浩口站集中处理。1986 年后随含水上升，逐步淘汰三管流程，对含水量高、产液量大的油井，实现常温输送。1990 年 6 月，浩口至广华输油管线全线更换 ϕ114mm × 4.5mm，全长 9.3km，2004 年更换 8km 高原复合管 DN100PN4.0。

截至 2005 年，建成计量站 1 座，单井拉油点 2 座。建有 3 条集油管线，总长 3.0km，建有间隙输油管线 1 条：浩口—广华外输油管线，长 9.3km，单井油管线 16.8km。

二、天然气集输

浩口油田的伴生气量少，没有回收处理，主要用于加热炉作为燃料，夏季停炉时，低压集输用于发电。建有低压（干、湿）气集输管网 1.0km。

第二节　油气水处理

浩口油田的油气水处理系统，建成联合站 1 座，设计原油外输能力 25 × 10^4t/a，实际原油外输能力 3 × 10^4t/a，原油脱水能力 36 × 10^4t/a，实际脱水处理能力 10 × 10^4t/a，储油能力 0.6 × 10^4t。担负浩口油田每天 400m^3 液量、50m^3 油、约 800m^3 气的分离和整个油田站、点、井的供热工作，同时还担负高场油田（产油 30t/d）一周一次的输油（排量为 10 m^3/h）接转加热处理工作及浩西油田来液的处理工作。主要包括原油净化处理、原油外输、计量、加热、储存及污水处理、污水回注等单元。

浩口油田原油处理系统，1970—1982 年，主要采用传统的Ⅱ型“四合一”脱水工艺即：分离、加热、脱水、缓冲、外输，集油部分原设计均为开式流程。

依据江汉石油管理局1983年建设计划江字（83）5号设计任务书。一期改造：1983年2月22日局召开浩口集油站改建设计方案审定会议纪要与油田处结合意见。油田处二矿提供浩口站工艺流程现况图。1983年9月至12月，浩口集油站脱水加热部分搬迁至浩口变电所南面重建，设计原油处理能力10×10^4t/a，最终含水70%。首次在江汉油田采用井口加药、密闭自压进站、陶粒脱水、油溶性破乳剂、高效加热炉、闪蒸罐低压分离器等“一条龙”工艺在高含水原油集输上应用（图4–1），脱水效率达85%以上，具有能耗低、效率高、管理方便，安全可靠、节电等优点，年节约10万元以上。

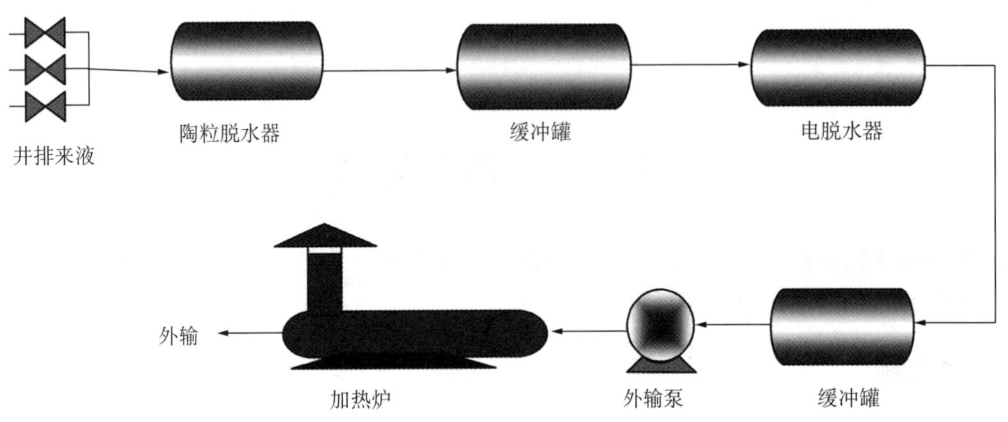

图4–1　二段脱水工艺流程示意图

1996年，对脱水工艺进行改造，拆除陶粒脱水器，推广高效三相脱水分离器，实现油气水一次处理（图4–2）、简化了工艺流程，降低了成本。

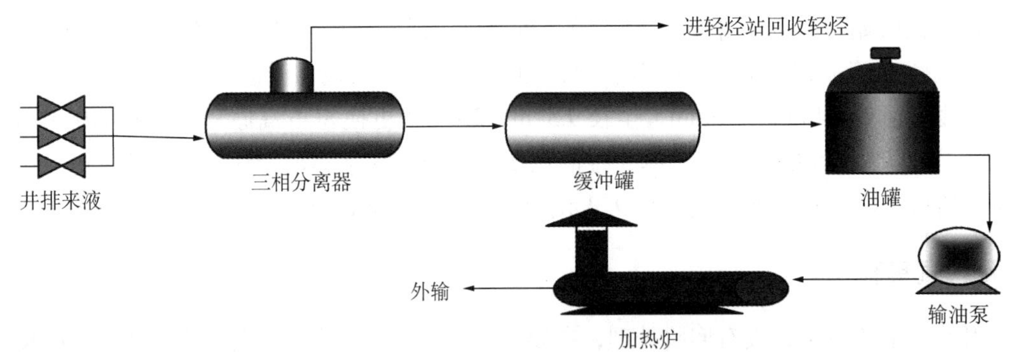

图4–2　高效三相分离器一次脱水工艺流程示意图

2005年，依据《江汉油田分公司设计任务书》江（油计）设字（2005）第（16）号，进行二期改造：脱水、加热系统拆除移至原输油站重建，以简化工艺，便于管理，新建油、水泵房、值班室、加热系统，搬迁利用原三相分离器2台，新建1163kW加热炉2台、3000m^{3}油罐更新。推广应用高效自动燃烧器、雷达液位计，为浩口联合站争创“五星级站库”打下坚实的基础。

浩口油田的伴生气，主要用于加热炉及生活用气。2004年1月，新建浩口天然气发电站1座，安装300kW天然气发电机组1套，将夏季伴生气用于发电，减少油气损耗，截至2005年累计发电229.11kW·h。

第三节　注水系统

浩口油田于1970年5月发现，1971年5月正式投入开发。1974年投入注水开发，注水井8口，日注水882m³。

1971年浩口油田经过了短暂的自喷采油期，由于地层能量不足，1974年1月投入注水开发。注水初期主要采用2台高压离心泵（6D–80–120）和2台三柱塞泵（3W–6B5）作为升压装置。注水站布置在浩口集油站南，设计压力15MPa。1974年12月，共有注水井8口，日注水882m³。

1977年2月至1978年4月浩口注水站进行扩建，污水日处理规模由原来的882m³上升到1000m³。新增卧式三柱活塞泵3W–3B5型1台，提升泵65FS–40型2台。

1980年8月试用三台$3S_2$泵，保留原二台6D–80–120泵，经两年试用基本良好，于1981年到1982年先后拆除这两台离心泵，换成3S泵。正常注水开两台，洗井开四台。

1982年浩口油田日配注水量450m³，过去使用6D–80–120泵，泵压12MPa，泵效56%。使用$3S_2$泵后，泵压大于13MPa，泵效85%以上。

1988年浩口注水站改造，更换原700m³污水贮罐一座，1号3S3注水泵更换成5SZ–1BII型注水泵，配注水管线设计压力为15MPa。

第四节　配套工程

浩口油田供电电源为油田浩口35kV变电站6kV出线浩26井排线和6kV浩堤排线。2004年4月安装1台300kW发电机，利用多余伴生气发电，并入油田电网运行。

工业、生活用水取自1971年1月和1973年11月打的2口地下水源井，平时1台运行，1台备用，日产水1200m³。

附　录

附录一　附　图

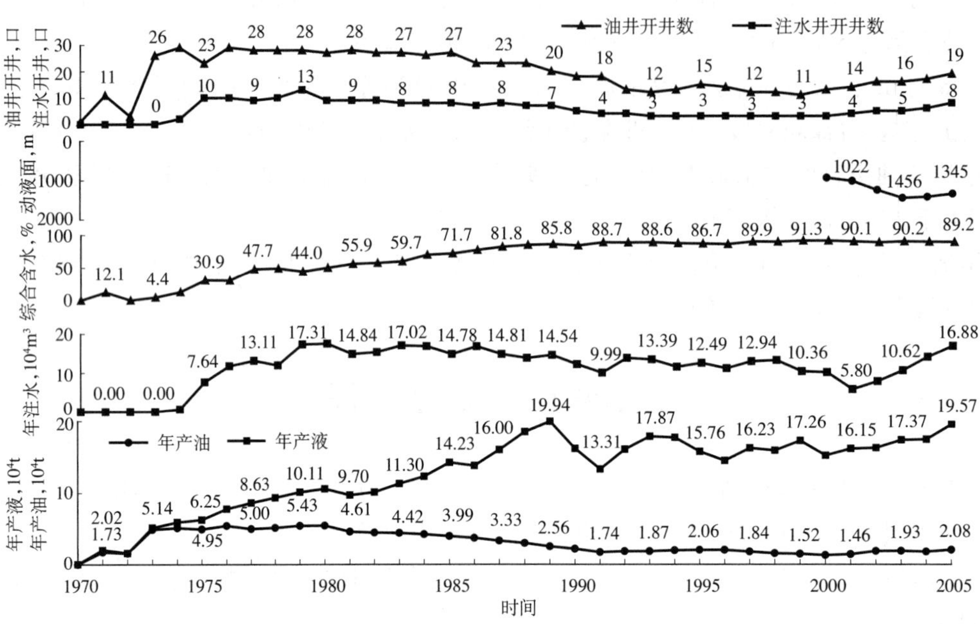

附图 1　浩口油田开采综合曲线图

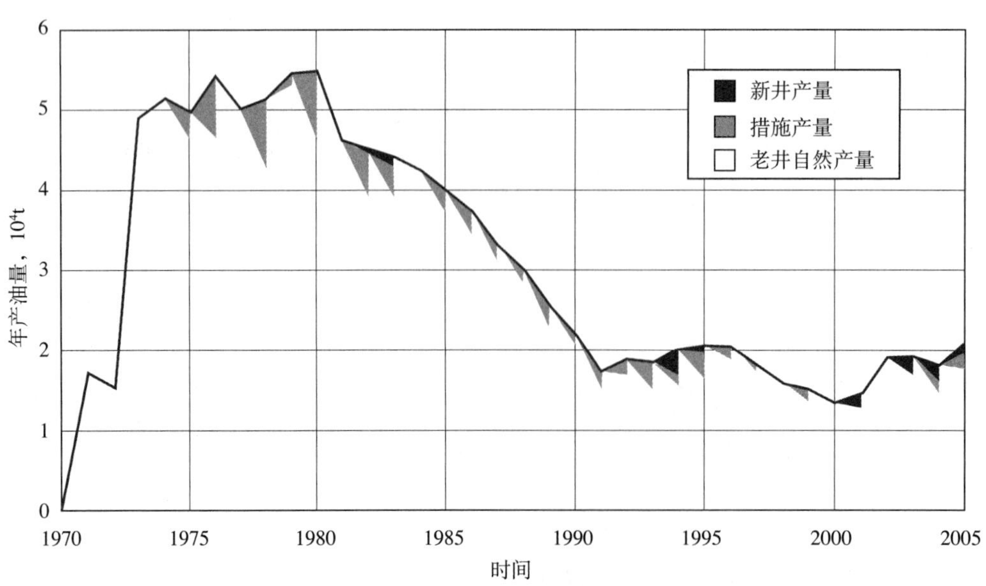

附图 2　浩口油田产量构成曲线图

附录二　附　表

附表 1　浩口油田综合地质数据表

油田	含油面积 km²	地质储量 10^4t	层位	油层埋藏深度 m	平均有效厚度 m	孔隙度 %	空气渗透率 mD	含油饱和度 %	地层温度 ℃	压力系数	原始地层压力 MPa	地层原油				地面原油					天然气		地层水		
												饱和压力 MPa	原始气油比 m³/t	体积系数	黏度 mPa·s	密度 g/cm³	黏度 mPa·s	凝固点 ℃	含蜡量 %	含硫量 %	相对密度	甲烷含量 %	水型	总矿化度 10^4mg/L	氯离子含量 10^4mg/L
浩口	3.83	344.00	潜江组	2750	9.0	19	297	70	96.40	1.07	25.06	3.16	35.30	1.147	7.70	0.891	74.30	28.80	8.40	1.99	1.1743	40.36	Na_2SO_4	32	18

附表 2　浩口油田开发综合数据表

时间	动用地质储量 10^4t	油井		注水井		核实产油量		核实产水量		核实产液量		年末动液面 m	年末综合含水 %	注水量		注采比		地质采油速度 %	地质采出程度 %
		总井数 口	开井数 口	总井数 口	开井数 口	年 10^4t	累计 10^4t	年 10^4t	累计 10^4t	年 10^4t	累计 10^4t			年 10^4m³	累计 10^4m³	年末	累计		
1970	329.40	1	1	0	0	0.00	0.00	0.04	0.04	0.04	0.04	—	0.00	0.00	0.00	0.00	0.00	0.00	0.00
1971	329.40	25	11	0	0	1.73	1.73	0.29	0.33	2.02	2.06	—	12.10	0.00	0.00	0.00	0.00	0.50	0.50
1972	329.40	36	3	0	0	1.54	3.27	0.03	0.36	1.57	3.63	—	0.00	0.00	0.00	0.00	0.00	0.45	0.95
1973	329.40	42	26	0	0	4.89	8.16	0.25	0.61	5.14	8.77	—	4.40	0.00	0.00	0.00	0.00	1.42	2.37
1974	329.40	40	29	2	2	5.12	13.29	0.80	1.41	5.92	14.70	—	12.80	0.61	0.61	0.22	0.03	1.49	3.86
1975	329.40	35	23	10	10	4.95	18.24	1.30	2.71	6.25	20.95	—	30.90	7.64	8.25	1.13	0.29	1.44	5.30
1976	329.40	36	29	10	10	5.42	23.66	2.36	5.07	7.78	28.73	—	30.50	11.73	19.98	1.09	0.51	1.58	6.88
1977	329.40	33	28	9	9	5.00	28.66	3.62	8.69	8.63	37.35	—	47.70	13.11	33.09	0.80	0.63	1.45	8.33
1978	329.40	31	28	10	10	5.14	33.80	4.20	12.89	9.33	46.69	—	48.80	11.96	45.05	1.02	0.67	1.49	9.82
1979	329.40	29	28	13	13	5.43	39.22	4.68	17.57	10.11	56.80	—	44.00	17.31	62.36	1.47	0.76	1.58	11.40
1980	329.40	29	27	13	9	5.47	44.69	5.11	22.68	10.58	67.37	—	50.00	17.50	79.86	1.19	0.81	1.59	12.99
1981	329.40	29	28	13	9	4.61	49.30	5.08	27.77	9.70	77.07	—	55.90	14.84	94.69	1.17	0.84	1.34	14.33
1982	329.40	28	27	13	9	4.47	53.77	5.65	33.42	10.12	87.19	—	57.40	15.29	109.98	1.26	0.86	1.30	15.63
1983	329.40	29	27	11	8	4.42	58.20	6.88	40.30	11.30	98.50	—	59.70	17.02	126.99	1.28	0.89	1.29	16.92

续表

时间	动用地质储量 10^4t	油井		注水井		核实产油量		核实产水量		核实产液量		年末动液面 m	年末综合含水 %	注水量		注采比		地质采油速度 %	地质采出程度 %
		总井数 口	开井数 口	总井数 口	开井数 口	年 10^4t	累计 10^4t	年 10^4t	累计 10^4t	年 10^4t	累计 10^4t			年 10^4m^3	累计 10^4m^3	年末	累计		
1984	345.40	28	26	11	8	4.25	62.44	8.06	48.36	12.31	110.81	—	69.90	16.84	143.83	1.05	0.90	1.23	18.15
1985	344.00	27	27	11	8	3.99	66.43	10.24	58.61	14.23	125.03	—	71.70	14.78	158.23	1.32	0.90	1.16	19.31
1986	344.00	24	23	11	7	3.74	70.17	10.05	68.65	13.79	138.83	—	77.20	16.80	175.03	0.93	0.91	1.09	20.40
1987	344.00	24	23	10	8	3.33	73.50	12.67	81.32	16.00	154.83	—	81.80	14.81	189.84	0.90	0.91	0.97	21.37
1988	344.00	24	23	9	7	3.02	76.52	15.48	96.79	18.50	173.31	—	84.70	13.78	203.62	0.49	0.88	0.88	22.24
1989	344.00	24	20	9	7	2.56	79.08	17.38	114.17	19.94	193.25	—	85.80	14.54	218.16	0.83	0.86	0.74	22.99
1990	344.00	20	18	9	5	2.21	81.29	13.95	128.13	16.16	209.42	—	83.90	12.20	230.36	0.74	0.85	0.64	23.63
1991	344.00	18	18	6	4	1.74	83.03	11.57	139.69	13.31	222.72	—	88.70	9.99	240.35	1.29	0.85	0.51	24.14
1992	344.00	16	13	5	4	1.88	84.91	14.18	153.88	16.07	238.79	—	88.44	13.78	254.13	0.86	0.84	0.55	24.68
1993	344.00	14	12	4	3	1.87	86.78	16.01	169.88	17.87	256.66	—	88.56	13.39	267.52	0.78	0.84	0.54	25.23
1994	344.00	15	13	4	3	2.01	88.79	15.70	185.59	17.71	274.37	—	87.25	11.50	279.02	0.79	0.83	0.58	25.81
1995	344.00	16	15	4	3	2.06	90.85	13.70	199.29	15.76	290.14	—	86.65	12.49	291.51	0.84	0.83	0.60	26.41
1996	344.00	16	14	4	3	2.06	92.91	12.43	211.72	14.49	304.63	—	86.00	11.14	302.65	0.73	0.82	0.60	27.01
1997	344.00	16	12	4	3	1.84	94.74	14.40	226.12	16.23	320.86	—	89.85	12.94	315.59	0.82	0.82	0.53	27.54
1998	344.00	14	12	3	3	1.60	96.34	14.31	240.43	15.91	336.77	—	89.48	13.23	328.83	0.91	0.82	0.45	28.00
1999	344.00	14	11	3	3	1.52	97.87	15.74	256.17	17.26	354.03	—	91.34	10.36	339.19	0.59	0.01	0.44	28.45
2000	344.00	13	13	4	3	1.34	99.21	13.88	270.04	15.22	369.25	940	91.23	10.14	349.33	0.31	0.81	0.37	28.84
2001	344.00	15	14	5	4	1.46	100.67	14.69	284.74	16.15	385.41	1022	90.06	5.80	355.13	0.47	0.79	0.39	29.26
2002	344.00	17	16	6	5	1.90	102.57	14.36	299.10	16.26	401.67	1254	88.76	7.82	362.94	0.68	0.78	0.49	29.82
2003	344.00	17	16	7	5	1.93	104.50	15.43	314.53	17.37	419.03	1456	90.24	10.62	373.57	0.60	0.77	0.45	30.38
2004	344.00	19	17	6	6	1.82	106.32	15.63	330.16	17.45	436.49	1424	89.57	14.10	387.66	1.09	0.77	0.53	30.91
2005	344.00	20	19	8	8	2.08	108.41	17.49	347.65	19.57	456.06	1345	89.15	16.88	404.54	0.70	0.78	0.67	31.51

附录三　征引文献

文献名	作者	出版时间	出版社
江汉油田志（1961—1985）	《江汉油田志》编辑室	1986	江汉石油报社
江汉油田志（1986—1990）	丘昌济	1993.1	人民出版社

编纂始末

按照《中国油气田开发志》总编纂委员会的统一部署，江汉油田于2006年8月28日成立编纂委员会，启动了《中国油气田开发志·江汉油气区油气田卷》编纂工作。江汉采油厂作为江汉油田的二级单位，承担了辖区内26个油田的开发志编纂任务。2006年9月江汉采油厂成立《浩口油田志》编纂委员会，由江汉采油厂厂长胡德高任主任，副厂长夏志刚任副主任，编纂组由王琳任组长。编纂工作中，江汉油田和江汉采油厂领导高度重视，并从人力、物力、财力上给予大力支持。

《浩口油田志》编纂工作启动以来，江汉油田编纂委员会、《浩口油田志》编纂委员会高度重视，组织有关领导、专家给予指导和帮助。2007年7月完成《浩口油田志》资料的收集工作，并形成初稿，但由于摘抄方案太多，技术味太浓，更像一部技术报告。2008年以《王场油田志》第二稿为范本，对《浩口油田志》进行大刀阔斧地修改，完成了《浩口油田志》(第二稿)。在武汉会议后，按照总编纂委员会统一要求，对《浩口油田志》的篇章结构与内容进行了进一步的修改完善，于2009年3月完成于《浩口油田志》第三稿，并在江汉油田第一招待所进行了江汉油田编纂委员会评审，与会专家对《浩口油田志》提出修改意见，要求进一步淡化技术内容，更加贴切志书要求，并对附图、附表进行规范。2009年7月完成《浩口油田志》第四稿，基本编纂完成了《浩口油田志》，在对志书用语、编排要求等提出规范意见，并增加“配套工程”后。2010年元月按照《关于油气田篇编纂基本要求的规定》，对《浩口油田志》进行篇章结构进行了进一步调整，最终编纂完成《浩口油田志》。

《浩口油田志》分为七个部分，其中概述、大事记、第一章、第二章由王琳、刘敬尧编写；第三章由李波峰、余英、袁玲想、张建国、胡云鹏编写；第四章由刘玉、申修志编写；附录由刘敬尧编写。因工作原因，第四稿以后王琳不再参与《浩口油田志》编写，其工作由刘敬尧接手完成。

在本志编纂过程中，江汉油田分公司开发处和局档案馆作了大量的组织协调工作，保证了《浩口油田志》编纂工作的顺利进行；江汉油田编纂委员会顾问组的李渝生、洪志一、杜修宜、丁淑君、赵云山、叶全根等老专家、老同志发挥了重要作用，他们既是参谋者、指导者，又是第一读者，在每稿的审阅中都留下了他们许多宝贵的意见和箴言。江汉油田分公司勘探开发研究院档案室在提供编纂资料方面，给予了大力支持，在此表示衷心感谢。

《浩口油田志》编纂组

2010年1月

编号：18-015

沙市油田志

《沙市油田志》编纂组　编

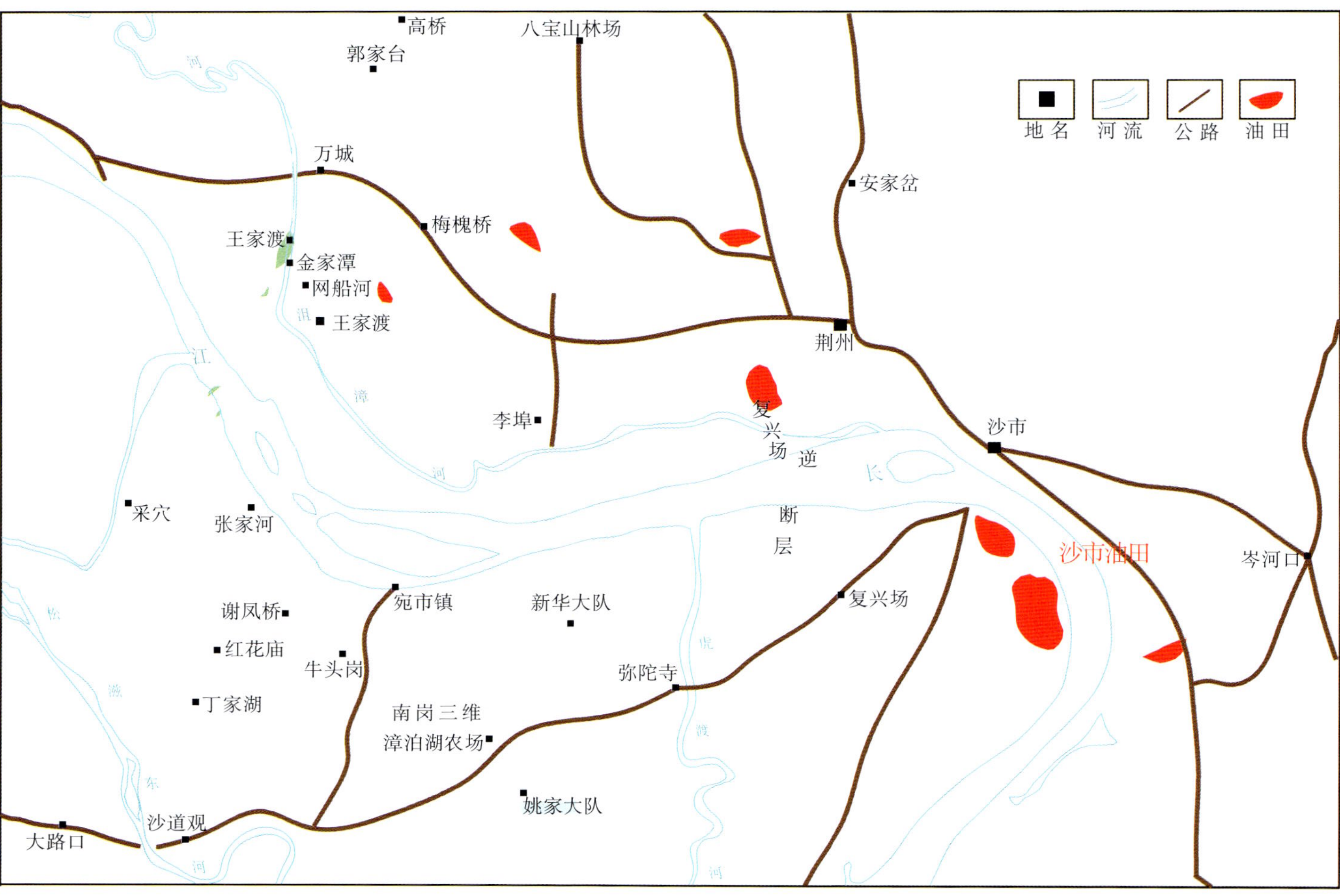

沙市油田地理位置示意图

构造等值线，m　　井位　　正断层　　探明含油面积

沙市油田构造井位图

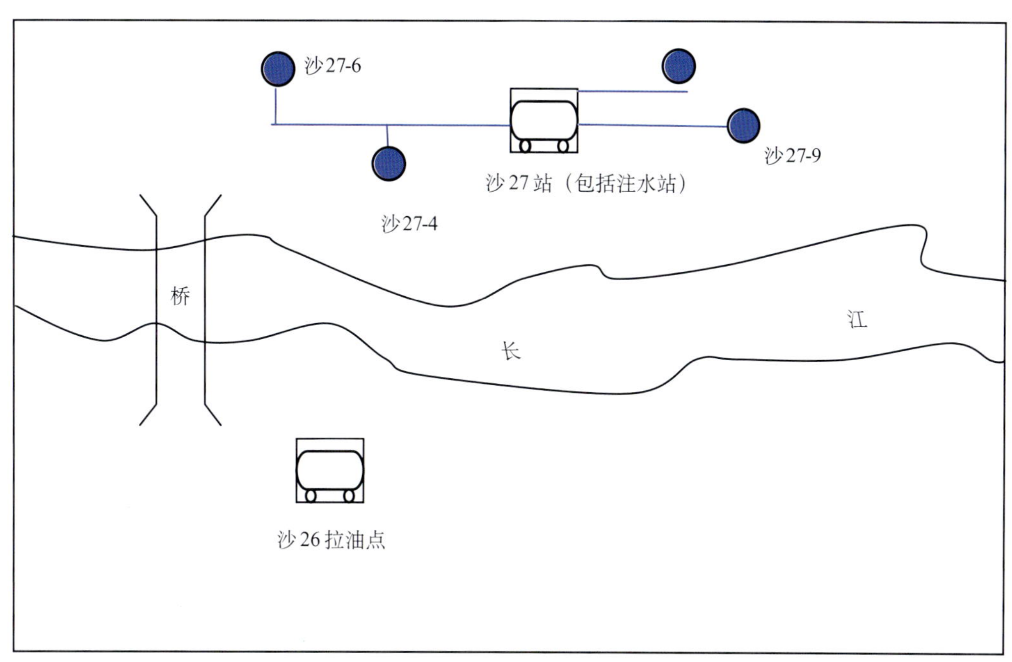

沙市油田地面系统平面布置示意图

《沙市油田志》编纂委员会

主　任：胡德高

副主任：夏志刚

成　员：刘孔章　贺　春　刘敬尧

《沙市油田志》编纂组

组　长：魏黎芝

成　员：李波峰　胡云鹏　刘　玉　张建国　袁玲想
　　　　余　英　申修志

《沙市油田志》审核人员

初审人：夏志刚　刘孔章　贺　春

复审人：李渝生　洪志一　赵云山　罗秋林

本志目录

概 述

沙市油田位于湖北省荆州市城区和荆州市公安县境内，分布在长江南北两侧，地处平原和农田，截至 2005 年底，沙市油田共钻探四个圈闭，探明含油面积 6.38km^2，石油地质储量 291.38 × 10^{4}t。1993 年 6 月发现，1995 年 3 月投入全面开发。现由中国石化江汉油田分公司江汉采油厂广华作业区采油九队管理。

一

荆沙背斜带是江陵凹陷继承性发育的北西向的中央隆起带，荆沙组沉积时期发生强烈的断隆活动，形成一系列北东向断层，将背斜带切割成复杂的断背斜带。沙市构造位于该背斜带东南段，为古近系沙市组盐岩底辟上拱形成的披覆背斜，两翼基本对称，长轴 10.3km，短轴 3.3km，长短轴之比为 3.12 ∶ 1，长轴走向 NW315° ~ 323°。由盐卡南、北断层和沿江断层三条大断层把沙市构造切割为埠河断背斜、江心滩断块、新杨场断鼻和盐卡地堑四个局部圈闭。沙 27 井块位于沙市构造新杨场断鼻高部位，地层上倾方向被一条走向北东东向盐卡南断层封堵，地层向南倾没，地层倾角 8° ~ 17°。沙 24、沙 26、沙斜 304 等井块均位于埠河断背斜，断层均为正断层。走向为 NNE 向 NEE—SWW 两组，断层延伸长度最长 2.7km，最短仅 0.4 km，一般断距 20 ~ 40m。

沙市油田储层为古近系新沟嘴组，沉积物源来自江陵凹陷东北方向的后港—长湖物源区，属三角洲前缘相沉积，可划分为水下分流河道、河口坝、水下天然堤、越岸沉积四种沉积微相。砂岩储层以长石砂岩为主，胶结物主要是泥质、碳酸盐及硬石膏，胶结类型主要为孔隙型，其次为接触孔隙型，为中孔中低渗储油层，平均孔隙度为 16.5%，平均空气渗透率 68.7mD，油层具有弱—中等速敏、水敏、碱敏、中—强盐敏和中—弱酸敏。

沙市油田地层自下而上分别划分为白垩系、古近系沙市组、新沟嘴组、荆沙组、潜江组，新近系广华寺组和第四系平原组。新沟嘴组岩性和厚度稳定，新沟嘴组下段自下而上又可细分为Ⅲ油组、泥隔层、Ⅱ油组、Ⅰ油组和大膏层（图 1）。主要含油层段为新沟嘴组下段Ⅰ油组，油层埋藏深度 1674.8 ~ 2133.0m，油层中深 1903.9m，平均油层厚度 20.9m，油层纵向上分布较多，砂体含油面积小，受构造和岩性控制。

原油性质好，地面原油密度 0.832g/cm^3，黏度 7.12mPa·s，含硫 0.19%，凝固点 28℃；地层原油密度 0.769g/cm^3，黏度 2.1mPa·s，体积系数 1.087，气油比 10.6m^3/t。饱和压力 2.21MPa，地层水总矿化度 20.09 × 10^{4}t mg/L，Cl^- 含量 12.17 × 10^{4}t mg/L，水型为 $CaCl_2$ 型。

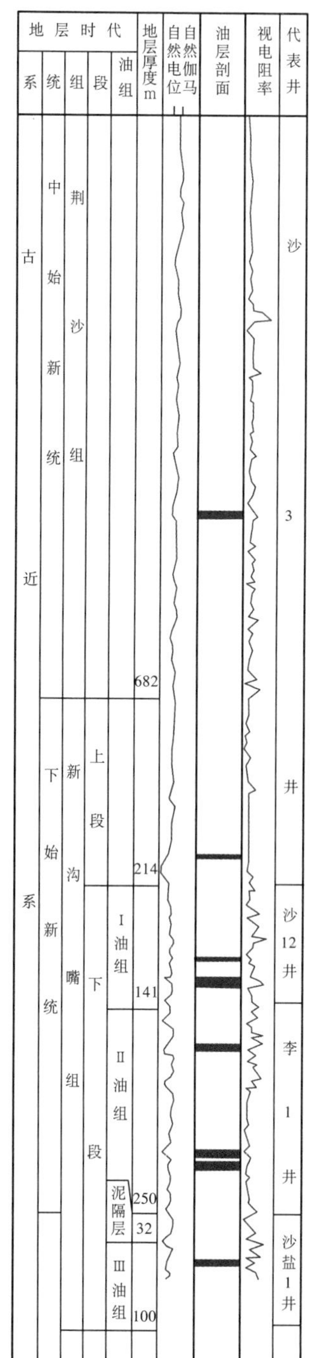

图 1 沙市油田综合柱状图

天然气成分以甲烷为主，其含量为58.3%，相对密度为0.78。

原始地层压力19.49MPa，压力系数1.0，饱和压力2.21 MPa，属正常压力系统，边水不活跃，为弹性弱水压驱动油藏，地层温度91.67℃。

沙市油田4个含油区块油藏类型为构造—岩性油藏和断鼻构造油藏。沙27井块为构造油藏，油水分布受构造控制。沙24、26、304井块以岩性油藏为主，其次发育岩性—构造油藏。沙市油田为亲水—弱亲水性。束缚水饱和度为31.82%～35.53%；最大含水饱和度为45.45%～65.04%；等渗点的水饱和度为46.5%～58.75%，表现为亲水特征；无水期驱油效率为18.8%～38.4%；最终驱油效率为23.3%～50.2%。

石油地质储量经全国矿产储量委员会批准，1994年沙市油田沙24井区探明石油地质储量36.0×10^4t，含油面积$1.4km^2$，可采储量7.2×10^4t；沙26井区探明石油地质储量154.0×10^4t，含油面积$4.2km^2$，可采储量33.8×10^4t；1995年沙27井区探明石油地质储量73.38×10^4t，含油面积$0.48km^2$，可采储量19.0×10^4t；1997年沙斜304井区探明石油地质储量28.0×10^4t，含油面积$0.3km^2$，可采储量5.6×10^4t。

截至2005年底，沙市油田共探明石油地质储量291.38×10^4t，含油面积$6.38km^2$，可采储量65.6×10^4t。

二

沙市地区的勘探工作始于20世纪60年代，1961—1972年完成了地质普查、详查，钻井26口，均见不同程度油气显示，试油部分井获少量油流，仅沙12井在1973年1月1日对新沟嘴组下段Ⅰ油组压裂试油，获日产2.8t工业油流。

1973—1991年转入室内研究，1992年冬至1993年春完成沙市构造$60.38km^2$的三维地震，重新落实了构造。

1993年3月16日钻探沙24井，1993年6月24日对新沟嘴组下段Ⅰ油组2066.0～2071.0m井段压裂改造，江斯顿测试获日产20.6t工业油流，发现沙24井块。

1994年3月12日在沙市构造埠河断背斜高部位钻探沙26井，于新沟嘴组下段Ⅰ油组录井见油斑粉砂岩15.5m/11层，测井解释油层9.0m/5层，1994年7月29日对新沟嘴组下段Ⅰ油组1739.4～1743.4m井段进行江斯顿测试，8MPa生产压差下，获日产26.4t工业油流，发现沙26井块。

1995年1月2日在沙市油田东南部新杨场断鼻钻探沙27井，完钻井深2300m，录井发现油斑粉砂岩10层19.0m，油迹粉砂岩18.1m，电测解释油层5层18.2m，1995年4月28日对新沟嘴组下段Ⅰ油组1927.6～1953.4m井段试油，日产油32.0t，发现沙27井块。

1996年2月16日在埠河断背斜断裂带沙26断块以南，钻探沙斜304井，在新沟嘴组上段和新沟嘴组下段Ⅰ油组钻遇油层8.0m/4层，1996年5月19日对新沟嘴组上段1632.0～1652.4m试油，8MPa生产压差下，获日产4.1t工业油流，发现沙斜304井块。

第一章

油田开发

沙市油田共四个含油单元，其中沙 27 井区投入正式开发，沙 26 井区、沙 24 井区和沙 304 井区处于探井试采阶段。动用地质储量 73.38×10^4t，四个井区共钻井 19 口，15 口井投入生产。

第一节 开发历程

1995 年 3 月首先投产沙 27 井，随后滚动勘探开发。沙 27 井区共投产 9 口井，初期日产液量均在 5t 以上，但由于无能量补充，产液量快速下降。1996 年 3 月在低部位投注沙 27-4 井，注水后一线油井均见到明显效果，之后又投转注 3 口注水井，同样见到明显效果，但 1999 年 6 月之后井区产量逐渐递减，为了控制井区产量下降的趋势，一方面对高含水井进行卡堵水，另一方面对产液强度较低的井压裂改造，取得较好效果，井区产量得到了稳定。截至 2005 年 12 月，该井区共有采油井 4 口，开井 4 口，区块日产油量 10.0t，综合含水 83.94%，累计产油量 131479t，注水井 4 口，开井 2 口，累计注水 344200m^3。

沙 24 井区共投产 1 口井，即沙 24 井，该井 1993 年 7 月压裂投产，生产层位新下$_1^1$，投产初期日产液 22.6t，不含水，由于无能量补充，产液量逐渐下降，到 1995 年 4 月日产液 1.3t，日产油 0.2t，动液面 2008m，1995 年 5 月由于低产低液关井，该井累计产油 1551t。

沙 26 井区于 1994 年 7 月投产，1997 年 8 月投注，该井区 3 口油井 2 口井压裂投产，1 口井直接投产，生产层位新沟嘴组下段 I 油组，初期产量均在 20t 以上，且不含水。该井区产液能力下降很快，到 1997 年 6 月 3 口井日产液量均下降到 3t 以下，为了提高井区产液能力，于 1997 年 8 月投注水井 1 口，注水后油井均无见效迹象，该井于 2000 年 2 月注不进停注。至 2005 年 12 月，该井区共投产 4 口井，采油井 3 口，全部开井，区块日产油量 3.0t，综合含水 14.13%，累计产油量 25253t，注水井 1 口，由于吸水能力差，停注，累计注水 12269m^3。

沙 304 井区仅沙 304 井一口井于 1996 年 5 月投入试采，初期日产油 1.5 t，到 1998 年底日产油下降到 0.2t，1999 年 1 月关井，累计产油 512t。

第二节 开发现状

截至 2005 年 12 月，沙市油田共有油井 7 口，开井 7 口，日产油量 13t，累计产油 157312t，油田综合含水 2.0%，平均单井日产油量 1.8t，地质储量采油速度 0.38%，采出程度 13.11%；注水井 5 口，开井 2 口，日注水量 83m^3，累计注水量 356446m^3，月注采比 1.46，累计注采比 1.11。

第二章

钻采与地面工程

第一节 钻井与完井

一、钻井

钻井方式采用转盘加井下动力钻具的复合钻井技术，钻头采用J系列钻头和PDC钻头配合使用，使机械钻速超过5.0m/h，缩短了钻井周期。钻井液使用饱和盐水钻井液，考虑新沟嘴组地层的水敏性问题，应用自主研发的聚合物防塌剂，成功解决了地层水敏和垮塌问题；同时在钻井液中加入润滑剂降磨阻防卡钻。为防止上部地层漏失和油层伤害，在沙27井采用密度1.35～1.39g/cm^{3}饱和盐水钻井液平衡地应力和“大压差、强填充、低渗透”油气层保护措施，完井射孔自喷日产油78t。1995年5月，中国石油天然气总公司副总经理周永康到沙27井视察后评价说，油气层保护不错。

二、完井

油田均采用套管完井方式。井身结构多采用常规的二级套管结构，即ϕ339.7mm表层套管+ϕ139.7mm油层套管。因无异常压力地层，固井采用常规固井技术。

射孔枪主要采用YD−89、YD−102枪。射孔方式有负压射孔和正压射孔。射孔液考虑储层水敏特点，普遍采用活性水。

第二节 采油工程

一、举升

由于地质构造复杂，地层能量递减较快，产能低，举升配套工艺上采用小泵径、小工作参数。抽油泵多采用ϕ38mm管式泵，辅以44mm或56mm两种泵径，抽油杆采用D级杆组合。抽油机采用12型抽油机，冲程3.6m，冲次4～8次/min。由于结蜡严重，相继在部分油井采用磁防蜡器防止结蜡，如沙27、沙26、沙27-1等井。

为提高产能，油井采用加深泵挂的方式进行深抽，从2005年开始将部分油井抽油杆柱更换为H级抽油杆，在沙27井还配套使用玻璃钢抽油杆，在井下使用了扶正器和张力油管锚技术，有效改善了深抽过程中杆柱偏磨和管柱锚定问题。

二、油层改造

开发初期就开展了酸化解堵增注措施，应用的是土酸酸化，主要应用在试油作业中。1970年前后进行了 20 多井次酸化，几乎均无效，其后应用不多。1996 年开始应用浓缩酸酸化，1996 年 2 月在沙 27-6 井应用后无效，未推广应用。水井增注应用 2 口井，平均单井日增注 25m³，1998 年应用了复合酸酸化，主要用在水井增注上，应用 2 口井，1998 年 6 月在沙 26-4 井应用后，日增注 26m³。

开发初期，开始在浅井低渗透层应用压裂改造油层，压裂车组为 500 型车组，支撑剂采用石英砂，采用油管或油套环空全井压裂，压裂液主要采用原油，1970—1973 年在沙市油田应用 9 口井，平均单井加砂 1 ~ 3m³，有效 2 口，最高日增油 2t，其后压裂工艺很少应用。1993 年，引进中原油田美国斯蒂文森千型压裂设备，应用了千型井口，压裂液开始应用田菁压裂液，1993 年 1 月在沙 1 井应用后日增油 2.5t，1993—1995 年共应用 7 井次，单井平均加砂 10m³，平均单井日增油 11.9t，1995 年 9 月在沙 27-3 井应用后，日产油由 9.3t 上升到 30.8t。1996 年应用了羟丙基瓜尔胶有机硼压裂液，当年共应用 4 井次，2 井次出现砂堵，1 井次有效，1996 年 12 月在沙 27-8 井应用，平均砂液比 30%，日产油由 0t 上升到 16.5t。1996 年以后应用较少。

三、堵水

油田注水开发后，开展了油井堵水工作。主要应用的是封隔器堵水，主要应用以江 252-1 封隔器为核心的堵水管柱，2002 年在沙市油田应用 2 口井，平均单井日增油 0.6t。

四、注水

沙市油田 1996 年 3 月开始注水开发，1997 年分别建成沙 26 注水站和沙 27 注水站。

沙市油田采用全井笼统注水和分层注水两种方式，全井笼统注水主要采用光油管注水。

1997—2000 年，注水井采用的分层工具为 JH752−6 封隔器，与之配套的有偏心配水器和空心配水器。

2001—2003 年，油田又使用了 J458 封隔器，该封隔器能防止胶筒在工作条件下，产生永久变形导致的肩部破坏，从而提高封隔器抗温、抗压差性能，延长封隔器的使用寿命。

2004—2005 年底，油田所有分注井全部使用 Y341−114 封隔器，分层配水器采用的是偏心配水器，注水管柱配套使用 KPX−114 型偏心配水管柱及皮碗式底部循环阀、涂料油管和丝扣密封脂。Y341−114 封隔器自投入使用后，密封可靠、反洗畅通、使用寿命较长。

2005 年底，沙市油田有注水井 5 口，分注井 4 口，分层配注合格率为 80%。

第三节　地面工程

一、集输系统

沙市油田分散，管辖沙 24、沙 26、沙 27 等小断块。

初期井少，建简易单井拉油点，开式流程，井口采出液进高架罐装车外运。1993 年建成沙 24 单井拉油点。1994 年建成沙 26 单井拉油点。

1995 年 9 月，油田油井增加，注水开发，沙市油田地面集输系统开始新建并配套完善，为满足集中计量、供热、原油脱水、外拉油生产需要，1995 年 12 月，在沙 27 井区新建了沙 27 拉油站，设计管辖 6 口油井，设计年生产能力 2.0×10^4t，采用拉油方式，开式流程。

1996 年 9 月，沙市油田的油气水处理系统建成，设计原油外拉能力 3.7×10^4t/a，实际原油外拉 1.0×10^4t/a，原油脱水能力 36.5×10^4t/a。采用高效三相分离器进行油气水一次分离，脱出净化油装车外运，污水就地回注。

截至 2005 年，建成单井拉油点 2 座，建有单井集油管线 5.6km。

二、配套工程

1996 年 1 月，在沙 27 站内打了一口地下水源井，排量为 $60m^3/h$，于 1996 年 2 月 11 日投入使用，供该井区生产、生活用水。

沙 26 井区用水靠车辆从公安县埠河镇拉水。

沙 27 井区生产、生活用电在开发前期使用 2 台 300kW 柴油发电机发电，2001 年 12 月从沙市钢管厂变电站专柜引出建 10kV 线路 6.4km、高压电缆 1.2km 到该油田，供该井区工业、生活用电。

沙 26 井区在开发前期用 2 台 300kW 发电机供电，2001 年 6 月从公安县电力局闸北变电站毛巾厂线北 14 开关 $54^{\#}$ 杆 T 接 50m 线路，安装 160kV·A 变压器 1 台供该井区用电。

沙 24 井区在生产时，用 120kW 发电机供电。

附 录

附录一 附图

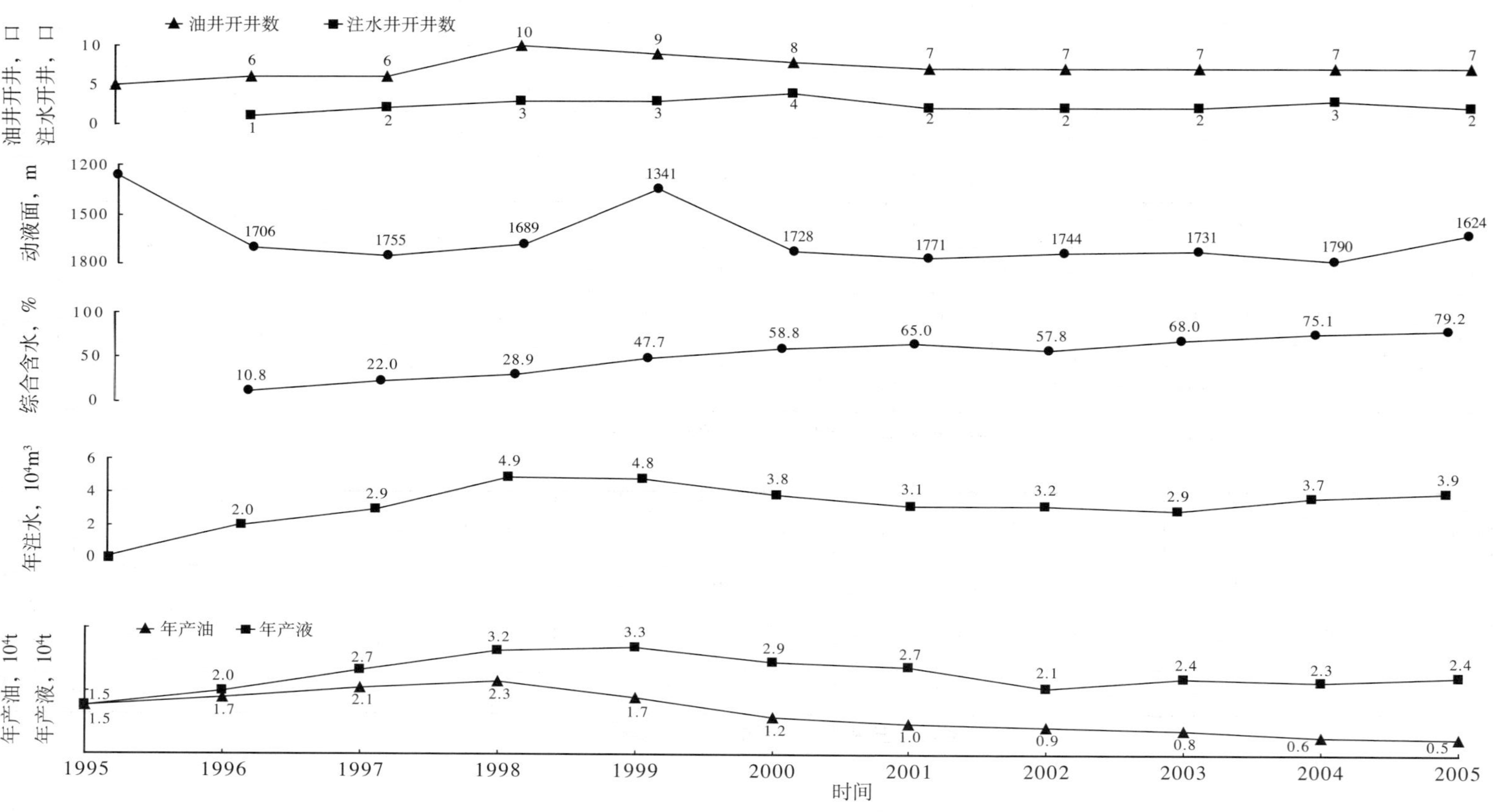

沙市油田综合开发曲线

附录二 附表

附表 1 沙市油田综合地质数据表

油田	含油面积 km^2	地质储量 10^4t	层位	油层埋藏深度 m	平均有效厚度 m	孔隙度 %	空气渗透率 mD	含油饱和度 %	地层温度 ℃	压力系数	原始地层压力 MPa	地层原油				地面原油					天然气		地层水		
												饱和压力 MPa	原始气油比 m^3/t	体积系数	地下黏度 mPa·s	密度 g/cm^3	黏度 mPa·s	凝固点 ℃	含蜡量 %	含硫量 %	相对密度	甲烷含量 %	水型	总矿化度 $10^4mg/L$	氯离子含量 $10^4mg/L$
沙市	6.38	291.4	E_X 下	1674.8 ~ 2133.0	17.7	18	165.6	70	91.7	1	19.49	2.21	10.6	1.087	2.1	0.832	7.1	28	—	—	0.78	58.3	$CaCl_2$	20.1	12.2

附表 2 沙市油田历年综合开发数据表

时间	动用储量 10^4t	油井		注水井		核实产油量		核实产水量		核实产液量		年末动液面 m	年末综合含水 %	注水量		注采比		地质采油速度 %	地质采出程度 %
		总井数 口	开井数 口	总井数 口	开井数 口	年 10^4t	累计 10^4t	年 10^4t	累计 10^4t	年 10^4t	累计 10^4t			年 10^4t	累计 10^4t	年末	累计		
1995	73.38	5	5	0	0	1.52	1.52	0.00	0.00	1.52	1.52	1259	14.9	—	—	—	—	—	—
1996	73.38	6	6	1	1	1.75	3.27	0.21	0.21	1.96	1.96	1706	8.6	2.00	2.00	—	—	—	—
1997	73.38	6	6	2	2	2.07	5.34	0.58	0.80	2.66	6.13	1755	9.6	2.94	4.94	—	—	—	—
1998	73.38	11	10	4	3	2.30	7.64	0.93	1.88	3.23	11.01	1689	10.8	4.93	10.32	—	—	—	—
1999	73.38	0	0	0	0	1.70	9.34	0.00	0.00	0.00	10.88	1341	0.0	0.00	0.00	—	—	—	—
2000	73.38	13	9	4	3	1.75	11.69	1.60	3.47	3.35	14.36	1728	6.8	4.80	15.12	—	—	—	—
2001	73.38	11	8	5	4	1.18	12.27	1.69	5.16	2.87	17.23	1771	3.8	3.83	18.95	1.09	0.95	0.87	10.06
2002	73.38	11	7	5	2	0.96	13.22	1.78	6.94	2.73	19.96	1744	3.9	3.10	22.05	1.38	0.97	0.65	10.85
2003	73.38	11	7	5	2	0.88	14.11	1.20	8.14	2.08	22.04	1731	3.1	3.18	25.24	1.39	1.01	0.67	11.58
2004	73.38	10	7	5	2	0.77	14.88	1.63	9.76	2.39	24.43	1790	2.3	2.85	28.09	1.10	1.02	0.49	12.22
2005	73.38	7	7	5	3	0.56	15.44	1.70	11.47	2.27	26.70	1624	2.0	3.67	31.76	2.30	1.06	0.44	12.69

编号： 18–016

洪湖油田志

《洪湖油田志》编纂组　编

洪湖油田
仙桃
汉
水
白庙
东
荆
河
通
顺
河
麻洋
彭市镇
夏市
毛场
毛嘴镇
潘场
杨场
通海口
北口
新沟
油田
地名
堤坝
县界
公路
河流

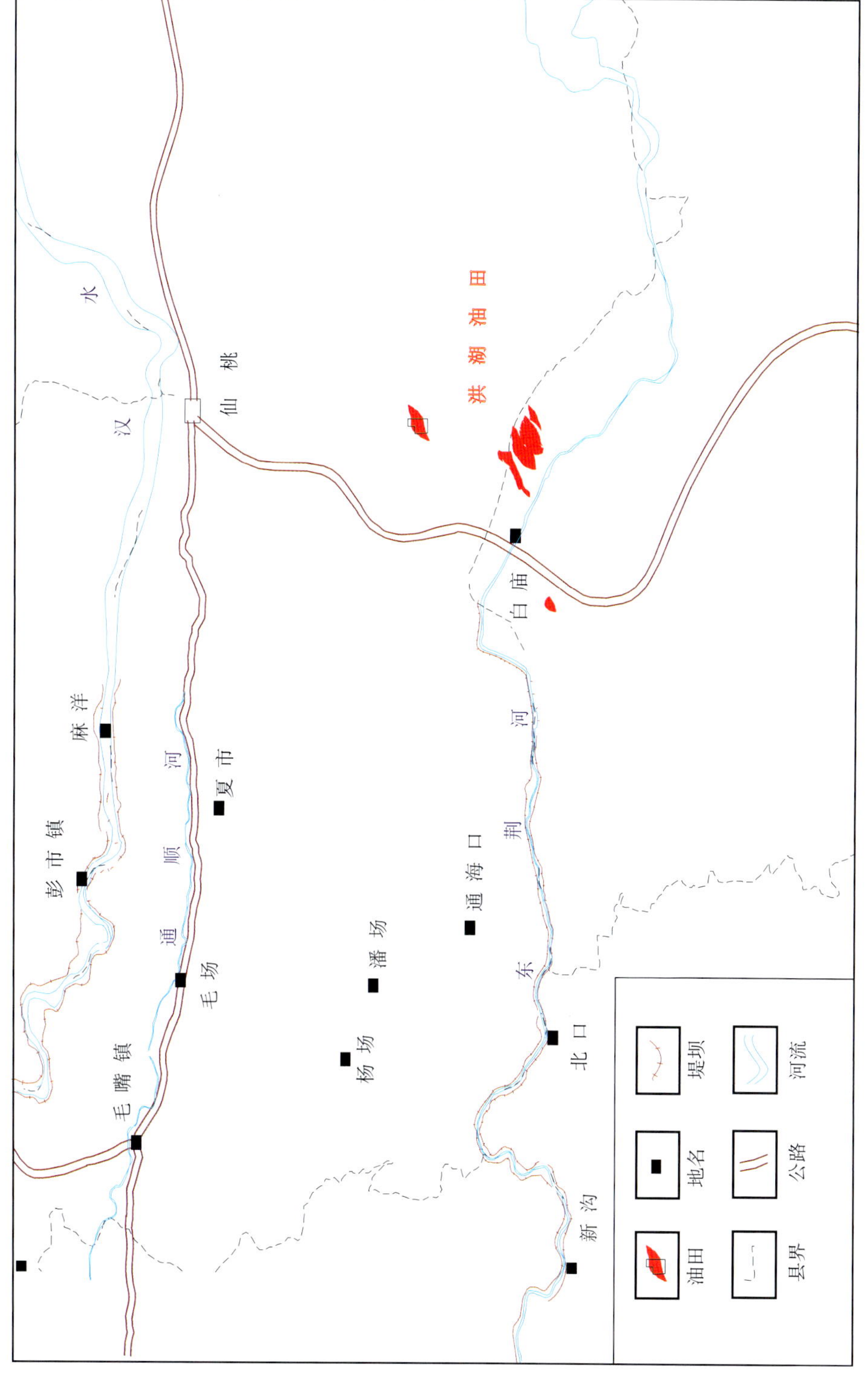

洪湖油田地理位置图

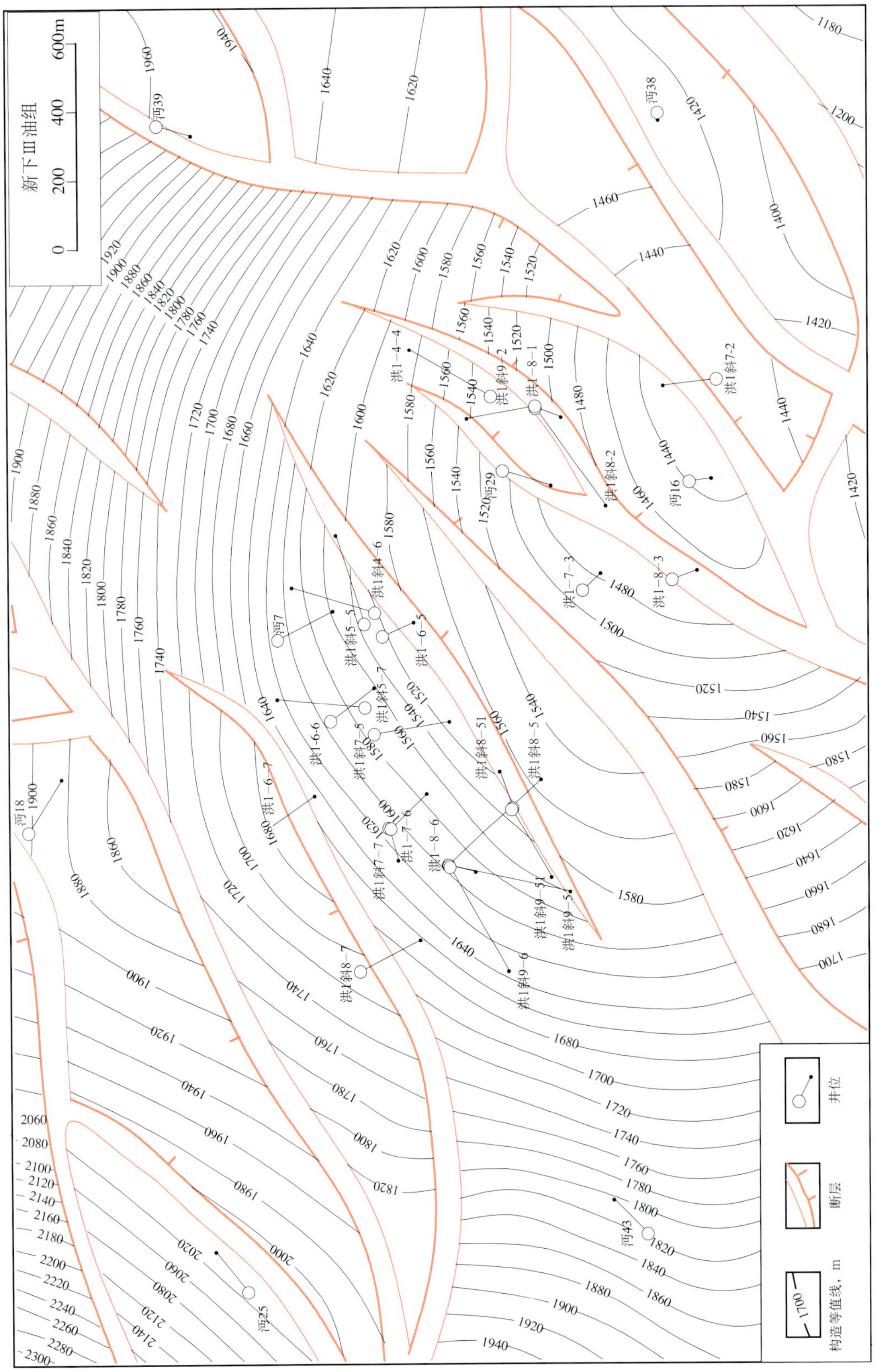

洪湖油田构造井位图

《洪湖油田志》编纂委员会

主　任：胡德高

副主任：夏志刚

成　员：刘孔章　贺　春　刘敬尧

《洪湖油田志》编纂组

组　长：王晓燕

成　员：李波峰　胡云鹏　刘　玉　袁玲想　张建国　余　英
　　　　申修志

《洪湖油田志》审核人员

初审人：夏志刚　刘孔章　贺　春

复审人：丁淑君　洪志一　赵云山　陈志超

本志目录

概　述

洪湖油田地处湖北省洪湖市白庙区赵家沟和仙桃市杨丰乡周家湾地区，位于江汉盆地沔阳凹陷中部。东荆河贯穿油区东西，区内沟渠纵横，地势平坦，稻田遍布，交通方便。洪湖油区气候温暖湿润，四季分明，属亚热带季风气候，年平均气温 15.3~16.9℃，年平均相对湿度为 80% 左右。1988 年 4 月 8 日钻探沔 7 井发现油田，随后投入开发。洪湖油田隶属中国石化江汉油田分公司江汉采油厂五七作业区采油 23 队管理。

一

洪湖油田沉积物来自东北方向的汉川物源，主要发育三角洲水下分流河道、河口沙坝、远沙坝沉积。含油气层系为古近系新沟嘴组和白垩系渔洋组，以新沟嘴组为主，其中油层主要分布在 Ex下Ⅱ、Ⅲ油组，分布稳定，其他油组（Ex上）油层发育较少。

Ex下Ⅱ、Ⅲ油组岩石组分主要为长石、石英和岩块，石英平均含量 57.8% ~ 65.2%，长石平均含量 31.9% ~ 37.2%，岩块以变质岩为主，平均含量 1.7% ~ 2.4%。胶结物以硬石膏质和泥质为主，铁白云质次之，胶结类型以孔隙式为主，接触—孔隙式次之。黏土矿物以伊利石为主，占 75.15%，绿泥石含量 12.15%，伊利石、蒙皂石有不规则混层，含量为 12.7%。Ex下Ⅱ、Ⅲ油组孔隙度 11.3% ~ 18.7%，平均孔隙度 15.2%，空气渗透率 14.7 ~ 65.4mD，平均空气渗透率 47mD。纵向上，Ex下Ⅲ油组油层物性较 Ex下Ⅱ油组好；横向上，油层物性北好南差；构造高、中部位好于低部位。Ex下段储集空间类型为孔隙型，以次生孔隙为主；储层属弱—中等速敏、弱盐敏、中等酸敏；储层岩石润湿性为亲水性。

油田 1988 年投入开发，由于构造复杂，储层变化较大，受当时地面采集条件、处理条件和处理技术的限制，地震资料品质不太理想，给地震资料的处理和解释带来很大的困难，制约了油田的滚动开发。为了加快洪湖油田的滚动开发，对三维地震资料重新进行处理，地震资料品质有所提高，运用 Geoframe 软件将新处理的三维地震资料重新进行构造精细解释，重点解剖了区域断层的结构特征，并对区域断层进行重新组合，编制出新下Ⅱ、新下Ⅲ油组顶面构造图。根据新构造研究认为：洪湖油田在凹陷中心的二级构造断裂带内，整体上地层是古斜坡构造背景，地层沿西北向东南方向抬升。区内构造破碎，断层较发育，平面上主要发育北东向正断层，各断层断距大小不一，断距最小的仅 20m 左右，最大的达到 200m 以上，断层延伸长度为 0.3 ~ 5.7km。这些走向北东向正断层横切沿西北向东南方向抬升地层，由此形成众多的小型断鼻、断块构造。

经重新研究构造后，新构造图与原构造图对比（图 1、图 2），整个构造格局有了较大变化。原构造认为沔 16、沔 7、沔 25 块被走向北东向正断层横切成三大块；新构造认为区块构造被断层进一步复杂化，在沔 7 和沔 16 块之间新增两条走向北东向，倾向东南向正断层，其中南边一条断层已被钻井证实，洪 1–8–3 井和洪 1 斜 8–2 井均已钻遇该条断层。洪 1–8–3 井地层从新下Ⅱ油组中下部断失至新下Ⅲ油组中上部，断距 90m；洪 1 斜 8–2 井地层从新下Ⅱ油组中下部断失至新下Ⅲ油组顶部，断距 43m。该条断层延伸长度为 1.38km。新增的北边正断层横切沿西北向东南方向抬升地层，形成断鼻构造背景，使油气聚集具备封闭遮挡的可能性。该断鼻圈闭面积 0.32km^2，幅度 40m。

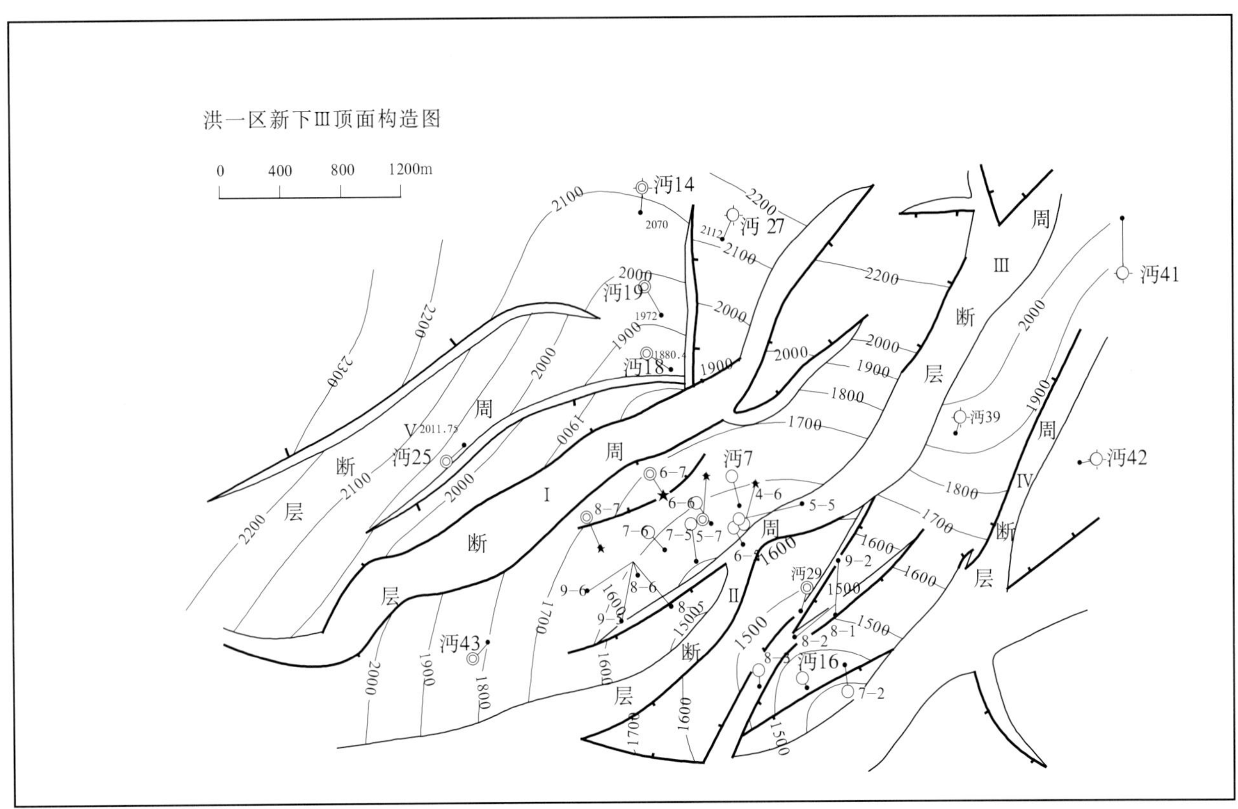

图1　老构造图

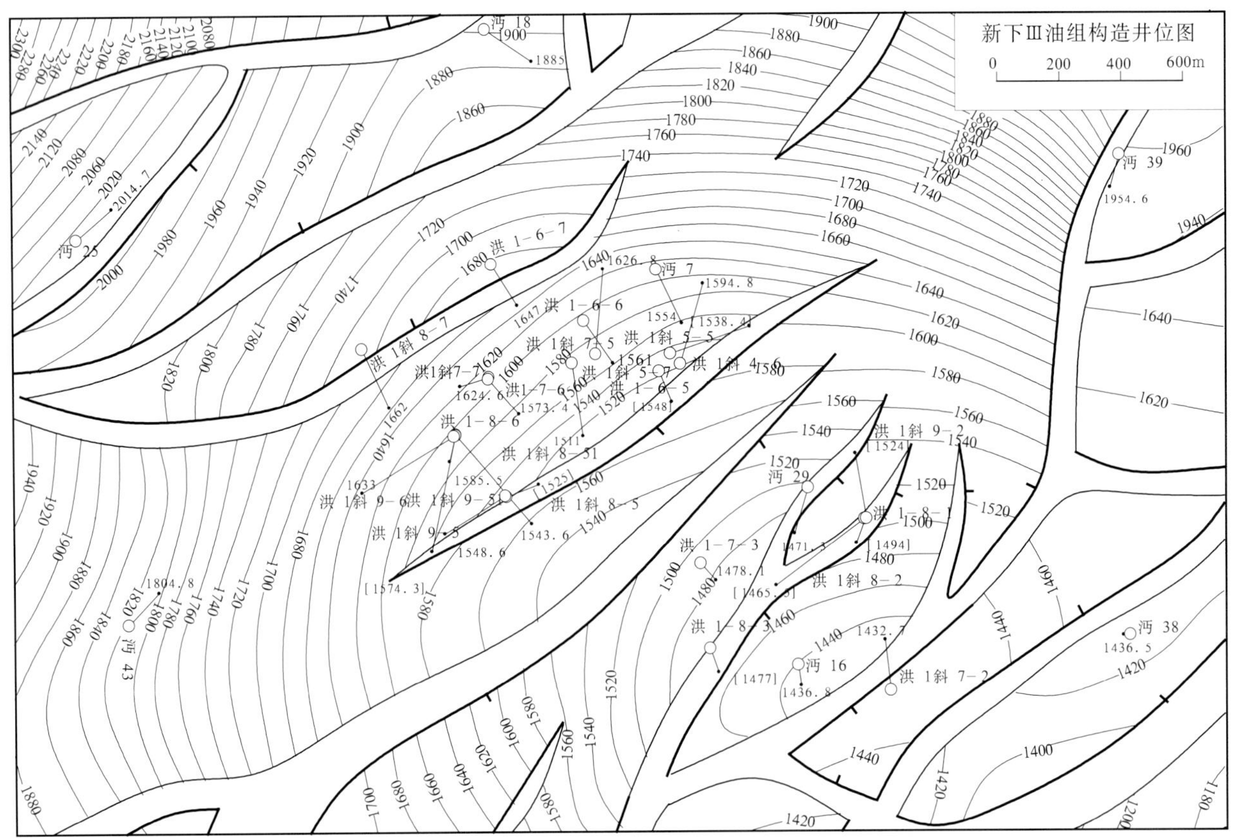

图2　新构造图

含油层系自上而下划分为新上段、新下段新下Ⅱ、新下Ⅲ油组和白垩系渔洋组渔一段。其中新下Ⅱ、新下Ⅲ油组为主要含油油组。

油层埋藏深度 1225.0 ～ 2045.2m，油层中深 1576.0m，油层厚度最大为 11.4m，一般 4 ～ 5m。油藏类型以断鼻、断块构造油藏为主，其次为岩性—构造油藏，驱动类型以弹性水压驱动为主。油藏地层温度为 68.4℃，原始地层压力为 9.87MPa。

地面原油密度为 0.787 ～ 0.885g/cm^3，平均 0.860 g/cm^3，地面原油黏度为 2.82 ～ 85.3mPa·s，平均为 26.6mPa·s，含硫量 0.03% ～ 1.57%，平均为 0.38%，凝固点 10 ～ 34℃，平均为 27.8℃。

地层水总矿化度平均为 19.9×10^{4}mg/L，Cl^- 含量平均 12.4×10^{4}mg/L，水型为 Na_2SO_4 型。地层原油黏度为 2.9 ～ 7.5mPa·s，平均 5.2mPa·s，原油体积系数 1.082 ～ 1.097，原始气油比 14.0m^3/t，饱和压力 4.03 MPa。

二

洪湖油田截至 2005 年底共探明 6 个含油区块（沔 7、沔 25、沔 16、沔 31、沔 48、沔 38）。

1962 年开始对沔阳凹陷白垩—新近系、古近系地层进行油气勘探，所钻探井仅见油气显示或获少量油流。

进入 20 世纪 80 年代，油田开始对沔阳凹陷进行重新评价，发现凹陷新沟嘴组发育一套高效生油岩，尽管厚度薄、分布范围小，但有机质丰度及成熟度较高，具有一定的资源潜力和勘探价值；凹陷中北部是油气勘探最有利地区。

1983 年对汉河口构造上的洪 3 井复查试油，于白垩系获日产 1.0t 原油，洪 32 井于新沟嘴组上段获日产 1.5t 原油，证实该区新沟嘴组和白垩系具有工业勘探价值。

1986 年在该区开展数字地震勘探，发现和落实了一批局部圈闭。1987 年 12 月优选周家湾断鼻钻探沔 7 井，1988 年 1 月由江汉油田钻井公司钻探，完钻井深 2036.21m，于 Ex^{下}Ⅱ、Ⅲ油组发现油层 4 层 6.0m，对 Ex^{下}Ⅲ油组 1600.2 ～ 1609.4m 井段实施江斯顿测试，获日产 13.2t 工业油流，从而打开了沔阳凹陷勘探局面，发现了洪湖油田。沔 7 区块含油面积 1.90km^2，地质储量 90.00×10^{4}t。

1988 年 8 月、11 月，由江汉油田钻井公司在沔 7 含油区块两侧分别钻探沔 25 井获日产原油 2.8t、沔 16 井获日产原油 7.9t，发现沔 25 及沔 16 含油新区块。沔 25 区块含油面积 1.20km^2，地质储量 48.00×10^{4}t。沔 16 区块含油面积 2.20km^2，地质储量 118.00×10^{4}t。

1997 年冬至 1998 年春在白庙地区完成 56.25km^2 三维地震，在开先台断块钻探沔 31 井，于 Ex^{下}Ⅱ油组和白垩系录井见油斑粉砂岩 9 层 14.0m，油迹粉砂岩 4 层 8.5m，对白垩系 1653.0 ～ 1659.6m 井段 2 层 2.2m 油层试油，获 5.0t/d 工业油流，发现沔 31 含油区块，含油面积 1.30km^2，地质储量 19.00×10^{4}t。

1998 年 7 月，由江汉油田钻井公司在江汉盆地沔阳凹陷戴家场隆起带钻探沔 48 井，发现沔 48 含油新区块，含油面积 0.50km^2，地质储量 5.00×10^{4}t。

2002 年在沔 16 含油区块的东部颜家湾断块钻探沔 38 井，于 Ex^{下}Ⅱ油组测井解释油层 2.4m/2 层；对 Ex^{下}Ⅱ油组 1356.0 ～ 1358.8m 井段试油，日产油 2.0t，发现沔 38 含油区块，含油面积 0.50km^2，地质储量 9.00×10^{4}t。

截至 2005 年 12 月，共探明含油面积 7.6km^2，探明地质储量 289×10^{4}t。其中动用含油面积 4.1km^2，动用石油地质储量 208×10^{4}t，标定可采储量 42.3×10^{4}t，采收率为 14.6%。

洪湖油田三维地震已全部覆盖，共探井 28 口，取心井 13 口，发现 6 个含油区块，其中沔 7、沔 16 井区已全面投入开发，沔 25、沔 31、沔 38、沔 48 井区未投入开发。

大事记

1988年

4月 钻探沔7井，发现洪湖油田。

7月 洪湖油田投入试采。

8月 在周家湾地区钻探沔25井获日产原油2.8t，发现沔25含油新区块。

11月 在周家湾地区钻探沔16井获日产原油7.9t，发现沔16含油新区块。

1990年

1月 进行注水开发试验。

1991年

12月 建成洪一区计量站。

1992年

2月 洪湖油田投入正式开发。

1998年

2月 在白庙地区开先台断块钻探沔31井获5.0t/d工业油流，发现沔31含油区块。

2002年

10月 在颜家湾断块钻探沔38井获日产油2.0t，发现沔38含油区块。

第一章

油 田 开 发

洪湖油田于1988年7月投入滚动开发，1991年12月投入注水开发。于1992年底完成产能建设期，年产油达到最高值 3.17×10^4t，至2005年12月共钻井49口。

第一节　开发历程

洪湖油田已开发区块含油层位为Ex下Ⅱ、Ⅲ油组，1988年由研究院李素娥编写，丁淑君、韩定荣审核通过《洪湖油田滚动开发方案》，采用一套开发层系，300m井距面积井网，反七点法布井以沔7井为中心布井，作为一个井组，预定1989年钻井4口，其中油井2口水井2口，以机械采油、边缘加点状注水方式生产，预计井组日产油45t，年产油 1.35×10^4t，采油速度5.7%。实际当年年底产油仅 0.4×10^4t，未达到方案预期指标。油田经历了试采阶段、滚动上产阶段、稳产阶段、递减阶段、低速开发阶段等五个阶段（图1–1）。

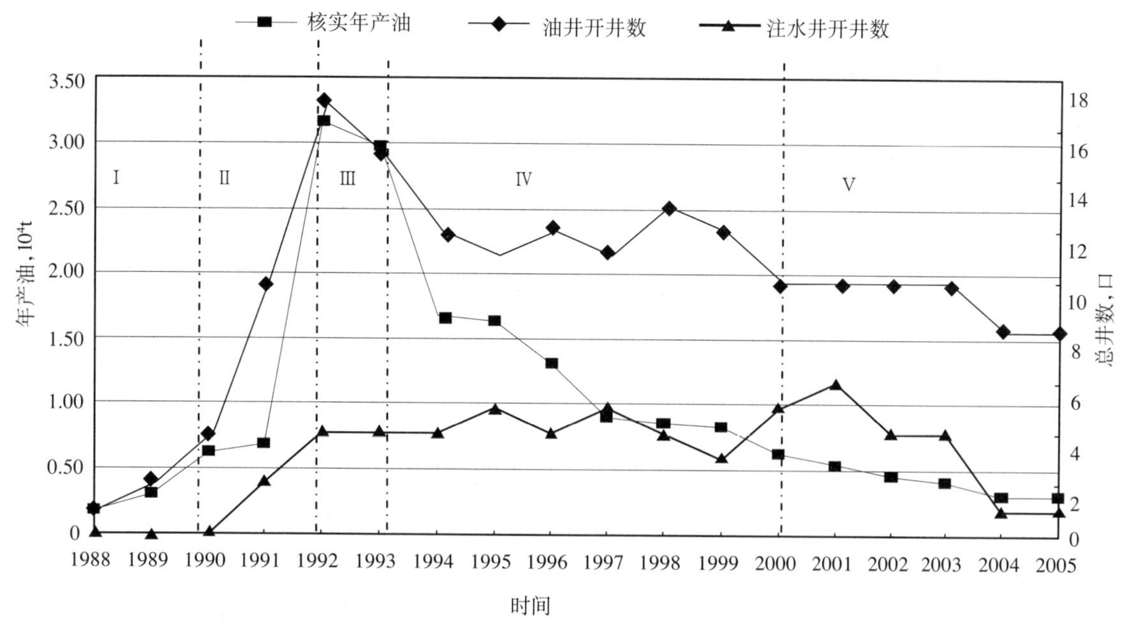

图1–1　洪湖油田开发阶段划分图

试采阶段(1988—1990年)。该阶段主要任务是实施试采、完成开发方案设计部署，进一步对构造形态、圈闭类型、断层分布、储集类型、储层横向变化及展布、油水关系、驱动类型等油藏主要特征进行深入细致的研究，取得了比较清楚的认识。在此基础上，完成了整个构造带的探明储量计算工作。

洪湖油田为中低孔低渗油田，油井投产初期产量较高，但由于油藏天然能量不足，地层压力下降较快，导致产量迅速下降。1988—1990 年共有 11 口油井投入试采，采出地质储量 0.93%，地层压力下降 6.94MPa。该阶段暴露的主要问题是油藏天然能量不足，地层压力下降较快。油层压力较低，无自喷能力。

滚动上产阶段（1991—1992 年）。为了重点勘探沔北，开发洪湖油田，择优滚动建产，1990 年 5 月，由江汉石油管理局勘探开发研究院王正元、杨再旗编写，局总地质师戴世昭审核了《滚动勘探开发方案》，计划“八五”期间新增基本探明储量 500×10^4t，建产能 5×10^4t（其中，洪湖油田 3×10^4t，沔北 2×10^4t）。根据方案要求，洪湖油田属复杂断块油田，储量逐年动用，逐年建产能，开发工作按滚动开发技术政策执行，先整体部署分批实施，在近两年的滚动开发方案过程中，已完钻 25 口井，其中开发井 20 口，洪湖油田基本达到方案设计指标。1992 年 1—10 月全区日产油 103t，折算年产油 3.19×10^4t，年产液 3.19×10^4t。

洪湖油田天然能量不足，靠弹性能量开采。油田投产后，压力急剧下降，产量随之下降。针对弹性开采中暴露的主要问题，在实施滚动开发方案过程中，以沔 7 井区为实验区开展注水实验，经过近一年的注水开发，洪湖油田见到明显效果，产量回升，1992 年 8 月份日产油量达 122t，产量增长幅度很明显，没有一口油井见水，存水率 1.0，驱油效率高。同时，注水开发恢复保持了地层压力，洪湖油田总压差在投入注水开发后，已基本趋于稳定并略有回升。在弹性开采时单储压降达到 2.31MPa，投入注水后仅 10 个月单储压降降为 0.37MPa。注水见效保持恢复了地层压力。如沔 7 井注水前地层压力为 8.58MPa，注水后很快恢复到 8.8MPa。投入注水后，洪湖油田在采油速度为 1.5% 左右时，压力和产量稳定，注水开发成功。

稳产阶段（1993 年）。1993 年洪湖油田在没有新井投入的情况下，完善的注采井网使产量相对比较稳定。经过一年多的注水开发，恢复保持了地层压力，产量回升。1993 年 1—7 月，日产油量都在 75t 以上，进入 8 月份 17 口油井中有 14 口见水，综合含水达到 47.68%。通过对洪 1–6–7 井实施动态调水，9 月份，综合含水控制在 20.55%。

1993 年 12 月，洪湖油田共有油井总数 17 口，开井 15 口，水井开井 4 口，日注水 $102m^3$，年产油量 29788t，累计产油 80820t。井区日产油 66t，综合含水 31.18%。

递减阶段（1994—2000 年）。该阶段主要是油田的综合含水上升，井下技术状况变差等因素影响产量。1998 年 11 月至 1999 年 1 月在该区新钻 3 口调整井，开采效果不理想，终止了该块的调整工作。

到阶段末有油井总数 12 口，开井 8 口，注水井总数 7 口，开井 5 口，日注水 $63m^3$，累计产油 159475t。井区日产油由 63t 下降至 10t，综合含水由 37.45% 上升到 82.90%。

低速开发阶段（2001—2005 年）。该阶段由于平面及层间矛盾日益突出，以及开发工艺难以突破，使得该井区开发水平很低，采油速度低。

第二节　开发现状

2005 年 12 月洪湖油田有油井总数 10 口，水井 3 口，12 月油井开井 8 口，井口日产油 9t，日产水 44t，综合含水 83.11%，注水井开井 1 口，日注水 $35m^3$，月注采比 0.75，平均动液面 2086m，平均沉没度 300m 左右。截至 2005 年 12 月底，洪湖油田累计产油 17.9697×10^4t，地质储量采出程度 8.64%，采油速度 0.16%，可采储量采出程度 93.11%，剩余可采储量采油速度 19.71%，累计注水 $53.0227\times10^4m^3$，累计注采比 1.07，累计地下亏空 $3.6617\times10^4m^3$。

截至 2005 年，洪湖油田建成拉油注水站 1 座，零散单井拉油点 2 座，设计原油外拉能力 3.5×10^4t/a，原油脱水能力 36.5×10^4t/a，实际脱水处理 3×10^4t/a。建有单井油管线 8km。

第二章

钻采与地面工程

第一节　钻井与完井

一、钻井

勘探开发初期，钻井方式主要采用吊打防偏钻直井技术，钻井周期较长。1991 年开始应用转盘加井下动力钻具的复合钻井技术，并结合应用 PDC 钻头，大大地提高了机械钻进速度，缩短了完井周期。考虑到油田新沟嘴组地层具有水敏性，钻井液体系一开采用正电胶纳土浆，二开采用三复合盐钻井液。同时使用自主研发的聚合物防塌剂，提高钻进过程中防塌、携砂、防卡等性能。

二、完井

油田均采用套管完井方式。井身结构采用常规的二级套管结构，即 ϕ339.7mm 表层套管 +ϕ139.7mm 油层套管。由于无异常压力地层，固井采用常规固井技术。射孔早期使用 57–103 枪，1991 年后逐渐推广应用 YD–89 枪。射孔方式为正压射孔，因储层的水敏特点，故采用活性水射孔液。

第二节　采油工程

一、举升

1988 年洪湖油田投入开发，采取机械采油的开采方式生产。1988 年 9 月第一口油井沔 7 井开抽，日产达 60t。

洪湖油田开发当中，针对采油井泵浅、液面高、抽油机悬点负荷小等特点，抽油泵主要使用 ϕ38mm 管式泵，抽油杆多采用 D 级杆，选用老 10 型抽油机，冲程多为 3m，冲次多为 6 ~ 9 次 /min。

二、清防蜡

在洪湖油田的生产管理中，对井筒管理影响最大的是蜡。油田主要采取以化学清防蜡为主，热力清蜡为辅的管理方式。2001 年以前，使用 BJ 系列油基清防蜡剂，清防蜡效果良好，得到了很广泛的应用，但缺点是含有机氯、二氧化碳对设备具有腐蚀性。2001 年，油田开始使用无氯、无硫清防蜡剂。在长期探索总结下，针对不同条件单井提出四种加药方式，即周期性小剂量套管加药、定期大剂量套管加药进行油套循环、油管直接加药浸泡、临时超大剂量套管加药进行油套循环。随着地质条件、开发现状等条件的变化，清防蜡剂的选择也趋于多样化。

三、注水

1991 年洪湖油田投入注水开发，有注水井 2 口，采用光管注水。1994 年洪湖油田开始采用分层注水工艺。分层注水工具为 JH458 封隔器。配水器采用偏心配水器和空心配水器两种。1994 年底有注水井 6 口，其中分注井有 3 口。

1998 年，由于空心配水管柱对注水层数有限制，不能满足油田发展需要，于是油田全部使用偏心配水管柱，利用 Y341−114 深井注水封隔器与 0665−2 型偏心配水器和 952−1 底部循环阀组成偏心分注管柱。2005 年底，洪湖油田有注水井 9 口，其中分注井 6 口。

四、油层改造

1989 年开发初期应用了土酸酸化，主要应用在试油作业中，应用井次较少。1994 年针对低渗油田酸化，应用了浓缩酸酸化，1994—1995 年在洪湖油田应用 4 井次，1994 年 5 月在洪 1−6−6 井应用后，日产油由 0t 上升到 6.1t。1995 年以后酸化措施应用较少。

压裂应用主要集中在 1991—1992 年，主要应用田菁压裂液。压裂车组应用 1000 型压裂车组，施工排量达到 2.5 ~ 3m^3/min，支撑剂采用石英砂，1991—1992 年在洪湖油田应用 18 井次，有效 11 井次，平均砂液比 26.7%，单井平均加砂 15.6m^3，平均单井日增油 8.4t。1992 年 1 月在洪 1−8−6 井应用后，日产油由 5.1t 上升到 24t。1992 年以后压裂措施应用较少。

第三节　地面工程

一、集输系统

洪湖油田是边远分散小断块油田，油气水集输系统建设经历了零散高架罐单井拉油、油气集输系统（集中计量、处理、供热、拉油）阶段。

1986 年，洪 3 井试采，建单井拉油点。

后新建洪湖油田计量拉油注水站，包括原油处理区、注水区、生活区，其中注水系统予留。该站建成于 1991 年 12 月，设计集油能力 4×10^4t/a，建成产能 3.5×10^4t/a，将单井拉油点改扩建为具有集油、计量、供热、脱水、污水处理、污水回注等功能的拉油注水站。由于边滚动边生产，洪湖油田整个集油管网、热水管网采用三管流程，集油干线采用三管伴热，井口计量、计量站分散供热。1994 年 8 月，新建脱水系统，采用高效三相分离器对油气水一次分离，安装 ϕ3000mm × 9600mm 高效脱水分离器。

截至 2005 年，洪湖油田建成拉油注水站 1 座，零散单井拉油点 2 座，设计原油外拉能力 3.5×10^4t/a，原油脱水能力 36.5×10^4t/a，实际脱水处理 3×10^4t/a。建有单井油管线 8km。

二、配套工程

洪湖油田电源采用 630kV 柴油发电机发电，随着生产油井负荷的减小，后改用 300kW 发电机发电，到 2002 年 11 月从洪湖市峰口镇白庙 35kV 供电站建成一条长 6km 专线到洪湖油田简易变电站，安装变压器 2 台，315kV·A 变压器为冬季使用，250kV·A 变压器为夏季使用，油井供电为 1140V。

供水水源取自 1989 年 9 月打的一口深 120m，日产水量为 1200m^3 的地下水源井。1991 年 5 月又打了一口水源井作为备用。

附　录

附录一　附　图

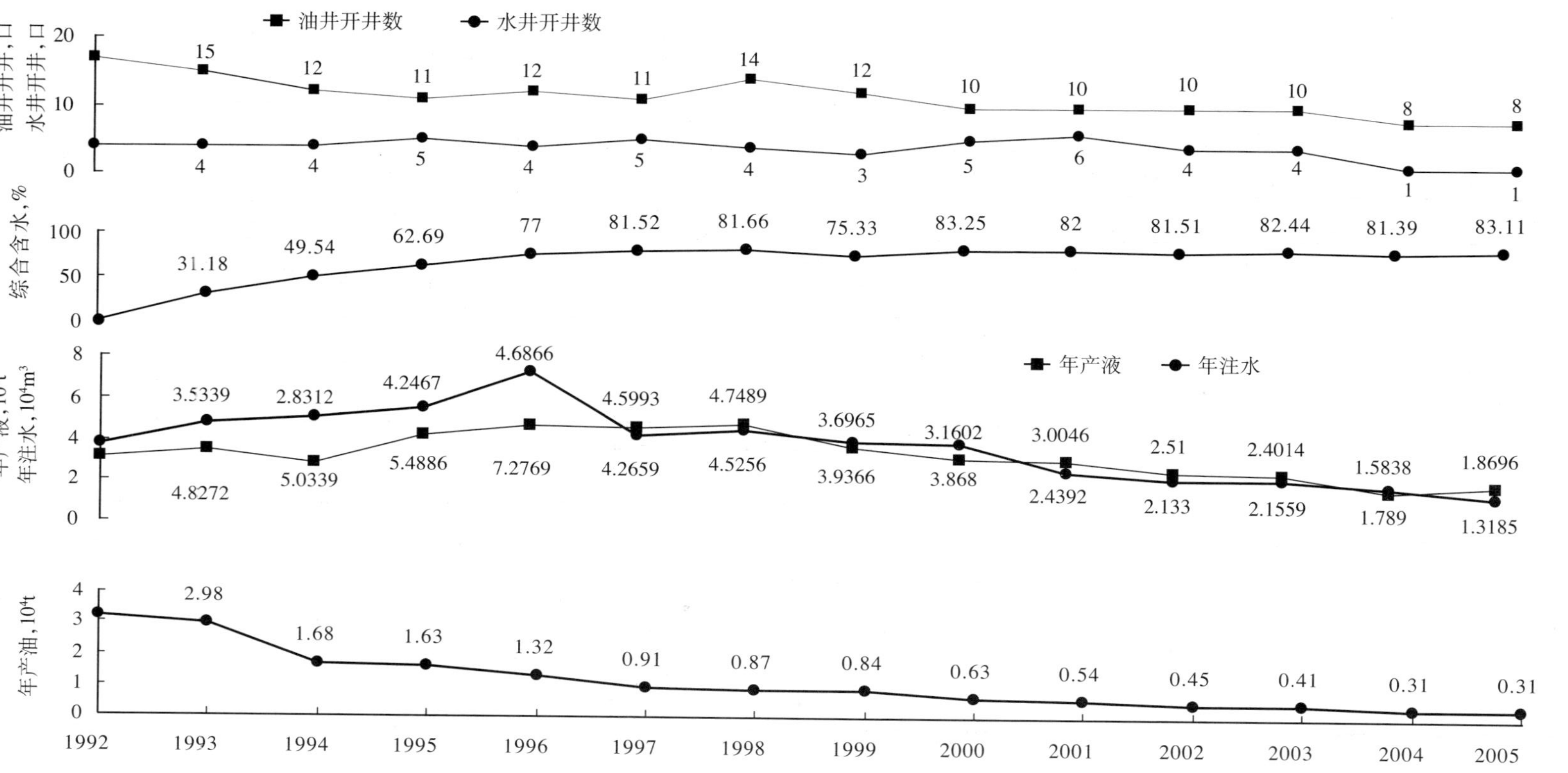

洪湖油田开采综合曲线图

附录二 附 表

附表 1 洪湖油田综合地质数据表

油田	含油面积 km²	层位	油层埋藏深度 m	平均有效厚度 m	孔隙度 %	空气渗透率 mD	含油饱和度 %	地层温度 ℃	压力系数	原始地层压力 MPa	地层原油				地面原油					天然气		地层水		
											饱和压力 MPa	原始气油比 m³/t	体积系数	地下黏度 mPa·s	密度 g/cm³	黏度 mPa·s	凝固点 ℃	含蜡量 %	含硫量 %	相对密度	甲烷含量 %	水型	总矿化度 10⁴mg/L	氯离子含量 10⁴mg/L
洪湖	7.6	Ex	1576	5.1	15.2	47	65	68.4	0.98	9.87	4.03	14	1.076	5.2	0.86	26.6	27.8		0.03 ~ 1.57	0.7758	58.08	Na_2SO_4	19.9	12.4

附表 2 洪湖油田开采综合数据表

时间	油井		注水井		核实产油量		核实产水量		核实产液量		年末动液面 m	年末综合含水 %	注水量		注采比		地质采油速度 %	地质采出程度 %	动用储量 10⁴t
	总井数 口	开井数 口	总井数 口	开井数 口	年 10⁴t	累计 10⁴t	年 10⁴t	累计 10⁴t	年 10⁴t	累计 10⁴t			年 10⁴m³	累计 10⁴m³	年末	累计			
1992	17	17	4	4	3.17	5.10	0	0.01	3.17	5.11	—	0.00	3.75	3.96	1.08	0.60	1.52	2.45	208
1993	17	15	4	4	2.98	8.08	0.56	0.56	3.53	8.64	—	31.18	4.83	8.79	1.00	0.82	1.43	3.89	208
1994	15	12	6	4	1.68	9.76	1.15	1.71	2.83	11.48	—	49.54	5.03	13.83	1.25	0.98	0.81	4.69	208
1995	15	11	6	5	1.63	11.40	2.61	4.32	4.25	15.72	—	62.69	5.49	19.31	1.00	1.00	0.79	5.48	208
1996	14	12	7	4	1.32	12.72	3.37	7.69	4.69	20.41	—	77.00	7.28	26.59	0.87	1.08	0.63	6.11	208
1997	13	11	8	5	0.91	13.63	3.69	11.38	4.60	25.01	—	81.52	4.27	30.86	1.61	1.07	0.44	6.55	208
1998	16	14	6	4	0.87	14.49	3.88	15.26	4.75	29.76	—	81.66	4.53	35.38	1.10	1.07	0.41	6.96	208
1999	14	12	7	3	0.84	15.33	2.86	18.12	3.70	33.45	—	75.33	3.94	39.32	1.37	1.08	0.40	7.36	208
2000	14	10	7	5	0.63	15.96	2.53	20.65	3.16	36.61	—	83.25	3.87	43.19	0.73	1.09	0.28	7.67	208
2001	14	10	7	6	0.54	16.51	2.46	23.11	3.00	39.62	—	82.00	2.44	45.63	1.16	1.08	0.20	7.94	208
2002	14	10	7	4	0.45	16.95	2.06	25.18	2.51	42.13	—	81.51	2.13	47.76	1.24	1.08	0.22	8.15	208
2003	14	10	7	4	0.41	17.36	1.99	27.17	2.40	44.53	—	82.44	2.16	49.92	0.90	1.08	0.20	8.35	208
2004	10	8	3	1	0.31	17.67	1.28	28.44	1.58	46.11	—	81.39	1.79	51.70	1.09	1.08	0.13	8.50	208
2005	10	8	3	1	0.31	17.99	1.56	30.00	1.87	47.98	—	83.11	1.32	53.02	0.75	1.07	0.16	8.65	208

编号：18–017

新沟油田志

《新沟油田志》编纂组　编

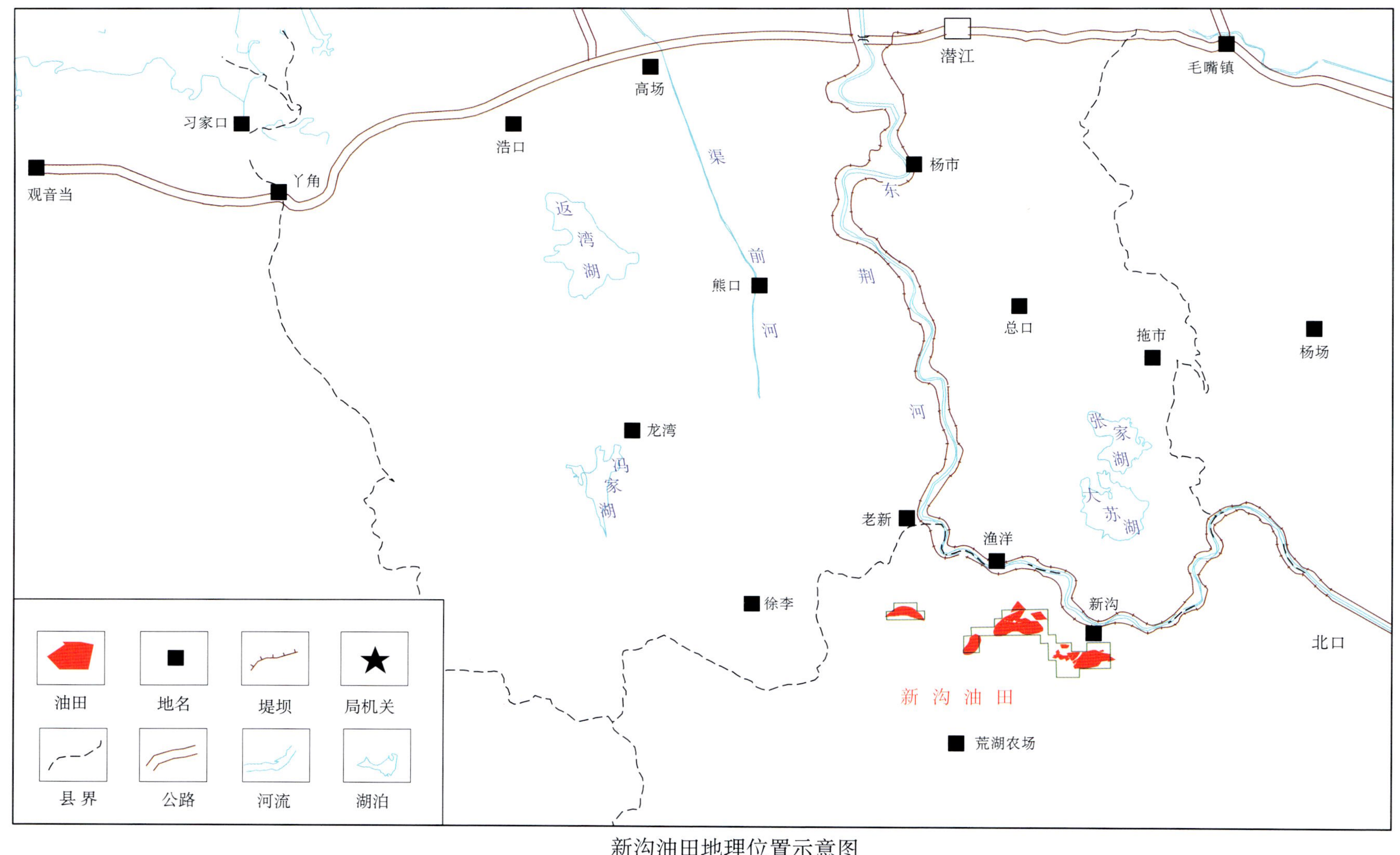

新沟油田地理位置示意图

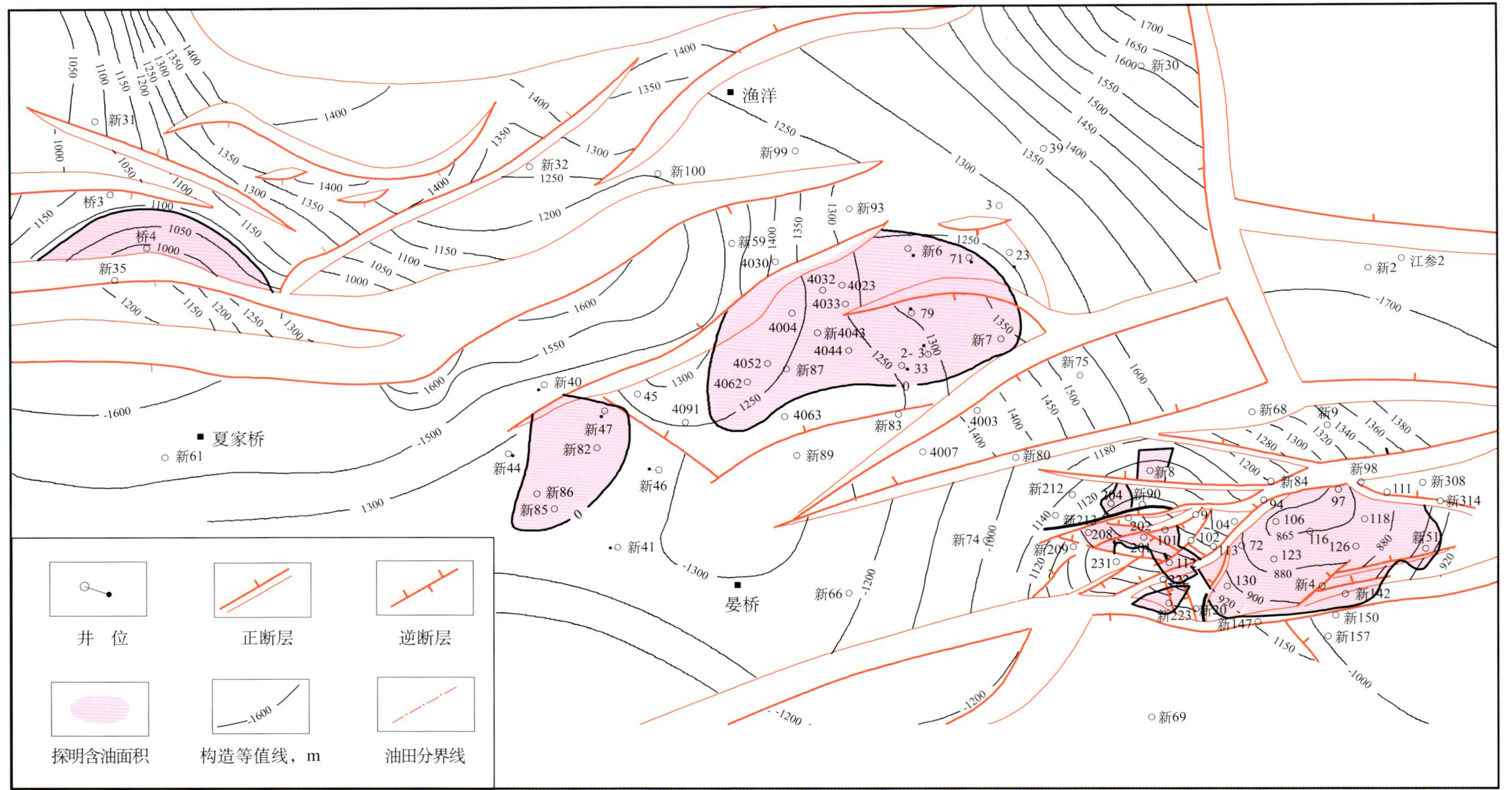

新沟油田构造井位示意图

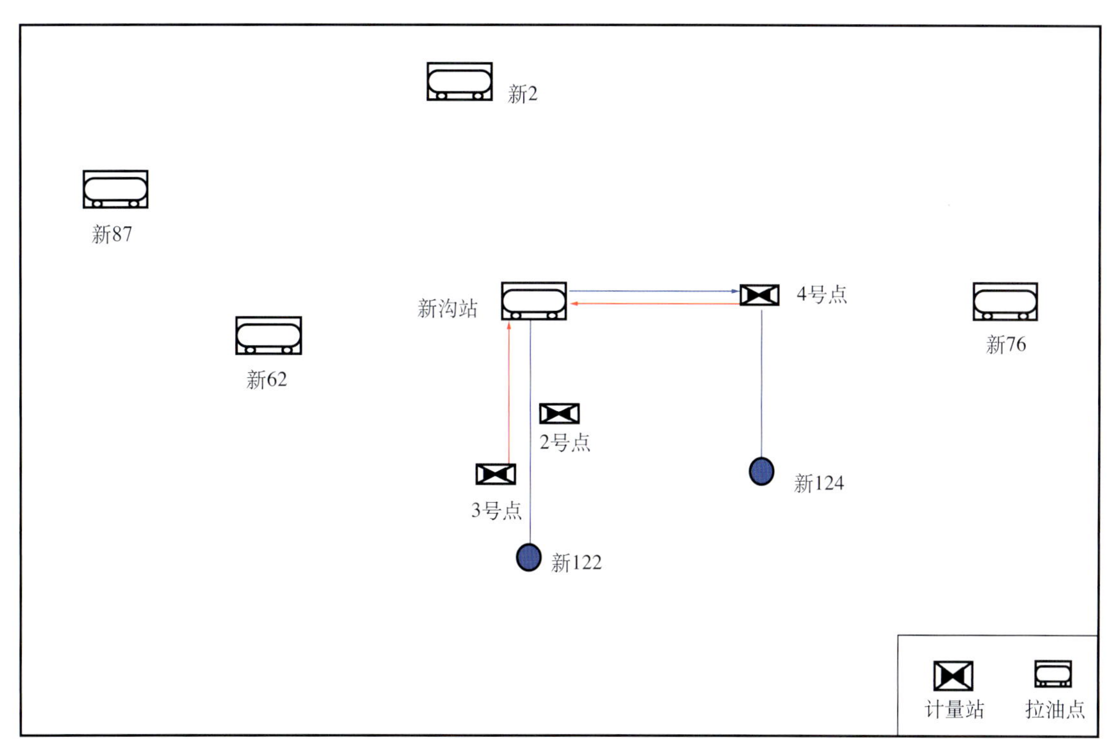

新沟油田集输管网示意图

《新沟油田志》编纂委员会

主　任：胡德高

副主任：夏志刚

成　员：刘孔章　贺　春　刘敬尧

《新沟油田志》编纂组

组　长：马　敏

成　员：刘敬尧　李波峰　胡云鹏　刘　玉　袁玲想　张建国
余　英　申修志

《新沟油田志》审核人员

初审人：夏志刚　刘孔章　贺　春

复审人：杜修宜　邓江洪　洪志一　赵云山　张志强

本志目录

概　述

新沟油田位于湖北省监利县新沟镇境内，地面条件为平原，交通便利。区域构造位于潜江凹陷西南丫角—新沟低凸起，西北与老新油田相邻。于1970年发现，1981年12月正式投入开发，为江汉盆地丫角—新沟低凸起中的一个低渗透油田。现由中国石化江汉油田分公司江汉采油厂管理。

一

新沟油田总体上为断层复杂化的断块、断鼻构造，由新一区、新二区和桥4块组成。新一区为断块构造，被北东东向、北东向、北西向断层切割成三大含油断块（新4断块、新62断块、新204断块），构造东高西低（图1）。新二区为背斜背景上断层复杂化的断块构造。区内断层发育，共有18条正断层，分为北东向、北西向和近东西向三组，断距大小不等，延伸长度不一，但大都对油水起封隔作用（图2）。桥4块是受晏桥断层控制的一个正向断鼻构造，圈闭面积0.8km²，闭合高度150m，高点埋深1125m，圈闭可靠。

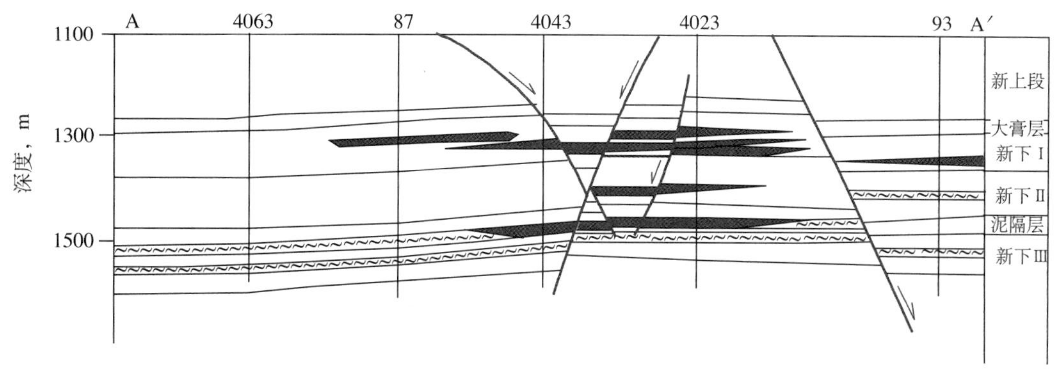

图1　新一区油藏剖面示意图

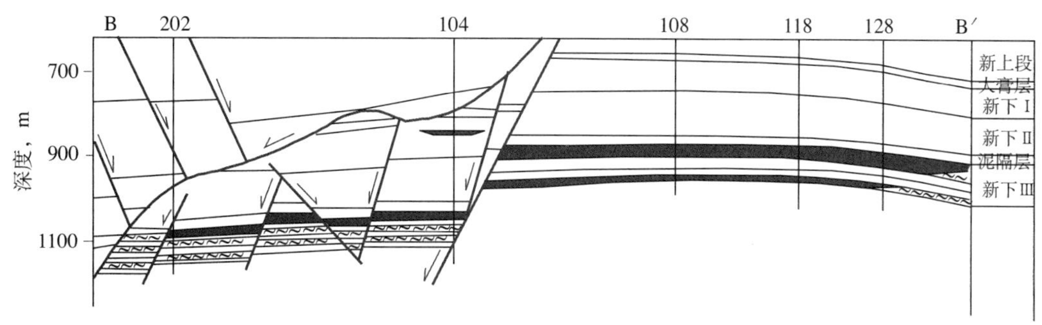

图2　新二区油藏剖面示意图

据江汉石油管理局地质处勘探室刘树宽、杨宗起1975年4月编写的《新沟—老新地区地质勘探总结》，新沟油田发育一套古近系和白垩系陆相地层，自上而下有：第四系平原组，新近系广华寺组，古近系潜江组、荆沙组、新沟嘴组。新沟嘴组一段上部为紫色、灰色泥岩，含膏泥岩，沉积稳定，厚

187.5 ~ 291m。新一段下部是本区主要含油层，自上而下分大膏层、Ⅰ油组、Ⅱ油组、泥隔层、Ⅲ油组。Ⅲ油组是本区主要含油层，岩性为灰色、深灰色泥岩与砂岩的互层，厚 69.5 ~ 122m。

新沟嘴组下段沉积时，该区处于远离物源的闭塞环境，属于湖泊远岸滩坝沉积，进一步可划分为沙坝、远岸滩砂、湖盆泥岩三个微相单元，新下Ⅲ油组远岸湖滩砂分布广，形成连片的砂岩体，局部加厚形成小型沙坝。新下Ⅲ油组上部沙坝较发育，新下Ⅰ、Ⅱ油组主要为滩砂沉积。

新沟油田物源来自潜江凹陷西北部，储集层岩性为粉砂岩，平均孔隙度为 19.5%，空气渗透率 45mD，有效渗透率 24mD。孔喉半径中值 5.46μm，属低渗透油层。胶结物以白云质、灰质为主，平均含量 24.3%，胶结类型以孔隙式为主。黏土成分为伊利石和绿泥石。桥 4 块砂岩不发育，储层横向变化大，储集条件差，储层岩性为粉砂岩，储层孔隙度 17.0%。

新沟油田主要油层分为古近系新沟嘴组下段Ⅰ油组、Ⅱ油组、Ⅲ组油等三套含油层系（图 3），其中新下Ⅲ油组为主力油组，Ⅰ油组次之，Ⅱ油组只有少数井出油。新一区、新二区埋藏深度 687.6 ~ 1459.8m，油层平均有效厚度 3.7m。油藏形成主要受断层和岩性变化的影响。新一区以断层—岩性油藏为主，新二区以岩性油藏为主，其次为断鼻油藏，桥 4 块为断鼻油藏。新沟油田由于断层发育，油田被切割成若干大小不一的断块，各断块有各自的油水系统，无统一的油水界面，同一断块不同小层油水界面也不一致，以小层为单元划分油水界面。

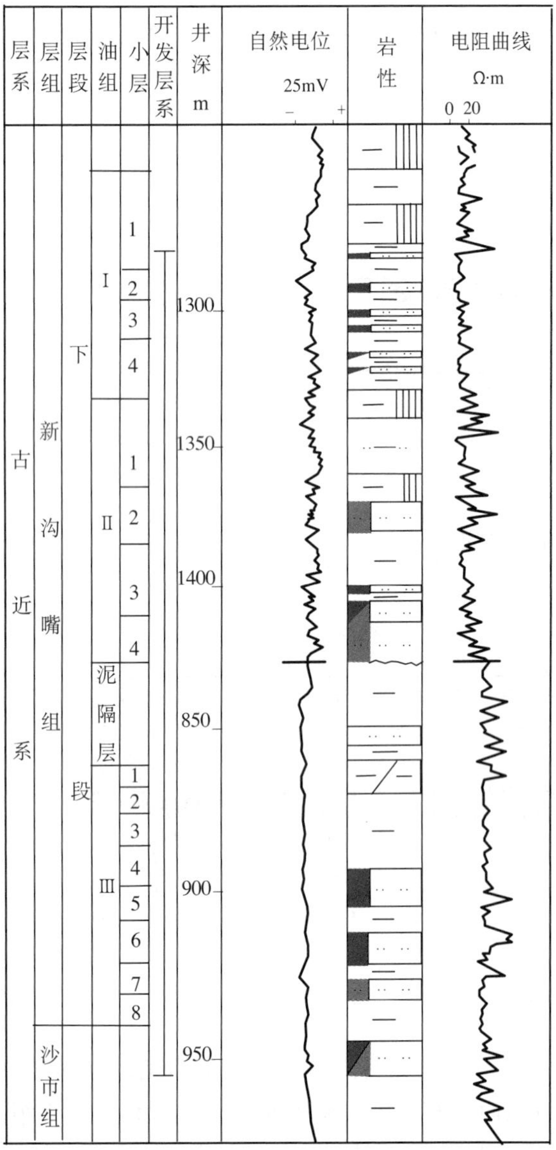

图 3　新沟油田综合柱状图

原油性质较好，原油相对密度 0.8267 ~ 0.9278g/cm^3，平均为 0.866 g/cm^3，地面原油黏度 8.2 ~ 137.1mPa·s，平均为 23.3mPa·s，凝固点为 25.6℃，含硫量 0.62%，含蜡量较高为 20.0%，自上而下，原油性质变好。油田地层原油黏度为 12.9mPa·s，饱和压力 3.5MPa，原油体积系数 1.074，原始油气比 17.5m^3/t。天然气相对密度 0.8667，甲烷含量 57.15%，二氧化碳含量 0.97%。地层水总矿化度为 16.3×10^{4}mg/L，Cl^- 含量 9.5×10^{4}mg/L，水型为 Na_2SO_4 和 $CaCl_2$ 型。

地层温度为 54.2℃，原始地层压力为 11.16MPa，压力系数 1.04，地饱压差为 7.66MPa。

1971 年新一区上报探明含油面积 2.08km^2，地质储量 130.40×10^{4}t；1973 年新二区上报探明含油面积 4.52km^2，地质储量 105.30×10^{4}t。根据石油工业部（84）油勘字第 22 号文件及 1985 年东部会议（辽河）要求，1984 年至 1985 年对新沟油田的地质储量重新计算。计算后，新一区含油面积 2.03km^2，地质储量 113.50×10^{4}t；新二区含油面积 3.27km^2，地质储量 85.90×10^{4}t。1998 年 12 月申报桥 4 井区，探明含油面积 0.80km^2，地质储量 38.00×10^{4}t。2003 年新 79 井区探明含油面积 0.50km^2，地质储量 19.00×10^{4}t。到 2005 年 12 月，累计探明含油面积 6.60km^2，石油地质储量 256.00×10^{4}t，标定采收率 16.50%，可采储量 42.30×10^{4}t。其中动用含油面积 5.80km^2，石油地质储量 218.00 × 10^4t，标定采收率 15.90%，可采储量 34.70 × 10^4t。

二

截至 2005 年底，新沟油田共发现 3 个含油区块：新一区、新二区和桥 4 块。

新沟油田是 20 世纪 70 年代初江汉会战时发现，1970 年 3 月 19 日钻探新 4 井，录井在新下Ⅰ～Ⅲ油组发现油斑及微含油粉砂岩层 18.0m/16 层，1970 年 4 月 26 日对新下Ⅰ～Ⅲ油组 758.2 ～ 897.2m 井段试油，日产油 0.80t，发现新沟油田新一区含油区块（当初定名该区块为新沟油田），上报探明含油面积 2.08km²，地质储量 130.40 × 10^4t。

1970 年 12 月 23 日钻探新 87 井，在新下Ⅰ～Ⅲ油组发现油斑粉砂岩层 25.7m/23 层，1971 年 4 月 7 日对新下Ⅰ油组 1290.0 ～ 1294.6m 井段试油，日产油 42.4t，发现新沟油田新二区含油区块（当初定名该区块为晏桥油田），上报探明含油面积 4.52km²，地质储量 105.30 × 10^4t。

1997 年新沟地区完成 60.38km² 三维地震，发现一批局部圈闭。1998 年在夏家桥断鼻钻探桥 4 井，于新下Ⅱ、Ⅲ油组发现油层 6.4m/9 层，射开新下Ⅲ油组 6.2m/8 层油层，试油获 1.2t/d 工业油流，发现了桥 4 新含油区块，上报探明含油面积 0.80km²，地质储量 38.00 × 10^4t。

2003 年 1 月，在已开发区新二区内部滚动勘探开发中，通过对新 79 井区动、静态资料综合分析，重新落实构造，钻探了新 79 斜 -2 井，录井在新下段见油斑粉砂岩 15.5m/12 层、油迹粉砂岩 3.8m/4 层，其中，测井在新下Ⅲ油组解释油层 6.2m/3 层，对新下Ⅲ油组 1455.2 ～ 1463.4m 井段试油。日产油 6.6t，扩大了新 79 井区的含油范围，上报探明含油面积 0.50km²，地质储量 19.00 × 10^4t。

至 2005 年 12 月，新沟油田三维地震面积 60.38km²，新一区、新二区、桥 4 块均为满覆盖。

大事记

1970年

4月　钻探新4井发现了新沟油田新一区。

12月　钻探新87井发现了新沟油田新二区。

是年　新沟油田成立第四油矿，孟凡富任矿长。

1981年

12月　新一区投入试采。

1982年

1月　建成新沟联合站。

4月　新一区投入注水开发。

11月　新二区投入开发。

1998年

11月　发现桥4井区。

2003年

1月　钻探新79斜-2井，扩大了新79井区的含油范围。

3月　新二区投入注水开发。

第一章

油田开发

新沟油田于1981年12月投入开发，按照1980年8月编制的《新沟油田开发方案》设计要求，新一区按不规则三角形井网，150 ~ 200m井距布井，新二区在完钻探井(井距150 ~ 550m)的基础上进行试采，均采用一套开发层系，新一区1982年3月投入注水开发，注水方式为面积注水和点状注水，新二区为天然能量开发，到2003年才投入注水开发。

第一节　开发历程

新沟油田开发历程可分为四个阶段：上产阶段、稳产阶段、产量递减阶段和低速稳产阶段(图1–1)：

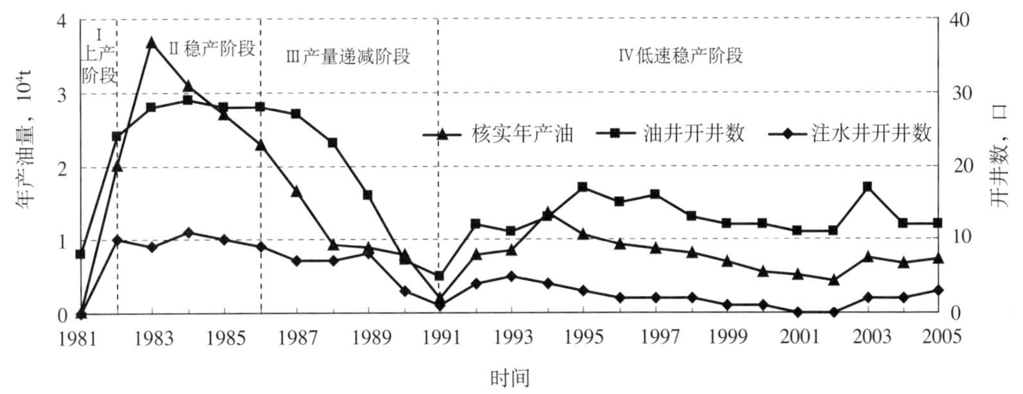

图1–1　新沟油田开发曲线图

上产阶段(1981—1982年)：新沟油田1981年12月投入试采，1982年3月新一区开始注水，到1982年12月，新沟油田建成油井共24口，开井24口，日产油70t，综合含水14.8%，地质储量采油速度1.77%，地质储量采出程度2.02%，累计产油2.30×10^4t；注水井11口，开井10口，日注水量171m^3，累计注水量3.87×10^4m^3，月注采比1.63，累计注采比1.39。

稳产阶段(1983—1986年)：从1982年3月注水井陆续投产后，采油井见到一定效果，动液面回升，且因1983年投产新井5口，年产油量0.66×10^4t，使1983年产量达到高峰值3.69×10^4t。但因该油田地质情况复杂，油层部位断层多，注水开发效果整体上较差，含水上升率快，在1.00%以上的采油速度只稳产了5年。

1986年12月，新沟油田油井共30口，开井28口，日产油56t，综合含水57.1%，地质储量采油速度1.14%，地质储量采出程度7.06%，累计产油14.05×10^4t；注水井10口，开井9口，日注水量225m^3，累计注水量41.54×10^4m^3，月注采比1.66，累计注采比1.51。

递减阶段（1987—1991 年）：新一区由于油井见效不够普遍，少数井动液面深度低于 800m，不能正常生产，只能间抽。新二区利用弹性能量开采，由于天然驱动能量不足，压力、产量下降快，另外，受套管损坏井多和老乡干扰的影响，油水井总井数和开井数均大幅下降，新沟油田产量递减大。1991 年 12 月，新沟油田油井共 22 口，开井 5 口，日产油 6t，综合含水 72.10%，地质储量采油速度 0.10%，地质储量采出程度 10.18%，累计产油 18.51×10^4t；注水井 8 口，开井 1 口，日注水量 29m^3，累计注水量 $70.61 \times 10^4m^3$，月注采比 0.59，累计注采比 1.45。

低速稳产阶段（1992—2005 年 12 月）：从 1993 年开始，对新沟油田开展三类井恢复工作，先后恢复 17 口，累计增油 4.35×10^4t；2002—2005 年进行局部注采井网完善，先后转注新 105、新 125 井，在新 79 井区投转注新 71、新 79–7、新 4033 井，对应油井不同程度地见效，如新 105 转注，累计注水 1900m^3 后，新 105 井组受效，日产液由 9.0t 上升到 14.6t，日产油由 1.3t 上升到 3.5t，含水由 84.2% 降为 76%；2002—2003 年在报废井新 79 井周围滚动开发新 79 井区，共投产新井 7 口，新建原油生产能力 0.7×10^4t。通过上述工作，新沟油田进入低速开发阶段。

第二节　开发现状

2005 年 12 月，油井 14 口，开油井 12 口，日产油 20t，综合含水 72.2%，年产油 7005t，累计产油 31.7×10^4t，地质储量采油速度 0.33%，地质储量采出程度 13.52%；注水井 4 口，开井 3 口，日注水量 174m^3，累计注水量 $130.51 \times 10^4m^3$，累计注采比 1.34。现由江汉采油厂采油 10 队管理。

第二章

钻采与地面工程

第一节 钻井与完井

一、钻井

初期，钻井方式主要采用吊打防偏直井技术，钻井周期较长。20 世纪 80 年代后期采用转盘加井下动力钻具的复合钻井技术，提高了钻进速度。1988 年高效 PDC 钻头的使用进一步缩短了单井钻井周期，钻井周期由原来的 30 天缩短至 12 天（井深 1550m）。

针对新沟嘴组特殊的敏感地层，钻井液使用三复合盐钻井液体系，并应用自主研发的聚合物防塌剂，有效解决了地层水敏和垮塌问题。

二、完井

新沟油田均采用套管完井方式，井身结构为常规的二级套管结构，即 ϕ339.7mm 表层套管 +ϕ139.7mm 油层套管。由于无异常压力地层，固井采用常规固井技术。测井仪器最初使用 JD–581，1994 年以后逐步推广应用小数控和国产大数控。射孔早期采用 57–103 枪，1976 年逐步使用 WS–73 枪，2003 年后新井采用 YD–89、YD–102 枪。射孔方式有负压射孔和正压射孔，射孔液考虑地层敏感问题，采用活性水。

第二节 采油工程

一、举升

1982 年新沟油田投入开采，开发初期地层能量充足，采取以机械采油为主，自喷采油为辅的开采方式。自喷井多采用油管下至油层中部、井口装采油树的生产方式，一般采用 5mm 油嘴控制放喷。

机械采油井液面较高，抽油机悬点负荷小，抽油泵主要是 ϕ44mm、ϕ56mm 泵径的管式泵，抽油杆多采用 D 级杆，选用江汉油田生产的 10 型抽油机，冲程多为 3 ～ 3.6m，冲次多为 6 次 /min、9 次 /min。

新沟油田开发中，很多成熟的技术在新沟油田得到推广：如扶正器、防脱器、活动接头、加厚油管，油管丝扣脂、泄油器等，为新沟油田的初期开发提供了技术保障。

生产管理中，对井筒管理影响最大的是垢、盐、蜡。针对井下结垢，防护对策主要是：控制物理条件，从水中除去成垢物质。向油套环空连续注防垢剂，地层挤注清防垢剂。针对结蜡，油田主要采取以化学清防蜡、热力清蜡为主，机械清蜡为辅的管理方式。因为新沟油田强水敏性地层，为减少开发过程中对油层的伤害，采取以本井产液洗井的方法，减少外来液体对油井的伤害。1997 年 8 月开展微生物采油实验，采用从油套环空加微生物后用水反冲，利用微生物分解井筒蜡及沥青质，从作业现场看，结蜡得到有效控制。

2000 年，针对部分出砂严重井，长柱塞防砂泵投入生产，取得了很好的效果，有效地减少了出砂对油井正常生产的影响。随后不断完善，研制出了带泄油器系列的防砂泵。

截至 2005 年底，新沟油田平均泵效为 22.6%，平均检泵周期 843 天，泵的选择上多选用 ϕ32mm、ϕ38mm 的管式泵，多选用 10 型抽油机，冲程以 3m，冲次 4 次 /min、6 次 /min 为主；与开发中期相比，泵深也向深部发展，平均泵深 1018m，在抽油杆的选择上，也趋于高强度化。

二、油层改造

开发初期应用了压裂改造油层，1970 年，开始在浅井低渗透层开展了压裂应用，压裂车组为 500 型车组，支撑剂采用石英砂，采用油管或油套环空全井压裂，压裂液采用原油，1970—1973 年在新沟油田应用了 40 口井，平均单井加砂 1 ~ 3m^3，平均砂液比 7% ~ 10%，有效 32 口，平均单井增油 7.6t。这期间试验了油基压裂液，它包括胶化油压裂液和油水乳化液。1973 年在新 6 井和新 4004 井试验，平均砂液比 10%，单井平均加砂 4.5m^3。1981 年，逐步配套和完善了 700 型压裂车组，开始使用江 453 封隔器开展分层压裂，压裂液主要应用甲叉基聚丙烯酰胺压裂液，1984 年在新沟油田应用了 6 口井，平均砂液比 15%，单井加砂量在 5 ~ 10m^3，平均单井日增油 5.7t。1992 年应用了 1000 型压裂设备，同时应用了 ZH 封隔器和 Y344 封隔器，应用了 1000 型井口，压裂液应用了田菁压裂液，在新沟油田应用 2 口井，平均砂液比 29%，单井平均加砂 17.5m^3。2003 年随着新 79 区块的开发，应用了羟丙基瓜尔胶有机硼压裂液，压裂车组采用 2000 型压裂车组，2003 年应用 5 口井，平均砂液比达到 26%，单井平均加砂 11m^3，累计增油 2404t。

三、堵水

油田开发进入中高含水期后，开展了油井找水、堵水工作，应用不多，主要是应用封隔器找、堵水技术。主要应用了以江 252–1 封隔器为核心的堵水管柱，共应用 7 井次，成功 7 井次。

四、修井

修井主要解决一般的解卡、打捞和修复套管等工艺问题。在解卡施工技术方面，主要解决的是砂卡管柱问题，主要采用活动解卡、循环洗井、浸泡法解卡等为主。在复杂落物打捞方面，主要根据落物顶部（鱼顶）情况，再选择或制作合适的打捞工具。2004 年 1 月在新 71 井，泵抽管柱落井，鱼顶为油管本体，应用兰式捞筒，捞出全部落井管柱。修复套管方面，从 1983 年开始在套管漏失井应用水泥浆挤堵修复技术，1983 年 12 月在新 33 井首次应用，封堵漏点成功，水泥浆挤堵修复技术从此在新沟油田推广应用，每年平均应用 2 ~ 3 口井。

五、注水

新沟油田于 1970 年发现，分两个区块：新一区和新二区。1982 年新一区投入注水开发，2003 年新二区投入注水开发，其注水水源均为深井泵来水。

新沟油田注水方式上主要采用笼统注水方式。在注水过程中，由于长期注污水，造成管柱腐蚀。注水初期主要使用 JH475–8 封隔器。随着油田注水工艺的发展，2003 年，油田开始使用了耐高温，密封性能好的 Y341–114 封隔器进行堵漏，延长了管柱的免修期。

第三节　地面工程

一、集输系统

新沟油田分为新一区和新二区，新一区于 1981 年 12 月投入开发，新二区于 1982 年 4 月投入开发，是边远断块油田，初期井少，建简易拉油点，开式流程，随油井增加，规模扩大，建正规式拉油站，井口采出液进站处理后油装车外运，污水就地回注。

1981 年 12 月 25 日新沟油田新一区基本建成，1982 年 1 月，建成新沟联合站一座。1981—1982 年，新沟 1 号、2 号、3 号、4 号、5 号计量站相继建成投产，单井为三管伴热集中计量流程，其次为二管掺水（或三管掺水）流程，油气集输工艺大部分为开式流程，能耗大。

1982 年 4 月至 6 月新沟油田新二区建成投产，建计量拉油站 1 座，计量站自压进大站。鉴于当时新二区开发方案，不考虑原油及污水处理，油水一起装车外运王场油田的王场联合站。

新沟油田的油气水处理系统于 1982 年 1 月 1 日建成投产。设计按原油含水 70% 考虑，一次建成，根据油田产量低，面积小，在满足生产前提下，尽量简化流程，设计集油能力 4×10^4t/a，装车能力 100t/d，注水能力 1100m^3/d，污水处理能力 1200 m^3/d，供水能力 1200 m^3/d。具有原油处理、储存、装车外运、注水、污水处理、供热等功能。建成 500 m^3 油罐 2 具，ϕ3000mm × 6600mm 加热分离电脱水器 2 具，缓冲罐 1 具，早期采用“四合一”两段原油脱水处理，掺水洗盐，合格油进 500 m^3 罐经计量后装车外运，污水处理后回注。1990 年，拆除“四合一”脱水器改为 ϕ3000mm × 6600mm 陶粒脱水。

2002 年 6 月，采用压力沉降脱水，净化油装车外运老二站，污水进污水站处理回注，取消了热水泵、加热炉系统，节约燃料油消耗，简化了工艺流程，节约能耗。

截至 2005 年，建成拉油站 2 座，计量站 2 座，零散单井拉油点 3 座（新 87、新 62、新 76），设计原油外拉能力 8×10^4t/a，实际原油外拉 0.7×10^4t/a。

二、配套工程

新沟油田投产初期供电电源为柴油发电机发电，1981 年改为监利县新沟供电所油田专柜 10kV 出线供电。1988 年油田建成到老一站 35kV 供电线路后，新一区、新二区改用长拖 35kV 线路的老新 10kV 线路供电。

新沟油田生活用水取自监利县新沟镇水厂，生产用水取自地下水源井。新一区的 2 口水源井为 1981 年 7 月和 8 月投入运行的，井深分别为 284m 和 275m，日产水均为 1920m^3。新二区水源井为 1984 年 7 月投入运行，井深 279m，日产水 1920m^3。

附　录

附录一　附　图

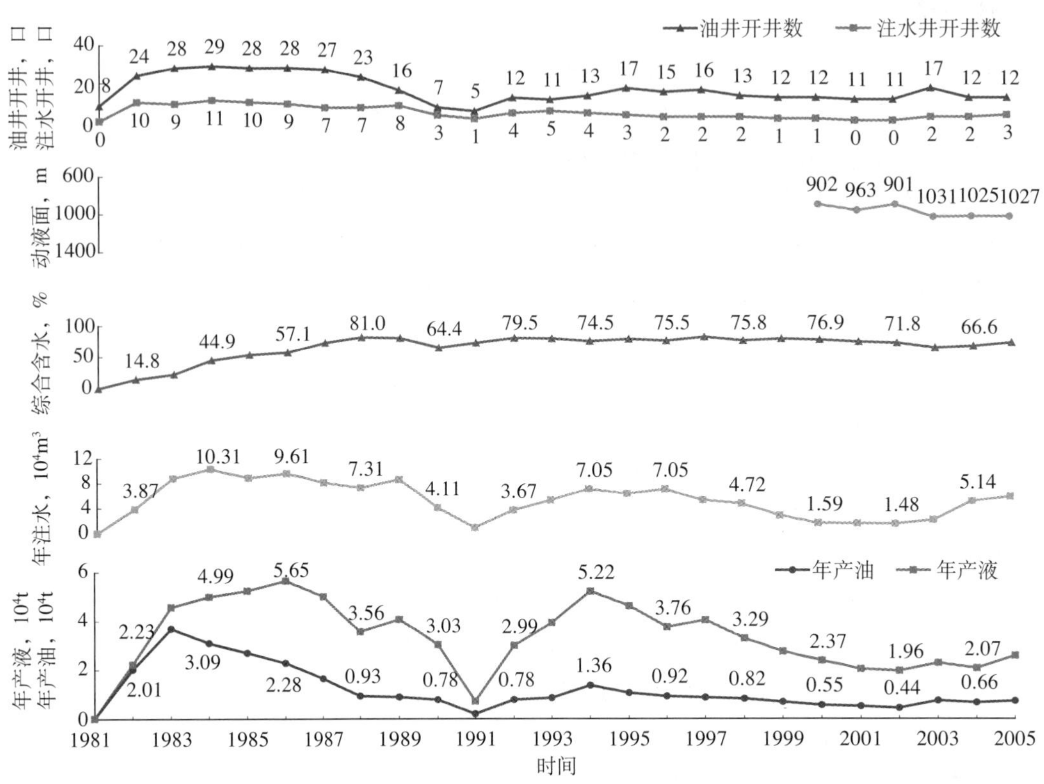

附图 1　新沟油田开采综合曲线图

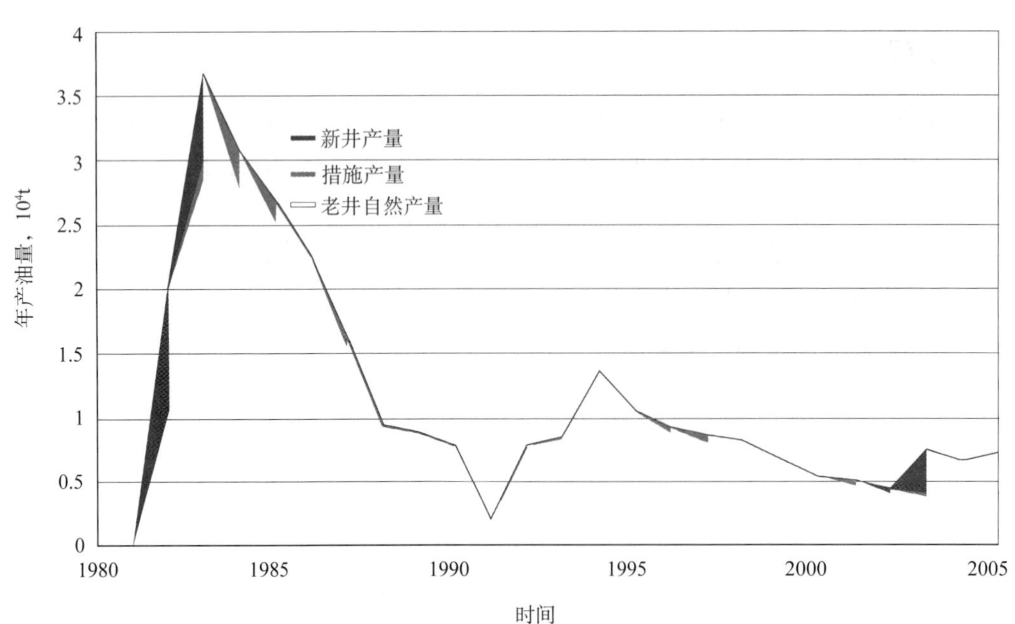

附图 2　新沟油田产量构成曲线图

附录二 附表

附表 1 新沟油田综合地质数据表

油田	含油面积 km^2	探明地质储量 10^4t	层位	油层埋藏深度 m	平均有效厚度 m	孔隙度 %	空气渗透率 mD	含油饱和度 %	地层温度 ℃	压力系数	原始地层压力 MPa	地层原油				地面原油					天然气		地层水		
												饱和压力 MPa	原始气油比 m^3/t	体积系数	黏度 mPa·s	密度 g/cm^3	黏度 mPa·s	凝固点 ℃	含蜡量 %	含硫量 %	相对密度	甲烷含量 %	水型	总矿化度 $10^4mg/L$	氯离子含量 $10^4mg/L$
新一区	2.03	113.50	Ex	687.6 ~ 1106.1	4.9	21.0	71	65	46.2	1.04	9.50	1.64	6.8	1.041	20.0	0.868	29.00	19.8	18.7	0.65	0.8517	59.35	Na_2SO_4	12.90	7.3
新二区	3.77	104.90	Ex	1203.6 ~ 1459.8	2.9	18.0	11	65	64.3	1.03	13.74	5.84	30.9	1.111	4.1	0.860	20.50	29.0	22.7	0.59	0.8816	54.22	$CaCl_2$	19.60	11.6
桥 4	0.80	38.00	Ex	1098 ~ 1210.6	5.2	18.0	—	65	—	—	—	—	35.2	1.123	—	0.845	11.84	28.0	—	0.19	—	—	Na_2SO_4	9.07	4.9
新沟	6.60	256.40	Ex	687.6 ~ 1459.8	3.7	19.5	45	65	54.2	1.04	11.16	3.51	17.5	1.074	12.9	0.858	25.40	25.8	20.0	0.62	0.8667	57.15	Na_2SO_4 $CaCl_2$	13.90	9.5

附表 2 新沟油田开采综合数据表

时间	动用地质储量 10^4t	油井		注水井		核实产油量		核实产水量		核实产液量		年末动液面 m	年末综合含水 %	注水量		注采比		地质采油速度 %	地质采出程度 %
		总井数 口	开井数 口	总井数 口	开井数 口	年 10^4t	累计 10^4t	年 10^4t	累计 10^4t	年 10^4t	累计 10^4t			年 10^4m^3	累计 10^4m^3	年末	累计		
1981	199.00	8	8	0	0	0.01	0.28	0.00	0.00	0.01	0.28	—	0.00	0.00	0.00	0.00	0.00	0.01	0.12
1982	199.00	24	24	11	10	2.01	2.30	0.22	0.22	2.23	2.51	—	14.80	3.87	3.87	1.63	1.39	0.85	0.97
1983	199.00	30	28	11	9	3.69	5.99	0.88	1.10	4.57	7.09	—	22.60	8.85	12.72	1.49	1.51	1.56	2.54
1984	199.00	30	29	11	11	3.09	9.08	1.90	3.00	4.99	12.08	—	44.90	10.31	23.04	1.41	1.56	1.31	3.85
1985	199.00	30	28	11	10	2.69	11.77	2.56	5.56	5.25	17.33	—	53.50	8.89	31.92	1.58	1.48	1.35	5.91
1986	199.00	30	28	10	9	2.28	14.05	3.38	8.93	5.65	22.98	—	57.10	9.61	41.54	1.66	1.51	1.14	7.06
1987	199.00	28	27	10	7	1.65	15.70	3.35	12.32	5.00	28.02	—	72.70	8.17	49.71	1.07	1.49	0.83	7.89
1988	199.00	28	23	9	7	0.93	16.63	2.63	14.95	3.56	31.58	—	81.00	7.31	57.02	1.40	1.46	0.47	8.36
1989	199.00	28	16	9	8	0.89	17.52	3.18	18.13	4.07	35.65	—	80.00	8.60	65.62	1.69	1.47	0.45	8.80
1990	199.00	25	7	9	3	0.78	18.30	2.24	20.38	3.03	38.68	—	64.40	4.11	69.72	1.85	1.46	0.39	9.20

续表

时间	动用地质储量 10^4t	油井		注水井		核实产油量		核实产水量		核实产液量		年末动液面 m	年末综合含水 %	注水量		注采比		地质采油速度 %	地质采出程度 %
		总井数 口	开井数 口	总井数 口	开井数 口	年 10^4t	累计 10^4t	年 10^4t	累计 10^4t	年 10^4t	累计 10^4t			年 10^4m^3	累计 10^4m^3	年末	累计		
1991	199.00	22	5	8	1	0.20	18.51	0.52	20.89	0.72	39.40	—	72.10	0.89	70.61	0.59	1.45	0.10	9.30
1992	199.00	20	12	8	4	0.78	19.29	2.21	23.10	2.99	42.39	—	79.54	3.67	74.29	0.00	1.41	0.39	9.69
1993	199.00	17	11	8	5	0.85	20.13	3.08	26.19	3.93	46.32	—	78.82	5.26	79.55	1.36	1.40	0.43	10.12
1994	199.00	19	13	7	4	1.36	21.50	3.85	30.04	5.22	51.54	—	74.53	7.05	86.60	1.12	1.38	0.68	10.80
1995	199.00	19	17	7	3	1.06	22.55	3.56	33.60	4.61	56.15	—	77.95	6.32	92.92	1.02	1.36	0.53	11.33
1996	199.00	18	15	8	2	0.92	23.47	2.84	36.44	3.76	59.91	—	75.51	7.05	99.97	1.20	1.37	0.46	11.79
1997	199.00	19	16	8	2	0.86	24.34	3.18	39.62	4.04	63.95	—	81.39	5.26	105.23	0.96	1.36	0.43	12.23
1998	199.00	17	13	2	2	0.82	25.15	2.47	42.09	3.29	67.24	—	75.77	4.72	109.95	1.50	1.36	0.41	12.64
1999	199.00	15	12	2	1	0.68	25.83	2.06	44.15	2.74	69.98	—	78.66	2.80	112.75	0.59	0.04	0.34	12.98
2000	199.00	15	12	2	1	0.55	26.39	1.82	45.97	2.37	72.35	902	76.86	1.59	114.34	0.61	1.33	0.28	13.26
2001	199.00	15	11	2	0	0.51	26.90	1.52	47.48	2.03	74.38	963	73.82	1.54	115.89	0.90	1.31	0.26	13.52
2002	199.00	16	11	2	0	0.44	27.34	1.52	49.00	1.96	76.34	901	71.78	1.48	117.37	0.69	1.30	0.20	12.54
2003	218.00	21	17	4	2	0.75	28.08	1.53	50.53	2.28	78.62	1031	64.07	2.09	119.47	1.41	1.29	0.34	12.88
2004	218.00	14	12	3	2	0.66	28.74	1.41	51.94	2.07	80.69	1025	66.59	5.14	124.61	2.28	1.31	0.30	13.19
2005	218.00	14	12	4	3	0.72	29.47	1.85	53.80	2.58	83.27	1027	72.20	5.90	130.51	2.12	1.34	0.33	13.52

编号：18－018

浩西油田志

《浩西油田志》编纂组　编

张港镇
汉
水
代河
王场
钟市
东
泽口
马王庙
岳口
南
河
黄场
广华
积玉口
三江
毛嘴镇
潜江
浩西油田
高场
杨市
习家口
浩口
渠
前
河
观音当
丫角
返湾湖
东
荆
总口
拖市
杨场
长
湖
借粮湖
县界
公路
河流
湖泊
油田
地名
堤坝
浩西油田地理位置图

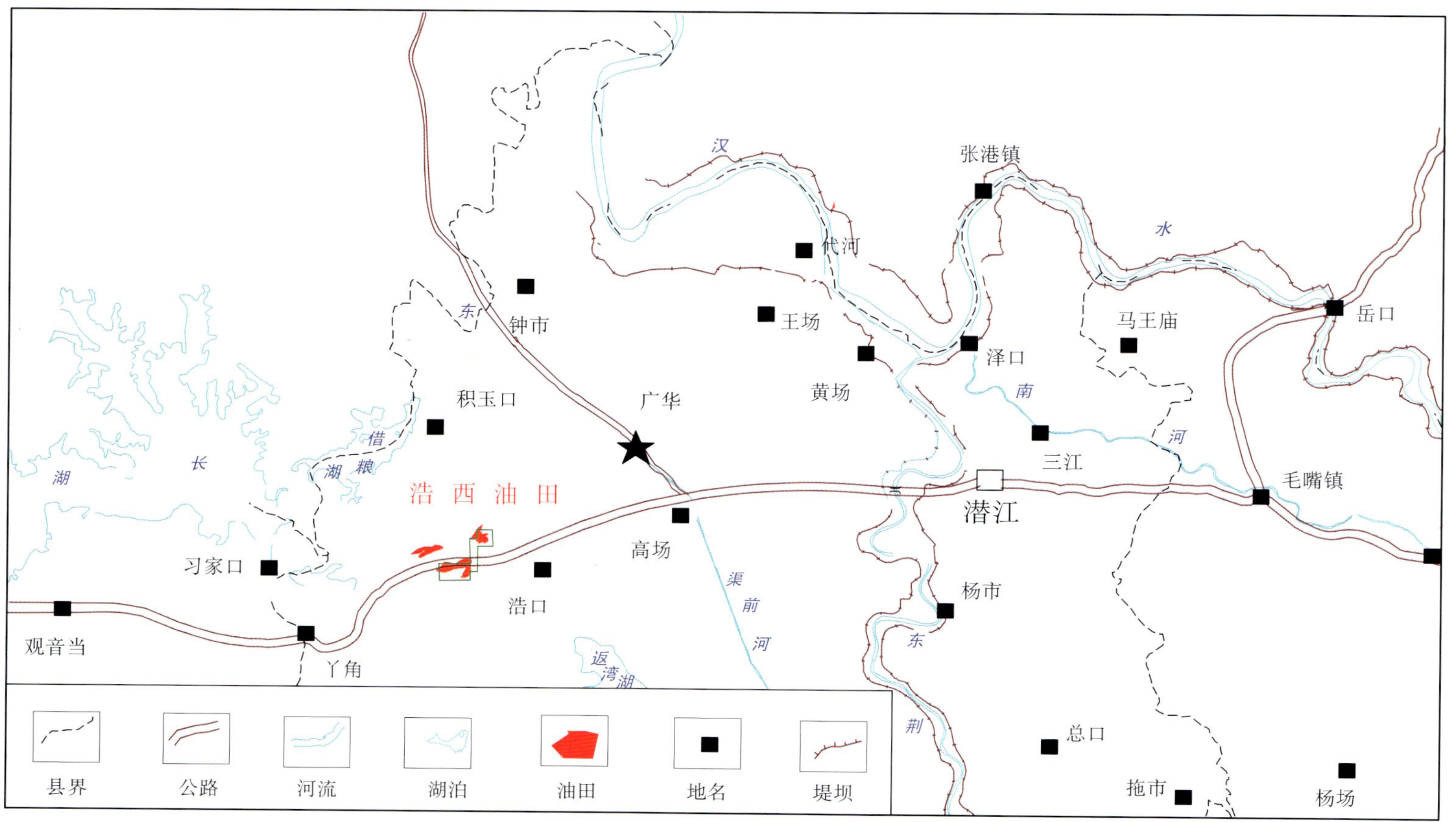

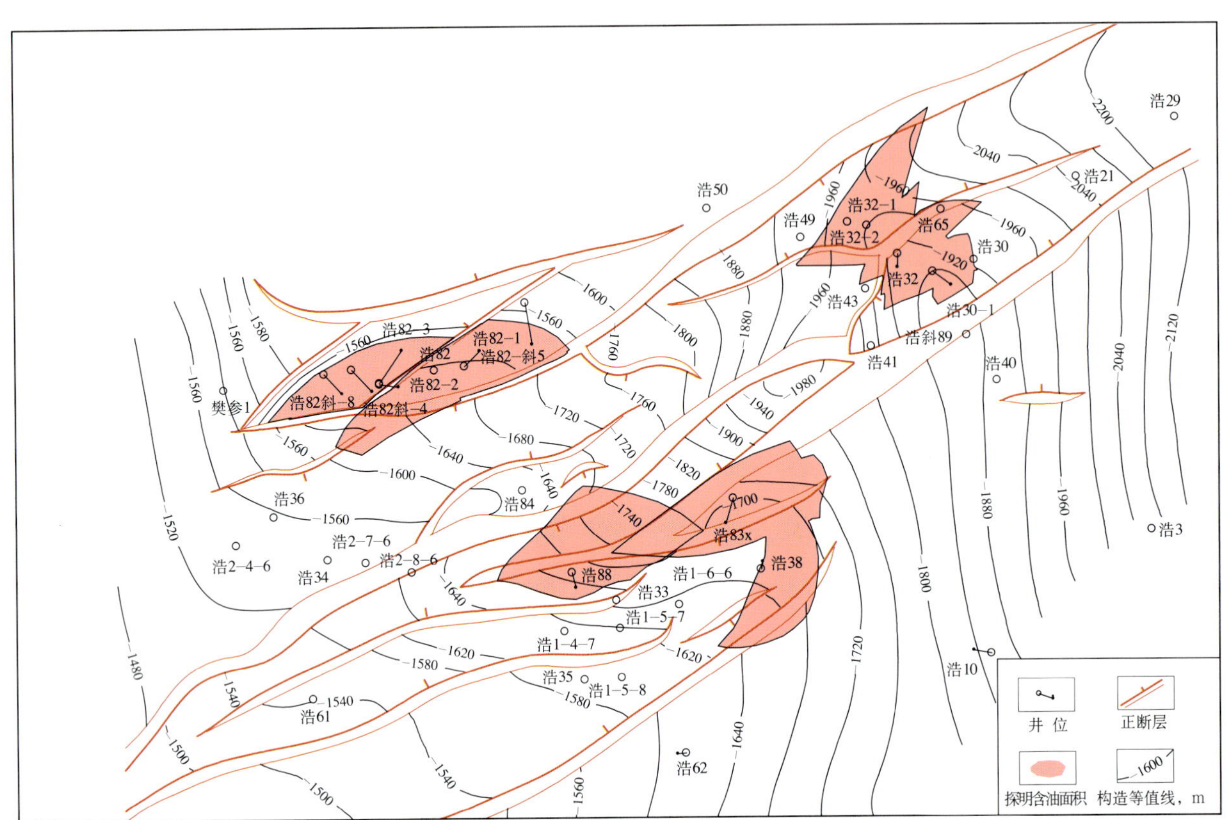

浩西油田构造井位示意图

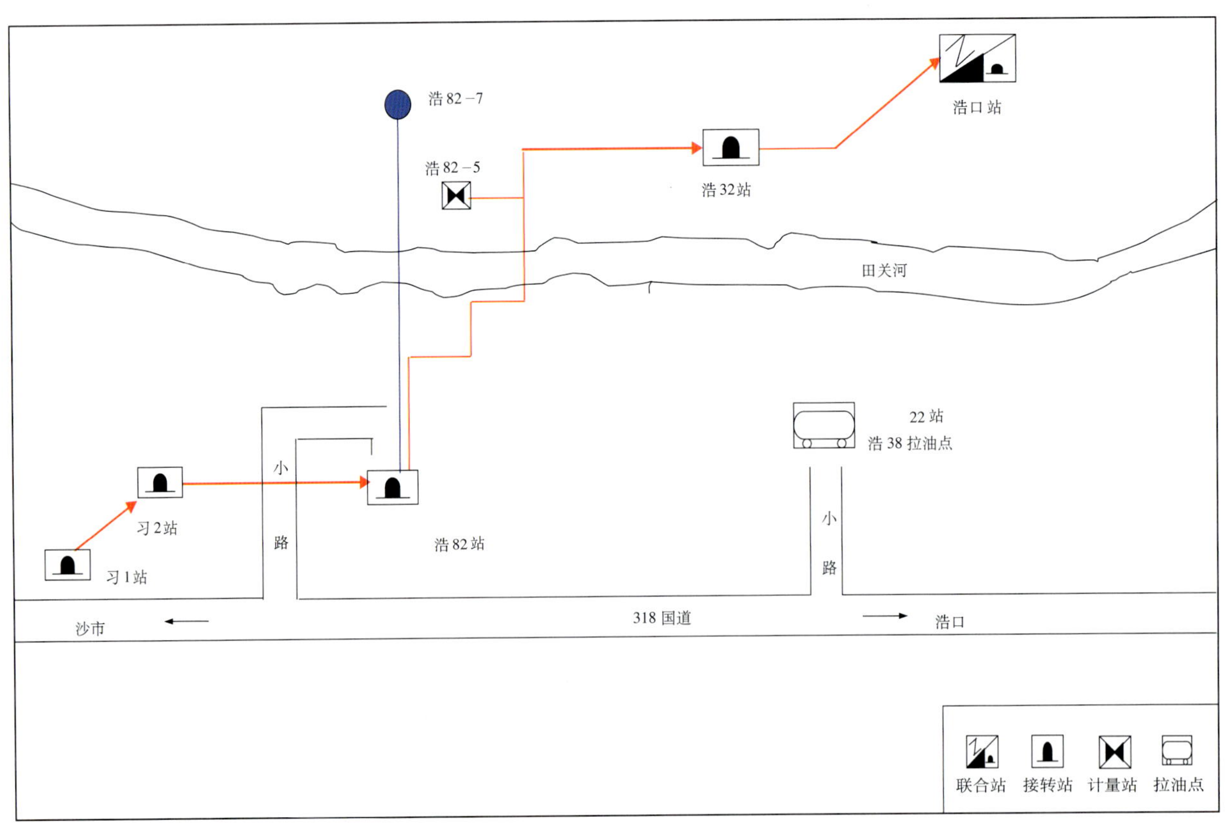

浩西油田地面系统平面布置图

《浩西油田志》编纂委员会

主　任：胡德高

副主任：夏志刚

成　员：刘孔章　贺　春　刘敬尧

《浩西油田志》编纂组

组　长：王　琳

成　员：刘敬尧　李波峰　胡云鹏　余　英　张建国　刘　玉
袁玲想　申修志

《浩西油田志》审核人员

初审人：夏志刚　刘孔章　贺　春

复审人：丁淑君　雷克林　杜修宜　洪志一　赵云山　罗秋林

本志目录

概　述

浩西油田地处湖北省潜江市浩口镇苏家港村，东临浩口油田，西与习家口油田接壤，隶属中国石化江汉油田分公司管理经营。1970 年 10 月发现，1987 年试采，1989 年投入开发，2002 年 1 月投入注水开发。

一

浩西油田位于江汉盆地潜江凹陷习家口单斜带上，是潜江凹陷内部于荆沙组沉积的古斜坡基础上长期继承发育的结果。南北分别受王广断裂带和钟潭断裂带控制，东临潜江凹陷的生油中心蚌湖向斜带，西临丫角—新沟低凸起。

浩西油田为一向西抬升的斜坡，区内断层发育，构造破碎，被一系列北东向断层切割成众多复杂的断块、断鼻构造，在此背景下形成了多个局部圈闭（图 1）。浩 82 断鼻圈闭面 0.6km²，圈闭幅度 40m，高点埋深 1520m。浩 32—1 断块圈闭面积 0.4km²，圈闭幅度 40m，高点埋深 2010m。浩 30—1 断鼻圈闭

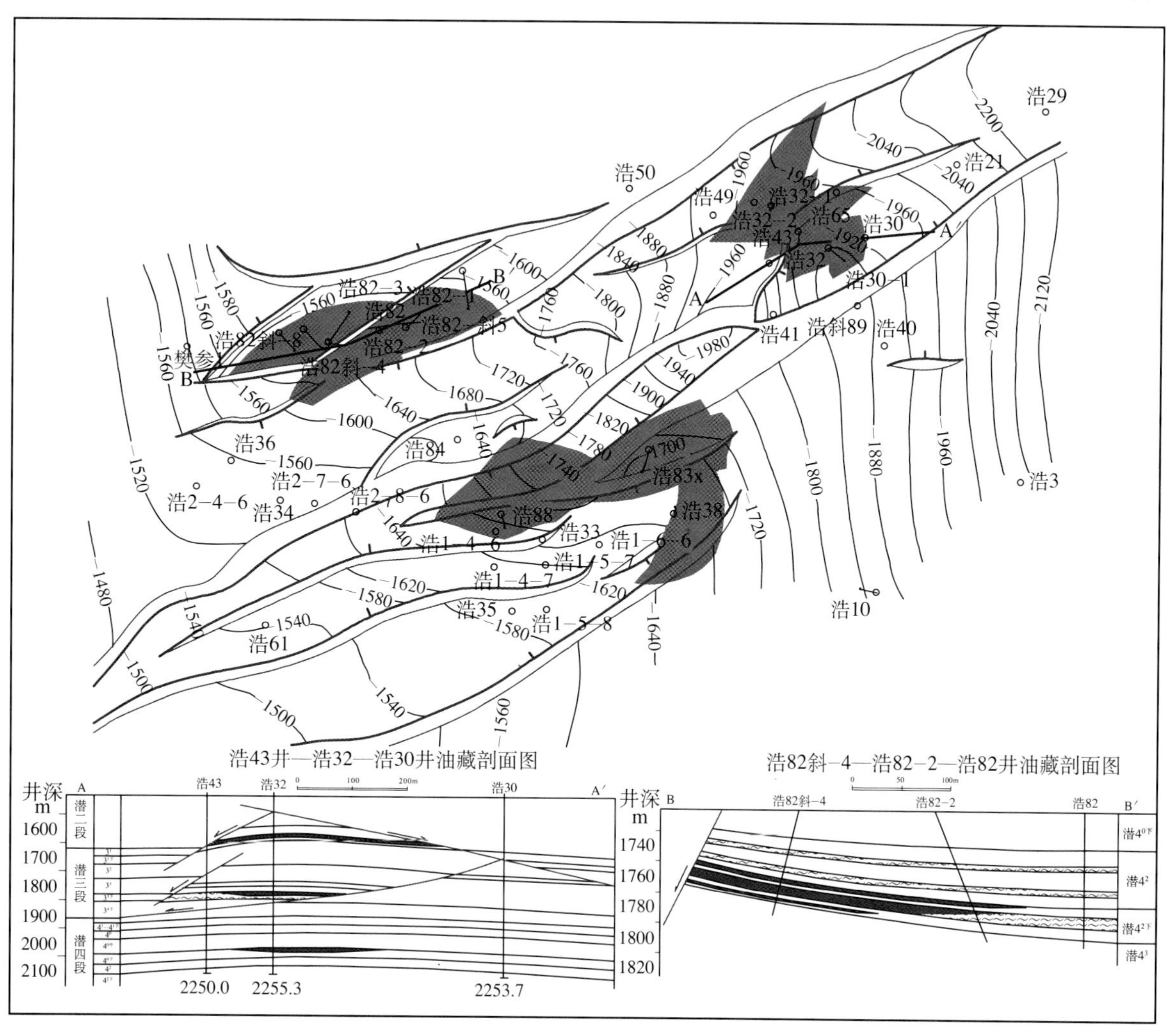

图 1　浩西油田圈团分布与剖面图

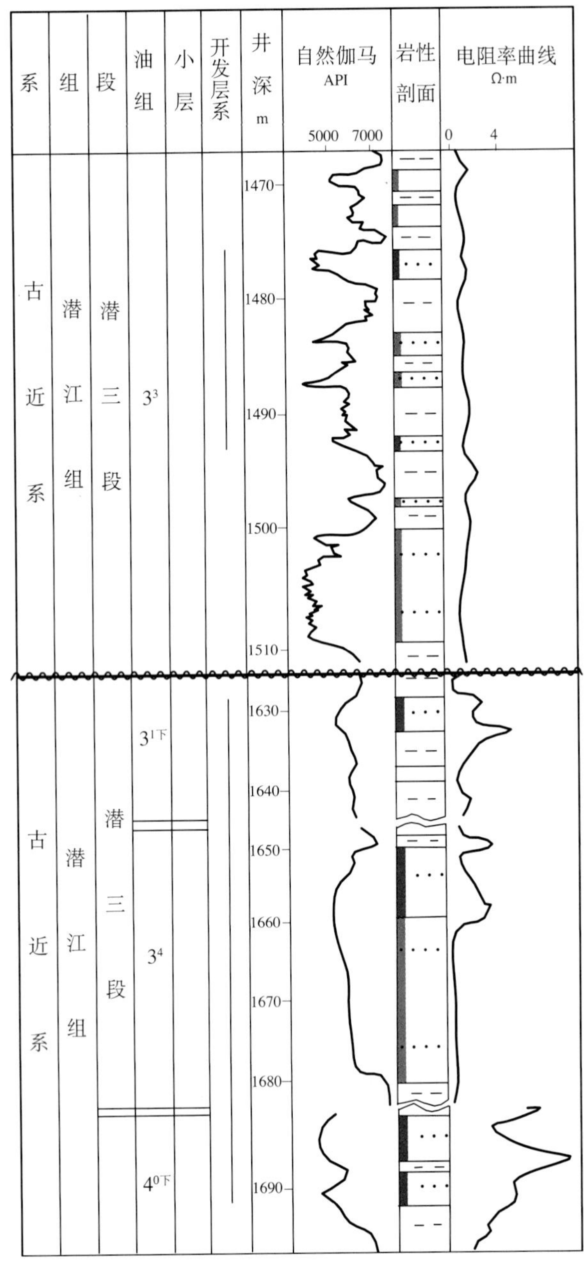

图 2 浩西油田综合柱状图

面积 $0.1km^2$，圈闭幅度 10m，高点埋深 1770m。浩 83 断块圈闭面积 $0.4km^2$，圈闭幅度 125m，高点埋深 1775m。浩 88 断块圈闭面积 $0.6km^2$，圈闭幅度 80m，高点埋深 1800m。浩西Ⅰ号（浩 32 断鼻）圈闭面积 $0.19km^2$，圈闭幅度 30m，高点埋深 1820m。苏家港（浩 38 断鼻）圈闭面积 $0.23km^2$，圈闭幅度 40m，高点埋深 1460m。

储集层主要是古近系潜江组，属盐湖相沉积环境。岩性以粉细砂岩为主，分选中等，砂岩成分以石英为主，长石次之，为长石石英砂岩。储集类型为孔隙型，胶结物含量较少，胶结类型以孔隙式为主。储层润湿性表现为弱亲水，中等偏强水敏，弱碱敏，强酸敏，无速敏。储层物性较好，储层平均有效孔隙度 21.0%，空气渗透率 72.0mD。浩西油田自西向东划分为 7 个含油井块，即浩 82 块、浩 88 块、浩 83 块、浩 38 块、浩 32−1 块、浩 32 块以及浩 30−1 块。

原油性质较好，属中质稀油。地面原油密度为 0.839 ~ $0.926g/cm^3$，黏度 7 ~ 333mPa·s，凝固点 23 ~ 37℃。地层原油密度 0.87 g/cm^3，地层原油黏度 6.5mPa·s。地层水矿化度高，地层水矿化度 23.6×10^4 ~ 32.3×10^4mg/L，氯离子含量 13.8×10^4 ~ 18.8×10^4mg/L，水型为 Na_2SO_4 型。

浩西油田共有 8 个油组含油（潜 $3^{1下}$、潜 3^2、潜 3^3、潜 3^4、潜 $4^{1下}$、潜 $4^{0中}$、潜 $4^{0下}$、潜 $4^{2下}$），埋藏深度 1460 ~ 2110m，平均有效厚度 8.3m（图 2）。浩西油田油藏类型多，有被断层复杂化的断块油藏、断鼻油藏，还有岩性—构造油藏，驱动类型为弹性水压驱动。原始地层压力 15.6MPa，饱和压力 3.11MPa，地层温度 76.7℃。

1984 年首次在浩西Ⅰ号构造的浩 32 块和苏家港构造的浩 38 块探明Ⅲ类含油面积 $0.50km^2$，地质储量 54.00×10^4t，原油技术可采储量 5.40×10^4t。1994 年浩 88 块探明Ⅲ类含油面积 $0.40km^2$，原油地质储量 16.00×10^4t，原油技术可采储量 3.20×10^4t。2000 年浩 83 块探明Ⅲ类含油面积 $0.40km^2$，原油地质储量 42.00×10^4t，原油技术可采储量 8.40×10^4t。2001 年浩 30−1 块、浩 32−1 块和浩 82 块探明Ⅱ类含油面积 $0.90km^2$，原油地质储量 130.00×10^4t，原油技术可采储量 37.60×10^4t。到 2005 年 12 月，共探明含油面积 $2.2km^2$，石油地质储量 242×10^4t，其中已动用含油面积 $1.8km^2$，动用地质储量 226.00×10^4t，标定采收率 22.7%，浩 88 块储量未动用。

二

浩西油田勘探始于 20 世纪 70 年代。1970 年 7 月 28 日开始在潜江凹陷西斜坡钻探浩 33 井，1970

年 9 月 8 日完钻，1970 年 10 月 16 日试油获工业油流，1970 年 12 月 3 日浩 34 井试油获工业油流。1971 年，该区边勘探边开发，有 3 口井获工业油流，含油面积约 0.14km^2，未上报储量。

20 世纪 80 年代初，对该区进行数字地震勘探，发现一批小型局部构造圈闭。1983 年在潜江凹陷西斜坡的浩西 I 号构造和苏家港构造分别钻探浩 32 井和浩 38 井。浩 32 井于潜 $3^{1下}$、潜 3^4、潜 $4^{0下}$油组发现油层 4 层 24.4m，1983 年 9 月 10 日对潜 3^4 油组试油，获 2.0t/d 工业油流，1983 年 9 月 29 日对潜 $4^{0下}$油组试油自喷获 29.5t/d 工业油流。浩 38 井于潜 3^3 油组发现油层 4 层 3.4m，于 1984 年 3 月 3 日与潜 $4^{0下}$油组合试，日产油 13.9t。从而发现了浩 32 和浩 38 含油区块，命名为浩西油田。

1992—1994 年该区完成 69km^2 三维地震勘探。1994 年 5 月完钻预探井浩 88 井，对潜 $4^{2下}$油组 1743.6 ~ 1748.4m 井段 2 层 3.8m 油层常规试油，获日产 4.2t 工业油流，落实了浩 88 含油区块。

1998 年对三维地震资料进行重新处理，又发现和落实了一批小型局部圈闭。2000 年 9 月钻探浩 83x 井，对潜 3^4 油组 1591.0 ~ 1592.4m 井段 1 层 1.4m 油层常规试油，日产油 7.3t；对潜 $4^{0中}$油组 1739.0 ~ 1743.2m 井段 1 层 3.0m 油层常规试油，日产油 7.1t，发现了浩 83 含油断块。随后对该区有利圈闭进行滚动评价勘探，相继钻探浩 82、浩 32−1、浩 30−1 井均获成功。

大事记

1970年

7月　在潜江凹陷西斜坡钻探浩33井，1970年9月8日完钻，1970年10月16日试油获工业油流，发现浩西油田。

1983年

10月　浩32井试油获29.5t/d自喷工业油流，命名为浩西油田。

1986年

11月　建成浩西站。

1987年

5月　浩西油田投入试采。

1989年

12月　浩西站报废。

1994年

5月　钻探浩88井，发现浩88含油区块。

2000年

7月　新建浩32单井拉油点。

是年　先后发现浩83、浩82、浩32−1和浩30−1含油区块，至此，浩西油田投入滚动开发。

2001年

1月　新建浩82单井拉油点。

6月　新建浩82−5单井拉油点。

10月　将浩82拉油点改建成浩82计量拉油点。

2002年

1月　浩82斜−7投注，浩西油田转入注水开发阶段。

9月　增建油气水处理系统。

2004年

7月　将浩32、浩82拉油改输油至浩口站。

第一章

油 田 开 发

浩西油田1987年投入试采，2000年投入滚动勘探开发，2002年进行注水开发，采用200～250m井距，三角形井网布井方式，一套开发层系开发。油田经历了探井试采（Ⅰ）、滚动上产（Ⅱ）阶段（图1–1）。

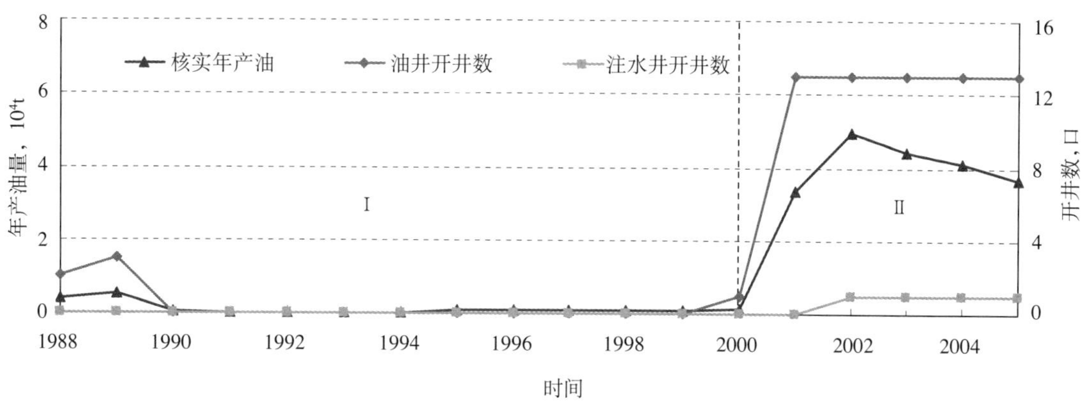

图1–1　浩西油田开发阶段划分曲线

第一节　开发历程

探井试采阶段（1987—2000年）：该阶段主要是浩32和浩38两个井区利用3口探井进行试采，由于地处边远地区，没有形成正常的开发井网，另外，由于老乡干扰，到1990年已不能正常生产，全部关井。到2000年12月，浩西油田只有当年新钻的探井浩83X井在生产，日产油12t，油田累计产油2.16×10^4t，未注水开发。

滚动上产稳产阶段（2001—2005年）：2000年12月浩82井在潜3^4油组1519.0～1572.4m井段15.6m/5层试油，6mm油嘴自喷，日产52.6t高产油流，拉开了油田滚动开发的帷幕。在浩82区块上先后完钻了7口滚动井。在浩32区块上完钻了4口，其中3口井出油，1口井落空。在浩38区块上完钻了1口，恢复三类井3口，报废利用1口。2001年12月30日，浩82–7井开始边外注水，日注70m^3，浩82井区进入注水开发阶段。2002年浩西油田年产油量达到高峰值4.94×10^4t。

由于区块含油面积小，边水突进快，到2003年浩西油田含水上升，含水上升率达到13.67%，含水主要上升区块是浩82井区。通过对油井补孔、酸化和卡堵水措施，浩西油田含水上升率控制在2.0%以内，控制产量快速递减。

第二节　开发现状

到2005年12月，浩西油田投产油水井总井数17口，其中油井15口，开井13口，日产油93t，单井日产油7.2t/d，综合含水69.5%，年产油3.69×10^4t，累计产油22.70×10^4t；注水井2口，开井1口，日注水量63m^3，月注采比0.21，累计注采比0.13，累计注水$6.53\times10^4m^3$。地质储量采油速度1.51%，地质储量采出程度10.04%。现由江汉采油厂采油8队和采油14队共同管理。

第二章

钻采与地面工程

第一节　钻井与完井

一、钻井

油田开发初期采用防斜钻直井技术，钻井周期普遍较长。1994 年后推广使用了转盘和水力螺杆双动力的复合钻井技术，同时结合使用 PDC 钻头，提高了机械钻速，并节约了单井所耗钻头，平均钻井周期从 50 天缩短至 20 天。由于油田地处农田和水网密集区，地面条件有限，推广应用了定向钻井和从式井技术。钻井液使用饱和盐水钻井液体系，应用自主研发的多种聚合防塌剂，提高了防塌、携砂、防卡等性能，有效解决了上部广华寺地层垮塌的问题，减少了钻井事故的发生。

测井仪器早期使用 JD–581 型，1994 年引进使用小数控，2000 年后推广应用了国产大数控。

二、完井

油田开发过程中，完井方式均采用套管射孔完井。因纵向上地层无异常压力层，井身结构采用表层套管 + 油层套管。固井采用常规固井方式，为增加套管的使用寿命，在固井前对套管进行预拉应力，增强套管的强度，减少使用后期变形的几率。推广应用“短候凝水泥”固井技术，解决水泥长时间候凝过程中，层间互窜问题。推广应用管外分隔器，解决固井过程中油水互窜，确保油层段的固井质量。紊流器的应用，增强水泥浆的均衡程度，从而提高水泥环的胶结质量。

射孔枪开发初期采用 WS–73 枪，1994 年后推广应用了 YD–89、YD–102 枪。射孔方式主要为正压射孔，射孔液采用清水。

第二节　采油工程

一、举升

浩西油田 1987 年开始试采，油层没有自喷能力，开采以机械采油为主。配套工艺技术采用小泵深抽，放大压差生产。

开采初期，地层能量较充足，抽油机悬点载荷不大，采用 10 型抽油机，冲程均为 2.6m，冲次 9 次 /min、6 次 /min。抽油泵采用 ϕ38mm、ϕ44mm 和 ϕ56mm 的防腐耐磨钢泵。抽油杆采用应力强度大的 H 级杆组合配合深抽。

二、油层改造

浩西油田主要应用土酸酸化，2001—2005 年，酸化 7 井次，有效 3 井次，平均单井日增油 1.8t，2001 年 10 月在浩 32 井采用土酸酸化，日产油从 2.6t 上升到 5.9t。

2001 年，浩西油田应用了压裂改造地层，压裂液为羟丙基瓜尔胶有机硼压裂液。压裂车组应用了 1000 型压裂车组，压裂采用 Y344 封隔器，采用石英砂做支撑剂。2001 年共应用 3 井次，平均砂液比 28.7%，平均单井加砂 12.3m³，平均单井日增油 5t。

三、堵水

浩西油田主要应用封隔器进行堵水，应用了以江 252–1 封隔器为核心的堵水管柱和以江 756–2 封隔器为核心的丢手堵水管柱堵水，2001—2005 年共堵水 5 井次，有效率 80%，平均单井日增油 4t。2003 年 3 月在浩 82–3 井应用，日产油由 5.9t 上升到 18t, 含水由 76% 下降到 5.8%。

四、注入系统

浩西油田于 1983 年 11 月发现，2002 年投入注水开发，初期注水井 1 口，日注水量为 70m³，注水介质为清水。

2002 年底，浩西油田有注水井 2 口：浩 32–2 井和浩 82–7 井，其中浩 32–2 井为污水回注井，日处理污水量为 110m³；浩 82–7 井注清水，注水量为 30m³。

2003 年，为了防止注入水单层突进，让各小层都取得好的注水效果，浩西油田进行分层注水。分层管柱采用“Y341–114 封隔器 + 偏心配水器 +952–1 底部阀 + 筛管丝堵”组合，Y341–114 封隔器自投入使用后，密封可靠，反洗畅通，使用寿命较长。

2004 年，浩西污水回注井浩 32–2 井计划停注。

到 2005 年底，浩西油田有注水井 2 口，开井 1 口，日注水量为 70m³，采用分层注水方式，注水水质达标率为 66.67%。

第三节　地面工程

一、集输系统

浩西油田油气水集输系统，经历了零散高架罐单井拉油、油气集输系统工程（集中计量、处理、供热、油气混输）阶段。

1986 年 11 月，新建浩 32 井转油站（浩西站），中转习家口油田和浩西油田的原油至浩口站集中处理。浩西至浩口站输油管线 ϕ76mm 长 4.5km。

截至 2005 年，浩西油田建成计量接转站 2 座，单井拉油点 1 座。设计原油外输能力 15×10^4t/a，实际原油外输 12×10^4t/a。建有 1 条集油管线，总长 4.3km，建有连续输油管线 1 条：浩 32—浩口外输油管线，长 6.8km，单井油管线 6.0km。

二、配套工程

浩西油田供电电源为油田 35kV 浩习线，浩 32 井区变压器 T 接在 28 号杆，浩 82 井区 T 接在支线 61 号杆。

浩西油田供水取自 2001 年 10 月打的地下水源井，日产水 1200m³。

附　录

附录一　附　图

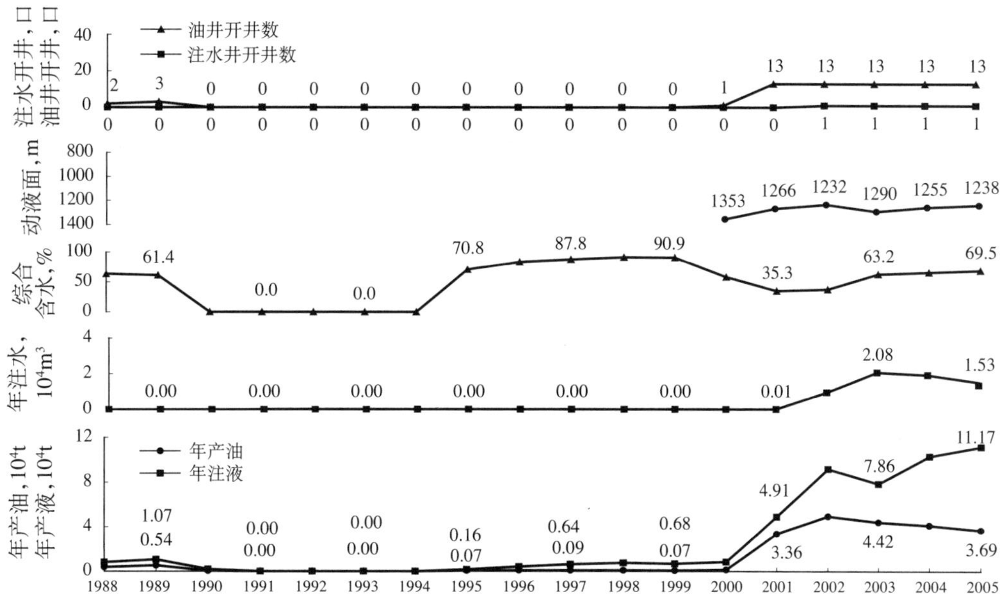

附图 1　浩西油田开采综合曲线图

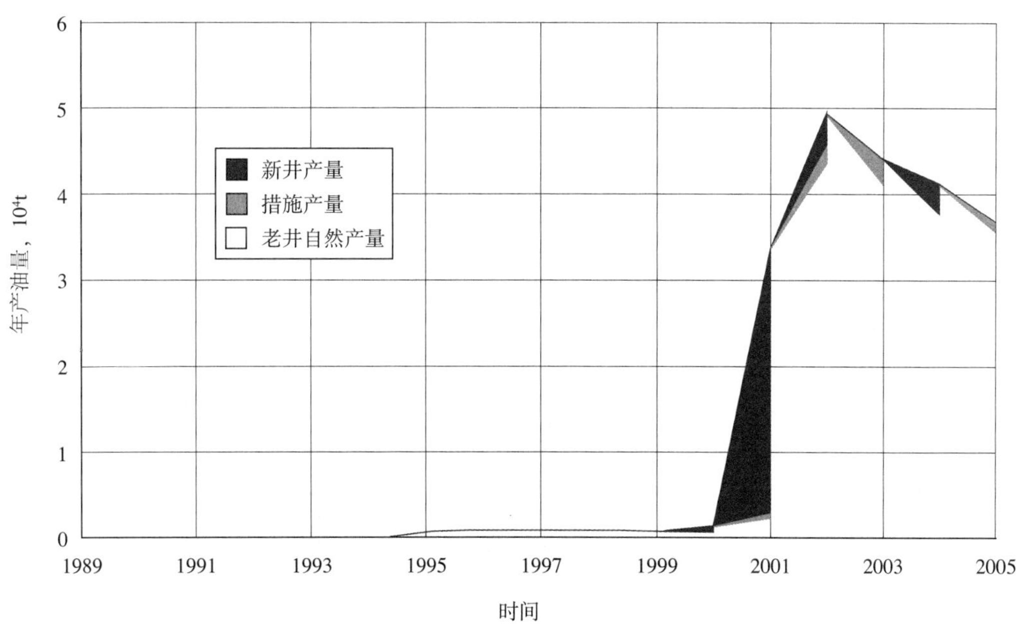

附图 2　浩西油田产量构成曲线图

附录二 附 表

附录 1 浩西油田综合地质数据表

油田	含油面积 km²	探明地质储量 10^4t	层位	油层埋藏深度 m	平均有效厚度 m	孔隙度 %	空气渗透率 mD	含油饱和度 %	地层温度 ℃	压力系数	原始地层压力 MPa	地层原油				地面原油					天然气		地层水		
												饱和压力 MPa	原始气油比 m^3/t	体积系数	黏度 mPa·s	密度 g/cm^3	黏度 mPa·s	凝固点 ℃	含蜡量 %	含硫量 %	相对密度	甲烷含量 %	水型	总矿化度 10^4mg/L	氯离子含量 10^4mg/L
浩西	2.20	242.00	潜江组	2000	8.3	21	72	70	76.7	—	15.6	3.11	19.6	1.034	6.5	0.873	56.1	26	0.55	0.71	—	—	Na_2SO_4	27.3	16.1

附录 2 浩西油田开采综合数据表

时间	动用地质储量 10^4t	油井		注水井		核实产油量		核实产水量		核实产液量		年末动液面 m	年末综合含水 %	注水量		注采比		地质采油速度 %	地质采出程度 %
		总井数 口	开井数 口	总井数 口	开井数 口	年 10^4t	累计 10^4t	年 10^4t	累计 10^4t	年 10^4t	累计 10^4t			年 10^4m^3	累计 10^4m^3	年末	累计		
1988	54	2	2	0	0	0.39	0.99	0.44	0.49	0.82	1.48	—	63.5	—	—	—	—	0.70	1.80
1989	54	3	3	0	0	0.54	1.57	0.53	1.03	1.07	2.60	—	61.4	—	—	—	—	1.00	2.90
1990	54	3	0	0	0	0.05	1.62	0.15	1.17	0.19	2.79	—	—	—	—	—	—	0.09	3.00
1991	54	3	0	0	0	0.00	1.62	0.00	1.17	0.00	2.79	—	—	—	—	—	—	—	3.00
1992	54	3	0	0	0	0.00	1.62	0.00	1.17	0.00	2.80	—	—	—	—	—	—	—	3.00
1993	54	1	0	0	0	0.00	1.62	0.00	1.17	0.00	2.80	—	—	—	—	—	—	—	3.00
1994	54	1	0	0	0	0.00	1.62	0.00	1.17	0.00	2.80	—	—	—	—	—	—	—	3.00
1995	54	1	0	0	0	0.07	1.69	0.10	1.27	0.16	2.96	—	70.83	—	—	—	—	0.12	3.13
1996	54	1	0	0	0	0.09	1.78	0.34	1.61	0.43	3.39	—	83.72	—	—	—	—	0.17	3.29
1997	54	1	0	0	0	0.09	1.87	0.55	2.16	0.64	4.03	—	87.77	—	—	—	—	0.17	3.46
1998	54	1	0	0	0	0.09	1.96	0.67	2.84	0.76	4.79	—	91.5	—	—	—	—	0.15	3.62
1999	54	1	0	0	0	0.07	2.03	0.61	3.45	0.68	5.48	—	90.89	—	—	—	—	1.22	3.76

续表

时间	动用地质储量 10^4t	油井		注水井		核实产油量		核实产水量		核实产液量		年末动液面 m	年末综合含水 %	注水量		注采比		地质采油速度 %	地质采出程度 %
		总井数 口	开井数 口	总井数 口	开井数 口	年 10^4t	累计 10^4t	年 10^4t	累计 10^4t	年 10^4t	累计 10^4t			年 10^4m^3	累计 10^4m^3	年末	累计		
2000	54	2	1	0	0	0.13	2.16	0.72	4.17	0.85	6.33	1353	58.37	—	—	—	—	0.77	4.00
2001	226	14	13	0	0	3.36	5.52	1.54	5.71	4.91	11.24	1266	35.27	—	—	—	—	2.28	3.00
2002	226	14	13	2	1	4.94	10.47	4.23	9.94	9.17	20.41	1232	37.74	0.96	0.96	0.12	0.05	2.46	4.63
2003	226	14	13	2	1	4.42	14.88	3.44	13.39	7.86	28.27	1290	63.17	2.08	3.05	0.17	0.1	1.79	6.59
2004	226	14	13	2	1	4.13	19.01	6.19	19.58	10.32	38.59	1255	66.25	1.94	4.99	0.15	0.12	1.72	8.41
2005	226	15	13	2	1	3.69	22.70	7.48	27.06	11.17	49.76	1238	69.5	1.53	6.52	0.21	0.13	1.51	10.04

附录三　征引文献

文献名	作者	出版时间	出版社
江汉油田志（1961—1985）	《江汉油田志》编辑室	1986	江汉石油报社
江汉油田志（1986—1990）	丘昌济	1993.1	人民出版社

编号：18-019

广北油田志

《广北油田志》编纂组　编

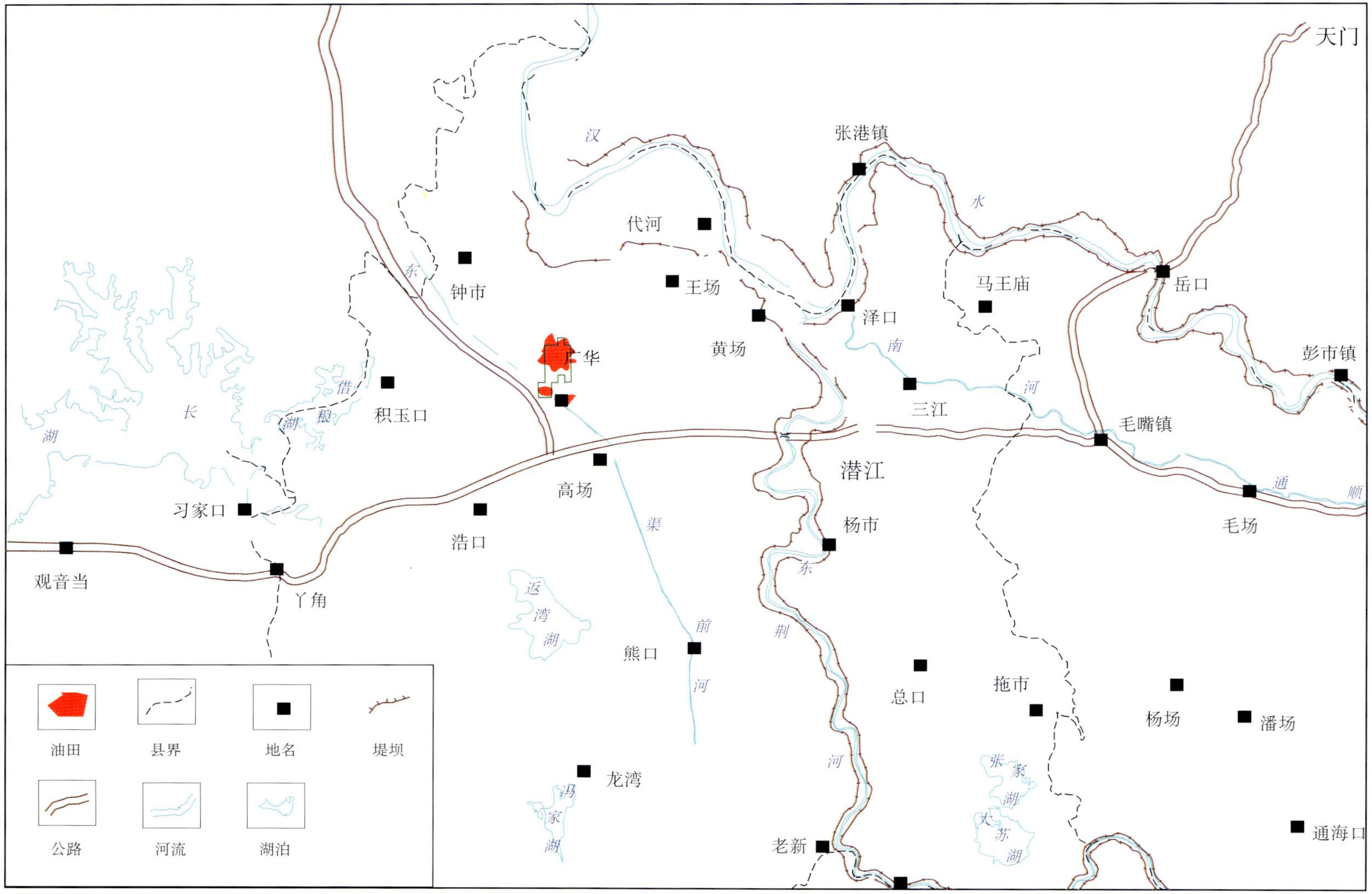

广北油田地理位置示意图

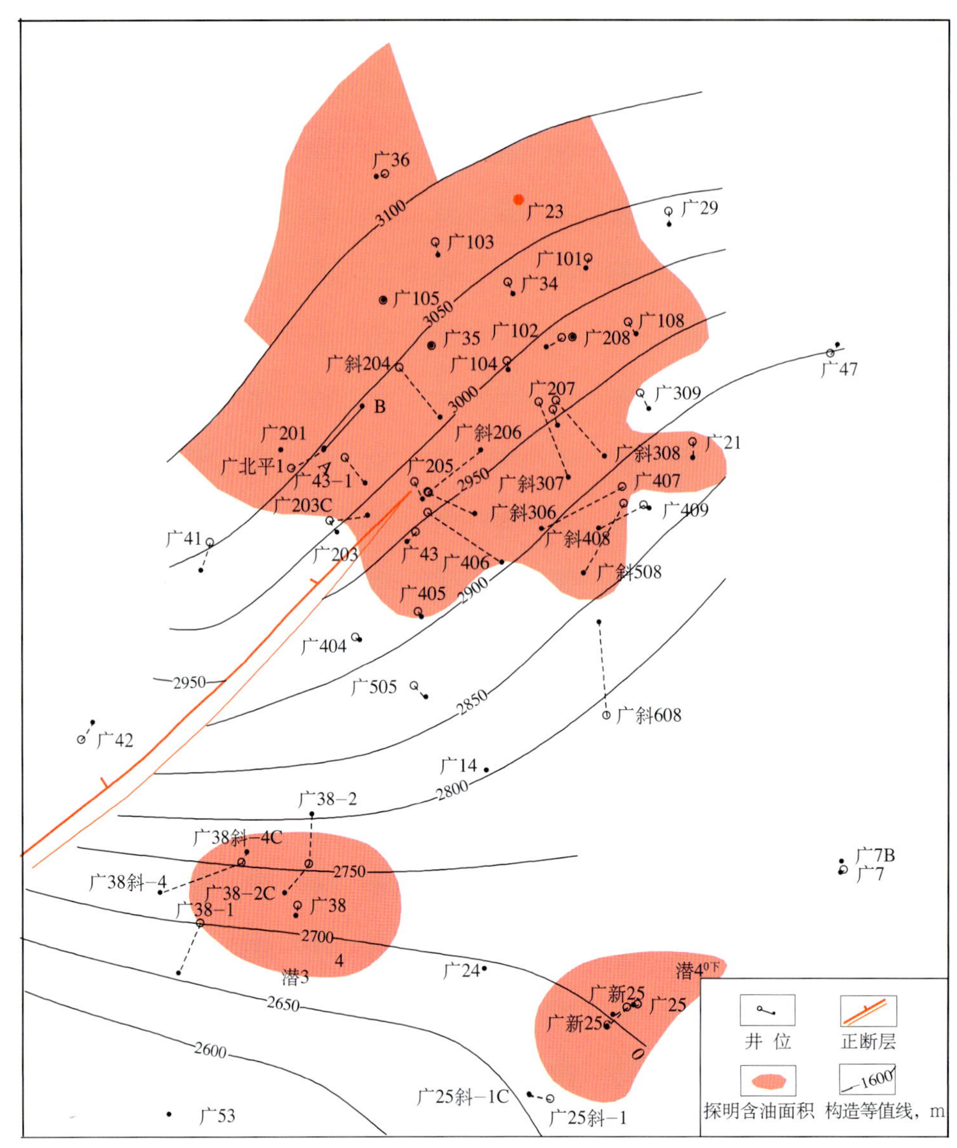

广北油田构造井位示意图

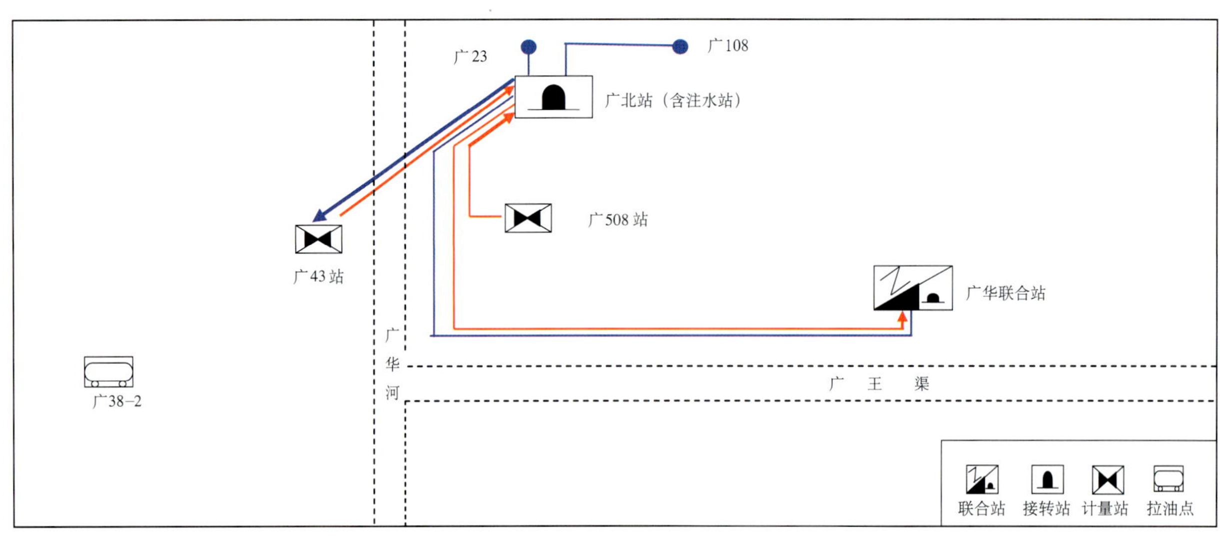

广北油田地面系统平面布置示意图

《广北油田志》编纂委员会

主　任：胡德高

副主任：夏志刚

成　员：刘孔章　贺　春　刘敬尧

《广北油田志》编纂组

组　长：肖　斌

成　员：李波峰　胡云鹏　刘　玉　张建国　袁玲想
　　　　余　英　申修志

《广北油田志》审核人员

初审人：夏志刚　刘孔章　贺　春

审核人：习传学　李渝生　洪志一　赵云山　胡从新

本志目录

概　述

广北油田于1984年发现，1985年试采，1986年投入开发，位于湖北省潜江市广华寺江汉油田局机关西侧，交通便利，省道S219横贯油田。油田地处江汉平原腹地，平均海拔高度28.9m，属平原湖区，是典型的水网地区。属亚热带季风气候，四季变化明显，雨季长，降雨多集中在5～8月。这里土地肥沃，物产丰富，有鱼米之乡之称。构造位于江汉盆地潜江凹陷蚌湖向斜南斜坡上，东与广华油田接壤，南与浩口油田相邻，现由中国石化江汉油田分公司江汉采油厂管理。

一

广北油田构造处于江汉盆地潜江凹陷蚌湖向斜南斜坡上。蚌湖向斜南翼是个宽缓的、向北倾没的鼻状隆起，是长期发育的古斜坡。广北油田构造单一，为一向南抬起的宽缓斜坡，地层平缓，走向北东—南西；倾向北西，区内断层不发育，地层完整，构造北低南高，低部位为边水，为一上倾尖灭岩性油藏（图1）。

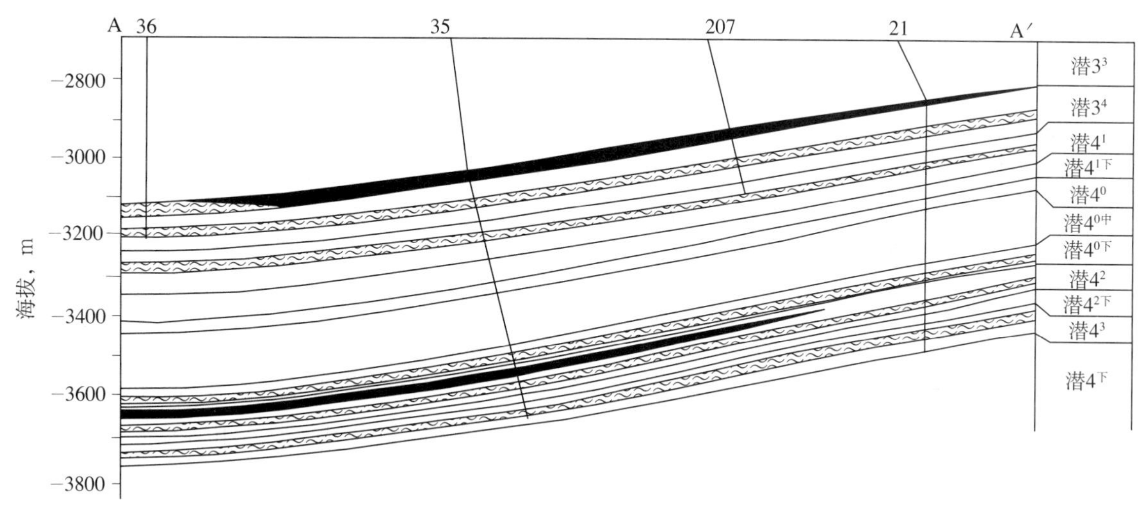

图1　广北油田广36—广21油藏剖面图

油田含油层系为古近系潜江组潜三段潜3^4油组和潜四段潜$4^{0下}$、潜$4^{2下}$油组。油层埋深3530m。主力油层集中分布于潜3^4油组，平均有效厚度5.9m，单井油层厚度2～12m。油水分布简单，含油面积内无油水交替现象，储集层为钟市三角洲前缘远沙坝亚相沉积，物源主要来自乐乡关地垒，储层属密度流远离河口沉积形成的远沙坝，并具有水下分流河道砂的性质，储层岩性为杂砂质长石粉砂岩，胶结物成分以灰质和白云质为主，胶结物含量5.1%，为孔隙式胶结。油层有效孔隙度14.9%～20.0%，平均孔隙度为18%，空气渗透率48～260mD，平均为125mD。黏土矿物绝对含量小于2.0%。油层岩石以亲水、弱亲水为主，未见亲油样品。油藏驱动类型为弹性水压驱动类型，具水敏性。

原油性质具有“三低一高”特点，地面原油密度低0.852g/cm^3，地面原油黏度低7.8mPa·s，含硫低

0.13%，凝固点高 27.4℃。天然气为原油伴生湿气，天然气相对密度 1.3835，甲烷含量 50.12%。地层水总矿化度为 32×10^4mg/L，氯离子含量为 19.3×10^4mg/L，水型为 $CaCl_2$。地层原油密度为 0.721g/cm^3，地层原油黏度为 1.3mPa·s，原油体积系数为 1.279，原始气油比为 62.2m^3/t。饱和压力为 5.17MPa，原始地层压力为 34.3MPa，压力系数为 1.04。地层温度为 115℃。

广北油田石油地质储量 1986 年 6 月 26 日经国家储委批准，探明含油面积 2.2km^2，石油地质储量 140×10^4t，可采储量 42×10^4t。

1989 年新增广 43 井区和广 38 井区，新增含油面积 3.9km^2，石油地质储量 128×10^4t，可采储量 51.2×10^4t。

1993 年对广北油田进行储量复算，于 1994 年 7 月 26 日经全国储委批准，探明含油面积为 4.4km^2，石油地质储量 198×10^4t，可采储量 63.36×10^4t，保留探明Ⅲ类含油面积 1.5km^2，石油地质储量 26×10^4t，可采储量 8.3×10^4t。

广 25 井 1975 年 3 月完钻，4 月完井，1976 年 9 月投产，后因套管坏停。2003 年经滚动勘探，广 25 井区新增探明含油面积 0.3km^2，石油地质储量 10×10^4t，可采储量 3.1×10^4t。

截至 2005 年末，广北油田累计探明含油面积 5.3km^2，地质储量 234×10^4t，可采储量 94.1×10^4t，采收率 40.2%。动用含油面积 5.0km^2，地质储量 224×10^4t，标定可采储量 91×10^4t，标定采收率 40.6%。

二

广北油田 1970 年勘探，先后钻探广深 1、广 14、广 21 等预探井，其中广 21 井潜 $4^{0下}$油组见 1.2m/2 层油层，试油获日产油 0.76t 少量油流。1983 年，在对该地区地震资料进一步解释时发现一断鼻构造，部署了探井广 23 井。1984 年春，为了进一步落实断层的可靠性，又补作了二维数字地震，结果发现断层不落实，后经反复研究论证，认为蚌湖向斜南斜坡是岩性油藏发育的有利地区，广 23 井仍值得钻探，故 1984 年 3 月 14 日钻探广 23 井，9 月 24 日完钻，完钻井深 3900.0m。中途和完井组合测井共进行 4 次，均取全了三孔隙度、三电阻率等曲线，在潜 3^4 油组 3078.2 ~ 3092.2m 井段发现油层 11.6m/3 层，潜 $4^{0下}$油组 3527.4 ~ 3530.4m 井段油水同层。1985 年 3 月 31 日对潜 $4^{0下}$油组 3527.4 ~ 3530.4m 井段试油，射开 1 层 3m，并进行酸浸改造，抽汲求产，日产油 4.0t，产水 1.0m^3，原油密度 0.83g/cm^3，黏度 4.18mPa·s。1985 年 5 月 9 日对 3078.2 ~ 3085.2m 井段试油，射开 1 层 7.0m，5mm 油嘴求产，日产油 27.6t。发现和证实了该地区富集油气，由于处于广华的西北边，取名为广北油田。

广 23 井钻探成功，发现了广北油田，并为在潜江凹陷蚌湖向斜内寻找潜江组岩性油藏开拓了新的领域。

1988 年 1 月钻探广 38 井，在潜 3^4 油组 2718.0 ~ 2722.0m 井段发现 2.8m/2 层油层，1988 年 7 月 19 日试油，日产油 11.2t，发现广 38 井区。

1989 年 7 月钻探广 43 井，在潜 3^4 油组 2949.0 ~ 2962.0m 井段发现 11.5m/2 层油层，1989 年 12 月 22 日对该油层压裂试油，日产油 25.2t，发现广 43 井区。

截至 2005 年底，蚌湖向斜共做二维地震 815.8km，测网密度 0.5km × 0.25km，三维地震 132.1km^2，广北油田已实现三维地震满覆盖，共钻探井 15 口。

大事记

1984 年

3 月 14 日　广北油田发现井广 23 井开钻，9 月 24 日完钻，完钻井深 3900m。在潜 3^4 油组 3078.2 ～ 3092.2m 井段发现油层 11.6m/3 层，1985 年 5 月 9 日对 3078.2 ～ 3085.2m 井段试油，射开 1 层 7.0m，5mm 油嘴求产，日产油 27.6t。

是年　广 23 井钻探成功，发现了广北油田，并为在潜江凹陷蚌湖向斜内寻找潜江组岩性油藏开拓了新的领域。

1986 年

3 月　建成广北计量站。

1987 年

是年　广北橇装注水站安装新型浮动滤料滤罐（核桃壳粗滤和九号纤维球精滤）对水源进行处理。

1988 年

1 月　钻探广 38 井，在潜 3^4 油组 2718.0 ～ 2722.0m 井段发现 2.8m/2 层油层，7 月 19 日对该油层试油，日产油 11.2t。发现广 38 井区。

1989 年

7 月　钻探广 43 井，在潜 3^4 油组 2949.0 ～ 2962.0m 井段发现 11.5m/2 层油层，1989 年 12 月 22 日对该油层压裂试油，日产油 25.2t，发现广 43 井区。

11 月　新建广北密闭计量接转站，年集油能力 4.5×10^4t，产能 4×10^4t，设计接转能力 434t/d。

1993 年

是年　油田开始改注地层采出的高矿化度盐水。

1995 年

是年　建成广 508 计量点。

2003 年

7 月　建成广 43 计量站。

是年　滚动勘探广 25 井区，6 月钻探广新 25 井，在潜 $4^{0下}$油组钻遇油层 2.4m/1 层，潜 $4^{2下}$油组钻遇油层 3m/1 层，7 月 27 日对该油层试油，日产油 6.6t，新增探明含油面积 0.3km^2，石油地质储量 10×10^4t，可采储量 3.1×10^4t。

第一章

油 田 开 发

第一节 开发历程

广北油田 1985 年 12 月投入试采，1986 年 5 月正式投入开发，主力油层潜三段按一套层系开发，采用三角形井网布井，井距 300 ~ 600m。通过试采证实油田初期生产能力较强，日产最高达到 91t，但天然能量不足，油层压力下降快，单储压降大。1987 年 11 月投入注水开发，1988 年 5 月以后，进入全面注水阶段。1988 年进入稳产阶段，1988—1998 年的 11 年时间里，油田年产油稳定在 4×10^4t 左右，阶段平均采油速度 1.9%，最高采油速度 2.2%。1999 年，高产井广斜 307 突然出水，油田产量出现大幅度的下降。2002 年油田进行滚动开发，在西部先后投产 4 口油井，日产量重上 100t，最高达 143t。期间根据油田的开发状况编制了《广北油田初步开发方案》、《广北油田注水开发方案》、《广北油田滚动开发方案》和《广北油田调整上产方案》。至 2005 年共经历了四个开发阶段（图 1–1）。

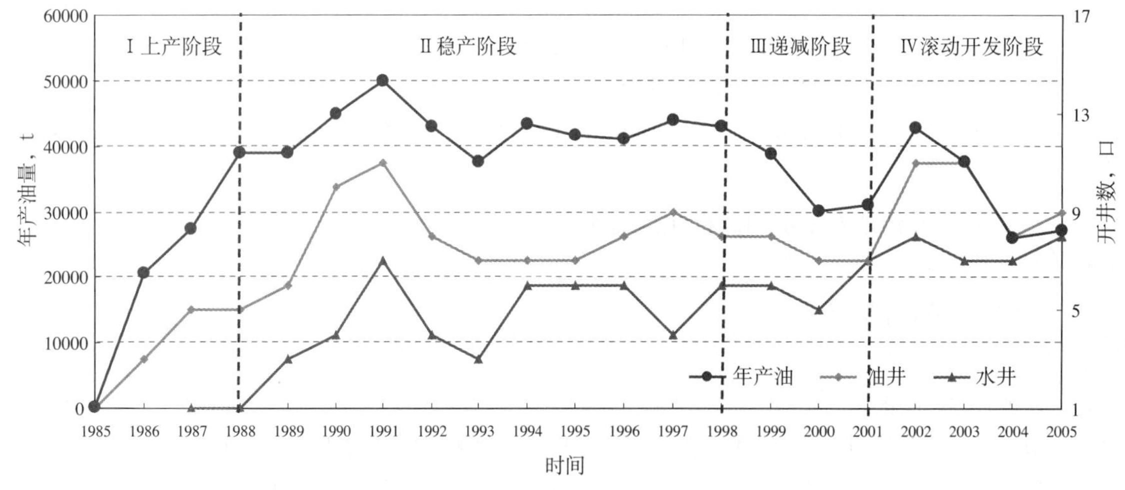

图 1–1 广北油田开发阶段划分图

（1）上产阶段（1985 年 12 月—1988 年 12 月）。广北油田自投产后，初期产量较高，日产油能力 27 ~ 67t；地层压力下降较快，平均每采出 1% 的地质储量，压力下降 3.21MPa，自喷采油期短，油井自喷采油 260 天左右。边水供给能量较差，基本上属于弹性驱动油藏。1986 年 3 月由研究院开发室徐存金编写了《广北油田初步开发方案》，经丁淑君审核，罗扬棣、蒋朝模复核，戴世昭批准实施。本方案是在基本探明含油面积 $2.2km^2$，地质储量 140×10^4t 的基础上编写的。根据石油工业部文件对新区开发前十五年要采出可采储量 75% ~ 80% 的要求，设计按 80% 考虑最终选择方案设计为一套层系，井距约 400m，三角形布井；采用边缘注水方式，预计水驱控制储量 80%，部署新钻生产井 4 口，注水井 2

口，单井日产油量 14.5t，年产油量 1.85×10^{4}t，采油速度 1.62%，动用地质储量 114×10^{4}t。方案实施要求，通过试采，进一步落实本区的产能和油藏驱动类型，并确定合理采油速度及注意保护油层，防止油层污染，提高油井产能。方案实施结果：1986 年末，完钻 6 口，投产油井 4 口，采油速度 1.44%，年产油 2.06×10^{4}t，累计产油 2.1251×10^{4}t，达到方案设计要求。1987 年 6 月由研究院开发室付春华编写了《广北油田注水开发方案》。方案设计注水井 3 口、生产井 6 口。油田 1987 年 11 月投入注水开发，采取边缘注水方式，截至 1988 年底，油井开井数 5 口，平均单井日产油 22.3t，采油速度 2.78%，年产油量 3.9×10^{4}t。注水井开井 1 口，日注 57m^3，年注水量 3.83×10^{4}m^3。

（2）稳产阶段（1989 年 1 月—1998 年 12 月）。1988 年 5 月以后，油田进入全面注水阶段，压力有所回升，产量持续上升。1989 年由勘探开发研究院开发室编写了《广北油田滚动开发方案》，方案设计采用三角形井网，300m 井距，一次性总部署开发井 32 口。在方案实施时，围绕广 43 井集中钻探，广斜 206、广斜 404、广斜 405、广斜 505、广 207 等井，然后再根据钻探成果向外扩展。随钻分析，及时调整。在滚动钻探的过程中，证实广 43 井是油层局部增厚区；广 207 井则是与原广北油田连片的厚油层区。1990 年年初由勘探开发研究院开发室编写了《广北油田调整上产方案》，方案设计投转注 5 口，投产新井 4 口，老井压裂 1 井次。1990 年 4 月，油田有油井 6 口，注水井 3 口，日产油 111t，日注水 78m^3。1990 年 5 月实施上产方案以后，9 月日产油水平达到了 139t，5—12 月区块产油 3.12×10^{4}t，老井自然产油量 1.96×10^{4}t，上产措施增油 1.16×10^{4}t。截至 1990 年末，油田总井数 15 口，其中油井 10 口，开井 10 口，井口日产油量达到 141t，注水井 5 口，开井 4 口，日注水 267m^3，可采储量采油速度 1.68%，年产油 4.5×10^{4}t。通过新钻调整更新井，初步完善了广北油田的注采井网，注采井数比由 1991 年的 0.73 提高到 1998 年的 1.38，注水量增加，自然递减减缓，含水上升率下降，地层压力稳升，见到较好的注水效果，原油产量趋于稳定。

广北油田 1987 年 11 月开始全面注水，在注水开发方案投入实施后不足一年，相应油井的生产状况出现异常：油井见水后，含水上升速度快，在短时间内不但产油量大幅度下降，产液量也急剧减少。虽然在工艺上采取了压裂、酸化、综合解堵等多种进攻性措施，但始终不能扭转产量迅速递减的局面。无水采油期日产达 30 ～ 40t 的油井，在见水后不到半年，单井日产液量均在 10m^3 以下。从第一口油井见水到 1993 年 2 月，油田日产量由高峰期的 153t 跌到 88t，下降到广北油田的最低水平。分析其因主要有两条：一是注水开发初期注入水采用注清水，因地层具有水敏性，在注清水采油过程中，产生黏土膨胀运移堵塞孔道，同时造成严重层内水锁和近井周围结盐或膏垢沉积现象，见水后即发生水锁现象；二是注采井网不平衡，地层能量严重不足。至 1993 年 2 月，油田累计欠注已超过 100×10^{4}m^3，地层压力从开发初期的 34.08MPa 降至 13.89MPa，仅为原始地层压力的 40.8%。生产井平均液面深达 1526m，油田生产井泵效普遍较低，平均泵效仅为 36.8%。由于地下亏空严重，油层供液能力逐渐变差，油田日产进一步降低。针对油田生产中存在注清水伤害油层和地层能量低的问题，现场实施了两项重大措施：一是开展油层保护——注矿化度盐水。室内试验发现：高于临界盐度 15×10^{4}mg/L 的矿化水进入地层岩心，可使其渗透率保持在最佳状态，亦可使已遭水敏伤害的地层岩心的渗透性得到一定程度的恢复，确保注水驱油效果，增加产油量。在充分论证的基础上，开展了对广北油田潜 3^4 油层以天然盐水作为驱替剂的注矿化水现场试验工作。广北油田潜 3^3 砂岩组为储水层，厚度大、储量高。现场选广 101 井改为水源井，封堵潜 3^4 油层，射开潜 3^3 总厚度 21m 水层，下 70mm 泵抽管柱，平均日产水 90m^3 进广北站。采出水的总矿化度约为 32×10^{4}mg/L。现场用清水稀释一倍，矿化度为 15×10^{4}mg/L 后投注。油田于 1993 年 5 月 1 日始实施注高矿化度盐水，降低油层水敏伤害，有效地改善了油藏水驱油效果，使油田年产油量从 1993 年的 3.76×10^{4}t 上升到 1995 年的 4.17×10^{4}t，扭转了注清水引起的油井见水后产液量、产油量下降的局面。二是开展水井增注。广北油田南部有 4 口注水井，注采井数比为 1 ：1，但实际注采比仅为 0.5。为提高注矿化水波及范围，保证油田南部油层正常生产，1994 年，采用浓缩酸缓速酸化新工艺，对难注水井进行了增注改造。由于加强了高部位低渗透带注矿化水，注采井网得到完善，地层能量有了保障，南部3口油井广208、广307、广408见到了明显的增油效果，使油田日产水平在1994年5月达到132t。油田日注水由1993年的119m^{3}上升到1995年的219m^3。该阶段注水方式由边缘注水改为面积注水。

截至1998年末，全油田总井数19口，其中油井8口，开井8口，日产油122t，综合含水20.24%，采油速度1.9%，采出程度23.03%，年产油4.3×10^4t，累计产油51.59×10^4t。注水井11口，开井6口，日注水190m^3，累计注水76.44×10^4m^3，累计注采比0.88。

（3）递减阶段（1999年1月—2001年12月）。该阶段由于含水上升快，地层能量下降，部分高产井井况不良或地层出砂导致产量下降快。截至本阶段末，全油田总井数20口，其中油井8口，日产油65t，综合含水43.11%，采油速度1.05%，采出程度27.6%，年产油2.99×10^4t，累计产油61.83×10^4t。注水井12口，日注水196m^3，累计注水96.08×10^4m^3，累计注采比0.89，老井自然递减由1999年末的1.92%上升至2000年的29.76%，阶段平均自然递减率为11.95%。

（4）滚动开发阶段（2002年1月—2005年12月）。2002年油田实施滚动开发，由江汉采油厂地质研究所静态室胡辉、张建荣、向树安、曾强等人在高分辨率三维地震资料精细解释的基础上进行储层横向预测和油藏描述，结合沉积相等地质综合分析，认为广北油田为湖底扇沉积，中扇发育辫状沟道，在广105井附近“人”字形分叉，其东部分支沟道已被开发，为广北油田主体部位，西部分支沟道在高部位已钻探了广43，该井日产油20t以上，已累计采油5.37×10^4t（截至2001年年底），根据预测结果在中部部署滚动探井广43–1井钻探，该井于2001年11月13日开钻，2002年1月5日完钻，在潜3^4_1油组取心发现有22.77m/1层油砂，电测解释油层23.8m/1层，与预测吻合，从而证实了该岩性圈闭。2002年2月3日试油直接投产获27.8t/d高产工业油流。该井区通过滚动完善，先后投产油井4口（广43–1、广201、广北平1、广203），日产油能力53t，新建产能1.5×10^4t，使油田日产量重上100t，最高达143t。

为了改善油田含水上升快，注入量不足的情况，该阶段同时开展摸索注水量调整方法，采用周期或对顶强弱脉冲注水方法，以有效补充地层能量，提高水驱效率。同时开展剩余油分布研究，加强水平井的开发管理与研究，加大滚动勘探力度，使油田产量递减减缓。

第二节　开发现状

广北油田从1985年投入开发，截至2005年末，油田经全国储量委员会核准探明含油面积为5.3km^2，探明石油地质储量为234×10^4t，可采储量94.1×10^4t，采收率40.2%；动用含油面积5.0km^2，地质储量224.0×10^4t，可采储量91×10^4t, 采收率40.6%。共钻探井15口，开发井32口，油层井26口，取心井14口，试油井29口，投产井26口。油田共有方案油水井21口，报废利用水井1口。其中方案采油井9口，开井9口，日产油63.0t，综合含水50.51%，地质储量采油速度0.94%，地质储量采出程度33.58%，可采储量采出程度82.66%，累计采油75.22×10^4t，方案注水井12口，开井8口，报废利用注水井1口，开井1口，日注水444m^3，累计注水133.11×10^4m^3，累计注采比0.96。

至2005年底，广北油田建成计量站2座，计量接转站1座，单井拉油点1座。建有3条集油管线，总长9.0km，单井油管线7.2 km。建有低压（干、湿）气集输管网6.8 km，将湿气低压集输至广华站，干气作生产供热燃料。注水干线1条，总长1500m；配水间2座，另有3口注水井直接与注水干线连接；注水介质为污水。

该油田由江汉采油厂广华作业区采油七队负责现场生产管理。

第二章

钻采与地面工程

第一节　钻井与完井

一、钻井

勘探开发初期，钻井方式主要采用吊打防偏直井技术，钻井周期较长。20 世纪 80 年代应用转盘加井下动力钻具的复合钻井技术，机械钻进速度得到了明显提高。1988 年在广 42 井试用一只 ϕ216mmB22 型 PDC 钻头，单只进尺 1344.14m，机械钻速 4.01m/h，进一步缩短了钻井周期。受地面条件限制，推广应用定向钻井技术。小断块或底水油藏采用水平井技术，2002 年 5 月，油田第一口水平井广北平 1 井完钻井投产，获日产油 40t 的高产工业油流。采用聚合物（钾胺）不分散或正电胶淡水钻井液，有效地抑制了水敏性泥岩和稳定上部井眼，为钻进盐层创造了条件。用抗盐造浆材料海泡石土提高饱和盐水钻井液结构力，配合使用高分子和液、固润滑剂等，解决盐水钻井液黏切低，悬浮携砂差，虑失量大和黏滞性大等缺陷。

二、完井

油田均采用套管完井方式。井身结构采用常规的二级套管结构，即 ϕ339.7mm 表层套管 +ϕ139.7mm 油层套管，水平井采用三级套管结构，即表层套管 + 技术套管 + 油层套管。由于无异常压力地层，固井采用常规固井技术。前期管外返高较低，套管自由段长，受盐岩蠕动挤压易变形、挫断。为保护套管，管外水泥返高从原来 2500m 提高到平均 2000m。

射孔早期使用 57–103 枪，1984 年广 23 井使用 WS–73 枪射孔。1989 年引进推广使用 YD–89、YD–102 枪。水平井使用 YD–89 枪油管传输射孔。射孔方式为正压射孔，射孔液为清水。

第二节　采油工程

一、举升

广北油田 1986 年投入开发，开采初期主要以自喷为主，机械采油为辅。投产初期 3 口自喷井，采用下光油管至油层中上部，井口采油树装 4mm 油嘴自喷生产。

广北油田投产后，地层压力下降较快，这一时期低含水，油井全部转为机械采油。举升工艺主要采用普通管式泵、小冲程采油技术。泵径主要选用 ϕ38mm、ϕ44mm 和 ϕ56mm 三种，冲程以 1.9m 和 2.1m 为主，冲次 6 次 /min 至 9 次 / min；抽油杆采用 D 级杆。抽油机采用 12 型抽油机。

1987 年，随着开采时间的延长，开采强度增大，广北油田采取放大压差生产，深抽强采。随着下泵深度的不断增加，抽油杆负荷增大，杆断脱频繁。

1993年，在广307井上试验运用了YZ油管锚技术，该技术是油田提高排液量、下大泵、加深泵挂、斜井采油非常重要的配套工具，主要运用泵挂深度在1500～3000m的深井。使用该技术后，抽油泵效提高0.9%～6.6%，检泵周期提高了1.4～10.7倍，见到了好的效益。

2000年之后，广北油田平均泵深在2400m左右，采油工艺配套使用了玻璃钢抽油杆、H级抽油杆、尼龙扶正器、油管锚、12型和14型长冲程抽油机。工作制度采取长冲程、低冲次的方式，即冲程以3.8m、4.2m和4.8m为多，冲次为4次/min、6次/min、7次/min。

二、油层改造

广北油田开发初期主要应用的是土酸酸化。随着油田开发的不断深入，为了解除储层深部污染堵塞，1987年应用了氟硼酸深部酸化，在广102井应用后，日产油从6.6t上升到46.7t。同年针对酸化中的二次沉淀问题，应用了组合活性酸酸化，1987—1989年在广北油田应用3口井，累计增油25218t。1992年针对低渗透水敏油层，应用了浓缩酸酸化，在油井上应用5井次，平均日产油从0.3t上升到6.2t，在水井上应用3井次，累计增注16873m^3，在广北油田开始推广应用。同时针对部分含膏油层开展了解膏酸化，1992—1994年现场应用3井次，1992年12月在广104井应用，日产油从0t上升到4.7t。

1985年，为了提高广北油田的产量，开始在低渗透层开展了压裂应用，应用700型压裂车组，使用江453封隔器开展分层压裂，支撑剂采用石英砂，压裂液应用甲叉基聚丙烯酰胺压裂液，1985—1986年应用2口井，平均砂液比14%，单井平均加砂7m^3，在广34井应用后，日产油从0t上升到63t。1989年，引进中原油田美国斯蒂文森1000型压裂设备，同时应用了ZH封隔器和1000型井口，开始使用3in油管进行压裂，支撑剂采用陶粒，压裂液应用JH–S压裂液，1989年在广北油田应用5口井，平均砂液比提高到25.8%，单井平均加砂14.7m^3，平均单井日增油9.6t。1990年应用了田菁有机肽压裂液。1990—1992年应用5井次，平均砂液比达到了25%。1990年在广斜307井应用，日产油从0t上升到37.6t。水井应用1口，在广斜308井应用后，日注水由11m^{3}提高到69m^3，累计增注8944m^3。1996年随着对油层保护的重视，应用了羟丙基瓜尔胶有机硼压裂液，1996年8月在广斜407井应用，日产油由0t上升到21.5t，之后开始推广应用，1997—2005年共应用4口井，累计增油2054t。

三、堵水调剖

油田于1998年7月在广102井应用铬冻胶120m^3、水玻璃—氯化钙34m^{3}进行调剖施工，调剖前负压，调剖后注水压力上升到11MPa，对应油井产量上升，含水下降。

油井找水主要应用封隔器找水法。油井堵水从1985年开始应用，主要采用机械卡堵水，应用以江252–1封隔器为核心的堵水管柱，1999年和2000年两次在广斜307井应用获得成功。

四、修井

广北油田修井在解卡施工技术方面，主要采用清水冲盐工艺、挤清水解盐活动解卡，对于活动不能解卡的井采用套铣和倒扣的方法起出被卡管柱，每年应用2～3口井。1989年5月，在广35井应用冲盐、活动解卡工艺成功起出全部被卡管柱。1990年以后，主要解决的是管卡和落物事故，通常是采用循环洗井、套铣和倒扣工艺解卡为主。在复杂落物打捞方面，主要根据落物顶部（鱼顶）情况，再选择或制作合适的打捞工具。1993年8月在广101井起生产管柱，油管从第31根处断，倒扣起出部分油管，下反扣钻杆带捞矛起出全部落井管柱。在套管外窜槽、腐蚀穿孔修复方面，应用水泥浆挤堵，2003年11月在广43井应用油井水泥灰浆堵漏成功。

五、注水

广北油田由于层系少，注水开发初期，采用光油管全井注水。

1992 年，广北油田经过长时间注水，有些井套管腐蚀严重出现漏点，广 206 井开始采用江 453 封隔器进行卡漏点全井注水，与之配套的有 745–5 节流器注水，在广 206 井使用该注水管柱组合之后效果较好。1997 年 7 月又在广 406 井使用该管柱组合。

2000 年底，广北油田有注水井 8 口，有 1 口井使用江 453 封隔器全井注水。

2001—2003 年，采用 Y341–114 封隔器和江 453 封隔器全井注水。

2004 年之后，广北油田使用“Y341–114 封隔器 + 偏心配水器 +952–1 阀”注水管柱组合，封隔器密封效果好，免修周期长。

第三节　地面工程

一、集输系统

1985 年，广北油田投入开发，年生产能力为 1.6×10^4t。地面工艺采用建单井拉油方式，为开式流程。

1986 年，广北计量站、广 43 计量点建成。

1989 年 11 月，新建广北密闭计量接转站，年集油能力 4.5×10^4t，产能 4×10^4t，新建广北至广华站输油管线，长 6km，采出液进广北计量接转站后用离心泵输油，伴生气供加热炉作为燃料。

1995 年，新建广 508 计量点。

2004 年 1 月，推广油气密闭混输工艺，安装 2 台油气混输泵。将井口或计量站来液进缓冲罐，由混输泵经加热后外输广华联合站三相分离器集中处理。伴生气外输至广华联合站（图 2–1）。

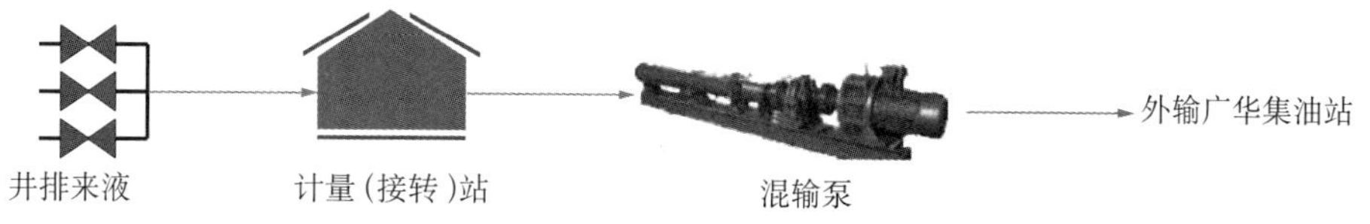

图 2–1　密闭混输工艺示意图

截至 2005 年，广北油田建成计量站 2 座，计量接转站 1 座，单井拉油点 1 座。建有 3 条集油管线，总长 9.0km，单井油管线 7.2km。建有低压（干、湿）气集输管网 6.8km，将湿气低压集输至广华联合站，干气作生产供热燃料。

二、污水处理

1987 年，广北橇装注水站安装新型浮动滤料滤罐（核桃壳粗滤和九号纤维球精滤）对水源进行处理，力争把悬浮物含量降低到 2mg/L 以下，粒径控制在 2μm 左右。

1993 年，广北油田开始改注矿化水，1994 年水质达标率为 37.5%，由于改注矿化水后，原有的精滤器已污染，失去了过滤作用。

1998 年，对广北注水站改造。1999 年水质达标率上升到 50%。2002 年开始注广华污水，2003 年水质达标率为 50%，2004 年水质达标率为 69.23%，2005 年水质达标率为 64.29%。同时，在水质改善方面加入了各种化学药剂，有液碱、杀菌剂 SS313、缓蚀剂 BL–906，使得注水水质得到提高。

三、注水系统

1987年，广北油田经过了短暂的自喷采油期，由于地层能量不足，同年投入注水开发。注水初期主要采用1台注水泵作为升压装置，供水管线接广23计量拉油站供水室水表后，保证了注水水源，广北油田初期注水地面工程基本上形成雏形。

1993年，原有的注水站已不能满足污水处理的需要，广北油田注水站进行改造，由注清水改注地层采出的高矿化度盐水。水源来自采卤井广101井。

1994年开始，在原广北注水站基础上改扩建，原注清水流程不变，完善污水处理流程和加药流程；站内污油回收，污水不外排。

2000年底，广北油田有注水井8口，开井7口，日注水240m^3。

2002年，针对广华油田污水量大，又由于污水不能外排，于是接管线至广北注水站，广北油田开始改注广华污水。

四、配套工程

广北油田供电电源为油田6kV钻浩联路线，共安装变压器7台，容量为1305kV·A。生产用水取自油田水电厂广华供水管网。

附 录

附录一 附 图

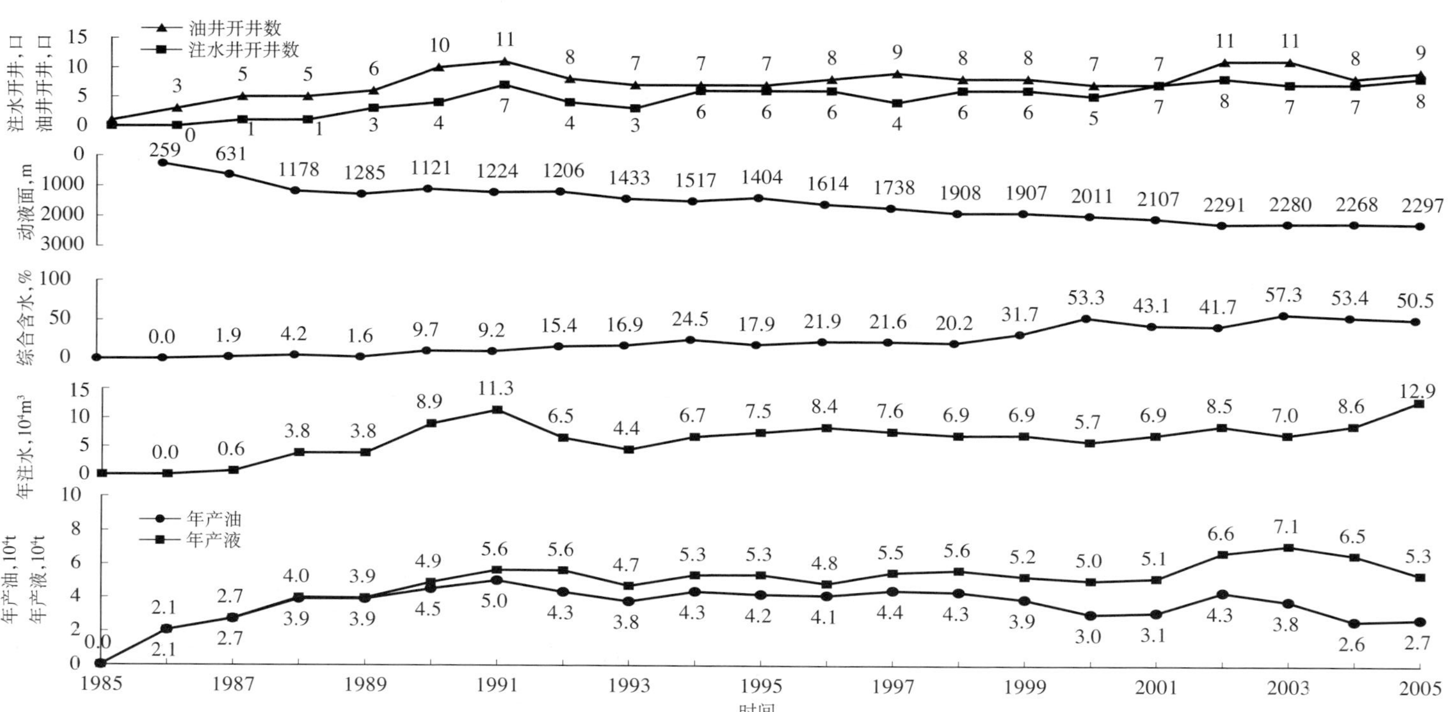

广北油田开采综合曲线图

附录二　附　表

附表 1　广北油田综合地质数据表

油田	含油面积 km^2	地质储量 10^4t	层位	油层埋藏深度 m	平均有效厚度 m	孔隙度 %	空气渗透率 mD	含油饱和度 %	地层温度 ℃	压力系数	原始地层压力 MPa	地层原油				地面原油					天然气		地层水		
												饱和压力 MPa	原始气油比 m^3/t	体积系数	地下黏度 mPa·s	密度 g/cm^3	黏度 mPa·s	凝固点 ℃	含蜡量 %	含硫量 %	相对密度	甲烷含量 %	水型	总矿化度 $10^4mg/L$	氯离子含量 $10^4mg/L$
广北	5.3	234	潜三段、潜四段	3530	5.9	18	125	70	115.0	1.04	34.3	5.17	62.2	1.279	1.3	0.852	7.8	27.4	—	0.13	1.3835	50.12	$CaCl_2$	32	19.3

附表 2　广北油田开采综合数据表

时间	油井		注水井		核实产油量		核实产水量		核实产液量		年末动液面 m	年末综合含水 %	注水量		注采比		地质采油速度 %	地质采出程度 %	动用地质储量 10^4t
	总井数 口	开井数 口	总井数 口	开井数 口	年 10^4t	累计 10^4t	年 10^4t	累计 10^4t	年 10^4t	累计 10^4t			年 10^4m^3	累计 10^4m^3	年末	累计			
1985	1	1	—	—	0.02	0.02	—	—	0.02	0.02	—	—	—	—	—	—	—	—	—
1986	3	3	—	—	2.01	2.03	—	—	2.01	2.03	258.70	—	—	—	—	—	—	—	—
1987	5	5	1	1	2.73	4.76	0.01	0.01	2.75	4.78	631.40	1.91	0.62	0.62	0.72	0.08	1.95	3.40	140
1988	6	5	1	1	3.90	8.66	0.08	0.09	3.98	8.75	1178.40	4.19	3.83	4.46	0.33	0.33	2.78	6.19	140
1989	6	6	3	3	3.89	12.56	0.05	0.14	3.94	12.70	1248.90	1.57	3.81	8.26	2.62	0.42	2.78	8.97	140
1990	10	10	5	4	4.50	17.21	0.37	0.52	4.87	17.73	1121.20	9.72	8.94	17.20	1.22	0.64	1.68	6.42	268
1991	11	11	8	7	4.99	22.20	0.62	1.14	5.61	23.34	1224.00	9.18	11.34	28.54	1.60	0.81	1.86	8.28	268
1992	9	8	8	4	4.31	26.51	1.28	2.42	5.59	28.93	1206.10	15.41	6.50	35.04	0.30	0.81	1.92	11.84	224
1993	7	7	8	3	3.76	30.27	0.92	3.34	4.68	33.61	1433.00	16.88	4.41	39.44	0.59	0.79	1.68	13.51	224
1994	7	7	8	6	4.35	34.62	0.98	4.32	5.33	38.94	1516.60	24.45	6.72	46.16	1.04	0.81	1.94	15.46	224
1995	8	7	8	6	4.17	38.79	1.17	5.49	5.34	44.28	1404.30	17.86	7.47	53.63	1.10	0.83	1.86	17.32	224
1996	9	8	8	6	4.11	42.90	0.71	6.20	4.82	49.10	1613.70	21.92	8.35	61.98	1.27	0.87	1.83	19.15	224
1997	9	9	8	4	4.39	47.30	1.06	7.26	5.45	54.55	1737.90	21.63	7.56	69.54	0.86	0.88	1.96	21.11	224

续表

时间	油井		注水井		核实产油量		核实产水量		核实产液量		年末动液面 m	年末综合含水 %	注水量		注采比		地质采油速度 %	地质采出程度 %	动用地质储量 10^4t
	总井数 口	开井数 口	总井数 口	开井数 口	年 10^4t	累计 10^4t	年 10^4t	累计 10^4t	年 10^4t	累计 10^4t			年 10^4m^3	累计 10^4m^3	年末	累计			
1998	8	8	11	6	4.31	51.82	1.29	9.46	5.60	61.29	1908.00	20.24	6.90	76.44	0.92	0.87	1.92	23.14	224
1999	8	8	11	6	3.88	55.70	1.35	10.81	5.23	66.51	1907.00	31.65	6.94	83.38	0.92	0.88	1.73	24.87	224
2000	8	7	12	5	3.02	58.72	1.97	12.78	4.99	71.50	2011.00	53.26	5.75	89.13	1.03	0.88	1.35	26.27	224
2001	8	7	12	7	3.11	61.83	2.01	14.79	5.12	76.62	2107.00	43.11	6.95	96.08	1.06	0.89	1.05	27.60	224
2002	12	11	12	8	4.29	66.12	2.36	17.14	6.65	83.26	2291.00	41.71	8.54	104.62	0.96	0.90	1.74	29.52	224
2003	13	11	12	7	3.77	69.89	3.31	20.45	7.08	90.34	2280.00	57.28	6.99	111.61	0.69	0.89	1.13	31.20	224
2004	9	8	11	7	2.61	72.50	3.89	24.34	6.50	96.84	2268.00	53.43	8.62	120.23	2.23	0.91	1.19	32.37	224
2005	9	9	12	8	2.72	75.22	2.59	26.94	5.32	102.16	2297.00	50.51	12.88	133.11	2.80	0.96	0.94	33.58	224

编纂始末

按照《中国油气田开发志》总编纂委员会的统一部署，江汉油田分公司于2006年8月28日成立编纂委员会，启动了《中国油气田开发志·江汉油气区油气田卷》编纂工作。江汉采油厂作为江汉油田分公司的二级单位，负责所管辖的26个油田开发志的编纂工作。2006年9月江汉采油厂成立《广北油田志》编纂委员会，由江汉采油厂厂长胡德高任主任，副厂长夏志刚任副主任，编纂组由肖斌任组长。编纂工作中，江汉油田分公司和江汉采油厂领导高度重视，并从人力、物力、财力上给予大力支持。

《广北油田志》自编纂工作启动以来，江汉油田分公司编纂委员会、《广北油田志》编纂委员会高度重视，组织有关专家给予指导和帮助。先后经过4次修改，于2010年1月，编纂完成《广北油田志》。

《广北油田志》概述、大事记、第一章及附录由肖斌编写；第二章由李波峰、余英、袁玲想、张建国、胡云鹏、刘玉、申修志编写。

在本志编纂过程中，江汉油田分公司顾问组的李渝生、洪志一、杜修宜、丁淑君、赵云山、叶全根等老专家、老同志发挥了重要作用，他们既是参谋者、指导者，又是第一读者，在每稿的审阅中都留下了许多宝贵的意见和箴言。中国石化江汉油田分公司勘探研究院档案室、广华作业区及采油7队在提供编纂资料方面，给予了大力支持，在此表示衷心感谢。

《广北油田志》编纂组

2010年1月

编号： 18–020

荆西油田志

《荆西油田志》编纂组　编

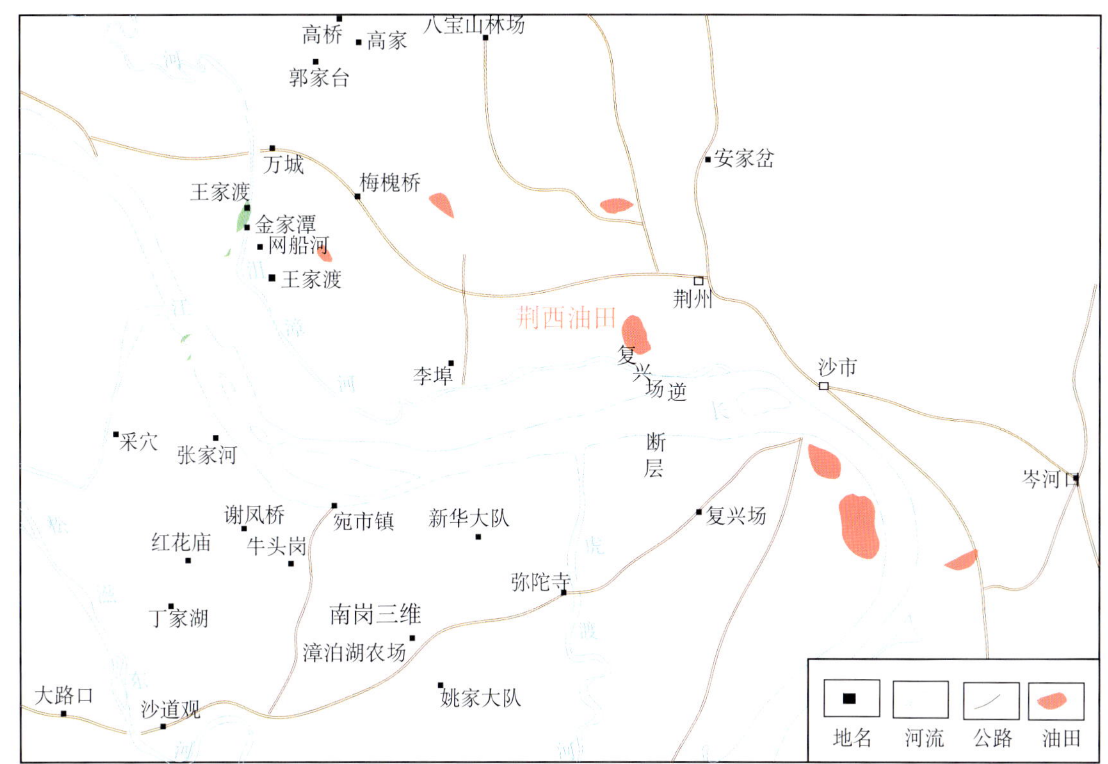

荆西油田地理位置示意图

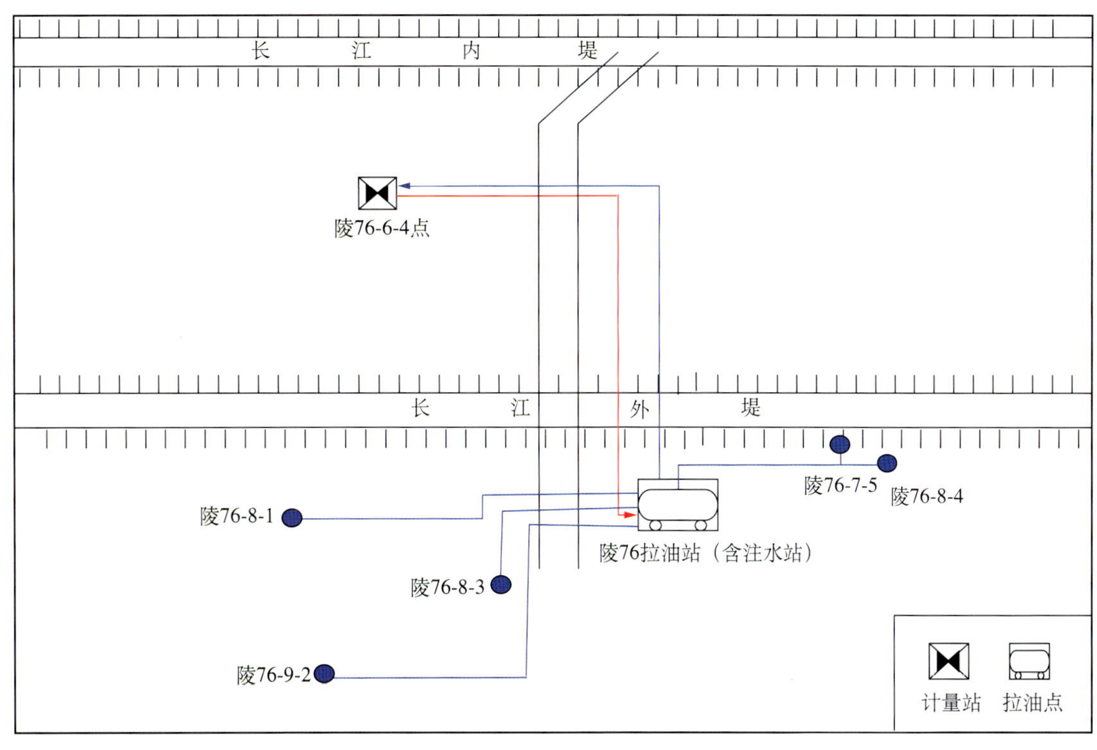

荆西油田地面系统管网示意图

本志目录

概　述

荆西油田地处湖北省荆州市，长江横贯本区，荆西油田的两个含油区块陵 76、陵 78 分别位于江北的荆州区和江南的公安县境内。地面除长江和长江保护堤外，均为平原农地，且毗邻城区，交通方便。区域构造位于江汉盆地江陵凹陷荆沙背斜带中部。现由中国石化江汉油田分公司广华作业区采油 9 队管理。

一

荆西油田位于江汉盆地江陵凹陷荆沙背斜带中部复兴场构造，整个背斜带平面上似一开口平缓的 V 字符，西半部长轴走向北西，东半部变为东偏北，其埋深总趋势为西北部高、东南部低，内部呈高低起伏状。

地史上荆沙背斜带断裂、盐隆和火山喷发活动强烈，造就了荆沙背斜带高低起伏、高垒低堑的区域构造面貌，“高垒”成为油气聚集和保存的有利场所。

荆沙背斜带断层发育，荆沙组和潜江组沉积期活动最为强烈；多为正断层，逆断层少见。

陵 76 井块位于荆州背斜带中部复兴场断背斜新垸断鼻高部位，其构造形态为一受断层控制的地层南倾、走向北西的断鼻。地层倾角 7° ～ 16° ，圈闭面积 4.5km^2，闭合幅度 120m，高点埋深 1640m。

陵 78 井块位于荆州背斜带复兴场断背斜南部，为一断块圈闭，被两条相交的正、逆断层夹持，西部为顺向正断层，东部为一上冲逆断层。圈闭面积 2.1km^2，闭合幅度 150m，高点埋深 1750m。江陵凹陷新沟嘴组下段沉积时的大环境属湖盆三角洲体系，主要发育三角洲、浅湖滩坝两大类成因砂体。

荆西油田地层自上而下为第四系平原组、新近系广华寺组、古近系荆河镇组、潜江组、荆沙组、新沟嘴组上段、新沟嘴组下段、沙市组，其中新沟嘴组下段又分为大膏层、Ⅰ油组、Ⅱ油组、泥隔层、Ⅲ油组。平面上，大膏层和泥隔层分布稳定，是区域一级标志层。陵 76、78 井块含油层位为新沟嘴组上段和新沟嘴组下段Ⅰ、Ⅱ油组，油层埋深 1566.9 ～ 1709.6m。

储层岩石类型为长石砂岩，石英含量 56.9%，长石含量 33.4%，胶结物总量 10.4%，胶结物以铁方解石、铁白云石为主，胶结类型以孔隙式为主。粒度中值 0.029 ～ 0.116mm，分选中等。

油层有效孔隙度为 11.4% ～ 17.9%，平均孔隙度 16.0%，空气渗透率平均为 39mD，属中孔、低渗油层。

黏土矿物含量以伊利石为主，绿泥石、伊 / 蒙混层矿物次之，伊 / 蒙混层矿物绝对含量 0.52%，相对含量 17.7%。通过对陵斜 76–2 井岩心进行敏感性试验，该区储层具有弱速敏，中水敏，弱盐敏，中－弱酸敏。

原油性质好，地面原油密度为 0.8381g/cm^3，地面黏度为 9.71mPa·s，含硫为 0.16%；凝固点为 29℃，地层原油密度 0.7850g/cm^3，黏度 3.2mPa·s，体积系数 1.091。

天然气主要是石油溶解气，其组分包括甲烷、乙烷、丙烷、丁烷及氮气和二氧化碳。地层水水型为 $CaCl_2$ 型，Cl^- 含量为 118757mg/L，总矿化度为 193536 mg/L。

荆西油田原始地层压力 17.87MPa，饱和压力 5.06MPa，地饱压差大，压力系数 1.072，属正常压力系统，但开采后地层能量下降快，边水不活跃，天然能量微弱，地层温度 71.1℃，地温梯度 3.01℃ /100m，油藏类型有构造油藏和构造—岩性油藏两类。其中，陵 76 井块 Ex^{下}Ⅰ油组以构造油藏为主，Ex^{下}Ⅱ油组为岩性油藏。陵78井块Ex上油组为构造—岩性油藏，Ex下Ⅰ油组为断块油藏。

1995年12月，经全国矿产储量委员会审查批准陵76井区含油面积1.7km²，原油地质储量184×10⁴t，标定采收率16.0%，可采储量29.4×10⁴t。1997年12月经全国矿产储量委员会审查批准陵78井区含油面积1.1km²，原油地质储量35×10⁴t，标定采收率20.0%，可采储量7×10⁴t。2005年12月对陵76井区原油储量重新标定，动用含油面积1.04km²，石油地质储量103.79×10⁴t，标定采收率19.6%，可采储量30.6×10⁴t。截至2005年12月，荆西油田在陵76和陵78井区探明含油面积2.14km²，石油地质储量138.79×10⁴t，可采储量37.6×10⁴t。

二

江陵凹陷复兴场地区油气勘探工作始于20世纪60年代，第一口探井江深9井1967年8月17日完钻，完钻井深2468.07m，完钻层位Ex下Ⅱ油组，在Ex下Ⅰ、Ⅱ油组见16层油气显示，但未下套管试油。1969—1971年先后在该构造带钻探井6口，均在Ex下段发现油气显示，但因试油产量未达到工业油流标准而终止勘探。

1992年重上勘探，在荆州背斜带复兴场断背斜完成二维地震测线6条，初步落实了新垸断鼻四级构造。1994年又补做二维地震2条，进一步落实了构造。1995年9月15日在新垸断鼻高部位钻探陵76井，在Ex下Ⅰ、Ⅱ油组发现油层14.4m/5层，1995年10月28日对Ex下Ⅰ、Ⅱ油组1714.60～1760.20m井段江斯顿测试，在10MPa生产压差下，折算日产油20t，从而发现陵76含油井块，命名为荆西油田。

1997年1月29日，在陵76井块以南的复兴场断背斜带南部高断块钻探陵78井，于Ex上和Ex下Ⅰ油组发现5层8.6m油层，1997年6月5日对Ex上段和Ex下Ⅰ油组1760.4～1916.6m井段试油，抽1700m/56次，日产油6.4t，无水，从而发现陵78含油井块。

第一章

油田开发

荆西油田共有陵76井区和陵78井区两块。其中陵76井区已全面投入开发，陵78井区未投入开发。

第一节 开发历程

1996年11月江汉油田分公司勘探开发研究院开发室陈新明、李加玉编制了《陵76井块滚动勘探开发方案》，由韩定荣审核。陵76井区Ex下Ⅰ油组为主要含油层位，Ex下Ⅱ油组储量规模较小，开发上以Ex下Ⅰ油组油层为主要对象，兼顾Ex下Ⅱ油组油层，以一套开发层系，采用250m井距，三角形井网，边缘加点状注水开发。

陵76井区1995年11月投入开发，1997年1月投入注水开，到2005年12月，大体上经历了以下两个阶段：上产阶段（1995年11月—2001年12月）和产量递减阶段（2002年1月—2005年12月）（图1–1）。

上产阶段（1995年11月—2001年12月）：该阶段共滚动扩边10口井，试油7口井获得工业油流，低部位的3口井未获得工作油流，直接注水，到2002年12月井区注采井数比为1.2，井区油井全面见效。针对陵76井区平面及层间差异较大，部分井采液强度偏低的问题，先后对6口井进行了压裂措施，均取得了很好的增油效果。如陵76–8–4井，通过压裂引效，日产油量由0.9t上升到8.9t，油井动液面由1638m上升到1099m。针对生产过程中油井结垢比较严重的情况，采取相应的酸液处理，如陵76斜6–5井，结垢前日产液8.2t，日产油1.2t，含水85.5%，酸化处理后，日产液20.3t，日产油3.4t，含水83.1%。

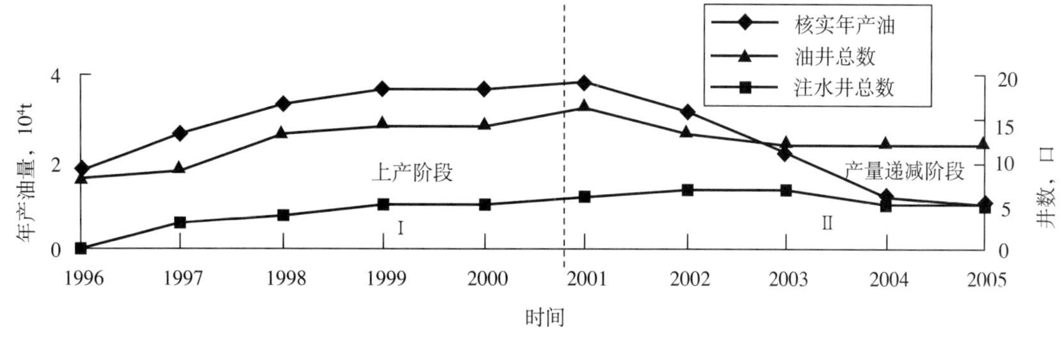

图1–1 荆西油田开发阶段化分图

到2001年12月，荆西油田油井13口，开井12口，日产油量42t，年产油量2.19×10^4t，综合含水67.33%，地质储量采油速度1.71%，地质储量采出程度10.18%；注水井10口，开井7口，日注水量

252m^3，年注水量 9.95 × 10^{4}m^3，月注采比 1.83，累计注采比 1.32。

产量递减阶段（2002 年 1 月—2005 年 12 月）：该阶段井区综合含水不断上升，产量逐年递减。阶段末，井区日产油量 21t，年产油量 0.95 × 10^{4}t。

第二节　开发现状

截至 2005 年 12 月底，荆西油田陵 76 井块共有油水井 23 口，其中，采油井 13 口，开井 13 口，注水井 10 口，开井 7 口，日产油 21.0t，日注水 290m^3，综合含水 87.68%，累计产油 24.09 × 10^{4}t，累计产水 25.14 × 10^{4}t，采油速度 0.52%，采出程度 13.09%，累计注水 70.73 × 10^{4}m^3，累计注采比 1.29。

第二章

钻采与地面工程

第一节　钻井与完井

一、钻井

1995 年重上勘探后，采用转盘加井下动力钻具的复合钻井技术，同时应用高效 PDC 钻头，有效提高了机械钻进速度，缩短了完井周期。考虑新沟嘴组地层的水敏性问题，钻井液使用三复合盐钻井液，并应用自主研发的聚合物防塌剂，成功解决了储层水敏和地层垮塌问题，同时在钻井液中加入润滑剂降磨阻防卡钻。

二、完井

油田均采用套管完井方式。井身结构采用常规的二级套管结构，即 ϕ339.7mm 表层套管 +ϕ139.7mm 油层套管。因无异常压力地层，固井采用常规固井技术。射孔 YD−89、YD−102 枪，射孔方式为正压射孔，射孔液考虑地层水敏特性，采用活性水。

第二节　采油工程

一、举升

荆西油田地质构造复杂，在配套工艺上采用小泵径、小工作参数进行开采。抽油泵采用 38mm 的管式泵，抽油杆采用 D 级杆组合，冲程多为 3.0m，冲次 4 ～ 6 次 /min，抽油机采用 12 型抽油机。1999 年之后，油井供液不足现象日益加重，在部分油井采用加深泵挂，2003 年后陆续将 D 级杆组合更换成 H 级抽油杆柱。对部分出砂油井，采用 38mm 等径防砂泵，如陵 76 斜 6−5、陵 76 斜 6−4、陵 76 斜 7−3 等井，有效减缓砂卡现象。

二、油层改造

开发初期主要应用土酸酸化，主要应用在试油作业中，应用了 3 井次，都无效，1996 年应用浓缩酸酸化，主要在水井增注上应用，1996—1997 年应用 2 口井，平均单井日增注 20m^3，从此浓缩酸酸化技术在水井增注上推广应用，共应用 7 井次，油井上应用较少，1996 年 8 月在陵 76−5−5 井应用后，日产油由 0t 上升到 2t。1996 年应用了有机酸酸化，在陵 76−7−3 井开展了试验，应用后日产油由 3.6t 上升到 5.4t，有效期 2 个月。

开发初期就开展了压裂技术的应用，主要应用羟丙基瓜尔胶有机硼压裂液，压裂车组采用 1000 型压裂车组，全井加石英砂。应用主要集中在1996—2000年，1996年4月在陵76−8−3井首次应用，日产油由0t上升到17t。1996—2000年共压裂15井次，有效13井次，平均单井加砂15.8m³，平均砂液比29%，累计增油10417t。

三、注水

1997年，荆西油田投入注水开发，建有注水站一座，为清污混注，1997年1月建成投入使用。荆西油田在注水方式上采用全井注水和分层注水两种方式。

2005年底，油田有注水井8口，分注井2口，其余为全井注水。

第三节　地面工程

一、集输系统

荆西油田是边远断块油田，离主力油田较远，无法纳入系统管理。荆西油田油气水集输系统，经历了零散高架罐单井拉油、油气集输系统工程（集中计量、处理、供热、拉油）阶段。

1995年9月投入开发，新建陵76临时计量拉油点，开式流程。

1996年7月，将临时计量拉油点改建为陵76计量拉油注水站，设计规模原油产量2.7×10^4t/a，注水量1.3×10^4m³/a，原油脱水能力36.5×10^4t/a，实际脱水处理6×10^4t/a。管辖11口油井，5口注水井，单井来液采用三管热水伴热直压进陵76站，采用高效三相分离器进行油气水一次分离，净化油装车外运，污水就地处理回注。

截至2005年，建成计量拉油注水站1座，计量站1座。建有1条集油管线，总长0.9km，单井油管线6.5km。

二、配套工程

该油田前期生产、生活用电为2台500kW柴油发电机作为电源（其中1台备用），2000年5月从四机厂花园变电站10kV采油专柜开关出线架设一条长约4km的10kV线路，作为该油田的生产、生活电源。

该油田生产、生活用水为1996年11月在该油田陵76−7−3井旁打的一口深70m、日产水量为1200m³的地下水源井。

附 录

附录一 附 图

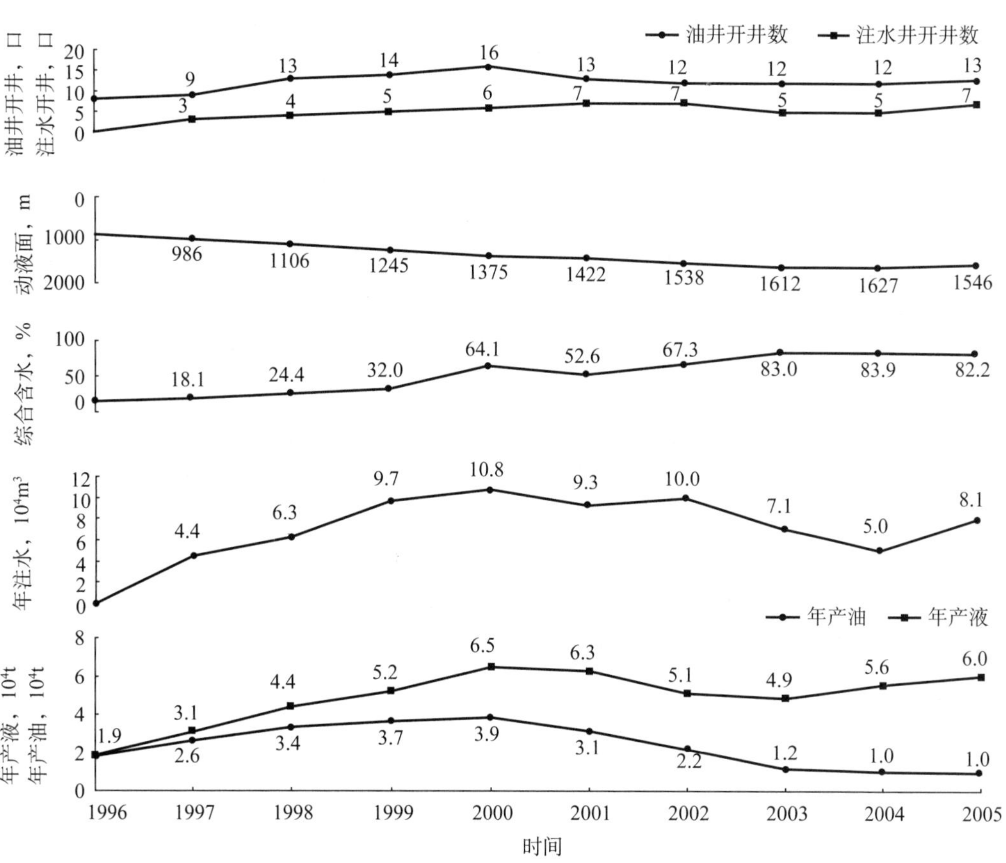

荆西油田开采综合曲线图

附录二 附 表

附表 1 荆西油田综合地质数据表

油田	含油面积 km²	地质储量 10^4t	层位	油层埋藏深度 m	平均有效厚度 m	孔隙度 %	空气渗透率 mD	含油饱和度 %	地层温度 ℃	压力系数	原始地层压力 MPa	地层原油				地面原油					天然气		地层水		
												饱和压力 MPa	原始气油比 m³/t	体积系数	地下黏度 mPa·s	密度 g/cm³	黏度 mPa·s	凝固点 ℃	含蜡量 %	含硫量 %	相对密度	甲烷含量 %	水型	总矿化度 10^4mg/L	氯离子含量 10^4mg/L
荆西	2.14	138.8	Ex 下 I	1566.9 ~ 1709.6	15.8	15.8	39	70	71.1	1.07	17.87	5.06	18.1	1.091	3.2	0.838	9.7	28.9	—	—	—	—	$CaCl_2$	19.4	11.9

附表 2 荆西油田历年开采综合数据表

时间	动用储量 10^4t	油井		注水井		核实产油量		核实产水量		核实产液量		年末动液面 m	年末综合含水 %	注水量		注采比		地质储量采油速度 %	地质储量采出程度 %
		总井数 口	开井数 口	总井数 口	开井数 口	年 10^4t	累计 10^4t	年 10^4t	累计 10^4t	年 10^4t	累计 10^4t			年 10^4m^3	累计 10^4m^3	年末	累计		
1996	103.79	8	8	—	—	1.80	1.84	0.07	0.07	1.87	1.91	869	13.3	—	—	—	—	0.98	1.00
1997	103.79	9	9	3	3	2.63	4.47	0.48	0.55	3.11	5.01	986	18.11	4.44	4.44	—	—	1.43	2.43
1998	103.79	14	13	4	4	3.36	8.06	1.06	1.60	4.42	9.66	1106	24.39	6.28	10.72	—	—	1.83	4.38
1999	103.79	15	14	6	5	3.66	11.72	1.56	3.17	5.22	14.89	1245	32.03	9.74	20.46	—	—	1.99	6.37
2000	103.79	17	16	6	6	3.86	15.58	2.61	5.77	6.47	21.35	1375	64.08	10.79	31.25	1.92	1.24	2.1	8.47
2001	103.79	14	13	9	7	3.15	18.73	3.12	8.90	6.27	27.63	1422	52.6	9.28	40.54	1.16	1.25	1.71	10.18
2002	103.79	13	12	10	7	2.19	20.92	2.93	11.83	5.12	32.75	1538	67.33	9.95	50.49	1.83	1.32	1.19	11.37
2003	103.79	13	12	10	5	1.19	22.11	3.69	15.52	4.88	37.63	1612	82.96	7.12	57.61	1.1	1.33	0.65	12.02
2004	103.79	12	12	7	5	1.02	23.13	4.56	20.08	5.58	43.21	1627	83.89	5.02	62.64	0.85	1.27	0.55	12.57
2005	103.79	13	13	8	7	0.95	24.09	5.06	25.14	6.01	49.23	1546	82.17	8.10	70.73	1.77	1.29	0.52	13.09

编号：18–021

高场油田志

《高场油田志》编纂组　编

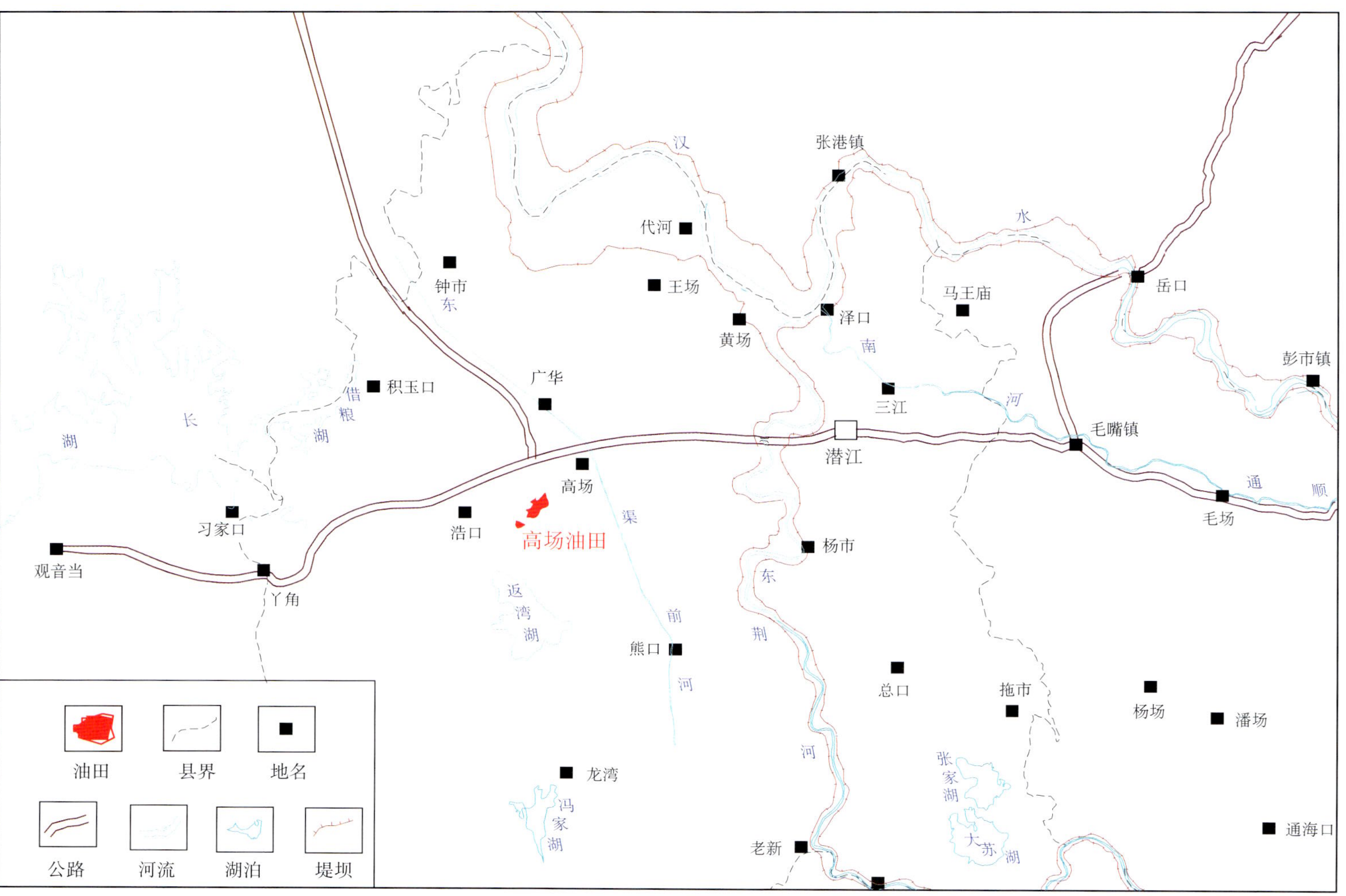

高场油田地理位置示意图

《高场油田志》编纂委员会

主　任：胡德高

副主任：夏志刚

成　员：刘孔章　贺　春　刘敬尧

《高场油田志》编纂组

组　长：邓丽君

成　员：王　琳　李波峰　刘　玉　余　英　胡云鹏　袁玲想
张建国　申修志

《高场油田志》审核人员

初审人：夏志刚　刘孔章　贺　春

复审人：雷克林　杜修宜　洪志一　赵云山　张志强　罗秋林

本志目录

概　述

高场油田包括高 12 井区、曹 8 井区和曹 13 井区。1977 年首先发现高场断鼻（高 12 井区），1983 年投入开发。油田油藏类型以断鼻构造油藏为主，其次为构造岩性油藏。现由中国石化江汉油田分公司江汉采油厂管理。

一

高场油田位于湖北省潜江市高场以西，后湖农场三分场二队，交通便利。

高场油田所在地区属亚热带季风气候，四季分明，温暖湿润，雨量丰沛。春季阴雨连绵；夏季干旱少雨；秋季风和日丽；冬季多为湿冷天气。年平均气温一般为 15.3 ～ 16.9℃，极端最高气温为 40.3℃，极端最低气温为 −17.5℃；年平均日照率 45%；相对湿度为 80%；年平均降水量为 955 ～ 1284mm，70% 集中在 5—8 月。

农作物以水稻为主，经济作物主要有油菜、棉花、蚕豆。地下资源主要有石油、卤水。

二

高场油田地质构造处于江汉盆地潜江凹陷王场—广华—浩口断裂构造带西段，由浩口断层上升盘的多个小型断鼻构造组成。其构造为浩口北掉的反向正断层封闭的鼻状构造，是在潜 4 下段盐系地层塑性拱张和浩口大断层双重作用下形成的。构造向东、向西降低，向南东倾没，倾角 5° ～ 7°，构造高点位于高 26、27 井一带，闭合高度 28 ～ 92m。构造内有 4 条断层，其中最大的为浩口大断层。浩口大断层是一北掉正断层，对高场油田的油气聚集起着严格的控制作用。其余断层则断距较小，延伸较短，分布方向与浩口大断层斜交或平行，将油田切割成几个断块，对油气的分布起一定的控制作用，使高场构造复杂化。储层为古近系潜江组，共有五个油组。油层埋深 1560 ～ 2100m。

高场油田曹 8 块是由近东西向正断层控制的断鼻构造，地层向北东方向倾斜，油藏类型为层状构造油藏，驱动类型为弹性水驱。

高场油田曹 13 井区构造形态为被两条近于东西向断层切割的鼻状构造，地层平缓，倾角 4°，总体呈北东倾。含油层位为潜 3^1、潜 3^2 油组，油层埋深 1054.0 ～ 1104.2m，油层分布稳定，油藏类型为构造油藏，驱动类型为弹性水驱。

三

1972 年在整理潜江凹陷西南斜坡 800km² 地震资料会战时发现高场断鼻（高 12 井区）。1977 年 1 月完钻的高 12 井同年 3 月 28 日射开潜 4^1 油组，经试油获得日产油 32.6t 的工业油流，从而发现该油田。1980 年冬季在该区进行三维地震勘探，查清构造轮廓，落实了构造要素。

2002 年春在洪家场地区完成了 143 km² 三维地震勘探。对三维地震资料进行了精细处理和解释，发现红光断鼻。2003 年 7 月在该圈闭钻探曹 8X 井，完钻井深 1640m，完钻层位潜 $4^{下}$油组。于潜 3^3—潜 $4^{0下}$油组 1178.6 ～ 1504.8m 井段测井解释油层 6 层 12.4m，对 1377.0 ～ 1380.0m 井段 1 层 3.0m 油层试油，日产油 25.4t/d，发现曹 8 块。2003 年上交探明含油面积 0.4 km²，石油地质储量 48×10^4t。2002 年底编制开发方案，全面开发。

2003 年在红光断鼻西南部发现了永心寺北鼻状构造，2003 年 9 月 7 日钻探曹 13 井，完钻井深 1457.73m，完钻层位潜 4 下段。地质录井发现褐色油浸灰岩 1.6m/1 层，灰褐色油斑粉砂岩 11.0m/6 层，褐灰色油迹粉砂岩 14.6m/5 层。完井后于潜 3^1 油组测井解释油层 1 层 1.6m，于潜 3^2 油组测井解释油层 1 层 2.4m。潜 3^1 油组 1054.6 ~ 1056.2m 井段试油，日产油 3.73t，水 4.8m³，发现曹 13 井区。投产后因为产量低，未编制方案全面开发。

四

高场油田高 12 井区 1983 年 6 月投入开发，主要以抽油方式采油，初期个别井自喷。1986 年开始注水开发，分为上下两套层系，采用 300m 井距三角形井网，注水方式为边缘注水，其开发经历了四个阶段（图 1）。

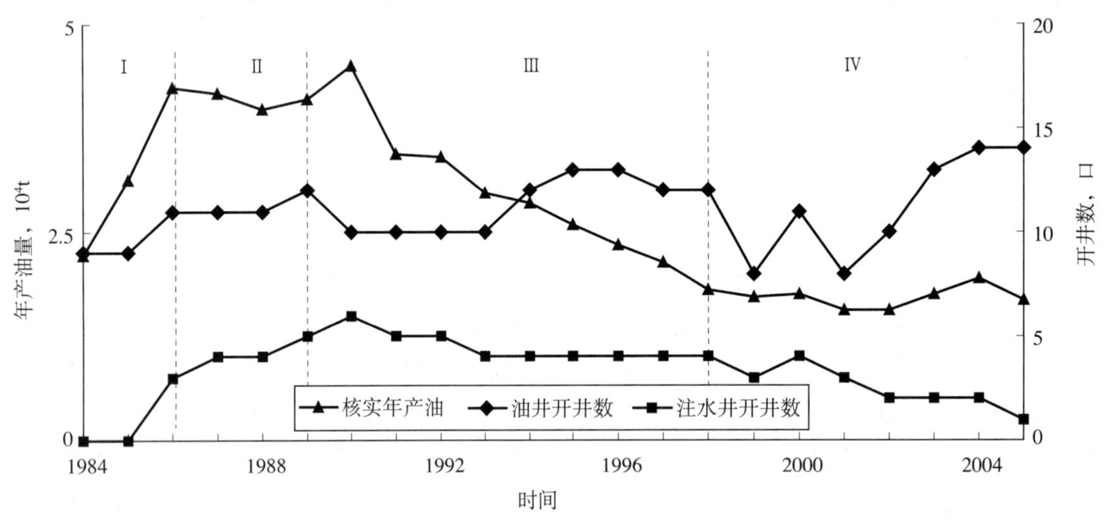

图 1　高场油田开发阶段划分图

(1) 弹性水压驱动阶段（1983 年至 1986 年）。

由于天然能量不足，地层压力下降快。截至 1986 年 3 月底，累计采油 9.70×10^4t，采油速度 2.54%，采出程度 6.30%，综合含水 47.2%。

(2) 上产稳产阶段（1986 年至 1990 年）。

高场油田 1986 年 4 月开始注水，1986 年底油田进入全面注水开发，1987 年至 1990 年油田注采系统不断完善，通过转注、布新井、油井补孔等措施，使油田生产形势向好。

至 1990 年 12 月，油水井开井数 15 口，其中油井 10 口，水井 5 口，日产油能力 125t，年产油 4.50×10^4t，日注水 423m³，累计注采比 0.38。

(3) 递减阶段（1991 年至 1998 年）。

高场油田不断进行剩余油饱和度研究，通过新钻调整井、封堵高含水层、对部分层段补孔，提高储量动用程度、改变注水方向，提高注水波及系数等综合调整，还是不能控制产量递减。

1996 年针对江汉油区地层水矿化度高的特点，开展高场油田复合驱油提高采收率的研究。在高温、高矿化度条件下，通过聚合物与表面活性剂的配伍性研究、体系界面张力测定及复合体系线性岩心模型驱替试验研究等提出适合此油藏的最佳配剂体系和现场试验初步方案。

1998 年 9 月至 1999 年 2 月开展抗盐聚合物驱油试验，注聚合物期间生产井含水基本稳定，油井动液面有不同程度上升，但没有见到明显增油效果。

截至 1998 年 12 月油井开井 12 口，注水井开井 4 口，日产油 41t，年产油 1.8×10^4t，日注水 329m^3，累计注采比 0.58。

(4) 精细开发阶段（1999 年至 2005 年）。

本阶段均处于中高含水、高采出产量递减阶段，该阶段对目的层进行沉积微相、精细构造、储层预测等油藏精细描述研究，为滚动扩边和开发调整提供决策依据。结合动态研究，认为主要在断层、岩性尖灭区的剩余油相对富集；非主流区及注水井二线位置剩余油相对富集；注采井网不完善或储量动用较差部位剩余油相对富集；非主力油层剩余油相对富集。该阶段油井主要措施有补孔、卡堵水、下电潜泵等，其中补孔和下电潜泵效果较好。例如高 45 井补孔潜 $3^1_{1、2、4}$，8.0m/5 层，日增油 10t，累计增油 3144t。高 29B 补孔潜 $3^2_{2、3、4}$，8.8m/3 层，日增油 8t，累计增油 1623t。高 25 井换电潜泵采潜 $3^1_{1、2}$，15.2m/4 层，日增油 4.5t，累计增油 1275t。

高场油田截至 2005 年 12 月，全油田生产总井数为 19 口，其中采油井 16 口，注水井 3 口；平均单井日产油 3.1t，日产油 44t，综合含水 92.37%，年产油 1.69×10^4t，累计产油 63.11×10^4t，地质储量采油速度 0.89%，采出程度 31.24%，可采储量采油速度 2.46%，采出程度 86.33%，日注水 133m^3，累计注水 208.30×10^4m^3，累计注采比 0.53。

五

高场油田历经 20 余年的勘探开发，截至 2005 年 12 月探明含油面积为 2.1km^2，探明石油地质储量为 211×10^4t，动用地质储量 202×10^4t，标定可采储量 77.5×10^4t，采收率 38.1%。

高场油田共投产油井 35 口，开油井 14 口，日产油 49t，日产液 645t，平均单井日产油 3.5t，单井日产液 46.1t，综合含水 92.4%，累计产油 60.2×10^4t。2005 年年产油 16865t，采油速度 0.89%，剩余可采储量采油速度 15.38%，地质储量采出程度 31.24%，可采储量采出程度 86.33%。注水井总数 6 口，开井 1 口，日注水 133m^3，累计注采比 0.53。

高场油田由江汉采油厂广华作业区所属的采油十四队、采油十七队共同管理，共有职工 159 人。

六

高场油田注聚合物现场试验于 1998 年 9 月 10 日开始，1999 年 2 月 18 日停止注聚合物。累计向潜 3^1 油组地层注入浓度 1000mg/L 的黄原胶溶液 11019m^3，注入量约为 0.25PV。现场试验起到了控水稳油作用，但未见到明显的增油降水效果。分析总结现场实施中存在的问题，为江汉油田不断加强和完善注聚合物室内研究和现场实施取得了宝贵的经验。

大事记

1972年

是年　发现高场断鼻构造。

1977年

3月　高12井获工业油流，从而发现高场油田。

1998年

9月至1999年2月　开展抗盐聚合物驱油试验，注聚合物期间生产井含水基本稳定，油井动液面有不同程度上升，但没有见到明显增油效果。

2002年

是年　对高场地区三维资料进行了精细解释，发现曹8断鼻。8月在曹8断鼻上部署探井曹8X井，试油获20.4t高产工业油流，从而发现该断鼻含油，命名为曹8井区。

2003年

是年　在红光断鼻西南部发现了永心寺北鼻状构造，9月7日钻探曹13井，于潜3^1油组测井解释油层1层1.6m，于潜3^2油组测井解释油层1层2.4m。潜3^1油组1054.6～1056.2m井段试油，日产油3.73t，水4.8m^3，命名为曹13井区。

第一章

油田地质

高场油田随着油田开发的进行，结合技术进步，利用地震、钻井及动静态资料，不断对油田地质构造、储层与沉积相、流体性质、石油地质储量、剩余油分布规律等方向进行研究，以指导油田的开发与调整。

第一节　构　造

高场油田主体构造受浩口大断层的控制，为浩口北掉的反向正断层封闭的鼻状构造，是在潜 4 下段盐系地层塑性拱张和浩口大断层双重作用下形成的。构造向东、向西降低，向南东倾没，倾角 5° ~ 7°，构造高点位于高 26、27 井一带，闭合高度 28 ~ 92m。构造内有 4 条断层，最大的为浩口大断层。浩口大断层是一北掉正断层，走向北东 55° ~ 66°，倾向 325° ~ 330°，断面倾角 50°，落差 370 ~ 1230m，向北增大，在浩 16 井落差最大达 1233m，该断层对高场油田的油气聚集，起着严格的控制作用。其余断层则断距较小，延伸较短，分布方向与浩口大断层斜交或平行，将油田切割成几个断块，对油气的分布起一定的控制作用，使高场构造复杂化（图 1–1）。

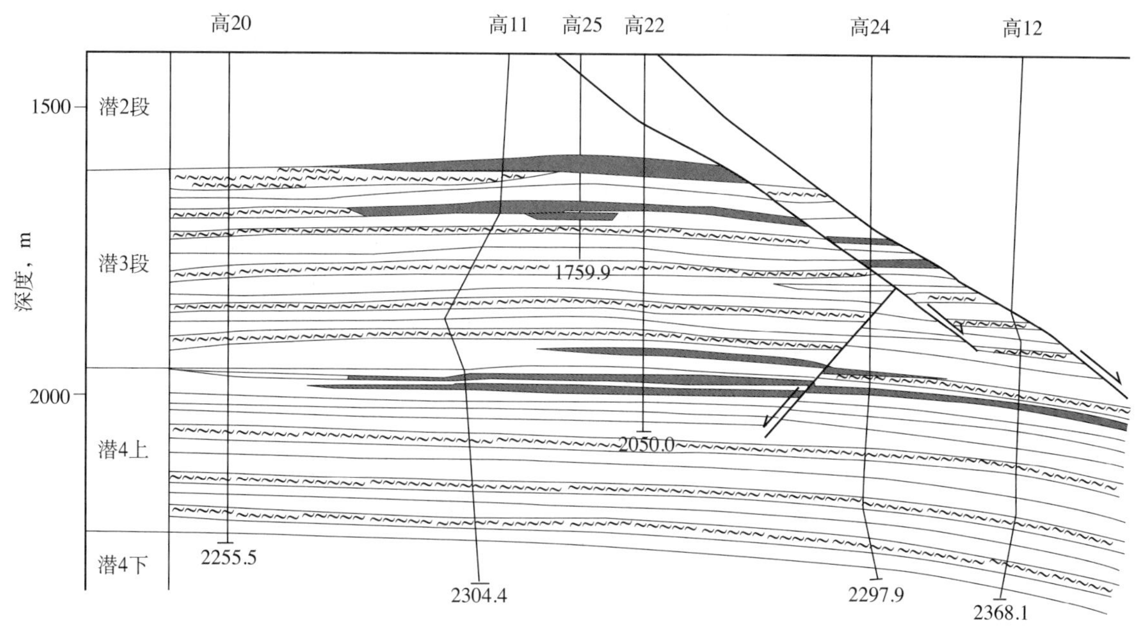

图 1–1　高场油田油藏剖面图

曹 8 块是由近东西向正断层控制的断鼻构造，地层向北东方向倾斜，该块潜 3^4 油组圈闭面积 0.5km²，幅度 30m，高点埋深 1290m，潜 4^2 油组圈闭面积 0.6km²，幅度 30m，高点埋深 1410m，圈闭可靠。

曹 13 井区构造形态为被两条近于东西向断层切割的鼻状构造，地层平缓，倾角 4°，总体呈北东倾。从地震剖面看，断鼻形态清晰，圈闭可靠。

第二节　储　层

一、地层

高场油田地层层序自上而下为第四系平原组，新近系广华寺组，古近系荆河镇组、潜江组。高场油田根据精细地层划分对比，潜江组潜 1 段至潜 4 上段主要划分为潜 1^1、潜 1^2、潜 2^1、潜 2^2、潜 3^1、潜 3^2、潜 4^1、潜 4^3 等油组（图 1–2）。

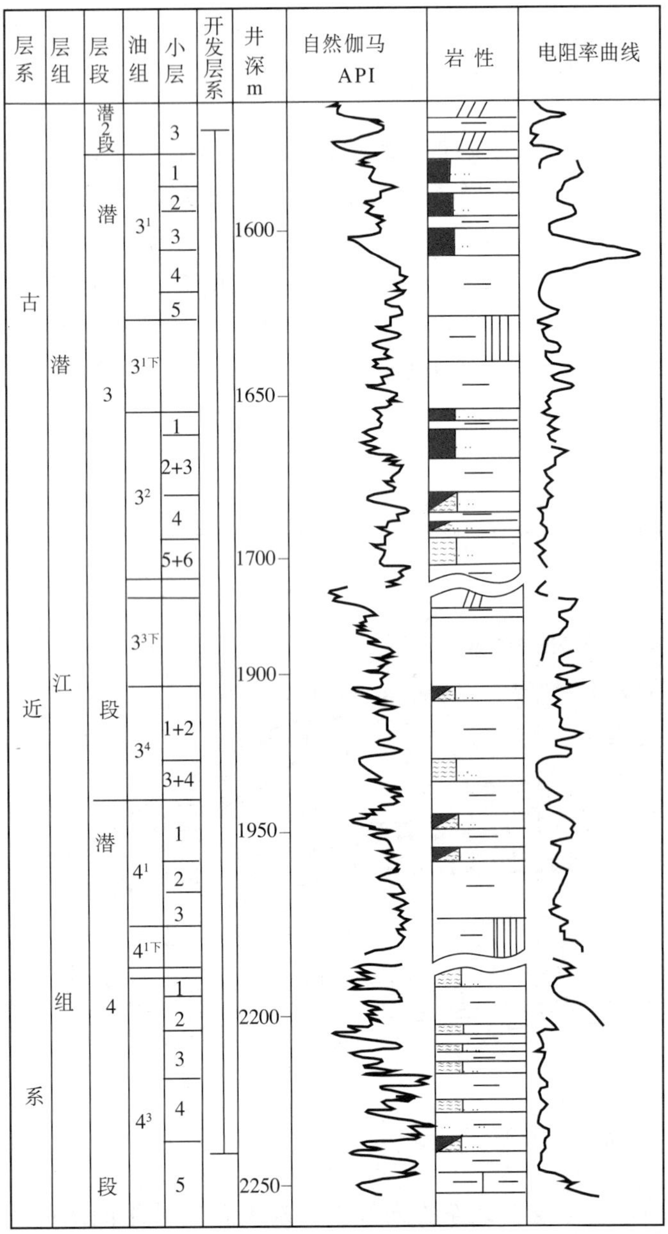

图 1–2　高场油田柱状剖面图

二、沉积微相

高场油田构造高部位靠近断层的高 26、高 27、高 41、高 45 井一带为继承性古隆起，向东、西、南三个方向古地形变低，湖水较深。在西北、西部物源的控制下，形成远岸盐湖滩坝。厚砂层纵向上以反韵律及叠加反韵律为主。潜 4 段沉积相为浅水盐湖滩坝相，潜 3 段沉积相为半咸水滨浅湖滩坝相。

曹 8 块沉积物源来自潜江凹陷西北部后港地区，属缓坡三角洲前缘亚相沉积。

三、岩性物性

高场油田储层岩性为杂砂质长石砂岩，粒度较粗，以粗粉砂—细粉砂级为主，分选中—好。胶结物含量低，平均为 8.3% ~ 20.2%，胶结物成分以白云质为主。胶结类型除潜 3^4 油组以孔隙—接触式为主外，均以孔隙式胶结为主。

油层物性好，属中、高渗透层。各油组平均孔隙度为 17.8% ~ 25.5%，最大可达 30%；渗透率油组平均值为 127.8 ~ 645.5mD。

曹 8 块储集层岩性主要为粉砂岩，分选中等。储集类型为孔隙型，胶结物以白云石、方解石为主，胶结类型以孔隙式为主。油层有效孔隙度 24% ~ 31%，储层物性较好。

曹 13 区储集层岩性主要为粉砂岩，

分选中等，石英含量平均为 65%，长石含量为 22% ，岩屑含量为 9%，邻近井的岩心分析孔隙度平均 16.6%，空气渗透率平均 76.5mD；其次为鲕状灰岩，岩心分析有效孔隙度平均 20.8%，空气渗透率平均 153mD，储集类型为孔隙型，胶结物以白云石、方解石、硬石膏、黄铁矿为主，胶结类型以孔隙式为主。储层物性较好，属中孔、中渗储层。

第三节　流　体

一、流体性质

高场油田原油性质各油组有明显差异，但总的具有由浅层向深层变好的趋势。地下原油黏度 11.6mPa·s，地面原油相对密度 0.895，黏度 113.0 mPa·s，原油凝固点 28.2℃，油田水为硫酸钠（Na_2SO_4）型，总矿化度 31.6×10^4mg/L，氯离子为 18.2×10^4mg/L。

曹 8 井原油分析资料表明，地面原油密度 0.9313g/cm³，黏度 159.25 mPa·s，凝固点 26℃，含硫 3.23%，属常规稠油。

曹 13 区块原油分析资料表明，潜 3^1、潜 3^2 油组地面原油密度 0.918g/cm³，地面原油黏度 630.2mPa·s，凝固点 29℃，含硫 3.34%。

二、渗流特征

根据试验室测得相对渗透率曲线分析，油水相对渗透率曲线交点处含水饱和度为 0.59（图 1–3），束缚水饱和度为 0.21，残余油饱和度为 0.26，双相流饱和度为 0.53，最终驱油效率为 67.1%。

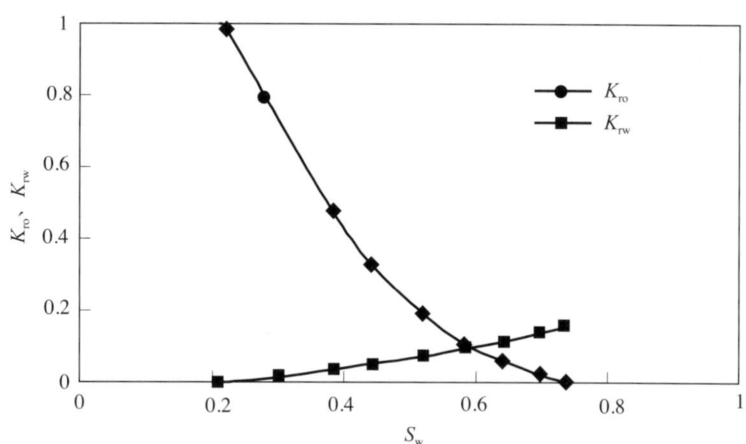

图 1–3　高场油田油水相对渗透率曲线

第四节　油　藏

一、压力、温度

高场油田原始地层压力 20.20MPa，饱和压力 2.77MPa，地饱压差 17.43MPa，属于低饱和油藏。地层温度 80℃。

二、天然能量

高场油田地层压力系数为1.09，边水较为活跃，天然能量较充足，个别井初期有自喷能力。

三、油藏类型

高场油田高12井区油藏类型以断鼻构造油藏为主，其次为构造岩性油藏。曹8井区和曹13井区均为断鼻构造油藏。

第五节 储 量

一、石油地质储量

1984年高场油田高12井区上报探明I类含油面积1.30km^2，石油地质储量154.00×10^{4}t。

2003年在曹8井区新发现含油面积0.40km^2，石油地质储量48.00×10^{4}t。

2004年在曹13井区新发现含油面积0.40km^2，石油地质储量9.00×10^{4}t。

截至2005年底，高场油田共计探明含油面积2.10km^2，累计探明石油地质储量211.00×10^{4}t。其中已开发探明含油面积1.70km^2，石油地质储量202.00×10^{4}t；未开发探明含油面积0.40km^2，石油地质储量9.00×10^{4}t。

二、石油可采储量

到2005年高场油田高12井区可采储量61.6×10^{4}t，标定采收率40.0%。

曹8井区可采储量14.50×10^{4}t，标定采收率30.2%。

曹13井区可采储量1.40×10^{4}t，标定采收率15.6%。

截至2005年底，高场油田可采储量77.5×10^{4}t，标定采收率36.7%。其中已开发的高12井区和曹8井区可采储量为76.1×10^{4}t，标定采收率37.7%。未开发的曹13井区可采储量1.4×10^{4}t，标定采收率15.6%。

第二章

开发部署与调整

高场油田1983年投入开发，从1983年到2005年先后共编制两个开发方案：1984年5月江汉石油管理局勘探开发研究院编制《高场油田注水开发方案》，1984年12月，江汉石油管理局勘探开发研究院编制的《高场油田注水开发补充方案》，共计动用地质储量147.14×10^4t，采用边缘注水方式开发。2002年底编制了《曹8井区产能建设方案》，储量一次动用，整体部署，充分提高储量动用程度。曹13井区储量综合评价为浅层、低产、低丰度、小型油藏，因为产量低，未编制方案全面开发。

第一节　开发方案

《高场油田注水开发方案》于1984年5月由江汉石油管理局勘探开发研究院油田开发研究室编制，编写人李月辉，审核人罗扬棣。

高场油田根据潜江组5个油组的油藏地质特征，在已有井网格局下，分上、下两套层系开发，上层系开采潜3^1、潜3^2油组；下层系开采潜3^4、潜4^1、潜4^2油组。方案动用储量154×10^4t，采用200～400m井距，三角形井网布井。综合油田面积小、有一定边水能力等特点，采用边缘注水方式开发。设计年产油2.77×10^4t。上层系地质储量86.8×10^4t，平均单井有效厚度19.8m，单井控制储量21.7×10^4t，下层系地质储量67.2×10^4t，平均单井有效厚度17.1m，单井控制储量16.8×10^4t。上层系开采潜3^1和潜3^2油组，含油面积$0.5 \times 10^4 km^2$，共分8个小层，14个油砂体。方案设计总井数7口，其中采油井4口（高11、高22、高25、高29井），注水井3口（高20、高50、高51井）。下层系开采潜3^4、潜4^1、潜4^2三个油组，含油面积$1.35 \times 10^4 km^2$，共分7个小层，13个油砂体。方案设计总井数8口，其中采油井4口（高19、高24、高26、高27井），注水井4口（高12、高20、高50、高51井），井距250～400m左右。

全油田共计油水井12口，其中油井8口，注水井4口。全油田平均单井有效厚度18.5m，单井控制储量19.25×10^4t。

初期开发方案实施后，1986年12月全油田油水井总井数15口，油水井开井数14口，其中油井11口，水井3口，日产油能力110t，年产油4.2×10^4t，日注水125 m^3，注采比0.45，各项开发指标基本达到方案要求。

第二节　开发试验

一、注聚合物的基本情况

高场油田注黄原胶现场试验开始于1998年9月10日，为与生产实际相结合，采用一口井注聚、三口井受效的布井方案，利用原生产井高42井转注，日配注量为$80m^3$，注聚层位为潜3^1油组，至1999

年 2 月 18 日停止注聚，累计向地层注入浓度 1000mg/L 的黄原胶溶液 11019m^3，注入量约为 0.25PV。

在注聚过程中，为了分析注聚动态，及时调整注聚方案，改善注聚工艺，对注聚的各个环节进行了跟踪监测。

二、注聚试验效果

（1）注聚期间生产井含水基本保持稳定，高部位的高 42 井转注后，在注聚期间（5 个月 12 天）低部位的高 25 井并未水淹，但当后续注水后仅一个月，高 25 井迅速水淹。说明聚合物黏度尽管未达到方案要求，但与注入水相比，其一定黏度仍起到了控水稳油的作用。

（2）注聚压力比注水压力约高 3 ～ 4MPa。从注聚第一天开始注聚井高 42 压力不断上升，最后稳定在 18.0MPa 左右，总体上比注水压力约高 3 ～ 4MPa。主要是由于在聚合物驱过程中，注入流体的黏度增加，流动阻力增加，使压力传导能力下降，致使注入压力增加。

（3）试验区内的油井动液面均回升，其中高 11 井回升了 127m，高 25 井回升了 212m，高 40 井回升了 175m。

三、影响注聚效果的原因

经过一年的现场注聚试验监测分析，可以看出：现场试验虽然取得一定成效，起到了控水稳油作用，但未见到明显的增油降水效果。原因可能是多方面的，但从现场跟踪监测结果来看，认为主要有以下几个问题：

（1）采用一口井注聚、多口井受效的注聚方案，由于井网相对不规则，无法控制聚合物溶液的运动方向，注聚时注聚层位与后续水驱层位不一致，导致地层中所注聚合物驻留，而达不到聚合物驱效果。

（2）由于注入工艺条件所限，现场配制黄原胶的水质无法完全达标（含氧量、含铁量及悬浮物含量），黄原胶溶液的地下黏度未能达到方案要求，且其热稳定性差，是影响注聚效果的直接原因。

（3）注聚后生产井动液面均回升，但没有采取提液等措施，从而错过了增油时机。

（4）由于资料的录取不够及时，不能进行数值模拟跟踪，使定量评价注聚效果较困难。

第三节　开发调整

一、注水开发补充方案

根据 1984 年 8 月石油工业部在大庆油田召开的“油田开发工作会议”中“新开发的油田都要根据油藏特点，采取相应的强化开采措施，提高单井产量，提高采油速度”的要求，通过油田试生产结果，初步认识了油田的产能、驱动类型和断层密封性。1984 年 12 月由江汉石油管理局勘探开发研究院油田开发研究室李月辉编制《高场油田注水开发补充方案》，方案由罗扬棣审核。

此次调整目的是适当加密生产井，降低单井控制储量；完善注采系统，实现注水保持地层压力开发；提高采油速度，改善开发效果。

方案设计井数 5 口：其中增钻生产井 2 口（高 40 和高 41 井），增钻注水井 1 口（高 52 井），原方案设计的 2 口注水井高 50、高 51 仍作为边缘注水井。井距调整为 300m（图 2–1），设计产能 3.88×10^4t。

到 2001 年 12 月，全油田油水井总井数 31 口，油水井开井数 11 口，其中油井 8 口，水井 3 口，日产油能力 39t，年产油 1.6×10^4t，日注水 51 m^3，注采比 0.58。

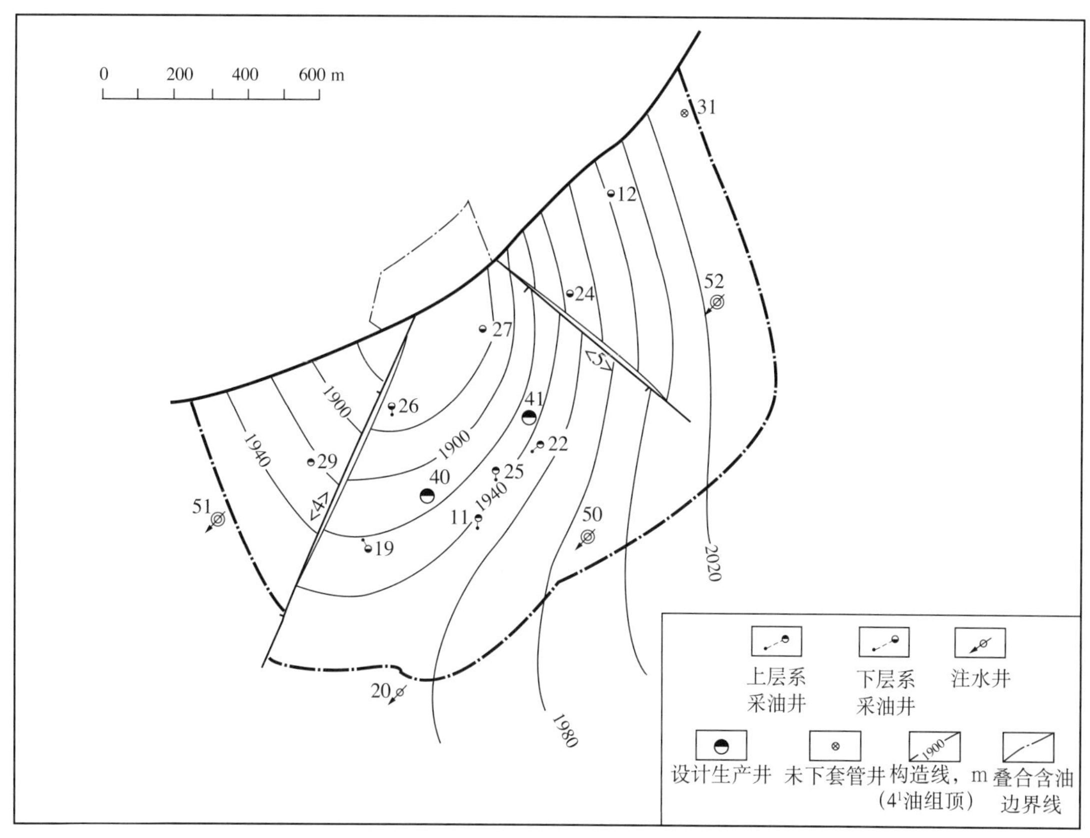

图 2–1　高场油田注水开发方案井位部署图

二、曹 8 井区产能建设方案

在 2002 年高场地区三维资料精细解释时发现曹 8 断鼻后，同年 8 月在曹 8 断鼻上部署探井曹 8X 井，试油获 20.4t 高产工业油流，从而发现该断鼻含油，命名为曹 8 井区。

2002 年底编制了《曹 8 井区产能建设方案》。方案编制开发原则立足主力含油层系潜 3^4 油组，兼顾潜 3^1—潜 $4^{0下}$油组；储量一次动用，整体部署，充分提高储量动用程度。

由于曹 8 井区潜江组含油层较多，但含油面积较小，主力油层单一，且该井区油层埋深小于 1500m，属浅层油藏，因此采用一套层系开发。方案共部署新钻井 6 口，其中采油井 5 口，注水井 2 口（利用老井 1 口）。构造高部位井距为 250m，边部井距为 300 ～ 350m。采用不规则三角形井网结合边缘注水方式布井。动用含油面积 0.7km^2，地质储量 69×10^4t。标定单井日产油能力 8.0t，新建原油生产能力 1.2×10^4t。

在方案实施过程中发现曹 8 井区的含油面积变小，由 0.7km^2 减少到 0.4km^2，地质储量由 69×10^4t 减小到 48×10^4t，因此，实际新钻 4 口，其中油井 3 口，注水井 1 口，利用探井 1 口，建成 4 口油井、1 口注水井的生产规模，新年产建 0.9×10^4t。

第四节　开发过程控制

高场油田在开发过程中，根据油田开发的动、静态变化情况，以动态监测为手段，合理调整注采结构，主要采取层间产能接替挖潜、堵水等措施，以提高开发效果，实现增储上产、控水稳油的目标。

一、注采调整

高场油田1986年全面注水开发后，1987—1990年不断完善油田注采系统，到1990年12月，油田注水井达到6口，平均单井日注水量达71m^3，月度注采比0.8。油田地层压力在注采完善后仍然是呈下降趋势，地层压力从1988年的16.67MPa下降至1990年的15.48MPa。1991年开始，为控制油田产量递减，油田加强注水，1991年12月油田月度注采比达到1.17。

二、大泵（电泵）提液

随着油田综合含水的不断上升，为弥补产量递减，采取下大泵、电潜泵提液增产的措施。1989年至2005年累计下大泵3井次，下电潜泵4井次。效果明显的有高25井，1989年10月下电潜泵，日产油从13t上升至45.5t，日产水从64.8m^3上升至242.5m^3，含水83.3%上升至84.2%。

三、改换层系

高场油田纵向上油层多，主要在高含水、低效油井上实施补孔改层措施。根据生产情况自下而上补开油层，增加出油剖面。像高22井初期投产潜4^1_{1-3}，1984年酸化后管外窜槽，补孔潜3^2_2生产，1985年3月补孔潜3^4_3，日增油5.5t。1987年3月找水结果潜3^2_2为主要出水层，填砂，打塞，补孔潜3^1_{1-2}，日增油15t，而1989年10月补孔潜$3^1_{3.4}$，无效。1999—2005年油田精细调整时补孔8井次，有效6井次，其中高45井1999年补孔潜3^1_{1-4}，高29B井2005年3月补孔潜$3^2_{2.3.4}$，都收到了很好的增油效果。

四、堵水

高场油田纵向上物性差异大，储层物性属中高渗透层。注水开发后，针对注入水沿渗透性好的地层突进的情况，早期采用机械卡堵分层堵水。1980年开始应用封隔器找水法，找出高含水层，封堵高含水层，1985—1995年机械堵水6井次，但由于高含水层是主出力层，卡堵并未收到明显增油效果。

1985年开始应用化学法油井堵水，主要应用水玻璃—氯化钙堵水技术进行化学堵水，累计实施4井次。高26井1985年1月化堵高含水层有效，高27井1986年4月化堵潜3^4_4层，日产油从13.7t上升至39.3t，含水从54%下降至24%。1995年5月应用强度更高的水玻璃—甲酰胺在高25井化堵潜3^1_1层下部油层，无增油效果。

五、动态监测

在高场油田开发过程中，开发初期动态监测以高压、低压试井为主，进入中高含水开采期后，因为纵向油层多，层间矛盾大，为找水堵水，开展剖面测井。累计测试产液剖面29井次，注水井测试吸水剖面34井次，为地质工艺措施的制定及效果评价提供科学的依据。

第三章

钻井与采油工程

第一节　钻井与完井

一、钻井

油田开发初期采用防斜钻直井技术，钻井周期普遍较长。20 世纪 80 年代后期推广使用了转盘和水力螺杆双动力的复合钻井技术，提高了机械钻速。1988 年推广应用 PDC 钻头，进一步缩短了钻井周期，节约了单井所耗钻头，平均钻井周期从开发初期 60 天缩短至 25 天。受地面条件限制，推广应用了定向钻井和从式井技术。钻井液使用饱和盐水钻井液体系，应用自主研发的多种聚合防塌剂，提高了防塌、携砂、防卡等性能，有效解决了上部广华寺地层垮塌的问题，减少了钻井事故的发生。

二、完井

油田开发过程中，完井方式均采用套管射孔完井。因纵向上地层无异常压力层，井身结构采用表层套管 + 油层套管。固井采用常规固井方式，为增加套管的使用寿命，在固井前对套管进行预拉应力，增强套管的强度，减少使用后期变形的几率。推广应用“短候凝水泥”固井技术，解决水泥长时间候凝过程中，层间互窜问题。推广应用管外分隔器，解决固井过程中油水互窜，确保油层段的固井质量。紊流器的应用，增强水泥浆的均衡程度，从而提高水泥环的胶结质量。

射孔枪开发初期采用 57–103 枪，1977 年后推广应用 WS–73 枪，1989 年逐渐采用 YD–89、YD–102 枪。射孔方式包括负压射孔、正压射孔，射孔液采用清水。

第二节　采油工程

油田开采初期以机械采油为主，由于液面相对较高，抽油机主要选用 3 型、5 型和 10 型等轻型机；抽油泵主要采用管式泵，泵径大多采用 ϕ38mm、ϕ44mm、ϕ56mm 三种型号，冲程为 1.8m 、2.1m, 冲次选用 9 次 /min、12 次 / min，抽油杆多选用 C 级杆。

随着开采时间延长，油田产量递减加快，1983 年油田放大压差生产，采用小泵深抽、大泵或电动潜油泵等放差提液措施，充分挖掘低压层、相对低含水层和薄层的潜力。

高场油田油井井液中含有多种腐蚀介质，使抽油泵严重腐蚀，1988 年油田引进了防腐耐磨钢泵，在高 11、高 40、高 44 进行了直径 70mm 的耐磨防腐整体钢泵的现场试验，成功率 95%，同普通抽油泵相比，平均泵效提高 5% ~ 10%，平均检泵周期延长 0.54 倍以上。

同时抽油杆引进 D 级杆，抽油机也向 12 型、14 型等发展。

1989 年油田进入中、高含水期，采用了下电潜泵提液，取得了较好的效果。但是地层能量下降快，供液不足，油井逐渐转为管式泵生产。

在采取深抽的同时，管柱偏磨严重影响油井正常生产，1993 年在高 12 井采用了 YZM 单向锚管柱锚定装置，使抽油泵效提高 0.9% ～ 6.6%，延长检泵周期。

抽油杆采用 H 级高强度杆组合，配套使用 14 型抽油机以适应深抽工艺。2000 年，直径 38mm 抽油泵全井 H 级高强度抽油杆最大下泵深度达到 2850m。

2001 年油田引进皮带式抽油机，先后在高 25、高 40 井试用，提高了机械效率和抽油泵深抽提液的能力，比游梁式抽油机省电 10% ～ 40%，系统效率可达到 60%。

第三节　注入工程

高场油田于 1986 年 1 月投入注水开发，注水井 4 口，日注水 184m^3，采用边缘注水，其注水水源为深井泵来水。

一、油田注水系统

高场油田层系多，非均质严重，层间差异大，层间干扰严重。为了提高注入水的波及体积，让各小层都取得好的注水效果，防止注入水单层突进，高场油田主要采用分层注水。

1986—1995 年，偏心与空心注水管柱共存阶段。分层注水采用的封隔器主要为 752–6 型，少数使用 458 型，配水器为空心和偏心并存。测试工艺方面，由测试队负责，空心注水井采用投球测试工艺，偏心注水井采用仪表测试。

1996—2005 年，偏心注水管柱阶段。采用的封隔器主要是 Y341–114 型和 JH752–6 型，这两种封隔器能满足高温、深井分层注水要求，且不带卡瓦，可重复坐封、反洗井，密封性能好。注水管柱配套使用 KPX–114 型偏心配水管柱及皮碗式底部循环阀、涂料油管和丝扣密封脂。同时，为了解决管柱蠕动问题，油田使用了锚定防蠕动注水管柱，该管柱由水井锚、Y341–114 注水封隔器、偏心配水器、952–1 循环阀和筛管丝堵组成，延长了注水封隔器的工作寿命。

二、注聚合物

1998 年 9 月 10 日在高场油田上层系高 42 井区高 42 井开始污水配液，注入聚合物，截至 1999 年 1 月 18 日注聚结束，累计注聚时间 162 天，累计注聚量 11019m^3，累计干粉剂量 14t。注聚合物试验开始后注入井高 42 井注入压力上升；对应油井动液面普遍升高，含水明显上升，产油量呈下降趋势。

第四节　油层改造

高场油田油层改造以酸化为主，压裂应用较少。

一、酸化

油田开发初期就开展了酸化解堵增注措施。1980 年，主要应用的是土酸酸化，广泛应用在试油作业中，1980—1985 年，在高场油田酸化 7 井次，1981 年 1 月在高 12 井采用土酸酸化，日产油从 3.8t 上升到 14t, 从此土酸酸化开始推广应用。1991 年，针对油田开发过程中出现的胶质、沥青质等有机垢物污染储层的情况，应用了胶束酸酸化，应用 3 井次。在水井增注上主要是应用土酸酸化技术，1992 年 7 月在高 19 井应用后，日注水由 0m^3 上升到 87m^3。1992 年以后，酸化主要以土酸酸化为主。

二、压裂

高场油田自投入开发以来，应用的压裂井次较少。1993 年，开始应用田菁压裂液，引进中原油田美国斯蒂文森 1000 型压裂设备，采用全井加石英砂的工艺，1993—1994 年在高场油田应用 4 井次，平均砂液比达到 30%，单井平均加砂 16m^3。1993 年在高 12 井应用，日产油从 1.7t 上升到 6t。

第五节　堵　水

油田开发进入中高含水期后，开展了油井找水、堵水工作。1980 年开始应用封隔器找水法，找出和封堵高含水层，主要应用了以江 252–1 封隔器为核心的找水、堵水管柱和以江 756–2 封隔器为核心的丢手堵水管柱堵水。1985—1995 年机械堵水 6 井次，成功 5 井次。1985 年，开始应用化学法油井堵水，主要应用水玻璃—氯化钙堵水技术进行化学堵水。1984 年、1986 年分别应用 2 口井，1984 年 12 月在高 26 井应用后成功封堵高含水层。为了提高封堵效果，1995 年应用了强度更高的水玻璃—甲酰胺堵水，1995 年 5 月在高 25 井应用。

第六节　修　井

油田投入开发后，井下事故的出现也越来越频繁、复杂，处理事故的水平也不断进步。修井主要解决复杂的解卡打捞、修复套管等问题。

一、解卡打捞

在解卡施工技术方面，主要采用活动解卡、循环洗井、浸泡法解卡等；在复杂落物打捞方面，主要根据落物顶部（鱼顶）情况，再选择或制作合适的打捞工具，如抽油杆活页捞筒、可退式卡瓦捞筒等在高 26 井等得到应用。

二、堵漏

油田位于盐湖盆地，钻井过程中要钻遇许多盐层和水层，由于盐层蠕动和盐水腐蚀，在油田开发早期就遇到了套管外窜槽、腐蚀穿孔等问题，1987 年开始在套管穿孔漏失井应用水泥浆挤堵修复，1987 年 4 月在高 12 应用油井水泥灰浆封堵漏失井段获得成功，从此水泥浆挤堵作为套管穿孔漏失井的主要修复技术在油田应用。

第四章

地面生产系统

高场油田油气水集输系统、油气水处理与注水系统、供电系统、信息系统，适应油田不同开发阶段的需要，不断完善、形成规模。建成联合站 1 座，计量站 1 座，单井拉油点 4 座，设计原油外输能力 12×10^4t/a，原油脱水能力 36×10^4t/a 的油、气、水地面集输系统，为原油生产提供保障。

第一节　集输系统

高场油田油气水集输系统从零散单井拉油发展到具有规模的油气间输、污水处理回注，形成了较为完善的油气水集输系统。

高场油田地面集输系统 1977 年开始建设，初期建成单井拉油点，采用单井拉油方式，开式流程。1980—1981 年，进入了详探，油井增多，针对高场原油高含盐、高黏度的特点，为满足计量、集中供热、掺水降黏需要，1981 年，新建高 12 计量站，站外采用三管伴热流程，采出液采用拉油方式。1982 年 7 月，高 12 计量站改建成接转站，按 7 口井设计，开始向浩口输油，初期规模小，采用 ϕ65mm 单井管线作为输油线。

1983 年 4 月，新建高 22 计量站，该站担负各井计量外，还设有加药、掺水降黏设备。井口来液经计量后自压至高 12 站，站内热水由高 12 站供给，铺设高 22 至高 12 站输油管线 ϕ114mm × 4mm 和回水管线 ϕ89mm × 3.5mm 长 1.0km，热水管线 ϕ60mm × 3.5mm 长 2.0km。

1984 年 9 月，高—浩输油管线工程开工，建成高浩输油管线 ϕ76mm × 3mm，全长 5.2km，采用硬聚氨酯泡沫塑料保温。1985 年 5 月，将高 12 计量接转站改建成联合站。

2005 年 8 月至 12 月，对高场油水系统进行改造，拆除站内腐蚀报废的三相分离器及管线，更换 ϕ2200mm × 7800mm 三相分离器。

截至 2005 年，高场油田建成联合站 1 座，计量站 1 座，单井拉油点 4 座（曹 8、曹 13，由采油 17 队管理）。建有 1 条集油管线，总长 1.0km，建有间隙输油管线高场—浩口外输油管线，长 5.5km，单井油管线 9.6km。

第二节　处理系统

高场油田的油气水处理系统，建有联合站 1 座，设计原油外输能力 12×10^4t/a，实际原油外输 2×10^4t/a，原油脱水能力 36×10^4t/a，实际脱水处理 20.08×10^4t/a，担负着高 12、高 22 井口来液的脱水处理、分离和整个油田站、点、井的供热工作，同时还担负高场油田（产油 30t/d）一周一次的输油（排量为 10m^3/h）接转加热处理工作，主要包括原油净化处理、原油外输、计量、加热、储存及污水处理、污水回注等工艺及设备。

1985 年 5 月，建成高场油田的原油脱水处理系统，采用陶粒脱水器处理中高含水原油，满足中高含水期生产需要。

1993 年，油田进入高含水期生产，原陶粒脱水工艺及设备腐蚀严重，处理量小，满足不了高含水期液量增加、原油脱水需要。1993 年 12 月，推广高效三相分离器脱水，实现油气水一次处理、分离（图 4–1），新增 ϕ2200mm × 7800mm 三相分离器，满足高含水期生产需要。

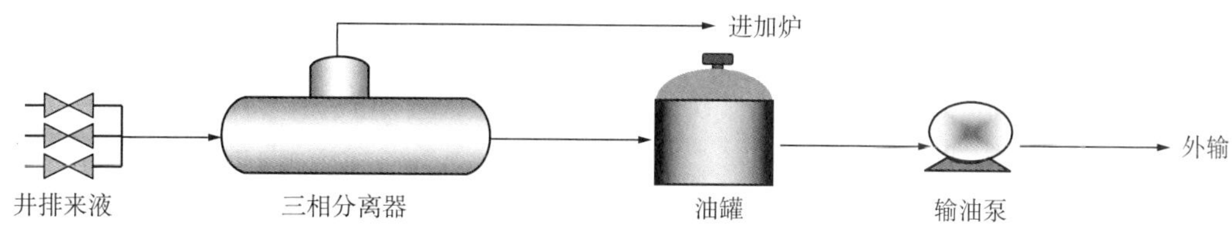

图 4–1　高效三相分离器一次脱水工艺示意图

第三节　注入系统

高场油田于 1986 年 1 月投入注水开发，注水井 4 口，日注水 184m^3，其注水水源为深井泵来水。

1986 年，采用 4 台注水泵 3S$_3$ 作为升压装置。注水站布置在高 12 接转站西侧，注水压力 20MPa，日注水能力为 900m^3。站外管网设两条，一条为配注水管线；一条为洗井水回收管线，洗井回收水由联合站集中计量。1986 年 12 月共有注水井 4 口，开井 4 口，日注水 184m^3。

1987 年 4 月，高场注水站不洗井注水工艺试验，安装过滤器和水封罐管线，加药品种由原来的 2 种增加到 5 种。

1999 年，高场站新建液碱投加装置 1 套。

2002 年 5 月，对高 22 站到高 12 站管线进行更换。主要是由于高场大泵为柱塞泵，震动大，于是将注水泵出口至新建钢管段的玻璃钢管线更换为 ϕ114mm × 9mm 的钢管，管线长度为 70m。

2003 年 8 月，高场站原有的注水泵由于故障多，因此，在站内新建 5S$_{125-25/20}$ 注水泵 1 台。

2005 年，根据地质预测，高场站接纳的产出水量为 550m^3/d，加上洗井水及站内污水，污水处理规模按 700m^3/d 进行设计。因此，对站内设备进行更换和改造。2005 年 12 月，高场油田有注水井 8 口，开井 5 口，日注水 665m^3，注水压力 15MPa，水质达标率由 58% 上升到 69%。

第四节　配套工程

一、供电工程

高场油田供电电源为浩口 35kV 变电站 6kV 浩堤排线供电。曹 8 井区投产初期供电电源为 300kW 柴油发电机发电，2003 年 6 月在潜江市浩口变电站 10kV 向阳线 18# 开关 29 号杆 T 接 350m，安装 160kV·A 和 100kV·A 两台变压器，作为该井区供电电源。

二、供水工程

高场油田生产、生活用水均取自地下水源井。高场 1 号水源井为 1981 年 11 月投用，井深 142m，日产水量为 1920m^3。1985 年 6 月又打了一口深 72m，日产水量为 1200m^3 的地下水源井作为备用。曹 8 井区地下水源井为 2004 年 6 月所打，井深为 150m，日产水量为 1200m^3。

附　录

附录一　附　图

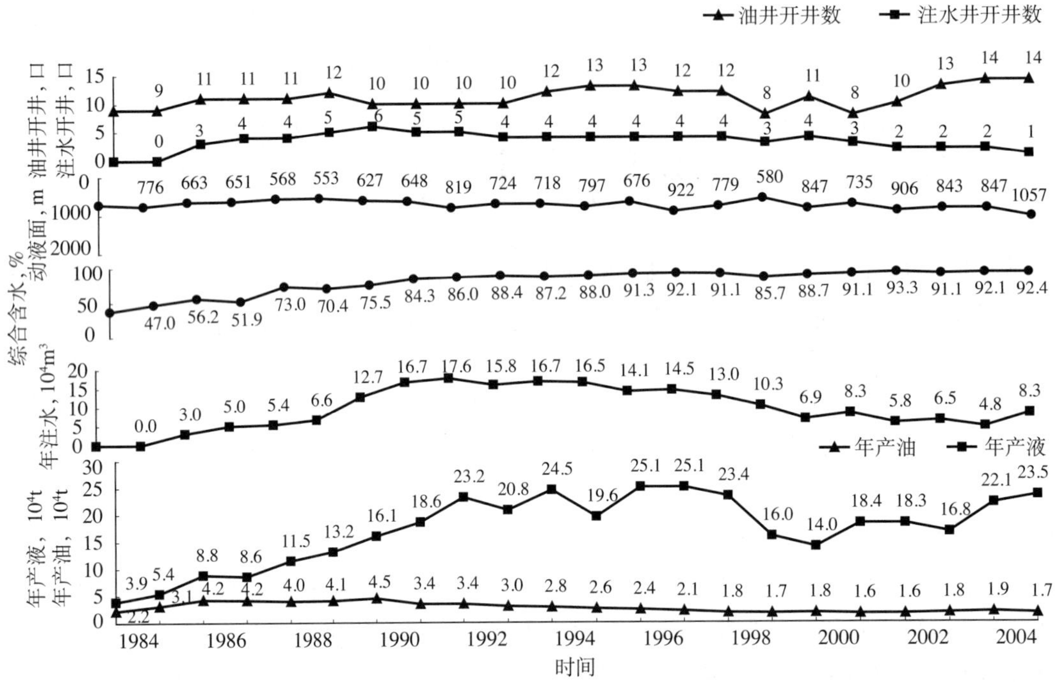

附图 1　高场油田开采综合曲线图

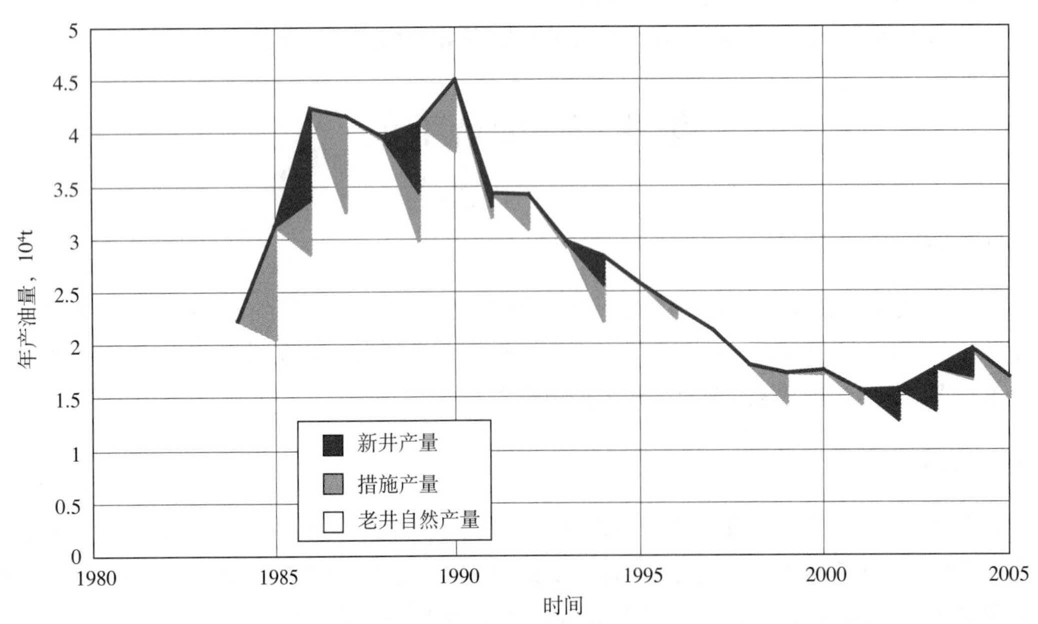

附图 2　高场油田产量构成曲线图

附录二 附 表

附表 1 高场油田综合地质数据表

油田	含油面积 km^2	地质储量 10^4t	层位	油层埋藏深度 m	平均有效厚度 m	孔隙度 %	空气渗透率 mD	含油饱和度 %	地层温度 ℃	压力系数	原始地层压力 MPa	地层原油				地面原油					天然气		地层水		
												饱和压力 MPa	原始气油比 m^3/t	体积系数	黏度 mPa·s	密度 g/cm^3	黏度 mPa·s	凝固点 ℃	含蜡量 %	含硫量 %	相对密度	甲烷含量 %	水型	总矿化度 $10^4mg/L$	氯离子含量 $10^4mg/L$
高 12 井区	1.30	154.00	潜江组	2100.0	10.10	21.40	504.00	70	80.0	1.09	20.20	2.77	26.80	1.145	11.60	0.8950	113.00	28.20	—	3.23 ~ 3.34	—	—	Na_2SO_4	31.60	18.20
曹 8 井区	0.40	48.00	潜江组	1170.0 ~ 1510.0	7.40	24.00 ~ 31.00	250.00	70	67.0	—	12.35	—	—	1.082	—	0.9313	159.00	26.00	—	3.23	—	—	$CaCl_2$	27.50	16.70
曹 13 井区	0.40	9.00	潜江组	1050.0 ~ 1105.0	2.80	16.00	76.00	60	—	—	—	—	—	1.082	51.00	0.9180	630.00	29.00	—	3.34	—	—	—	—	—

附表 2 高场油田开采综合数据表

时间	油井		注水井		核实产油量		核实产水量		核实产液量		年末动液面 m	年末综合含水 %	注水量		注采比		地质采油速度 %	地质采出程度 %	动用储量 10^4t
	总井数 口	开井数 口	总井数 口	开井数 口	年 10^4t	累计 10^4t	年 10^4t	累计 10^4t	年 10^4t	累计 10^4t			年 10^4m^3	累计 10^4m^3	年末	累计			
1984	9	9	0	0	2.23	5.51	1.62	1.62	3.85	9.36	726	37.00	0.00	0.00	0.00	0.00	1.45	3.58	154
1985	9	9	0	0	3.13	8.64	2.27	3.88	5.39	14.03	776	47.00	0.00	0.00	0.00	0.00	2.03	5.61	154
1986	11	11	4	3	4.23	12.87	4.58	8.46	8.81	21.67	663	56.20	3.00	2.99	0.45	0.10	2.75	8.35	154
1987	11	11	4	4	4.16	17.03	4.41	12.88	8.57	25.60	651	51.90	4.98	7.97	0.48	0.20	2.70	11.06	154
1988	11	11	4	4	3.97	21.00	7.53	20.41	11.50	32.50	568	73.00	5.40	13.37	0.37	0.25	2.58	13.63	154
1989	12	12	5	5	4.10	25.09	9.09	29.50	13.19	38.28	553	70.40	6.63	20.00	1.55	0.29	2.66	16.30	154
1990	11	10	6	6	4.50	29.59	11.58	41.07	16.07	45.67	627	75.50	12.71	32.71	0.80	0.38	2.92	19.22	154
1991	10	10	5	5	3.44	33.03	15.15	56.23	18.59	51.62	648	84.30	16.65	49.36	1.17	0.46	2.23	21.45	154

续表

时间	油井		注水井		核实产油量		核实产水量		核实产液量		年末动液面 m	年末综合含水 %	注水量		注采比		地质采油速度 %	地质采出程度 %	动用储量 10^4t
	总井数 口	开井数 口	总井数 口	开井数 口	年 10^4t	累计 10^4t	年 10^4t	累计 10^4t	年 10^4t	累计 10^4t			年 10^4m^3	累计 10^4m^3	年末	累计			
1992	10	10	5	5	3.41	36.44	19.81	76.03	23.22	59.67	819	85.99	17.65	67.01	0.75	0.51	2.22	23.67	154
1993	10	10	4	4	2.97	39.41	17.88	93.91	20.85	60.26	724	88.41	15.80	82.81	0.80	0.55	1.93	25.59	154
1994	12	12	4	4	2.84	42.25	21.65	115.57	24.49	66.74	718	87.18	16.74	99.56	0.89	0.57	1.84	27.43	154
1995	13	13	4	4	2.58	44.83	17.01	132.57	19.58	64.41	797	88.01	16.54	116.10	0.84	0.59	1.67	29.11	154
1996	13	13	4	4	2.35	47.18	22.70	155.27	25.05	72.23	676	91.29	14.12	130.22	0.65	0.59	1.53	30.64	154
1997	12	12	4	4	2.13	49.31	22.93	178.21	25.07	74.38	922	92.06	14.46	144.68	0.49	0.59	1.39	32.02	154
1998	12	12	5	4	1.80	51.12	21.57	199.77	23.37	74.49	779	91.09	12.98	157.65	0.69	0.58	1.14	33.19	154
1999	13	8	5	3	1.72	52.83	14.25	214.02	15.97	68.80	580	85.71	10.30	167.95	0.74	0.01	1.12	34.31	154
2000	14	11	5	4	1.75	54.59	12.27	226.30	14.03	68.61	847	88.67	6.85	174.81	0.58	0.59	1.08	35.45	154
2001	14	8	5	3	1.56	56.14	16.80	243.09	18.35	74.50	735	91.06	8.25	183.06	0.34	0.58	0.89	36.46	154
2002	15	10	5	2	1.56	57.71	16.75	259.84	18.32	76.02	906	93.28	5.75	188.81	0.34	0.57	0.71	37.33	154
2003	19	13	5	2	1.76	59.47	15.04	274.88	16.80	76.27	843	91.06	6.45	195.26	0.21	0.56	1.13	38.62	202
2004	16	14	3	2	1.94	61.42	20.18	295.06	22.12	83.54	847	92.14	4.75	200.02	0.31	0.54	0.88	30.41	202
2005	16	14	3	1	1.69	63.11	21.86	316.92	23.54	86.65	1057	92.37	8.28	208.30	0.23	0.53	0.89	31.24	202

编号： 18–022

张港油田志

《张港油田志》编纂组　编

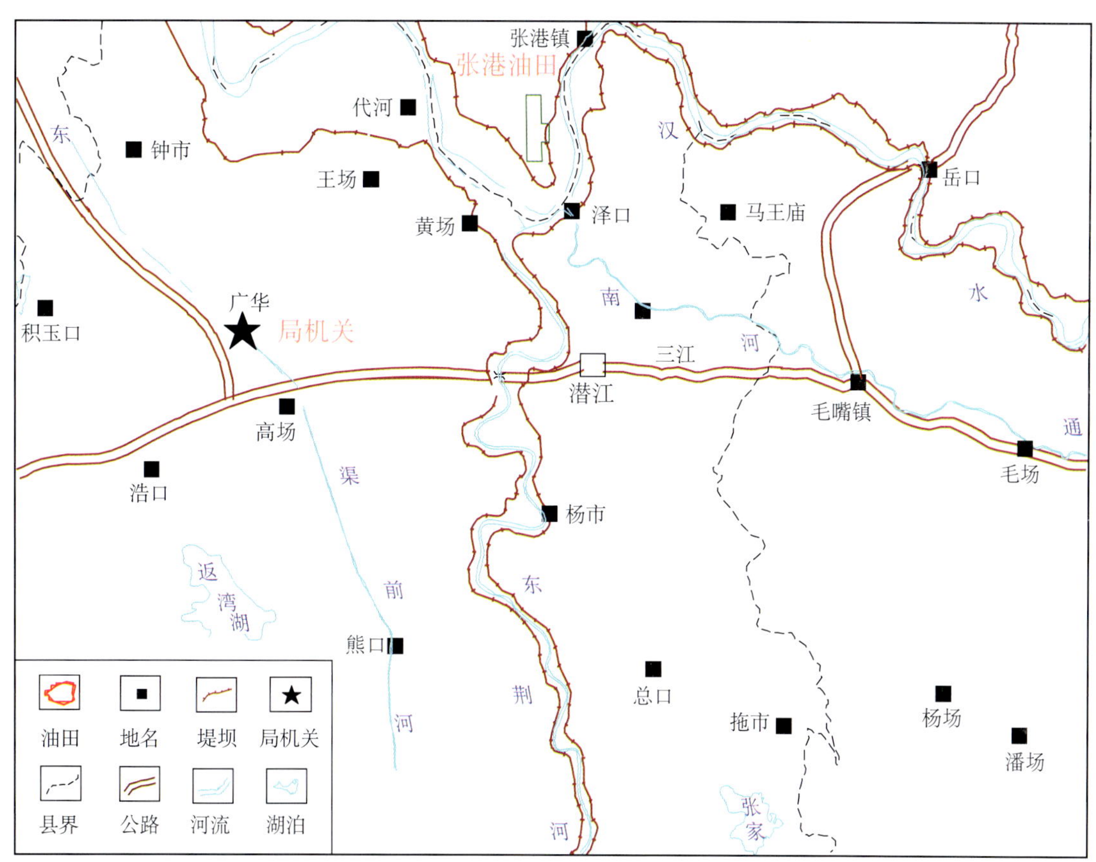

张港油田地理位置示意图

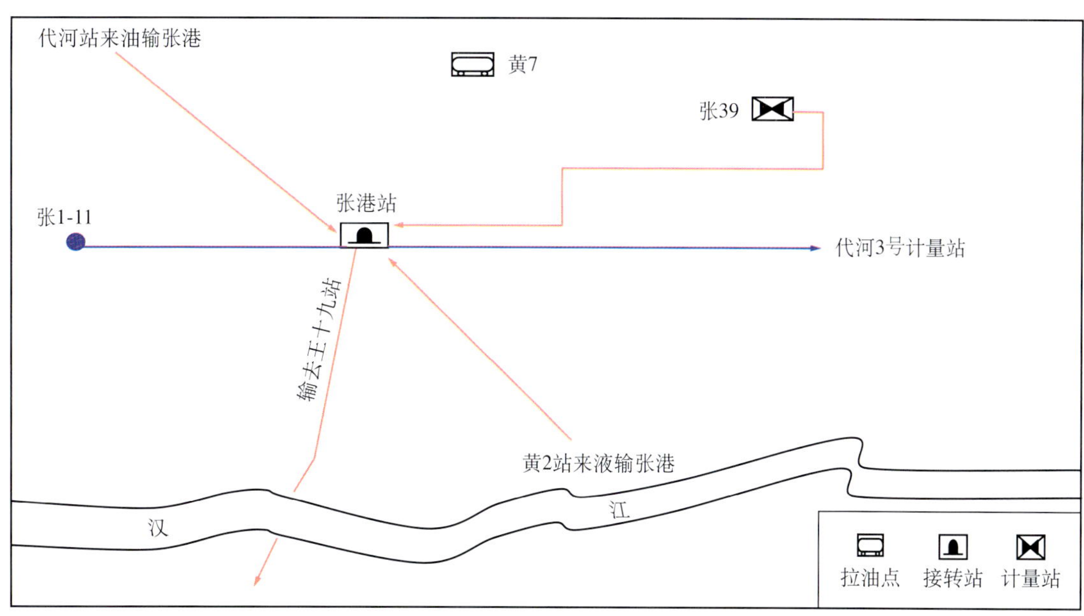

张港油田地面系统平面布置示意图

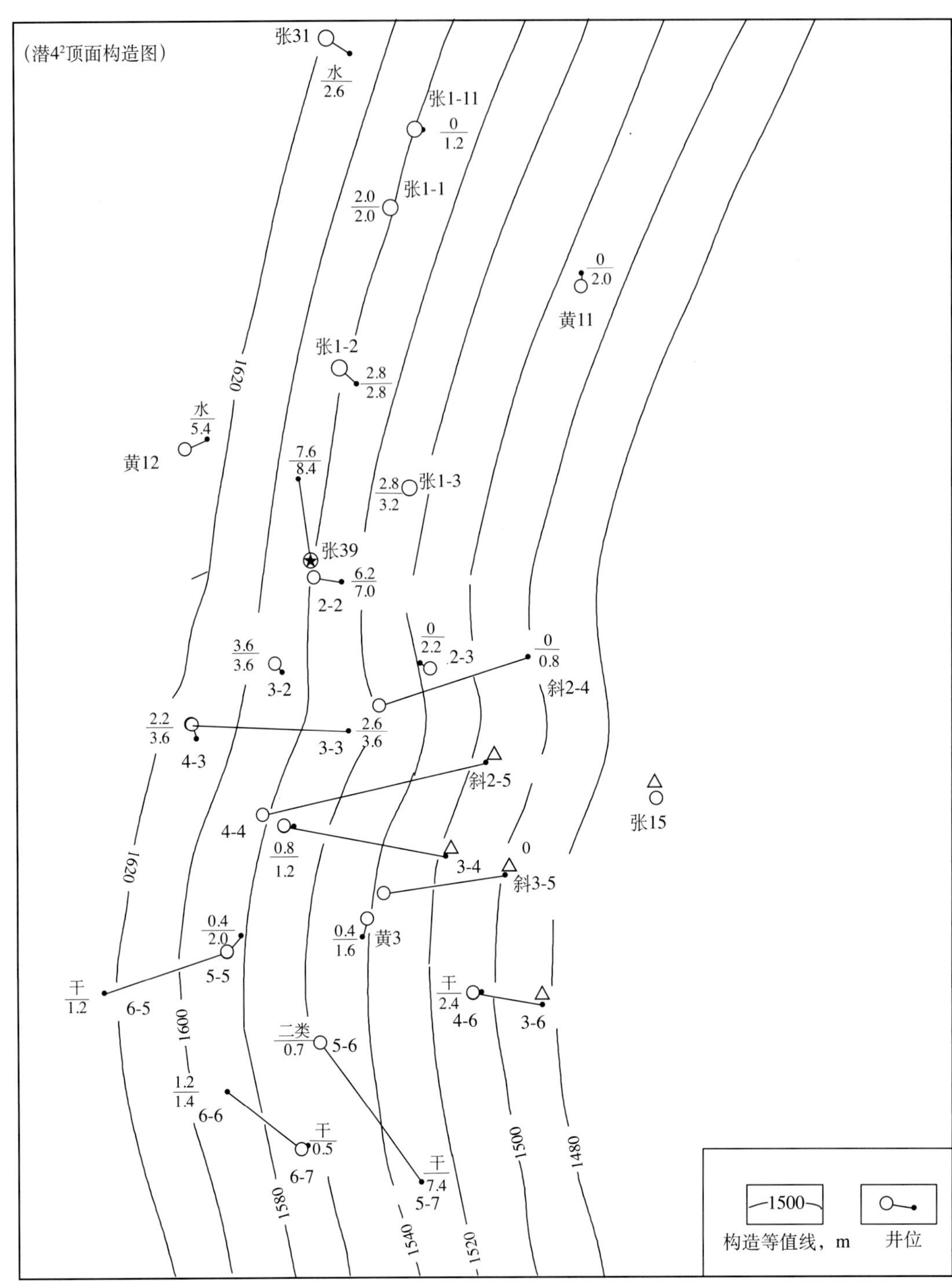

张港油田构造井位示意图

《张港油田志》编纂委员会

主　任：胡德高

副主任：夏志刚

成　员：刘孔章　贺　春　刘敬尧

《张港油田志》编纂组

组　长：王晓燕

成　员：李波峰　胡云鹏　刘　玉　张建国　袁玲想　余　英　申修志

《张港油田志》审核人员

初审人：夏志刚　刘孔章　贺　春

复审人：丁淑君　杜修宜　洪志一　赵云山　陈志超

本志目录

概　述

张港油田位于湖北省天门市张港镇东南，1969 年 10 月发现，隶属中国石化江汉油田分公司江汉采油厂。

一

张港油田属亚热带季风气候，四季分明，温暖湿润，雨量充沛。春季阴雨连绵；夏季干旱少雨，或者连下暴雨，易形成伏旱和水患；秋季风和日丽，秋高气爽；冬季多为湿冷天气。张港油田位于素有“水乡泽国”之称的江汉盆地的汉江北部，汉江从油田南部绕流而过，东部油井已至汉江大堤。

二

张港油田油藏类型属于上倾尖灭岩性油藏，埋深一般为 1500 ～ 1600m。油田构造位于潜江凹陷黄场鼻状构造东部，是一长期发育的古单斜构造，比较平缓，油田范围内无断层分布，油藏西面受构造控制，低部位为水，向东岩性上倾尖灭。

油田含油层位为古近系潜江组潜 4^2 油组，油层沿构造线成长条状分布。潜 4^2 油组自上而下分为两个小层，潜 4^2_1 较薄，一般在 3m 左右，北部相对发育，单井厚度达 7m；潜 4^2_2 较厚，一般厚度达 10m 以上，南部相对发育，其地质储量占油田储量的 86.5%。原油性质基本受构造控制，储集层岩石表面润湿性属强亲水，油层均质性较差。

三

1968 年 7 月 30 日江汉钻井处 3254 钻井队在张港构造钻探黄 3 井，同年 9 月 16 日完钻，在潜 4^2 油组钻遇油层，1969 年 10 月 28 日 7mm 油嘴试油获得日产 121t 的高产油流，从而发现了张港油田。

根据这一新的发现，黄 3 井周围甩开钻探黄 4、5、6 井，结果没有一口井见到好的油气显示，后来又缩小井距钻探黄 11、12 井，结果黄 12 井为含油水层，黄 11 为致密粉砂岩干层。因此，明确了该区（原称张一区）为一向东上倾尖灭的岩性圈闭，命名为张港油田。

1970 年 4 月，江汉勘探开发研究院部署张港油田开发井网，采取摸着石头过河的办法，以黄 3 往外逐渐外推开发打井，第一批钻 5 口开发井全部获得成功，并落实了含油面积。

截至 2005 年 12 月，张港油田已实现三维地震满覆盖，处在代东三维区内，满覆盖面积 132.31 km^2。

四

截至 1970 年底，张港油田按照 300m 井距三角形井网布井，共钻井 15 口，其中油井 11 口，水井 4 口。按照江汉油田的战备方案要求，控制生产，仅投入 5 口试油情况较好的井，间断试采，检验油田生产能力。

油田主要经历以下的开采阶段（图 1）：

天然能量间断生产、注水开发后上产阶段（1970—1976 年）：按照战备调整方案，控制生产。通过间断试采，检验油田生产能力，确定油藏驱动类型。1975 年 5 月，投入注水开发，黄 12 井单注潜 4^2_1，随后张 6–5、张 6–6 于当年 7 月转注潜 $4^2_{1、2}$，张 4–3 于次年 1 月转注潜 $4^2_{1、2}$。1976 年 5 月分注，除黄 12 外的三口井，实施了分层注水，同时区块生产井结合 1975 年的《张港油田注压抽配套计划》，实施了油井的转抽、压裂（张 3–2、张 5–6、张 6–7），年底油井开井 6 口，产油量由 5 月的 60t/d 上升到 12 月的 117t/d，综合含水 1.3%，采油速度 2.36%，采出程度 5.68%，采出可采储量的 10.9%。

稳产阶段（1976—1982 年）：由于对差油层的油水井进行了对应的压裂改造，加强对应油水井的注采动态调整，使得油田以 2.78% 以上的采油速度连续稳产 7 年，到 1982 年 12 月，油井开井 7 口，日产油 97t，平均单井日产油 13.9t，综合含水 46.2%，采油速度 2.77%，采出程度 28%，采出可采储量的 53.8%。

高含水递减阶段（1983—1998 年）：由于主力层水淹严重，区块生产进入递减期，含水由初期不含水逐步上升到 1983 年 1 月的 45.6%，日产油量短期内也由 1982 年 12 月的 100t 降到 1983 年 4 月的 84t。此后含水一路上升，加之开井数的减少，日产油量最低达到 25t/d。

滚动扩边二次上产阶段（1999—2005 年）：张港油田前期主要开采层位为潜 4^2_2 小层，而潜 4^2_1 小层曾上报储量 11.8×10^4t，一直为张 3–2 井单采，综合动静态资料分析认为，该区潜 4^2_1 储量不落实，基于此，1999 年 4 月，在张港油田含油边界以北进行滚动勘开发，钻探的张 39 井于潜 4^2 油组见油层 7.6m，试油获得自喷高产工业油流，日产油 34.2t，不但探明了张 39 区块北部的含油边界在张 1–11 南侧，也证实了潜 4^2_1 是一个主力油层，先后钻井张 1–2、张 1–3、张 2–2、张 2–5、张 39、张 6–8、张 2–6、张 1–4 井，经滚动勘探开发，达到了增储上产的效果。

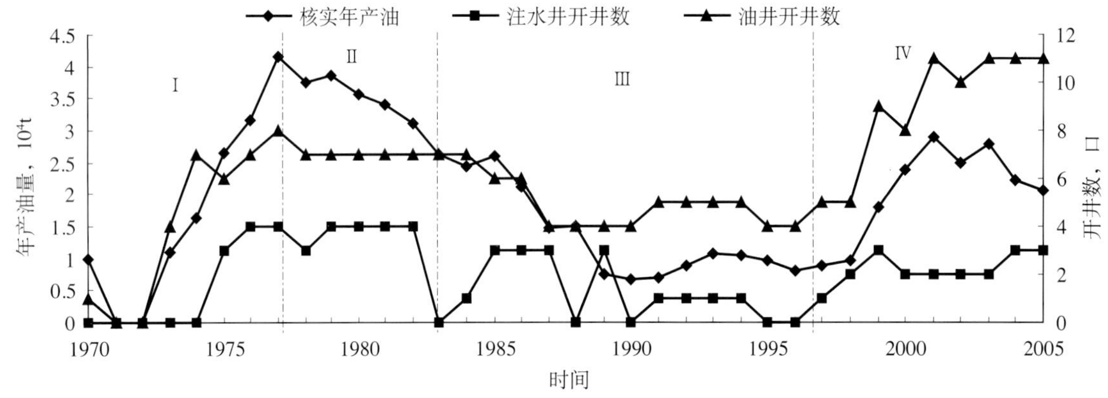

图 1　张港油田开发阶段划分图

五

2005 年 12 月，张港油田开油井 11 口，水井 4 口，日产油 42t，日产液 291t，含水 85.66%，年产油 1.67×10^4t，累计采油量 71.1×10^4t，地质储量采油速度为 0.97%，可采储量采油速度为 1.79%，采出地质储量的 46.69%，可采储量的 86.64%，日注水 153m^3，累计注采比 0.61，累计亏空 102.55×10^4m^3。

截至 2005 年，油田建成集油站 1 座，计量站 1 座，设计原油外输能力 25×10^4t /a，实际原油外输 3×10^4t /a；建有 1 条集油管线，总长 1.339km；建有连续输油（水）管线 1 条——张港—王十九站—王场联合站外输油管线，总长 12.6km；单井油管线 8.8km。

张港油田属江汉采油厂采油 5 队管理，全队有职工 65 名。

六

张港油田为上倾尖灭岩性油藏，油层单一，注水后反应比较明显，通过调整层间矛盾及平面矛盾，见到了好的效果，使得油田以 2.78% 以上的采油速度连续稳产 7 年。后期的探边滚动开发，证实了潜 $4^2{}_1$ 也是一个主力油层，张港油田以北潜 $4^2{}_1$ 新增含油面积 $0.6km^2$，新增探明储量 41×10^4t。

张港油田在油田勘探开发中所取得的成绩主要体现在：

一是油田勘探开发为潜江凹陷北部抬升部位找油做出了贡献，为后来发现黄场油田提供了启示；二是在张港油田滚动勘探开发中总结出“摸着石头过河”的方法，为江汉复杂小油田开发摸索了经验，避免了低效井、落空井；三是油田的高速稳产为江汉油田实现高速稳产 13 年做出了贡献；四是油田地面为棉田，为节约用地，首次采用人工造斜方法，钻探定向斜井，获得成功后，在其他油田推广。

大事记

1969 年

9 月　钻探黄 3 井，发现潜 4 段厚油层，7mm 油嘴测试获自喷 121t 高产油流。

1970 年

4 月　正式开发张港油田。以黄 3 井为中心，由里往外，用 300m 井距，共布井 28 口，钻井、试油、地面建设等各项工作同时展开。鉴于油田处于粮棉产区，为了少占良田，采取钻盘定向、弯曲短钻杆喷射造斜的方法钻斜井张斜 3–4，为江汉第一口定向斜井。

7 月　正式投入试采。原油用罐车送至张港码头，由油轮运往武汉钢铁公司。

1971 年

是年　因战备方案要求，全面关井。

1972 年

9 月　张（港）王（场）输油管线穿越汉江成功。

1973 年

是年　间断试采，原油经过张（港）王（场）输油管线送至王 1 集油站纳入油田集输系统。

1974 年

是年　张港油田第一次扩建，增加注水系统。

1979 年

是年　张港油田进行区块调整，张一区改称张港油田，张二区改称黄场油田。

1981 年

是年　建成张港油田污水提升站，把污水输至王场油田王一站集中处理。

1983 年

是年　5 口注水井停注。

1984 年

1 月　黄 12 井和张 4–6 井恢复注水。

1989 年

是年　张港站进行第二次改造，将集油站改为计量接转站。

1998 年

是年　滚动扩边发现张 39 井，试油日产 34.2t，证实潜 4^2_1 为主力油砂体。经滚动勘探开发，新钻油井 8 口，新增含油面积 0.6km^2，新增探明储量 41×10^4t。

第一章 油田地质

第一节 油田地质构造

张港油田构造位于潜江凹陷黄场鼻状构造东部，是一长期发育的古单斜构造，比较平缓，倾角一般在6° 左右，走向北北东，倾向北西西，油田范围内无断层分布，油藏西面受构造控制，低部位为水，向东岩性上倾尖灭（图1–1）。

第二节 储 层

张港油田为盐湖边缘滩坝相沉积，含油层位为古近系潜江组潜4^2油组，潜4^2油组自上而下分为两个小层，第一个小层潜4^2_1较薄，一般在3m左右，第二个小层潜4^2_2较厚，厚度达10m以上，埋深一般为1500 ~ 1600m。岩性主要为细—粉砂岩，分选中等，平均粒度中值0.083mm，胶结类型以接触式、孔隙式为主。有效孔隙度潜4^2_1为24%，潜4^2_2为26%，空气渗透率平均为702mD。

储集层岩石表面润湿性属强亲水，岩石平均自吸水量为孔隙体积的40.1% ~ 50.2%。

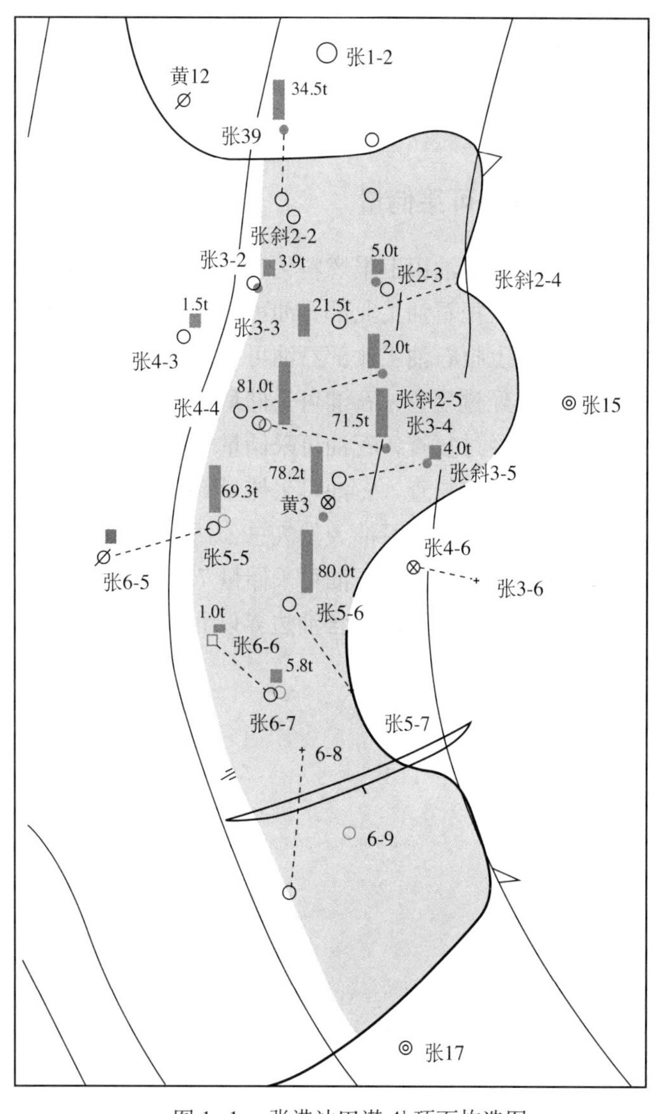

图1–1 张港油田潜4^1顶面构造图

第三节 流 体

地面原油密度为0.8568 ~ 0.8790 g/cm³，地面原油黏度为13.59 ~ 59.36mPa·s，含硫0.59%，凝固点32℃，地下原油黏度为9.3mPa·s，原始气油比为16.8m³/t，饱和压力1.8MPa。

张港油田地层水矿化度较高，为29.0×10^4mg/L，水型为Na_2SO_4型。

天然气主要为石油溶解气，甲烷含量为

42.74%，二氧化碳含量为 0.26%，天然气相对密度为 1.178。

第四节　油　藏

油藏类型属于上倾尖灭岩性油藏，为弹性水压驱动，原始地层压力为 16MPa，油层温度 69℃。

第五节　储　量

1978—2005 年张港油田曾经 5 次申报探明石油地质储量，截至 2005 年底，含油面积为 1.83 km^2，累计探明石油地质储量 153 × 10^4t，可采储量 82.5 × 10^4t。

一、石油地质储量

1971 年张港油田上报燃料化学工业部地质储量 109.4 × 10^4t。

1978 年上报石油工业部地质储量 112.4 × 10^4t。

1985 年经过复查，地质储量与 1978 年上报没有变化。

1999 年，在张港油田含油边界以北进行滚动勘探开发，新增探明储量 41 × 10^4t，共计探明石油地质储量为 153.4 × 10^4t。

2005 年套改，探明石油地质储量没有变化。

二、石油可采储量

1971 年张港油田上报燃料化学工业部石油可采储量 39.2 × 10^4t。

1978 年上报石油工业部石油可采储量 39.2 × 10^4t。

1981 年上报石油工业部石油可采储量 52.6 × 10^4t。

1985 年经过复查，石油可采储量 56 × 10^4t。

1987 年经过复查，石油可采储量 58.2 × 10^4t。

1989 年经过复查，石油可采储量 61.6 × 10^4t。

1996 年上报中国石油天然气总公司石油可采储量 64.5 × 10^4t。

1998 年经过复查，石油可采储量 72.1 × 10^4t。

1999 年，在张港油田含油边界以北进行滚动勘探开发，新增石油可采储量 10.4 × 10^4t，因此石油可采储量变为 82.5 × 10^4t。

第二章

开发部署与调整

张港油田从投入开发以来，经历开发井网部署、注水开发、停注试验、恢复注水、滚动扩边几次调整。

第一节　开发方案

一、方案编制

1970 年 4 月，由五七油田第六团编制了《张一区开发井网部署方案》。报告主要包括以下几个部分：

开发方针和原则：根据“备战、备荒，为人民”和“加强三线建设”的战略方针，江汉油田会战指挥部决定在张一区进行开发试验，迅速建成年产（10 ～ 15）× 10^4t 的生产能力，以保证三线建设用油需要，为此提出张一区开发井网部署方案。

开发层系：张港油田油层属古近系潜江组潜四段潜 4^2 油组。根据沉积厚度、岩性和油层分布特点，自上而下分为两个小层。第一小层为潜 4^2_1，油层较薄，一般在 1m 左右，产量低；第二个小层潜 4^2_2，是该油田的主力油层，厚度达 10m 以上，产量高。

井网：因区内资料少，油层范围和断层情况还不够清楚，按照战备油田高产稳产的原则，选用灵活性较大的井网，采取注水开发方式，配套注采系统，确保油田有较高的采油速度。经比较决定选用三角形井网，井距 300m，共部署油水井 28 口井，其中生产井 18 口，注水井 10 口。以平均每口井 5.3m 油层、用黄 3 井的生产能力推算，在 2MPa 的生产压差下生产，初期单井产量预计 20t，以 18 口井计算，年产 10.8 × 10^4t。

二、方案实施结果

截至 1970 年底，张港油田按照 300m 井距三角形井网布井，共钻井 17 口，其中油井 11 口，水井 4 口，报废 2 口。按照战备调整方案，张港油田划为战备保存区，控制生产。1970 年 7 月至 12 月，顶部 5 口井进行短期的高速开采试验，每采出 1%地质储量压力下降 0.83MPa，关井后地层压力又有所回升，属弹性水压驱动。1971 年至 1972 年只有一口井零星生产，1973 年后正常开井生产，同年 7 月发现边水向顶部突进后，对部分井控制生产，到 1973 年底开井 4 口，日产油 30t，年产油 11057t，累计产油 20865t。

第二节　开发调整

一、注水开发方案

1970 年 7 月至 1974 年 6 月共有油井 11 口，进行过 5 次间断开井生产。由其生产情况总结出生产特点：①油井生产能力旺盛，试油试采产量较高；②边水有一定的作用；③原油地饱压差大，气油比低，油井自喷周期短。由此看出，张港油田为弹性水压驱动油藏，边水有一定能量，但不能满足战备油田高速开采的需要，同时油井自喷采油期短，因此必须立足于注水，油井及时转抽，保持地层压力开采，结合本油田油藏小，高产井集中在张4–4附近的特点，建议采用边缘注水，以保留较多的高产井，便于后期调整和天然能量的利用。1974年3月由地质处开发研究室的周根凤编写、胡朝元审批了《张港油田注水开发方案》。选定水井4口：黄12、张6–5、张6–6、张4–3。

1975年5月，投入注水开发。黄12井单注潜$4^2{}_1$；随后张6–5、张6–6于当年7月转注潜$4^2{}_{1、2}$；张4–3于次年1月转注潜$4^2{}_{1、2}$。1976年5月分注，除黄12外的三口井，实施了分层注水，同时实施了油井的转抽、压裂3口，年底油井开井6口，日产油量由5月的60t上升到12月的117t，综合含水1.3%，采油速度2.36%，采出程度5.68%，采出可采储量10.9%。

二、注水调整方案

1984年7月由勘探开发研究院刘仁明等人完成，丁淑君、杨寿山审核的《张港油田恢复注水方案分析》，针对张港油田停注后的开发效果做了分析，总结停注后油田动态特点，提出了改善开发效果的建议。建议张6–5、张4–3恢复注水，日注水65m³、30m³，张6–6暂时停注，观察张6–7、黄3井平面调整效果，如能量仍不足，张6–6可恢复注水20m³/d，先期于1984年1月已恢复的黄12、张4–6保持原有水平注水（日注95m³）。西部一线井（张6–7井、张3–2井、张3–3井）继续放大生产压差，提高液量生产。

实施后，将4口水井进行间注，以控制含水上升和液量下降的矛盾，区块产量由49t/d上升到74t/d。

三、滚动扩边开发方案

1998年，在张港油田含油边界以北进行滚动勘探开发，钻探的张39井于潜4^2油组见油层7.6m，试油获得自喷高产工业油流，日产油34.2t，初期产量达到60t/d。之后又滚动开发了张斜2–2、张1–1、张1–2、张1–3、张1–11井，除张1–11钻遇潜$4^2{}_1$为干层外，其他井厚度均在3m左右，试油产量在3t/d以上，不但探明了张39区块北部的含油边界在张1–11南侧，也证实了潜$4^2{}_1$是一个主力油层。经滚动勘探开发，原张港油田以北潜$4^2{}_1$新增含油面积0.6 km，新增探明储量41×10^4t。通过滚动扩边，区块日产油由25t上升到75t，日产液由195t上升到275t。

第三节　开发过程控制

一、调整层间矛盾

在1975年油田投入注水开发后，选定水井4口：黄12、张6–5、张6–6、张4–3，并提出分层注水的必要性。

（1）各油层间渗透率差异大，层间矛盾突出。

各注水井和周围连通的生产井，在同一油组潜4^2的上下两个油层渗透率相差悬殊。除注水井黄12只有潜$4^2{}_1$水层外，其他水井上下两层油层的渗透率的差异都悬殊，层间矛盾突出。

（2）潜$4^2{}_1$小层的储量只占油组的12.5%，而潜$4^2{}_2$占86.5%，如果不分层注水，不加强低渗透层的注水强度，就不能发挥低渗透层的作用，减缓层间矛盾。

（3）通过前期试采，到目前停喷的有三口井，其中除张3–3外，张5–5、张4–4都是由于含水停喷的，显然油井含水主要是主力油层潜$4^2{}_2$，对应差油层潜$4^2{}_1$就没有发挥作用，只有进行分层注水，才能解决层间矛盾，改善开发效果。

针对上述情况，按照当时的战备方针——“平时试采一般稳产，战时集中高产多产，甚至强化开采”，对油田采用轮换开井，黄 12、张 6–5 对主力油层潜 4^2_2 按注采比 1.0 计算注水量，对差油层潜 4^2_1 按注采比 1.2 配水，这样可以发挥低渗透层作用，克服层间矛盾，使水线能均匀推进。同时，对注水层潜 4^2_2 暂不补射，以尽量发挥低渗透油层的作用。

由于注意调整了层间矛盾（主要对差油层的油水井进行了对应的压裂改造）及平面矛盾（对应油水井的注采动态调整，防止油层过早水淹），见到了好的效果，使得油田以 2.78% 以上的采油速度连续稳产 7 年，到 1982 年 12 月，油井开井 7 口，日产 97t，平均单井日产油 13.9t，综合含水 46.2%，采油速度 2.77%，采出程度 28%，采出可采储量的 53.8%。

二、停注试验

由于主力层水淹严重以及部分油井井况不良因素的影响，区块生产进入递减期，含水由初期不含水逐步上升到 1983 年 1 月的 45.6%，日产油量由 1982 年 12 月的 100t 降到 1983 年 4 月的 84t，由此于 1983 年 4 月提出了《张港油田停注试验意见》。

本次停注试验的目的在于：

利用油田地饱压差大的特点，降低地层压力后解放中低渗透层，利用油田的强亲水性，充分发挥毛细管力的吸水排油作用，提高驱油效率。

具体做法和要求：

（1）停注全部水井共 5 口，日停注水量 300m³。

（2）及时动态分析，不失时机地调整油井工作制度，加深泵挂，堵水治水。

方案实施：

1983 年 6 月执行全面停注方案，区块经过一年的停注开采试验，产油量由 92t 下降到 49t，综合含水由 50.9% 上升到 57.2%，未达到方案预期目的。

第三章

钻井与采油工程

张港油田开发以来，刻苦攻关，钻采工艺技术得到迅速发展。钻井与完井方面，应用了复合钻井技术，推广了定向井、水平井、侧钻井等多项技术；举升工艺上发展了以防腐耐磨泵为主体的机械采油、小泵深抽的配套技术，运用掺水解盐方法解决了地层水矿化度高造成的井筒管理难题；注入工程中配套了以 Y341 封隔器为主的分层注水工艺，推广了单井高压注水。这些技术的完善配套对张港油田高效开发提供了技术基础。

第一节　钻井与完井

一、钻井

油田开发初期，采用防斜钻直井技术，1600m 井深平均钻井周期在 45 天左右。1999 年实施滚动扩边后，推广使用了转盘和水力螺杆双动力的复合钻井技术，并结合使用 PDC 钻头，提高了机械钻速，使单井钻井周期缩短为 20 天。由于张港油田处于汉江边上，地面条件有限，推广应用了定向钻井技术。1970 年，张 3–4 井首次应用弯钻杆造斜，实现人工定向钻进，后逐渐使用螺杆定向技术。测斜由有线单点投掷，发展应用无线脉冲随钻测斜（MWD）。钻井液使用饱和盐水钻井液体系，应用自主研发的多种聚合防塌剂，提高了防塌、携砂、防卡等性能，有效解决了上部广华寺地层垮塌的问题，减少了钻井事故的发生。

二、完井

在完井方式上主要采用套管完井。因油田纵向上无异常压力层，井身结构采用 339.7mm 表层套管 +139.7mm 油层套管。固井采用常规固井技术，早期套管自由段长，易变形和挫断。后采用提高管外水泥面高度，减少套管自由段，并采取固井前套管预拉应力，增加了套管使用寿命。推广应用“短候凝水泥”固井技术，解决水泥候凝过程中，层间互窜问题。使用管外分隔器和紊流器，提高水泥环胶结强度。

油田开发初期，射孔主要采用 57–103 枪，1999 年开始使用 YD–89、YD–102 枪。射孔方式采用正压射孔，以清水作为射孔液。

第二节　举升工程

1969 年张港油田投入开采，开发初期地层能量充足，采取以自喷采油为主、机械采油为辅的开采方式。自喷井多采用油管下至油层中部、井口采油树装 4 ~ 5mm 油嘴自喷生产。自喷井占油井总数的 85%，产量占总产量的 94% 以上。

1974 年张港油田的第一口机械采油井张 2–3 井下 ϕ38mm 管式泵成功，标志着张港油田机械采油的开始，开发初期，抽油泵主要是 ϕ38mm 普通管式泵，抽油杆多采用 C 级杆，选用 CYJ10–3312 型抽油机，冲程多为 1.2 ～ 1.8m，冲次多为 6 次 /min。

1975 年后，机械采油井采用的都是游梁式抽油机，抽油机选用 CYJ10–3–53HB 型，冲程多为 3m，冲次多为 4 次 /min、6 次 /min，抽油杆为 D 级杆，抽油泵一般选择 ϕ32mm、ϕ38mm、ϕ44mm 的管式泵，泵挂深度与开发初期相比有所增加，在 1000 ～ 1500m 之间。

开发后期，截至 2005 年底，张港油田平均泵效为 58.7%，平均检泵周期 635 天，部分液面较高的油井选用 ϕ70mm 泵生产，采取放差提掖的方式，提高油井产量；在抽油机的选择上，向大型化发展，多选用 10 型、12 型抽油机，冲程以 3m、4.2m 为主，冲次 4、6 次 /min 为主；泵深也向深部发展，平均泵深 1750m；在抽油杆的选择上，也趋于高强度。

在张港油田的生产管理中，对井筒管理影响较大的是结盐、结蜡。掺水解盐成为油田井筒管理的主要措施，为更好的实施掺水解盐，在管柱结构上将尾管下至油层中上部，更有利于掺水解盐方式的实施，当尾管过长，超过泵所能承受的尾管长度范围时，研制出了悬挂泵套，降低尾管过长造成对泵的伤害。油田主要采取以化学清防蜡为主，热力清蜡、机械清蜡为辅的管理方式。

第三节　注水工程

1974 年 8 月张港油田投入注水开发，采用光油管笼统注水，工艺简单。1989 年，由于各油层间渗透率差异大，层间矛盾突出，为了加强低渗透率层的注水强度，发挥低渗透率层的作用，减缓层间矛盾，张港油田开始采用分层注水工艺。1995 年，张港油田有注水井 5 口，开井 2 口，注水量 100m^3/d，全部采用笼统注水。1999 年开始，由于有些井注不进水，对注水压力要求增大，因此，油田引进了增压泵，解决了注水难问题。

2005 年底，张港油田有注水井 4 口，开井 4 口，注水量为 153m^3/d，高压注水井 2 口。

第四节　油层改造

张港油田油层改造主要包括酸化、压裂。开发初期，油田的开发对象主要是中、高渗透油层，油层改造措施以酸化为主，随着低渗透油藏投入开发，油层改造措施以压裂为主。

一、酸化

开发初期就开展了酸化解堵增注措施，主要应用的是土酸酸化，应用在试油作业中。1979—1982 年在油井应用 11 井次，平均单井增油不到 1t/d。同时在水井上应用土酸增注，1975—1979 年在水井上应用 8 井次，有效 6 井次，1977 年 4 月在张 6–5 井应用后，日增注 60m^3。1982 年以后酸化井次较少。

二、压裂

开发初期主要是应用原油压裂，使用江 453 封隔器开展分层压裂，支撑剂采用石英砂，压裂车组为 500 型车组，1975—1976 年在张港油田应用了 6 口井，平均单井加砂 1 ～ 3m^3，平均砂液比 5%，平均单井增油 3.9t。1981 年应用了田菁粉压裂液，配套了 700 型压裂车组，1981 年在张港油田应用了 5 井次，平均砂液比 13%，单井加砂量 5m^3，平均单井日增油 2.5t，1982—1997 年压裂基本未开展应用。1997 年应用羟丙基瓜尔胶有机硼压裂液，同时应用了 ZH 封隔器，压裂车组应用 1000 型压裂车组，在张港油田应用 3 口井，平均砂液比 30%，单井平均加砂 14m^3，累计增油 1032t。1997 年 7 月在张 3–5

井应用后，日产油由0t上升到8t。从此开始推广应用，2001年应用4口井，平均砂液比30%，单井平均加砂13m³，累计增油2440t。

第五节　堵　水

油田开发进入中高含水期后，开展了油井找水、堵水工作。应用了机械找水、堵水技术，应用不多，主要应用以江756–2封隔器为核心的丢手堵水管柱堵水。同时开展了化学法油井堵水技术应用，1979年应用部分水解聚丙烯酰胺堵水2井次，平均单井挤入堵剂85m³，累计增油383t，降水498m³。1980年研究应用了水玻璃—氯化钙堵水用于中深井，1982年7月在张4–4井应用了水玻璃—氯化钙堵水，日产油由0t上升到2.1t，含水由100%下降到87%。同时在张5–6井应用铬冻胶堵水，日产油由0.8t上升到2.3t。

第六节　修　井

修井主要解决一般的解卡、打捞和修复套管等工艺问题。在解卡施工技术方面，主要解决的是砂卡和盐卡管柱问题，工艺主要采用活动解卡、循环洗井、浸泡法解卡等为主，每年应用1～2口井。在复杂落物打捞方面，主要根据落物顶部（鱼顶）情况，再选择或制作合适的打捞工具。2002年6月在张12井，抽油泵抽管柱落井，鱼顶为安全接头下半部分，应用双滑块捞矛打捞，捞出全部落井管柱。在套管外窜槽、腐蚀穿孔修复方面，应用了水泥浆挤堵修复，1995年7月在张3–4井应用水泥灰浆封堵漏失井段获得成功。

第四章

地面生产系统

第一节　油气水集输系统

张港油田属边远分散油田，离主力油田远，被汉江隔断，初期采用单井拉油方式。1970 年 5 月，张港油田从井口至计量接站（点）再到大站的油气水地面配套系统初步建成。同年 7 月张港油田第一座集油站——张港集油站投入运行，设计规模为 3×10^4t/a（图 4–1）。张一集油站除承担本油田集输任务外，还承担代河油田、黄场油田汉江以北井张港站来油集输过江进王场系统的任务。

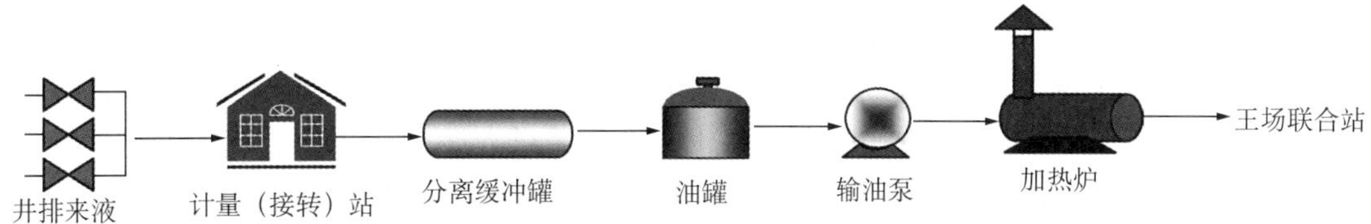

图 4–1　集输工艺流程示意图

1972 年 8 月，新建张港—王场输油管线 ϕ114mm × 4mm × 11.3km（穿越汉江部分用 ϕ127mm × 6.5mm 油井套管），设计最大输油能力 18×10^4t/a，最小输油能力 15×10^4t/a，同年 9 月 25 日，张王管线穿越汉江成功。

1974 年进行第一次较大的扩建，张港站内增加了注水系统，增设阀组间，共担负 7 口单井来油的计量和两个计量点来油的储存、加热、外输任务。

1975 年 2 月，按照油田开发方案，对张港油田（江南部分）已查明的油区进行开发，按地面建设规划并经局领导审定，在江南地区建掺水站一座（江边站），站外设临时阀组一个，生产井口 7 套，负责全部油井的计量，供给活性水（或清水）及混合液外输张港站，接转站规模 80 ~ 200t/d。同时还保留原张港集油站来油加热外输任务。采用单井两管掺水常温输送，经计量、加热后管输至张港站，油管线采用刮蜡球清蜡。

1989 年，代河油田建成投产，为满足代河油田来液的加热、接转、贮存、外输需要，张港站进行了第二次改造。将张港集油站改建为计量接转站，采用密闭流程，能满足张港油田所辖油井的来液计量、扫线、加热、缓冲，可分别向代河、王场联合站输油及管线预热扫线。鉴于当时代河、江边站、张港站产量不稳定，含水量不同和外输管线已建的情况，本站设计单台泵最大输送量 28m^3/h，最小输送量为 14.7m^3/h。

1991 年，由于地质原因，油井关井，江边站停用，到 1993 年报废。

1999 年 7 月至 1999 年 9 月 14 日，随着张 39 井区滚动开发，新建张 39 计量站，设计集油能力 400m^3/d，张 39 计量点至张港站集油管线 1.339km（站外管网 3.1km）。采用单井来油进计量站经计量后自压至张港站。

2000 年 6 月，张一站局部改造：新增 1 具 1000m^3 油罐，满足代河、张港油田转输油需要，有利于油井正常生产。

截至 2005 年，建成集油站 1 座，计量站 1 座，设计原油外输能力 25×10^{4}t /a，实际原油外输 3×10^{4}t /a。建有 1 条集油管线，总长 1.339km，建有连续输油（水）管线 1 条——张港—王十九站—王场联合站外输油管线，总长 12.6km，单井油管线 8.8km。

第二节　注水系统

1970 年张港油田经过了短暂的自喷采油期，由于地层能量不足，1974 年 8 月投入注水开发。注水初期主要采用 2 台 3W−6B5 和 1 台 3S−3B5 柱塞泵（2 种泵互为备用）作为升压装置。在注水站内设 ϕ2400mm 锰砂过滤罐 1 个。1974 年 12 月，共有注水井 4 口，开井 4 口，注水量为 380m^3/d，注水压力为 16MPa。

1975 年以后，张港油田进入了高速开发阶段，油田产液量不断提高，注水量增加，原有的注水站不能满足当时的水量需求，进入扩建、完善阶段。对注水泵房进行了扩建，新增 3W−3B5（Q=37.2m^3/h）卧式三柱塞泵 1 台。新增 ϕ2400mm 锰砂过滤器 1 套。1981 年在张港建成污水提升站，把污水输到王一站集中处理。

张一注水站从 1983 年之后，经过两次大的改造，对注水流程进行了完善。1983 年 3 月，张港油田含水上升、产量下降，决定对水淹较严重的区块，开展注水井停注降压，来调整层间和层内矛盾。因此，1983 年 6 月到 1984 年 6 月，张港油田全面停止注水。1984 年，对张一站进行了改建。将原建的两台 3W−6B5 注水泵和一台 3W−3B5 注水泵拆除，改建为三台 3S$_3$ 三柱塞注水泵。新建两台 3BA−9A 离心泵作为 3S$_3$ 的上水泵，两台上水泵互为备用。到 1999 年，张港油田有注水井 2 口，注水量 80m^3/d，油井综合含水 90.77%。

2001 年，根据地质需要，对张一注水站进行改造，按年注水量 7.3×10^{4}m^3，压力 16MPa 进行设计。

经过一系列改造和完善，2005 年底，建有注水站 1 座，配水间 2 座，注水干线 4 条，总长 9000m，其中玻璃钢管线 900m。张一注水站注水量为 516m^3/d，注水压力为 12MPa，水质达标率为 75%，符合率为 82.43%。

第三节　配套工程

张港油田供电电源为油田王场变电站 35kV 王代线，集油站采用 380V 供电，油井均采用 1140V 供电。

张港油田生产、生活用水取自地下水源井。1 号水源井为 1970 年 8 月投运，井深 99m，日产水量 1920m^3。2 号水源井为 1993 年 12 月投运，井深 183m，日产水量 1920m^3。因 1 号水源井水质差，1983 年 11 月又打一口深 191m，日产水量 1920m^3 的水源井作为备用。由于 2 号、3 号水源井出砂严重，先后在 1987 年 5 月和 1990 年 8 月对 2 口水源井进行防砂处理。1993 年 10 月又打了一口深 187m，日产水量 1920m^3 的水源井。江边站水源井为 1974 年 1 月所打，1991 年该站停用，1993 年报废。

附　录

附录一　附　图

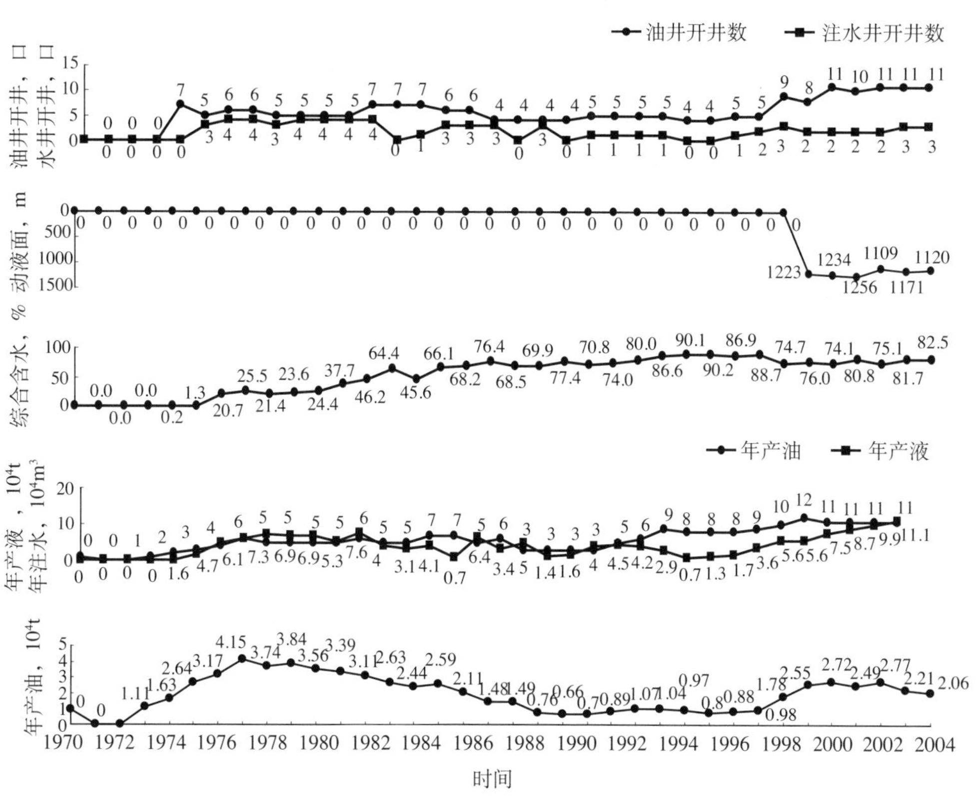

附图 1　张港油田开采综合曲线图

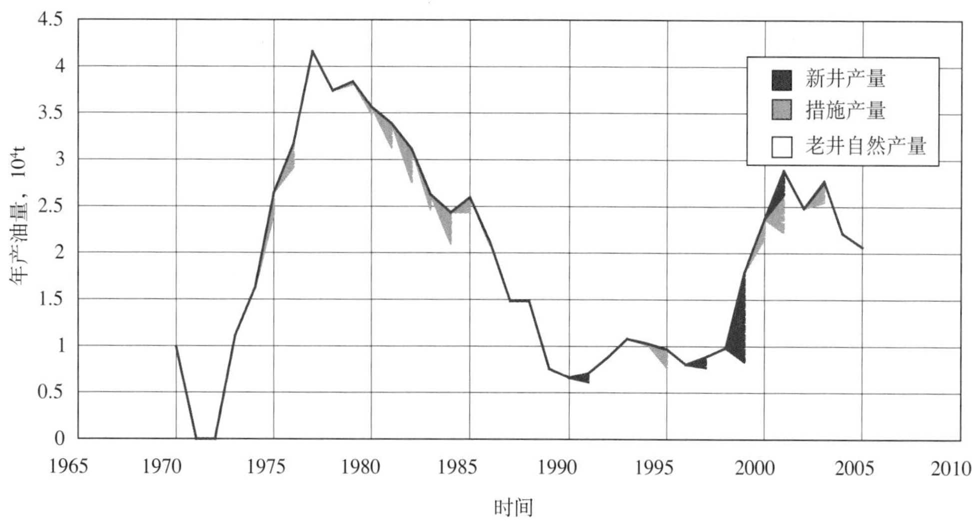

附图 2　张港油田产量构成曲线图

附录二　附　表

附表 1　张港油田综合地质数据表

油田	含油面积 km²	层位	油层埋藏深度 m	平均有效厚度 m	孔隙度	空气渗透率 mD	含油饱和度 %	地层温度 ℃	压力系数	原始地层压力 MPa	地层原油				地面原油					天然气		地层水		
											饱和压力 MPa	原始气油比 m³/t	体积系数	地下黏度 mPa·s	密度 g/cm³	黏度 mPa·s	凝固点 ℃	含蜡量 %	含硫量 %	相对密度	甲烷含量 %	水型	总矿化度 10^4mg/L	氯离子含量 10^4mg/L
张港	1.83	$Eq4^2_1$、$Eq4^2_2$	1500～1600	5.4	24.6	1018	68.2	—	—	16	1.8	9.2	—	18.3	0.87	13.59～59.36	32	—	0.59	—	26.6	Na_2SO_4	30.7	14.2

附表 2　张港油田开采综合数据表

时间	油井		注水井		核实产油量		核实产水量		核实产液量		年末动液面 m	年末综合含水 %	注水量		注采比		地质采油速度 %	地质采出程度 %	动用地质储量 10^4t
	总井数 口	开井数 口	总井数 口	开井数 口	年 10^4t	累计 10^4t	年 10^4t	累计 10^4t	年 10^4t	累计 10^4t			年 10^4m^3	累计 10^4m^3	年末	累计			
1970	5	1	0	0	0.98	0.98	0.00	0.00	0.98	0.98	—	0.00	0.00	0.00	0.00	0.00	0.88	0.88	109
1971	0	0	0	0	0.00	0.98	0.00	0.00	0.00	0.98	—	0.00	0.00	0.00	0.00	0.00	0.00	0.88	109
1972	5	0	0	0	0.00	0.98	0.00	0.00	0.00	0.98	—	0.00	0.00	0.00	0.00	0.00	0.00	0.88	109
1973	11	4	0	0	1.11	2.09	0.00	0.00	1.11	2.09	—	0.00	0.00	0.00	0.00	0.00	0.99	1.86	109
1974	11	7	0	0	1.63	3.72	0.18	0.18	1.81	3.90	—	0.20	0.00	0.00	0.00	0.00	1.46	3.32	109
1975	9	6	3	3	2.64	6.36	0.01	0.18	2.65	6.54	—	1.30	1.63	1.63	0.56	0.18	2.36	5.68	109
1976	9	7	4	4	3.17	9.53	0.49	0.67	3.66	10.20	—	20.80	4.66	6.29	1.70	0.50	2.83	8.51	109
1977	8	8	4	4	4.15	13.69	1.62	2.29	5.78	15.98	—	25.50	6.09	12.38	1.03	0.64	3.71	12.22	109
1978	8	7	3	3	3.74	17.43	1.03	3.32	4.76	20.75	—	21.40	7.31	19.69	1.01	0.77	3.34	15.56	112
1979	8	7	4	4	3.84	21.27	1.33	4.65	5.17	25.92	—	23.60	6.93	26.62	0.98	0.83	3.43	18.99	112
1980	8	7	4	4	3.56	24.84	1.22	5.86	4.78	30.70	—	24.40	6.86	33.45	0.73	0.86	3.18	22.17	112
1981	9	7	4	4	3.39	28.23	1.40	7.26	4.79	35.49	—	37.80	5.34	38.79	0.89	0.86	3.03	25.20	112
1982	9	7	4	4	3.11	31.33	2.57	9.83	5.67	41.16	—	46.20	7.64	46.43	1.11	0.89	2.77	27.98	112

续表

时间	油井		注水井		核实产油量		核实产水量		核实产液量		年末动液面	年末综合含水	注水量		注采比		地质采油速度	地质采出程度	动用地质储量
	总井数 口	开井数 口	总井数 口	开井数 口	年 10^4t	累计 10^4t	年 10^4t	累计 10^4t	年 10^4t	累计 10^4t	m	%	年 10^4m^3	累计 10^4m^3	年末	累计	%	%	10^4t
1983	8	7	4	0	2.63	33.96	2.51	12.34	5.15	46.31	—	64.40	3.99	50.42	0.00	0.85	2.35	30.33	112
1984	7	7	4	1	2.44	36.40	3.01	15.36	5.46	51.76	—	45.60	3.08	53.50	0.42	0.82	2.18	32.50	112
1985	6	6	4	3	2.59	39.00	4.16	19.52	6.76	58.52	—	66.10	4.14	57.64	0.73	0.77	2.31	34.82	112
1986	6	6	3	3	2.11	41.11	4.43	23.95	6.54	65.06	—	68.20	0.73	58.37	0.44	0.69	1.89	36.71	112
1987	6	4	3	3	1.48	42.59	3.30	27.25	4.78	69.84	—	76.40	6.44	64.82	1.17	0.71	1.32	38.03	112
1988	6	4	3	0	1.49	44.08	4.84	32.09	6.33	76.17	—	68.50	3.39	68.21	0.00	0.69	1.33	39.36	112
1989	6	4	3	3	0.76	44.84	2.13	34.22	2.89	79.06	—	69.90	5.01	73.22	0.84	0.70	0.67	40.03	112
1990	5	4	3	0	0.66	45.49	2.44	36.66	3.09	82.15	—	77.40	1.39	74.61	0.00	0.67	0.59	40.62	112
1991	5	5	3	1	0.70	46.20	2.02	38.68	2.73	84.88	—	70.80	1.57	76.18	0.75	0.66	0.63	41.25	112
1992	5	5	3	1	0.89	47.09	2.33	41.01	3.22	88.10	—	73.96	4.01	80.19	0.77	0.66	0.80	42.04	112
1993	5	5	3	1	1.07	48.16	3.79	44.80	4.86	92.96	—	80.00	4.53	84.73	0.56	0.66	0.96	43.00	112
1994	5	5	3	1	1.04	49.20	5.23	50.03	6.26	99.23	—	86.58	4.21	88.93	0.46	0.66	0.93	43.93	112
1995	5	4	3	0	0.97	50.17	8.08	58.11	9.05	108.28	—	90.14	2.94	91.88	0.06	0.64	0.87	44.79	112
1996	5	4	3	0	0.80	50.97	7.19	65.30	7.99	116.27	—	90.18	0.74	92.61	0.08	0.61	0.72	45.51	112
1997	6	5	4	1	0.88	51.85	6.89	72.19	7.77	124.04	—	86.93	1.35	93.96	0.20	0.58	0.79	46.30	112
1998	6	5	2	2	0.98	52.83	6.76	78.95	7.74	131.78	—	88.67	1.74	95.70	0.40	0.56	0.93	47.21	112
1999	10	9	3	3	1.78	54.61	7.13	86.08	8.91	140.69	—	74.73	3.63	99.33	0.49	0.55	6.18	35.69	153
2000	10	8	3	2	2.37	56.99	7.51	93.58	9.88	150.57	1223	89.65	5.64	104.98	0.77	0.55	0.60	37.25	153
2001	12	11	3	2	2.90	59.88	9.91	103.50	12.81	163.38	1234	74.12	5.65	110.62	0.45	0.55	1.87	39.14	153
2002	11	10	4	2	2.49	62.37	9.04	112.54	11.53	174.91	1256	80.79	7.53	118.15	0.74	0.55	1.56	40.76	153
2003	12	11	4	2	2.77	65.14	8.51	121.05	11.29	186.20	1109	79.91	8.65	126.81	0.76	0.56	1.63	42.58	153
2004	11	11	4	3	2.21	67.36	8.52	129.57	10.74	196.93	1171	81.69	9.91	136.72	0.65	0.58	1.41	44.02	153
2005	11	11	4	3	2.06	69.42	8.98	138.55	11.04	207.97	1120	82.54	11.09	147.81	0.91	0.60	1.18	45.37	153

编纂始末

按照《中国油气田开发志》总编纂委员会的统一部署，江汉油田于2006年8月28日成立编纂委员会，启动了《中国油气田开发志·江汉油气区油气田卷》编纂工作。江汉采油厂作为江汉油田的二级单位，承担了辖区内26个油田的开发志编纂任务。2006年9月江汉采油厂成立《张港油田志》编纂委员会，由江汉采油厂厂长胡德高任主任，副厂长夏志刚任副主任，编纂组由刘敬尧任组长。编纂工作中，江汉油田和江汉采油厂领导高度重视，并从人力、物力、财力上给予大力支持。

《张港油田志》编纂工作启动以来，江汉油田编纂委员会、《张港油田志》编纂委员会高度重视，组织有关领导、专家给予指导和帮助。2007年5月完成《张港油田志》资料的收集工作，并形成初稿，参与审核的江汉油田编纂委员会顾问组老专家认为“摘抄方案太多，未融会贯通形成志书自身语言，技术味太浓，不像志书”。根据老专家的意见，并在江汉油田编纂委员会有关领导、专家的多次指导下，对初稿进行大刀阔斧地修改，2008年5月完成了《张港油田志》(第二稿)。随后按照总编纂委员会专家的意见与建议，对《张港油田志》的篇章结构与内容进行了进一步的修改完善，增加“开发过程控制”一节，于2009年3月完成于《张港油田志》第三稿，并在江汉油田第一招待所进行了江汉油田编纂委员会评审，与会专家对《张港油田志》提出修改意见，要求进一步淡化技术内容，更加贴切志书要求，并对附图、附表进行规范。2009年7月完成《张港油田志》第四稿，基本编纂完成了《张港油田志》，在对志书用语、编排要求等提出规范意见，并增加“配套工程”后，于2009年11月，编纂完成《张港油田志》第五稿。于2010年1月初根据专家意见，对《张港油田志》进行简单修改，并把“大事记”放在“概述”与专志之间。2010年1月10日，完成了《张港油田志》终稿。

《张港油田志》分为七个部分，其中概述、大事记、第一章、第二章由王晓燕编写；第三章由李波峰、余英、袁玲想、张建国、胡云鹏编写；第四章由刘玉、申修志编写；附录由王晓燕编写。

在本志编纂过程中，江汉油田分公司开发处和局档案馆作了大量的组织协调工作，保证了《张港油田志》编纂工作的顺利进行；江汉油田编纂委员会顾问组的李渝生、洪志一、杜修宜、丁淑君、赵云山、叶全根等老专家、老同志发挥了重要作用，他们既是参谋者、指导者，又是第一读者，在每稿的审阅中都留下了他们许多宝贵的意见和箴言。江汉油田分公司勘探开发研究院档案室在提供编纂资料方面，给予了大力支持，在此表示衷心感谢。

《张港油田志》编纂组

2010年1月

编号：18−023

严河油田志

《严河油田志》编纂组　编

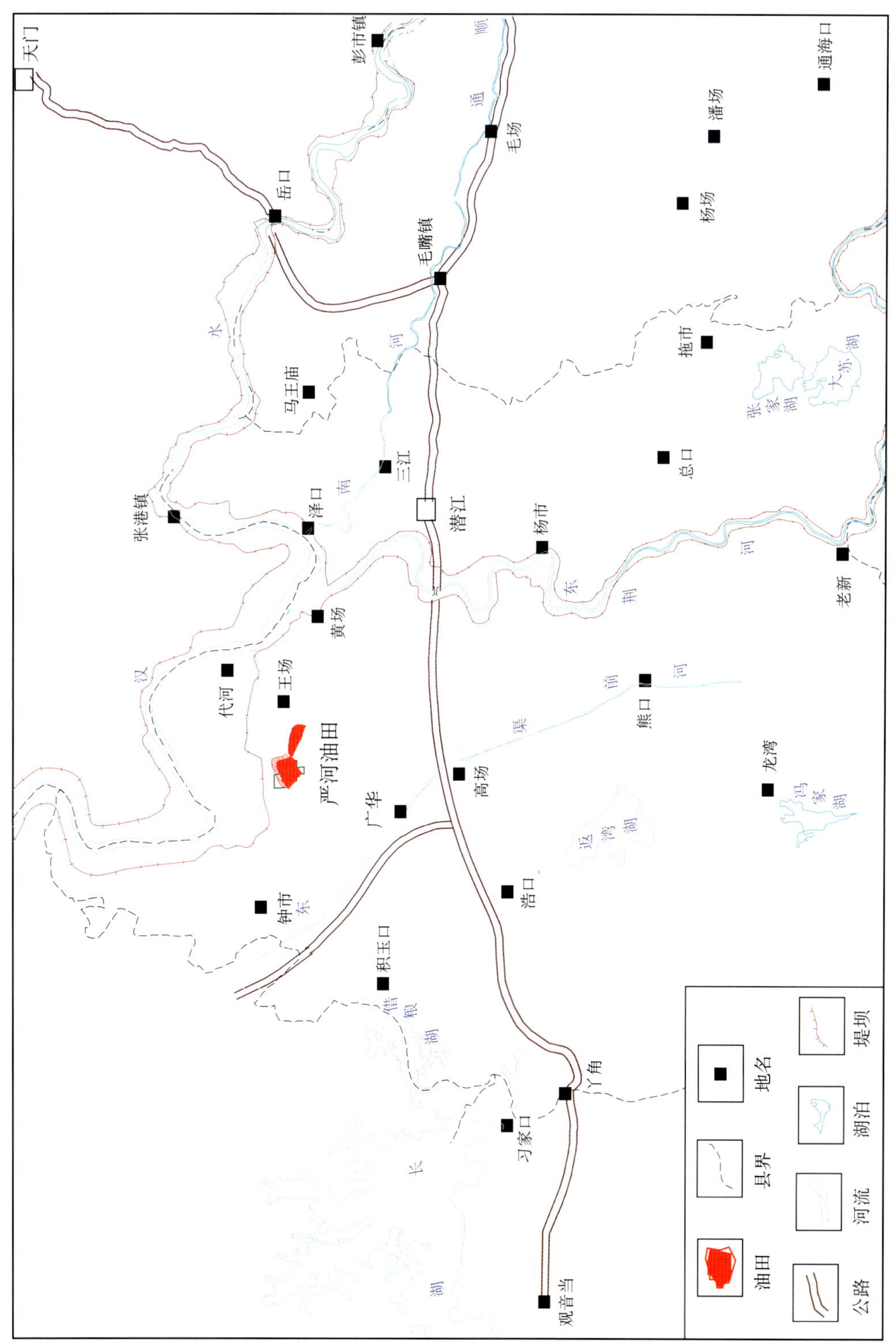

严河油田地理位置示意图

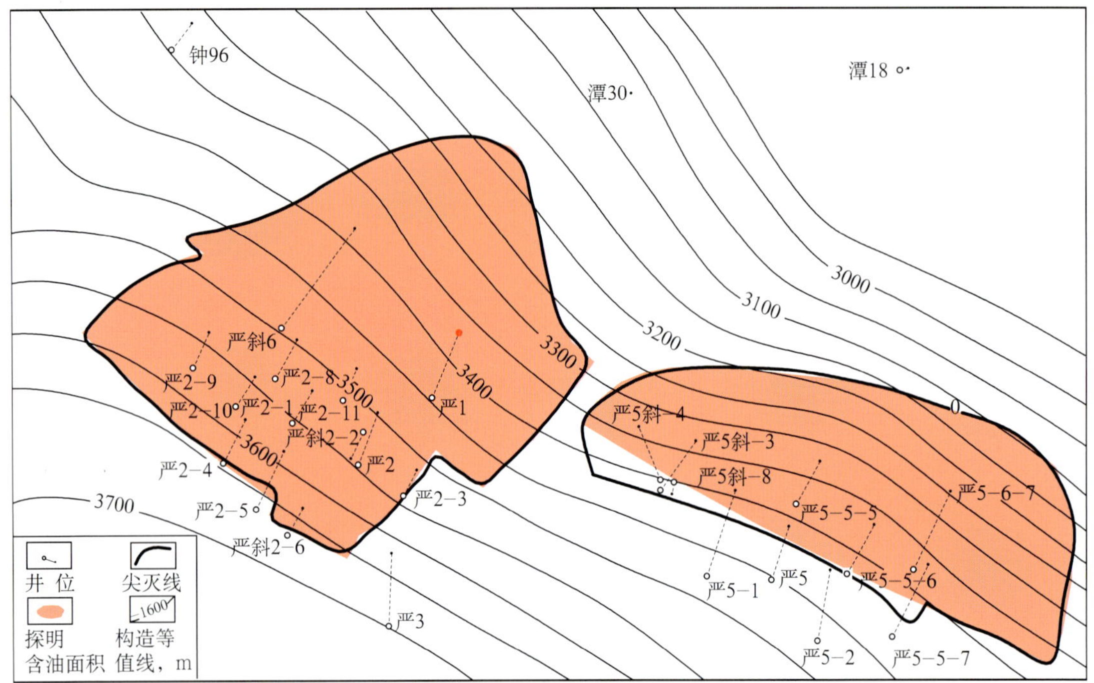

严河油田构造井位示意图

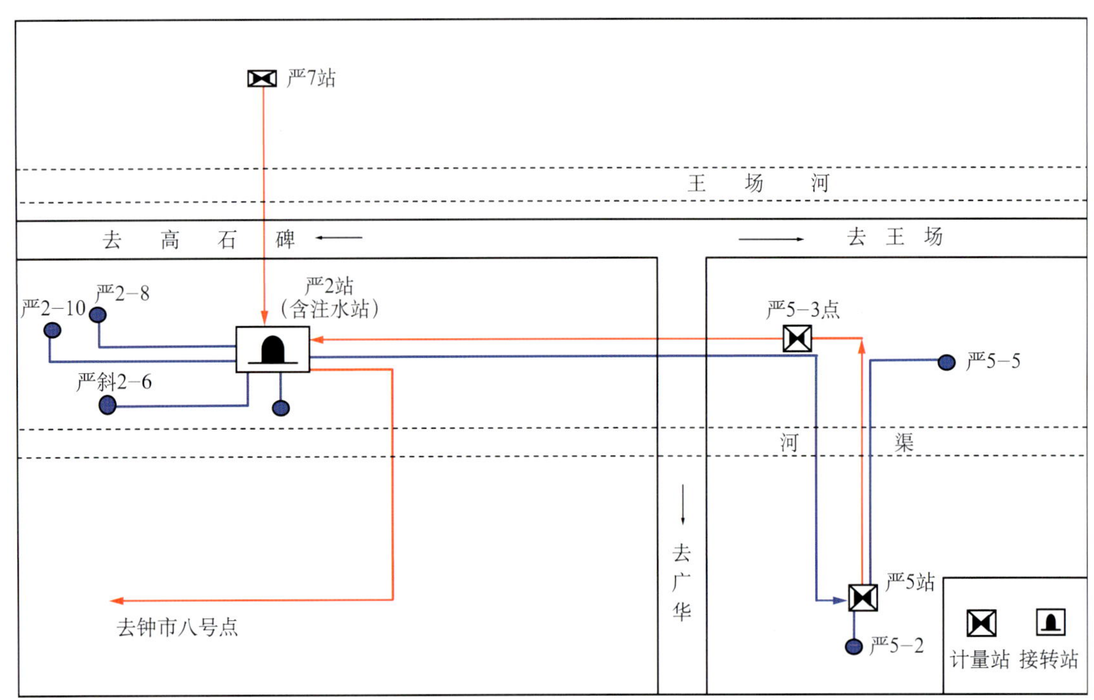

严河油田地面系统平面布置图

《严河油田志》编纂委员会

主　任：胡德高

副主任：夏志刚

成　员：刘孔章　贺　春　刘敬尧

《严河油田志》编纂组

组　长：肖　斌

成　员：李波峰　胡云鹏　刘　玉　张建国　袁玲想　余　英　申修志

《严河油田志》审核人员

初审人：夏志刚　刘孔章　贺　春

复审人：邓江洪　李渝生　胡从新　洪志一　赵云山

本志目录

概　述

1990 年发现严河油田，油田位于湖北省潜江市高石碑镇，地处江汉平原，地势平坦，一般为农田，交通便利。构造位于江汉盆地潜江凹陷蚌湖向斜带上，东为王场、潭口油田，南为广北油田，西与钟市油田相邻。现由中国石化江汉油田分公司江汉采油厂管辖。

一

严河油田构造处在潜江凹陷蚌湖向斜带东斜坡，为一向北东方向抬升的宽缓斜坡，潜江组砂岩越过蚌湖向斜在斜坡上尖灭而形成上倾尖灭岩性油藏，地层倾角 15° 左右，构造背景简单，尚未发现断层（图 1）。

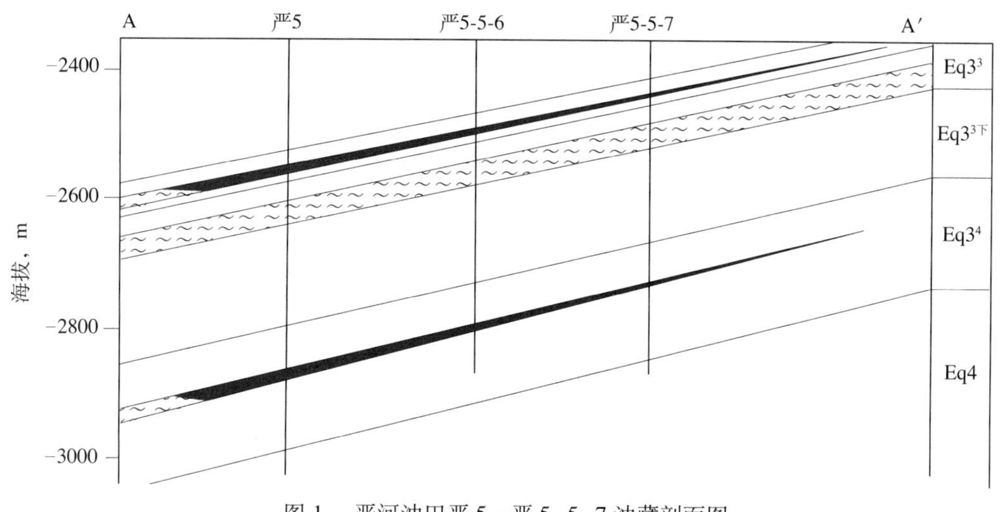

图 1　严河油田严 5—严 5–5–7 油藏剖面图

油田含油层系为古近系潜江组潜三段潜 3^2、3^3、3^4 油组和潜四段潜 $4^{0中}$油组，以潜 3^4 油组为主。油藏埋深 2800 ~ 3450m，平均埋深 3200m（图 2）。油层单层厚度 0.8 ~ 4.2m，单井油层厚度 0.6 ~ 12m。储集层为陆源碎屑岩，属砂岩孔隙型油藏；岩性为粉细砂岩，粒度中值 0.07mm，石英含量 56.3%，长石含量 35.1%，杂基 2%，为长石砂岩。石英为次棱角状，分选好，胶结物以白云质为主，次为泥质，胶结类型为孔隙式。储层物性由浅到深逐渐变差：潜三段油层有效孔隙度 14.2% ~ 18.0%，平均 16%，空气渗透率为 22 ~ 176mD，平均 50mD；潜四段油层有效孔隙度平均 12.0%，空气渗透率平均 12.1mD；属中孔、中渗储层。油藏类型主要受岩性控制，为上倾尖灭岩性油藏。油藏驱动类型主要为弹性及边底水驱动。

地面原油密度 0.848g/cm³，地面原油黏度 2.2 ~ 42.2 mPa·s，含硫为 0.12% ~ 0.37%，凝固点为 28℃；地层原油密度 0.732 ~ 0.779g/cm³，地层原油黏度 2.2mPa·s。地层水总矿化度为 32.1×10^4mg/L，Cl^- 含量为 15.95×10^4mg/L，水型为 $CaCl_2$ 型。原始气油比为 23.0m³/t，饱和压力为 5.62MPa，原油体积系数为 1.261。原始地层压力为 34.0MPa，压力系数为 1.06，地层温度为 112.4℃。

1990 年油田探明含油面积 1.0km²，地质储量 95×10^4t。1999 年 9 月在严河东岩性圈闭钻探严 5 井，

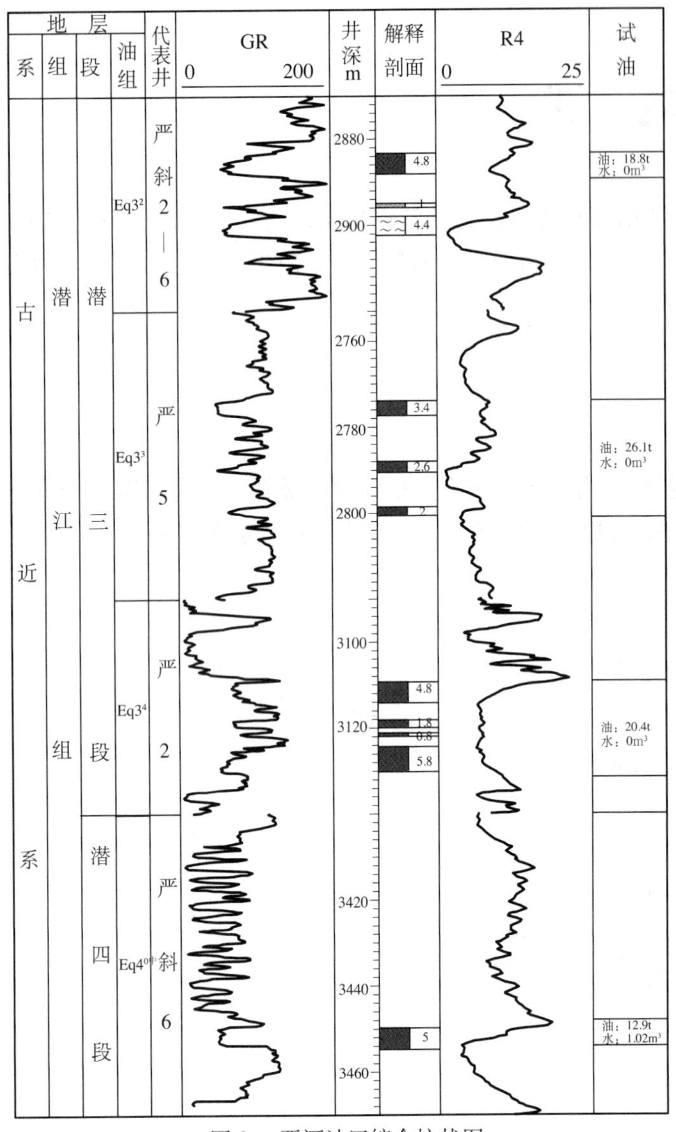

图 2　严河油田综合柱状图

获工业油流，发现严 5 井区，新增探明石油地质储量 23×10^4t。2000 年在严河北岩性圈闭钻探严 6 斜井，发现严 6 井区，新增探明石油地质储量 28×10^4t。截至 2005 年底，严河油田共探明石油地质储量 146×10^4t，含油面积 3.2km^2；动用石油地质储量 118×10^4t，含油面积 2.1km^2；未动用石油地质储量 28×10^4t，含油面积 1.1km^2。

1990 年油田标定可采储量 28.5×10^4t，采收率 30%。1993 年按中国石油天然气总公司（93）开字第 28 号文件的要求，对已开发油田的可采储量进行年度标定，标定结果严河油田探明可采储量 7.2×10^4t，采收率 7.6%。以后，每年年底都要对已开发油田的可采储量进行标定。截至 2005 年底，严河油田探明可采储量 19.9×10^4t，标定采收率 13.6%。

二

20 世纪 80 年代末期，在蚌湖向斜东斜坡利用三维地震资料信息预测储层的横向变化，认为潜 3^4 油组存在形成上倾尖灭油藏的可能性。1989 年 5 月钻探严 1 井，在潜 $3^4{}_3$ 砂组测井解释油层 2 层 2.2m，1989 年 9 月 18 日对潜 $3^4{}_3$ 砂组 3093.0 ~ 3106.8m 井段 2 层 2.2m 油层试油，经酸化、压裂，日产油 0.8t。1990 年 6 月钻探严 2 井，完井测井采用 CSU 数控测井仪，在潜 $3^4{}_1$ 砂组钻遇油层 4 层 11.6m，潜 $3^4{}_3$ 砂组钻遇油层 1 层 1.8m，1990 年 10 月 3 日对潜 $3^4{}_1$、潜 $3^4{}_3$ 砂组 3109.4 ~ 3201.2m 井段 5 层 13.4m 油层试油，抽汲求产，日产油 14.7t，经酸化、压裂，日产油 20.4t，发现严河油田。1997 年冬，为了进一步探索地震资料对储层横向预测的作用，在蚌湖向斜东斜坡进行二维高分辨率地震剖面的施工，共计 30 条，剖面长度 250.725km。高分辨率地震剖面的分辨率有明显提高，2s 深度主频达到 70 ~ 90Hz。经用井资料标定层位和反演，确定多个岩性圈闭异常区。1999 年 9 月钻探了严 5 井，2000 年 3 月钻探了严 6 斜井，均获得成功，先后发现严 5 井区和严 6 井区。截至 2005 年底，严河油田共发现 3 个含油井区。

大事记

1990年

6月12日　严河油田发现井严2井开钻。8月25日完钻，完井深3330.0m，完钻层位古近系潜江组四段上亚段。10月3日射开潜江组三段4油组1、3砂组5层13.4m，抽汲求产，日产油14.7t，经酸化、压裂后求产，日产油20.4t，从而发现严河油田。

1997年

11月　严河计量拉油站（严2站）建成投产，设计年产油1.2×10^4t。

是年　严2注水站建成投入运行，设计年注水量$3.2\times10^4m^3$。

1999年

9月　在严河东岩性圈闭钻探严5井，2000年1月9日经压裂，日产油26.1t，发现严5井区。

2000年

3月　在严河北岩性圈闭钻探严6斜井，7月8日经压裂，日产油12.9t，发现严6井区。

10月　严5注水站建成投入运行，注水能力$200m^3/d$。

2001年

9月　在严5–5–5井首次将超高压单井注水配套新工艺成功应用于地层渗透率极低、注不进的注水井。

第一章

油田开发

第一节 开发历程

严河油田1990年12月投入试采开发，1998年5月投入注水开发，2000年严5井区、严6井区先后投入生产。至2005年共经历了两个开发阶段（图1–1）。

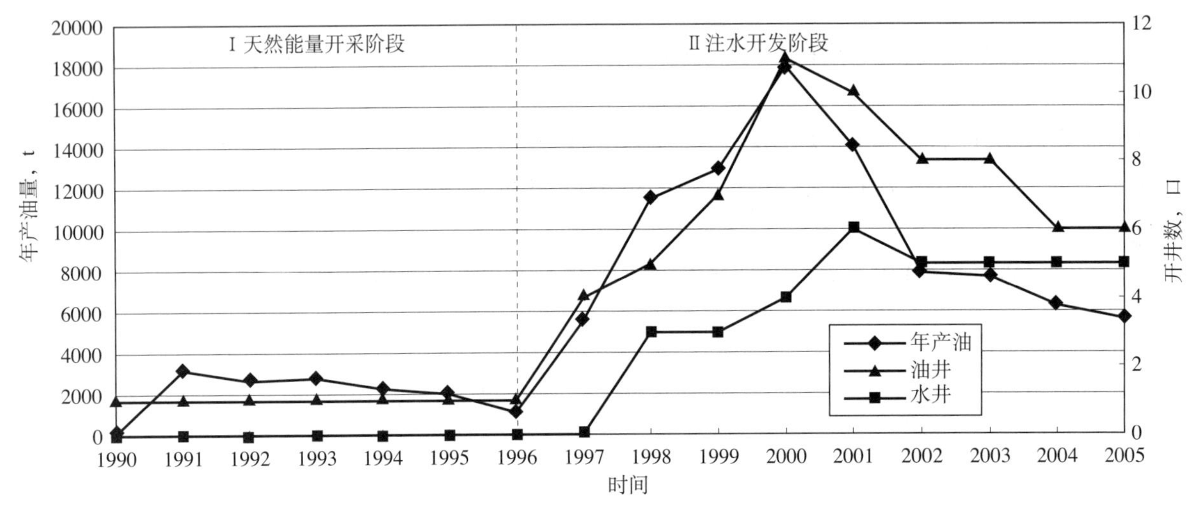

图1–1 严河油田开发阶段划分图

天然能量开采阶段（1990—1996年）：此期间严2井区严2井投产，主力层为潜三段4油组1砂组，靠天然能量开采。1993年建成产能0.3×10^4t，生产原油0.29×10^4t。截至1996年底油田累计产油1.40×10^4t。

注水开发阶段（1997—2005年）：此期间对该油田重新进行了滚动勘探开发，并于1998年投入注水开发。1999年根据油田投产初期产量较高，但产量递减快及天然能量不足，注水补充能量后产量明显上升等情况，由江汉油田采油厂地质室动态组汤明霞编写了《严河油田开发方案》，经夏志刚审批实施。方案部署动用含油面积1.0km²，石油地质储量95×10^4t，可采储量28.5×10^4t。部署建油井7口，注水井4口，设计原油生产能力1.8×10^4t。一套开发层系，采用面积井网，井距为250m布井，面积加点状注水。方案实施结果，2000年底投产新井5口，年新井产油量1.2276×10^4t；新井投注2口，年注水量0.3815×10^4t，老井转注1口，年注水量0.2181×10^4t。总井数17口，其中油井11口，开井11口，单井日产油4.5t，综合含水34.36%，年底核定产能达到1.2×10^4t，年产油量1.80×10^4t，累计产油量6.1831×10^4t，采出程度6.51%。注水井6口，开井4口，日注水98m³，年注水量3.4158×10^4m³，累

计注水量 $10.2605\times10^4m^3$，累计注采比 1.17，达到方案要求。2002 年针对严 2 井区油层层间差异明显、注不进水、井况变差、影响注水开发效果等问题，由江汉采油厂地质所申明编写了《严 2 井区注采调整意见》，经陈彪审核、夏志刚批准实施。提出井区注水调整的原则一是完善注采井网，立足于注好水注够水；二是调整层间矛盾，挖掘不出力油层潜力；三是强化注水水质，改善注水效果。根据井区动态分析和调整原则提出调整意见：投注 1 口井、油井复射 2 口、测吸水剖面 3 口及完善注水水质改造工艺流程。方案实施后，严 2–3 井 2002 年 4 月 5 日投注，油田注水状况得到改善，年注水量 $6.636\times10^4m^3$，比 2001 年增加 $0.9358\times10^4m^3$。测吸水剖面 1 口严 2–8 井，解释结果显示潜 $3^4{}_1$ 砂组吸水好，其他层段均不吸水。通过注采调整严河区块产量明显上升，井口日产油由 2002 年的 17t 上升到 2003 年的 23t。

第二节　开发现状

截至 2005 年末，严河油田经全国储量委员会批准探明含油面积为 $3.2km^2$，探明石油地质储量为 146×10^4t，可采储量 19.9×10^4t；动用含油面积 $2.1km^2$，地质储量 118.0×10^4t，可采储量 15.7×10^4t, 采收率 13.3%。油田共有方案油水井 15 口，报废利用油井 1 口。其中方案采油井 8 口，开井 6 口，报废利用油井开井 1 口，日产 18t，综合含水 61.21%，地质储量采油速度 0.57%，采出程度 8.75%，年产油 0.56×10^4t，累计产油 10.33×10^4t。注水井 6 口，注水井开井 5 口，日注 $60m^3$，累计注水 $33.44\times10^4m^3$，累计注采比 1.55。观察井 1 口。

油田建成严 2、严 5 计量拉油站。建有单井集油管线 6.4km。建有注水站，严 2 站和严 5 站。严 2 注水站于 1997 年建成投入运行，日注水量为 $120m^3$，注水干线 1 条，总长 2300m，配水间 1 座，注水介质为清水。严 5 注水站 2000 年建成投入运行，日注水量为 $200m^3$，注水干线 1 条，总长 2300m，配水间 1 座，注水介质为清水。

严河油田由江汉采油厂广华作业区采油七队负责日常生产管理。

第二章

钻采与地面工程

第一节　钻井与完井

一、钻井

油田勘探开发始于20世纪90年代，钻井技术已迅速发展。钻进方式主要采用钻盘加螺杆的双动力。PDC钻头的应用缩短了单井钻井周期，从平均60天缩短到30天。井深结构为三开钻进，一开钻井液采用膨润土浆，二开采用两性离子聚合物钻井液，三开采用聚合物饱和盐水钻井液。应用自主研发的多种聚合防塌剂钻井液体系，提高了防塌、携砂、防卡等性能，并形成一套盐系地层钻井工艺技术。

二、完井

油田均采用套管完井方式，井身结构多采用常规的二级套管结构，即ϕ339.7mm表层套管+ϕ139.7mm油层套管。由于无异常压力地层，固井采用常规固井技术，前期管外返高较低（平均管外水泥面深度2500m），套管自由段过长，极易变形挫断。后期为保护套管，增加了管外水泥面高度（平均管外水泥面深度2000m）。

射孔主要采用YD–89、YD–102枪，射孔方式为正压射孔，射孔液为清水。

第二节　采油工程

一、举升

严河油田开采工艺采用小泵径有杆泵深抽强采的采油技术，下泵深度平均在1800m左右，配套抽油机为12型抽油机；抽油泵采用管式泵，采用ϕ38mm和ϕ44mm两种型号；冲程采用3.8～4.2m；冲次为4次/min。抽油杆选D级杆。为了适应深抽工艺的需要，在部分井如严2–2井采用了玻璃钢抽油杆技术。

从1993年起，深抽杆柱广泛应用Ⅲ型脱接器和抽油杆防脱器，1993年5月在严2井试用该防断脱组合，下井成功率100%，工艺成功率98%。针对偏磨严重的油井，1999年开始在严河油田全面推广使用卡箍式高强度尼龙扶正器。2000年，采用长柱塞防砂泵，成功解决油井出砂问题。

2000年开始，地层液面不断下降，下泵深度逐年增加，平均泵挂深度达到2585m左右。随着载荷的增加，开始配套使用H级高强度抽油杆，三级杆组合等工艺；抽油泵采用ϕ38mm、ϕ32mm以及ϕ89mm的小泵套的深抽系列。抽油机也配套使用14型抽油机。

二、油层改造

严河油田开发初期就开展了酸化解堵增注措施，应用的是土酸酸化，主要应用在试油作业中，油井上应用几乎都无效。在水井增注上应用，1997—2002 年应用 11 井次，有效 8 井次，1999 年 4 月在严 2–6 井应用后，日增注 70m^3。

1989 年开始应用压裂改造油层，应用 JH–S 压裂液，采用 ZH 封隔器，压裂车组应用 1000 型压裂车组，支撑剂主要应用石英砂，1989 年 11 月首次在严 1 井应用，平均砂液比 17%，加砂 9.5m^3，未见明显增油效果。1990 年在严 2 井应用后日产油 24t。1997 年随着严 2 井区的开发，开始应用羟丙基瓜尔胶有机硼压裂液，采用全井加陶粒作支撑剂，1997 年 3 月在严 2–1 井应用，日产油由 0t 上升到 11t，1997—1999 年共应用 7 井次，平均砂液比 25%，平均单井加砂 14.3m^3，平均单井日增油 4.4t，累计增油 5015t。

三、注水工程

严河油田从 1998 年开始注水，初期主要采用的分层注水工具为 752–6 型水力压缩式封隔器，配水器采用偏心配水器。

2001 年，严河油田开始使用 Y341–114 注水封隔器、偏心配水器和涂料油管等组成的偏心分注管柱，使用效果较好。同年，首次将超高压单井注水成功应用于地层渗透率层。严 5–5–5 井注水压力高达近 40MPa，是江汉油田第一口实验井，投入运行后一直正常，达到了满意的注水效果，并在一批难注井得以推广使用。

2005 年底严河油田有注水井 6 口，其中分层注水井 4 口。采用的封隔器主要有 Y341–114 和 Y241–114 两种封隔器，密封效果较好。

第三节　地面工程

一、集输系统

严河油田地面集输系统采用拉油方式，开式流程。

1990 年 6 月，严河油田开发初期，地面工艺采用建橇装式活动拉油站点工艺，采出液由罐车拉运至广华联合站处理。

1997 年 11 月，随开发的深入，产液量增大，新建严河计量拉油站（严 2 站），设计年产油 1.2×10^{4}t。井口来液密闭自压进严 2 拉油站经计量后进高架油罐装车外运广华联合站。

2000 年 3 月，随着严 5 井区的开发，新建严 5 拉油点，采出液进高架罐装车拉运至广华联合站，严 5 井区部分单井采用电加热器加热，含水高、液量大的单井采用常温输送。

截至 2005 年，严河油田建成严 2、严 5 计量拉油站 2 座。建有单井集油管线 6.4km。

二、注水系统

严河油田 1998 年投入注水开发，其注入水水源为浅层地下水。

严河油田有注水站两座，严 2 站和严 5 站。严 2 注水站于 1997 年建成投入运行，日注水量为 120m^3，注水干线 1 条，总长 2300m，配水间 1 座，注水介质为清水。严 5 注水站 2000 年建成投入运行，日注水量为 200m^3，注水干线 1 条，总长 2300m，配水间 1 座，注水介质为清水。

为了保持油层压力，首先建成了严河油田第一座注水站——严 2 注水站。建设初期，按年注水量

$3.2\times10^4m^3$ 设计，注水压力为 25MPa，在联合站内建注水设施，打水源井 1 口，经精细过滤后由注水泵直注井口。到 2000 年 8 月，严 2 注水站管理水井 3 口，开井 2 口，日注水 $90m^3$。

2000 年 10 月建成严河油田第二座注水站——严 5 注水站，站内设备主要有 3H–8/450 注水泵 1 台。严五站水源由严 2 站供给。

严 2 注水站和严 5 注水站自从建成使用，未经过大的改造，站内设备一直沿用。

在水井建设方面，1998 年 5 月先后建成严 2 和严 2–3 注水井。

2001 年 9 月严 5–5–5 井注水压力高达 40MPa，安装高压增注泵一台，型号 3ZS–4/50。2002 年 3 月严 2–3 井超高压注水，建 $30m^3$ 水罐 1 具，注水泵房 1 间，安装增注泵一台型号为 3ZS–3/50。2004 年 9 月严 2–10 井增注，增加 75kW 注水泵 1 台。

三、配套工程

严河油田供电电源为油田 6kV 广钻联络线严 2 井支线。供水取自 1997 年 11 月打的一口地下水源井，日产水量为 $1200m^3$。

附　录

附录一　附　图

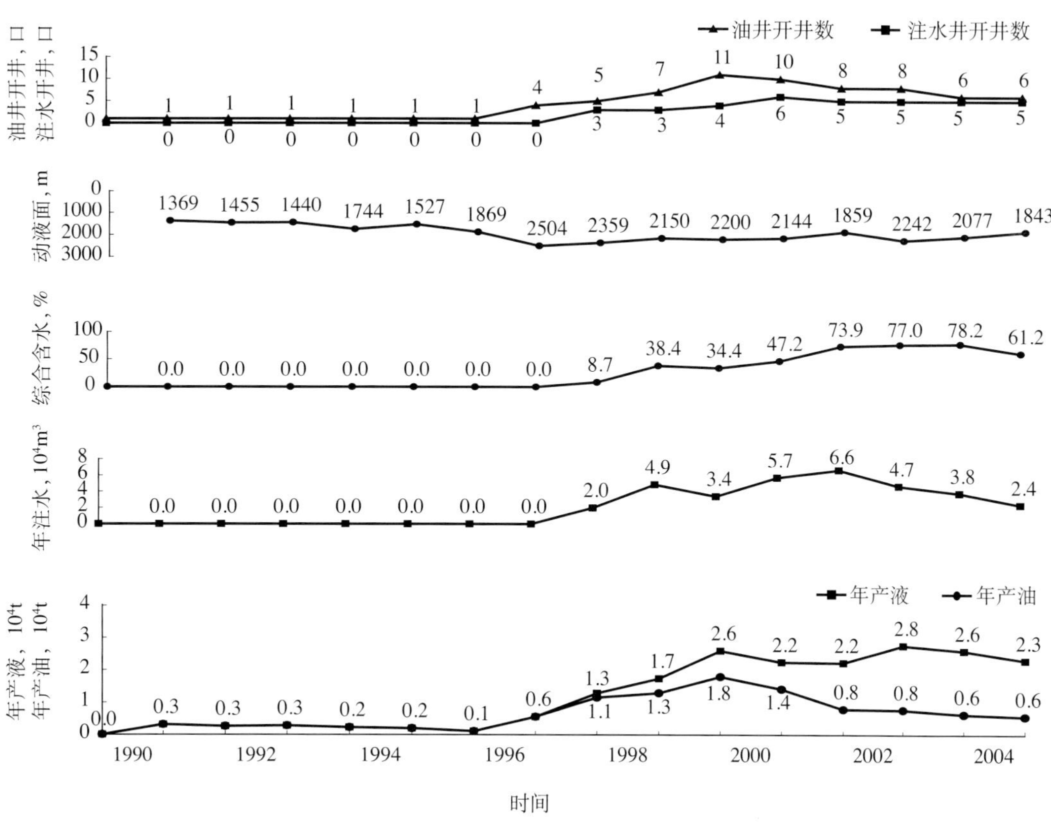

严河油田开采综合曲线图

附录二 附 表

附表 1 严河油田综合地质数据表

油田	含油面积 km^2	地质储量 10^4t	层位	油层埋藏深度 m	平均有效厚度 m	孔隙度 %	空气渗透率 mD	含油饱和度 %	地层温度 ℃	压力系数	原始地层压力 MPa	地层原油				地面原油					天然气		地层水		
												饱和压力 MPa	原始气油比 m^3/t	体积系数	地下黏度 mPa·s	密度 g/cm^3	黏度 mPa·s	凝固点 ℃	含蜡量 %	含硫量 %	相对密度	甲烷含量 %	水型	总矿化度 $10^4mg/L$	氯离子含量 $10^4mg/L$
严河	3.2	146	潜三段、潜四段	3200	13.4	19.4	39	70	112.4	1.06	34	5.62	23	1.261	2.2	0.848	2.2 ~ 42.2	28	8.8	0.12 ~ 0.37	—	—	$CaCl_2$	32.1	15.95

附表 2 严河油田开采综合数据表

时间	油井		注水井		核实产油量		核实产水量		核实产液量		年末动液面 m	年末综合含水 %	注水量		注采比		地质采油速度 %	地质采出程度 %	动用地质储量 10^4t	动用地质储量 10^4t
	总井数 口	开井数 口	总井数 口	开井数 口	年 10^4t	累计 10^4t	年 10^4t	累计 10^4t	年 10^4t	累计 10^4t			年 10^4m^3	累计 10^4m^3	年末	累计				
1990	1	1	—	—	0.01	0.01	—	—	0.01	0.01	—	—	—	—	—	—	—	—	—	—
1991	1	1	—	—	0.31	0.32	—	—	0.31	0.32	1369	—	—	—	—	—	—	—	—	—
1992	1	1	—	—	0.26	0.58	—	—	0.26	0.58	1455	—	—	—	—	—	—	—	—	—
1993	1	1	—	—	0.28	0.86	—	—	0.28	0.86	1440	—	—	—	—	—	0.29	0.90	95	95
1994	1	1	—	—	0.23	1.09	—	—	0.23	1.09	1744	—	—	—	—	—	0.24	1.15	95	95
1995	1	1	—	—	0.20	1.29	—	—	0.20	1.29	1527	—	—	—	—	—	0.21	1.35	95	95
1996	1	1	—	—	0.11	1.40	—	—	0.11	1.40	1869	—	—	—	—	—	0.12	1.47	95	95
1997	4	4	—	—	0.55	1.95	—	—	0.55	1.95	2504	—	—	—	—	—	0.58	2.05	95	95
1998	5	5	3	3	1.15	3.10	0.14	0.14	1.28	3.23	2359	8.71	1.99	1.99	2.72	0.52	1.21	3.26	95	95
1999	7	7	3	3	1.29	4.39	0.45	0.58	1.74	4.97	2150	38.42	4.86	6.84	2.44	1.17	1.36	4.62	95	95
2000	11	11	6	4	1.80	6.18	0.80	1.38	2.59	7.56	2200	34.36	3.42	10.26	1.15	1.17	1.91	6.51	118	118

续表

时间	油井		注水井		核实产油量		核实产水量		核实产液量		年末动液面 m	年末综合含水 %	注水量		注采比		地质采油速度 %	地质采出程度 %	动用地质储量 10^4t	动用地质储量 10^4t
	总井数 口	开井数 口	总井数 口	开井数 口	年 10^4t	累计 10^4t	年 10^4t	累计 10^4t	年 10^4t	累计 10^4t			年 10^4m^3	累计 10^4m^3	年末	累计				
2001	11	10	6	6	1.41	7.59	0.83	2.21	2.24	9.81	2144	47.19	5.70	15.96	2.85	1.41	0.72	6.43	118	118
2002	11	8	7	5	0.79	8.38	1.43	3.65	2.22	12.02	1859	73.86	6.64	22.60	1.97	1.66	0.49	7.10	118	118
2003	11	8	7	5	0.77	9.14	1.99	5.64	2.75	14.78	2242	76.96	4.67	27.27	1.44	1.64	0.69	7.75	118	118
2004	7	6	6	5	0.63	9.77	1.96	7.60	2.59	17.37	2077	78.22	3.79	31.05	1.37	1.62	0.48	8.28	118	118
2005	8	6	6	5	0.56	10.33	1.74	9.34	2.29	19.67	1843	61.21	2.38	33.44	1.05	1.55	0.57	8.75	118	118

编纂始末

按照《中国油气田开发志》总编纂委员会的统一部署，江汉油田分公司于2006年8月28日成立编纂委员会，启动了《中国油气田开发志·江汉油气区油气田卷》编纂工作。江汉采油厂作为江汉油田分公司的二级单位，负责所管辖的26个油田开发志的编纂工作。2006年9月江汉采油厂成立《严河油田志》编纂委员会，由江汉采油厂厂长胡德高任主任，副厂长夏志刚任副主任，编纂组由肖斌任组长。编纂工作中，江汉油田分公司和江汉采油厂领导高度重视，并从人力、物力、财力上给予大力支持。

自《严河油田志》编纂工作启动以来，江汉油田分公司编纂委员会、《严河油田志》编纂委员会高度重视，组织有关专家给予指导和帮助。先后经过4次修改，于2010年1月，编纂完成《严河油田志》。

《严河油田志》分为概述、大事记、油田开发、开发工程及附录等五个部分，其中概述、大事记、第一章、附录由肖斌编写；第二章由李波峰、余英、袁玲想、张建国、胡云鹏、刘玉、申修志编写。

在本志编纂过程中，江汉油田分公司顾问组的李渝生、洪志一、杜修宜、丁淑君、赵云山、叶全根等老专家、老同志发挥了重要作用，他们既是参谋者、指导者，又是第一读者，在每稿的审阅中都留下了许多宝贵的意见和箴言。中国石化江汉油田分公司勘探研究院档案室、广华作业区及采油7队在提供编纂资料方面，给予了大力支持，在此表示衷心感谢。

《严河油田志》编纂组

2010年1月

编号： 18–024

花园油田志

《花园油田志》编纂组　编

高桥
八宝山林场
郭家台
万城
安家岔
花园油田
梅槐桥
王家渡
金家潭
网船河
王家渡
荆州
李埠
复兴场逆断层
沙市
采穴
张家河
岑河口
谢凤桥
宛市镇
新华大队
复兴场
红花庙
牛头岗
弥陀寺
南岗三维
丁家湖
漳泊湖农场
大路口
沙道观
姚家大队
沮漳河
长江
虎渡河
松滋东河
地名
河流
公路
油田

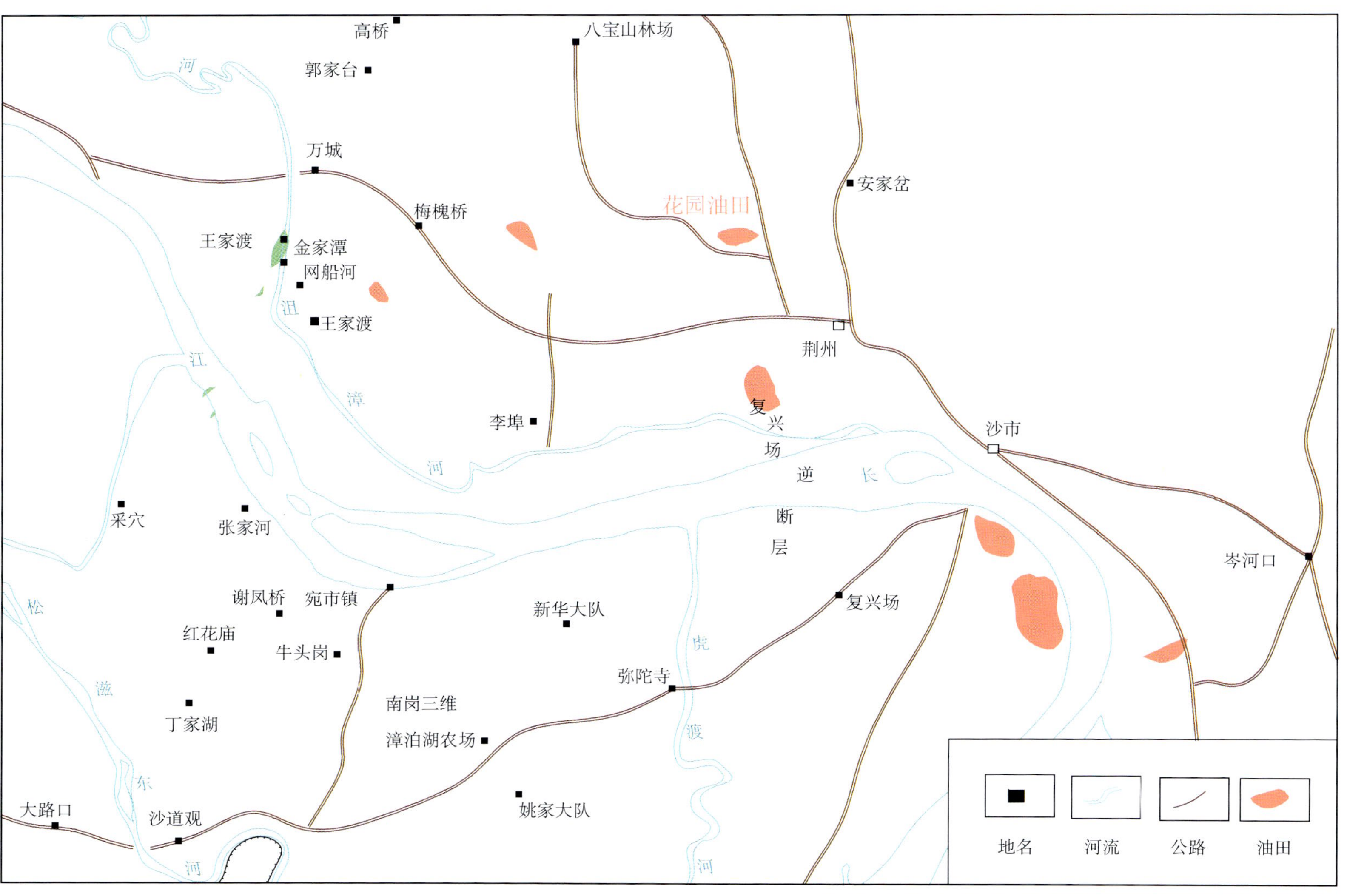

花园油田地理位置图

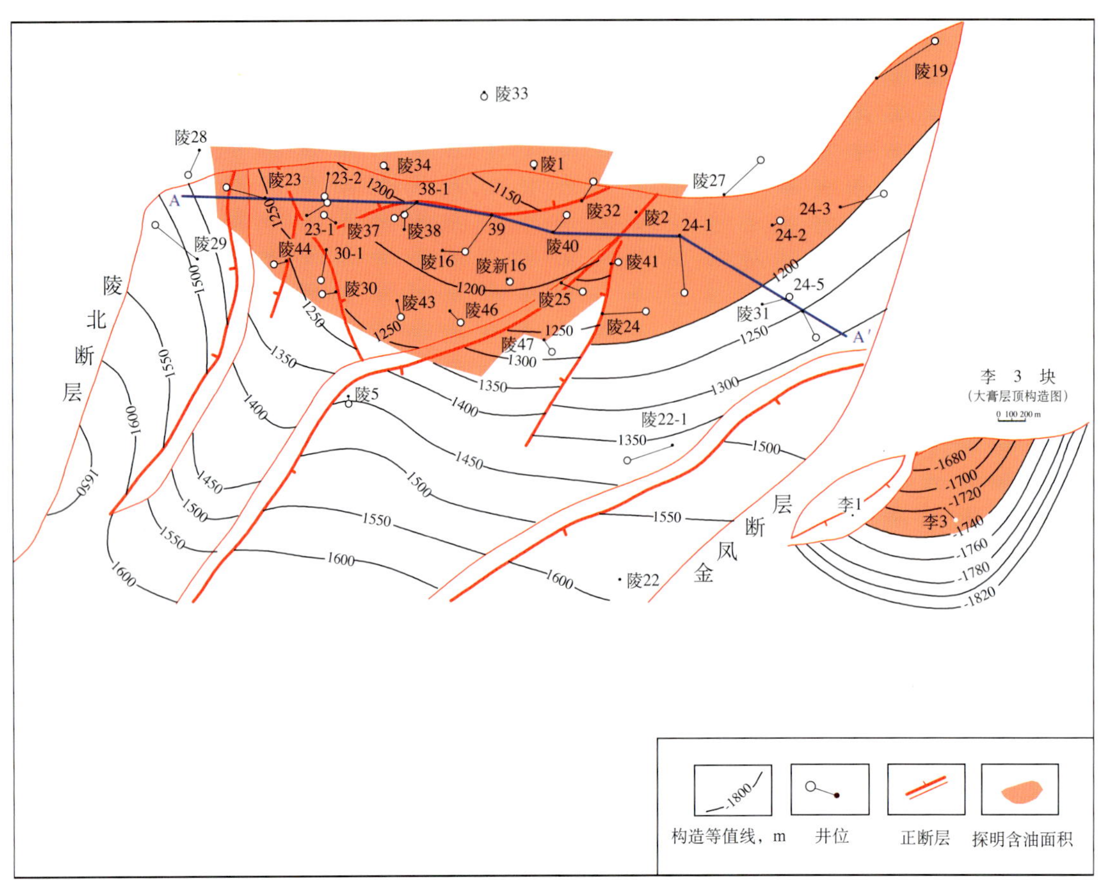

花园油田构造井位图

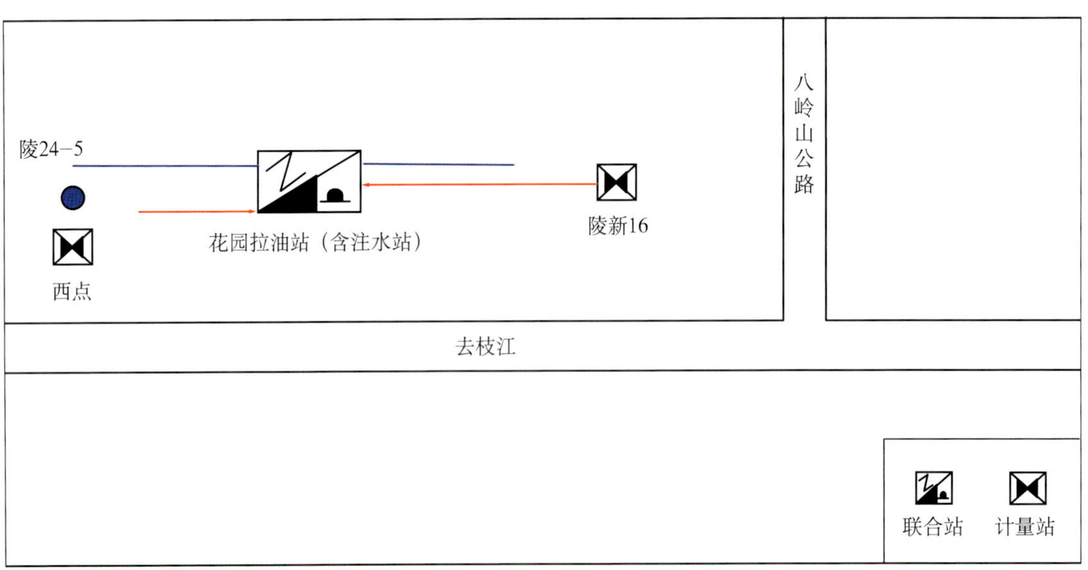

花园油田地面系统平面布置图

《花园油田志》编纂委员会

主　任：胡德高

副主任：夏志刚

成　员：刘孔章　贺　春　刘敬尧

《花园油田志》编纂组

组　长：魏黎芝

成　员：李波峰　胡云鹏　刘　玉　张建国　袁玲想　余　英
申修志

《花园油田志》审核人员

初审人：夏志刚　刘孔章　贺　春

复审人：李渝生　洪志一　胡从新　赵云山　罗秋林

本志目录

概　述

花园油田1968年发现，1973年7月投入开发，是江汉油区在江陵地区投产的第一个油田，为江汉盆地江陵凹陷的一个断块油藏，现由中国石化江汉油田分公司江汉采油厂管辖。

一

花园油田位于湖北省中南部的荆州市花园村，距荆州古城5km，交通方便。气候温暖湿润，年平均气温16.1℃，最高温度为40.3℃，最低温度为−17.5℃。农作物以水稻为主，经济作物主要有油菜、棉花、蚕豆。地下资源主要有石油、卤水。

二

花园油田位于江陵凹陷荆沙背斜带北段，花园—李埠断裂带上。江陵凹陷为江汉坳陷的一个重要组成部分。北以纪山寺断层为界，分别与河溶凹陷、荆门凹陷相接；西以问安寺断层为界，分别与枝江凹陷、宜都鹤峰背斜带相邻；南以白垩—第三系剥蚀线为界与华容隆起相接；西南与洞庭盆地澧县凹陷相通；东以清水口断层及龙湾断层为界，分别与丫角—新沟低凸起及陈沱口凹陷相邻。

花园构造沉积环境为三角洲平原相的分流河道及分流河道间沉积，储层岩性为粉—细砂岩，根据储集层分类，属Ⅰ、Ⅱ类较好的储层。

胶结物以泥质、灰质为主，胶结类型为孔隙式，黏土矿物成分为伊利石和绿泥石。

油藏埋深1151.8～1218.0m，储层为古近系新沟嘴组，油层发育在新沟嘴组下段Ⅰ、Ⅱ（$Ex^{下}$Ⅰ、Ⅱ）两个油组，主要集中在$Ex^{下}$Ⅰ油组，第Ⅰ砂层组砂岩连通性质好，厚度大，单层平均厚度13m。

原油为轻质油类，地层水矿化度较高，驱动类型以弹性水压驱动为主。

三

花园油田的油气勘探工作始于20世纪60年代中期，1966年12月经过地震详查，发现花园断块圈闭，1968年4月17日钻探陵1井，同年11月完井，发现油层10.0m/3层，1968年12月31日对$Ex^{下}$Ⅰ油组1162.0～1178.4m试油，获日产10.2t工业油流，从而发现花园油田（陵16块）。

20世纪90年代中期，在李埠地区开展三维地震勘探，面积150 km^2，1997年5月19日在花园构造西南低部位的李埠断鼻上钻探李3井，1997年8月6日对$Ex^{下}$Ⅰ油组1781.0～2069.6m 2层3.4m油层试油，获日产1.06t工业油流，发现李3含油区块。

1999年2月29日在江陵凹陷安家岔地区开展三维地震勘探，进一步落实了花园构造以东断块，在花园构造东块部署钻探了陵24−1井，测井在$Ex^{下}$Ⅰ油组1110.8～1131.2m共解释2层5.2m油层。2000年3月28日对该层试油获日产24.8t工业油流。发现陵24−1块含油区块。

四

花园油田1968年12月开始试油，1973年7月投入开发，1980年投入注水开发，可分为四个开发阶段（图 1）。

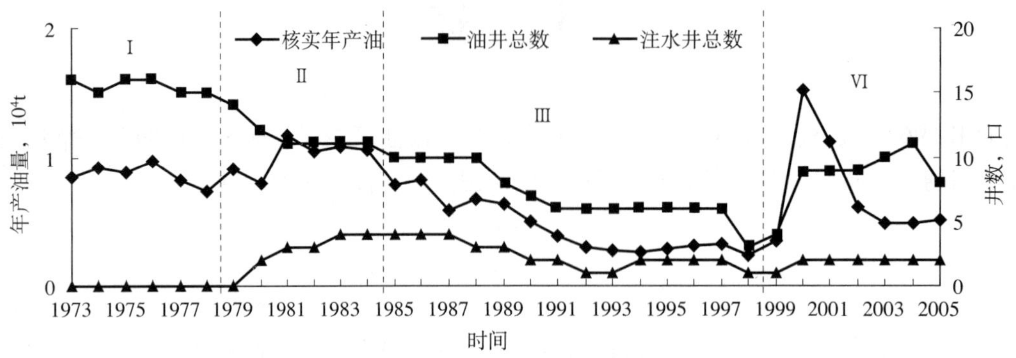

图 1　花园油田开发阶段划分图

（1）天然能量开发阶段（1973—1979 年）。先后有 16 口井投入生产，日产量最高达到 79t，这一期间，平均采油速度 1.3%，地层压力下降快，地层压力总压降达 3.88MPa，天然能量不足，弹性驱动指数 6.16%，边水驱动指数达 93.84%，主要靠边水能量驱动，阶段内累计产油 60693t，产水 18548t，采出程度 7.99%。

（2）稳产阶段（1980—1984 年）。先后投转注了 4 口井，注水后效果明显，地层能量得到补充，产液能力明显提高，日产液由 24t 上升到 60t，日产油量由 19t 上升到 35t，平均采油速度 1.58%。这一期间累计产油 51351t，产水 18242t，采出程度 14.74%。

（3）产量递减阶段（1985—1998 年）。随着注水开发的进行，注入水以及边水不断推进，油田含水急剧上升，产油量大幅度下降，日产油水平由 35t 下降为 5t，采油速度下降为 0.85%。这一期间累计产油 63572t，产水 243339t，井区采出程度达到 23.11%。

（4）滚动调整阶段（1999—2005 年）。花园油田分西、中、东三个断块，1999 年 9 月以前动用的为中块，1999 年 10 月至 2004 年 12 月分别在油田西部和东部完钻 7 口井，其中 6 口采油井，1 口注水井，使井区产量大幅度提高，日产油最高达到 73t。这一期间累计产油 49997t，产水 125087t，采出程度达到 21.49%。

五

截至 2005 年底探明花园油田含油面积 1.30km^2，石油地质储量 115 × 10^4t。目前动用面积 0.75 km^2，地质储量 105 × 10^4t，可采储量 28.4 × 10^4t。井区井口日产液 72t，井口日产油 13t，采油速度 0.54%，综合含水 81.65%，日注水 101m^3，累计注采比 0.89，累计采油 225613t，累计采水 405216t，累计注水 620967m^3，地质储量采出程度 21.49%。

花园油田建成联合站一座，计量站两座，年原油处理能力 4 × 10^4t，污水处理能力 3 × 10^4t，注水能力 3.5 × 10^4t。

花园油田目前由江汉采油厂广华作业区采油九队管理，共有职工 80 人。

大事记

1958年

是年　花园油田勘探工作开始。

1968年

是年　第一口井获得工业油流。

1970年

是年　完成凹陷连片普查、详查。

1971年

是年　利用探井进行试采。

1973年

是年　花园油田投入全面开发。

1980年

是年　投入注水开发。

2000年

是年　滚动扩边，油田西部投入开发。

第一章

油 田 地 质

花园油田为屋脊式断块或断鼻构造圈闭。区域内断层发育，储层物性较好，油层井段集中，原油性质较好，对油田地质的研究是一个不断认识不断完善的过程。

第一节 构 造

花园油田处于江汉盆地西部的江陵凹陷，该凹陷面积达6500km^2，是白垩纪—新近纪形成的内陆凹陷，侏罗纪末期的燕山运动，使大部分地区的侏罗系及三叠系遭受剥蚀。在此区域背景上，凹陷在白垩—新近纪强烈下陷，沉积了约8000m的陆相地层，并经后期构造运动的改造，形成北西—南东走向的中央背斜带，八岭山断隆带及两侧的负向构造带。花园构造位于中央背斜带北段，花园—李埠断裂带上。

花园构造北界为向北突出的陵北断层，南界为向南突出的金凤断层，两组断层在西段陵29井以西和东段陵31井附近交汇，绕花园构造呈环状展布。而花园油田的圈闭则由花园北断层和金凤北断层所夹。在构造顶部又发育有两组反Y字形断层，即花园油田的Ⅰ、Ⅱ、Ⅲ、Ⅳ号断层，横切花园构造长轴，将花园构造分割成大小不等的地垒、地堑式断块，对油水分布起着封隔作用，可分成西、中、东三个断块。裂缝发育，有弹性和剪切裂缝。

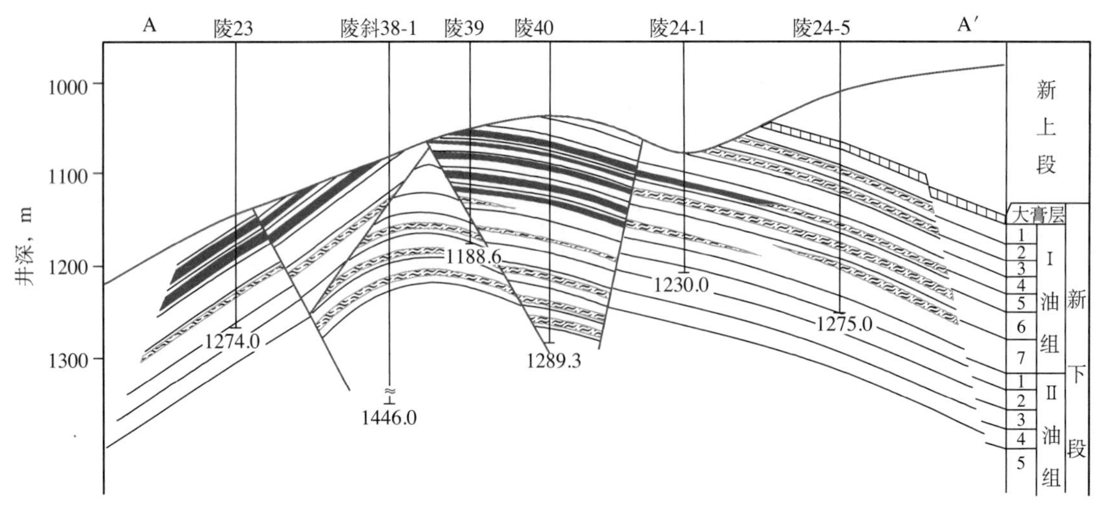

图1–1 花园油田油藏剖面图

此外，除构造缝以外，岩心中层理裂缝也有发育，其特点多垂直层面产出，同时伴随有明显的砂泥岩差异压实作用，在岩石薄片中还见有层间收缩缝和砾间缝。

陵北断层对花园油田的形成具控制性的作用，而构造顶部断裂则对油水储集特性和油水运动具复杂化的作用。从地层埋藏史和残留地层厚度等因素，综合分析花园构造的形成，认为该构造的产生与陵北断层相伴生，应是新近纪广华寺期的产物，属于后生成因。

构造的形态，花园油田地质构造为受断层切割的不完整的穹隆构造，北部被区城性陵北大断层切割，构造高点在陵1井附近。闭合幅度260m，闭合面积1km²。李埠含油区块为陵北大断层西南末端低部位的另一个小型鼻状构造（图1–1）。

构造顶部受剥蚀，由南向北受剥蚀程度越强，北部的陵1井新一段第三砂层组已遭剥蚀，向南到陵2井第二砂层组大部分受剥蚀，仅余8m，南部的陵25井第二砂层组尚有92.5m。

第二节 储 层

花园油田地层自上而下为第四系平原组、新近系广华寺组、古近系荆河镇组、潜江组、荆沙组、新沟嘴组上段(Ex上)、新沟嘴组下段(Ex下)，其中Ex下又分为大膏层、Ex下Ⅰ油组、Ex下Ⅱ油组、泥隔层、Ex下Ⅲ油组。其中大膏层和泥隔层在该区分布稳定，是区域一级标志层，本区含油层位是Ex下Ⅰ油组。

花园油田油层井段集中，主力油层分布稳定，油层主要发育在新沟嘴组下段Ⅰ油组。油层埋深1050～1200m，在李埠断鼻油层埋深1700～2200m，含油井段地层厚度约250m，油层单层厚度2～5m，最厚11.9m（图1–2）。

储层岩性为粉—细砂岩，平均孔隙度为21.0%，平均空气渗透率351mD。孔喉半径中值为6.25μm。根据储层分类，属Ⅰ、Ⅱ类较好的储层，胶结物以泥质、灰质为主，含量15%～20%，胶结类型为孔隙式，黏土矿物成分为伊利石和绿泥石。

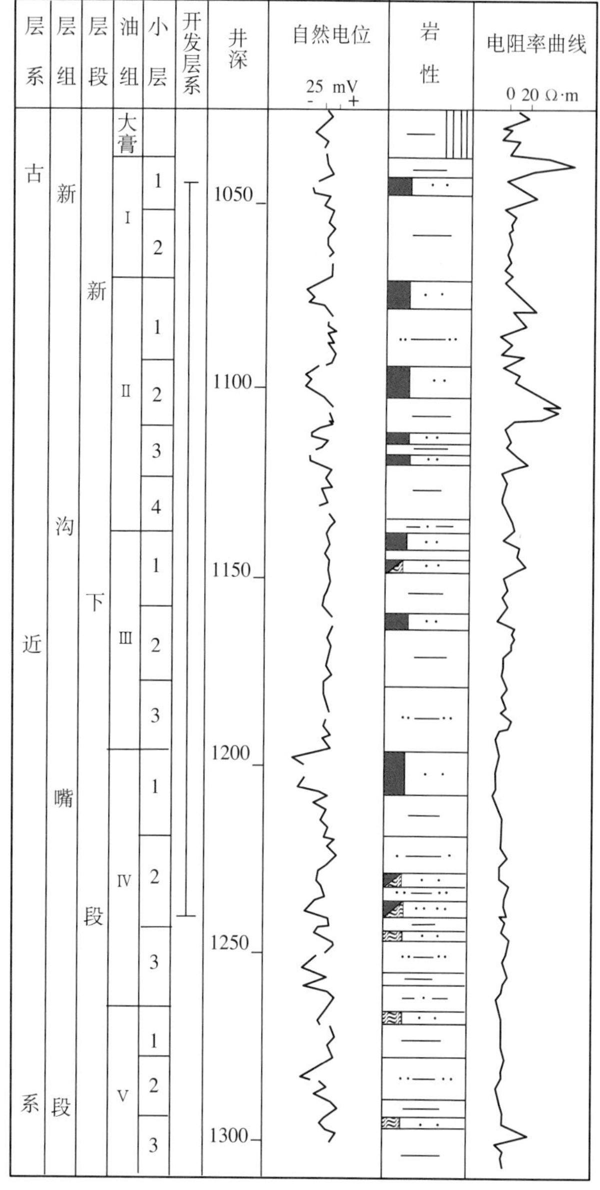

图1–2 花园油田柱状剖面图

第三节 流 体

一、原油性质

花园油田原油性质较好，具有三低两高的特点：密度小，地面原油相对密度为0.822；黏度低，地面原油黏度为5.0 mPa·s；含硫为0.1%；含蜡量为19.5%；凝固点为27℃。地层原油黏度为3.7 mPa·s，饱和压力1.66MPa，原油体积系数1.050，原始气油比7.8m³/t。

二、天然气性质

天然气相对密度为 1.0206，甲烷含量为 31.74%，N_2 含量为 32.90%。

三、地层水性质

地层水总矿化度为 20.0×10^4mg/L，Cl^- 含量 12.0×10^4mg/L，水型为 $CaCl_2$。

第四节　油　藏

花园油田为屋脊式断块和断鼻构造油藏，驱动类型以弹性水压驱动为主。原始地层压力为 11.92MPa，地层温度为 56.9℃。油田内没有统一的油水界面，但每个断块的油水界面基本一致。

第五节　储　量

经全国储委批准，1978 年 9 月，花园油田陵 16 块在 $Ex^{下}$ I 油组探明石油地质储量 76.00×10^4t，含油面积 0.50km^2，可采储量 18.20×10^4t。

1997 年 12 月，李 3 区块在 $Ex^{下}$ I 油组探明石油地质储量 10.0×10^4t，含油面积 0.50km^2，可采储量 2.00×10^4t。

2000 年 12 月，陵 24-1 块在 $Ex^{下}$ I 油组探明石油地质储量 29.00×10^4t，含油面积 0.30km^2，可采储量 7.80×10^4t。

至 2005 年底，花园油田累计在 $Ex^{下}$ I 油组探明石油地质储量 115.00×10^4t，含油面积 1.30km^2，可采储量 30.40×10^4t。

第二章

开发部署与调整

1971 年 1 月编制《花园油田生产布井方案》，1973 年 4 月编制了《花园油田开发方案》，1983 年 4 月编制了《花园油田提高采油速度方案》。开发层系集中在 Ex下，累计设计动用含油面积 $0.75km^2$，动用地质储量 105×10^4t，设计开发总井数 33 口，其中油井 25 口，水井 8 口，设计总日产能力 75t，总年产能力 2.70×10^4t，实际开发中，日产油最高峰达到 78t。先后有 27 口采油井，8 口注水井，至 2005 年底，花园油田实际动用含油面积 $0.75km^2$，动用地质储量 105.00×10^4t。

第一节　开发方案

一、布井方案

1971 年 1 月由五七油田第十三团地质连编写，朱水安审核，李贵勤批准《花园油田生产布井方案》。

花园油田特点

（1）位处三线，是战备油田，要求具有较高的采油速度，但油田的产油能力较低，因此要立足于改造油层，变低产为高产。

（2）油田地面皆为农田。

（3）油田基本构造形态清楚，但内部结构不详，因此，生产井兼有探井的作用，尤其是第一批生产井，更为重要，打第一批生产井的过程，也是进一步了解和查明地下地质情况的过程。

（4）Ex下Ⅰ、Ⅱ油组产油能力有差异，Ex下Ⅰ油组为主力油层，在布井上应区别对待，高产区井距稍大，200m × 200m，低产区 150m × 200m（即排距 150m，井距 200m），在钻井顺序上，先钻高产区，拿下高产区，充分发挥主力油层的作用。

（5）油田内地下水矿化度高，有一定的储量（水的储量为 900×10^4t，盐的储量为 108×10^4t）因此要考虑综合利用，以采油为主，综合利用为辅。

根据从战备出发，平时少采或不采，战时多采或强化开采，考虑工农关系，少占耕田的原则，采用多井、高低产区分别对待、先打高产井的方法，以充分发挥主力油层的作用，从改造油层着手，充分利用地层能量。

以三角形井网为基础，在 $0.92km^2$ 面积上布 20 口井（呈东西向四排），高低产区分别对待，高产区井距 200m × 200m。低产区井距 200m，排距为 150m（西部均为 150m × 150m）。此前，花园油田已完钻 8 口井（陵 1、陵 2、陵 18、陵 19、陵 25、陵 27、陵 30、陵 31）。

实施布井方案时，首先打了取心井陵 16 井，后来又依次完钻 11 口井，截至 1973 年 3 月，全油田共钻井 20 口，其中含油面积内 16 口，3 口井钻在含油边界以外，未下套管，陵 39 井工程报废。14 口井获得工业油流。探明油田面积 $0.5km^2$，标定地质储量 76×10^4 t。中部油水边界基本搞清，东部和西南部油水边界尚不十分清楚。

二、开发方案

1973 年 4 月局研究院油田开发研究室余洪骥编写了《花园油田开发方案》，王正鉴审核。

截至 1973 年 3 月，花园油田布井方案实施完成，根据已投产的 4 口井的生产情况以及未投产井的试油情况，预计日产油水平 65t，年产油 2.7×10^4t，采油速度 3.12%。

中块井数较多，1、2 砂层组油层连片分布，可注水开发，建议对中块 1、2 砂层组采用边缘注水方式，在油层最低部位注水，注水井初步设想选陵 46 井和陵 30 井，这样中块 1、2 砂层组还保留 7 口生产井（陵 37、38、39、40、16、43、25）水驱控制储量（按水驱厚度计算）可达 85%。

东、西块井少，且各井含油砂组不一，暂不注水开发。

根据油田的地质特点，主力层较集中，油气水性质层间差异小，所以用一个开发层系，一套井网进行开发。

1973 年 6 月花园油田投入全面开发，钻井 16 口，14 口采油井，2 口井（陵 44 井和陵 41 井）为观察井，开发目的层为 $Ex^{下}$ Ⅰ 油组，投产初期日产油水平 75t，开发 2 个月后日产油下降到 30t，1980 年 3 月日产油水平下降到 20t，1980 年 4 月先后转注了陵 30 井和陵 40 井，注水 1 个月后井区产量得到回升，日产油水平上升到 26t。

第二节　开发调整

针对井区产量不断下降的趋势，1983 年 4 月油田处地质室李俊英编制了《花园油田提高采油速度方案》，李渝生审核，叶全根批准。

通过该方案，转注 1 口井，油井大修补孔恢复生产 1 口井，注水井调层换封 2 口井，放大压差生产 7 口井。通过以上调整，井区产量进一步回升，日产油水平达到 35t。

但是随着注水开发的进行，注入水及边水的不断浸入，井区含水不断上升，产量逐年递减，到 1991 年底井区日产油水平下降到 10t 以下，综合含水 92.1%，采油速度 0.53%，井区进入低速开采阶段，直到 1999 年 10 月。

1999 年冬至 2000 年春在江陵凹陷安家盆地区又开展了三维地震勘探，面积 160m^2，构造得到了进一步落实，在油田东部和西部进行了滚动开发，共完钻 7 口新井，7 口井全部投入生产，6 口井采油，1 口井注水。油田日产量由 5t 上升到 50t。由于东、西部含油面较小，且底部水淹严重，随着开发的进行，边水快速浸入，几口新井含水迅速上升，产量大幅度递减，到 2005 年 12 月，油田日产液 72t，日产油 13t，采油速度 0.54%，综合含水 81.65%，采出程度 21.49%，可采储量采出程度 74.2%，剩余可采储量采油速度 8.08%。

第三章

钻井与采油工程

第一节　钻井与完井

一、钻井

1968—1984 年，钻井方式主要采用吊打防偏直井技术，钻井周期较长。1999 年以后推广应用转盘加井下动力钻具的复合钻井技术，提高了机械钻进速度。同时高效 PDC 钻头的应用，进一步缩短了钻井周期，使原来平均 60 天缩短为 28 天。考虑新沟嘴组地层的水敏性问题，钻井液使用三复合盐钻井液，并应用自主研发的聚合物防塌剂，成功解决了储层水敏和地层垮塌问题。同时在钻井液中加入润滑剂降磨阻防卡钻。

二、完井

油田均采用套管完井方式。井身结构采用常规的二级套管结构，即 ϕ339.7mm 表层套管 + ϕ139.7mm 油层套管。因无异常压力地层，固井采用常规固井技术。射孔早期采用 57–103 枪，1976 年后推广应用 WS–73 枪，1999 年开始应用 YD–89 和 YD–102 枪。射孔方式为正压射孔。射孔液考虑地层水敏特性，采用活性水。

第二节　采油工程

花园油田开发初期油井自喷能力差，生产能力低，开采上主要以机械采油进行生产。举升工艺技术主要采用小泵径、小工作参数采油。地层液面较低，下泵深度在 700 ~ 1000m，抽油机悬点载荷较大，采用老 10 型抽油机，抽油泵采用管式泵，为 ϕ38mm、ϕ44mm 和 ϕ56mm 小泵，冲程多为 1.5m、1.8m 和 2.1m，冲次多为 6 次 /min 和 9 次 /min。抽油杆采用 C 级杆。

1985 年花园油田进入产量递减阶段，产量下降很快，花园油田结膏结蜡现象日益严重，一直采取放大压差生产。进入 90 年后，研制出了一系列改善油藏物性的措施，在机械采油工艺上，采用普通的、小泵径有杆泵进行深抽，泵的直径多选 38mm 和 44mm。泵挂深度不断增加，抽油杆采用 D 级杆，抽油机也全部采用 CYJ10–3–53HB 型抽油机。冲程多选 3.0m 和 3.6m，冲次多为 4 次 /min、2 次 /min 和 6 次 /min。

第三节　注水工程

花园油田 1980 年投入注水开发，注水初期主要采用光管注水。

1982—1990 年，由于地层非均质性严重，层间差异大，层间干扰严重。为了提高注入水的波及体积，让各小层都取得好的注水效果，防止注入水单层突进，开始在油田进行分层注水，先后分别使用的分层工具为 475–8 封和 752–6 封，这两种封隔器结构简单，使用方便，密封比较可靠。配水器采用偏心配水器和空心配水器。20 世纪 80 年代末期，由于受套管变形和地层影响，花园油田几口分注井停注或报废。

1990 年至今，主要采用笼统注水。

2005 年底，花园油田有注水井 2 口，全为笼统注水井。

第四节　油层改造

一、酸化

开发初期就开展了酸化解堵增注措施，应用的是土酸酸化，主要应用在试油作业中，1976—1979 年在花园油田应用 5 井次，均无效。1980 年开始主要在水井上应用，1982—1985 年应用 5 井次，有效 2 井次。1985 年以后酸化技术几乎没有应用。

二、压裂

压裂应用主要集中在 1973—1984 年，1984 年以后应用较少。1973 年应用了原油压裂液，采用油管或油套环空全井压裂，压裂砂为石英砂，压裂车组为 500 型车组，1974—1976 年在花园油田应用了 8 井次，平均单井加砂 2 ～ 3m^3，平均砂液比 7%，均无效。1978 年，应用了羧甲基田菁粉和羧甲基槐豆粉压裂液，开始应用 700 型压裂车组，支撑剂采用石英砂，应用了 3 口井，平均砂液比 15%，单井加砂量 10m^3，累计增油 128t。1984 年应用甲叉基聚丙烯酰胺压裂液，在花园油田应用 2 口井。1984 年 5 月在陵 2 井应用后，日产油由 4.5t 上升到 13.2t。

第五节　堵　水

花园油田注水开发后，开展了油井找水、堵水工作。主要应用的是封隔器找水、堵水技术。主要应用以江 252–1 封隔器为核心的找水、堵水管柱，1973—1980 年在花园油田应用 28 井次，有效率 61%，平均单井日增油 1.9t/d。1976 年 4 月在陵 40 井应用后，日产油由 1.2t 上升到 8.1t，日产水由 6.2m^3 下降到 0.4m^3。1985 年以后应用较少。

第六节　修　井

花园油田投入开发后，井下事故的出现越来越多，要求处理事故的工艺技术水平也要相应有所提高。主要解决复杂的打捞、解卡，修复套管等工艺问题。

一、解卡打捞

在解卡施工技术方面，主要采用活动解卡、循环洗井、浸泡法解卡等为主；在复杂落物打捞方面，主要根据落物顶部（鱼顶）情况，再选择或制作合适的打捞工具。如卡瓦捞矛、双滑块捞矛等，在陵 46 等井得到应用。

二、堵漏

油田位于盐湖盆地，钻井过程中要钻遇许多盐层和水层，由于盐层蠕动和盐水腐蚀，在油田开发早期就遇到了套管外窜槽、腐蚀穿孔、套管变形等问题，因此，在开发早期就针对套管外窜槽、腐蚀穿孔的问题，花园油田开展了水泥浆挤堵修复技术。1980 年 6 月在陵 40 井应用水泥灰浆进行封堵井段 614.83 ~ 624.53m 获得成功，从此水泥浆挤堵作为套管穿孔漏失井的主要修复工艺在油田推广。

第四章

地面生产系统

花园油田的油气集输系统、注入系统、供电系统，为适应油田的开发需要，不断改造完善，满足不同时期生产需要。

第一节　集输系统

1973 年，花园油田投入开发，1973—1979 年主要依靠天然能量开采，地层压力不断下降，1980 年投入注水开发。花园油田油气水集输系统，经历了零散高架罐单井拉油、油气集输系统工程（集中计量、处理、供热、拉油）阶段。

1973 年 3 月，花园油田开始新建单井拉油井场工程，采用的工艺是：井口来液进水套加热炉加热后进高架油罐装车拉至沙市热电厂。

1980 年 1 月至 2 月，随着花园油田的开发，油井增加，综合含水上升，为解决集中供热、计量、拉油、注水需要，新建花园拉油、注水站，设计原油处理能力 10×10^4t/a，装车能力 13×10^4t/a，污水处理能力 400t/d，注水能力 240t/d，供水能力 1000t/d。井口采出液自压至拉油站，采用“六合一”脱水器进行原油处理，油拉至沙市热电厂，污水处理回注。同时，花园站内点、东点、西点相继建成投入使用，单井采用三管伴热流程。

2000 年 5 月，对花园站进行改造，淘汰了旧的设备和管网，新建 ϕ2200mm×6600mm 三相分离器，井上来油经加热炉加热后，进入分离器实现油、气、水一次分离，合格油进油罐拉至广华联合站，脱出污水进污水站处理，达到注水水质的标准后就地回注（图 4–1）。

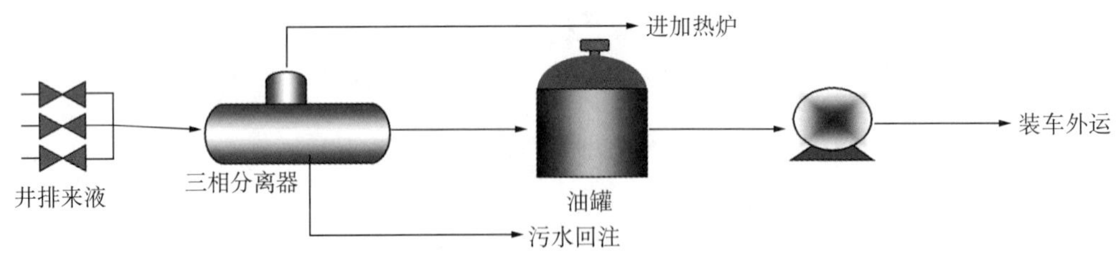

图 4–1　高效三相分离器一次脱水工艺示意图

截至 2005 年，建成计量站 2 座。建有 2 条集油管线，总长 0.9km，单井油管线 4.0km。

第二节　注水系统

1980 年 4 月，花园油田投入注水开发，注水井 3 口，日注水 409m^3/d，其注水水源为长江水。

注水初期主要采用 3W–6B5 三柱塞泵 2 台作为升压装置。设计供水 1000m³/d；污水处理 400m³/d，含水 85% 时污水量为 195m³/d，洗井水回收量 150m³/d；注水 240m³/d，注水压力为 25MPa。供水由站内深井水经清水过滤罐过滤合格后流入 100 m³ 清水罐供注水用。

1983 年 11 月花园注水站改建，拆除水泵房原建 3W–6B5 型三柱塞高压泵 2 台及其管线改建为 2 台 3S3 三柱塞注水泵；保留一台 3W–65B 型注水泵，泵进出口管线需重新与新铺干线连接；由于 3S3 型注水泵进口压力要求不小于 0.05MPa，正常运行为 0.2MPa，注水罐水位高度满足不了注水泵进口压力要求。因此新设置了两台 2BA–9 型离心水泵作为 3S3 型注水泵的上水泵，两台上水泵互为备用；原化验值班室改为上水泵房，在西边再新建 4m×4m 化验值班室。

1985 年花园站将 2 台 3W6B5 泵更换成 3S3，为了减少注水时的回流水量，电机换成 55W 的，480r/min。

截至 1985 年底共有注水井 4 口，开井 4 口，日注水量 84m³。

1987 年，花园油田注水泵更换两台 45/75kW 调速电机，同时可满足注水和洗井时的排量要求。

1996 年，站内新增高压注水泵（3125P–A3）和高压注水泵（3125P–C3）。

2000 年，由于原有的污水处理流程不完善，水质状况差。花园站注水改造，在原站基础上改造，尽量利用原有建筑物。

第三节　配套工程

花园油田生产、生活用电为四机厂 10kV 线路，投产初期油井、站内用电为 1 台 50kV·A、1 台 320kV·A 变压器供电，1999 年四机厂花园变电站投产后，油田线路改接花园变电站 10kV 采油专柜出线。

花园油田初期生活、生产用水均为地下水源井，生活基地水源井为 1979 年 12 月打的，井深 119m，日产水 2387m³。

附　录

附录一　附　图

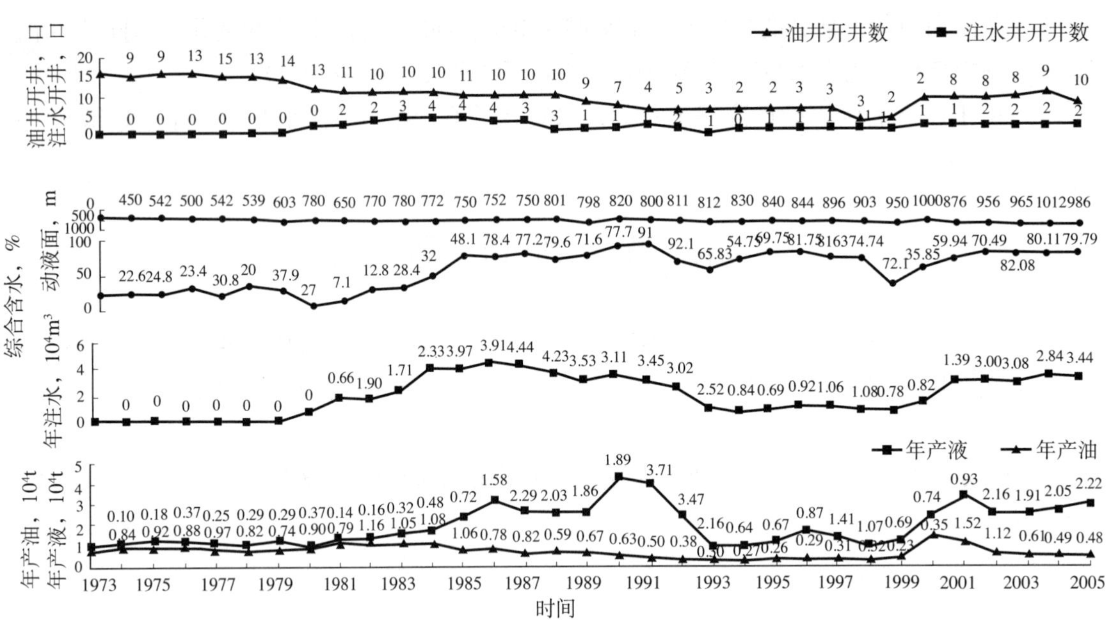

花园油田开采综合曲线图

附录二　附　表

附表 1　花园油田综合地质数据表

油田	含油面积 km^2	地质储量 10^4t	层位	油层埋藏深度 m	平均有效厚度 m	孔隙度 %	空气渗透率 mD	含油饱和度 MPa	地层温度 ℃	压力系数	原始地层压力 MPa	地层原油				地面原油					天然气		地层水		
												饱和压力 MPa	原始气油比 m^3/t	体积系数	地下黏度 mPa·s	密度 g/cm^3	黏度 mPa·s	凝固点 ℃	含蜡量 %	含硫量 %	相对密度	甲烷含量 %	水型	总矿密度 $10^4mg/L$	氯离子含量 $10^4mg/L$
花园	0.8	105	E_X下I	1151.8–1218.0	13	21	351	65	56.9	1.013	11.92	1.66	7	1.045	3.7	0.823	5.3	26	—	0.13	1.0206	31.74	$CaCl_2$	20	12
李 3	0.5	10	E_X下I	1781.0–2069.6	3.4	12	—	60	—	—	—	—	7	1.049	—	0.824	—	—	—	—	—	—	—	—	—

附表 2　花园油田历年开采综合数据表

时间	油井		注水井		核实产油量		核实年产水		核实产液量		年末动液面 m	年末综合含水 %	注水量		注采比		地质采油速度 %	地质采出程度 %	动用储量 10^4t
	总井数 口	开井数 口	总井数 口	开井数 口	年 10^4t	累计 10^4t	年 10^4t	累计 10^4t	年 10^4t	累计 10^4t			年 10^4m^3	累计 10^4m^3	年末	累计			
1973	16	9	0	0	0.84	0.84	0.10	0.10	0.94	0.94	450	22.6	—	—	—	—	1.11	1.11	76
1974	15	9	0	0	0.92	1.76	0.18	0.27	1.10	2.03	542	24.8	—	—	—	—	1.21	2.32	76
1975	16	13	0	0	0.88	2.64	0.37	0.65	1.25	3.29	500	23.4	—	—	—	—	1.16	3.48	76
1976	16	15	0	0	0.97	3.61	0.25	0.90	1.22	4.51	542	30.8	—	—	—	—	1.27	4.75	76
1977	15	13	0	0	0.82	4.43	0.29	1.19	1.11	5.62	539	20	—	—	—	—	1.08	5.83	76
1978	15	14	0	0	0.74	5.17	0.29	1.49	1.03	6.65	603	37.9	—	—	—	—	0.97	6.8	76
1979	14	13	0	0	0.90	6.07	0.37	1.85	1.27	7.92	780	27	—	—	—	—	1.19	7.99	76
1980	12	11	2	2	0.79	6.86	0.14	2.00	0.94	8.86	650	7.1	0.66	0.66	2	0.06	1.04	9.03	76
1981	11	10	3	2	1.16	8.03	0.16	2.16	1.33	10.19	770	12.8	1.90	2.56	0.7	0.19	1.53	10.56	76
1982	11	10	3	3	1.05	9.07	0.32	2.48	1.37	11.55	780	28.4	1.71	4.31	1.3	0.28	1.38	11.93	76
1983	11	10	4	4	1.08	10.15	0.48	2.96	1.56	13.11	772	32	2.33	6.64	1.64	0.38	1.42	13.35	76
1984	11	11	4	4	1.06	11.20	0.72	3.68	1.78	14.88	750	48.1	3.97	10.61	1.55	0.54	1.39	14.74	76

续表

时间	油井		注水井		核实产油量		核实年产水		核实产液量		年末动液面 m	年末综合含水 %	注水量		注采比		地质采油速度 %	地质采出程度 %	动用储量 10^4t
	总井数 口	开井数 口	总井数 口	开井数 口	年 10^4t	累计 10^4t	年 10^4t	累计 10^4t	年 10^4t	累计 10^4t			年 10^4m^3	累计 10^4m^3	年末	累计			
1985	10	10	4	4	0.78	11.98	1.58	5.26	2.36	17.24	752	78.4	3.91	14.52	1.01	0.66	1.02	15.76	76
1986	10	10	4	3	0.82	12.80	2.29	7.55	3.11	20.35	750	77.2	4.44	18.96	1.1	0.74	1.08	16.84	76
1987	10	10	4	3	0.59	13.39	2.03	9.58	2.61	22.96	801	79.6	4.23	23.19	1.43	0.81	0.77	17.62	76
1988	10	9	3	1	0.67	14.06	1.86	11.44	2.53	25.49	798	71.6	3.53	26.72	0.92	0.86	0.88	18.49	76
1989	8	7	3	1	0.63	14.69	1.89	13.32	2.52	28.01	820	77.7	3.11	29.83	1.39	0.88	0.83	19.32	76
1990	7	4	2	1	0.50	15.19	3.71	17.04	4.22	32.23	800	91	3.45	33.27	0.82	0.88	0.66	19.99	76
1991	6	5	2	2	0.38	15.57	3.47	20.51	3.85	36.08	811	92.1	3.02	36.29	0.76	0.88	0.5	20.49	76
1992	6	3	1	1	0.30	15.87	2.16	22.66	2.46	38.54	812	65.83	2.52	38.81	1.45	0.88	0.4	20.89	76
1993	6	2	1	0	0.27	16.14	0.64	23.30	0.91	39.45	830	54.75	0.84	39.66	0.62	0.88	0.35	21.24	76
1994	6	2	2	1	0.26	16.41	0.67	23.98	0.93	40.38	840	69.75	0.69	40.34	1.5	0.88	0.35	21.59	76
1995	6	3	2	1	0.29	16.70	0.87	24.85	1.16	41.54	844	81.75	0.92	41.26	0.52	0.88	0.38	21.97	76
1996	6	3	2	1	0.31	17.01	1.41	26.25	1.72	43.26	896	81.63	1.06	42.32	0.87	0.87	0.41	22.38	76
1997	6	3	2	1	0.32	17.33	1.07	27.33	1.39	44.65	903	74.74	1.08	43.41	0.69	0.87	0.43	22.80	76
1998	3	2	1	1	0.23	17.56	0.69	28.01	0.92	45.57	950	72.1	0.78	44.19	1.21	0.86	0.36	23.11	76
1999	4	2	1	1	0.35	17.92	0.74	28.75	1.09	46.67	1000	35.85	0.82	45.01	0.61	0.07	2.81	23.57	76
2000	9	8	2	2	1.52	19.43	0.93	29.68	2.45	49.11	876	59.94	1.39	46.40	0.62	0.84	1.75	25.57	105
2001	9	8	2	2	1.12	20.55	2.16	31.85	3.29	52.40	956	70.49	3.00	49.40	0.83	0.84	0.64	19.58	105
2002	9	8	2	2	0.61	21.17	1.91	33.76	2.52	54.93	965	82.08	3.08	52.48	1.25	0.85	0.44	20.16	105
2003	10	9	2	2	0.49	21.66	2.05	35.81	2.54	57.47	1012	80.11	2.84	55.32	1.1	0.86	0.53	20.63	105
2004	11	10	2	2	0.48	22.14	2.22	38.03	2.70	60.17	986	79.49	3.44	58.76	1.28	0.88	0.54	21.08	105
2005	8	8	2	2	0.51	22.56	2.52	40.52	3.03	63.08	1023	81.65	3.33	62.10	1.33	0.89	0.54	21.49	105

附录三　人物名录

劳动模范名录

年度	获奖人	荣誉称号	授予单位
1997	邓丽君	湖北省青年岗位能手	湖北省共青团
1998	李运柱	湖北省劳动模范	湖北省人民政府

编号：18–025

采穴油田志

《采穴油田志》编纂组　编

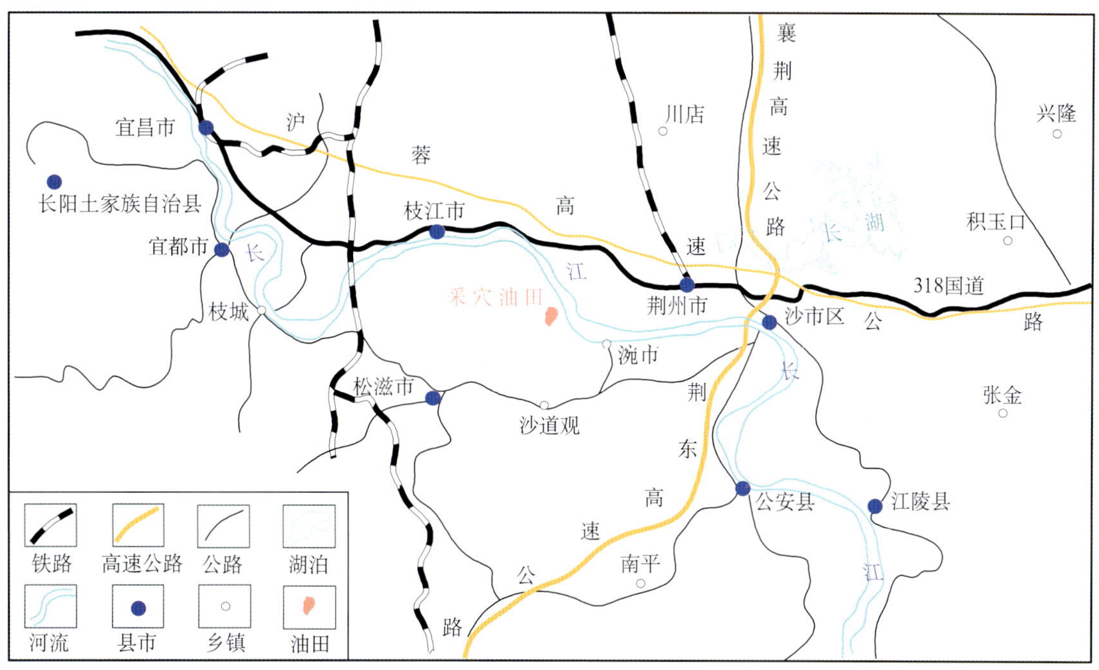

采穴油田地理位置图

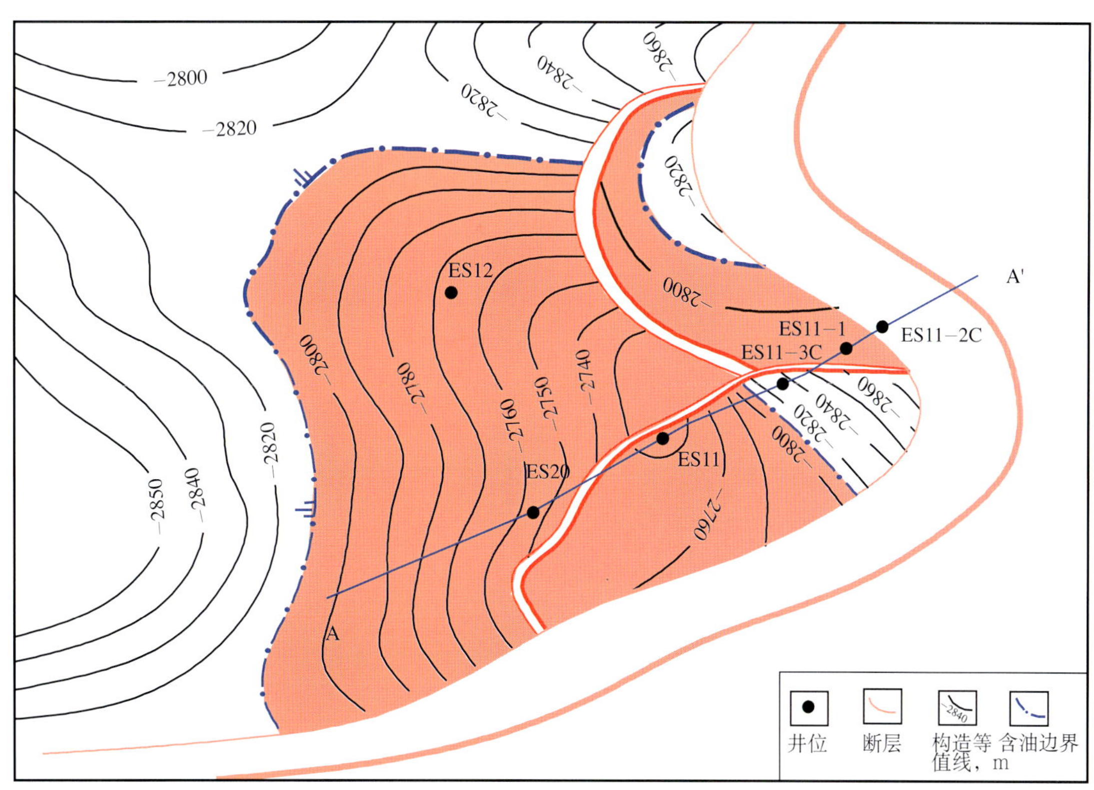

采穴油田构造井位图

《采穴油田志》编纂委员会

主　任：王晓毛　许长平

副主任：彭信海　贺其川　曾祥林　刘群海

成　员：肖礼军　詹海军　曹起长　冯少华　周　庆

《采穴油田志》编纂组

组　长：贺其川　陈　波

成　员：刘群海　肖礼军　詹海军　刘金姣　易　旋　刘谦彪

《采穴油田志》审核人员

初审人：王晓毛　贺其川　刘群海

复审人：杜修宜　李渝生　洪志一　张志强

本志目录

概　述

采穴油田位于湖北省松滋市涴市镇西北7km左右，地理上属江汉平原，地势平坦，人口稠密，良田密布，水系发育，东北紧邻长江，水陆交通便利。属亚热带季风气候，具光照充分，四季分明的特点，年平均气温20℃左右，年降水1000mm左右，为湖北省经济较发达地区。

一

采穴油田构造上位于江汉盆地江陵凹陷西南缘，平面上表现为由复兴场断层与采穴断层所挟持的北东—南西向展布的断块，内部整体表现为一被断层切割的背斜构造，断块南东方向被复兴场断层遮挡，内部被2条小断层分割为鄂深12井区、鄂深11井区和鄂深11–1井区。

鄂深12井区位于采穴油田西部，是一个东部被断层遮挡的断鼻构造，自东向西南倾伏、向北西方向过一鞍部继续抬升；高点埋深2720m，闭合幅度约1500m，圈闭面积3.00km^2。鄂深11井区是一个被断层夹持的断块构造，北东—南西走向，向北东方向倾没；高点埋深2740m，闭合幅度160m，圈闭面积0.96km^2。鄂深11–1井区位于采穴油田东北部，是一个被断层夹持的封闭断块，高点埋深2800m，闭合幅度40m，圈闭面积0.65km^2。

该区钻遇的地层与谢凤桥油田一致，自下而上依次为白垩系红花套组、渔洋组、古近系沙市组、新沟嘴组、荆沙组、潜江组、荆河镇组、新近系广华寺组及第四系平原组。主要含油气层系为渔洋组（图1、图2），油藏埋深为2900 ～ 3100m。

油藏储层岩性为长石砂岩，岩石成分中石英含量52% ～ 58%，长石含量为25% ～ 33%，岩屑含量5%左右。以细砂为主，分选中—好，次圆—次棱角状，为点、线接触，孔隙式胶结，胶结物以方解石、白云石为主，含量10%左右，最多22%，次为硬石膏和泥质。储集空间类型以次生孔隙为主，包括粒间溶孔、粒内溶孔等，局部裂缝较发育。

采穴油田渔洋组3、4、5砂组（K_2y3、K_2y4、K_2y5）砂层发育，分布比较稳定，为炎热气候下的滨浅湖相沉积，以三角洲前缘亚相沉积为主。

油层岩心分析孔隙度主要分布于10% ～ 13%之间，平均为13.1%；渗透率0.95 ～ 82.8mD，平均渗透率为18.7mD，属低孔、低渗透储层。

原油性质较好，50℃地面原油密度为0.820g/cm^3，黏度为15.3mPa·s，含硫量0.64%，含蜡量21.06%，凝固点30.7℃。

地层水矿化度较高，氯根含量在95715 ～ 151406mg/L，水型为氯化钙型（$CaCl_2$）。

对鄂深11井、鄂深12井、鄂深11–2井进行测试，平均油层中部深度2903m，平均地层原始压力为31.84MPa，平均压力系数为1.10。油层温度112.3℃，地温梯度为3.2℃ /100m，属正常地温、压力系统。油藏类型为弹性驱动构造油藏。

截至2005年底，采穴油田探明石油地质储量214.35×10^{4}t，探明含油面积1.88km^2。

采穴油田属于小型、低丰度、低产、中深层油田。

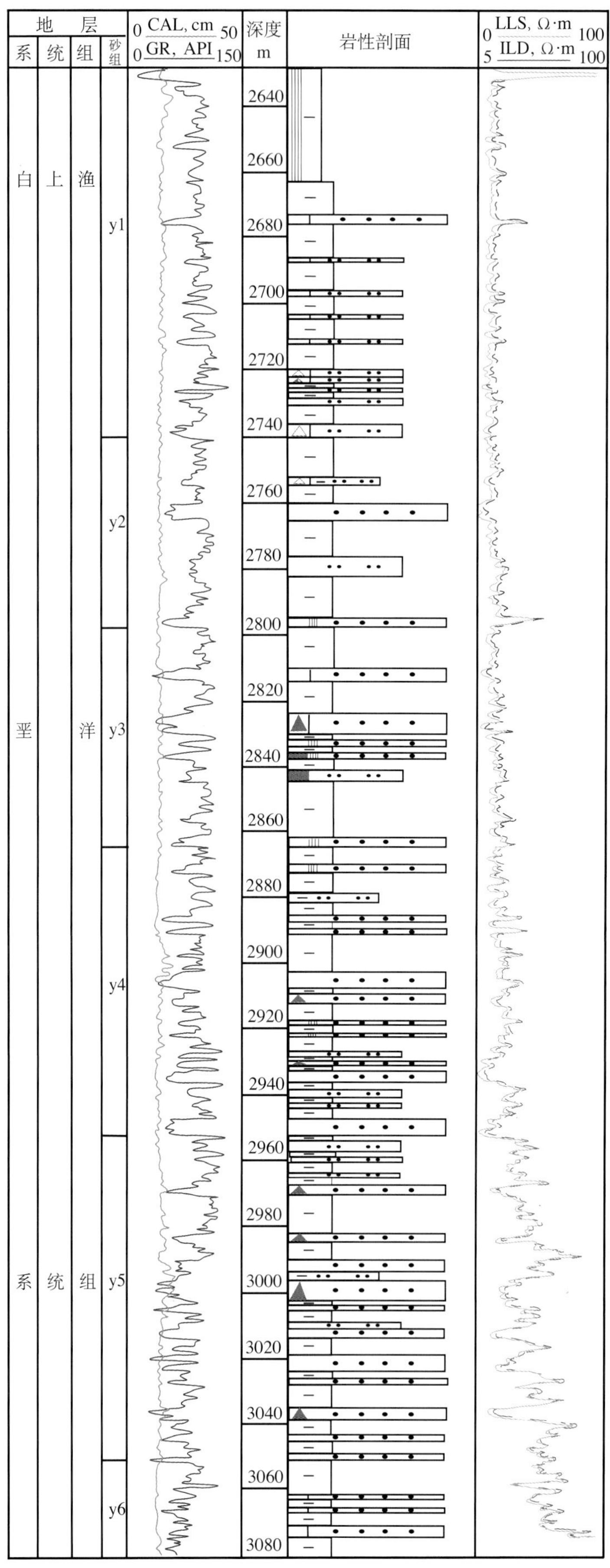

图 1　采穴油田主要目的层段地层综合柱状剖面图

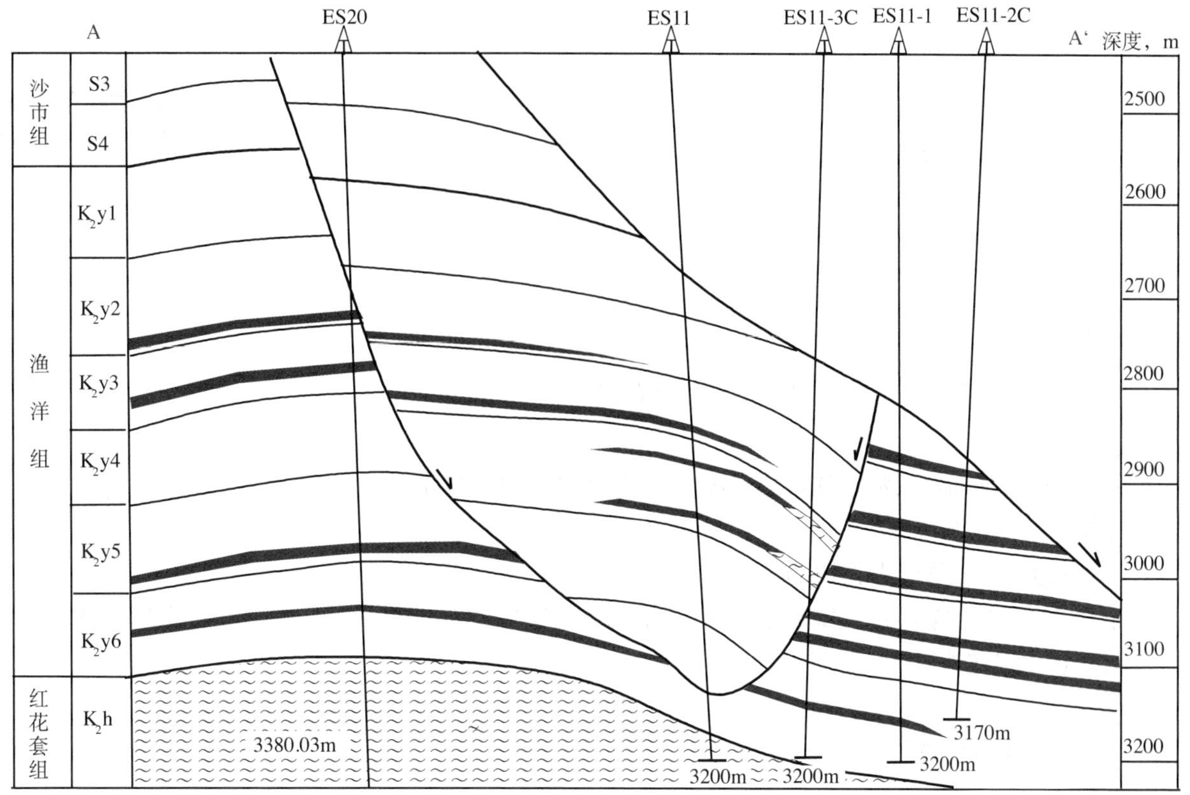

图 2　采穴油田油藏剖面图

二

采穴油田的勘探始于 1995 年，通过二维地震发现了采穴构造，1998 年实施三维地震后进一步落实了采穴南断鼻构造。

受复 I 断块白垩系油藏发现的启示，2002 年部署了第一口探井鄂深 11（Es11）井，该井在渔洋组见到较好的油气显示，累计油气显示层厚 31.6m，油斑级以上的砂岩厚度 11.7m。对 2901 ～ 2906m 井段压裂获得 3.1t/d 的工业油流，从而发现了采穴油田。

2002 年 10 月在鄂深 11 井西约 700m 处部署的评价井鄂深 12 井，在渔洋组中见到了油斑级的含油砂岩，对渔洋组 2802.13 ～ 2911.12m 井段进行了中途测试，获得 0.56t/d 的少量油流，至今未能投产。

2004 年 8 月在鄂深 11 井北东 385m 处部署了探井鄂深 11–1 井，该井在渔洋组累计发现油斑级以上的砂岩 41.36m，荧光级的砂岩 32.49 m。对 2966.6 ～ 2993.0m 井段进行常规测试，获得初产闸控自喷原油 77.7t/d（折算），投产后原油产量稳定在 9.8t/d，累计产油 2274t。

为追踪鄂深 11–1 井油层而部署的鄂深 11–2 井，录井见油斑级的砂岩 69.5m，2005 年 9 月对 2945 ～ 2985m 井段进行压裂试采，初期日产油 9t，年产油 363t，随后间歇抽油。

鄂深 20 井于 2005 年 8 月完钻，在钻井过程中发现油气显示层共 13 层 31.7m，常规试油获得 3.3t/d 的工业油流，10 月进行压裂改造，压裂井段 2713 ～ 2731.5m，压裂后原油产量稳定在 7.4t/d 左右。

大事记

1997 年

4 月　地质矿产部中南石油局江汉油气项目部成立。

2001 年

6 月　中南石油局江汉油气项目部划转入中国石油化工股份有限公司。

2002 年

1 月　松滋油田勘探开发指挥部成立。

8 月 14 日　采穴构造上的 ES11 井在渔洋组见到了较好的油气显示，压裂后获得 3.1t /d 的工业油流，从而发现了采穴油田。

2003 年

7 月　松滋油田采油厂成立。

2004 年

11 月 12 日　采穴构造开发准备井鄂深 11–1 井 2966.6 ~ 2993.0m 井段常规测试，获得初产闸控自喷原油 77.7t/d（折算），投产后原油产量稳定在 9.8t /d。

2007 年

4 月 1 日　根据中国石油化工集团公司“部分石油局（分公司）整合重组及勘探分公司组建干部会议”精神，谢凤桥油田随松滋采油厂并入中国石油化工股份有限公司江汉油田分公司。

第一章

油田开发

第一节　开发历程

采穴油田目前处于试采阶段。

2002 年 8 月至 2005 年 12 月，先后对鄂深 11、鄂深 12、鄂深 11–1、鄂深 11–2、鄂深 20 井等 5 口井进行了 8 井次常规试油，3 层次压裂，有 4 口井获得工业油气流，1 口井获得少量油流。

采穴油田渔洋组油层试油试采的特点表现为：

（1）部分油井初期产量高，具有一定的生产能力，但横向变化大：鄂深 11–1 井、鄂深 11–2 井、鄂深 20 井初期均可获得较高产量，但鄂深 11 井累计采油仅 30t，鄂深 12 井未能获得工业油流，钻探效果差。

（2）该区块油藏属于正常压力系统，饱和压力较低，油藏依靠天然能量开采，产量下降快，地层压力下降快，单位压降采油仅 200t，如鄂深 11–2 井压裂后初期日产油 9t，2005 年 7 月投产，2005 年 12 月下旬在生产原油仅 363t 后即改为间歇抽油。

（3）该区块油层单层厚度较大，油藏埋深小于 3100m，预计开发效益相对较好。

第二节　开发方案

2005 年底，由中南分公司勘探开发研究院编制了采穴油田的开发方案：

（1）开发原则：①坚持少投入多产出，并具有较好的经济开发效益的开发方针。②据油田地质特征，油田进行整体部署、滚动开发，适时投入正规生产，注水保持能量开发。③开发过程中，尽可能提高储量控制程度和动用程度，采收率达到 20%以上。④应用先进的钻井及注采配套工艺技术，强化油藏保护和改造，提高油田整体开发效果，采油速度达到 1.5%以上。⑤采取适合低渗透油田的开发技术政策，使油田保持较长的高产稳产期。

（2）开发层系的划分：白垩系渔洋组按一套层系开发。

（3）开发方式：采穴油田的开发以人工注水补充油层能量最佳，该项工艺技术成熟，建设周期短，一次性投资少。

（4）井网和井距：依据断块特点，采用不规则井网、250 ～ 300m 井距进行开发。

（5）单井产能标定：采穴油田单井产能确定为 6.0t/d。

（6）方案部署：①在 ES11 井区采用不规则注采井网部署开发井 13 口，其中利用老井 2 口（1 口转注）；新钻井 11 口，油井 9 口，注水井 3 口，设计年产油能力 2.25×10^4t。②在 ES20 井南部构造高部位，部署 1 口评价井，扩大油藏储量。

第三节　开发现状

到 2005 年底，由于没有实施注水，油田地层压力下降很快，主要有鄂深 11−1、鄂深 11−2 和鄂深 20 井继续生产，3 口井合计日产油 $3m^3$ 左右。采穴油田 2005 年年产油 2491t，累计产油 2945t，其中，鄂深 11−1 井的产油量占到 77.2%。

采穴油田日常生产管理工作由采油队负责，业务工作由生产技术科负责。

第二章

钻采与地面工程

第一节　钻井与完井

采穴油田具有与谢凤桥油田十分相似的油藏地质特征和开发特点，其钻井工程的发展、进步过程与谢凤桥油田钻井工程工艺、技术相同，不再重复。

第二节　采油工程

采穴油田具有与谢凤桥油田十分相似的油藏地质特征和开发特点，其采油工程的发展、进步过程与谢凤桥油田采油工程的工艺、技术、措施相同，不再重复。

第三节　地面工程

采穴油田油气集输于2004年开始建设，主要建高架罐集油点，建设在主要产油井附近，然后通过汽车拉油至石化厂。

油田采用地方农网供电。

油田钻了1口水源井以满足工业用水。

附　录

附录一　附　图

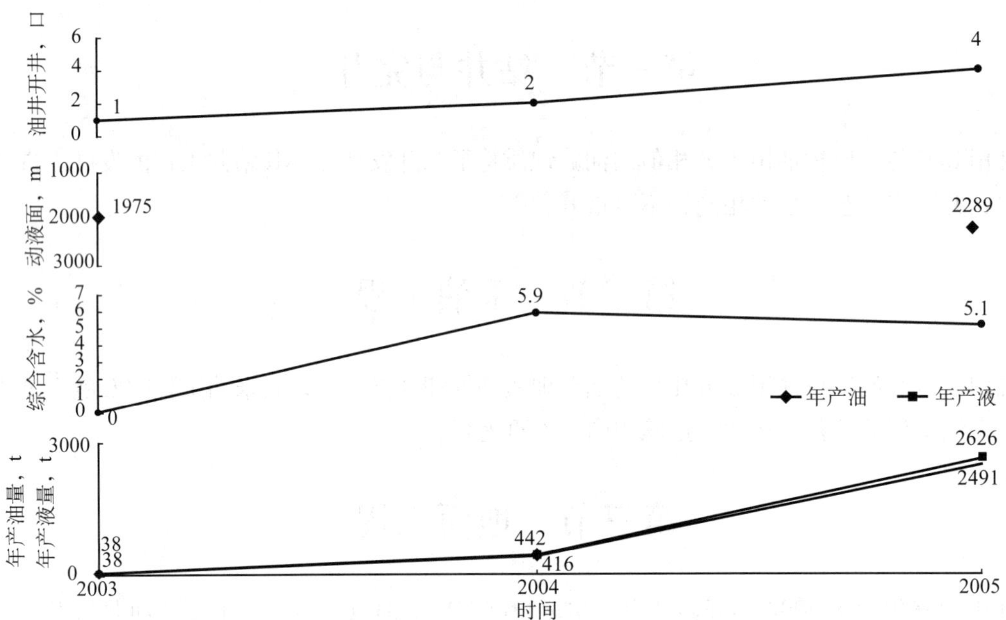

附图 1　采穴油田开采综合曲线图

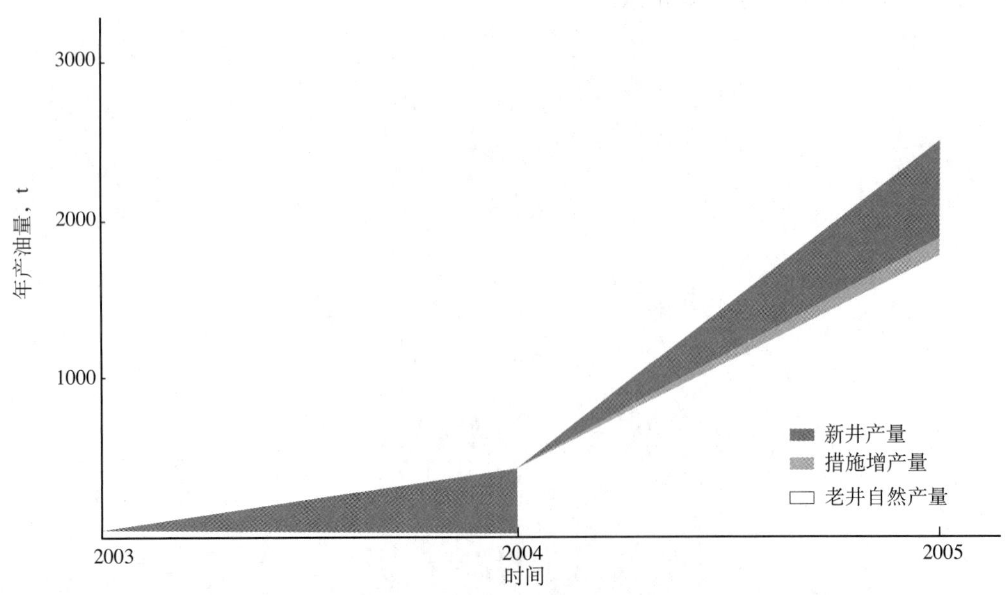

附图 2　采穴油田产量构成曲线

附录二 附表

附表 1 采穴油田综合地质数据表

层位	含油面积 km^2	地质储量 10^4t	油层中部深度 m	平均有效厚度 m	孔隙度 %	空气渗透率 mD	含油饱和度 %	地层温度 ℃	压力系数	原始地层压力 MPa	储层岩性	油藏类型	地层原油				地面原油					天然气		地层水		
													饱和压力 MPa	原始气油比 m^3/t	体积系数	地下黏度 mPa·s	密度 g/cm^3	黏度 mPa·s	凝固点 ℃	含蜡量 %	含硫量 %	相对密度	甲烷含量 %	水型	总矿化度 $10^4mg/L$	氯离子含量 $10^4mg/L$
K_2y2	1.88	214.35	2903	28.3	13.1	18.7	51.5 ~ 59.7	112.3	1.10	31.84	砂岩	特低渗透	—	—	—	—	0.820	15.3	30.7	21.06	0.64	—	—	$CaCl_2$	18.4 ~ 30.3	9.6 ~ 15.1

附表 2 采穴油田历年开采综合数据表

时间	油井		注水井		核实产油量		核实产水量		核实产液量		年末动液面 m	年末综合含水 %	注水量		注采比		动用石油地质储量 10^4t	地质采油速度 %	地质采出程度 %
	总井数 口	开井数 口	总井数 口	开井数 口	年 t	累计 t	年 t	累计 t	年 t	累计 t			年 10^4m^3	累计 10^4m^3	年	累计			
2003	1	1	0	0	38	38	0	0	38	38	1975	0	0	0	0	0	0	0.00	0.00
2004	2	2	0	0	416	454	26	26	442	480	—	0	0	0	0	0	0	0.02	0.02
2005	4	4	0	0	2491	2945	135	135	2626	3080	1608	21.3	0	0	0	0	0	0.12	0.14

注：采穴油田探明石油地质储量 214.35×10^4t，可采储量 35.63×10^4t。

附录三　人物名录

（一）历任主要领导

姓　名	任　期	单位	职务
于　泽	1997—1998	中南石油局江汉油气项目部	经理
姚席斌	1998—1999	中南石油局江汉油气项目部	经理
刘宪春	2000—2001	中南石油局江汉油气项目部	经理
谭振山	2002.1—2002.8	中南石油局松滋油田勘探开发指挥部	指挥长
易积正	2002.9—2003.6	中南石油局松滋油田勘探开发指挥部	指挥长
刘群海	2002.1—2003.6	中南石油局松滋油田勘探开发指挥部	书记
张素珍	2002.1—2003.6	中南石油局松滋油田勘探开发指挥部	总地质师
岑恩永	2002.1—2003.6	中南石油局松滋油田勘探开发指挥部	总工程师
程志强	2002.1—2003.6	中南石油局松滋油田勘探开发指挥部采油队	队长
卢亚平	2003.7—2005.12	中南石油局松滋油田采油厂	厂长
刘群海	2003.7—2005.12	中南石油局松滋油田采油厂	书记
程志强	2003.7—2005.12	中南石油局松滋油田采油厂	副总工程师
刘金林	2003.7—2005.12	中南石油局松滋油田采油厂采油队	队长
沈锁苟	2003.7—2005.12	中南石油局松滋油田采油厂采油队	书记

（二）劳动模范名录

时间	荣誉称号	授予单位	获奖人
2002	十佳职工	中南石油局	卢亚平
2004	优秀生产工人	中南石油局	张志敏
2005	优秀专业技术人员	中南石油局	张素珍
2005	优秀生产操作工作	中南石油局	钱利平

编号：18–026

丫角油田志

《丫角油田志》编纂组　编

张港镇
代河
钟市
王场
黄场
泽口
马王庙
三江
潜江
岳口
彭市镇
麻洋
毛嘴镇
毛场
夏市
广华
高场
浩口
积玉口
习家口
观音当
杨市
总口
拖市
杨场
潘场
通海口
白庙
熊口
龙湾
老新
徐李
渔洋
新沟
北口
荒湖农场
丫角油田
汉水
南河
通顺河
东荆河
渠前河
返湾湖
冯家湖
张家湖
大苏湖
借粮湖
田家湖
长湖
油田
地名
堤坝
县界
公路
河流

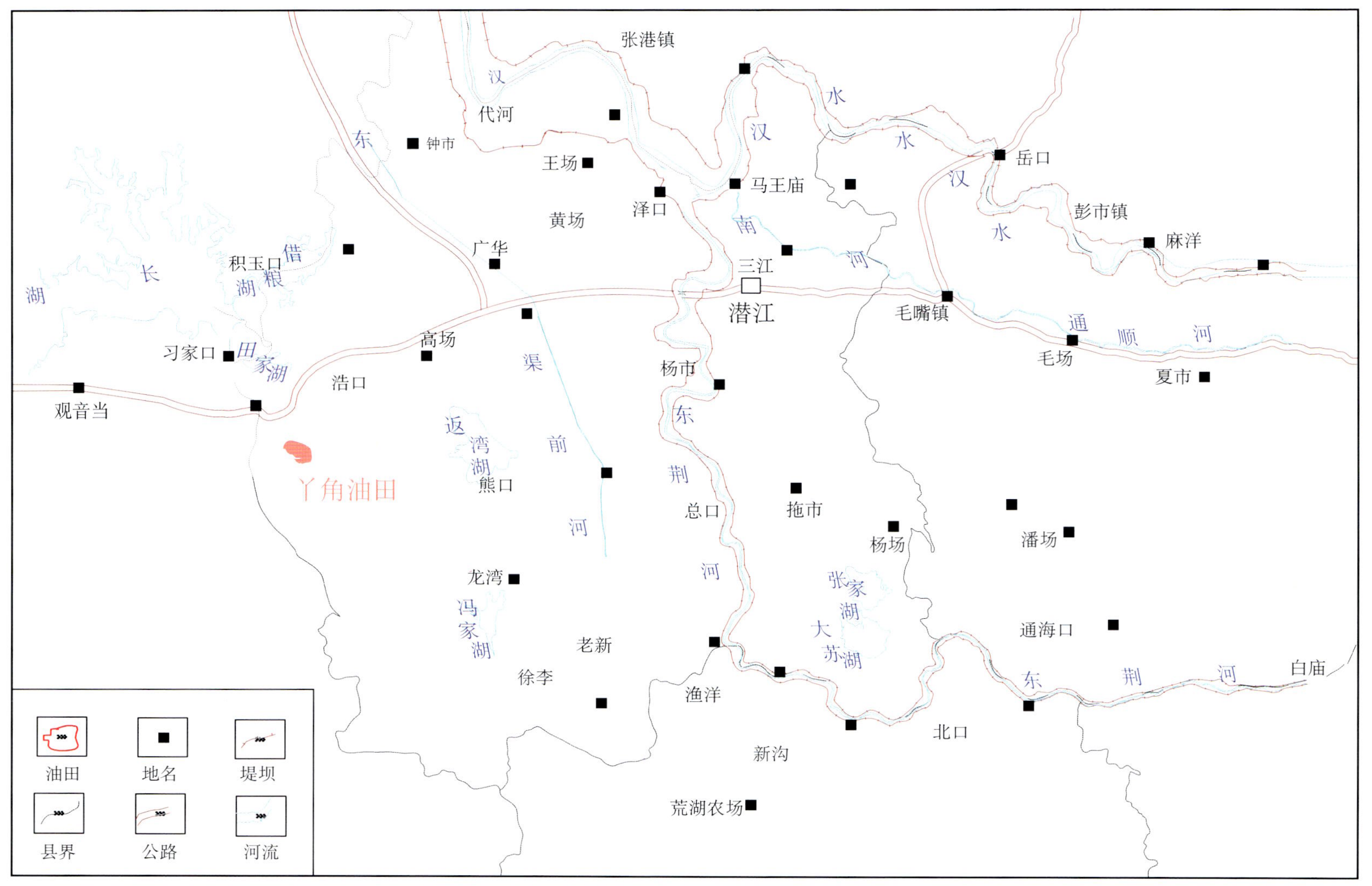

丫角油田地理位置图

概　述

丫角油田由中国石化江汉油田分公司江汉采油厂管理。位于湖北省潜江市三才乡丫角镇，区内自然条件较好，地势平坦，属平原地带，平均气温27℃，每年雨季在四月。农作物以水稻为主，油田内交通便利，矿区道路与318国道，宜黄高速公路相接。区内人口较多，主要从事农业生产，盛产稻、麦、苕、蔗、棉花等，被称为江南"鱼米之乡"。1983年投入开发。

一

丫角油田构造是一个小型平缓被正断层切割的短轴背斜，走向北西，被一组垂直于构造长轴呈雁行状排列的正断层切割。构造内共有多条近东西向的正断层，分为南掉和北掉两组（图1）。断层将油田切割成相对独立的三个含油区块：背斜北断块（丫40井区）、上阶梯区（丫10井区）、南部地垒区（丫2井区）。

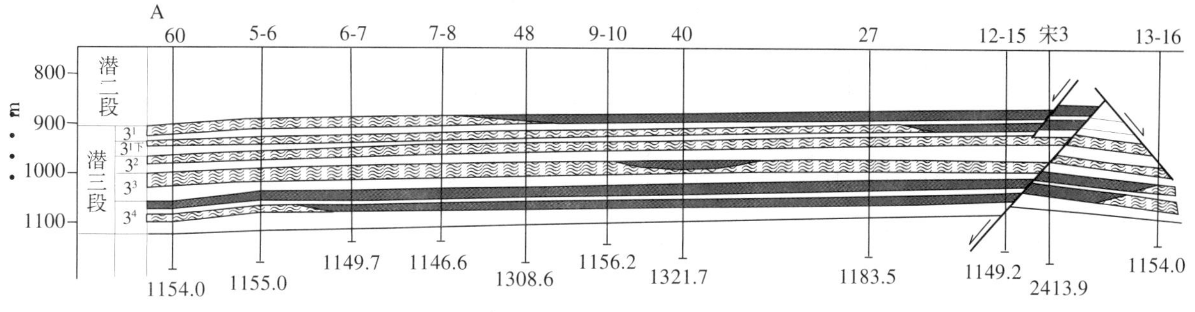

图1　丫角油田油藏剖面

油层属古近系潜三段。油藏埋藏深度880.2～1584.0m，油层分为四个油组（潜3^1、潜$3^{1下}$、潜3^3、潜3^4），九个含油小层，其中主力层潜$3^4_{1,2}$小层，油层单一，厚度小，主力油层平均有效厚度2.0m。储层的碎屑成分主要为陆源性的石英，长石次之，胶结类型以接触—孔隙式为主。储集层岩性以粗粉砂岩为主，少量泥灰岩和含鲕砂岩。平均孔隙度为20.3%，空气渗透率172mD，有效渗透率145mD（图2）。

丫角油田原油具有高密度、高黏度、高含硫的特点。平均相对密度为0.944，地面原油黏度为575mPa·s，含硫量3.89%，属普通稠油。丫角油田地层水总矿化度为21.2×10^4mg/L，Cl^-含量12.4×10^4mg/L，水型为Na_2SO_4。

丫角油田出油层位为古近系潜江组潜三段（潜3^1潜、潜$3^{1下}$、潜3^3、潜3^4）四个油组，主力油层为、3^4油组。油藏类型可分为四类，以构造油藏为主，其次为构造岩性油藏和岩性油藏、断层遮挡的岩性油藏、岩性上倾尖灭油藏。由于受断层及岩性影响，油水界面不统一，各油组有各自的油水界面。丫角油田地层温度为57.3℃，原始地层压力为10.49MPa。

丫角油田1985年经全国矿产储量委员会批准探明含油面积2.3km²，探明石油地质储量107×10^4t。2005年丫角油田储量仍为107×10^4t，已全部动用，标定采收率10.1%，可采储量10.8×10^4t。

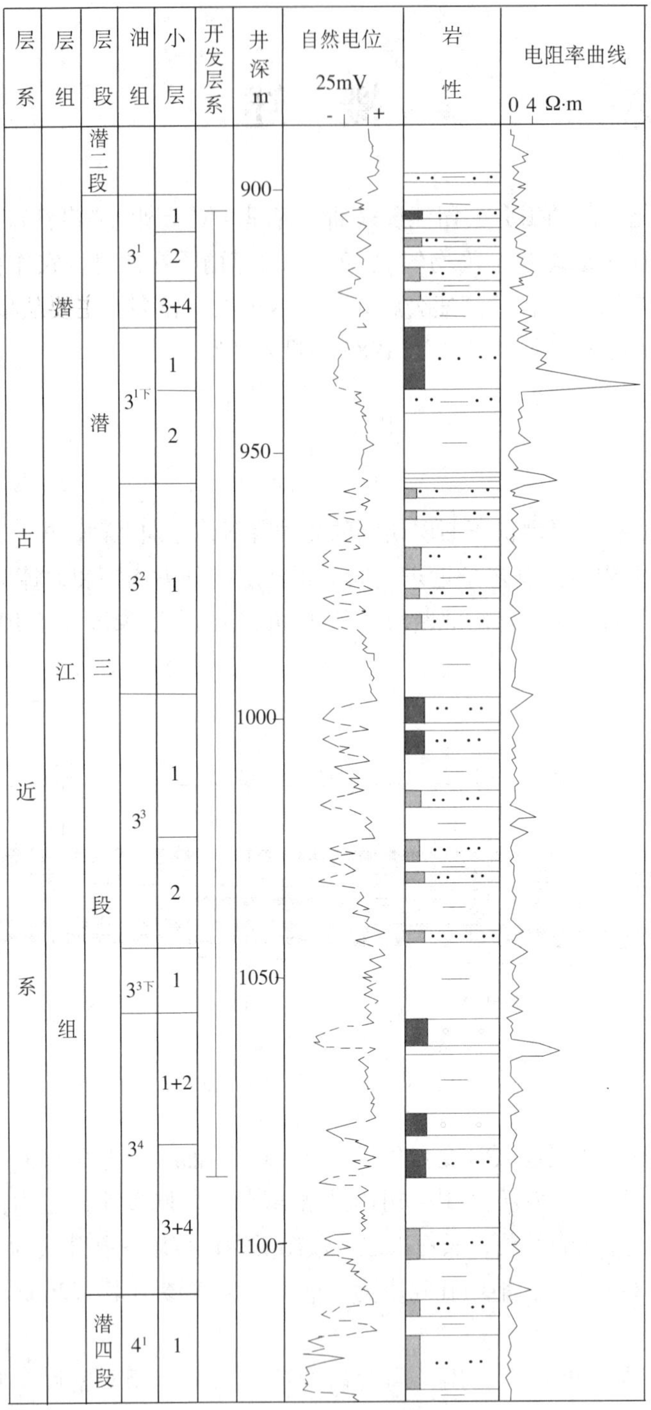

层系	层组	层段	油组	小层
古近系	潜江组	潜二段		
		潜三段	3^1	1
				2
				3+4
			$3^{1下}$	1
				2
			3^2	1
			3^3	1
				2
			$3^{3下}$	1
			3^4	1+2
				3+4
		潜四段	4^1	1

图 2　丫角油田柱状剖面图

二

丫角背斜构造是 20 世纪 60 年代江汉盆地勘探早期由地质部普查发现的。1965 年地震发现丫角构造，1966 年钻探的丫 1 井和江深 7 井由于部位较低，未发现油层。1970 年 3 月完钻的丫 2 井在潜江组试油获日产 2.2t 工业油流，从而发现了丫角油田。

大事记

1970年

3月　追踪江深3井和丫1井油层，钻探丫2井，4月9日经测试获工业油流。

1973年

是年　在丫10井进行稠油开采试验。

1982年

是年　建成丫角拉油站。

1983年

是年　建成7口井，当年原油生产能力3000t。

1987年

是年　编制《丫角油田注水实施方案》，计划建成生产井24口，注水井7口。首次在丫10井采用了空心抽油杆（$1^1/_2$in油管）井筒热水循环抽稠油工艺，减轻了抽油杆断脱现象，延长了检泵周期，收到了较好效果。

1988年

是年　建成丫角注水站，丫角油田开始投入注水开发。

1993年

是年　Ⅲ型脱接器和抽油杆防脱器广泛应用于深抽杆柱，丫角油田在Y6–7首次下入防断脱器，下井成功率100%，工艺成功率98%。

第一章

油田开发

第一节 开发历程

丫角油田1983年投入开发至2005年底，经历了三个阶段（图1-1）。

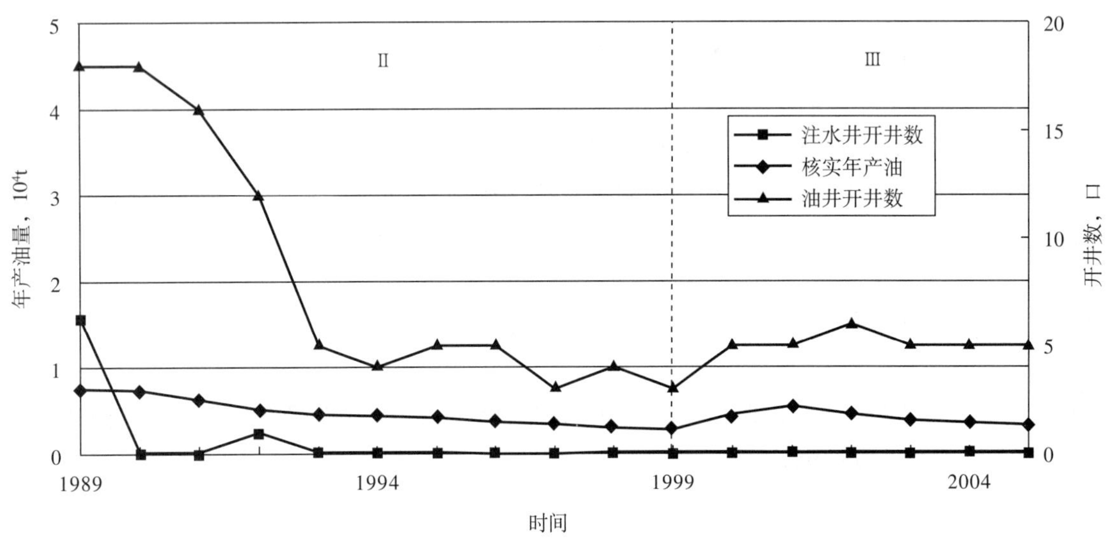

图1-1 丫角油田开发阶段划分图

1983年至1988年为天然能量开采阶段。1983年3月到1988年丫角油田利用天然能量，采用井筒热水循环降黏及井口加药掺水降粘工艺，先后对7口探井投入试采。

1988年至1999年为注水开发阶段。1987年由研究院开发室丁淑君、邵伦燧编写，杨寿山审核，罗杨棣批准了《丫角油田注水实施方案》。方案要求按一套开发层系，以机械采油方式进行生产，采用化学添加剂井筒降黏，注水方式为环状注水。考虑到稠油开采经济效益低，井口和地面流程建设成本高，采用分期建设，逐步扩大生产范围的原则，先完善丫27井区，再扩建丫48井区，规划二年内建成生产井24口，注水井7口。

实施结果：1988—1989年共新钻油井13口，共钻注水井7口，此后在1992年又钻水井2口；使丫角油田形成生产井20口，注水井9口的生产规模，1988年6月投入注水开发，年产油量由1987年的1828t上升到1989年的7832t。

通过对丫角油田的注水开发，得出其开发特征。

（1）油井产量低。1988年投入全面开发，由于受地质条件限制，一直低速开采，1989年底平均单井日产油就仅有1.1t。

（2）含水高。开采初期含水就达到 84.6%，开发不到三年含水就超过 90%，1991 年综合含水达到 91.3%。

（3）注水不见效。丫角油田有边水但不活跃，属弹性水压驱动。虽然投入注水开发，采用边缘注水方式，且注采比一直保持在 1 以上，累积注采比 1.16，但丫角油田注水见效不明显，油井一直低产、高含水、动液面较深，没有明显的注水见效阶段，也没有注水见效特别明显的井组。由于油井含水上升快，注水井陆续停注，仅在局部井组少量注水。

丫角油田在此阶段一直处于低速开采状况，未进行过大的调整。

1999 年至 2005 年为精细开发阶段。在此阶段，主要是针对一些低液、低产井，进行补层酸化增产措施，取得了一定的效果。如丫 9–10 井、丫 12–13 井、丫 12–14 井长期低产、低液，2000 年 7 月对这些井进行补层酸化，日产油由 1.5t 上升到 10t。另外对于注水效果不好的油井，在油井采取长冲程，慢冲次，在局部井区根据动态分析成果，有目的的小水量分注，提高排液量，见到效果。

第二节　开发现状

截至 2005 年底，累计探明含油面积 2.3km^2，地质储量 107 × 10^{4}t，是内陆盐湖沉积背景下形成的一个小型油田。丫角油田由采油十七队管理，目前有生产井 6 口，油田开井 5 口，核实日产油 9t，平均单井日产油 1.7t，综合含水 94.7%，核实年产油 0.33 × 10^{4}t，核实累计产油 9.45 × 10^{4}t，地质储量采油速度 0.29%，采出程度 8.83%，无注水井，累计注水 117.91 × 10^{4}m^3。

第二章

钻采与地面工程

第一节　钻井与完井

勘探开发初期，钻井方式采用吊打防偏直井技术，钻井周期长。1988 年以后采用复合定向钻进技术，并结合使用 PDC 钻头，提高了钻进速率，使单井钻井周期从原来的 30 天缩短至 10 天（井深 1300m）。钻井液体系采用分段设计，一开使用淡水泥浆钻井液，密度小于 1.1g/cm^3。二开至井底使用饱和盐水钻井液。

油田均使用套管完井方式。井身结构采用常规的二级套管结构，即 ϕ339.7mm 表层套管 +ϕ139.7mm 油层套管。由于无异常压力地层，固井采用常规固井技术。射孔最初采用的是 57−103 枪，1988 年推广使用了 WS−73 枪，1989 年以后推广应用 YD−89 枪。射孔方式有负压射孔和正压射孔，射孔液为清水。

第二节　采油工程

丫角油田开发初期开采工艺采用小冲程有杆泵采油；配套抽油机采用 CYJ5−3−26B 和 CYJ10−3312 型两种抽油机，冲程以 1.7m、2 .1m 和 2 .4m 为主，冲次多选 6 ～ 9 次 / min。抽油泵主要选用 ϕ38mm 和 ϕ32mm 的管式泵。抽油杆选用 D 级杆。

丫角油田属于稠油油藏，日常采用向井筒添加降黏剂降黏生产。为提高其采收率，不断研究配套工艺。随着对稠油油藏开发研究工作的不断深入，油田抽稠油工艺技术逐步得到提高。1987 年，首次在丫 10 井，采用了空心抽油杆（$1^1/_2$in 油管）井筒热水循环抽稠油工艺，减轻了抽油杆断脱现象，延长了检泵周期，收到了较好效果，由此奠定了稠油开发配套工艺良好的基础。

20 世纪 90 年代后，丫角油田产量递减速度加快，综合含水上升，油井供液能量不足，生产难度加大，机械采油工艺采用加深泵挂的方式进行深抽，放大压差生产。

1993 年Ⅲ型脱接器和抽油杆防脱器广泛应用于深抽杆柱，丫角油田在 Y6−7 首次下入防断脱器，下井成功率 100%，工艺成功率 98%。

进入 2000 年后，为了进一步深挖油田潜力，充分利用油藏资源，针对江汉油田稠油开采中存在的工艺技术不配套，在该油田稠油开采中采用长冲程、慢冲次的常规开采方法，运用调速电机技术，以满足稠油开采低冲次的要求，在丫 6−10、丫 13−14 和丫 13 井上应用，均能满足现场要求，取得良好效果。

开发初期主要对象是鱼子状灰岩地层，酸化是试油的重要手段，主要应用的酸液为盐酸。1972 年，在丫角油田酸化 23 口 27 层，酸化后得到日产 0.5t 以上工业油流的有 18 层，日产 3t 以上的有 3 层，最高的丫 40 井日产 8.3t。1983 年以后开发的对象转向砂岩油藏，酸化主要以土酸为主，由于开发井较少，酸化应用不多，1983—1988 年酸化 7 井次。1988 年针对丫角油田油稠，应用了胶束酸酸化，在丫角油田应用 2 口井，效果不好，未推广应用。

油田开发进入中高含水期后，应开展了油井找水、堵水工作，应用不多，采用封隔器找、堵水。主要应用了以江 252−1 封隔器为核心的堵水管柱堵水，共应用 8 井次，成功 7 井次。

修井主要解决复杂的打捞问题。先摸清井内落物的形状，再选择或制作合适的打捞工具。1983 年 4 月在丫 10 井起管过程中释放接头脱扣，落井，下捞矛，捞出全部油管。

第三节　注水工程

丫角油田注水初期，以笼统注水为主，分层注水方式为辅。

1988 年，丫角油田有注水井 6 口，笼统注水井 4 口，分层注水井 2 口。全井注水主要采用光管注水，分层注水采用“空心配水器 +752−6 封隔器 +952−1 阀 + 筛管丝堵”管柱组合。

2001 年由于套管漏，分注井关井。

2002 年以后，丫角油田所有注水井采用笼统注水。

第四节　地面工程

一、集输系统

丫角油田属边远分散小断块油田，离主力油田远，油气集输无法纳入系统管理，只能采用拉油方式，采出液拉至集中处理站处理。

主要集输工艺是：井上来液→压力沉降罐→高架罐→装车外运广华联合站。

丫角油田油品性质差，具有高密度、高黏度、高含硫的特点。1975 年 11 月，建丫角计量站，采用二管掺水，常温输油，活塞量油器计量，自压进接转站。

1982 年，丫角稠油开采，建井 4 口，新建丫角计量拉油站。井口采出液自压至拉油站，采用三管伴热流程。

1983 年 4 月，丫角稠油开采工程基本建成投入使用，建成计量阀组，站内外工艺管网配套。

1988 年 1 月，因原丫角稠油试验站，由油田开发公司自己设计，油建施工，限于当时的情况，站内平面布置多处不符合的关规范，对原老站进行改造完善、扩建。

2000 年 10 月，丫角站改造：采用压力沉降脱水，高架油罐自流装车，污水就地处理回注。

截至 2005 年，丫角油田建成拉油站 1 座，设计拉油能力 2×10^4t/a，原油沉降脱水能力 21.9×10^4t/a，实际脱水处理 6.0×10^4t/a。建有 1 条集油管线，总长 3.5km，单井油管线 3.0km。

二、注水系统

为了配合油田开发需要，1988 年在丫角油田建注水站一座——丫角注水站，由江汉石油勘察设计研究院负责施工设计。为了对注入水水质进行处理，考虑投加“三防”药剂，由加药泵抽吸配药池内配制好的溶液至加药点。随着油田不断发展，产量递减，含水上升，油田采出水未能得到处理。20 世纪 90 年代中期，为了对油田采出水进行处理，丫角油田进行了污水回灌工程，丫角站改造成了污水回灌站。

2005年12月，丫角注（污）水站有各类泵7台，各类罐4具，总罐容290m^3，注水干线4条，总长1080m；注水站辖4口注水井，全部为污水回灌井，日回灌量为150m^3，回灌压力7MPa。

三、配套工程

丫角油田供电电源为油田35kV丫角变6kV微波线，共安装变压器9台，总容量为1175kV·A。

生产、生活用水取自1987年7月打的1口深176m，日产水量1920m^{3}的地下水源井。

附　录

附录一　附　图

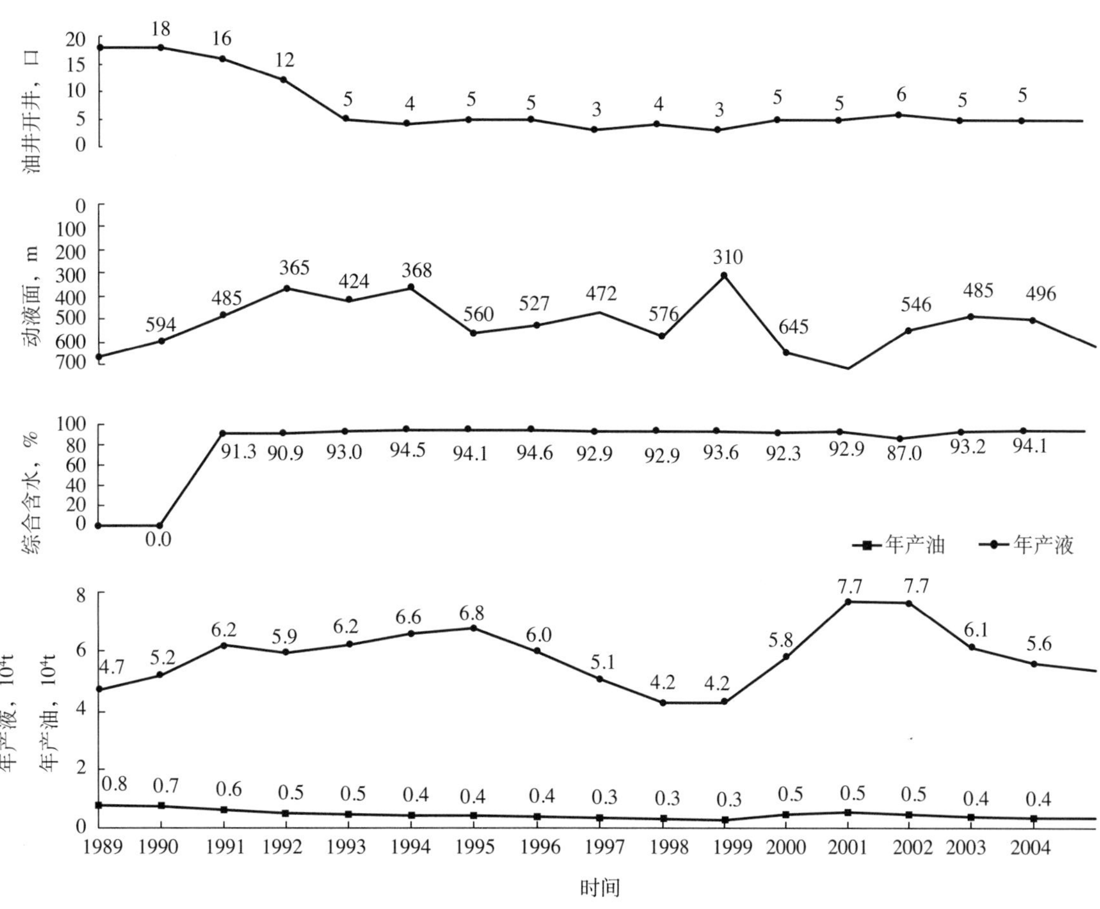

附图 1　丫角油田开采综合曲线图

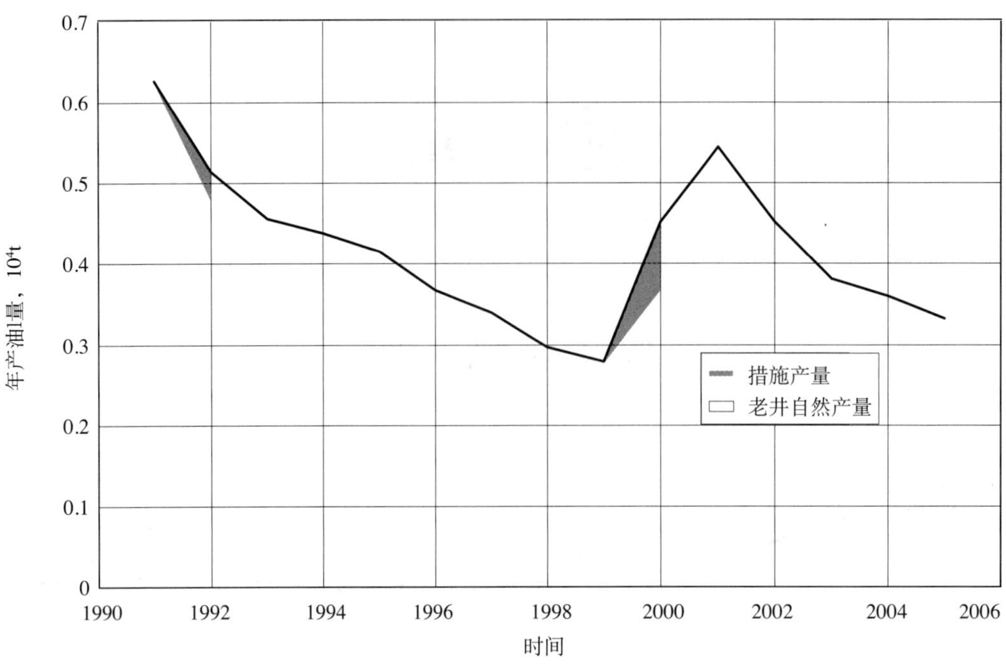

附图 2　丫角油田产量构成曲线图

附录二　附　表

附表 1　丫角油田综合地质数据表

含油面积 km^2	地质储量 10^4t	层位	油层埋藏深度 m	平均有效厚度 m	孔隙度 %	空气渗透率 mD	含油饱和度 %	地层温度 ℃	压力系数	原始地层压力 MPa	地层原油				地面原油					天然气		地层水		
											饱和压力 MPa	原始气油比 m^3/t	体积系数	地下黏度 mPa·s	密度 g/cm^3	黏度 mPa·s	凝固点 ℃	含蜡量 %	含硫量 %	相对密度	甲烷含量 %	水型	总矿化度 $10^4mg/L$	氯离子含量 $10^4mg/L$
2.30	107.0	Eq	1505	3.9	22.1	172	65.0	57.3	0.84	10.49	—	—	1.030	—	0.944	575.0	28.5	9.3	—	—	—	Na_2SO_4	21.2	12.4

附表 2　丫角油田开采综合数据表

时间	动用地质储量	油井		注水井		核实产油量		核实产水量		核实产液量		年末动液面 m	年末综合含水 %	注水量		注采比		地质采油速度 %	地质采出程度 %
		总井数 口	开井数 口	总井数 口	开井数 口	年 10^4t	累计 10^4t	年 10^4t	累计 10^4t	年 10^4t	累计 10^4t			年 10^4m^3	累计 10^4m^3	年末	累计		
1989	107	18	18	6	6	0.75	2.45	3.91	6.71	4.66	6.36	—	0	6.93	10.4013	1.3	1.04	0.7	2.29
1990	107	18	18	0	0	0.74	3.19	4.44	11.15	5.18	7.63	—	0	0.78	17.3506	0.92	1.13	0.69	2.98
1991	107	17	16	0	0	0.63	3.81	5.57	16.72	6.19	9.38	—	91.3	5.90	23.2517	1.37	1.08	0.59	3.56
1992	107	15	12	1	1	0.51	4.33	5.42	22.14	5.93	9.74	—	90.91	6.19	29.443	1.32	1.07	0.48	4.05
1993	107	6	5	0	0	0.46	4.78	5.74	27.87	6.20	10.52	—	93.01	6.14	35.5838	1.08	1.06	0.43	4.47
1994	107	6	4	0	0	0.44	5.22	6.14	34.02	6.58	11.37	—	94.45	6.87	42.4563	1.27	1.07	0.41	4.88
1995	107	6	5	0	0	0.42	5.64	6.35	40.37	6.76	11.99	—	94.14	7.65	50.1068	1.22	1.09	0.39	5.27
1996	107	6	5	0	0	0.37	6.01	5.62	45.98	5.98	11.62	—	94.6	7.27	57.3759	1.55	1.1	0.34	5.61
1997	107	6	3	0	0	0.34	6.35	4.71	50.70	5.05	11.06	—	92.94	6.66	64.0375	1.46	1.14	0.32	5.93
1998	107	6	4	0	0	0.30	6.64	3.94	54.64	4.24	10.59	—	92.85	6.37	70.41	1.61	1.17	0.25	6.21
1999	107	6	3	0	0	0.28	6.92	3.96	58.60	4.24	10.88	—	93.64	6.75	77.1601	2.06	−0.01	3.29	6.47
2000	107	6	5	0	0	0.45	7.37	5.33	63.93	5.78	12.70	875	92.31	7.29	84.4527	1.03	1.2	0.47	6.89
2001	107	6	5	0	0	0.54	7.92	7.16	71.09	7.71	15.08	914	92.93	8.33	92.7814	1.09	1.18	0.4	7.4
2002	107	7	6	0	0	0.45	8.37	7.20	78.30	7.65	15.57	840	86.95	7.66	100.4393	0.8	1.16	0.98	8.04

续表

时间	动用地质储量	油井		注水井		核实产油量		核实产水量		核实产液量		年末动液面 m	年末综合含水 %	注水量		注采比		地质采油速度 %	地质采出程度 %
		总井数 口	开井数 口	总井数 口	开井数 口	年 10^4t	累计 10^4t	年 10^4t	累计 10^4t	年 10^4t	累计 10^4t			年 10^4m^3	累计 10^4m^3	年末	累计		
2003	107	6	5	0	0	0.38	8.75	5.74	84.04	6.12	14.50	794	93.23	7.10	107.5412	1.44	1.17	0.37	8.18
2004	107	6	5	0	0	0.36	9.11	5.23	89.26	5.59	14.34	844	94.05	6.05	113.5939	0.93	1.17	0.34	8.52
2005	107	6	5	0	0	0.33	9.45	5.05	94.31	5.38	14.49	927	94.75	4.31	117.9088	0.94	1.16	0.29	8.83

编号：18-027

八岭山油田志

《八岭山油田志》编纂组　编

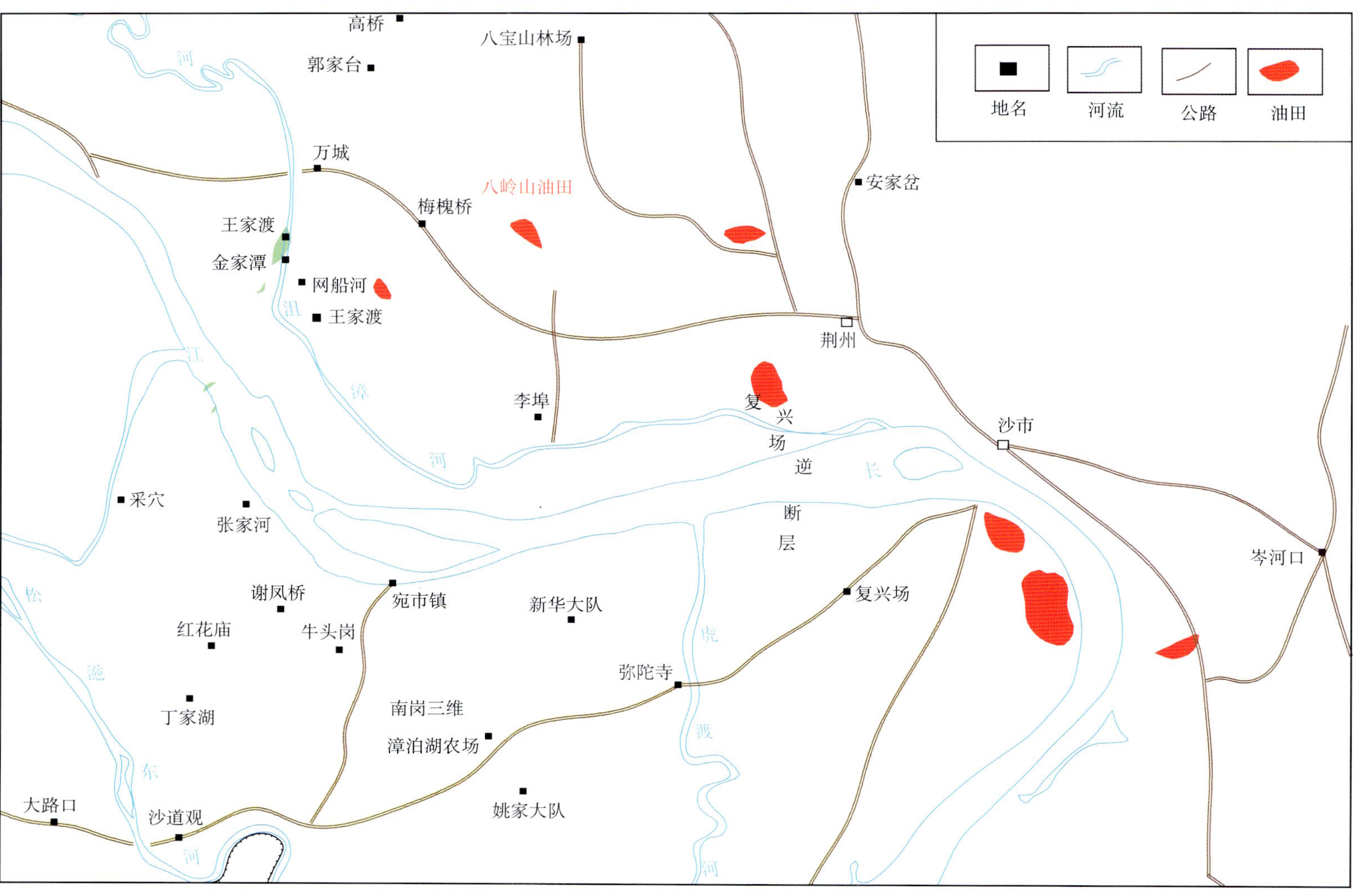

八岭山油田地理位置图

-2200
-2100
-2000
-1900
陵56
-1300
-1200
-1100
陵722
陵72
陵72-1
-1200
-1300
-1400
-1500
陵4
陵53
-2200
-2300
-1950
构造等值线，m
井位
正断层
探明含油面积

八岭山油田构造井位图

《八岭山油田志》编纂委员会

主　任：胡德高

副主任：夏志刚

成　员：刘孔章　贺　春　刘敬尧

《八岭山油田志》编纂组

组　长：魏黎芝

成　员：李波峰　胡云鹏　刘　玉　张建国　袁玲想　余　英
申修志

《八岭山油田志》审核人员

初审人：夏志刚　刘孔章　贺　春

复审人：李渝生　洪志一　赵云山　罗秋林

本志目录

概　述

八岭山油田位于湖北省荆州市江陵区境内，宜黄高速公路从油田旁边经过，地面为平原，农田和一些小的山丘。其西北和东南面分别有万城、荆西和花园油田。构造位置位于荆沙背斜带西北端的八岭山断背斜构造上，1995 年 3 月钻探陵 72 井获工业油流发现八岭山油田，先后有 3 口井投入试采，未正式开发。现由中国石化江汉油田分公司广华作业区采油九队管理。

一

八岭山油田构造处于江汉盆地江陵凹陷荆沙背斜带西北端的八岭山断背斜构造上。不同级次的断层将其切割成复杂的断背斜带，形成若干复杂的断鼻或断块，马跑泉断鼻（陵 72 区块）位于断背斜较高部位。

1995 年由江汉油田分公司勘探开发研究院编制了陵 72 区块构造图，认为八岭山陵 72 区块是呈南、北走向的断背斜构造，有南、北两高点，陵 72 区块位于北高点（图 1）。

2005 年运用新施工的李埠三维地震资料，江汉油田分公司勘探开发研究院重新编制了陵 72 区块构造图，构造发生了校大变化，陵 72 区块由①号、②号、③号三条断层封闭而形成的断块构造，构造比较平缓，地层倾角一般小于 16°，构造闭合高度大于 200m，高点埋深 1240m，圈闭面积 1.13km^2（图 2）。

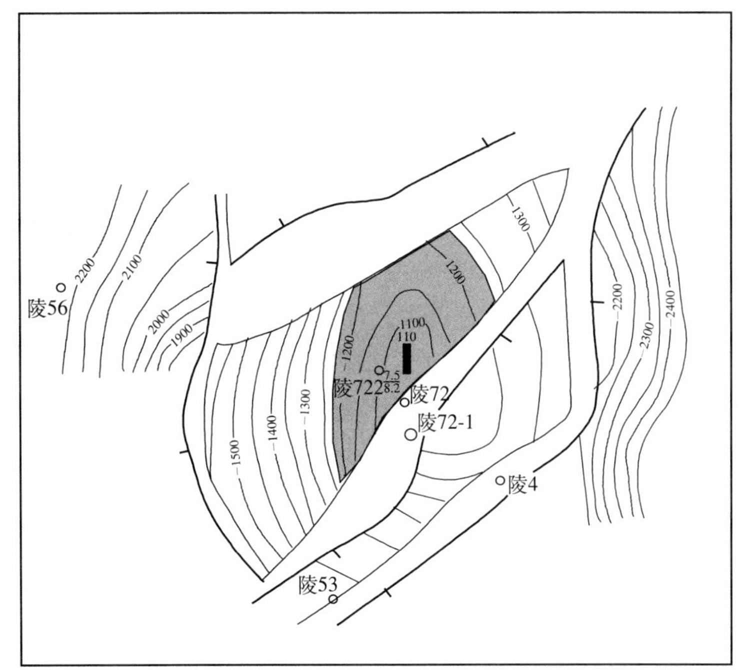

图 1　陵 72 区块大膏层顶面构造图 (1995 年)

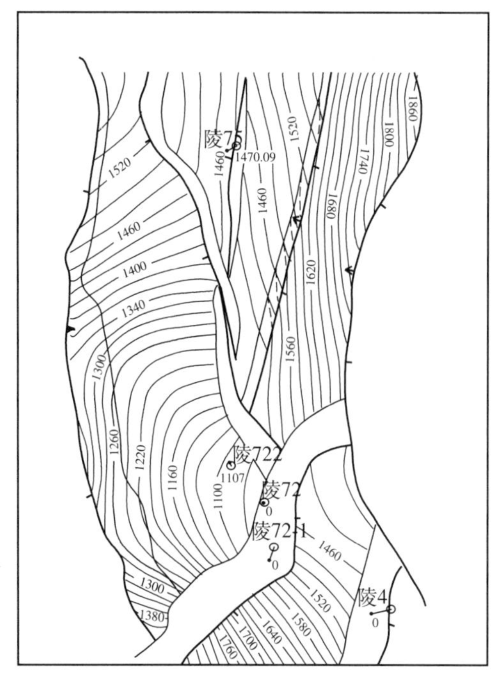

图 2　陵 72 区块新下 1 油组顶面构造图 (2005 年)

八岭山构造紧邻北部马山物源入口处，属三角洲前缘亚相沉积体系，地层自上而下为第四系平原组、新近系广华寺组、古近系荆河镇组、潜江组、荆沙组、新沟嘴组上段 (Ex 上)、新沟嘴组下段 (Ex

下），其中 Ex 下又分为大膏层、Ex 下Ⅰ油组、Ex 下Ⅱ油组、泥隔层、Ex 下Ⅲ油组、沙市组。本井块含油层位是 Ex 上和 Ex 下Ⅰ、Ⅱ油组。油层埋藏深度 989.4 ～ 1271.2m，油层平均中深 1183.4m。砂岩较为发育，单层厚一般为 2 ～ 5m。

储层为古近系新沟嘴组，岩性以长石砂岩为主；胶结物含量平均 12.37%，以碳酸盐及硬石膏为主，次为方沸石和黄铁矿；胶结类型以孔隙、接触式胶结为主，次为基底、压嵌、次生加大式胶结；黏土矿物平均含量 1.75%，主要为以伊利石、绿泥石和伊 / 蒙混层组合为主；储层平均孔隙度 11.25%，渗透率平均 4.13mD；该区储层具中等水敏、弱速敏、无酸敏、弱盐敏的特征。

从陵 722 井新下[1]油组 2 块样品试验分析，油层的自吸水量占孔隙体积的 13.63%，自吸油量占孔隙体积的 2.36%，相对渗透率曲线上油、水两相交叉点的含水饱和度为 0.4965，油水两相流动范围为 0.3404 ～ 0.5516，为亲水油藏，相对渗透率曲线计算的无水期驱油效率为 0.1987，最终驱油效率为 0.3109。

原油性质好，地面原油密度 0.839 g/cm^3，地面原油黏度 8.05 mPa·s，含硫 0.12% ～ 0.14%，凝固点 28℃。地层原油密度 0.787g/cm^3，黏度 3.7mPa·s，体积系数 1.094，气油比 24.0m^3/t，饱和压力 4.3MPa，压力系数 1.03。

地层水矿化度较高，总矿化度 14.90×10^4mg/L，氯离子含量高，为 8.97×10^4mg/L，水型为 $CaCl_2$ 型。

天然气为溶解气，重烃含量较高，为 50.21%，甲烷含量为 42.75%，氮气含量为 6.62%，二氧化碳含量为 0.43%。

油藏原始地层压力 11.1MPa，饱和压力为 4.3 MPa，地层温度 64.6℃。油气分布主要受断层和构造控制，油藏类型以断层遮挡的断鼻构造油藏为主，天然能量微弱。

八岭山油田，1995 年经全国储委批准探明原油地质储量 28.00×10^4t，含油面积 0.60km^2，1997 年在地质分析研究的基础上，对整个区块重新计算了储量，全国储委批准探明含油面积 1.20km^2，石油地质储量 66.00×10^4t，标定采收率 20.0%，可采储量 13.20×10^4t。

二

八岭山油田区域构造属于江汉盆地江陵凹陷荆沙背斜带，油气勘探工作始于 20 世纪 60 年代，由于没有重大发现，70 年代初期停止了勘探工作，转入室内研究。90 年代又重上勘探，1992 年底在八岭山构造完成二维地震勘探，通过和美国埃克森和墨比尔石油公司进行合作，对上述地震资料重新处理和解释，落实了四个四级圈闭。1995 年 3 月在八岭山构造马跑泉断鼻高部位钻探陵 72 井，于 1995 年 8 月 1 日在新沟嘴组下段Ⅱ油组获日产 3.8t 的工业油流，从而发现了八岭山油田。

第一章

油 田 开 发

从1995年投产到2005年，先后钻井4口，其中3口井获工业油流，投入试采。

第一节　开发历程

陵72井于1995年8月3日投入试采，初期日产油量1.7t，不含水，到2005年12月，累计产油3755t，累计产水155m^3。

1996年8月完钻陵722井，在新沟嘴组上段和下段I油组钻遇油层9.6m/3层，试油获3.5t/d的工业油流，1996年9月11日投入试采，初期日产油量3.9t，不含水，到2005年12月，累计产油4607t，累计产水195m^3。

2005年10月完钻的陵72-3井，在下段I油组钻遇油层12.4m/2层，试油获9.0t/d的工业油流，2005年10月25日投产，初期日产油9.0t，到2005年12月，累计产油543t，累计产水25m^3。

第二节　开发现状

截至2005年12月，八岭山油田共有采油井3口，开井3口，日产油量11t，累计产油9737t，累计产水335t，综合含水1.93%。

第二章

钻采与地面工程

第一节 钻井与完井

钻井方式采用转盘加井下动力钻具的复合钻井技术，后引进使用高效PDC钻头，提高了机械钻速，缩短了钻井周期。钻井液使用饱和盐水泥浆，考虑新沟嘴组地层的水敏性问题，应用自主研发的聚合物防塌剂，成功解决了地层水敏和垮塌问题；同时在钻井液中加入润滑剂降摩阻防卡钻。

油田均采用套管完井方式。井身结构多采用常规的二级套管结构，即ϕ339.7mm表层套管+ϕ139.7mm油层套管。因无异常压力地层，固井采用常规固井技术。

1995年陵72井射孔使用YD-89枪，后由于压裂和酸化等措施需要，为增加孔数和穿透深度，推广和应用了YD-102枪配用127弹。射孔方式为正压射孔。射孔液考虑储层水敏特点，采用活性水。

第二节 采油工程

该油田地质构造复杂，在机采配套工艺上采用小泵径、小工作参数。由于地层出砂严重，均采用ϕ38mm倒置式防砂泵；抽油杆柱采用耐磨性较好的H级抽油杆组合。

开发初期就应用了压裂改造油层，应用井次较少，主要应用了田菁压裂液，压裂车组采用千型压裂车组，施工排量达到2.5～3m^3/min，应用了ZH封隔器，全井加石英砂。1995年7月在陵72井应用，单井加砂8.5m^3，平均砂液比22%，未取得明显效果。

第三节 地面工程

1995年八岭山油田投入开发，井口采出液自压进高架油罐自流装车，开式流程。

1995年3月，新建陵72单井拉油点。

2005年10月，新建陵72-3单井拉油点。

供电工程投产时用2台200kW柴油发电机作为电源，其中一台为备用，2002年9月从荆州市荆城供电分局八岭供电所秘市变电站22开关出线的民兵训练基地支线24$^{\#}$杆T接，架设550m10kV线路，安装1台100kV·A变压器作为该油田电源。

附　录

附录一　附　图

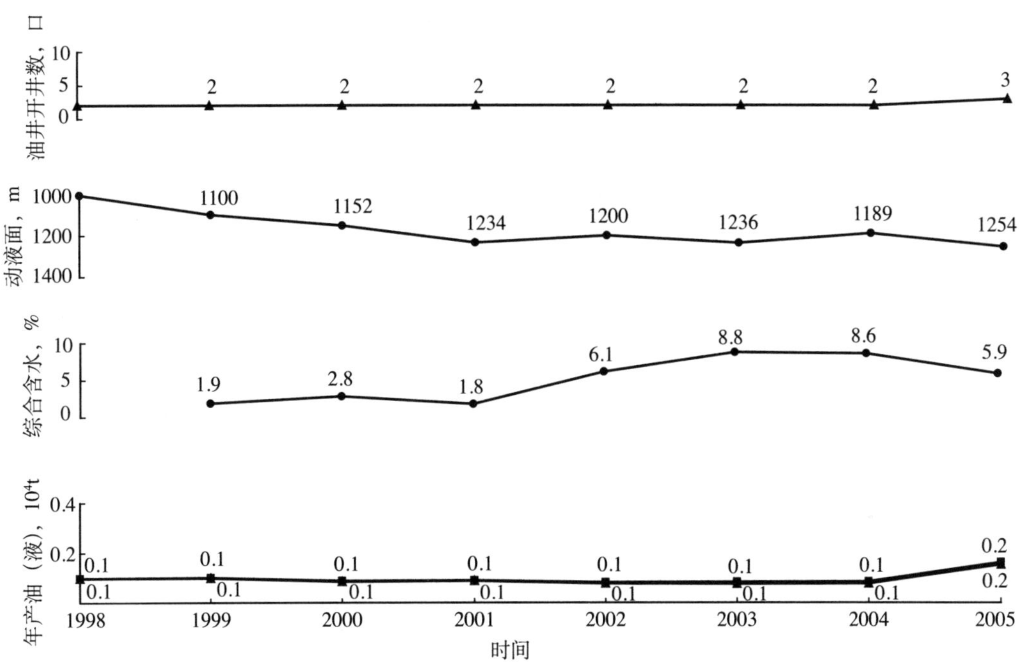

八岭山油田开采综合曲线图

附录二 附 表

附表 1 八岭山油田综合地质数据表

含油面积 km²	地质储量 10^4t	层位	油层埋藏深度 m	平均有效厚度 m	孔隙度 %	空气渗透率 mD	含油饱和度 %	地层温度 ℃	压力系数	原始地层压力 MPa	地层原油				地面原油					天然气		地层水		
											饱和压力 MPa	原始气油比 m³/t	体积系数	地下黏度 mPa·s	密度 g/cm³	黏度 mPa·s	凝固点 ℃	含蜡量 %	含硫量 %	相对密度	甲烷含量 %	水型	总矿化度 10^4mg/L	氯离子含量 10^4mg/L
1.2	66	E_x下 I E_x下 I 、II	989.4 ~ 1271.2	6.8	11	4.13	65	64.6	1.03	11.1	4.3	24	1.094	3.7	0.841	8.05	28	—	0.14	50.21	42.75	$CaCl_2$	14.8	8.9

附表 2 八岭山油田开采综合数据表

时间	油井		注水井		核实产油量		核实产水量		核实产液量		年末动液面 m	年末综合含水 %
	总井数 口	开井数 口	总井数 口	开井数 口	年 10^4t	累计 10^4t	年 10^4t	累计 10^4t	年 10^4t	累计 10^4t		
1998	2	2	—	—	0.01	0.31	—	—	0.01	0.31	1005	—
1999	2	2	—	—	0.01	0.41	—	—	0.01	0.41	1100	1.9
2000	2	2	—	—	0.09	0.50	—	—	0.09	0.50	1152	2.8
2001	2	2	—	—	0.09	0.59	—	—	0.09	0.59	1234	1.8
2002	2	2	—	—	0.08	0.66	—	—	0.08	0.66	1200	6.1
2003	2	2	—	—	0.08	0.74	—	—	0.08	0.74	1236	8.8
2004	2	2	—	—	0.08	0.82	—	—	0.08	0.82	1189	8.6
2005	3	3	—	—	0.15	0.97	—	—	0.15	0.97	1254	5.9

编号：18—028

光明台油田志

《光明台油田志》编纂组　编

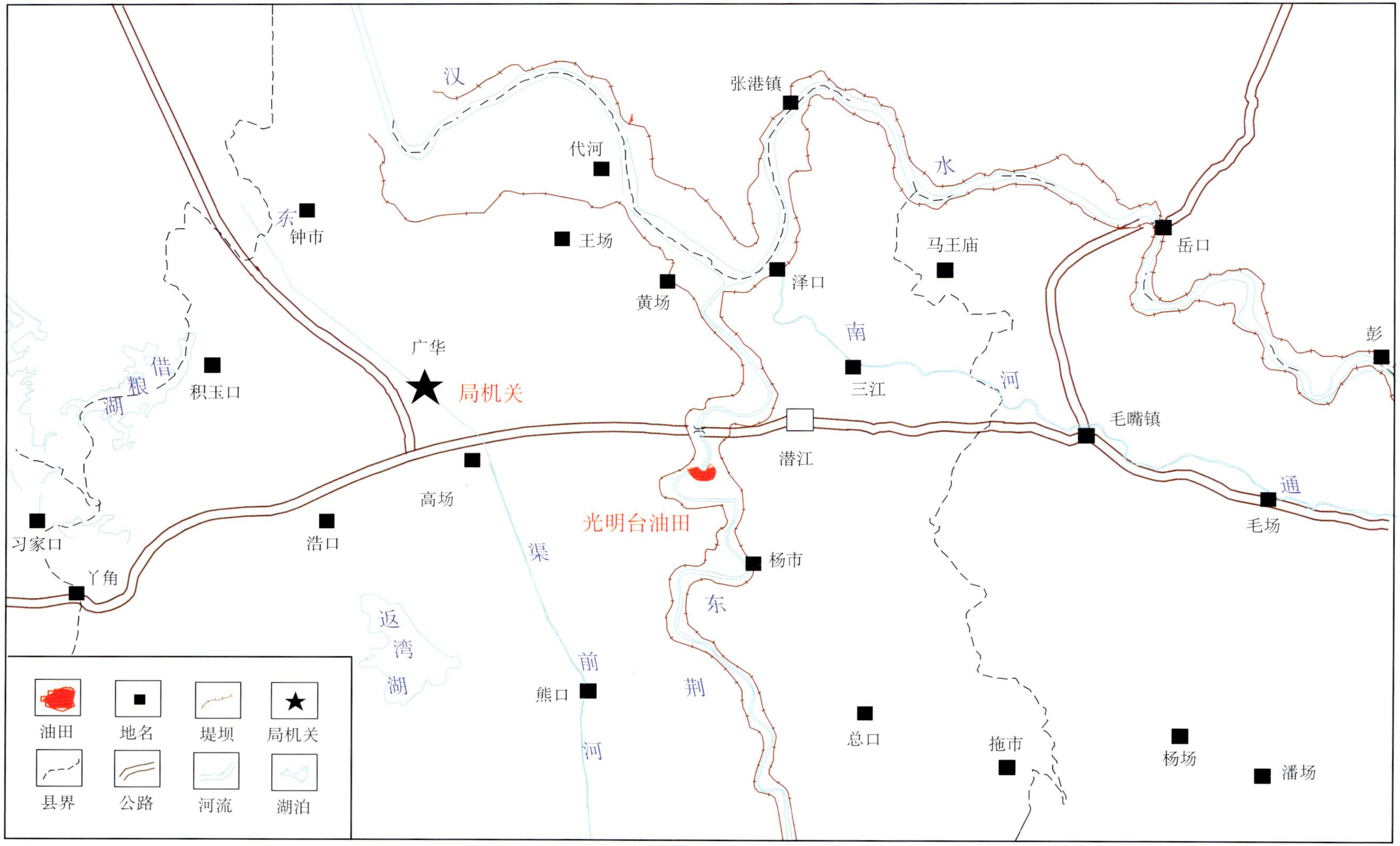
汉
水
张港镇
代河
钟市
东
王场
泽口
黄场
马王庙
岳口
彭
南
河
三江
广华
局机关
积玉口
借
粮
湖
潜江
毛嘴镇
通
毛场
高场
浩口
习家口
丫角
光明台油田
渠
杨市
东
返
湾
湖
前
熊口
荆
河
总口
拖市
杨场
潘场
油田
地名
堤坝
局机关
县界
公路
河流
湖泊

光明台油田地理位置图

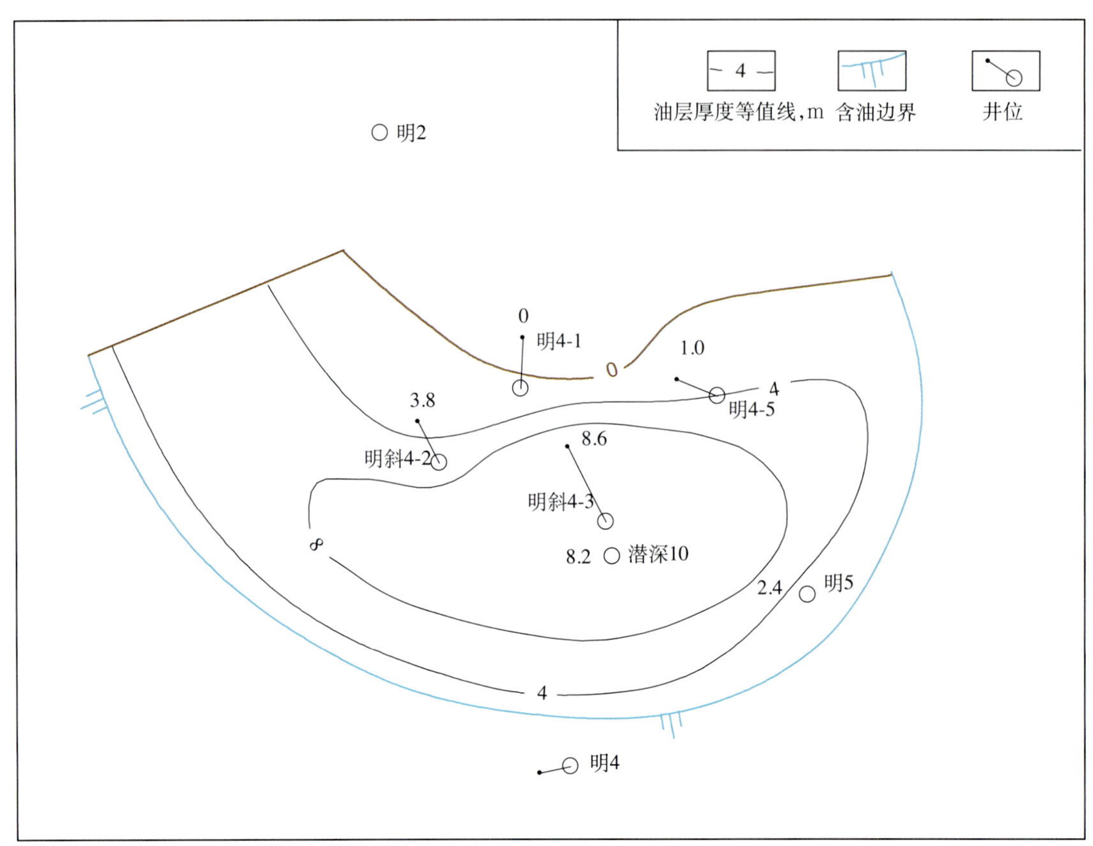

光明台油田构造井位图

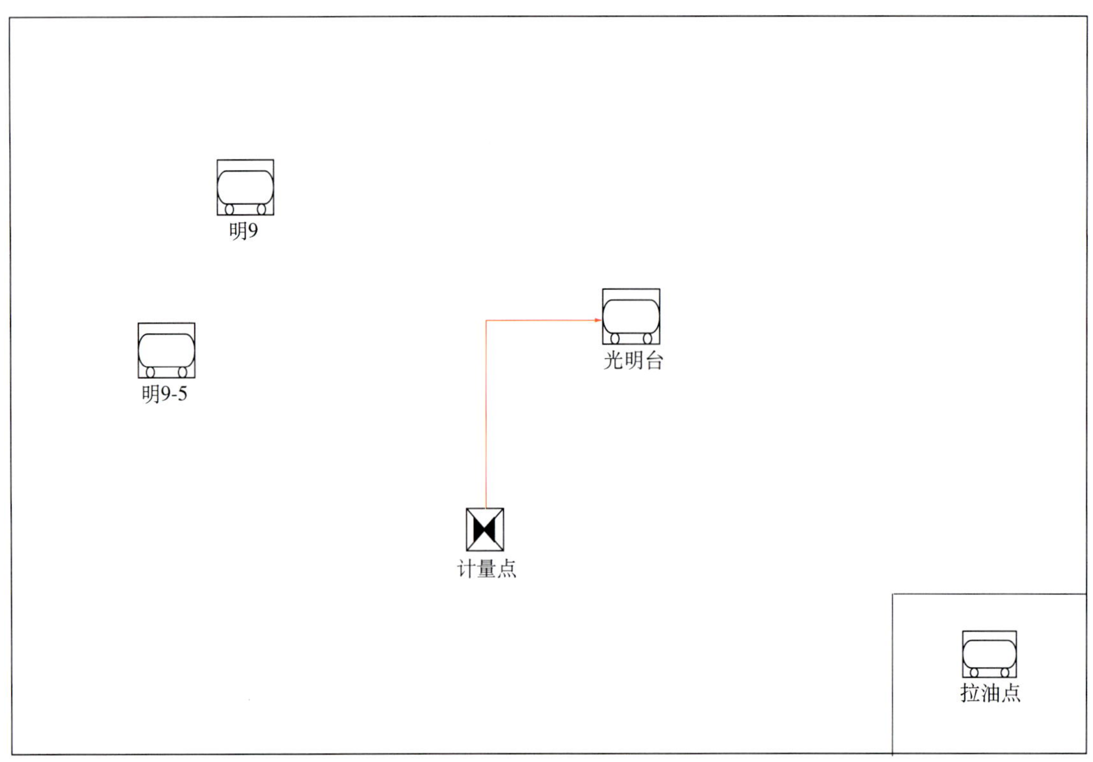

光明台油田地面系统平面布置图

《光明台油田志》编纂委员会

主　任：胡德高

副主任：夏志刚

成　员：刘孔章　贺　春　刘敬尧

《光明台油田志》编纂组

组　长：王晓燕

成　员：李波峰　刘　玉　袁玲想　张建国　余　英　管发章　申修志

《光明台油田志》审核人员

初审人：夏志刚　刘孔章　贺　春

复审人：杜修宜　丁淑君　洪志一　赵云山

概 述

光明台油田地理位置位于湖北省潜江市袁桥公社梅嘴大队，1967 年发现，1993 年投入开发，与王场油田相邻，1967 年钻探的潜深 10 井获工业油流，从而发现了油田，随即进入滚动勘探开发，隶属中国石化江汉油田分公司江汉采油厂管辖，气候属亚热带季风气候，四季分明，温暖潮湿。年平均气温 15.3 ～ 16.9℃。年平均相对湿度为 80% 左右。春季有时阴雨连绵，有时干旱少雨，冷暖多变，夏季炎热，有时连下暴雨，构成水患，秋季一般风和日丽，但为时较短，冬季有时久晴少雨，温暖如春，有时风雪交加，寒冷异常。全年雨量充沛，无霜期长，适合农作物生长。

一

光明台构造为周矶洼陷与潜江构造带之间的北西、南东向小型背斜构造，长轴 1.7km，短轴 1.3km，地层倾角 2.4°，构造平缓且完整。圈闭面积 1.59km^2，闭合幅度 10m，高点埋深 2170m（图 1）。

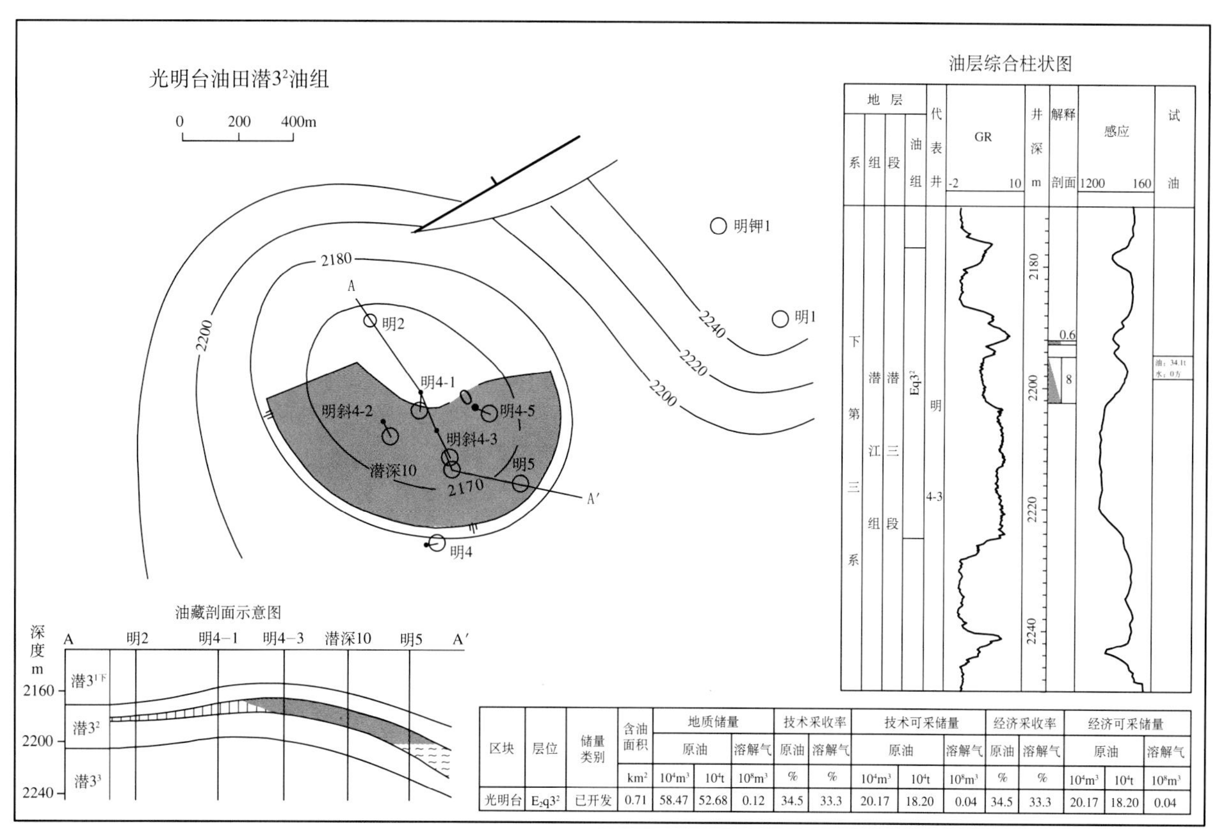

区块	层位	储量类别	含油面积	地质储量			技术采收率		技术可采储量			经济采收率		经济可采储量		
				原油		溶解气	原油	溶解气	原油		溶解气	原油	溶解气	原油		溶解气
			km^2	10^{4}m^3	10^{4}t	10^{8}m^3	%	%	10^{4}m^3	10^{4}t	10^{8}m^3	%	%	10^{4}m^3	10^{4}t	10^{8}m^3
光明台	E_2q3^2	已开发	0.71	58.47	52.68	0.12	34.5	33.3	20.17	18.20	0.04	34.5	33.3	20.17	18.20	0.04

图 1　光明台油田综合地质图

光明台油田潜 3^2 油组为潜江组沉积时期湖水由咸转淡后的一套三角洲盐湖相砂泥岩碎屑沉积，砂岩较发育。储层的碎屑成分主要为陆源性的石英、长石和岩块，胶结类型以孔隙式为主，其次是接触式，平均孔隙度为 25.4%，渗透率平均为 575mD，岩石表面润湿性具亲水特性。

含油层系为古近系潜江组潜 3^2 油组，油层埋深 2174.1 ～ 2207.0m，平均油层厚度为 5.4m，为一小型岩性—构造油藏，具有统一的油水系统，为边水驱动油藏，边水呈半环状分布且较为活跃，油水界面清楚。地层温度为90℃，原始地层压力为23.69MPa，压力系数为1.021。

地面原油密度0.901g/cm^3，地面原油黏度45.5mPa·s，含硫2.31%，凝固点30℃，地层水总矿化度为（31 ~ 32）$\times 10^4$mg/L，Cl^- 含量为（18 ~ 19.5）$\times 10^4$mg/L，含碘22.22 mg/L，含溴1212.19 mg/L，水型为$CaCl_2$，地层原油密度为0.837g/cm^3，地层原油黏度为9.7mPa·s，饱和压力为2.88MPa，原油体积系数为1.105，原始气油比为22.5m^3/t。天然气成分以甲烷为主，其含量为45.93%，相对密度为1.17。

光明台油田1992年6月11日经国家储委批准含油面积0.8km^2，探明石油地质储量39 $\times 10^4$t，截至2005年12月，光明台油田探明含油面积0.8km^2，探明石油地质储量39 $\times 10^4$t，标定采收率46.7%，可采储量18.2 $\times 10^4$t。

二

光明台油田于20世纪60年代开始地震，区内有二维地震测线11条，测网密度0.5km × 0.5km，1967年4月在该构造上首钻潜深10井，同年6月完钻，在古近系潜江组3^2油组见到油气显示，钻遇油层8.2m/3层，进行试油，采用7mm油嘴自喷，获34t/d的高产工业油流，从而发现该油田。

截至2005年底，光明台地区共有二维地震测线50km，测网密度0.5km × 0.5km，三维地震56.2km^2，光明台油田已实现三维地震满覆盖。

大事记

1967年

4月　潜深10井，在古近系潜江组3^2油组见到良好的油气显示，获34t/d的高产工业油流，从而发现该油田。

1978年

12月　郭水生局长决定在光明台建1座拉油站。

1979年

是年　潜深10井投产试采，初期产量26.7t，不含水。

1993年

是年　油田投入正式开发，依靠天然能量开采，投入潜深10、明斜4–2、明4–3、明斜4–5。

1998年

是年　明斜4–5停。

2000年

9月　含油污水处理站建成使用，站内有1条注水干线，注水管线压力3.2MPa，主要进行污水回注工程。

2002年

是年　明4–2停。

2004年

4月　明斜4–5转注，处理污水。

是年　潜深10井高含水间开。

第一章

油 田 开 发

第一节　开发历程

光明台油田于 1967 年钻探潜深 10 井发现，潜深 10 井于 1979 年投产试采，初期产量 26.7t，不含水。1993 年投入正式开发，先后钻开发井 4 口，1993 年 9 月投产明 4–3 井，初期日产油 23.3t，1994 年 7 月投产明斜 4–2 井，初期日产油 7.3t，1995 年 4 月投产明斜 4–5 井，初期日产油 8.1t，油田投产初期采用天然能量开发，2004 年 4 月转注明斜 4–5 井，日注水量近 200m³，主要注水目的是处理污水（图 1–1）。

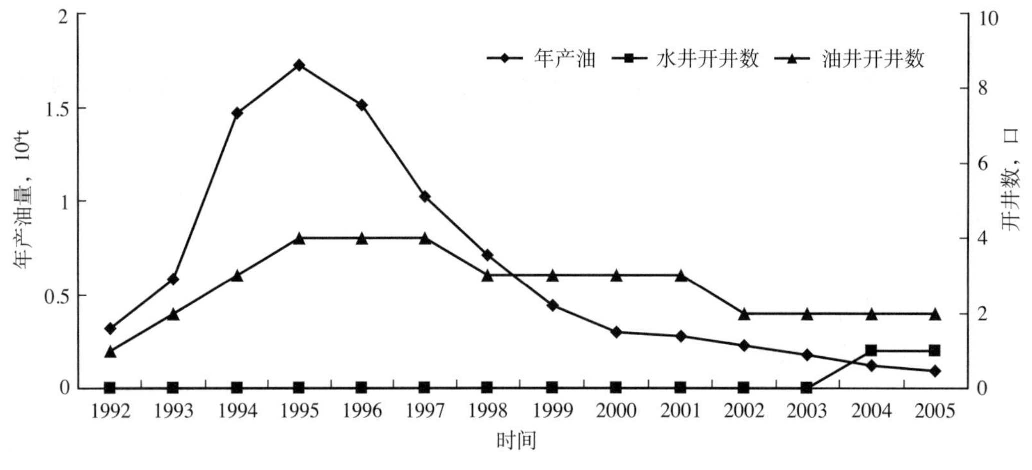

图 1-1　光明台油田开发阶段划分图

由于套管损坏和边水推进，明斜 4–5 于 1998 年停、明 4–2 于 2002 年停，潜深 10 于 2004 年高含水间开。

第二节　开发现状

2005 年 12 月仅明 4–3 和潜深 10 井生产，平均单井日产油 2t，日产液水平 69t，综合含水 96.67%，年产油 0.09×10^4t，累积产油 17.24×10^4t，可采储量的采油速度 0.22%，采出程度 44.21%，可采储量的采出程度为 94.66%。

2005 年，建成拉油站 1 座，橇装式计量站 1 座，单井拉油点 2 座（明 9、明 9–5）。

光明台油田属江汉采油厂采油 3 队管理，目前全队有职工 99 人。

第二章

钻采与地面工程

第一节　钻井与完井

1968—1982 年，油田共钻井 4 口，钻井方式均采用吊打防偏钻直井技术，钻井周期较长。1993 年钻探的明 4–3 井采用复合定向钻进技术，并结合高效 PDC 钻头，提高了机械钻速，缩短了完井周期，由原来的 45 天缩短至 25 天。20 世纪 70 年代，针对岩盐层钻进难题，研制使用植物中提炼的俗称“狗骨头粉”的钻井粉，有效解决了抗盐问题。80 年代后，应用聚合物饱和盐水钻井液，有效抑制了上部地层垮塌，解决了悬浮携砂差、滤失量大等问题。

油田均采用套管完井方式。井身结构多采用常规的二级套管结构，即 ϕ339.7mm 表层套管+ϕ139.7mm 油层套管。由于无异常压力地层，固井采用常规固井技术。1969 年完钻的潜深 10 井采用 57–103 枪射孔，1993 年 YD–89 枪首次在明 4–3 井使用。射孔方式为正压射孔，射孔液采用清水。

第二节　采油工程

一、举升

明 4 井于 1970 年顺利投产，光明台油田的开发正式开始，由于光明台属于小断块油藏，1979—2005 年间仅投产油井 5 口：明 4、潜深 10、明斜 4–2、明 4–3、明斜 4–5。除潜深 10 井初期自喷生产外，其余油井均为机械采油，采用管式泵生产。

二、注水工程

光明台油田有水井 2 口—明 4 井和明斜 4–5 井，采用笼统注水，后期改为污水回注井。

三、油层改造

油层改造采用酸化解堵，应用的是土酸酸化，应用井次较少，1994 年和 1998 年先后两次对明 4–2 井应用土酸酸化解堵均有效，1994 年 10 月应用后，日产油由 2.9t 上升到 8.4t。其后在 2004 年两次对污水回注井明 4–5 井进行土酸增注。

第三节　地面工程

一、集输系统

1978 年光明台油田投入开发，初期井少，不具备建站条件，地面集输工艺采用简易单井拉油方式，开式流程，油水混合液装车拉运，没考虑污水处理系统。

随着光明台油田的进一步滚动开发，产液量上升，1978 年 12 月 11 日，根据三结合汇报后江汉石油管理局局长郭水生的指示决定在光明台建 1 座拉油站，于 1979 年 5 月建成投产，建成 5 井式计量阀组。采出混合液装车外运王场油田王场联合站，伴生气供加热炉作为燃料，站外采用三管伴热流程。

2000 年 5 月，采用压力沉降脱水工艺。油水混合液进橇装式计量站经计量后自压至光明台拉油站，进入压力沉降罐进行原油沉降脱水处理，净化油进罐装车外运王场油田的王场联合站，污水由泵提升后至注水井回注。

截至 2005 年，建成拉油站 1 座，橇装式计量站 1 座，单井拉油点 2 座 (明 9、明 9–5)。

二、配套工程

光明台油田含油污水处理站于 2000 年 9 月建成使用，有 1 条注水干线，注水管线压力 3.2MPa，主要进行污水回注工程。

光明台投产初期为柴油发电机作为电源，后改为油田 6kV 物探线供电，共安装变压器 3 台，总容量为 460kV·A。

附　录

附录一　附　图

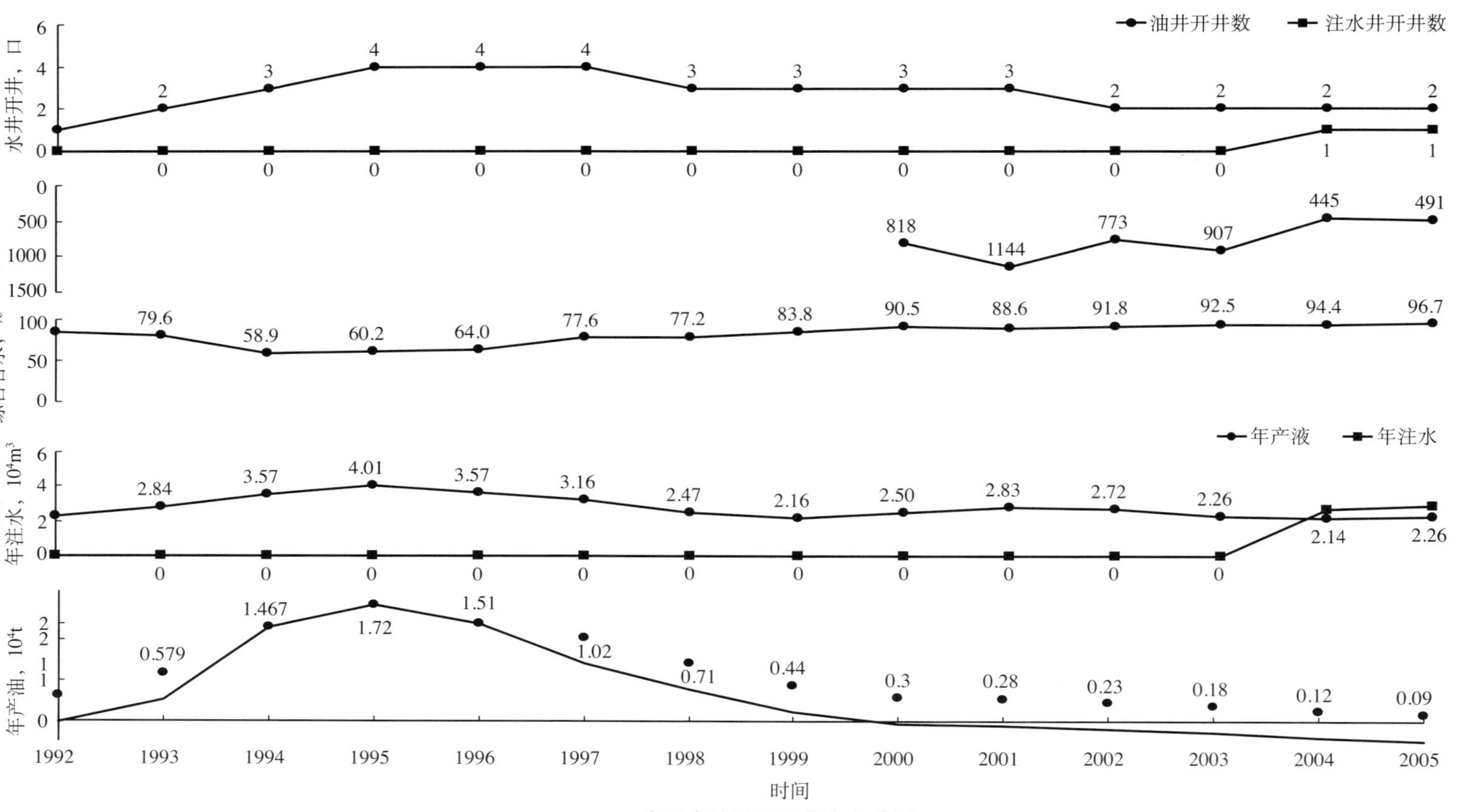

光明台油田开采综合曲线图

附录二　附　表

附表 1　光明台油田综合地质数据表

油田	含油面积 km²	地质储量 10^4t	层位	油层埋藏深度 m	平均有效厚度 m	孔隙度 %	空气渗透率 mD	含油饱和度 %	地层温度 ℃	压力系数	原始地层压力 MPa	地层原油				地面原油					天然气		地层水		
												饱和压力 MPa	原始气油比 m³/t	体积系数	黏度 mPa·s	密度 g/cm³	黏度 mPa·s	凝固点 ℃	含蜡量 %	含硫量 %	相对密度	甲烷含量 %	水型	总矿化度 10^4mg/L	氯离子含量 10^4mg/L
光明台	0.8	39	潜 3^2	2174.1～2207.0	5.4	25.4	575	70	90	1.01	23.69	2.88	22.5	1.105	9.7	0.901	45.5	30	—	2.31	1.17	45.9	$CaCl_2$	31	18

附表 2　光明台油田开采综合数据表

时间	油井		注水井		核实产油量		核实产水量		核实产液量		年末动液面 m	年末综合含水	注水量		注采比		地质采油速度 %	地质采出程度 %	动用储量 10^4t
	总井数 口	开井数 口	总井数 口	开井数 口	年 10^4t	累计 10^4t	年 10^4t	累计 10^4t	年 10^4t	累计 10^4t			年 10^4m³	累计 10^4m³	年末	累计			
1995	4	4	0	0	1.72	12.37	2.29	19.01	4.01	31.38	—	60.21	—	—	—	—	4.41	31.71	—
1996	4	4	0	0	1.51	13.88	2.06	21.07	3.57	34.95	—	63.97	—	—	—	—	3.87	35.58	—
1997	4	4	0	0	1.02	14.89	2.15	23.22	3.16	38.11	—	77.63	—	—	—	—	2.60	38.18	—
1998	4	3	0	0	0.71	15.60	1.76	24.98	2.47	40.58	—	77.21	—	—	—	—	1.78	40.00	—
1999	4	3	0	0	0.44	16.04	1.72	26.70	2.16	42.74	—	83.75	—	—	—	—	6.76	41.12	39
2000	4	3	0	0	0.30	16.34	2.19	28.89	2.50	45.23	818	90.45	—	—	—	—	0.82	41.90	39
2001	4	3	0	0	0.28	16.62	2.55	31.44	2.83	48.06	1144	88.56	—	—	—	—	0.63	42.63	39
2002	4	2	0	0	0.23	16.86	2.49	33.93	2.72	50.79	773	91.83	—	—	—	—	0.47	43.23	39
2003	4	2	0	0	0.18	17.04	2.09	36.02	2.26	53.05	907	92.48	—	—	—	—	0.69	43.68	39
2004	2	2	1	1	0.12	17.15	2.02	38.04	2.14	55.19	445	94.44	—	—	—	—	0.32	43.98	39
2005	2	2	1	1	0.09	17.24	2.17	40.21	2.26	57.45	491	96.67	—	—	—	—	0.22	44.21	39

编号：18—029

万城油田志

《万城油田志》编纂组　编

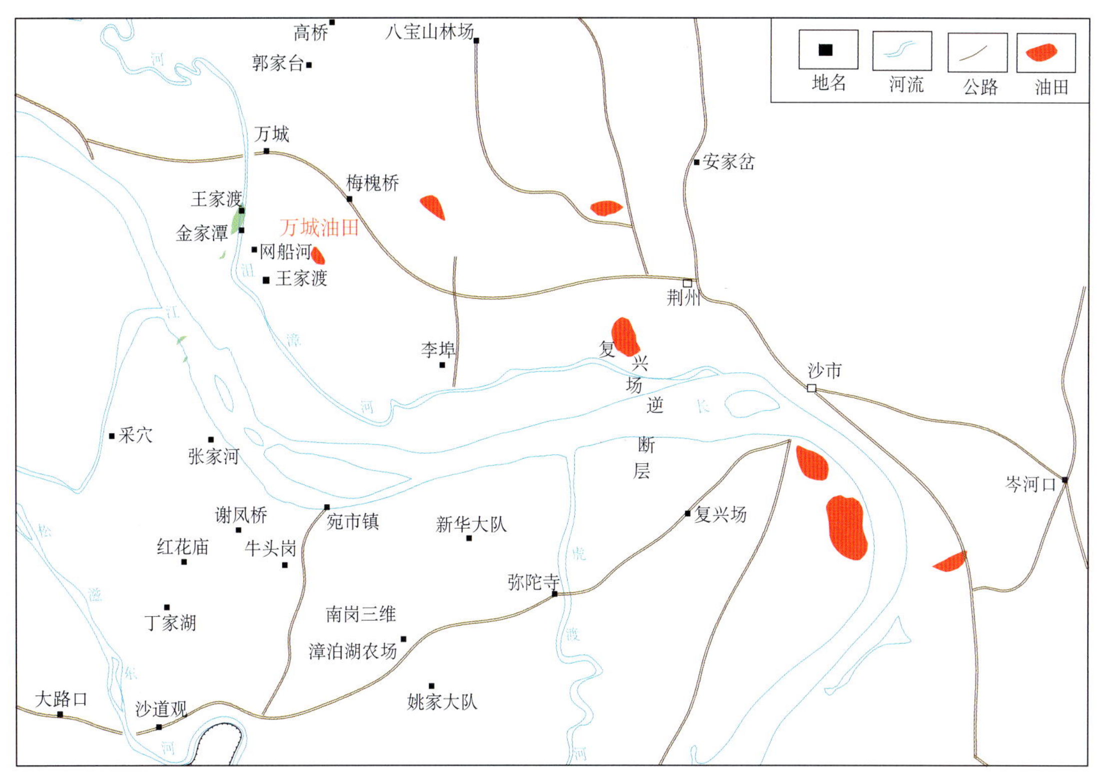

万城油田地理位置图

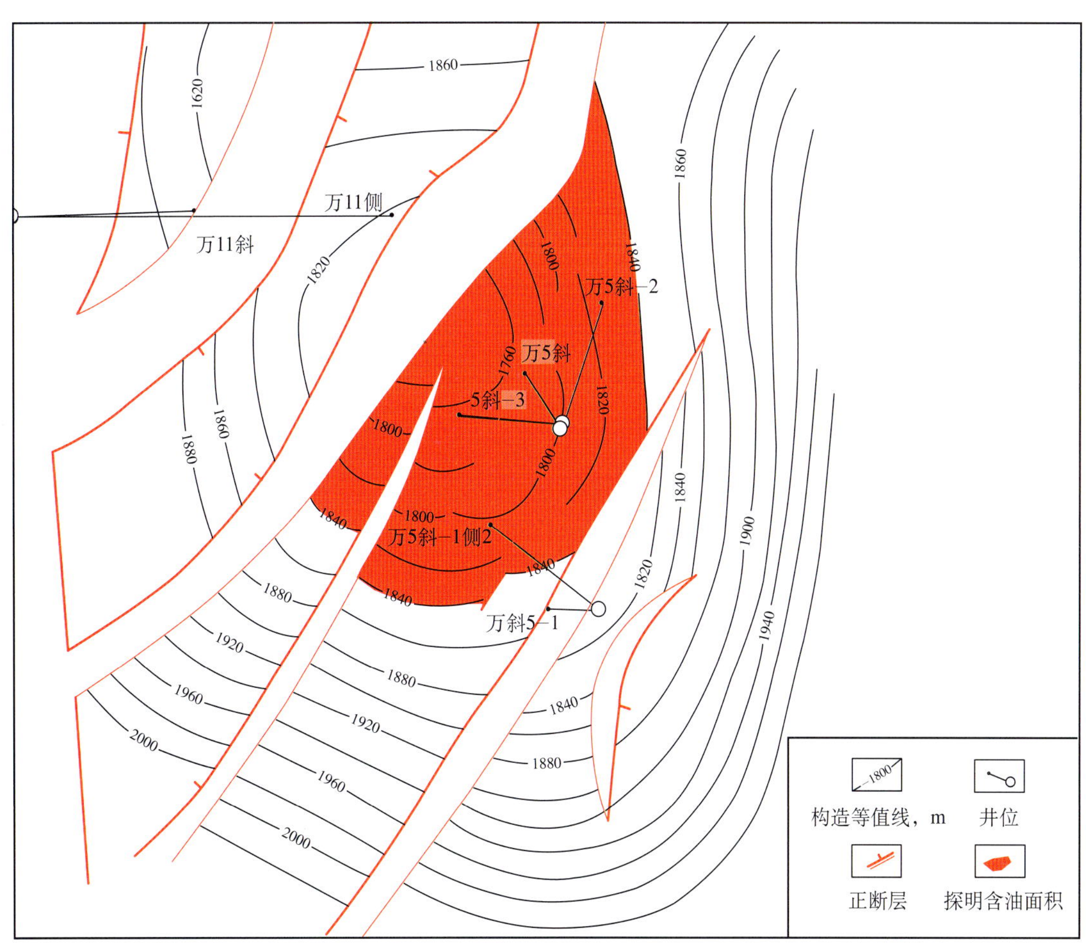

万城油田构造井位图

《万城油田志》编纂委员会

主　任：胡德高

副主任：夏志刚

成　员：刘孔章　贺　春　刘敬尧

《万城油田志》编纂组

组　长：魏黎芝

成　员：李波峰　胡云鹏　刘　玉　张建国　袁玲想　余　英　申修志

《万城油田志》审核人

初审人：夏志刚　刘孔章　贺　春

复审人：李渝生　洪志一　赵云山　罗秋林

本志目录

概　述

万城油田地处湖北省荆州市八岭镇北湖村，地面为平原农田，交通便利，2003 年发现，2004 年投入试采，截至 2005 年底，共有 4 口井投入试采。现由中国石化江汉油田分公司江汉采油厂广华作业区采油九队管理。

一

万城构造位于江陵凹陷西部，北以问安寺断层为界与枝江凹陷和河溶凹陷相邻，西为江口向斜，东南是梅槐桥向斜，东与八岭山构造相邻。

构造总体为两洼一隆的构造格局，两洼为江口向斜和梅槐桥向斜，一隆为万城断隆带。

万城断隆带为一近南北向继承性古隆起，万城断层贯穿南北，一系列北东向断层与万城断层呈羽状斜交，形成多个断块、断鼻构造。

采用三维地震资料结合钻井资料编制了万 5 井区 Ex下Ⅰ油组顶面构造图，其构造形态为北西走向断背斜，被一系列的北东向正断层切割成断块、断鼻构造，地层向北东、东南、西北方向倾斜，地层倾角 10° 左右。

该地区沉积物源来自江陵凹陷西北部马山地区，属缓坡三角洲前缘亚相沉积。储层厚度 20 ~ 30m，岩性主要为粉砂岩，分选中等，石英含量为 60% ~ 72%，平均 68%，长石含量为 9% ~ 21%，平均 14%，岩屑含量为 14% ~ 20%，平均 16%；储集类型为孔隙型，胶结物以方解石、硬石膏、白云石为主，胶结类型以孔隙式为主。

万城油田地层自上而下为第四系平原组、新近系广华寺组、古近系潜江组、荆沙组、新沟嘴组上段、新沟嘴组下段，其中新沟嘴组下段又分为 Ex下Ⅰ、Ex下Ⅱ、Ex下Ⅲ油组。该区勘探目的层主要为新沟嘴组。

沉积物源来自江陵凹陷西北部马山地区，属缓坡三角洲前缘亚相沉积。储层为古近系新沟嘴组，厚度 20 ~ 30m，主要为粉砂岩，孔隙度 13.2%，空气渗透率 16.6mD，胶结物以方解石、硬石膏、白云石为主，胶结类型以孔隙式为主。含油层位为新沟嘴组上段、新沟嘴组下段Ⅰ油组，油层埋深 1724.0 ~ 1871.6m，油层中深 1797.8m，油层分布较稳定，油层平均有效厚度 7.7m。

原油物性好，地面原油密度 0.826g/cm^3，地面原油黏度 9.06 mPa·s，凝固点 31℃，含硫 0.07%。地层饱和压力为 2.13MPa，地层原油密度 0.789g/cm^3，地层原油黏度 7.0 mPa·s，体积系数 1.051，气油比 2.57m^3/t。

油藏类型为构造油藏，原始地层压力为 10.2 MPa，地层饱和压力为 2.13MPa。

经全国储委批准，万城油田探明Ⅰ类原油地质储量 19.00 × 10^{4}t，可采储量 3.80 × 10^{4}t，采收率 20.0%，含油面积 0.40km^2。

二

2003 年 4 月在万城地区完成了 139.91km^2 三维地震勘探，经资料精细处理和解释，发现晒花台断背斜。2003 年 7 月 30 日，在该圈闭钻探万 5 斜井，完钻井深 2504.0m，完钻层位沙市组。在新沟嘴组上段发现 2 层 2.4m 油层，在新沟嘴组下段 I 油组发现 4 层 11.0m 油层。2003 年 11 月 13 日对新沟嘴组下段 I 油组 1815.8 ～ 1831.8m 井段 2 层 7.2m 油层试油，日产油 13.5t，发现万城油田。

第一章

油 田 开 发

2003年11月万5井试油日产油13.5t，同年12月投入试采，随后进行滚动开发，2004年后钻开发井3口，投入试生产，均为低产井。截至2005年底，万城油田共有采油井4口，开井2口，日产油2.0t，年产油量776t，累计采油1595t，综合含水26.67%，地质储量采油速度0.32%，采出程度0.84%，可采储量采油速度1.58%，采出程度4.2%，剩余可采储量采油速度1.58%。

第二章

钻采与地面工程

第一节　钻井与完井

钻井方式采用转盘加井下水驱双动力的复合钻井方式。受地面条件限制，采用定向井钻井技术。考虑新沟嘴组的水敏性问题，钻井液使用三复合盐钻井液，并应用自主研发的聚合物防塌剂，成功解决了水敏和垮塌问题。

油田均采用套管完井方式。井身结构多采用常规的二级套管结构，即 ϕ339.7mm 表层套管 +ϕ139.7mm 油层套管。由于无异常压力地层，固井采用常规固井技术。

射孔采用 YD−102 枪。射孔方式主要采用正压射孔，射孔液考虑地层水敏性，采用活性水。

第二节　采油工程

万城油田地质构造复杂，在配套机采工艺上采用小泵径、小冲程工艺参数以适应生产需要；在投产初期，多采用 ϕ38mm 普通管式泵，由于油井出砂现象严重，陆续更换为 ϕ38mm 等径防砂泵，泵外套加撞击式泄油器。抽油杆柱采用耐磨性较好的 H 级杆组合。抽油机选用普通 12 型抽油机，冲程 3m、冲次 4 次 /min。

开发初期就应用了压裂改造油层，应用羟丙基瓜尔胶有机硼压裂液，压裂车组采用 2000 型压裂车组，施工排量达到 3 ～ 5m^3/min，应用了 Y344 压裂封隔器，全井加石英砂。2004 年共压裂 3 口井，平均单井加砂 11m^3，平均砂液比 17%，平均单井日增油 2.8t。

第三节　地面工程

2003 年 7 月，新建万 5 单井拉油点，60m^3 高架油罐 1 具，井口采出液自压进高架油罐装车，开式流程。随勘探的进一步深入，万 5 斜 −1、万 5 斜 −2、万 5 斜 −3 井相继投产，2004 年新建成万 5 斜 −1 单井拉油点。截至 2005 年，建成单井拉油点 2 座。

万城油田投产前期用电为 200kW 发电机发电。2003 年 11 月从荆州市荆城供电分局八岭山变电站出线 T 接 0.7km 线路，安装 1 台变压器 100kV·A，作为该油田的生产、生活用电。

生产、生活用水采用拉水。

附　录

附　表

附表 1　万城油田综合地质数据表

油田	含油面积 km²	地质储量 10^4t	层位	油层埋藏深度 m	平均有效厚度 m	孔隙度 %	空气渗透率 mD	含油饱和度 %	地层温度 ℃	压力系数	原始地层压力 MPa	地层原油				地面原油					天然气		地层水		
												饱和压力 MPa	原始气油比 m^3/t	体积系数	地下黏度 mPa·s	密度 g/cm^3	黏度 mPa·s	凝固点 ℃	含蜡量 %	含硫量 %	相对密度	甲烷含量 %	水型	总矿化度 10^4mg/L	氯离子含量 10^4mg/L
万城	0.4	19	E_x下 I	1724.0～1871.6	7.7	11	16.6	70	—	—	10.2	2.13	2.6	1.051	7.0	0.826	9.06	31	—	0.07	—	—	—	—	—

附表 2　万城油田开发综合数据表

时间	动用储量 10^4t	油井		注水井		核实产油量		核实产水量		核实产液量		年末动液面 m	年末综合含水 %	注水量		注采比		地质采油速度 %	地质采出程度 %
		总井数 口	开井数 口	总井数 口	开井数 口	年 10^4t	累计 10^4t	年 10^4t	累计 10^4t	年 10^4t	累计 10^4t			年 10^4m^3	累计 10^4m^3	年末	累计		
2005	—	4	2	—	—	0.08	0.16	0.03	0.05	0.10	0.21	1893	26.67	—	—	—	—	0.32	0.84

《中国油气田开发志》编辑出版人员

总　策　划：白泽生　张卫国

领导小组

组　　长：白泽生

副 组 长：张卫国　张　镇

编辑出版组

组　　长：周家尧

副 组 长：马　纪　章卫兵　王宇芬　鲜德清　杨仕平　段　玲

运行监督：杨仕平

责任编辑：章卫兵　马　纪　王宇芬　方代煊　贾　迎　何　莉　谭忠心　赵冬梅

编　　辑：崔淑红　王金凤　傅　红　庞奇伟　马新福　李　中　马海峰　金平阳　潘玉全　胡宇芳　潘晓军　周　勇

特邀编辑：孔秀兰　牛　瑄　俞志华等

责任校对：王　颜　黄京萍　王　群等

责任印制：赵文杰　郭俊英　孙　波

封面设计：李　欣　孙晋平

版式设计：李　欣　孙晋平　章　虹　袁雪芹

责任排版：张晓军　姚京燕

监　　印：段　玲　张红军